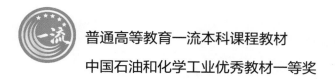

普通高等教育一流本科课程教材　　国家精品课程配套教材

中国石油和化学工业优秀教材一等奖　　陕西省本科教育优秀教材一等奖

有机化学

ORGANIC CHEMISTRY

第三版

○ 李小瑞　主编　○ 赵艳娜　姚团利　张　金　副主编　○ 高占先　审

双色版

U0235015

化学工业出版社

· 北京 ·

内容简介

《有机化学》（第三版）是国家精品课程"有机化学"配套教材。该教材按照《有机化合物命名原则2017》对有机化合物进行命名；主要的图和反应式都采用双色显示，对关键位置进行标注，以求达到更加直观、切中要害的效果；对抽象难懂的文字内容也尽量附加图示，使复杂的内容简明化。配有动画链接和视频微课，使用手机扫描二维码即可轻松观看，有利于学生的自主学习和个性化学习。

《有机化学》（第三版）以官能团为主线，采用脂肪族和芳香族合编体系，全面、系统、由浅入深地阐述基础有机化学知识；突出结构与性质的构效关系，将结构特征、反应规律和反应机理结合讨论。全书共20章，每章末都有本章的知识重点、相关化合物的制备及化学性质小结，并对个别反应较多的章节进行小结，以便于学生快速浏览并掌握核心知识点，熟悉反应。

《有机化学》（第三版）注重基础、强化应用、突出重点、关注前沿，适宜用作高等院校化学、化工、制药、材料、环境、轻工、食品、生物等专业"有机化学"课程的教材，也可供相关领域的科研人员、教师和学生参考。

图书在版编目（CIP）数据

有机化学 / 李小瑞主编；赵艳娜，姚团利，张金副主编. — 3 版. — 北京：化学工业出版社，2023.12
普通高等教育一流本科课程教材　国家精品课程配套教材
ISBN 978-7-122-44147-8

Ⅰ. ①有⋯　Ⅱ. ①李⋯ ②赵⋯ ③姚⋯ ④张⋯　Ⅲ. ①有机化学-高等学校-教材　Ⅳ. ①O62

中国国家版本馆 CIP 数据核字（2023）第 168653 号

责任编辑：杜进祥　向　东　马泽林　　　　　装帧设计：韩　飞
责任校对：杜杏然

出版发行：化学工业出版社（北京市东城区青年湖南街 13 号　邮政编码 100011）
印　　刷：北京云浩印刷有限责任公司
装　　订：三河市振勇印装有限公司
787mm×1092mm　1/16　印张 35½　字数 899 千字　2024 年 3 月北京第 3 版第 1 次印刷

购书咨询：010-64518888　　　　　　　　售后服务：010-64518899
网　　址：http://www.cip.com.cn
凡购买本书，如有缺损质量问题，本社销售中心负责调换。

定　　价：89.00 元　　　　　　　　　　　　　版权所有　违者必究

序 言

有机化学是研究有机化合物的来源、制备、结构、性质、应用及有关理论和方法的科学，是化学学科中极为重要的分支，也是极具魅力、最有实用性的基础学科。有机化学课程是化学、化工类专业最重要的专业基础课之一。

李小瑞教授执教 30 余年，一直坚守在本科教学一线，教学经验丰富。曾经编著出版《有机化学学习及考研辅导（第二版）》等多部教材和教学参考书并得到广大读者的好评，获得过多项教学成果奖励和荣誉，主持并主讲国家级精品课程"有机化学"。在与她为数不多的交流和互动过程中，我被她对本科教学工作的坚持和守望、对备课过程中的用心和认真、对教学过程中细节问题的精益求精所感动，对她提出的"启发式、互动式、开放性、自主性"教学模式颇感兴趣。

作为审稿人，我认真阅读了李小瑞教授编写的《有机化学》原稿。

该教材选材全面，重点突出，注重基础，关注应用，联系前沿，适宜应用化学、化工与制药类、轻工类等专业选作教材和参考书。

该教材采用脂肪族化合物和芳香族化合物混合编排体系，按照官能团分章介绍有机化合物的分类、命名、来源、制备、结构、性质、应用和重要化学反应的机理，主线清楚，内容衔接顺畅，覆盖了有机化学课程的基本内容，文字简练，篇幅较少。

每章节围绕重点内容配插题、内容拓展和小结；关键问题解释直接标注在插图或反应式中，切中要害，突显重点；每章末附有内容重点、相关化合物的制备及化学性质小结，便于读者快速浏览，熟悉掌握重要知识点，达到提纲挈领的作用；书中配有数十个动画链接，使用手机扫一扫二维码即可轻松观看。这些都有利于学生的自主学习和个性化学习。

经过编者对细节问题的精雕细刻，编辑对文字语言的加工打磨，该教材有望成为精品。因此，我十分乐意向读者推荐这本教材。

于大连理工大学

有机化学是研究有机化合物的来源、制备、结构、性质及其变化规律的科学，是化学学科的重要组成部分。有机化学课程是化学、化工、材料、轻工、食品、生物、制药、环保等专业的基础课，具有授课面广、影响力大的特点，是培养国家科学技术和工业发展所需高素质人才的重要基础课程。

本书是国家精品课程"有机化学"配套教材，也是作者积 40 年有机化学教学经验和体会编写而成。自第一版 2016 年出版发行以来，受到了读者的认可和专家的好评，有多所普通高等学校选用该教材作为有机化学课程的主教材。该教材第一版获 2017 年中国石油和化学工业优秀教材一等奖；2020 年，该教材第二版荣获陕西省本科教育优秀教材一等奖并被推荐参评首届国家级优秀教材奖；本书所依托的有机化学 MOOC（大规模在线开放课程）于 2021 年入列陕西省一流线上课程。本书还是陕西科技大学应用化学专业国家级一流本科专业建设成果教材。

党的二十大报告指出，"培养造就大批德才兼备的高素质人才，是国家和民族长远发展大计"。根据新时代人才培养的要求，充分发挥教材的铸魂育人功能，体现学科教学内容的新变化和新要求，我们对第二版教材进行了修订和完善：

（1）强化立德树人的理念，进一步融入课程思政元素，培养学生的家国情怀和科学素养；继续将绿色化学、低碳环保的理念贯穿于教材整体中。

（2）继续保持前两版的编写风格，注重基础、强化应用、突出重点、关注前沿。强调各类化合物的性质对相应结构的依赖关系，全面反映基础有机化学课程的核心知识点和基本特点。每章节围绕重点内容配插题、内容拓展和小结；关键问题的解释直接标注在插图或反应式中，力求用简单、直观的方式来阐述有机化学。每章末除习题外，仍然附有"本章精要速览""相关化合物的制备及化学性质小结"，以便于学生快速浏览并掌握本章核心知识点，增强记忆，熟悉反应。

（3）本教材第二版已经按照中国化学会《有机化合物命名原则 2017》（以下简称 CCS-2017）对有机化合物进行命名，并简单介绍了 CCS-2017 的教学要点。随着教学实践的不断积累和对 CCS-2017 的不断研习，编者对 CCS-2017 的理解掌握亦有了进一步提升，特别是对"母体氢化物是命名有机化合物的基础和出发点"有了更深刻的理解和体会。为此，第三版优化了有关命名部分的内容。重新撰写了"1.8 有机化合物系统命名概论"，将第二版"6.10 多特性基团化合物的命名"融入其中，突出了母体氢化物的选择和思考顺序，总结归纳了有机化合物系统命名（取代名）的一般步骤和各种主要顺序规则，减小了篇幅。

（4）随着科技的快速发展，以 MOOC 为代表的新型教学模式带来了新的学习方式，同时也要求教材适应甚至引领学习方式的变革。为此第三版将陕西科技大学有机化学 MOOC 视频引入其中，学生通过手机扫描二维码的方式，不仅可以方便地观看原教材中的数十个动画视频，还可以看到陕西科技大学有机化学任课教师对该知识点的讲解和研讨。

在本次修订工作中，李小瑞负责教材全书统稿，第 1 章和第 6 章内容修订；赵艳娜负责添加 MOOC 视频，第 2～5 章和第 7、8 章内容修订；姚团利负责第 9～14 章内容修订；张金负责第 15～20 章内容及"有机化学网络课堂及化学信息资源"修订。

特别感谢首届国家级教学名师、大连理工大学高占先教授为本书审稿并撰写序言，感谢化学工业出版社编辑的鼓励、鞭策、支持和帮助！感谢赵艳娜、张金、姚团利等老师参与了课件完善及课后习题答案制作！

限于编者水平和能力，书中难免存在不妥之处。真心希望得到兄弟学校有机化学任课教师和各位读者的批评指正。

李小瑞

Email：yjhxjc@sust.edu.cn

陕西科技大学，西安

2023 年 7 月 30 日

致任课教师

本教材是教育部国家级精品课程"有机化学"配套使用教材，适宜用作应用化学、化学工程与工艺、材料工程、轻化工程、食品工程等专业"有机化学"课程的教材，也可用作其他化学化工类专业的教材或教学参考书。

在教材体系上，本书以官能团为主线，采用脂肪族化合物和芳香族化合物合编体系，按照官能团来介绍各类有机化合物的结构、物理和化学性质、制备、重要的反应机理等。全书共 20 章，打"＊"的章节为选学内容，可由任课教师自行决定是否讲授。

在内容方面，本书删去或精简了一些比较陈旧的、用化学法鉴定有机化合物结构的反应，强化了波谱方法在有机化合物结构鉴定中的应用；精简了小分子有机硅的部分内容，增加了更加具有实用价值的高分子有机硅和有机硅偶联剂的简介。在系统、完整地介绍有机化学知识体系的同时，本书尽量联系有机化学的前沿进展，将 Heck 反应、杯芳烃、石墨烯、青蒿素、碳酸二甲酯的应用、不对称手性合成、有机磷手性配体、人类基因组计划等内容分散在有关章节中叙述讨论或简要介绍，将立体化学、绿色化学的基本概念贯穿于全书之中。

根据编者执教 34 年的教学经验和体会，工科有机化学课程学时较少，内容取舍上更加注重应用，课堂讨论和讲解难以深入，学生感到有机反应太多，太难记。"打开书什么都会，合起书什么都不记得，做题时不知从何下手，一不小心就写错"是大多数同学学习有机化学时最大的困惑。针对这种情况，本书在每章的末尾，除了本章习题外，还有本章的知识重点、相关化合物的制备及化学性质小结，并对个别反应较多的章节进行小结，以便于学生不断回顾已学过的内容，快速浏览，增强记忆，熟悉反应。

本书的另一特点是在讨论问题时，尽可能多地在相关的图中或反应式中的关键位置进行标注，以求达到更加直观、切中要害的效果；对抽象难懂的文字内容也尽量附加图示，力求用更加简单、更加直接的方式来描述有机化合物和有机化学。

限于编者的水平，书中的疏漏和不妥之处，敬请兄弟院校有关教师和各位读者批评指正。

致学生

有机化学是化学学科中极为重要的一个分支，也是极具魅力、最有实用性的基础学科。有机化学课程是化学、化工类专业最重要的专业基础课之一。为了帮助大家学好这门课，我想在这里谈谈学习方法。

很多同学在学习有机化学这门课程时，喜欢沿用中学时期的学习方法，像背英语单词那样"背反应"。而对中学时期没有接触过的内容，如有机化合物中电子云的分布及有机化学反应过程中电子云的转移等，则有畏难、厌学甚至是抵触情绪，造成的结果就是大家觉得"有机反应多而乱、不规律、不好记"。虽然在学习有机化学的过程中，必要的记忆是不可或缺的，但光靠死记硬背是肯定不能学好有机化学的，我们应该在理解的基础上来记反应。一些看似复杂的人名反应和重排反应，在理解了它的反应的原理和详细过程后，就会变得容易记住了。

在理解有机化合物的化学反应时，掌握有机化合物中电子云的分布及反应过程中电子云的转移情况是至关重要的。根据反应物的结构、电子云分布状况及反应试剂、反应条件等，我们可以判断反应的类型和产物的结构。例如，离子型反应总是发生在极性键上，键的极性越强，就越容易发生离子型反应；亲电试剂总是进攻反应物分子中带有部分负电荷或电子云密度较大的位置，而亲核试剂却总是进攻反应物分子中带有部分正电荷或电子云密度较小的位置等，这样的例子还有很多。因此，我们经常强调，有机化合物结构与性能的关系是有机化学的核心。

尽管有机化学反应众多，内容庞杂，但始终有一条主线贯穿，这就是稳定性原理。稳定性包括各类基本反应的活性中间体，如自由基、碳正离子、碳负离子等，以及异构现象。例如，亲电加成反应中的 Markovnikov 规则、烯烃自由基加成时的过氧化物效应、烷烃及烯烃自由基取代的选择性、消除反应中的 Saytzeff 规则、苯环的芳香性（易亲电取代而不易加成、氧化的性质）等，都可以用稳定性原理解释。通过稳定性原理，可以把有机化合物的结构和性能的关系辩证地统一起来，将体系的稳定性大小和能量高低、电子效应、立体效应以及反应活性、反应规律联系起来，那些内容庞杂的知识点也就变得容易理解和记忆了。

学好有机化学的前提是要走进有机化学，喜欢有机化学，并且愿意为学习有机化学付出时间和精力。以下的技术性措施可供参考：①课前预习，课后复习按时完成作业；②学会听课，及时发问，提高学习效率；③提纲挈领，把握结构与性能的关系；④不断回顾已学过的内容，学会归纳总结，学会整体阅读；⑤必要的记忆，如命名原则、某些重要的反应等。通过必要的记忆，可以熟悉反应，发现规律，活跃思维，提高兴趣。

学好有机化学必须重视实验。有机化学是一门以实验为基础的学科，它的规律和理论大都是在总结大量实验事实的基础上发现的。有机化学的教学由课堂教学、实验教学、课后习题三大块内容构成，它们并非是各自独立的，而是相互影响，相互渗透的。通过实验，我们不仅能够学会正确的实验操作技能，还能够获得对许多有机反应的感性认识和更深刻的理解。

毫无疑问，阅读本书的学生人数要比教师人数多得多。我十分乐意得到由你们反馈的信息，供我在今后的教学以及本教材的修改工作中参考。

致谢

感谢首届国家级教学名师、大连理工大学高占先教授和华东理工大学荣国斌教授在百忙中对拙作进行了认真的审阅！他们付出了艰辛的劳动，提出了非常重要的意见，使我有机会将原来的不完善之处减至最低程度。

感谢化学工业出版社的热情约稿和具体帮助！感谢我的教学团队！特别是赵艳娜、刘保健两位老师，他们替我分担了本学年的本科生教学工作，使我能够专心致志地从事本教材的编写。感谢阎河、赵艳娜、赖小娟、张金、吴金、李慧、费贵强、王海花、王磊、杨晓武、李培枝、王小荣、黄文欢、赵宁等老师参与了本书配套课件、动画、扫一扫二维码的制作！

感谢陕西科技大学沈一丁教授审阅了部分内容并提出了一些中肯的意见。

感谢参考文献中的各位作者！在本书的编写过程中，我参考了他们的教材或著作，从中受到启发，学到了很多知识，并引用了其中的一些图和反应式。

感谢每一位为本书的编著、出版提供帮助和支持的朋友！

李小瑞

Email：yjhxjc@sust.edu.cn

陕西科技大学，西安

2016 年 3 月

第 1 章 　绪论　　　　　　　　　　　　　　　　　　　　1

第 2 章 　烷烃和环烷烃　　　　　　　　　　　　　　　28

第3章　烯烃和炔烃 54

第4章　二烯烃　共轭体系 95

第5章　有机化学中的波谱方法　119

第6章　芳烃　芳香性　153

第7章　立体化学　191

第8章　卤代烃　210

第 9 章　醇和酚　　　　　　　251

第 10 章　醚和环氧化合物　　288

第 11 章　醛、酮和醌　　302

第 12 章　羧酸　343

第 13 章　羧酸衍生物　365

第14章　β-二羰基化合物　　　　385

第15章　有机含氮化合物　　　　399

第 19 章　碳水化合物　　　　**501**

 第 20 章　氨基酸、蛋白质和核酸　　　　**521**

视频微课
(建议在 wifi 环境下扫码观看)

3D 动画

(建议在 wifi 环境下扫码观看)

第1章 | 绪 论

1.1 有机化学发展简史

有机化学是研究有机化合物的来源、制备、结构、性质及其变化规律的科学，是化学学科的一个重要分支，也是有机化学工业的理论基础。有机化学与人们的日常生活息息相关，与经济建设和国防建设密不可分，不论是化学工业、能源工业、材料工业、医药工业，还是电子工业、国防工业等都离不开有机化学。有机化学还为材料科学、生命科学、环境科学等相关科学的发展提供了理论、技术和材料。

人类几千年前就懂得通过对动植物进行简单加工来获取有机化合物。例如，我国古代的酿酒、酿醋、制糖、制皂。后来，随着人们对自然探索的不断深入和实验手段的逐步完善，化学家已经能够从天然动植物中分离出许多纯的有机化合物，例如从葡萄汁中提取酒石酸、从尿中提取尿素、从柠檬汁中提取柠檬酸、从鸦片中得到了第一个生物碱——吗啡。由于这些有机物都来源于有生命的动植物体，一直到19世纪初，化学家们都坚定地认为，所有的有机化合物都是来源于生物体。当时享有盛名的瑞典化学家 J. Berzelius（柏则里）曾经断言，有机化合物只能在生物体内通过神秘莫测的"生命力"作用才能产生。1825年，年轻的德国化学家 F. Wohler（魏勒）发现由氰酸和氨水制成的氰酸铵经加热后会转变成一种白色粉末状固体。经过3年的潜心研究，他确定这种白色粉末正是哺乳动物的代谢产物——尿素。

$$NH_4OCN \xrightarrow{60℃} H_2N-\overset{\overset{\displaystyle O}{\|}}{C}-NH_2$$

氰酸铵（无机物）　　　　尿素（有机物）

这是人类第一次在实验室里合成出天然产物。1828年，Wohler 抑制不住内心的激动，写信给他的老师 Berzelius 说："我得到了尿素，居然不需要肾！"尿素的人工制备，对"生命力"学说产生了强大的冲击，是有机化学史上的重要转折点。虽然当时这项开创性的成果并未得到大多数化学家的认可，但后来越来越多的有机化合物在实验室里被合成出来。例如，1845年，H. Kolbe（柯尔伯）合成出乙酸，1854年 M. Berthelot（伯赛罗）合成出油脂。在大量的科学事实面前，化学家们摒弃了"生命力"学说，有机化学得到了快速发展。

当时的研究表明，有机化合物的基本组成主要是碳元素。于是，德国化学家 L. Gmelin（格美林）于1848年提出，有机化合物就是含碳化合物，有机化学就是研究含碳化合物的化学。事实上，有机化合物除了含有碳元素外，还含有氢、氧、氮、硫、磷、卤素等元素，其中尤以碳、氢元素为主。因此，1874年，德国化学家 K. Schorlemmer（肖莱马）又将有机化学定义为研究碳氢化合物及其衍生物的化学。

正当有机化学的理论与概念发生演变的时候，英国化学家 W. H. Perkin（珀金）的一项意外发现，打开了合成染料工业的大门。1856 年，年仅 18 岁的 Perkin 试图以甲苯胺类化合物为原料，通过氧化反应制备抗疟疾药物奎宁，却意外得到了一种污浊的黑色沉淀物，它溶解在乙醇中呈艳丽的紫色，可用作染料，这就是后来闻名于世的苯胺紫。于是，Perkin 辞去了英国皇家学院的工作，开办了第一家合成染料工厂，专门生产苯胺紫。在 Perkin 发明苯胺紫后，寻找新型合成染料已成为当时有机合成的研究热点，在后来的 20 多年里，孔雀绿、结晶紫、茜素、靛蓝等合成染料相继问世，从此以后，有机化学进入了合成时代。19 世纪，人们以煤焦油为原料不仅合成出大量的染料，还制备出许多药物、炸药等有机化合物，如阿司匹林、三硝基甲苯（TNT）等。

有机合成的迅猛发展，为有机化学理论研究提供了大量的实验资料。1858 年，德国化学家 F. Kekulé（凯库勒）和英国化学家 A. S. Couper（库帕）首次提出碳四价和碳链的概念；1861 年，俄国化学家 A. Butlerov（布特列罗夫）提出了化学结构的系统概念；1874 年，荷兰化学家 J. H. van't Hoff（范特霍夫）和 J. A. Le Bel（勒贝尔）同时提出四面体学说，建立了立体有机化学的基础，并解释了对映异构和几何异构现象。

进入 20 世纪，随着量子化学研究中价键理论（VB）、分子轨道理论（MO）、配位场理论三种化学键理论的建立和发展，人们对化学键的微观本质有了更深刻的了解，且伴随着仪器分析手段的提高，人们对有机化合物的结构与性能有了更深刻的认识，从而奠定了现代有机化学的理论基础。

1.2   有机化合物的特性

化合物之所以分为有机化合物和无机化合物，除了历史上的"生命力"学说外，主要还是因为有机物与无机物在组成、结构、性质等方面存在显著的差异。

1.2.1   组成特点

组成有机化合物的元素并不多。除 C、H 以外，绝大部分只含有 O、N、S、P、F、Cl、Br、I 等少数元素，而且一种有机化合物分子中只含其中少数元素。但是，有机化合物数量却非常庞大，已知由合成或分离方法获得，并已确定其结构和性质的有机化合物在几千万种以上，这个数目还在不断增长，远远超过无机化合物的总和（十来万种）。而且，每年还有许多新的有机化合物被发现或合成出来。

1.2.2   结构特点

有机物中原子间通常以共价键的方式相互结合，同分异构现象十分普遍，导致有机化合物数目庞大、结构复杂。

1.2.3   性质

有机化合物原子间以共价键相互结合的结构特点，导致其性质与无机化合物有明显差异。主要表现在：

（1）大多数有机化合物易燃   如汽油、酒精等有机化合物均易燃；而通常无机物耐高温，不能燃烧。

（2）熔点、沸点较低   通常情况下，有机化合物的熔点很少高于 300℃。例如：

化合物	分子量	熔点/℃	沸点/℃
CH_3COOH	60	16.6	118
NaCl	58	800	1440

（3）热稳定性差，受热易分解　许多有机化合物加热到 $200\sim300℃$ 时就开始分解。例如，蔗糖很容易炒成"糖色"，而食盐则不会。

（4）难溶于水，易溶于有机溶剂　一般情况下，有机化合物极性较小，而水的极性很强，介电常数很大，根据"相似相溶"规律，有机物大多难溶于水，易溶于非极性或极性小的有机溶剂。

（5）反应速率慢，副产物多　以共价键为主要键合形式的有机分子不像以离子键结合的无机物那样容易解离，使得多数有机反应速率缓慢，需要加热或在催化剂存在条件下进行，且副产物较多。有机反应产率达 80% 就相当可观，产率达 40% 的有机反应就有合成价值。

当然也有少数有机物例外，如 CCl_4 可用作灭火剂，蔗糖、乙醇极易溶于水，TNT（三硝基甲苯）引爆时分解速率极快，以爆炸方式进行。

1.3　有机化合物的分子结构和结构式

分子是由原子按照一定的键合顺序和空间排列而结合在一起的整体，这种键合顺序和空间排列关系称为分子结构（molecular structure）。分子结构通常包括组成分子的原子之间的连接顺序和连接方式，即分子的构造（constitution），以及各原子在空间的相对位置，即分子的构型（configuration）和构象（conformation）。

有机化合物的分子结构和结构式

分子的理化性质不仅取决于组成原子的种类和数目，更取决于分子的结构。结构决定性质，性质反映结构，这是有机化学教与学的主线。例如，乙醇（CH_3CH_2OH）和二甲醚（CH_3OCH_3）的元素组成相同，分子式都是 C_2H_6O，但分子结构不同，因而物理和化学性质各异，是两种不同的化合物。这种分子式相同、结构式不同的化合物称为同分异构体（isomers）。

分子结构通常用结构式表示。有机化学中使用的结构式包括 Lewis（路易斯）式、短线式、缩简式、键线式，其中缩简式和键线式比较常用。下面举例说明。

【例 1-1】　2-甲基丙醇的结构式。

Lewis式
书写麻烦，不常用

短线式
较麻烦，不常用

缩简式
常用

键线式
常用

【例 1-2】　苯的结构式。

Lewis式　　　　短线式　　　　缩简式　　　　键线式

1.4 有机化合物中的共价键

有机化合物中的共
价键之价键理论

碳是第二周期第四主族元素，其电负性为 2.5，近似等于电负性最大的元素（氟，4.0）和最小的元素（铯，0.7）的平均值。因此，碳既不易得到电子，也不易失去电子，通常以共价键与其他原子或原子团相连。

共价键具有饱和性（saturation）和方向性（directionality）。在有机化学中，共价键的饱和性体现在所有的碳原子必须是四价，因为碳有四个外层价电子，可形成四个共价键；共价键的方向性则体现在成键原子间必须沿着电子云密度最大的方向重叠成键。

1.4.1 共价键的形成

描述共价键有两种理论：价键理论（covalent-bond theory，简称 VB 法）和分子轨道理论（molecular orbital theory，简称 MO 法）。将价键理论和分子轨道理论结合起来，可以较好地说明有机分子的结构。

1.4.1.1 价键理论

价键理论认为，共价键的形成是成键原子的原子轨道或电子云相互交盖（相互重叠）的结果。两个原子轨道中自旋相反的两个电子在轨道交盖（重叠）区域内为两个原子所共有，共用电子对对两个成键原子的原子核有吸引作用，减小了两原子核之间的排斥力，降低了体系的能量而成键。

根据价键理论的观点，成键电子处于成键原子之间，是定域的。例如，氢分子的形成（图 1-1）。

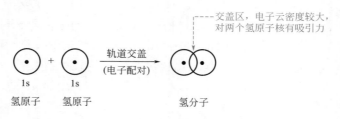

图 1-1 氢分子的形成（VB 法）

碳原子的外层电子排布为 $2s^2 2p_x^1 2p_y^1 2p_z^0$，只有两个单电子，但有机化合物中的碳原子却都是四价的。为什么？杂化轨道理论可给出合理解释。

1931 年，L. Pauling（鲍林）在价键理论的基础上提出了杂化轨道理论。由于对有机化合物结构理论的贡献，Pauling 于 1954 年获得 Nobel（诺贝尔）化学奖。杂化轨道理论认为，碳原子在成键时所用的轨道不是原来纯粹的 s 轨道和 p 轨道，而是 s 轨道和 p 轨道经过线性组合混杂而得到的"杂化轨道"，杂化轨道的数目和参与杂化的原子轨道的数目相同。碳原子的每个杂化轨道中有一个未成对电子，故能与含有未成对电子的轨道成键。碳原子有三种杂化状态。

（1）sp^3 杂化 甲烷分子中的碳原子采取 sp^3 杂化，其能级变化如图 1-2 所示。

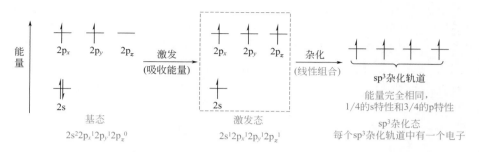

图 1-2　碳原子的 sp^3 杂化及其相关轨道的能级图

sp^3 杂化的结果：

① 4 个 sp^3 杂化轨道能量完全相同，介于 2s 轨道和 2p 轨道之间，每个 sp^3 杂化轨道都具有 1/4 的 s 特性和 3/4 的 p 特性，形状如图 1-3(a) 所示。

② sp^3 杂化轨道的大头一端具有更强的成键能力和更大的方向性。

③ 4 个 sp^3 杂化轨道间取最大的空间距离为正四面体构型，轨道夹角为 109.5°，如图 1-3(b) 所示。

④ 由于 CH_4 中的碳原子采取 sp^3 杂化，在四面体的四个顶点方向电子云密度最大，所以氢原子只能从四面体的四个顶点方向进行重叠，形成 4 个 σ_{C-H} 键。甲烷分子具有四面体构型，如图 1-3(c) 所示。

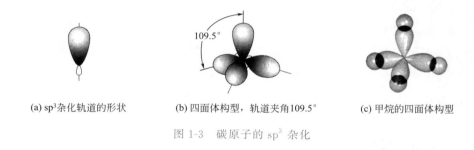

(a) sp^3 杂化轨道的形状　　　(b) 四面体构型，轨道夹角109.5°　　　(c) 甲烷的四面体构型

图 1-3　碳原子的 sp^3 杂化

（2）sp^2 杂化　乙烯分子中的碳原子采取 sp^2 杂化，如图 1-4 所示。

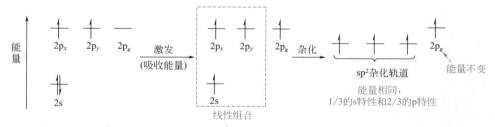

图 1-4　碳原子的 sp^2 杂化及其相关轨道的能级图

sp^2 杂化的结果：

① 3 个 sp^2 杂化轨道能量完全相同，介于 s 轨道和 p 轨道之间，每个 sp^2 杂化轨道都具有 1/3 的 s 特性和 2/3 的 p 特性。

② sp^2 杂化轨道的形状与 sp^3 杂化轨道的形状相似。由于 s 特性更多一些，sp^2 杂化轨道比 sp^3 杂化轨道略"胖"。如图 1-5（a）所示。

③ 3 个 sp^2 杂化轨道取最大轨道夹角 120°，为平面三角构型。如图 1-5(b) 所示。

④ 未参与杂化的 p_z 轨道的能量和形状保持不变，仍为哑铃形，且与三个 sp^2 杂化轨道所在平面垂直。如图 1-5(c) 所示。

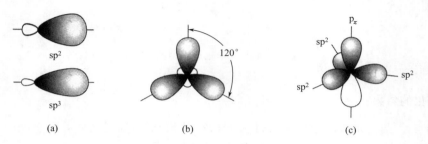

图 1-5 碳原子的 sp^2 杂化轨道与 sp^2 杂化碳原子

由于碳原子采取 sp^2 杂化，乙烯分子中的 6 个原子共平面。4 个 C—H 键由碳原子的 sp^2 杂化轨道和氢原子的 1s 轨道"头对头"重叠形成，C＝C 中的 σ 键由两个 sp^2 杂化轨道"头对头"重叠形成，同时，两个碳原子上的未参与杂化的 p 轨道"肩并肩"重叠形成 π 键。如图 1-6 所示。

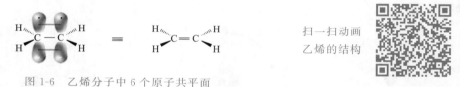

扫一扫动画
乙烯的结构

图 1-6 乙烯分子中 6 个原子共平面

（3）sp 杂化 乙炔分子中的碳原子采取 sp 杂化，如图 1-7 所示。

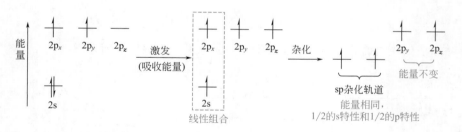

图 1-7 碳原子的 sp 杂化及其相关轨道的能级图

sp 杂化的结果：

① 两个 sp 杂化轨道能量完全相同，都具有 1/2 的 s 特性和 1/2 的 p 特性。

② sp 杂化轨道的 s 特性更多一些，轨道形状更"胖"。如图 1-8（a）所示。

③ 两个 sp 杂化轨道取最大夹角 180°，为直线构型。如图 1-8（b）所示。

④ 未参与杂化的 p_y 和 p_z 轨道能量和形状保持不变，仍为哑铃形，且与两个 sp 杂化轨道垂直。如图 1-8(c) 所示。

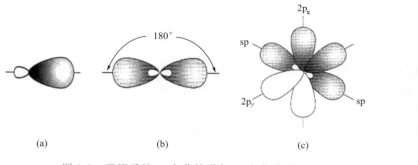

扫一扫动画
乙炔的结构

(a) (b) (c)

图 1-8 碳原子的 sp 杂化轨道与 sp 杂化碳原子

由于碳原子采取 sp 杂化，乙炔中的 4 个原子共直线。

小结：

① 不同杂化态碳原子的电负性不同。s 特性越多，电负性越大：sp 杂化碳（电负性 3.3）＞sp^2 杂化碳（电负性 2.7）＞sp^3 杂化碳（电负性 2.5）。由于 sp 杂化碳的电负性较强，炔氢具有微弱的酸性（详见第 3 章 3.5.9.1）。

② 杂化轨道可形成 σ 键，如 C—C、C—H、C—Cl、C—Br、C—O、C—N 等。σ_{C-C} 键是有机分子构成碳链或碳环的基础。

③ 未参与杂化的 p 轨道可形成 π 键，如 C=C、C=O、C≡C 、 C≡N 中的 π 键。

1.4.1.2 分子轨道理论

分子轨道理论的要点：

① 能量相近的 n 个原子轨道通过线性组合可形成 n 个分子轨道，任何一个分子轨道都是属于整个分子的。

② 分子轨道中的节面（电子云密度为零的平面）越多，其能级越高。能级低于原子轨道的分子轨道称为成键轨道，能级高于原子轨道的分子轨道称为反键轨道，能级与原子轨道相同的，称为非键轨道。

③ 基态下，电子填入分子轨道时遵循 F. Hund（洪德）规则。即电子优先填入能量最低的分子轨道，每个分子轨道最多可填入两个自旋相反的电子；低能级轨道填满后，电子依次进入能级较高的分子轨道；两个电子填入两个等价分子轨道时，分占轨道，自旋平行。

当两个氢原子接近时，两个 1s 轨道可组合形成两个分子轨道。两个电子填入能级较低的成键轨道，而能级较高的反键轨道是空的。如图 1-9 所示。

在有机化学中，分子轨道理论用来处理 p 电子或 π 电子比较方便。

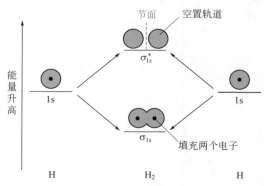

图 1-9 氢原子和氢分子轨道能级示意图

1.4.2 共价键的基本属性

1.4.2.1 键长

成键原子的平衡核间距称为键长（bond length），以 nm 表示（$1nm = 10^{-9}m$）。键长越短，化学键越牢固，越不容易断开。不同的共价键有不同的键长，如表 1-1 所示。

表 1-1 有机分子中常见的共价键键长

共价键	键长/nm	共价键	键长/nm
C—C	**0.154**	C—Cl	0.177
C—H	0.109	C—Br	0.191
C—N	0.147	C—I	0.212
C—O	0.143	C=C	**0.134**
C—F	0.139	C≡C	0.120

相同的共价键，处于不同的化学环境时，键长也稍有差异。如表 1-2 所示。

表 1-2 不同化学环境下的 C—C 键和 C—H 键键长

键型(C—CH₃)	键长/nm	键型(C—C)	键长/nm	键型(C—H)	键长/nm
CH_3—CH_3	0.153	CH_2=CH—CH=CH_2	0.148	CH_3CH_2—H	0.109
CH_3CH_2—CH_3	0.154	CH_2=CH—C≡CH	0.147	$CH_3CH_2CH_2CH_2$—H	0.110
$CH_3CH_2CH_2$—CH_3	0.154	CH_3CH=CH—CHO	0.146	CH_2=CH—H	0.108
C_6H_5—CH_3	0.152	CH_2=CH—CN	0.143	CH_2=CHCH=CH—H	0.108
OHC—CH_3	0.146	CH≡C—CHO	0.145	OHC—CH=CH—H	0.107
NC—CH_3	0.146	OHC—CHO	0.138	OHC—H	0.106
NC—C≡C—CH_3	0.146	CH≡C—C≡CH	0.138	CH≡C—H	0.106
		CH≡C—CN	0.138		
		N≡C—C≡N	0.138		

1.4.2.2 键能

形成共价键时体系所放出的能量，或者共价键断裂时体系所吸收的能量，称为键能（bond energy）。键能越大，共价键越牢固，越不容易断裂。不同分子中的同一种共价键或者同一种分子内不同位置的共价键，其键能也不尽相同。键能反映了共价键的强度，是决定一个反应能否进行的基本参数之一。表 1-3 是一些常见共价键的键能。

表 1-3 一些常见共价键的键能

共价键	键能/(kJ/mol)	共价键	键能/(kJ/mol)
H_3C—CH_3	377	H_3C—NH_2	360
H_3C—CH=CH_2	426	H_3C—F	460
H—CH_3	439	H_3C—Cl	350
H—CH_2CH_3	420	H_3C—Br	294
H—$CH(CH_3)_2$	410	H_3C—I	240
H—$C(CH_3)_3$	400	H_2C=CH_2	728
HO—CH_3	385	HC≡CH	954

1.4.2.3 键角

键与键之间的夹角称为键角（bond angle）。例如：

甲烷　　　　　戊烷　　　　　二甲醚　　　　　甲醛

键角反映分子的空间结构。键角与成键中心原子的杂化态有关，也受分子中其他原子的影响。

1.4.2.4 键的极性和诱导效应

（1）键的极性　如果由两个完全相同的原子形成共价键，则电子云就会在两个原子间对称分布，这时正电荷与负电荷的中心完全重合，这种键称为非极性共价键。例如，氢分子中的 H—H 键、乙烷分子中的 C—C 键等都是非极性共价键。而当成键的原子不相同时，由于成键原子吸引电子的能力不同，即电负性不同，电负性大的原子周围，电子云密度会更大些，呈现部分负电荷（一般用 δ^- 表示）；而另一端则电子云密度较小，呈现部分正电荷（一般用 δ^+ 表示），这种键具有极性，称为极性共价键。例如：

$$\overset{\delta^+}{H}—\overset{\delta^-}{Cl} \qquad \overset{\delta^+}{H_3C}—\overset{\delta^-}{Cl} \qquad \overset{\delta^+}{H_3C}—\overset{\delta^-}{OH}$$

δ^+ 代表部分正电荷，δ^- 代表部分负电荷

一般情况下，成键原子电负性差大于 1.7，形成离子键；成键原子电负性差为 0.5～1.6 时，形成极性共价键。两成键原子的电负性差值越大，键的极性（bond polarity）越强。键的极性越强，越有利于离子型反应的发生。键的极性用偶极矩（键矩，dipole moment）来度量：

$$\mu = qd$$

式中，μ 是键的偶极矩，C·m（库仑·米）；q 是正、负电中心所带的电量，C；d 是正负电中心之间的距离，m。

偶极矩是矢量，具有方向性，一般用 $\longmapsto$ 来表示。箭头所指的方向代表电子云的流动方向。例如：

$$\overset{\delta^+}{H}—\overset{\delta^-}{Cl} \quad \mu = 3.57 \times 10^{-30}\,C·m$$

电负性（electronegativity）反映原子吸引电子能力的相对强弱，它决定化学键的极化状态。有机化学中一些常见元素的 Pauling 电负性近似值如表 1-4 所示。

表 1-4　有机化学中较常见元素的电负性值

H						
2.1						
Li	Be	B	C	N	O	F
1.0	1.5	2.0	2.5	3.0	3.5	4.0
Na	Mg	Al	Si	P	S	Cl
0.9	1.2	1.5	1.8	2.1	2.5	3.0
K	Ca					Br
0.8	1.0					2.8
						I
						2.6

注：不同杂化态碳原子的电负性不同。sp^3 杂化碳原子的电负性为 2.5，sp^2 和 sp 杂化碳原子的电负性分别为 2.7 和 3.3。

（2）**分子的极性** 分子的极性（molecular polarity）是由键的极性而引起的，分子的偶极矩等于键的偶极矩的矢量和。例如：

$$\mu=6.17\times10^{-30}\text{C·m} \qquad \mu=0 \qquad \mu=6.47\times10^{-30}\text{C·m} \qquad \mu=3.28\times10^{-30}\text{C·m}$$

（无极性）

分子的极性影响化合物的沸点、熔点和溶解度等。

（3）**诱导效应** 由于成键原子或基团的电负性不同而引起的成键电子云的转移称为诱导效应（inductive effect）。例如，1-氯丁烷分子中的诱导效应：

$$CH_3 \overset{\delta\delta\delta^+}{-}CH_2 \longrightarrow \overset{\delta\delta^+}{CH_2} \longrightarrow \overset{\delta^+}{CH_2} \longrightarrow \overset{\delta^-}{Cl}$$

在上述分子中，氯原子具有吸电子诱导效应。由于氯原子的电负性大于碳原子，C—Cl 之间的电子云朝着氯原子一端转移，使氯原子带有部分负电荷（δ^-），而 C1 上则带有部分正电荷（δ^+）；由于 C1 上带有部分正电荷，它会使 C1—C2 之间的电子云也朝向 C1 转移，导致 C2 上也带有少量的正电荷（$\delta\delta^+$）；同理，C2—C3 之间的电子云朝向 C2 转移，导致 C3 上带有更少量的正电荷（$\delta\delta\delta^+$）。

诱导效应具有下列特点：

① 诱导效应由成键原子的电负性不同而引起。吸电子诱导效应以"$-I$"表示，给电子诱导效应以"$+I$"表示。

② 诱导效应沿 σ 键传递。随着碳链增长，诱导效应迅速减弱。相隔 2～3 个碳原子后，诱导效应几乎为零。

③ 用直箭头表示由诱导效应引起的电子云的转移方向。

共价键小结：

① 绝大多数有机物分子中都存在共价键。

② 共价键的键能和键长反映键的强度，即分子的热稳定性。

③ 键角反映分子的空间结构。

④ 键的偶极矩和键的极性反映分子的化学反应活性和物理性质。

1.4.3 共价键的断裂方式与有机反应的类型

1.4.3.1 均裂

共价键断裂时，成键电子对平均分配给两个成键原子的断裂方式称为均裂。

$$Y:X \xrightarrow{\text{均裂}} Y\cdot + \cdot X$$

（"半弯箭头"表示一个电子的转移）

例如：

$$\dot{C}l + H:CH_3 \longrightarrow HCl + \cdot CH_3$$

非极性共价键易发生均裂，均裂的反应条件是**光照、辐射、加热或有过氧化物**存在。均裂的结果是产生具有不成对电子的原子或基团——自由基。

有自由基参与的反应叫作自由基反应或均裂反应。

1.4.3.2 异裂

共价键断裂时，成键电子对保留在其中一个成键原子上的断裂方式称为异裂。

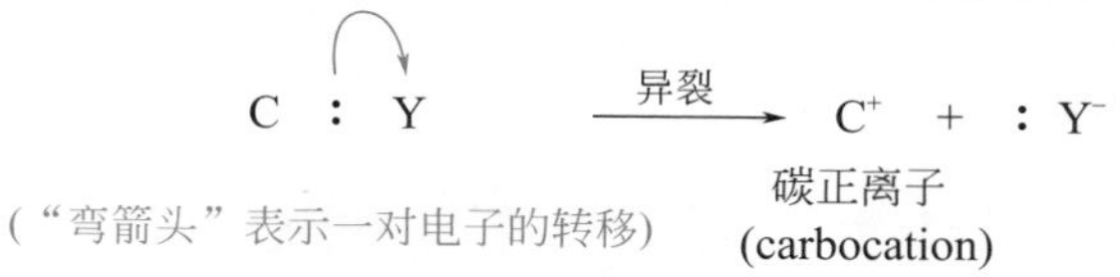

C : Y
异裂
C+ + :Y−
碳正离子
(carbocation)
(“弯箭头”表示一对电子的转移)

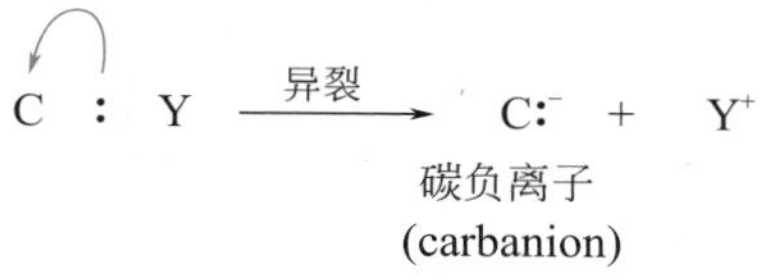

C : Y
异裂
C:− + Y+
碳负离子
(carbanion)

例如：

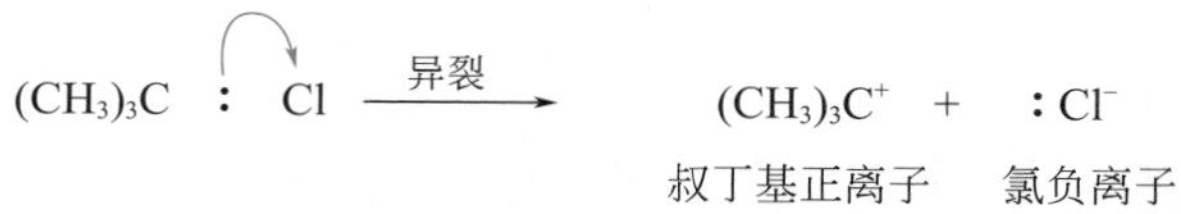

(CH3)3C : Cl
异裂
(CH3)3C+ + :Cl−
叔丁基正离子
氯负离子

极性共价键易发生异裂，异裂的反应条件是**有极性试剂或极性溶剂**存在。

异裂的结果产生带正电荷或负电荷的离子。

发生共价键异裂的反应，叫作离子型反应或异裂反应。

1.4.3.3 周环反应

经环状过渡态，一步完成，旧键的断裂和新键的生成同时进行的反应称为周环反应。例如：

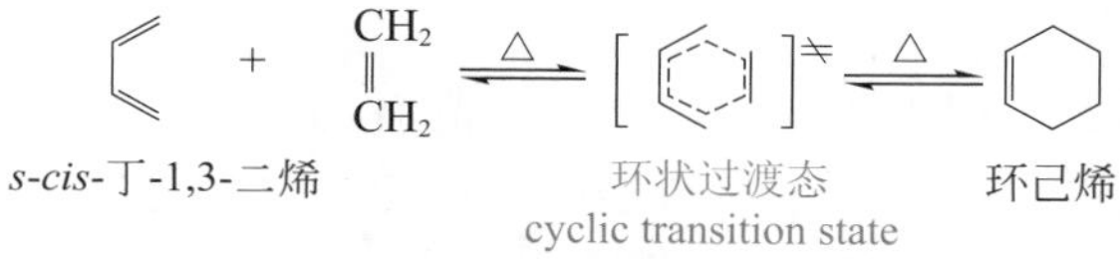

CH2
CH2
s-cis-丁-1,3-二烯
环状过渡态
cyclic transition state
环己烯

自由基反应、离子型反应、周环反应三类有机反应的主要区别见表 1-5。

表 1-5 三类有机反应的主要区别

反应类型	键的断裂方式	活性中间体	催化剂
自由基反应	均裂	自由基	引发剂
离子型反应	异裂	正离子或负离子	催化剂
周环反应	协同	无	无

1.5 分子间相互作用力

1.5.1 偶极-偶极相互作用

偶极-偶极相互作用（dipole-dipole interaction）是极性分子间最普遍的一种相互作用，即一个极性分子带有部分正电荷的一端与另一分子带有部分负电荷的一端之间的吸引作用。

【例 1-3】 氯化氢分子间的偶极-偶极相互作用。

δ+ δ− δ+ δ−
H—Cl----H—Cl
Cl—H----Cl—H
δ− δ+ δ− δ+

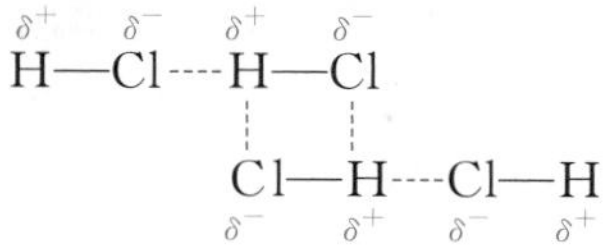

【例1-4】 羰基化合物分子间的偶极-偶极相互作用。

$$\begin{array}{ccc} & & R \quad\quad R' \\ & & \diagdown \ \diagup \\ & & \overset{\delta^-}{O} \quad \overset{\delta^+}{C} \\ \uparrow & \overset{\delta^+}{C} \quad \overset{\delta^-}{O} & \downarrow \\ & \diagup \quad \diagdown & \\ & R \quad\quad R' & \end{array}$$

【例1-5】 丙酮与丁烷的沸点比较。

化合物	分子量	沸点/℃	分子间作用力
丙酮	58	56	有偶极-偶极相互作用
丁烷	58	-0.5	无偶极-偶极相互作用

1.5.2 色散力

瞬时偶极间的相互作用力称为色散力（dispersion force）。整体上，非极性分子的电子云是均匀分布的。但由于分子或电子的运动会导致分子中电子云局部分布不均匀，产生的局部偶极称为瞬时偶极（instantaneous dipole）。而这种瞬时偶极又会诱导邻近分子也产生和它相吸引的瞬时偶极。虽然，瞬时偶极存在时间极短，但上述情况却不断重复着，使得分子间始终存在着引力。这种力可从量子力学理论计算出来，而其计算公式与光色散公式相似，因此，把这种力叫作色散力。色散力又称为范德华力（Van der Waals force）。

色散力是一种很弱但普遍存在的分子间作用力，其大小与分子间的接触面积有关。例如，随着分子量增大，直链烷烃分子中的电子数增多，分子间色散力作用增强，沸点依次升高。

极性分子间存在着偶极-偶极相互作用力和色散力，非极性分子间主要存在色散力。例如，烷烃、烯烃、炔烃、苯、Br_2、I_2 等分子间作用力主要是色散力，这些非极性分子与分子量相同或相近的极性分子相比较，非极性分子的沸点较低。

1.5.3 氢键

当氢原子与电负性很大且半径较小的原子（如 O、N、F 等）相连时，电子云明显偏向电负性较大的原子，使氢原子变成近乎裸露的质子。此时，带部分正电荷的氢原子若与另一个电负性很强的原子相遇，则发生强的静电吸引作用，使氢原子在两个电负性很强的原子之间形成桥梁，从而形成氢键（hydrogen bond）。氢键以虚线表示。例如：

$$\begin{array}{cc} & O \quad\quad CH(CH_3)_2 \\ & \| \quad\quad | \\ (CH_3)_2CH \quad H\cdots O \quad\quad\quad bp\ 82.4℃ \\ & | \\ & H \end{array}$$

$(CH_3)_2C{=\!=}O$ 分子间不能形成氢键，bp 56℃

氢键具有饱和性和方向性，其键能（约 20kJ/mol）远小于普通的化学键（约 $10^2 \sim 10^3$ kJ/mol）。氢键与有机化合物的许多物理、化学性质有关，一些生物大分子（如蛋白质、核酸等）的空间结构和生理活性也与氢键有关。

偶极-偶极相互作用、色散力和氢键均属于分子间作用力，其强度大小的一般顺序为：

氢键＞偶极-偶极作用力＞色散力

1.6 有机化学中的酸碱理论

考察有机化合物的酸碱性，可以帮助我们判断许多有机反应能否发生。有机化学中常用的酸碱理论有 Brønsted（布朗斯特）酸碱理论、Lewis（路易斯）酸碱理论、软硬酸碱理论三种。

1.6.1 Brønsted 酸碱理论

Brønsted 酸碱理论认为，能够给出质子的分子或离子是酸，能够接受质子的分子或离子是碱。一个酸给出质子后即变为一个碱，这个碱又叫作原来酸的共轭碱（conjugate base）；碱接受质子后形成的质子化物质，称为该碱的共轭酸（conjugate acid）。从本质上来说，Brønsted 酸碱理论认为酸碱反应是将酸中的质子释放给碱，因此该理论又称为质子酸碱理论。例如：

$$CH_3COOH + H_2O \rightleftharpoons CH_3COO^- + H_3O^+$$
$$\text{酸} \qquad \text{碱} \qquad \text{酸的共轭碱} \quad \text{碱的共轭酸}$$

从结构上讲，具有酸性的有机化合物都含有易解离的氢原子。这些易解离的氢原子通常与电负性较大的原子（如 O、N）相连。例如：

苯磺酸　　　　　　三氟乙酸　　　　　　乙酸　　　　　　苯酚

乙醇　　　　　　乙酰胺　　　　　　甲胺

具有碱性的有机化合物通常带有孤对电子或负电荷。例如：

甲氨基负离子　　乙氧基负离子　　苯氧基负离子　　　甲胺　　　　二甲醚　　　甲醇

有些有机化合物既能给出质子，又能接受质子，它们既是酸又是碱。例如，乙醇既有弱酸性，又有弱碱性，既能与强碱（如 $NaNH_2$）反应放出质子，生成 C_2H_5ONa，又能接受浓硫酸中的质子，形成 $C_2H_5O^+H_2$；乙胺也具有两性，可以接受水分子中的质子，显示出碱性，也可与氨基钠反应，放出质子，显示其酸性。

$$\text{酸} \qquad \text{碱} \qquad \text{酸的共轭碱} \quad \text{碱的共轭酸}$$

$$\mathbf{C_2H_5OH} + NH_2^- \rightleftharpoons C_2H_5O^- + NH_3$$

$$H_2SO_4 + \mathbf{C_2H_5\ddot{O}H} \rightleftharpoons HSO_4^- + C_2H_5\overset{+}{O}H_2$$

$$H_2O + \mathbf{C_2H_5\ddot{N}H_2} \rightleftharpoons OH^- + C_2H_5\overset{+}{N}H_3$$

$$\mathbf{C_2H_5NH_2} + NH_2^- \rightleftharpoons C_2H_5NH^- + NH_3$$

酸或碱的强度取决于释放或接受质子的能力。释放质子的能力越强，酸的强度就越强；接受质子的能力越强，碱的强度就越强。因此，强酸的共轭碱一定是弱碱，强碱的共轭酸一定是弱酸，反之亦然。

化合物的酸碱强度因介质不同而异，是相对的。一般以水为溶剂，即以 H_2O 和 H_3O^+ 为标准的共轭酸碱。通常用 K_a 或 pK_a（$pK_a = -\lg K_a$）来表示酸的强度，pK_a 越小或 K_a 越大，酸性越强。一些化合物的 pK_a 值列于表1-6中。

表 1-6 一些化合物的 pK_a 值

化合物名称	酸	pK_a	共轭碱
乙烷	CH_3CH_3	51	$^-CH_2CH_3$
甲烷	CH_4	48	$^-CH_3$
乙烯	$CH_2{=}CH_2$	44	$^-CH{=}CH_2$
氨	NH_3	38	$^-NH_2$
氢气	H_2	35	H^-
乙炔	$CH{\equiv}CH$	25	$CH{\equiv}C^-$
丙酮	CH_3COCH_3	19.2	$^-CH_2COCH_3$
叔丁醇	$(CH_3)_3COH$	18	$(CH_3)_3CO^-$
乙醇	CH_3CH_2OH	15.9	$CH_3CH_2O^-$
水	H_2O	15.7	^-OH
甲铵离子	$CH_3NH_3^+$	10.64	CH_3NH_2
碳酸氢根离子	HCO_3^-	10.33	CO_3^{2-}
苯酚	C_6H_5OH	9.95	$C_6H_5O^-$
铵离子	NH_4^+	9.24	NH_3
乙酰丙酮	$CH_3COCH_2COCH_3$	9.0	$(CH_3COCHCOCH_3)^-$
硫化氢	H_2S	7.04	HS^-
碳酸	H_2CO_3	6.36	HCO_3^-
乙酸	CH_3COOH	4.76	CH_3COO^-
苯铵离子	$C_6H_5NH_3^+$	4.63	$C_6H_5NH_2$
苯甲酸	C_6H_5COOH	4.19	$C_6H_5COO^-$
甲酸	$HCOOH$	3.75	$HCOO^-$
氢氟酸	HF	3.2	F^-
氯乙酸	$ClCH_2COOH$	2.86	$ClCH_2COO^-$
三氟乙酸	CF_3COOH	0.18	CF_3COO^-
磷酸	H_3PO_4	2.1	$H_2PO_4^-$
硝酸	HNO_3	-1.4	NO_3^-
水合氢离子	H_3O^+	-1.74	H_2O
甲醇合氢离子	$CH_3O^+H_2$	-2.5	CH_3OH
丙酮合氢离子	$(CH_3)_2C{=}O^+H$	-3.8	$(CH_3)_2C{=}O$
苯磺酸	$C_6H_5SO_3H$	-6.5	$C_6H_5SO_3^-$
盐酸	HCl	-7	Cl^-
氢溴酸	HBr	-8	Br^-
硫酸	H_2SO_4	-9	HSO_4^-
氢碘酸	HI	-9	I^-
六氟锑酸	$HSbF_6$	<-12	SbF_6^-

注：分子中含有不止一种 H 时，黑体的"**H**"显较强的酸性。

1.6.2 Lewis 酸碱理论

Lewis 酸碱理论认为，凡能接受外来电子对的分子或离子为酸，凡能给出电子对的分子或离子为碱。即电子接受体为酸，电子给予体为碱。Lewis 酸碱反应是酸接受碱给予的电子，形成酸碱加合物的反应。例如：

Lewis 酸		Lewis 碱		酸碱加合物
H^+	$+$	$H_2\ddot{O}$	$\longrightarrow$	H_3O^+
BF_3	$+$	$\ddot{N}H_3$	$\longrightarrow$	BF_3-NH_3
$AlCl_3$	$+$	Cl^-	$\longrightarrow$	$AlCl_4^-$

亲电试剂（electrophilic reagent）是指在化学反应中对电子具有亲和作用的物质，一般带有正电荷或空轨道，能够接受电子对。

Lewis 酸通常是缺电子的分子或离子、分子中的极性基团（如 $C=O$、$C\equiv N$ 等），在化学反应中接受电子，可作为亲电试剂。例如：

Lewis 酸　　　　　$F-B\overset{F}{\underset{F}{}}$　　　　　　H^+　　　　　　$\overset{\delta^+}{H_2C}=\overset{\delta^-}{O}$

解释　　　硼不满足八隅体　　　有空的 1s 轨道　　　碳原子上带有部分正电荷
　　　　　有空的 p 轨道　　　可接受电子　　　可接受亲核试剂（Nu^-）的进攻
　　　　　BF_3 是缺电子化合物

亲核试剂（nucleophilic reagent）是指在化学反应中对碳原子核具有亲和作用的物质，一般带有负电荷或孤对电子，能够给出电子对。

Lewis 碱通常为带有孤对电子的分子、负离子，在化学反应中给出电子，可作为亲核试剂。常见的 Lewis 酸和 Lewis 碱如表 1-7 所示。

表 1-7　有机化学中常见的 Lewis 酸和 Lewis 碱

Lewis 酸	Lewis 碱
BF_3、$AlCl_3$、$FeCl_3$、$SnCl_4$、$ZnCl_2$、$LiCl$、$MgCl_2$、SO_3、$R_2C=O$，CO_2，$RC\equiv CR$，H^+，R^+，Ag^+，$^+NO_2$ 等	CO、$R_2C=CR_2$、H_2O、NH_3、CH_3OH、CH_3OCH_3、X^-、CN^-、RNH^-、RO^-、$^-CH_3$、R^- 等

Lewis 碱与 Brønsted 碱是一致的，但 Lewis 酸的范围比 Brønsted 酸的范围大得多。Brønsted 酸碱理论和 Lewis 酸碱理论在有机化学中都有重要的用途。

1.6.3 软硬酸碱理论

许多化学反应可以看成是 Lewis 酸碱反应，但反应的难易程度并不能用 Lewis 酸碱理论进行判断。R. G. Pearson（佩尔森）于 1963 年提出了软硬酸碱理论（hard and soft acids and bases theory，简写作 HSAB），用"软"和"硬"来形容酸碱束缚电子的松紧程度。软酸、软碱的电子云比较松散，容易变形，可极化度高；而硬酸、硬碱的电子云被原子核束缚得很紧，不易变形，可极化度低。例如：

H^+、Al^{3+}、BF_3 属于硬酸，它们体积小（H^+）、正电荷多（Al^{3+}）、电负性高（BF_3

中的氟），可极化度小；

Ag^+、Hg^{2+}、Br_2、RX 属于软酸，它们体积大、正电荷少、电负性低，可极化度高；

SO_4^{2-}、F^-、$O(C_2H_5)_2$ 属于硬碱，它们的可极化度低，不易被氧化；

SO_3^{2-}、$CH_2=CH_2$、$S(C_2H_5)_2$ 属于软碱，它们的可极化度高，易被氧化。

"软"和"硬"之间并没有明确的界限，有些化合物会处于软和硬的交界处。常见的软硬酸碱见表 1-8。

表 1-8 常见的软硬酸碱

项目	硬	交界	软
酸	H^+，Li^+，Na^+，K^+，Mg^{2+} Ca^{2+}，Al^{3+}，Cr^{3+}，Fe^{3+} BF_3，$Al(CH_3)_3$，$AlCl_3$ SO_3，RCO^+，CO_2 HX（能形成氢键的分子）	Fe^{2+}，Cu^{2+}，Zn^{2+} $B(CH_3)_3$，SO_2，R_3C^+ $C_6H_5^+$	RX，ROTs Cu^+，Ag^+，Hg^{2+}，CH_3Hg^+ $(BH_3)_2$，RS^+ Br^+，I^+，HO^+，Br_2，I_2 CH_2（卡宾）
碱	H_2O，HO^-，F^-，Cl^-，AcO^- PO_4^{3-}，SO_4^{2-}，ClO_4^-，NO_3^- ROH，R_2O，RO^- NH_3，RNH_2，N_2H_4	$C_6H_5NH_2$，C_5H_5N N_3^-，Br^-，NO_2^-，SO_3^{2-} N_2	RSH，R_2S，RS^-，HS^- I^-，SCN^-，CN^- R_3P C_2H_4，C_6H_6，R^-，H^-

软硬酸碱理论认为硬酸优先与硬碱结合，软酸优先与软碱结合，处于交界区的酸碱反应产物稳定性适中，反应速率适中。例如，乙烯在室温下就可与溴起加成反应，属于软酸亲软碱：

$$CH_2=CH_2 + Br_2 \xrightarrow{\text{室温}} \underset{Br}{\overset{Br}{CH_2-CH_2}}$$
软碱   软酸

根据软硬酸碱理论也可判断化合物的稳定性。如 H_2SO_4 是硬酸（H^+）和硬碱（HSO_4^-）形成的化合物，可长期稳定放置，而 H_2SO_3 是硬酸和交界碱形成的化合物，稳定性较差，易分解。又如 $BF_3—O(C_2H_5)_2$ 是由硬酸和硬碱形成的化合物，其稳定性强于 $BF_3—S(C_2H_5)_2$，后者是硬酸和软碱反应形成的。

1.7 有机化合物的分类

有机化合物数量庞大。为了更系统、更方便地介绍或讨论有机化合物，可按照其分子结构采取两种分类方法：按碳架分类和按官能团分类。

1.7.1 按碳架分类

按碳架分类，有机化合物可分为：开链化合物（亦称脂肪族化合物）、脂环族化合物、芳香族化合物和杂环化合物。

开链化合物——分子中的碳原子连接成链状,亦称脂肪族化合物。例:
open chain compound

$CH_3CH_2CH_2CH_3$ $CH_2=CH-CH=CH_2$ $CH_3(CH_2)_{16}COOH$

丁烷   丁-1,3-二烯   硬脂酸

脂环族化合物——原子连接成环,但性质似脂肪族的化合物。例:
alicyclic compound

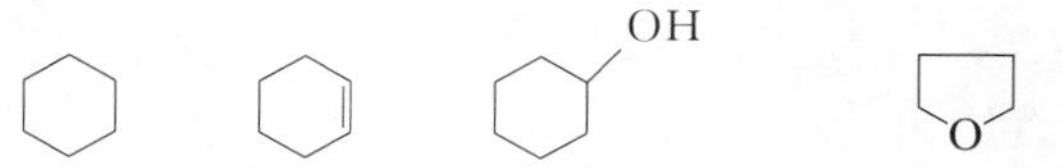

环己烷   环己烯   环己醇   四氢呋喃

芳香族化合物——含有苯环的一大类化合物。例:
aromatic compound

苯   苯酚   苯甲酸   萘   蒽

杂环化合物——含有杂原子构成环、有一定芳香性的环状化合物。例:
heterocyclic compound

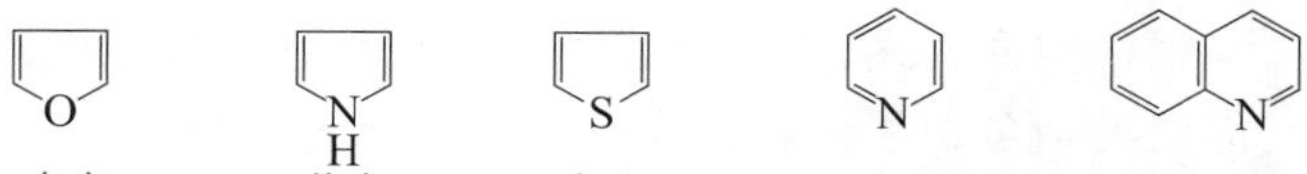

呋喃   吡咯   噻吩   吡啶   喹啉

有机化合物 organic compound

1.7.2 按官能团分类

官能团 (functional group) 是决定化合物典型性质的原子或基团。官能团常常决定着化合物的主要性质,反映着化合物的主要特征。含有相同官能团的化合物具有相似的化学性质,是同类化合物。

按官能团分类可将有机物分为:烷烃、烯烃、炔烃、卤代烃、芳香烃、醇、酚、醚、醛、酮、醌、羧酸、羧酸衍生物、硝基化合物、胺、重氮和偶氮化合物等。例如:

	$H_2C=CH_2$	$HC\equiv CH$	C_2H_5-OH	C_6H_5-OH
化合物名称	乙烯	乙炔	乙醇	苯酚
官能团类别	烯	炔	醇	酚

	$C_2H_5-O-C_2H_5$	H—C—H (O)	CH_3—C—CH_3 (O)	CH_3—C—OH (O)
化合物名称	乙醚	甲醛	丙酮	乙酸
官能团类别	醚	醛	酮	羧酸

本教材采用脂肪族和芳香族混编体系,以官能团为主线,介绍和讨论有机化合物。

通常将以上两种分类方法结合使用。例如:

化合物	$CH_2=CHCH_2CH_3$	$CH_3CH_2CH_2COOH$	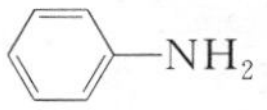 —NH_2
分类	开链烯烃	脂肪族羧酸	芳香族伯胺

1.8 有机化合物系统命名概论

1.8.1 有机化合物的名称

① 根据中国化学会《有机化合物命名原则 2017》(简称为 CCS-2017),有机化合物的名

称包括：俗名、半俗名（亦称半系统名）、IUPAC 系统名和其他系统命名。同一化合物由不同的命名方法或途径可以得到不同的名称。但无论以何种方式命名，化合物名称所表示的结构应该是唯一的。如表 1-9 所示。

表 1-9　俗名、半俗名、IUPAC 系统命名举例

化合物结构	俗名	半俗名 （半系统名）	IUPAC 系统命名	
			取代名	官能团类别名
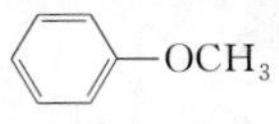 ⬡—OCH₃	茴香醚 anisole	—	甲氧基苯 methoxybenzene	甲基苯基醚 methyl phenyl ether
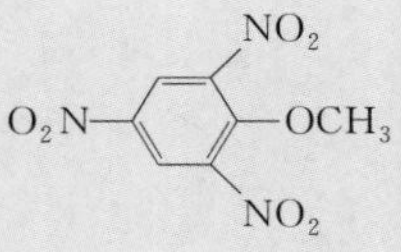 O₂N—⬡(NO₂)(OCH₃)(NO₂)	—	2,4,6-三硝基茴香醚 2,4,6-trinitroanisole	2-甲氧基-1,3,5-三硝基苯 2-methoxy-1,3,5-trinitrobenzene	甲基(2,4,6-三硝基苯基)醚 methyl 2,4,6-trinitrophenyl ether

② 根据构词方式，有机化合物系统命名的名称又分为：取代名、官能团类别名、取代基-官能团类别名、并合名、置换名、缀合名、加合名、减脱名、Hantzsch-Widman 命名名等 10 余种类型。例如：

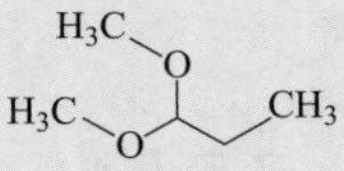 1,1-二甲氧基丙烷 1,1-dimethoxypropane	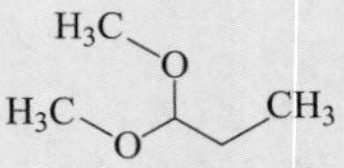 丙醛二甲基缩醛 propanal dimethyl acetal	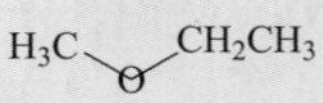 乙基甲基醚 ethyl methyl ether
取代名	官能团类别名	官能团类别名 取代基-官能团类别名
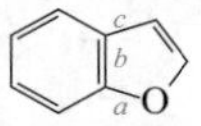 苯并[b]呋喃 benzofuran	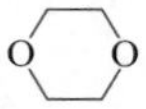 1,4-二氧杂环己烷 1,4-dioxacyclohexane	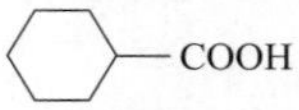 环己烷甲酸 cyclohexanecarboxylic acid
并合名	置换名	缀合名
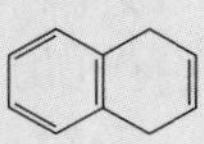 1,4-二氢萘 1,4-dihydronaphthalene	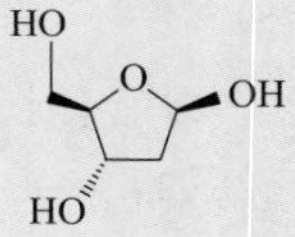 2-脱氧核糖 Deoxyribose	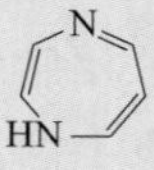 1,4-二氮杂环庚熳 1,4-diazepine
加合名	减脱名	Hantzsch-Widman 命名名

其中取代名和官能团类别名是最重要、最常见的系统命名名称，本教材主要介绍这两种系统命名。

③ 官能团类别名是以化合物分子中官能团的类名为词尾，前面加以母体结构或由母体

结构衍生来的名称而构成的。当由母体结构衍生来的名称为取代基时（英文书写成分开的单词），则可进一步称为取代基-官能团类别名。例如：

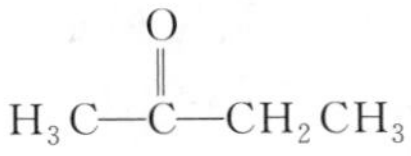

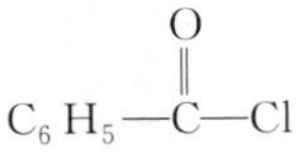

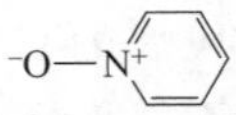

$(CH_3)_3C—Br$ $H_3C—\overset{\displaystyle O}{\overset{\|}{C}}—CH_2CH_3$ $C_6H_5—\overset{\displaystyle O}{\overset{\|}{C}}—Cl$ $—O—N^+$

叔丁基溴   乙基甲基酮   苯甲酰氯   吡啶氧化物

tert-butyl bromide   ethyl methyl ketone   benzoyl chloride   pyridine oxide

官能团类别名   官能团类别名

取代基-官能团类别名

官能团类别名在早期的有机化学中使用较多，现已多改用取代名。

④ 通常情况下所说的有机化合物的系统命名主要指取代名，即母体结构骨架原子上的氢原子被其他原子或基团所取代而形成的化合物的名称，其构成为：前缀＋母体结构＋后缀。最常见的母体结构是母体氢化物，其次是官能性母体。表 1-10 列举了一些简单化合物的取代名及其母体结构。

表 1-10 取代名及母体氢化物举例

序号	待命名化合物结构	母体氢化物 或官能性母体结构	前缀或后缀	CCS-2017 取代名 及英文名称
1	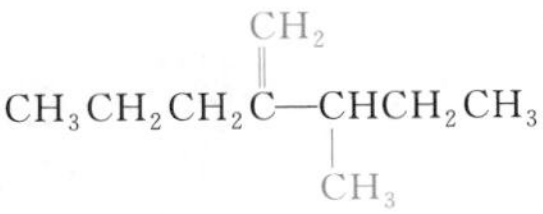 $CH_3CH_2CH_2\overset{\displaystyle CH_2}{\underset{\displaystyle CH_3}{C}}—CHCH_2CH_3$	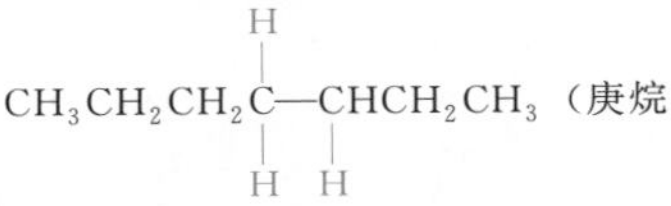 $CH_3CH_2CH_2\overset{\displaystyle H}{\underset{\displaystyle H}{C}}—\overset{\displaystyle H}{\underset{\displaystyle H}{C}}HCH_2CH_3$（庚烷） （选最长的链）	$CH_3—$，$CH_2=$ 甲基和甲亚基只能 作前缀；前缀按英 文字母排序	3-甲基-4-甲亚基**庚烷** 3-methyl-4- methylene**heptane**
2	$CH_3CH_2\overset{\displaystyle O}{\overset{\|}{C}}CH_3$	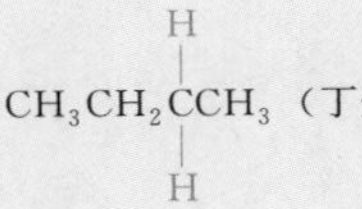 $CH_3CH_2\overset{\displaystyle H}{\underset{\displaystyle H}{C}}CH_3$（丁烷）	$O=$，既可作前缀， 亦可作后缀。此处 作后缀，称为"酮"	丁烷-2-酮（亦可 简称为：丁-2-酮） **butan**-2-one
3	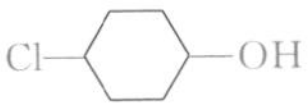 $Cl—\hexagon—OH$	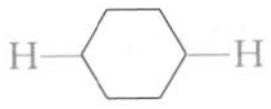 $H—\hexagon—H$（环己烷）	$Cl—$只能作为前缀； $HO—$既可作前缀， 又可作后缀。此时 作后缀，称为"醇"	4-氯**环己烷**-1-醇 （亦可简称为： 4-氯**环己醇**） 4-chloro**cyclohexan**-1-ol
4	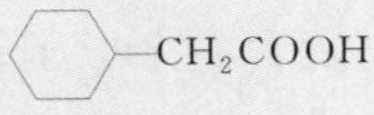 $\hexagon—CH_2COOH$	$H—CH_2COOH$（乙酸） 英文为俗名，中文为系统命名； acetic acid 为官能性母体	 $\hexagon—$（环己基） 只能作前缀； acetic acid 为官能 性母体	2-环己基**乙酸** 2-cyclohexyl**acetic acid**

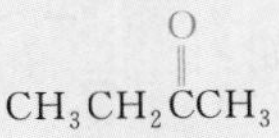

1.8.2 母体氢化物和官能性母体

确定有机化合物的系统命名时，首先要确定和命名它的母体结构作为词根，然后在母体结构命名的基础上，根据被命名化合物的具体结构加上前缀、后缀，用以精确表达由母体结构到真实化合物之间的结构差异，形成完整的命名。作为最常见的母体结构，母体氢化物是命名有机化合物的基础和出发点。

母体氢化物（parent hydride）的定义是：无分叉的链状或环状结构以及具有俗名或半

系统命名的无环或有环结构，而且其上仅连接有氢原子的化合物。以表 1-10 中化合物 1 的命名为例：根据 CCS-2017，应该选择最长的碳链作为母体氢化物。化合物 1 分子中无分叉的最长碳链含有七个碳原子，因此化合物 1 的母体氢化物是庚烷（heptane）。但化合物 1 的真实结构是庚烷的 C3 和 C4 上分别有一个 CH_3— 和一个 CH_2 ==（甲亚基）取代，而烃基只能作前缀而不能作后缀，且前缀要以英文字母顺序排列，所以化合物 1 的系统命名为：3-甲基-4-甲亚基庚烷。

化合物 3 是环状结构作为母体氢化物的一个实例。该化合物的结构特点是环己烷分子中 C1 和 C4 上分别有 HO— 和 Cl— 取代，因此其母体氢化物是环己烷（cyclohexane）。根据 CCS-2017，Cl— 是只能作前缀的特性基团；而 HO— 是既能作前缀又能作后缀的特性基团，因为该分子中没有顺序更加优先的特性基团，此时 HO— 作后缀，称为"醇"。综上所述，化合物 3 系统命名为：4-氯环己烷-1-醇（4-chlorocyclohexan-1-ol）。将"4-氯环己烷-1-醇"中的"烷"字和 HO— 的位次"1"省略时，不会引起误解或混淆，故该化合物的命名也可简化为：4-氯环己醇。

官能性母体（functional parent）是指具有英文俗名的、含有一个或多个特性基团的化合物。表 1-10 中的"2-环己基乙酸"就是以官能性母体为母体结构的简单实例。英文中乙酸（acetic acid）、苯胺（aniline）、苯酚（phenol）等因采用俗名命名，故属于官能性母体；但环己醇（cyclohexanol）不能称为官能性母体，因为"cyclohexanol"不是英文俗名，而是官能化的母体氢化物。

1.8.3 特性基团

1.8.3.1 特性基团的含义

特性基团是加在母体氢化物上的杂原子或含有杂原子的基团。例如：

多特性基团化
合物的命名

$$特性基团\begin{cases} 单个杂原子：—Cl，==O 等 \\ 带氢的杂原子或杂原子基团：—NH_2，—OH，—SH，—SO_3H 等 \\ 含单个 sp^2 杂化或 sp 杂化碳原子的杂原子基团：—CHO，—COOH，—CN 等 \end{cases}$$

特性基团（characteristic group）与官能团（functional group）的含义非常相似。许多原子或基团，如—X、—NH_2、—OH、—COOH、—CHO、—CN 等，既是官能团，又是特性基团。因此，在大多数情况下官能团与特性基团的含义相同，但特性基团和官能团的含义又不完全相同。官能团是决定有机化合物性质的原子或基团，不一定含有杂原子；而特性基团是 IUPAC 在命名有机化合物时使用的专门术语，必须含有杂原子。例如，烯烃和炔烃中的 C==C、C≡C 是官能团，因为它们的存在使得烯烃和炔烃易发生加成、氧化反应，但它们不是特性基团，因为它们不含杂原子。又如，酮分子中的羰基（ C==O ）包含一个 sp^2 杂化碳以双键与氧原子相连，是官能团。但酮用取代法命名时，虽然是以"酮（-one）"作为后缀，但"酮"字的含义并不包含碳，仅指结构中的特性基团"==O"。例如：$CH_3COCH_2CH_3$ 的取代名为丁烷-2-酮（butan-2-one，亦可简称为：丁-2-酮），其母体化合物是丁烷（butane），已经包含了羰基中的碳原子，所以此时"酮"字的含义并不包含羰基碳。

1.8.3.2 特性基团优先次序规则

分子中含有两种或两种以上特性基团的化合物称为多特性基团化合物。命名多特性基团（不能作后缀者除外）化合物时，只能根据"特性基团优先次序规则"选择一种特性基团作为后缀，此基团称为主特性基团或主体基团。

同一特性基团作为前缀或后缀时的名称并不相同。表 1-11 是根据 CCS-2017，结合基础有机化学教学实际，整理出来的常见特性基团用作前缀或后缀时的名称及其优先次序（注意：表 1-11 中没有 C═C 和 C≡C）。排在前面的特性基团优先作为主特性基团（后缀），排在后面的特性基团作为取代基（前缀），而排在最后的—OR、—X（卤素）、—NO₂ 等，只能作为前缀，不能作为后缀。对于那些既能作后缀又能作前缀的特性基团，则在命名具体化合物时按照其在特性基团优先次序规则中的位置选择主特性基团。

表 1-11　常见特性基团的优先次序

化合物类别	特性基团	作前缀时名称	作后缀时名称	帮助记忆"顺口溜"
羧酸	—COOH	羧基	酸；甲酸[①]	
磺酸	—SO₃H	磺酸基	磺酸	
酸酐	$\overset{O}{\underset{}{—C}}—O—\overset{O}{\underset{}{C—}}$	—	酸酐	
酯	—COOR	（烃）氧（基）羰基	酸(烃)基酯；甲酸(烃)基酯[①]	
酰卤	$\overset{O}{\underset{}{—C}}—X$	卤羰基	酰卤；甲酰卤[①]	
酰胺	$\overset{O}{\underset{}{—C}}—NH_2$	氨基羰基	酰胺；甲酰胺[①]	羧酸、磺酸、酸酐、酯、酰卤、酰胺、有机腈、醛基、酮基、醇羟基、酚、巯、氨基看顺序，前面的优先作后缀。烃氧基、卤素和硝基，它们只能作前缀。
腈	—C≡N	氰基	腈	
醛	—CHO	甲酰基	醛	（此"顺口溜"仅仅是为帮助学生记忆而编。为了保持节奏性，对特性基团作为前缀或后缀的叫法未做严格区分，"醛基""酮基"等叫法也并不十分规范）
酮	═O	氧亚基	酮	
醇、酚	—OH	羟基	醇、酚	
硫醇、硫酚	—SH	巯基	硫醇、硫酚	
胺	—NH₂	氨基	胺	
醚	—OR	烃氧基	—	
硫醚	—SR	烃硫基	—	
卤化物	—X	卤原子名称	—	
硝基化合物	—NO₂	硝基-	—	

① 当—COOH、—COOR、—COX、—CONH₂ 等特性基团连在环状母体氢化物或杂原子上时，作后缀时的名称为：甲酸、甲酸(烃)基酯、甲酰卤、甲酰胺。

例如，化合物 5 的命名。该分子中共有四种特性基团：三个—Cl、一个—COOH、一个

=O 和一个—OH。其中—Cl 只能作为前缀，而—COOH、=O、—OH 三种可作后缀的特性基团中，—COOH 在特性基团优先次序规则中排在最前面，故选择—COOH 作为主特性基团（后缀）。而其余特性基团均作为前缀，按英文字母顺序排列，写在母体化合物名称（环己烷）的前面。

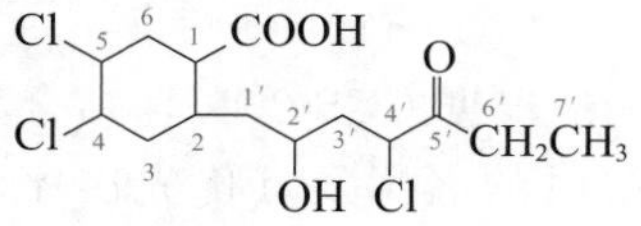

4,5-二氯-2-（4-氯-2-羟基-5-氧亚基庚基）环己烷-1-甲酸
4,5-dichloro-2-（4-chloro-2-hydroxy-5-oxoheptyl）cyclohexane
-1-carboxylic acid

化合物 5

1.8.4 有机化合物系统命名的一般步骤

由于取代名是最常见、最重要的系统命名名，本教材仅介绍取代法命名的一般步骤。图 1-10 是取代命名法的一般思考顺序和步骤。

选母体 { (1)根据特性基团优先次序规则，确定用作后缀的主特性基团(即主体基团)的名称
(2)根据被命名化合物的具体结构，确定并命名用作词根的母体氢化物，包括一些相应的前缀

定编号 { (3)按照编号规则和最低位次组原则，尽可能对结构进行编号

正名称 { (4)按照英文字母先后顺序，确定前缀的排列顺序
(5)写出化合物的完整名称
(6)如果被命名化合物有明确的立体异构，还要在合适的位置加上立体化学词头

图 1-10 取代法命名的一般思考顺序和步骤

1.8.4.1 选母体

无论命名有环化合物还是命名无环化合物时，都要首先根据特性基团优先次序规则和该化合物的结构，确定作为后缀的主特性基团。然后，根据被命名化合物的骨架结构特征，确定母体氢化物。

（1）无环化合物按照下列顺序逐条对照（">"表示"优于"），依次思考，直到确定母体氢化物：包含主特性基团个数最多的链>最长的链>汇集重键数量最多的链>汇集双键数量最多的链>作为后缀的主特性基团位次或位次组最低的链>前缀中取代基数目最多的链>所有取代基的数字位次组最低的链>按照英文字母顺序排列在前面的前缀或取代基的链。为了便于记忆，可将上述思考顺序简化为：主特性基团>链长>重键>双键>取代基个数>最低位次组>前缀英文字母等。例如化合物 1 的命名，要选择最长碳链（庚烷）而不是重键数最多的碳链（戊-1-烯）为母体氢化物。

（2）命名环系化合物时，按照如下顺序逐条对照，依次思考，方可确定主环或主环系：①含有主特性基团数目最多的环优先作为主环；②杂环>所有碳环；③高位环>低位环；④芳环、煨环>脂碳环；⑤大环>小环；⑥取代基较多的环>取代基较少的环。例如，"苯并［b］呋喃"就是杂环优于碳环作为主环的具体实例，即呋喃环是主环，苯环是并合体。"［b］"表示两环的并合方式是共用呋喃环的"b"边。

（3）命名环-链化合物时，依然要首先确定主特性基团。选择带有最多主特性基团个数的环或链作为母体氢化物，且不论环的大小和链的长短。例如化合物 5，虽然六元环的侧链有七个碳原子，但是由于主特性基团—COOH 连在六元环上，所以要选择环己烷为母体氢

化物；又如化合物 6，链上有更多的主特性基团，故选择链作为母体氢化物。

1-(4-羟基环己基) 己烷-1,6-二醇
1-(4-hydroxycyclohexyl) hexane-1,6-diol
（链上有更多的主特性基团）

化合物 6

1.8.4.2 定编号

（1）一般情况下，按照下列优先顺序对母体结构进行编号：①将额外氢（即斜体氢，用"*H*"表示）的位次编号最小；②将主特性基团的位次编号最小；③将重键的位次编号最小；④若双键、三键处于相同的位次供选择时，将双键的位次编号最小；⑤将取代基或前缀的位次组编号最小；⑥当以不同方向进行编号得到的位次组均完全相同时，将前缀中排列靠前的取代基编号最小。为了方便记忆，可将上述顺序简化为：额外氢＞主特性基团＞重键＞双键＞取代基位次组＞前缀英文字母。

例如：①命名化合物 5，对环状母体结构进行编号时，要将与主特性基团—COOH 所连接的碳原子编为 1 号，然后根据最低位次组原则继续编号；对母体结构上的取代基进行编号时，要从靠近连接点（带游离价键的原子）的一端开始编号，将带游离价键的原子编为 1 号；②命名化合物 7 时，应从左向右编号使重键位次编号最小，而不能从右向左编号使取代基位次编号最小；

化合物 7

正确命名：
5-乙基-4-甲基-6-甲亚基辛-3-烯-1-炔
5-ethyl-4-methyl-6-methyleneoct-3-en-1-yne
不能命名为：
4-乙基-5-甲基-3-甲亚基辛-5-烯-7-炔（未将重键位次编号最小）

（2）当按照以上编号规则从不同方向编号，得到两种不同的编号系列时，要遵循最低（小）位次组原则。例如化合物 8 和化合物 9 的命名。

化合物 8

（*E*）-6-乙亚基-4-甲基-3-甲亚基壬烷
（*E*）-6-ethylidene-4-methyl-3-methylenenonane
直接选最长碳链为母体氢化物，编号要符合最低位次组原则，不能命名为：（*E*）-4-乙亚基-6-甲基-7-甲亚基壬烷。因为位次组（3,4,6）小于（4,6,7）

化合物 9

2-乙基-1-异丙基-4-丙基环己烷
2-ethyl-1-isopropyl-4-propylcyclohexane
编号要符合最低位次组原则，不能命名为：1-乙基-2 异丙基-5-丙基环己烷。因为位次组（1,2,4）小于（1,2,5）

（3）原子和基团位次（locant of atoms and groups）的标明，一律采用位次数字插入它们所代表的名称之前。例如，化合物 7 不能命名为：5-乙基-4-甲基-6-甲亚基-3-辛烯-1-炔。

1.8.4.3 正名称

（1）CCS-2017 建议采用 IUPAC 的方法，按照英文字母顺序来排列取代基或前缀。对于没有进一步取代的简单取代基来说，描述取代基个数的字头（如 di、tri、tetra 等）和描述取代基形状的斜体字头（如 *n*-、*tert*-、*sec*- 等）不计入字母顺序。例如：bromo（溴）排

在 chloro（氯）的前面；ethyl（乙基）排在 methyl（甲基）的前面；methyl（甲基）排在 methylidene（甲亚基）的前面；isopropyl（异丙基）排在 methyl（甲基）的前面；*tert*-butyl（叔丁基）排在 ethyl（乙基）的前面，等等。

"前缀按照英文字母顺序排列"是 CCS-2017 最显著的改变，这个改变要求我们在命名有机化合物时必须掌握一些常见基团的英文名称。因此，本教材附录二给出了常见特性基团作为前缀和后缀的英文名称，附录三给出了常见烃基的英文名称。化合物 5～11 及其他相关化合物的英文名称中，用蓝色粗体带下划线标记的英文字母均为前缀按英文字母顺序排列的关注点，它们都是按英文字母顺序排列前缀的具体实例。

值得注意的是：当确定并命名了母体氢化物和主特性基团（后缀）之后，要先对母体结构进行编号，然后再考虑前缀的排列顺序。编号时要遵循编号规则和最低位次组原则，如化合物 9 所示。只有当以不同方向进行编号得到的位次组相同时，才会将英文字母顺序靠前的前缀编号尽量小，如化合物 10 所示。否则，在编号时过多考虑前缀的排列方式而不顾最低位次组原则，会导致不正确的命名结果。

H₃C—⟨ benzene ring ⟩—CH₂CH₃
化合物10

1-乙基-4-甲基苯（1-ethyl-4-methylbenzene）
两种编号的位次组均为（1,4），将前缀排列靠前者（ethyl）编号最小

（2）如果被命名化合物有明确的立体异构，还要在合适的位置加上立体化学词头。例如，化合物 11 的命名。

化合物 11

（Z）-1-溴-1,2-二氯丙-1-烯
（Z）-1-bromo-1,2-dichloroprop-1-ene
或者：*trans*-1-溴-1,2-二氯丙-1-烯

本章精要速览

（1）有机化学是研究碳氢化合物及其衍生物的来源、制备、组成、结构、性质及其变化规律的科学。

（2）有机化合物元素组成简单，却数目繁多，广泛存在同分异构现象，结构复杂。

有机化合物具有下列特性：①易燃；②熔点、沸点低；③热稳定性差；④难溶于水，易溶于有机溶剂；⑤反应速率慢，副产物多。

（3）有机化合物中原子之间主要以共价键相连接。共价键具有饱和性和方向性。

价键理论常用于描述定域体系或 σ 键，分子轨道理论常用于描述离域体系或 π 键；碳原子有三种杂化态：sp^3（电负性2.5）、sp^2（电负性2.7）、sp（电负性3.3）。

（4）共价键的键能和键长反映键的强度，即分子的热稳定性。键长越小，键能越大，键越牢固。

键角反映分子的空间结构。

键的偶极矩和键的极化性反映分子的化学反应活性和它们的物理性质。键的极性越大，越容易发生离子型反应。

（5）诱导效应——由于成键原子的电负性不同而引起的成键电子云的转移。吸电子诱导效应用 $-I$ 表示，推电子诱导效应用 $+I$ 表示。诱导效应沿着 σ 键传递，并随碳链增长迅速

减弱。

(6) 有机反应分为三类。非极性共价键易均裂发生自由基反应，极性共价键易异裂发生离子型反应，而周环反应经过环状过渡态，一步完成。

(7) 分子间作用力大小顺序：

$$氢键（约 20kJ/mol）＞偶极-偶极作用力＞色散力$$
$$（普通化学键的键能为 10^2 \sim 10^3 kJ/mol）$$

(8) ① Brønsted 酸碱理论：能给出质子者为酸，能接受质子者为碱。强酸的共轭碱是弱碱，强碱的共轭酸是弱酸。Brønsted 酸碱反应是将酸中的质子释放给碱。物质的 pK_a 越小或 K_a 越大，酸性越强。

② Lewis 酸碱理论：电子对接受体为酸，电子对给予体为碱。Lewis 酸碱反应是酸接受碱给予的电子对，形成酸碱加合物的反应。

③ 软硬酸碱反应规律："硬亲硬，软亲软，软硬交界就不管"。

(9) 有机化合物可按照碳架和官能团分类，两种方法结合使用。例如：CH_3COOH（乙酸）属于开链羧酸。

(10) 取代法系统命名步骤小结：

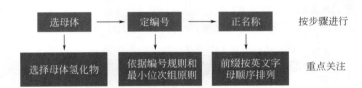

习 题

1. 用简练的文字解释下列术语。

(1) 有机化合物　　　(2) 极性键　　　(3) 同分异构　　　(4) sp^3 杂化

(5) 色散力　　　(6) 诱导效应　　　(7) 异裂　　　(8) 分子结构

(9) Brønsted 酸　　　(10) Lewis 酸　　　(11) 电负性　　　(12) 氢键

2. 下列化合物中，分别有几个 sp^3 杂化的碳原子？有几个 sp^2 杂化的碳原子？有几个 sp 杂化的碳原子？

(1) $CH_3-CH=CH-CH-C\equiv CH$
$\qquad\qquad\qquad\qquad |$
$\qquad\qquad\qquad\quad CH_3$

(2) $CH_2=CH-CH=CH-CH-CH_2-C\equiv C-CH_3$
$\qquad\qquad\qquad\qquad\qquad |$
$\qquad\qquad\qquad\qquad CH_2CH_3$

3. 试判断下列分子哪些具有极性，并指出其方向。

(1) HBr　　　(2) H_2O　　　(3) CH_3-CH_3　　　(4) CH_3OCH_3

(5) CH_2Cl_2　　　(6) $CHCl_3$　　　(7) CCl_4　　　(8) CH_3OH

4. 根据教材表 1-1 和表 1-2 中的数据回答下列问题。

(1) 下列化合物中，编号所指三根 C—H 键的键长是否相等？为什么？

$$\overset{H}{\underset{H}{\text{C}}} = \overset{(1)}{\text{CH}} - \overset{(2)}{\underset{H}{\text{CH}}} - \text{C} \equiv \overset{(3)}{\text{C}} - \text{H}$$

(2) 下列化合物中，编号所指碳碳键的键长是否相等？为什么？

$$\overset{(1)}{\text{CH}_2} = \overset{(2)}{\text{CH}} - \overset{|}{\underset{\overset{|}{\text{CH}_3}}{\text{CH}}} - \text{CH}_2 - \overset{(4)}{\text{C}} \overset{(5)}{\equiv} \text{CH}_3$$

(3) CH_3—F 和 CH_3—I 中，碳氟键与碳碘键的键长为什么不同？

5. 将下列化合物按极性大小排列成序。

(1) CH_4 　　(2) CH_3F 　　(3) CH_3Cl 　　(4) CH_3Br 　　(5) CH_3I

6. 正丁醇（$CH_3CH_2CH_2CH_2OH$）的沸点（117.3℃）比其同分异构体乙醚（$CH_3CH_2OCH_2CH_3$）的沸点（34.5℃）高得多，但两者在水中的溶解度均约为 8g/100g。试解释之。

7. 下列各反应均可看成是酸碱的反应。请注明哪些化合物是酸，哪些化合物是碱，并标明是按照 Brønsted 酸碱理论还是 Lewis 酸碱理论分类的。

(1) $CH_3COOH + H_2O \Longrightarrow H_3O^+ + CH_3COO^-$

(2) $H_2SO_4 + CH_3OH \Longrightarrow HSO_4^- + CH_3OH_2^+$

(3) $(CH_3)_2NH + HNO_3 \Longrightarrow (CH_3)_2NH_2^+ + NO_3^-$

(4) $(C_2H_5)_2\ddot{O} + BF_3 \longrightarrow (C_2H_5)_2\overset{+}{O} - \overset{-}{B}F_3$

8. 指出下列化合物哪些是 Brønsted 酸，哪些是 Brønsted 碱，哪些是 Lewis 酸，哪些是 Lewis 碱，哪些是 Lewis 酸碱加合物。

(1) HCl 　　　　(2) H_2O 　　　　(3) H_3O^+ 　　　　(4) BF_3

(5) $CH_3{}^+NH_3$ 　　(6) CH_3OH 　　(7) $C_2H_5OC_2H_5$ 　　(8) CH_3COOH

(9) NH_3 　　　(10) $AlCl_3$ 　　　(11) CH_3CN 　　　(12) CH_3NH_2

9. 按照不同的碳架和官能团，分别指出下列化合物是属于哪一族、哪一类化合物。

(1) $CH_3 - \overset{\overset{CH_3}{|}}{\underset{\underset{CH_3}{|}}{C}} - \overset{\overset{CH_3}{|}}{\underset{\underset{CH_3}{|}}{C}} - Cl$
　　(2) $CH_3 - \overset{\overset{CH_3}{|}}{\underset{\underset{CH_3}{|}}{C}} - \overset{\overset{CH_3}{|}}{\underset{\underset{CH_3}{|}}{C}} - \overset{\overset{O}{\|}}{C} - OH$
　　(3)

(4)
　　(5)
　　(6)

(7) $CH_3 - \overset{\overset{CH_3}{|}}{\underset{\underset{CH_3}{|}}{C}} - NH_2$
　　(8) $CH_3 - \overset{\overset{H}{|}}{\underset{\underset{CH_3}{|}}{C}} - C \equiv CH$
　　(9)

10. 根据官能团区分下列化合物，哪些属于同一类化合物？称为什么化合物？如果按碳架分，哪些同属一族？属于什么族？

(1)
　　(2)
　　(3)

(4)    (5) 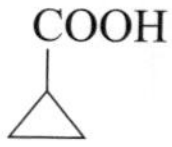 COOH   (6) 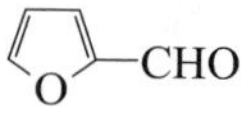 CHO

(7)  COOH   (8) 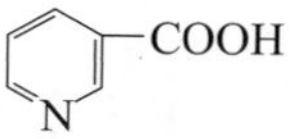 COOH   (9)  OH

11. 指出下列多特性基团化合物中的主特性基团。

(1) 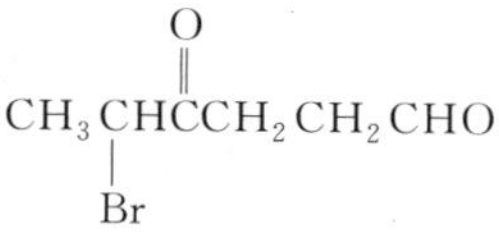 $CH_3CHCH_2CH_2CHO$ 带 O 与 Br

(2)

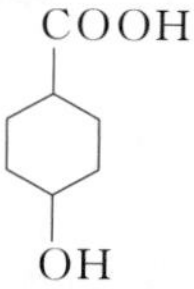

(3)

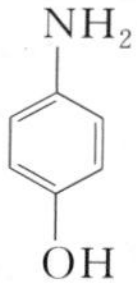

(4)

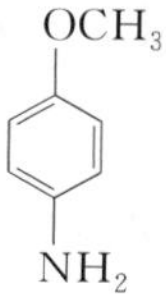

(5)

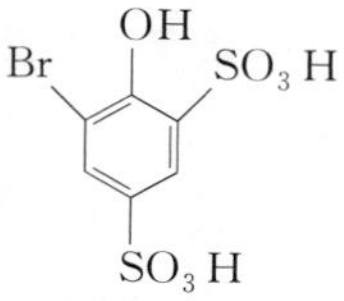

12. 用 CCS-2017 命名下列化合物，并指出各自的母体氢化物。

(1) 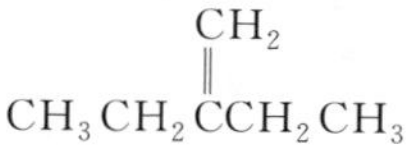 $CH_3CH_2CCH_2CH_3$ 带 CH_2

(2) $CH_3CH_2CHCH_3$ 带 Br

(3) $CH_3-C=CH-C-CH_3$ 带 CH_3 和 O

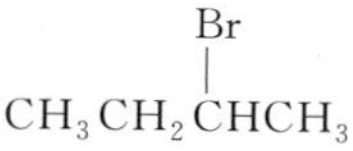

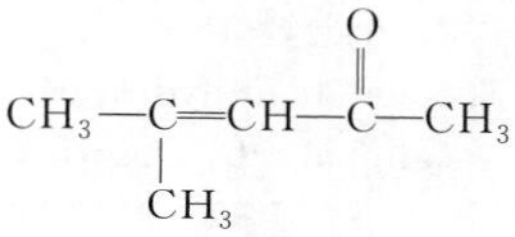

(4) $CH_3CH=CH-CHO$

(5)

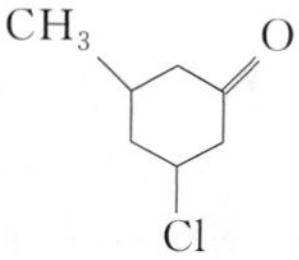

(6)

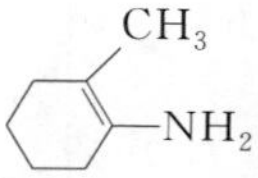

第2章 | 烷烃和环烷烃

分子中只含有碳和氢两种元素的有机化合物称为碳氢化合物，简称烃（hydrocarbon）。烃是有机化合物的母体，烃分子中的氢原子被其他原子或基团取代后，可以得到一系列的衍生物（derivatives），如 RX、ROH 等。

根据烃分子中碳原子间的连接方式，可对烃进行如下分类：

烃分子中的碳原子均以 C—C 单键相连者，称为饱和烃（saturated hydrocarbon）。饱和烃包括烷烃（alkane）和环烷烃（cyclane），其通式分别为 C_nH_{2n+2} 和 C_nH_{2n}。

具有同一通式、结构相似、组成上相差 CH_2 及其整数倍的一系列化合物为同系物（homolog），CH_2 称为系差（homologous difference）。同系物具有相似的结构，因而具有相似的化学性质，物理性质则随着碳原子数目的改变呈规律性的变化。掌握同系列中某些典型化合物的性质，可以推测其他同系物的性质，从而为学习和研究有机化学提供方便。

2.1 烷烃和环烷烃的构造异构

甲烷、乙烷、丙烷、环丙烷都只有一种异构体，但含有 4 个或 4 个以上碳原子的烷烃和环烷烃则不止一种。例如，含有 4 个碳原子的烷烃（C_4H_{10}）和环烷烃（C_4H_8）都各有两种异构体：

$CH_3CH_2CH_2CH_3$	$CH_3\overset{\underset{\textstyle CH_3}{\textstyle\mid}}{C}HCH_3$	□	$\triangle$ 上带 CH_3
正丁烷	异丁烷	环丁烷	甲基环丙烷
mp −138℃	mp −159℃	mp −80℃	mp −177℃
bp −0.5℃	bp 11.7℃	bp 12℃	bp 5℃

正丁烷和异丁烷的分子式相同，但二者结构不同，具有不同的物理性质，是不同的物

质。同理，环丁烷和甲基环丙烷也是具有相同的分子式和不同的分子结构，因而是不同的物质。这种分子式相同而结构不同的化合物称为同分异构体，分子式相同但结构不同的现象称为同分异构现象。由于分子中原子的排列顺序和排列方式不同而产生的异构现象称为构造异构（constitutional isomer）。正丁烷和异丁烷、环丁烷和甲基环丙烷都属于同分异构体中的构造异构体，这类构造异构体是由于碳骨架不同而产生的，故又称为碳架异构。烷烃和环烷烃的构造异构均属于碳架异构。

随着碳原子数增加，烷烃和环烷烃的同分异构体数量迅速增加。烷烃的构造异构体数量如表 2-1 所示。

表 2-1　烷烃构造异构体的数量

碳原子数	构造异构体数	碳原子数	构造异构体数
1～3	1	8	18
4	2	9	35
5	3	10	75
6	5	15	4347
7	9	20	366319

环烷烃的构造异构比烷烃复杂，且异构体数目更多。例如，C_5H_{12}（烷烃）有 3 个同分异构体：

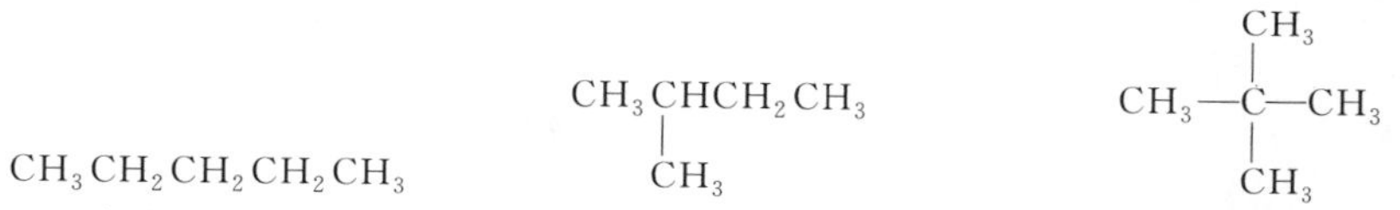

CH₃CH₂CH₂CH₂CH₃	CH₃CHCH₂CH₃ \\ CH₃	CH₃—C—CH₃ (2,2-二甲基丙烷)
戊烷（正戊烷）	2-甲基丁烷（异戊烷）	2,2-二甲基丙烷（新戊烷）

C_5H_{10}（环烷烃）有 5 个异构体：

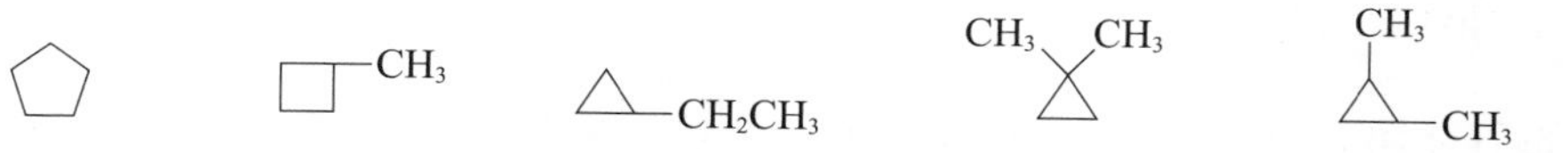

环戊烷　　甲基环丁烷　　乙基环丙烷　　1,1-二甲基环丙烷　　1,2-二甲基环丙烷

同分异构现象是造成有机化合物数量庞大的重要原因之一。

2.2　烷烃和环烷烃的命名

2.2.1　伯、仲、叔、季碳及伯、仲、叔氢

当有机分子中的某一个饱和碳原子与一个、二个、三个或四个碳原子相连时，该碳原子分别称为伯（一级）、仲（二级）、叔（三级）或季（四级）碳原子，分别用 1°、2°、3°或 4°表示。与伯、仲、叔碳原子相连的氢原子，分别称为伯、仲、叔氢原子。例如：

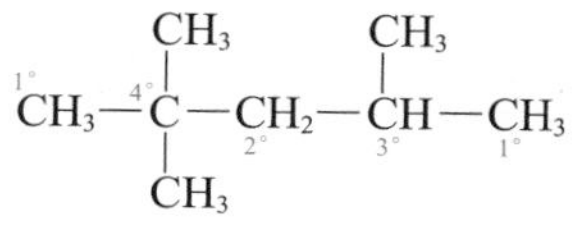

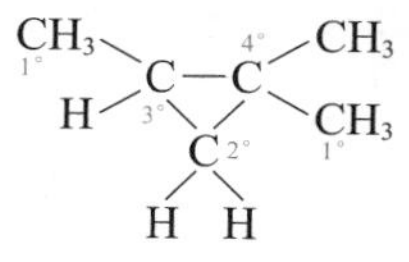

2.2.2　烷基和叉基

烷烃分子从形式上去掉一个氢原子所剩下的基团叫作烷基。例如：

$$CH_3— \qquad CH_3CH_2— \qquad CH_3CH_2CH_2—$$

甲基　　　　　　乙基　　　　　　丙基

methyl　　　　　ethyl　　　　　　propyl

$$\underset{CH_3}{\overset{CH_3}{CH—}} \qquad CH_3CH_2CH_2CH_2—$$

异丙基　　　　　　丁基

isopropyl　　　　　butyl

$$CH_3\overset{CH_3}{\underset{|}{CH}}CH_2— \qquad CH_3CH_2\overset{CH_3}{\underset{|}{CH}}— \qquad CH_3\overset{CH_3}{\underset{\underset{CH_3}{|}}{\underset{|}{C}}}— \qquad CH_3\overset{CH_3}{\underset{\underset{CH_3}{|}}{\underset{|}{C}}}CH_2—$$

异丁基　　　　　　仲丁基　　　　　　叔丁基　　　　　　新戊基

isobutyl*　　　　　sec-butyl*　　　　　tert-butyl　　　　　neopentyl*

2-甲基丙基　　　　丁-2-基　　　　　2-甲基丙-2-基　　　2,2-二甲基丙-1-基

2-methylpropyl　　but-2-yl　　　　2-methylprop-2-yl　2,2-dimethylprop-1-yl

带"＊"者为 IUPAC 不建议继续使用的名称。

烷烃分子从形式上去掉两个氢原子后，以两个单键分别连接分子骨架的两个原子的基团叫作叉基。例如：

$$\overset{\diagdown}{\underset{\diagup}{CH_2}} \qquad \overset{\diagdown}{\underset{\diagup}{CHCH_3}} \qquad —CH_2CH_2— \qquad \overset{\diagdown}{\underset{\diagup}{CHCH_2CH_3}} \qquad \overset{\diagdown}{\underset{\diagup}{C(CH_3)_2}}$$

甲叉基　　　　　乙-1,1-叉基　　　　乙-1,2-叉基　　　丙-1,1-叉基　　　丙-2,2-叉基

methanediyl　　ethane-1,1-diyl　　ethane-1,2-diyl　propane-1,1-diyl　propane-2,2-diyl

2.2.3 烷烃的命名

2.2.3.1 官能团类别名

烷烃的官能团类别名常见于早期的有机化学，适用于简单化合物。对于直链烷烃，根据碳链中碳原子的个数，叫正某（甲、乙、丙、丁、戊、己、庚、辛、壬、癸、十一、十二…）烷。对于有支链的烷烃：有 $(CH_3)_2CH—$ 结构片段者叫异某烷；有 $(CH_3)_3C—$ 结构片段者叫作新某烷。例如：

$$CH_3CH_2CH_2CH_2CH_3 \qquad CH_3\overset{CH_3}{\underset{|}{CH}}CH_2CH_3 \qquad CH_3\overset{CH_3}{\underset{\underset{CH_3}{|}}{\underset{|}{C}}}CH_3$$

正戊烷　　　　　　　　　异戊烷　　　　　　　　　新戊烷

n-pentane　　　　　　　isopentane　　　　　　neopentane

烷烃的官能团类别名不能很好地反映出分子的结构，而且对于碳原子数较多，因而异构体也较多的烷烃来说，这种命名法很难适用。

2.2.3.2 取代名

（1）直链烷烃　根据碳链中碳原子的个数，称为"某烷"。例如：

$$CH_3CH_2CH_2CH_2CH_3 \qquad CH_3(CH_2)_{10}CH_3$$

戊烷（pentane）　　　　十二烷（dodecane）

（2）有支链时　选择最长碳链作为母体氢化物（即主链）。从距离取代基最近的一端开

始，对主链上的碳原子进行编号，用阿拉伯数字表示取代基的位次。例如：

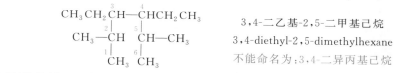

3-甲基己烷

3-methylhexane

3-乙基辛烷

3-ethyloctane

（3）多支链时　合并相同的取代基，用汉字一、二、三……表示取代基的个数，用阿拉伯数字 1，2，3……表示取代基的位次，按照英文名称的字母顺序，依次写出取代基的名称，然后写出母体氢化物的名称。例如：

4-乙基-3,3-二甲基庚烷

4-ethyl-3,3-dimethyl**heptane**

5-乙基-8-异丙基-2,11-二甲基十二烷

5-ethyl-8-isopropyl-2,11-dimethyl**dodecane**

（4）其他情况

① 含多条长度相同的碳链时，选取代基最多的链为母体氢化物：

CH_3CH_2CH—$CHCH_2CH_3$

CH_3—CH　CH—CH_3

CH_3　CH_3

3,4-二乙基-2,5-二甲基己烷

3,4-diethyl-2,5-dimethylhexane

不能命名为：3,4-二异丙基己烷

② 编号要遵循"最低（小）位次组"原则。即碳链以不同方向进行编号，得到两种或两种以上的不同编号的系列时，则比较各系列的不同位次，最先遇到的位次最小者，定为"最低位次组"。例如：

CH_3—C—CH_2—CH—CH_3

2,2,4-三甲基戊烷

2,2,4-trimethylpentane

不能命名为：2,4,4-三甲基戊烷

因为"2,4,4-"不是最低位次组

$CH_3CH(CH_2)_4CH$—$CHCH_2CH_3$

2,7,8-三甲基癸烷

2,7,8-trimethyldecane

不能命名为：3,4,9-三甲基癸烷

因为"3,4,9-"不是最低位次组

（5）当支链上还有取代基时　使用括号，括号中的内容是对支链结构的描述。从距离主链碳原子最近的一端开始，对支链进行编号，按照类似的方式进一步命名。例如：

4-乙基-3,3-二甲基-5-（3-甲基丁-2-基）壬烷

4-ethyl-3,3-dimethyl-5-(3-methylbutan-2-yl)nonane

6-（2,3-二甲基丁-1-基）十三烷

6-(2,3-dimethylbutyl)tridecane

注意： 阿拉伯数字之间用半角逗号"，"隔开，阿拉伯数字与汉字之间用中文连接号中的短横线"-"隔开，汉字与汉字之间没有任何间隔符或空格。

2.2.4 环烷烃的命名

2.2.4.1 单环环烷烃

单环脂环烃的命名与烷烃相似，根据成环碳原子数称为"环某烷"，将环上的支链作为取代基。环上有多个取代基时，遵循"最小位次组"原则进行编号，使所有取代基的编号尽可能最小。按照英文名称的字母顺序依次写出取代基的名称，最后写出母体氢化物的名称。例如：

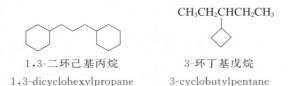

甲基环丁烷   1-异丙基-4-甲基环己烷   3-异丙基-1,1-二甲基环戊烷

methylcyclobutane   1-isopropyl-4-methylcyclohexane   3-isopropyl-1,1-dimethylcyclopentane

当碳链上连有多个碳环时，或者成环碳原子数少于开链碳原子数时，可将环作为取代基。例如：

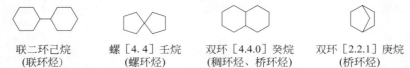

1,3-二环己基丙烷   3-环丁基戊烷

1,3-dicyclohexylpropane   3-cyclobutylpentane

2.2.4.2 二环环烷烃

分子中含有两个碳环的是双环化合物。两个环的连接方式有多种，例如：

联二环己烷   螺[4.4]壬烷   双环[4.4.0]癸烷   双环[2.2.1]庚烷
（联环烃）   （螺环烃）   （稠环烃、桥环烃）   （桥环烃）

两环共用一个碳原子的双环化合物叫作螺环化合物；两环共用两个碳原子的叫作桥环化合物。

（1）桥环烃 桥环烃的名称具有固定的格式：

双环 [a.b.c] 某烃（a≥b≥c，a、b、c 为桥链中碳原子数目）

命名时，先找桥头碳（两环共用的碳原子），从桥头碳开始编号。将桥头碳编为1号，沿最长桥链编到另一个桥头碳，再从该桥头碳沿着次长桥链继续编号，按照由长渐短的次序编完所有的桥链。在遵循按桥链渐短原则编号的前提下，如果有多种编号供选择，则应使取代基的位次应尽可能最小。例如：

双环[3.1.1]庚烷   双环[2.1.0]戊烷   7,7-二甲基双环[2.2.1]庚烷   2-甲基双环[2.2.1]庚烷

bicyclo[3.1.1]heptane   bicyclo[2.1.0]pentane   7,7-dimethylbicyclo[2.2.1]heptane   2-methylbicyclo[2.2.1]heptane

（2）螺环烃 螺环烃的名称具有固定的格式：螺[a.b]某烃（a≤b，a、b为桥链中碳原子数目）。

先找螺原子，编号从与螺原子相连的碳开始，沿小环编到大环。在先编小环后编大环的

前提下，如果有多种编号供选择，则应使取代基位次尽可能最小，例如：

5-甲基螺[2.4]庚烷
5-methylspiro[2.4]heptane

1,3-二甲基螺[3.5]壬烷
1,3-dimethylspiro[3.5]nonane

注意：方括号中的阿拉伯数字之间用小圆点式句号"."隔开。

2.3　烷烃和环烷烃的结构

2.3.1　σ键的形成及其特性

烷烃和环烷烃的结构

σ键是由原子轨道或杂化轨道以"头对头"的方式进行重叠而形成的共价键。其特点是电子云围绕两成键原子核间连线呈轴对称，成键原子可绕键轴相对旋转。

近代物理方法研究证明，甲烷是四面体结构，四个氢原子位于正四面体的四个顶点，如图 2-1 所示。这是由于碳原子采取 sp^3 杂化（见图 1-2、图 1-3），在四面体的四个顶点方向电子云密度最大，所以氢原子只能从四面体的四个顶点方向进行重叠，形成 4 个 σ_{C-H} 键。

(a) 由sp³杂化碳形成的甲烷

(b) 甲烷的球棍模型

(c) 甲烷的比例模型

图 2-1　甲烷的结构

乙烷、丙烷、丁烷及其他烷烃分子中的碳原子也都采取 sp^3 杂化，如图 2-2 所示。

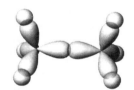

(a) 由sp³杂化碳形成的乙烷

(b) 正丁烷的球棍模型

(c) 正丁烷的比例模型

图 2-2　乙烷和丁烷的结构

由于 C—C—C 键角不是 $180°$，而是 $109.5°$，所以烷烃中的碳链是锯齿形的而不是直线形。

σ键的特点：

① σ键电子云重叠程度大，键能大，不易断裂。

② σ键可旋转，成键原子绕键轴的相对旋转不改变电子云的形状。

③ 两核间不能有两个或两个以上的 σ 键。

2.3.2 环烷烃的结构与环的稳定性

2.3.2.1 环的大小与环烷烃的稳定性

化合物的燃烧热是指 1mol 化合物完全燃烧时所放出的热量。燃烧热的高低与分子稳定性的大小密切相关。燃烧热越高，说明分子的内能越高，稳定性越差。

开链烷烃的摩尔燃烧热与所含碳和氢的原子数量有关，一般碳链每增加一个甲叉基（—CH_2—），其摩尔燃烧热增加 658.6kJ/mol，即开链烷烃分子中每个 CH_2 的平均燃烧热为 658.6kJ/mol。环烷烃的燃烧热也与 CH_2 单元的数量有关，但与开链烷烃不同的是，环烷烃分子中每个 CH_2 的燃烧热不是一个定值，而是因环的大小不同存在明显的差异。如表 2-2 所示。

从环丙烷到环戊烷，每个 CH_2 的平均燃烧热均高于开链烷烃的 658.6kJ/mol，表明环丙烷、环丁烷和环戊烷比开链烷烃具有更高的能量，这部分高出的能量叫作张力能。例如，环丙烷分子中每个 CH_2 的张力能是 697.1−658.6＝38.5（kJ/mol），而环丙烷分子有三个 CH_2，因此整个环丙烷分子的总张力能为 38.5×3＝115.5（kJ/mol）。环己烷的每个 CH_2 的平均燃烧热与开链烷烃相同，它的张力能为零。因此，环己烷是没有张力的环状分子。

表 2-2 中的燃烧热数据说明，从环己烷到环丙烷，环越小，环张力越大，分子的内能越高，环的稳定性越差。

表 2-2 一些环烷烃的摩尔燃烧热

化合物	成环碳数	分子燃烧热/(kJ/mol)	每个 CH_2 的平均燃烧热/(kJ/mol)	每个 CH_2 的张力能/(kJ/mol)	总张力能/(kJ/mol)
环丙烷	3	2091	697.1	697.1−658.6＝38.5	115.5
环丁烷	4	2744	686.2	686.2−658.6＝27.6	110.4
环戊烷	5	3320	664.0	664.0−658.6＝5.4	27.0
环己烷	6	3951	658.6	658.6−658.6＝0	0
开链烷烃			658.6	—	—

2.3.2.2 环丙烷的结构

环丙烷分子中碳原子采取 sp^3 杂化，三个碳原子共平面，组成一个等边三角形。环丙烷分子中的 C—C—C 键角为 105.5°，这个数值虽然小于 sp^3 杂化轨道间夹角的 109.5°，但与等边三角形内角（60°）相比，仍然存在着巨大的"角张力"，使得环丙烷分子中的碳原子不能像丙烷那样"头对头"重叠形成正常的 C—C 键，而是形成"弯曲键"（banana bond），如图 2-3 所示。

由于环丙烷分子中的 C—C 键不是沿轨道对称轴实现"头对头"的最大重叠，而是重叠较少，所以环丙烷分子中的 C—C 键比丙烷中正常 C—C 键的键能小，更容易断裂。

根据结构与性能的关系，由于环丙烷分子中存在着巨大的环张力，其化学性质应该很活泼。

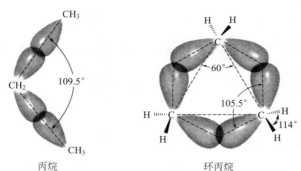

丙烷   环丙烷

（现代仪器测定结果：环丙烷分子中 C—C—C 键角是 105.5°，H—C—H 键角是 114°）

图 2-3   丙烷与环丙烷分子中碳-碳键 sp^3 杂化原子轨道交盖情况

2.3.2.3   其他环烷烃的结构

环丁烷分子中的 C—C 键也是"弯曲键"，但弯曲程度较小。事实上，环丁烷中四个碳原子不共平面，而是采取"蝴蝶式"结构（见图 2-4），这样可使部分环张力得以缓解。

环丁烷比环丙烷稳定，但仍有相当大的环张力，属于不稳定环，易开环加成。

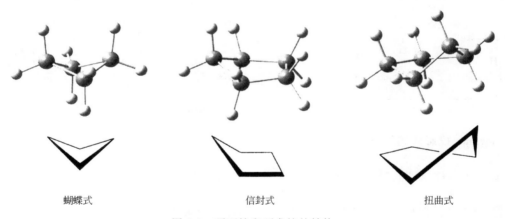

蝴蝶式   信封式   扭曲式

图 2-4   环丁烷和环戊烷的结构

环戊烷分子中的碳原子亦采取 sp^3 杂化，轨道夹角 109.5°，环张力很小。事实上，环戊烷分子中的五个碳原子亦不共平面，而是以"信封式"（四个碳原子共平面）或"扭曲式"（三个碳原子共平面）结构存在（见图 2-4），这样可使环张力得到进一步缓解。

五元环比较稳定，不易开环，环戊烷的性质与开链烷烃相似。

环己烷分子中的 C—C—C 键角是正常键角 109.5°，没有角张力。在自然界中存在最广泛的脂环化合物是由六元环构成的，其次是五元环。

成环碳原子数为 7～12 的环烷烃，虽然保持正常的键角，但由于环上 C—H 键之间相互重叠而存在着扭转张力，因此也不如环己烷稳定。只有相当大的环才能像环己烷一样稳定。经测定，环二十二烷呈皱折形，成环的碳原子不在同一平面上，碳碳键角接近正常键角 109.5°，是无张力环。

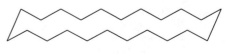

环二十二烷

练习题 下列化合物分别于 1973 年、1941 年和 1964 年被合成出来，其中最不稳定的一个 90℃时半衰期为 11h。从环张力与稳定性的关系考虑，最不稳定的化合物是哪个？

(1) (2) (3)

2.4 烷烃和环烷烃的构象

由于 σ 单键的旋转而产生的分子中各原子或基团在空间的排列方式称为构象（conformation）。由不同的构象形成的异构体称为构象异构体（conformational isomer）。

烷烃和环烷烃的构象

2.4.1 乙烷的构象

在乙烷分子中，如果使一个甲基固定，而使另一个甲基绕 C—C 单键旋转时，两个甲基中氢原子的相对位置将会不断改变，产生无数种构象。乙烷的极限构象有重叠式（eclipsed）和交叉式（staggered）两种，可用锯木架式和纽曼（Newman）投影式表示：

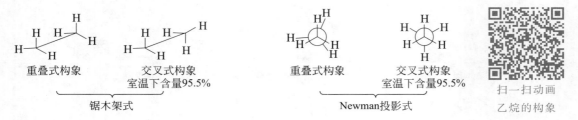

重叠式构象　交叉式构象
室温下含量95.5%
锯木架式

重叠式构象　交叉式构象
室温下含量95.5%
Newman投影式

扫一扫动画
乙烷的构象

Newman 投影式的写法：

① 从 C—C 单键的延线上观察：
前碳　　后碳

② 固定"前"碳，将"后"碳沿 C—C 键轴旋转（或固定后碳转前碳），得到乙烷的各种构象。

在一个分子的所有构象中，能量最低、最稳定的构象称为优势构象（preferential conformation）。优势构象在各种构象的相互转化中，出现的概率最大。

乙烷的优势构象是交叉式，这时两个碳原子上的氢原子距离最远，相互间的排斥力最小，无扭转张力，因而分子内能最低，也最稳定，在室温下含量高达 95.5%。内能最高的是重叠式，这时两个碳原子上的氢原子两两相对，相互间的排斥力最大，扭转张力最大，分子内能最高，最不稳定，其他构象的内能介于这两者之间。

以能量为纵坐标，以单键的旋转角度为横坐标作图，乙烷分子的能量变换曲线如图 2-5 所示。

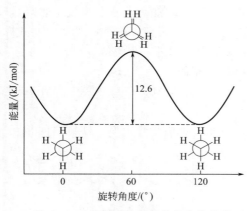

图 2-5　乙烷不同构象的能量变换曲线

室温下不能将乙烷的两种构象分离，因单键旋转能垒很低，约为 12.6kJ/mol。

2.4.2　丁烷的构象

沿 C2—C3 键轴方向观察，丁烷有下列四种典型构象：

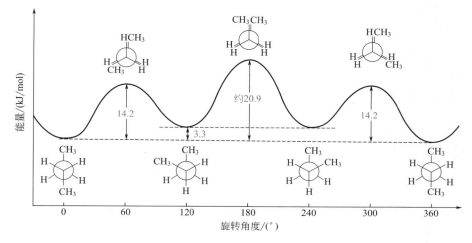

对位交叉式　　　部分重叠式　　　邻位交叉式　　　全重叠式
anti　　　　　　eclipsed　　　　gauche　　　fully eclipsed

扫一扫动画
丁烷的构象

丁烷的四种典型构象间的能量关系如图 2-6 所示。

图 2-6　丁烷不同构象的能量变换曲线

由图 2-6 可以看出，在丁烷的所有构象中，对位交叉式的能量最低，稳定性最好，是丁烷的优势构象。因此，在常温下，丁烷主要以对位交叉式存在。而全重叠式构象中，两个甲基相距最近，扭转张力最大，能量最高，最不稳定，存在概率也最小。

2.4.3　环己烷的构象

环己烷分子中六个碳原子不共平面，碳碳键角为 109.5°。环己烷有两种典型构象：

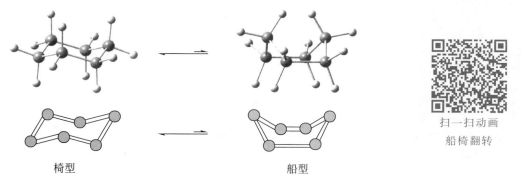

椅型　　　　　　　　　　　船型

扫一扫动画
船椅翻转

通过 C—C 单键的旋转，椅型和船型两种构象可相互转变。室温下，环己烷主要以椅型构象（99.9％以上）存在。

环己烷的椅型构象能量较低，比船型构象稳定。在环己烷的椅型构象中，所有两个相邻碳原子的碳氢键都处于交叉式位置，所有环上氢原子间距离都相距较远，没有扭转张力。如图 2-7 所示。

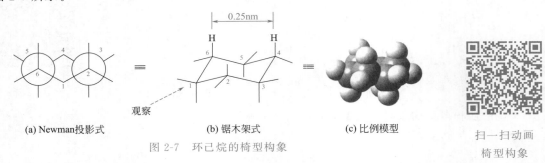

(a) Newman投影式   (b) 锯木架式   (c) 比例模型

图 2-7   环己烷的椅型构象

扫一扫动画
椅型构象

在环己烷的船型构象中，C2—C3 及 C5—C6 间的碳氢键处于重叠式位置，存在扭转张力；船头和船尾上的两个碳氢键向内伸展，两个氢原子相距较近（<0.183nm，键合的两个氢原子间距离），存在非键张力。如图 2-8 所示。

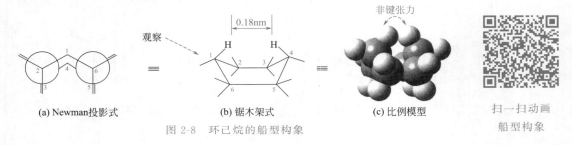

(a) Newman投影式   (b) 锯木架式   (c) 比例模型

图 2-8   环己烷的船型构象

扫一扫动画
船型构象

环己烷椅型构象中的六个碳原子分布在相互平行的两个平面上（上面三个用蓝色标记，下面三个用黑色标记）：

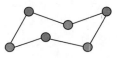

十二个碳氢键分为两种类型：a 键（直立键，axial bonds）和 e 键（平伏键，equatorial bonds），每个碳原子上都有一个 a 键和一个 e 键：

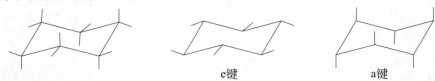

e键   a键

由一种椅型构象可翻转为另一种椅型构象，同时，a、e 键互换：

—○为a键   —○为e键

扫一扫动画
二椅互换

2.4.4　取代环己烷的构象

当六元环上有取代基时，取代基位于 e 键比取代基位于 a 键稳定。取代基位于 e 键时，取代基 R 与 ～CH$_2$（环残基，C3）处于对位交叉构象，而取代基位于 a 键时，R 与 ～CH$_2$（环残基，C3）处于邻位交叉构象：

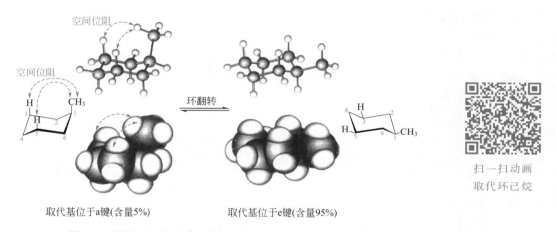

取代基位于 e 键　　　R 与 CH$_2$～处于对位交叉式　　　　　取代基位于 a 键　　　R 与 CH$_2$～处于邻位交叉式

　　　　　优势构象　　　　　　　　　　　　　　　　　　　　　　非优势构象

a 键具有较大的空间位阻。图 2-9 表明：甲基环己烷分子中，当甲基处于 a 键时，与 C3、C5 上 a 键 H 的空间位阻较大。

取代基位于 a 键（含量5%）　　　　　取代基位于 e 键（含量95%）

扫一扫动画
取代环己烷

图 2-9　甲基环己烷取代基位于 a 键和 e 键时的空间位阻

当六元环上有多个取代基时，总是体积最大的基团优先位于 e 键。例如，![CH3...CH(CH3)2]的构象：

优势构象　　　　　　　　　　　　　非优势构象

叔丁基具有特别大的体积，当六元环上连有叔丁基时，叔丁基总是优先位于 e 键（一般认为叔丁基有"锁定效应"）。例如，![Cl...CH3...C(CH3)3]的优势构象为![Cl...CH3...C(CH3)3]。

初学时，书写环己烷椅型构象的方法：

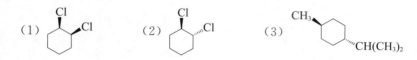

练习题   写出下列化合物的优势构象：

（1） （2） （3）

2.5   烷烃和环烷烃的物理性质

在常温常压下，4 个碳原子以下的直链烷烃是气体，由戊烷开始是液体，大于 17 个碳原子的烷烃是固体。

烷烃和环烷烃都是无色的，具有一定气味。它们的物理性质具有一定规律，例如，直链烷烃和无取代基的环烷烃，其熔点、沸点和相对密度随着碳原子数的增加而有规律地升高。其中环烷烃的熔点、沸点和相对密度比相同碳原子数的烷烃的高，这主要是因为环烷烃具有较大的刚性和对称性，使得分子之间的作用力变强。一些直链烷烃和环烷烃的物理常数列于表 2-3 中。

表 2-3   一些直链烷烃和环烷烃的物理常数

名称	熔点/℃	沸点/℃	相对密度(d_4^{20})[①]	折射率(n_D^{20})[①]
甲烷	−182.5	−161.5	—	—
乙烷	−182.8	−88.6	—	—
丙烷	−188	−42.1	0.584^{-42}	1.340^{-42}
丁烷	−138.3	−0.5	0.601^{0}	1.3562^{-13}
正戊烷	−130	36.1	0.626	1.3577
正己烷	−95	68.7	0.659	1.3750
正庚烷	−91	98.4	0.684	1.3877
正辛烷	−57	125.7	0.703	1.3976
正癸烷	−30	174.1	0.730	1.4120
十二烷	−10	216.3	0.749	1.4216
十六烷	18	280	0.775	1.4350
十八烷	28	308	0.777	—
二十烷	37	343	0.786	—
三十烷	66	450	—	—
环丙烷	−127.6	−32.9	—	—
环丁烷	−80	12	0.713^{5}	1.4260
环戊烷	−93	49.3	0.745	1.4064
环己烷	6.5	80.8	0.779	1.4266

① 右上角数字表示测定温度不为 20℃实际测定时的温度。

　　下面以烷烃为例，说明同系列化合物的物理常数是随着相对分子质量的增减而有规律地变化的。

2.5.1　沸点

　　液体沸点的高低取决于分子间作用力的大小，分子间作用力增大，物质的沸点也相应升高。

　　烷烃是非极性分子或弱极性分子，分子间吸引力主要是色散力（瞬时偶极间的作用力），而色散力与分子中原子的数目和体积成正比。随着碳原子数增加，分子间作用力增大，烷烃的沸点也相应升高。在同系列中，随着烷烃分子量增大，每增加一个 CH_2 对整个分子的影响逐渐减弱，沸点的升高值（沸差）逐渐减小。直链烷烃的沸点与分子量的关系如图 2-10 所示。

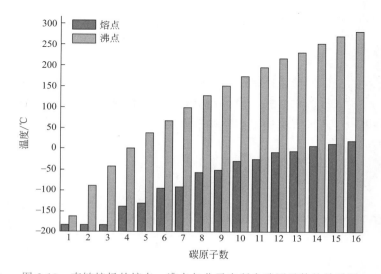

图 2-10　直链烷烃的熔点、沸点与分子中所含碳原子数的关系图

　　由于色散力只有在近距离内才能有效地起作用，它随着距离的增大而很快减弱。所以，当碳原子数相同时，分子中支链增多使烷烃分子间不能像直链烷烃那样接近，分子间作用力减弱，导致烷烃的沸点也相应降低。例如：

化合物	$CH_3CH_2CH_2CH_2CH_3$	$CH_3CH(CH_3)CH_2CH_3$	$(CH_3)_4C$
沸点/℃	36.1	27.9	9.5

2.5.2　熔点

　　分子动能能够克服晶格能时，晶体便可熔化。烷烃熔点的高低与分子间作用力的大小以及分子在晶格中排列的有序程度有关。

　　随着分子量增大，直链烷烃的熔点升高。但仔细观察图 2-10，就会发现直链烷烃的熔点是"曲折上升"的，偶数碳者升幅比奇数碳者高，甚至乙烷的熔点（－182.8℃）略高于丙烷的熔点（－188℃）。这可能是偶数碳链具有较高的对称性，分子排列更紧密，晶格能更大所致。

　　烷烃的熔点变化除与分子量有关，还与分子的形状有关。相同分子式的烷烃，对称性越好，晶格能越大，熔点越高。例如：

化合物	$CH_3CH_2CH_2CH_2CH_3$	$CH_3CH(CH_3)CH_2CH_3$	$(CH_3)_2C(CH_3)_2$
熔点/℃	-130	-160	-17

2.5.3　相对密度

　　烷烃是所有有机化合物中密度最小的一类化合物，其相对密度均小于 1。直链烷烃的相对密度随碳原子数的增加而升高，最终接近于 0.78。因为随着分子量增加，分子间力增大，分子间距变小，最后趋于一极限。

2.5.4　溶解度

　　根据"相似相溶"规律，烷烃和环烷烃是非极性分子，不溶于水，易溶于非极性或极性小的溶剂如苯、CCl_4、$(C_2H_5)_2O$ 等。

2.5.5　折射率

　　折射率是光在真空中的传播速率与光在该介质中的传播速率之比。折射率反映了分子中电子被光极化的程度，折射率越大，表示分子被极化程度越大。分子的相对密度越大，结构越致密，折射率越大，如正构烷烃中，随着碳链长度增加，折射率增大。一些直链烷烃的折射率如表 2-3 所示。

　　在一定的波长和一定的温度条件下测得的折射率，对特定的化合物是一个特定的常数，是该化合物所固有的特性。

2.6　烷烃和环烷烃的化学性质

烷烃的卤化反应

　　有机化合物的化学性质取决于其分子结构。

　　烷烃和环烷烃中的 C—C、C—H 都是 σ 键，极性小，键能大，不易发生离子型反应，所以烷烃和环烷烃（环丙烷和环丁烷除外）是比较稳定的化合物，常温下不与强酸、强碱、强还原剂（如 $Zn + HCl$、$Na + C_2H_5OH$）、强氧化剂（如 $KMnO_4$、$K_2Cr_2O_7$）起反应或反应很慢。由于它们的相对稳定性，烷烃和环烷烃常被用作有机溶剂。

　　但在高温、高压、光照或有引发剂存在时，烷烃及环烷烃可发生一些化学反应。这些反应在石油化工中占有重要的地位。

2.6.1　自由基取代反应

　　有机分子中的原子或基团被其他原子或基团所取代的反应称为取代反应（substitution reaction）。通过自由基机理进行的取代反应称为自由基取代反应（free radical substitution）。

2.6.1.1　卤化反应

　　在光、热或引发剂的作用下，烷烃和环烷烃（小环环烷烃除外）分子中的氢原子被卤原子取代，生成烃的卤素衍生物和卤化氢。例如：

$$CH_3-CH_3 + Cl_2 \xrightarrow[78\%]{420℃} CH_3-CH_2Cl + HCl$$

$$\text{（五边形）} + Cl_2 \xrightarrow[92.7\%]{h\nu} \text{（五边形）}-Cl + HCl$$

高碳烷烃的氯代反应在工业上有重要的应用。例如：石蜡的化学成分为高级烷烃（含碳原子个数比较多的烷烃），经氯代后得到的氯化石蜡可用作阻燃剂、增塑剂、制革用合成加脂剂等；聚乙烯经氯代后得到的氯化聚乙烯具有耐热、耐候、耐燃、耐腐蚀的性能，可用作涂料或塑料。

2.6.1.2 卤化反应的机理

根据反应事实，对反应做出的详细描述和理论解释叫作反应机理（reaction mechanism）。研究反应机理是为了认清反应的本质，掌握反应的规律，从而更好地控制和利用化学反应，指导生产实践。

反应机理是根据大量反应事实做出的理论推导，是一种假说。对某一个反应可能提出不同的机理，其中能够最恰当地说明实验事实的，被认为是最可信的，而那些与实验事实不太相符的机理则需要进行修正或补充。因此，反应机理是在不断发展的。

目前，并不是对所有的反应都能提出明确的反应机理，但烷烃的卤代反应机理是比较清楚的。例如，甲烷的氯化反应机理如下：

链引发 $\qquad Cl:Cl + 能量 \longrightarrow Cl\cdot + \cdot Cl$

$$\text{氯原子（氯自由基）} \qquad (1)$$

链引发的特点是只产生自由基不消耗自由基。

甲基自由基，有未成对电子，活泼，可与 Cl_2 反应夺取一个氯原子，生成 CH_3Cl 和 $Cl\cdot$

链增长 $\qquad \begin{cases} Cl\cdot + H:CH_3 \longrightarrow HCl + \cdot CH_3 & (2) \\ \cdot CH_3 + Cl:Cl \longrightarrow CH_3Cl + Cl\cdot & (3) \end{cases}$

$$\cdots\cdots$$

链增长的特点是：消耗一个自由基的同时产生另一个自由基。

链终止 $\qquad \begin{cases} Cl\cdot + \cdot Cl \longrightarrow Cl_2 & (4) \\ CH_3\cdot + \cdot CH_3 \longrightarrow CH_3CH_3 & (5) \\ Cl\cdot + \cdot CH_3 \longrightarrow CH_3Cl & (6) \end{cases}$

链终止的特点是只消耗自由基而不再产生自由基。

只有在大量甲烷存在时才能得到一氯甲烷为主的产物。当 CH_3Cl 达到一定浓度时，$\cdot Cl$ 可与之反应，生成 CH_2Cl_2，进而有 $CHCl_3$、CCl_4 生成。所以，甲烷的氯化反应所得产物为四种氯代甲烷的混合物。

$$CH_4 + Cl_2 \xrightarrow{h\nu} CH_3Cl + HCl$$
$$\xrightarrow[h\nu]{Cl_2} CH_2Cl_2 + HCl$$
$$\xrightarrow[h\nu]{Cl_2} CHCl_3 + HCl$$
$$\xrightarrow[h\nu]{Cl_2} CCl_4 + HCl$$

可利用四种氯代甲烷的沸点不同，通过精馏分离得到各种氯代甲烷，也可调节物料比使其中的一种产物为主。

2.6.1.3　甲烷氯代反应能线图

反应过程中的能量关系一般用反应进程-能量曲线图（简称能线图）表示。能线图是以反应进程为横坐标，反应物、过渡态、中间体及产物的势能为纵坐标所做的图。

如图 2-11 所示，在甲烷的氯代反应中，当氯自由基与甲烷分子接近到一定距离时，氢原子与氯原子之间开始部分成键，甲烷分子中的 C—H 键则伸长变弱，体系的能量逐渐升高，至过渡态时能量达到最高。随着 Cl—H 键的逐步形成，体系的能量逐渐降低，直至形成甲基自由基（$\dot{C}H_3$）和 HCl。

$$Cl\cdot + H—\dot{C}H_3 \xrightarrow{E_{a1}} [Cl \cdots H \cdots CH_3]^{\neq} \longrightarrow Cl—H + \dot{C}H_3$$
过滤态 1

$\dot{C}H_3$ 是活性中间体，非常活泼，立刻与氯气反应，生成 CH_3Cl 和氯自由基。

$$\dot{C}H_3 + Cl—Cl \xrightarrow{E_{a2}} [CH_3 \cdots Cl \cdots Cl]^{\neq} \longrightarrow CH_3—Cl + \dot{C}l$$
过滤态 2

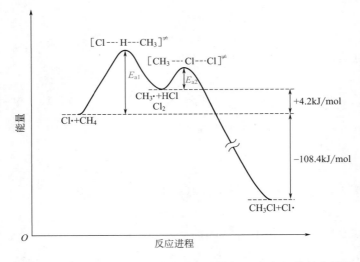

图 2-11　氯自由基与甲烷反应生成氯甲烷的反应进程-能量曲线图

过渡态是由反应物到产物的中间状态，这时旧键逐渐断裂尚未完全断裂，新键逐渐形成尚未完全形成，在能线图上是反应过程中能量最高的状态，处于能线图中能垒的顶部。过渡态不能分离出来进行测定。

根据过渡态理论，反应物与过渡态之间的能量差是形成过渡态所必需的最低能量，称为活化能（activation energy），用 E_a 表示。即使是放热反应，也必须向体系提供活化能，反应才能进行。活化能越高，表明反应过程中所需越过的能垒越高，反应越难进行，反应速率也越慢。

由图 2-11 可以看出，在氯甲烷的形成过程中，反应（2）的活化能（E_{a1}）比反应（3）活化能（E_{a2}）高，说明这一过程中，反应（2）是速率较慢的一步，即决定整个卤化反应速率的关键步骤，称为整个反应的决速步（rate determining step）。

思考题 为什么在链增长阶段没有下列反应？（提示：从自由基稳定性方面考虑）

$$CH_3C—H + \dot{C}l \longrightarrow CH_3C—Cl + \dot{H}$$

2.6.1.4 卤化反应的取向与自由基的稳定性

其他烷烃的卤化反应与甲烷相似，也是自由基取代反应。但是三个碳以上的烷烃分子中氢原子的类型不止一种，发生卤代反应时，有不同的反应取向，卤原子取代的位置会有不同。以丙烷的一氯化反应为例：

$$CH_3CH_2CH_3 + Cl_2 \xrightarrow{h\nu} CH_3CH_2CH_2Cl \ + \ CH_3CHClCH_3 + HCl$$

正丙基氯（43%） 异丙基氯（57%）

伯氢被取代 仲氢被取代

丙烷中，可被氯取代的伯氢有六个，仲氢有两个。按照这一比例，相应的两种氯代产物的比例应该为 3:1，即正丙基氯产率应为异丙基氯的 3 倍。但实验事实是正丙基氯的产率为 43%，异丙基氯为 57%，说明仲氢比伯氢活泼。

设伯氢的活泼性是 1，仲氢的活泼性为 x，则有：

$$\frac{57}{43} = \frac{2x}{6} \qquad x = \frac{57 \times 6}{2 \times 43} = 3.98$$

即仲氢的活泼性是伯氢的 4 倍。

异丁烷在光照条件下的一氯化反应如下：

$$CH_3—CH—CH_3 + Cl_2 \xrightarrow{h\nu} CH_3—CH—CH_2Cl + CH_3—\overset{\underset{|}{Cl}}{\underset{|}{C}}—CH_3 + HCl$$

（CH₃ 下标） CH₃ CH₃

异丁基氯（64%） 叔丁基氯（36%）

伯氢被取代 叔氢被取代

同理，设伯氢的活泼性是 1，叔氢的活泼性为 y，则有：

$$\frac{36}{64} = \frac{y}{9} \qquad y = \frac{36 \times 9}{64} = 5.06$$

即叔氢原子的活泼性是伯氢的 5 倍。

实验研究表明，氢原子的反应活性主要取决于其种类，而与烷烃的种类无关。例如，丁烷分子中伯氢与丙烷分子中伯氢的活性基本相当。对于室温下光引发的氯代反应，烷烃中不同种类氢原子的相对活性为

伯氢 : 仲氢 : 叔氢 ≈ 1 : 4 : 5

综上所述，烷烃发生卤化反应时，**氢原子的活泼性顺序是：叔氢＞仲氢＞伯氢。**

思考题 为什么烷烃分子中氢原子的活泼性顺序是：叔氢＞仲氢＞伯氢？

根据过渡态理论，化学反应的难易程度取决于其活化能，反应的活化能越低，反应越容易进行。根据 Hammond（哈蒙德）假说，较稳定的中间体，其形成时所需的活化能也相应较低。烷烃取代反应按自由基机理进行，活性中间体——烷基自由基的形成是卤代反应的决速步。因此，烷基自由基的稳定性越高，则反应的活化能越低，相应烷烃分子中的氢越容易被取代。

烷基自由基是通过烷烃分子中 C—H 键断裂而形成的。显然，C—H 键的解离能越低，

相应的烷基自由基越容易形成，形成的自由基也越稳定。图 2-12 是不同类型 C—H 键的解离能以及生成烷基自由基的能量高低的示意图。

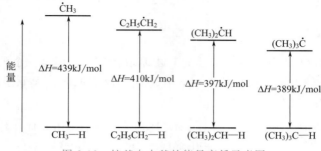

图 2-12 烷基自由基的能量高低示意图

由图 2-12 不难看出，形成不同的自由基所需能量：$\dot{C}H_3$（甲基自由基）>$C_2H_5\dot{C}H_2$（一级碳自由基）>$(CH_3)_2\dot{C}H$（二级碳自由基）>$(CH_3)_3\dot{C}$（三级碳自由基）；**自由基的稳定性顺序：三级碳自由基＞二级碳自由基＞一级碳自由基＞甲基自由基。**

根据自由基的稳定性顺序，可以很方便地解释卤化反应的取向。在丙烷的一氯代反应中，由于异丙基自由基是二级碳自由基，比一级碳自由基稳定，形成时所需的能量比形成正丙基自由基的低，反应的活化能亦较低，因而与之相关的产物，2-氯丙烷的相对含量是 57％而不是 25％。

同理，在异丁烷的一氯代反应中，由于三级碳自由基比一级碳自由基更加稳定，因而与之相关的产物叔丁基氯的相对含量是 36％而不是 10％。

2.6.1.5 反应活性与选择性

实验结果表明，不同卤素与烷烃进行卤化反应的活性顺序为：

$$F_2>Cl_2>Br_2>I_2$$

太快   有意义   太慢，且生成
难以控制   的 HI 有还原性

进一步研究不同卤素与烷烃的反应时发现，不同卤素对烷烃分子中氢原子的选择性也不同。烷烃的溴化反应的选择性通常比氯化反应高：

这是因为溴原子的活性较低，它只能选择优先夺取丙烷中解离能较低的仲氢，表现出高的选择性；而氯原子的活性较高，可以夺取它碰到的每一个氢原子，从而表现出低的选择性。高活性导致低选择性也是其他选择性反应的普遍规律。

不同卤原子与不同氢原子反应的相对速率（以伯氢为标准）如表 2-4 所示。由表 2-4 不难看出，烷烃卤化时卤原子对不同氢原子的选择性是 I＞Br＞Cl＞F。

表 2-4　不同卤原子夺取氢原子的相对速率（27℃）

卤原子	—CH₃ 伯氢	CH₂（仲氢）	CH（叔氢）
F	1	1.3	1.8
Cl	1	4.4	6.7
Br	1	80	1600
I	1	1850	210000

2.6.2　氧化反应

2.6.2.1　完全氧化反应

烷烃或环烷烃与氧发生燃烧反应，生成二氧化碳和水。例如：

$$CH_4 + 2O_2 \xrightarrow{燃烧} CO_2 + 2H_2O + 891kJ/mol$$

$$C_nH_{2n+2} + \frac{3n+1}{2}O_2 \xrightarrow{燃烧} nCO_2 + (n+1)H_2O + 热量$$

$$\bigcirc + 9O_2 \xrightarrow{燃烧} 6CO_2 + 6H_2O + 3954kJ/mol$$

以上反应是天然气和石油产品等用作燃料的基本原理。

2.6.2.2　部分氧化反应

在催化剂的作用下，烷烃或环烷烃与氧发生反应，生成氧化产物。催化剂和反应条件不同，生成的氧化产物亦不同。例如：

$$CH_4 + O_2 \xrightarrow[600℃]{催化剂} \underset{甲醛}{HCHO} + H_2O$$

$$\underset{高级烷烃}{RCH_2CH_2R'} \xrightarrow[Mn盐,1.5\sim3.0MPa]{O_2,120℃} \underset{多种高级脂肪酸的混合物}{RCOOH + R'COOH}$$

$$\underset{环己烷}{\bigcirc} + O_2 \xrightarrow[150\sim160℃,0.8\sim1MPa]{钴催化剂} \underset{环己醇}{\bigcirc\text{—OH}} + \underset{环己酮}{\bigcirc\text{=O}}$$

制备己二酸的原料

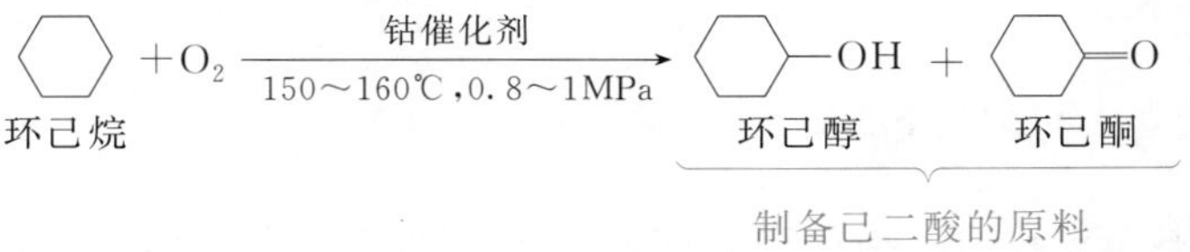

利用烷烃和环烷烃的部分氧化反应制备化工产品，原料便宜、易得，但反应选择性差，副产物多，分离提纯困难。

2.6.3　异构化反应

化合物转变成它的异构体的反应称为异构化反应（isomerization reaction）。在适当条件下，直链烷烃可以发生异构化反应转变为支链烷烃。例如：

$$CH_3CH_2CH_2CH_3 \xrightarrow[95\sim150℃,1\sim2MPa]{AlCl_3,HCl} CH_3\overset{\overset{\displaystyle CH_3}{|}}{CH}CH_3$$

$$(20\%) \qquad\qquad\qquad\qquad (80\%)$$

通过上述反应可提高汽油的辛烷值，改善其抗爆性。

环烷烃的异构化包括侧链异构、烷基位置异构和环的异构。例如：

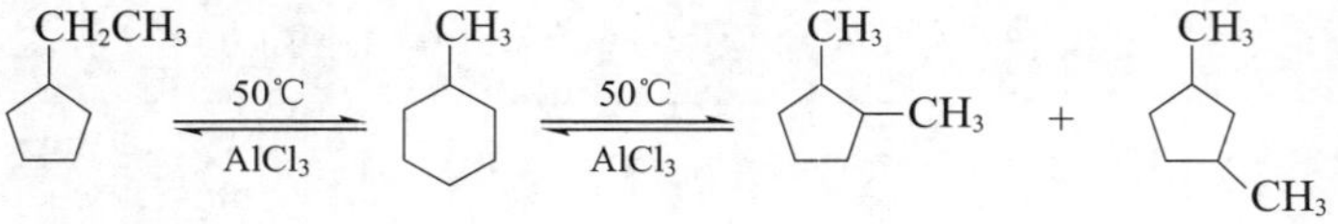

一些环烷烃经异构化、脱氢后可转变为芳烃。

烷烃和环烷烃的异构化反应在石油化工中占有重要地位。

2.6.4 裂化反应

裂化反应是隔绝氧气、升温，使 C—C、C—H 断裂的反应，属于自由基型反应。例如：

$$CH_3CH_2CH_2CH_3 \xrightarrow{500℃} \begin{cases} CH_4+CH_3CH=CH_2 \\ CH_2=CH_2+CH_3CH_3 \\ H_2+CH_3CH_2CH=CH_2 \end{cases}$$

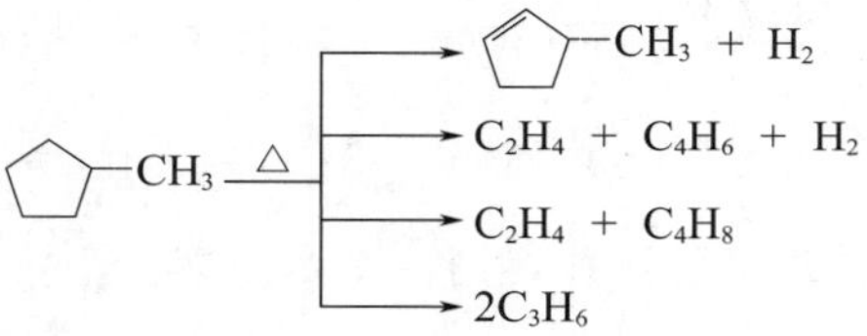

裂化反应主要用于提高汽油的产量和质量。根据反应条件的不同，可将裂化反应分为三种：

① 热裂化：500～700℃，5.0MPa，可提高汽油产量。

② 催化裂化：450～500℃，常压，硅酸铝催化，除断 C—C 键外还有异构化、环化、脱氢等反应，生成带有支链的烷、烯、芳烃，使汽油、柴油的产量和质量提高。

③ 深度裂化：温度高于700℃，又称为裂解反应，主要是提高烯烃（如乙烯）的产量。

从有机化学上讲，裂解和裂化是同一类反应，但在石油化工中却是不同的概念。裂解的主要目的是获得乙烯、丙烯等低级烯烃（重要化工原料），而裂化的目的是提高汽油、柴油等油品的产量和质量。

2.6.5 小环环烷烃的加成反应

小环环烷烃包括分子中含有三元环、四元环的环烷烃及其衍生物。三元环、四元环的环张力大，不稳定，容易发生开环加成反应。五元环、六元环比较稳定，不容易发生开环加成反应。

2.6.5.1 加氢

在催化剂（Ni、Pd、Pt）存在下，小环环烷烃与 H_2 作用，发生开环加成，生成开链烷烃。环戊烷比较稳定，需要强烈的反应条件才能开环加成；而环己烷的开环加成更为困难，通常情况下不反应。

$$\triangle + H_2 \xrightarrow[80℃]{Ni} H—CH_2CH_2CH_2—H$$

$$\square + H_2 \xrightarrow[200℃]{Ni} H—CH_2(CH_2)_2CH_2—H$$

$$\pentagon + H_2 \xrightarrow[300℃]{Pt} H—CH_2(CH_2)_3CH_2—H$$

$$\hexagon + H_2 \xrightarrow[\triangle]{Pt} 不反应$$

2.6.5.2　加卤素

$$\triangle + Br_2 \xrightarrow[室温]{CCl_4} BrCH_2CH_2CH_2Br \quad 易开环$$

$$\square + Br_2 \xrightarrow[\triangle]{CCl_4} Br(CH_2)_4Br \qquad 室温下不反应！$$

$$\pentagon + Br_2 \xrightarrow[或过氧化物存在下]{高温} 取代产物 \left.\begin{array}{}\\\\\end{array}\right\}不易开环$$

$$\hexagon + Br_2 \xrightarrow[或过氧化物存在下]{高温} 取代产物$$

思考题　为什么环戊烷、环己烷与溴反应时得到取代产物？

2.6.5.3　加卤化氢

环丙烷及其衍生物容易与溴化氢（HBr）或氢碘酸（HI）进行开环加成反应。例如：

$$\begin{array}{c} CH_3—CH—CH_2 \\ \diagdown CH_2 \diagup \end{array} +HBr \longrightarrow \underset{Br}{CH_3—CH}—CH_2—\underset{H}{CH_2}$$

取代环丙烷加卤化氢时，氢原子加到含氢最多的成环碳原子上，卤原子加到含氢最少的成环碳原子上。例如：

$$\underset{\underset{CH_2}{|}}{\overset{CH_3}{\underset{CH_3}{\diagup}}} C—CH—CH_3 \; +HBr \longrightarrow CH_3—\underset{Br}{\overset{CH_3}{\underset{|}{\overset{|}{C}}}}—\underset{H}{\overset{CH_3}{\underset{|}{\overset{|}{CH}}}}—CH_2$$

（含氢最少　含氢最多）

环丁烷以上的环烷烃在常温下则难以与溴化氢进行开环加成反应。

2.7　烷烃和环烷烃的主要来源及代表性烷烃

2.7.1　烷烃和环烷烃的主要来源

烷烃和环烷烃主要来源于石油和天然气。石油是古代生物经过细菌、地热、压力及无机物等漫长的催化作用演化形成的深褐色黏稠液体。石油经分馏可以得到各种馏分，见表2-5。

从石油和天然气获得的烷烃和环烷烃均为混合物，分离成纯净的单一物质十分困难。纯净的烷烃或环烷烃通常需要采用合成方法来制备。

表 2-5 石油的主要馏分

馏分	主要成分	分馏区间（沸程）
液化气	$C_2 \sim C_5$ 的烷烃	20℃以下
石油醚	$C_5 \sim C_6$ 的烷烃	30～60℃
汽油	$C_4 \sim C_{12}$ 的烷烃和环烷烃	40～200℃
煤油	$C_{10} \sim C_{16}$ 的烷烃和环烷烃	175～275℃
柴油	$C_{15} \sim C_{20}$ 的烷烃和环烷烃	250～400℃
润滑油	$C_{18} \sim C_{22}$ 的烷烃和环烷烃	300℃以上
重油	$C_{16} \sim C_{30}$ 的烷烃和环烷烃	300℃以上
沥青	C_{20} 以上的烷烃和环烷烃	不挥发

2.7.2 代表性烷烃和烷烃混合物

（1）甲烷 分子式 CH_4，沸点 -164℃，是无色、无味的气体，当它在空气中的含量达到一定比例时，遇火花会发生爆炸。甲烷是最简单的有机化合物，也是天然气和沼气的主要成分。

天然气是指自然形成的蕴藏于地层中的烃类和非烃类气体。其主要成分为甲烷（约75％）、乙烷（约15％）、丙烷（约5％）和较高级（分子量较大）的烷烃。天然气可直接作为燃料使用，也可用作制造氢气、一氧化碳、乙炔、甲醛、甲酸、氢氰酸等的化工原料。

（2）汽油 汽油主要用作汽车发动机燃料，也可用作非极性有机溶剂，其外观为透明液体，由 $C_4 \sim C_{12}$ 的各种烃类（主要是烷烃和环烷烃）物质组成。国产汽油按辛烷值分为 89 号、92 号、95 号三个牌号。

辛烷值是用来表示汽油抗爆性的指标，可用对比试验法测定。即用抗爆性很高的异辛烷（2,2,4-三甲基戊烷，规定其辛烷值为 100）和抗爆性很差的正庚烷（规定其辛烷值为 0）以不同的容积比例混合，制成标准燃料，标准燃料中异辛烷的含量就是其辛烷值。当被测汽油与标准燃料的抗爆性相同时，标准燃料的辛烷值就是被测汽油的辛烷值。例如，92 号汽油是指与含 92％异辛烷和 8％正庚烷组成的标准燃料的抗爆性相当的汽油燃料。汽油的辛烷值越大，其抗爆性越好，因此，汽油中常常加入一些添加剂来提高汽油的辛烷值，如异辛烷（辛烷值 100）、叔丁基甲基醚（辛烷值 116）、乙醇（辛烷值 108）等。

内燃机气缸总容积与燃烧室容积的比值称为压缩比，是内燃机的重要结构参数。在一定范围内，高压缩比的发动机意味着可具有较大的动力输出。高压缩比的发动机如果选用低牌号汽油，会使汽缸温度剧升，汽油燃烧不完全，机器强烈震动，产生爆震燃烧现象，从而使输出功率下降，机件受损。如果低压缩比的发动机使用高标号油，就会出现"滞燃"现象，同样会使汽油燃烧不完全，不利于发动机的正常工作。

（3）石油醚 石油醚是实验室常用的非极性溶剂，为无色透明液体，不溶于水、乙醇，遇明火、高温能燃烧爆炸。其化学成分中并没有醚，而是含量不固定的烷烃混合物，不同的组成导致石油醚具有不同的沸程，一般有 30～60℃、60～90℃、90～120℃ 等规格。沸程为 30～60℃ 的石油醚的主要成分为戊烷和己烷混合物。

（4）液体石蜡 $C_{18} \sim C_{22}$ 的烷烃和环烷烃的混合物，为无色、无味的油状液体，不溶于水、乙醇，在体内不被吸收，在食品工业可用作被膜剂，在医药上常用作肠道润滑的缓泻剂或滴鼻剂的溶剂，高纯度的液体石蜡可用作化妆品组分。

（5）凡士林 系饱和烃类的混合物，一般呈半固体状，具有良好的稳定性，对酸、碱稳定，在空气中不易变质，常用作医用软膏的基质和护肤油膏的组分。

（6）石蜡　石蜡的主要成分是固体烷烃，无臭、无味，为白色或淡黄色半透明固体。根据其熔点，有 52、54、56、58 等牌号；根据其加工精制程度不同，可分为全精炼石蜡、半精炼石蜡和粗石蜡。食品级全精炼石蜡可用于水果保鲜、中成药的密封材料和药丸的包衣等。半精炼石蜡可用来制造蜡纸、蜡笔、蜡烛、复写纸等，也可用于生产合成脂肪酸。粗石蜡主要用来制造火柴、篷帆布和建筑模板防水剂等。

本章精要速览

（1）饱和烃包括烷烃和环烷烃，其通式分别为 C_nH_{2n+2} 和 C_nH_{2n}。从 C_4 开始，烷烃和环烷烃出现碳架异构，随着分子量增大，异构体数目迅速增多。

（2）烷烃命名时要选择取代基最多的最长碳链为主链，从距离取代基最近的一端开始编号，同时要遵循"最低系列原则"。阿拉伯数字之间用半角逗号"，"隔开，阿拉伯数字与汉字之间用短线"-"隔开，汉字与汉字之间没有任何间隔符或空格。

（3）烷烃和环烷烃分子中的碳原子均采取 sp^3 杂化，四面体构型。开链烷烃的碳链为锯齿状。

（4）σ 键是由原子轨道或杂化轨道以"头对头"的方式进行重叠而形成的共价键。其特点是：①σ 键电子云重叠程度大，键能高，不易断裂；②σ 键可旋转，成键原子绕键轴的相对旋转不改变电子云的形状；③两核间不能有两个或两个以上的 σ 键。

（5）由于围绕 σ 单键旋转而产生的分子中各原子或基团在空间的排列方式称为构象。乙烷有两种典型构象，其中交叉式为优势构象；正丁烷有四种典型构象，其中对位交叉式为优势构象；环己烷有两种典型构象，其中椅型构象为优势构象；取代环己烷中，取代基位于 e 键比位于 a 键更稳定。

（6）烷烃通常不活泼，但在特殊条件下可发生自由基取代反应（如甲烷氯代）、氧化反应（燃烧反应及部分氧化反应）、异构化反应（提高汽油辛烷值）、裂化反应（提高油品产量、质量）。

（7）C—H 键的解离能：

$$CH_3{-}H > CH_3CH_2{-}H > (CH_3)_2CH{-}H > (CH_3)_3C{-}H$$
$$439kJ/mol \quad 410kJ/mol \quad\quad 397kJ/mol \quad\quad 389kJ/mol$$

氢原子活泼性：叔氢＞仲氢＞伯氢；

自由基稳定性：三级＞二级＞一级＞甲基自由基。

（8）Hammond 假说：较稳定的中间体，其形成时所需的活化能也相应较低。

（9）环的大小与稳定性：

稳定性增加

弯曲键，张力大，
不稳定

无张力环，
稳定！

易与 X_2、HX、
H_2 加成

与 Br_2 反应为取代产物，
不与 HX 加成，加 H_2 困难！

活泼性增高

习 题

1. 命名下列化合物。

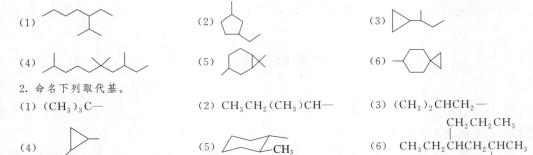

(1)　　　　　　　　　(2)　　　　　　　　　(3)

(4)　　　　　　　　　(5)　　　　　　　　　(6)

2. 命名下列取代基。

(1) $(CH_3)_3C-$

(2) $CH_3CH_2(CH_3)CH-$

(3) $(CH_3)_2CHCH_2-$

(4)

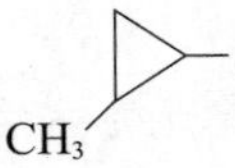

(5)

(6) $CH_3CH_2CHCH_2CHCH_3$
　　　$\overset{|}{CH_2CH_2CH_3}$

3. 写出相当于下列名称的化合物的构造式,如果名称与系统命名原则不符,请予以更正。

(1) 2-甲基丁烷　　　　　(2) 丁基环丙烷　　　　　(3) 甲基乙基丙基甲烷

(4) 2-叔丁基-4,5-二甲基己烷　　　(5) 1,5,5-三甲基-3-乙基己烷

4. 试以 C2 和 C3 的 σ 键为轴旋转,画出 2-甲基丁烷的各种典型构象,并指出哪个最稳定。

5. 下列各环己烷衍生物是否处于最稳定的构象,如果不是最稳定的构象,将环翻转,画出最稳定的构象。

(1) 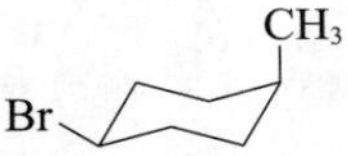　　　　　(2) 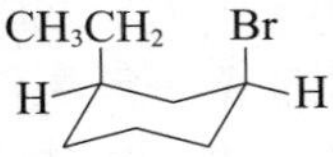　　　　　(3) 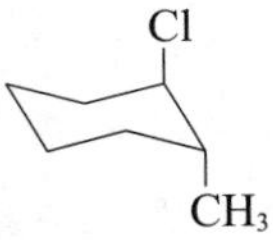　　　　　(4)

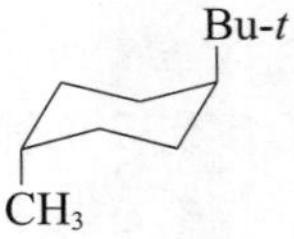

6. 将下列 Newman 投影式改为锯木架式,锯木架式改为 Newman 投影式。

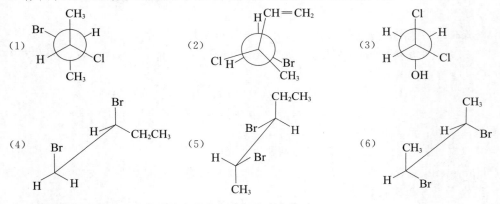

(1)　　　　　　　　　(2)　　　　　　　　　(3)

(4)　　　　　　　　　(5)　　　　　　　　　(6)

7. 不用查表,将下列化合物的沸点按由高到低的次序排列。

(1) A. 正庚烷　B. 正己烷　C. 2-甲基戊烷　D. 2,2-二甲基丁烷　E. 正癸烷

(2) A. 丙烷　B. 环丙烷　C. 正丁烷　D. 环丁烷　E. 环戊烷　F. 环己烷　G. 正己烷　H. 正戊烷

(3) A. 2,3-二甲基戊烷　B. 正庚烷　C. 2-甲基庚烷　D. 正戊烷　E. 2-甲基己烷

8. 写出下列反应的主要产物。

(1) 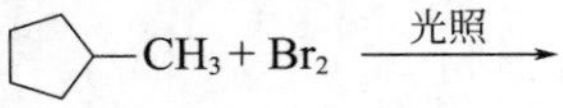 ⬠—CH_3 + Br_2 $\xrightarrow{光照}$

(2) △ + HBr $\longrightarrow$

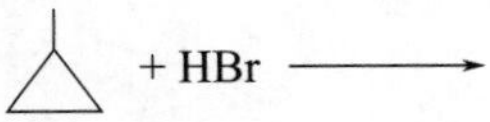

(3) 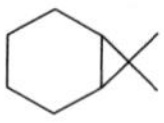 + HI ⟶

9. 比较下列自由基的稳定性大小。

(A) $CH_3\overset{\cdot}{C}HCH_2CH_3$

(B) $\overset{\cdot}{C}H_3$

(C) $CH_3CH_2\overset{\cdot}{C}(CH_3)_2$

(D) $(CH_3)_2CHCH_2\overset{\cdot}{C}H_2$

10. 某饱和烷烃分子量为 114，在光照条件下与氯气反应，仅能生成一种一氯代物，试推出其结构式。

11. 如果烷烃溴代时，不同类型氢原子溴代的相对活性为伯氢∶仲氢∶叔氢＝1∶80∶1600，试预测 2-甲基丙烷发生溴化反应时各种一溴代产物的含量。

第3章 | 烯烃和炔烃

分子中含有碳碳不饱和键（C═C、C≡C）的烃称为不饱和烃（unsaturated hydrocarbon），其分类如表 3-1 所示。本章主要介绍烯烃（alkene）和炔烃（alkyne）。

表 3-1 不饱和烃的分类

名称	通式	官能团	化合物举例
烯烃 alkene	C_nH_{2n}	$\diagdown C═C \diagup$	$CH_2═CH_2$、$CH_3CH═CH_2$
炔烃 alkyne	C_nH_{2n-2}	$—C≡C—$	$CH≡CH$、$CH_3C≡CCH_3$
二烯烃 diene	C_nH_{2n-2}	2 个 $\diagdown C═C \diagup$	$CH_2═CHCH═CH_2$、$CH_2═CHCH_2CH═CH_2$
烯炔 enyne	C_nH_{2n-4}	$\diagdown C═C \diagup$ 和 $—C≡C—$	$CH_2═CH—C≡CH$
环烯烃 cycloalkene	C_nH_{2n-2}	$\diagdown C═C \diagup$	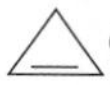 △（最简单环烯烃）、⬡ 
环炔烃 cycloalkyne	C_nH_{2n-4}	$—C≡C—$	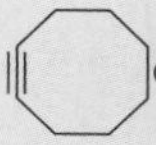 ⬡（最简单环炔烃）

3.1 烯烃和炔烃的结构

3.1.1 烯烃的结构

以乙烯为例讨论烯烃的结构。经仪器测定，乙烯中 6 个原子共平面。

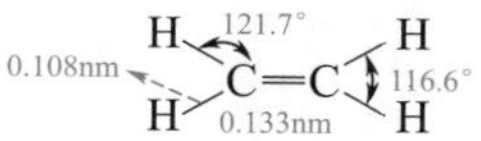

$$\text{H} \overset{121.7°}{\underset{}{}} \text{H}$$
（0.108nm，0.133nm，116.6°）

3.1.1.1 杂化轨道理论对乙烯结构的描述

乙烯分子中，碳原子采取 sp^2 杂化，形成 3 个能量相同的 sp^2 杂化轨道（见图 1-4、图 1-5）。如图 3-1 所示，sp^2 杂化轨道的形状与 sp^3 杂化轨道大致相同，只是 sp^2 杂化轨道的 s 成分更大些。为了在空间相距最远，3 个 sp^2 杂化轨道采取平面构型且轨道夹角为 120°。未参与杂化的 p 轨道与 3 个 sp^2 杂化轨道垂直。

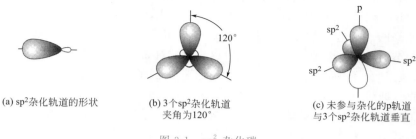

(a) sp²杂化轨道的形状　　(b) 3个sp²杂化轨道　　(c) 未参与杂化的p轨道
夹角为120°　　　　　与3个sp²杂化轨道垂直

图 3-1　sp² 杂化碳

两个碳原子采用 sp² 杂化轨道，与 4 个氢原子的 1s 轨道通过"头对头"重叠，搭起乙烯分子的 σ-骨架（图 3-2）。每个 sp² 杂化碳上未参与杂化的 p 轨道与乙烯分子的 σ-平面垂直，"肩并肩"重叠，形成 π 键（图 3-3）。

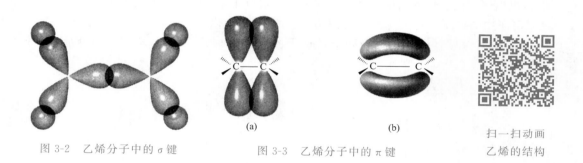

图 3-2　乙烯分子中的 σ 键　　　　图 3-3　乙烯分子中的 π 键　　　扫一扫动画
乙烯的结构

3.1.1.2　分子轨道理论对乙烯结构的描述

分子轨道理论主要用来处理 p 电子，描述 π 键的形成。

如图 3-4(a) 所示，乙烯分子中每个碳原子都有一个未参加杂化的 p 轨道，这两个 p 轨道可通过线性组合而形成两个分子轨道。其中一个能量低于原来的 p 轨道，被称为成键轨道

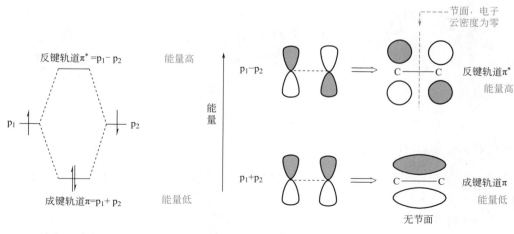

(a) p轨道、π轨道及π*轨道的能级　　　　(b) π轨道及π*轨道的形成

图 3-4　π 键的形成及相关轨道的能级

（π轨道）；另一个能量高于原来的 p 轨道，被称为反键轨道（π* 轨道）。

如图 3-4(b) 表示，π 轨道由两个 p 轨道相加而成，两成键碳原子间电子云密度最大，其能量低于原来的 p 轨道，是成键轨道。而 π* 轨道由两个 p 轨道相减而成，有一个电子云密度等于零的节面，其能量高于原来的 p 轨道，是反键轨道。

基态下，乙烯分子中的两个 π 电子填入能量较低的成键轨道（π）中，而反键轨道（π*）是空的。见图 3-4(a)。

分子轨道理论解释的结果与价键理论的结果相同，最后形成的 π 键电子云均为两块冬瓜形，分布在乙烯分子平面的上、下两侧，与分子所在平面对称。如图 3-4(b) 所示。

其他烯烃分子中的碳碳双键与乙烯相同，都是由一个 σ 键和一个 π 键组成，π 电子云对称分布于分子的 σ-平面。

3.1.2 炔烃的结构

以乙炔为例讨论炔烃的结构。经仪器测定，乙炔分子中 4 个原子共直线。

乙炔分子中的碳原子是 sp 杂化（见图 1-7）。两个 sp 杂化轨道取最大夹角为 180°〔图 3-5(a)〕，直线构型。两个 sp 杂化碳及两个氢原子通过"头对头"重叠，搭起乙炔分子的 σ-骨架〔图 3-5(b)〕。

(a) sp杂化碳原子为直线构型 　　　　　　(b) 乙炔分子中的σ键

图 3-5　sp 杂化碳原子的构型及乙炔分子的 σ-骨架

每个 sp 杂化碳上还有两个剩余且垂直的 p 轨道，它们两两"肩并肩"重叠，形成 2 个相互垂直的 π 键〔图 3-6(a)〕。这两个 π 键并不是孤立分离的，而是呈圆筒状对称分布于碳碳 σ 键键轴〔图 3-6(b)〕。

(a)　　　　　　　　　(b)

图 3-6　乙炔分子中的 π 键

扫一扫动画
乙炔的结构

C＝C 及 C≡C 小结：

① C＝C 中碳原子采取 sp^2 杂化，为平面三角构型；C≡C 中碳原子采取 sp 杂化，为直线构型。

② C＝C 中有一个 σ 键、一个 π 键，π 键电子云形状为对称于分子 σ-平面的团状；C≡C 中有一个 σ 键、两个相互垂直的 π 键；π 键电子云形状为对称于 σ 键轴的圆筒状。

③ 共价键参数比较：

837kJ/mol   611kJ/mol   347kJ/mol

0.120nm   0.106nm   0.134nm   0.108nm   0.154nm   0.110nm

$HC{\equiv}C{-}H$ $H_2C{=}CH{-}H$ $H_3C{-}CH_2{-}H$

← 碳碳键键能增大,键长变短

杂化轨道 s 特性增大,碳氢键变短（s 轨道离核更近）

杂化碳原子电负性增大,氢原子酸性增强

3.1.3 π 键的特性

π 键具有下列特性：

① π 键不能单独存在，只能存在于双键或三键中。任何两个原子之间形成 π 键时，必须同时形成一个 σ 键。例如：

化学键	C=C	C=O	C≡C	C≡N
组成	1个 σ 键和 1个 π 键	1个 σ 键和 1个 π 键	1个 σ 键和 2个 π 键	1个 σ 键和 2个 π 键

② 碳碳双键不能自由旋转。因为双键中的 π 电子云不是轴对称性的，碳碳之间相对旋转必然会导致 π 键断裂（图 3-7）。

图 3-7 碳碳双键相对旋转示意图

③ π 键键能小，不如 σ 键牢固。

化学键	C=C	C-C	π 键
键能/(kJ/mol)	611	347	611-347=264

④ π 电子受成键碳原子核束缚小，流动性大，易极化、易反应。

综上所述，π 键比 σ 键性质活泼，易断裂、易起化学反应。

3.2 烯烃和炔烃的同分异构

C_4 以上的烯烃有碳架异构、官能团位置异构和顺反异构；C_4 以上的炔烃只有碳架异构和官能团位置异构，无顺反异构。

顺反异构（*cis/trans*-isomer）是由于双键或环不能自由旋转而导致的分子中的原子或原子团在空间的相对位置不同的异构现象。

【例 3-1】 丁炔只有两种异构体，丁烯有四种异构体：

C_4H_6（炔烃）： 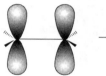 $HC{\equiv}CCH_2CH_3$ 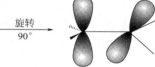 $CH_3C{\equiv}CCH_3$ （二者互为官能团位置异构）

丁-1-炔   丁-2-炔

C_4H_8（烯烃）：

$$CH_2\!=\!CH\!-\!CH_2\!-\!CH_3$$

丁-1-烯

Ⅰ

cis-丁-2-烯

Ⅱ（A）

trans-丁-2-烯

Ⅱ（B）

2-甲基丙-1-烯（异丁烯）

Ⅲ

Ⅰ和Ⅲ互为碳架异构，Ⅱ（A）和Ⅱ（B）互为顺反异构。

【例 3-2】　戊炔有 3 种异构体，戊烯有 6 种异构体：

C_5H_8（炔烃）：

$$HC\!\equiv\!CCH_2CH_2CH_3$$

戊-1-炔

$$CH_3C\!\equiv\!CCH_2CH_3$$

戊-2-炔

$$HC\!\equiv\!CCHCH_3$$

3-甲基丁-1-炔

C_5H_{10}（烯烃）：

$$CH_2\!=\!CHCH_2CH_2CH_3$$

戊-1-烯

cis-戊-2-烯

trans-戊-2-烯

$$CH_2\!=\!CHCHCH_3$$
$$CH_3$$

3-甲基丁-1-烯

$$CH_2\!=\!CCH_2CH_3$$
$$CH_3$$

2-甲基丁-1-烯

$$CH_3CH\!=\!C(CH_3)_2$$

2-甲基丁-2-烯

形成顺反异构的条件是分子中必须含有双键，而且每个双键碳原子必须连接两个不同的原子或原子团。例如，$CH_2\!=\!CHCH_2CH_3$（丁-1-烯）没有顺反异构，因为 C1 上连接的是两个相同的氢原子。

3.3　烯烃和炔烃的命名

3.3.1　烯基、炔基和亚基

烯烃和炔烃分子从形式上去掉一个氢原子后，剩下的基团分别称为烯基（alkenyl）和炔基（alkynyl）：

$$CH_2\!=\!CH\!-$$

乙烯基

vinyl

$$CH_3\!-\!CH\!=\!CH\!-$$

丙烯基，丙-1-烯-1-基

propenyl，prop-1-en-1-yl

$$CH_2\!=\!CH\!-\!CH_2\!-$$

烯丙基；丙-2-烯-1-基

allyl，prop-2-en-1-yl

$$CH_2\!=\!C\!-\!CH_3$$

异丙烯基；丙-1-烯-2-基

isopropenyl，prop-1-en-2-yl

环戊-2-烯-1-基

cyclopent-2-en-1-yl

$$CH\!\equiv\!C\!-$$

乙炔基

ethynyl

$$CH_3\!-\!C\!\equiv\!C\!-$$

丙炔基；丙-1-炔-1-基

propinyl；prop-1-yn-1-yl

$$CH\!\equiv\!C\!-\!CH_2\!-$$

炔丙基；丙-2-炔-1-基

propargyl；prop-2-yn-1-yl

烷烃分子中的同一碳原子上去掉两个氢原子，连接于分子骨架的同一原子上，形成双键的取代基叫作亚基。例如：

$$H_2C\!=$$

甲亚基

methylidene

$$CH_3CH\!=$$

乙亚基

ethylidene

$$CH_3CH_2CH\!=$$

丙-1-亚基；丙亚基

propan-1-ylidene；propylidene

$$C\!=$$

丙-2-亚基；异丙亚基

propan-2-ylidene；isopropylidene

烯烃和炔烃的命名

3.3.2 烯烃和炔烃的系统命名

烯烃和炔烃的系统命名规则与烷烃类似。

（1）选择最长碳链为母体氢化物，从靠近重键（双键或三键）的一端开始编号，用阿拉伯数字表示重键和取代基的位置。例如：

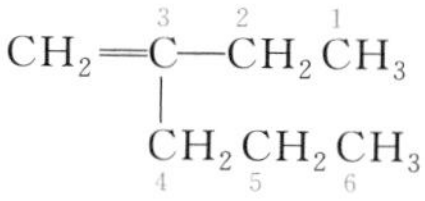

3-甲亚基己烷

3-methylidenehexane

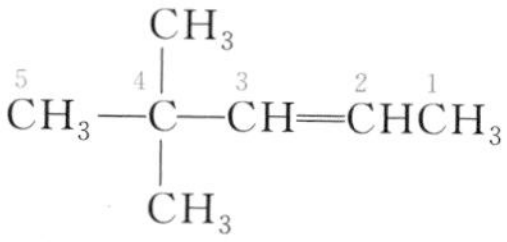

4,4-二甲基戊-2-烯

4,4-dimethylpent-2-ene

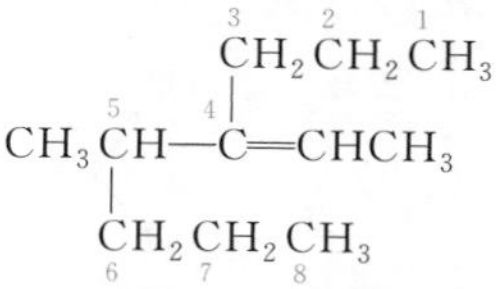

4-乙亚基-5-甲基辛烷

4-ethylidene-5-methyloctane

（2）具有两种或两种以上相同长度的最长碳链时，选择带有双键或三键者作为母体氢化物，从靠近双键或三键的一端开始编号。例如：

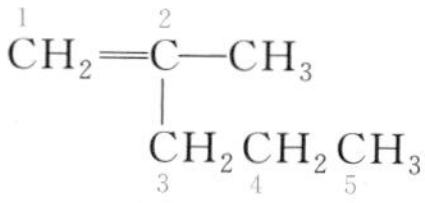

2-甲基戊-1-烯

2-methylpent-1-ene

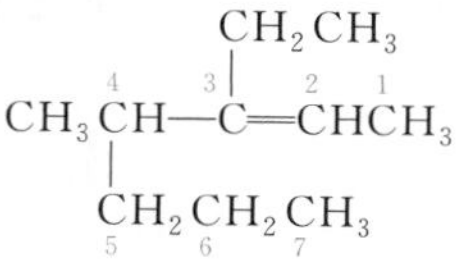

3-乙基-4-甲基庚-2-烯

3-ethyl-4-methylhept-2-ene

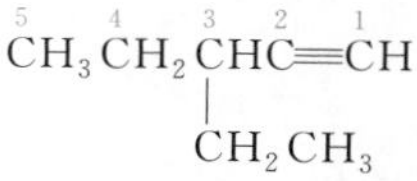

3-乙基戊-1-炔

3-ethylpent-1-yne

（3）当烯或炔的主链碳原子数多于 10 个时，命名时汉字数字与烯或炔字之间应加一个“碳”字（与烷烃不同）：

$\overset{1}{CH_3}\overset{2\sim4}{(CH_2)_3}\overset{5}{CH}{=}\overset{6}{CH}\overset{7\sim10}{(CH_2)_4}\overset{11}{CH_3}$

十一碳-5-烯

undec-5-ene

（内烯烃）

$\overset{13}{CH_3}(CH_2)_{10}\overset{2}{C}{\equiv}\overset{1}{CH}$

十三碳-1-炔

tridec-1-yne

（端炔烃）

（4）碳碳双键处于端位的烯烃叫作 α-烯烃或末端烯烃，碳碳三键处于端位的炔烃叫作 α-炔烃或末端炔烃；碳碳双键或三键没有处于端位者叫作内烯烃或者内炔烃。

（5）环烯烃和桥环烯烃、螺环烯烃的命名

① 单环烯烃的命名以环烯为母体氢化物。对成环碳原子进行编号时，把双键碳编为 C1 和 C2，同时要遵循最小位次组原则。例如：

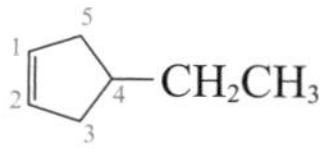

4-乙基环戊-1-烯

4-ethylcyclopent-1-ene

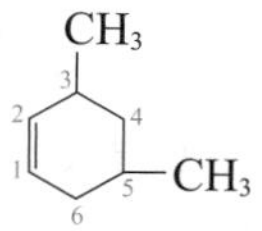

3,5-二甲基环己-1-烯

3,5-dimethylcyclohex-1-ene

② 桥环烯烃和螺环烯烃的命名，在遵循桥环烃或螺环烃编号规则的前提下，使双键和取代基的位次最小。例如：

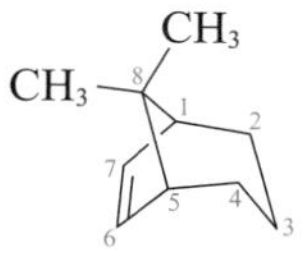

8,8-二甲基二环[3.2.1]辛-6-烯

8,8-dimethylbicyclo[3.2.1]oct-6-ene

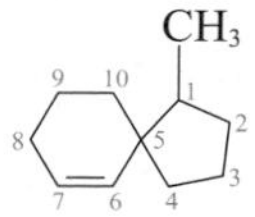

1-甲基螺[4.5]癸-6-烯

1-methylspiro[4.5]dec-6-ene

3.3.3 烯烃顺反异构体的命名

3.3.3.1 顺/反标记法

两个双键碳上相同的原子或原子团处于双键的同一侧者，称为顺式（*cis-*），反之称为反式（*trans-*）。例如：

cis-丁-2-烯（*cis*-but-2-ene） 　　　　　*trans*-丁-2-烯（*trans*-but-2-ene）

顺式,两个甲基位于双键的同侧 　　　　　反式,两个甲基位于双键的异侧

3.3.3.2 Z/E-标记法

当顺反异构体的双键碳原子上连有四个不同的原子或基团时，依据顺反标记法进行命名时会发生困难。例如：

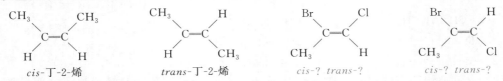

cis-丁-2-烯　　　　*trans*-丁-2-烯　　　　*cis*-? *trans*-?　　　　*cis*-? *trans*-?

对后两个的化合物进行命名，必须首先了解 CIP 顺序规则（Cahn-Ingold-Prelog sequence rule）。

（1）CIP 顺序规则　为了表明分子的某些立体化学关系，需要根据"CIP 顺序规则"确定有关原子或基团排列的先后顺序。CIP 顺序规则的要点如下。

① 将与双键碳直接相连的原子按照原子序数大小排列，大者为较优基团，同位素：D>H（">"表示较优）。例如：—I>—Br>—Cl>—SO$_3$H>—F>—OH>—NH$_2$>—CH$_3$>—H。

② 双键碳上连接的都是碳原子时，沿着碳链向外延伸。例如：

$$—CH_2Cl>—CH_2OH>—CH_2NH_2$$

又如，当下列基团与双键碳相连时：

基团	(CH$_3$)$_3$C—	(CH$_3$)$_2$CH—	CH$_3$CH$_2$—	CH$_3$—
外延情况	C(C,C,C)	C(C,C,H)	C(C,H,H)	C(H,H,H)
CIP 顺序	优先	次优	更次	最后

即 CIP 顺序：—C(CH$_3$)$_3$>—CH(CH$_3$)$_2$>—CH$_2$CH$_3$>—CH$_3$

③ 当取代基不饱和时，把双键碳或三键碳看成以单键与多个原子相连，其中括号内的原子是虚拟存在的"复制原子"，下角标"000"表示复制原子上连着三个原子序数为零的"假想原子"。例如：

—CH=CH$_2$ 可看作 $\begin{matrix} & {}_{000}(C)(C)_{000} \\ —C—C—H \\ | \quad | \\ H \quad H \end{matrix}$ ，—C≡CH 可看作 $\begin{matrix} & {}_{000}(C)(C)_{000} \\ —C—C—H \\ | \quad | \\ {}_{000}(C)(C)_{000} \end{matrix}$ ，—C≡N 可看作 $\begin{matrix} & {}_{000}(N)(C)_{000} \\ —C—N \\ | \\ {}_{000}(N)(C)_{000} \end{matrix}$

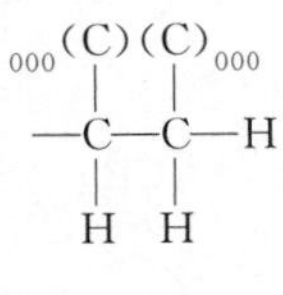

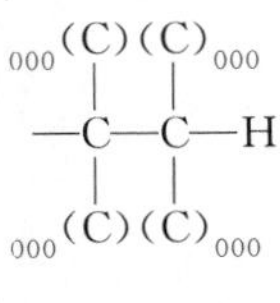

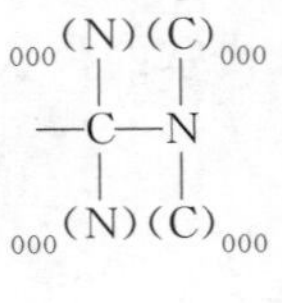

所以，—C≡N > —C≡CH >—CH=CH$_2$。

④ 当双键碳上的取代基为环状结构时，将环处理为分叉的原子链，链的两端均分别延伸至分叉的端点，并将此点作为其上连有"假想原子"的"复制原子"。例如：

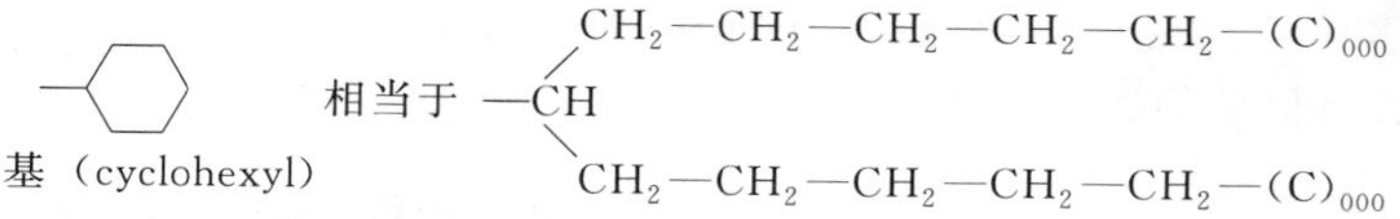

环己基（cyclohexyl）　相当于

$$-CH \begin{cases} CH_2-CH_2-CH_2-CH_2-CH_2-(C)_{000} \\ CH_2-CH_2-CH_2-CH_2-CH_2-(C)_{000} \end{cases}$$

又如，当下列基团与双键碳相连时：

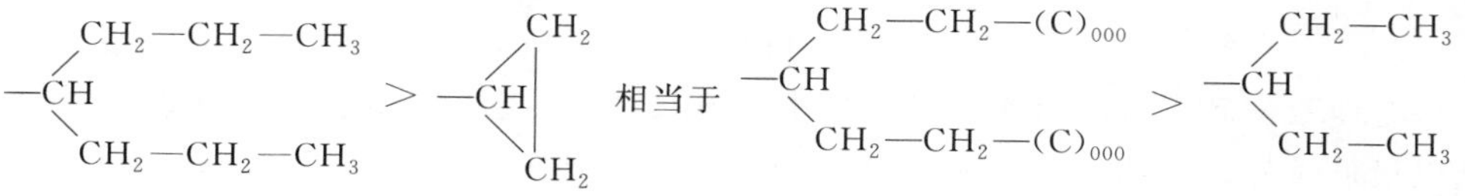

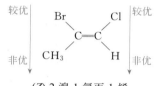

庚-4-基（heptan-4-yl）　　环丙基（cyclopropyl）　相当于

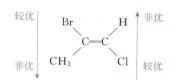

戊-3-基（pentan-3-yl）

（2）Z/E-标记法　采用 Z/E-标记法时，首先要根据 CIP 顺序规则比较出每个双键碳原子上所连接的两个原子或基团的优先顺序。当两个双键碳原子上较优的原子或基团在双键的同侧时，标记为（Z）-式（来自德文 zuasmmen，"一同"之意）；较优的原子或基团不在同侧者标记为（E）-式（来自德文 entgengen，"相反"之意）。例如：

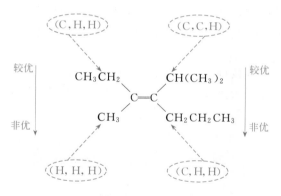

（Z）-2-溴-1-氯丙-1-烯
（Z）-2-bromo-1-chlororop-1-ene

（E）-2-溴-1-氯丙-1-烯
（E）-2-bromo-1-chlororop-1-ene

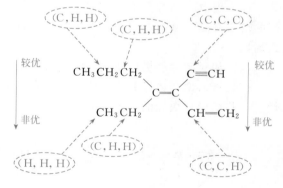

（Z）-4-异丙基-3-甲基庚-3-烯
（Z）-4-isopropyl-3-methylhepta-3-ene

（Z）-4-乙基-3-乙炔基庚-1,3-二烯
（Z）-4-ethyl-3-ethynylhepta-1,3-diene

注意： Z/E-标记法不能同 cis-/$trans$-标记法混淆。例如：

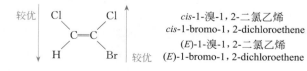

cis-1-溴-1,2-二氯乙烯
cis-1-bromo-1,2-dichloroethene
（E）-1-溴-1,2-二氯乙烯
（E）-1-bromo-1,2-dichloroethene

3.3.4　烯炔的命名

分子中同时含有双键和三键时，一般称其为"烯炔"（"烯"在前，"炔"在后）。

根据 CCS-2017，命名烯炔类化合物时仍然要选择最长的碳链作为母体氢化物，而不是选择选择重键数量最多的碳链。例如：

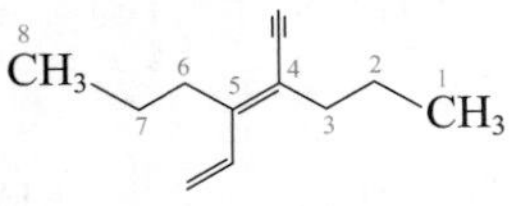

(E)-4-乙炔基-5-乙烯基辛-4-烯
(E)-4-ethynyl-5-vinyloct-4-ene

而不是：(E)-3,4-二丙基己-1,3-二烯-5-炔

编号要使双键和三键的位次尽可能最小。若双键、三键处于相同的位次供选择时，优先给双键以最低编号。例如：

$$CH \equiv C - CH = CH - CH_3$$

戊-3-烯-1-炔
pent-3-en-1-yne

5-乙烯基辛-2-烯-6-炔
5-vinyloct-2-en-6-yne

3.4　烯烃和炔烃的物理性质

（1）物态　C_4 以下的烯、炔是气体，$C_5 \sim C_{18}$ 为液体，C_{19} 以上是固体。

（2）沸点　随着分子量的增大，烯烃和炔烃的沸点升高；由于三键碳原子的电负性较大，末端炔烃的极性比末端烯烃略强，沸点略高；双键位置相同时，顺式烯烃的极性略强，其沸点大于反式烯烃。

（3）熔点　随着分子量的增大，烯烃和炔烃的熔点升高；分子的对称性增加，烯烃和炔烃的熔点升高。例如：内烯、内炔的熔点高于末端烯烃、末端炔烃；反式烯烃的熔点高于顺式烯烃。

（4）相对密度　烯烃和炔烃的相对密度大于同碳数烷烃。

（5）折射率　烯烃和炔烃分子中含有 π 键，电子云易极化，它们的折射率大于同碳数烷烃。一些烯烃和炔烃的物理常数见表 3-2。

表 3-2　一些烯烃和炔烃的物理常数

	化合物名称	结构式	熔点/℃	沸点/℃	相对密度(d_4^{20})
烯烃	乙烯	$CH_2 = CH_2$	−169.5	−103.7	0.570（沸点时）
	丙烯	$CH_3CH = CH_2$	−185.2	−47.7	0.610（沸点时）
	丁-1-烯	$CH_3CH_2CH = CH_2$	−130	−6.4	0.625（沸点时）
	cis-丁-2-烯	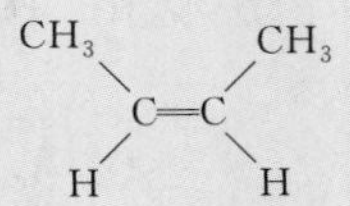	−139.3	3.5	0.6213
	trans-丁-2-烯	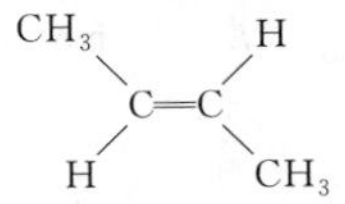	−105.5	0.9	0.6042
	2-甲基丙烯	$(CH_3)_2C = CH_2$	−140.8	−6.9	0.631（−10℃）

续表

化合物名称		结构式	熔点/℃	沸点/℃	相对密度（d_4^{20}）
烯烃	戊-1-烯	$CH_3CH_2CH_2CH=CH_2$	−166.2	30.1	0.641
	2-甲基丁-1-烯	$CH_3CH_2\overset{\overset{\displaystyle CH_3}{\vert}}{C}=CH_2$	−137.6	31.2	0.650
	3-甲基丁-1-烯	$(CH_3)_2CHCH=CH_2$	−168.5	20.1	0.633(15℃)
	己-1-烯	$CH_3(CH_2)_3CH=CH_2$	−139	63.5	0.673
	十八碳-1-烯	$CH_3(CH_2)_{15}CH=CH_2$	17.5	314.9	0.791
炔烃	乙炔	$HC\equiv CH$	−81.8	−83.4	0.618(沸点时)
	丙炔	$CH_3C\equiv CH$	−101.5	−23.3	0.671(沸点时)
	丁-1-炔	$CH_3CH_2C\equiv CH$	−122.5	8.5	0.668(沸点时)
	戊-1-炔	$CH_3(CH_2)_2C\equiv CH$	−98	39.7	0.695
	戊-2-炔	$CH_3CH_2C\equiv CCH_3$	−101	55.5	0.713(17.2℃)
	3-甲基丁-1-炔	$(CH_3)_2CHC\equiv CH$	−90.1	28.4	0.667(0℃)
	己-1-炔	$CH_3(CH_2)_3C\equiv CH$	−124	71.4	0.719
	十八碳-1-炔	$CH_3(CH_2)_{15}C\equiv CH$	22.5	180	0.870(0℃)

3.5　烯烃和炔烃的化学性质

烯烃官能团是 $C=C$，由一个 σ 键和一个 π 键组成。由于 π 键键能较小，易断裂，故烯烃的化学性质非常活泼，而且反应都是围绕着 π 键进行的：

可发生亲电加成、自由基加成、氧化反应及催化加氢等反应

$$-CH_2-\underset{可发生自由基取代反应、催化氧化反应}{\underset{\diagup}{C}}=\underset{\diagdown}{C}$$

炔烃官能团是 $C\equiv C$，由一个 σ 键和两个相互垂直的 π 键组成，其性质：①有 π 键，有类似于烯烃的性质，如加成、氧化、聚合；②两个 π 键相互垂直，有不同于烯烃的性质，如炔氢的酸性。

3.5.1　催化加氢反应

3.5.1.1　催化氢化

在适当的催化剂如 Ni、Pd、Pt 等作用下，烯烃或炔烃与氢加成生成相应的烷烃，称为催化氢化（catalytic hydrogenation）：

烯烃和炔烃的
催化氢化反应

$$(C_2H_5)_2C=CHCH_3 + H_2 \xrightarrow[5MPa,70\%]{Ni,90\sim100℃} (C_2H_5)_2CH-CH_2CH_3$$

3-乙基戊-2-烯　　　　　　　　　　　3-乙基戊烷

$$CH_3CH_2\overset{\overset{\displaystyle CH_3}{\vert}}{C}HCH_2C\equiv CH + 2H_2 \xrightarrow[5MPa,77\%]{Ni,90\sim100℃} CH_3CH_2\overset{\overset{\displaystyle CH_3}{\vert}}{C}HCH_2CH_2-\overset{\overset{\displaystyle H}{\vert}}{C}H-H$$

4-甲基己-1-炔　　　　　　　　　　　3-甲基己烷

将镍-铝合金用浓 NaOH 处理，使其中的铝溶解于强碱中，可得到 Raney Ni，又叫活性 Ni、骨架 Ni。这种镍的特点是具有很大的表面积，便于反应按图 3-8 所示的机理进行。

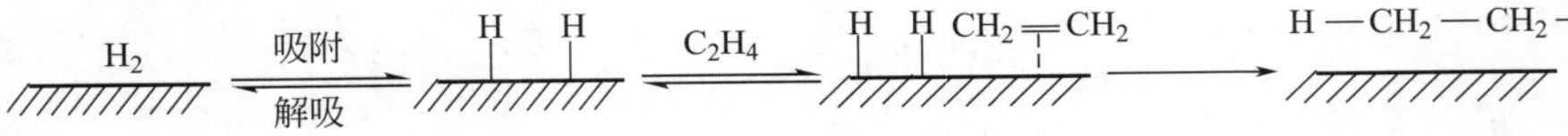

图 3-8 乙烯催化加氢示意图

烯烃、炔烃催化加氢的相对活性：

乙烯＞一取代乙烯＞二取代乙烯＞三取代乙烯＞四取代乙烯（难）

乙炔＞一取代乙炔＞二取代乙炔

使用特殊的催化剂（如 Lindlar 催化剂等），可使炔烃部分加氢，得到烯烃：

$$RC\equiv CH + H_2 \xrightarrow{\text{Lindlar 催化剂}} RCH{=}CH_2$$

Lindlar 催化剂：Pd-$CaCO_3$/喹啉（Pd 沉淀于 $CaCO_3$ 上，再经喹啉或醋酸铅毒化处理）。

其他用于炔烃部分加氢的催化剂还有：

① P-2 催化剂：Ni_2B（乙醇溶液中，用硼氢化钠还原醋酸镍得到）。P-2 催化剂又称为 Brown 催化剂。

② Cram 催化剂：Pd/$BaSO_4$-喹啉（Pd/$BaSO_4$ 中加入喹啉）。

分子中同时含有双键和三键时，三键首先加氢，因为三键优先被催化剂吸附。例如：

$$HC\equiv C{-}\underset{}{\overset{CH_3}{\overset{|}{C}}}{=}CHCH_2CH_2OH + H_2 \xrightarrow[\text{喹啉},80\%]{Pd\text{-}CaCO_3} CH_2{=}CH{-}\overset{CH_3}{\overset{|}{C}}{=}CHCH_2CH_2OH$$

催化加氢反应的立体选择性主要是顺式加成。例如：

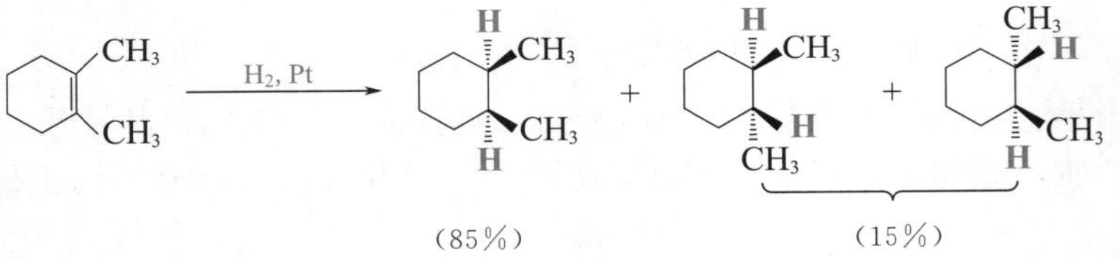

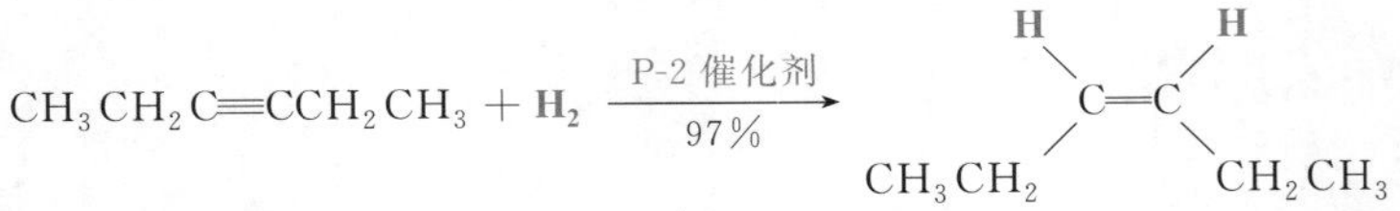

己-3-炔　　　　(Z)-己-3-烯

在液氨中用金属钠或金属锂还原非末端炔烃时，主要得到反式烯烃：

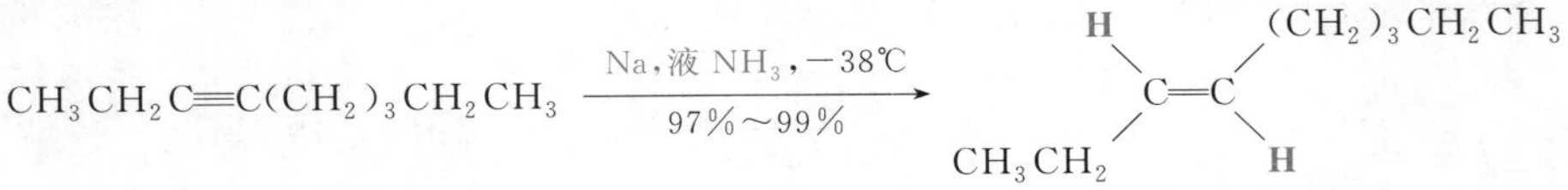

壬-3-炔　　　　(E)-壬-3-烯

催化加氢反应在工业上有重要用途：

① 使粗汽油中的少量烯烃（易氧化、聚合，燃烧时冒黑烟）还原为烷烃，提高油品质量。

② 油脂工业中将含有碳碳双键的液态油脂加氢固化，以改变其性质和用途。

③ 利用部分催化氢化将乙烯中的少量乙炔转化为乙烯，防止在制备低压聚乙烯时，少量的炔烃使 Ziegler-Natta（齐格勒-纳塔）催化剂失活。

3.5.1.2 氢化热与烯烃的稳定性

1mol 不饱和烃氢化，生成饱和烃时所放出的能量称为氢化热（heat of hydrogenation）。

氢化热越高，说明原来的不饱和烃的能量越高，稳定性越差。因此，可以利用氢化热获得不饱和烃的相对稳定性信息。不同结构的烯烃进行催化加氢时反应热数据如表 3-3 所示。

表 3-3　一些烯烃的氢化热

烯烃	氢化热/(kJ/mol)	烯烃	氢化热/(kJ/mol)
$CH_2=CH_2$	137.2	$(CH_3)_2C=CH_2$	118.8
$CH_3CH=CH_2$	125.9	$cis\text{-}CH_3CH_2CH=CHCH_3$	119.7
$CH_3CH_2CH=CH_2$	126.8	$trans\text{-}CH_3CH_2CH=CHCH_3$	115.5
$CH_3CH_2CH_2CH=CH_2$	125.9	$CH_3CH_2(CH_3)C=CH_2$	119.2
$(CH_3)_2CHCH=CH_2$	126.8	$(CH_3)_2CH(CH_3)C=CH_2$	117.2
$(CH_3)_3CCH=CH_2$	126.8	$(CH_3)_2C=CHCH_3$	112.5
$cis\text{-}CH_3CH=CHCH_3$	119.7	$(CH_3)_2C=C(CH_3)_2$	111.3
$trans\text{-}CH_3CH=CHCH_3$	115.5		

表 3-3 中的数据表明，不同结构的烯烃催化加氢时，双键碳上取代基越多，反应热越小；构造相同时，顺式构型烯烃的氢化热大于反式构型的烯烃。即烯烃的热力学稳定性次序为：

① $R_2C=CR_2 > R_2C=CHR > RCH=CHR$、$R_2C=CH_2 > RCH=CH_2 > CH_2=CH_2$；

② $trans\text{-}RCH=CHR > cis\text{-}RCH=CHR$。

3.5.2　离子型加成反应

烯烃和炔烃都含有易发生极化的 π 键，可以进行离子型加成反应（ionic addition reaction）。如果决速步是亲电试剂加到不饱和碳碳键上，则该离子型加成反应为亲电加成；反之，如果决速步是亲核试剂加到不饱和键上，则该反应为亲核加成反应。

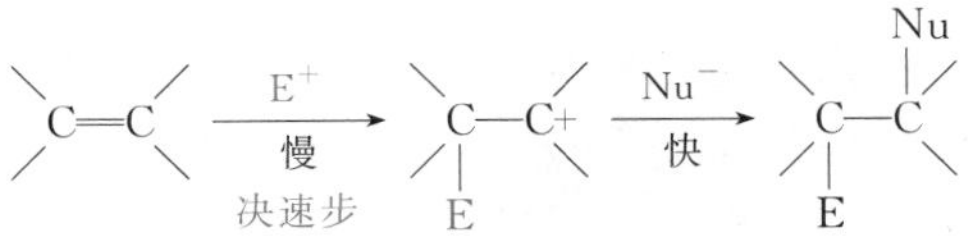

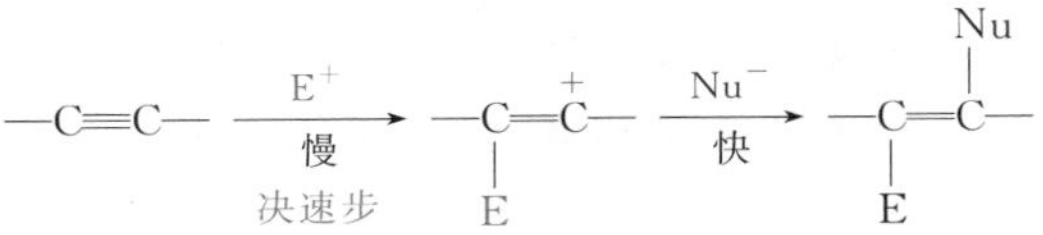

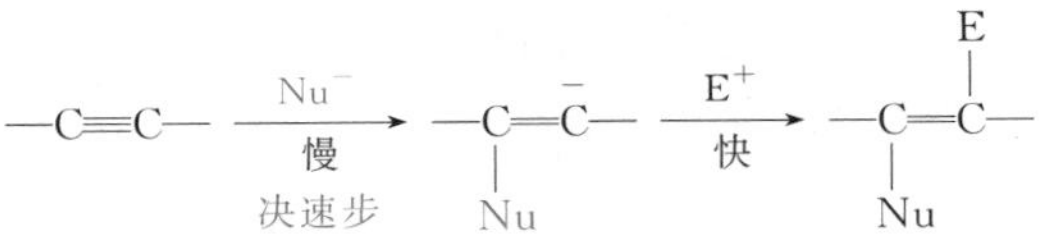

经由碳正离子
的亲电加成

3.5.2.1　经由碳正离子机理的亲电加成

（1）与卤化氢的加成反应　烯烃或炔烃中的 π 键电子云离成键碳原子核较远，受核的束缚小，易流动，易变形，可作为电子源起 Lewis 碱的作用，与亲电试剂（Lewis 酸）发生加成反应，生成加成产物。其中最典型的反应是烯烃与卤化氢发生的加成反应。

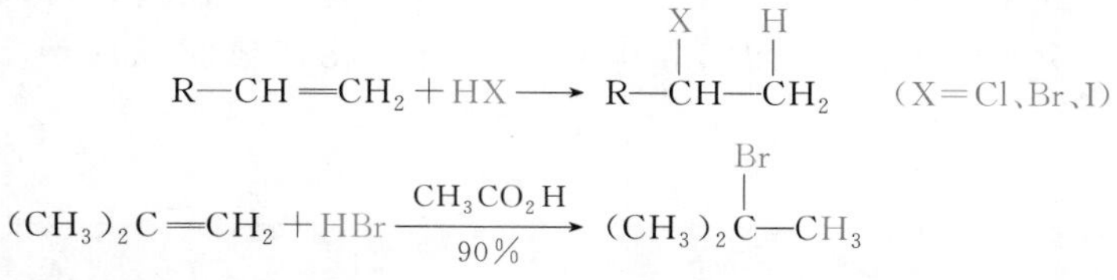

$$R-CH=CH_2 + HX \longrightarrow R-\overset{X}{\underset{}{CH}}-\overset{H}{\underset{}{CH_2}} \quad (X=Cl、Br、I)$$

$$(CH_3)_2C=CH_2 + HBr \xrightarrow[90\%]{CH_3CO_2H} (CH_3)_2\overset{Br}{\underset{}{C}}-CH_3$$

2-甲基丙烯（异丁烯）　　　　　　　2-溴-2-甲基丙烷

反应特点：

① HX 的反应速率：HI＞HBr＞HCl。这与氢卤酸的酸性强弱顺序一致，因为酸性强的 HX 更容易解离出 H^+（Lewis 酸）来加到 π 键（Lewis 碱）上。

② 在极性溶剂（如乙酸、氯仿等）中，有利于烯烃和炔烃与卤化氢发生加成反应。

③ 当双键碳上引入给电子基时，反应速率增加；当双键碳上引入吸电子基时，反应速率减慢。

（2）烯烃与卤化氢加成的反应机理　烯烃与卤化氢的加成反应属于亲电加成反应。

(弯箭头所指的方向代表电子云的流动方向)

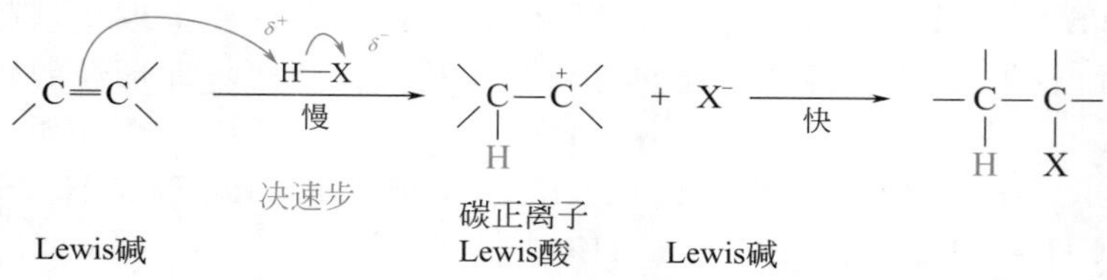

$$>C=C< \xrightarrow[\text{慢}]{\overset{\delta^+}{H}-\overset{\delta^-}{X}} >\overset{+}{C}-\overset{}{\underset{H}{C}}< \; + \; X^- \xrightarrow{\text{快}} -\overset{}{\underset{H}{C}}-\overset{}{\underset{X}{C}}-$$

Lewis碱　　　　决速步　　　　碳正离子　　　　Lewis碱
　　　　　　　　　　　　　　Lewis酸

特点：

① 分两步完成。首先是 HX 中的质子加到双键上，生成碳正离子（carbonium ion）活性中间体。后者很快与卤素负离子（X^-）结合，生成加成产物卤代烷。

② 决速步为碳正离子的生成，即具有亲电性的 H^+ 加到双键上，所以是亲电加成反应。

（3）碳正离子的结构与稳定性　碳正离子是亲电加成反应的关键中间体，了解和掌握碳正离子的结构和稳定性对判断亲电加成反应的难易及反应取向至关重要。

碳正离子的中心碳原子（即带有正电荷的碳原子）为 sp^2 杂化，平面三角构型，有一个垂直于 σ 平面的、空的 p 轨道。甲基具有给电子诱导效应（$+I$），是推电子基，可分散中心碳原子上的正电荷。图 3-9 表明，碳正离子的中心碳原子上连接的甲基越多，碳正离子越稳定。

碳正离子很容易重排形成更加稳定的碳正离子，导致经碳正离子的亲电加成反应往往伴有重排产物，甚至有时重排产物是主要产物。例如：

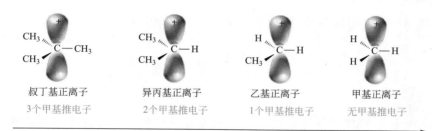

$+I$效应减弱，中心碳原子上正电荷不易分散，碳正离子稳定性变差

C^+稳定性：$(CH_3)_3\overset{+}{C} > (CH_3)_2\overset{+}{CH} > CH_3\overset{+}{CH_2} > \overset{+}{CH_3}$
$\qquad\qquad\quad 3° \qquad\qquad 2° \qquad\quad 1°$

图 3-9 甲基的 $+I$ 效应与 C^+ 稳定性的关系

说明烯烃加 HX 的反应确实经过碳正离子中间体！

2°碳正离子

预期产物（次） （40%）

（重排）1,2-氢迁移

3°碳正离子

重排产物（主） （60%）

（4）亲电加成反应的取向与 Markovnikov 规则 丙烯等不对称烯烃与卤化氢加成时，其反应取向遵循 Markovnikov 规则（马尔科夫尼科夫规则，简称马氏规则）。

① Markovnikov 规则。烯烃加卤化氢时，氢原子总是加到含氢多的不饱和碳上。例如：

$$CH_3-CH=CH_2 + HCl \longrightarrow$$

含氢较多的双键碳

2-氯丙烷（主要产物） 1-氯丙烷（次要产物）

$$CH_3CH_2CH=CH_2 + HBr \xrightarrow[80\%]{乙酸}$$

含氢较多的双键碳

2-溴丁烷

不对称炔烃加卤化氢时也服从 Markovnikov 规则：

含氢较多的三键碳

$$CH_3(CH_2)_3C\equiv CH + HBr \xrightarrow{60\%} CH_3(CH_2)_3C=CH_2$$

己-1-炔   2-溴己-1-烯

当卤化氢过量时，炔烃与之加成主要生成同碳二卤化合物：

$$CH_3C{\equiv}CCH_3 \xrightarrow{HCl} CH_3\underset{Cl}{\overset{Cl}{\underset{|}{C}}}=CHCH_3 \xrightarrow[80\%]{HCl} CH_3\underset{Cl}{\overset{Cl}{\underset{|}{\overset{|}{C}}}}-CH_2CH_3$$

含氢较多　　2,2-二氯丁烷

② Markovnikov 规则的理论解释。为什么烯烃或炔烃与卤化氢加成时遵循马氏规则？是由反应中间体——碳正离子的稳定性所决定的。以丙烯与 HBr 的加成为例：

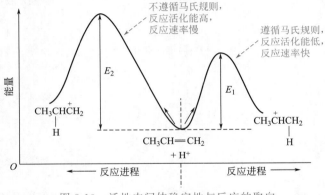

由于碳正离子 I 比 II 稳定，因此 I 比 II 更容易生成，反应速率也相应较大，与 I 相关的产物为主要产物。反应过程的能量变化如图 3-10 所示。

图 3-10　活性中间体稳定性与反应的取向

（5）其他经由碳正离子机理的亲电加成

① 与硫酸加成。硫酸与烯烃的加成反应也是经由碳正离子的亲电加成反应：

$$\underset{|}{\overset{|}{C}}{=}\underset{|}{\overset{|}{C}} \xrightarrow{H^+} H-\underset{|}{\overset{|}{C}}-\overset{+}{\underset{|}{C}} \xrightarrow{-OSO_2OH} H-\underset{|}{\overset{|}{C}}-\underset{|}{\overset{|}{C}}-OSO_2OH$$

酸式硫酸酯，硫酸氢酯

$$CH_2{=}CH_2 + HOSO_2OH(浓) \longrightarrow HCH_2CH_2OSO_2OH$$

硫酸氢乙酯

$$2CH_2{=}CH_2 + HOSO_2OH \xrightarrow[85\%]{55\sim80℃,0.1\sim0.35MPa} H{-}CH_2CH_2OSO_2OCH_2CH_2{-}H$$

硫酸二乙酯（乙基化试剂，剧毒）

不对称烯烃与硫酸加成时，也遵循 Markovnikov 规则：

$$CH_3CH{=}CH_2 + HOSO_2OH \xrightarrow{50℃} CH_3-\underset{OSO_2OH}{\overset{H}{\underset{|}{\overset{|}{CH}}}}-CH_2$$

含氢较多的双键碳　　　硫酸氢异丙酯

烯烃与硫酸加成反应的应用：

$$CH_3CH_2OSO_2OH + H_2O \xrightarrow{\triangle} CH_3CH_2OH + HOSO_2OH（曾经用于工业制醇）$$

$$\left.\begin{array}{l}烷烃 \\ 烯烃\end{array}\right\} \xrightarrow{浓硫酸} \left\{\begin{array}{l}不溶于酸层 \\ 溶于酸层\end{array}\right. \xrightarrow{分液} \left\{\begin{array}{l}有机层（不含烯烃） \\ 酸层\end{array}\right. \quad （提纯烷烃）$$

$$RCH=CH_2 \xrightarrow[（R:C_{12}\sim C_{18}）]{H_2SO_4} \underset{OSO_2OH}{R-CH-CH_3} \xrightarrow{NaOH} \underset{OSO_2ONa}{R-CH-CH_3}$$

烷基硫酸钠
一种阴离子表面活性剂，
用于液体洗涤剂

② 与水加成。在酸（硫酸、磷酸、磺酸等）的催化下，烯烃与水直接加成生成醇。该反应也属于经由碳正离子的亲电加成反应。

$$\underset{}{C=C} \xrightarrow{H^+} \underset{}{CH-\overset{+}{C}} \underset{}{\overset{H_2\ddot{O}}{\rightleftharpoons}} \underset{\overset{+}{O}H_2}{CH-C} \underset{H^+}{\overset{-H^+}{\rightleftharpoons}} \underset{OH}{CH-C}$$

该反应可用于工业上制备乙醇和异丙醇。例如：

$$CH_2=CH_2 + H_2O \xrightarrow[300℃,7\sim8MPa]{H_3PO_4/硅藻土} CH_3-CH_2-OH$$

$$CH_3CH=CH_2 + H_2O \xrightarrow[195℃,2MPa]{H_3PO_4/硅藻土} \underset{}{CH_3\overset{OH}{CH}CH_3} \quad （遵循马氏规则）$$

异丙醇

为了减少"三废"，保护环境，可用固体酸，如杂多酸代替液体酸作催化剂。

③ 与醇加成。该反应需在酸催化下进行：

$$(CH_3)_2C=CH_2 + CH_3OH \xrightarrow[40\sim50℃,1\sim5MPa,98\%]{强酸性阳离子交换树脂:RSO_3H} \underset{}{(CH_3)_2\overset{OCH_3}{C}-CH_3}$$

叔丁基甲基醚

叔丁基甲基醚是一种高辛烷值汽油添加剂，常用于无铅汽油的调和，以提高汽油的抗爆性。

④ 与羧酸加成。

$$CH_2=C(CH_3)_2 + \underset{}{CH_3\overset{O}{C}-OH} \xrightarrow{H_2SO_4} \underset{}{CH_3\overset{O}{C}-O-\overset{CH_2-H}{C}(CH_3)_2}$$

乙酸叔丁酯

加入酸催化的目的是促进碳正离子的形成。

3.5.2.2　经由三元环卤素正离子机理的亲电加成

（1）烯烃、炔烃与卤素加成　烯、炔主要与 Cl_2、Br_2 发生加成反应。F_2 与烯、炔反应速率太快，难以控制，而 I_2 与烯、炔反应速率太慢。

（红棕色）　　（无色）

经由三元环卤素
正离子的亲电加成

炔烃能与两分子卤素加成：

$$RC{\equiv}CH \xrightarrow{X_2} \underset{X}{\overset{X}{RC{=}CH}} \xrightarrow{X_2} \underset{X\ X}{\overset{X\ X}{RC{-}CH}} \quad (X_2 = Cl_2、Br_2)$$

反应活性：烯烃＞炔烃。

溴与烯烃或炔烃的加成反应可用来检验 C=C 或 C≡C 是否存在。例如：

$$CH_3CH{=}CH_2 + Br_2 \xrightarrow{CCl_4} CH_3{-}\underset{\underset{(红棕色)}{}}{\overset{Br}{CH}}{-}CH_2Br$$

（红棕色） 　1,2-二溴丙烷(无色)

为了使反应顺利进行而不过于猛烈，通常采用既加催化剂又加溶剂稀释的办法。例如：

$$CH_2{=}CH_2 + Cl_2 \xrightarrow[1,2\text{-二氯乙烷},97\%]{FeCl_3,40℃,0.2MPa} \underset{\overset{\ }{\underset{Cl}{}}}{\overset{Cl}{CH_2{-}CH_2}} \quad 1,2\text{-二氯乙烷(常用溶剂)}$$

$$CH{\equiv}CH \xrightarrow[80\sim85℃]{Cl_2,FeCl_3,CCl_4} \underset{Cl}{\overset{Cl}{CH{=}CH}} \xrightarrow[80\sim85℃]{Cl_2,FeCl_3,CCl_4} \underset{Cl}{\overset{Cl}{Cl{-}CH{-}CH{-}Cl}}$$

1,2-二氯乙烯　　　　　　1,1,2,2-四氯乙烷

（2）反应机理

① 烯烃加溴机理：

烯烃　　　　　　　　　　三元环溴正离子
　　　　　　　　　　　　（俗称溴鎓离子）

（弯箭头所指方向代表电子云的流动方向）

反应的决速步涉及缺电子的溴原子对 π 键的进攻，属于亲电加成反应。

下列实验说明烯烃与卤素的加成反应属于亲电的环正离子型的分步反应。

实验一：

不同的取代乙烯与溴加成的相对反应速率：

$$CH_2{=}CHBr \quad CH_2{=}CH_2 \quad CH_2{=}CHCH_3 \quad CH_2{=}C(CH_3)_2 \quad CH_3CH{=}C(CH_3)_2$$

　　0.04　　　　　　1.0　　　　　2.03　　　　　　5.53　　　　　　10.4

双键上电子云密度减小，　　　双键上电子云密度增大,亲电加成反应速率增大
亲电加成反应速率减小　　　　　　 —CH₃ 是给电子基!
　—Br 是吸电子基!

实验二：

当乙烯和溴在氯化钠水溶液中进行加成时，反应产物为混合物：

$$CH_2{=}CH_2 + Br_2 \xrightarrow{H_2O,NaCl} \underset{Br}{\overset{Br}{CH_2{-}CH_2}} + \underset{Br}{\overset{Cl}{CH_2{-}CH_2}} + \underset{Br}{\overset{OH}{CH_2{-}CH_2}}$$

无 $ClCH_2CH_2Cl$ 生成!

造成这种反应结果的原因：反应是分步进行的，首先生成三元环溴正离子！然后 Br^-、Cl^-、H_2O 三种 Lewis 碱对三元环溴正离子的竞争形成三种产物。

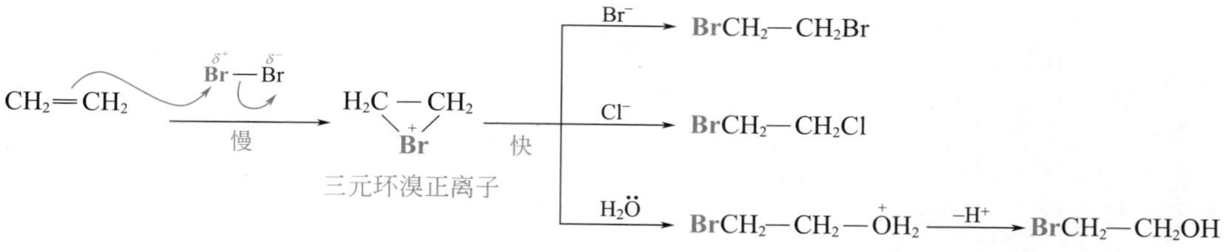

由于溴负离子只能从第一个溴原子的背面进攻双键碳，烯烃与卤素加成反应的立体化学是**反式加成**。例如：

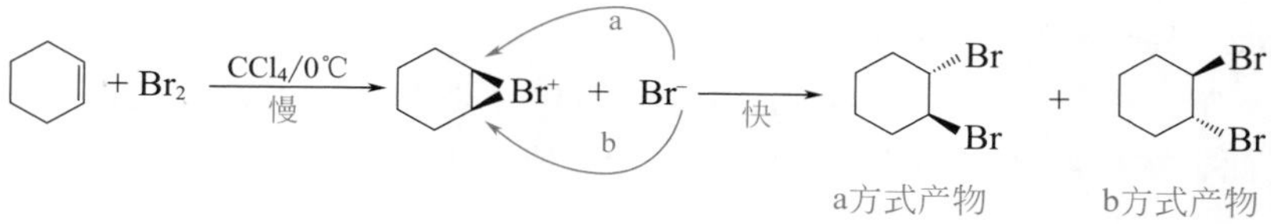

② 炔烃加溴机理：

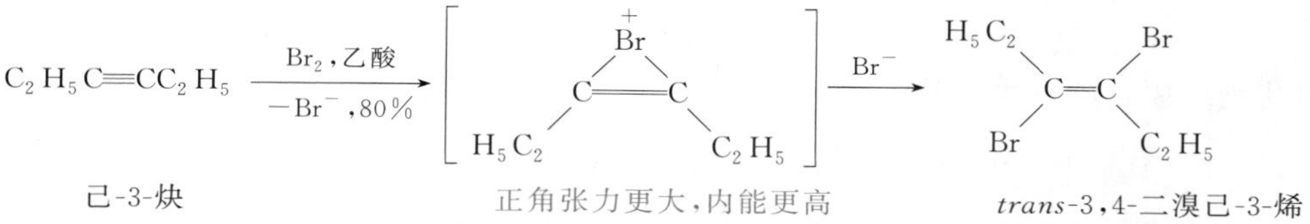

由于炔烃加溴时活性中间体（环正离子）能量更高，所以炔烃加溴的活性小于烯烃。如果分子中同时存在双键和三键，在较低温度下，双键首先与卤素发生加成反应：

$$CH_2{=}CH{-}CH_2{-}C{\equiv}CH + Br_2 \xrightarrow[低温]{乙醚} CH_2Br{-}CHBr{-}CH_2{-}C{\equiv}CH$$

4,5-二溴戊-1-炔

（3）其他经由环正离子机理的亲电加成

① 加次卤酸。次卤酸的酸性很弱，它与烯烃加成时，生成β-卤代醇。例如：

$$CH_2{=}CH_2 + \overset{\delta^-}{HO}\,\vdots\,\overset{\delta^+}{Cl} \longrightarrow Cl{-}CH_2{-}CH_2{-}OH$$

β-氯乙醇

实际操作时，常用氯气和水直接与烯烃反应。例如：

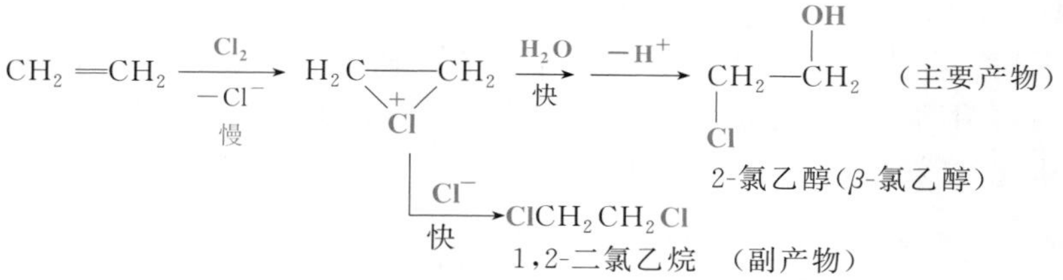

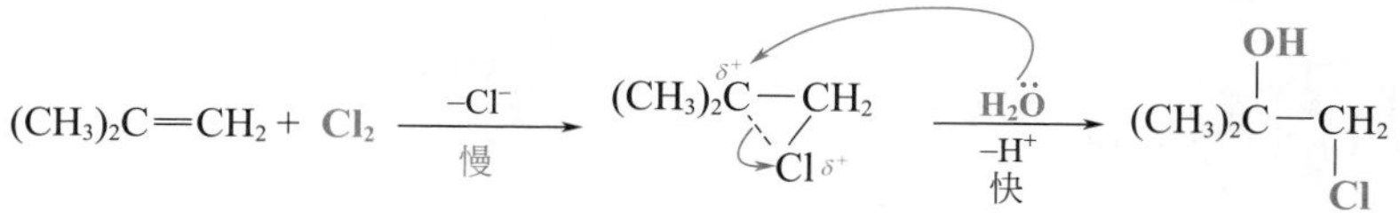

（不对称烯烃形成的三元环卤素正离子的两个 C—X 是不完全相同的，其中较弱的一根用“····”表示。）

这个反应也是亲电加成反应，形成三元环卤素正离子的步骤为决速步。

② 加 ICl、RSCl 等。

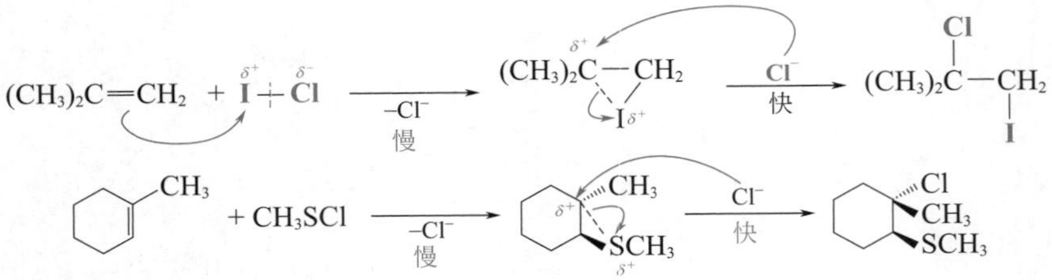

亲电加成反应小结：

① 经过碳正离子中间体和三元环正离子中间体的加成都是亲电试剂加到双键或三键的一步为决速步，因此它们都属于亲电加成反应。

② 从酸碱概念来看，容易给出电子的烯烃和炔烃是 Lewis 碱，而缺电子的亲电试剂是 Lewis 酸。因此，烯烃和炔烃的亲电加成反应可看成是 Lewis 酸碱的加合。

3.5.2.3 经由三元环正离子机理的亲核加成

（1）羟汞化-脱汞反应　烯烃与醋酸汞在水存在下反应，首先生成羟烷基汞盐，然后用硼氢化钠还原，脱汞生成醇。例如：

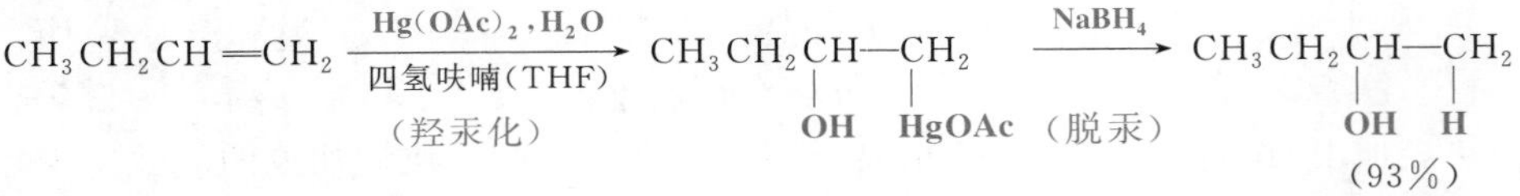

羟汞化-脱汞反应的结果相当于烯烃与水按马氏规则进行加成。除乙烯得到伯醇（乙醇）外，其他烯烃进行该反应时只能得到仲醇或叔醇。

羟汞化-脱汞反应具有反应速率快（通常羟汞化只需几分钟）、条件温和（一般在室温下进行）、中间产物不需分离、不重排并且产率高（>90%）的特点，是实验室制备醇的好方法。虽然汞及其盐均有毒，限制了该反应的应用，但该反应仍用于在实验室制备某些结构复杂或特殊的醇。例如：

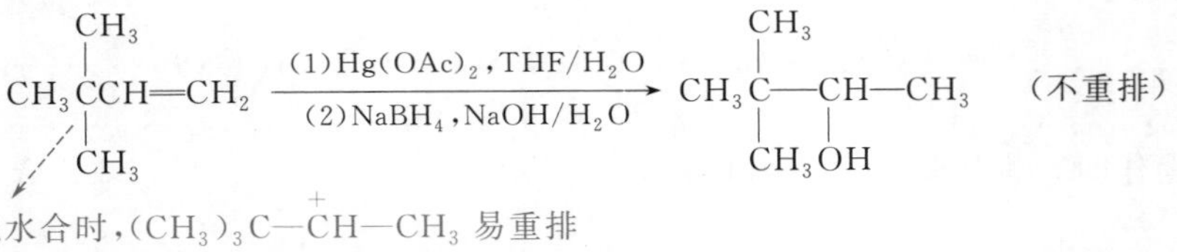

在羟汞化反应这一步，若用其他亲核的溶剂（如 ROH、RNH₂、RCOOH 等）代替水进行反应，然后再用硼氢化钠还原，则分别得到醚、胺和酯等。

为什么羟汞化-脱汞反应属于亲核加成？与反应机理有关：

$$Hg(OAc)_2 \Longleftrightarrow \overset{+}{H}gOAc + \overset{-}{O}Ac$$

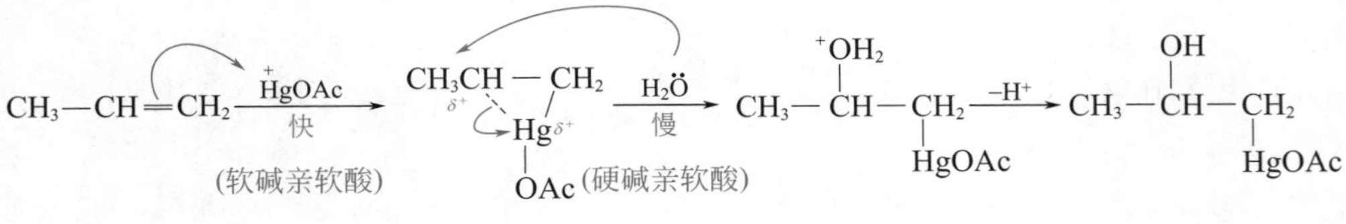

整个羟汞化反应的决速步为具有亲核性的水加到三元环汞正离子上，因此该反应属于亲核加成。

（2）**炔烃水合反应**　仅在酸催化下，炔烃很难经碳正离子机理与水加成。但在硫酸汞-硫酸溶液催化下，炔烃则比较容易经由环正离子机理与水发生亲核加成：

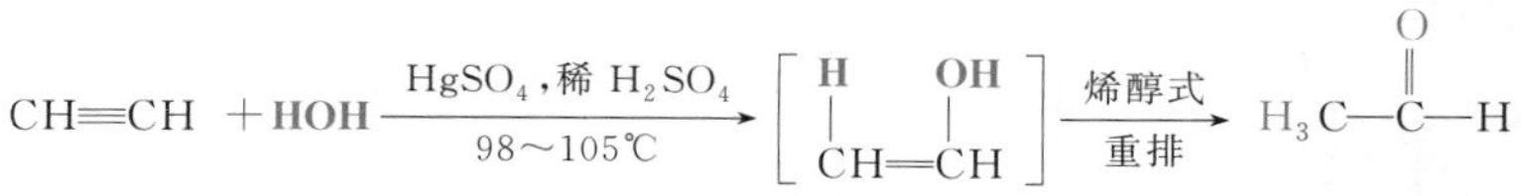

$$
CH{\equiv}CH + HOH \xrightarrow[98\sim105℃]{HgSO_4, 稀 H_2SO_4} \left[\begin{array}{c} H\ \ \ OH \\ | \ \ \ \ | \\ CH{=}CH \end{array} \right] \xrightarrow[重排]{烯醇式} H_3C{-}\overset{O}{\overset{\|}{C}}{-}H
$$

乙烯醇　　　　　　　　　　　乙醛

烯醇式为什么会重排成酮式呢？

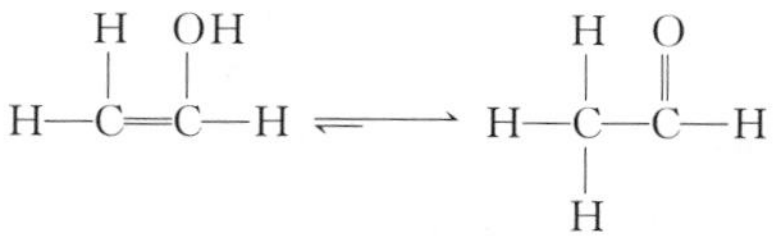

$$
H{-}\overset{H}{\underset{|}{C}}{=}\overset{OH}{\underset{|}{C}}{-}H \rightleftharpoons H{-}\overset{H}{\underset{\underset{H}{|}}{\overset{|}{C}}}{-}\overset{O}{\overset{\|}{C}}{-}H
$$

总键能	2678kJ/mol	2741kJ/mol，更稳定
室温下相对含量	1%	99%

室温下，两个构造异构体能迅速地相互转变，达到动态平衡的现象，叫做互变异构现象。烯醇式与酮式之间的互变异构就是一种典型的互变异构现象。

不对称炔烃与水的加成反应，也遵循 Markovnikov 规则：

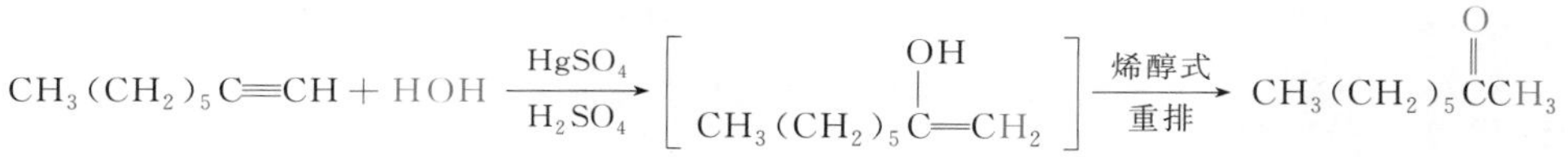

$$
CH_3(CH_2)_5C{\equiv}CH + HOH \xrightarrow[H_2SO_4]{HgSO_4} \left[\begin{array}{c} OH \\ | \\ CH_3(CH_2)_5C{=}CH_2 \end{array} \right] \xrightarrow[重排]{烯醇式} CH_3(CH_2)_5\overset{O}{\overset{\|}{C}}CH_3
$$

辛-2-酮

3.5.2.4　经由碳负离子的亲核加成

因为乙炔的电子云更靠近碳核，可使亲核试剂首先进攻，炔烃较易与 ROH、RCOOH、HCN 等含有活泼氢的化合物进行亲核加成反应。例如：

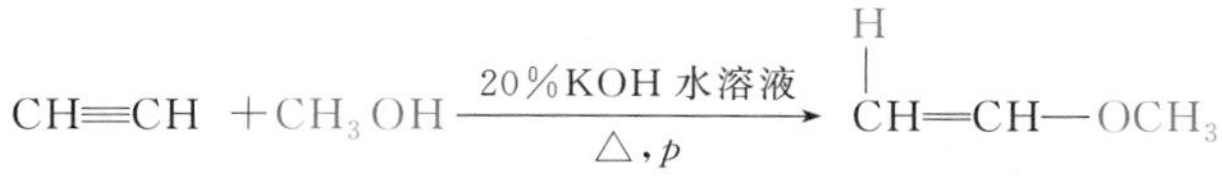

$$
CH{\equiv}CH + CH_3OH \xrightarrow[\triangle, p]{20\%KOH 水溶液} \overset{H}{\underset{|}{CH}}{=}CH{-}OCH_3
$$

甲基乙烯基醚 或 甲氧基乙烯

在碱性条件下，有：

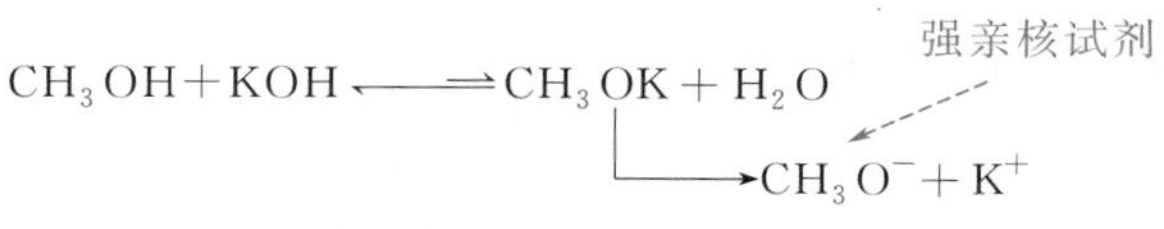

$$
CH_3OH + KOH \rightleftharpoons CH_3OK + H_2O
$$

强亲核试剂

$$
\longrightarrow CH_3O^- + K^+
$$

CH_3O^- 带有负电荷，是一个强的亲核试剂：

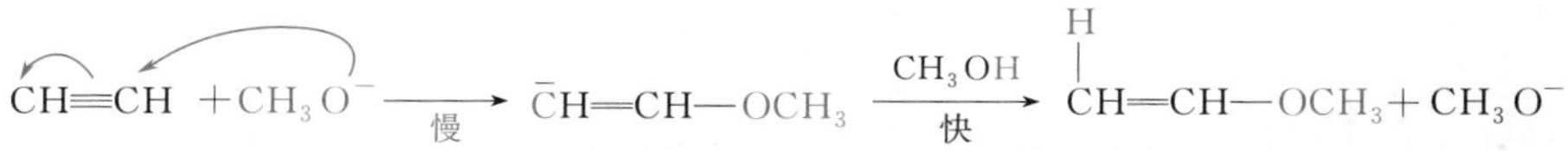

$$
CH{=}CH + CH_3O^- \xrightarrow{慢} \bar{C}H{=}CH{-}OCH_3 \xrightarrow[快]{CH_3OH} \overset{H}{\underset{|}{CH}}{=}CH{-}OCH_3 + CH_3O^-
$$

"离子型加成反应"这部分内容繁杂，反应众多。其主要反应小结如图 3-11 所示。

四种离子型加成反应机理的相互关系如图 3-12 所示。三元环正离子机理介于碳正离子机理和碳负离子机理之间，而且不是一成不变的。随着底物、试剂亲核性等的变化，反应的决速步可能会发生变化。

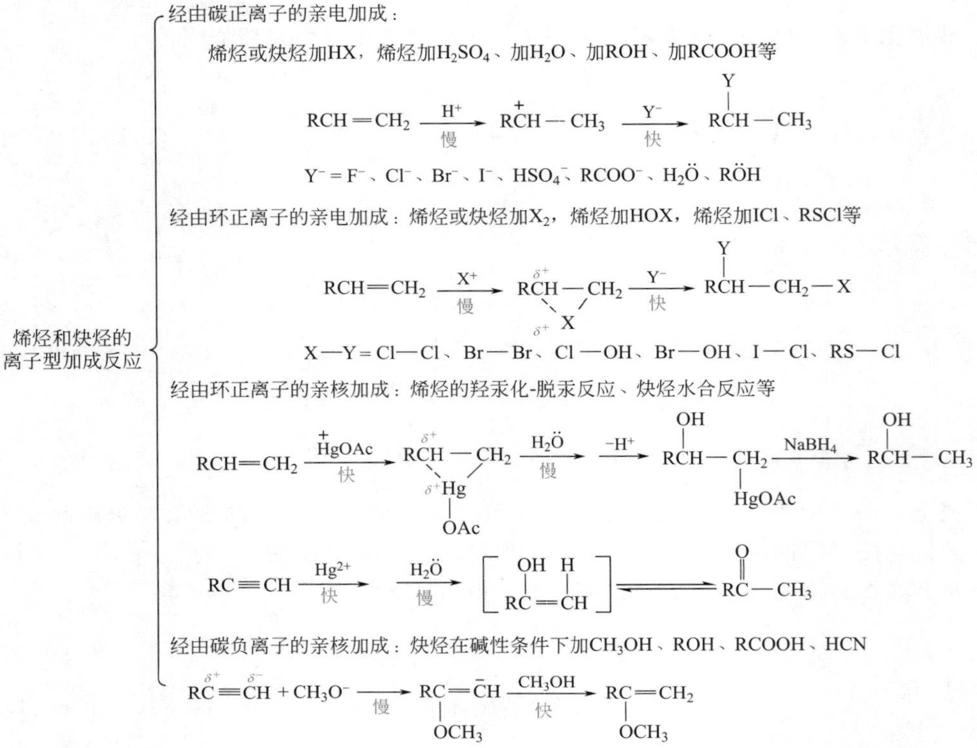

经由碳正离子的亲电加成：
烯烃或炔烃加HX，烯烃加H_2SO_4、加H_2O、加ROH、加RCOOH等

$$RCH=CH_2 \xrightarrow[\text{慢}]{H^+} \overset{+}{RC}H-CH_3 \xrightarrow[\text{快}]{Y^-} \overset{Y}{R\overset{|}{C}H-CH_3}$$

$Y^- = F^-$、Cl^-、Br^-、I^-、HSO_4^-、$RCOO^-$、$H_2\ddot{O}$、$R\ddot{O}H$

经由环正离子的亲电加成：烯烃或炔烃加X_2，烯烃加HOX，烯烃加ICl、RSCl等

$$RCH=CH_2 \xrightarrow[\text{慢}]{X^+} \overset{\delta^+}{R}CH\cdots CH_2 \xrightarrow[\text{快}]{Y^-} \overset{Y}{R\overset{|}{C}H-CH_2-X}$$

$X-Y = Cl-Cl$、$Br-Br$、$Cl-OH$、$Br-OH$、$I-Cl$、$RS-Cl$

经由环正离子的亲核加成：烯烃的羟汞化-脱汞反应、炔烃水合反应等

$$RCH=CH_2 \xrightarrow[\text{快}]{\overset{+}{HgOAc}} R\overset{\delta^+}{C}H\cdots CH_2 \xrightarrow[\text{慢}]{H_2\ddot{O}} \xrightarrow{-H^+} RCH-CH_2 \xrightarrow{NaBH_4} R\overset{OH}{\overset{|}{C}H-CH_3}$$

$$RC\equiv CH \xrightarrow[\text{快}]{Hg^{2+}} \xrightarrow[\text{慢}]{H_2\ddot{O}} \left[\overset{OH\ H}{R\overset{|}{C}=\overset{|}{CH}} \right] \rightleftharpoons RC-CH_3$$

经由碳负离子的亲核加成：炔烃在碱性条件下加CH_3OH、ROH、RCOOH、HCN

$$RC\overset{\delta^+}{\equiv}\overset{\delta^-}{CH} + CH_3O^- \xrightarrow{\text{慢}} RC=\overset{|}{CH} \xrightarrow{CH_3OH} RC=CH_2$$

烯烃和炔烃的离子型加成反应

图 3-11 烯烃和炔烃的离子型加成反应

| 亲电加成 | 碳正离子历程 | 三元环卤素正离子历程 | 三元环金属正离子历程 | 碳负离子历程 | 亲核加成 |

图 3-12 四种离子型加成反应机理的相互关系

3.5.3 自由基加成反应

通常情况下，不对称烯烃与溴化氢加成时遵循马氏规则。但在过氧化物存在下，不对称烯烃与溴化氢加成时却是违反马氏规则的：

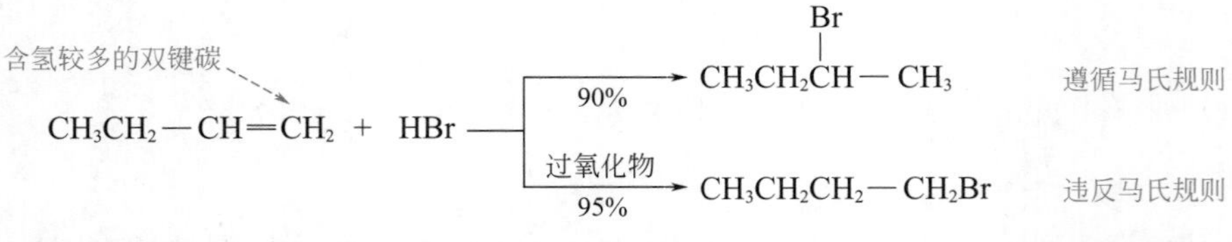

含氢较多的双键碳

$$CH_3CH_2-CH=CH_2 + HBr$$

90% → $CH_3CH_2\overset{Br}{\overset{|}{C}H}-CH_3$ 遵循马氏规则

过氧化物 95% → $CH_3CH_2CH_2-CH_2Br$ 违反马氏规则

由于有机过氧化物的存在而引起溴化氢与烯烃加成取向改变的现象叫作过氧化物效应（peroxide effect）。过氧化物效应仅限于 HBr，HCl 和 HI 与烯烃加成时均没有过氧化物效应。

常见过氧化物有：

$$CH_3C-O-O-CCH_3$$

乙酸过氧(酸)酐
acetic peroxyanhydride

$$PhC-O-O-CPh$$

苯甲酸过氧(酸)酐
benzoic peroxyanhydride
(原称:过氧化苯甲酰)

$$PhC-O-O-C(CH_3)_3$$

过氧苯甲酸叔丁酯
tert-butyl peroxybenzoate

$$H-O-O-C(CH_3)_3$$

2-过羟基-2-甲基丙烷
2-hydroperoxy-2-methylpropane

思考题 为什么 HCl 和 HI 与不对称烯烃加成时没有过氧化物效应?

在过氧化物存在下,烯烃与溴化氢的加成反应按自由基加成反应机理(free radical addition mechanism)进行。丙烯与 HBr 在过氧化物存在下发生加成反应的机理如下:

链引发

$$R\underbrace{-O-O-}_{过氧键}R \xrightarrow{h\nu, \triangle} 2RO\cdot$$

链增长
$$\begin{cases} RO\cdot + H:Br \longrightarrow ROH + Br\cdot \\ \\ Br\cdot + CH_3CH{=}CH_2 \begin{array}{c} \nearrow CH_3\dot{C}H-CH_2Br \quad 2°\ 自由基,稳定 \\ \\ \searrow CH_3-\underset{Br}{CH}-\dot{C}H_2 \quad 1°\ 自由基,不稳定 \end{array} \\ \\ CH_3-\dot{C}H-CH_2Br + HBr \longrightarrow CH_3CH_2CH_2Br + Br\cdot \\ \qquad\qquad \cdots\cdots \end{cases}$$

链终止
$$\begin{cases} Br\cdot + Br\cdot \longrightarrow Br_2 \\ \\ CH_3\dot{C}HCH_2Br + Br\cdot \longrightarrow CH_3\underset{Br}{CH}CH_2Br \\ \qquad\qquad \cdots\cdots \end{cases}$$

为什么溴化氢与不对称烯烃加成时有过氧化物效应?因为在过氧化物存在下,溴化氢与烯烃进行加成反应是按自由基加成反应机理进行的,首先进攻双键的不是氢原子而是溴自由基(Ḃr)。

Ḃr 进攻含氢较多的双键碳(C1)时形成的二级碳自由基(CH_3ĊHCH_2Br)比进攻含氢较少的双键碳(C2)所形成的一级碳自由基[CH_3CH(Br)ĊH_2]更加稳定,与之相关的、违反马氏规则的产物(CH_3CH_2CH_2Br)也就更容易生成,结果使违反马氏规则的产物为主要产物。

溴原子分别进攻丙烯分子中不同双键碳原子所形成的自由基中间体及其稳定性分析如图 3-13 所示。

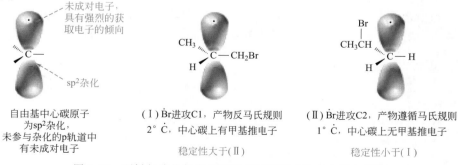

图 3-13 丙烯与溴化氢自由基加成时所形成的自由基中间体

利用过氧化物效应，可由 α-烯烃（末端烯烃）制备 1-溴代烷：

$$ClCH_2-CH=CH_2 + HBr \xrightarrow[18℃,85\%]{苯甲酸过氧酸酐} ClCH_2-CH_2-CH_2Br$$

1-溴-3-氯丙烷，药物中间体

在过氧化物存在下，溴化氢与炔烃的加成也是反马氏规则的：

$$CH_3(CH_2)_3C\equiv CH + HBr \xrightarrow[74\%]{ROOR} CH_3(CH_2)_3CH=CHBr$$

含氢较少的三键碳

3.5.4　协同加成反应

协同加成反应（collaborative addition reaction）包括硼氢化反应、环氧化反应、臭氧化反应和高锰酸钾氧化反应等，其特点是不经过活性中间体（正离子、自由基、负离子），一步完成。后三种反应也可归类为氧化反应。

3.5.4.1　硼氢化反应

烯烃与硼氢化物进行的加成反应称为硼氢化反应（hydroboration）。硼氢化反应是 1979 年 Nobel 化学奖得主、美国化学家 Brown 发现的。

烯烃（有 π 电子，Lewis 碱）首先与乙硼烷（缺电子化合物，Lewis 酸）反应生成三烷基硼，后者在碱性条件下与过氧化氢反应得到醇：

$$6R-CH=CH_2 \xrightarrow{B_2H_6} 2(R-CH_2-CH_2)_3B \xrightarrow[NaOH]{H_2O_2} 6R-CH_2-CH_2OH$$

即

$$RCH=CH_2 \xrightarrow[(2)H_2O_2,OH^-]{(1)B_2H_6} RCH_2-CH_2OH$$

乙硼烷（B_2H_6）为甲硼烷（BH_3）的二聚体，在不含活泼氢的醚中可溶解，并生成配合物 $R_2O\cdot BH_3$ 或 $THF\cdot BH_3$。

B_2H_6（或 BH_3）是缺电子化合物，即 Lewis 酸，而 $C=C$ 的 π 电子可作为电子源，所以，BH_3 和 $C=C$ 可以发生 Lewis 酸碱反应。反应的大致过程如下：

空间效应　　　　　　　　　　　空间效应

$$R-CH=CH_2 + H \vdots BH_2 \longrightarrow RCH_2CH_2BH_2 \xrightarrow{CH_2=CH-R}$$

一烷基硼

$$(RCH_2CH_2)_2BH \xrightarrow{CH_2=CH-R} (RCH_2CH_2)_3B \xrightarrow{H_2O_2,\ OH^-} RCH_2CH_2OH + B(OH)_3$$

二烷基硼　　　　　　　　　　三烷基硼　　　　　　　　　　一级醇

其中烷基硼的形成机理如下：

$$
\begin{array}{c}
\overset{\displaystyle B-H}{\underset{\displaystyle C=C}{}} \longrightarrow \left[\overset{\displaystyle B\cdots H}{\underset{\displaystyle C=C}{}}\right]^{\ddagger} \longrightarrow \overset{\displaystyle B\quad H}{\underset{\displaystyle C-C}{}}
\end{array}
$$

硼氢化反应的特点：顺式加成、违反马氏规则、不重排。例如：

$$CH_3(CH_2)_7CH=CH_2 \xrightarrow[\text{(2)}H_2O_2,OH^-]{\text{(1)}B_2H_6,\text{醚}} CH_3(CH_2)_7CH_2-CH_2OH \quad \text{(不遵循马氏规则)}$$

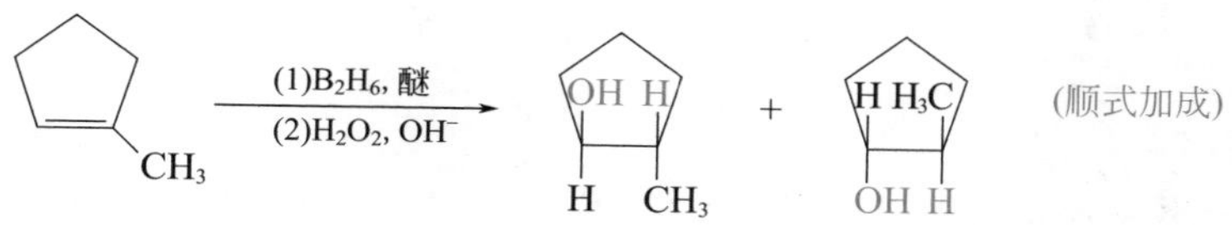

(1)B$_2$H$_6$,醚 / (2)H$_2$O$_2$,OH$^-$ (顺式加成)

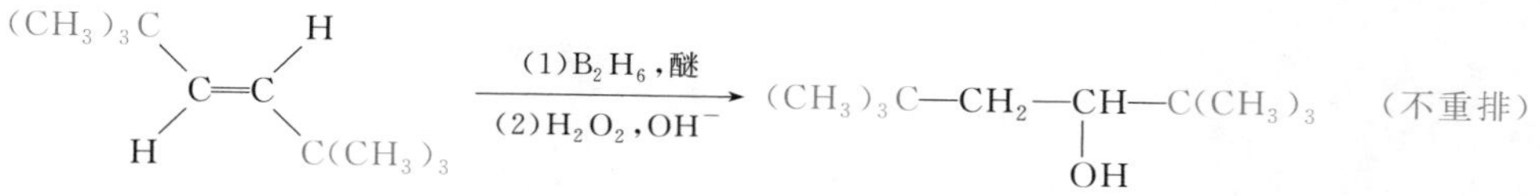

$$\underset{H}{\overset{(CH_3)_3C}{>}}C=C\underset{C(CH_3)_3}{\overset{H}{<}} \xrightarrow[\text{(2)}H_2O_2,OH^-]{\text{(1)}B_2H_6,\text{醚}} (CH_3)_3C-CH_2-\underset{OH}{CH}-C(CH_3)_3 \quad \text{(不重排)}$$

有机合成上常用硼氢化反应制备伯醇，该反应操作简便、产率高。

炔烃也有硼氢化反应：

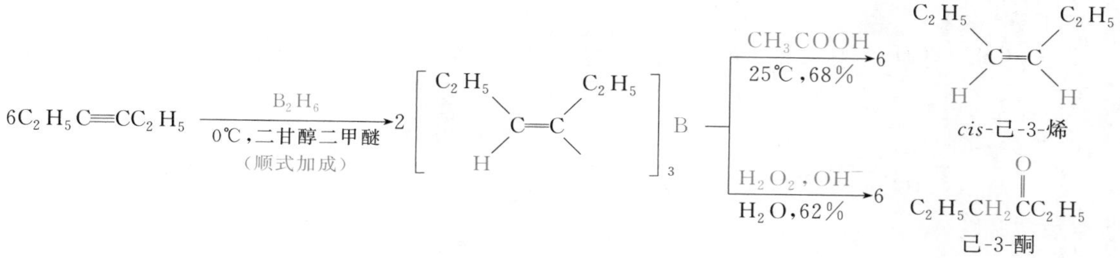

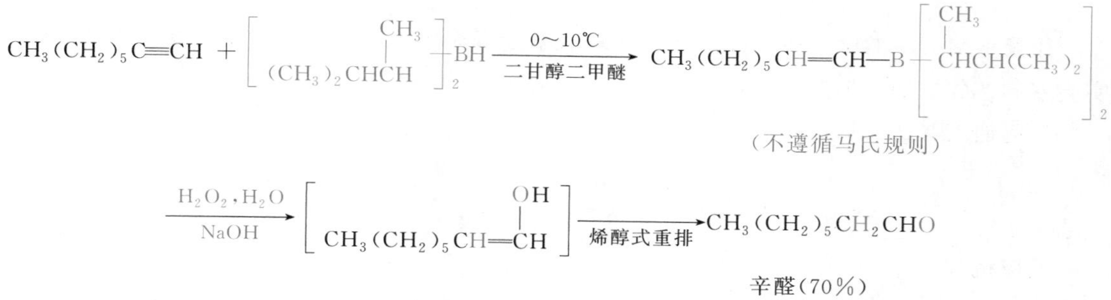

$$6C_2H_5C\equiv CC_2H_5 \xrightarrow[\text{0℃,二甘醇二甲醚}]{B_2H_6} 2\left[\underset{H}{\overset{C_2H_5}{>}}C=C\underset{H}{\overset{C_2H_5}{<}}\right]_3 B$$

(顺式加成)

CH$_3$COOH / 25℃,68% → 6 cis-己-3-烯

H$_2$O$_2$,OH$^-$ / H$_2$O,62% → 6 C$_2$H$_5$CH$_2$COC$_2$H$_5$ 己-3-酮

$$CH_3(CH_2)_5C\equiv CH + \left[(CH_3)_2CH\underset{CH_3}{CH}\right]_2 BH \xrightarrow[\text{二甘醇二甲醚}]{0\sim10℃} CH_3(CH_2)_5CH=CH-B\left[CHCH(CH_3)_2\right]_2$$

(不遵循马氏规则)

$$\xrightarrow[\text{NaOH}]{H_2O_2,H_2O} \left[CH_3(CH_2)_5CH=\underset{OH}{CH}\right] \xrightarrow{\text{烯醇式重排}} CH_3(CH_2)_5CH_2CHO$$

辛醛(70%)

3.5.4.2 环氧化反应

烯烃与有机过氧酸反应生成环氧化合物的反应叫作环氧化反应（the epoxidation reaction）。反应通式：

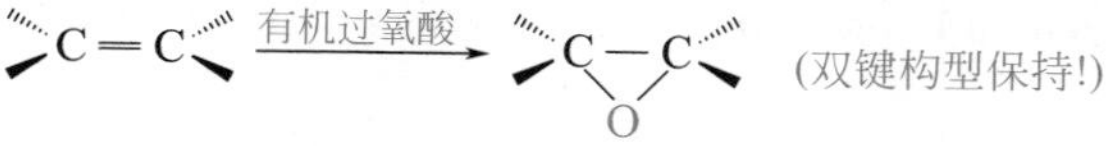

(双键构型保持!)

常用的过氧酸有：

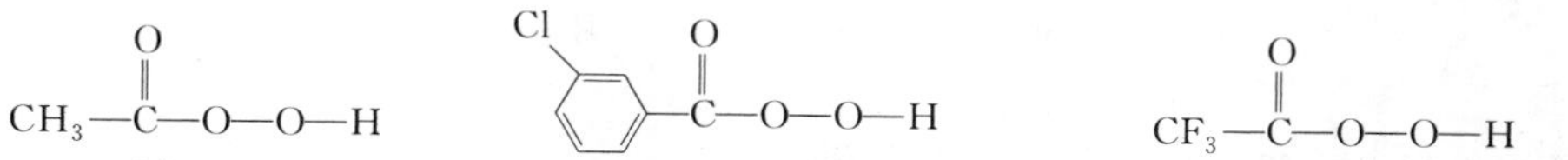

过氧乙酸
peroxyethanoic acid

3-氯过氧苯甲酸
3-chloroperoxybenzoic acid

三氟过氧乙酸
trifluoroperoxyacetic acid

反应机理：

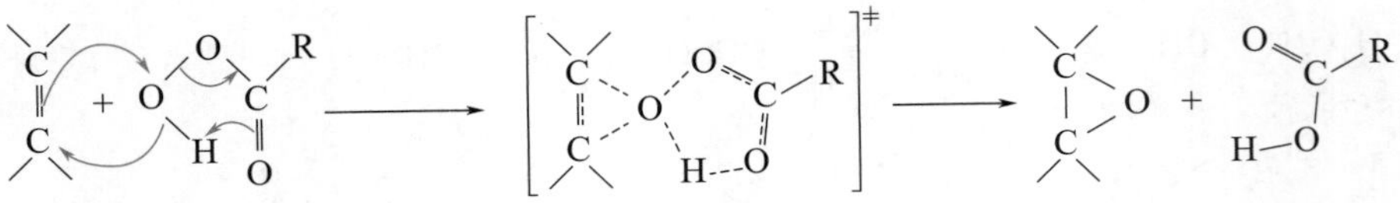

反应活性顺序：

$$R_2C{=}CR_2 > R_2C{=}CHR > RCH{=}CHR、R_2C{=}CH_2 > RCH{=}CH_2 > CH_2{=}CH_2$$

反应实例：

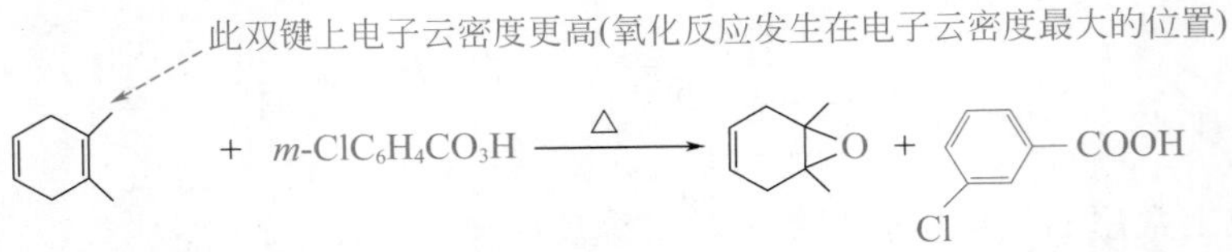

此双键上电子云密度更高(氧化反应发生在电子云密度最大的位置)

1,2-二甲基环己-　　间氯苯甲酸过氧酸　　　　　　　　　　间氯苯甲酸
1,4-二烯

$$C_6H_5{-}CH{=}CH{-}COOC_2H_5 \xrightarrow[CH_3COOC_2H_5,80℃]{CH_3CO_3H} C_6H_5{-}HC{-}CH{-}COOC_2H_5$$

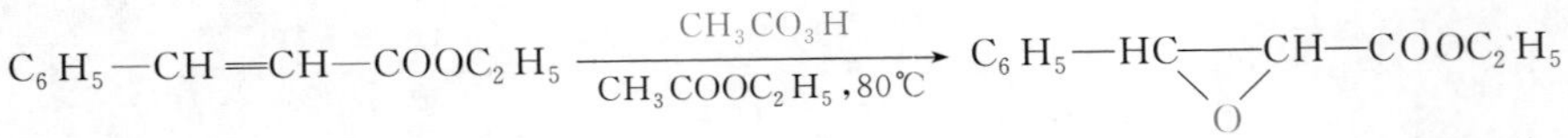

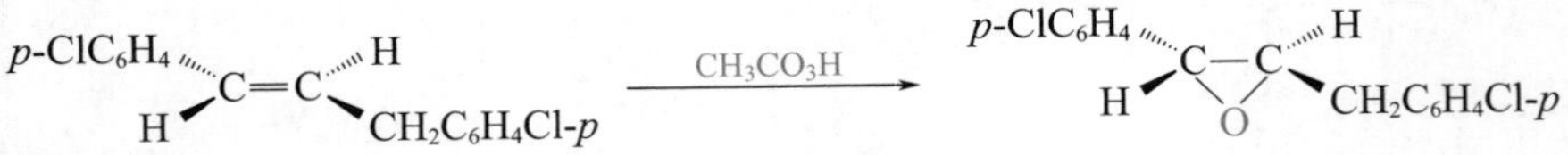

(双键构型保持)

3.5.4.3　高锰酸钾氧化反应

用稀 $KMnO_4$ 的中性或碱性溶液，在较低温度下氧化烯烃，产物是邻二醇。此反应可在实验室制备邻二醇，但产率很低。

反应通式：

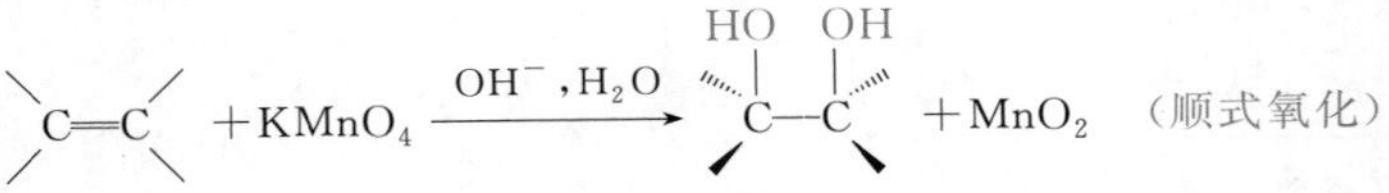

反应机理：

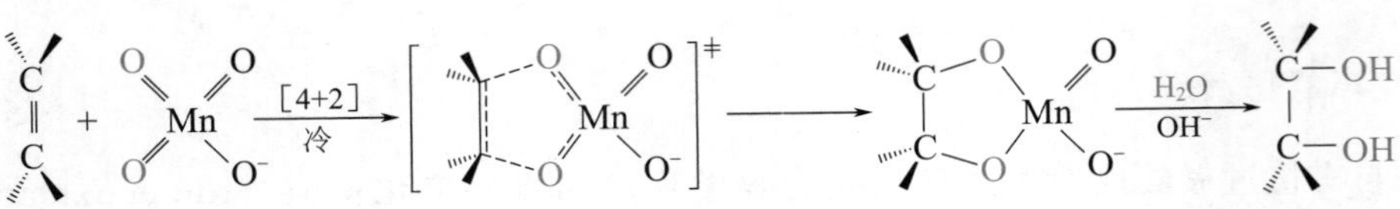

环状过渡态

如果用浓度较大的 $KMnO_4$ 酸性溶液，结果是得到双键断裂产物：

$$R{-}CH{=}CH_2 \xrightarrow{KMnO_4} RCOOH + CO_2$$

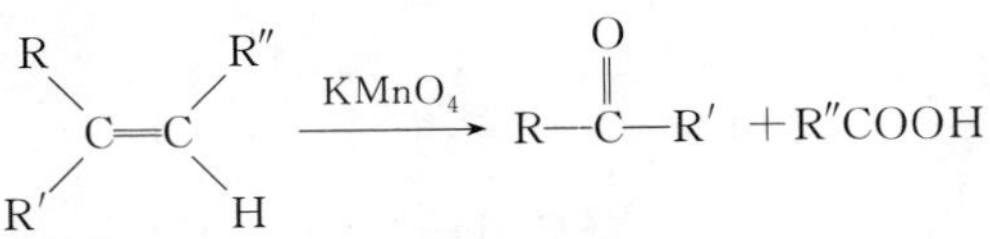

炔烃用 $KMnO_4$ 氧化生成羧酸或二氧化碳：

$$RC{\equiv}CH + KMnO_4 \xrightarrow{H_2O} RCOOH + CO_2 + MnO_2$$

(紫红色)

烯烃、炔烃与 $KMnO_4$ 发生氧化反应时，可使 $KMnO_4$ 溶液的紫色褪去，因此，可利用该反应来检验双键及三键是否存在。

3.5.4.4 臭氧化反应

臭氧化反应（ozonation）是将含有 $6\% \sim 8\%$ O_3 的空气通入烯烃的溶液（如 CCl_4 溶液）中，生成臭氧化烯烃，后者直接水解生成醛和（或）酮以及 H_2O_2：

$$\underset{R'}{\overset{R}{>}}C=C\underset{H}{\overset{R''}{<}} + O_3 \longrightarrow \left[\underset{R'}{\overset{R}{>}}C\underset{O-O}{\overset{O\ \ O}{<}}C\underset{H}{\overset{R''}{<}} \right] \xrightarrow{H_2O} \underset{R'}{\overset{R}{>}}C=O + O=C\underset{H}{\overset{R''}{<}} + H_2O_2$$

臭氧化烯烃，不稳定   酮   醛

产物中有醛和 H_2O_2 生成，其中的醛可能被 H_2O_2 氧化，使产物复杂化。加入 Zn 粉可防止醛被 H_2O_2 氧化。例如：

$$CH_3-\overset{\overset{\displaystyle CH_3}{|}}{C}=CH-CH_3 \xrightarrow[(2)H_2O/Zn]{(1)O_3} CH_3-\overset{\overset{\displaystyle CH_3}{|}}{C}=O + O=CH-CH_3$$

炔烃也可进行臭氧化反应，但产物是两分子羧酸：

$$CH_3CH_2CH_2C\equiv CCH_3 \xrightarrow[(2)H_2O]{(1)O_3} CH_3CH_2CH_2COOH + HOOCCH_3$$

丁酸   乙酸

根据烯烃或炔烃的臭氧化产物及其理化性质，可以推测原来烯烃或炔烃的结构。但现在测定有机物结构方面的工作主要通过波谱方法（见第 5 章）完成。通过化学反应来测定有机物结构仅仅只是波谱法的补充。

随着工业臭氧发生器的改进，臭氧化反应可用来合成某些羧酸。例如：

$$CH_3(CH_2)_7CH=CH(CH_2)_7COOH \xrightarrow[<10℃ \quad 50\sim70℃]{O_3 \quad 醋酸锰,O_2} CH_3(CH_2)_7COOH + HOOC(CH_2)_7COOH$$

壬酸   壬二酸

壬二酸主要用于制造壬二酸二辛酯（增塑剂）、壬二腈（尼龙-99 的中间体）。

3.5.5 催化氧化反应

催化氧化（catalytic oxidation）是工业上最常用的氧化方法，产物大都是重要的化工原料。例如：

$$CH_2=CH_2 + \frac{1}{2}O_2 \xrightarrow[280\sim300℃,1\sim2MPa]{Ag} CH_2-CH_2 \atop \underset{O}{\diagdown\diagup}$$

氧杂环丙烷(俗称环氧乙烷)
(用于制造非离子表面活性剂)

$$CH_2=CH_2 + \frac{1}{2}O_2 \xrightarrow[125\sim130℃,0.4MPa]{PdCl_2\text{-}CuCl_2,H_2O} CH_3-CHO$$

乙醛(制造合成树脂、香料等，
用于皮革、造纸、制药等行业)

$$CH_3-CH=CH_2 + \frac{1}{2}O_2 \xrightarrow[120℃]{PdCl_2\text{-}CuCl_2,H_2O} CH_3-\overset{}{\underset{\overset{\|}{O}}{C}}-CH_3$$

丙酮(常用溶剂、制造双酚 A 的原料)

3.5.6 聚合反应

在适当条件下，烯烃或炔烃分子中的 π 键打开，通过加成自身结合在一起的反应叫作聚合反应（polymerization）。

3.5.6.1 形成低聚物

异丁烯在浓硫酸中与另一分子异丁烯结合生成二聚体：

$$CH_2=\underset{\underset{CH_3}{|}}{\overset{\overset{CH_3}{|}}{C}} \quad + \quad CH_2=\underset{}{\overset{\overset{CH_3}{|}}{C}}-CH_3 \xrightarrow[100℃]{50\%\ H_2SO_4} CH_3-\underset{\underset{CH_3}{|}}{\overset{\overset{CH_3}{|}}{C}}-CH_2-C=CH_2 \quad + \quad CH_3-\underset{\underset{CH_3}{|}}{\overset{\overset{CH_3}{|}}{C}}-CH=\underset{}{\overset{\overset{CH_3}{|}}{C}}-CH_3$$

（80%）　　　　　　　　（20%）

产物经催化加氢后生成高辛烷值的异辛烷（2,2,4-三甲基戊烷，辛烷值 100），后者可提高汽油的抗爆性。

炔烃也可形成低聚物。例如：

$$2\ CH\equiv CH \xrightarrow[80\sim84℃]{CuCl-NH_4Cl} CH_2=CH-C\equiv CH \xrightarrow[CuCl-NH_4Cl]{CH\equiv CH} CH_2=CH-C\equiv C-CH=CH_2$$

乙烯基乙炔　　　　　　　　　　　二乙烯基乙炔

乙烯基乙炔是生产氯丁橡胶及丁烯酮的原料，有毒，对人体有刺激和麻醉作用。

3.5.6.2 形成高聚物

乙烯、丙烯等可在 Ziegler-Natta（齐格勒-纳塔）催化剂存在和低压条件下，经离子型定向聚合得到聚烯烃：

$$nCH_2=CH_2 \xrightarrow{(C_2H_5)_3Al\text{-}TiCl_4} \left[CH_2-CH_2\right]_n$$

低压聚乙烯

$$nCH_2=\underset{\underset{CH_3}{|}}{CH} \xrightarrow[50℃,1MPa]{(C_2H_5)_3Al\text{-}TiCl_4} \left[CH_2-\underset{\underset{CH_3}{|}}{CH}\right]_n$$

聚丙烯

乙烯和丙烯共聚得到乙丙橡胶：

$$nCH_2=CH_2+nCH=CH_2 \xrightarrow{共聚} \left[CH_2-CH_2-\underset{\underset{CH_3}{|}}{CH}-CH_2\right]_n$$

乙丙橡胶

乙炔在 Ziegler-Natta 催化剂作用下，聚合生成聚乙炔。它有顺式和反式两种异构体：

$$n\,HC\equiv CH \xrightarrow{聚合} \left[CH=CH\right]_n$$

聚乙炔

cis-聚乙炔　　　　　　　　　　　　　trans-聚乙炔

聚乙炔有较好的导电性，其薄膜可用于包装计算机元件以消除静电；经掺杂 I_2、Br_2、BF_3 等 Lewis 酸后，其电导率可达到金属水平；线型高分子量聚乙炔是不溶、不熔的高聚物半导体，对氧敏感；高顺式聚乙炔是太阳能电池、电极、半导体材料的研究热点。

3.5.7 α-氢原子的反应

烯烃分子中与碳碳双键直接相连的烷基碳原子称为 α-碳原子，α-碳原子上的氢原子称为 α-氢原子。

拓展 烯烃的 α-碳或 α-氢通常被称为"烯丙位"，是很活泼的反应位点，因为无论是离子型反应还是自由基型反应，所经历的烯丙型反应中间体都因形成 p-π 共轭体系（详见第 4 章 4.3.2）而稳定。

3.5.7.1 卤化反应

烯烃分子中的 α-氢原子很容易发生自由基取代反应（free radical substitution reaction），其取代反应活性一般比烷烃的叔氢原子还要高。这主要是因为烯烃失去 α-氢原子后可以形成烯丙基自由基，由于 p-π 共轭效应，烯丙基自由基的稳定性比较高。

在低温条件下，烯烃与卤素反应时，卤素分子进攻碳碳双键发生加成反应，生成邻二卤代物；而在高温或光照下，烯烃与卤素反应，分子中的 α-H 可被卤素原子取代，生成 α-卤代烯烃。例如：

$$CH_2{=}CH{-}CH_3 + Cl_2 \xrightarrow{500℃} CH_2{=}CH{-}CH_2Cl + HCl$$

烯丙基氯（或 3-氯丙烯）

（用于制备烯丙醇、环氧氯丙烷、甘油等）

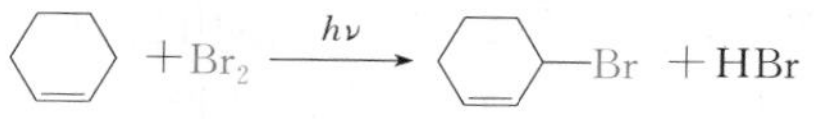

3-溴环己-1-烯

思考题 为什么在高温下卤素与烯烃发生 α-H 的卤化反应，而不发生双键上的加成反应？

该反应为自由基反应（free radical reaction）。在光照或高温的条件下，有利于自由基的产生，反应中间体是稳定性比较高的烯丙基自由基。

$$Cl{-}Cl \xrightarrow{光或热} 2Cl\cdot$$

$$Cl\cdot + CH_2{=}CH{-}CH_3 \longrightarrow CH_2{=}CH{-}\dot{C}H_2 + HCl$$

烯丙基自由基

$$CH_2{=}CH{-}\dot{C}H_2 + Cl_2 \longrightarrow CH_2{=}CH{-}CH_2Cl + Cl\cdot$$

烯丙基自由基

α-H 的溴代反应通常采用 N-溴代丁二酰亚胺（N-bromosuccinimide，简称 NBS），反应可在较低温度下进行。例如：

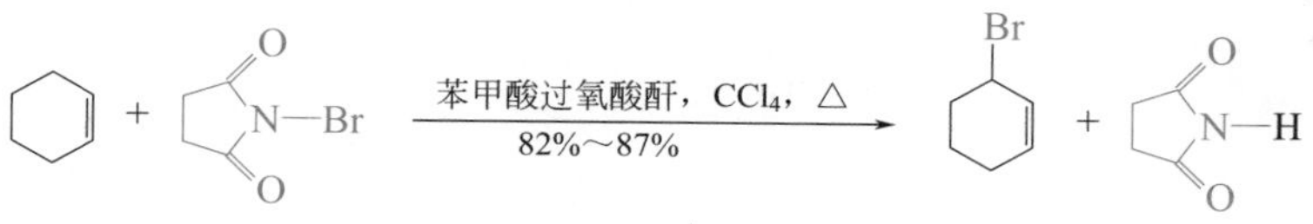

N-溴代丁二酰亚胺
(NBS，专门溴代 α-H)

丁二酰亚胺

$$CH_3(CH_2)_4CH_2CH=CH_2 \xrightarrow[\text{苯甲酸过氧酸酐}]{\text{NBS}} CH_3(CH_2)_4\underset{\underset{\displaystyle Br}{|}}{C}HCH=CH_2 + CH_3(CH_2)_4CH=CHCH_2Br$$

3-溴辛-1-烯   1-溴辛-2-烯

(α-溴代产物)   (烯丙位重排产物)

3.5.7.2 氧化反应

在空气中的氧和特殊催化剂作用下，烯烃的 α-C 上可发生一系列氧化反应，得到一系列重要的有机化工原料。例如：

$$CH_2=CH-CH_3+NH_3+\frac{3}{2}O_2 \xrightarrow[470℃]{\text{磷钼酸铋}} CH_2=CH-CN+H_2O$$

丙烯腈

（用于制造聚丙烯腈、ABS 树脂、丁腈橡胶等）

$$CH_2=CH-CH_3+O_2 \xrightarrow[370℃]{\text{钼酸铋等}} CH_2=CH-CHO+H_2O$$

丙烯醛

（有机合成中间体，制甘油、蛋氨酸等，油田注水用杀菌剂）

$$\underset{\underset{\displaystyle CH_3}{|}}{CH_2=C}-CH_3 \xrightarrow[300\sim400℃]{O_2,\text{Mo-W-Te}} \underset{\underset{\displaystyle CH_3}{|}}{CH_2=C}-CHO \xrightarrow[270\sim350℃]{O_2,\text{钼系杂多酸}} \underset{\underset{\displaystyle CH_3}{|}}{CH_2=C}-COOH$$

α-甲基丙烯醛 α-甲基丙烯酸

（制有机玻璃、各种丙烯酸树脂）

丙烯腈、丙烯醛和 α-甲基丙烯酸等都是重要的丙烯酸系单体，用于制造各种丙烯酸树脂（acrylic resins）。丙烯酸树脂是一大类高分子化学品，可以是均聚物，也可以是共聚物，还可以是与其他非丙烯酸系单体的共聚物，可根据使用要求调整单体及其配比，设计高分子链的长度、形状及交联程度，生产出一系列丙烯酸树脂类产品，这些产品可以是油溶性的、水溶性的、水乳型的、固体的、液体的，在许多领域有重要用途。例如，水分散型丙烯酸树脂可用作水性漆的成膜剂、污水处理絮凝剂、皮革复鞣剂、皮革涂饰剂、纸张表面涂布剂、施胶剂、陶瓷泥浆分散剂、减水剂、锅炉用水软化剂等。有机玻璃、"亚克力"（acrylic 的音译）卫生洁具等都是固态的丙烯酸树脂。

*3.5.8 烯烃的复分解反应

3.5.8.1 烯烃的复分解反应分类

在过渡金属卡宾化合物（简写为［M］＝CHR）催化下，烯烃分子中的碳碳双键进行切断和重组的反应称为烯烃的复分解反应（metathesis）。开链烯烃、环烯烃、多烯烃、部分带有官能团的烯烃都能进行复分解反应。按照反应过程中分子骨架的变化，可以分为下列几种情况。

（1）交叉复分解反应（cross-metathesis，CM）

$$R^1 \diagdown\diagup + \diagup\diagdown R^2 \underset{}{\overset{[M]=CHR}{\rightleftharpoons}} R^1 \diagdown\diagup\diagdown\!\!\sim\!\! R^2 + CH_2=CH_2$$

┆----➤易挥发除去

选择合适的催化剂和反应实施方法可得到立体选择性好、收率高（99％）的产物。

（2）关环复分解反应（ring closing metathesis，RCM）

$$\diagdown\!\!\!\diagup\diagdown\!\!\!\diagup \quad \underset{\longleftarrow}{\overset{[M]=CHR}{\rightleftharpoons}} \quad (CH_2)_n \quad + \quad CH_2=\!\!\!=CH_2$$

⌐--→ 易挥发除去

通过 RCM 可以制备各种大小不同的环烯烃，甚至可制备带有某些官能团的环烯烃。

（3）开环复分解聚合反应（ring opening metathesis polymerization，ROMP）

$$m\,(CH_2)_n \quad \underset{\longleftarrow}{\overset{[M]=CHR}{\rightleftharpoons}} \quad \left[\!\!\left(CH_2\right)_n\right]_m$$

（4）交叉复分解聚合反应（cross-metathesis polymerization，CMP）

$$m\diagup\!\!\!\diagdown\!\!\!\diagup\!\!\!\diagdown_n \quad \underset{\longleftarrow}{\overset{[M]=CHR}{\rightleftharpoons}} \quad \left[\diagup\!\!\!\diagdown_n\right]_{m-1}\!\!\!\diagup\!\!\!\diagdown_n \quad + \quad m\,\overset{CH_2}{\underset{CH_2}{\|}}$$

金属卡宾参与的烯烃复分解反应条件温和，有些甚至可在接近室温的条件下进行，朝着绿色化学方向前进了一大步。这些反应在基本有机合成、药物合成、天然产物合成、特殊高分子材料的合成中具有应用价值。法国科学家伊夫·肖万（Yves Chauvin）、美国科学家罗伯特·格拉布（Robert H. Grubbs）和理查德·施罗克（Richard R. Schrock）因此共同获得 2005 年诺贝尔化学奖。

3.5.8.2 反应机理

烯烃与金属卡宾通过［2+2］环加成形成金属杂环丁烷中间体及其之间相互转化的过程是目前人们广泛接受的烯烃复分解反应机理。

以 $\begin{array}{c}R^1CH=CH_2\\ +\\ R^2CH=CH_2\end{array}$ $\xrightarrow{[M]=CHR'}$ $R^1CH=CHR^2 + CH_2=CH_2$ 为例，其反应机理为：

$$\begin{array}{c}R^1CH=CH_2\\ +\\ [M]=CHR'\end{array} \rightleftharpoons \begin{array}{c}R^1CH-CH_2\\ |\quad\quad|\\ [M]-CHR'\end{array} \rightleftharpoons \begin{array}{c}R^1CH\\ \|\\ [M]\end{array} + \begin{array}{c}CH_2\\ \|\\ CHR'\end{array}$$

$$\begin{array}{c}R^1CH=[M]\\ +\\ R^2CH=CH_2\end{array} \rightleftharpoons \begin{array}{c}R^1CH-[M]\\ |\quad\quad|\\ R^2CH-CH_2\end{array} \rightleftharpoons \begin{array}{c}R^1CH\\ \|\\ R^2CH\end{array} + \begin{array}{c}[M]\\ \|\\ CH_2\end{array}$$

$$\begin{array}{c}R^1CH=CH_2\\ +\\ [M]=CH_2\end{array} \rightleftharpoons \begin{array}{c}R^1CH-CH_2\\ |\quad\quad|\\ [M]-CH_2\end{array} \rightleftharpoons \begin{array}{c}R^1CH\\ \|\\ [M]\end{array} + \begin{array}{c}CH_2\\ \|\\ CH_2\end{array}$$

……

反复形成四元环、交换金属上的卡宾基，反应即可连续进行。这个机理就像两对舞伴，不断互相拉手跳四人舞、交换舞伴，由此被称为"交换舞伴"机理。

3.5.8.3 催化剂

早期应用于烯烃复分解反应的催化剂，以过渡金属（如钛、钨、钼等）卡宾配合物为主，尽管取得了一些成功，但这些催化剂大都对氧和水非常敏感，对含有羰基和羟基的底物也不适用，这样就限制了它们的广泛应用。突破性的进展是美国加州理工学院的 Robert Grubbs 于 1992 年发现了钌卡宾配合物，又于 1999 年发现了第二代 Grubbs 催化剂，这种催化剂不但具有高的催化活性和稳定性，而且更容易合成，成为应用最为广泛的烯烃复分解催化剂。

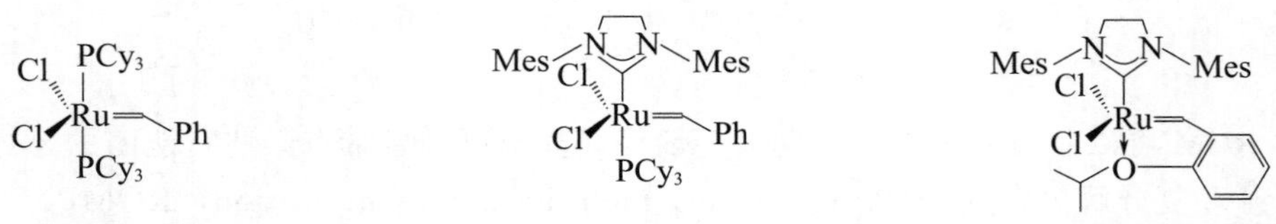

第一代 Grubbs 催化剂　　　　　第二代 Grubbs 催化剂　　　　Hoveyda-Grubbs 催化剂

注：Cy＝环己基；Mes＝2,4,6-三甲基苯基；Ph＝苯基。

在第二代 Grubbs 催化剂的基础上，各种新型的钌卡宾配合物催化剂被开发出来，它们制备、分离方便，具有更好的稳定性，对水和氧不敏感，适合在各种特殊场合下使用。有些还将具有亲水性的聚氧乙烯链引入催化剂中，使其具有水溶性，可在水溶液中使用；有些则将催化剂键接到高分子树脂上，形成固相催化剂，仅靠过滤就可以与反应产物分离。

3.5.9　炔烃的活泼氢反应

3.5.9.1　炔氢的酸性

碳碳三键中的碳原子采取 sp 杂化，s 特性较强，导致其电负性较大。

碳原子杂化状态	sp	sp^2	sp^3
s 特性	1/2	1/3	1/4
电负性	3.3	2.7	2.5

因此，连在 sp 杂化碳上的炔氢具有微弱的酸性：

$$R-C\equiv \overset{\delta^-}{C} \leftarrow \overset{\delta^+}{H}$$

需要指出的是：炔氢的酸性是相对于烷氢和烯氢而言的。事实上，炔氢的酸性非常弱，甚至比乙醇还要弱：

化合物	H_2O	C_2H_5OH	$CH\equiv CH$	NH_3	CH_3CH_3
pK_a	15.7	18	25	34	44

3.5.9.2　碱金属炔化物的生成及应用

由于炔氢具有微弱的酸性，乙炔和端炔烃（又称 α-炔烃）能与碱金属（如 Na 或 K）或强碱（如 $NaNH_2$）作用，生成金属炔化物。

$$CH\equiv CH + Na \xrightarrow{液\,NH_3} CH\equiv CNa \xrightarrow[液\,NH_3]{Na} NaC\equiv CNa$$

　　　　　　　　　　　　　　乙炔钠　　　　　　　　乙炔二钠

$$RC\equiv CH + NaNH_2 \xrightarrow{液\,NH_3} RC\equiv CNa + NH_3$$

　　　　　　　　　　　　　　　　　　炔化钠

金属炔化物既是强碱，又是强的亲核试剂，可以与伯卤代烷发生亲核取代反应（详见第8章 8.5.1），生成碳链增长的炔烃，这是由低级炔烃制备高级炔烃的重要方法之一。例如：

$$CH_3(CH_2)_3Br + NaC\equiv CH \xrightarrow[75\%]{液\,NH_3,\,-33℃} CH_3(CH_2)_3C\equiv CH + NaBr$$

　　　　正丁基溴(伯卤代烷)　　　　　　　　　　　　取代产物

$$CH_3CH_2C\!\equiv\!CNa + CH_3CH_2Br \xrightarrow[\text{6h,75\%}]{\text{液 NH}_3,-33℃} CH_3CH_2C\!\equiv\!CCH_2CH_3$$

伯卤烷   取代产物

如果利用仲卤烷或叔卤烷进行上述反应，则主要生成消除产物（详见第 8 章 8.8.1.3）。例如：

$$CH\!\equiv\!CNa + (CH_3)_3CCl \longrightarrow CH\!\equiv\!CH + (CH_3)_2C\!=\!CH_2 + NaCl$$

叔丁基氯   异丁烯
（三级卤烷）   （叔丁基氯消除 HCl 的产物）

3.5.9.3 炔烃的鉴定

乙炔和端炔烃分子中的炔氢可以被 Ag^+ 或 Cu^+ 置换，分别生成灰白色的炔银和砖红色的炔亚铜。

$$CH\!\equiv\!CH + 2Ag(NH_3)_2NO_3 \longrightarrow AgC\!\equiv\!CAg\!\downarrow + 2NH_4NO_3 + 2NH_3$$

乙炔银（灰白色沉淀）

$$CH\!\equiv\!CH + 2Cu(NH_3)_2Cl \longrightarrow CuC\!\equiv\!CCu\!\downarrow + 2NH_4Cl + 2NH_3$$

乙炔亚铜（砖红色沉淀）

$$RC\!\equiv\!CH \begin{cases} \xrightarrow{Ag(NH_3)_2NO_3} RC\!\equiv\!CAg\!\downarrow \quad 炔银（灰白色沉淀）\\[2mm] \xrightarrow{Cu(NH_3)_2Cl} RC\!\equiv\!CCu\!\downarrow \quad 炔亚铜（砖红色沉淀） \end{cases}$$

上述反应非常灵敏，现象明显，可用来检验炔氢。

炔银、炔亚铜可被稀硝酸、稀盐酸分解为原来的炔烃，这个性质可被用来分离提纯乙炔和端炔烃。例如：

$$CuC\!\equiv\!CCu + 2HCl \longrightarrow HC\!\equiv\!CH + 2CuCl$$

$$CH_3CH_2C\!\equiv\!CAg + HNO_3 \longrightarrow CH_3CH_2C\!\equiv\!CH + AgNO_3$$

炔银和炔亚铜干燥时受热或震动、撞击时易发生爆炸。故实验完成后，应立即用稀酸分解残余的炔银或炔亚铜，以避免危险。

3.6 烯烃和炔烃的工业生产及制法

3.6.1 低级烯烃的工业生产

3.6.1.1 石油裂解

目前工业上采用石油裂解的方法大规模生产乙烯和丙烯。以石油的某一馏分或天然气为原料，与水蒸气混合，在 750～930℃ 经高温快速（<1s）裂解，然后冷却至 300～400℃ 生成的低级烃混合物称为裂解气。裂解气中含有大量的乙烯、丙烯等低级烯烃，经分离后可得到乙烯、丙烯等重要化工原料。乙烯的产量被认为是衡量一个国家石油化工发展水平的标志。

3.6.1.2 炼厂气分离

乙烯和丙烯还可以从炼油厂炼制石油时所得到的副产物炼厂气分离得到。不同来源的炼厂气组成各异，主要成分为 C_4 以下的烷烃、烯烃以及氢气和少量氮气、二氧化碳等气体。

3.6.2 乙炔的工业生产

3.6.2.1 电石法

焦炭和石灰在高温电炉中反应，可得到碳化钙（电石），作为产品出厂。需要使用乙炔时，在现场用水与电石反应，得到乙炔。

$$3C + CaO \xrightarrow{2000℃} \underset{\text{碳化钙}}{CaC_2} + CO$$

$$CaC_2 + 2H_2O \longrightarrow HC \equiv CH + Ca(OH)_2$$

此法曾经是工业生产乙炔的唯一方法，但能耗大，成本高。现在除少数国家外，均不用此法。

3.6.2.2 部分氧化法

高温下，天然气（甲烷）可通过一系列反应生成乙炔，这是一个强烈的吸热反应。因此，工业上又加入氧气，使一部分甲烷同时被氧化，由此产生热量来供给由甲烷合成乙炔所需要的大量热量，故称为甲烷的部分氧化法。这是生产乙炔的重要方法。例如：

$$2CH_4 \xrightarrow[0.01 \sim 0.0001s]{1500 \sim 1600℃} CH \equiv CH + 3H_2$$

$$4CH_4 + O_2 \longrightarrow CH \equiv CH + 2CO + 7H_2$$

产物中乙炔的含量为 $8\% \sim 9\%$，其余还有未反应的甲烷（$24\% \sim 25\%$）、氧（$0 \sim 0.04\%$）及反应后生成的 H_2（$54\% \sim 56\%$）、CO（$4\% \sim 6\%$）、CO_2（$3\% \sim 4\%$）等。可采用 N-甲基吡咯烷-2-酮（N-methylpyrrolid-2-one，NMP）等有机溶剂进行提取（提浓）。

3.6.3 烯烃的实验室制法

实验室制备烯烃的主要目的是在分子中形成 C＝C 双键，常用的方法如下。

3.6.3.1 醇脱水

醇分子内脱水可得到烯烃（详见第9章9.5.5.2）。例如：

$$CH_3-\underset{\underset{OH}{|}}{\overset{\overset{CH_3}{|}}{C}}-CH_2-CH_3 \xrightarrow[<100℃,70\%]{\text{浓 } H_2SO_4} CH_3-\overset{\overset{CH_3}{|}}{C}=CH-CH_3$$

$$\text{2-甲基丁-2-醇} \qquad\qquad\qquad\qquad \text{2-甲基丁-2-烯}$$

3.6.3.2 卤代烷脱卤化氢

卤代烷分子中的 β-H 受卤原子吸电子诱导效应（$-I$ 效应）的影响而具有微弱的酸性，在 NaOH/醇或其他强碱催化下，卤烷脱去一分子 HX，得到烯烃（详见第8章8.5.2.1）。例如：

$$CH_3CH_2\underset{\underset{Cl}{|}}{C}HCH_3 \xrightarrow[\triangle]{KOH(\text{醇})} \underset{(80\%)}{CH_3CH=CHCH_3} + \underset{(20\%)}{CH_3CH_2CH=CH_2}$$

3.6.3.3 Heck 反应

Heck 反应是指卤代烃（如芳基卤化物或烯基卤化物）与末端烯烃或其衍生物在钯催化

剂催化下偶联，生成反式产物的反应。例如：

$$PhI + \underset{}{\overset{Ph}{=\!\!\!=\!\!\!/}} \xrightarrow[80\,℃,\,4h,\,100\%]{0.5\%Pd(OAc)_2,\ Et_3N} \underset{Ph}{\overset{Ph}{=\!\!=}}$$

$$PhCH_2Cl + \underset{}{\overset{COOCH_3}{=\!\!\!=\!\!\!/}} \xrightarrow[100\,℃,\,15h,\,67\%]{1\%Pd(OAc)_2,\ NBu_3} \underset{PhCH_2}{\overset{COOCH_3}{=\!\!=}}$$

Heck 反应是有机合成中构建 C≡C 的新方法，其优点在于其区域选择性和立体专一性，缺点是钯过于昂贵。首先发现这一方法的是美国化学家 R. F. Heck 与两位日本化学家 E. Negishi 和 A. Suzuki，他们因此荣获 2010 年 Nobel 化学奖。

3.6.3.4　Wittig 反应

$$\underset{磷叶立德}{Ph_3P=\!\!=CHR} + \underset{醛或酮}{O=\!\!=C\overset{}{\underset{}{\diagdown}}} \longrightarrow \underset{烯烃}{RCH=\!\!=C\overset{}{\underset{}{\diagdown}}} \quad (详见第 11 章 11.5.2.8)$$

该反应由德国化学家 Wittig 于 1954 年发明，他因此荣获 1979 年 Nobel 化学奖。

3.6.4　炔烃的实验室制法

3.6.4.1　二卤代烷脱卤化氢

$$\underset{\underset{Br\ \ \ \ Br}{\ }}{(CH_3)_3C-\overset{}{C}H-\overset{}{C}H_2} \xrightarrow[-2HBr,\,91\%]{(CH_3)_3COK,\,\triangle} (CH_3)_3C-C\!\equiv\!CH$$

1,2-二溴-3,3-二甲基丁烷　　　　　　　　3,3-二甲基丁-1-炔

$$CH_3(CH_2)_4CH_2CHCl_2 \xrightarrow[(2)H^+,\,60\%]{(1)NaNH_2,\,-2HCl} CH_3(CH_2)_4C\!\equiv\!CH$$

1,1-二氯庚烷　　　　　　　　　　　　庚-1-炔

3.6.4.2　炔烃的烷基化

$$HC\!\equiv\!CH \xrightarrow[-33\,℃]{NaNH_2,\,液\ NH_3} HC\!\equiv\!CNa \xrightarrow[-33\,℃,\,80\%]{CH_3(CH_2)_3Br,\,液\ NH_3} HC\!\equiv\!C(CH_2)_3CH_3$$

乙炔钠　　　　　　　　　　　己-1-炔

本章精要速览

（1）乙烯（C_2H_4）分子 6 个原子共平面，碳原子采取 sp^2 杂化；乙炔（C_2H_2）分子中 4 个原子共直线，碳原子采取 sp 杂化。

（2）π键是由两个或两个以上 p 轨道以"肩并肩"的方式进行重叠而形成的共价键。其特点是：①π键不能单独存在，只能存在于双键或三键中；②碳碳双键不能自由旋转；③π键键能小，不如 σ 键牢固；④π电子受成键原子核束缚小，流动性大，易极化、易反应。

（3）命名烯烃和炔烃时，要选择最长碳链作为母体氢化物，从靠近双键碳或三键碳一端开始编号。分子中同时含有 C≡C 和 C≡C 时，称为"烯炔"，若双键、三键处于相同位次供选择时，优先给双键以最低编号。

（4）烯烃有碳架异构、官能团位置异构、顺反异构；炔烃有碳架异构、官能团位置异构。顺反异构可用 *cis-/trans-*标记法和 *Z/E*-标记法标记。相同的基团在同侧为顺式，相同的基团不在同侧为反式；"优先"的基团在同侧者为（*Z*）-式，"优先"的基团不在同侧者为（*E*）-式。

CIP 顺序规则：①原子序数较大者＞较小者，原子质量较高者＞较低者；②$(CH_3)_2CH$（C,C,H）＞$CH_3CH_2CH_2$（C,H,H）；③不饱和键：—C≡CH＞—CH=CH_2。

（5）烯烃和炔烃主要发生加成反应、氧化反应、聚合反应等（见"烯烃的化学性质小结"和"炔烃的化学性质小结"）。

（6）Markovnikov 规则——不对称烯烃或炔烃与 HX 发生加成反应时，氢原子总是加到含氢较多的不饱和碳上。碳正离子的稳定性顺序（3°＞2°＞1°）导致烯烃或炔烃亲电加成时遵循马氏规则，也导致烯烃经历碳正离子的亲电加成反应有重排产物。

（7）过氧化物效应——在过氧化物存在下，不对称烯烃与 HBr 加成时，不遵循马氏规则，氢原子加到含氢较少的双键碳上。过氧化物效应是由自由基的稳定性顺序（3°＞2°＞1°）而产生的。

（8）协同加成反应（硼氢化、环氧化、臭氧化、$KMnO_4$ 氧化至邻二醇等）的加成方向受空间效应影响，加成方式为顺式加成。例如，硼氢化反应的特点是："顺加、反马、不重排"。

（9）氧化反应总是发生在电子云密度较大的位置。C=C、C≡C 有 π 电子，易发生氧化反应；且不饱和碳上电子云密度越大，越容易被氧化。

（10）烯烃的 α-位较活泼。如在光照或加热条件，烯烃的 α-H 可被卤代；烯烃的 α-C 上可发生催化氧化，生产丙烯腈、丙烯酸、丙烯醛等一系列重要的有机化工原料。

（11）由于 sp 杂化碳的电负性（3.3）大于 sp^2 杂化碳（2.7）和 sp^3 杂化碳（2.5），炔氢有微弱的酸性（$pK_a \approx 25$）。利用炔氢的酸性，可增长碳链、鉴别炔烃。

烯烃的化学性质小结

CH3CH=CH2
1. 催化加氢
H2，Ni
CH3CH2CH3 (顺式加成)
2. 加成反应
HX
CH3—CH(X)—CH3 (HX=HBr、HCl) (遵马)
H2SO4 (遵马)
CH3—CH(OSO2OH)—CH3
H2O △
CH3—CH(OH)—CH3
碳正离子中间体
H2O
H3PO4/硅藻土，△，p
CH3—CH(OH)—CH3 (遵马) 工业上制醇
Br2，CCl4
CH3—CH(Br)—CH2Br (反式加成) 检验双键
HOCl
CH3—CH(OH)—CH2Cl
OH⁻ (-HCl)
环正离子中间体
(1)Hg(OAc)2，H2O
(2)NaBH4
CH3—CH(OH)—CH3 (遵马，不重排) 制备醇
HBr
过氧化物
CH3CH2CH2Br (自由基加成，反马)
(1)B2H6
(2)H2O2，OH⁻
CH3—CH2—CH2OH (协同顺式加成，反马，不重排) 制备伯醇
3. 氧化
RCO3H
(双键构型不变)
KMnO4
稀、冷、中性 (顺式氧化)
CH3—CH(OH)—CH2OH
检验双键
KMnO4
较浓、加热、酸性
CH3COOH+CO2
(1)O3
(2)H2O/Zn
CH3CHO+CH2O
测烯烃结构
4. 乙烯的特色反应
CH2=CH2
引发剂 或催化剂
聚合(均聚、共聚)
O2 Ag，△
5. α-H的反应
Cl2/500℃ (或NBS/hν)
ClCH2CH=CH2 (或BrCH2CH=CH2)
O2+NH3 磷钼酸铋，△，p
CH2=CH—CN
O2 催化氧化
CH2=CH—COOH

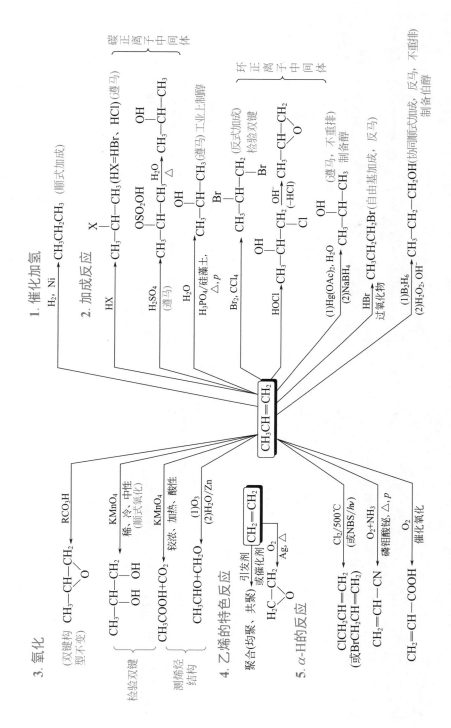

炔烃的化学性质小结

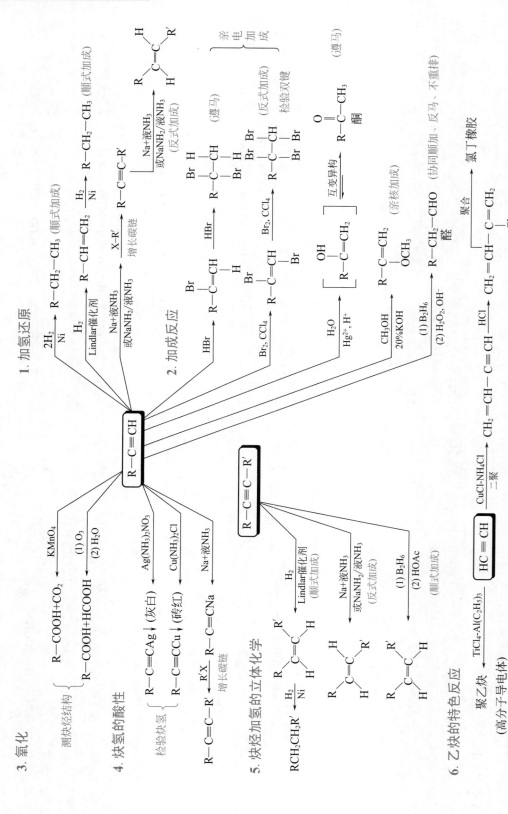

1. 加氢还原

2. 加成反应

3. 氧化

4. 炔氢的酸性

5. 炔烃加氢的立体化学

6. 乙炔的特色反应

习 题

1. 用简要的文字解释或举例说明下列术语。

(1) 亲电试剂　　　　(2) 亲电加成反应　　　(3) 碳正离子　　　　(4) 不对称烯烃

(5) 过氧化物效应　　(6) Markovnikov 规则　(7) 三元环溴正离子　(8) 反式加成

2. 写出下列各基团或化合物的结构式。

(1) 乙烯基　　　　　(2) 丙烯基　　　　　　(3) 烯丙基　　　　　(4) 异丙烯基

(5) (Z)-4-甲基戊-2-烯　　(6) (E)-3,4-二甲基己-2-烯　　(7) (Z)-4-异丙基-3-甲基庚-3-烯

3. 用系统命名法命名下列各化合物。如有顺反异构，用 Z/E-标记法标明其构型。

(1)
$$CH_3CH_2CH_2 \quad CH_3$$
$$\underset{CH_3}{} C = C \underset{CH_2CH_3}{}$$

(2) $\underset{\underset{CH_3}{|}}{CH_3CH_2CHC} \!\!=\!\! CCH_3$

(3)
$$CH_3CH_2 \quad Br$$
$$\underset{Cl}{} C = C \underset{CH_3}{}$$

(4)
$$CH_3CH_2 \quad I$$
$$\underset{Cl}{} C = C \underset{Cl}{}$$

(5)
$$\underset{}{CH_2CH_3}$$
$$CH_3CH_2CH_2C = CHCH_2CH_3$$

(6)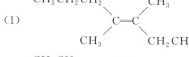

(7)
$$\underset{CH_2=CH}{} C = C \underset{C(CH_3)_3}{\overset{C\equiv CH}{}}$$

(8)
$$CH_3CHCH_2CHC=CH \quad CH_3$$
$$\underset{CH_3}{|} \quad \underset{CH_3}{} C = C \underset{H}{}$$

(9)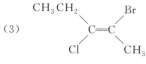

(10)

4. 完成下列反应式。

(1) $CH_3\underset{\underset{CH_3}{|}}{C}\!\!=\!\!CHCH_3 + H_2SO_4$（冷、浓）$\longrightarrow ? \xrightarrow{H_2O} ?$

(2) $CH_3CH = CH_2 + HBr \xrightarrow{CCl_4} ?$

(3) $CH_3CH = CH_2 + HBr \xrightarrow{ROOR} ?$

(4) $CH_3 - \underset{\underset{CH_3}{|}}{C} = CH - CH_3 \xrightarrow{Br_2}{H_2O}$

(5) $CF_3CH = CH_2 + HCl \longrightarrow ?$

(6) $\xrightarrow{KMnO_4}{H^+} ?$

(7) $=CH-CH_3 \xrightarrow{(1)\ O_3}{(2)\ Zn,\ H_2O} ?$

(8) $\xrightarrow{(1)\ O_3}{(2)\ Zn,\ H_2O} ?$

(9) $+ NBS \xrightarrow{CCl_4}$?

(10) $\xrightarrow[\text{(2) } H_2O_2,\ NaOH]{\text{(1) } B_2H_6}$?

(11) $CH_3CH_2C{\equiv}CH + H_2O \xrightarrow[H_2SO_4]{HgSO_4}$?

(12) $CH_3CH_2C{\equiv}CCH_3 \xrightarrow{?}$

(13) $CH_3CH_2C{\equiv}CH \xrightarrow[\text{(2) } H_2O_2,\ NaOH]{\text{(1) } B_2H_6}$?

(14) $\xrightarrow[CCl_4]{NBS,\ (PhCOO)_2}$?

(15) $CH_3CH_2C{\equiv}CH \xrightarrow[\text{(2) } CH_3CH_2Br]{\text{(1) } NaNH_2,\ NH_3}$?

(16) $CH_2{=}CHCH_2C{\equiv}CH \xrightarrow{C_6H_5CO_3H}$?

(17) $(CH_3)_2CHC{\equiv}CH \xrightarrow[\text{过量}]{HBr}$?

5. 用简单的化学方法区别下列化合物。

(1) A. 甲基环戊烷　　　　　B.1-甲基环戊烯　　　　C. 戊-1-炔　　　　D. 乙基环丙烷

(2) A. 3-乙基戊-2-烯　　　　B. 庚-1-炔　　　　C. 甲基环己烷

(3) A. 　　　　B. 　　　　C.

6. 将下列各组活性中间体按稳定性由大到小排列成序。

(1) A. $CH_3\overset{+}{C}HCH_3$　　　　B. $Cl_3C\overset{+}{C}HCH_3$　　　　C. $(CH_3)_3\overset{+}{C}$

(2) A. $(CH_3)_2CHCH_2\overset{.}{C}H_2$　　B. $(CH_3)_2\overset{.}{C}CH_2CH_3$　　C. $(CH_3)_2CH\overset{.}{C}HCH_3$

7. 由指定原料合成下列化合物。

(1)

(2) $CH_3CH_2CH_2CH{=}CH_2 \longrightarrow CH_3CH_2CH_2CH_2CH_2OH$

(3) $CH_3CH{=}CH_2 \longrightarrow ClCH_2CH{-}CH_2$

(4)

(5) $CH_2{=}CH_2$、$CH{\equiv}CH \longrightarrow$

(6) $CH_3C{\equiv}CH \longrightarrow CH_3CH_2CH_2CH_2CH_2CH_3$

(7) $CH_3CH_2CH_2Br$、$HC{\equiv}CH \longrightarrow CH_3CH_2CH_2CH_2CHO$

8. 试以反应机理解释下列反应结果。

$$(CH_3)_2CHCH=CH_2 + HBr \longrightarrow (CH_3)_2CCH_2CH_3 \underset{Br}{|} + (CH_3)_2CHCHCH_3 \underset{Br}{|}$$

9. 写出下列各反应的机理。

(1)

(2)

(3) $(CH_3)_2C=CHCH_2CHCH=CH_2 \underset{CH_3}{|} \xrightarrow{H^+}$

(4) $\xrightarrow[ROOR]{HBr}$

10. 下列反应的主要产物是什么？反应过程中是否发生碳正离子的重排？

(1) $\xrightarrow[\text{(2) }NaBH_4]{\text{(1) }Hg(OAc)_2,\ H_2O}$?

(2) $(CH_3)_3CCH=CH_2 \xrightarrow{HI}$?

(3) $(CH_3)_3CCH_2CH=CH_2 \xrightarrow[\text{(2) }H_2O_2,\ NaOH]{\text{(1) }B_2H_6}$?

11. 预测下列反应的主要产物，并说明理由。

(1) $CH_2=CHCH_2C\equiv CH \xrightarrow[HgCl_2]{HCl}$?

(2) $CH_2=CHCH_2C\equiv CH \xrightarrow[\text{Lindlar}]{H_2}$?

(3) $CH_2=CHCH_2C\equiv CH \xrightarrow[KOH]{C_2H_5OH}$?

(4) $CH_2=CHCH_2C\equiv CH \xrightarrow{C_6H_5CO_3H}$?

(5) $\xrightarrow[\text{(1mol)}]{CH_3CO_3H}$?

12. 解释下列实验事实 (JACS 1957，79：3469)。

$$(CH_3)_3C-CH=CH_2 + Br_2 \xrightarrow[0℃]{CH_3OH} (CH_3)_3C-\underset{Br}{\underset{|}{CH}}-\underset{Br}{\underset{|}{CH_2}} + (CH_3)_3C-\underset{Br}{\underset{|}{CH}}-\underset{OCH_3}{\underset{|}{CH_2}}$$

（45%）　　　　　　　　（44%）

$$CH_3(CH_2)_3-CH=CH_2 + Br_2 \xrightarrow[0℃]{CH_3OH} CH_3(CH_2)_3-\underset{Br}{\underset{|}{CH}}-\underset{Br}{\underset{|}{CH_2}} +$$

（31%）

$$CH_3(CH_2)_3-\underset{CH_3O}{\underset{|}{CH}}-\underset{Br}{\underset{|}{CH_2}} + CH_3(CH_2)_3-\underset{Br}{\underset{|}{CH}}-\underset{OCH_3}{\underset{|}{CH_2}}$$

4～5　　　　：　　　　1

（59%）

13. 分子式为 C_6H_{10} 的未知物，催化加氢可生成 2-甲基戊烷，在汞盐存在下加水生成 4-甲基-2-酮，它与硝酸银氨溶液作用生成白色沉淀。试推测该化合物的结构式。

14. 化合物 A 的分子式为 C_4H_8，它能使溴溶液褪色，但不能使稀的高锰酸钾溶液褪色。1mol A 与 1mol HBr 作用生成 B，B 也可以从 A 的同分异构体 C 与 HBr 作用得到。C 能使溴溶液褪色，也能使稀和酸性高锰酸钾溶液褪色。试推测 A、B 和 C 的构造式，并写出各步反应式。

15. 某化合物 A，分子式为 C_5H_8，在液氨中与金属钠作用后，再与 1-溴丙烷作用，生成分子式为 C_8H_{14} 的化合物 B。用高锰酸钾氧化 B 得到分子式为 $C_4H_8O_2$ 的两种不同的羧酸 C 和 D。A 在硫酸汞存在下与稀硫酸作用，可得到分子式为 $C_5H_{10}O$ 的酮 E。试写出 A～E 的构造式及各步反应式。

第4章 | 二烯烃 共轭体系

分子中含有两个碳碳双键的碳氢化合物称为二烯烃（dienes），其通式与炔烃相同，为 C_nH_{2n-2}，所以二烯烃与炔烃互为官能团异构。

4.1 二烯烃的分类和命名

4.1.1 二烯烃的分类

根据分子中两个 C═C 的相对位置，二烯烃可分为三类。

二烯烃
diene

孤立二烯烃 isolated diene ——两双键被 2 个或 2 个以上单键相隔,相距较远,互不影响,性质似单烯烃。例如:

$$CH_2=CH-CH_2-CH=CH_2$$
戊-1,4-二烯

$$CH_2=CH-CH_2-CH_2-CH=CH_2$$
己-1,5-二烯

共轭二烯烃 conjugated diene ——两双键只相隔 1 个单键,相互共轭,性质特殊。例如:

$$CH_2=CH-CH=CH_2$$
丁-1,3-二烯(丁二烯)

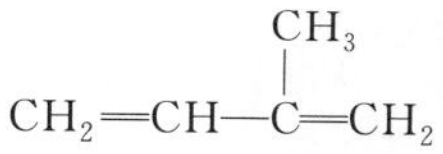

$$CH_2=CH-\overset{\overset{\displaystyle CH_3}{|}}{C}=CH_2$$
2-甲基丁-1,3-二烯(异戊二烯)

累积二烯烃 cumulative diene ——两双键连在同一个碳原子上,不易合成,不稳定,较少见。例如:

$$CH_2=C=CH_2$$
丙二烯

$$CH_2=C=CHCH_3$$
丁-1,2-二烯

本章重点讨论共轭二烯烃（conjugated diene）。

4.1.2 二烯烃的命名

二烯烃的命名与烯烃相似。用阿拉伯数字标明两个双键的位次，用 "Z/E-" 或 "$cis/trans$-" 表明双键的构型。例如：

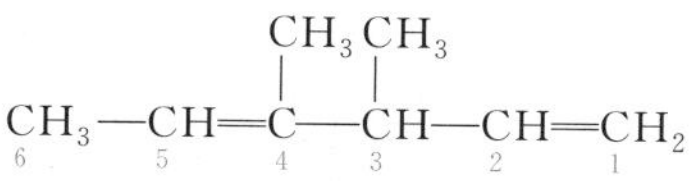

$$\overset{6}{C}H_3-\overset{5}{C}H=\overset{4}{C}-\overset{3}{C}-\overset{2}{C}H-\overset{1}{C}H=CH_2$$

（图中为 3,4-二甲基己-1,4-二烯结构）

3,4-二甲基己-1,4-二烯
3,4-dimethylhexa-1,4-diene

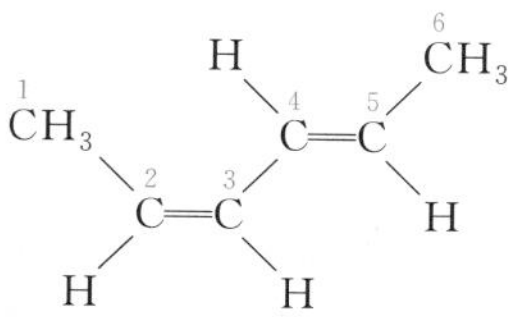

(2Z,4E)-己-2,4-二烯
(2Z,4E)-hexa-2,4-diene

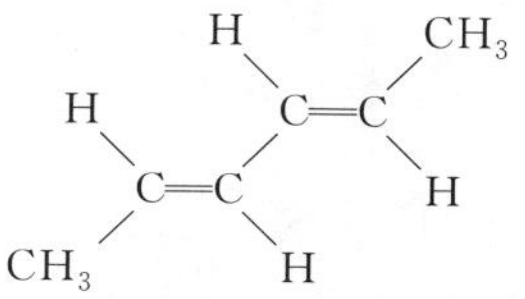

(2E,4E)-己-2,4-二烯
(2E,4E)-hexa-2,4-diene

不能命名为:(2E,4Z)-己-2,4-二烯

共轭二烯烃分子中两个双键之间的单键在室温下可以旋转，存在着构象异构。其两种不

同的极限构象可用 s-Z/s-E 或 s-cis/s-trans 表示，这里 s 代表两个双键之间的单键。例如：

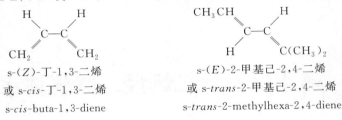

s-(Z)-丁-1,3-二烯

或 s-cis-丁-1,3-二烯

s-cis-buta-1,3-diene

s-(E)-2-甲基己-2,4-二烯

或 s-trans-2-甲基己-2,4-二烯

s-trans-2-methylhexa-2,4-diene

4.2 二烯烃的结构

4.2.1 丙二烯的结构

丙二烯是最简单的累积二烯，其分子是线形非平面结构，如图 4-1 所示。

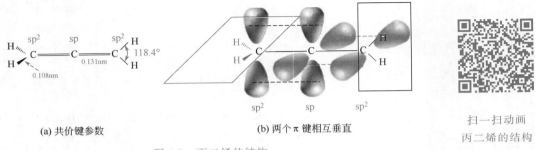

(a) 共价键参数   (b) 两个 π 键相互垂直

图 4-1 丙二烯的结构

扫一扫动画
丙二烯的结构

其中 C2 为 sp 杂化，两个 π 键相互垂直，所以丙二烯及累积二烯烃不稳定。

4.2.2 丁-1,3-二烯的结构

仪器测试表明：丁-1,3-二烯分子中的 10 个原子共平面。

参考数据：

化学键	键长
乙烷中的 C—C	0.154nm
乙烯中的 C=C	0.133nm
乙烯中的 C—H	0.108nm

从键长数据来看，丁-1,3-二烯分子中存在着键长平均化的倾向，C2—C3 之间的共价键更接近于一个单键，C1—C2 之间、C3—C4 之间的共价键更加接近于双键。

4.2.2.1 价键理论的解释

如图 4-2 所示，丁-1,3-二烯中的 4 个碳原子均是 sp^2 杂化态，平面构型（a）；4 个 sp^2 杂化碳及 6 个氢原子通过"头对头"的重叠方式，搭起了 10 个原子共平面的 σ-骨架（b）；同时，4 个碳原子上的未参加 sp^2 杂化的 p 轨道以"肩并肩"的重叠方式，形成大 π 键（c）。

除了 C1—C2 和 C3—C4 间的 p 轨道可肩并肩地重叠外，C2—C3 间也能肩并肩重叠。但键长数据表明，C2—C3 间的重叠比 C1—C2 或 C3—C4 间的重叠要小。

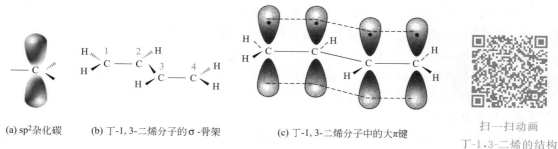

(a) sp²杂化碳　　(b) 丁-1,3-二烯分子的σ-骨架　　(c) 丁-1,3-二烯分子中的大π键

扫一扫动画
丁-1,3-二烯的结构

图 4-2　丁-1,3-二烯的结构

4.2.2.2　分子轨道理论的解释

丁-1,3-二烯分子中的 π 键可用分子轨道理论来描述。与价键理论的观点不同，分子轨道理论认为，成键 π 电子的运动范围不再局限于 C=C 的成键碳原子之间，而是扩展到整个 π 轨道；分子轨道中的节面（电子云密度等于零的平面）越多，其能量越高。

如图 4-3 所示，丁-1,3-二烯分子中 4 个碳原子上的未参与 sp² 杂化的 p 轨道，通过线性组合形成 4 个分子轨道 π_1、π_2、π_3^* 和 π_4^*。其中 π_1 没有节面，π_2、π_3^* 和 π_4^* 分别有一个、两个和三个节面。π_1、π_2 的能量低于原来的 p 轨道，是成键轨道；π_3^*、π_4^* 的能量高于原来的 p 轨道，是反键轨道。

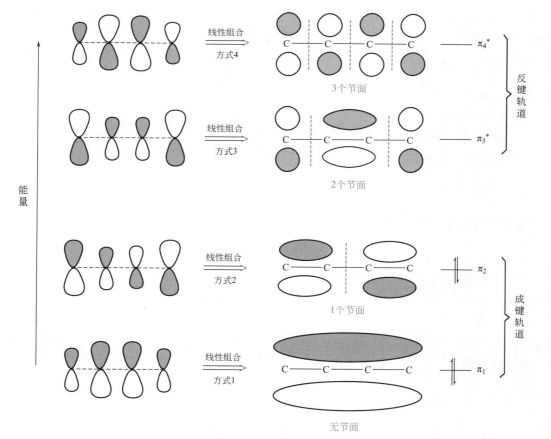

图 4-3　丁-1,3-二烯的分子轨道

基态下，丁-1,3-二烯分子中的 4 个 π 电子分别填入能量较低的成键轨道 π_1 和 π_2 中，而反键轨道 π_3^*、π_4^* 是空的。当分子吸收能量处于激发态时，π_2 中的电子才能跃迁到 π_3^* 中。

根据价键理论，4 个碳原子上的未参加 sp^2 杂化的 p 轨道以"肩并肩"的重叠方式形成了大 π 键。这种说法能够解释丁-1,3-二烯分子中 C2—C3 之间的共价键为什么具有部分的双键性质，但不能解释为什么 C2—C3 间的重叠比 C1—C2 或 C3—C4 间的重叠小。用分子轨道理论可解释此现象。

在基态下，丁-1,3-二烯分子中的 4 个 π 电子分别填入 π_1 和 π_2 中，所以丁-1,3-二烯分子 π 电子云的分布取决于 π_1 和 π_2 的形状，即 π_1 和 π_2 两个成键轨道 π 电子云的叠加，决定了丁-1,3-二烯分子中 π 电子云的分布。π_1 没有节面，它对丁-1,3-二烯整个分子 π 电子云分布的贡献是使 C1—C2、C2—C3、C3—C4 之间都有 π 电子云，因此 C2—C3 之间的共价键具有部分的双键性质；但 π_2 轨道在 C2—C3 之间有节面，电子云密度为零，它对丁-1,3-二烯整个分子 π 电子云分布的贡献是只在 C1—C2、C3—C4 之间有 π 电子云，而在 C2—C3 之间没有电子云，因此 C2—C3 之间的电子云密度小于 C1—C2、C3—C4 之间的电子云密度。简而言之，C2—C3 之间的重叠比 C1—C2 或 C3—C4 之间的重叠小的原因是 π_2 轨道在 C2—C3 之间有节面。

4.3 电子离域与共轭体系

如前所述，在丁-1,3-二烯分子中的 4 个 π 电子不是两两分别固定在两个双键碳原子之间，而是扩展到 4 个碳原子之间。这种在共轭体系中成键原子的电子云运动范围扩大的现象称为电子离域。电子离域亦称为键的离域。离域（delocalization）使共轭体系能量降低。

由三个或三个以上互相平行的 p 轨道形成的大 π 键称为共轭体系（conjugated system），丁-1,3-二烯分子中的大 π 键就是一个典型的共轭体系。共轭体系的结构特征是：

① 参与共轭体系的 p 轨道互相平行且垂直于分子所处的 σ 平面，如图 4-2（c）所示。

② 相邻的 p 轨道之间从侧面"肩并肩"重叠，发生电子离域。

共轭体系可分为：π-π 共轭、p-π 共轭和超共轭。

4.3.1 π-π 共轭

π-π 共轭体系的结构特征是单双键交替，并伴随着键长平均化。例如：

$$CH_2=CH-CH=CH_2 \qquad\qquad CH_2=CH-CH=CH-CH_3$$
$$\text{丁-1,3-二烯} \qquad\qquad\qquad \text{戊-1,3-二烯}$$

由于电子的离域使体系的能量降低、分子趋于稳定、键长趋于平均化的现象叫做共轭效应（conjugative effect，用 C 表示）。由于共轭体系中键的离域（电子离域）而导致分子更稳定的能量称为离域能（delocalization energy）。戊-1,3-二烯与戊-1,4-二烯进行催化加氢反应时，都是两个 C=C 加成 4 个氢原子，生成 4 个 σ_{C-H} 键，但二者的氢化热却相差 28kJ/mol，说明戊-1,3-二烯比戊-1,4-二烯稳定。戊-1,4-二烯与戊-1,3-二烯的氢化热之差［254－226＝28（kJ/mol）］就是戊-1,3-二烯分子的离域能。

扫一扫动画
戊二烯的结构

$$CH_2=CH-CH=CH-CH_3+2H_2 \xrightarrow{Ni} CH_3CH_2CH_2CH_2CH_3 \qquad \Delta H=-226kJ/mol$$
$$\text{有 π-π 共轭}$$

$$CH_2=CH-CH_2-CH=CH_2+2H_2 \xrightarrow{Ni} CH_3CH_2CH_2CH_2CH_3 \qquad \Delta H=-254kJ/mol$$
$$\text{无 π-π 共轭}$$

电子离域的程度越高，范围越大，离域能越大，则体系能量越低，化合物也越稳定。

参与 π-π 共轭的双键不限于两个，亦可以是多个。例如，β-胡萝卜素分子中就存在着一个由 11 个 C＝C 双键参与的共轭体系。

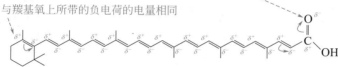

β-胡萝卜素（β-carotene）

形成 π-π 共轭体系的重键不限于双键，三键亦可；组成共轭体系的原子亦不限于碳原子，氧、氮原子均可。例如：

CH₂＝CH—C≡CH   CH₂＝CH—CH＝O   CH₂＝CH—C≡N
δ⁺ δ⁻ δ⁺ δ⁻   δ⁺ δ⁻ δ⁺ δ⁻   δ⁺ δ⁻ δ⁺ δ⁻

乙烯基乙炔   丙烯醛   丙烯腈

π 电子的离域可用弯箭头表示。与诱导效应不同，共轭效应在共轭链上可以产生电荷正负交替现象；共轭效应的传递不因共轭链的增长而减弱。例如：

CH₃—CH＝CH—CH＝CH—CH＝CH—CH＝CH₂
     δ⁺   δ⁻ δ⁺   δ⁻ δ⁺   δ⁻

推电子基，使 π 电子朝着远离甲基的方向转移

氧的电负性较大，使碳氧双键上的 π 电子朝向氧原子转移

与羰基氧上所带的负电荷的电量相同

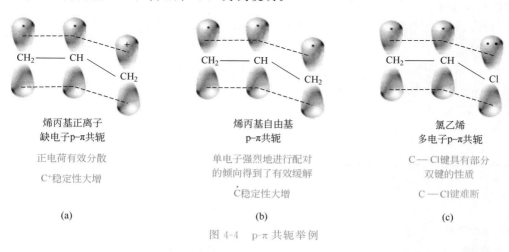

4.3.2 p-π 共轭

有 p 轨道和 π 轨道参与的共轭称为 p-π 共轭。如图 4-4 所示，分别以烯丙基正离子（a）、烯丙基自由基（b）、氯乙烯（c）为例说明。

烯丙基正离子
缺电子 p-π 共轭
正电荷有效分散
C⁺稳定性大增
(a)

烯丙基自由基
p-π 共轭
单电子强烈地进行配对
的倾向得到了有效缓解
Ċ稳定性大增
(b)

氯乙烯
多电子 p-π 共轭
C—Cl 键具有部分
双键的性质
C—Cl 键难断
(c)

图 4-4 p-π 共轭举例

下列反应很容易发生，其原因是烯丙基正离子和烯丙基自由基均有特殊稳定性：

$$CH_2＝CHCH_2Cl \xrightarrow{NaOH/H_2O} CH_2＝CHCH_2OH$$

$$CH_2=CH-CH_3+Cl_2 \xrightarrow{500℃} CH_2=CH-CH_2Cl+HCl$$

α-氯丙烯,烯丙基氯

由于碳氯键具有部分的双键性质,下列反应很难发生:

$$CH_2=CH-\overset{..}{C}l + NaOH \xrightarrow{\quad\quad} CH_2=CH-OH + NaCl$$

下列离子或分子中都存在着 p-π 共轭,但其电子云离域的方向不完全相同:

<table>
<tr>
<td>

$$CH_2 \overset{}{=\!=} CH \overset{+}{-\!-} \overset{+}{CH_2}$$
δ^+　　　　δ^+

</td>
<td>

$$CH_2 \overset{}{=\!=} CH \overset{}{-\!-} \overset{..}{\underset{..}{C}}l:$$
δ^-

</td>
<td>

$$CH_2 \overset{}{=\!=} CH \overset{}{-\!-} \overset{..}{\underset{..}{O}}-R$$
δ^-

</td>
</tr>
<tr>
<td align="center">

烯丙基正离子
缺电子p-π共轭

</td>
<td align="center">

氯乙烯
多电子p-π共轭

</td>
<td align="center">

乙烯基醚
多电子p-π共轭

</td>
</tr>
</table>

4.3.3　超共轭

有 σ-电子参与的共轭效应称为超共轭效应,只有 α-H 能够参与超共轭。超共轭分为 σ-π 超共轭和 σ-p 超共轭。如图 4-5 所示,丙烯分子中存在着 σ-π 超共轭:

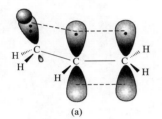

扫一扫动画
丙烯分子中的 σ-π 超共轭

图 4-5　丙烯分子中的 σ-π 超共轭

甲基上 C—H 键的 σ-轨道与相邻的 p 轨道处于"准平行"时,可以发生一定程度的侧面交盖,形成 σ-π 超共轭[图 4-5(a)]。由于 C—C 单键的转动,丙烯分子中甲基上的 3 个 σ-H 都有可能与 π 键形成超共轭 [图 4-5(b)]。

参与超共轭的 C—H 键越多,超共轭效应越强,体系的能量越低,越稳定:

1个σ-H参与超共轭　　　　2个σ-H参与超共轭　　　　3个σ-H参与超共轭

超共轭效应增强 →

表 4-1 中的氢化热数据表明,双键碳原子上甲基取代越多烃,烯烃的超共轭效应越强,氢化热越小,分子越稳定。

表 4-1　σ-π 超共轭与烯烃的稳定性

化合物	$(CH_3)_2C=C(CH_3)_2$	$CH_3CH=CH_2$	$CH_2=CH_2$
σ-π 超共轭效应	12 个 σ-H 超共轭	3 个 σ-H 超共轭	无超共轭
氢化热/(kJ/mol)	111.3	125.9	137.2
稳定性	$(CH_3)_2C=C(CH_3)_2 > CH_3CH=CH_2 > CH_2=CH_2$		

σ-p 超共轭效应可用来解释碳正离子的稳定性。如图 4-6(a) 所示，α-C 上 C—H 键的 σ 电子云可部分离域到中心碳原子的空 p 轨道上，结果使中心碳原子上的正电荷得到分散。

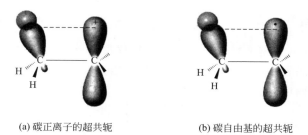

(a) 碳正离子的超共轭　　　　　(b) 碳自由基的超共轭

图 4-6　σ-p 超共轭效应

碳正离子的 α-H 越多，则超共轭效应越强，越有利于中心碳原子上正电荷的分散，碳正离子越稳定。

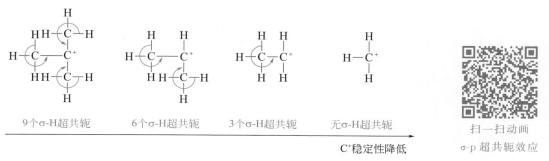

9个σ-H超共轭　　　6个σ-H超共轭　　　3个σ-H超共轭　　　无σ-H超共轭

C$^+$稳定性降低

扫一扫动画
σ-p 超共轭效应

自由基的稳定性顺序也可用 σ-p 超共轭效应来解释。σ-电子的离域，使得中心碳原子上未成对电子强烈的与其他电子进行配对的倾向得以缓解，如图 4-6(b) 所示。

所以，碳自由基的稳定顺序为：

$$(CH_3)_3\dot{C} > (CH_3)_2\dot{C}H > CH_3\dot{C}H_2 > \dot{C}H_3$$

拓展　越来越多的研究证据表明，乙基正离子具有如图 4-7(b) 所示的结构。图 (b) 中氢原子的 1s 轨道与两个 p 轨道交盖，且两个 p 轨道处于"肩并肩"的位置，轨道重叠程度比图 (a) 中的 σ-p 超共轭（详见第 4 章 4.3.3）更大，能量更低 [图(b) 比图(a) 能量低约 27kJ/mol]。这种情况可以理解为乙基正离子超共轭效应的一种极端形式——"超"得很公平，也很稳定。

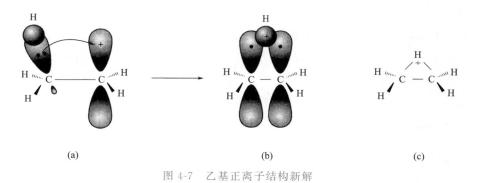

(a)　　　　　　　　　　(b)　　　　　　　　　　(c)

图 4-7　乙基正离子结构新解

4.4 共振论

4.4.1 共振论的基本概念

共振论是 L. Pauling（鲍林）于 20 世纪 30 年代提出的。共振论认为：不能用经典结构式圆满表示的分子，其真实结构是由多种可能的经典极限式叠加（共振杂化）而成的。

例如：实测 CO_3^{2-} 中的三个碳氧键是等同的，键长均为 0.128nm。共振论将 CO_3^{2-} 的真实结构表示为：

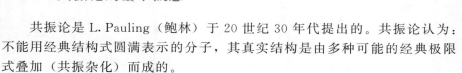

上式的意思是：CO_3^{2-} 的真实结构是上述三个共振结构式的共振杂化体。

必须十分明确地指出：共振杂化体是一个单一的物质，绝不是几个共振结构式的混合物。共振论一再强调：在任何时候，共振杂化体都是一个单独的物质，只能有一个结构。

根据共振论，烯丙基正离子可表示为：

$$\overset{+}{C}H_2-CH=CH_2 \longleftrightarrow CH_2=CH-\overset{+}{C}H_2$$

4.4.2 共振极限结构式

对于一个真实分子（共振杂化体），并不是所有极限结构的贡献都是一样的。其中能量较低、较稳定的极限结构式对真实结构的贡献大，同时也使真实结构更加稳定；而能量较高、稳定性较小者的贡献小，有的甚至可以忽略不计。同一化合物分子的不同极限结构对共振杂化体的贡献大小大致有如下规则。

① 两个或两个以上能量最低而结构又相同或接近相同的式子，它们参与共振最多，对共振杂化体的贡献最大，真实物质（即共振杂化体）的能量也更低，更稳定。例如：

$$\langle\underset{能量相同,结构相似,对真实结构贡献最大}{\underbrace{\bigcirc \longleftrightarrow \bigcirc}} \longleftrightarrow \cdots\cdots$$

$$\underset{能量相近,贡献相近,贡献都较大}{CH_2=CH-\overset{+}{C}H-CH_3 \longleftrightarrow \overset{+}{C}H_2-CH=CH-CH_3\cdots\cdots}$$

② 各共振极限结构式中，共价键的数目越多，其能量越低。例如：

$$\underset{11个共价键,贡献最大}{CH_2=CH-CH=CH_2} \longleftrightarrow \underset{\underbrace{\overset{-}{C}H_2-CH=CH-\overset{+}{C}H_2 \longleftrightarrow \overset{+}{C}H_2-CH=CH-\overset{-}{C}H_2}_{10个共价键,贡献较小}}{}$$

共价键数目多，
满足八隅体，
相对稳定 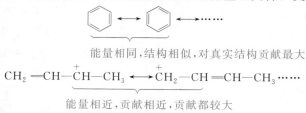 共价键数目少，
C^+ 不满足八隅体，
相对不稳定

③ 电荷没有分离的共振极限结构式较稳定，对共振杂化体贡献较大。例如：

$$CH_2=CH-CH=CH_2 \longleftrightarrow \bar{C}H_2-CH=CH-\overset{+}{C}H_2 \longleftrightarrow \overset{+}{C}H_2-CH=CH-\bar{C}H_2$$

没有电荷分离，贡献最大　　　　　　　　　　有电荷分离，贡献较小

④ 电荷分布符合元素电负性预计的共振极限结构式更稳定。例如：

$$CH_2=CH-CH=\overset{..}{\overset{..}{O}}: \longleftrightarrow CH_2=CH-\overset{+}{CH}-\overset{..}{\overset{..}{O}}:^- \longleftrightarrow CH_2=CH-\overset{-}{CH}-\overset{..}{\overset{..}{O}}:$$

电荷未分离，
对真实结构贡献最大

$$\overset{+}{C}H_2-CH=CH-\overset{-}{O}: \qquad \bar{C}H_2-CH=CH-\overset{+}{O}:$$

电荷分离，　　　　　　　　电荷分离，
符合电负性预计，　　　　　不符合电负性预计，
贡献较小　　　　　　　　　贡献很小，不必写出

$$CH_3-\overset{\overset{\displaystyle O}{\|}}{C}-CH_3 \longleftrightarrow CH_3-\overset{\overset{\displaystyle O^-}{|}}{\overset{+}{C}}-CH_3 \longleftrightarrow CH_3-\overset{\overset{\displaystyle O^+}{|}}{\overset{-}{C}}-CH_3$$

贡献最大　　　　　　　贡献较小　　　　　　贡献很小，不必写出

⑤ 相邻原子带相同电荷的共振极限结构式不稳定。例如：

很不稳定。

⑥ 键角和键长与正常值差异大的结构不稳定。例如：

结构相似，能量相同，　　　　　　贡献很小，可忽略不计
贡献最大

　　总之，合理的共振极限结构式是稳定的；共价键多的共振极限结构式是稳定的；参与共振的极限结构式越多，共振杂化体（真实物质）越稳定。

4.4.3 书写极限结构式遵循的基本原则

　　共振极限结构式不能随便书写，要遵守一些书写规则。

　　① 共振极限结构式必须符合经典结构式的书写规则。比如碳原子必须是四价，第二周期元素的价电子数不能超过 8 个等。例如：

$$CH_3-\overset{+}{N}\overset{\overset{\displaystyle \overset{..}{O}^-}{\|}}{\underset{\overset{..}{\overset{..}{O}}{:}^-}{}} \longleftrightarrow CH_3-\overset{+}{N}\overset{\overset{\displaystyle O}{\|}}{\underset{:\overset{..}{O}:^-}{}} \quad\times\quad CH_3-N\overset{\overset{\displaystyle \overset{..}{O}:}{\|}}{\underset{\overset{..}{O}:}{}}$$

氮原子的价电子数超过了8

　　② 各共振极限结构式中原子核的相对位置必须是相同的。也就是说，共振结构式之间不可包括原子核位置的任何变动，只是在电子的分布上可以有所变化。例如：

$$CH_3-\overset{\overset{\displaystyle O}{\|}}{C}-CH=\overset{\overset{\displaystyle O}{\|}}{C}-OC_2H_5 \longleftrightarrow CH_3-\overset{\overset{\displaystyle O}{\|}}{C}-\overset{-}{CH}-\overset{\overset{\displaystyle O}{\|}}{C}-OC_2H_5$$

共振极限结构式　　　　　　　　　共振极限结构式

所有原子核的位置都没有移动，只是电荷分布有变化

$$CH_3-\overset{\overset{O}{\|}}{C}-CH_2-\overset{\overset{O}{\|}}{C}-OC_2H_5 \Longleftrightarrow CH_3-\overset{\overset{OH}{|}}{C}=CH-\overset{\overset{O}{\|}}{C}-OC_2H_5$$

互变异构体,氢原子核发生了位移

③ 所有的极限结构式中，配对的或不配对的电子数目应保持一致。例如：

$$CH_2=CH-\dot{C}H_2 \longleftrightarrow \dot{C}H_2-CH=CH_2$$

1 对成对电子,1 个单电子

$$\begin{array}{ccc}
CH_2=CH & & CH_2=CH & & \overset{-}{C}H_2-\overset{+}{C}H \\
\quad\quad | & \longleftrightarrow & \quad\quad\overset{+}{|} & \longleftrightarrow & \quad\quad | \\
CH=CH_2 & & CH-\overset{-}{C}H_2 & & CH=CH_2
\end{array}$$

2 对成对电子

4.4.4 共振论的应用及其局限性

4.4.4.1 共振论的应用

（1）解释结构与性质间的关系　应用共振论可以解释共轭分子中很多结构与性质间的关系问题。例如，丁-1,3-二烯分子中的键长平均化的趋势可由下列共振解释：

$$\underset{(Ⅰ)}{CH_2=CH-CH=CH_2} \longleftrightarrow \underset{(Ⅱ)}{\overset{+}{C}H_2-CH=CH-\overset{-}{C}H_2} \longleftrightarrow \underset{(Ⅲ)}{\overset{-}{C}H_2-CH=CH-\overset{+}{C}H_2}$$

（Ⅱ）和（Ⅲ）对真实结构的贡献是使 C2—C3 具有部分双键性质，同时 C1—C2、C3—C4 具有部分单键性质，总的结果就是键长平均化。又如，丁-1,3-二烯与 HBr 加成时，既可以进行 1,2-加成，又可以进行 1,4-加成，是由于反应的活性中间体存在下列共振：

$$\underset{(Ⅰ)}{\underset{1\ \ 2\ \ \ \ 3\ \ 4}{CH_3\overset{+}{C}H-CH=CH_2}} \longleftrightarrow \underset{(Ⅱ)}{\underset{1\ \ \ \ 2\ \ \ 3\ \ 4}{CH_3CH=CH-\overset{+}{C}H_2}}$$

（Ⅰ）和（Ⅱ）都对反应活性中间体碳正离子的真实结构有贡献，（Ⅰ）的贡献是使 C2 带有部分正电荷，（Ⅱ）的贡献是使 C4 带有部分正电荷。Br⁻ 既可以进攻 C2，生成 1,2-加成产物，又可以进攻 C4，生成 1,4-加成产物。

烯烃的 α-溴代反应出现重排产物也可用共振论解释：

$$CH_3(CH_2)_4CH_2CH=CH_2 \xrightarrow[h\nu]{Br_2} \underset{\underset{正常取代产物}{}}{CH_3(CH_2)_4\overset{\overset{}{|}}{\underset{Br}{C}}HCH=CH_2} + \underset{\underset{重排产物}{}}{CH_3(CH_2)_4CH=CHCH_2\underset{|}{\underset{Br}{}}}$$

出现重排产物的原因是下列共振的存在：

$$CH_3(CH_2)_4\dot{C}H-CH=CH_2 \longleftrightarrow CH_3(CH_2)_4-CH=CH-\dot{C}H_2$$

$$\downarrow Br-Br \qquad\qquad\qquad \downarrow Br-Br$$

$$\underset{\underset{正常取代产物}{}}{CH_3(CH_2)_4\underset{\underset{Br}{|}}{C}HCH=CH_2 + \dot{B}r} \qquad\qquad \underset{\underset{重排产物}{}}{CH_3(CH_2)_4CH=CHCH_2\underset{\underset{Br}{|}}{} + \dot{B}r}$$

（2）判断反应能否顺利进行　由于存在下列共振，氯乙烯分子中的 C—Cl 键具有部分双键性质，难以断裂，不易被取代：

$$CH_2=CH-\overset{..}{\underset{..}{Cl}}: \longleftrightarrow {}^-CH_2-CH=\overset{+}{\underset{..}{Cl}}:$$

（3）判断反应机理　由于下列共振存在，使得丙烯的 α-H 易进行自由基卤代反应：

$$CH_2=CH-\overset{\cdot}{C}H_2 \longleftrightarrow \overset{\cdot}{C}H_2-CH=CH_2$$

结构相似，能量相同，使烯丙基自由基稳定

下列共振使得烯丙型卤代烃很容易进行 S_N1 反应：

$$CH_2=CH-\overset{+}{C}H_2 \longleftrightarrow \overset{+}{C}H_2-CH=CH_2$$

结构相似，能量相同，使烯丙基正离子稳定

4.4.4.2　共振论的局限性

共振论的应用具有一定的局限性。例如，根据书写共振论极限结构式应遵循的基本原则，应该存在下列共振，意味着环丁二烯和环辛四烯应该很稳定：

$$\square \longleftrightarrow \square \qquad \hexagon \longleftrightarrow \octagon$$

实际上，环丁二烯极不稳定，仅能单独存在 5s；环辛四烯由于采取非平面构型，具有普通双键的性质，并没有特殊的稳定性（详见第 6 章 6.7.1）。

共振、共轭与离域的含义是相同的，它们是对一个问题的不同表述方法，在有机化学中都很重要。

4.5　共轭二烯烃的化学性质

双键的存在使共轭二烯烃具有与普通烯烃相似的化学性质，能与 H_2、X_2、HX 等发生加成反应。但由于两个双键相互共轭、相互影响，共轭二烯烃比普通烯烃更容易发生加成反应，而且还表现出一些特殊的化学性质。

共轭二烯烃
的加成

4.5.1　共轭二烯烃的加成反应

与单烯烃不同，共轭二烯烃与一分子亲电试剂加成时，既有 1,2-加成，又有 1,4-加成：

$$CH_2=CH-CH=CH_2 \xrightarrow{Br_2} \underset{\substack{\text{1,4-二溴丁-2-烯} \\ \text{1,4-加成产物（主）}}}{CH_2-CH=CH-CH_2} \overset{Br \quad\quad Br}{|\quad\quad\quad|} + \underset{\substack{\text{3,4-二溴丁-1-烯} \\ \text{1,2-加成产物（次）}}}{CH_2=CH-CH-CH_2}\overset{Br \quad Br}{\quad\quad|\quad\;|}$$

$$CH_2=CH-CH=CH_2 \xrightarrow{HBr} \underset{\substack{\text{1-溴丁-2-烯} \\ \text{1,4-加成产物（主）}}}{CH_2-CH=CH-CH_2}\overset{H \quad\quad\quad Br}{|\quad\quad\quad\quad|} + \underset{\substack{\text{3-溴丁-1-烯} \\ \text{1,2-加成产物（次）}}}{CH_2=CH-CH-CH_2}\overset{Br \quad H}{\quad\quad|\quad\;|}$$

一般情况下，以 1,4-加成为主，但其他反应条件也对产物的组成有影响。常温有利于 1,4-加成，低温有利于 1,2-加成；极性溶剂有利于 1,4-加成，非极性溶剂有利于 1,2-加成。例如：

$$CH_2=CH-CH=CH_2+Br_2 \quad \xrightarrow[\;-80℃\;]{40℃}$$

$$\begin{array}{ccc} (20\%) & & (80\%) \\[4pt] CH_2=CH-\overset{\displaystyle Br}{\underset{}{C}}H-\overset{\displaystyle Br}{\underset{}{C}}H_2 & + & \overset{\displaystyle Br}{\underset{}{C}}H_2-CH=CH-\overset{\displaystyle Br}{\underset{}{C}}H_2 \\[4pt] (80\%) & & (20\%) \end{array}$$

$$CH_2=CH-CH=CH_2+Br_2 \quad \xrightarrow[\;氯仿\;]{正己烷\;\;约15℃}$$

$$\begin{array}{ccc} (62\%) & & (38\%) \\[4pt] CH_2=CH-\overset{\displaystyle Br}{\underset{}{C}}H-\overset{\displaystyle Br}{\underset{}{C}}H_2 & + & \overset{\displaystyle Br}{\underset{}{C}}H_2-CH=CH-\overset{\displaystyle Br}{\underset{}{C}}H_2 \\[4pt] (37\%) & & (63\%) \end{array}$$

4.5.2　共轭二烯烃加成反应的理论解释

以丁-1,3-二烯与 HBr 加成为例。反应的第一步是 H^+ 加到双键碳上，形成碳正离子，这一步反应的活化能较高，是整个反应的决速步。

扫一扫动画

$CH_2=CHC^+HCH_3$ 的结构

第二步，碳正离子很快与溴负离子以两种形式结合，分别形成 1,4-加成产物和 1,2-加成产物：

1,4-加成产物

1,2-加成产物

用共振论表示：

$$[\underset{4}{CH_2}=\underset{3}{CH}-\underset{2}{\overset{+}{C}H}\underset{1}{CH_3} \longleftrightarrow \underset{4}{\overset{+}{C}H_2}-\underset{3}{CH}=\underset{2}{CH}\underset{1}{CH_3}] \xrightarrow[\;快\;]{Br^-}$$

进攻 C4　　　　　　　$\overset{\displaystyle Br}{\underset{}{C}}H_2CH=CHCH_3$

1,4-加成产物

进攻 C2　　　　　　　$CH_2=CH-\overset{\displaystyle Br}{\underset{}{C}}HCH_3$

1,2-加成产物

1,2-加成是动力学控制反应。在低温下，环境不能向反应体系提供足够的能量，碳正离子与溴负离子只能按照活化能较低的机理进行反应，形成 1,2-加成产物。

1,4-加成是热力学控制反应。在较高的温度下，环境能够向反应体系提供足够的活化能，翻越较高的能垒，形成更加稳定的 1,4-加成产物。当温度升高时，1,2-加成产物形成得较快，但离解得也较快，而 1,4-加成产物虽然形成得较慢，但其离解得更慢，1,4-加成产物一旦生成，就会保存下来。因此当温度高到有相当快的离解速度时，此平衡混合物中较稳定的 1,4-加成产物就占优势了。

上述反应中比较热力学控制与动力学控制的能线图如图 4-8 所示。

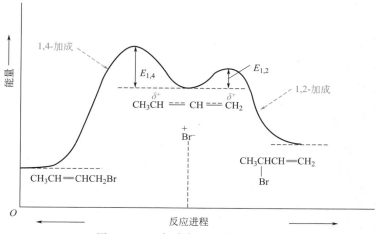

图 4-8　1,2-加成与 1,4-加成能线图

4.5.3　周环反应

反应过程中只经过过渡态而不生成任何活性中间体的反应称为协同反应（concerted reaction）。在反应过程中只形成环状过渡态的协同反应称为周环反应（pericyclic reaction）。周环反应主要包括电环化反应（electrocyclic reaction）、环化加成反应（cycloaddition reaction）和 σ 键迁移反应（σ-tropic reaction）等。

周环反应具有下列特点：

① 一步完成，旧键的断裂和新键的生成同时进行，途经环状过渡态。

② 反应受光照或加热条件控制，不受试剂的极性、酸碱性、催化剂和引发剂的影响。

③ 反应具有高度的立体专一性，一定构型的反应物在光照或加热条件下只能得到特定构型的产物。

4.5.3.1　电环化反应

开链共轭烯烃关环生成环烯烃及其逆反应，都叫电环化反应。例如：

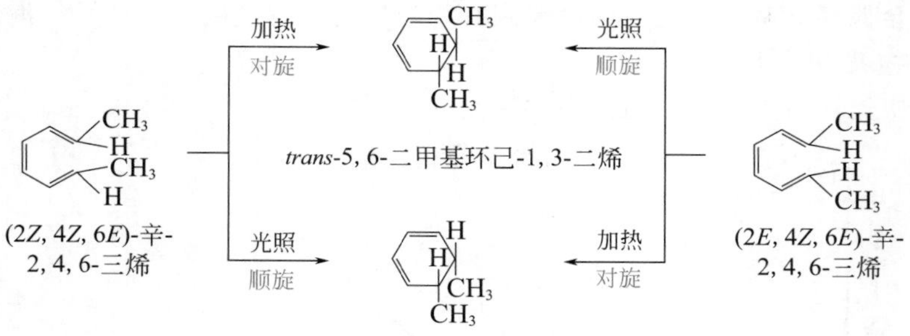

trans-5,6-二甲基环己-1,3-二烯

(2Z,4Z,6E)-辛-2,4,6-三烯

(2E,4Z,6E)-辛-2,4,6-三烯

cis-5,6-二甲基环己-1,3-二烯

4.5.3.2 Diels-Alder 反应（双烯合成、环化加成反应）

Diels-Alder（狄尔斯-阿尔德）反应简称 D-A 反应，也可叫作双烯合成反应或环化加成反应。双烯合成反应是双烯体和亲双烯体在加热条件下，经环状过渡态一步完成的分子间的周环反应，可制备一系列六元环状化合物。

丁-1,3-二烯与乙烯的双烯合成反应需要苛刻的条件。例如，在 165℃、90MPa 下，反应 17h 之后，环己烯的产率为 78%；如果在 200℃、9MPa 下反应 17h，环己烯的产率仅为 18%。

该反应旧键的断裂和新键的生成同时进行，途经一个环状过渡态：

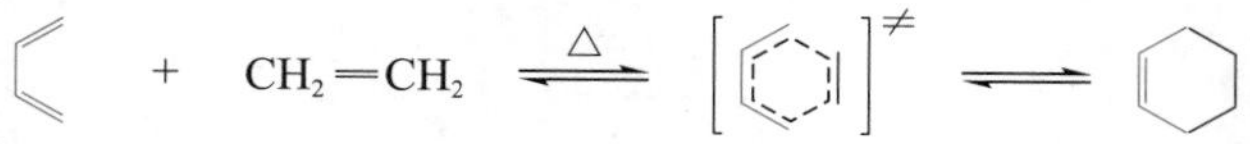

s-*cis*-丁-1,3-二烯   乙烯   环状过渡态
（双烯体）   亲双烯体

双烯体上带有给电子基，如甲基、乙基等；亲双烯体上带有吸电子基，如—CHO、—COR、—CN、—NO$_2$ 时，Diels-Alder 反应更容易进行。例如：

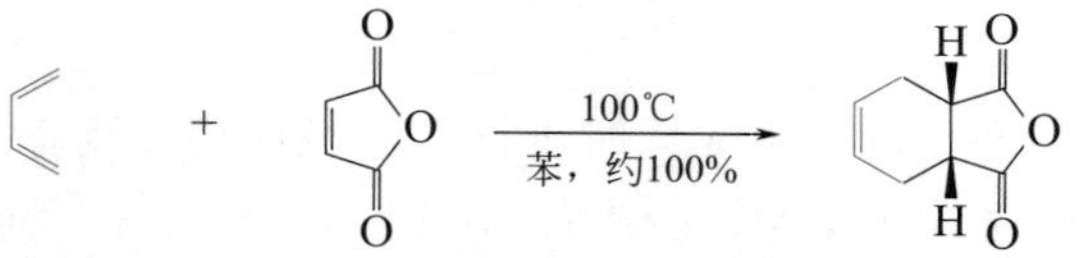

丁-1,3-二烯   顺丁烯二酸酐   *cis*-1,2,5,6-四氢邻苯二甲酸酐
（双烯体） （亲双烯体）   （白色沉淀，可用于鉴定、精制共轭二烯）

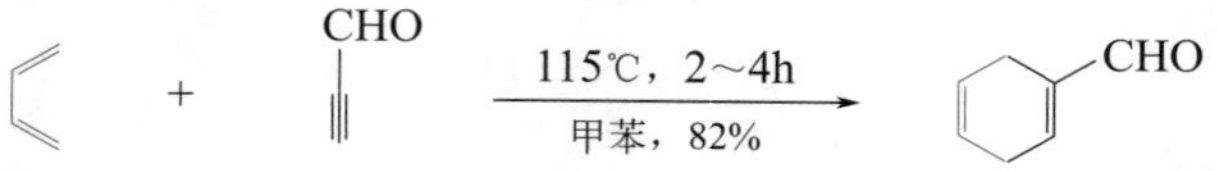

丙炔醛   环己-1,4-二烯甲醛

双烯合成反应是立体专一性反应，并且具有区域选择性。例如：

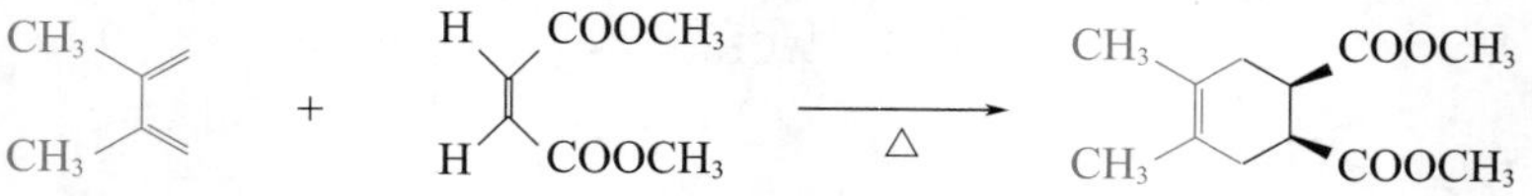

顺式构型   顺式构型

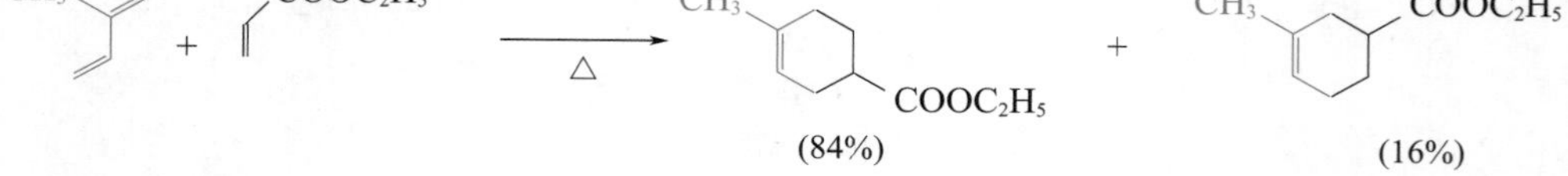

(84%)   (16%)

由于只有 s-cis-能与亲双烯体成环，双烯体均以 s-cis-参加双烯合成反应。若双烯体不能形成 s-cis-，则双烯合成反应不能进行。例如，2,2,5,5-四甲基-3,4-二甲亚基己烷（原称：2,3-二叔丁基-1,3-丁二烯），由于两个叔丁基具有特别大的空间位阻，只能以 s-trans-存在，不能形成 s-cis-，故不能发生双烯合成反应。

空间位阻特别大

$(CH_3)_3C$

$(CH_3)_3C$

s-cis-2,2,5,5-四甲基-3,4-二甲亚基己烷

（不能稳定存在）

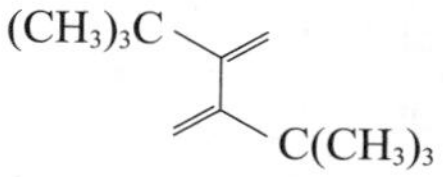

$(CH_3)_3C$

$C(CH_3)_3$

s-trans-2,2,5,5-四甲基-3,4-二甲亚基己烷

（可以稳定存在，但不能发生双烯合成反应）

*4.5.4 周环反应的理论解释

对周环反应机理的描述，基于前线轨道理论（frontier molecular orbital theory）和分子轨道对称守恒原理。

前线轨道理论认为，在化学反应中，分子轨道的重新组合发生在最高已占分子轨道（the highest occupied molecular orbital，HOMO）或最低未占分子轨道（the lowest unoccupied molecular orbital，LUMO）上。

分子轨道对称守恒原理认为，反应物分子轨道的对称性必须与产物分子轨道的对称性保持一致，反应才容易进行。

前线轨道理论和分子轨道对称守恒原理是 20 世纪有机化学理论研究的重大成果。为此，前线轨道理论的创始人福井谦一和轨道对称守恒原理创始人之一 Hoffmann（霍夫曼）共同获得了 1981 年 Nobel 化学奖。

4.5.4.1 电环化反应的理论解释

以 $CH_3—CH{=}CH—CH{=}CH—CH_3$ 和 $CH_3—CH{=}CH—CH{=}CH—CH{=}CH—CH_3$ 的关环反应为例。己-2,4-二烯和辛-2,4,6-三烯的 π 轨道分别与丁-1,3-二烯和己-1,3,5-三烯的 π 轨道相同，如图 4-9 所示。

（1）加热条件下的电环化反应　加热条件下的电环化反应只与基态有关，在反应中起关键作用的是 HOMO。

基态时，丁-1,3-二烯的 HOMO 为 π_2，加热关环时顺旋是轨道对称性允许的，而对旋是轨道对称性禁阻的，如图 4-10 所示。

基态时，己-1,3,5-三烯的 HOMO 为 π_3，加热关环时对旋是轨道对称性允许的，而顺旋是轨道对称性禁阻的，如图 4-11 所示。

同理，加热条件下，己-2,4-二烯顺旋关环，辛-2,4,6-三烯对旋关环。

（2）光照条件下的电环化反应　光照情况下，π 电子发生跃迁，处于激发态。此时，激发态分子的 HOMO 是基态时的 LUMO。

激发态时，丁-1,3-二烯的 HOMO 为 π_3，光照关环时对旋是轨道对称性允许的，而顺旋是轨道对称性禁阻的，如图 4-12 所示。

激发态时，己-1,3,5-三烯的 HOMO 为 π_4，光照关环时顺旋是轨道对称性允许的，而对旋是轨道对称性禁阻的，如图 4-13 所示。

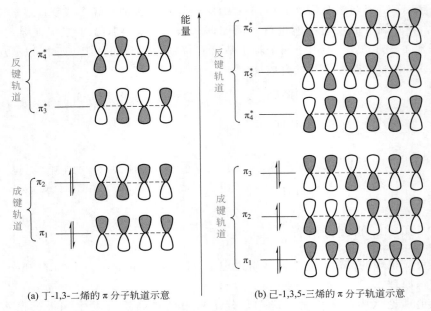

(a) 丁-1,3-二烯的 π 分子轨道示意　　　　(b) 己-1,3,5-三烯的 π 分子轨道示意

图 4-9　丁-1,3-二烯和己-1,3,5-三烯的 π 分子轨道示意图

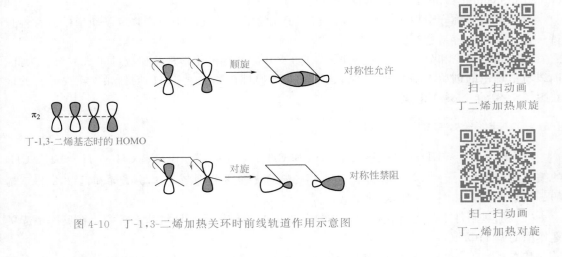

扫一扫动画
丁二烯加热顺旋

扫一扫动画
丁二烯加热对旋

图 4-10　丁-1,3-二烯加热关环时前线轨道作用示意图

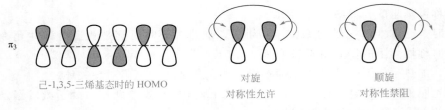

图 4-11　己-1,3,5-三烯加热关环时前线轨道作用示意图

同理，光照条件下，己-2,4-二烯对旋关环，辛-2,4,6-三烯顺旋关环。

（3）电环化反应规律　电环化反应规律如表 4-2 所示。

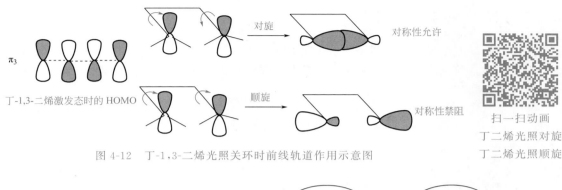

图 4-12 丁-1,3-二烯光照关环时前线轨道作用示意图

扫一扫动画
丁二烯光照对旋
丁二烯光照顺旋

图 4-13 己-1,3,5-三烯光照关环时前线轨道作用示意图

表 4-2 电环化反应规律

共轭 π 电子数	反应实例	热反应	光照反应
$4n$		顺旋　允许	对旋　允许
$4n+2$		对旋　允许	顺旋　允许

* 4.5.4.2 环化加成反应的理论解释

环化加成反应是两个分子间进行的反应，也可用分子轨道守恒原理得到圆满的解释。在加热条件下，双烯体和亲双烯体都可以用基态的 HOMO 与另一分子的 LUMO 进行反应形成环状化合物，两种加成方式都是对称性允许的，如图 4-14 所示。

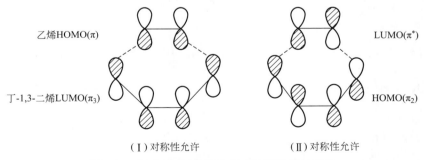

图 4-14 ［4＋2］加热环化加成轨道对称示意图

如果在光照条件下双烯体和亲双烯体的前线轨道的相位不同，是对称性禁阻的。

4.5.5 聚合反应与合成橡胶

共轭二烯烃的聚合反应是制备合成橡胶的基本反应。很多合成橡胶都是丁-1,3-二烯或2-甲基丁-1,3-二烯及其衍生物的聚合物，或者是共轭双烯与其他单体的共聚物。

（1）顺丁橡胶

$$nCH_2=CH-CH=CH_2 \xrightarrow{\text{Ziegler-Natta 催化剂}} \left[\begin{array}{c} CH_2 \quad\quad CH_2 \\ \diagdown C=C \diagup \\ H \quad\quad\quad H \end{array}\right]_n$$

顺丁橡胶

顺丁橡胶的耐寒性、弹性和耐磨性能都很好，可以做轮胎。

（2）异戊橡胶

$$nCH_2=C-CH=CH_2 \xrightarrow{\text{Ziegler-Natta 催化剂}} \left[\begin{array}{c} CH_2 \quad\quad CH_2 \\ \diagdown C=C \diagup \\ CH_3 \quad\quad H \end{array}\right]_n$$
$$\ \ \ |$$
$$\ CH_3$$

异戊橡胶（合成天然橡胶）

异戊橡胶是结构和性质最接近天然橡胶的合成橡胶。

（3）丁苯橡胶

$$nCH_2=CH-CH=CH_2 + n \overset{CH=CH_2}{\underset{}{\bigcirc}} \xrightarrow{\text{聚合}} \left[CH_2-CH=CH-CH_2-CH-CH_2\right]_n$$

苯乙烯　　　　　　　　　　丁苯橡胶

丁苯橡胶是目前合成橡胶中产量最大的品种，其综合性能优异、耐磨性好，主要用于制造轮胎。

（4）氯丁橡胶　2-氯丁-1,3-二烯聚合可得到氯丁橡胶：

$$nCH_2=CH-C=CH_2 \xrightarrow{\text{聚合}} \left[CH_2-CH=C-CH_2\right]_n$$
$$\quad\quad\quad\quad | \quad\quad\quad\quad\quad\quad\quad\quad\quad | $$
$$\quad\quad\quad\quad Cl \quad\quad\quad\quad\quad\quad\quad\quad\ Cl$$

2-氯丁-1,3-二烯　　　　　　　氯丁橡胶

氯丁橡胶的耐油性、耐老化性和化学稳定性比天然橡胶好。其单体 2-氯丁-1,3-二烯一般可由乙烯基乙炔加 HCl 制得：

$$CH_2=CH-C\equiv CH + HCl \xrightarrow{CuCl, NH_4Cl} CH_2=CH-C=CH_2$$
$$\quad\quad\quad\quad\quad\quad\quad\quad\quad\quad\quad\quad\quad\quad\quad\quad\quad |$$
$$\quad\quad\quad\quad\quad\quad\quad\quad\quad\quad\quad\quad\quad\quad\quad\quad\quad Cl$$

上述反应实际上是乙烯基乙炔经 1,4-加成后，生成的中间体经重排得到的产物：

$$\underset{\delta^+}{CH_2}=CH-C\equiv\underset{\delta^-}{CH} + \underset{\delta^+}{H}\text{—}\underset{\delta^-}{Cl} \xrightarrow{\text{1,4-加成}} CH_2-CH=C=CH_2 \xrightarrow{\text{重排}} CH_2=CH-C=CH_2$$
$$\quad\quad\quad\quad\quad\quad\quad\quad\quad\quad\quad\quad\quad\quad\quad | \quad\quad\quad\quad\quad\quad\quad\quad\quad\quad\quad\quad\quad |$$
$$\quad\quad\quad\quad\quad\quad\quad\quad\quad\quad\quad\quad\quad\quad\quad Cl \quad\quad\quad\quad\quad\quad\quad\quad\quad\quad\quad\quad\ Cl$$

无论是天然橡胶还是合成橡胶，在使用前都需要进行"硫化"。"硫化"的本质是交联，采用各种交联剂处理生胶，使线型高分子变成有一定交联度的网状高分子材料。橡胶大分子链的结构大致如图 4-15 所示。

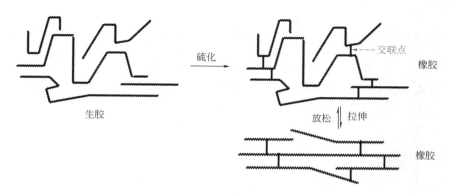

图 4-15 橡胶大分子交联和拉伸时的结构变化示意图

4.6 重要共轭二烯烃的工业制法

4.6.1 丁-1,3-二烯的工业制法

丁-1,3-二烯是无色气体，沸点 4.4℃，不溶于水，易溶于汽油、苯等有机溶剂，是合成橡胶的重要单体。目前工业上主要采用 C_4 馏分提取及丁烷、丁烯脱氢法生产丁二烯。

（1）裂解气 C_4 馏分提取　由石油裂解生产乙烯和丙烯时，C_4 馏分中含有大量的丁-1,3-二烯，可用二甲基甲酰胺（DMF）、N-甲基吡咯烷-2-酮（NMP）、二甲基亚砜（DMSO）等有机溶剂将其提取出来。由于乙烯生产的发展，此法原料丰富价廉，是丁-1,3-二烯最为经济的工业制法。

（2）丁烷和丁烯脱氢生产　在催化剂作用下，丁烷或/和丁烯在较高温度脱氢生成丁-1,3-二烯：

$$CH_3CH_2CH_2CH_3 \xrightarrow[约600℃, -2H_2]{CrO_3\text{-}Al_2O_3} CH_2=CHCH=CH_2$$

$$\xrightarrow[-H_2]{cat., \triangle} \begin{array}{l} CH_2=CHCH_2CH_3 \\ CH_3CH=CHCH_3 \end{array} \xrightarrow[-H_2]{cat., \triangle}$$

生产时使用的原料不同，所用的催化剂、温度等反应条件也不同。目前工业上主要采用在氧气存在下的丁烯氧化脱氢法，氧气的作用是将氢气氧化成水，放出热量，以维持脱氢反应自发进行。

4.6.2 2-甲基丁-1,3-二烯的工业制法

2-甲基丁-1,3-二烯是无色液体，沸点 34℃，不溶于水，易溶于汽油、苯等有机溶剂，是生产异戊橡胶（又称合成天然橡胶）的重要单体。

（1）C_5 馏分提取　从石脑油裂解的 C_5 馏分中可提取 2-甲基丁-1,3-二烯，可采用 DMF、NMP、DMSO 等有机溶剂萃取，也可使用精馏法。萃取法的使用在不断增长。

（2）异戊烷和异戊烯脱氢生产　此法与丁烷、丁烯脱氢生产丁-1,3-二烯的方法很相似，但是使用异戊烷和异戊烯作为原料，已在工业上应用。

（3）合成法

① 由异丁烯和甲醛反应制备：

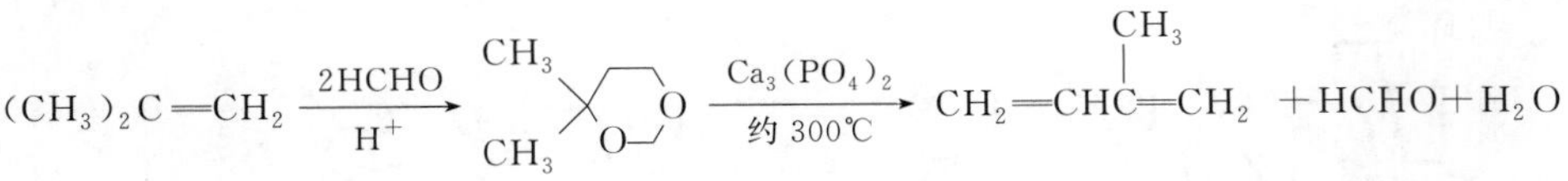

$$(CH_3)_2C\!=\!CH_2 \xrightarrow[H^+]{2HCHO} \text{(4,4-二甲基-1,3(缩醛)-二氧杂环己烷)} \xrightarrow[\text{约 }300℃]{Ca_3(PO_4)_2} CH_2\!=\!CHC\!=\!CH_2 + HCHO + H_2O$$

4,4-二甲基-1,3(缩醛)-二氧杂环己烷

如果用丙烯和甲醛水溶液在硫酸催化、加热加压条件下反应，则可生产丁-1,3-二烯。

② 由丙酮和乙炔反应制备：

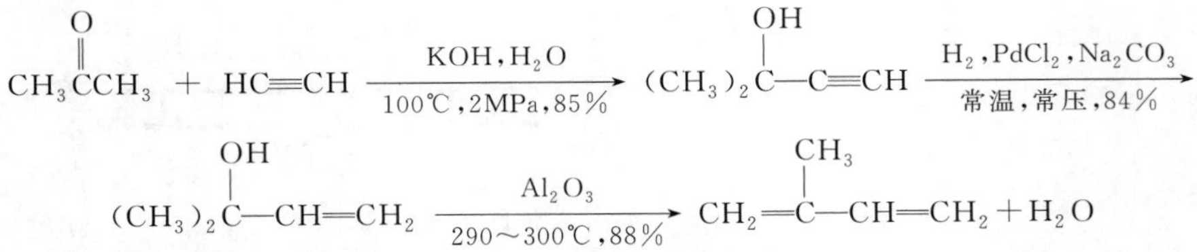

$$CH_3CCH_3 + HC\!\equiv\!CH \xrightarrow[100℃,2MPa,85\%]{KOH,H_2O} (CH_3)_2C\!-\!C\!\equiv\!CH \xrightarrow[\text{常温，常压，}84\%]{H_2,PdCl_2,Na_2CO_3}$$

$$(CH_3)_2C\!-\!CH\!=\!CH_2 \xrightarrow[290\sim300℃,88\%]{Al_2O_3} CH_2\!=\!C\!-\!CH\!=\!CH_2 + H_2O$$

采用甲醛与乙炔在相似的条件下进行反应，则可得到丁-1,3-二烯：

$$H_2C\!=\!O + HC\!\equiv\!CH + O\!=\!CH_2 \xrightarrow{KOH} HO\!-\!CH_2\!-\!C\!\equiv\!C\!-\!CH_2\!-\!OH \xrightarrow[Ni]{H_2}$$

$$HOCH_2CH_2CH_2CH_2OH \xrightarrow[\triangle]{Al_2O_3} CH_2\!=\!CH\!-\!CH\!=\!CH_2$$

4.7 环戊二烯

4.7.1 工业来源和制法

石油热裂解的 C_5 馏分加热至100℃，其中的环戊二烯聚合为二聚体，蒸出易挥发的其他 C_5 馏分，再加热至约200℃，使二聚体解聚为环戊二烯：

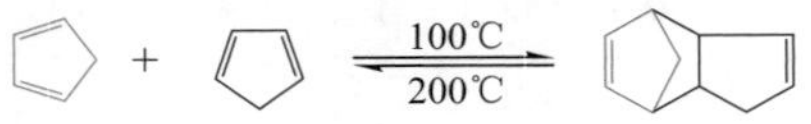

4.7.2 化学性质

（1）双烯合成　与开链共轭二烯相似，共轭环二烯烃也可发生双烯合成：

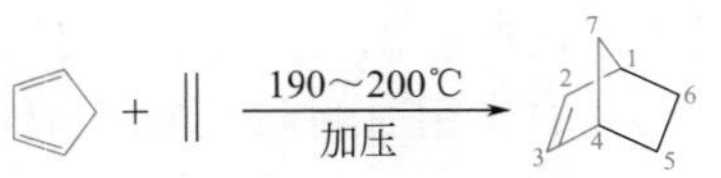

双环[2.2.1]庚-2-烯
（降冰片烯）

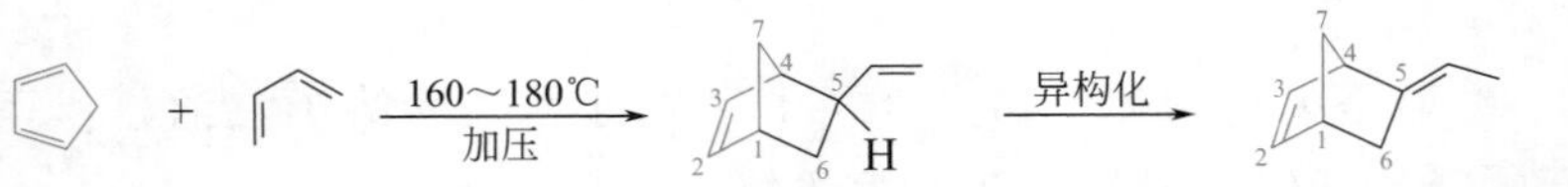

5-乙烯基双环[2.2.1]庚-2-烯　　5-乙亚基双环[2.2.1]庚-2-烯
（5-乙烯基降冰片烯）　　　　（5-乙亚基降冰片烯）
三元乙丙橡胶(EPTR)第三组分

三元乙丙橡胶（EPTR）是乙丙橡胶的一种，是由乙烯、丙烯和少量的非共轭二烯烃（第三组分）组成的共聚物，质轻，价廉，具有优越的耐氧化、抗臭氧、抗水和抗极性有机溶剂侵蚀的能力，良好的绝缘性，极好的硫化特性。适合制造高温水蒸气环境下的密封件、卫浴设备密封件或零件、制动（刹车）系统中的橡胶零件等。

取代的环戊二烯也可与亲双烯体发生双烯合成反应：

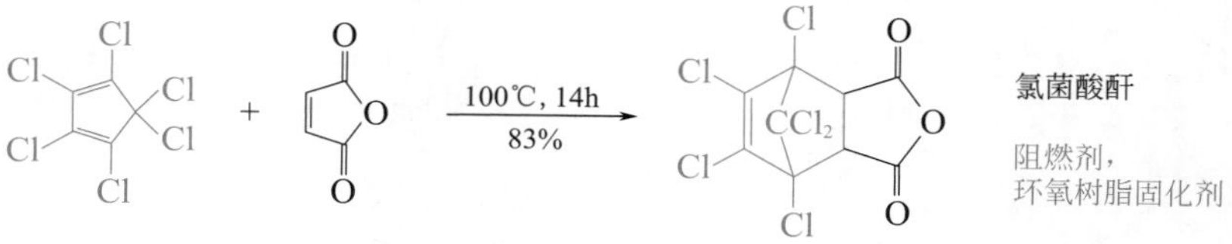

氯菌酸酐

阻燃剂，
环氧树脂固化剂

（2）α-氢原子的活泼性　环戊二烯的 α-氢原子有活泼性：

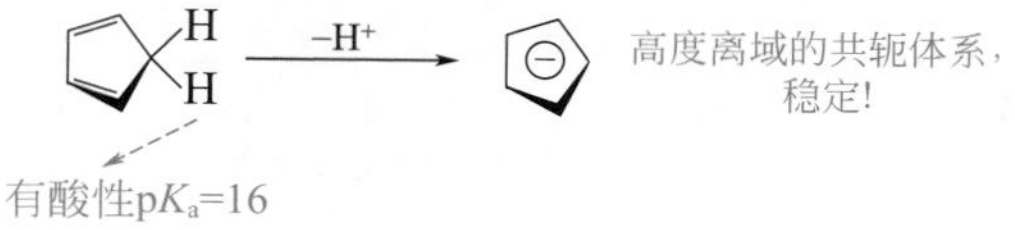

高度离域的共轭体系，
稳定！

有酸性$pK_a=16$

所以，环戊二烯可与金属钾或氢氧化钾成盐，生成环戊二烯负离子。环戊二烯负离子是高度离域的环状共轭体系，符合 Hückel 规则（详见第 6 章 6.7.1），具有特殊的稳定性。

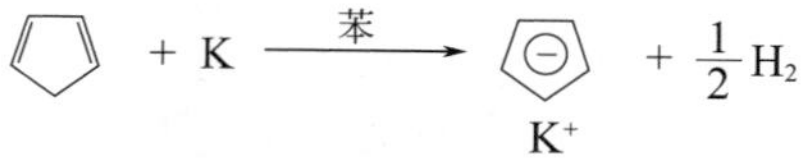

环戊二烯钾（或钠）盐与氯化亚铁反应可得到二茂铁：

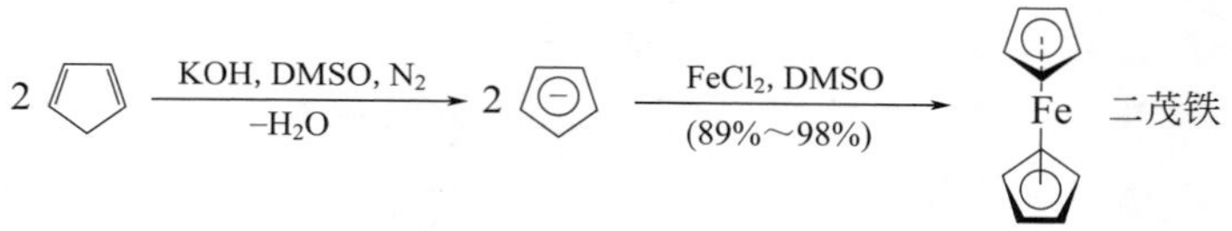

二茂铁可用作紫外线吸收剂、火箭燃料添加剂、燃油抗震剂、燃油助燃添加剂、烯烃定向聚合催化剂等。将其用于材料科学，可得到一系列新型材料。

由于在二茂铁等金属有机化合物结构与性质方面的开创性研究工作，德国化学家 E. Fischer（爱米尔·费歇尔）和英国化学家 G. Wilkinson（杰弗里·威尔金森）获得 1973 年 Nobel 化学奖。

本章精要速览

（1）根据两个 C═C 的相对位置，二烯烃可分为三类。孤立二烯烃两个双键相隔至少 2 个单键，互不影响，性质似单烯烃；共轭二烯烃两个双键只相隔 1 个单键，相互共轭，性质特殊；累积二烯烃两个相互垂直的双键连在同一个碳原子上，不易合成，不稳定。

（2）由 3 个或 3 个以上互相平行的 p 轨道形成的大 π 键称为共轭体系。共轭体系的结构特征是：①参与共轭体系的 p 轨道互相平行且垂直于分子所处的 σ 平面；②相邻的 p 轨道之间从侧面"肩并肩"重叠，发生键的离域；③共轭碳链产生极性交替现象，并伴随着键长平均化；④共轭效应不随碳链增长而减弱。

（3）共轭体系可分为：π-π 共轭、p-π 共轭和超共轭。

共轭体系	π-π 共轭	p-π 共轭	超共轭
结构特点	单双键交替	p 轨道和 π 键参与	σ-电子参与
实例	$CH_2=CHCH_2CH=CH_2$ 氢化热:254kJ/mol $CH_2=CHCH=CHCH_3$ 氢化热:226kJ/mol	$CH_2=CH\overset{+}{C}H_2$ 缺电子 p-π 共轭 $CH_2=CH\overset{·}{C}H_2$ p-π 共轭 $CH_2=CH—\overset{··}{C}l$ 多电子 p-π 共轭	$CH_3CH=CH_2$ (3个 σ-H 超共轭) $(CH_3)_2C=C(CH_3)_2$ (12个 σ-H 超共轭) $(CH_3)_3C^+$ (9个 σ-H 超共轭)
共轭效应	戊-1,3-二烯离域能为28kJ/mol,能量更低,比戊-1,4-二烯更稳定	烯丙基正离子和烯丙基自由基稳定性大增;氯乙烯不易断 C—Cl 键	超共轭效应越强,烯烃越稳定; 碳正离子稳定性:3°>2°>1°

（4）共振论认为：不能用经典结构式圆满表示的分子，其真实结构是由多种可能的经典极限式叠加（共振杂化）而成的。

共振极限结构式必须符合经典结构式的书写规则。各共振结构式中原子核的相对位置不可改变，配对的或不配对的电子数目应保持一致。

（5）共轭二烯主要发生加成反应、双烯合成、聚合反应等（见"共轭双烯的化学性质小结"）。一般情况下，以 1,4-加成为主。常温和极性溶剂有利于 1,4-加成，低温和非极性溶剂有利于 1,2-加成。

共轭二烯烃的聚合反应是制备合成橡胶的基本反应。

（6）环戊二烯是最简单的环状共轭二烯，可作为双烯体发生双烯合成反应；环戊二烯的 α-H 有弱酸性，可在强碱性条件下失去质子，转化为具有特殊稳定性的环戊二烯负离子，后者与 $FeCl_2$ 反应形成二茂铁。

共轭双烯的化学性质小结

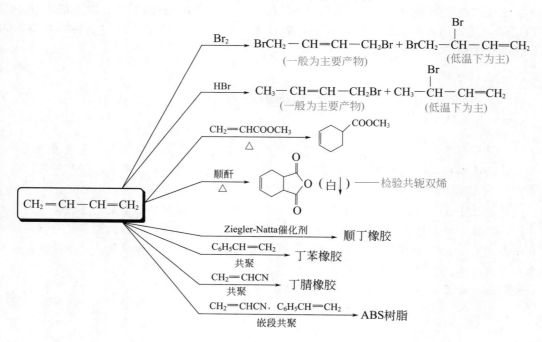

习 题

1. 用系统命名法命名下列化合物。

(1) $CH_2 =CHCH =C(CH_3)_2$

(2) $CH_3CH =C =C(CH_3)_2$

(3) $CH_2 =CHCH =CHC\overset{\overset{\displaystyle CH_3}{|}}{=}CH_2$

(4)

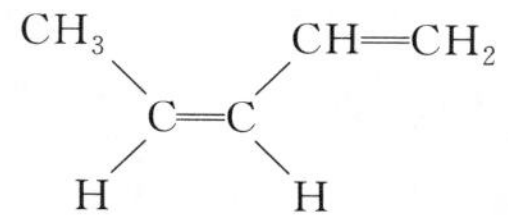

2. 下列化合物有无顺反异构现象：若有，写出其顺反异构体并用 Z,E-标记法命名。

(1) 2-甲基丁-1,3-二烯　　　(2) 戊-1,3-二烯　　　(3) 辛-3,5-二烯

(4) 己-1,3,5-三烯　　　(5) 戊-2,3-二烯

3. 完成下列反应式。

(1)

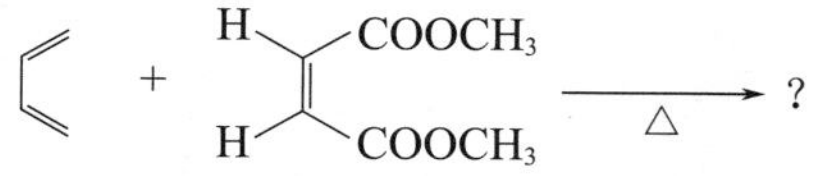

(2)

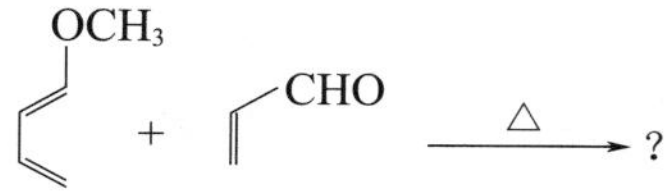

(3)

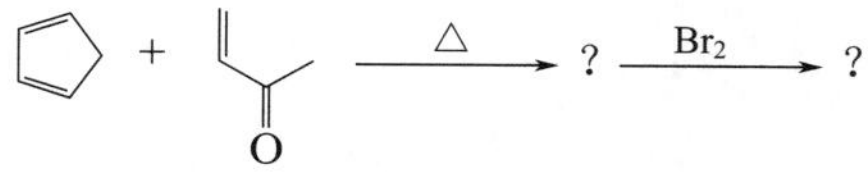

(4)

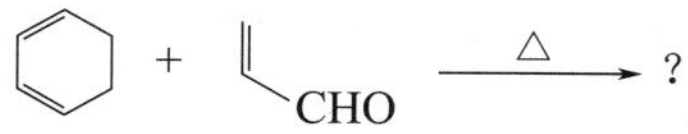

(5)

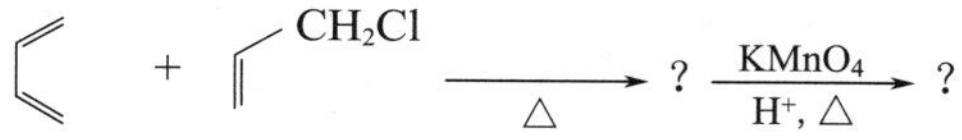

(6) $CH_2 =CH-CH =CH_2 +Br_2 \xrightarrow[CS_2]{-15℃} ?$

(7) $CH_2 =\overset{\overset{\displaystyle CH_3}{|}}{C}-CH =CH_2 +Br_2 \xrightarrow[CHCl_3]{20℃} ?$

(8) $CH_2 =CH-CH =CH-CH =CH_2 +Br_2 \xrightarrow{较高温度} ?$

(9) $CH_2 =\overset{}{C}-CH =CH_2 +HCl(1mol) \longrightarrow ?$
　　　　$\underset{\displaystyle CH_3}{|}$

(10) $CH_3CH =CH-CH =CH_2 +HCl（1mol）\xrightarrow{1,2-加成} ?$

4. 试用简单的化学方法鉴别下列各组化合物。

(1) 己烷，己-1-烯，己-1-炔，己-2,4-二烯

(2) 庚烷，庚-1-炔，庚-1,3-二烯，庚-1,5-二烯

5. 以乙炔、丙炔、丁二烯、环戊二烯为原料，合成下列化合物。

(1) $CH_2 =CHCH_2CH_3$

(2) $CH_3-C≡C-CH_3$

(3)

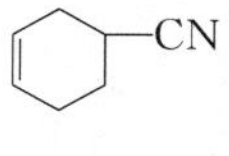

(4)

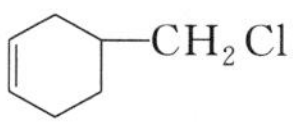

(5)

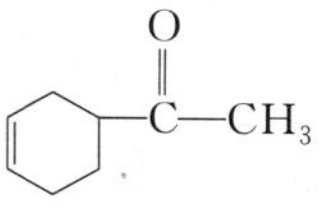

(6)

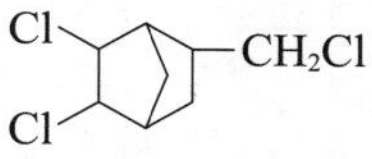

6. 在下列结构中各存在哪些类型的共轭?

(1) $CH_2=CH-\overset{\cdot}{C}HCH_3$ (2) $Cl-CH=CHCH_3$

(3) $CH_2=CH\overset{+}{C}H-CH=CH_2$
  $\qquad\qquad\quad\; CH_3$

(4) $CH_3-CH=CH-\overset{+}{C}-CH_3$
  $\qquad\qquad\qquad\qquad CH_3$

7. 下列极限结构式中,哪些是错误的? 说明理由。

(1) 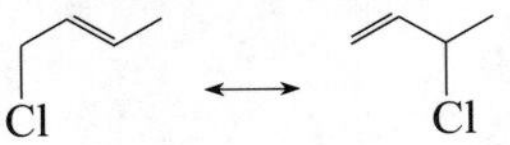 略 $\longleftrightarrow$ 略

(2) $CH_2=CH-CH=CH_2 \longleftrightarrow CH_2=CH-\overset{\cdot}{C}H-\overset{\cdot}{C}H_2$

(3) $CH_2=CH-\overset{\cdot\cdot}{\underset{\cdot\cdot}{Cl}}: \longleftrightarrow \overset{-}{C}H_2-CH=\overset{+}{\underset{\cdot\cdot}{Cl}}:$

(4) 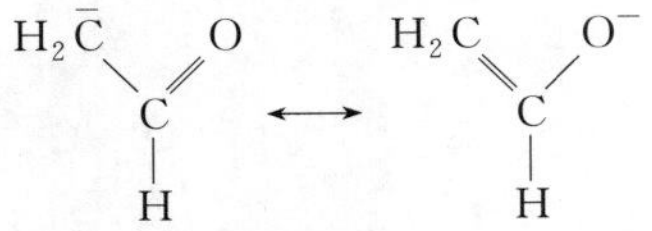 略 $\longleftrightarrow$ 略

8. 下列各组化合物分别与 HBr 进行亲电加成反应,试按反应活性大小排列成序。

(1) A.  略   B. 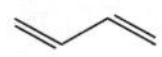 略   C. 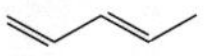 略   D. 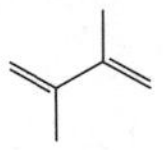 略

(2) A. 2-氯丁-1,3-二烯   B. 丁-1,3-二烯   C. 丁-2-烯   D. 丁-2-炔

9. 2-甲基丁-1,3-二烯与一分子氯化氢加成,只生成 3-氯-3-甲基丁-1-烯和 1-氯-3-甲基丁-2-烯,而没有 3-氯-2-甲基丁-1-烯和 1-氯-2-甲基丁-2-烯。试扼要解释,并写出可能的反应机理。

10. 分子式为 C_7H_{10} 的某开链烃(A),可发生下列反应:A 经催化加氢可生成 3-乙基戊烷;A 与硝酸银氨溶液反应可产生白色沉淀;A 在 Pd/$BaSO_4$ 催化下吸收 $1mol\ H_2$ 生成化合物 B,B 能与 *cis*-丁烯二酸酐反应生成化合物 C。试写出 A、B、C 的构造式。

11. 丁-1,3-二烯聚合时,除生成高分子聚合物外,还有一种二聚体生成。该二聚体可以发生如下的反应:

(1) 还原后可以生成乙基环己烷;

(2) 溴化时可以加上两分子溴;

(3) 氧化时可以生成 β-羧基己二酸 $HOOCCH_2CHCH_2CH_2COOH$
  $\qquad\qquad\qquad\qquad\qquad\qquad\qquad\qquad\qquad\quad COOH$

根据以上事实,试推测该二聚体的构造式,并写出各步反应式。

第5章 | 有机化学中的波谱方法

有机化合物的结构测定，是有机化学的重要组成部分。过去，主要依靠传统的化学方法来测定有机物的结构，样品用量大，费时、费力，且对手性碳及碳碳双键的构型确定困难，有时还会发生分子重排，导致错误结论。现在，主要利用波谱法，使用微量（<20mg）样品，就能够快速、准确地测定有机物的结构。同时，波谱法不破坏样品（质谱除外），对手性碳及碳碳双键的构型确定也比较方便，甚至能获得某些分子聚集状态及分子间相互作用的信息。

有机化学中的波谱方法包括紫外光谱（UV）、红外光谱（IR）、核磁共振谱（NMR）和质谱（MS），号称"四大谱"。其中 UV、IR、NMR 属于分子吸收光谱，MS 则是根据带电离子的质量进行分析的方法，但 MS 法中也有聚焦、散射等术语。所以，将这四种分析方法统称为波谱法。

5.1 分子吸收光谱和分子结构

一定波长的光与分子相互作用并被吸收，用特定仪器记录下来就可得到分子吸收光谱。

$$有机分子 + 电磁波 \xrightarrow[\text{仪器记录}]{\text{选择性吸收}} 分子吸收光谱$$

有机分子的运动形式有平动、振动、转动、核外电子运动及外加磁场中磁性核的自旋运动等。除平动外，振动、转动、核外电子运动等分子运动的形式都是量子化的，存在着各种运动能级，如图 5-1 所示。

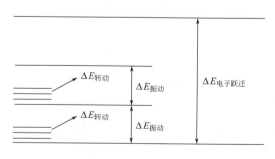

图 5-1 分子中的运动能级示意图

电磁波波长越短，频率越快，能量越高。当有机分子与电磁波作用时，如果电磁波的频率满足式(5-1)，分子便可吸收电磁波，发生能级跃迁，从低能级激发到高能级。

$$\Delta E = h\nu \tag{5-1}$$

式中，ΔE 是跃迁能级差，J；h 是 Planck 常量，$h = 6.63 \times 10^{-34} \text{J} \cdot \text{s}$；$\nu$ 是电磁波的频率，Hz。

不同结构的分子跃迁能级差不同，所吸收的电磁波频率不同。用仪器记录分子对不同波长的电磁波的吸收情况，就可得到相应的谱图，得到分子的结构信息。

不同频率波段的电磁波能够引起的分子跃迁类型也不同。紫外及可见光能够引起分子的价电子运动能级跃迁，得到紫外光谱（UV）；红外线可引起分子振动能级跃迁，得到红外光谱（IR）；而在外加磁场中，无线电射频可引起磁性核的自旋运动能级跃迁，得到核磁共振谱（NMR），如图5-2所示。

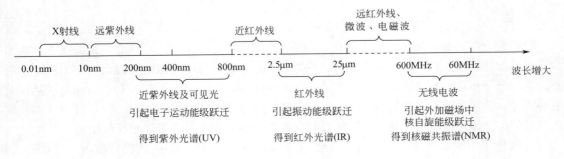

图 5-2　光谱区域与分子的能级跃迁

5.2　红外光谱

红外光谱（infrared spectra，IR）就是当红外线照射有机物时，用仪器记录下来的被吸收光的波长及强度等吸收情况。

红外光谱简介

红外线可分为远、中、近三个区域，红外光谱法主要讨论有机物对中红外区的吸收。

可见光 ←	0.8　近红外　2.5	中红外	25　远红外　1000	$\lambda/\mu m$ 微波
σ/cm^{-1}	12500　　4000		400	10
分子跃迁类型	泛频、倍频	分子振动	晶格振动	
适用范围	有机官能团	有机分子结构分析	无机物	
	定量分析	和样品成分分析		

5.2.1　分子的振动和红外光谱

5.2.1.1　振动方程式

分子是由各种原子以化学键互相联结而生成的。可以用不同质量的小球代表原子，以不同硬度的弹簧代表各种化学键，它们以一定的次序互相联结，就成为分子的近似机械模型。分子化学键的振动可用 Hooke 定律来近似描述：

$$\sigma = \frac{1}{2\pi c}\sqrt{k\left(\frac{1}{m_1} + \frac{1}{m_2}\right)} \qquad (5-2)$$

式中，σ 代表波数，cm^{-1}；c 代表光速，$c = 3 \times 10^{10} \, cm/s$；$k$ 代表化学键的力常数，N/cm（牛顿/厘米）；m_1 和 m_2 代表成键原子的质量，g。

红外光谱中，频率常用波数表示。波数是每厘米中振动的次数，波数与波长互为倒数。波数（σ）、波长（λ）、频率（ν）之间的关系如式（5-3）所示。

$$\sigma = \frac{1}{\lambda} \times 10^4 = \frac{\nu}{c} \tag{5-3}$$

式中，σ 代表波数，cm^{-1}；λ 代表波长，μm（$1cm = 10^4 \mu m$）；c 代表光速，$c = 3 \times 10^{10} cm/s$；$\nu$ 代表频率，Hz。

不同分子的结构不同，化学键的力常数不同，成键原子的质量不同，导致分子中化学键的振动频率不同。用红外线照射有机分子，样品将选择性地吸收那些与其振动频率相匹配的波段，从而产生红外光谱。

由式(5-2)可知：键的强度越大（键的力常数 k 越大），成键原子的质量 m_1 或 m_2 越小，则键的振动频率 σ 越大。表 5-1 和表 5-2 给出了常见化学键的强度和成键原子与振动频率的关系。

表 5-1　键的强度与振动频率的关系

键的类型	C≡C	C=C	C—C
$k/(10^{10}N/cm)$	12~18	8~12	4~6
σ/cm^{-1}	2100~2260	1620~1680	700~1200

表 5-2　成键原子与振动频率的关系

化学键	σ/cm^{-1}	化学键	σ/cm^{-1}
H—N	3590~3650	C—N	1180~1360
H—O	3300~3500	C—O	1080~1300
H—C	2853~2960	C—C	600~1500

5.2.1.2　分子振动模式

分子的振动类型分为伸缩振动和弯曲振动两大类型。伸缩振动的特点是只改变键长，不改变键角，波数较高。弯曲振动的特点是只改变键角，不改变键长，波数较低。以甲叉基 —CH_2— 为例，几种振动方式如图 5-3 所示。

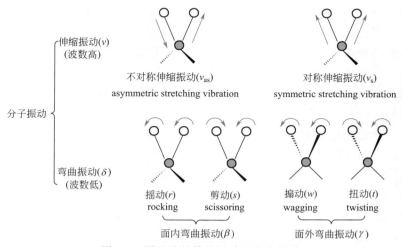

图 5-3　甲叉基的伸缩振动和弯曲振动

5.2.1.3　红外光谱的一般特征

一张红外光谱图一般有 5~30 个谱带。图 5-4 和图 5-5 分别是乙酸乙酯和丁酸乙酯的红

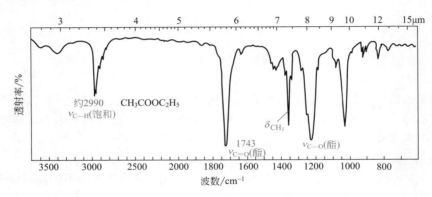

图 5-4 乙酸乙酯的红外光谱图

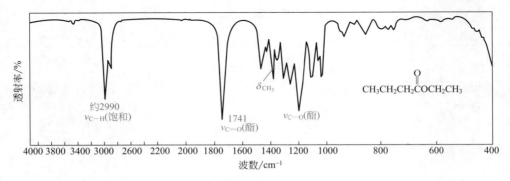

图 5-5 丁酸乙酯的红外光谱图

外光谱图。

红外光谱图的纵坐标为吸光度（A）或透射率（T），$A = \lg \dfrac{1}{T}$，吸光度越大或透射率越

小，吸收峰强度越大。红外吸收强度取决于振动时偶极矩的变化程度。一般情况下，化学键极性越强，振动时偶极矩变化越大，吸收峰越强。例如，O—H、N—H、C=O 等均为极性键，其伸缩振动吸收峰均为强峰。反之，两端取代基差别不大的 RCH=CHR' 键的红外吸收峰则很弱。

红外光谱图的横坐标为波数（cm^{-1}）或波长（μm），波数越大或波长越短，振动频率越快。由于引起不同类型键的振动需要不同的能量，因而每一个官能团都会有特征的吸收频率。同一类型化学键的振动频率是非常接近的，总是出现在某一范围内。例如，R—NH$_2$，当 R 由甲基变为丁基时，N—H 键的伸缩振动频率均在 3372～3371cm^{-1} 之间，没有很大的变化。因此，可以根据红外光谱中横坐标的出峰位置来判断有机分子中存在哪些特征基团。

波数为 4000～1400cm^{-1} 的区域称为官能团区，吸收峰大多由键的伸缩振动而产生，与整个分子的关系不大，不同化合物中相同官能团的出峰位置相对固定，可用于确定分子中含有哪些官能团。波数为 1400～400cm^{-1} 的区域称为指纹区，吸收峰大多与整个分子的结构密切相关，不同分子的指纹区吸收不同，就像不同的人有不同的指纹，可鉴别两个化合物是否相同。指纹区的吸收峰不能一一指认找到归属。例如，在官能团区，乙酸乙酯和丁酸乙酯的红外光谱图均在约 2990cm^{-1} 附近出现饱和 C—H 的伸缩振动吸收峰，在约 $1740cm^{-1}$ 附近有 $C\!=\!\!O$ 的伸缩振动吸收峰，而在指纹区两张谱图的峰形和峰的位置都不同。

5.2.2 有机化合物基团的特征频率

5.2.2.1 基团特征频率

光谱学家将实测的各类化合物的特征吸收谱带加以归纳整理，汇集成基团的特征频率表。人们可以借助特征频率表及实测光谱的振动频率来推断分子结构。为了便于记忆枯燥的数据，掌握红外光谱的分析和应用，可将基团的特征频率分组（分区）讨论。对初学者，要牢记表 5-3 所列出的常见有机化合物基团的特征频率。

表 5-3 常见有机化合物基团的特征频率

区域或分组	波数/cm^{-1}	振动类型	说明或讨论
N—H、O—H 伸缩振动区 (3700～3200cm^{-1})	3500～3200	ν_{N-H}(胺、酰胺)	ν_{N-H} 峰形比 ν_{O-H} 尖而弱
	3650～3600	ν_{O-H}(醇、酚、游离)	氢键缔合使 ν_{O-H} 向低波数移动,且谱带形状变宽
	3400～3200	ν_{O-H}(醇、酚、缔合)	
	3200～2500	ν_{O-H}(羧酸,缔合)	氢键缔合更强,波数更低,峰形更宽(坡峰)
C—H 伸缩振动区 (3100～2800cm^{-1})	约 3300	$\nu_{\equiv C-H}$(炔氢)	不饱和 C—H 的伸缩振动吸收波数大于3000cm^{-1},饱和 C—H 的伸缩振动吸收波数小于3000cm^{-1}。而 2820cm^{-1}、2720cm^{-1}峰为醛基氢的 C—H 的伸缩振动吸收
	3150～3050	ν_{Ph-H}(苯氢)	
	3100～3000	$\nu_{=C-H}$(烯氢)	
	约 2820、2720	ν_{-CO-H}(醛基氢)	
	3000～2850	ν_{C-H}(饱和)	
三键伸缩振动区 (2300～1900cm^{-1})	2260～2240	$\nu_{C\equiv N}$(氰基)	中等强度,峰形较尖,很有特征性
	2250～2100	$\nu_{C\equiv C}$(炔)	$\nu_{C\equiv C}$ 强度与 C≡C 上取代情况密切相关。$\nu_{RC\equiv CH}$ 是强度略低于 $\nu_{C\equiv N}$ 的尖峰,清晰可见,容易辨认。$\nu_{RC\equiv CR'}$ 很弱,不易察觉,而 $\nu_{RC\equiv CR}$ 不出峰
C$=$O 伸缩振动区 (1900～1650cm^{-1})	约 1820、1760	$\nu_{C=O}$(酸酐)	$\nu_{C=O}$ 对鉴定含有 C$=$O 的化合物具有重要意义。在该区域 $\nu_{C=O}$ 吸收谱带强度大,干扰少,易识别。 C$=$O 上连接的基团不同,$\nu_{C=O}$ 的出峰位置不同。 —I 效应、环张力等使 $\nu_{C=O}$ 波数升高;共轭效应使 $\nu_{C=O}$ 波数降低
	1815～1740	$\nu_{C=O}$(酰氯)	
	1750～1730	$\nu_{C=O}$(酯)	
	1740～1720	$\nu_{C=O}$(醛)	
	1725～1705	$\nu_{C=O}$(酮)	
	1725～1700	$\nu_{C=O}$(羧酸)	
	1700～1640	$\nu_{C=O}$(酰胺)	
双键伸缩振动区 (1680～1500cm^{-1})	1690～1640	$\nu_{C=N}$(亚胺、肟)	强度不定
	1680～1600	$\nu_{C=C}$(烯烃)	双键越不对称,$\nu_{C=C}$ 越强
	约 1550、约 1350	$\nu_{N=O}$(硝基)	
	约 1600、约 1580、约 1500、约 1460	$\nu_{C=C}$(苯环)	特征性强,易识别,对分子结构鉴定意义重大。4 个吸收谱带有时全部出现,有时只出现2～3 个峰,这与分子的具体结构有关

续表

区域或分组	波数/cm^{-1}	振动类型	说明或讨论
单键区 (1450~720cm^{-1})	约1450、约1380	δ_{CH_3}(as)，δ_{CH_2}(as) δ_{CH_3}(s)	约1450cm^{-1}对结构分析意义不大。而约1380cm^{-1}峰强度较高，特征性强，是判断—CH$_3$存在的重要依据。孪生甲基在约1380cm^{-1}出现双峰，可判断异丙基（两峰强度相近）和叔丁基（一强一弱）
	约1050	ν_{C-O}（伯醇）	如果没有其他基团的干扰，可由ν_{C-O}的位置差别来鉴别1°ROH、2°ROH、3°ROH和ArOH
	约1100	ν_{C-O}（仲醇）	
	约1150	ν_{C-O}（叔醇）	
	约1230	ν_{C-O}（酚）	
	约1250、约1050	ν_{C-O}（酯）	除$\nu_{C=O}$强峰外，酯的ν_{C-O}(as)在约1250cm^{-1}的吸收有时比$\nu_{C=O}$还强，且峰形粗壮，借此可帮助确定酯的存在
	约930	δ_{-COOH}	弱~中等强度的吸收峰。其归属说法不一，但它的确是重要的羧酸特征吸收峰
	约720	$\delta_{-(CH_2)_n-}$ ($n\geqslant4$)	相连的甲叉基越多，约720cm^{-1}峰越强
Ar—H 面外弯曲振动 (910~650cm^{-1})	770~730、710~680	γ_{Ar-H}（五氢相邻）	根据γ_{Ar-H}，可判断苯环上的取代情况
	770~730	γ_{Ar-H}（四氢相邻）	
	810~760、约700	γ_{Ar-H}（三氢相邻）	
	840~790	γ_{Ar-H}（二氢相邻）	
	900~860	γ_{Ar-H}（孤立氢）	
=C—H 面外弯曲振动 (1000~650cm^{-1})	约990、约910	$\gamma_{-CH=CH_2}$	根据γ_{-C-H}，可判断双键上的取代情况
	980~960	$\gamma_{-CH=CH-}$ (trans)	
	约690	$\gamma_{-CH=CH-}$ (cis)	
	910~890	$\gamma_{\underset{}{C=CH_2}}$	
	840~790	$\gamma_{\underset{}{C=CH-}}$	
≡C—H 面外弯曲振动	665~625	$\gamma_{\equiv C-H}$	强峰
C—X 伸缩振动	1400~1000	ν_{C-F}	一般情况下：$\nu_{Ar-X}>\nu_{C-X}$
	800~600	ν_{C-Cl}	
	<600	ν_{C-Br}、ν_{C-I}	

注：ν表示伸缩振动；δ表示面内弯曲振动；γ表示面外弯曲振动。

5.2.2.2 有机化合物红外光谱举例

（1）乙醇（1% CCl$_4$溶液）的IR谱图　乙醇（1% CCl$_4$溶液）的IR谱图见图5-6。

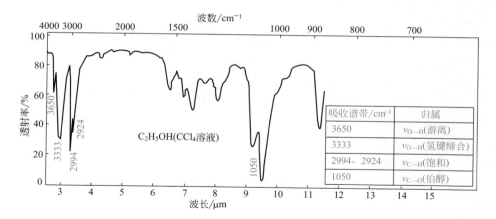

图 5-6 乙醇（1% CCl₄ 溶液）的 IR 谱图

（2）己-1-烯的 IR 谱图　己-1-烯分子中的 C＝C 位于碳链末端，对称性差，在 1642cm^{-1} 处有 $\nu_{C=C}$ 较强吸收峰（图 5-7）。

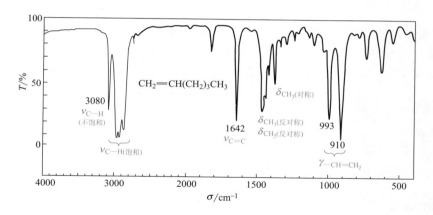

图 5-7 己-1-烯的 IR 谱图

（3）3,4-二甲基戊-2-烯的 IR 谱图　3,4-二甲基戊-2-烯分子中的 C＝C 位于碳链中间，对称性较好，1666cm^{-1} 处 $\nu_{C=C}$ 吸收峰不易察觉（图 5-8）。

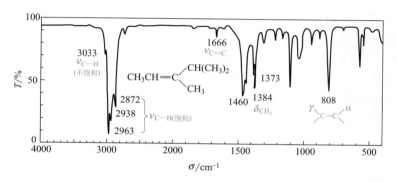

图 5-8 3,4-二甲基戊-2-烯的 IR 谱图

（4）间二甲苯的 IR 谱图　间二甲苯的 IR 谱图见图 5-9。

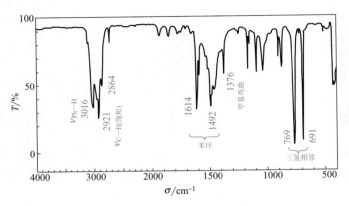

图 5-9　间二甲苯的 IR 谱图

5.2.3　有机化合物红外光谱解析

5.2.3.1　解析红外光谱的一般原则

解析 IR 谱图时，要重点解析强度大的、特征性强的峰，同时应考虑相关峰原则。

相关峰——由于某个官能团的存在而出现的一组相互依存、相互佐证的吸收峰。

己-1-炔的 IR 谱图中，$3311cm^{-1}$、$2120cm^{-1}$、$630cm^{-1}$ 为 —C≡CH 的相关峰。

吸收谱带/cm^{-1}	3311	2120	630
归属	炔氢伸缩振动	C≡C 伸缩振动	炔氢弯曲振动

戊酸的 IR 谱图中，—COOH 的相关峰如下表所示。

吸收谱带/cm^{-1}	3200～2500	约 1700	约 930
归属	缔合 O—H 伸缩振动	C=O 伸缩振动	O—H 弯曲振动

5.2.3.2　解析红外光谱的一般步骤

解析红外光谱没有固定的步骤，主要依靠对红外光谱与化学结构关系的理解和经验的逐步积累。对初学者，以下的解析步骤仅供参考。

① 根据分子式计算不饱和度，判断样品中有无双键、脂环、苯环等。不饱和度又称缺氢指数，其定义为：当一个化合物衍变为相应烃后，与其同碳的饱和开链烃相比较，每缺少 2 个氢为 1 个不饱和度。因此，一个双键或一个环的不饱和度为 1，一个三键的不饱和度为 2，一个苯环的不饱和度为 4。不饱和度可由下式计算：

$$U = 1 + n_4 + \frac{1}{2}(n_3 - n_1)$$ (5-4)

式中，n_4、n_3、n_1 分别为四价、三价、一价原子的个数，二价原子不影响分子的不饱和度。

② 根据官能团区吸收峰的位置和强度，判断样品中有哪些官能团。例如，有无羰基，有无苯环。

③ 利用指纹区诊断价值高的特征吸收得到有用的结构信息。例如，$1380cm^{-1}$ 峰可判断分子中有无甲基，$1000cm^{-1}$ 以下 γ_{C-H} 可判断双键及苯环的取代情况。

④ 根据分子式、不饱和度、较为肯定的结构片段，拼凑出可能的结构式。其他信息，如样品的来源、合成方法、化学特征反应、物理常数都能够提供有用的结构信息，掌握的信息越多，越有利于给出结构式。

⑤ 查阅、对照标准谱图，确定分子结构。

5.2.3.3 解析实例

【例5-1】 化合物A只含有C、H两种元素，其沸点为125.7℃，分子量为114。其红外光谱如图5-10所示，试推测其结构。

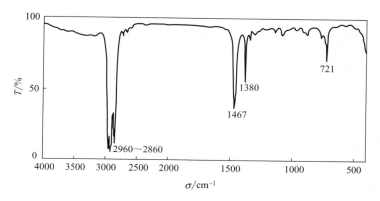

图5-10 只含C、H的液体化合物的红外光谱图

解 （1）由于该化合物只含C、H，且分子量为114，很容易推出其分子式为 C_8H_{18}，不饱和度为0，提示样品可能是饱和烃。

（2）吸收峰归属。

吸收谱带/cm⁻¹	2960～2860	1467	1380	721
归属	ν_{C-H}（饱和）	$\delta_{CH_3}(as)$、$\delta_{CH_2}(as)$	$\delta_{CH_3}(s)$	$\delta_{-(CH_2)_n-}(n\geqslant4)$

（3）$1380cm^{-1}$ 为单峰，说明样品分子没有孪生甲基，即没有异丙基和叔丁基；$721cm^{-1}$ 峰清晰可见，表明分子中存在四个或四个以上甲叉基相连的情况。

（4）综上所述，化合物A的结构应为 $CH_3(CH_2)_6CH_3$（正辛烷）。查阅烷烃的物理常数，正辛烷的沸点为125.7℃。

【例5-2】 化合物B的分子式为 C_7H_6O，其红外光谱如图5-11所示，试推测其结构。

解 （1）根据式(5-4)，C_7H_6O 的不饱和度为

$$U = 1 + n_4 + \frac{1}{2}(n_3 - n_1) = 1 + 7 + \frac{1}{2} \times (0 - 6) = 5$$

提示样品可能含有苯环，还有一个双键或环。

（2）特征峰归属及结构片段。

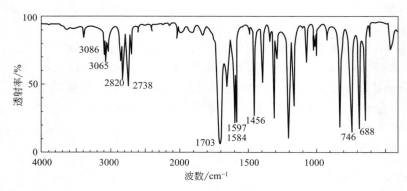

图 5-11 C_7H_6O 的红外光谱图

吸收谱带/cm^{-1}	归属	结构片段
3086、3065	ν_{C-H}（不饱和），苯环氢	
1597、1584、1456	ν_{C-C}（苯环呼吸振动）	
746、688	γ_{Ph-H}（五氢相邻），苯环单取代	
1703	$\nu_{C=O}$（芳香醛），波数较低，有共轭	—CHO
2820、2738	ν_{C-H}（醛）	

（3）将 C_6H_5—、—CHO 二者拼起来，正好满足分子式 C_7H_6O。因此化合物 B 是 C_6H_5—CHO（苯甲醛）。

5.3 核磁共振

核磁共振（nuclear magnetic resonance spectra，NMR）可能是现代化学家测定有机化合物结构最有效的手段。NMR 是由磁性核在外加磁场中受辐射而发生跃迁所形成的吸收光谱，其研究对象是具有磁矩的原子核。研究最多、应用最广的是 ^1H 核的 NMR，可用 PMR 或 ^1H NMR 表示，其次是 ^{13}C 核的 NMR，用 ^{13}C NMR 表示。

核磁共振的
产生、化学位移

5.3.1 核磁共振的产生

5.3.1.1 原子核的自旋与核磁共振

^1H 核是磁性核，其自旋量子数 $I=1/2$。由于 ^1H 核带一个正电荷，它可以像电子那样自旋而产生磁矩（就像极小的磁铁）。当这些小磁矩处于外加磁场中时，将会有 $2I+1=2\times(1/2)+1=2$ 个取向，即与外加磁场同向或反向，如图 5-12 所示。

这两种取向相当于两个能级，对应于两个自旋态。能级较低的自旋态称为 α 自旋态，其自旋磁量子数 $m=+\dfrac{1}{2}$，核磁矩的取向与外加磁场同向；能级较高的自旋态称为 β 自旋态，其自旋磁量子数 $m=-\dfrac{1}{2}$，核磁矩的取向与外加磁场反向。两种自旋态的能级差（ΔE）与外加磁场的强度（B_0）成正比，其关系式如下：

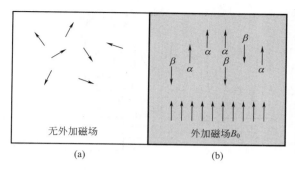

图 5-12 氢原子核在 (a) 无外加磁场和 (b) 有外加磁场中的取向情况

$$\Delta E = \gamma \frac{h}{2\pi} B_0 \tag{5-5}$$

式中，ΔE 为两种自旋态之间的能级差；γ 为磁旋比，是核的特征常数；h 为 Plank 常量；B_0 为外加磁场强度。

图 5-13 表明了磁场强度 B_0 和自旋态能量差之间的相互关系，即自旋态之间的能量差与 B_0 成正比。

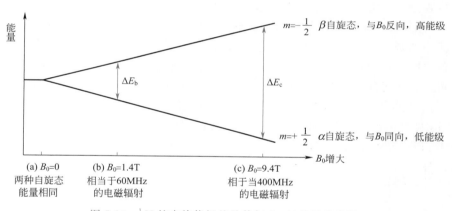

图 5-13 ^{1}H 核自旋能级差及其与 B_0 的关系示意图

如果用电磁波照射处于 B_0 中的 ^{1}H，当电磁波的频率 $\nu_{射频}$ 恰好满足 $\Delta E = h\nu_{射频}$ 时，处于低能级态的 ^{1}H 就会吸收电磁波的能量，跃迁到高能级态，发生核磁共振。因此，发生核磁共振时，必须满足下式：

$$\nu_{射频} = \frac{\gamma}{2\pi} B_0 \tag{5-6}$$

式(5-6) 称为核磁共振基本关系式。可见，固定 B_0 改变 $\nu_{射频}$，或固定 $\nu_{射频}$ 改变 B_0 都可满足式(5-6)，发生核磁共振。

5.3.1.2 核磁共振仪与核磁共振谱图

(1) 连续波核磁共振仪　如图 5-14 所示，连续波核磁共振仪主要由强的电磁铁、电磁波发生器、试样管和信号接收装置等组成。将被测试样溶解在 $CDCl_3$、D_2O 等不含 ^{1}H 质子的氘代溶剂中，试样管在气流的吹扫下悬浮在磁铁之间并不停旋转，使试样均匀地受到磁场的作用。

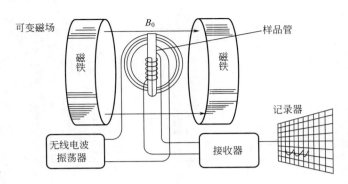

图 5-14 核磁共振仪示意图

根据 $\nu_{射频} = \dfrac{\gamma}{2\pi} B_0$，连续改变 $\nu_{射频}$ 或 B_0（为了便于操作，通常采用连续改变 B_0 的做法），使被观测核——发生跃迁，吸收能量，接收器就会收到信号，记录仪则记录下 NMR 谱图。

连续波仪器的缺点是工作效率低，已被脉冲傅里叶变换（PFT）核磁共振谱仪取代。

（2）脉冲傅里叶变换（PFT）核磁共振谱仪 将样品置于磁场强度很大（如 400MHz 的仪器为 9.4T）的电磁铁腔中，采用一种特殊的射频调制方波脉冲，同时激发在一定范围内所有的欲观测核，得到自由感应衰减信号。将信号转换为数据后，由计算机进行傅里叶变换（Fourier transform，FT），将自由感应衰减信号（时间的函数）变换为频率的函数，再将数据（频率的函数）转换为信号，并由记录仪记录，得到 NMR 谱图。

脉冲傅里叶变换（pulse Fourier transform，PFT）核磁共振谱仪大大提高了仪器的工作效率，可以在短时间内进行多次脉冲信号叠加，使 ^{13}C NMR 成为有机结构分析的常规手段。且试样用量更少，可得到更加清晰的谱图。

（3）NMR 谱图给出的结构信息 图 5-15 为乙醇的 ^1H NMR 谱图（400MHz）。从一张 NMR 谱图可以得到如下的结构信息。

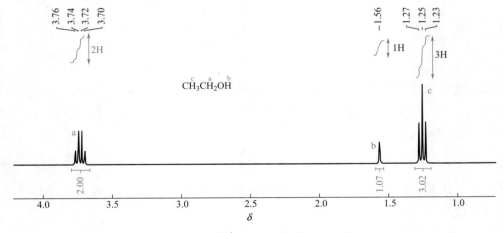

图 5-15 乙醇的 ^1H NMR 谱图（400MHz）

① 化学位移。化学位移（δ）可反映出被观测磁性核周围的化学环境。化学位移可由 NMR 谱图的横坐标直接读出，也可由计算机准确测量吸收峰的位置在谱图的上部以数字（图 5-15 顶部黑色数字）的形式给出化学位移。例如，对乙醇的 ^1H NMR 谱图来说，从左向右，甲叉基质子的化学位移（δ_{CH_2}）、羟基质子的化学位移（δ_{OH}）、甲基质子的化学位移

（δ_{CH_3}）分别为 3.73、1.56、1.25。

② 自旋裂分和耦合常数。自旋裂分反映有多少个磁性核与被观测核发生耦合作用，耦合常数（J）反映了磁性核之间的耦合作用的强弱。例如，乙醇分子中的甲基峰裂分为三重峰，表明与它相邻的碳原子上有 2 个质子；甲基峰或甲叉基峰的裂距均为 0.02，表明甲基峰与甲叉基峰之间的耦合常数 $J = 0.02 \times 400 = 8$（Hz）。

③ 吸收峰面积。吸收峰面积可以反映出相同化学环境的质子的个数。峰面积可由积分高度（图 5-15 中蓝色曲线的高度差）给出，也可在横坐标和基线之间直接以数字的形式给出。对乙醇的 ^{1}H NMR 谱图来说，从左向右，H_a：H_b：H_c 的峰面积之比为 2.00：1.07：3.02，表示不同氢原子的个数之比 CH_2：OH：$CH_3 = 2 : 1 : 3$。

5.3.2　化学位移

化学位移（chemical shift）——由于化学环境不同所引起的 NMR 信号位置的变化。

5.3.2.1　化学位移的产生

根据核磁共振基本关系式(5-6)，所有的质子都应该在同一条件下发生核磁共振，只出现一个单峰。但实验事实是：在相同频率照射下，化学环境不同的质子在不同场强下出峰。例如：乙醇分子中有三种不同化学环境的氢核，在 NMR 谱图中出现三组峰，如图 5-15 所示。

为什么式(5-6)会与实验事实产生矛盾？因为有机化合物分子中的氢核与完全裸露的质子不同，其周围还有电子。各种化学环境不同的氢核，其周围的电子云密度也不同。在 B_0 作用下，核外电子的环流运动会产生一感应磁场 $B_{感应}$。如果 $B_{感应}$ 的方向与 B_0 相反，这时质子所受到的实际磁场将减少一点，这种现象称为屏蔽效应（shielding effect）。^{1}H 核真正感受到的有效磁场强度 $B_{有效}$ 为：

$$B_{有效} = B_0 - B_{感应} = B_0(1 - \sigma) \tag{5-7}$$

在真实分子中，发生核磁共振的条件是：

$$\nu_{射频} = \frac{\gamma}{2\pi} B_0 (1 - \sigma) \tag{5-8}$$

式中，σ 是屏蔽常数。氢原子核外电子云密度越大，σ 越大，发生核磁共振时所需要的 B_0 就越大，即只有在较高外加磁场下质子才发生共振吸收。相反，若感应磁场的方向和外加磁场相同，就相当于在外加磁场下再增加一个小磁铁，σ 为负值。此时，质子感受到的有效磁场增加了，这种情况称为去屏蔽效应（deshielding effect）。受到去屏蔽效应的质子通常在低场（谱图的左侧）出峰。

不同化学环境的质子，因其周围电子云密度不同，受到的屏蔽效应和去屏蔽效应不同，σ 值不同，从而发生核磁共振的 B_0 不同。这就是化学位移的来源。所以，化学位移也可定义为由于屏蔽效应不同而引起的 NMR 吸收峰位置的变化。

5.3.2.2　化学位移的表示方法

核外电子产生的感应磁场 $B_{感应}$ 非常小，只有外加磁场的百万分之几。在确定化合物的结构时，要准确地测出各种质子发生核磁共振的精确频率是非常困难的，而精确测量质子相对于某个标准物质的吸收频率却比较方便。所以在实际操作中一般选择四甲基硅烷（tetramethylsilane，TMS）为参照标准，将它的质子共振位置定为 0。化学位移用 δ 表示，其定义为：

$$\delta = \frac{\nu_{样品} - \nu_{TMS}}{\nu_0} \times 10^6 \tag{5-9}$$

式中，$\nu_{样品}$ 及 ν_{TMS} 分别为样品及 TMS 的共振频率；ν_0 为仪器的工作频率；$\times 10^6$ 是为了读数方便。

选用 TMS[$(CH_3)_4Si$] 作为参照标准是因为其分子中只有一种 ^1H，且屏蔽作用特大，在高场出峰。绝大多数有机化合物中质子的共振信号出现在 TMS 信号的左侧，即低场一侧，规定 δ 值为正。

5.3.2.3　常见质子的化学位移

表 5-4 给出了常见质子的化学位移值。

表 5-4　常见质子的化学位移值

质子的类型	δ	质子的类型	δ
RCH_3	0.9	$RCOCH_2-$	约 2.3
R_2CH_2	1.3	$ArCH_3$	约 2.3
R_3CH	1.5	$-C=C-CH_3$	1.7
R_2NCH_3	约 2.2	$-C\equiv C-CH_3$	1.8
RCH_2I	约 3.2	$\overset{\diagdown}{\underset{H}{\diagup}}C=C\overset{\diagup}{\diagdown}$	4.3~6.4
RCH_2Br	3.5	ArH	6~8.5
RCH_2Cl	3.7	$RC\equiv CH$	2~3
RCH_2F	4.4	$RCHO$	9~11
$ROCH_3$	3.3~4	$RCOOH, RSO_3H$	10~13
$ROCH_2R, RCH_2OH$	3.6~4.2	$ArOH$	4~12[1]
$RCOOCH_3$	约 3.7	ROH	0.5~5.5[1]
$RCOOCH_2-$	约 4.1	RNH_2, R_2NH	0.6~5.0[1]
$RCOCH_3$	约 2.1	$RCONH-$	5.5~8.5[1]（宽峰）

① 随浓度、温度及溶剂变化较大。

5.3.2.4　影响化学位移的因素

任何影响氢原子核外电子云密度，改变氢核受到的屏蔽效应的因素都会影响化学位移。例如，相邻基团的电负性（诱导效应）、各向异性效应、van der Waals 效应、溶剂效应及氢键等，都会影响化学位移，其中诱导效应和各向异性效应对化学位移的影响最大。

影响化学
位移的因素

（1）诱导效应对化学位移的影响　电负性大的原子或基团吸电子能力强，通过诱导效应使邻近的质子核外电子云密度降低，屏蔽效应减弱，共振信号靠近低场出峰，δ 值增大。反之，供电子基团使质子核外电子云密度增大，屏蔽效应增强，质子的化学位移靠近高场出峰。

如 CH_3X 中质子的化学位移随 X 电负性增大而增大。

CH_3X	CH_3I	CH_3Br	CH_3Cl	CH_3OH	CH_3F
X 的电负性	I:2.5	Br:2.8	Cl:3.0	O:3.5	F:4.0
δ	2.16	2.68	3.05	3.40	4.26

硝基丙烷分子中不同质子的化学位移如下所示。

$$\delta \quad \overset{1.10}{\underset{c}{CH_3}} - \overset{2.12}{\underset{b}{CH_2}} - \overset{4.46}{\underset{a}{CH_2}} - NO_2$$

H_c受硝基吸电子诱导效应影响最小，核外电子云密度最大，化学位移最小

H_a受硝基吸电子诱导效应影响最大，核外电子云密度最小，化学位移最大

（2）各向异性效应对化学位移的影响　仔细观察表 5-5 中的实验数据，就会发现：

① 电负性：$sp > sp^2 > sp^3$ 杂化碳，但 $CH \equiv CH$ 中 δ_H 却不是最大。

② 乙烯和苯中碳原子均为 sp^2 杂化，但 δ_H 分别为 5.23 和 7.3，相差甚大。

③ 甲基连在饱和碳、双键碳、苯环碳上时，其 δ_H 依次增大。

以上问题不能用电负性的大小来解释，可通过各向异性效应得到解释。

表 5-5　一些质子的化学位移值

^1H	CH_3CH_3	$CH_2 = CH_2$	$HC \equiv CH$	(苯环)	$(CH_3)_2C = C(CH_3)_2$	(六甲基苯)
δ	0.96	5.23	2.88	7.3	1.7	2.2

有机分子中，质子与某个官能团的空间关系有时会影响质子的化学位移。这种通过空间关系起作用，而不是像诱导效应那样通过 σ 键的传递而影响质子的化学位移的现象，称为各向异性效应。

以苯分子为例，如图 5-16 所示，在外加磁场中，苯环上、下两侧的环状 π 电子云会发生环流运动并产生感应磁场，感应磁场的方向总是与外加磁场相反，而磁力线却总是封闭的。结果，在苯环上氢原子所处的位置，感应磁场磁力线的方向正好与外加磁场 B_0 相同，即苯环上的质子处于去屏蔽区。所以，苯的 δ_H 在低场（$\delta = 7.3$）出峰。

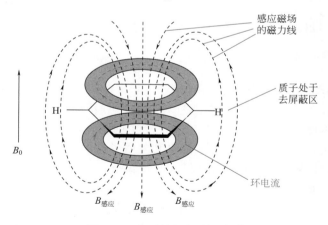

图 5-16　苯环的各向异性效应

图 5-17 是 $C = C$、$C = O$ 和 $C \equiv C$ 的各向异性效应示意。从图中可以看出，$C = C$ 双键上的质子和 $C = O$ 双键上的质子均处于去屏蔽区，因此烯氢（$\delta = 4.3 \sim 6.4$）和醛基氢（$\delta = 9 \sim 11$）均在较低场出峰。而炔氢（$\delta = 2 \sim 3$）虽然连在电负性较大的 sp 杂化碳上，但却处于 $C \equiv C$ 的屏蔽区，其 δ_H 小于烯氢和苯环氢的。

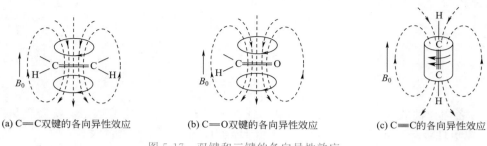

(a) C=C双键的各向异性效应　　　(b) C=O双键的各向异性效应　　　(c) C≡C的各向异性效应

图 5-17 双键和三键的各向异性效应

图 5-18 是 3-苯基丙-1-炔的^{1}H NMR 谱图。从图中可以看出，苯环氢的化学位移处于低场（$\delta=7.23\sim7.33$），炔氢的化学位移处于较高场（$\delta=2.83$），与苯环相连的甲叉基处于苯环的去屏蔽区，其 $\delta_H=3.28$，大于饱和碳上甲叉基质子的化学位移，也大于炔氢的化学位移。

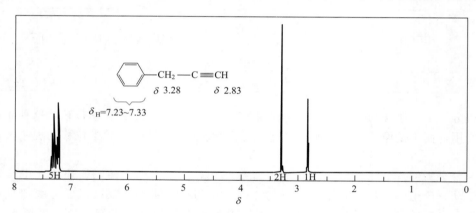

图 5-18　3-苯基丙-1-炔的^{1}H NMR 谱图 （300MHz，CDCl$_3$）

5.3.3 ^{1}H NMR 的自旋耦合与自旋裂分

5.3.3.1 自旋耦合的起因

图 5-19 是 1,1,2-三溴乙烷的^{1}H NMR 谱图。根据已有的知识，Br$_2$CHCH$_2$Br 分子中有两种化学环境不同的质子，在^{1}H NMR 谱图上出现两组吸收峰。甲爪基质子 H$_a$ 受两个溴的诱导效应，在低场出峰；甲叉基质子 H$_b$ 只受一个溴的诱导效应，在高场出峰。

但低场的甲爪基质子是三重峰，高场的甲叉基质子是双重峰。这是 H$_a$ 和 H$_b$ 之间相互作用的结果。这种磁性核之间的相互作用称为自旋耦合，由自旋耦合引起的吸收峰裂分、谱线增多的现象称为自旋裂分。

如图 5-20 所示，在外加磁场 B_0 的作用下，甲爪基质子（H$_a$）有两种取向：与 B_0 同向或反向，通过成键电子传递给相邻碳上的甲叉基质子（H$_b$）。与 B_0 同向的取向使甲叉基质子感应到稍强的外加磁场强度，其共振信号稍向低场位移；而与 B_0 反向的取向使甲叉基质子感应到稍弱的外加磁场强度，其共振信号稍向高场位移，结果使得甲叉基质子（H$_b$）裂分为双重峰。H$_a$ 与 B_0 同向或反向的概率相同，故 H$_b$ 为强度相同的双峰。同理，在 B_0 的作用下，两个甲叉基质子共有四种取向组合，对应着三个出峰场强，导致甲爪基质子裂分成强度比为 1：2：1 的三重峰。

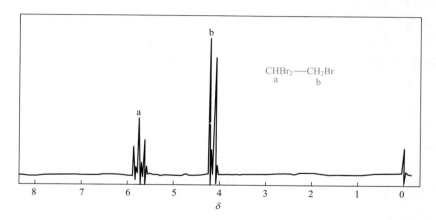

图 5-19　1,1,2-三溴乙烷的^{1}H NMR 谱图（60MHz）

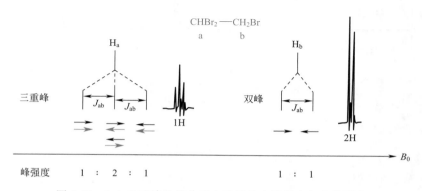

图 5-20　1,1,2-三溴乙烷分子中质子的自旋耦合与自旋裂分

5.3.3.2　一级谱图和（$n+1$）规律

化学位移之差（$\Delta\nu$，单位为 Hz）与耦合常数（J，单位为 Hz）之比大于 6 的^{1}H NMR 谱图称为一级谱图。一级谱图中质子间的耦合比较简单，符合（$n+1$）规律，各组峰的中心位置即为该组质子的化学位移，各裂分峰等距，由裂距可以方便地求出耦合常数 J。

对一级谱来说，一个信号被裂分的数目取决于相邻碳上^{1}H 的数目，如果相邻碳上有 n 个氢，则该信号被裂分为（$n+1$）重峰。裂分峰强度比符合（$a+b$）^{n} 展开系数比，可由巴斯卡三角形求得：

相邻碳上质子个数（n）	二项式展开系数（裂分峰强度比）						峰裂分形状
0			1				单峰
1			1　　1				双峰
2			1　　2　　1				三重峰
3		1　　3　　3　　1					四重峰
4		1　　4　　6　　4　　1					五重峰
5	1　　5　　10　　10　　5　　1						六重峰

例如，$CH_3CH_2CH_2NO_2$ 的 ^1H NMR 谱（图 5-21）中，与 H_a 相邻的碳上有 2 个质子，H_a 裂分为 2＋1＝3 重峰；与 H_b 相邻的两个碳上共有 5 个质子，H_b 裂分为 5＋1＝6 重峰；与 H_c 相邻的碳上有 2 个质子，H_c 裂分为 2＋1＝3 重峰。

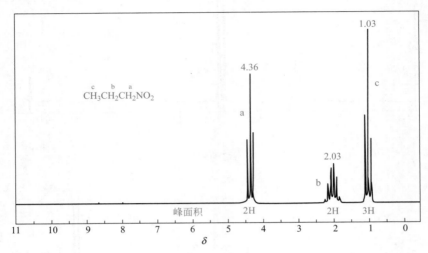

图 5-21　1-硝基丙烷的 ^1H NMR 谱图（90MHz，$CDCl_3$）

5.3.3.3　耦合常数

耦合常数（J）是反映两核之间自旋耦合作用大小的量度，其单位为 Hz，J 值常常可根据两裂分峰之间的裂距求得。通常，相邻碳上 ^1H 具有较明显的相互耦合作用，它们通过三个键耦合，记为 ^3J。

耦合常数也是重要的结构信息。例如，两个饱和碳原子上 ^1H 的耦合作用，当 C—C 键可以自由旋转时，^3J 为 6～8Hz；构象固定时，^3J 为 0～18Hz。又如，可根据耦合常数的大小，判断 C＝C 的取代情况及其构型：

$^2J_{ab}=-2～2.5Hz$　　　　　$^3J_{ab}=5～14Hz$　　　　　$^3J_{ab}=12～18Hz$

耦合常数的特点：

① J 反映的是两个核之间的作用强弱，与耦合核的局部磁场有关，其数值与仪器的工作频率（或磁场强度）无关。不同 B_0 作用下或不同场强的仪器测得的 J 值相同。

② 两组相互干扰的核 J 值相同。例如，$CHBr_2CH_2Br$ 中三重峰间裂距等于二重峰间裂距。相互耦合的两组峰的外形特点是"中间高，两边低"。

③ 等价质子间不发生峰的裂分。例如：CH_3CH_3 和 $ClCH_2CH_2Cl$ 的 ^1H NMR 分别只有一个单峰。

5.3.3.4　化学等价核和磁等价核

化学等价核：化学环境或化学位移相同的核。

磁等价核：δ 值相同，而且组内任一核对组外某一磁性核的耦合常数也相同。

磁不等价核：化学等价，但组内核对组外某一磁性核的耦合常数不同。

如：

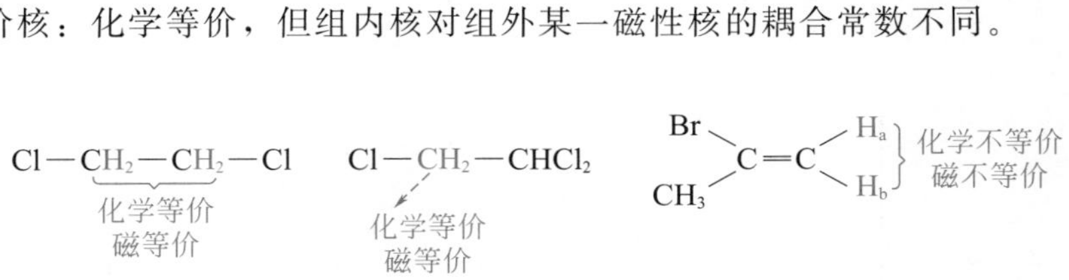

$$Cl-\underbrace{CH_2-CH_2}-Cl \qquad Cl-CH_2-CHCl_2 \qquad \underset{CH_3}{\overset{Br}{\diagdown}}C=C\underset{H_b}{\overset{H_a}{\diagup}}$$

  化学等价   化学等价   化学不等价
  磁等价   磁等价   磁不等价

又如：

$$\underset{F_b}{\overset{F_a}{\diagdown}}C=C\underset{H_b}{\overset{H_a}{\diagup}}$$

化学等价
磁不等价

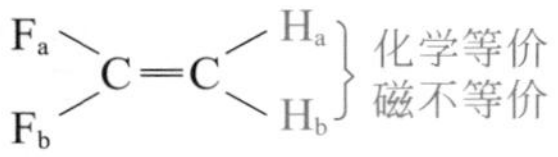

解释：1,1-二氟乙烯中的 H_a 与 H_b 具有相同的化学环境和化学位移，所以 H_a 与 H_b 是化学等价核；但 H_a 与 F_a 的耦合常数为 $J_顺$，而 H_b 与 F_a 的耦合常数为 $J_反$，$J_顺 \neq J_反$，故 H_a 与 H_b 不等价。

以上的例子说明，化学不等价的核，一定是磁不等价核；化学等价的核，可能是磁等价核，也可能磁不等价。

5.3.4 $^1H\ NMR$ 的谱图解析

5.3.4.1 解析步骤

解析 NMR 谱图虽无严格的程序，但按一定步骤逐步进行，对缩短解析时间和获得正确的解析结果都有一定的帮助。对初学者来说，最好先按一般步骤解析，待熟练和积累了一定识谱经验后，则不一定拘泥于固定的程序。一般步骤如下：

① 获取样品的基本信息，如样品的来源或合成途径、溶解性、熔点或沸点等物理性质，分子量或分子式等；在分析样品前要尽可能除去杂质，以免影响鉴定结果。

② 初步检查 NMR 谱图，如基线是否平整、积分曲线在无信号处是否水平、峰形是否对称等。认出溶剂峰、杂质峰等。

③ 根据式(5-4) 和样品的分子式计算不饱和度。

④ 根据谱图中有几组吸收峰判断分子中可能有几种不同化学环境的氢原子；根据积分面积比值或给出的质子数之比，结合分子式，确定各种氢核的个数。

⑤ 根据吸收峰的化学位移，参考表 5-4，先解析那些特征性较强的峰。如羧基氢（δ 10~13）、醛基氢（δ 9~11）、苯环氢（δ 6~8.5）、CH_3O-（δ 3~4）、CH_3CO-（δ 约 2.1）、$PhCH_2-$（δ 2~2.4）、$-C\equiv C-CH_3$（δ 1.6~1.9）等。

⑥ 根据峰的裂分情况（$n+1$ 规则）、耦合常数的数值，判断吸收峰之间的耦合关系，确定它们之间的相互位置及相应的化学环境。

⑦ 列出有关结构单元，并合理地拼接起来，写出可能的结构式。对可能的结构式一一进行仔细审核，确定最合理的结构。

⑧ 查阅标准谱图，并与之比较。

5.3.4.2 解析实例

【例 5-3】 某化合物的分子式为 C_3H_7Cl，其 $^1H\ NMR$ 谱图如图 5-22 所示。试推测其结构。

解 （1）由分子式 C_3H_7Cl 可知，该化合物的不饱和度为零，提示样品为饱和氯代烷。

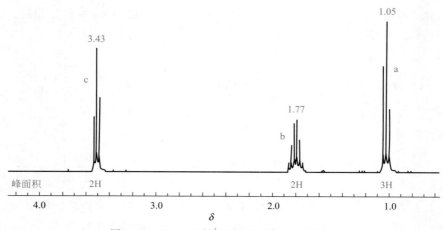

图 5-22 C_3H_7Cl 的 ^1H NMR 谱（300MHz）

（2）谱图中有三组峰，表明该化合物分子中有三种氢，样品可能是 $CH_3CH_2CH_2Cl$（三种氢）而不是 $CH_3CHClCH_3$（两种氢）。

（3）峰面积之比为 3∶2∶2，表明三种质子的数量之比为 3∶2∶2，与 $CH_3CH_2CH_2Cl$ 结构相符。

（4）各吸收峰的归属如下：

吸收峰	δ	^1H 个数	峰的裂分	相邻碳上 ^1H 个数	结构片段
a	1.05	3	三重峰(t)	3−1=2	CH_3—(CH_2)
b	1.77	2	六重峰	6−1=5	(CH_3)—CH_2—(CH_2)
c	3.43	2	三重峰(t)	3−1=2	(CH_2)—CH_2—Cl

（5）综上所述，化合物 C_3H_7Cl 的结构应为：$\overset{\delta1.05}{CH_3}$—$\overset{\delta1.77}{CH_2}$—$\overset{\delta3.43}{CH_2}$—$Cl$。

【例 5-4】 某化合物的分子式为 $C_{10}H_{12}O_2$，其 ^1H NMR 谱图如图 5-23 所示。试推测其结构。

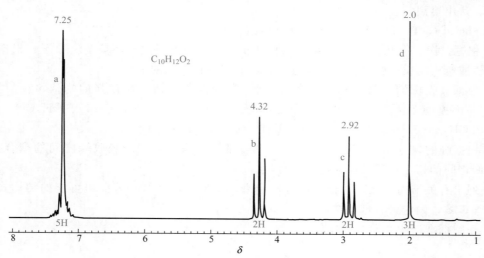

图 5-23 $C_{10}H_{12}O_2$ 的 ^1H NMR 谱图（90MHz）

解 （1）图谱正常。

（2）根据式(5-4) 和分子式 $C_{10}H_{12}O_2$，该化合物的不饱和度为：

$$U = 1 + n_4 + \frac{1}{2}(n_3 - n_1) = 1 + 10 + \frac{1}{2} \times (0 - 12) = 5$$

提示样品可能有苯环存在，还有一个双键或环。

（3）各峰的相对质子个数：

$$a : b : c : d = 5H : 2H : 2H : 3H$$

（4）解析各吸收峰的归属：

吸收峰	δ	^1H 个数	峰的裂分	结构片段	说明
a	7.25	5	近似单峰	$C_6H_5-(C_{饱和})$	特征性较强（δ 约 7.25）
d	2.0	3	单峰	CH_3CO-	特征性较强（δ 约 2.0）
b	4.32	2	三重峰	$-O-CH_2-CH_2-$ $\delta\,4.32$ $\delta\,2.92$	根据 b、c 的峰形及 ($n+1$) 规则，有 $-CH_2CH_2-$，其中 $\delta\,4.32$ 者应与氧原子相连
c	2.92	2	三重峰		

（5）根据比较确定的结构片段，写出可能的结构式：

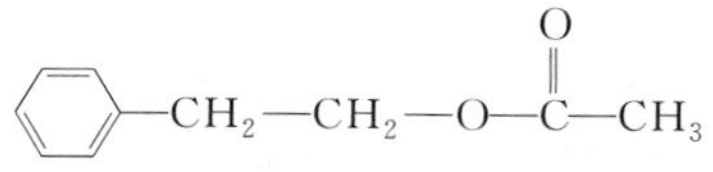

A 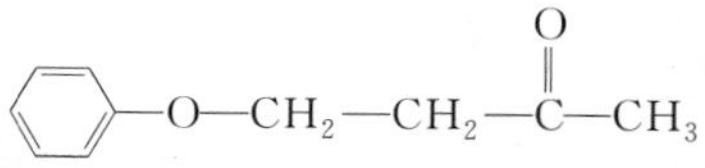   B

（6）如果题给化合物 $C_{10}H_{12}O_2$ 的结构是 B，苯环上质子间的相互耦合会很强烈，且与羰基相连的甲叉基 δ 值应为约 2.3。但题给谱图中苯环质子耦合较弱，且不与氧相连的甲叉基质子的 δ 值为 2.92，提示该 CH_2 处于苯环的去屏蔽区。所以，题给化合物（$C_{10}H_{12}O_2$）的结构是 A。

（7）结论：题给化合物（$C_{10}H_{12}O_2$）的结构是：

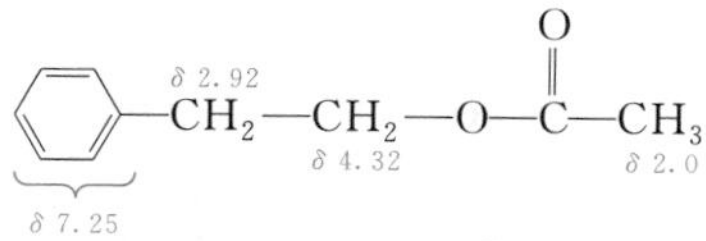

乙酸苯乙酯

5.3.5 结合红外及核磁共振氢谱推断结构举例

【例 5-5】 某化合物 A（$C_6H_{12}O_2$）的 IR 与 ^1H NMR 谱图如图 5-24 所示，试推断该化合物的结构。

解 （1）根据分子式 $C_6H_{12}O_2$，该化合物的不饱和度为 1，提示样品分子中有一个双键或一个环。

（2）^1H NMR 在 $\delta \geqslant 8$ 以上无吸收峰，提示 $C_6H_{12}O_2$ 分子中没有—COOH、—CHO 结构片段。故 IR 谱图中约 3400cm^{-1} 缔合羟基峰应为 ROH 中 O—H 的伸缩振动吸收峰；而约 1710cm^{-1} 强峰应为 $\diagdown$C=O（酮）的伸缩振动吸收峰。所以，$C_6H_{12}O_2$ 是羟基酮类化合物。

（3）IR、^1H NMR 中各峰归属

IR 归属：

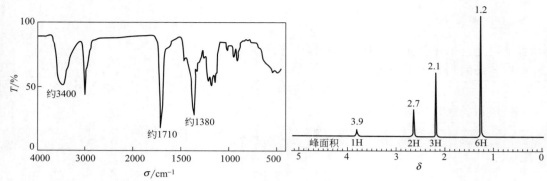

图 5-24 化合物 A（$C_6H_{12}O_2$）的 IR 与 ^1H NMR 谱图（400MHz）

吸收峰/cm^{-1}	约 3400	约 2980	约 1710	约 1380
归属或可能的结构片段	缔合羟基伸缩振动	饱和碳氢键伸缩振动	酮羰基伸缩振动	甲基弯曲振动

^1H NMR 归属：

吸收峰	δ 1.2（6H，单峰）	δ 2.1（3H，单峰）	δ 2.7（2H，单峰）	δ 3.9（1H，单峰）
归属或可能的结构片段	$-C(CH_3)_2$	$CH_3-\overset{O}{\overset{\|}{C}}-$	$-CH_2-$	$-OH$

（4）将以上比较肯定的结构片段进行拼凑，$C_6H_{12}O_2$ 的结构可能是：

$$CH_3-\overset{O}{\overset{\|}{C}}-CH_2-\overset{CH_3}{\underset{CH_3}{\overset{\|}{\underset{\|}{C}}}}-OH \qquad 或 \qquad CH_3-\overset{O}{\overset{\|}{C}}-\overset{CH_3}{\underset{CH_3}{\overset{\|}{\underset{\|}{C}}}}-CH_2OH$$

A   B

（5）B 中甲叉基应在 3.6～4.2 出峰（见表 5-4），而题给 ^1H NMR 谱图中甲叉基在 2.7 出峰。所以，$C_6H_{12}O_2$ 的结构是：

$$\underset{\delta2.1}{CH_3-}\overset{O}{\overset{\|}{C}}-\underset{\delta2.7}{CH_2-}\overset{CH_3}{\underset{\underset{\delta1.2}{CH_3}}{\overset{\|}{\underset{\|}{C}}}}-\underset{\delta3.9}{OH}$$

4-羟基-4-甲基戊-2-酮

【例 5-6】 化合物 B 的分子式为 $C_{14}H_{14}$，其 IR 与 ^1H NMR 数据如下，试推导该化合物的结构。

IR（仅列出了主要吸收峰，其中 m 表示中等强度吸收，s 表示强吸收）：3058cm^{-1}（m）、3027cm^{-1}（m）、2919cm^{-1}（m）、2856cm^{-1}（m）、1600cm^{-1}（m）、1492cm^{-1}（s）、1460cm^{-1}（s）、752cm^{-1}（s）、699cm^{-1}（s）。

^1H NMR：δ 6.99～7.42（多重峰，10H），δ 2.91（单峰，4H）。

解 （1）根据分子式 $C_{14}H_{14}$，该化合物的不饱和度为 8，提示样品可能含有两个苯环。

（2）IR 归属：

吸收峰/cm^{-1}	3058(m)、3027(m)	2919(m)、2856(m)	1600(m)、1492(s)、1460(s)	752(s)、699(s)
归属或可能的结构片段	不饱和碳氢键伸缩振动	饱和碳氢键伸缩振动	苯环呼吸振动	苯环上单取代面外弯曲振动

(3) ^1H NMR 归属：只有两组吸收峰，分子中只有两种不同的质子！

吸收峰	δ 6.99～7.42(多重峰,10H)	δ 2.91(单峰,4H)
归属	2 个 C_6H_5—	—CH_2CH_2—(对称)

(4) 将 2 个 C_6H_5—、1 个 —CH_2CH_2— 拼接，得到 $C_{14}H_{14}$ 的结构为：

$$\langle\bigcirc\rangle\text{—}CH_2\text{—}CH_2\text{—}\langle\bigcirc\rangle$$

1,2-二苯乙烷

5.3.6　^{13}C 核磁共振谱简介

早期 ^{13}C 谱中广泛存在 ^{13}C-^1H 耦合，谱形复杂，不易解析。由于 ^{13}C 核的天然丰度低（^{13}C 为 1.1%，^1H 为 99.98%），磁旋比 γ 小 $\left(\gamma_{^{13}C}\approx\frac{1}{4}\gamma_{^1H},\ S\propto\gamma^3\right)$，$^{13}C$ 核的灵敏度（S）只有 ^1H 核的 1/6000，加上没有 PFT（脉冲傅里叶变换）技术的支持，早期的 ^{13}C 谱只能采用多次连续扫描叠加法，得到一张 ^{13}C 谱图往往需要 10～100h 摄谱时间，耗时费力。

PFT-NMR 仪器及各种去偶技术的出现，使 ^{13}C 谱的研究得以蓬勃发展，摄谱时间大大缩短，仪器的灵敏度大为改善，且 ^{13}C NMR 谱图更加容易解析。今天，^{13}C NMR 谱已经成为有机化学家的常规分析手段。^{13}C 谱具有如下的特点：

① 灵敏度低，分辨率高；δ_C 信号出现在 0～240 的广阔区域，很少出现吸收峰重叠的现象。

② 谱图容易解析。

③ 可直接观测不带氢的官能团，如各种 $\diagdown C=O$ 中的 ^{13}C 核。

④ 常规 ^{13}C 谱不提供积分曲线等定量数据。

5.3.6.1　^{13}C NMR 的化学位移

内标：TMS。以 $(CH_3)_4Si$ 中 ^{13}C 核的共振频率为标准，规定 TMS 的 $\delta_C=0$。

变化范围：$\delta_C=0$～240，远远大于氢谱的变化范围。

各种常见 ^{13}C 核的化学位移如图 5-25 所示。

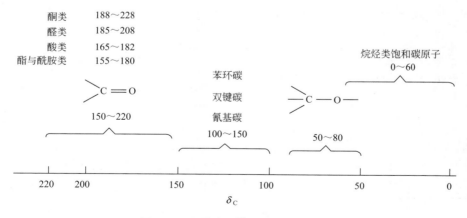

图 5-25　各种常见 ^{13}C 核的化学位移

5.3.6.2 ^{13}C NMR 的谱图

采取不同的去偶技术，可得到各种 ^{13}C NMR 图谱。常见的有质子宽带去偶谱、偏共振去偶谱、DEPT 谱等。图 5-26 是 2,2,4-三甲基戊-1,3-二醇的 ^{13}C NMR 质子宽带去偶谱。

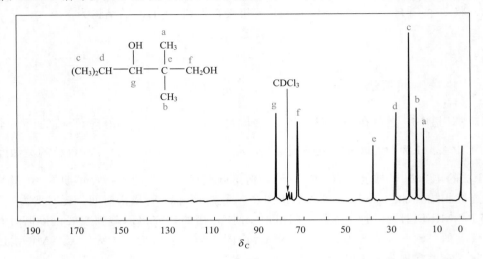

图 5-26　2,2,4-三甲基戊-1,3-二醇的 ^{13}C NMR 质子宽带去偶谱（CDCl$_3$）

* 5.4　紫外光谱

5.4.1　UV 光谱的产生及 UV 谱图

紫外光谱（ultraviolet and visible spectra，UV）是有机分子在紫外（波长范围 200～400nm）或可见光（波长范围 400～800nm）的作用下，发生价电子的跃迁，使分子中的价电子由基态 E_0 跃迁到激发态 E_i 而产生的。

根据分子轨道理论，有机分子的分子轨道按能级不同，分为成键、非键和反键轨道。成键轨道或反键轨道又有 π 键和 σ 键之分，各级轨道能级如图 5-27 所示。

通常有机分子处于基态，电子填入成键或非键轨道。但有机分子吸收 UV 后，则受激变为激发态，电子进入反键轨道。由跃迁能级差和跃迁选律所决定，几乎所有的 UV 吸收光谱都是由 π-π* 跃迁或 n-π* 跃迁所产生的。

当电子发生跃迁时，不可避免地要伴随着分子振动、转动能级的改变，加之溶剂的作用，UV 谱图一般不会呈现尖锐的吸收峰，而是一些胖胖的、平滑的峰包。

图 5-28 是 trans-1,2-二苯乙烯的紫外吸收光谱。图中曲线的峰 1 称为吸收峰，对应的横坐标为最大吸收波长（λ_{max}），对应的纵坐标为最大摩尔吸收系数 [ε_{max}，L/(mol·cm)（可省略）]；峰 2 为肩峰；曲线谷 3 对应的横坐标为最小吸

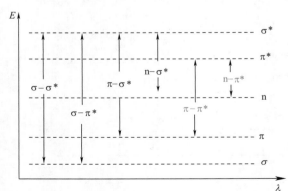

图 5-27　有机分子的分子轨道能级

收波长（λ_{min}），吸收很大但不成峰形的部分 4 称为末端吸收。

不同结构的有机分子，电子跃迁的能级差不同，导致分子 UV 吸收的最大波长（λ_{max}）不同；另外，发生各种电子跃迁的概率也不同，反映在紫外吸收上为最大吸收强度（ε_{max} 或 $lg\varepsilon_{max}$）不同。因而可根据 λ_{max} 和 ε_{max} 了解一些分子结构的信息。

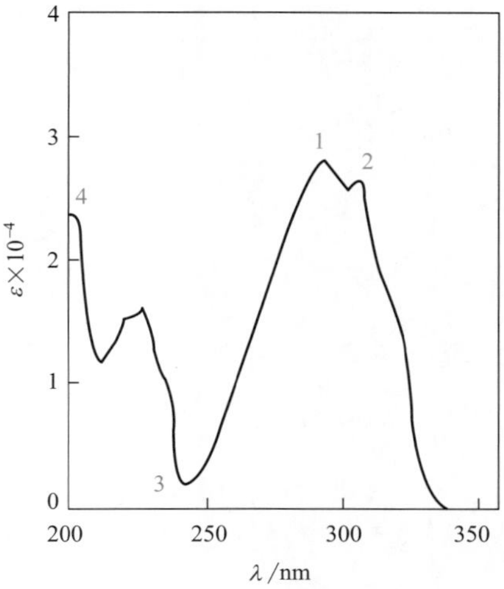

5.4.2 UV 术语

在紫外光谱中，将带有 π 电子的、能够引起电子跃迁的不饱和基团，如 C_6H_5—、$C=C$、$C=O$、$—NO_2$ 等，称为生色团（chromophore）。生色团共轭链的增长，可使紫外吸收峰向长波方向移动（即发生红移）。例如：

$$CH_2=CH—CH=CH—CH=CH—CH_3$$
$$\lambda_{max}=271nm$$
$$CH_2=CH—CH=CH—CH_2—CH=CH_2$$
$$\lambda_{max}=217nm$$

图 5-28 *trans*-1,2-二苯乙烯的 UV 谱图

本身并无紫外或可见光吸收，但与发色团相连时，常常要影响 λ_{max} 和 ε_{max} 的基团称为助色团（auxochrome）。助色团一般是带有孤对电子的基团，如—$\ddot{C}l$、—$\ddot{O}H$、—$\ddot{N}H_2$ 等。

由取代基或溶剂效应引起的 λ_{max} 向长波方向移动的现象称为红移（red shift）；反之称为蓝移（blue shift）。

5.4.3 UV 吸收带及其特征

正确识别 UV 图谱中的 R 带、K 带、B 带和 E 带，对推导有机化合物的结构将会有很有大的帮助。

（1）R 带 $\lambda_{max}>270nm$，$\varepsilon<100$。R 带（来自德文 radikalartig，基团）吸收是由带有孤对电子的发色团 n-π* 跃迁引起的。溶剂极性增强时，λ_{max}（R）发生蓝移。例如：

化合物	$CH_3CH=\ddot{O}$	$CH_2=CH—CH=\ddot{O}$	$C_6H_5—C\ddot{O}CH_3$
R 带吸收	$\lambda_{max}(R)=291nm$	$\lambda_{max}(R)=315nm$	$\lambda_{max}(R)=319nm$
	$\varepsilon=11$	$\varepsilon=14$	$\varepsilon=50$

（2）K 带 $\lambda_{max}=210\sim270nm$，$\varepsilon>10000$。K 带（来自德文 konjugierte，共轭）是最重要的 UV 吸收带之一，共轭双烯、α,β-不饱和醛、酮，芳香族醛、酮以及被发色团取代的苯（如苯乙烯）等，都有共轭体系的 π-π* 跃迁引起的 K 带吸收。例如：

化合物	$CH_2=CHCH=CHCH_3$	$(CH_3)_2C=CH—COCH_3$	$C_6H_5—CH=O$
K 带吸收	$\lambda_{max}(K)=223nm$	$\lambda_{max}(K)=315nm$	$\lambda_{max}(K)=244nm$
	$\varepsilon=22600$	$\varepsilon=14000$	$\varepsilon=15000$

（3）UV 图谱的解析 UV 与 IR、NMR 不同，它不能用来鉴别具体的官能团，而主要是通过考察 π 电子及孤对电子的跃迁来提示分子中是否存在共轭体系。部分化合物的 UV 吸收见表 5-6。

表 5-6 化合物 UV 吸收举例

化合物类型	吸收带	举例
双烯和三烯	K 带	$\lambda_{max}=273nm$ $\lambda_{max}=243nm$
共轭多烯	K 带	$\lambda_{max}=452nm$
脂肪族醛、酮	R 带	$CH_3-CO-CH_3$ $\lambda_{max}=279nm(\varepsilon=15)$
芳香族醛、酮	K 带、R 带和 B 带	K 带：$\lambda_{max}=240nm$，$\varepsilon=13000$ B 带：$\lambda_{max}=278nm$，$\varepsilon=1100$ R 带：$\lambda_{max}=319nm$，$\varepsilon=50$
α,β-不饱和羰基化合物	K 带和 R 带	$CH_2=CHCH$ K 带：$\lambda_{max}=207nm$，$\varepsilon=10000$ R 带：$\lambda_{max}=315nm$，$\varepsilon=14$
乙烯基取代苯	K 带和 B 带	$-CH=CH_2$ K 带：$\lambda_{max}=24nm$，$\varepsilon=12000$ B 带：$\lambda_{max}=282nm$，$\varepsilon=450$

由于 UV 主要反映共轭体系和芳香族化合物的结构特征，往往两个化合物分子只具有相同的共轭结构，而分子的其他部分截然不同，却可以得到十分相似的紫外谱图。如图 5-29 所示，雄甾-4-烯-3-酮（a）和 4-甲基戊-3-烯-2-酮（b）具有相似的紫外光谱。

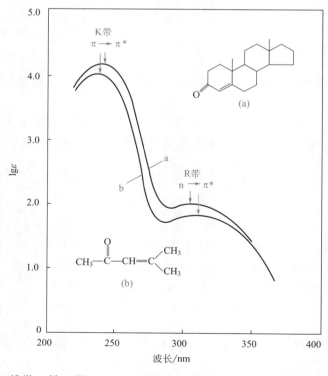

图 5-29 雄甾-4-烯-3-酮（a）和 4-甲基戊-3-烯-2-酮（b）具有相似的紫外光谱

*5.5 质谱

质谱（mass spectroscopic，MS）是按照带电离子的质荷比依次排列的谱图。带电离子的质量（m）与所带电荷（z）之比称为质荷比，用 m/z 表示。

质谱分析具有样品用量少，灵敏度高等优点。特别是色谱与质谱联用技术及一些新的质谱技术的采用，为有机混合物的分离以及生物大分子的研究和鉴定提供了快速、有效的分析方法。一张质谱图能够提供的信息有：

① 分子量。质谱是获取有机小分子的分子量最精确的手段，高分辨质谱可精确到 0.0001。

② 分子式及样品的元素组成。用同位素丰度比法（低分辨法）或高分辨质谱仪测得的准确分子量，均可以确定分子式。

③ 鉴定某些官能团。如甲基（m/z 15）、羰基（m/z 28）、甲氧基（m/z 31）、乙酰基（m/z 43）等。

④ 分子结构信息。根据分子结构与裂解方式的经验规律，解析质谱图，就可以获得分子的结构信息。

⑤ 与标准谱图比对，给出可能的化合物结构。

5.5.1 质谱仪和质谱图

质谱用于结构分析的过程可简化表示为：

$$\text{有机分子(M)} \xrightarrow[\text{(-e)}]{\text{电子轰击}} \text{分子离子(M\overset{\cdot}{+})} \xrightarrow[\text{开裂}]{} \text{碎片离子} \left.\right\} \xrightarrow{\text{分离、收集、记录}} \text{质谱图}$$

质谱仪主要由高真空系统、进样系统、离子源、加速电场、质量分析器、离子检测器、记录系统等组成。由于计算机的发展，近代质谱仪一般还带有一个数据处理系统，用作有机质谱数据的收集、谱图的简化和处理。图 5-30 是单聚焦质谱仪的工作示意。

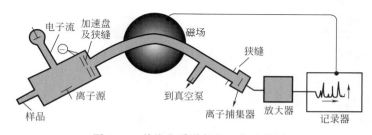

图 5-30 单聚焦质谱仪的工作示意图

样品进入离子源后，经电子轰击而失去一个价电子，成为带正电荷的正离子。这些正离子经加速电压 V 加速，通过一个外加磁场 B 进行质量聚焦，根据带电粒子在磁场中的运动规律，只允许满足式(5-10)的离子通过狭缝到达检测器：

$$R = \sqrt{\frac{2V}{B^2} \times \frac{m}{z}}$$

$$(5\text{-}10)$$

式中，R 为离子在磁场中轨道曲线半径；V 是加速电压；B 为外加磁场强度；m/z 是离子的质荷比。

固定 R、V，不断改变 B，就可以使不同质荷比的离子依次通过狭缝，到达检测器。通过狭缝后的正离子到达检测器时，检测器将给出信号，经放大后输给记录器，则记录器可按各种离子的 m/z 及其相对丰度给出质谱图。

目前使用的质谱仪有单聚焦磁偏转质谱仪（低分辨的）、双聚焦磁偏转质谱仪（高分辨的）、四极杆质谱仪、快速扫描的飞行时间质谱仪等。用于有机化合物分析的离子化技术主要有电子轰击（EI）、化学电离（CI）、场离解（FI）、场解吸（FD）、快原子轰击（FAB）和电喷雾电离（ESI）等方法。根据样品的特性，可选择不同的方法。

图 5-31 是乙醇的质谱图，图中横坐标是电离后收集到的各种不同正离子的质荷比 m/z，纵坐标是相对丰度（又称为相对强度）RI。图中最强的离子峰（m/z 31）称为基峰，相对丰度为 100%，其他峰的峰高则用相对于基峰的百分数表示。

根据质谱图中分子离子和各种碎片离子的 m/z 及相对丰度 RI，以及分子结构与裂解方式的经验规律，就可以进行结构分析，获得分子结构信息。

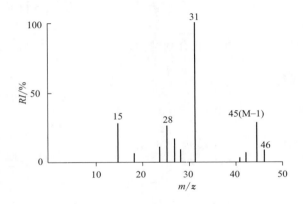

图 5-31 乙醇的质谱图

5.5.2 分子离子峰

质谱在有机结构分析上的应用主要有两方面：确定被测化合物的分子量和分子式；由分子结构与裂解方式的经验规律，鉴定某些官能团，给出分子的结构信息。这里仅介绍判断指认分子离子峰（$M^{+\cdot}$）的方法。

在质谱图的解析中，分子离子峰具有特别重要的意义。正确地指认分子离子峰，就可以直接在质谱图上读出被测化合物的分子量，为利用其他波谱方法鉴定分子结构奠定基础。分子离子峰的辨认具有一定的经验规律：

① 由于分子离子只是分子失去一个价电子而带一个正电荷，其 m/z 就是它的分子量，故分子离子峰一般处于质谱图右端 m/z 最大的位置。但不能将同位素峰 M+1、M+2 峰误认为是 M^+。例如，1-溴丙烷的 MS 谱图（图 5-32）中，质荷比最大的 m/z 124 峰是同位素峰 M+2（$C_3H_7{}^{81}Br$）。有时，可以根据同位素峰及其丰度判断样品分子中氯、溴、硫原子的个数，帮助给出样品的分子式。

② 分子离子含有奇数个氮原子，其质量数为奇数；若不含或含偶数个氮原子，其质量

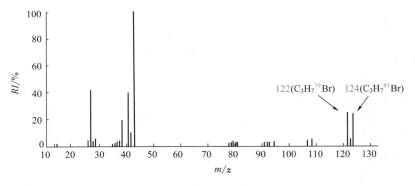

图 5-32　1-溴丙烷的质谱图

数为偶数。这个规律称为氮素规律。例如：

化合物	$C_2H_5NH_2$	$C_6H_5NO_2$	CH_3COOH	C_6H_6	C_4H_9Cl	N_2	$C_6H_5N_2C_6H_5$
质量数	45	123	60	78	92	28	182

③ 醚、酯、胺、酰胺等带有孤对电子的化合物易与 H^+ 形成 M+1 峰，其 $M^{+\cdot}$ 很弱而 M+1 明显；芳香醛或脂肪醛的 $M^{+\cdot}$ 很弱而 M−1 明显，因为醛易失去一个 H^+ 形成 M−1（RCO^+ 或 $ArCO^+$）。所以，醚、酯、胺、酰胺等的 $M^{+\cdot}$ 要在 m/z 最大峰的左侧找；醛的 $M^{+\cdot}$ 要在最右侧的峰中去找。

④ 注意可能的 $M^{+\cdot}$ 与左侧其他碎片离子之间的质量差是否符合化学逻辑。有 M−（3～14）均不合理（即比 $M^{+\cdot}$ 少 3～14 个质量单位处不会出现碎片离子峰，例如，M−3 意味着 M 要断三根与氢原子相连的 σ 键，这在化学上是不合理的）；有 M−15、M−18 则是合理的，例如，形成 M−15 只需断一根 σ 键，掉一个 CH_3。下图最右端的峰 m 可能是 M−15（$M−CH_3$），$m−3$ 可能是 M−18（$M−H_2O$），样品可能是醇。

此外，采用制备衍生物、降低轰击电子能量、改变离子源等其他实验方法，也有助于识别分子离子峰。

除了可以得到准确的分子量外，$M^{+\cdot}$ 的强度也能够提供有用的结构信息。例如，芳香族化合物的 $M^{+\cdot}$ 强，脂肪族化合物的 $M^{+\cdot}$ 弱；醇和胺类的 $M^{+\cdot}$ 也很弱，醇易失水，有时 M−18 为强峰。$M^{+\cdot}$ 的稳定性次序为：芳环＞共轭体系＞烯烃＞环烷烃＞含硫化合物＞短直链化合物＞酮＞醛＞酯＞醚＞胺＞羧酸＞高支链烃＞醇。图 5-33 是丙基苯的质谱图，其 $M^{+\cdot}$（m/z 120）为中等强度；而图 5-31 乙醇的 MS 图中，其 $M^{+\cdot}$（m/z 46）很弱。

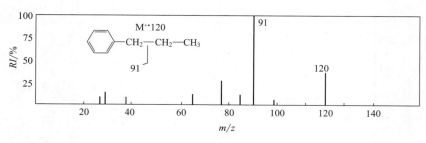

图 5-33 丙基苯的质谱图

本章精要速览

(1) 分子中化学键的振动可用 Hooke 定律来近似描述。不同分子的结构不同，化学键的力常数不同，成键原子的质量不同，导致分子中化学键的振动频率不同。用红外线照射有机分子，样品将选择性地吸收那些与其振动频率相匹配的波段，从而产生红外光谱。

(2) 波数为 $4000\sim1400cm^{-1}$ 的区域称为官能团区。该区域内不同化合物中相同官能团的出峰位置相对固定，可用于确定分子中含有哪些官能团。波数为 $1400\sim400cm^{-1}$ 的区域称为指纹区，吸收峰大多与整个分子的结构密切相关，可鉴别两个化合物是否相同。

(3) 光谱学家将实测的各类化合物的特征吸收谱带加以归纳整理，汇集成基团的特征频率表。人们可以借助特征频率表（如表 5-3 所示）及实测的红外光谱图来推断样品分子的结构。

(4) 解析 IR 谱图时，要重点解析强度大的、特征性强的峰，同时应考虑相关峰原则。由于某个官能团的存在而出现的一组相互依存、相互佐证的吸收峰称为相关峰。

(5) 如果用电磁波照射处于 B_0 中的磁性核，当电磁波的频率 $\nu_{射频}$ 恰好满足 $\nu_{射频} = \dfrac{\gamma}{2\pi}B_0(1-\sigma)$ 时，处于低能级态的磁性核就会吸收电磁波的能量，跃迁到高能级态，发生核磁共振。

(6) 从一张 NMR 谱图可以得到如下的结构信息：①信号的位置——化学位移，反映被观测核周围的化学环境；②信号的形状——自旋裂分和耦合常数，峰的裂分符合 $(n+1)$ 规律；③信号的强度——积分曲线，反映相同化学环境质子（^1H 核）的个数。

(7) 化学位移用 δ 表示，其定义为：$\delta = \dfrac{\nu_{样品} - \nu_{TMS}}{\nu_0} \times 10^6$。$\delta_H$ 的变化范围通常为 $0\sim10$，δ_C 的变化范围通常为 $0\sim240$。被观测核外电子云密度越小，其 δ 值越大；处于去屏蔽区的被观测核，其 δ 值较大。

(8) 解析 NMR 谱图时，根据化学位移、积分曲线等先解析 $CH_3O—(\delta\ 3.0\sim3.8)$、$CH_3CO—(\delta\ 2.1\sim2.6)$ 等特征性强的峰，—COOH、—CHO 等低场信号，符合 $(n+1)$ 规律的一级谱，后解析较复杂的吸收峰。然后将有关结构单元合理拼接，形成可能的结构式，并对其一一进行核对，确定最合理的结构式。最后与标准谱图或标准样进行比对。

习 题

1. 用红外光谱鉴别下列化合物。

(1) A. $CH_3(CH_2)_3CH{=}CH_2$ 　　　　B. $CH_3(CH_2)_3CH_2{-}CH_3$

(2) A. $CH_3(CH_2)_5C{\equiv}CH$ 　　　　B. $CH_3CH_2CH_2C{\equiv}CCH_2CH_3$

(3) A. 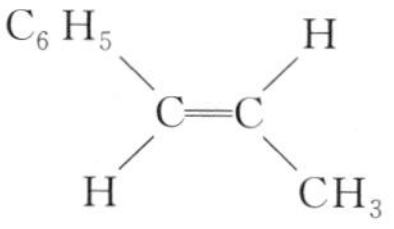 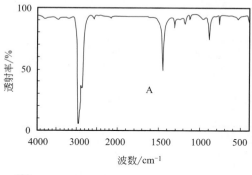 　　　　B.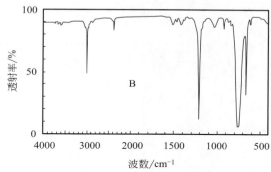

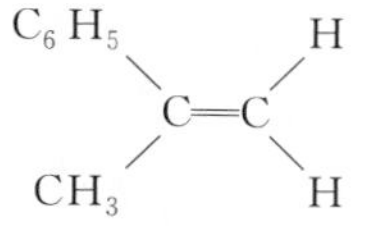

(4) A. 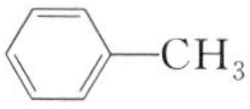 ⬡$-CH_3$ 　　　　B. 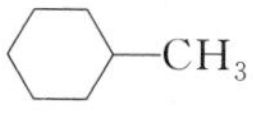 ⬡$-CH_3$

(5) A. $CH_3(CH_2)_4CH_3$ 　　　　B. $CH_3CHCH_2CH_2CH_3$
　　　　　　　　　　　　　　　　　　　　　$|$
　　　　　　　　　　　　　　　　　　　　CH_3

2. 用^{1}H NMR 谱鉴别下列化合物。

(1) A. $(CH_3)_2C{=}C(CH_3)_2$ 　　　　B. $(CH_3CH_2)_2C{=}CH_2$

(2) A. $BrCH_2CH_2Br$ 　　　　B. CH_3CHBr_2

3. 下列化合物的^{1}H NMR 谱中都只有一个单峰，试写出它们的结构。

(1) C_8H_{18}，$\delta=0.9$ 　　(2) C_5H_{10}，$\delta=1.5$ 　　(3) C_8H_8，$\delta=5.8$

(4) $C_{12}H_{18}$，$\delta=2.2$ 　　(5) C_4H_9Br，$\delta=1.8$ 　　(6) $C_2H_4Cl_2$，$\delta=3.7$

(7) $C_2H_3Cl_3$，$\delta=2.7$ 　　(8) $C_5H_8Cl_4$，$\delta=3.7$ 　　(9) C_2H_6O，$\delta=3.8$

4. 下列四张 IR 谱图分别对应于苯、环己烷、氯仿和正己烷，请分别将它们归属。

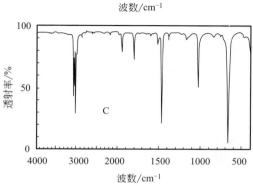

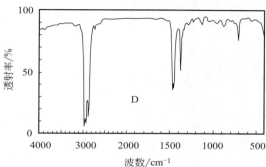

5. 试说明下图所示 2,3-二甲基丁-1,3-二烯的红外光谱中，用阿拉伯数字所标示的吸收峰是什么键或什么基团的吸收峰。

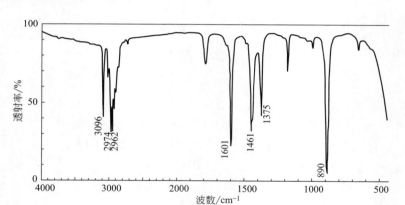

6. 某化合物分子式为 C_8H_6，IR 谱图如下，试推导其可能的结构。

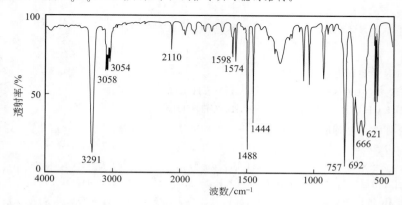

7. 化合物 A 和化合物 B 的分子式均为 $C_{10}H_{14}$，其 ^1H NMR 数据分别如下。请写出它们的结构，并标明化合物中各质子的化学位移。

化合物 A		化合物 B	
编号	吸收峰数据	编号	吸收峰数据
a	7.11（单峰，4H）	a	7.01~7.46（多重峰，5H）
b	2.61（四重峰，4H）	b	1.31（单峰，9H）
c	1.22（三重峰，6H）		

8. 化合物 A 和化合物 B 的分子式均为 $C_6H_{13}NO_2$，IR 光谱显示 A 和 B 分子中均无硝基，但有羧基存在。请根据它们的 ^1H NMR 谱图，写出它们的结构式。

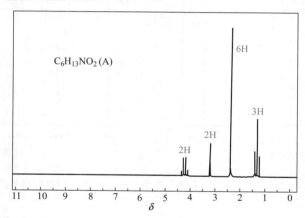

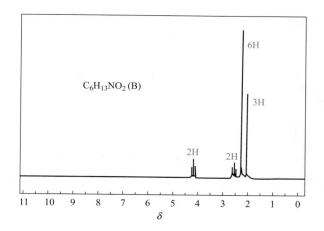

9. 某化合物的分子式为 $C_5H_{10}O$，其核磁共振和红外光谱数据如下，试推断该化合物的结构。

^1H NMR：$\delta2.43$（四重峰，4H），$\delta1.06$（三重峰，6H）。

IR 光谱：有 $2979cm^{-1}$（强）、$2941cm^{-1}$（强）、$2908cm^{-1}$（中强）、$2884cm^{-1}$（中等）、$1716cm^{-1}$（很强）、$1461cm^{-1}$（中强）、$1377cm^{-1}$（中等）等吸收峰。

10. 某化合物分子式为 C_3H_5NO，其 ^1H NMR 谱如下，试推导其结构。

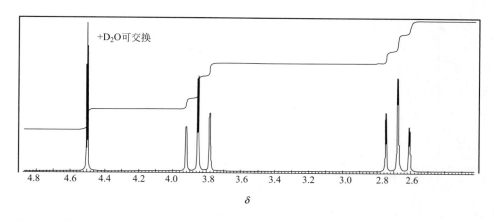

11. 根据波谱数据，分别推测下列化合物的结构。

(1) 分子式 $C_9H_{11}Br$，^1H NMR 数据：$\delta2.15$（多重峰，2H），$\delta2.75$（三重峰，2H），$\delta3.38$（三重峰，2H），$\delta7.22$（多重峰，5H）。

(2) 分子式 C_4H_7N，IR 在 $2273cm^{-1}$ 有明显吸收；^1H NMR 数据：$\delta2.82$（七重峰，1H），$\delta1.33$（双峰，6H），$J=6.7Hz$。

(3) 分子式 $C_8H_8O_2$，IR 在 $1725cm^{-1}$ 有强吸收；^1H NMR 数据：$\delta11.95$（单峰，1H），$\delta7.21$（多重峰，5H），$\delta3.53$（单峰，2H）。

12. 某化合物分子式 $C_8H_{10}O$，在 IR 光谱中，$3200\sim3600cm^{-1}$ 处有一强宽峰，在 $3000cm^{-1}$、$700cm^{-1}$ 附近和 $750cm^{-1}$ 附近也有强吸收峰；^1H NMR 显示：$\delta7.5$（多重峰，5H），$\delta3.7$（三重峰，2H），$\delta2.7$（三重峰，2H），$\delta2.5$（单峰，1H）。请根据以上波谱数据，推测该化合物的结构，并标明化合物中各质子的化学位移。

13. 某化合物的分子式为 $C_{12}H_{14}O_4$，其 IR 与 ^1H NMR、^{13}C NMR 谱分别如下，试推断该化合物的结构。

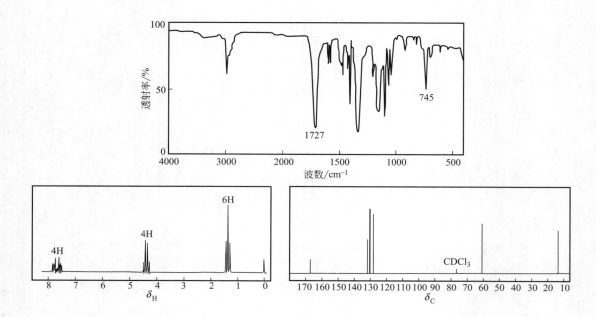

第6章 | 芳烃 芳香性

在有机化学发展初期，人们发现天然产物中一些有香味的物质都含有苯环，便将含有苯环的化合物称为芳香族化合物。但目前已知的芳香族化合物中，大多是没有香味的，因此，"芳香"一词已经失去了原有的意义，只是由于习惯而沿用至今。

芳烃（arene）是芳香族碳氢化合物（aromatic hydrocarbon）的简称，是芳香族化合物的母体。大多数芳烃含有苯环，少数被称为非苯芳烃（nonbenzenoid aromatic hydrocarbon）者，虽然不含苯环，但都含有结构、性质与苯环相似的环。根据是否含有苯环、含有苯环的数目和联结方式不同，可将芳烃分为如下三类。

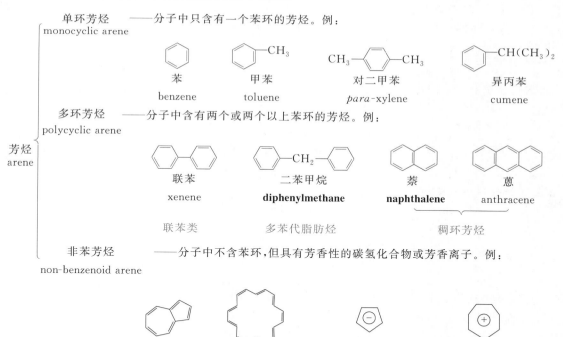

6.1 芳烃的构造异构和命名

6.1.1 构造异构

如果不考虑侧链烃基的异构，一元取代苯只有一个结构式，二元取代苯有邻、间、对三种异构体。例如：

芳烃的分类、
命名和结构

乙苯	苯乙烯	环己基苯	邻二甲苯	间二甲苯	对二甲苯
ethylbenzene	styrene	cyclohexyl benzene	*o*-xylene	*m*-xylene	*p*-xylene

不考虑侧链烃基的异构时，三、四元取代苯各有三个异构体。例如，三甲基苯（trime-thylbenzene）有 1,2,3-三甲基苯、1,2,4-三甲基苯、1,3,5-三甲基苯三个异构体；四甲基苯（tetramethylbenzene）有 1,2,3,4-四甲基苯、1,2,3,5-四甲基苯、1,2,4,5-四甲基苯三个异构体。

苯环侧链碳原子数大于或等于3时，苯环侧链出现异构。例如：

正丙苯	异丙苯
n-propylbenzene	isopropylbenzene

1-苯基丙-1-烯	3-苯基丙-1-烯	2-苯基丙-1-烯
1-phenylprop-1-ene	3-phenylprop-1-ene	2-phenylprop-1-ene

6.1.2 命名

芳烃命名时，有时以芳环为取代基，有时以芳环为母体氢化物。具体情况，具体对待。例如：

2-甲基-3-苯基戊烷	(Z)-2,3-二甲基-1-苯基己-1-烯	苯乙烯
2-methyl-3-phenylpentane	(Z)-2,3-dimethyl-1-phenylhex-1-ene	styrene

1,2-二苯基乙烷	对二乙烯基苯
1,2-diphenylethane	1,4-divinylbenzene

芳烃从形式上去掉芳环上的一个氢后，所剩下的基团称为芳基（aryl），用 Ar 表示。C_6H_5—称为苯基（phenyl，Ph-），是最常见的芳基。$C_6H_5CH_2$—称为苄基（benzyl）或苯甲基（phenylmethyl），也是一种常见于芳香族化合物的取代基。

6.2 苯的结构

苯的分子式是 C_6H_6。从碳与氢的比例来看，苯应显示高度不饱和性，但苯却并不具备不饱和烃的性质。一般情况下，苯不易发生烯烃一类的亲电加成反应，也不被高锰酸钾氧化，易发生苯环上的取代反应，如卤化、硝化、磺化、烷基化和酰基化等，这些反应都保持了苯环的原有结构。这些性质充分说明了苯具有不同于一般的不饱和化合物的性质，不易加成、不易氧化、易取代、碳环异常稳定，这些性质总称为芳香性。苯的芳香性与苯环的特殊结构有关。

6.2.1 凯库勒结构式

德国化学家 Kekulé 于 1858 年提出了碳原子间能够相互连接成链的观点，到了 1865 年，他在一次睡梦中受到启发，对苯的结构提出了一个设想，即碳链有可能头尾两端连接起来成环：

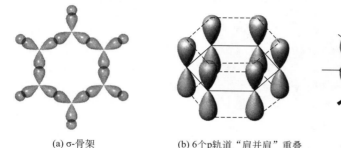

碳链首尾相连成环状　　　　满足分子式 C_6H_6　　　　满足碳四价　　　两种不同的"环己三烯"迅速不停地相互转变勉强解释了只有一种邻二溴苯

Kekulé 结构式是当时众多"苯环结构"中最满意的一种。它成功地解释了许多实验事实，但不能解释苯环的特殊稳定性。因为按照 Kekulé 的说法，苯分子中存在三个双键，虽然它们来回不停地移动，但双键始终是存在的。

苯的特殊稳定性可由其特别低的氢化热数据得到证实：

$$+H_2 \longrightarrow \qquad \Delta H = -120\,kJ/mol$$
$$+3H_2 \longrightarrow \qquad \Delta H = -208\,kJ/mol \left.\vphantom{\begin{array}{c}a\\b\end{array}}\right\} 3\times120-208=152(kJ/mol)$$

苯环的离域能

说明苯比 Kekulé 所假定的"环己三烯"要稳定 152kJ/mol！

6.2.2 价键理论

仪器测得，苯分子中 12 个原子共面，所有的碳碳键的键长均为 0.140nm（小于普通单键的 0.154nm，大于普通双键的 0.133nm），键角∠CCH 及∠CCC 均为 120°。

杂化轨道理论认为，苯分子中 6 个碳原子均采取 sp^2 杂化，每个碳原子上还剩下一个与 σ 平面垂直的 p 轨道。这 6 个 p 轨道相互之间以"肩并肩"方式重叠，形成 π_6^6 大 π 键（六中心六电子大 π 键），如图 6-1 所示。

　(a) σ-骨架　　　　(b) 6 个 p 轨道"肩并肩"重叠　　　(c) 环状闭合共轭体系　　　扫一扫画苯的结构

图 6-1　苯分子中的 σ 键及大 π 键

π_6^6 是离域的大 π 键，其离域能为 152kJ/mol，体系稳定，能量低，不易开环（即不易发生加成、氧化反应）。处于 π_6^6 大 π 键中的 π 电子高度离域，电子云完全平均化，像两个救生圈分布在苯分子平面的上下两侧，在结构中并无单双键之分，是一个闭合的共轭体系。

6.2.3 分子轨道理论

如图 6-2 所示，6 个 p 轨道可线性组合成 6 个分子轨道，其中 3 个是能量低于 p 轨道的成键轨道，另外 3 个是能量高于 p 轨道的反键轨道。成键轨道有两个是能量相同的，称为"能级简并轨道"，反键轨道中也有两个能级简并轨道。基态下，6 个 π 电子全部填入能量较低的成键轨道中。

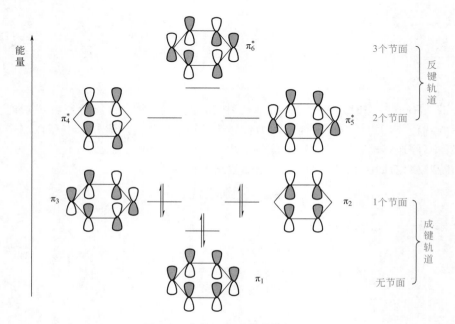

图 6-2　苯的 π 分子轨道能级图

分子轨道理论的处理结果与杂化轨道理论的结果相同，即苯环中 π 电子云像两个救生圈一样分布在苯分子平面的上下两侧〔见图 6-1(c)〕，碳碳键长完全平均化，是一个高度离域的环状共轭体系。

以上讨论说明：苯的结构很稳定，其 π 电子高度离域，键长完全平均化。

苯分子结构的表示方法：

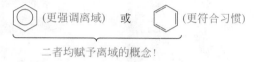

二者均赋予离域的概念！

6.2.4 共振论对苯分子结构的解释

共振论认为苯的结构是两个或多个经典结构的共振杂化体：

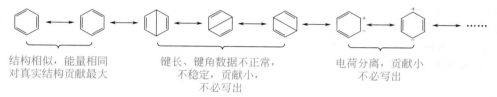

结构相似，能量相同
对真实结构贡献最大

键长、键角数据不正常，
不稳定，贡献小，
不必写出

电荷分离，贡献小
不必写出

根据共振论的观点，苯的结构可表示为：

6.3 单环芳烃的物理性质和波谱特征

6.3.1 单环芳烃的物理性质

苯及其同系物多为有特殊香味的无色液体，相对密度小于 1，但略高于相应的脂肪烃、环烷烃、环烯烃。表 6-1 是一些常见单环芳烃的物理性质。

表 6-1 一些常见单环芳烃的物理性质

名称	熔点/℃	沸点/℃	相对密度 (d_4^{20})
苯	5.5	80.1	0.879
甲苯	−95	110.6	0.866
乙苯	−95	136.1	0.867
丙苯	−99.6	159.3	0.862
异丙苯	−96	152.4	0.862
邻二甲苯	−25.2	144.4	0.880
间二甲苯	−47.9	139.1	0.864
对二甲苯	13.2	138.4	0.861

与其他烃类似，芳烃不溶于水，易溶于有机溶剂。其中二甘醇、环丁砜、N-甲基吡咯烷-2-酮、N,N-二甲基甲酰胺等特殊溶剂，可选择性地溶解芳烃，常被用来萃取芳烃。

由于对二甲苯的分子对称性较好，晶格能更大，故其熔点高于另外两个二元取代甲苯。利用这一性质，可通过冷冻结晶，从邻位、间位异构体中分离对二甲苯。

6.3.2 单环芳烃的波谱特征

6.3.2.1 单环芳烃的 IR 谱图特征

苯环在 4 个区域有特征吸收：①约 3030cm^{-1} 处苯环上质子的伸缩振动（ν_{Ph-H}，易与烯烃的 $\nu_{\equiv C-H}$ 混淆）；② 2000～1650cm^{-1}（与苯环骨架及取代情况有关）；③ 1625～1450cm^{-1} 苯环骨架伸缩振动（亦有人称为苯环的"呼吸振动"）；④900～650cm^{-1} 苯环上质子的面外弯曲振动（γ_{Ar-H}）。

苯环的"呼吸振动"最多有 4 个吸收峰，其中以 1600cm^{-1} 和 1500cm^{-1} 左右两个峰为主。当苯环与其他基团共轭时，1600cm^{-1} 左右处峰裂分为二，在 1580cm^{-1} 处又出现一个吸收峰；当分子有对称中心时，1600cm^{-1} 谱带很弱或看不到。当苯环上有吸电子基取代时，1500cm^{-1} 左右谱带波数降低为 1480cm^{-1} 左右，而供电子基使其波数上升到

1510cm^{-1} 左右。有时 1460cm^{-1} 附近也会出峰，但它与甲基和甲叉基的 δ_{C-H} 吸收重叠，诊断价值不大。

$900 \sim 650 \text{cm}^{-1}$ 处芳环上质子的面外弯曲振动（γ_{Ar-H}）的吸收峰位置和数量对判断苯环上的取代情况非常有用。总体来说，邻接氢的个数越少，γ_{Ar-H} 的频率越高（参见表 5-3）。

图 6-3 是苯乙烯的红外光谱。

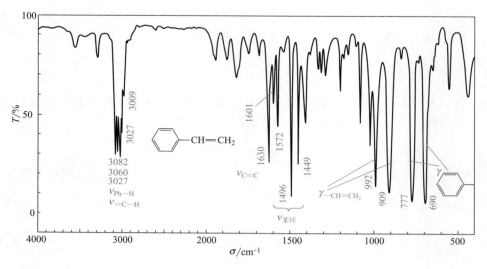

图 6-3　苯乙烯的 IR 光谱图（液膜）

6.3.2.2　单环芳烃的 NMR 谱

苯环上质子在 $\delta 7.25$ 左右出峰，容易识别。图 6-4 和图 6-5 分别是正丙苯和异丙苯的 ^{1}H NMR 谱。两个化合物都含有苯环，因而在 $\delta 7.25$ 附近都出现苯环质子的特征吸收峰。

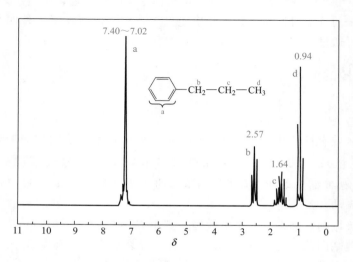

图 6-4　正丙苯的 ^{1}H NMR 谱图

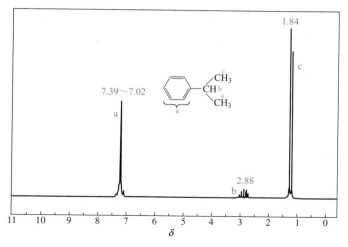

图 6-5 异丙苯的 ^{1}H NMR 谱图

6.4 单环芳烃的化学性质

由于苯环中存在高度离域的、环状的共轭体系，苯环具有特殊的稳定性。苯环的上、下两侧的环状 π 电子云使得苯环是富含电子的区域，易被缺电子的亲电试剂进攻，发生亲电取代反应。加成反应会导致高度离域的、环状的共轭体系被破坏，故苯环很难发生加成反应。取代反应则可以保持苯环的稳定结构，所以，苯环的亲电取代反应是单环芳烃最重要的化学性质。图 6-6 给出了单环芳烃的主要反应及其发生的位点。

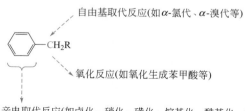

图 6-6 单环芳烃的主要反应及其发生的位点

6.4.1 芳烃苯环上的反应

6.4.1.1 亲电取代反应

亲电取代反应

苯环 σ 平面的上下两侧都有环状的 π 电子云，对碳原子核有屏蔽作用，不利于亲核试剂的进攻，但是苯环上的 π 电子云可以进攻高活性亲电试剂 E^+，发生苯环上亲电取代反应：

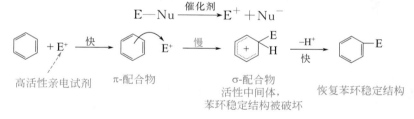

　　该反应是分步进行的，其决速步是由带正电荷的亲电试剂 E^+ 加到苯环上，生成苯环正离子中间体（亦称 σ 配合物、σ 正离子或芳基正离子），属于亲电取代反应。

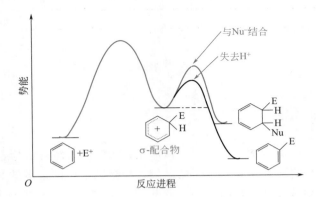

　　碳正离子活性中间体（σ-配合物）之所以不与亲核试剂 Nu^- 结合生成加成产物，是因为加成的结果会破坏苯环的环状离域体系，产物不稳定；而取代反应过程中失去质子恢复稳定的环状离域体系，产物较稳定，反应更容易进行，如图 6-7 所示。

图 6-7　苯发生亲电取代反应和亲电加成反应的能量示意图

　　（1）卤化　在铁或三卤化铁等催化下，苯与卤素（Cl_2、Br_2）作用生成卤苯的反应称为卤化反应（halogenation reaction）。例如：

$$\text{苯} + Cl_2 \xrightarrow[90\%]{FeCl_3, 25℃} \text{苯}-Cl + HCl$$

在更强烈的反应条件下，可以引入第二个卤素原子：

$$\xrightarrow[60\sim65℃]{Cl_2, FeCl_3}$$

　　　　　　　　　（39%）　　　　（56%）　　（5%）

烷基苯比苯更容易进行卤化反应：

$$\xrightarrow[CH_3COOH, 25℃]{Br_2, Fe}$$

溶剂，起稀释作用，　　（33%）　　　　（66%）　　　（1%）
使反应平稳进行

　　注意： 当苯环上已有一个卤素原子或甲基时，新引入的卤素原子进入其邻、对位。

卤化反应的机理：没有 Fe 或 FeX_3 存在时，苯不与溴或氯发生反应，所以苯不能使溴的四氯化碳溶液褪色。但有 Fe 或 FeX_3 存在时，苯可与溴或氯发生反应，其中 FeX_3 的作用是促进 X_2 极化解离：

$$FeCl_3 + Cl_2 \rightleftharpoons FeCl_4^- + Cl^+$$
$$FeBr_3 + Br_2 \rightleftharpoons FeBr_4^- + Br^+$$

高活性亲电试剂

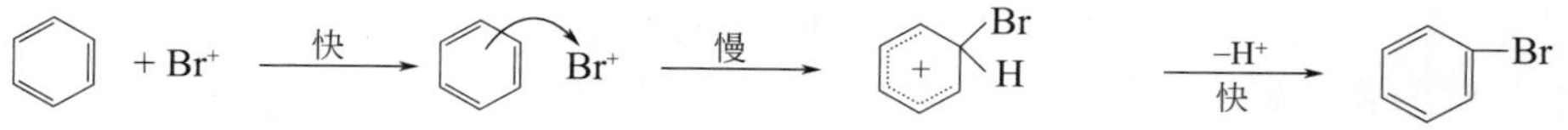

π-配合物　　　　σ-配合物

（2）硝化

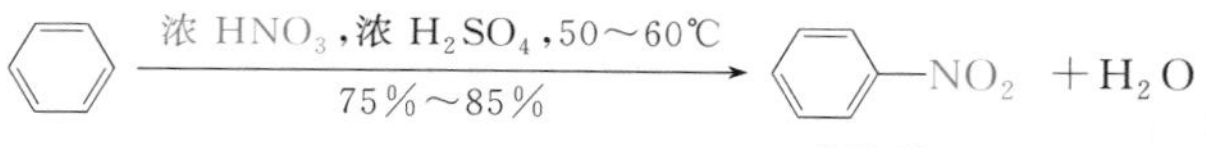

硝基苯

若苯环上已有取代基：

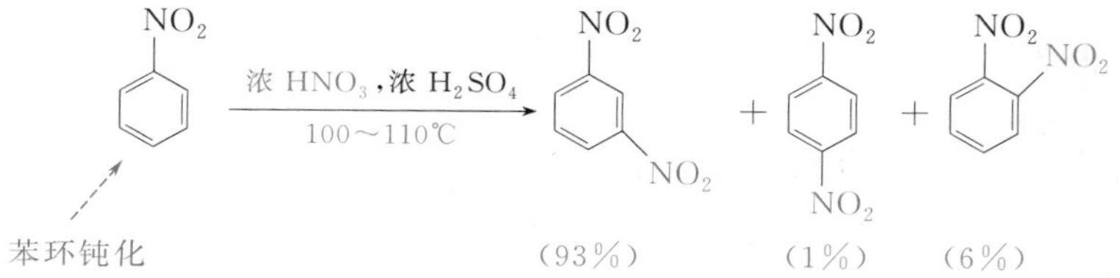

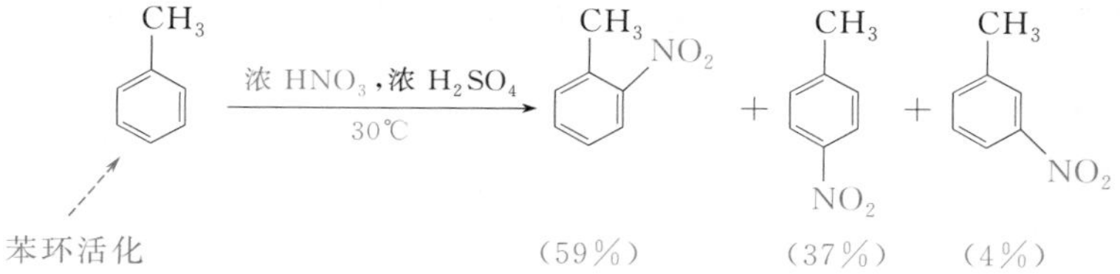

苯环钝化　　　（93%）　　（1%）　　（6%）

苯环活化　　　（59%）　　（37%）　　（4%）

注意：苯环活化后，第二个取代基主要进入第一个取代基的邻、对位；苯环钝化后，第二个取代基主要进入第一个取代基的间位。

硝化反应机理：进攻试剂是 NO_2^+（硝基正离子，亦称硝酰正离子），浓硫酸的作用是促进 NO_2^+ 的生成：

$$HOSO_2OH + HO-NO_2 \rightleftharpoons H_2\overset{+}{O}-NO_2 + HSO_4^-$$
$$H_2\overset{+}{O}-NO_2 \rightleftharpoons NO_2^+ + H_2O$$

高活性亲电试剂

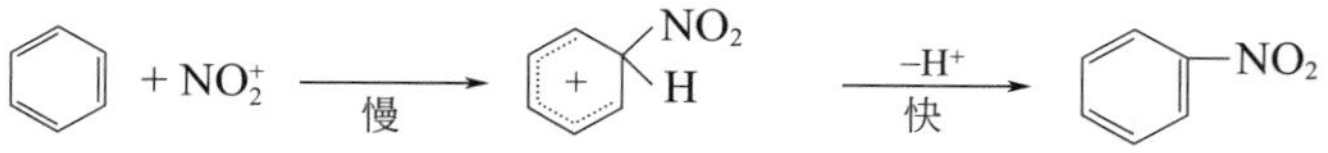

σ-配合物

（3）磺化

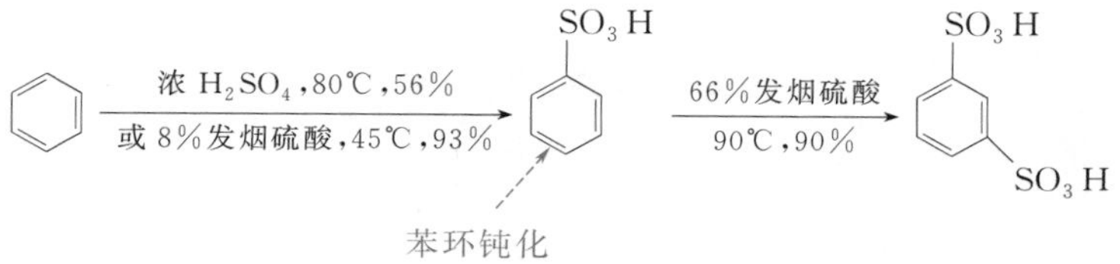

苯环钝化

苯磺酸　　　　　　　间苯二磺酸

甲苯比苯更容易进行磺化：

邻甲基苯磺酸(32%)　　对甲基苯磺酸(62%)

也可用 SO_3 作为磺化试剂，反应不生成水，无废酸产生，对设备腐蚀小，有利于环境保护。例如：

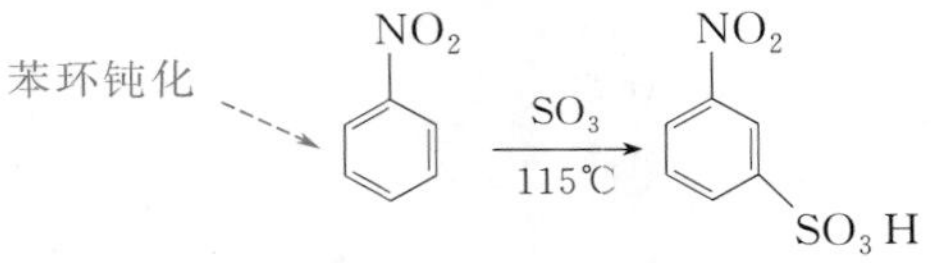

定位规律： 苯环上已有一个—SO_3H 或—NO_2 后，苯环钝化，且新引入基团进入—SO_3H 或—NO_2 的间位；苯环上已有一个—CH_3 后，苯环活化，且第二个基团进入甲基的邻、对位。

与卤化和硝化反应不同，磺化反应是一个可逆反应：

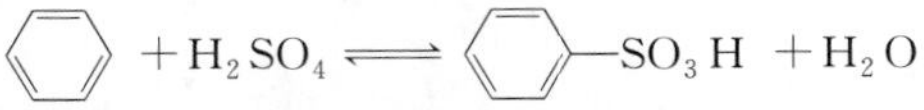

这种可逆性导致烷基苯在不同温度下进行磺化，得到的邻位和对位异构体的比例不同：

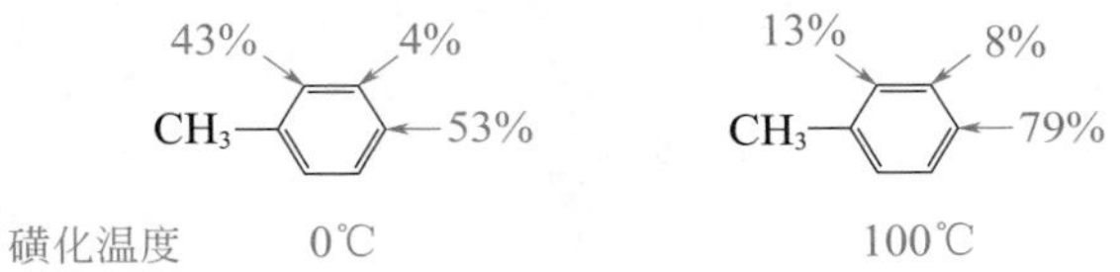

磺化温度　　　0℃　　　　　　　100℃

也导致磺酸基在一定条件下可以脱去：

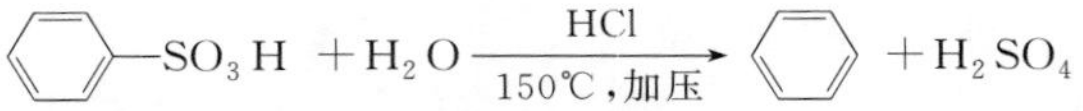

在有机合成中，可以利用磺酸基暂时占据芳环上的某一位置，待其他反应完成后，再水解除去磺酸基。即可以利用磺化反应可逆的特点进行"占位"：

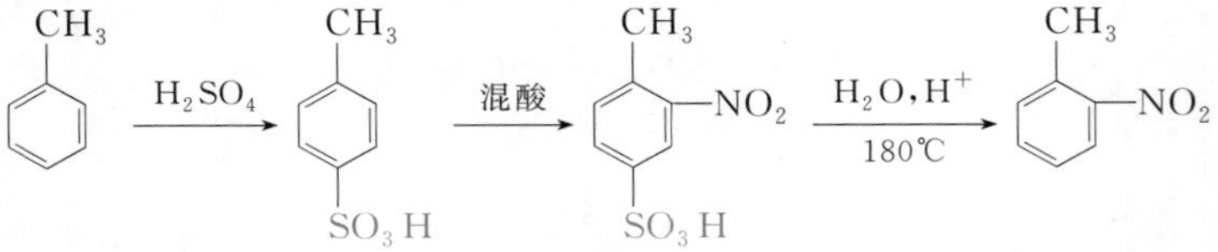

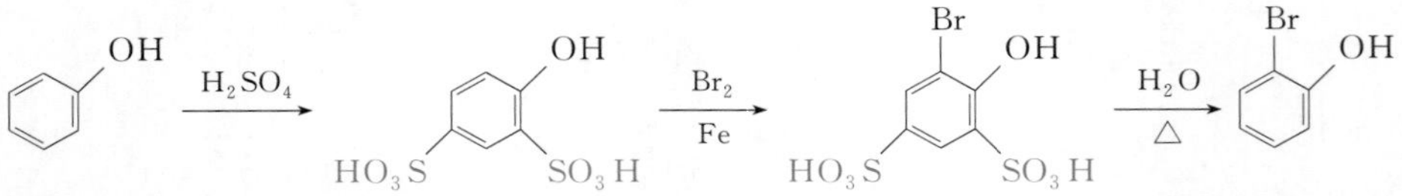

磺化反应机理： 一般认为，用硫酸进行磺化反应时，进攻试剂是三氧化硫：

$$2H_2SO_4 \rightleftharpoons SO_3 + H_3O^+ + HSO_4^-$$

有效亲电试剂

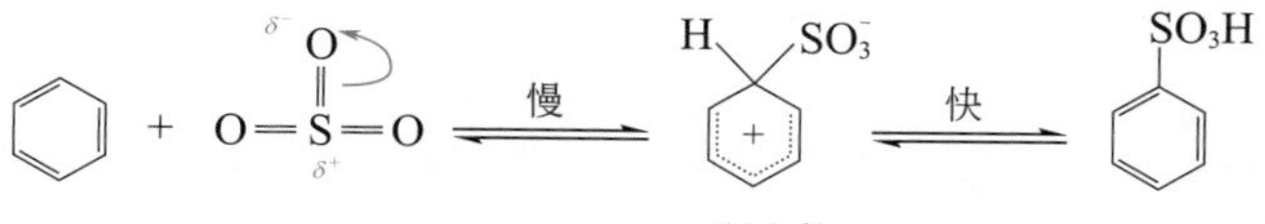

（反应式图：苯 + SO₃ ⇌ 慢 → σ-配合物（+，HSO₃⁻）⇌ 快 → 苯磺酸 SO₃H）

σ-配合物

（4）Friedel-Crafts 反应 Friedel-Crafts（傅里德-克拉夫茨）反应简称傅-克反应，包括烷基化反应和酰基化反应。

烷基化反应是在苯环上引入烷基的重要方法。

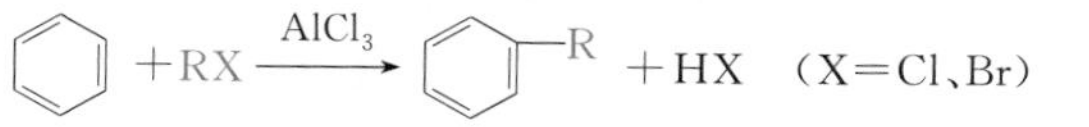

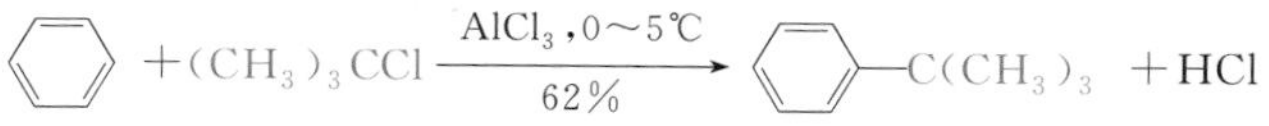

（反应式：苯 + RX $\xrightarrow{AlCl_3}$ 苯—R + HX （X＝Cl、Br））

（反应式：苯 + $(CH_3)_3CCl$ $\xrightarrow[62\%]{AlCl_3,0\sim5℃}$ 苯—$C(CH_3)_3$ + HCl）

叔丁基氯

常用烷基化试剂：卤代烷（实验室常用）、烯烃（工业上常用）、醇、环醚（如环氧乙烷）等。

常用催化剂：无水 $AlCl_3$（Lewis 酸）、H_2SO_4（Brønsted 酸）、分子筛等。

工业上利用傅-克烷基化反应大量生产乙苯和异丙苯：

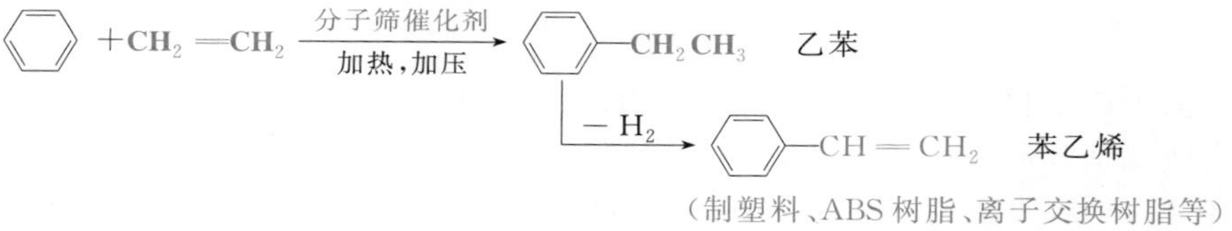

（反应式：苯 + $CH_2＝CH_2$ $\xrightarrow[\text{加热,加压}]{\text{分子筛催化剂}}$ 苯—CH_2CH_3 乙苯）

（$-H_2$ → 苯—$CH＝CH_2$ 苯乙烯）

（制塑料、ABS 树脂、离子交换树脂等）

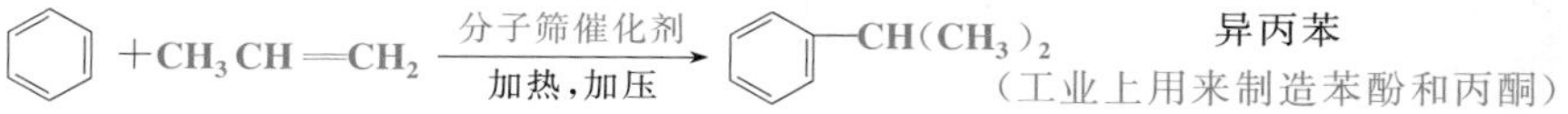

（反应式：苯 + $CH_3CH＝CH_2$ $\xrightarrow[\text{加热,加压}]{\text{分子筛催化剂}}$ 苯—$CH(CH_3)_2$ 异丙苯）

（工业上用来制造苯酚和丙酮）

分子筛催化剂（molecular sieve based catalysts）具有明确的孔腔分布、极高的比表面积、良好的热稳定性，还有可调变的酸位中心，具有酸催化活性，是目前工业上广泛使用的一大类催化剂，具有环保、低腐蚀，产品收率高、纯度高的特点。磷酸铝系分子筛、丝光沸石型分子筛等都是新型分子筛催化剂，可用于傅-克烷基化反应。

酰基化反应是制备芳香酮的重要反应。例如：

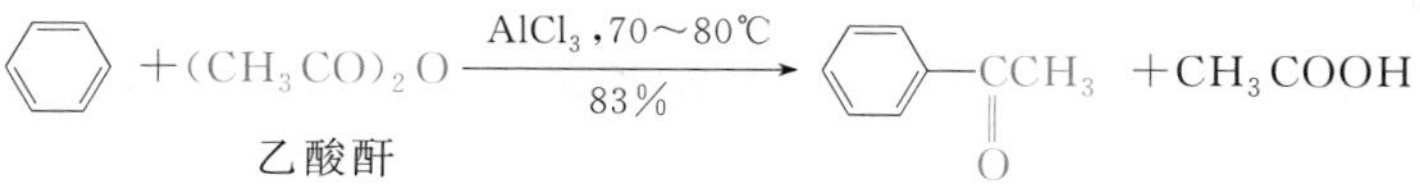

（反应式：苯 + $(CH_3CO)_2O$ $\xrightarrow[83\%]{AlCl_3,70\sim80℃}$ 苯—C(=O)CH₃ + CH_3COOH）

乙酸酐

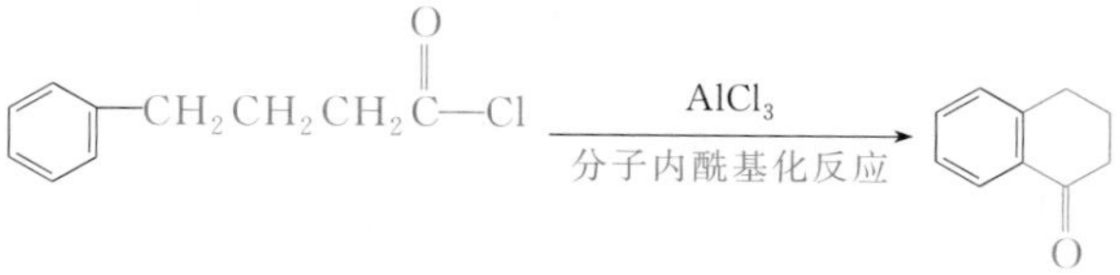

（反应式：苯—$CH_2CH_2CH_2C(=O)—Cl$ $\xrightarrow[\text{分子内酰基化反应}]{AlCl_3}$ 四氢萘酮结构）

常用催化剂：无水 $AlCl_3$、无水 $ZnCl_2$ 等。

常用酰基化试剂及其相对活性：酰卤＞酸酐＞羧酸（很少用）。

关于 Friedel-Crafts 反应的进一步讨论：

① 烷基化反应和酰基化反应有许多相似之处：催化剂相同，反应机理相似。当苯环上

连有强的吸电子基（如—NO$_2$、—CN、—SO$_3$H、—COR 等）时，一般不发生 Friedel-Crafts 反应。

② 苯环上已有一个致活基时，酰基通常进入其对位；而烷基化反应则是生成邻位和对位取代混合物，且相对比例与苯环上取代基的空间效应有关。

③ 烷基化反应有多元取代、异构化、歧化等现象；酰基化反应无多元取代、异构化、歧化等现象。

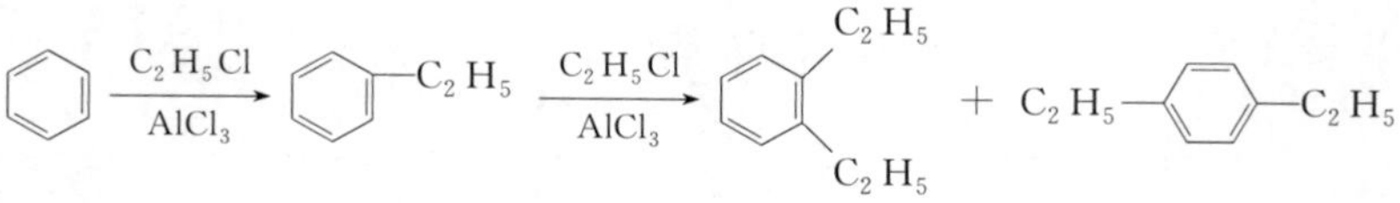

乙苯

（更易亲电取代）　　　　　　　　　　　　多元取代

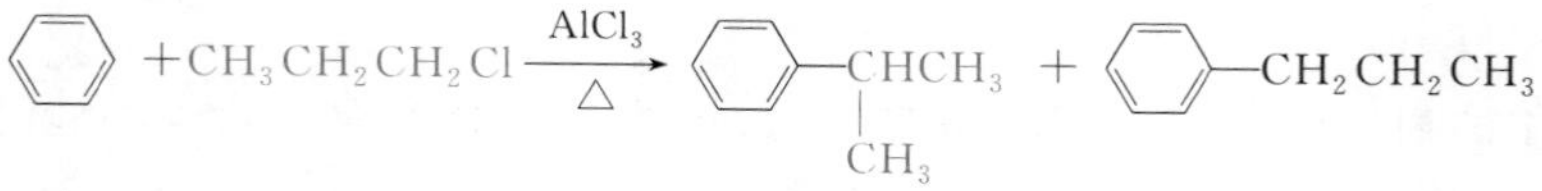

异构化产物（64%～68%）　　（36%～32%）

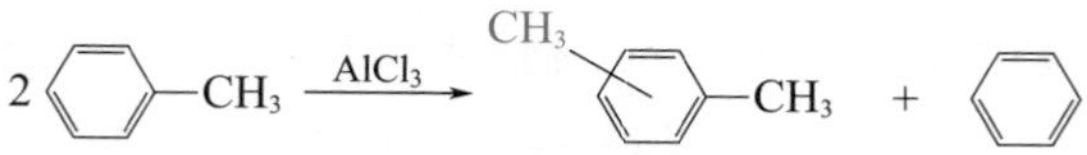

歧化　　（o-、m-、p-）

目前工业上利用甲苯的歧化反应可以增加苯和二甲苯的产量。

直链烷基苯可采用下列方法制备：先在芳环上引入酰基，再经 Clemmenson（克莱门森）还原，得到直链的烷基苯。Clemmenson 还原是将酮（或醛）与锌汞齐和盐酸共热，把羰基还原为甲叉基的重要人名反应（详见第 11 章 11.5.4.2）。

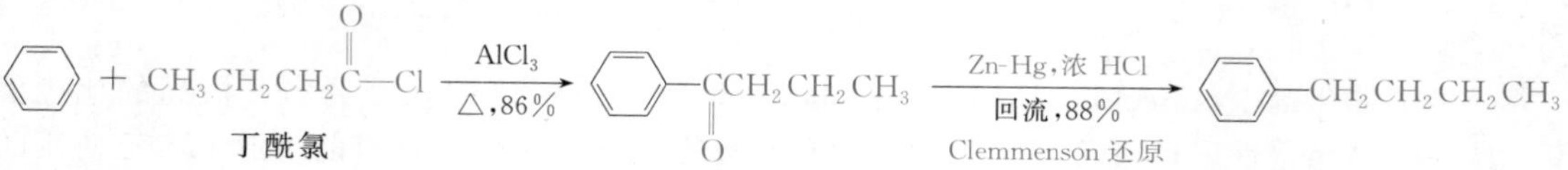

丁酰氯　　　　　　　　　　　　1-苯基丁-1-酮　　　　　Clemmenson 还原

烷基化反应机理：

以苯与1-氯丙烷的反应为例。

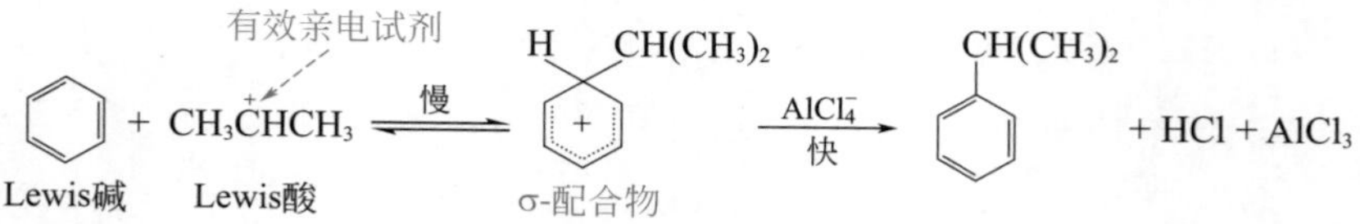

Lewis碱　 Lewis酸　　　　　　σ-配合物

酰基化反应机理：

以酰氯为酰化试剂为例。

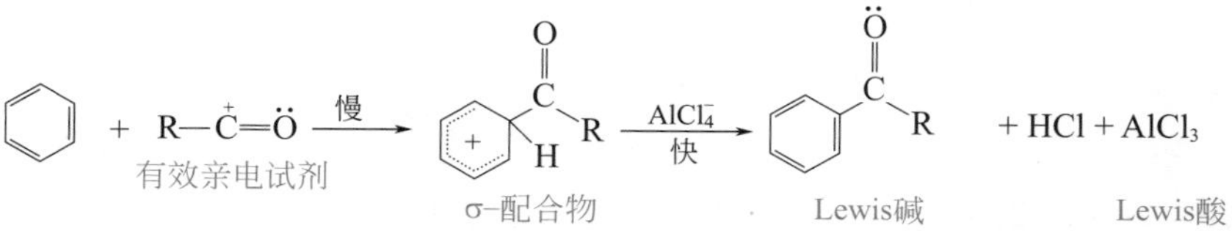

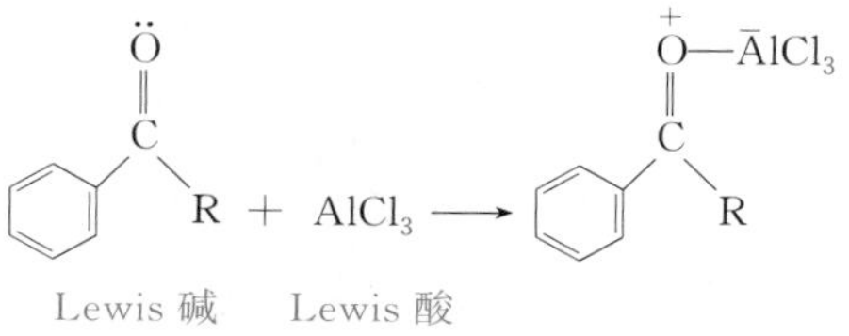

反应生成的芳酮以配合物的形式存在，因此酰基化反应中催化剂 $AlCl_3$ 的用量较大，一般是酰氯物质的量（mol）的 1.2～1.3 倍。若用酸酐作酰基化试剂，$AlCl_3$ 的用量是酸酐物质的量（mol）的 2.2～2.3 倍。

（5）氯甲基化及 Gattermann-Koch 反应　在无水氯化锌存在下，芳烃与甲醛及氯化氢作用，在芳环上引入氯甲基的反应被称为氯甲基化反应。例如：

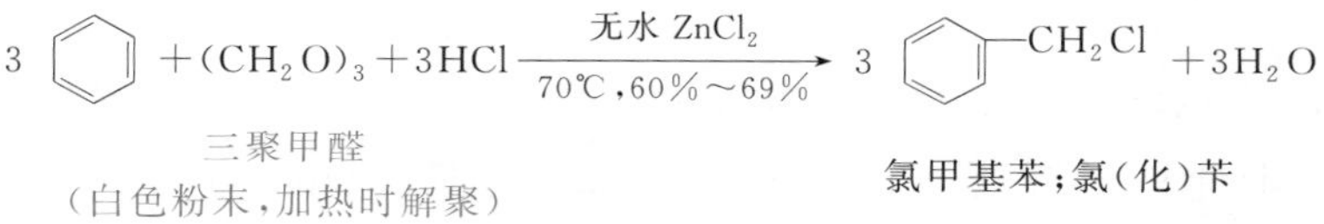

氯甲基化反应的有效亲电试剂为 $[H_2C\overset{+}{=}OH \longleftrightarrow H_2\overset{+}{C}-OH]$，它与苯发生亲电取代，生成苯甲醇，后者与体系中的氯化氢作用，很快形成氯甲基苯（亦称氯化苄）。

苯、烷基苯、烷氧基苯、稠环芳烃等都能顺利进行氯甲基化反应。但当芳环上只有强的吸电子基时，反应产率很低甚至不反应。例如：硝基苯和间二硝基苯都不适合氯甲基化反应。

氯甲基化反应在有机合成上很重要，因为—CH_2Cl（氯甲基）很容易转化为：

　　　　　—CH_2OH　—CH_2CN　—CHO　—CH_2COOH　—CH_2NH_2　—$CH_2N(CH_3)_2$
　　　　　　羟甲基　　　氰甲基　　　醛基　　　羧甲基　　　　氨甲基　　　N,N-二甲氨甲基

Gattermann-Koch（加特曼-科克）反应是在 Lewis 酸存在及加压情况下，芳烃与等量的一氧化碳和 HCl 的混合气体发生作用，生成相应芳香醛的反应，亦称甲酰化反应。

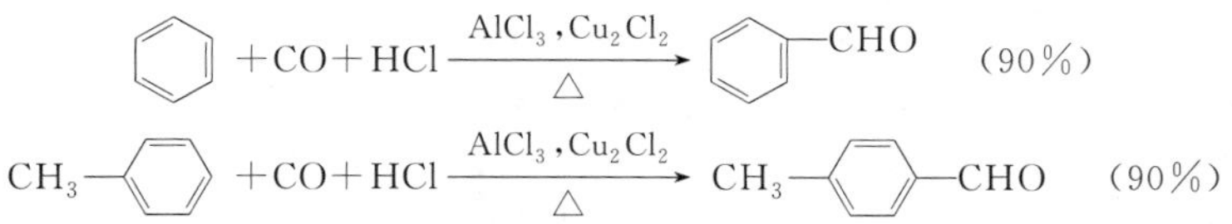

在反应中，CO 与 HCl 作用，生成亲电的中间体 $[H\overset{+}{C}=O]AlCl_4^-$，其碳正离子 $[H\overset{+}{C}=O]$ 进攻苯环，生成苯甲醛，即在苯环上引入一个甲酰基。加入 Cu_2Cl_2 的目的是使反应可在常压下进行，否则需要加压才能完成。

6.4.1.2　加成反应

（1）加氢　苯通常情况下不易加氢，但在剧烈条件下，1 分子苯与 3 分子氢气加成，生

成环己烷：

$$\text{苯} + 3H_2 \xrightarrow[180\sim210℃,2.81MPa]{\text{Raney Ni}} \text{环己烷}$$

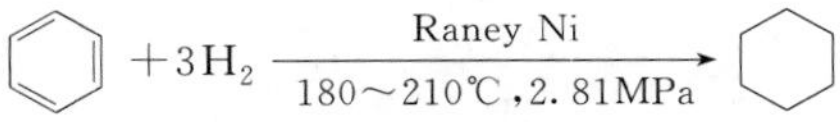

（2）加氯　苯不易与氯发生加成反应。但在特定条件下，如紫外线照射下，1分子苯与3分子氯加成生成六氯化苯：

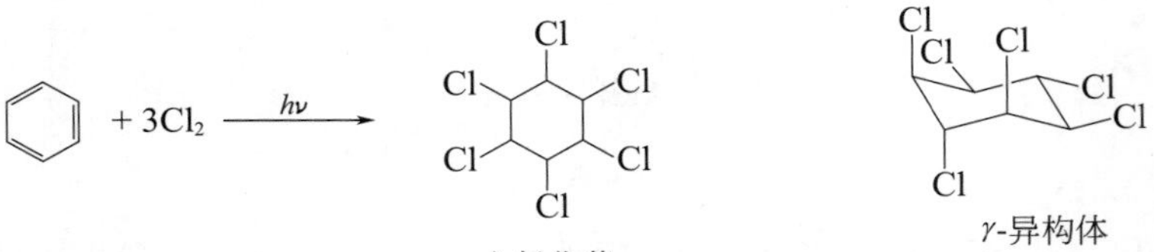

$$\text{苯} + 3Cl_2 \xrightarrow{h\nu} \text{六氯化苯}$$

六氯化苯
（六六六）

γ-异构体

六六六有八种异构体，其中 γ-异构体（约 18％）有杀虫作用，但其化学性质太稳定，不易在自然条件下降解，残毒大，已被禁止使用。

6.4.1.3　氧化反应

一般情况下，没有侧链时，苯不与 $KMnO_4$、$K_2Cr_2O_7/H^+$ 等通用强氧化剂反应。

在高温和催化剂作用下，苯可被空气氧化生成顺丁烯二酸酐。这是工业上生产顺丁烯二酸酐的方法之一。

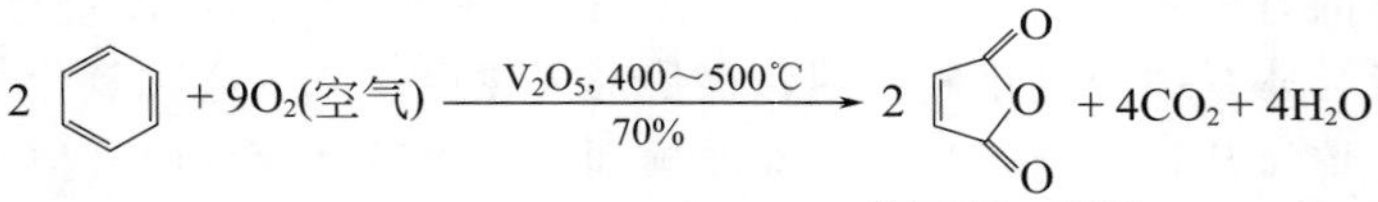

$$2\text{苯} + 9O_2(\text{空气}) \xrightarrow[70\%]{V_2O_5,\,400\sim500℃} 2\text{顺丁烯二酸酐} + 4CO_2 + 4H_2O$$

顺丁烯二酸酐

顺丁烯二酸酐简称顺酐，又名马来酸酐，是重要的精细有机化工原料。

6.4.1.4　还原反应

碱金属（钠、钾、锂）在液氨与醇（乙醇、异丙醇、仲丁醇）的混合液中，与芳香化合物反应，苯环可被还原成不共轭的环己-1,4-二烯类化合物，这种反应叫作 Birch（比奇）还原。例如：

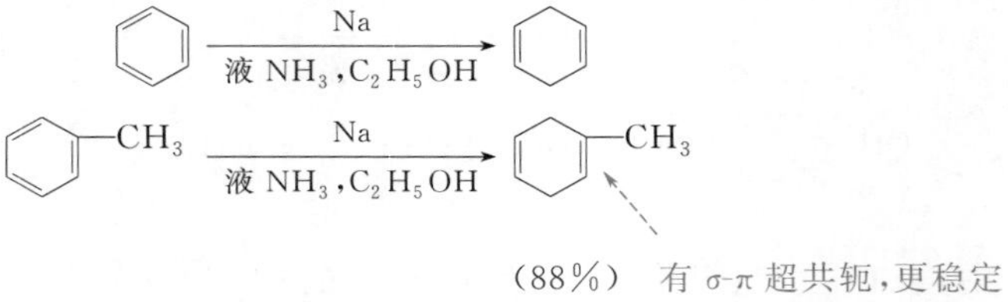

$$\text{苯} \xrightarrow[\text{液 } NH_3,\,C_2H_5OH]{\text{Na}} \text{环己-1,4-二烯}$$

$$\text{甲苯} \xrightarrow[\text{液 } NH_3,\,C_2H_5OH]{\text{Na}} \text{产物}$$

（88％）　有 σ-π 超共轭，更稳定

6.4.1.5　芳环的聚合反应

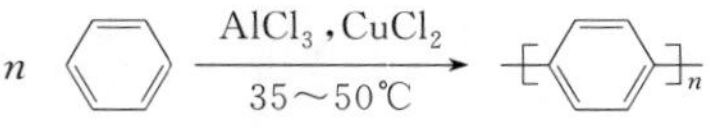

$$n\,\text{苯} \xrightarrow[35\sim50℃]{AlCl_3,\,CuCl_2} \text{聚苯}$$

聚苯
（高分子导电体,性能优于石墨）

6.4.2 芳烃侧链（烃基）上的反应

6.4.2.1 卤化反应

由于苄基型自由基的特殊稳定性，烷基苯的 α-氢较活泼，易在高温、光照、自由基引发下进行 α-氢的卤化反应。例如：

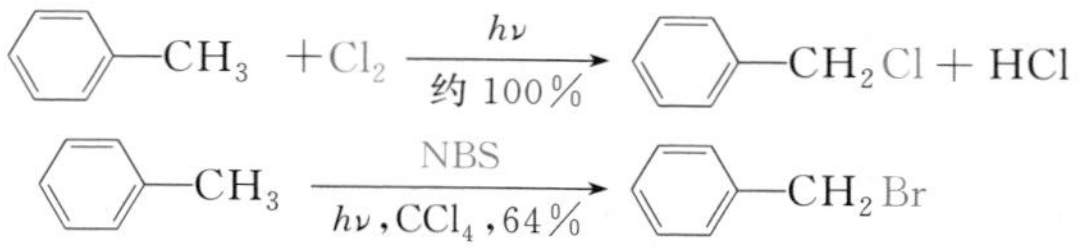

$$C_6H_5\text{—}CH_3 + Cl_2 \xrightarrow[\text{约 } 100\%]{h\nu} C_6H_5\text{—}CH_2Cl + HCl$$

$$C_6H_5\text{—}CH_3 \xrightarrow[h\nu, CCl_4, 64\%]{NBS} C_6H_5\text{—}CH_2Br$$

当氯过量时，则在 α-碳上发生多元取代。例如：

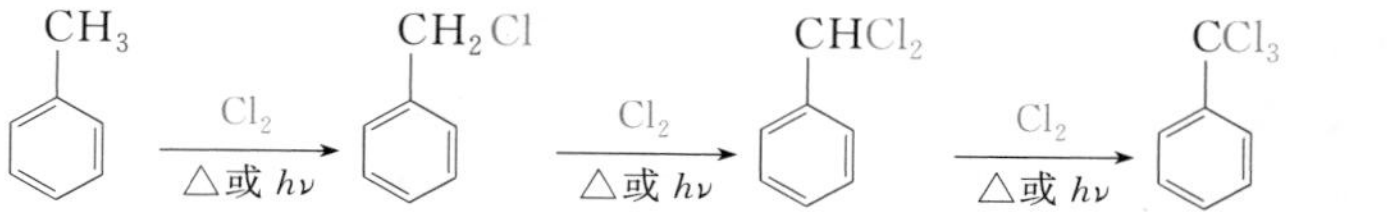

氯甲基苯　　（二氯甲基）苯　　（三氯甲基）苯

苯环侧链的氯化反应，为合成苯甲醇、苯甲醛及其衍生物提供了方便的方法。例如：

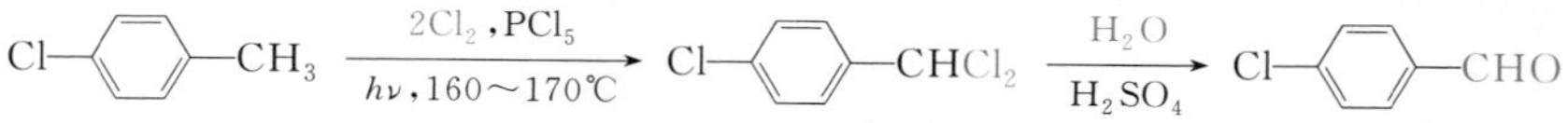

1-氯-4-(二氯甲基)苯　　　　4-氯苯甲醛（54%～60%）

芳环侧链的卤化反应是按自由基机理进行的，现以甲苯的侧链氯化为例说明。

链引发：　　　　　　　　$$Cl_2 \xrightarrow[\text{或高温}]{h\nu} 2Cl\cdot$$

链增长：　　　$$C_6H_5\text{—}CH_3 + Cl\cdot \longrightarrow C_6H_5\text{—}\dot{C}H_2 + HCl$$
　　　　　　　　　　　　　　　苄基自由基

$$C_6H_5\text{—}\dot{C}H_2 + Cl_2 \longrightarrow C_6H_5\text{—}CH_2Cl + Cl\cdot$$

……

由于苄基型自由基比较稳定，侧链卤化总是发生在 α-位：

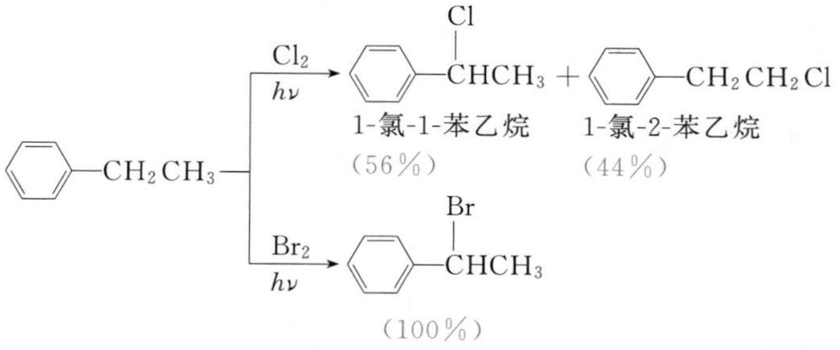

1-氯-1-苯乙烷　　1-氯-2-苯乙烷
（56%）　　　　　（44%）

（100%）

由于溴的反应活性比氯低，溴代反应的选择性比氯代的高。这是低反应活性导致高选择性（详见第 2 章 2.6.1.5）的又一实例。

6.4.2.2 氧化反应

有 α-H 的取代苯，在强氧化剂作用下，可在 α-位发生氧化，生成苯甲酸：

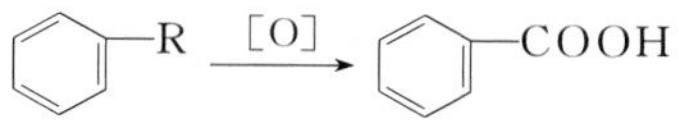

（R：1°、2°）

$[O] = KMnO_4$、$K_2Cr_2O_7/H^+$、HNO_3、O_2（空气）/催化剂等

如：

$$\text{C}_6\text{H}_5\text{—C}_2\text{H}_5 \xrightarrow[\text{100℃,6h,82\%}]{\text{KMnO}_4,\text{H}_2\text{O,硬脂酸钠}} \text{C}_6\text{H}_5\text{—COOH}$$

$$\text{CH}_3\text{—C}_6\text{H}_4\text{—CH}_3 \xrightarrow[\text{钴-锰-溴催化体系,}\triangle]{\text{O}_2(\text{空气}),\text{醋酸}} \text{HOOC—C}_6\text{H}_4\text{—COOH}$$

对苯二甲酸

［制造聚酯纤维（涤纶）原料］

若有两个烷基处于邻位，氧化的最后产物是酸酐：

$$+ \text{O}_2(\text{空气}) \xrightarrow[\text{60\%～70\%}]{\text{V}_2\text{O}_5,\ 350\sim500℃}$$

苯-1, 2, 4, 5-四甲酸二酐
（环氧树脂固化剂、制酰亚胺原料）

但是，侧链无 α-H 者则不被氧化：

$$\text{C}_6\text{H}_5\text{—C(CH}_3)_3 \xrightarrow[\triangle]{\text{KMnO}_4} \text{不反应！}$$

此外，烷基苯可在适当条件下脱氢：

$$\text{C}_6\text{H}_5\text{—CH}_2\text{CH}_3 \xrightarrow[\text{560～600℃}]{\text{Fe}_2\text{O}_3} \text{C}_6\text{H}_5\text{—CH=CH}_2$$

苯乙烯

（制备聚苯乙烯、丁苯橡胶单体）

6.4.2.3　侧链的聚合反应

$$n\ \text{C}_6\text{H}_5\text{—CH=CH}_2 \xrightarrow[\text{80～90℃}]{\text{苯甲酸过氧酸酐(BPO)}} \text{—[CH—CH}_2\text{]}_n\text{—}$$

聚苯乙烯

聚苯乙烯是一种塑料，其透光性很好，绝缘性也较好，但其易脆裂，不易加工。适合用作制造光学仪器、绝缘材料、包装用泡沫材料及建筑保温材料等。

6.5　苯环上取代反应的定位规则

6.5.1　两类定位基

苯环上已有一个取代基之后，新引入取代基的位置取向受原有取代基性质的影响。表 6-2 给出了部分一取代苯进行硝化反应时的相对速率和异构体的分布。

表 6-2　一取代苯硝化反应的相对速率和异构体的分布

取代基	相对速率（与氢比较）	异构体分布/%		
		邻　位	对　位	间　位
—H	1			
—OCH$_3$	约 2×10^5	31	67	2
—NHCOCH$_3$	很快	19	79	2
—CH$_3$	24.5	58	38	4

续表

取代基	相对速率 （与氢比较）	异构体分布/%		
		邻 位	对 位	间 位
—C(CH$_3$)$_3$	15.5	15.8	72.7	11.5
—CH$_2$Cl	3.02×10^{-1}	32	52.5	15.5
—Cl	3.3×10^{-2}	29.6	69.5	0.9
—Br	3×10^{-2}	36	62.9	1.1
—COOC$_2$H$_5$	3.67×10^{-3}	24	4	72
—COOH	$< 10^{-3}$	18.5	1.3	80.2
—NO$_2$	6×10^{-8}	6.4	0.3	93.3
—$\overset{+}{N}$(CH$_3$)$_3$	1.2×10^{-8}			约 100

苯环上原有基团（称为定位基）分为两类。

第一类：致活基，新引入基团进入它的邻位或者对位，这类定位基又称邻、对位定位基。属于这类基团的有：—O$^-$、—NR$_2$、—NHR、—NH$_2$、—OH、—OCH$_3$、—NH-COCH$_3$、—OCOR、—C$_6$H$_5$、—R [—CH$_3$、—C$_2$H$_5$、(CH$_3$)$_2$CH—]、—H、—X（排在"—H"之后，意味着—X是非致活基）等。

致活基的结构特点是：与苯环相连的原子上带有负电荷或孤对电子、烃基。

第二类：致钝基，新引入的基团进入间位，这类定位基又称间位定位基。属于这类基团的有：—N$^+$R$_3$、—NO$_2$、—CN、—COOH、—COOC$_2$H$_5$、—SO$_3$H、—CHO、—COR 等。

致钝基的结构特点是：与苯环相连的原子上带有正电荷、不饱和键，且不饱和键的另一端是电负性大的原子。

上述两类定位基定位能力的强弱是不同的，其大致次序如上所述。

6.5.2 苯环上取代反应定位规则的理论解释

6.5.2.1 电子效应

（1）邻对位定位基对苯环的影响及其定位效应　　这类取代基对苯环均有推电子效应，使苯环电子云密度增大，苯环活化，有利于亲电试剂的进攻。下面以甲基和卤素原子为例，从反应物电子云的分布及转移、反应中间体 σ-配合物的稳定性及反应的能线图三个方面进行说明。

① 甲基

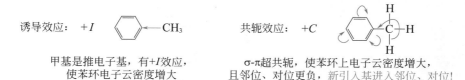

诱导效应：$+I$　　　　　　　　共轭效应：$+C$

甲基是推电子基，有+I效应，　　　　σ-π超共轭，使苯环上电子云密度增大，
使苯环电子云密度增大　　　　　　　且邻位、对位更负，新引入基进入邻位、对位！

$+I$、$+C$同向，都使苯环上电子云密度增大！
所以，甲基是致活基！表6-2中，甲苯硝化的相对速率为苯的24.5倍

用共振论可以解释为什么新引入基进入甲基的邻位、对位。当 E$^+$ 进攻甲基的不同位置

两类定位基-
邻对位定位基

时，所形成的 σ-配合物的稳定性如下：

进攻邻位：

$$\left[\text{CH}_3 \cdots \text{E} \cdots \text{H} \longleftrightarrow \text{CH}_3 \cdots \text{E} \cdots \text{H} \longleftrightarrow \text{CH}_3 \cdots \text{E} \cdots \text{H} \right]$$

共振杂化体
能量较低，
较稳定

$3° \text{C}^+$，—CH_3 可直接
分散正电荷，比较稳定

进攻对位：

$$\left[\text{CH}_3 \cdots \text{E} \cdots \text{H} \longleftrightarrow \text{CH}_3 \cdots \text{E} \cdots \text{H} \longleftrightarrow \text{CH}_3 \cdots \text{E} \cdots \text{H} \right]$$

共振杂化体
能量较低，
较稳定

$3° \text{C}^+$，—CH_3 可直接
分散正电荷，比较稳定

进攻间位：

$$\left[\text{CH}_3 \cdots \text{E} \cdots \text{H} \longleftrightarrow \text{CH}_3 \cdots \text{E} \cdots \text{H} \longleftrightarrow \text{CH}_3 \cdots \text{E} \cdots \text{H} \right]$$

共振杂化体
能量相对较高，
不太稳定

全部都是 $2° \text{C}^+$，无甲基直接分散正电荷的共振结构式！

可见，当 E^+ 进攻甲基的邻位、对位时，形成的活性中间体能量较低，反应的活化能也较低，反应速率相对较快；当 E^+ 进攻甲基的间位时，形成的活性中间体能量相对较高，反应速率相对较慢。

图 6-8 是苯和甲苯进行亲电取代反应时形成活性中间体（σ-配合物）的能线图。甲苯进行亲电取代反应时，无论新引入基进入邻位、对位还是进入间位，活性中间体的能量均低于苯进行取代时活性中间体的能量，因此，甲基是一个致活基；当新引入基进入甲基的邻位、对位时，活性中间体的能量更是明显低于苯的取代和甲苯的间位取代，因此，甲基是一个致活的邻位、对位定位基。

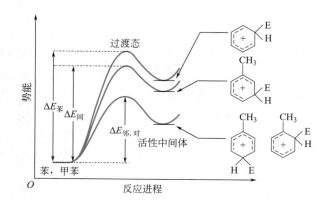

图 6-8　苯和甲苯进行亲电取代反应时的能量变化示意图

综上所述，三种分析方法都说明：甲基是一个致活基，新引入基团进入甲基的邻位、对位。

② 卤原子　卤素原子的定位效应属特殊情况。以氯苯为例：

诱导效应: –I   ⟨苯环⟩→Cl   共轭效应: +C   ⟨苯环⟩C̈l

氯的电负性大于碳, 使苯环电子   多电子p-π共轭, 使苯环上电子云密度增大,
云密度减小   且邻位、对位相对较负, 新引入基进入邻位、对位!

–I>+C, 总的结果使苯环上电子云密度减小。
所以, 氯原子是致钝基! 表6-2中, 氯苯硝化的相对速率为苯的3.3×10^{-2}倍

当 E$^+$ 进攻氯原子的不同位置时, 所形成的 σ-配合物的稳定性如下:

进攻邻位: 共振杂化体能量
相对较低, 较稳定!
较易形成!

共价键数目较多,
且满足八隅体,
稳定

进攻对位: 共振杂化体能量
相对较低, 较稳定!
较易形成!

共价键数目较多,
且满足八隅体,
稳定

进攻间位: 共振杂化体能量
相对较高, 不稳定

无共价键数目较多, 且满足八隅体的共振结构式!

图 6-9 是苯和氯苯进行亲电取代反应时形成活性中间体 (σ-配合物) 的能线图。由此图可以看出, 氯苯进行亲电取代反应时, 无论新引入基进入邻位、对位还是进入间位, 活性中间体的能量均高于苯进行取代时活性中间体的能量, 因此, 氯原子是一个致钝基; 当新引入基进入氯原子的邻、对位时, 活性中间体的能量明显低于氯苯的间位取代, 因此, 氯原子是一个致钝的邻、对位定位基。

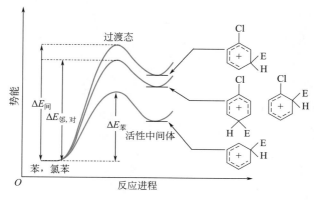

图 6-9 苯和氯苯进行亲电取代反应时的能量变化示意图

（2）间位定位基对苯环的影响及其定位效应　这类定位基的特点是它们都有吸电子效应，使苯环电子云密度降低，从而使苯环钝化。下面以硝基为例，进行说明。

诱导效应：−I
　　　　氮和氧的电负性均大于碳，
　　　　使苯环电子云密度减小

共轭效应：−C
π-π共轭，使苯环上电子云密度减小，
间位相对较负，新引入基上间位！

−I、−C同向，均使苯环上电子云密度减小！
所以，硝基是致钝基！表6-2中，硝基苯硝化的相对速率为苯的$6×10^{-8}$倍

当E^+进攻硝基的不同位置时，所形成的σ-配合物的共振情况如下：

进攻邻位：
共振杂化体能量高，很不稳定！

硝基连在C^+上，特别不稳定！

进攻对位：
共振杂化体能量高，很不稳定！

硝基连在C^+上，特别不稳定！

进攻间位：
共振杂化体能量相对较低，相对较稳定！

无强吸电子基直接与带正电荷碳原子相连的共振结构式！

两类定位基-
间位定位基

图 6-10 是苯和硝基苯进行亲电取代反应时形成活性中间体（σ-配合物）的能线图。由该图可以看到，硝基苯进行邻位、对位取代和间位取代时，活性中间体的能量均大大高于苯的取代，因此硝基是一个强烈的致钝基；当新引入基进入硝基的间位时，活性中间体的能量低于硝基进入邻位、对位取代，所以新引入取代基进入硝基的间位。

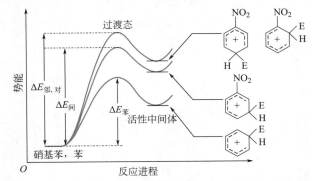

图 6-10　苯和硝基苯进行亲电取代反应时的能量变化示意图

6.5.2.2 空间效应

当苯环上已有一个邻位、对位定位基时，产物中邻位和对位取代的比例与原有定位基及

新引入基的体积有关。空间效应越大，其邻位异构体越少。

① 表 6-3 的实验数据说明，随着苯环上原有取代基体积的增大，烷基苯硝化反应产物中邻位异构体减少，对位异构体的比例上升。

表 6-3　烷基苯硝化反应时异构体的分布

化合物	苯环上原有取代基	异构体分布/%		
		邻位	对位	间位
甲苯	—CH_3	58.5	37.2	4.3
乙苯	—CH_2CH_3	45.0	48.5	6.5
异丙苯	—$CH(CH_3)_2$	30.0	62.3	7.7
叔丁苯	—$C(CH_3)_3$	15.8	72.7	11.5

② 表 6-4 的实验数据说明，随着引入基团体积的增大，甲苯的烷基化反应产物中对位异构体的比例上升。

表 6-4　甲苯烷基化时异构体的分布

引入基团	异构体分布/%		
	邻位	对位	间位
—CH_3	53.8	28.8	17.4
—CH_2CH_3	45	25	30
—$CH(CH_3)_2$	37.5	32.7	29.8
—$C(CH_3)_3$	0	93	7

③ 温度和催化剂对异构体的比例也有一定影响。例如，甲苯在磺化时随着反应温度升高，对位异构体比例上升（参见本章 6.4.1.1 中的磺化反应）。又如，溴苯氯化时分别采用氯化铝和氯化铁作催化剂，所得异构体比例如下：

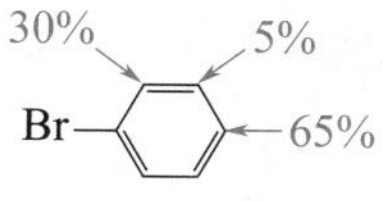

AlCl₃作催化剂　　　　　　FeCl₃作催化剂

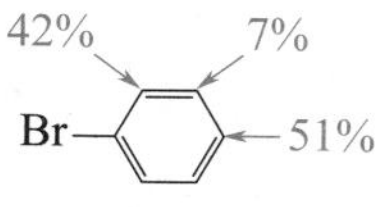

④ 原有取代基和新引入取代基体积都很大时，空间效应更加明显。

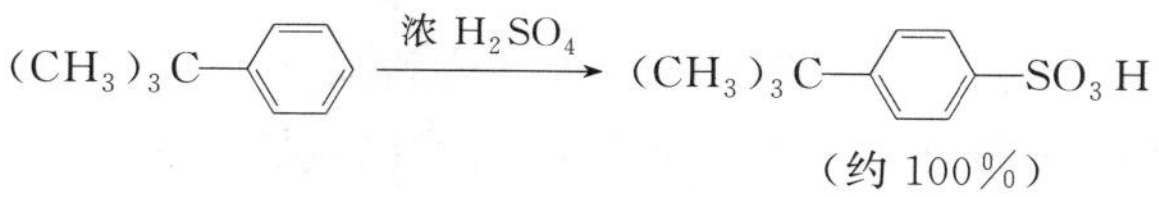

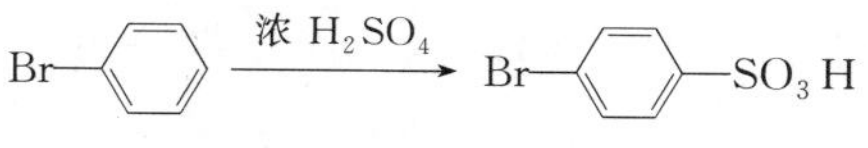

6.5.3　二取代苯的定位规则

当苯环上已有两个取代基时，第三个基团引入苯环时，其位置主要由原来的两个取代基的性质决定。

① 原有基团是同类时，以强者为主。例如：

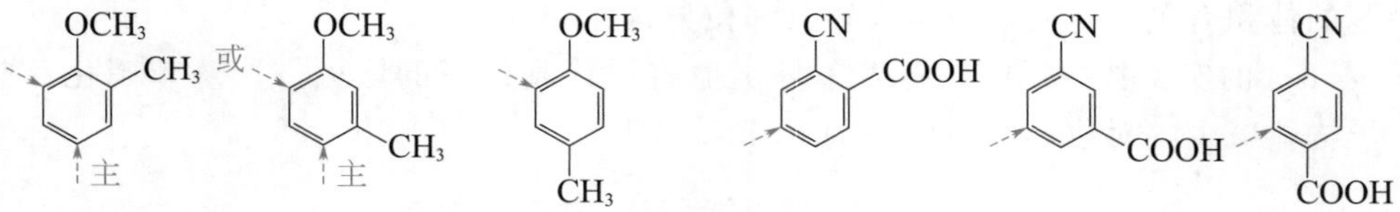

② 原有基团不同类时，以第一类为主（不管第二类有多强、第一类有多弱），因为反应的本质是亲电取代反应。例如：

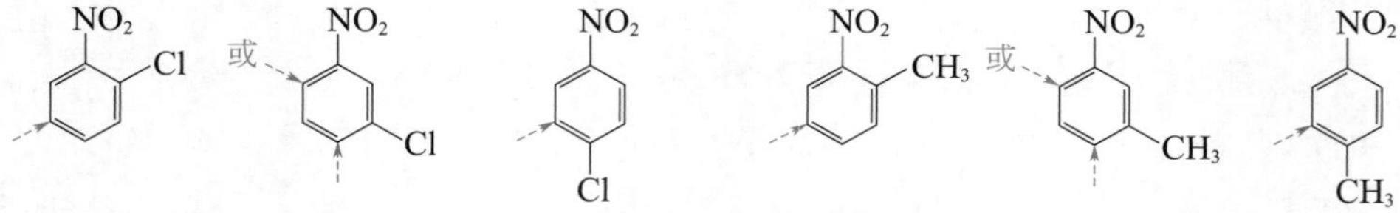

③ 当苯环上已有两个致活基时，新引入基团进入空间位阻较小的位置。例如：

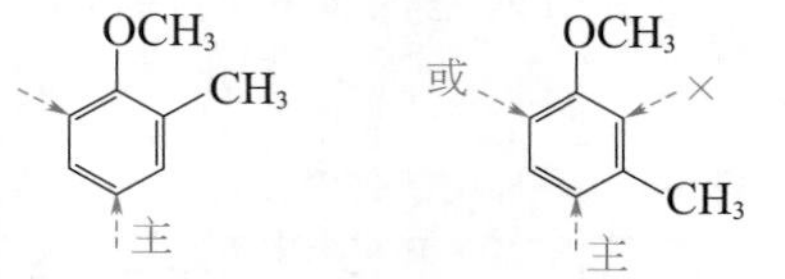

6.5.4 定位规则在有机合成上的应用

6.5.4.1 预测主要产物

以下实例中，箭头指向为新引入基将要进入的位置。

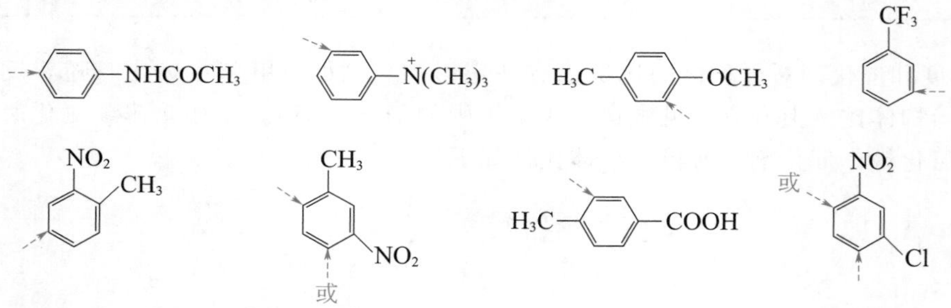

6.5.4.2 选择合理的合成路线

【例 6-1】 以甲苯为原料，制备邻、对、间三种硝基苯甲酸。

解 制备邻硝基苯甲酸和对硝基苯甲酸时，先硝化，后氧化：

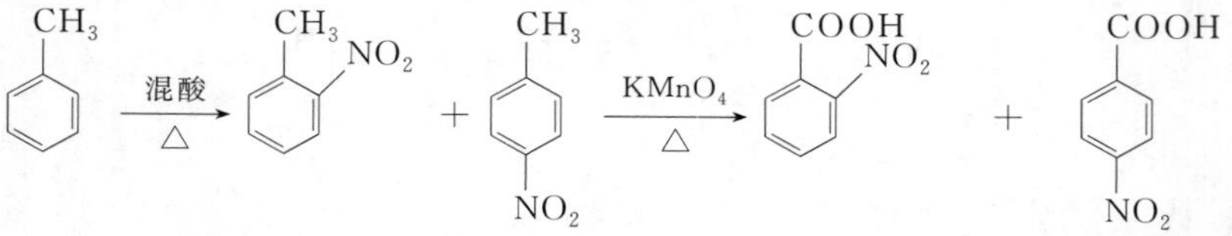

邻硝基苯甲酸　对硝基苯甲酸

制备间硝基苯甲酸时，先氧化，后硝化：

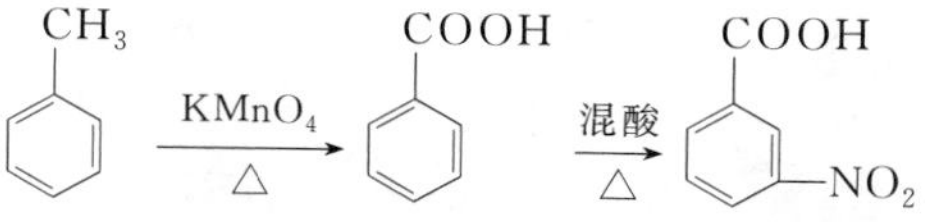

间硝基苯甲酸

【例 6-2】 由苯合成 4-氯-3-硝基苯磺酸：

解

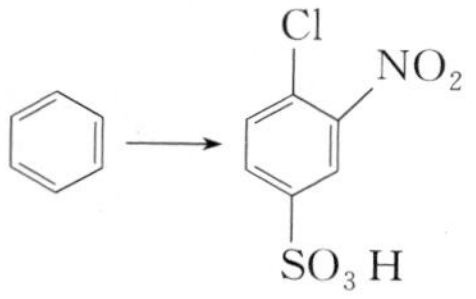

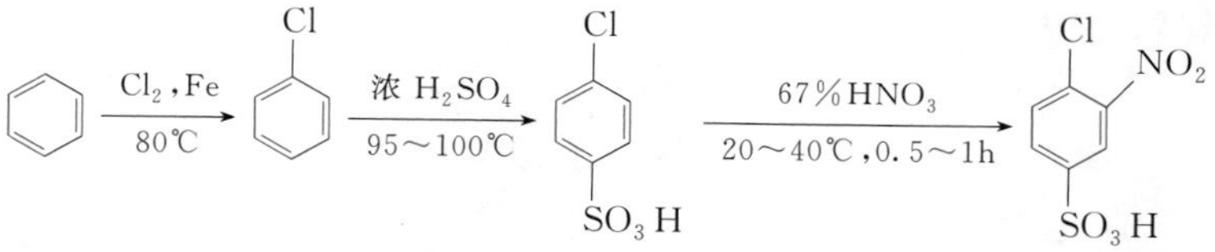

【例 6-3】 由苯合成 1-叔丁基-2-硝基苯：

解

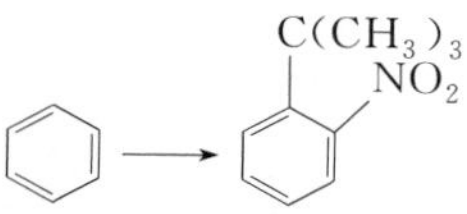

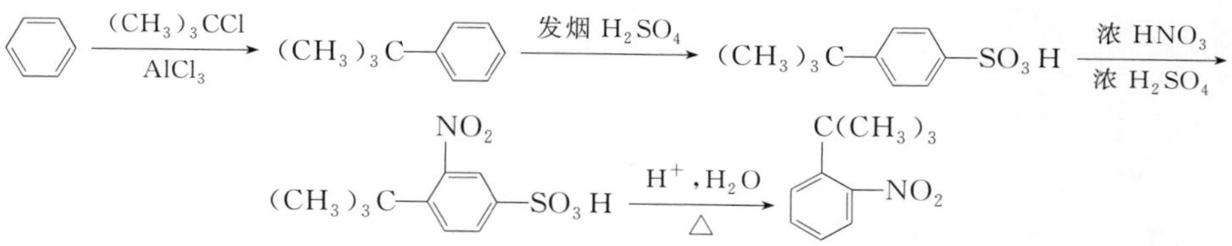

6.6 稠环芳烃

6.6.1 萘

6.6.1.1 萘的结构

X 射线衍射结果：萘分子中，18 个原子共平面。萘分子中亦有离域现象，单、双键键长趋于平均化，但未完全平均化，如图 6-11 所示。

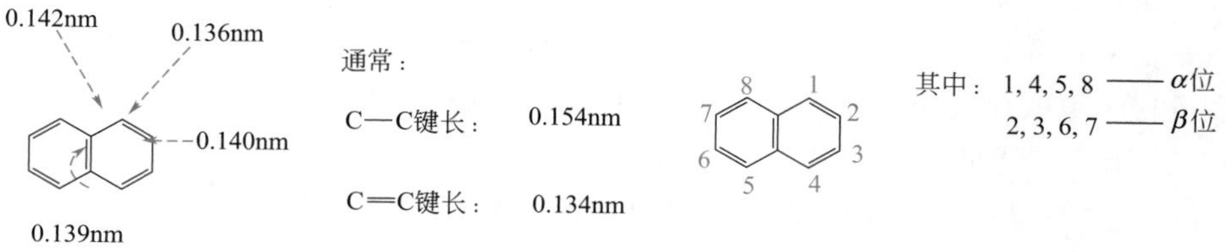

图 6-11 萘的共价键参数及萘环的固定编号

（1）杂化轨道理论的解释 如图 6-12 所示，萘分子中 10 个碳原子均采取 sp^2 杂化，每个碳原子上还剩下一个与 σ 平面垂直的 p 轨道。这 10 个 p 轨道相互之间以“肩并肩”方式

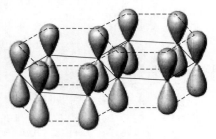

图 6-12 萘分子中的大 π 键

重叠，形成"8"字形的 π_{10}^{10} 大 π 键。

萘的离域能为 255kJ/mol 小于(152×2)kJ/mol＝304kJ/mol（苯的离域能为 152kJ/mol）。所以，萘的离域程度不及苯，芳香性不及苯，化学性质比苯活泼，更易进行亲电取代反应。萘的键长数据也说明这一点。

（2）共振论的描述

6.6.1.2 萘的性质

萘为无色结晶，易升华，熔点 85℃，沸点 218℃。萘的芳香性小于苯，比苯更容易发生反应。

（1）亲电取代 萘环上 π 电子云的离域并不像苯环那样完全平均化，而是 α-碳上的电子云密度大于 β-碳的。因此，萘的亲电取代反应一般发生在 α-位。

亲电试剂 E^+ 进攻 α-位和 β-位将形成两种不同结构的碳正离子中间体（σ-络合物），可用共振论表示如下：

进攻 α-位

保留一个完整苯环结构　　　　　没有完整的苯环结构

进攻 β-位

保留一个完整苯环结构　　　　　没有完整的苯环结构

在这两种碳正离子中，虽然正电荷都分配在五个不同的位置，但能量是不同的。在进攻 α-位所形成的碳正离子中，前两个极限结构仍保留一个完整的苯环，能量较低，比其余三个极限结构稳定，对共振杂化体的贡献大，也使共振杂化体稳定。而进攻 β-位所形成的碳正离子中，仅第一个极限结构具有完整的苯环，共振杂化体的能量比进攻 α-位时所形成的碳正离子高，反应活化能较大，反应速率较慢。因此，萘的亲电取代反应一般发生在 α-位。由于萘在进行亲电取代反应时所形成的活性中间体（σ-络合物）可以保留完整的苯环，因而活化能较低，比苯的亲电取代反应容易进行。

① 卤代 萘与溴在四氯化碳溶液中加热回流，反应在不加催化剂的情况下就可进行，得到 α-溴萘：

萘进行氯化反应时，主要产物是 α-氯萘。例如：

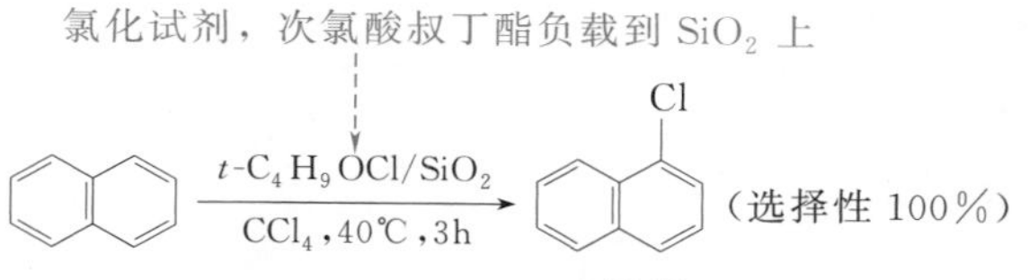

氯化试剂，次氯酸叔丁酯负载到 SiO$_2$ 上

α-氯萘 （选择性 100%）

② 硝化 萘硝化时，硝基进入 α-位比苯快 750 倍，进入 β-位比苯快 50 倍，故萘在室温下即可用混酸硝化。

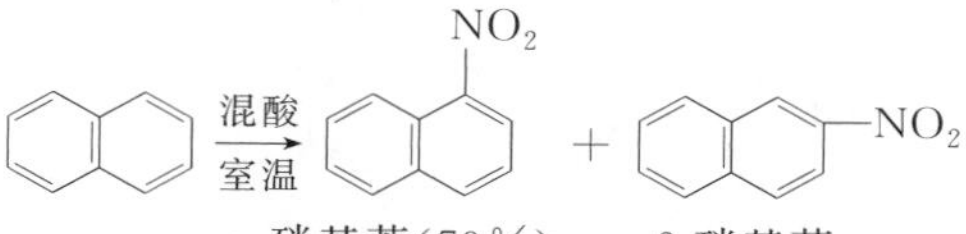

α-硝基萘(79%)   β-硝基萘

α-硝基萘用锌加盐酸还原后，可得到 α-萘胺，后者是重要的染料中间体。

③ 磺化 萘与浓硫酸发生磺化反应的产物与反应温度有关。在 80℃ 以下反应时，主要生成 α-萘磺酸；当温度升高到 165℃ 时，以 β-萘磺酸为主要产物。

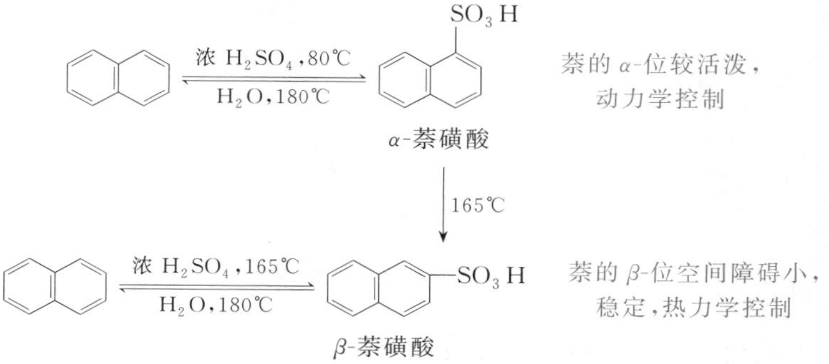

α-萘磺酸   萘的 α-位较活泼，
动力学控制

| 165℃

β-萘磺酸   萘的 β-位空间障碍小，
稳定，热力学控制

这是因为萘的 α-位比较活泼，在低温时磺化反应受动力学控制，生成 α-萘磺酸时反应的活化能较低，反应速率较快。但由于磺酸基的体积比较大，与异环 8-位上的氢原子之间存在比较大的空间位阻，所以 α-萘磺酸不如 β-萘磺酸稳定，在温度较高时，α-萘磺酸转变为更加稳定的 β-萘磺酸。

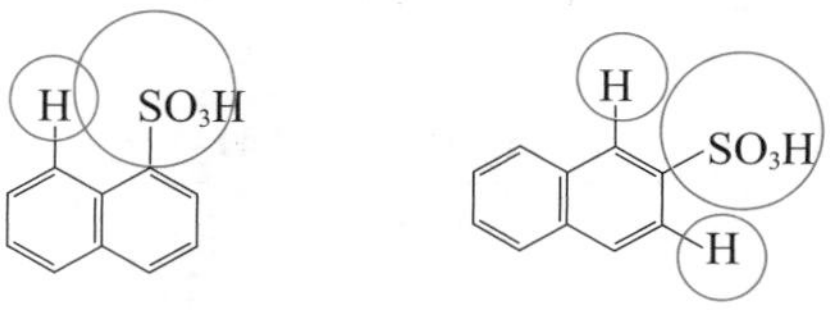

α-萘磺酸位阻大   β-萘磺酸位阻小

另外，磺化反应是可逆的。高温条件下，α-磺化的逆反应速率增加，而高温可以提供 β-萘磺酸生成时所需的活化能，且 β-萘磺酸位阻较小，稳定性高。因此在高温时磺化反应受热力学控制，主要生成更加稳定的 β-萘磺酸。

④ Friedel-Crafts 反应 在非极性溶剂中，萘的酰基化反应主要在 α-位引入酰基；在极性溶剂中，萘的酰基化反应主要在 β-位引入酰基。这是因为在极性溶剂中，酰基碳正离子与溶剂形成的溶剂化物体积较大。

$$\text{萘} + R-\overset{O}{\underset{}{C}}-Cl \xrightarrow{AlCl_3} \begin{cases} \xrightarrow{-15℃,CS_2} \alpha\text{-酰基萘}(75\%) + \beta\text{-酰基萘}(25\%) \\ \xrightarrow{25℃,C_6H_5NO_2} \beta\text{-酰基萘}(99\%) \end{cases}$$

通常萘的烷基化反应产率较低,但下列反应具有实用价值:

$$\text{萘} + ClCH_2COOH \xrightarrow[\substack{200\sim218℃ \\ 15h,54\%}]{FeCl_3,KBr} \text{α-萘乙酸}$$

α-萘乙酸
(植物生长激素,
使生根、开花、早熟、多产)

(2)氧化反应 萘在不同的条件下氧化,得不同的氧化产物。

$$\text{萘} + CrO_3 \xrightarrow[10\sim15℃,约20\%]{CH_3COOH} \text{1,4-萘醌}$$

醌式结构,
发色团

1,4-萘醌

$$\text{萘} + O_2 \xrightarrow[\triangle]{V_2O_5} \text{邻苯二甲酸酐}$$ (说明苯比萘稳定)

邻苯二甲酸酐

氧化反应总是使电子云密度较大的环破裂:

$$\underset{\text{HOOC}}{\overset{\text{HOOC}}{\bigcirc}} \xleftarrow{\text{氧化}} \underset{NH_2}{\bigcirc\bigcirc} \xleftarrow{\text{还原}} \underset{NO_2}{\bigcirc\bigcirc} \xrightarrow{\text{氧化}} \underset{COOH}{\overset{NO_2\ COOH}{\bigcirc}}$$

(3)还原反应 采用 Brich 还原,萘被还原得到 1,4-二氢萘,它有一个孤立双键,不被进一步还原:

$$\text{萘} \xrightarrow[\text{Brich 还原}]{Na,液\ NH_3,C_2H_5OH} \text{1,4-二氢萘}$$

1,4-二氢萘

萘在强烈条件下加氢,可得到四氢萘或十氢萘:

$$\text{四氢萘} \xleftarrow[\triangle,加压]{H_2,Ni\ 或\ Pd-C} \text{萘} \xrightarrow[\triangle,加压]{H_2,Rh-C\ 或\ Pt-C} \text{十氢萘}$$

四氢萘
高沸点溶剂 bp 207.2℃

十氢萘
高沸点溶剂 bp 191.7℃

以上的反应亦说明苯环比萘环更加稳定。

6.6.1.3 萘环上二元取代反应的定位规则

通过下列实例来说明萘环上亲电取代反应的定位规则。

【例 6-4】

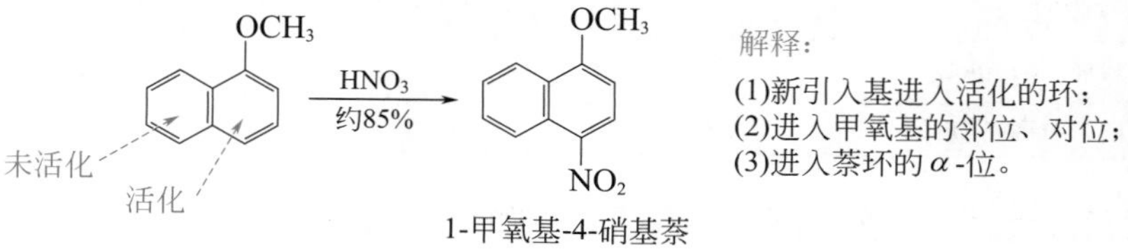

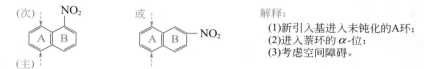

OCH₃
HNO₃
约85%
OCH₃
NO₂
未活化
活化
1-甲氧基-4-硝基萘
解释:
(1)新引入基进入活化的环;
(2)进入甲氧基的邻位、对位;
(3)进入萘环的α-位。

【例 6-5】

A
B
CH₃
HNO₃
CH₃COOH, (CH₃CO)₂O
50～70℃
NO₃
CH₃
CH₃
NO₂
主要产物
10 : 1
解释:
(1)新引入基进入已活化的B环;
(2)进入致活基的邻位、对位;
(3)进入萘环的α-位。

【例 6-6】

(次)
NO₂
A
B
(主)
或
A
B
NO₂
解释:
(1)新引入基进入未钝化的A环;
(2)进入萘环的α-位;
(3)考虑空间障碍。

必须指出，萘环上二元取代情况复杂。有些反应，如 2-甲基萘的磺化和傅-克反应并不遵循上述规则：

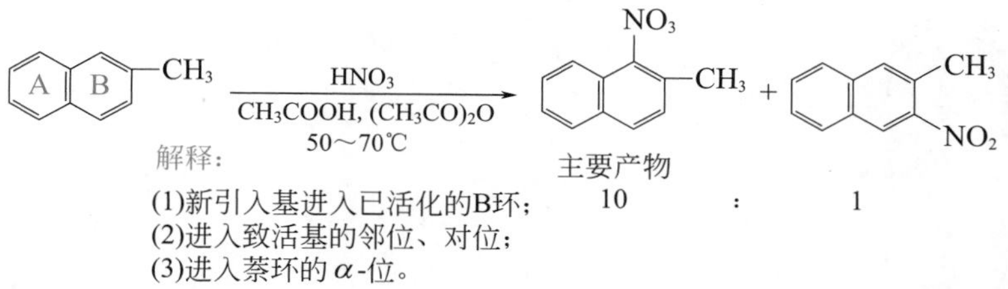

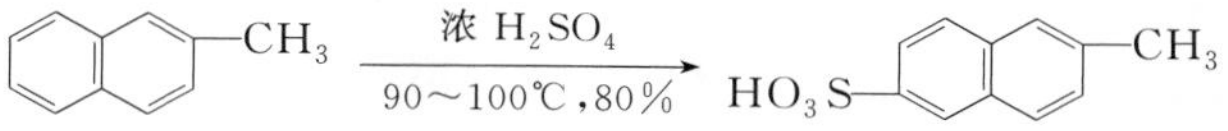

CH₃
浓 H₂SO₄
90～100℃,80%
HO₃S
CH₃

2-甲基萘　　　6-甲基萘-2-磺酸

CH₃
O
O
O
AlCl₃, PhNO₂
60%～70%
HOOC
O
CH₃

4-(6-甲基萘-2-基)-4-氧亚基丁酸

6.6.2 其他稠环芳烃

除了萘以外，其他比较重要的稠环芳烃还有蒽和菲等。

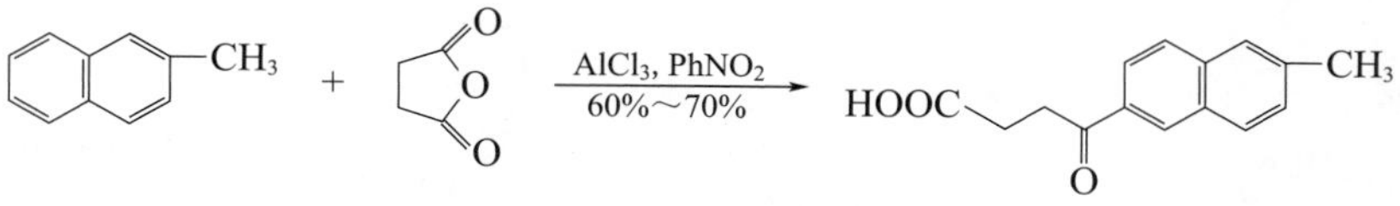

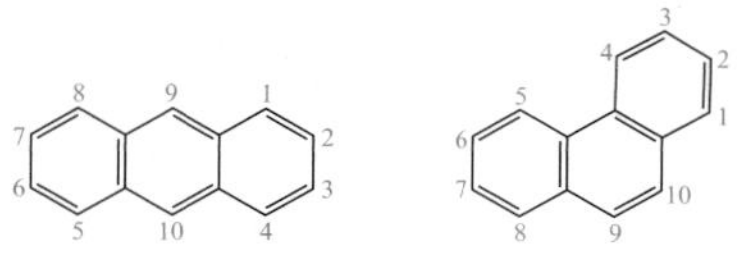

8 9 1
7 2
6 3
5 10 4
3
4 2
5 1
6
7 10
8 9

蒽　　　菲

其中：1,4,5,8——α 位，活泼性次之

2,3,6,7——β 位，最不活泼

9,10——γ 位，最活泼

与萘相似，蒽和菲分子均是闭合共轭体系，分子中都存在键长平均化的倾向，但键长并未完全平均化，环上电子云密度的分布亦不完全均匀。蒽和菲都具有芳香性，其中蒽的离域能为 349kJ/mol，菲的离域能为 382kJ/mol，因此菲的芳香性比蒽强。苯、萘、蒽和菲的离域能如表 6-5 所示。

表 6-5 苯和简单稠环芳烃的离域能

项目	苯	萘	蒽	菲
离域能/(kJ/mol)	152	255	349	382
每个环的离域能/(kJ/mol)	152	128	116	127

蒽与菲的反应大多发生在 9 位、10 位上。例如：

氧化：

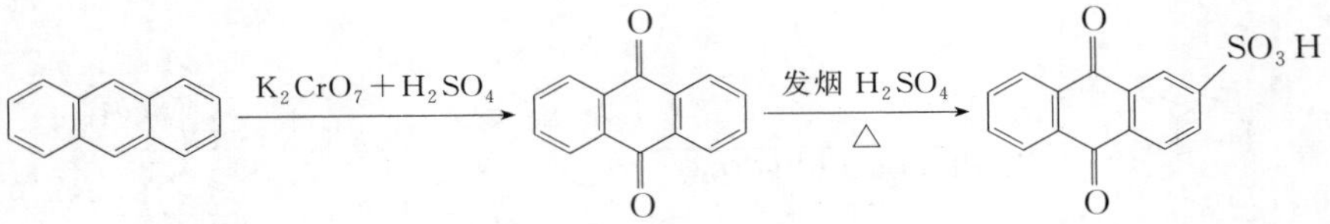

9,10-蒽醌

蒽醌-2-磺酸
（染料中间体）

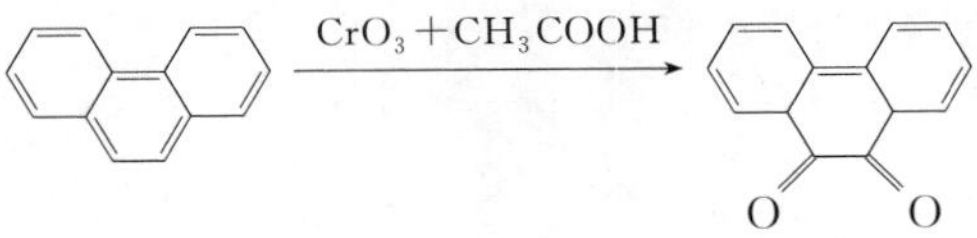

9,10-菲醌（农药）

加氢或还原：

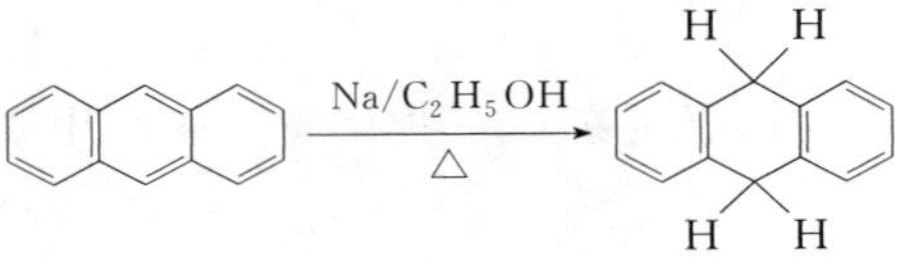

9,10-二氢蒽

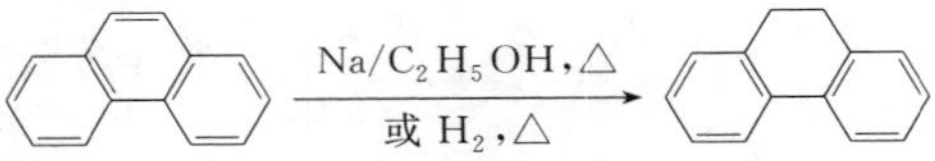

双烯合成：

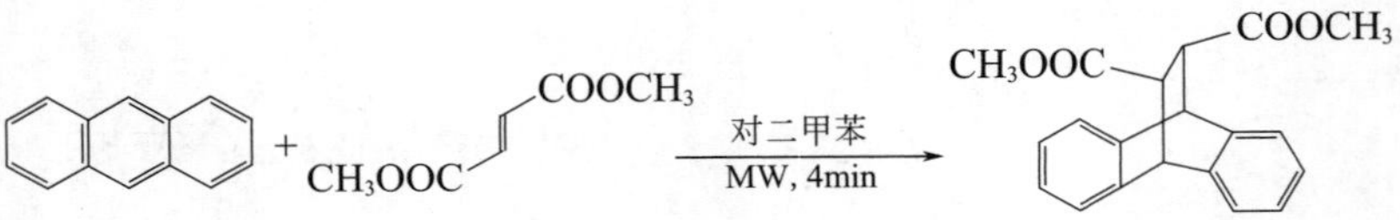

反应条件：微波辐照，4min，产率87%；
传统加热，4h，产率67%

有的稠环芳烃具有致癌性。例如：

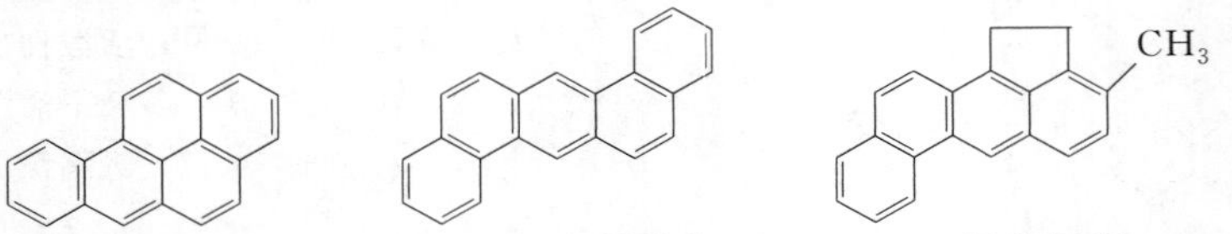

1,2-苯并芘　　　　1,2,5,6-二苯并蒽　　　　3-甲基胆蒽

煤、石油、木材、烟草等燃烧不完全时可产生致癌烃，煤焦油中也含有致癌烃。

6.7 芳香性

芳香性的标志：

① 易进行亲电取代反应，不易加成、氧化，具有特殊稳定性。

② 氢化热或燃烧热表明其有离域能。

③ 成环原子的键长趋于平均化。

④ 核磁共振谱中有环流效应（参见第 5 章 5.3.2.4）。

苯、萘、蒽、菲等都含苯环，有多个 p 轨道肩并肩形成的离域大 π 键，具有芳香性。

有芳香性的化合物一定要含有苯环吗？不一定。平面结构的环状离域体系，如果其 π 电子数符合 Hückel（休克尔）规则，就具有芳香性。

6.7.1　Hückel 规则

1931 年，Hückel（休克尔）根据分子轨道理论的计算结果，提出一个判定化合物芳香性的简单规则：具有平面结构的、单环共轭多烯分子，其 π 电子数若为 $4n+2$（$n=0,1,2,\cdots$ 正整数），就具有芳香性。这个规则称为 Hückel 规则。

通式为 C_nH_n 的物质，当这 n 个碳原子处于同一平面时，由它们的 n 个 p 轨道可以组合成 n 个分子轨道。这些分子轨道的能级可以用一个简单的方法表示，即用一个顶点朝下的圆内接正多边形来表示。其中，圆内接正多边形的各个顶点的位置代表体系中各个分子轨道能级的高低，处于圆心位置上的能级为未成键原子轨道（非键轨道）的能级。简化分子轨道法对单环共轭多烯分子轨道能级的计算结果如图 6-13 所示。

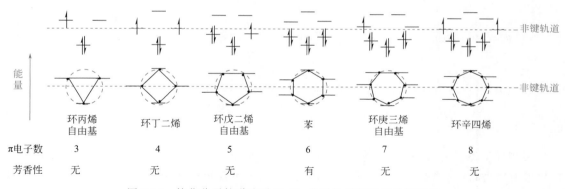

图 6-13　简化分子轨道法对 C_nH_n 分子轨道能级的计算结果

由图 6-13 不难看出，当 π 电子数为 $1,3,5,\cdots$（$4n+1$）时，体系中存在一个单电子，C_nH_n 为自由基；当 π 电子数为 $6,10,14,\cdots$（$4n+2$）时，符合 Hückel 规则，成键轨道全部被 π 电子填满，C_nH_n 有芳香性；当 π 电子数为 $4,8,\cdots$（$4n$）时，不符合 Hückel 规则，非键轨道上各有一个单电子，C_nH_n 为双自由基，有反芳香性，不能稳定存在。

环辛四烯可稳定存在（bp 152℃），这是因为 C_8H_8 为非平面结构：

6.7.2　非苯芳烃及其芳香性的判断

符合 Hückel 规则，具有芳香性，但又不含苯环的烃称为非苯芳烃。

6.7.2.1 轮烯

含最大非累积双键数的单环不饱和烃，通式为 C_nH_n 或 C_nH_{n+1}（$n>6$），通常称为轮烯（annulenes）。轮烯是否具有芳香性，可用 Hückel 规则进行判断。例如：

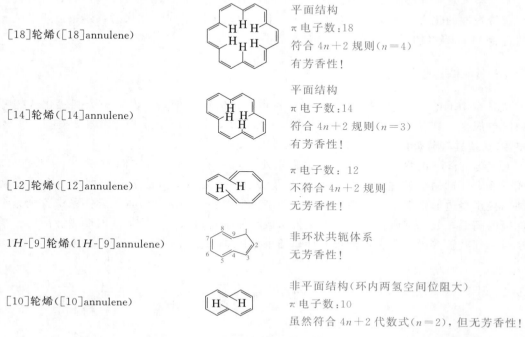

[18]轮烯（[18]annulene）
平面结构
π 电子数：18
符合 $4n+2$ 规则（$n=4$）
有芳香性！

[14]轮烯（[14]annulene）
平面结构
π 电子数：14
符合 $4n+2$ 规则（$n=3$）
有芳香性！

[12]轮烯（[12]annulene）
π 电子数：12
不符合 $4n+2$ 规则
无芳香性！

$1H$-[9]轮烯（$1H$-[9]annulene）
非环状共轭体系
无芳香性！

[10]轮烯（[10]annulene）
非平面结构（环内两氢空间位阻大）
π 电子数：10
虽然符合 $4n+2$ 代数式（$n=2$），但无芳香性！

[10]轮烯去掉两个环内氢，两个碳原子直接成键，则得到有芳香性的萘：。

6.7.2.2 芳香离子

某些烃虽然没有芳香性，但转变成正离子或负离子后则有可能显示芳香性。例如，环戊二烯没有芳香性，但它失去一个 H^+ 形成负离子后，不仅组成环的 5 个碳原子共平面，而且具有 6 个 π 电子，符合 Hückel 规则，具有芳香性。图 6-14 中所列出的离子都具有平面结构，且 π 电子数符合 Hückel 规则，具有芳香性。

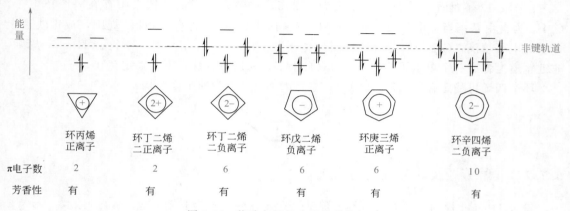

	环丙烯正离子	环丁二烯二正离子	环丁二烯二负离子	环戊二烯负离子	环庚三烯正离子	环辛四烯二负离子
π电子数	2	2	6	6	6	10
芳香性	有	有	有	有	有	有

图 6-14 芳香离子的分子轨道能级图

6.7.2.3 并联环系

与萘、蒽、菲等稠环化合物相似，对于非苯系的稠环化合物，如果考虑其成环原子的外围 π 电子数，也可用 Hückel 规则判断其芳香性。

例如，薁的外围 π 电子数符合 Hückel 规则，具有芳香性；也可将薁看成是由环庚三烯正离子和环戊二烯负离子稠合而成，所以，薁分子是极性分子。

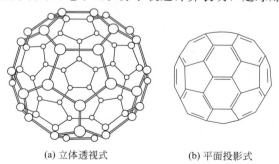

薁 $\mu = 3.34 \times 10^{-30} C \cdot m$

薁因具有芳香性，也可以发生芳环上的亲电取代反应：

6.8 富勒烯 石墨烯

富勒烯（fullene）是 C_{60}、C_{50}、C_{70}、C_{78}、C_{82}、C_{84}、C_{90} 等一系列碳原子簇化合物的总称。由于 C_{60} 的结构很像美国著名设计师 Richard Buckminster Fuller 所设计的蒙特利尔世界博览会网格球体主建筑，故 1985 年发现 C_{60} 时，将其命名为 Buckminster fullene，此后，便将这一类由碳原子簇形成的具有笼形结构的特殊分子命名为 fullene，又称足球烯。C_{60} 的发现者 Kroto、Curl、Smalley 共同荣获 1996 年 Nobel 化学奖。在富勒烯家族中，结构最稳定且研究最多的是 C_{60}。

如图 6-15 所示，C_{60} 的分子结构为球形 32 面体，是由 60 个碳原子以 20 个非平面六元环及 12 个非平面五元环连接而成的足球状空心对称分子，C—C 键之间以近似 sp^2 杂化轨道相结合，在球形的表面有一层离域的 π 电子云。分子轨道计算表明，足球烯具有较大的离域能。

(a) 立体透视式   (b) 平面投影式

图 6-15 C_{60} 的分子结构

1990 年，科学家以石墨作为电极，在直流电下首次人工合成了 C_{60}。

富勒烯的出现，为化学、物理学、材料科学、生命科学和医学等学科开辟了崭新的研究领域，意义重大。稳定的富勒烯资源虽然有限，但其广阔的富勒烯衍生物显示出极大的功能，为富勒烯科学的进一步探索留下了无限的遐想空间。

2004年，A. K. Geim 和 K. S. Novoselov 等使用透明胶带反复撕揭的方法获得了石墨烯，并发现了其独特的性能，引发了关于石墨烯的研究热潮，他们也因此获得 2010 年 Nobel 物理学奖。

单层石墨烯的厚度为 0.335nm，是构建其他维数碳质材料（零维富勒烯、一维碳纳米管、三维石墨）的基本单元，如图 6-16 所示。石墨烯可视为由多个苯环稠合而成，所有碳原子都是 sp^2 杂化，每个碳原子上未参与杂化的 p 轨道肩并肩平行，构成一个大 π 键，电子在大 π 键中能够自由流动。

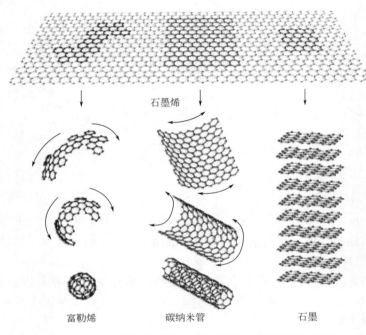

图 6-16 石墨烯与富勒烯、碳纳米管、石墨的结构关系

石墨烯的结构决定了其具有比表面积大、导电性高等特点，它是目前发现的最薄而且透光性和强度都极高的纳米材料。石墨烯可作为性能优越的催化剂载体应用于有机反应中，也有望作为微电子、储氢、储能材料以及特殊光学材料而获得应用。

6.9 单环芳烃的来源

6.9.1 从煤焦油分离

煤焦油通过分馏可得到各种馏分：

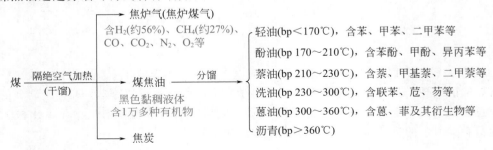

采用萃取法、磺化法或分子筛吸附法对各馏分进行分离提纯，可获得芳烃。

6.9.2 芳构化

石油中含芳烃较少，但通过芳构化可从石油大量制取芳烃。

将石油的 $C_6 \sim C_8$ 馏分采用铂作为催化剂，在 $450 \sim 500℃$、$1.5 \sim 2.5MPa$ 条件下进行脱氢、环化和异构化等一系列复杂的化学反应可转变为苯、甲苯、二甲苯等芳烃。工业上称这一过程为铂重整，在铂重整中所发生的化学变化叫作芳构化。例如：

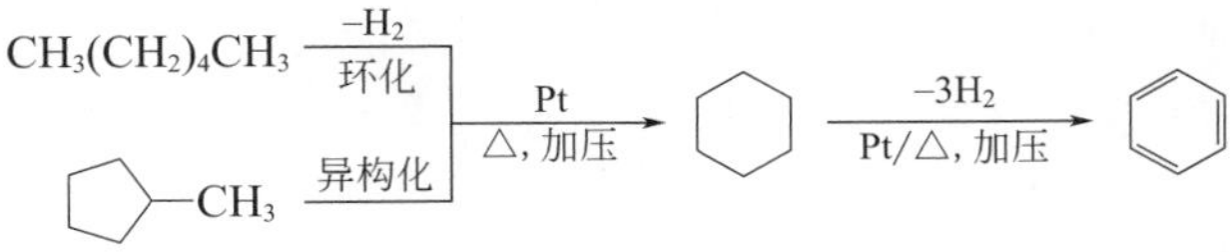

6.9.3 从石油裂解产品中分离

石油裂解制乙烯、丙烯的过程中，产生的副产物中含有芳烃。将副产物分馏、回收，可得到苯、烷基苯、萘等各种芳烃。由于生产乙烯、丙烯的石油裂解工厂较多，且规模庞大，所以副产物芳烃的量也很大，也是芳烃的重要来源之一。

本章精要速览

(1) 苯环是高度离域的环状共轭体系，其 π 电子云像两个救生圈分布在苯环平面的上下侧，碳碳键长完全平均化，并无单双键之分。苯环具有特殊的稳定性。

(2) 单环芳烃主要发生芳环上亲电取代反应、α-C 上的自由基取代及氧化。强烈条件下，与 H_2 或 Cl_2 发生加成反应，得到环己烷或环己烷衍生物（见"单环芳烃的化学性质小结"）。

利用磺化反应可逆的性质，在有机合成中可进行"占位"。

傅-克烷基化反应有多元取代、异构化、歧化等现象，而酰基化反应不多元取代、不重排。制备正构侧链取代苯的方法是：酰基化→Clemmensen 还原。

当苯环上有强吸电子基，如—COOH、—CN 时，不能发生 Friedel-Crafts 反应。

(3) 苯环上已有一个取代基之后，新引入基团的位置取向受原有取代基性质的影响。原有取代基分为两类：

第一类，致活基，新引入基团进入它的邻位、对位。属于这类基团的有：—O$^-$、—NR$_2$、—NHR、—OH、—OCH$_3$、—NHCOCH$_3$、—OCOR、—C$_6$H$_5$、—R〔—CH$_3$、—C$_2$H$_5$、(CH$_3$)$_2$CH—等〕、—H、—X 等，其中—X 是新引入基团上邻、对位的致钝基。特点：负电荷、孤对电子、烃基。

第二类，致钝基，新引入基团进入其间位。属于这类基团的有：—N$^+$R$_3$、—NO$_2$、—CN、—COOH、—COOC$_2$H$_5$、—SO$_3$H、—CHO、—COR 等。特点：正电荷、不饱和极性键。

第三个基团引入苯环时，其位置主要由原来的两个取代基的性质决定。原有基团是同类时，以强者为主；原有基团不同类时，以第一类为主。

（4）当苯环上已有一个邻位、对位定位基时，产物中邻位和对位取代的比例与原有定位基及新引入基的体积有关。空间效应越大，其邻位异构体越少。

当苯环上已有两个致活基时，新引入基团进入空间位阻较小的位置。

（5）萘、蒽、菲等亦可发生芳环上的亲电取代、氧化、还原、加成等反应。它们的芳香性不如苯强，比苯活泼，更容易发生反应。萘的反应主要发生在 α-位（见"**萘的化学性质小结**"），蒽和菲更容易在 γ-位发生反应。

萘环上亲电取代反应的定位规则：新引入基进入电子云密度较大的环、萘环的 α-位及原有致活基的邻位、对位。有例外。

（6）芳香性的标志：①易进行亲电取代反应，不易加成、氧化，具有特殊稳定性；②氢化热或燃烧热表明其有离域能；③成环原子的键长趋于平均化；④核磁共振谱中有环流效应。

（7）Hückel 规则——具有平面结构的离域体系的单环化合物，其 π 电子数若为 $4n+2$（$n=0,1,2,\cdots$ 正整数），就具有芳香性。

利用 Hückel 规则，可判断轮烯、芳香离子、并联环系等有无芳香性。

单环芳烃的化学性质小结

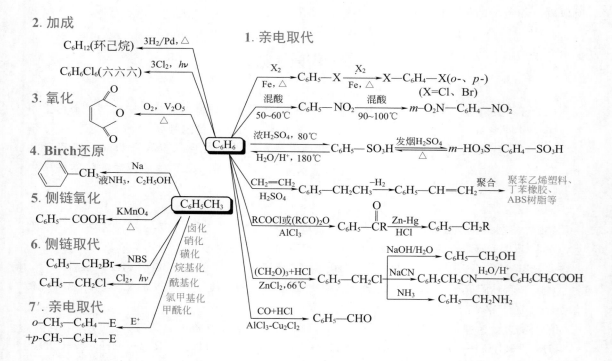

萘的化学性质小结

1. 亲电取代

（1）卤化

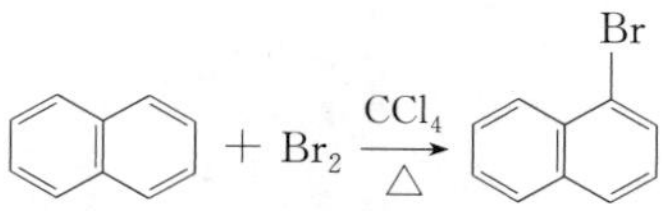

（2）硝化

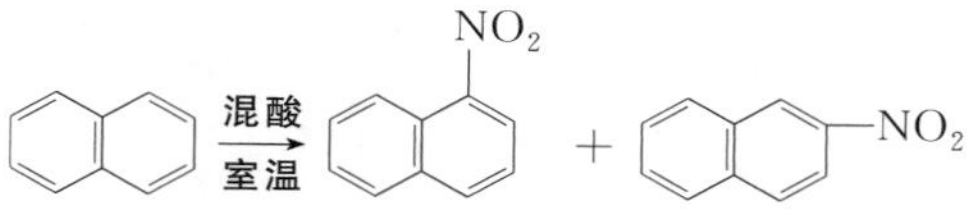

（3）磺化

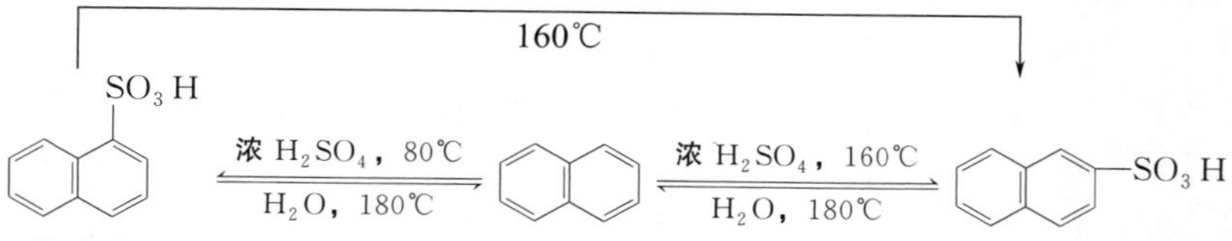

（4）Friedel-Crafts 反应

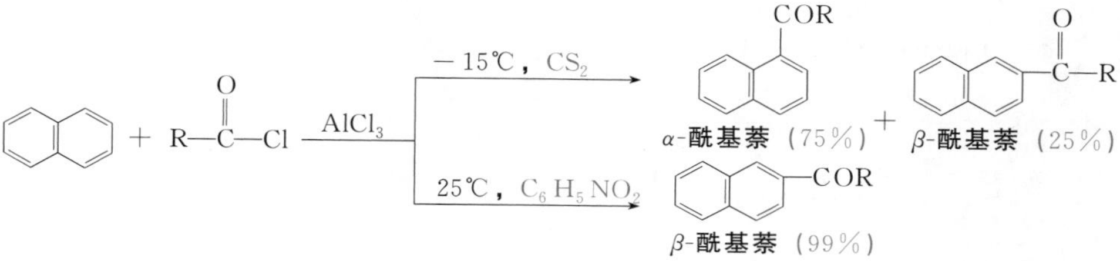

2. 氧化

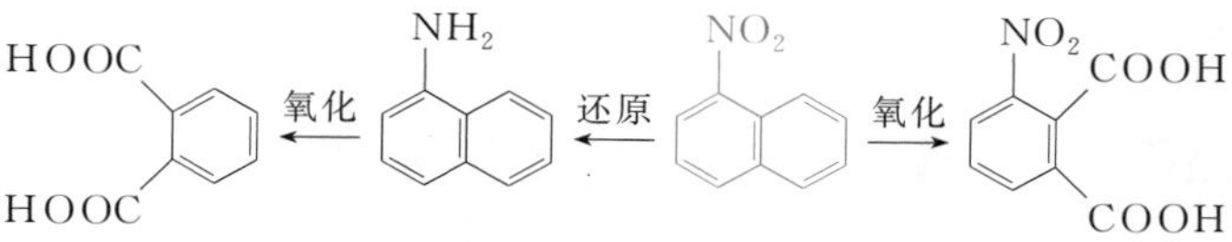

3. 加氢或还原

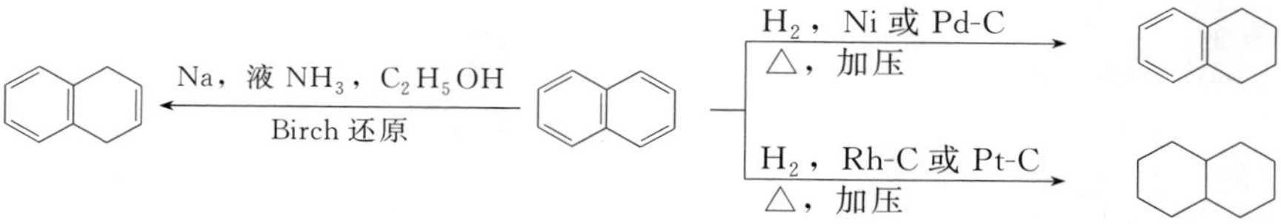

习　题

1. 命名下列化合物。

（1）$(CH_3)_3C$—〇—CH_3

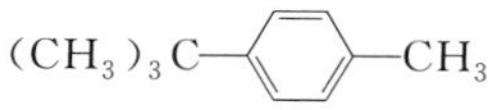

（2）CH_2＝CH—〇—$COOH$

（3）O_2N—〇—$\begin{smallmatrix} Cl \\ CH_3 \end{smallmatrix}$

（4）〇—$CH_2$$\underset{CH_3}{\overset{H}{\underset{}{C}}}$=$\overset{H}{C}$—$CH_3$

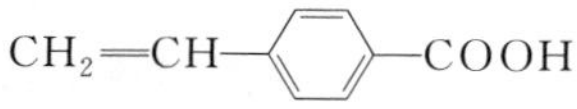

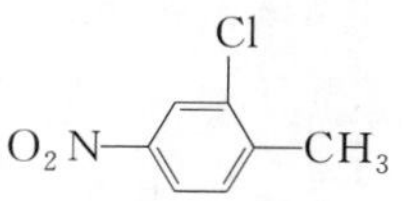

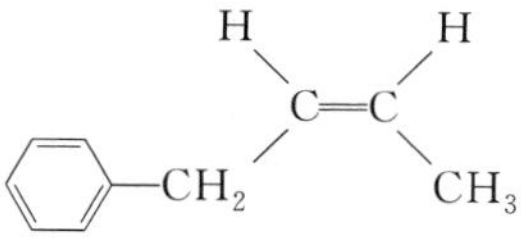

（5）

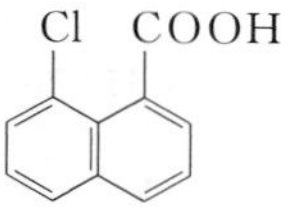

（6）

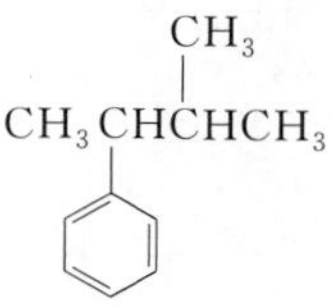

(7) 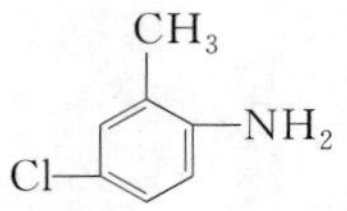 　　(8) 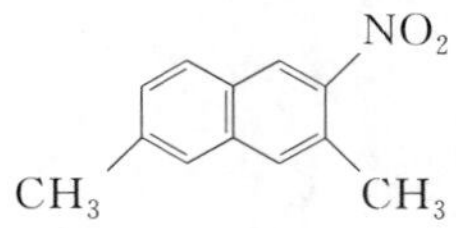 　　(9)

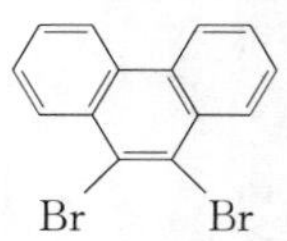

2. 从分子式来看，苯（C_6H_6）是一个高度不饱和的化合物，应该很容易进行加成反应。但是，实验结果表明，苯很难进行加成反应。为什么？

3. 完成下列反应式。

(1)

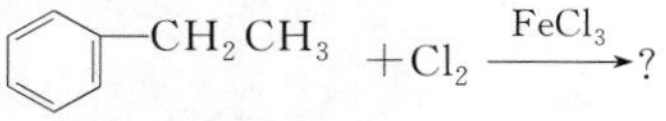

(2)

(3)

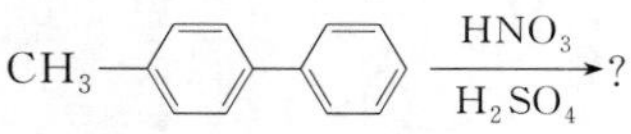

(4)

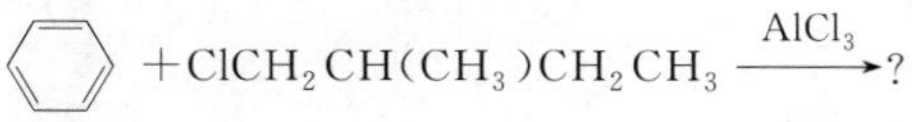

(5)

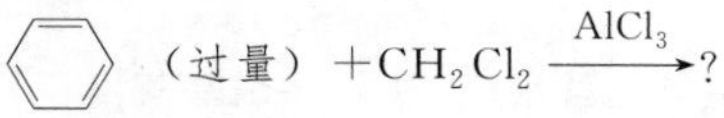

(6)

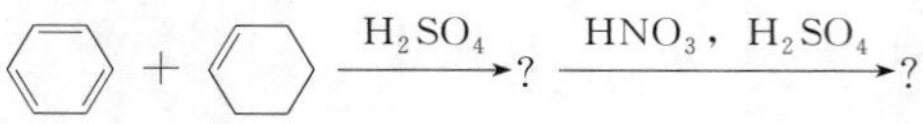

(7)

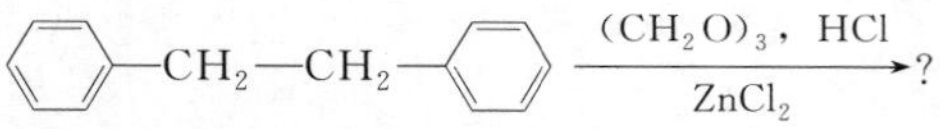

(8)

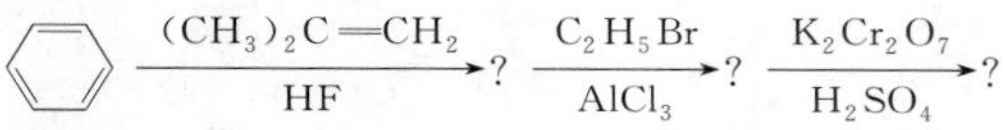

(9)

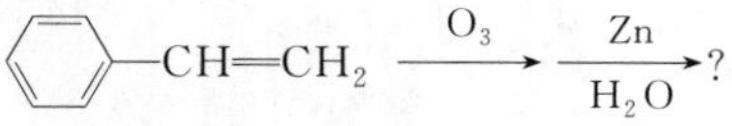

(10)

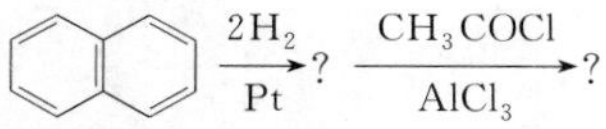

(11)

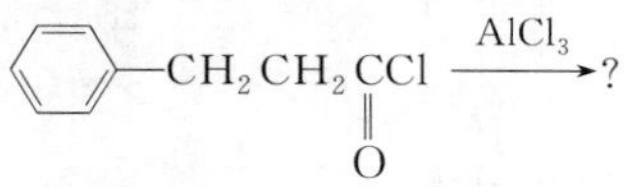

(12)

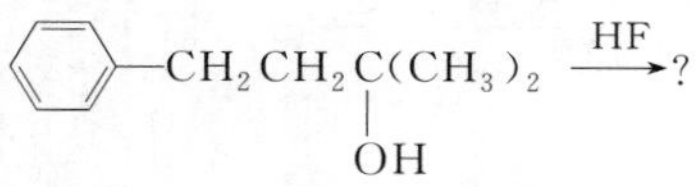

(13)

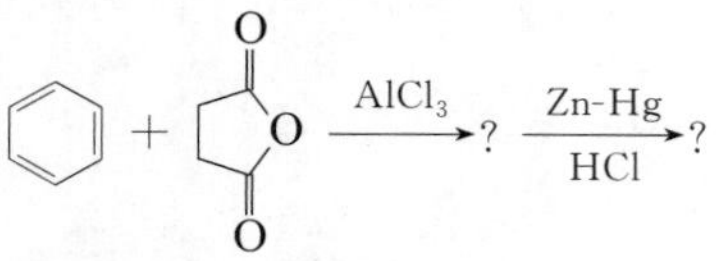

4. 试用共振论表示苄基正离子的结构。

5. 下列化合物哪些可以发生 Friedel-Crafts 反应？

(1) 苯甲酸　　　　　(2) 苯酚　　　　　(3) 三氯甲基苯　　　　　(4) 苯乙酮

(5) 硝基苯　　　　　(6) 乙苯　　　　　(7) 苯磺酸　　　　　(8) 苯甲腈

6. 用箭头指示下列化合物发生亲电取代反应时新引入基进入的位置。

(1) 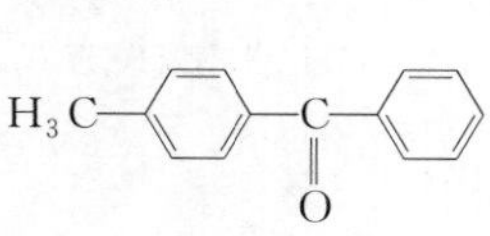 　　(2) 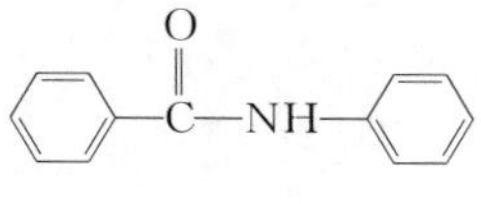 　　(3)

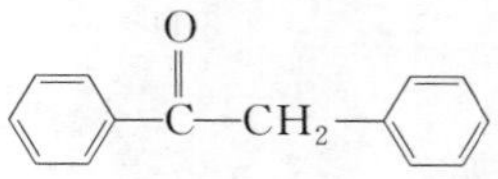

(4) 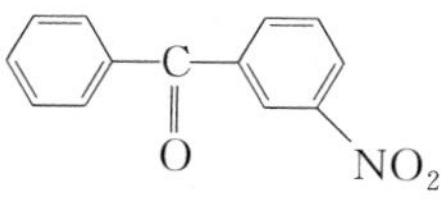 [结构式：二苯甲酮，间位 NO₂]　　(5) 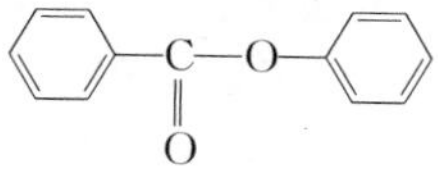 [结构式：苯甲酸苯酯]　　(6) 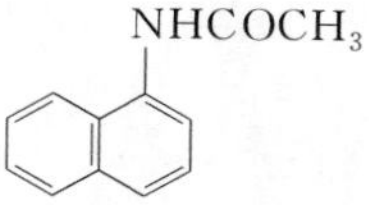 [结构式：萘环1位连 NHCOCH₃]

(7) 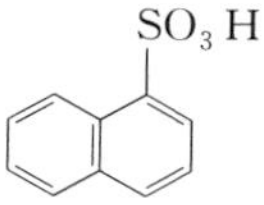 [结构式：萘环1位连 SO₃H]　　(8) 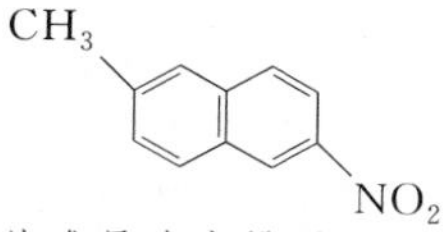 [结构式：2-甲基-6-硝基萘]　　(9) 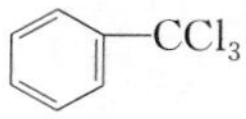 [结构式：苯连 CCl₃]

7. 将下列各组化合物按其进行硝化反应的难易次序排列。

(1) A. 苯　　　　　B. 甲苯　　　　C. 氯苯　　　D. 间二甲苯　　　E. 对二甲苯

(2) A. 对二甲苯　　B. 对苯二甲酸　　　C. 苯甲酸　　　D. 对甲基苯甲酸

(3) A. 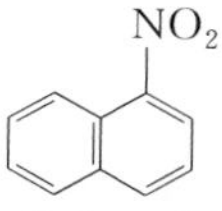 [1-硝基萘]　　B. 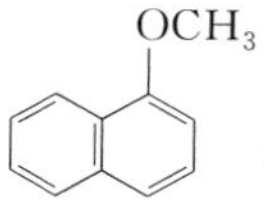 [1-甲氧基萘 OCH₃]　　C. 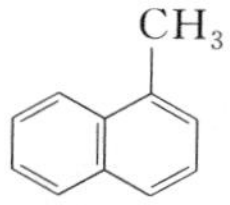 [1-甲基萘 CH₃]　　D. 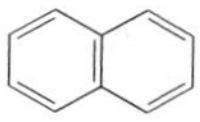 [萘]　　E. 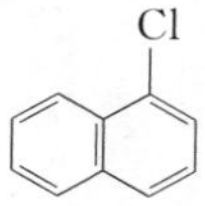 [1-氯萘 Cl]

(4) A. 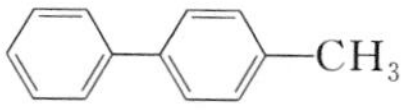 [联苯对位 CH₃]　　B. 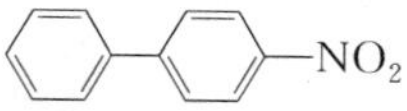 [联苯对位 NO₂]　　C. 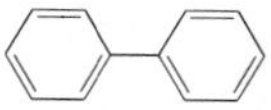 [联苯]　　D. 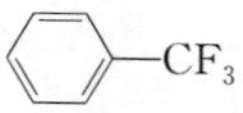 [苯连 CF₃]

8. 用简便的化学方法鉴别下列化合物。

A. 环己烷　　　B. 环己烯　　　C. 苯　　　D. 环己-1,3-二烯　　　E. 环己基乙炔

9. 写出下列反应的机理。

(1) 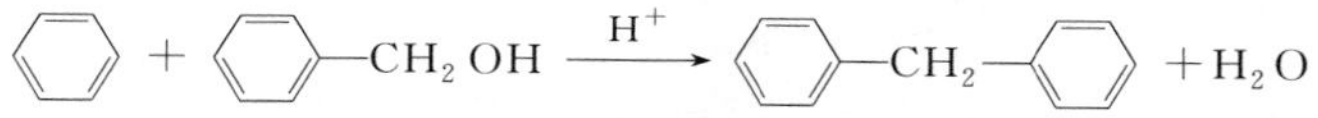 [苯] + [C₆H₅—CH₂OH] $\xrightarrow{H^+}$ [C₆H₅—CH₂—C₆H₅] + H₂O

(2) 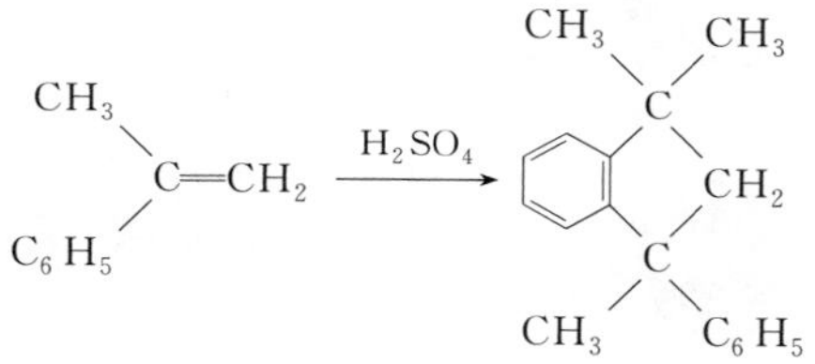 2 [结构式：CH₃—C(C₆H₅)=CH₂] $\xrightarrow{H_2SO_4}$ [茚满类结构，含两个季碳连 CH₃、CH₃ 及 CH₃、C₆H₅，中间 CH₂]

(3) 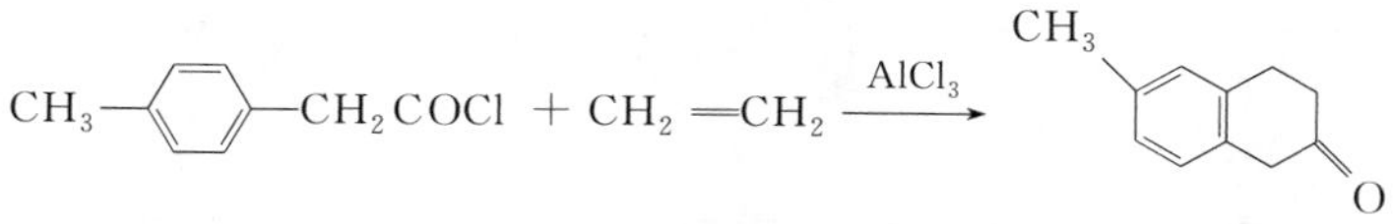 CH₃—[苯]—CH₂COCl + CH₂=CH₂ $\xrightarrow{AlCl_3}$ [结构式：6-甲基-2-四氢萘酮，含 CH₃ 与 =O]

10. 由苯、甲苯或萘出发合成下列化合物。

(1) 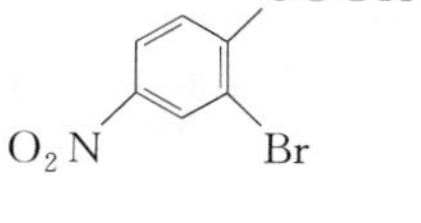 [苯环：1位 COOH，2位 Br，4位 O₂N]　　(2) [苯环：1位 COOH，3位 NO₂，4位 Br]　　(3) [苯连 CH₂CH₂CH₃]

(4) ClCH₂—[苯]—Cl　　(5) 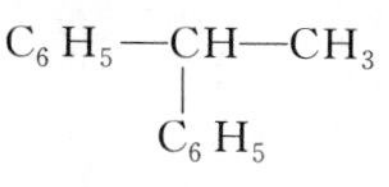 C₆H₅—CH(C₆H₅)—CH₃　　(6) 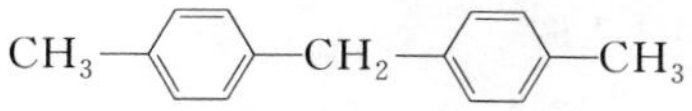 CH₃—[苯]—CH₂—[苯]—CH₃

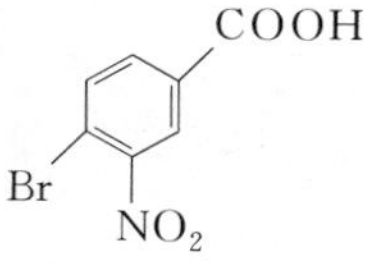

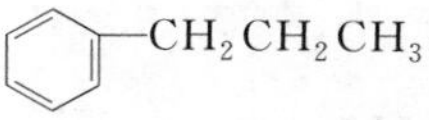

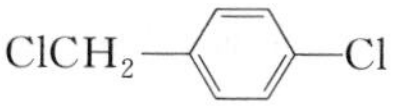

(7) 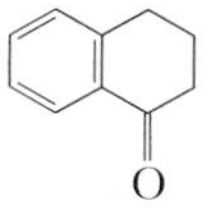 [四氢萘酮结构，含 =O]　　(8) 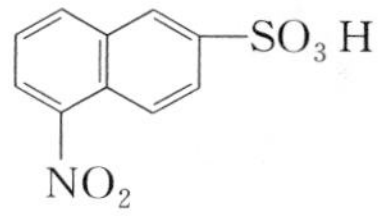 [萘环：2位 SO₃H，5位 NO₂]　　(9) 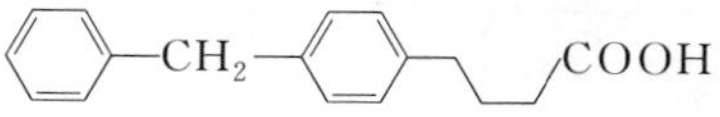 [苯—CH₂—苯—CH₂CH₂—COOH]

(10) 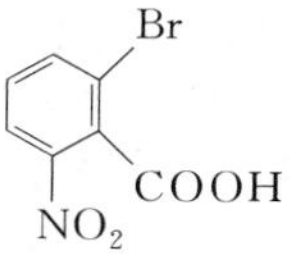 [苯环：2位 Br，6位 NO₂，1位 COOH]　　(11) 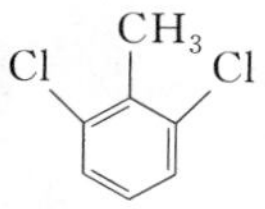 [苯环：1位 CH₃，2、6位 Cl]　　(12) 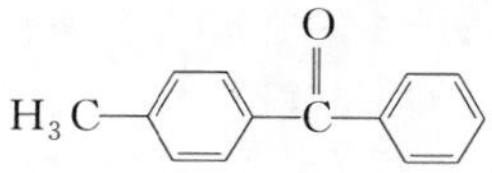 H₃C—[苯]—C(=O)—[苯]

11. 某不饱和烃（A）的分子式为 C₉H₈，A 能和氯化亚铜氨溶液反应生成红色沉淀。A 催化加氢得到

化合物 C_9H_{12}（B），将 B 用酸性重铬酸钾氧化得到酸性化合物 $C_8H_6O_4$（C）。若将 A 和丁二烯作用，则得到另一个不饱和化合物（D），D 催化脱氢得到 2-甲基联苯。试写出 A～D 的构造式及各步反应式。

12. 化合物茚（C_9H_8）存在于煤焦油中，能迅速使 Br_2/CCl_4 溶液和稀 $KMnO_4$ 溶液褪色，温和条件下吸收 1mol 氢气而生成茚满（C_9H_{10}），较剧烈还原时生成分子式为 C_9H_{16} 的化合物。茚经剧烈氧化生成邻苯二甲酸。试推测茚及茚满的结构。

13. 某烃 A 的分子式为 C_9H_{12}，可使酸性 $KMnO_4$ 溶液褪色，不与溴水反应；A 在光照条件下与溴蒸气作用得两种一溴代物 B 和 C；A 与溴蒸气在铁催化作用下反应只得到 D、E 两种一溴代物；D 和 E 在铁催化作用下继续溴化共得二溴代物 4 种。试推断 A 的结构。

14. 根据 Hückel 规则，判断下列各化合物或离子是否具有芳香性。

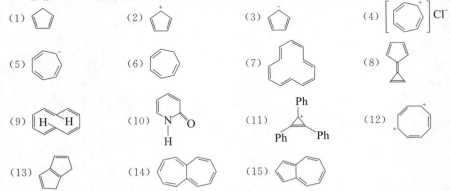

15. 化合物 A、B、C 的分子式均为 C_8H_{10}，它们的 IR 光谱和 ^1H NMR 谱数据如下，请分别写出化合物 A、B、C 的结构式。（提示：红外光谱吸收峰的强度越高，其透射率越低。）

化合物 A

红外光谱数据				核磁共振谱数据
波数/cm^{-1}	透射率/%	波数/cm^{-1}	透射率/%	
3028	21	1453	13	δ7.0～7.45（近似单峰，5H）
2967	10	1376	68	δ2.63（四重峰，2H）
1606	42	746	20	δ1.22（三重峰，3H）
1496	13	697	4	

化合物 B

红外光谱数据				核磁共振谱数据
波数/cm^{-1}	透射率/%	波数/cm^{-1}	透射率/%	
3020	36	1616	11	δ7.05（单峰，4H）
2976	44	1464	50	δ2.30（单峰，6H）
2923	24	1378	64	
2868	44	795	4	

化合物 C

红外光谱数据				核磁共振谱数据
波数/cm^{-1}	透射率/%	波数/cm^{-1}	透射率/%	
3018	25	1495	18	δ7.07（近似单峰，4H）
2971	26	1467	20	δ2.22（单峰，6H）
2940	22	1384	46	
1606	60	742	4	

第 7 章 ｜ 立体化学

从三维空间的角度研究有机分子的结构和反应的有关内容，称为立体化学（stereo-chemistry）。其中，研究分子中原子或基团在空间因排列状况不同而产生的立体异构，如顺反异构、对映异构和分子的构象等，以及这些立体异构体的有关性质等内容，称为静态立体化学（static stereochemistry）。而研究分子的空间结构对其化学性质、反应速率、反应方向和反应机理等产生的影响，称为动态立体化学（dynamic stereochemistry）。

7.1 同分异构体的分类

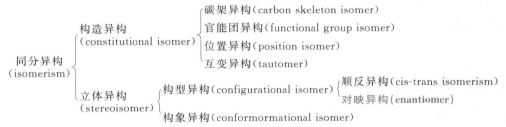

构造异构是指分子中原子或基团的连接次序或连接方式不同。

构型异构是指分子中原子或基团的连接次序或连接方式相同，但原子或基团在空间的排列方式（即相对位置）不同。

构象异构与构型异构的差别：构型异构间的相互转变必须断裂化学键才能实现；构象异构间的转变不需要断裂化学键，只需通过单键的旋转就可实现。

本章主要讨论对映异构。实物与镜像不能重合而引起的异构现象称为对映异构。

7.2 手性和对称性

7.2.1 偏振光和物质的旋光性

光是一种电磁波，光波的振动方向与其前进方向垂直，自然光在所有垂直于其前进方向的平面上振动。如果自然光通过一个 Nicol（尼克尔）棱镜，只有与棱镜晶轴平行的光才能通过，这种通过 Nicol 棱镜后只在一个平面上振动的光称为平面偏振光（plane-polarized light），简称偏振光。

自然光　　　　　　　Nicol棱镜　　　　　　平面偏振光

当偏振光透过水、乙醇或其溶液时，偏振光的振动方向不发生改变，这类物质称为非旋光物质。但当偏振光通过另外一些物质如乳酸或葡萄糖水溶液时，偏振光的振动平面会旋转一定角度，物质的这种能使偏振光振动平面旋转的性质称为旋光性（optical activity）。乳酸、葡萄糖等具有旋光性的物质称为旋光物质。能使偏振光振动平面向顺时针方向旋转的物质称为右旋体(dextrorotatory)，用（+）表示；能使偏振光振动平面向逆时针方向旋转的物质称为左旋体(levorotaory)，用（一）表示。旋光性物质使偏振面旋转的角度称为旋光度，通常用 α 表示。

7.2.2 旋光仪和比旋光度

偏振光偏转的角度可用旋光仪（polarimeter）测出。如图 7-1 所示，旋光仪的基本构件包括光源、两个 Nicol 棱镜和一个盛液管。第一个 Nicol 棱镜称为起偏镜，其作用是将从光源射出的单色光转变成偏振光。第二个棱镜称为检偏镜，通过检偏镜可以判断照射到检偏镜上的偏振光的振动面。如果通过起偏镜的偏振光直接射在检偏镜上，我们会发现当两棱镜的晶轴平行时，偏振光透过率最大，若两棱镜的晶轴互相垂直，偏振光透过率最小。如果在两个平行的棱镜之间放一个装有旋光性物质溶液的盛液管，偏振光的振动平面将会旋转一定的角度，将检偏镜旋转一定角度（α 角度）后，偏振光透过率才能达到最大，检偏镜旋转的角度可由与之相连的刻度盘读出。这就是旋光仪的工作原理。

手性和对称性、
旋光仪和比旋光度

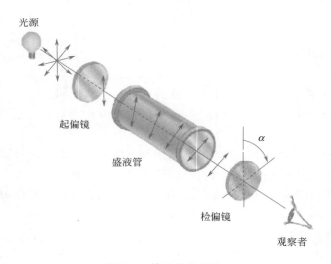

图 7-1 旋光仪的构造

偏振光与旋光性物质作用后偏振平面所旋转的角度叫作旋光度（optical rotation），用 α 表示。显然，旋光仪所测出的旋光度 α 与旋光性物质浓度、盛液管长度成正比。因此，采用比旋光度（specific rotation）来表示物质的旋光性能。单位浓度、单位盛液管长度下测得的旋光度称为比旋光度，用 $[\alpha]$ 表示。实际测量时，总是采用较稀的溶液测量其旋光度，再用下式计算其比旋光度：

$$[\alpha]_\lambda^t = \frac{\alpha}{lc}$$

式中，α 是由仪器测得的溶液的旋光度，（°）；λ 是测量时所采用的光波波长，nm；t 是测量时的温度，℃；l 是盛液管的长度，dm（1dm＝10cm）；c 是溶液的浓度，g/mL。

一般测定旋光度时，采用钠光灯作为光源，通常用 D 表示，钠光波长 589nm 相当于太阳光谱中的 D 线。例如，在温度为 20℃时，用钠光灯为光源测得的葡萄糖水溶液的比旋光度为右旋 52.2°，应记为：$[\alpha]_D^{20}＝+52.2°$（水）。

比旋光度是旋光性物质的一个物理常数。

7.2.3 分子的旋光性与手性

1848 年，Pasteur（巴斯德）在进行晶体研究时发现，酒石酸铵钠盐在低于 28℃时形成两种不同的晶体，且互为镜像。他借助放大镜用镊子将这两种晶体分离出来，结果发现它们一个左旋，另一个右旋。Pasteur 推断这两种分子内原子的空间排布是不对称的，后来这一推断被证实是正确的。

我们的左、右手互为实物与镜像的关系，但彼此不能完全重合。像左右手一样，实物与其镜像不能完全重合的性质称为手性（chirality）。一些有机化合物，如溴氯氟甲烷、2-溴丁烷等，它们的实物和镜像也不能完全重合，因而也具有手性。

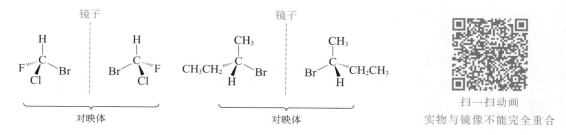

扫一扫动画
实物与镜像不能完全重合

互为实物与镜像的两个构型异构体称为对映体（enantiomer）。

有机化学中将与四个不同的原子或基团相连的碳原子称为手性碳原子，通常用"＊"标出。例如：

$$CH_3\overset{*}{-}CH-COOH \qquad CH_3\overset{*}{-}CH-CH_2CH_3 \qquad CH_3\overset{*}{-}CH-CH(CH_3)_2$$
$$\qquad | \qquad\qquad\qquad | \qquad\qquad\qquad\qquad |$$
$$\qquad OH \qquad\qquad\qquad Br \qquad\qquad\qquad\qquad OH$$

手性碳原子上四个不同的原子或基团，在空间有两种不同的排列方式，导致形成互为实物与镜像关系的两种化合物，即形成一对对映体。

7.2.4 分子的对称性与手性

考察分子的对称性就能判断它是否具有手性。有机化学中应用得最多的对称因素是对称面（plane of symmetry）和对称中心（center of symmetry）。

7.2.4.1 对称面

对称面的对称操作是反映（即照镜子）。如果有一个平面能够把某分子分成互为镜像的两半，该平面就是分子的对称面。例如：

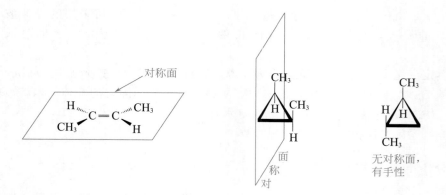

7.2.4.2 对称中心

对称中心的对称操作是反演。如果分子中存在一个点，在距离该点等距离、反方向处能够遇到完全相同的原子或基团，这个点就是分子的对称中心。例如：

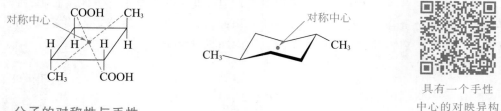

具有一个手性
中心的对映异构

7.2.4.3 分子的对称性与手性

在绝大多数情况下，分子中如果没有对称面和对称中心，分子与其镜像就不能重合，分子就会有手性。例如：

无对称面和对称中心，有手性　　　　有对称面，无手性　　　　有对称中心，无手性

7.3 具有一个手性中心的对映异构

最常见的手性中心是手性碳原子。其他元素，如磷、氮、硅、硫等都有可能成为手性中心。有机分子中甚至可能存在抽象的手性中心，如 4 个桥头不同取代的金刚烷是手性分子，它的中心没有被任何元素占据，但这个分子的中心点就是一个抽象的手性中心。

7.3.1 对映体和外消旋体的性质

含有一个手性中心（通常为手性碳）的化合物，其分子结构中既没有对称面，又没有对称中心，是手性分子。这类分子必定有一个与之不能完全重合的镜像，与之构成一对对映体。例如：乳酸就是具有一个手性中心的化合物：

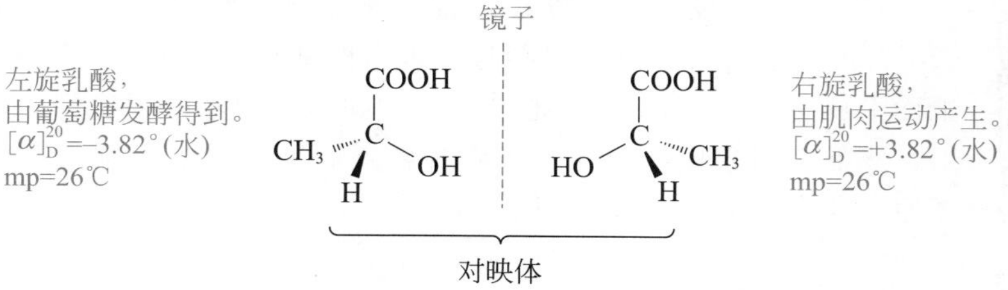
镜子
左旋乳酸，
由葡萄糖发酵得到。
$[\alpha]_D^{20}=-3.82°$(水)
mp=26℃
COOH
C
CH₃
OH
H
COOH
C
HO
CH₃
H
右旋乳酸，
由肌肉运动产生。
$[\alpha]_D^{20}=+3.82°$(水)
mp=26℃
对映体

乳酸有一对对映体，一个是左旋体，另一个是右旋体，二者比旋光度数值相同、方向相反。

一般情况下，除了旋光方向之外，对映体的理化性质如熔点、沸点、溶解度、化学反应速率等都是相同的。只有在手性环境下，对映体的性质才显示出区别。例如，在手性试剂、手性溶剂、手性催化剂存在下，一对对映体的反应速率是不相同的。

将等量的左旋体和右旋体混合，得到的混合物没有旋光性，称为外消旋体（racemate），用（±）-或 *dl*-表示。例如，从牛奶中得到的乳酸就是外消旋体，称为外消旋乳酸，写为（±）-或 *dl*-乳酸。外消旋体与左旋体或右旋体的理化性质不同，例如（±）-乳酸的熔点为 18℃。

左旋体(－)
右旋体(＋) } —等量混合→ { 外消旋体(±)，无旋光性，可拆分，
物理性质不同于左旋体或右旋体

对映异构现象不仅具有理论价值，而且具有重要的实际应用意义。生物体内的生化反应大多是在具有手性的酶催化下进行的，因此一对对映体的生理活性是不同的。例如：右旋葡萄糖可被人或动物吸收，左旋葡萄糖不被吸收；$(CH_3)_3CHCH_2^*CH(NH_2)COOH$（亮氨酸）的一对对映体，一个有甜味，另一个有苦味；“反应停”（一种安胎药，已停用）中的（*S*）-异构体对胎儿强烈致畸，而（*R*）-异构体则是很好的镇静剂。

7.3.2 构型的表示方法

表示构型最常用的两种方法是透视式和 Fischer 投影式。例如，左旋乳酸的构型可表示为：

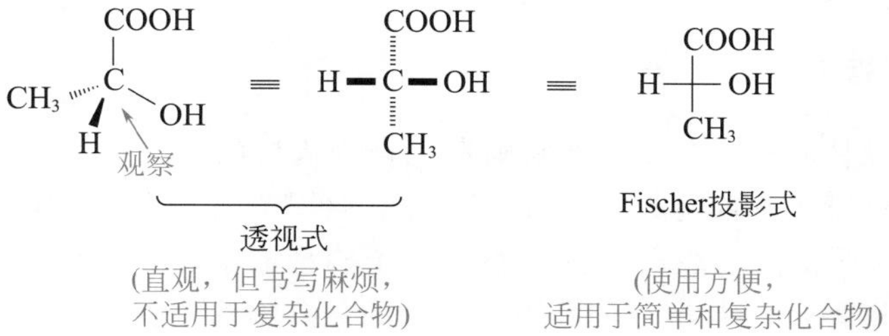
COOH
C
CH₃
OH
H
观察
═
COOH
H — C — OH
CH₃
═
COOH
H — OH
CH₃
透视式
(直观，但书写麻烦，
不适用于复杂化合物)
Fischer投影式
(使用方便，
适用于简单和复杂化合物)

书写 Fischer 投影式的基本原则：

① 将碳链竖置，把氧化态较高的碳原子或命名时编号最小的碳原子放在最上端；

② 横前竖后：与手性碳原子相连的两个横键伸向前方，两个竖键伸向后方；

③ 横线与竖线的交点代表手性碳原子。

书写 Fischer 投影式的注意事项：

扫一扫动画
旋转 180°/90°/
270°，翻转 180°

① Fischer 投影式可以在纸面上平移或旋转 180°，但不能旋转 90°或 270°，也不能将其脱离纸面翻身，否则构型翻转。因为将 Fischer 投影式在纸面上旋转 90°、270°，会把横键上"朝前"的基团调换到"朝后"的竖键上，当然会引起构型改变了；而脱离纸面翻转 180°，则很容易看到，形成了原来化合物的对映体。例如：

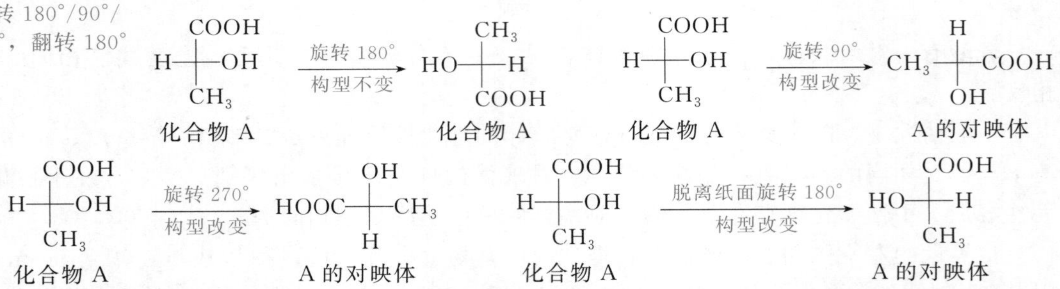

化合物 A —旋转 180° 构型不变→ 化合物 A　　化合物 A —旋转 90° 构型改变→ A 的对映体

化合物 A —旋转 270° 构型改变→ A 的对映体　　化合物 A —脱离纸面旋转 180° 构型改变→ A 的对映体

② 将手性碳上的四个基团中的任意三个轮换（顺时针或反时针），构型不变。例如：

化合物A —甲基不动→ 化合物A —羧基不动→ 化合物A

扫一扫动画
三个基团轮换

将手性碳上的四个基团中的任意两个对调，构型改变。例如：

A的对映体 —构型改变→ 化合物A —构型改变→ A的对映体

扫一扫动画
两个基团对调

7.3.3　构型的标记方法

7.3.3.1　D/L 构型标记法

D/L 标记法是以甘油醛为参照标准来确定化合物构型的，规定在规范书写的 Fischer 投影式中，手性碳上的羟基在右侧的甘油醛是 D 型，羟基在左侧的甘油醛为 L 型。其他物质的构型以甘油醛为参照标准，在不改变中心碳原子构型的前提下，由 D 型甘油醛衍化得到的化合物构型就是 D 型，由 L 型甘油醛衍化得到的化合物构型就是 L 型。

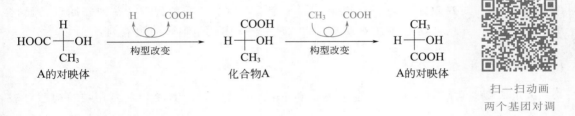

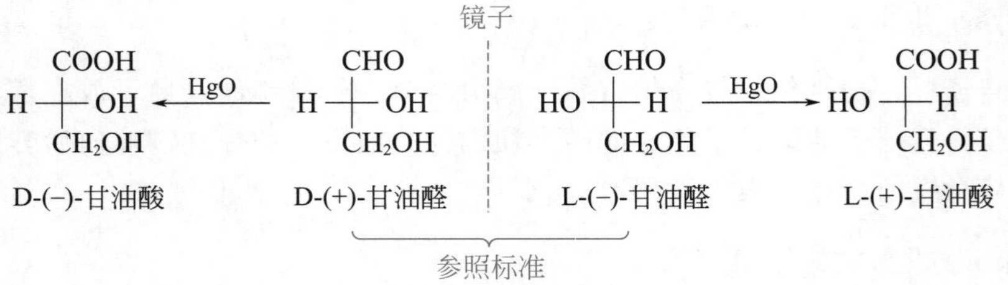

D-(−)-甘油酸　　D-(+)-甘油醛　　L-(−)-甘油醛　　L-(+)-甘油酸

镜子

参照标准

注意：构型与旋光方向是两个不同的概念。D/L 构型是与 D-甘油醛的 Fischer 投影式比较的结果，而旋光方向是由旋光仪测定得到的结果，二者无必然联系。

D/L 构型是相对构型，在有机化学发展早期普遍使用，但它只能标出一个手性碳的构型，目前主要用于糖和蛋白质的构型标记。

7.3.3.2 *R/S* 构型标记法

R/S 构型标记法是广泛使用的一种方法，它是根据手性碳原子上所连的四个原子或基团在空间的排列方式来标记的。*R/S* 构型是绝对构型，其标记步骤为：

① 按照 CIP 顺序规则，确定优先顺序，如 a>b>c>d。

② 将排在优先顺序最末的原子或基团（d）置于距观察者最远处。

③ 观察其余三个原子或基团的排列方式。如果由 a→b→c 划圈为顺时针方向，则这种构型为 *R* 型；反之，逆时针方向者为 *S* 型。

例如：用 *R/S* 构型标记法标记 的构型。

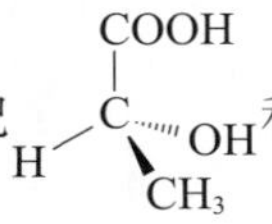

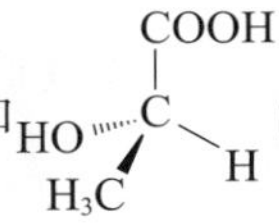

根据 CIP 顺序规则：—OH>—COOH>—CH$_3$>—H

(*S*)-乳酸   (*R*)-乳酸

—OH —→ —COOH —→ —CH$_3$ —OH —→ —COOH —→ —CH$_3$
逆时针方向   顺时针方向

R/S 标记法直接应用于 Fischer 投影式时，要牢记 Fischer 投影式"横前竖后"的书写原则，仍然从排在优先顺序最末的原子或基团最远处进行观察。例如：

—CH$_2$OH>—CH$_2$CH$_3$>—CH$_3$>—H   —OH>—COOH>—C$_6$H$_5$>—H   —OH>—CH=CH$_2$>—CH$_3$>—H

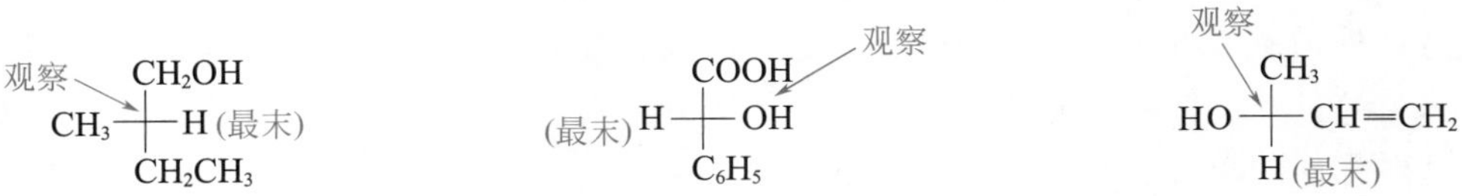

(*S*)-   (*R*)-   (*S*)-

R/S 标记法与 D/L 标记法的依据不同。*R/S* 法是依据与手性碳原子相连的四个原子或基团在空间的相对位置，用 CIP 顺序规则进行判断；D/L 法是依据与 D-甘油醛的构型进行比较的结果是否相同，用甘油醛的 Fischer 投影式进行判断。

7.4 具有两个和两个以上手性中心的对映异构

7.4.1 具有两个不同手性碳原子的对映异构

2-氯-3-羟基丁二酸总共有四种对映异构体：

$$\begin{array}{cccc}
\text{COOH} & \text{COOH} & \text{COOH} & \text{COOH} \\
\text{H——Cl} & \text{Cl——H} & \text{H——Cl} & \text{Cl——H} \\
\text{H——OH} & \text{HO——H} & \text{HO——H} & \text{H——OH} \\
\text{COOH} & \text{COOH} & \text{COOH} & \text{COOH} \\
\text{I} & \text{II} & \text{III} & \text{IV} \\
(2R,3R) & (2S,3S) & (2R,3S) & (2S,3R)
\end{array}$$

一对对映体的手性中心全都具有相反的构型。例如：($2R,3R$)-2-氯-3-羟基丁二酸（I）和（$2S,3S$)-2-氯-3-羟基丁二酸（II）构成一对对映体，($2R,3S$)-2-氯-3-羟基丁二酸（III）和（$2S,3R$)-2-氯-3-羟基丁二酸（IV）构成另一对对映体。I和II的等量混合物是外消旋体，III和IV的等量混合物也是外消旋体。

I与III或IV、II与III或IV、III与I或II、IV与I或II不是实物与镜像的关系，称为非对映体（diastereomer）。非对映体的物理性质如熔点、沸点、溶解度、密度、折射率等都不相同，它们的旋光度数值和方向也不相同。

7.4.2   具有两个相同手性碳原子的对映异构

酒石酸分子中含有两个手性碳原子，可能的异构体有：

$$\begin{array}{cccc}
\text{COOH} & \text{COOH} & \text{COOH} & \text{COOH} \\
\text{H——OH} & \text{HO——H} & \text{H——OH} & \text{HO——H} \\
\text{HO——H} & \text{H——OH} & \text{HO——H} & \text{HO——H} \\
\text{COOH} & \text{COOH} & \text{COOH} & \text{COOH} \\
\text{I}(2R,3R) & \text{II}(2S,3S) & \text{III}(2R,3S) & \text{IV}(2S,3R)
\end{array}$$

I与II是对映体。I与III、II与III是非对映体。

III与IV看起来似乎是具有实物与镜像的关系，但如果将IV在纸面上旋转180°后，即可与III重叠，因此，它们不是对映体，而是同一化合物，称为内消旋酒石酸。在III或IV分子内有一对称面，上面一半恰好和下面一半互成镜像关系，两个手性碳原子的构型是相反的，因而旋光能力在分子内部彼此抵消，整个分子不具有旋光性。这种虽然含有手性碳原子但却不是手性分子，且没有旋光性的异构体叫作内消旋体（mesomer），用 *meso*-表示。

因此，酒石酸只有三个对映异构体：左旋体、右旋体和内消旋体。

注意： 外消旋体（racemate）和内消旋体都没有旋光性，但它们的本质是完全不同的：外消旋体是等量左旋体和右旋体的混合物，可拆分；内消旋体是分子内虽然含有手性碳原子却又具有对称面的单一化合物，不可拆分。此外，外消旋体也不同于任意两种物质的混合物，它具有固定的熔点，且熔点范围很窄，如酒石酸的三个异构体及外消旋体的物理常数见表 7-1。

表 7-1   酒石酸的物理常数

酒石酸	熔点/℃	溶解度/(g/100g 水)	$[\alpha]_D^{25}$（水）	pK_{a1}	pK_{a2}
左旋体	170	139	$+12°$	2.96	4.16
右旋体	170	139	$-12°$	2.96	4.16
内消旋体	140	125	$0°$	3.11	4.80
外消旋体	204	20.6	$0°$	2.96	4.16

7.4.3 具有多个手性碳原子的对映异构

对含有 n 个手性碳原子的化合物，光学异构体数目 $=2^n$（n 为不同手性碳的个数），外消旋体数目 $=2^{n-1}$。例如：2,3,4-三溴己烷有三个不同的手性碳，可写出 $2^3=8$ 个对映异构体：

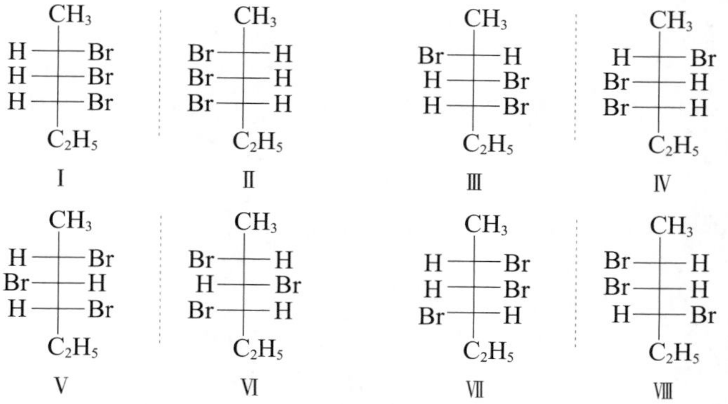

I与II、III与IV、V与VI、VII与VIII是四对对映体。I与III、I与V、I与VII都只有一个手性碳原子的构型不同，这种含多个手性碳原子，但只有一个手性碳构型不同的对映异构体称为差向异构体（epimer）。如果构型不同的手性碳原子在链端，则称为端基差向异构体（anomer）或异头物（anomer），其他情况，分别根据构型不同的碳原子的位置称为 C_n 差向异构体。

7.5 脂环化合物的立体异构

7.5.1 脂环化合物的顺反异构

【例 7-1】 1,4-二甲基环己烷的顺反异构：

构型式：

cis-1,4-二甲基环己烷

两个甲基在六元环的同一侧，为顺式

trans-1,4-二甲基环己烷

两个甲基不在六元环的同一侧，为反式

构象式：

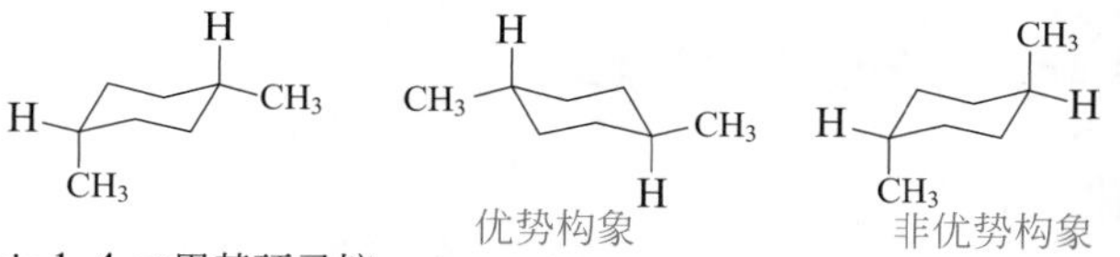

cis-1,4-二甲基环己烷

优势构象　　　　　　　非优势构象

trans-1,4-二甲基环己烷

【例 7-2】 十氢萘的顺反异构：

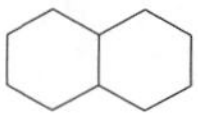

是萘的加氢产物，其系统名称为二环 [4.4.0] 癸烷，它有顺反两种构型：

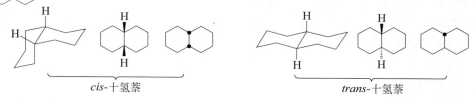

cis-十氢萘　　　　　　　　　　　　　　*trans*-十氢萘

cis-十氢萘与 trans-十氢萘互为构型异构体，是两种不同的化合物，它们在室温下不能相互转变。但在 530℃、Pd-C 催化剂存在下，两者可达到动态平衡：

cis-十氢萘由于空间障碍较大，其能量较高，稳定性不及 trans-十氢萘。

7.5.2　脂环化合物的对映异构

【例 7-3】　1,2-二甲基环己烷的立体异构：

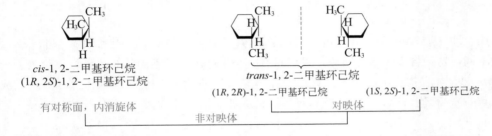

【例 7-4】　2-羟甲基环丙烷甲酸的立体异构：

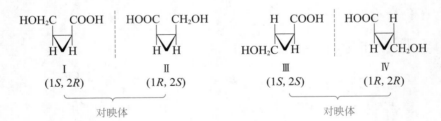

Ⅰ和Ⅲ、Ⅰ和Ⅳ、Ⅱ和Ⅲ、Ⅱ和Ⅳ为非对映体。

7.6　不含手性中心化合物的对映异构

7.6.1　丙二烯型化合物

丙二烯型化合物分子中的两个 π 键是相互垂直的，可以构成手性轴（chiral axis）：

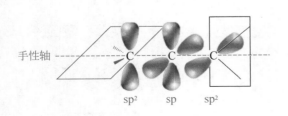

扫一扫动画
丙二烯手性轴

当两端双键碳上所连的原子或基团不同时，该分子既没有对称面也没有对称中心，却有一根手性轴，分子有手性，存在一对对映体。例如：

无对称面，无对称中心　　　　　　　　无对称面，无对称中心
(S_a)-戊-2,3-二烯　　　　　　　　　　　(R_a)-戊-2,3-二烯
对映体

标记构型时，硬性规定：近端基团总是优先于远端的基团。即规定：近优先基团＞近非优基团＞远优先基团＞远非优基团。沿手性轴观察，将"远非优基团"放在最远处，观察其余三个基团从"近优→近非优→远优"的划圈方向，顺时针为 R-构型，标记为 R_a，反时针为 S-构型，标记为 S_a。沿手性轴的任意一个方向观察得到的结果是相同的。

如果把旋光性丙二烯型化合物中的两个或一个双键用环来代替，则所得到的化合物也应当是旋光的。例如，2,6-二甲基螺[3.3]庚烷的对映异构：

(S_a)-2,6-二甲基螺[3.3]庚烷　　　　　　(R_a)-2,6-二甲基螺[3.3]庚烷
对映体

1-乙亚基-3-甲基环丁烷的对映异构：

(S_a)-1-乙亚基-3-甲基环丁烷　　　　　　(R_a)-1-乙亚基-3-甲基环丁烷
对映体

7.6.2　联苯型化合物

联苯型对映异构体又称位阻异构体，是在 1920 年被发现的。这类对映异构体的特点是苯环上两个不同的邻位取代基的体积足够大，使两个苯环不能共平面，形成一根"手性轴"，整个分子没有对称面和对称中心，具有手性，存在一对对映体。例如：

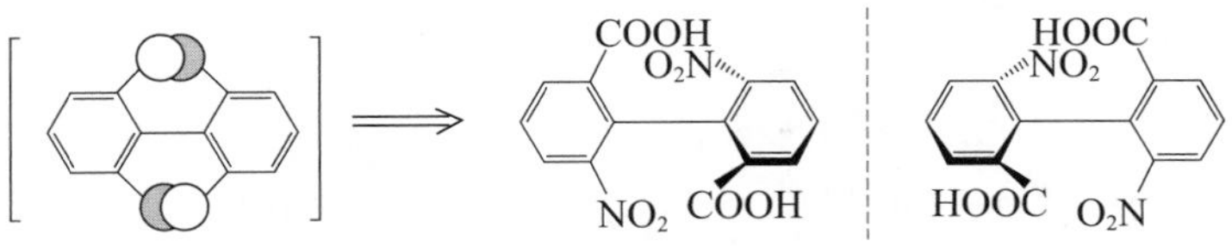

位阻作用　　　　　　手性分子　　　　　　手性分子
对映体

扫一扫动画
联苯型化合物

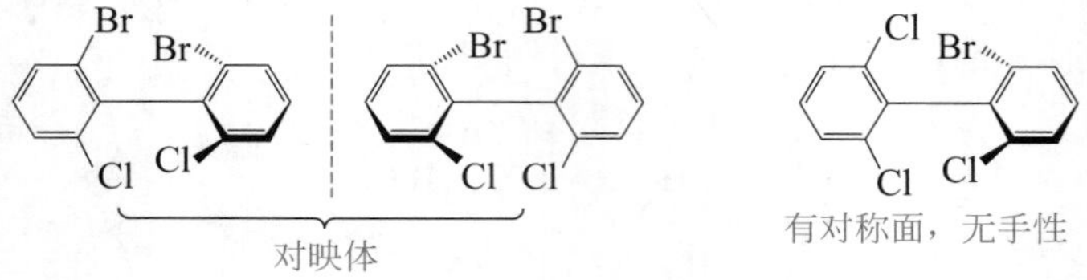

以上讨论说明，判断一个分子是否有手性，必须考察其是否有对称面和对称中心。

7.7 手性中心的产生

手性中心的产生与不对称合成有密切关系。

7.7.1 第一个手性中心的产生

当一个饱和碳原子所连接的四个原子或基团中有两个相同时，如 CX_2YZ，这个碳原子称为前手性碳原子或前手性中心。如果其中一个 X 被不同于 Y、Z 的原子或基团取代，如被 W 取代，就得到一个具有手性碳原子的化合物 CXYZW。前手性碳原子上一对相同的原子或基团被取代后将导致 R 构型的，称为前 R 某原子或前 R 某基团，另一个则称为前 S 某原子或前 S 某基团。以正丁烷分子的自由基氯代为例：

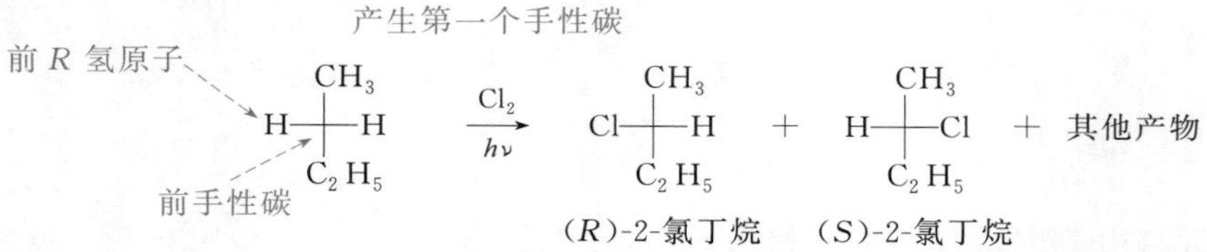

当产生第一个手性中心时，两个氢原子被取代的概率均等，生成的对映体的量相等，产物没有旋光性。即从非手性底物合成手性产物时常得到外消旋体。

前手性碳的概念在生物化学反应中非常重要，因为生物体内的反应绝大多数是经酶催化的，而酶是手性的生物分子，其手性基团能识别与之作用的底物分子的前 R/S 基团，所以酶催化的反应是立体专一的。

7.7.2 第二个手性中心的产生

如果在一个手性分子里产生第二个手性碳原子，生成非对映体的量是不相等的。例如：

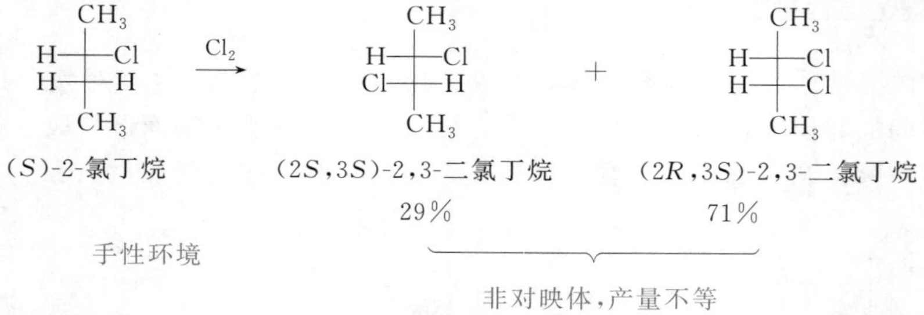

这是因为 2-氯丁烷分子中已经有一个手性碳原子，试剂进攻的方向要受到原来已经存在的手性中心的影响。

7.8 不对称合成

光学活性化合物通常来源于天然产物、外消旋体拆分、不对称合成。常用的外消旋体拆分方法是选择一个合适的手性试剂（即手性拆分剂），使其与对映体发生反应转变为非对映体，再利用非对映体具有不同的理化性质的特点，用物理方法分离非对映体，最后解离手性拆分剂而得到相应的左旋体或右旋体。

不对称合成（asymmetric synthesis），也称手性合成（chiral synthesis）、立体选择性合成、对映选择性合成。不对称合成是在手性环境中直接制备出含有不等量对映体或非对映体的产物。不对称合成的效率，即不对称合成反应的立体选择性，通常用产物的对映体过量百分数（简称 *ee* 值）或非对映体过量百分数（简称 *de* 值）来表示。

$$ee = \frac{[R] - [S]}{[R] + [S]} \times 100\%$$

$$de = \frac{[R,S] - [R,R]}{[R,S] + [R,R]} \times 100\%$$

测定 *ee* 值或 *de* 值方法有比旋光度法和色谱法。目前大多采用色谱法，即使用手性色谱柱（采用手性固定相或添加了手性试剂的流动相）的高效液相色谱（HPLC）或气相色谱（GC）分离对映体或非对映体，根据峰面积来计算 *ee* 值或 *de* 值。

常用的不对称合成方法包括化学法和生物法。原则是要在手性环境中进行合成，如手性底物的应用、手性试剂的应用、手性催化剂的应用等。

【例 7-5】 手性试剂的应用。

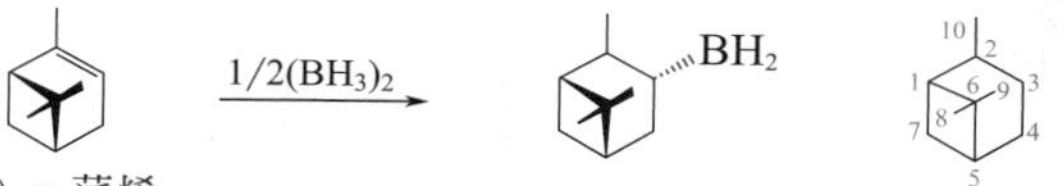

(+)-α-蒎烯
(松节油的主要成分)

(−)-异松蒎-3-基硼烷

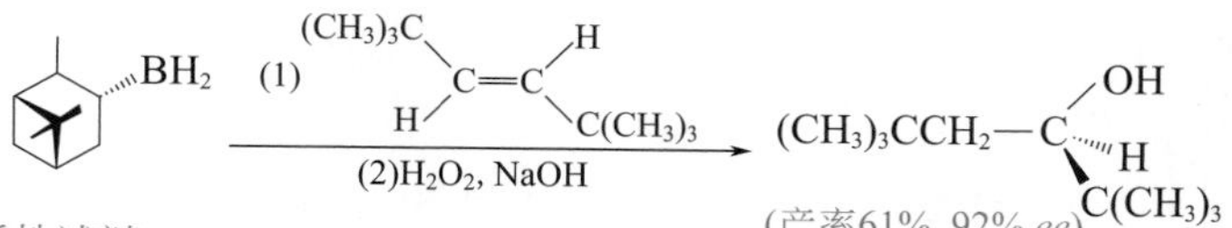

(手性试剂)

(产率61%, 92% *ee*)
(该旋光异构体含量为96%，
其对映体含量为4%)

【例 7-6】 使用手性底物的 Reformatsky 反应。

Reformatsky 反应是用 α-溴代酸酯的有机锌试剂与醛、酮反应，制备 β-羟基酸酯的重要人名反应。下述反应使用的反应物均无手性，产物是外消旋化的：

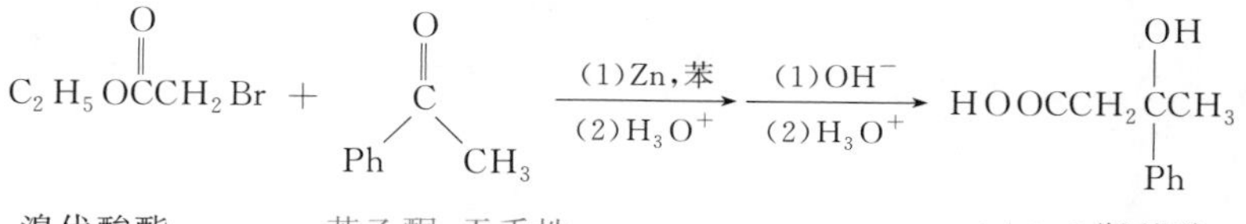

α-溴代酸酯
无手性

苯乙酮,无手性

(±)-β-羟基酸

而下列反应中由于使用了有手性的 α-溴代酸酯，最终得到的 β-羟基酸的对映体过量百分数达到 89%：

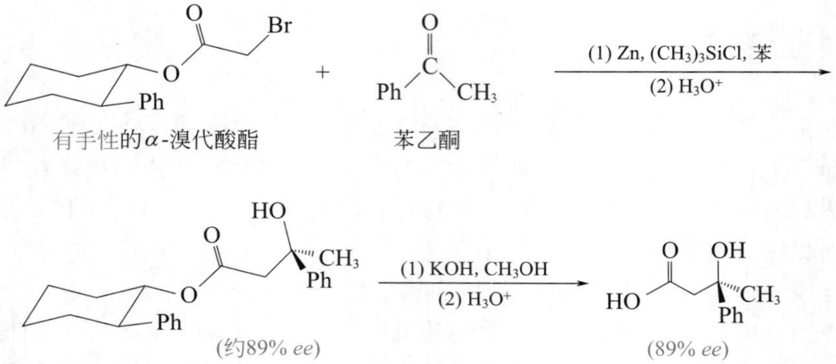

【例 7-7】 手性配体的应用。K. B. Sharpless 利用手性酒石酸二乙酯调控烯烃的不对称环氧化反应：

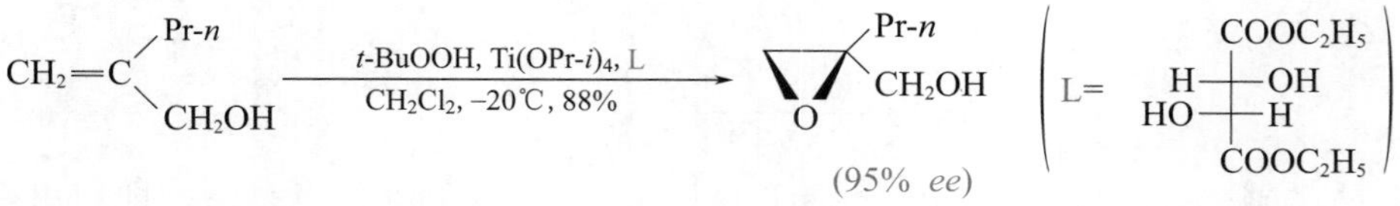

【例 7-8】 手性 Rh 催化剂（RhLCp*Cl）的应用。

Meerwein-Ponndorf 反应是用 $[(CH_3)_2CHO]_3Al$-$CH_3CH(OH)CH_3$ 将醛、酮还原为醇的重要人名反应：

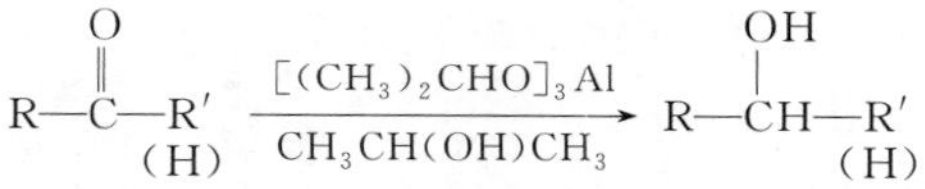

将异丙醇铝改为手性 Rh 催化剂（RhLCp*Cl），可实现对酮的不对称还原：

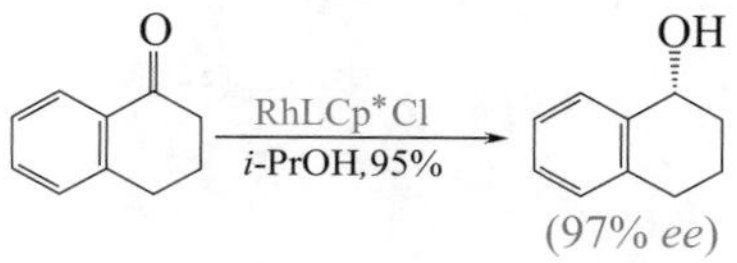

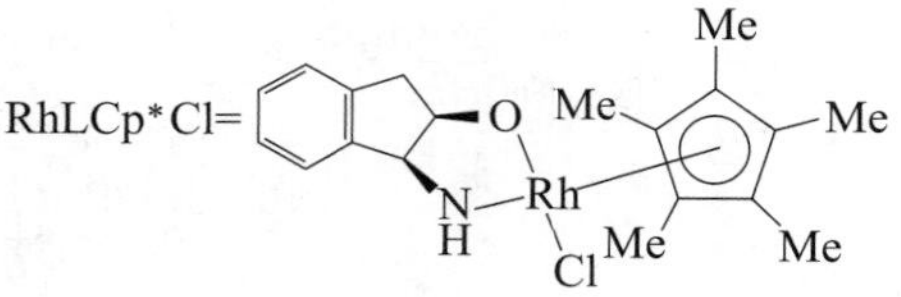

【例 7-9】 应用有机小分子手性催化剂，可以避免使用有毒或昂贵的过渡金属：

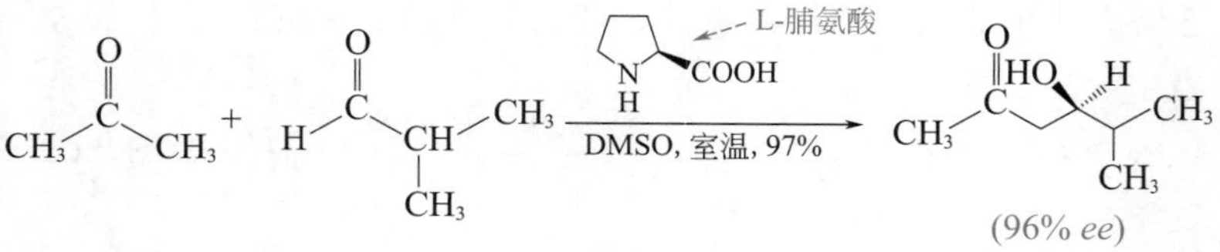

2001 年，美国化学家 W. S. Knowles（诺尔斯）、日本化学家 R. Noyori（野依良治）和美国化学家 K. B. Sharpless（夏普雷斯）被授予诺贝尔化学奖，这是因为他们在不对称催化氢化、烯丙胺的不对称异构化和烯烃的不对称环氧化方面做出了杰出的贡献。

7.9 立体化学在研究反应机理中的应用

【例 7-10】 对烯烃加溴反应机理的验证：

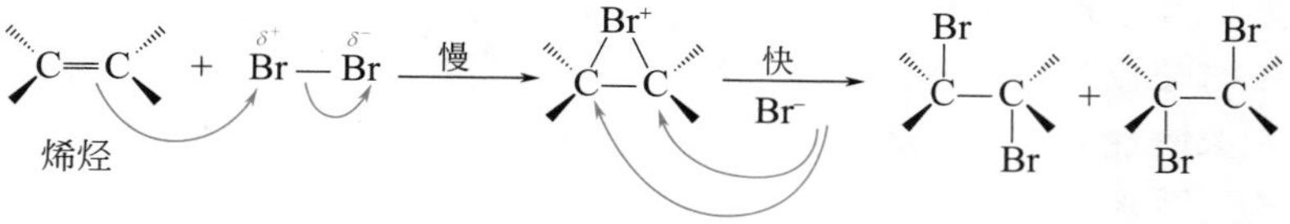

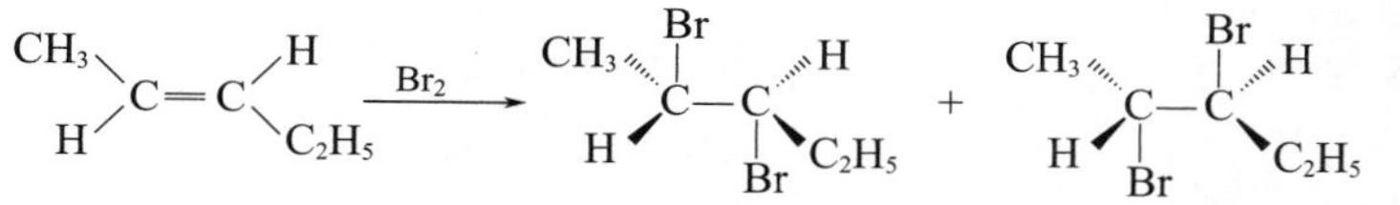

trans-戊-2-烯 $\xrightarrow{Br_2}$ (2S, 3R)-2,3-二溴戊烷 + (2R, 3S)-2,3-二溴戊烷

赤式(与赤藓糖结构类似)

即：

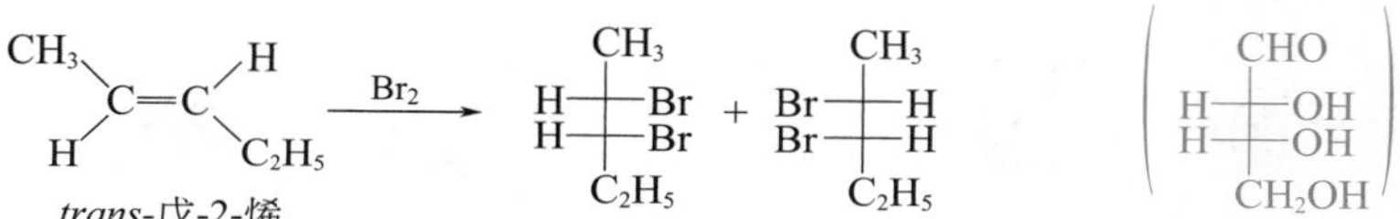

trans-戊-2-烯 $\xrightarrow{Br_2}$ 赤式 （D-赤藓糖）

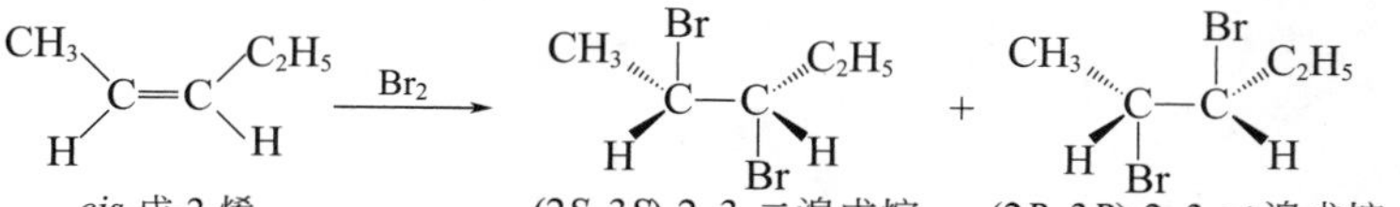

cis-戊-2-烯 $\xrightarrow{Br_2}$ (2S, 3S)-2,3-二溴戊烷 + (2R, 3R)-2,3-二溴戊烷

苏式(与苏阿糖结构类似)

即：

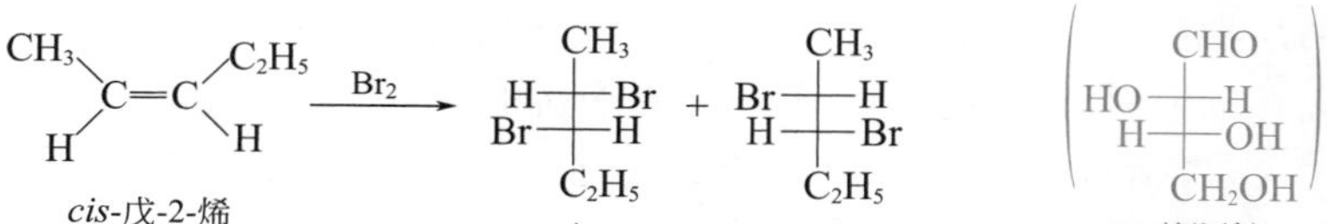

cis-戊-2-烯 $\xrightarrow{Br_2}$ 苏式 （D-苏阿糖）

trans-戊-2-烯与溴加成只能得到两种赤式产物，而 cis-戊-2-烯与溴加成只能得到两种苏式产物。说明溴与烯烃的亲电加成反应是立体专一性反应，第二个溴只能从第一个溴的背面进攻双键碳，是三元环溴正离子中间体机理，加成的结果是反式加成！

【例 7-11】 炔烃的还原氢化反应是反式加成：

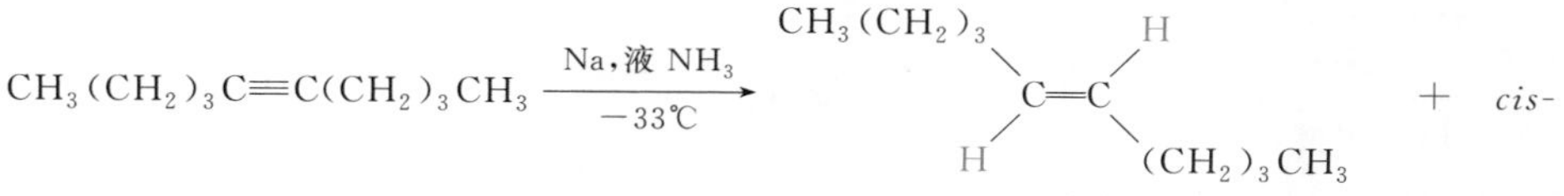

$$CH_3(CH_2)_3C \equiv C(CH_2)_3CH_3 \xrightarrow[-33℃]{Na, 液\ NH_3}$$

trans-(80%～90%) + cis- (20%～10%)

由炔烃还原氢化反应中顺式和反式产物的比例可以看出，炔烃的还原氢化反应是立体选择性反应，主要生成反式加成产物。

* 7.10 手性与手性药物

手性在自然界是非常普遍的现象。作为生命活动重要基础的生物大分子，如蛋白质、多糖、核酸和酶等，几乎都是手性的。这些大分子在体内往往具有重要的生理功能。目前使用的药物中很大一部分也具有手性，手性药物的药理作用是通过与体内大分子之间的严格手性匹配与分子识别来实现的。这是因为生物大分子（如酶、受体、抗体等）的活性部位都具有特定的手性结构，要求和它相互作用的生物活性分子（如神经递质、激素、药物、毒物等）具有与其相适应的立体结构，才能相互作用，从而产生生物活性。

图 7-2 是手性药物与体内大分子之间的手性匹配示意。其中两个梯形图代表两个相同的体内大分子活性中心。对映异构体与该活性中心的结构具有互补关系，能够相互匹配而结合 [图 7-2(a)]，进而产生生物活性；对映异构体与该活性中心的结构无互补关系 [图 7-2(b)]，不能相互匹配结合，不会产生生物活性。

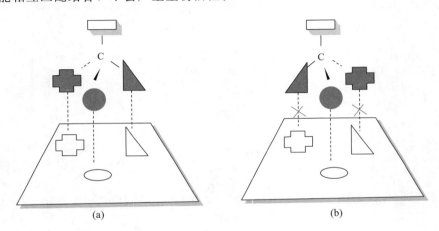

图 7-2　手性药物与体内大分子之间的手性匹配示意图

临床使用的药物有许多来源，其中一部分是直接从植物或细菌中分离得到的；另一部分是天然物经过化学修饰而形成的药物；还有一部分完全是在实验室通过化学合成而得到的。

直接来源于天然的药物或者天然化合物经过化学修饰而形成的药物，通常是手性的，一般为单一的旋光异构体。例如，青霉素 V 就是从青霉菌中分离得到的广谱抗生素，具有 $(2S,5R,6R)$-构型。它的对映体在自然界中不存在，但从实验室制备得到的样品表明，青霉素 V 的对映体基本无生物活性。

青霉素 V($2S,5R,6R$-构型)　　　　　　　　　　　　　　（S）-布洛芬

完全由化学合成的药物一般是外消旋体。例如，布洛芬（ibuprofen）化学名称为 2-[4-(2-甲基丙基)苯基]丙酸，是一种合成药，临床用于解热镇痛和抗炎、抗风湿。它含有一个

手性碳，但只有（S）-异构体具有抗炎和止痛的功效，（R）-异构体无活性。布洛芬外消旋体中，无活性的（R）-布洛芬的存在，不仅导致在用药剂量上要比单一的（S）-布洛芬增加一倍，而且还有可能产生副作用。随着不对称合成方法的发展和拆分技术的提高，高效的手性药（chiral drug）势必会越来越多。

本章精要速览

（1）能够使偏振光的振动平面旋转一定角度的物质称为旋光性物质。物质的旋光性能用比旋光度来表示。单位浓度、单位盛液管长度下测得的旋光度称为比旋光度，用 $[\alpha]$ 表示。

（2）像左右手一样，互为实物与镜像的关系，却不能完全重合的性质称为手性。一些有机分子的实物和镜像也不能完全重合，因而也具有手性。

与四个不同的原子或基团相连的碳原子称为手性碳原子。手性碳原子上四个不同的原子或原子团在空间有两种不同的排列方式，导致形成互为实物与镜像关系的两种化合物，即形成一对对映体。

（3）绝大多数情况下，分子中如果没有对称面和对称中心，分子与其镜像就不能重合，分子就会有手性和旋光性。手性分子必定有一个与之不能完全重合的镜像，与之构成一对对映体。

一般情况下，除了旋光方向之外，对映体的理化性质相同。在手性环境下（手性试剂、手性溶剂、手性催化剂存在下），对映体的性质才显示出区别。一对对映体的生理活性是不同的。

（4）Fischer 投影式的写法：①碳链竖置，编号小者置于上端；②上下朝里，左右朝外。

D/L 标记法是以 D-甘油醛的 Fischer 投影式为参照标准来确定化合物构型的，是相对构型。

R/S 标记法是根据手性碳原子上所连的四个原子或基团在空间的排列方式来标记的，是绝对构型。其步骤为：①按照 CIP 顺序规则，确定优先顺序；②将排在最末的原子或基团置于距观察者最远处；③观察其余三个原子或基团按优先顺序的排列方式，顺时针方向者为 R 型，逆时针方向为 S 型。

构型与旋光方向是两个不同的概念，二者无必然联系。构型是由原子或基团在空间的排列方式来决定的，而旋光方向是由旋光仪测定得到的。

（5）将等量的左旋体（-）和右旋体（+）混合，得到的混合物没有旋光性，称为外消旋体，用（±）-表示。外消旋体是混合物，可拆分为左旋体和右旋体。

分子内含有手性中心，但其整个分子具有对称面而不具有手性的化合物称为内消旋体。内消旋体是单一化合物，不可拆分。

（6）含有 n 个不同的手性碳的化合物最多有 2^n 个旋光异构体。

对映体中所有的手性中心都具有相反的构型。非对映体至少有一个手性中心的构型是相同的，其余手性中心的构型则是不同的。含多个手性碳原子、但只有一个手性碳构型不同的旋光异构体称为差向异构体。如果构型不同的手性碳原子在链端，则称为端基差向异构体或异头物。

（7）含有手性轴的分子既没有对称面也没有对称中心，分子有手性，存在一对对映体。两个相互垂直的碳碳双键、两个不能共平面的脂环或苯环、一个脂环和一个碳碳双键，都有可能构成手性轴，因此，丙二烯型化合物、螺环化合物、联苯类化合物等都有可能是手性分子。

（8）手性中心的产生与手性合成有密切关系。当分子中引入第一个手性中心时，产物是没有旋光性的外消旋体；如果在一个手性分子里产生第二个手性碳原子，生成非对映体的量是不相等的。

习　题

1. 下列叙述是否正确？如不正确，请举出恰当的例子说明。

（1）立体异构体是分子中原子在空间有不同的排列方式。

（2）具有 R-构型的化合物是右旋（+）的光学活性分子。

（3）旋光性分子必定具有手性碳原子。

（4）具有 n 个手性碳原子的化合物一定有 2^n 个立体异构体。

（5）非光学活性分子一定不具有手性碳原子。

（6）具有手性碳原子的分子必定有旋光性。

（7）具有实物与镜像的旋光异构体称为一对对映体。

2. 比较左旋仲丁醇和右旋仲丁醇的下列各项性质。

（1）沸点　　　　　（2）熔点　　　　　（3）相对密度　　　　　（4）比旋光度

（5）折射率　　　　（6）溶解度　　　　（7）构型

3. 命名下列化合物。

（1） 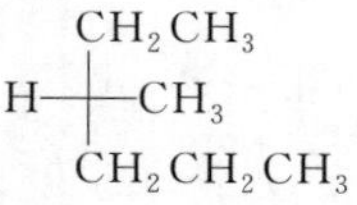
（2） 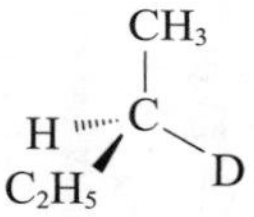
（3）

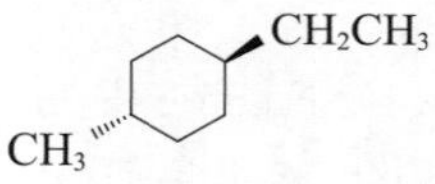

（4） 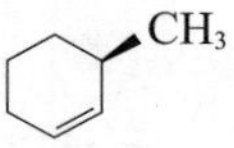
（5） 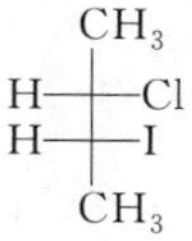
（6）

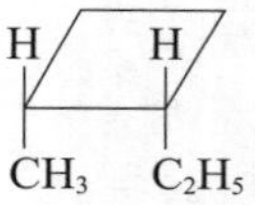

（7） 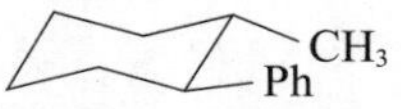
（8） 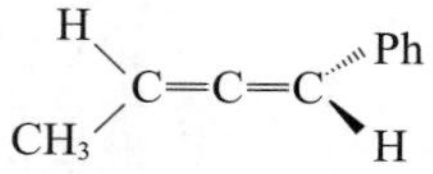
（9）

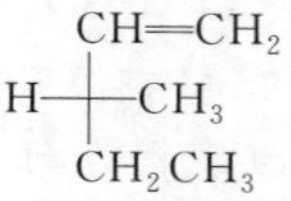

4. 薄荷醇的结构式为 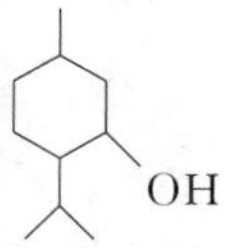 ，其分子中有几个手性碳原子？可能有多少个立体异构体？

5. 指出下列化合物分子中的对称元素，并推测有无手性。如有手性，写出其对映体。

（1） 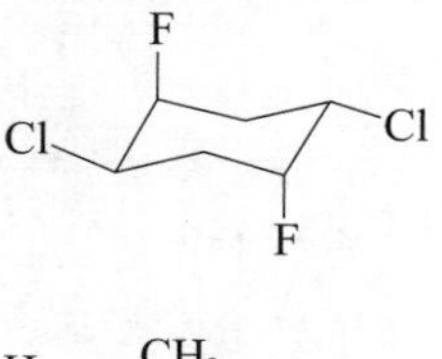
（2） 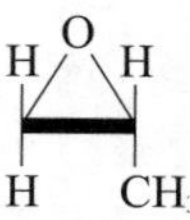
（3）

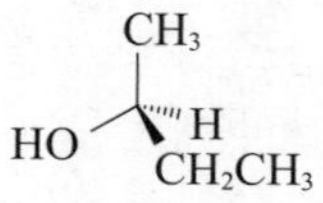

（4） 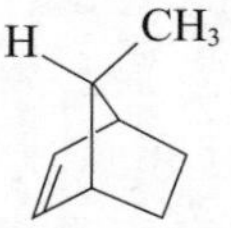
（5） 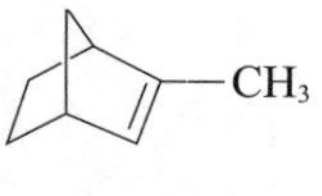
（6）

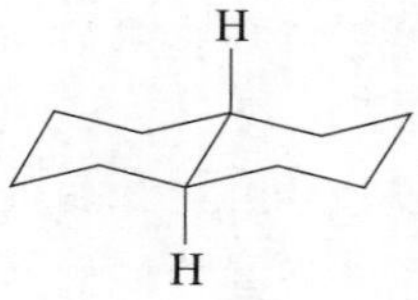

6. 2-溴-3-氯丁烷有多少个构型异构体？画出它们的 Fischer 投影式，用 R/S 表明手性碳原子的构型，指出它们相互之间的关系。

7. 用 R/S 标记下列化合物中手性碳原子的构型。

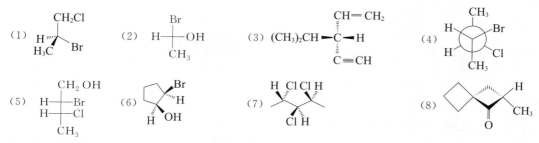

8. 用 Fischer 投影式表示下列化合物的结构。

（1）(R)-2-甲基-1-苯基丁烷

（2）$(2R,3R)$-3,4-二氯己-2-醇

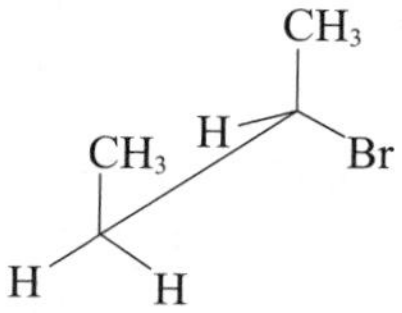

9. （1）写出 3-甲基戊-1-炔分别与下列试剂反应的产物。

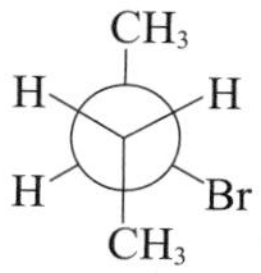

A. Br_2，CCl_4 B. H_2，Lindlar 催化剂   C. H_2O，H_2SO_4，$HgSO_4$

D. HCl（1mol）   E. $NaNH_2$，然后 CH_3I

（2）如果反应物是有旋光性的，哪些产物有旋光性？

（3）哪些产物同反应物的手性中心有同样的构型关系？

（4）如果反应物是左旋的，能否预测哪个产物也是左旋的？

10. 写出下列化合物所有立体异构体的 Fischer 投影式（环状化合物用键线式表示），标明哪些是成对的对映体，哪些是内消旋体，说出哪些异构体可能有旋光性，并以 S 或 R 标记每个异构体。

（1）1,2-二溴-2-甲基丁烷   （2）1-氯-1-氘丁烷   （3）3-氯丁-2-醇

（4）2,3-二甲基丁烷   （5）3,6-二甲基辛烷   （6）戊-1,2,3,4,5-五醇

（7）1,2-二氯环丁烷   （8）1,3-二氯环丁烷

11. 试判断下列构型的分子是否具有手性。

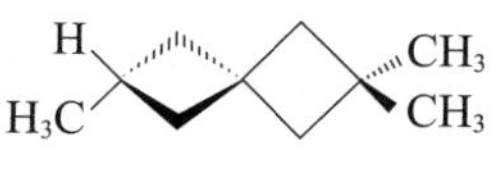

12. 环戊烯与溴进行加成反应，预期将得到什么产物？产物是否有旋光性？是左旋体、右旋体、外消旋体，还是内消旋体？

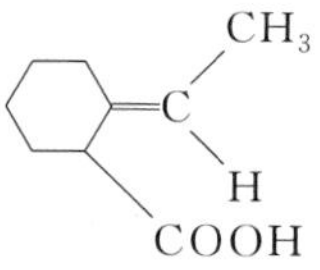

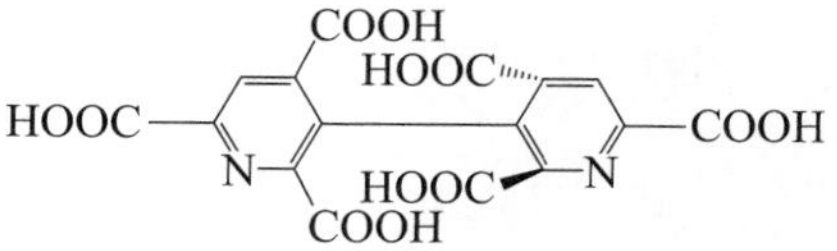

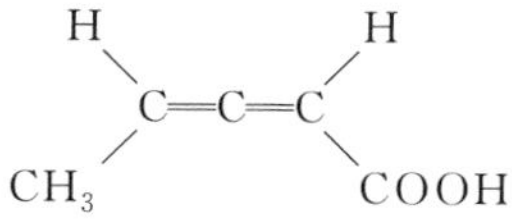

13. 用高锰酸钾处理 cis-丁-2-烯，生成一个熔点为 32℃ 的邻二醇；处理 $trans$-丁-2-烯，生成熔点为 19℃ 的邻二醇。它们都无旋光性，但熔点为 19℃ 的邻二醇可拆分为两个旋光度相等、方向相反的邻二醇。试写出它们的结构式，标出构型并写出相应的反应式。

14. 某化合物 A 的分子式为 C_6H_{10}，具有光学活性。A 可与碱性硝酸银的氨溶液反应生成白色沉淀。若以 Pt 为催化剂催化氢化，则 A 转变为 C_6H_{14}（B），B 无光学活性。试推测 A 和 B 的结构式。

第8章 | 卤代烃

烃分子中的氢原子被卤素原子取代的化合物称为卤代烃（alkyl halide）。卤代烃中以氯代烃和溴代烃最常见，氟代烃由于制法、性质和用途与其他卤代烃相差较多，通常单独讨论。

有机卤化物主要存在于海藻及许多其他海洋生物中，森林大火和火山喷发释放出的气体中也常含有大量的氯甲烷。在现代工业进程中，人工合成的有机卤代物曾经发挥着巨大作用，其中最有价值的是作为工业溶剂、吸入式麻醉剂、制冷剂和杀虫剂等。

卤代烃中的 C—X 键是极性键，性质较活泼，能发生多种化学反应而转化成各种其他类型的化合物。所以，卤代烃是有机合成的重要中间体，在有机合成中起着桥梁的作用。

8.1 卤代烃的分类

根据母体烃的结构，可将卤代烃分为饱和卤代烃、不饱和卤代烃；根据卤素原子（X）的不同及数目可将卤代烃分为氯代烃、溴代烃、一元卤代烃、二元卤代烃等。例如：

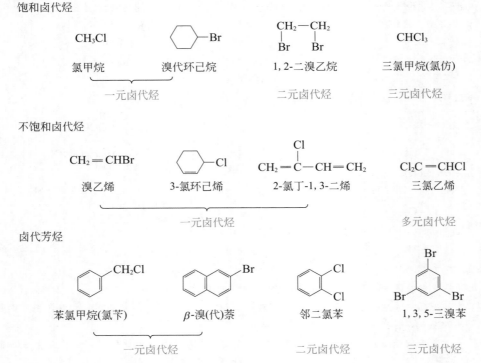

8.1.1 卤代烷的分类

根据与卤原子相连的碳原子类型，将卤代烷分为三类：伯卤烷（1°RX）、仲卤烷（2°RX）、叔卤烷（3°RX）。例如：

CH_3Br　　　　　　$CH_3CH_2CH_2CH_2Br$

溴甲烷　　　　　　　　1-溴丁烷

伯卤烷
primary haloalkane

$CH_3\overset{\overset{\textstyle Cl}{|}}{C}HCH_2CH_3$

2-氯丁烷

仲卤烷
secondary haloalkane

$CH_3\overset{\overset{\textstyle CH_3}{|}}{\underset{\underset{\textstyle Br}{|}}{C}}CH_2CH_2CH_3$

2-溴-2-甲基戊烷

叔卤烷
tert-haloalkane

8.1.2 卤代烯烃和卤代芳烃的分类

烯烃和芳烃分子中的氢原子被卤原子取代后的化合物，分别称为卤代烯烃和卤代芳烃。按照 X 与不饱和碳的相对位置，卤代烯烃和卤代芳烃可分为三类：

不饱和卤代烃
- 乙烯型和苯基型——卤素原子直接与不饱和碳相连。例：

$CH_2{=}CHCl$　　　　〔苯环〕—Br

氯乙烯　　　　　　　　　溴苯

- 烯丙型和苄基型——卤素原子与不饱和碳相隔一个饱和碳。例：

$CH_2{=}CH{-}CH_2{-}Cl$　　　〔苯环〕—CH_2—Br

3-氯丙-1-烯（烯丙基氯）　　　溴甲基苯（bromomethyl）benzene

- 隔离型——卤素原子与不饱和碳相隔两个或两个以上饱和碳。例：

$CH_2{=}CH{-}CH_2CH_2{-}Cl$　　　〔苯环〕—CH_2CH_2—Cl

4-氯丁-1-烯　　　　　　　1-氯-2-苯基乙烷

1-chloro-2-phenylethane

8.2 卤代烃的命名

8.2.1 官能团类别名

简单卤代烃可按官能团类别名进行命名：烃基名＋卤素名。例如：

$CH_3CH_2CH_2CH_2Br$　　　　$CH_2{=}CH{-}CH_2Cl$　　　　$CH_3{-}CH{=}CHBr$

正丁基溴　　　　　　　　　烯丙基氯　　　　　　　　丙烯基溴

n-butyl bromide　　　　　allyl chloride　　　　propenyl bromide

$CH_3{-}\overset{\overset{\textstyle CH_3}{|}}{\underset{\underset{\textstyle CH_3}{|}}{C}}{-}Cl$　　　　〔苯环〕—Br　　　　〔苯环〕—CH_2Cl

叔丁基氯　　　　　　　苯基溴　　　　　　　苄基氯

tert-butyl chloride　　　phenyl bromide　　　benzyl chloride

8.2.2 取代名

卤烷的取代名与烷烃相似，把卤原子和支链作为取代基（前缀），写在母体氢化物的前面。例如：

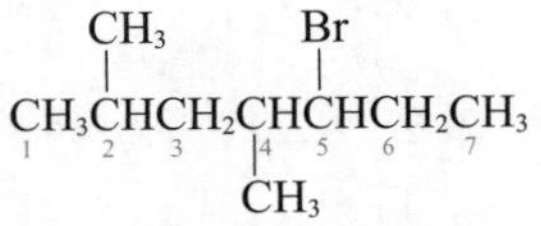

$$CH_3CHCH_2CHCHCH_2CH_3$$

5-溴-2,4-二甲基庚烷
5-bromo-2,4-dimethylheptane

$$CH_3CHCHCH_2CH_2CHCH_3$$

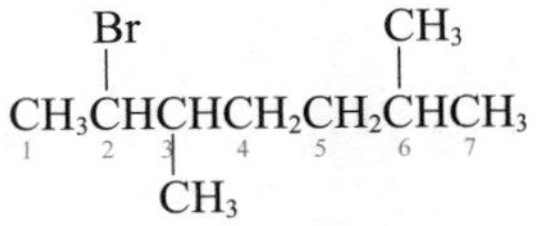

2-溴-3,6-二甲基庚烷
2-bromo-3,6-dimethylheptane

$$CH_3CHCH_2-C-CHCH_3$$

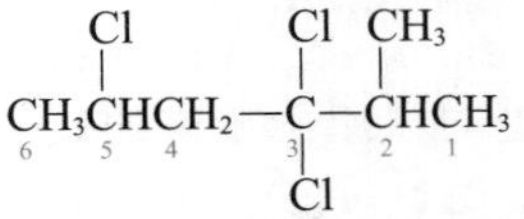

3,3,5-三氯-2-甲基己烷
3,3,5-trichloro-2-methylhexane

(主链的编号有多种可能时，遵循"最小位次组"原则)

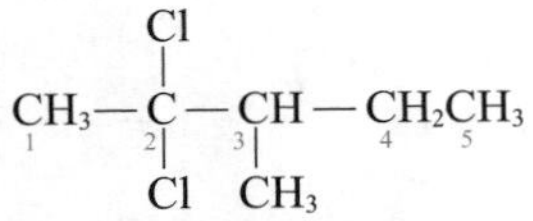

$$CH_3-C-CH-CH_2CH_3$$

2,2-二氯-3-甲基戊烷
2,2-dichloro-3-methylpentane

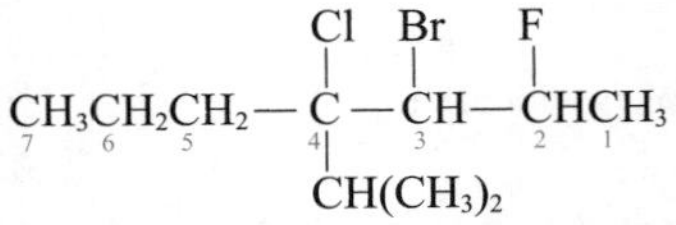

$$CH_3CH_2CH_2-C-CH-CHCH_3$$

3-溴-4-氯-2-氟-4-异丙基庚烷
3-bromo-4-chloro-2-fluoro-4-isopropylheptane

(按照英文名称的字母顺序，依次写出各取代基的名称，然后写出母体氢化物的名称)

8.2.3 卤代烯烃和卤代芳烃的命名

卤代烯烃和卤代芳烃的命名主要采用取代名。把卤原子看成取代基，按照烯烃或芳烃命名法，选择母体氢化物；对母体氢化物进行编号时，要遵循编号原则和"最低位次组"原则。例如：

$$CH_2=CHCl$$

氯乙烯
chloroethene

$$CH_2=CH-CH_2Br$$

3-溴丙-1-烯
3-bromoprop-1-ene

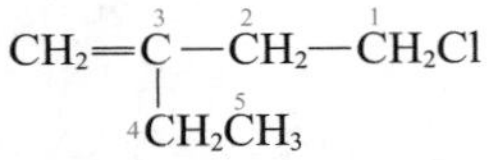

$$CH_2=C-CH_2-CH_2Cl$$
$$CH_2CH_3$$

1-氯-3-甲亚基戊烷
1-chloro-3-methylidenepentane

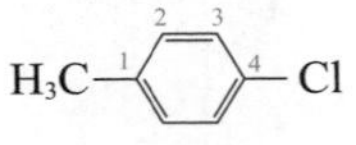

$$H_3C-⟨⟩-Cl$$

4-氯甲苯
4-chlorotoluene

当卤原子连在芳烃的侧链上时，习惯上以脂肪烃为母体氢化物。例如：

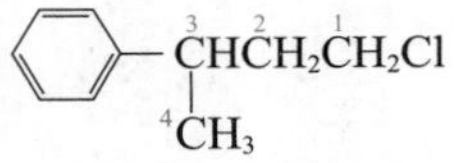

$$⟨⟩-CHCH_2CH_2Cl$$
$$CH_3$$

1-氯-3-苯基丁烷
1-chloro-3-phenylbutane

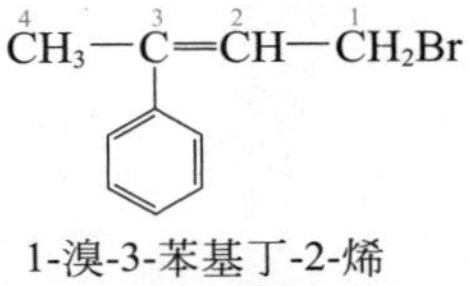

$$CH_3-C=CH-CH_2Br$$

1-溴-3-苯基丁-2-烯
1-bromo-3-phenylbut-2-ene

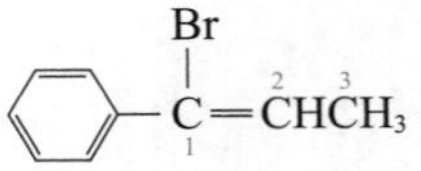

$$⟨⟩-C=CHCH_3$$
$$Br$$

1-溴-1-苯基丙-1-烯
1-bromo-1-phenylprop-1-ene

8.3 卤代烃的制法

8.3.1 由烃卤化

通常采用自由基卤代的方法，在烯烃或芳烃的 α-C 上引入卤原子。由于烷烃直接卤化反应的选择性较差，一般不用饱和开链烃的自由基卤化制取卤代烷。例如：

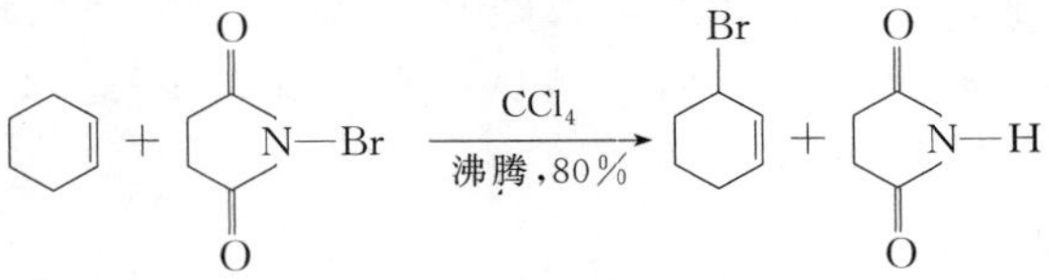

N-溴代丁二酰亚胺（NBS）　　　3-溴环己烯

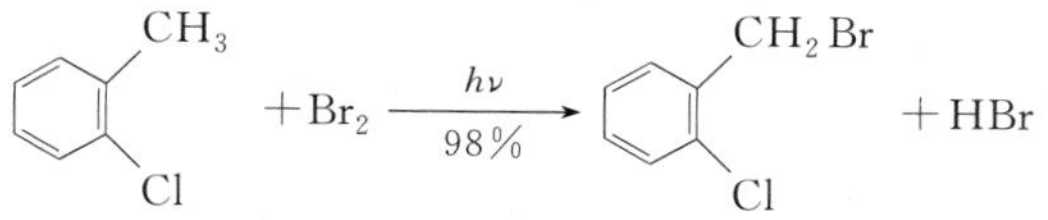

（结构式）1-氯-2-甲基苯 $+ Br_2 \xrightarrow[98\%]{h\nu}$ 1-溴甲基-2-氯苯 $+ HBr$

采用芳环上亲电取代反应，可在芳环上引入卤原子。例如：

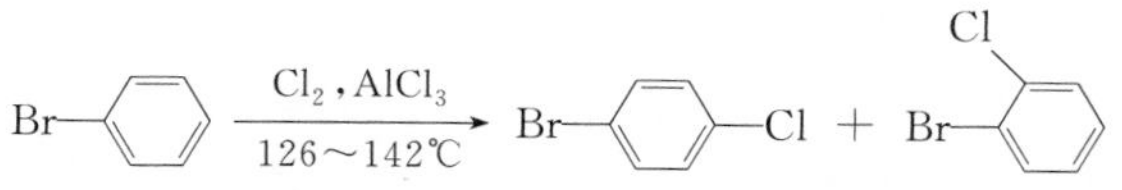

$Br\text{—}\bigcirc \xrightarrow[126\sim142℃]{Cl_2,AlCl_3} Br\text{—}\bigcirc\text{—}Cl + Br\text{—}\bigcirc\text{-}Cl$

1-溴-4-氯苯 （87%）　　　1-溴-2-氯苯 （13%）

8.3.2 由不饱和烃加成

$CH_2\text{=}CH\text{—}CH_2Cl + HBr \xrightarrow[20℃,73\%]{苯甲酸过氧酸酐} CH_2\text{—}CH_2\text{—}CH_2Cl$ （带Br取代）

1-溴-3-氯丙烷

过氧化物存在下，自由基加成，不遵循马氏规则

$CH_2\text{=}CH\text{—}CH\text{=}CH_2 + 2Br_2 \xrightarrow[68\%]{回流,CCl_4} CH_2\text{—}CH\text{—}CH\text{—}CH_2$（四个Br）　亲电加成

1,2,3,4-四溴丁烷

8.3.3 由醇制备

方法一：　　　$ROH + HX \underset{OH^-}{\overset{H^+}{\rightleftharpoons}} RX + H_2O$　可逆反应,有重排！

方法二：

$ROH + PX_3 \longrightarrow RX + P(OH)_3$

（制低沸点 RX）　　　bp 180℃（分解）

$ROH + PX_5 \longrightarrow RX + POX_3$

（制高沸点 RX）　　　$POCl_3$ bp 108℃

不重排！

方法三：　　$ROH + SOCl_2 \longrightarrow RCl + HCl\uparrow + SO_2\uparrow$　操作简单,产率高,不重排,

氯化亚砜　　　　　　　　　　　　　　　　　　但要注意副产物气体的吸收

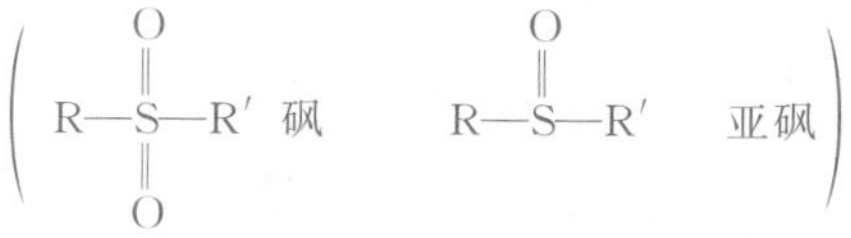

$\left(R\text{—}\overset{\displaystyle O}{\underset{\displaystyle O}{\overset{|}{\underset{|}{S}}}}\text{—}R'\ 砜 \qquad R\text{—}\overset{\displaystyle O}{\overset{\|}{S}}\text{—}R'\ 亚砜 \right)$

例如：　　　$\bigcirc\text{—OH} + HBr \xrightarrow[74\%]{回流,6h} \bigcirc\text{—Br} + H_2O$

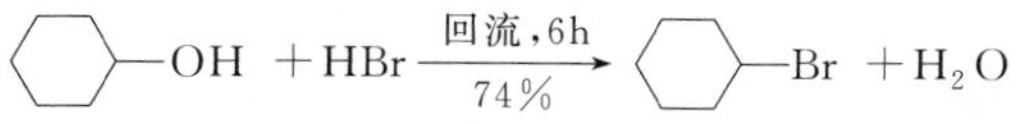

溴代环己烷

$CH_3(CH_2)_{10}CH_2OH \xrightarrow[60\%\sim70\%]{SOCl_2,回流 5\sim7h} CH_3(CH_2)_{10}CH_2Cl$

1-氯十二烷

8.3.4 卤原子交换反应

$$RCl + NaI \xrightarrow{丙酮} RI + NaCl\downarrow \quad 制伯碘烷$$

例如：

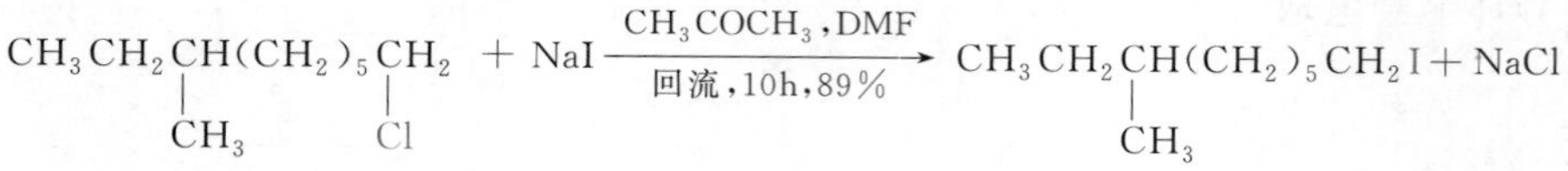

伯碘烷

$$RCH{=}CH_2 + HBr \xrightarrow[自由基加成]{过氧化物} RCH_2CH_2Br \xrightarrow[卤离子互换]{NaI/丙酮} RCH_2CH_2I$$

伯碘烷

8.3.5 多卤代烃部分脱卤化氢

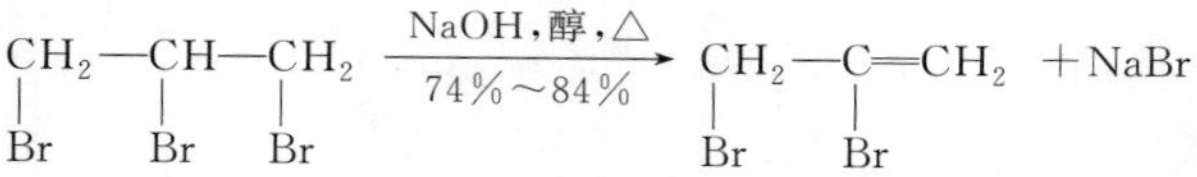

多卤代烃　　不饱和卤代烃

8.3.6 芳烃的卤甲基化

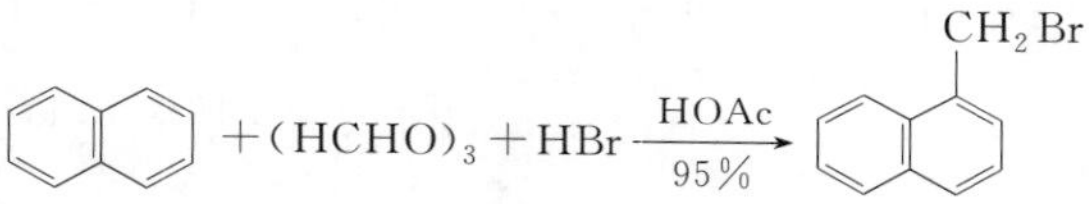

1-溴甲基萘

8.3.7 由重氮盐制备

芳香族伯胺经重氮化反应生成重氮盐，再通过放 N_2 反应在芳环上引入卤原子（F、Cl、Br、I）。这是在芳环上引入卤原子的另外一条重要路线，可与芳环上的亲电取代反应互补［详见第 15 章 15.3.2.1（3）］。例如：

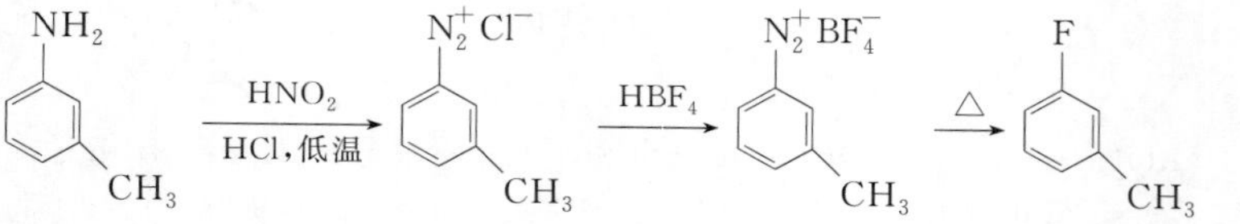

重氮盐
低温下可稳定存在

1-氟-3-甲基苯

8.4 卤代烃的物理性质和波谱特征

8.4.1 卤代烃的物理性质

卤烃有不愉快的气味，蒸气有毒。氯乙烯对眼睛有刺激，有致癌性，苄基型和烯丙型卤烃有催泪性。二氯甲烷、氯仿、四氯化碳为常用溶剂。随着分子中卤原子数目增多，化合物的可燃性降低，例如，甲烷可作为燃料，一氯甲烷可燃，二氯甲烷则不燃，而四氯化碳可作为灭火剂。多卤化物具有阻燃性，如含氯量 70% 的氯化石蜡主要用作合成树脂的阻燃剂，以及不燃性涂料的添加剂。一些常见卤代烃的物理常数如表 8-1 所示。

表 8-1　一些常见卤代烃的物理常数

卤代烃	X＝Cl		X＝Br		X＝I	
	沸点/℃	相对密度(d_4^{20})	沸点/℃	相对密度(d_4^{20})	沸点/℃	相对密度(d_4^{20})
CH_3X	−24	0.92	3.5	1.73	42.5	2.28
CH_3CH_2X	12.2	0.91	38.4	1.43	72.3	1.93
$CH_3CH_2CH_2X$	46.2	0.89	71.0	1.35	102.4	1.75
CH_2X_2	40	1.34	99	2.49	180(分解)	3.32
CHX_3	61.2	1.49	151	2.89	升华	4.01
CX_4	76.8	1.60	190	3.42	升华	4.32
XCH_2CH_2X	83.5	1.26	131	2.17	200(分解)	2.13
$CH_2{=}CHX$	−14	0.91	16	1.49	56	2.04
$CH_2{=}CHCH_2X$	45	0.94	71	1.40	103	1.84
PhX	132	1.11	156	1.50	188	1.83
$PhCH_2X$	179	1.10	201	1.44	218	1.75
⬡—X	143	1.00	166	1.32	180(分解)	1.62

除氟代烃外，只有氯甲烷、氯乙烷、溴甲烷、氯乙烯和溴乙烯在室温下是气体，其余均为无色液体或固体。随着分子中碳原子数增加，卤代烃的沸点升高；烃基相同时，其沸点顺序为：RI＞RBr＞RCl＞RF＞RH。卤代烃的熔点也与其分子的形状有关，分子量接近的情况下，分子越对称，其熔点越高。

随着分子中卤素原子数目增多，其相对密度增大。一氯代烷的相对密度小于 1，溴代烷、碘代烷、多卤代烷的相对密度大于 1，卤代芳烃的相对密度大于 1。

一些卤代烃的偶极矩如表 8-2 所示，C—X 键的极性导致卤烃分子具有极性。一般来说，卤烃极性较弱，沸点较低。因其不能与水形成氢键，卤代烃不溶于水，也不能溶解盐类。

表 8-2　一些卤代烃的偶极矩

卤代烃	$CH_3{-}Cl$	$CH_3{-}Br$	$CH_3{-}I$
$\mu/10^{-30}C \cdot m$	6.47	5.97	5.47
卤代烃	$CH_3CH_2{-}Cl$	$CH_2{=}CH{-}Cl$	⬡—Cl
$\mu/10^{-30}C \cdot m$	6.84	4.84	5.64

8.4.2　卤代烃的波谱特征

（1）卤代烃的红外光谱特征　卤代烃的主要特征峰是 C—X 键的伸缩振动，随着卤原子质量增大，C—X 键吸收峰波数降低。一般情况下：$\nu_{Ar-X} > \nu_{C-X}$。

化学键	C—F	C—Cl	C—Br	C—I
波数/cm^{-1}	1400～1000	800～600	600～500	500 附近

（2）卤代烃的 NMR 特征　NMR 谱图中并不能够直接观察到卤素原子的吸收峰。但是与卤素原子相连的碳原子上的质子因受到卤原子吸电子诱导效应（$-I$）的影响，核外电子云密度较低，化学位移较大。例如：

$$\overset{\delta_{\rm H}\quad 5.67 \quad 4.10}{{\rm Br_2CH-CH_2Br}} \qquad \overset{\delta_{\rm H}\quad 3.43 \quad 1.77 \quad 1.05}{{\rm Cl-CH_2-CH_2-CH_3}}$$

1,1,2-三溴乙烷和 1-氯丙烷的 [1] H NMR 谱图请参见图 5-19 和图 5-22。

8.5　卤代烷的化学性质

卤代烷是有机合成的重要中间体，能够发生多种化学反应而转化成各种其他类型的有机化合物。这是因为 C—X 是极性键，比较容易异裂，比较容易发生离子型化学反应。卤代烷的主要反应及位点见图 8-1。

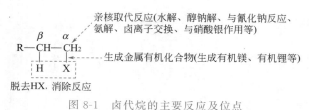

图 8-1　卤代烷的主要反应及位点

8.5.1　亲核取代反应

亲核试剂（Nu^-）进攻 $\overset{\delta^+}{R}-\overset{\delta^-}{X}$ 中的正电中心（即 α-C），将 X^- 取代的反应称为亲核取代反应（nucleophilic substitution reaction，S_N）。

$$\underset{\substack{\text{底物}\\ \text{substrate}}}{\overset{\delta^+\ \delta^-}{R-X}} + \underset{\text{亲核试剂}}{Nu^-} \longrightarrow R-Nu + \underset{\substack{\text{离去基团}\\ \text{leaving group}}}{X^-}$$

亲核试剂（nucleophile）是带有孤对电子或负电荷，对原子核或正电荷有亲和力的试剂，用 $\ddot{N}u$ 或 Nu^- 表示。常见的亲核试剂有 OR^-、OH^-、CN^-、NH_3、H_2O 等。

8.5.1.1　水解

卤烷的水解反应在 H_2O 或 H_2O/OH^- 中进行，生成醇。

$$RX + H_2O \underset{\text{可逆反应}}{\rightleftharpoons} ROH + HX$$
$$\Big|\ \overset{OH^-}{\longrightarrow} H_2O + X^-$$

反应活性：$RI > RBr > RCl > RF$（难）。

加碱的原因：①亲核性：$OH^- > H_2O$；②OH^- 可中和反应生成的 HX。

例如：

$$C_5H_{11}Cl \xrightarrow{NaOH/H_2O} \underset{\substack{\text{杂醇油}\\ \text{（工业溶剂）}}}{C_5H_{11}OH} + NaCl$$

自由基氯化得

卤烷水解反应及其机理是有机化学理论的重要组成部分（见本章 8.6、8.8）。

8.5.1.2　与醇钠作用

伯卤代烷或仲卤代烷与醇钠在相应的醇溶液中反应，得到醚（单纯醚、混合醚）。这个反应是制备醚，特别是制备混合醚的重要方法，称为 Williamson（威廉姆逊）合成法。

$$RCH_2 \overset{\delta^+}{-} \overset{\delta^-}{X} + R'O^-Na^+ \longrightarrow RCH_2 \overset{}{-} OR' + NaX$$

伯卤代烷，　　　醇钠，
效果最好　　　强碱！

R与R′可以相同，
也可不同

例如：

$$CH_3CH_2Br + NaOC(CH_3)_3 \longrightarrow CH_3CH_2OC(CH_3)_3 + NaBr$$

$$CH_3CH_2CH_2ONa + CH_3CH_2I \xrightarrow[\triangle,70\%]{CH_3CH_2CH_2OH} CH_3CH_2CH_2OCH_2CH_3 + NaI$$

8.5.1.3　与氰化钠（钾）作用

在 NaCN 或 KCN 的醇溶液中进行，得到腈。

$$R \overset{\delta^+}{-} \overset{\delta^-}{X} + Na^+CN^- \xrightarrow{醇} R-CN + Na^+X^-$$

$$\xrightarrow[H^+或OH^-]{H_2O} R-COOH$$

该反应是碳链上增加一个碳原子的方法之一。氰化钠（钾）有剧毒，使用时要注意防护。

例如：

$$Br(CH_2)_5Br + 2KCN \xrightarrow[回流8h,75\%]{C_2H_5OH,H_2O} NC(CH_2)_5CN + 2KBr$$

$$CH_3CH_2\underset{\underset{Cl}{|}}{C}HCH_3 + NaCN \xrightarrow[3h,65\%\sim70\%]{二甲基亚砜,\triangle} CH_3CH_2\underset{\underset{CN}{|}}{C}HCH_3 + NaCl$$

$$\bigcirc\hspace{-0.5em}-CH_2Cl + NaCN \longrightarrow \bigcirc\hspace{-0.5em}-CH_2CN + NaCl$$

$$\xrightarrow[H^+ 或 OH^-]{H_2O} \bigcirc\hspace{-0.5em}-CH_2COOH$$

注意：进行亲核取代反应的 RX 一般是伯卤烷，而叔卤烷的反应产物主要是烯烃（详见本章 8.8）。

8.5.1.4　与氨作用

$$RX + \overset{..}{N}H_3 \longrightarrow [RNH_2 \cdot HX] \xrightarrow{\overset{..}{N}H_3} R\overset{..}{N}H_2 + NH_4X$$

伯卤烷　　　　　　　　　有机胺盐　　　　　伯胺

反应生成的伯胺仍然具有亲核性，可以继续与 RX 反应，得到伯胺、仲胺、叔胺的混合物。所以，反应要在过量氨的存在下进行。例如：

$$(CH_3)_2CHCH_2Cl + 2NH_3 \xrightarrow[110℃,3h,84\%]{C_2H_5OH} (CH_3)_2CHCH_2NH_2 + NH_4Cl$$

2-甲基丙烷-1-胺

$$ClCH_2CH_2Cl + 4NH_3 \xrightarrow[115\sim120℃,5h]{封闭容器} H_2NCH_2CH_2NH_2 + 2NH_4Cl$$

氨水　　　　　　　　　　乙烷-1,2-二胺（乙二胺）

$$H_2NCH_2CH_2NH_2 \xrightarrow[OH^-]{4ClCH_2COONa} \xrightarrow{H^+} (HOOCCH_2)_2NCH_2CH_2N(CH_2COOH)_2$$

乙二胺四乙酸（EDTA，络合剂）

8.5.1.5 卤离子交换反应

$$RCl + NaI \xrightarrow{丙酮} RI + NaCl\downarrow$$

$$RBr + NaI \xrightarrow{丙酮} RI + NaBr\downarrow$$

RX 的反应活性：伯卤烷＞仲卤烷＞叔卤烷，参见本章 8.6.2。

生成的 NaCl 或 NaBr 因不溶于丙酮而形成沉淀，此反应除了用于制备伯碘烷外，还可用于检验氯代烷和溴代烷。

8.5.1.6 与硝酸银作用

卤烷与硝酸银在醇溶液中进行反应，得到卤化银沉淀及硝酸酯。

$$RX + AgNO_3 \xrightarrow{C_2H_5OH} RONO_2 + AgX\downarrow$$

RX 的反应活性：叔卤烷＞仲卤烷＞伯卤烷，参见本章 8.6.1。

此反应可用于区别伯、仲、叔卤代烷。例如：

$$\left.\begin{array}{l} CH_3(CH_2)_3Br \\ C_2H_5CH(Br)CH_3 \\ (CH_3)_3CBr \end{array}\right\} \xrightarrow[醇]{AgNO_3} \begin{array}{l} CH_3(CH_2)_3ONO_2 + AgBr\downarrow 加热出现沉淀 \\ C_2H_5(CH_3)CHONO_2 + AgBr\downarrow 片刻出现沉淀 \\ (CH_3)_3CONO_2 + AgBr\downarrow 立刻出现沉淀 \end{array}$$

8.5.2 消除反应

反应中失去一个小分子（如 H_2O、NH_3、HX 等）的反应叫消除反应，用 E（elimination）表示。

8.5.2.1 脱卤化氢

由于—X 的 $-I$ 效应，R—X 的 β-H 有微弱酸性，在 NaOH/醇中可消去 HX，得烯烃或炔烃：

$$R-\overset{\beta}{C}H-\overset{\alpha}{C}H_2 + NaOH \xrightarrow{醇} R-CH=CH_2 + NaX + H_2O$$

$$R-C-CH + 2KOH \xrightarrow{醇} R-C\equiv CH + 2KX + 2H_2O$$

反应活性：叔卤烷＞仲卤烷＞伯卤烷。

消除方向：遵循 Saytzeff（查依采夫）规则，脱去含氢较少的碳上的氢原子，生成双键碳上取代基最多的烯烃。

例如：

$$CH_3-\overset{\beta}{C}H-CH-\overset{\beta'}{C}H_2 \xrightarrow[乙醇]{KOH} CH_3CH=CHCH_3 + CH_3CH_2CH=CH_2$$

$$(81\%) \qquad\qquad (19\%)$$

$$CH_3CH_2 \underset{\underset{Br}{|}}{\overset{\overset{CH_3}{|}}{C}} CH_3 \xrightarrow[25℃]{C_2H_5ONa,C_2H_5OH} CH_3CH=\underset{CH_3}{\overset{CH_3}{C}}-CH_3 + CH_3CH_2-\underset{CH_3}{\overset{CH_3}{C}}=CH_2$$

2-甲基丁-2-烯(80%)　　2-甲基丁-1-烯(20%)

同碳二卤代烷或连二卤代烷可以脱两分子 HX 生成炔烃或共轭二烯：

$$(CH_3)_3CCH_2CHCl_2 \xrightarrow[液\ NH_3,-33℃]{3NaNH_2} (CH_3)_3CC\equiv CNa \xrightarrow{H_2O} (CH_3)_3CC\equiv CH$$

（56%～60%）

$$C_6H_5\underset{\underset{Br}{|}}{CH}-\underset{\underset{Br}{|}}{CH}C_6H_5 \xrightarrow[\triangle,69\%]{KOH,C_2H_5OH} C_6H_5C\equiv CC_6H_5$$

二苯乙炔

$$\xrightarrow[110℃,55\%]{异丙醇钾，三甘醇二甲醚}$$ （环己-1,3-二烯）

脱去 HX 的反应是反式消除。离去的 H 与 X 处于反式位时，反应速率相对较快：

$$\underset{(Z)\text{-}2\text{-溴丁-2-烯}}{\overset{CH_3}{\underset{H}{C}}=\overset{Br}{\underset{CH_3}{C}}} \xrightarrow[快]{KOH} CH_3C\equiv CCH_3 \xleftarrow[慢]{KOH} \underset{(E)\text{-}2\text{-溴丁-2-烯}}{\overset{H}{\underset{CH_3}{C}}=\overset{Br}{\underset{CH_3}{C}}}$$

> **注意**：卤烷的水解反应和脱去 HX 的反应都是在碱性条件下进行的，它们常常同时进行，相互竞争。竞争优势取决于 RX 的结构和反应条件。例如：卤烷在氢氧化钠水溶液中发生取代反应，在氢氧化钠醇溶液中发生消除反应（详见本章 8.8.4）。

8.5.2.2 脱卤素

连二卤代烷与锌粉在乙酸或乙醇中反应，或与碘化钠的丙酮溶液反应，脱去卤素生成烯烃。例如：

$$CH_3\underset{\underset{Br}{|}}{CH}-\underset{\underset{Br}{|}}{CH}CH_3 \xrightarrow[或\ NaI,丙酮,80\%]{Zn,乙醇} CH_3CH=CHCH_3$$

二卤代烷与锌或钠作用，发生分子内偶联，脱去卤素，生成环烷烃。这个反应是制备小环的重要方法（大环产率很低）：

$$BrCH_2CH_2CH_2Br + Zn \xrightarrow[\triangle,80\%]{NaI,乙醇} \triangle + ZnBr_2$$

1,3-二溴丙烷　　　　　　　　　　　　　环丙烷

$$Br-\diamond-Cl + 2Na \xrightarrow[回流，78\%～94\%]{1,4-二氧杂环丙烷} \square\!\!\!\!/ + NaCl + NaBr$$

1-溴-3-氯环丁烷　　　　　　双环[1.1.0]丁烷

8.5.3 与金属反应

卤烷能与 Mg、Li、Zn、Na 等金属反应，生成金属有机化合物。这些化合物在有机化学和有机化学工业中具有重要用途。目前金属有机化学已发展成为有机化学的一个重要分支。

8.5.3.1 与镁反应

卤代烃与金属镁在无水乙醚中反应，生成烃基卤化镁，后者又称为 Grignard（格利雅）试剂，简称格氏试剂。

$$RX + Mg \xrightarrow{\text{乙醚}} \overset{\delta^-\ \delta^+}{RMgX}$$

不含水或乙醇等活泼氢

格氏试剂(Grignard reagent)
1912年Nobel化学奖

用四氢呋喃（THF，bp 66℃）代替乙醚（bp 34℃），可使许多不活泼的乙烯型卤代烃制成 Grignard 试剂：

$$\text{⟨⟩—Br} + Mg \xrightarrow{\text{四氢呋喃(THF)}} \text{⟨⟩—MgBr}$$

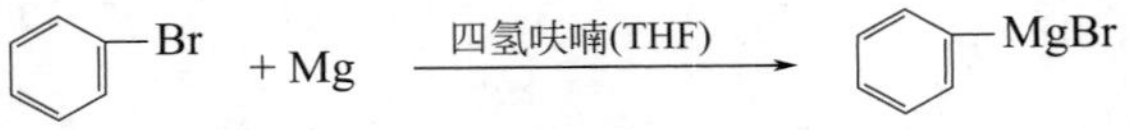

呋喃
furan

四氢呋喃
tetrahydrofuran

除乙醚和四氢呋喃外，丁醚、苯甲醚、苯、甲苯等也可用作制备 Grignard 试剂的溶剂，但效果均不如乙醚（Et_2O）和四氢呋喃（THF）。

一般认为，Grignard 试剂的结构是溶剂化的：

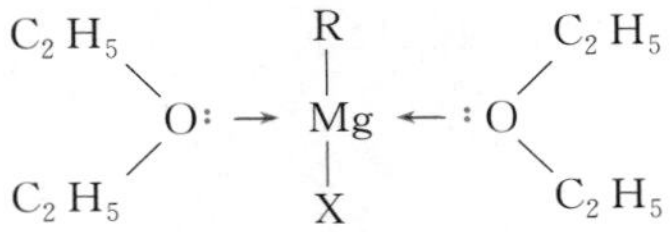

$$\begin{array}{c} C_2H_5 \\ \\ C_2H_5 \end{array} O: \rightarrow \overset{R}{\underset{X}{Mg}} \leftarrow :O \begin{array}{c} C_2H_5 \\ \\ C_2H_5 \end{array}$$

对于 RX 来说，反应活性有如下顺序：

$$RI > RBr > RCl > RF$$
$$1°RX > 2°RX > 3°RX$$

3°RX 在制备格氏试剂时，易发生消除反应，生成烯烃：

三级卤烷，易消除

$$(CH_3)_3CCl \xrightarrow[\text{乙醚}]{Mg,10℃} (CH_3)_3CMgCl \xrightarrow{(CH_3)_3CCl} (CH_3)_2C=CH_2 + (CH_3)_3CH + MgCl_2$$

格氏试剂
（强碱、强亲核试剂）

2-甲基丙-1-烯
（异丁烯）

Grignard 试剂的特点：

① Grignard 试剂在有机合成上很有用，能与醛、酮、酯、环氧乙烷、CO_2 等多种化合物反应，制备醇、羧酸等（详见第 9 章 9.3.1、第 12 章 12.3）。

② Grignard 试剂活性很高，是强碱和强亲核试剂。可在使用时现场制备，不经分离，直接使用。

③ Grignard 试剂忌水、忌活泼氢，遇活泼氢分解。因此，制备 Grignard 试剂时，应在无水、无活泼氢的条件下进行反应。

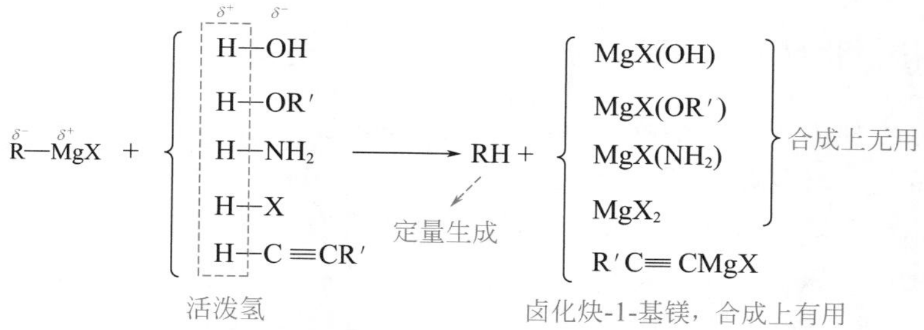

$$\overset{\delta-}{R}\!-\!\overset{\delta+}{Mg}X \;+\; \begin{cases} \overset{\delta+}{H}\!-\!\overset{\delta-}{OH} \\ H\!-\!OR' \\ H\!-\!NH_2 \\ H\!-\!X \\ H\!-\!C\!\equiv\!CR' \end{cases} \longrightarrow RH + \begin{cases} MgX(OH) \\ MgX(OR') \\ MgX(NH_2) \\ MgX_2 \\ R'C\!\equiv\!CMgX \end{cases}$$

（上方：活泼氢；定量生成；右侧大括号上：合成上无用）

卤化炔-1-基镁，合成上有用

制备 Grignard 试剂时，需注意的问题：

① 一定要用无水、无乙醇、不含活泼氢的醚，反应物料、仪器装置均需严格干燥，装置中连通大气处需加干燥管，以防止空气中水分进入反应体系，使 Grignard 试剂分解。

② 制备 Grignard 试剂时，原料分子中不能含有羰基、酯基、硝基、氰基、羟基等能与 Grignard 试剂反应的基团。

③ 不能用 β-C 上连有卤素原子或烷氧基的卤代烃衍生物制备 Grignard 试剂：

$$Br\!-\!CH_2\!-\!CH_2\!-\!Br \xrightarrow[\text{乙醚}]{Mg} Br\!-\!CH_2\!-\!CH_2\!-\!MgBr \longrightarrow CH_2\!=\!CH_2 + MgBr_2$$

④ 最好用 N_2 保护，防止 Grignard 试剂氧化水解：

$$RMgX + \tfrac{1}{2}O_2 \longrightarrow ROMgX \xrightarrow{H_2O} ROH + Mg(OH)X$$

8.5.3.2 与锂反应

$$CH_3CH_2CH_2CH_2Br + 2Li \xrightarrow[-10℃]{\text{乙醚}} CH_3CH_2CH_2CH_2Li + LiBr$$

正丁基锂

（反应活性大于 RMgX）

反应在戊烷、石油醚、乙醚等惰性溶剂中进行，通常用氮气保护，以防止生成的烷基锂遇空气氧化，遇水分解。

烷基锂的碱性和亲核性均大于 Grignard 试剂，也能与二氧化碳、醛、酮、酯以及含有活泼氢的化合物等反应，且活性更强。

正丁基锂或苯基锂与含有活泼氢的化合物反应，可用来制备新的有机锂化合物：

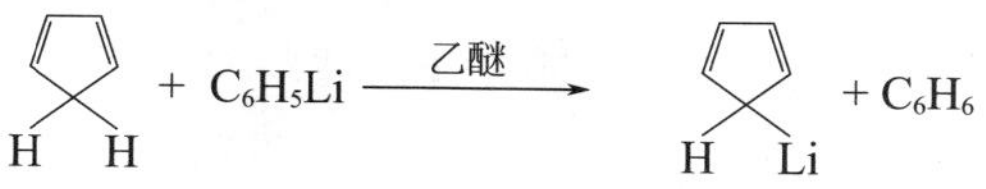

$$\underset{H\ \ H}{\bigcirc\!\!\!\!\!\triangle} + C_6H_5Li \xrightarrow{\text{乙醚}} \underset{H\ \ Li}{\bigcirc\!\!\!\!\!\triangle} + C_6H_6$$

烷基锂与卤化亚铜反应生成二烷基铜锂：

二烷基铜锂（烃基化试剂）

$$2RLi + CuX \xrightarrow[N_2]{\text{醚}} R_2CuLi + LiX$$

（R＝烷基、烯基、烯丙基、芳基；X＝I、Br、Cl）

烷基铜锂与卤烃反应可制备烷烃（Corey-House 反应）：

$$[CH_3(CH_2)_3]_2CuLi + 2CH_3(CH_2)_6Cl \xrightarrow[0℃,75\%]{\text{乙醚}} 2CH_3(CH_2)_3\!-\!(CH_2)_6CH_3 + LiCl + CuCl$$

$$\underset{CH_3}{C_2H_5C}\!=\!CHCH_2CH_2\underset{I}{C}\!=\!CHCH_2OH \xrightarrow[65\%]{(C_2H_5)_2CuLi} \underset{CH_3}{C_2H_5C}\!=\!CHCH_2CH_2\underset{C_2H_5}{C}\!=\!CHCH_2OH$$

8.5.4 相转移催化反应

向反应体系中加入相转移催化剂（phase transfer catalyst，PTC），促使非均相反应顺利进行的方法称为相转移催化反应（phase transfer catalytic reaction）。其特点是：条件温和，操作简单，产率高，速率快，选择性好。某些在其他条件下不易发生的非均相反应，可利用相转移催化反应顺利进行，甚至产率较高。

【例 8-1】 1-氯辛烷与氰化钠水溶液的反应为非均相反应，加入相转移催化剂可使反应顺利进行，且产率很高：

$$CH_3(CH_2)_6CH_2Cl + NaCN \xrightarrow[\text{回流 1.5h,99\%}]{\overset{\text{季铵盐类相转移催化剂}}{C_{16}H_{33}\overset{+}{N}(C_4H_9)_3\overset{-}{Br}}} CH_3(CH_2)_6CH_2CN$$

若不加相转移催化剂，加热两周也不反应。

【例 8-2】 相转移催化剂存在下，醇在氢氧化钠水溶液中，与卤代烷作用得到醚：

$$CH_3(CH_2)_7OH + CH_3(CH_2)_3Cl \xrightarrow[\triangle,95\%]{NaOH, H_2O, (n\text{-}C_4H_9)_4N^+HSO_4^-} CH_3(CH_2)_7O(CH_2)_3CH_3$$

若不加相转移催化剂，反应必须以醇钠为原料在无水条件下进行。

【例 8-3】 卤素交换反应，可通过加入相转移催化剂而加速：

$$CH_3(CH_2)_7Br \xrightarrow{KI} \begin{cases} \xrightarrow[80℃,24h]{\text{无催化剂,H}_2\text{O}} CH_3(CH_2)_7I + KBr \quad (<4\%) \\ \xrightarrow[80℃,3h]{\text{二环己烷并-18-冠-6,H}_2\text{O}} CH_3(CH_2)_7I + KBr \quad (100\%) \end{cases}$$

相转移催化剂种类较多，常用的是：

① 𨱏盐类：最常用的是季铵盐，如溴化四丁基铵 $[(C_4H_9)_4N^+Br^-]$、溴化三乙基十六烷基铵 $[C_{16}H_{33}N^+(C_2H_5)_3Br^-]$ 等；其次是季𬭳盐，如氯化四苯基𬭳 $[(C_6H_5)_4P^+Cl^-]$ 等；近年来，金鸡纳碱类手性季铵盐相转移催化剂已被广泛应用到不对称合成中。

② 包结类：如冠醚（见第 10 章 10.6）、环糊精（见第 19 章 19.4.1.3）、杯芳烃 [见第 9 章 9.6.5.6（2）] 等，这类相转移催化剂都具有分子内空腔结构，可与无机金属离子络合并将其带入有机相中，使两相间的反应得以发生。

③ 非环多醚类：如聚乙二醇-400、聚乙二醇-600 等，这类相转移催化剂无毒、价廉，适用性广泛。

④ 高聚物负载催化剂：将𨱏盐等连接在聚苯乙烯等高分子链上，其本身是固体，既不溶于水相，又不溶于有机相，被称为三相相转移催化剂。这类 PTC 具有易分离、可重复使用等优点，在工业生产中有较大的应用前景。

以卤烷氰解反应为例，季铵盐类相转移催化剂的作用是：催化剂中的正离子 [如 $C_{16}H_{33}N^+(C_4H_9)_3$，用 Q^+ 表示] 与反应物之一的负离子（如 CN^-）因静电吸引而形成两相均可溶解的离子对，将水相的 CN^- 带入有机相与 RX 反应，并将反应生成的 X^- 带入水相，从而使非均相反应顺利发生。

自 20 世纪 60 年代以来，相转移催化反应发展很快，已成为有机合成的一种新技术。

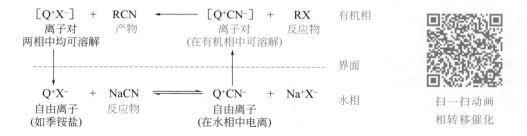

扫一扫动画
相转移催化

8.6　亲核取代反应机理

8.6.1　单分子亲核取代反应（S_N1）机理

有机化学中，将只有一种分子参与决速步的亲核取代反应称为单分子亲核取代反应（unimolecular nucleophilic substitution），用 S_N1 表示。叔丁基溴的水解反应就是典型的 S_N1 反应。

叔丁基溴在稀碱水溶液中的水解反应，其速率只与叔丁基溴的浓度成正比，而与碱的浓度无关：

$$(CH_3)_3C-Br + OH^- \longrightarrow (CH_3)_3C-OH + Br^-$$
$$\nu = k[(CH_3)_3CBr]$$

这说明决速步仅与 RX 的浓度及 C—X 键的强度有关，与 OH^- 无关。

实际上，叔丁基溴在中性水溶液中也可发生水解反应，其反应速率与碱性条件下的水解反应相当。这说明反应中的溶剂（水）是亲核试剂，这种由溶剂分子参与的亲核取代反应称为溶剂解；溶剂为水时则称为水解。叔丁基溴的水解反应如下式所示：

$$(CH_3)_3C-Br + 2H_2O \longrightarrow (CH_3)_3C-OH + H_3O^+ + Br^-$$

反应机理：

第一步，C—Br 键解离。这一步反应活化能最高，速率最慢，是决定整个叔丁基溴的水解反应的关键步骤，称为决速步：

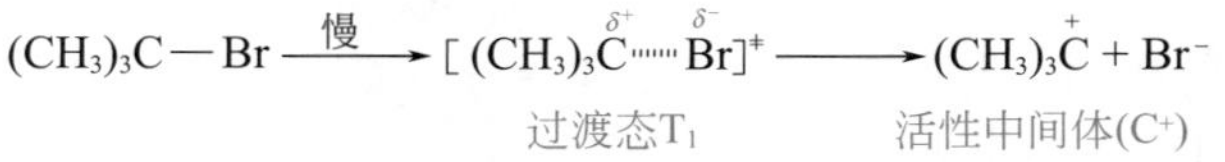

$$(CH_3)_3C-Br \xrightarrow{\text{慢}} [(CH_3)_3\overset{\delta^+}{C}\cdots\overset{\delta^-}{Br}]^+ \longrightarrow (CH_3)_3\overset{+}{C} + Br^-$$
过渡态T_1　　　活性中间体(C^+)

第二步，生成 C—O 键：

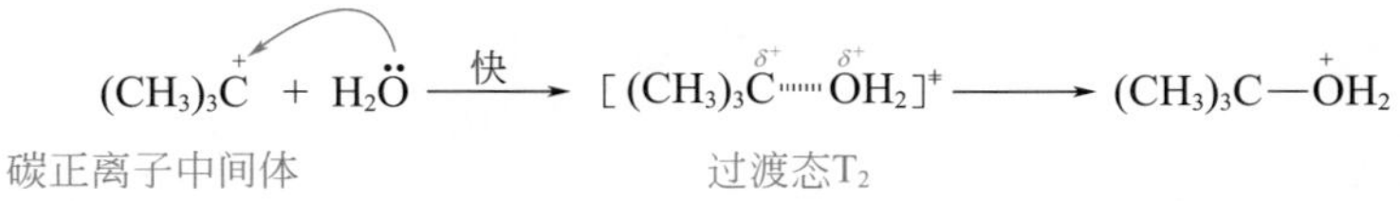

$$(CH_3)_3\overset{+}{C} + H_2\ddot{O} \xrightarrow{\text{快}} [(CH_3)_3\overset{\delta^+}{C}\cdots\overset{\delta^+}{O}H_2]^+ \longrightarrow (CH_3)_3C-\overset{+}{O}H_2$$
碳正离子中间体　　　　　　过渡态T_2

第三步，失去 H^+：

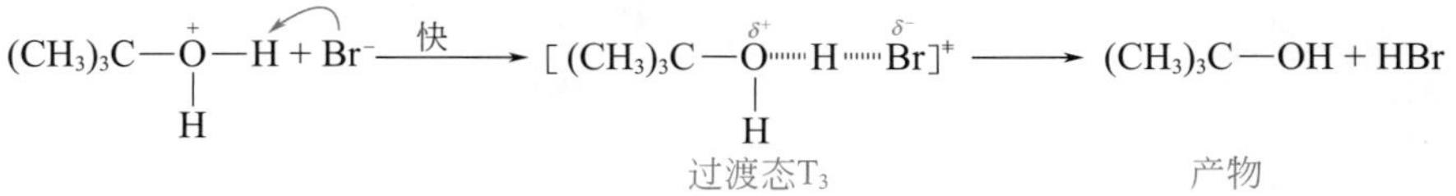

$$(CH_3)_3C-\overset{+}{\underset{H}{O}}-H + Br^- \xrightarrow{\text{快}} [(CH_3)_3C-\overset{\delta^+}{\underset{H}{O}}\cdots H\cdots\overset{\delta^-}{Br}]^+ \longrightarrow (CH_3)_3C-OH + HBr$$
过渡态T_3　　　　　　　　产物

图 8-2 是叔丁基溴在中性条件下水解反应的能量变化过程。不难看出，该反应有三个能垒，是分步完成的，决速步为能垒最高的 C—Br 键断裂。

S_N1 反应的活性中间体是碳正离子，其中心碳原子为 sp^2 杂化，具有平面构型。第二步亲核试剂可以从平面的两侧机会均等地进攻中心碳原子。如果分子中只含有一个手性碳原子的底物进行 S_N1 时，从立体化学分析，其产物为外消旋体。因此，S_N1 反应的立体化学特征是外消旋化。例如：

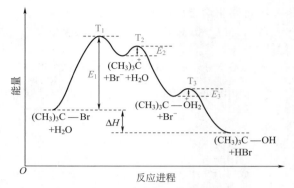

图 8-2 叔丁基溴水解反应的能量曲线

由于碳正离子总是从不稳定的 C^+ 重排成更加稳定的 C^+，S_N1 反应常伴有重排产物；同时，由于诱导效应的作用，与碳正离子中心碳原子相邻的碳上也会带有部分正电荷，该碳原子上的氢原子可以 H^+ 的形式离去，产生消除产物。例如：

反应究竟以哪种产物为主，取决于各种反应的竞争。

S_N1 反应的特点：

① 单分子反应，$v=k_{S_N1}[RX]$。

② 分步进行，决速步为 C—X 解离，形成碳正离子。

③ 有 C^+ 中间体，产物构型保持与构型转化的概率相同。

④ 常伴有碳正离子的重排。

8.6.2 双分子亲核取代反应（S_N2）机理

有机化学中，将两种分子参与决速步的亲核取代反应称为双分子亲核取代反应（bimo-lecular nucleophilic substitution），用 S_N2 表示。溴甲烷在碱溶液中的水解反应就是典型的 S_N2 反应。

$$CH_3Br + OH^- \longrightarrow CH_3OH + Br^-$$
$$v=k[CH_3Br][OH^-]$$

反应速率既与 $[CH_3Br]$ 成正比，又与 $[OH^-]$ 成正比，说明溴甲烷和碱均参与了反应的决速步。其反应机理如下：

扫一扫动画
S_N2 反应机理

首先，HO^- 从背面进攻带部分正电荷的 α-C。随着氧原子不断靠近碳原子，C—O 键的形成与 C—Br 键的断裂同时进行，逐渐形成过渡态，此时体系的势能最高，中心碳原子为 sp^2 杂化，平面构型。随着反应继续进行，C—O 键完全形成，C—Br 键完全断裂，最后生成产物。整个反应过程一步完成，并无中间体生成。同时，中心碳原子与三个未参与反应的键就像一把伞在大风作用下发生翻转，这种翻转称为 Walden（瓦尔登）翻转。

图 8-3 是溴甲烷在碱溶液中水解反应的能量曲线。由能量曲线不难看出，该反应只有一个能垒，是一步完成的。

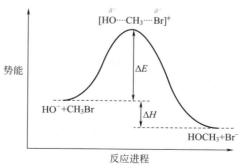

图 8-3 溴甲烷在碱溶液中水解反应的能量曲线

Walden 翻转是反应按 S_N2 机理进行的立体化学特征。手性分子发生 S_N2 反应时,中心碳原子的构型翻转。例如:

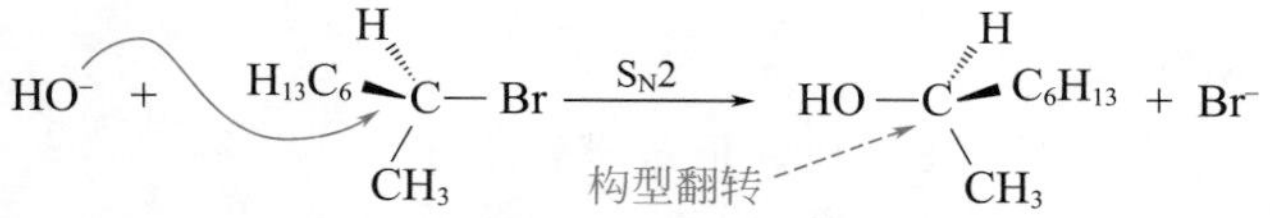

(S)-(−)-2-溴辛烷　　　　　(R)-(+)-辛-2-醇
$[\alpha]=-34.6°$　　　　　$[\alpha]=+9.9°$

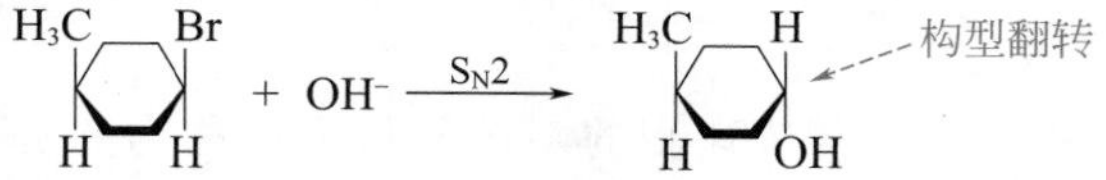

S_N2 反应的特点:

① 一步完成,OH^- 与 RX 都参与其中。$v=k_{S_N2}[RX][OH^-]$。
② 新键的生成与旧键的断裂同时进行,只有一个过渡态。
③ Walden 转化是 S_N2 反应的特征。手性分子发生 S_N2 反应时,产物的构型翻转。

8.6.3　分子内亲核取代反应机理——邻基效应

氯代醇在碱的作用下进行分子内的 S_N2 反应,得到环醚:

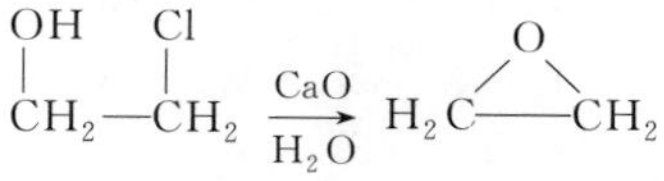

氧杂环丙烷
(环氧乙烷)

这种分子内的 S_N2 反应速率远比分子间的 S_N2 反应速率快,这是因为分子内的氧负离子距中心碳原子最近,与离去基团(Cl^-)处于反式共平面,位置最有利,更容易进攻中心碳原子:

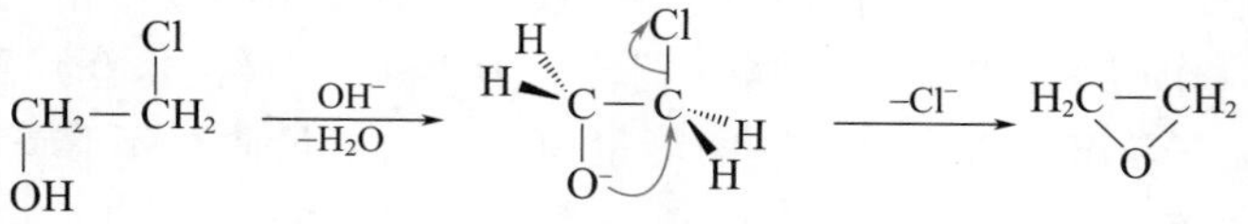

反式共平面构象

同一分子内,一个基团参与并制约和反应中心相连的另一个基团所发生的反应,称为邻基参与(neighboring group participation)。邻基参与又称为邻基效应,它是分子内基团之间的特殊作用所产生的影响。存在邻基参与的有机分子,其亲核基团与离去基团的距离并不限于邻位,反应后的产物也不一定是环状的。

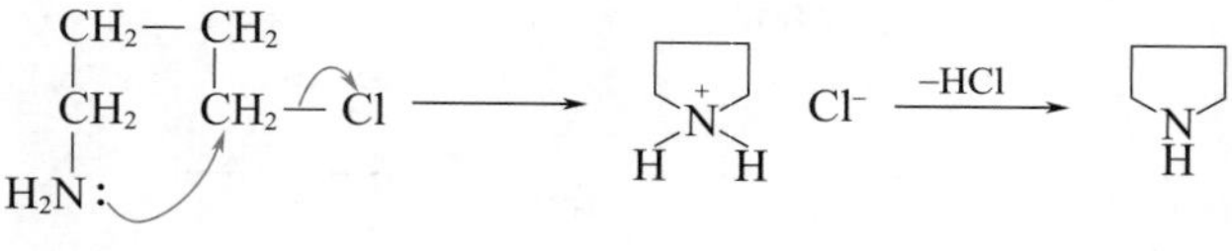

4-氯丁烷-1-胺　　　　　四氢吡咯氮杂环戊烷

$$CH_3CH_2—S—CH_2CH_2Cl + H_2O \longrightarrow CH_3CH_2—S—CH_2CH_2OH$$

1-氯-2-乙硫基乙烷　　　　　2-乙硫基乙醇

该反应机理如下：

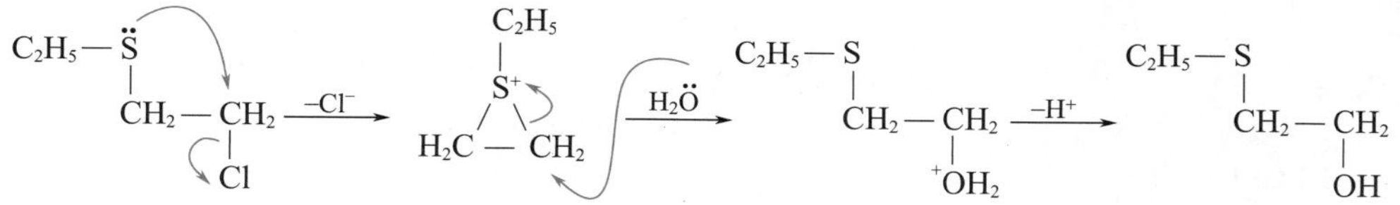

8.7 消除反应的机理

8.7.1 单分子消除反应（E1）机理

分步完成，在决速步中只有一种分子参与过渡态的形成，这种消除反应称为单分子消除反应（unimolecular elimination），用 E1 表示。

E1 反应与 S_N1 相似，分步进行，生成活性中间体 C^+，$v=k_{E1}[RX]$。例如：

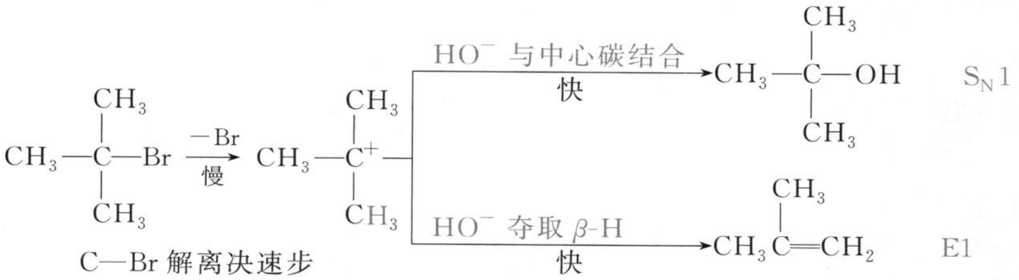

E1 与 S_N1 常常相伴而生。C—X 解离（决速步）后，形成的 C^+ 与 OH^- 迅速结合，得到取代产物；如果 C^+ 失去 β-H，则得到消除产物。

由于中间体 C^+ 的形成，E1 反应往往有重排发生：

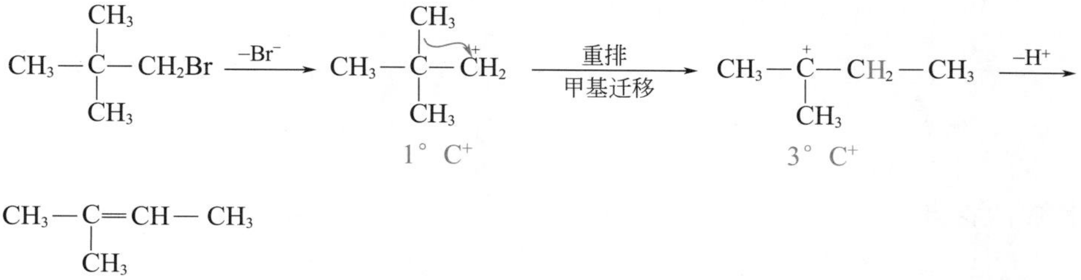

E1 反应的特点：

① 单分子反应，$v=k_{E1}[RX]$。
② 分步进行，有两个过渡态，决速步为 C—X 解离。
③ 有 C^+ 中间体，伴有重排反应。
④ 消除方向：遵循 Saytzaff 规则，生成稳定性较高的（双键上取代基多的、E 式构型的）烯烃。

8.7.2 双分子消除反应（E2）机理

一步完成、有两种分子参与过渡态形成的消除反应称为双分子消除反应（bimolecular elimination），用 E2 表示。E2 与 S_N2 相似，旧键的断裂和新键的生成同时进行，只有一个过渡态，一步完成，$v=k_{E2}[RX][OH^-]$。例如：

$$CH_3\overset{\beta}{C}H\overset{\alpha}{C}H_2Cl$$

$$\xrightarrow[S_N2]{HO^- \text{进攻}\alpha-C} \left[HO^{\delta^-}\cdots\overset{\overset{H\ H}{|}}{\underset{C_2H_5}{C}}\cdots Cl^{\delta^-} \right]^+ \longrightarrow HOCH_2C_2H_5 + Cl^-$$

过渡态(S_N2)

$$\xrightarrow[E2]{HO^- \text{进攻}\beta-H} \left[\overset{CH_3CH === CH_2 \cdots Cl}{\underset{HO\cdots H}{}}^{\delta^-} \right]^+ \longrightarrow CH_3CH === CH_2 + HCl$$

过渡态(E2)

E2 与 S_N2 都是卤代烃在强碱性条件下发生的反应，常相伴而生。如果 HO^- 进攻卤烃分子中卤原子的 α-C，经过渡态（S_N2），得到取代产物；如果 HO^- 进攻卤原子的 β-H，经负电荷分散程度更大的过渡态（E2），得到消除产物。

E2 反应的立体化学特征是离去基团（—X）与 β-H 处于反式共平面。

没有与氯反式共平面的氢   与氯反式共平面   唯一产物

与氯反式共平面

(遵循Saytzeff规则，产率75%)
+
(不遵循Saytzeff规则，产率25%)

E2 反应的特点：

① 双分子反应，$v=k_{E2}[RX][OH^-]$。

② 一步完成，只有一个过渡态，旧键的断裂和新键的生成同时进行，不重排。

③ 在浓的强碱性条件下进行。

④ 立体化学特征：离去基团与 β-H 反式共平面。

8.8 影响亲核取代反应和消除反应的因素

8.8.1 烷基结构的影响

8.8.1.1 烷基结构对 S_N1 反应的影响

影响亲核取代和
消除反应的因素

决定 S_N1 反应速率的是 C^+ 的稳定性。越是稳定的 C^+，越容易生成。

由于缺电子 σ-p 超共轭效应的影响，碳正离子稳定性顺序是 $3° C^+ > 2° C^+ > 1° C^+ > CH_3^+$。

所以，S_N1 反应活性：$3°RX > 2°RX > 1°RX > CH_3X$。例如，在甲酸水溶液中，RBr 的水解相对速率为：

反应物	$(CH_3)_3CBr$	$(CH_3)_2CHBr$	CH_3CH_2Br	CH_3Br
相对速率	1.0×10^8	45	1.7	1.0

结论　　　　　　　　　　　　　　　　　　　　　　　S_N1 速率减慢 →

思考题 $(CH_3)_3CCH_2Br$ 或 $(CH_3)_3CBr$ 在水-甲酸溶液中何者水解速度快？（提示：考虑 C^+ 稳定性）

8.8.1.2　烷基结构对 S_N2 反应的影响

决定 S_N2 反应速率的是过渡态的稳定性。过渡态越稳定，反应的活化能越低，反应速率越快。影响 S_N2 过渡态稳定性的因素：

空间因素（主要因素）：α-C 上取代基越多，Nu^- 越不易接近 α-C，过渡态也越不稳定。

电子效应（次要因素）：α-C 上烷基取代越多，则 α-C 上电子云密度越大，不利于 OH^- 或 Nu^- 进攻 α-C。

因此，S_N2 反应活性：$CH_3X > 1°RX > 2°RX > 3°RX$。

比较下列实验数据：

① 几种不同 RBr 与 KI 进行 S_N2 反应的相对速率：

反应物	CH_3CH_2Br	$CH_3CH_2CH_2Br$	$(CH_3)_2CHCH_2Br$	$(CH_3)_3CCH_2Br$
相对速率	1	0.8	0.03	1.3×10^{-5}

结论　　　　　α-C 上取代基体积越大，空间位阻越大，S_N2 速率越小

② 在 C_2H_5OH 中，C_2H_5ONa 与不同 RBr 于 55℃ 发生 S_N2 反应的相对速率：

反应物	CH_3CH_2Br	$CH_3CH_2CH_2Br$	$(CH_3)_2CHCH_2Br$	$(CH_3)_3CCH_2Br$
相对速率	100	28	3.0	4.2×10^{-4}

结论　　　　　α-C 上取代基体积越大，空间位阻越大，S_N2 速率越小

③ 在 C_2H_5OH 中，C_2H_5ONa 与不同 RBr 于 25℃ 发生反应时的相对速率：

反应物	CH_3CH_2Br	$CH_3(CH_2)_2Br$	$CH_3(CH_2)_3Br$	$CH_3(CH_2)_4Br$
相对速率	1.00	0.31	0.23	0.21

结论　　　正构伯卤代烷进行 S_N2 反应时，碳链的增长对反应速率的影响不大

或者说：正构伯卤代烷进行 S_N2 反应时，α-C 上有效位阻相同

烷基结构对取代反应的影响小结：

$3°RX$ 主要进行 S_N1 反应，$1°RX$ 主要进行 S_N2 反应；$2°RX$ 同时进行 S_N1 和 S_N2，但 S_N1 和 S_N2 反应速率都很慢。

　　　　　　　　　　　　　　　　　→ S_N1 增强

　　　　　CH_3X　　　$1°RX$　　　$2°RX$　　　$3°RX$

　S_N2 增强 ←

8.8.1.3　烷基结构对消除反应的影响

无论 E1 或 E2，卤代烷的消除反应活性都是：$3°RX > 2°RX > 1°RX$。

对于 E1 来说：①碳正离子的稳定性是决定其反应速率的关键因素。C^+ 稳定性：$3°C^+ > 2°C^+ > 1°C^+$，E1 反应活性：$3°RX > 2°RX > 1°RX$。②$3°RX$ 的消除产物具有更强的超共轭效应。

卤代烃	$\underset{\underset{CH_3}{\mid}}{CH_3CCH_2CH_2CH_3}$ 带X	$\underset{\underset{X}{\mid}}{CH_3CHCH_2CHCH_3}$ 带CH_3	$\underset{\underset{CH_3}{\mid}}{CH_3CHCH_2CH_2CH_2X}$
	3°RX	2°RX	1°RX

E1 反应的活性
中间体稳定性

$\underset{\underset{CH_3}{\mid}}{CH_3\overset{+}{C}CH_2CH_2CH_3}$ 　　$\underset{\underset{CH_3}{\mid}}{CH_3\overset{+}{C}HCH_2CHCH_3}$ 　　$\underset{\underset{CH_3}{\mid}}{CH_3\overset{+}{C}HCH_2CH_2\overset{+}{C}H_2}$

　　　3°C$^+$，稳定　　　　　　2°C$^+$，稳定性居中　　　　1°C$^+$，不稳定

E2 反应的过
渡态稳定性

$CH_3\overset{\delta^-X}{C}=\!=\!=\underset{\underset{H\cdots Nu^{\delta^-}}{|}}{CHCH_2CH_3}$　$CH_3\overset{\delta^-Nu\cdots H}{\underset{\underset{CH_3}{|}}{C}}=\!=\!=\underset{\underset{X^{\delta^-}}{|}}{CH}-CH_3$　$CH_3CHCH_2\overset{\delta^-Nu\cdots H}{\underset{\underset{X^{\delta^-}}{|}}{C}}=\!=\!=CH_2$

　　　　稳定　　　　　　　稳定性居中　　　　　　　　不稳定

消除产物

$\underset{\underset{CH_3}{\mid}}{CH_3C}\!=\!CHCH_2CH_3$ 　　　　$\underset{\underset{CH_3}{\mid}}{CH_3CHCH}\!=\!CHCH_3$ 　　　　$\underset{\underset{CH_3}{\mid}}{CH_3CHCH_2CH}\!=\!CH_2$

　　8 个 σ-H 超共轭　　　　**4 个 σ-H 超共轭**　　　　**2 个 σ-H 超共轭**

对 E2 来说，过渡态的稳定性是影响其反应速率的关键因素。根据 Hammond 假说（参见第 2 章，2.6.1.4），3°RX 的消除产物具有更强的超共轭效应，更加稳定，因而与之相关的过渡态能量也更低，更加稳定，E2 反应速率也更快。

8.8.1.4　取代和消除反应的竞争

（1）3°RX 易消除，1°RX 易取代。

例如：　$CH_3CH_2CH_2Br \xrightarrow[55℃]{C_2H_5ONa,\ C_2H_5OH} CH_3(CH_2)_2OC_2H_5 + CH_3CH\!=\!CH_2$

　　　　1°RBr　　　主要发生取代反应　　　　（91%）　　　　　（9%）

$(CH_3)_3CBr \xrightarrow[25℃]{C_2H_5ONa,\ C_2H_5OH} (CH_3)_3COC_2H_5 + (CH_3)_2C\!=\!CH_2$

　　3°RBr　主要发生消除反应　　　　（<3%）　　　　　　（>97%）

　　　　　　　　　　　弱碱　　　　　　　　中等强度的碱

$(CH_3)_2C\!=\!CH_2 \xleftarrow{CH_3COONa} (CH_3)_3CBr \xrightarrow{NaCN} (CH_3)_2C\!=\!CH_2$

　　　　　　　　　　　　　　3°RX

$RC\!\equiv\!CNa + R'X \longrightarrow R\!-\!C\!\equiv\!C\!-\!R'$

　　　　　　强碱　　　伯卤烷

（2）当伯卤烷的 β-C 上连有支链时，消除产物有所增多。

例如：

$H\!-\!CH_2CH_2Br \xrightarrow[55℃]{C_2H_5ONa,\ C_2H_5OH} CH_2\!=\!CH_2 + CH_3CH_2OC_2H_5$

　　　　　　　　　　　　　　　　　　（1%）　　　　（99%）

　　　　　　　无 σ-H 超共轭

$\underset{\underset{}{}}{CH_3\!-\!\overset{\overset{CH_3}{|}}{C}HCH_2Br} \xrightarrow[55℃]{C_2H_5ONa,\ C_2H_5OH} (CH_3)_2C\!=\!CH_2 + (CH_3)_2CHCH_2OC_2H_5$

　　　　　　　　　　　　　　　　　　　（60%）　　　　（40%）

　　　　　　　6 个 σ-H 超共轭

烷基结构对亲核取代和消除反应的影响小结:

① $3°RX$ 主要进行 S_N1 反应;$1°RX$ 主要进行 S_N2 反应。

② 无论 E1 或 E2,卤代烷的消除反应活性都是:$3°RX>2°RX>1°RX$。

③ $3°RX$ 易消除,$1°RX$ 易取代。

8.8.2 进攻试剂的影响

8.8.2.1 试剂的碱性与亲核性

试剂的亲核性与碱性是两个不同的概念。亲核性是指试剂与碳原子核的结合能力,而碱性是指试剂与质子的结合能力。

以 $CH_3Br \xrightarrow{Nu^-} CH_3Nu + Br^-$ 为例,常见亲核试剂与溴甲烷反应的相对速率如表 8-3 所示。

表 8-3　亲核试剂与溴甲烷反应的相对速率

Nu^-(或 Nu)	相对反应速率	Nu^-(或 Nu)	相对反应速率
CN^-	12600	Cl^-	102
HS^-、RS^-	12600	RCO_2^-	53
I^-	10200	F^-	10
RO^-	—*	ROH	—*
HO^-	1600	H_2O	1
Br^-	775	RCO_2H	—*
$N(CH_3)_3$	—*		

注:标"*"的具体数据未知,但相对位置如此。

试剂的亲核性主要由两个因素决定:碱性和可极化度。这两个因素对试剂亲核性的影响有时是一致的,有时不一致。

同一族的原子作为亲核中心时,在极性质子性溶剂中,变形性大者呈现出较强的亲核性。这与碱性的强弱次序相反。例如:

亲核性:$I^->Br^->Cl^->F^-$;$HS^->HO^-$;$H_2S>H_2O$。

亲核中心为相同原子时,试剂的亲核性与碱性有相同的强弱次序。例如:

亲核性:$C_2H_5O^->HO^->C_6H_5O^->CH_3COO^->C_2H_5OH>H_2O>C_6H_5OH>CH_3COOH$;$NH_2^->NH_3$

同一周期的原子作为亲核中心时,原子序数越大,其电负性越强,给电子能力越弱,亲核性越弱。例如:

亲核性:$NH_2^->HO^->F^-$;$NH_3>H_2O$

8.8.2.2 进攻试剂对单分子反应(S_N1、E1)的影响

试剂的亲核性和碱性对 S_N1 或 E1 反应速率影响很小。因为 S_N1 和 E1 的决速步都是 C—X 键断裂,与进攻试剂无关。

8.8.2.3 进攻试剂对双分子反应(S_N2、E2)的影响

进攻试剂的亲核性越强,浓度越大,越有利于 S_N2(Nu^- 首先进攻 α-C)。例如:

$$CH_3CH_2CH_2CH_2Cl + CH_3COONa \xrightarrow[\text{很慢}]{CH_3COOH} CH_3(CH_2)_3OOCCH_3 + NaCl$$

亲核性弱

$$CH_3CH_2CH_2CH_2Cl + CH_3ONa \xrightarrow[\text{快}]{CH_3OH} CH_3(CH_2)_3OCH_3 + NaCl$$

亲核性强

进攻试剂的碱性越强，浓度越大，越有利于 E2。例如：

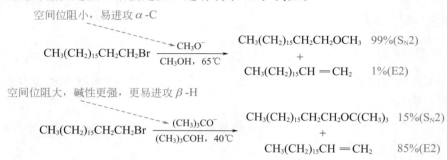

8.8.2.4　进攻试剂对取代与消除反应间竞争的影响

① 亲核性强的试剂有利于取代（进攻 α-C）；碱性强的试剂有利于消除（进攻 β-H）。例如：

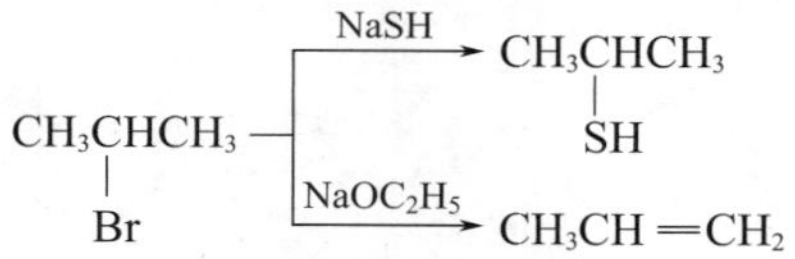

$$CH_3CHCH_3 \begin{array}{l} \xrightarrow{NaSH} CH_3CHCH_3 \\ \qquad\qquad\quad | \\ \qquad\qquad\quad SH \\ \xrightarrow{NaOC_2H_5} CH_3CH=CH_2 \end{array}$$

$|$
Br

② 增加试剂用量有利于 S_N2、E2（$v_{S_N2} = k_{S_N2}[RX][OH^-]$，$v_{E2} = k_{E2}[RX][OH^-]$）；减少试剂用量有利于 S_N1、E1（$v_{S_N1} = k_{S_N1}[RX]$，$v_{E1} = k_{E1}[RX]$）。

进攻试剂对亲核取代和消除反应的影响小结：

① 试剂的碱性和亲核性是两个不同的概念。
② 试剂的亲核性和碱性对 S_N1 或 E1 反应速率影响很小。
③ 亲核性强的试剂有利于 S_N2；碱性强的试剂有利于 E2。

8.8.3　卤原子（离去基团）的影响

S_N1、S_N2、E1、E2 的决速步都包括 C—X 的断裂，因此离去基团 X^- 的性质对四种反应将产生相似的影响。即离去基团的离去能力越强，越有利于以上四种反应。

S_N1、S_N2、E1、E2 反应活性：R—I＞R—Br＞R—Cl＞R—F。

原因：离去能力，$I^-＞Br^-＞Cl^-$；酸性，HI＞HBr＞HCl。

由于 S_N2、E2 反应中参与形成过渡态的因素除了离去基团外，还有进攻试剂，所以，离去基团的离去能力大小对 S_N1 和 E1 反应的影响更为突出。

好的离去基团：I^-、p-$CH_3C_6H_4SO_3^-$（HI、p-$CH_3C_6H_4SO_3H$ 均为强酸）。

差的离去基团：HO^-、RO^-、NH_2^-（H_2O、ROH、NH_3 均为弱酸或碱）。

不同离去基团离去能力的大小：

离去基团	F^-	Cl^-	Br^-	I^-	$^-OSO_2C_6H_5$	$^-OSO_2C_6H_4NO_2$-p
相对离去速率	10^{-2}	1	50	150	300	2800

8.8.4 溶剂的影响

8.8.4.1 溶剂类型

常用溶剂可分为三大类：

$$
常用溶剂 \begin{cases} 极性质子溶剂（如 H_2O、C_2H_5OH 等）\\ 极性非质子溶剂［如 DMF、DMSO、(CH_3)_2C{=}O 等］\\ 非（弱）极性溶剂（如烷烃、环烷烃、芳烃、卤烃、醚等） \end{cases}
$$

极性质子溶剂能与正、负离子发生溶剂化作用，使正、负离子稳定性增加：

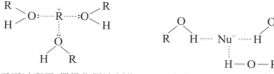

正离子通过离子-偶极作用溶剂化　　负离子通过氢键溶剂化

极性非质子溶剂中，正离子可通过离子-偶极作用溶剂化，但负离子不能通过氢键被溶剂化。

非（弱）极性溶剂则不利于离子的溶剂化。

8.8.4.2 溶剂对亲核取代反应和消除反应的影响

（1）极性质子溶剂有利于单分子反应　S_N1、E1 的决速步均为 R—X 键解离，生成的碳正离子可在极性溶剂中发生溶剂化作用，使反应的活性中间体稳定性增强，反应活化能降低，S_N1、E1 反应速率增大。

$$
R{-}X \longrightarrow [\overset{\delta^+}{R}{-\!-\!-}\overset{\delta^-}{X}]^{\ddagger} \longrightarrow R^+ + X^-
$$

极性溶剂中溶剂化
反应活性中间体稳定性增加

例如，叔丁基氯（3°RX）在 25℃时、不同溶剂中进行溶剂解（S_N1）的相对速率：

溶剂	CH₃COOH	CH₃OH	HCOOH	H₂O
介电常数/(F/m)	6.15	32.7	58.5	78.5
相对速率	1	4	5000	150000

反应所使用的溶剂既是溶剂，又是亲核取代反应的亲核试剂，称为溶剂解。

（2）极性非质子溶剂有利于双分子反应　S_N2、E2 反应都是一步完成的，没有活性中间体生成。亲核试剂（Nu^-）或碱（B^-）可被极性质子性溶剂通过氢键溶剂化，使反应试剂活性降低，不利于 S_N2、E2 反应的进行。而在极性非质子溶剂中负离子不能被溶剂化，Nu^- 和 B^- 的能量不被降低，S_N2、E2 反应活性相对较高。

S_N2 反应：

极性非质子溶剂中活性相对较高

$$
Nu^- + RX \longrightarrow [\overset{\delta^-}{Nu}{-\!-\!-}R{-\!-\!-}\overset{\delta^-}{X}] \longrightarrow NuR + X^-
$$

极性质子性溶剂中溶剂化，
反应试剂活性降低，不利于反应

E2 反应：

极性非质子溶剂中活性相对较高

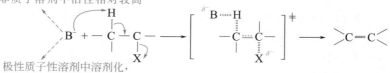

极性质子性溶剂中溶剂化，
反应试剂活性降低！

（3）溶剂对取代与消除反应间竞争的影响　极性大的溶剂有利于取代，极性小的溶剂有利于消除。这是因为 S_N2 反应的过渡态中负电荷的分散程度小于 E2 反应的过渡态：

$$
\underset{\substack{\\ \text{CH}_2\text{R}}}{\overset{\delta-}{\text{HO}}\cdots\overset{|}{\text{CH}_2}\cdots\overset{\delta-}{\text{X}}} \qquad\qquad \underset{\substack{\overset{\delta-}{\text{RO}}\cdots\text{H}}}{\text{RCH}=\text{CH}_2\cdots\overset{\delta-}{\text{X}}}
$$

S_N2反应过渡态　　　　　　　　E2反应过渡态
负电荷分散程度相对较小　　　负电荷分散程度更大

例如：

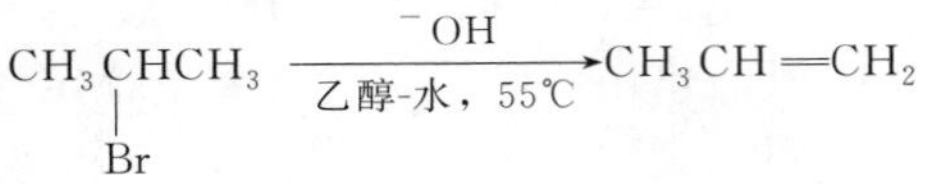

$$
\underset{\substack{|\\ \text{Br}}}{\text{CH}_3\text{CHCH}_3} \xrightarrow[\text{乙醇-水，55℃}]{^-\text{OH}} \text{CH}_3\text{CH}=\text{CH}_2
$$

乙醇：水（体积比）　　　100：0　　　80：20　　　60：40
烯烃的生成量/%　　　　　71　　　　　59　　　　　54

8.8.5　反应温度的影响

反应温度高更有利于消除（断 C—H 和 C—X）；反应温度低有利于取代（只断 C—X）。例如：

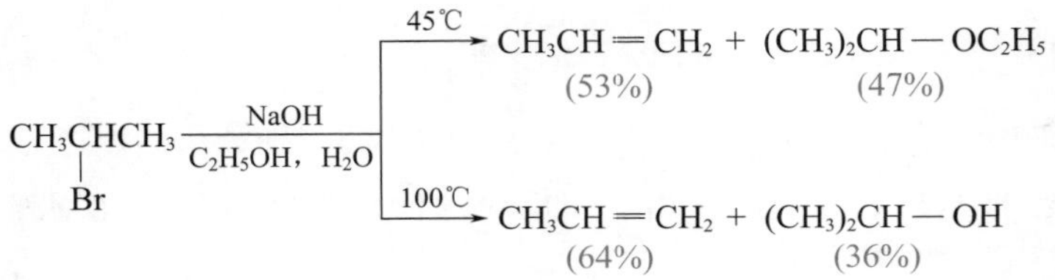

$$
\underset{\substack{|\\ \text{Br}}}{\text{CH}_3\text{CHCH}_3} \xrightarrow[\text{C}_2\text{H}_5\text{OH，H}_2\text{O}]{\text{NaOH}}
\begin{cases}
\xrightarrow{45℃} \underset{(53\%)}{\text{CH}_3\text{CH}=\text{CH}_2} + \underset{(47\%)}{(\text{CH}_3)_2\text{CH}-\text{OC}_2\text{H}_5} \\[2mm]
\xrightarrow{100℃} \underset{(64\%)}{\text{CH}_3\text{CH}=\text{CH}_2} + \underset{(36\%)}{(\text{CH}_3)_2\text{CH}-\text{OH}}
\end{cases}
$$

总之，卤代烷的 S_N1、S_N2、E1、E2 四种反应均在碱性条件下进行，相互竞争。究竟以何种机理进行，受许多因素的影响，其中烷基的结构和进攻试剂的性质（碱性、亲核性）对反应机理的影响最大，但仍需要结合具体反应条件进行具体分析。

8.9　卤代烯烃和卤代芳烃的化学性质

8.9.1　双键位置对卤原子活泼性的影响

卤代烯烃和
卤代芳烃

X 与 C=C 或芳环的相对位置不同，化学性质大为不同。卤原子活泼性顺序为：

$$\text{RCH}=\text{CHCH}_2\text{X} > \text{RCH}=\text{CH}(\text{CH}_2)_n\text{X} > \text{RCH}=\text{CHX}$$
烯丙型　　　　　　　　隔离型　　　　　　　乙烯型
$$\text{ArCH}_2\text{X} > \text{Ar}(\text{CH}_2)_n\text{X} > \text{ArX}$$
苄基型　　　　　隔离型　　　卤苯型

8.9.1.1　乙烯型和苯基型卤代烃

乙烯型和苯基型卤代烃分子中存在着由卤原子参与的多电子 p-π 共轭，导致 C—X 键长小于正常值（0.178nm），使 C—X 键具有特殊的稳定性，难以断裂。如图 8-4 所示。

以下的数据说明：与氯乙烷相比，氯乙烯和氯苯分子偶极矩减小，C—Cl 键长缩短，更难断开。

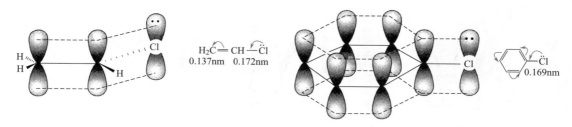

图 8-4　氯乙烯和氯苯分子中的 p-π 共轭

	CH_3CH_2-Cl	$CH_2=CH-\overset{..}{\underset{..}{C}}l$	(苯基)$\overset{..}{\underset{..}{C}}l$
键长/nm	0.178	0.137　0.172	0.169
偶极矩/$10^{-30}C\cdot m$	6.84	4.80	
异裂解离能 /(kJ/mol)	799	866	5.84 916

8.9.1.2　烯丙型和苄基型卤代烃

烯丙型和苄基型卤代烃中的 C—X 键很容易断裂，无论 S_N1 还是 S_N2，这类卤代烃分子中的 C—X 键都具有特殊的活泼性。例如：

$$CH_2=CHCH_2Cl \xrightarrow[\text{亲核取代}]{NaOH/H_2O} CH_2=CHCH_2OH \qquad （Ⅰ）$$

烯丙基氯

反应速率：Ⅰ比Ⅱ快80倍

$$CH_3CH_2CH_2Cl \xrightarrow[\text{亲核取代}]{NaOH/H_2O} CH_3CH_2CH_2OH \qquad （Ⅱ）$$

正丙基氯

烯丙型和苄基型卤代烃的特殊活泼性是因为亲核取代反应的中间体或过渡态的能量较低，具有特殊的稳定性。以烯丙基氯和苄基氯为例，在进行 S_N1 反应时，活性中间体 C^+ 中存在着缺电子 p-π 共轭，使正电荷得到有效的分散，导致 C^+ 能量较低，具有特殊的稳定性，见图 8-5。

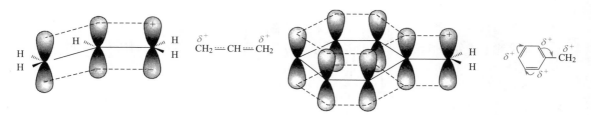

图 8-5　烯丙基正离子和苄基正离子中的 p-π 共轭

在进行 S_N2 反应时，过渡态能量较低，见图 8-6。

8.9.1.3　隔离型卤代烃

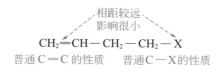

普通 C=C 的性质　普通 C—X 的性质

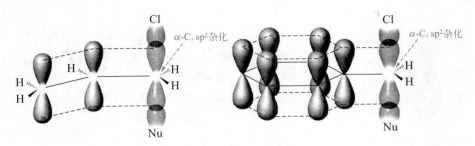

图 8-6 烯丙基氯和苄基氯按 S_N2 历程进行反应的过渡态

8.9.2 乙烯型和苯基型卤代烃的化学性质

由于多电子 p-π 共轭的存在，乙烯型和苯基型卤代烃中 C—X 键具有部分双键性质，很难断裂；又由于卤素原子的吸电子诱导效应（$-I$）和给电子共轭效应（$+C$）反向，且 $-I>+C$，使双键或芳环电子云密度降低，双键上的亲电加成反应活性和芳环上的亲电取代反应活性均降低。例如：

$$\text{难} \xleftarrow[-HCl]{NaOH/醇} CH_2\!=\!CH\!-\!\ddot{C}l \xrightarrow[醇]{AgNO_3} \text{不反应}$$

亲电加成活性降低   难以断裂

（氯的诱导与共轭反向：$-I>+C$）

$$\text{苯环钝化} \xleftarrow[-I>+C]{苯环上亲电取代} \underset{}{\bigcirc}\!-\!\ddot{C}l \xrightarrow[醇]{AgNO_3} \text{不反应}$$

8.9.2.1 亲核取代反应

乙烯型卤代烃分子中的 C—X 键短而且强，卤原子不易被亲核试剂取代。例如：

$$CH_2\!=\!CH\!-\!X \underset{\xrightarrow[\triangle]{AgNO_3/醇}\ \text{不反应}}{\xrightarrow[\triangle]{NaOH/H_2O}\ \text{不反应}}$$

氯苯曾经是一个重要的化工原料，用来大量制造苯酚，但因能耗高、污染严重而遭到淘汰。目前工业上主要采用异丙苯氧化法制备苯酚（见第 9 章 9.3.2 酚的制法）。

$$\bigcirc\!-\!Cl \xrightarrow[\substack{350\sim370℃ \\ 20MPa}]{NaOH,\ Cu} \bigcirc\!-\!ONa \xrightarrow{H^+} \bigcirc\!-\!OH$$

氯苯   条件苛刻   苯酚

但是，若卤素原子的邻位、对位有硝基等强吸电子基时，水解反应容易进行：

$$O_2N\!-\!\bigcirc\!-\!Cl \xrightarrow[130℃]{Na_2CO_3/H_2O} O_2N\!-\!\bigcirc\!-\!OH$$

1-氯-4-硝基苯   4-硝基苯酚

$$O_2N\!-\!\bigcirc\!\underset{NO_2}{\!-\!Cl} \xrightarrow[100℃]{Na_2CO_3/H_2O} O_2N\!-\!\bigcirc\!\underset{NO_2}{\!-\!OH}$$

1-氯-2,4-二硝基苯   2,4-二硝基苯酚

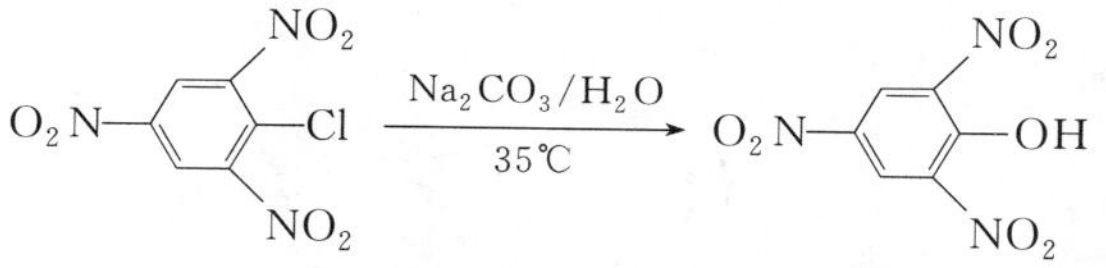
NO2
O2N
Cl
Na2CO3/H2O
35℃
OH

2-氯-1,3,5-三硝基苯　　　　2,4,6-三硝基苯酚

苦味酸，$pK_a=0.4$

采用其他亲核试剂时，也观察到类似情况：

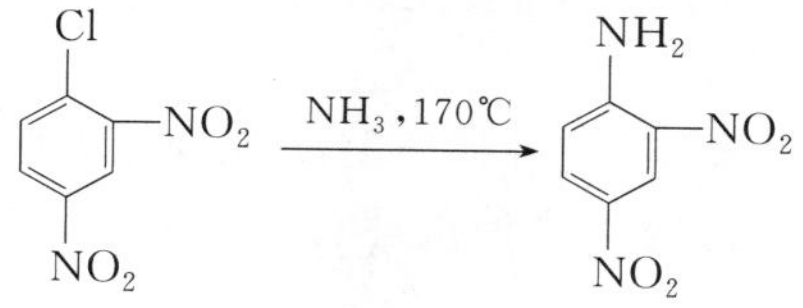
Cl
NO2
NH3,170℃
NH2
（2,4-二硝基苯胺）

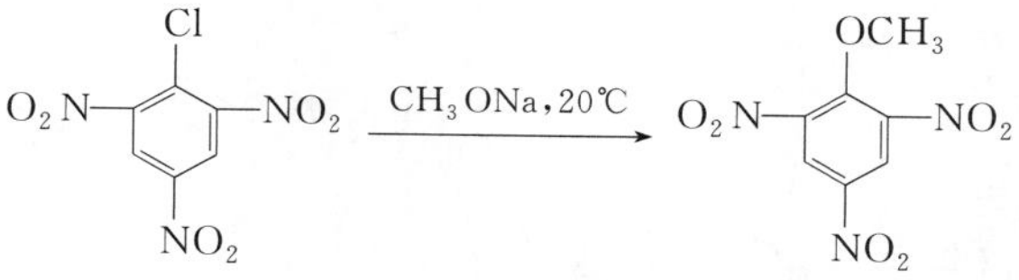
Cl
O2N
NO2
CH3ONa,20℃
OCH3

2-氯-1,3,5-三硝基苯　　　　2-甲氧基-1,3,5-三硝基苯

如果苯环上没有吸电子基，则苯基型氯原子需要在强烈苛刻的反应条件下，才能被取代：

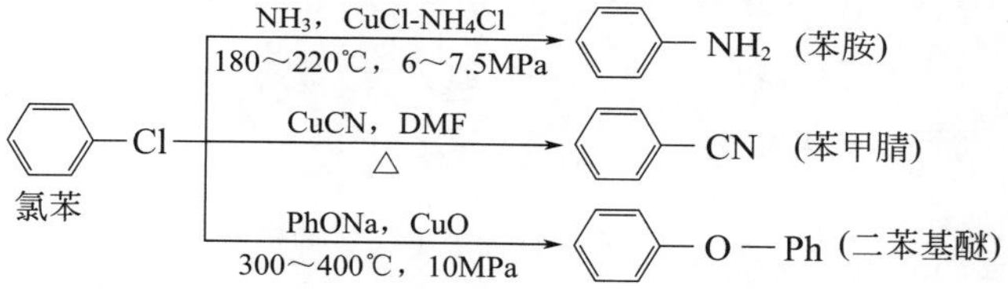
Cl
氯苯
NH3，CuCl-NH4Cl
180～220℃，6～7.5MPa
NH2 (苯胺)
CuCN，DMF
△
CN (苯甲腈)
PhONa，CuO
300～400℃，10MPa
O — Ph (二苯基醚)

8.9.2.2 芳环上亲核取代反应机理

（1）加成-消除机理　这种机理的特点是先加成，后消除，因而称为加成-消除机理。

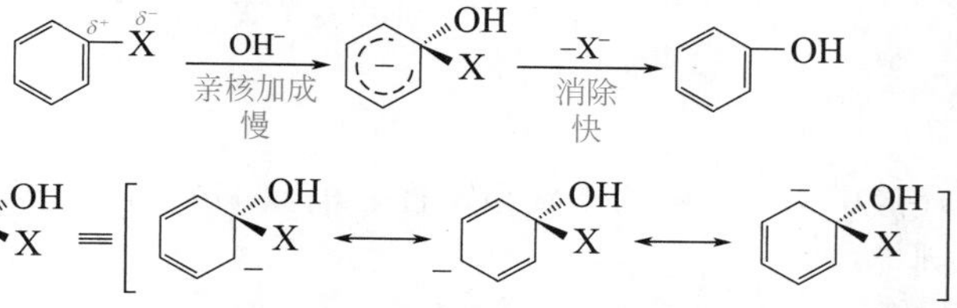
δ+
δ−
X
OH−
亲核加成
慢
OH
–X−
消除
快

当 X=F 时，由于氟原子强烈的吸电子诱导效应，导致与氟原子相连的碳原子上带有更多的正电荷，更有利于亲核试剂的进攻。所以，氟代芳烃比其他卤代芳烃更容易进行芳环上的亲核取代反应。

当芳环上有吸电子基时，会使负电荷得到有效分散，碳负离子中间体更加稳定，从而使反应速率加快：

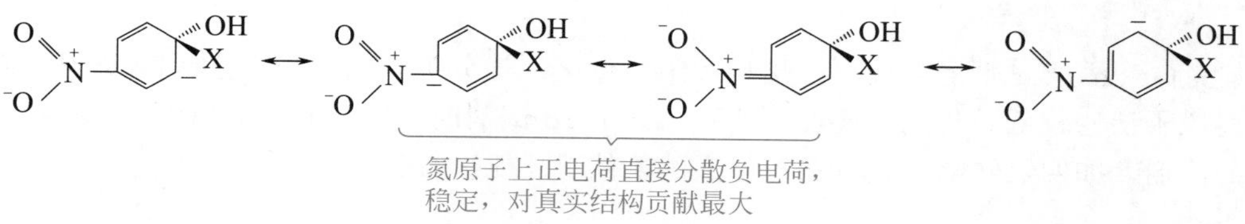
OH
X
N
O
氮原子上正电荷直接分散负电荷，
稳定，对真实结构贡献最大

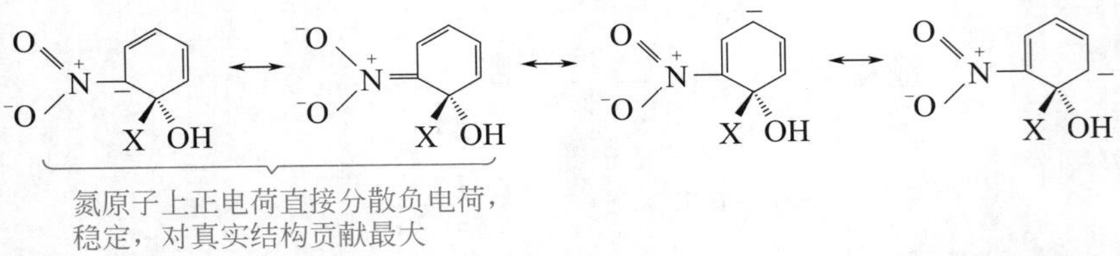

氮原子上正电荷直接分散负电荷，
稳定，对真实结构贡献最大

所以，卤素原子的邻、对位有硝基等强吸电子基时，水解及亲核取代反应容易进行。反之，当芳环上连有 R—、RO— 等供电子基时，将会使碳负离子趋于更加不稳定，水解及亲核取代反应更难进行。

（2）消除-加成机理（1,2-双脱氢苯机理）　当苯环上没有较强的吸电子基存在时，卤原子被取代的反应是按照消除-加成机理进行的。这种机理有 1,2-双脱氢苯中间体（图 8-7）生成，故又称为 1,2-双脱氢苯机理。

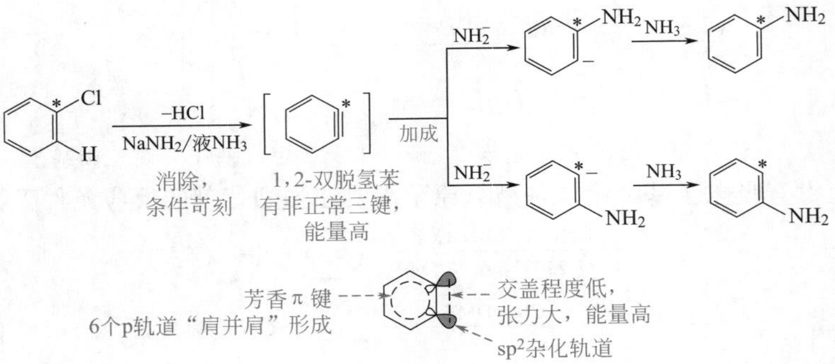

图 8-7　1,2-双脱氢苯中间体的结构

下列反应是经过 1,2-双脱氢苯机理进行的，因此有两种产物生成：

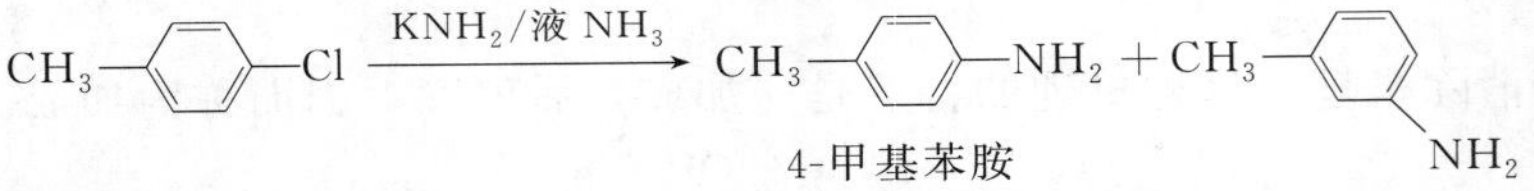

8.9.2.3　消除反应

由于乙烯型卤代烃中 C—X 键的特殊稳定性，消除 HX 的反应很难进行，只有在强烈条件下，才能发生下列反应：

$$CH_3CH_2CH{=}CHBr \xrightarrow[\text{液 } NH_3]{NaNH_2} CH_3CH_2C{\equiv}CH + HBr$$

1-溴丁-1-烯　　　　　　　　　　　　　丁-1-炔

$$C_6H_5CH{=}CHBr \xrightarrow[66\%]{KOH,\ 215\sim230\text{℃}} C_6H_5C{\equiv}CH + HBr$$

1-溴-2-苯基乙烯　　　　　　　　　　　苯乙炔

8.9.2.4　与金属反应

（1）Grignard 试剂的生成　乙烯型和苯基型卤代烃分子中的 C—X 键具有部分的双键性质，卤原子活性较低，与金属镁反应生成 Grignard 试剂时，需使用给电子能力更强、沸点更高的溶剂（如四氢呋喃）或者在较强烈的条件下才能进行。例如：

$$CH_2{=}CH{-}Cl + Mg \xrightarrow[40\sim60\text{℃},\ >90\%]{THF,\ I_2} CH_2{=}CH{-}MgCl$$

$$C_6H_5-Br + Mg \xrightarrow[95\%]{乙醚，35℃} C_6H_5-MgBr$$

对于烃基相同的 RX，其活性次序是碘代烃＞溴代烃＞氯代烃。这是因为碳-碘键键长最大，键能最小，最容易断开。

ArMgX 型 Grignard 试剂以及在合成上的应用与 RMgX 相似，都可用来制备醇。

（2）芳基锂试剂的生成　锂的活性高于镁，可与乙烯型和苯基型卤代烃反应，生成相应的烃基锂。例如：

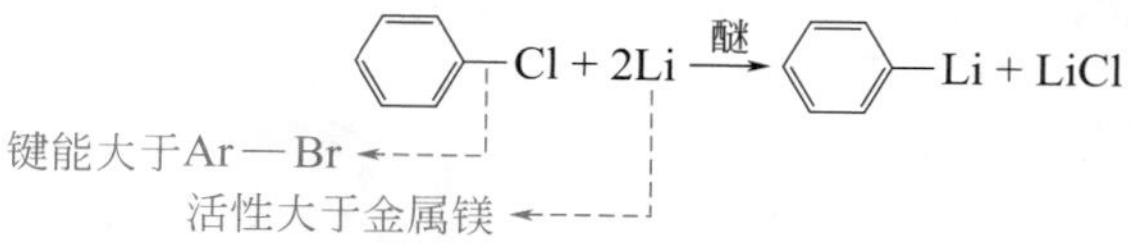

有时也可用烷基锂代替金属锂与卤代芳烃反应，生成芳基锂和卤代烷：

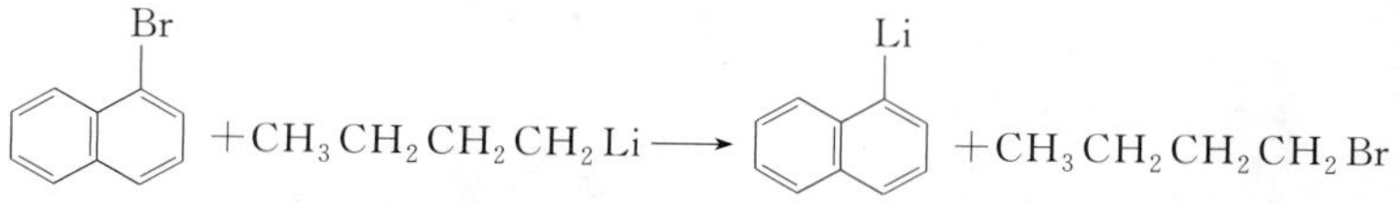

与烷基锂的化学性质相似，芳基锂的亲核性和碱性均比相应的 Grignard 试剂强。在合成应用中，有机锂一般充作中间体，不需分离即可直接使用。

（3）Ulmann 反应　卤代芳烃与铜粉共热生成联芳基化合物的反应称为 Ulmann 反应。例如：

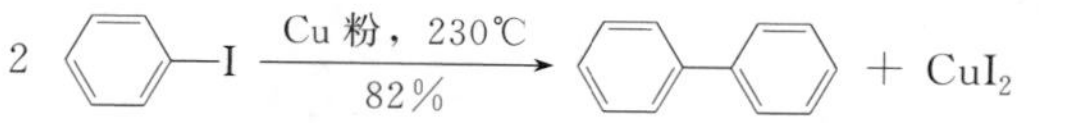

氯苯和溴苯亦可发生此反应，但要困难一些。但卤素原子的邻、对位有吸电子基时，可以促进反应的进行。例如：

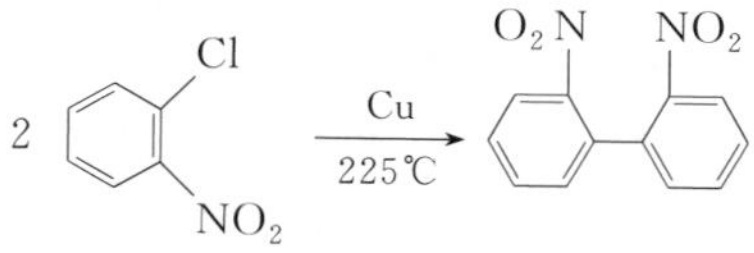

2,2′-二硝基联苯

8.9.2.5 烃基的反应

氯乙烯分子中双键的性质仍然保留，可发生加成和聚合反应：

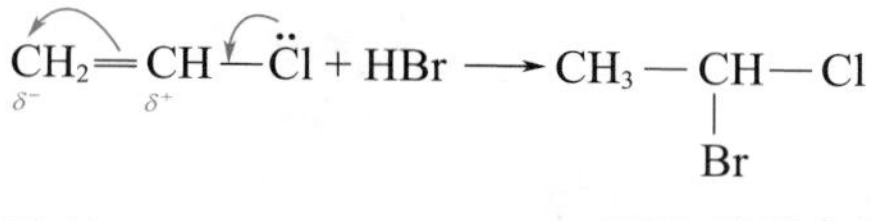

遵循马氏规则

$$nCH_2=CHCl \xrightarrow{引发剂} \left[CH_2-\underset{\displaystyle Cl}{\underset{|}{CH}}\right]_n$$

聚氯乙烯（PVC）

PVC 可用来制造：

塑料制品、管材、薄膜、合成纤维、

喷漆、胶黏剂、鞋面材料等

卤原子是使芳环钝化的邻、对位定位基。例如，氯苯比苯难硝化，新引入的硝基进入氯的邻、对位：

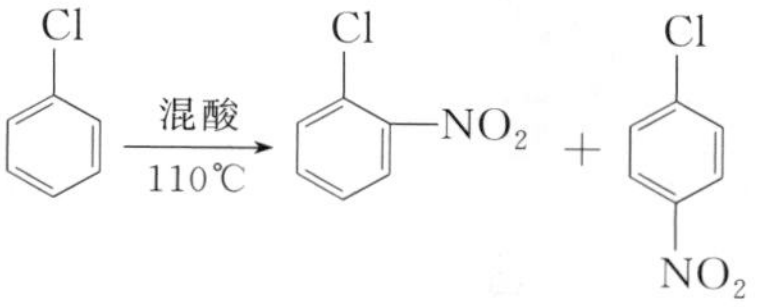

（苯硝化时反应温度为 60℃）

8.9.3 烯丙型和苄基型卤代烃的化学性质

8.9.3.1 亲核取代反应

烯丙型和苄基型卤代烃很容易与 HO^-、RO^-、CN^-、NH_3、H_2O 等亲核试剂发生亲核取代反应。例如：

$$CH_3\overset{|}{\underset{Cl}{C}}=CHCH_2Cl \xrightarrow[Na_2CO_3]{H_2O} CH_3\overset{|}{\underset{Cl}{C}}=CHCH_2OH \xrightarrow{KOH/C_2H_5OH} CH_3C≡CCH_2OH$$

不活泼　　活泼　　　　　　　3-氯丁-2-烯-1-醇　　　　　　　丁-2-炔-1-醇

$$
\text{苯}-CH_2-Cl \left\{
\begin{array}{l}
\xrightarrow[95℃，74\%\sim100\%]{Na_2CO_3，H_2O} \text{苯}-CH_2-OH \quad 苯甲醇 \\[2mm]
\xrightarrow[4h，80\%\sim88\%]{NaCN，蒸汽浴} \text{苯}-CH_2-CN \quad 苯乙腈
\end{array}
\right.
$$

由于烯丙型碳正离子可发生烯丙位重排，烯丙型卤代烃发生亲核取代反应时会有重排产物生成：

$$CH_3CH=CHCH_2Cl \xrightarrow[S_N1]{-Cl^-} CH_3CH=CH\overset{+}{C}H_2 \longleftrightarrow CH_3\overset{+}{C}HCH=CH_2 \xrightarrow{H_2\ddot{O}}$$

$$\xrightarrow{-H^+} CH_3CH=CHCH_2OH + CH_3\overset{|}{\underset{OH}{C}}HCH=CH_2$$

a方式产物　　　　　b方式产物

8.9.3.2 消除反应

烯丙型卤代烃易脱去卤化氢生成共轭二烯。例如：

3-溴环己烯　　　　　　　环己-1,3-二烯
烯丙型卤烃　　　　　　　共轭二烯，稳定！

烯丙型卤烃脱 HX 时，有时会有重排产物生成：

$$CH_2=CH-\overset{|}{\underset{Br}{C}}H-C(CH_3)_3 \xrightarrow[C_2H_5OH，\triangle]{NaOH} \overset{1}{C}H_2=\overset{2}{C}H-\overset{3}{C}=\overset{4}{C}(CH_3)_2$$

E1 　　　　　　　　　　　　　　　　$\underset{CH_3}{|}$

3-溴-4,4-二甲基戊-1-烯　　　　　　　3,4-二甲基戊-1,3-二烯

这是由于 E1 反应过程中碳正离子发生了重排。例如：

$$CH_2=CH-\overset{+}{C}H-C(CH_3)_3 \xrightarrow{甲基迁移} CH_2=CH-\overset{|}{\underset{CH_3}{C}}H-\overset{+}{C}(CH_3)_2 \xrightarrow{-H^+} CH_2=CH-\overset{|}{\underset{CH_3}{C}}=C(CH_3)_2$$

烯丙型 C^+　　　　　　　　　　　　　$3°\ C^+$　　　　　　　　　（π-π 共轭，稳定！）

苄基型卤烃也很容易在碱性条件下发生 E1、E2 反应：

1-溴-1-(萘-2-基)丁烷　　　　　　　　　　1-(萘-2-基)丁-1-烯

8.9.3.3　与金属镁或 Grignard 试剂反应

烯丙型和苄基型卤代烃比卤代烷更容易与金属镁反应，生成 Grignard 试剂。例如：

$$CH_2{=}CHCH_2Cl + Mg \xrightarrow[-10℃,\,60\%]{乙醚,\,I_2} CH_2{=}CHCH_2MgCl$$

$$C_6H_5{-}CH_2{-}Cl + Mg \xrightarrow[低温,\,60\%]{乙醚} C_6H_5{-}CH_2MgCl$$

由于烯丙型和苄基型卤代烃分子中的卤原子比较活泼，常与 Grignard 试剂发生偶联等副反应，尤其是烯丙型和苄基型溴代烃主要得到偶联产物。例如：

$$RCH{=}CHCH_2Br + RCH{=}CHCH_2MgBr \xrightarrow{乙醚} RCH{=}CHCH_2{-}CH_2CH{=}CHR + MgBr_2$$

因此，在用烯丙型和苄基型卤代烃制备 Grignard 试剂时，需要控制低温，以避免发生偶联反应。而一级、二级卤代烷不发生偶联反应。

利用 Grignard 试剂与烯丙基溴反应可制备 α-烯烃：

$$RMgCl + CH_2{=}CHCH_2Br \xrightarrow{乙醚} R{-}CH_2CH{=}CH_2$$
$$\alpha\text{-烯烃}$$

$$n{-}C_4H_9C{\equiv}CMgCl + CH_2{=}CH{-}CH_2Br \xrightarrow{乙醚}_{88\%} n{-}C_4H_9\overset{5}{C}{\equiv}\overset{4}{C}{-}\overset{3}{C}H_2\overset{2}{C}H{=}\overset{1}{C}H_2$$
$$壬\text{-1-烯-4-炔}$$

8.9.3.4　与二烷基铜锂的反应

烯丙型和苄基型卤代烃分别与二烷基铜锂反应，生成烯烃和芳烃。例如：

$$+ (CH_3)_2CuLi \xrightarrow[75\%]{纯醚} \quad {-}CH_3 + CH_3Cu + LiBr$$

$${-}CH_2Cl + (CH_3)_2CuLi \xrightarrow[80\%]{纯醚} \quad {-}CH_2CH_3 + CH_3Cu + LiCl$$

氯甲基苯　　　　　　　　　　　　　　乙苯

8.10　氟代烃

氟代烃的性质和制法与其他卤代烃相比有很大差别，有许多独特功能和性质。

一氟代烷在常温下很不稳定，容易自行失去 HF 而变成烯烃：

$$\underset{\underset{F}{|}}{CH_3CH}{-}CH_3 \longrightarrow CH_3CH{=}CH_2 + HF$$

当同一碳原子有两个氟原子时，如 CH_3CHF_2、$CH_3CF_2CH_3$，性质就很稳定，不易发生化学反应。全氟烷烃具有很高的耐热性和耐腐蚀性。由于具有这些特殊的性质，有机氟产品已成为精细化工和化工新材料的重要门类，被广泛应用于尖端科学、军事、航空航天、医药、农药、化工和材料等领域。

8.10.1　氟利昂

氟利昂源于英文 Freon，最初它是一个由美国杜邦公司注册的制冷剂商标。从化学组成上讲，氟利昂是一大类甲烷、乙烷等低级烷烃的氟代、氯代衍生物。一些常见氟利昂的物理性质见表 8-4。

表 8-4　一些常见氟利昂的物理性质

商品名	化学式	熔点/℃	沸点/℃	商品名	化学式	熔点/℃	沸点/℃
F11	CCl_3F	−111.1	23.8	F22	$CHClF_2$	−160	−40.8
F12	CCl_2F_2	−158	−29.8	F23	CHF_3	−163	−82.2
F13	$CClF_3$	−182	−81.5	F113	$C_2Cl_3F_3$	−35	47.6
F14	CF_4	−184	−128	F114	$C_2Cl_2F_4$	−94	3.6
F21	$CHCl_2F$	−135	8.9	F115	C_2ClF_5	−106	−38

氟利昂大多数无毒、无臭、不燃烧，与空气混合也不爆炸，对金属无腐蚀性，并且具有适当的沸点范围。自 1930 年杜邦公司生产 F12 和 F11 后，各类氟利昂的合成得到迅猛发展，应用十分广泛，主要用作空调和冰箱用制冷剂、气溶胶喷雾剂、制造泡沫塑料时使用的发泡剂、衣物或首饰干洗时的清洗剂、灭火剂等。

M. Molina（莫利纳）和 F. S. Rowland（罗兰）是 1995 年 Nobel 化学奖得主。1974 年，他们共同发表文章，指出化学惰性的氯氟烃进入大气臭氧层后，受到强烈紫外线照射，被分解为氯自由基，氯自由基可引起臭氧耗损。例如：

链引发：$CF_2Cl_2 \xrightarrow{\text{紫外线}} CF_2Cl \cdot + Cl \cdot$

链增长：$Cl \cdot + O_3 \longrightarrow ClO \cdot + O_2$

$ClO \cdot + O_3 \longrightarrow Cl \cdot + 2O_2$

由于自由基反应的特点之一是"一经引发，便可自动进行"，所以一个氯自由基至少可以与 10^5 个 O_3 发生链式反应，导致臭氧层被破坏。随着科学家们的研究不断深入，已有足够证据证明氯氟烃是臭氧耗损的罪魁祸首，而且含溴的简单卤代烷可能比含氯的危害更大。

氟利昂在大气中浓度增加的另一危害是"温室效应"。地球表面温室效应形成的主要原因来自大气中的 CO_2，但大多数氟利昂也有类似的特性。

1985 年，英国科学家 J. Farman（法曼）首先指出南极上空出现"臭氧洞"。1994 年国际臭氧委员会宣布，自 1996 年以来全球臭氧层总数减少 10%，南极上空的臭氧下降了 70%。

1987 年 9 月，由 43 国签订的《关于消耗臭氧层物质的蒙特利尔议定书》对氯氟烃化合物的使用提出控制；1990 年 6 月，我国加入此议定书修正案，对部分氯氟烃化合物提出了逐步淘汰方案。

氟利昂产品受到极大限制后，人们开始研发它们的替代品。如采用不含氯的氟代烃替代氯氟烃作为制冷剂，用 CO_2 代替 F11 作为发泡剂，用液化石油气作为气溶胶喷雾剂，用清洁的溶剂（如醇类）作为清洗剂等。总之，寻找更好的氯氟烃替代品需要全球科学家的不懈努力和坚定的环保意识。

8.10.2　含氟高分子材料

含氟高分子材料主要包括氟树脂、氟塑料和含氟橡胶。

氟塑料是聚四氟乙烯、聚三氟氯乙烯、聚偏氟乙烯、某些含氟烯烃的共聚物的总称。聚四氟乙烯（teflon）俗称塑料王，呈半透明蜡状，是由四氟乙烯聚合而成的全氟高分子化合物：

$$n CF_2 = CF_2 \xrightarrow[\text{H}_2\text{O}]{\text{K}_2\text{S}_2\text{O}_8} \left[CF_2 - CF_2 \right]_n$$

聚四氟乙烯具有优良的耐高、低温特性（−260～250℃）、优异的耐化学腐蚀性（浓酸、浓碱、王水中煮沸也不发生作用）、良好的自润滑性和耐磨性（如用作耐磨器件材料、不粘锅涂层等）、优异的介电性能等，这是其他材料所没有的特性。

氟原子具有特别大的电负性，导致 C—F 键能大，不易极化，不易受极性试剂进攻而断裂。经测定，聚四氟乙烯分子中 C—C 的键长为 0.147nm，小于聚乙烯分子中的 C—C 的键长（0.153nm），这意味着聚四氟乙烯分子中的 C—C 也难以断裂。氟原子的范德华半径为 0.135nm，使得聚四氟乙烯的全氟碳链上碳原子之间的距离空隙恰好被氟原子所盖住，起到空间屏蔽的作用，即便是最小的氢原子也钻不进去。这就是聚四氟乙烯具有高度化学稳定性及其他优异特性的原因。

氟橡胶是指分子中含有氟原子的合成橡胶。氟原子的存在，使氟橡胶具有优良的耐高温和耐低温、耐化学腐蚀性等。

将全氟烷基作为侧链引入涂料的成膜剂大分子链上，得到的涂层具有特别低的表面能、防水、防油、防污，可用于高档皮革、纸张、高档建筑的涂饰或涂装。

本章精要速览

（1）卤代烷通常由醇与 HX（制三级卤烷）、$SOCl_2$ 或 PBr_3（制一级、二级卤烷）反应制得。

（2）卤烷与金属镁反应生成有机镁化合物，称为 Grignard 试剂，后者遇活泼氢分解，形成相应的烷烃（详见"**卤代烃的制备及卤烷化学性质小结**"）。

（3）用亲核试剂或碱处理卤烷可发生亲核取代反应和消除反应（详见"**卤代烃的制备及卤烷化学性质小结**"）。亲核取代反应有两种反应机理：S_N1 和 S_N2。在 S_N1 反应中，RX 自行解离形成碳正离子，后者在第二步与亲核试剂结合。S_N1 反应伴随着中心碳原子构型的外消旋化，3°RX 主要发生 S_N1 反应。在 S_N2 反应中，进攻的亲核试剂从离去基团背面进攻 RX 的 α-C，旧键的断裂和新键的生成同时进行，导致中心碳原子构型发生 Walden 翻转。S_N2 反应强烈地受制于空间位阻效应，1°RX 主要发生 S_N2 反应。

（4）消除反应的方向遵循 Saytzeff 规则，即失去含氢较少的 β-C 上的氢原子。消除反应也有两种机理：E1 和 E2。在 E1 反应中，RX 自行离解形成碳正离子，后者随即失去 β-H。在 E2 反应中，在离去基团离开的同时，碱进攻 β-H。无论 E1 或 E2，卤代烷的消除反应活性都是：3°RX＞2°RX＞1°RX。

（5）卤代烷的 S_N1、S_N2、E1、E2 四种反应均在碱性条件下进行，相互竞争。究竟以何种机理进行，受烷基的结构、进攻试剂的性质（碱性、亲核性）、离去基团的性质、溶剂及反应温度的影响。

总的来说：①3°RX 易消除，1°RX 易取代。②亲核性强的试剂有利于取代反应，特别是 S_N2；碱性强的试剂有利于消除反应，特别是 E2；试剂的亲核性和碱性对 S_N1 或

E1 反应速率影响均很小。③离去基团的离去能力增强，对四种机理均有利。④极性大的溶剂有利于取代，极性小的溶剂有利于消除；极性质子性溶剂有利于 S_N1、E1，极性非质子溶剂有利于 S_N2、E2。⑤反应温度高有利于消除反应，反应温度低有利于取代反应。

（6）乙烯型卤代烃和卤苯型卤代烃分子中存在多电子 p-π 共轭，导致 $RCH=CH-X$ 和 $Ar-X$ 中的 C—X 键具有部分双键性质，难以断开；烯丙基碳正离子和苄基型碳正离子存在缺电子 p-π 共轭，具有特殊的稳定性，导致 $RCH=CHCH_2-X$ 和 $ArCH_2-X$ 分子中 C—X 键具有特殊的活性；隔离型卤代烃分子中不饱和碳与卤原子相距甚远，互不影响，具有普通烯烃和普通 C—X 键的性质。

卤代烃的制备及卤烷化学性质小结

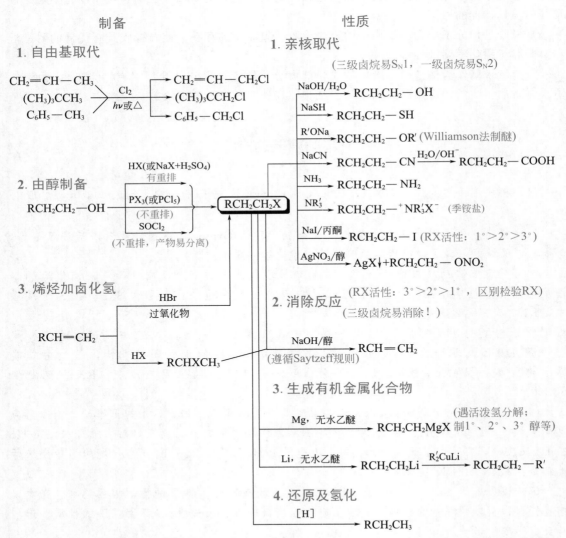

$[H]$ = LiAlH$_4$(还原1°RX、2°RX)、NaBH$_4$(还原2°RX、3°RX)、Zn+HCl、H$_2$/Pt(还原ArCH$_2$X)等

芳基卤的制备及化学性质小结

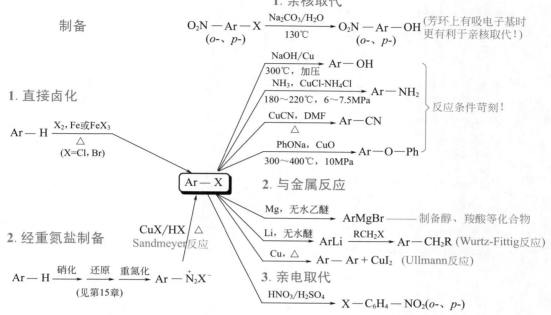

习 题

1. 写出 $C_5H_{11}Cl$ 所代表的所有同分异构体，写出各同分异构体的取代名，并注明伯、仲、叔卤代烃。如果有手性碳原子，用"＊"标出，并写出一对对映体的 Fischer 投影式。

2. 用系统命名法命名下列化合物。

(1) $ClCH_2CH_2CH_2CH_2Cl$

(2) 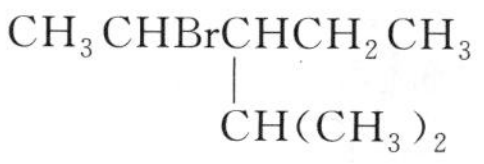 $CH_3CHBrCHCH_2CH_3$
　　　　　　$CH(CH_3)_2$

(3)

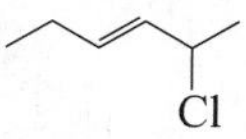

(4) 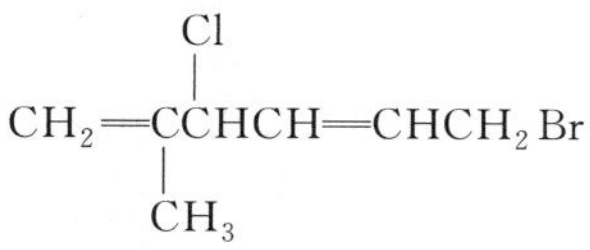 $CH_2\!\!=\!\!CCHCH\!\!=\!\!CHCH_2Br$
　　　　CH_3

(5)

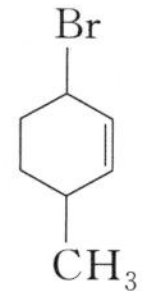

(6)

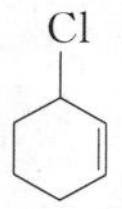

(7)

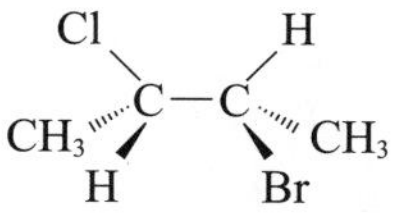

(8) 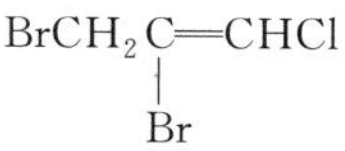 $BrCH_2C\!\!=\!\!CHCl$
　　　　　　Br

(9)

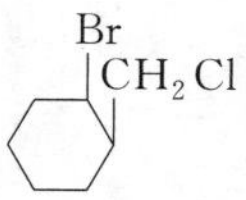

(10) 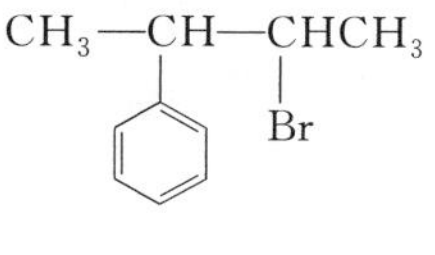 $CH_3\!\!-\!\!CH\!\!-\!\!CHCH_3$
　　　　　　Br

(11)

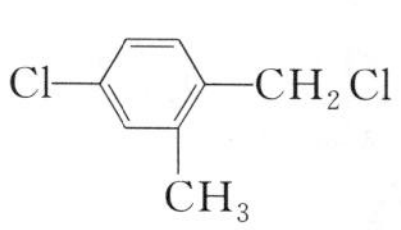

(12)

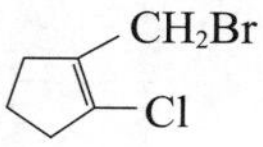

3. 写出下列化合物的构造式。

(1) 烯丙基氯　　　　(2) 苄溴　　　　(3) 5-氯-4-甲基戊-2-炔　　　　(4) 溴代环戊烷

4. 试预测下列各对化合物哪一个沸点较高。

(1) 正戊基碘和正戊基氯　　　　　　　(2) 1-氯丁烷和1,1-二氯丁烷

(3) 正己基溴和正庚基溴　　　　　　　(4) 正己基溴和环己基溴

5. 指出下列各组化合物哪一个偶极矩较大。

(1) 氯乙烷、溴乙烷、碘乙烷　　　　　(2) 溴甲烷和溴乙烷

(3) 丙烷、氟乙烷　　　　　　　　　　(4) 四氯乙烯和氯乙烯

6. 写出1-溴丁烷与下列物质反应所得到的主要有机产物。

(1) $NaOH$（水溶液）　　　　(2) KOH（醇溶液）　　　　(3) Mg，纯醚

(4) (3) 的产物＋D_2O　　　　(5) NaI（丙酮溶液）　　　　(6) $CH_3C{\equiv}CNa$

(7) $AgNO_3$，C_2H_5OH　　　　(8) C_2H_5ONa，C_2H_5OH　　　　(9) $NaCN$

(10) CH_3COOAg　　　　(11) CH_3NH_2　　　　(12) $(CH_3)_2CuLi$

7. 完成下列反应式。

(1) $CH_3CH{=}CH_2 + HBr \longrightarrow ? \xrightarrow{NaCN} ?$

(2) $CH_3CH{=}CH_2 + HBr \xrightarrow{过氧化物} ? \xrightarrow{H_2O,\ KOH} ?$

(3) $CH_3CH{=}CH_2 \xrightarrow{NBS} ? \xrightarrow{Cl_2 + H_2O} ?$

(4) $+ Cl_2 \longrightarrow ? \xrightarrow{2KOH,\ 醇} ?$

(5)
$$CH_3{-}\underset{\underset{CH_3}{|}}{CH}{-}\overset{\overset{OH}{|}}{CH}{-}CH_3 \xrightarrow{PCl_5} ? \xrightarrow{NH_3} ?$$

(6) $(CH_3)_3CBr + KCN \xrightarrow{乙醇} ?$

(7) $C_2H_5MgBr + CH_3CH_2CH_2CH_2C{\equiv}CH \longrightarrow ?$

(8) $ClCH{=}CHCH_2Cl + CH_3COONa \xrightarrow{CH_3COOH} ?$

(9) $\xrightarrow[丙酮]{NaI} ?$

(10)
$$CH_3{-}\underset{\underset{CH_3}{|}}{\overset{\overset{CH_3}{|}}{C}}{-}CH_2I \xrightarrow[CH_3COOH]{CH_3COOAg} ?$$

(11) $\xrightarrow[\triangle]{KOH,\ 醇} ?$

(12) $\xrightarrow{NaOC_2H_5}_{C_2H_5OH} ?$

(13) $(R)\text{-}CH_3\underset{\underset{Cl}{|}}{CH}CH_2OH \xrightarrow[DMSO]{KCN} ?$

(14) $(R)\text{-}CH_3CHBrCH_2CH_3 \xrightarrow[CH_3OH]{稀\ CH_3ONa} ?$

(15) $HOCH_2CH_2CH_2CH_2Cl \xrightarrow[H_2O]{NaOH} ?$

（16） $CH_3CH_2CH_2Br$ $\xrightarrow{NH_3}$? $\xrightarrow{NaNH_2}$?

（17） CH_3—⟨benzene⟩—Br $\xrightarrow[\text{纯醚}]{Mg}$? $\xrightarrow{D_2O}$?

（18） Cl—⟨benzene ring with Cl, NO_2 substituents⟩ $\xrightarrow[CH_3OH]{CH_3ONa}$? $\xrightarrow[Fe]{Br_2}$?

（19） I—⟨benzene ring with Br, CH_3 substituents⟩ $\xrightarrow[h\nu]{Cl_2}$? $\xrightarrow{HC\equiv CNa}$? $\xrightarrow[\text{稀 } H_2SO_4]{HgSO_4}$?

8. 用简单的化学方法区别下列各组化合物。

（1） A. ⟨benzene⟩—CH_2I B. ⟨benzene⟩—CH_2Br C. ⟨benzene⟩—CH_2Cl

（2） A. $CH_2\!=\!CHCl$ B. $CH_3C\equiv CH$ C. $CH_3CH_2CH_2Br$

（3） A. 环己烷 B. 1,2-二乙基环丙烷 C. 1-氯己烷

（4） A. ⟨structure⟩—Cl B. ⟨bicyclic structure with Cl⟩ C. ⟨bicyclic structure with Cl⟩

（5） A. ⟨cyclohexane with Cl⟩ B. ⟨cyclohexane—CH_2Cl⟩ C. ⟨cyclohexane—Cl⟩

9. 下列每一对反应各按何种机理进行？哪一个更快，为什么？

（1） A. $(CH_3)_3C-Br+H_2O \xrightarrow{\triangle} (CH_3)_3C-OH+HBr$

B. $CH_3CH_2\underset{\underset{CH_3}{|}}{CH}-Br+H_2O \xrightarrow{\triangle} CH_3CH_2\underset{\underset{CH_3}{|}}{CH}-OH+HBr$

（2） A. $(CH_3)_2CHCH_2Cl+SH^- \longrightarrow (CH_3)_2CHCH_2SH+Cl^-$

B. $(CH_3)_2CHCH_2I+SH^- \longrightarrow (CH_3)_2CHCH_2SH+I^-$

（3） A. $CH_3CH_2\underset{\overset{|}{CH_3}}{CH}CH_2Br+CN^- \longrightarrow CH_3CH_2\underset{\overset{|}{CH_3}}{CH}CH_2CN+Br^-$

B. $CH_3CH_2CH_2CH_2CH_2Br+CN^- \longrightarrow CH_3CH_2CH_2CH_2CH_2CN+Br^-$

（4） A. $CH_3CH\!=\!CHCH_2Cl+H_2O \xrightarrow{\triangle} CH_3CH\!=\!CHCH_2OH+HCl$

B. $CH_2\!=\!CHCH_2CH_2Cl+H_2O \xrightarrow{\triangle} CH_2\!=\!CHCH_2CH_2OH+HCl$

（5） A. $CH_3CH_2OCH_2Cl+CH_3COOAg \xrightarrow{CH_3COOH} CH_3COOCH_2OCH_2CH_3+AgCl\downarrow$

B. $CH_3OCH_2CH_2Cl+CH_3COOAg \xrightarrow{CH_3COOH} CH_3COOCH_2CH_2OCH_3+AgCl\downarrow$

（6） A. $CH_3CH_2CH_2Br+NaSH \longrightarrow CH_3CH_2CH_2SH+NaBr$

B. $CH_3CH_2CH_2Br+NaOH \longrightarrow CH_3CH_2CH_2OH+NaBr$

（7） A. $CH_3CH_2I+SH^- \xrightarrow{CH_3OH} CH_3CH_2SH+I^-$

B. $CH_3CH_2I+SH^- \xrightarrow{DMF} CH_3CH_2SH+I^-$

10. 卤代烷与 NaOH 在水-乙醇溶液中进行反应，请指出哪些是 S_N2 机理，哪些是 S_N1 机理。

（1） 产物发生 Walden 转化 　　　　（2） 增加溶剂的含水量反应明显加快

（3） 有重排产物 　　　　　　　　　（4） 伯卤代烷反应速率大于仲卤代烷

(5) 反应只有一步　　　　　　　　　　(6) 碱的浓度增加，反应速率加快

(7) 进攻试剂亲核性越强，反应速率越快　(8) 产物是一对外消旋体

11. 合成下列化合物。

(1) $\underset{\overset{|}{\underset{}{}}}{CH_3CHCH_3}$ (Br) $\longrightarrow CH_3CH_2CH_2Br$　　　　(2) $\underset{\overset{|}{\underset{}{}}}{CH_3CHCH_3}$ (Cl) $\longrightarrow CH_3CH_2CH_2Cl$

(3) ⬡—OH $\longrightarrow$ ⬡—CH_3　　　　(4) $\underset{\overset{|}{\underset{}{}}}{CH_3CHCH_3}$ (Br) $\longrightarrow CH_3C{\equiv}CCH_2CH_2CH_3$

(5) $CH_3CH{=}CH_2 \longrightarrow$ 环丙烷结构　　(6) $CH_3CH_2CH_2Br \longrightarrow CH_3CH_2CH_2D$

(7) $CH_3CH{=}CH_2 \longrightarrow \underset{}{CH_2-CH-CH_2}$ (OH OH OH)　(8) ⬡—Cl $\longrightarrow$ 环己烯—OH

(9) $CH_2{=}CHCH{=}CH_2 \longrightarrow N{\equiv}C(CH_2)_4C{\equiv}N$

(10) ⬡ 或 ⬡—CH_3 $\longrightarrow$ 苯并结构 $O-CH_2$—⬡ (NO_2)

(11) ⬡ 或 ⬡—CH_3 $\longrightarrow$ Br—苯环(NO_2)—CH_2CN

(12) ⬡—CH_3 $\longrightarrow$ $\underset{PhCH_2}{\overset{H}{}}C{=}C\underset{CH_2Ph}{\overset{H}{}}$

(13) 二甲苯结构 (CH_3, CH_3) $\longrightarrow$ H_3C—苯环(CH_3)—CH_2OH

12. 排列下列每组化合物分别发生 S_N1、S_N2、E1、E2 反应活性的大小顺序。

(1) A. 2-溴-2-甲基丁烷　　　B. 1-溴戊烷　　　C. 2-溴戊烷

(2) A. 1-溴-3-甲基丁烷　　　B. 2-溴-2-甲基丁烷　　　C. 3-溴-2-甲基丁烷

13. 按照从大到小的顺序排列下列各组卤代烷对指定试剂的反应活性。

(1) 在 2% 的 $AgNO_3$ 乙醇溶液中进行反应。

A. $CH_3CH_2CH_2CH_2Br$　　　　B. $CH_3CH_2CH_2CH_2Cl$

C. $CH_3CH_2CH_2CH_2I$

(2) 在 NaI 丙酮溶液中进行反应。

A. 3-氯丙烯　　　　B. 1-氯丁烷　　　C. 2-氯丁烷　　　　D. 氯乙烯

(3) 在 KOH 醇溶液中进行反应。

A. 环己二烯—Cl　　　　B. 环己烷—Cl　　　　C. 环己烯—Cl

(4) 在 NaOH 水溶液中进行反应。

A. 　　　　B.

C. 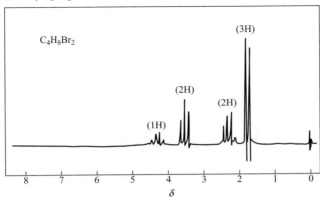（苯环—CH₂CH₂Cl）

14. 下列化合物能否用来制备 Grignard 试剂？为什么？

(1) $HOCH_2CH_2Br$ (2) CH_3—⟨苯环⟩—Cl (3) $CH_3OCH_2CH_2Br$

(4) $CH_3CH_2\overset{O}{\overset{\|}{C}}CH_2Br$ (5) $HC{\equiv}CCH_2CH_2Br$ (6) $H_2C{=}CHCH_2CH_2Br$

15. 某化合物 $C_9H_{11}Br$(A) 经硝化反应生成的一硝化产物 $C_9H_{10}BrNO_2$ 只有两种异构体 B 和 C。B 和 C 中的溴原子很活泼，易与稀碱液作用，分别生成分子式为 $C_9H_{11}NO_3$ 互为异构体的醇 D 和 E。B 和 C 也容易与 NaOH 的醇溶液作用，分别生成分子式为 $C_9H_9NO_2$ 互为异构体的 F 和 G。F 和 G 均能使 $KMnO_4$ 水溶液或溴水褪色，氧化后均生成分子式为 $C_8H_5NO_6$ 的化合物 H。试写出 A～H 的构造式。

16. 某烃 A 的分子式为 C_5H_{10}，它与溴水不发生反应，在紫外线照射下与溴作用只得到一种产物 C_5H_9Br (B)。将 B 与 KOH 的醇溶液作用得到 C_5H_8(C)，C 经臭氧化并在 Zn 粉存在下水解得到戊二醛。写出 A 的构造式及反应式。

17. 化合物 A 与 Br_2-CCl_4 溶液作用生成一个三溴化合物 B。A 很容易与 NaOH 水溶液作用，生成两种同分异构体的醇 C 和 D。A 与 KOH-C_2H_5OH 溶液作用，生成一种共轭二烯烃 E。将 E 臭氧化、锌粉水解后生成乙二醛（OHC—CHO）和 4-氧亚基戊醛（$OHCCH_2CH_2COCH_3$）。试推导 A～E 的构造。

18. 用反应机理解释下列实验结果。

(1) （结构式）$\overset{}{\underset{Cl}{}}$ $\xrightarrow[\text{丙酮}]{NaI}$ $\overset{}{\underset{I}{}}$ $\xrightarrow[H_2O]{NaOH}$ $\overset{}{\underset{OH}{}}$ (2) （环丁基结构）$\overset{}{\underset{Br}{}}$ $\xrightarrow{H_2O}$ （环戊醇结构）$\overset{OH}{\underset{}{}}$

(3) （环丙基）$—\overset{}{\underset{Cl}{C}}HCH_3$ $\xrightarrow[H_2O]{Ag^+}$ （环丙基）$—\overset{}{\underset{OH}{C}}HCH_3$ + （环丁基 OH、CH₃结构） + $CH_3CH{=}CHCH_2CH_2OH$

19. 分子式为 $C_3H_6Cl_2$ 的四种同分异构体的 ^1H NMR 数据如下，试分别确定其结构：

(1) δ2.4（单峰，6H）

(2) δ1.2（三重峰，3H），δ1.9（多重峰，2H），δ5.8（三重峰，1H）

(3) δ1.4（二重峰，3H），δ3.8（二重峰，2H），δ4.3（多重峰，1H）

(4) δ2.2（多重峰，2H），δ3.7（三重峰，4H）

20. 化合物的分子式为 $C_4H_8Br_2$，其 ^1H NMR 谱图如下，试推断该化合物的结构。

$C_4H_8Br_2$

（NMR 谱图，峰：(1H) 约 δ4.3，(2H) 约 δ3.5，(2H) 约 δ2.3，(3H) 约 δ1.8）

δ 8 7 6 5 4 3 2 1 0

21. 某化合物分子式为 C_7H_7Br，其熔点为 28.5℃，沸点为 184℃。其有关波谱数据如下，请推测其结构。

^1H NMR：δ7.29（二重峰，2H），δ6.96（二重峰，2H），δ2.28（单峰，3H）。

IR 谱图

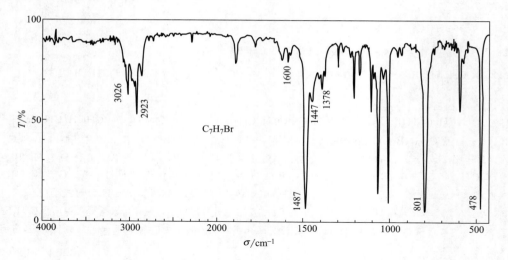

第 9 章 | 醇和酚

醇（alcohol）和酚（phenol）的分子中都含有羟基。醇分子中的羟基与饱和碳原子相连，酚羟基则直接连在苯环或芳环上。例如：

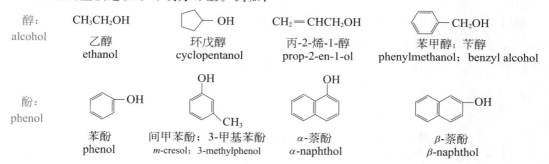

醇：
alcohol

CH_3CH_2OH
乙醇
ethanol

—OH
环戊醇
cyclopentanol

$CH_2\!=\!CHCH_2OH$
丙-2-烯-1-醇
prop-2-en-1-ol

—CH_2OH
苯甲醇；苄醇
phenylmethanol；benzyl alcohol

酚：
phenol

—OH
苯酚
phenol

3-甲基苯酚
间甲苯酚；3-甲基苯酚
m-cresol；3-methylphenol

α-萘酚
α-naphthol

β-萘酚
β-naphthol

9.1 醇和酚的分类、同分异构和命名

9.1.1 醇和酚的分类

9.1.1.1 醇的分类

① 按—OH 所连接的碳原子的类型，分为伯醇（primary alcohol）、仲醇（secondary alcohol）、叔醇（tertiary alcohol）。例如：

$CH_3CH_2CH_2CH_2OH$

正丁醇
n-butyl alcohol
伯醇、1°醇

$CH_3CH_2\overset{\text{OH}}{\underset{}{C}}HCH_3$

仲丁醇
sec-butyl alcohol
仲醇、2°醇

$CH_3-\overset{\text{CH}_3}{\underset{\text{CH}_3}{C}}-OH$

叔丁醇
tert-butyl alcohol
叔醇、3°醇

$C_6H_5-\overset{\text{C}_6\text{H}_5}{\underset{\text{C}_6\text{H}_5}{C}}-OH$

三苯甲醇
trityl alcohol
叔醇、3°醇

② 按—R 的不同，分为饱和醇（saturated alcohol）、不饱和醇（unsaturated alcohol）、脂环醇（aliphatic alcohol）、芳香醇（aromatic alcohol）等。例如：

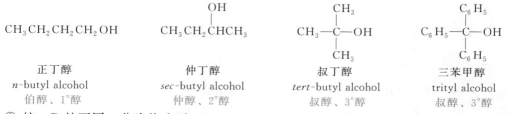

$(CH_3)_2CHCH_2OH$

2-甲基丙-1-醇
2-methylprop-1-ol

饱和醇

$CH_3CH\!=\!CHCH_2OH$

丁-2-烯-1-醇；巴豆醇
but-2-en-1-ol

不饱和醇

—OH
环己醇
cyclohexanol

脂环醇

—OH
环己-3-烯-1-醇
cyclohex-3-en-1-ol

不饱和脂环醇

CH_2OH
CH_3 CH_3
（3,4-二甲基苯基）甲醇
（3,4-dimethylphenyl）
methanol

芳香醇

③ 按分子中醇羟基的个数，分为一元醇（monohydric alcohol）、二元醇（dihydric alcohol）、多元醇（polyhydric alcohol）等。例如：

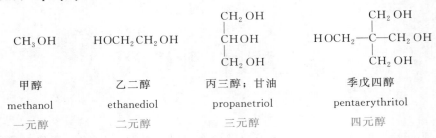

甲醇	乙二醇	丙三醇；甘油	季戊四醇
methanol	ethanediol	propanetriol	pentaerythritol
一元醇	二元醇	三元醇	四元醇

9.1.1.2 酚的分类

根据分子中酚羟基的多少，酚可分为一元酚（monohydric phenol）、二元酚（dihydric phenol）、多元酚（polyhydric phenol）等。例如：

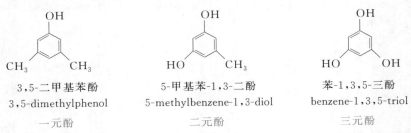

3,5-二甲基苯酚	5-甲基苯-1,3-二酚	苯-1,3,5-三酚
3,5-dimethylphenol	5-methylbenzene-1,3-diol	benzene-1,3,5-triol
一元酚	二元酚	三元酚

9.1.2 醇和酚的同分异构

醇有碳架异构和官能团位置异构。例如：

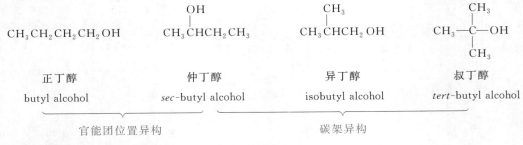

| 正丁醇 | 仲丁醇 | 异丁醇 | 叔丁醇 |
| butyl alcohol | *sec*-butyl alcohol | isobutyl alcohol | *tert*-butyl alcohol |

官能团位置异构　　　　　　　碳架异构

酚有芳环上的位置异构和侧链上的碳架异构。例如：

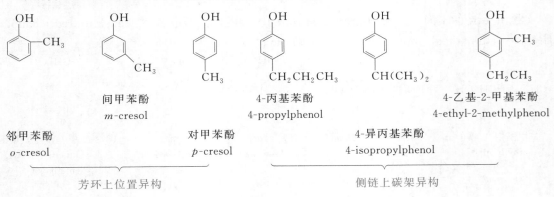

| | 间甲苯酚 | | 4-丙基苯酚 | | 4-乙基-2-甲基苯酚 |
| | *m*-cresol | | 4-propylphenol | | 4-ethyl-2-methylphenol |

| 邻甲苯酚 | | 对甲苯酚 | | 4-异丙基苯酚 | |
| *o*-cresol | | *p*-cresol | | 4-isopropylphenol | |

芳环上位置异构　　　　　　　侧链上碳架异构

9.1.3 醇和酚的命名

9.1.3.1 醇的命名

醇的命名有取代名、官能团类别名等，有的醇还有俗名。例如：

$$CH_3CH_2\overset{\overset{\displaystyle OH}{|}}{C}HCH_3$$

丁-2-醇； 仲丁（基）醇
butan-2-ol； sec-butyl alcohol
取代名　官能团类别名

$(C_6H_5)_3COH$

三苯甲醇
triphenylmethanol；trityl alcohol
取代名　官能团类别名

$C_6H_5-CH=CHCH_2OH$

肉桂醇
cinnamyl alcohol
俗名

醇的取代名以"醇"为后缀。选择含有—OH 的最长碳链为母体氢化物，从靠近—OH 的一端开始编号，用阿拉伯数字表示取代基和—OH 的位次。例如：

$$\overset{1}{C}H_3\overset{2}{C}H-\overset{3}{C}H-\overset{4}{C}H_2\overset{5}{C}H_2\overset{6}{C}H_3$$
$$\qquad \underset{OH}{|} \quad \underset{CH_2CH_2CH_3}{|}$$

3-丙基己-2-醇
3-propylhexan-2-ol

$$\overset{7}{C}H_3\overset{6}{C}H_2\overset{5}{C}H_2\overset{4}{C}H\overset{3}{C}H_2\overset{2}{C}H_2\overset{1}{C}H_2OH$$
$$\qquad\qquad\qquad \underset{CH=CH_2}{|}$$

4-乙烯基庚-1-醇
4-vinylheptan-1-ol

$$\overset{3}{C}H=\overset{2}{C}HCH_2OH$$

3-苯基丙-2-烯-1-醇
3-phenylprop-2-en-1-ol

$$\overset{\overset{\displaystyle OH}{|}}{C}H-CH_3$$

1-苯基乙-1-醇
1-phenylethan-1-ol

$$-CH_2CH_2OH$$

2-苯基乙-1-醇
2-phenylethan-1-ol

—OH 作为主特性基团称为"醇"；苯环作为取代基

二元醇或多元醇用汉字"二""三"……表示醇羟基的个数。有时会出现无法都在后缀中表达醇羟基的状况，这里需要合理地选择母体氢化物，选择一个羟基作为主特性基团，其他羟基用前缀来表达。例如：

$HOCH_2CH_2OH$

乙-1,2-二醇
ethane-1,2-diol
（甘醇）
（glycol）

$$\overset{\overset{\displaystyle OH}{|}}{C}H_2-\overset{\overset{\displaystyle OH}{|}}{C}H-\overset{\overset{\displaystyle OH}{|}}{C}H_2$$

丙-1,2,3-三醇
propane-1,2,3-triol
（甘油）
（glycerol）

4-(2-羟基乙基)-3-(羟基甲基)
-2-甲亚基戊-1-醇
4-(2-hydroxyethyl)-3-(hydroxymethyl)
-2-methylidenecyclopentan-1-ol
（环上的取代基最多，故选
环上的羟基为主特性基团）

下列情况，要选择在"特性基团优先次序规则"中排在前面的特性基团作为主特性基团（后缀），醇羟基作为取代基（前缀）：

$$\overset{7}{C}H_3\overset{6}{C}H\overset{\displaystyle |}{\underset{OH}{}}\overset{5}{C}H_2\overset{4}{C}H_2\overset{3}{C}H_2\overset{2}{C}H_2\overset{1}{C}HO$$

6-羟基庚醛
6-hydroxyheptanal

4-羟基环己烷甲酸
4-hydroxycyclohexanecarboxylic acid

9.1.3.2 酚的命名

按照特性基团优先次序规则选择主特性基团，然后用汉字邻、间、对，英文小写字母 o-、m-、p-，或对苯环碳原子进行编号的方法标明取代基的位置。例如：

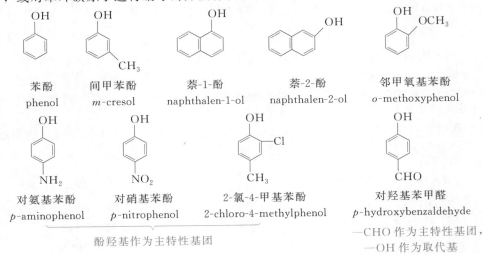

苯酚　　　　间甲苯酚　　　　萘-1-酚　　　　　萘-2-酚　　　　　邻甲氧基苯酚
phenol　　　m-cresol　　naphthalen-1-ol　　naphthalen-2-ol　　o-methoxyphenol

对氨基苯酚　　　对硝基苯酚　　　2-氯-4-甲基苯酚　　　　对羟基苯甲醛
p-aminophenol　p-nitrophenol　2-chloro-4-methylphenol　p-hydroxybenzaldehyde

酚羟基作为主特性基团　　　　　　　　　　—CHO 作为主特性基团，
　　　　　　　　　　　　　　　　　　　　—OH 作为取代基

多元酚也可用汉字、英文字母或编号的方法标明取代基的位置，许多多元酚还有俗名：

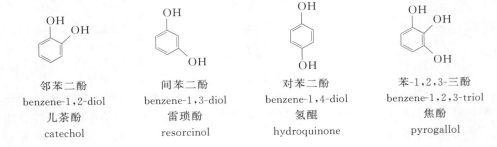

邻苯二酚　　　　　间苯二酚　　　　　对苯二酚　　　　　苯-1,2,3-三酚
benzene-1,2-diol　benzene-1,3-diol　benzene-1,4-diol　benzene-1,2,3-triol
儿茶酚　　　　　　雷琐酚　　　　　　氢醌　　　　　　　焦酚
catechol　　　　　resorcinol　　　　hydroquinone　　　pyrogallol

9.2 醇和酚的结构

如图 9-1 所示，醇分子中氧原子采取 sp^3 杂化，具有四面体构型。

如图 9-2 所示，酚分子中的氧原子采取 sp^2 杂化，具有平面三角构型，C—O 键具有部分双键性质。

图 9-1 醇的结构示意图　　　　　　　图 9-2 酚的结构示意图

由于羟基连在不同杂化态的碳原子上，醇和酚的极性不同，理化性质不同。

羟基的电子效应：　　　　　　　只有 $-I$　　　　　　　　$-I \ll +C$

整个分子的偶极矩：　　　　$\mu = 5.7 \times 10^{-30} \text{C} \cdot \text{m}$　　　　$\mu = 5.34 \times 10^{-30} \text{C} \cdot \text{m}$

9.3 醇和酚的制法

9.3.1 醇的制法

9.3.1.1 醇的工业合成方法

（1）由合成气合成　合成气是以氢气、一氧化碳为主要组分，供化学合成用的一种原料气，由煤、石油、天然气以及焦炉煤气、炼厂气、污泥和生物质等转化而得。不同来源或用途的合成气组成也不相同。

$$CO + 2H_2 \xrightarrow[\;210 \sim 270℃，5 \sim 10\text{MPa}\;]{CuO\text{-}ZnO\text{-}Cr_2O_3} CH_3OH$$

甲醇是合成气化学品中的第二大产品。

（2）羰基合成法

$$CH_3CH{=}CH_2 + CO + H_2 \xrightarrow[\substack{130 \sim 175℃ \\ 20 \sim 30\text{MPa}}]{\text{钴催化剂}} CH_3CH_2CH_2CHO \underset{\text{丁醛（主要产物）}}{} + \underset{\text{2-甲基丙醛（异丁醛）}}{CH_3\overset{CH_3}{\underset{}{|}}CHCHO}$$

$$\xrightarrow[130 \sim 160℃，3 \sim 5\text{MPa}]{H_2，Ni \text{ 或 } Cu} \underset{\text{丁-1-醇（主要产物）}}{CH_3CH_2CH_2CH_2OH} + \underset{\substack{\text{2-甲基丙-1-醇} \\ \text{（异丁醇）}}}{CH_3\overset{CH_3}{\underset{}{|}}CHCH_2OH}$$

这是工业上制备醛和伯醇的重要方法之一。

（3）由烯烃合成　间接水合法制醇：

$$\underset{(R=H、CH_3)}{RCH{=}CH_2} + 浓\ H_2SO_4 \xrightarrow[\text{（遵循马氏规则）}]{} \underset{\text{酸式硫酸酯}}{RCH\overset{OSO_2OH}{\underset{}{|}}CH_3} \xrightarrow{H_2O} RCH\overset{OH}{\underset{}{|}}CH_3 + H_2SO_4（稀）$$

直接水合法制醇：

$$\underset{(R=H、CH_3)}{RCH{=}CH_2} + H_2O \xrightarrow[\triangle，加压]{H_3PO_4，硅藻土} RCH\overset{OH}{\underset{}{|}}CH_3 \qquad \text{（遵循马氏规则）}$$

$$CH_3CH_2CH{=}CH_2 + H_2O \xrightarrow[200℃，19\text{MPa}]{\text{磷钼酸（杂多酸）}} CH_3CH_2\overset{}{\underset{OH}{|}}{CHCH_3} \qquad \text{（遵循马氏规则）}$$

从绿色化学的角度考虑，烯烃直接水合法制醇更为可取。因为间接水合法使用大量硫酸，对设备腐蚀严重，且废酸易造成环境污染。

乙醇也可由农副产品（如玉米淀粉、甘蔗糖蜜）发酵生产，这是工业上生产乙醇的另一重要方法。

乙二醇（俗称甘醇）的工业制法是由乙烯为原料，通过环氧乙烷法或氯醇法制取：

$$CH_2=CH_2 \begin{cases} \xrightarrow[70\sim80℃]{Cl_2+H_2O} \underset{\underset{Cl\ \ \ \ OH}{|\ \ \ \ |}}{CH_2-CH_2} \xrightarrow[\triangle]{H_2O,\ NaHCO_3} \underset{\underset{OH\ \ \ OH}{|\ \ \ \ |}}{CH_2-CH_2} \\ \qquad\qquad\qquad\text{2-氯乙醇} \quad\downarrow Ca(OH)_2 \\ \xrightarrow[250\sim280℃]{O_2,\ Ag} \underset{\underset{O}{\diagdown\diagup}}{CH_2\ \ CH_2} \xrightarrow[H^+或OH^-]{H_2O} \underset{\underset{OH\ \ \ OH}{|\ \ \ \ |}}{CH_2-CH_2} \\ \qquad\qquad\qquad\text{环氧乙烷} \end{cases}$$

目前，工业上几乎全部采用环氧乙烷法制备乙二醇。氯醇法因消耗大量氯，生成大量盐，且副产物多，排污严重而被淘汰。

工业上，丙三醇（俗称甘油）可由丙烯制取：

$$CH_2=CHCH_3+Cl_2 \xrightarrow{500℃} CH_2=CHCH_2Cl \xrightarrow[25\sim30℃]{Cl_2+H_2O} \underset{\underset{Cl\ \ \ [OH\ \ \ Cl]}{|\ \ \ \ \ |\ \ \ \ |}}{CH_2-CH-CH_2}$$

$$+ \underset{\underset{OH\ \ [Cl\ \ \ Cl]}{|\ \ \ \ \ |\ \ \ \ |}}{CH_2-CH-CH_2} \xrightarrow[60℃]{Ca(OH)_2} \underset{\underset{\ \ \ \ O\ \ \ \ \ \ Cl}{\ \ \ \ \diagdown\diagup\ \ \ \ \ |}}{\overset{3\qquad2}{CH_2-CH-CH_2}} \xrightarrow[\triangle]{NaHCO_3,\ H_2O} \underset{\underset{OH\ \ \ OH\ \ \ OH}{|\ \ \ \ \ |\ \ \ \ |}}{CH_2-CH-CH_2}$$

$$\qquad\qquad\qquad\qquad\qquad\text{2-(氯甲基)氧杂环丙烷}\qquad\qquad\qquad\text{甘油}$$
$$\text{(俗称环氧氯丙烷，用于制造环氧树脂)}$$

甘油还可通过油脂水解，作为肥皂工业的副产物得到；也可由淀粉或糖类发酵制取。

9.3.1.2 卤代烃水解

$$\underset{(1°、2°)}{R-X} \xrightarrow{NaOH/H_2O} \underset{(1°、2°)}{R-OH} \qquad (3°RX\ 易消除!)$$

例如：

$$CH_2=CH-CH_2Cl \xrightarrow[或Na_2CO_3/H_2O]{NaOH/H_2O} CH_2=CH-CH_2OH$$
$$\qquad\qquad\qquad\qquad\qquad\qquad\text{丙-2-烯-1-醇}$$

丙烯自由基氯化得到

$$\underset{\text{甲苯自由基氯化或}}{\overset{}{C_6H_5-CH_2Cl}} + Na_2CO_3 + H_2O \xrightarrow[74\%]{95℃} C_6H_5-CH_2OH + 2NaCl + CO_2\uparrow$$
$$\text{甲苯自由基氯化或}\qquad\qquad\qquad\qquad\qquad\text{苯甲醇}$$
$$\text{苯的氯甲基化得到}$$

由于卤代烃通常由相应的醇制备，故此法只是在卤代烃容易得到时才采用。

9.3.1.3 从 Grignard 试剂制备

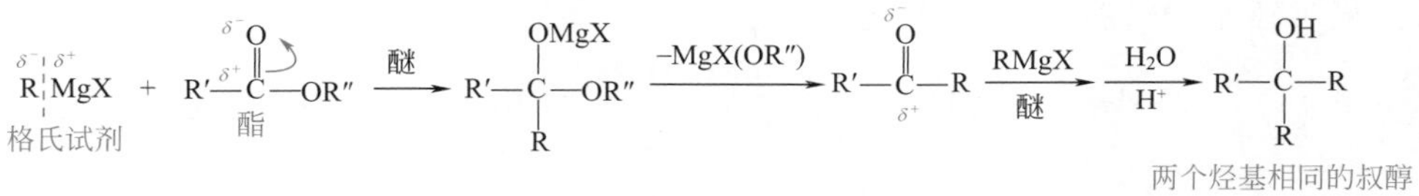

$$\underset{\substack{\delta^- \,|\, \delta^+ \\ \text{格氏试剂}}}{R'\text{MgX}} + \underset{\substack{\delta^- \\ \text{酯}}}{R'\overset{\overset{O}{\|}}{C}OR''} \xrightarrow{\text{醚}} R'\overset{\overset{OMgX}{|}}{\underset{\underset{R}{|}}{C}}OR'' \xrightarrow{-\text{MgX(OR'')}} R'\overset{\overset{O}{\|}}{C}_{\delta^+} R \xrightarrow[\text{醚}]{R\text{MgX}} \xrightarrow[H^+]{H_2O} R'\overset{\overset{OH}{|}}{\underset{\underset{R}{|}}{C}}R$$

两个烃基相同的叔醇

图 9-3 由 Grignard 试剂制醇

如图 9-3 所示，利用格氏试剂与环氧化合物、醛、酮、酯反应，可以得到各种醇。这是实验室制备醇的常用方法。例如：

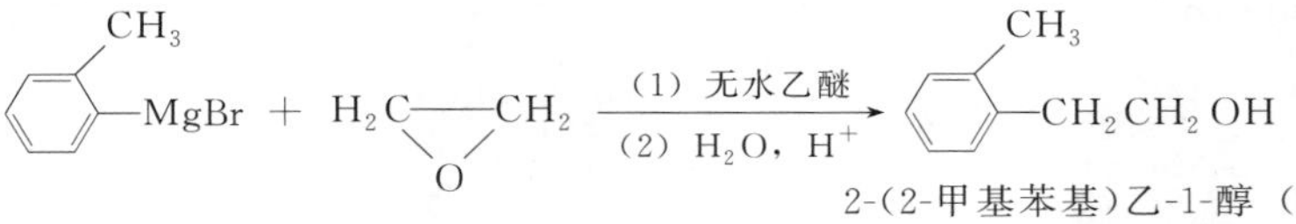

二甲苯基—MgBr + H₂C—CH₂(环氧) (1) 无水乙醚 (2) H₂O, H⁺ → 邻甲基苯基—CH₂CH₂OH

2-(2-甲基苯基)乙-1-醇（66%）

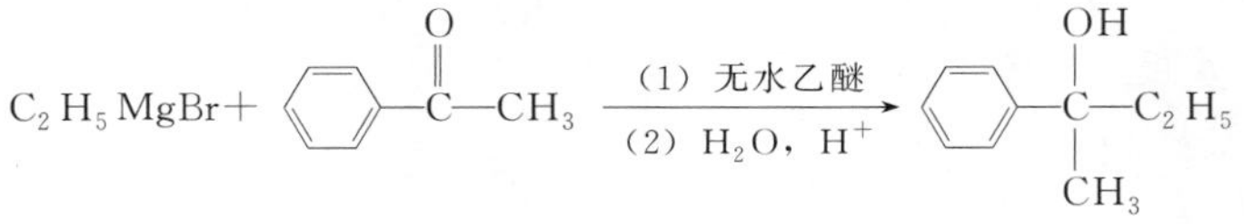

C₂H₅MgBr + 苯基—C(=O)—CH₃ (1) 无水乙醚 (2) H₂O, H⁺ → 苯基—C(OH)(CH₃)—C₂H₅

2-苯基丁-2-醇（80%）

2 苯基—MgBr + 苯基—C(=O)—OC₂H₅ (1) 无水乙醚 (2) H₂O, H⁺ → (C₆H₅)₃COH

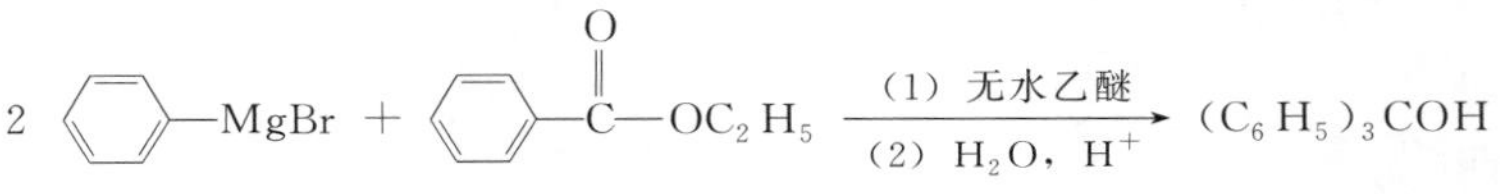

三苯甲醇

（76%）

9.3.1.4 醛、酮、羧酸和羧酸酯的还原

醛、酮可用多种方法还原成伯醇或仲醇：

$$R\overset{\overset{O}{\|}}{C}H \xrightarrow{[H]} R\text{—CH}_2\text{OH} \qquad R\overset{\overset{O}{\|}}{C}R' \xrightarrow{[H]} R\overset{\overset{OH}{|}}{C}H\text{—}R'$$

醛　　　　1°醇　　　　　　　　酮　　　　2°醇

$$[H] = H_2/Ni、Na + C_2H_5OH、LiAlH_4、NaBH_4、Al[OCH(CH_3)_2]_3 \text{ 等}$$

还原双键　　　　　　　不还原双键

例如：

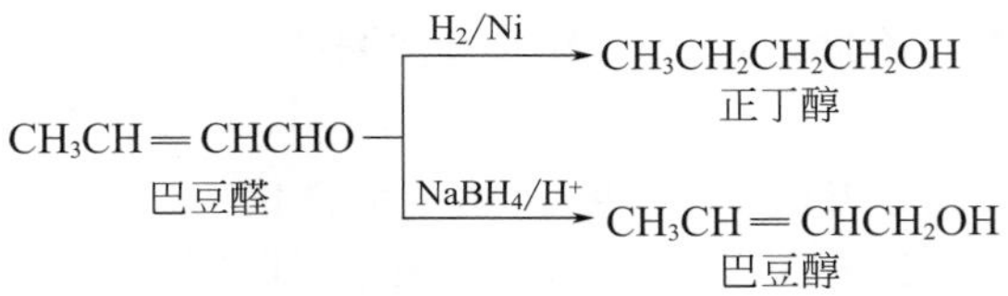

$$CH_3CH=CHCHO \begin{cases} \xrightarrow{H_2/Ni} CH_3CH_2CH_2CH_2OH \quad \text{正丁醇} \\ \xrightarrow{NaBH_4/H^+} CH_3CH=CHCH_2OH \quad \text{巴豆醇} \end{cases}$$

巴豆醛

酯容易被 Na + C₂H₅OH 还原，但不易催化加氢：

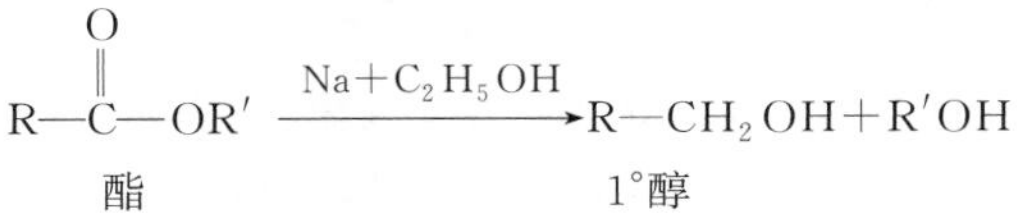

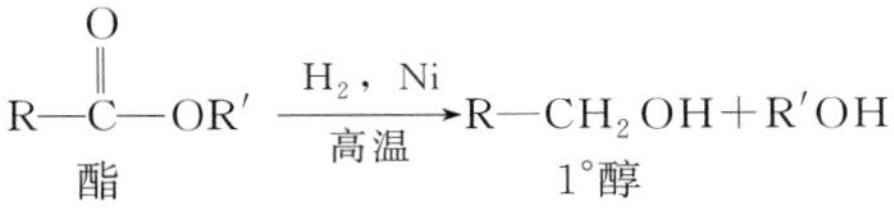

$$R\overset{\overset{O}{\|}}{C}OR' \xrightarrow{Na + C_2H_5OH} R\text{—CH}_2\text{OH} + R'\text{OH}$$

酯　　　　　　　　　　　1°醇

$$R\overset{\overset{O}{\|}}{C}OR' \xrightarrow[\text{高温}]{H_2, Ni} R\text{—CH}_2\text{OH} + R'\text{OH}$$

酯　　　　　　　　　　1°醇

（室温下不反应）

羧酸最难还原，只能被 $LiAlH_4$ 还原：

$$(CH_3)_3C-COOH \xrightarrow[\text{(2) } H_2O, H^+, 92\%]{\text{(1) } LiAlH_4, \text{乙醚}} (CH_3)_3C-CH_2OH$$

2,2-二甲基丙酸　　　　　　　　　　2,2-二甲基丙-1-醇（1°醇）

9.3.1.5 其他合成方法

在实验室中，醇可以通过烯烃的硼氢化-氧化反应或羟汞化-脱汞反应来制备。

（1）硼氢化-氧化反应　详见第 3 章 3.5.4.1。

$$RCH=CH_2 \xrightarrow[\text{(2) } H_2O_2, OH^-]{\text{(1) } B_2H_6, THF} RCH_2CH_2OH$$

1°醇

反应特点：在 C=C 上顺式加成 1 分子 H_2O，不遵循马氏规则，不重排

（2）羟汞化-脱汞反应　详见第 3 章 3.5.2.3。

$$(CH_3)_3C-CH=CH_2 \xrightarrow[THF]{Hg(OAc)_2, H_2O} (CH_3)_3C-\underset{OH}{CH}-\underset{HgOAc}{CH_2} \xrightarrow{NaBH_4} (CH_3)_3C-\underset{OH}{CHCH_3}$$

（羟汞化）　　　　　　　　　　（脱汞）

反应特点：在 C=C 上加成 1 分子 H_2O，遵循马氏规则，不重排

9.3.2 酚的制法

9.3.2.1 异丙苯氧化法

苯与丙烯反应得到异丙苯，异丙苯经空气氧化生成（2-过羟基丙-2-基）苯（原称：过氧化异丙苯），后者在硫酸或强酸性离子交换树脂作用下，重排生成苯酚和丙酮：

$$\text{苯}+CH_3CH=CH_2 \xrightarrow[2.41MPa]{H_3PO_4, 250℃} \text{异丙苯}CH(CH_3)_2 \xrightarrow[90\sim130℃, 0.5\sim1MPa]{O_2, Na_2CO_3, H_2O, pH=8.5\sim9.5} \text{空气氧化}$$

异丙苯　　　　　　　　　　空气氧化

$$\underset{\substack{\text{（2-过羟基丙-2-基)苯}\\\text{（过氧化异丙苯）}}}{\overset{CH_3}{\underset{CH_3}{C}}-O-O-H} \xrightarrow[60\sim65℃]{0.1\%\sim2\% H_2SO_4} \underset{\text{苯酚}}{OH} + \underset{\text{丙酮}}{CH_3-\overset{O}{\underset{}{C}}-CH_3}$$

重排　　　　苯酚　　　　丙酮

如果用丁烯代替丙烯与苯进行反应，则可生产苯酚和丁酮。此外，该法还可用来生产萘-2-酚和间苯二酚等。

此法是目前工业上合成苯酚的主要方法，属于绿色化学反应。其优点是原料价廉易得、污染小、可连续化生产，产品纯度高，且副产物丙酮也是重要的化工原料。

9.3.2.2 磺化碱熔法

芳基磺酸盐与氢氧化钠（钾）在高温下作用，磺酸基被羟基取代的反应，称为碱熔。

$$\text{苯} \xrightarrow[80℃]{\text{浓 } H_2SO_4} \underset{\text{磺化}}{SO_3H} \xrightarrow{NaOH（溶液）} SO_3Na$$

磺化

$$\xrightarrow[300\sim320℃]{NaOH（固体）} \underset{\text{碱熔}}{ONa} \xrightarrow{HCl} OH$$

碱熔

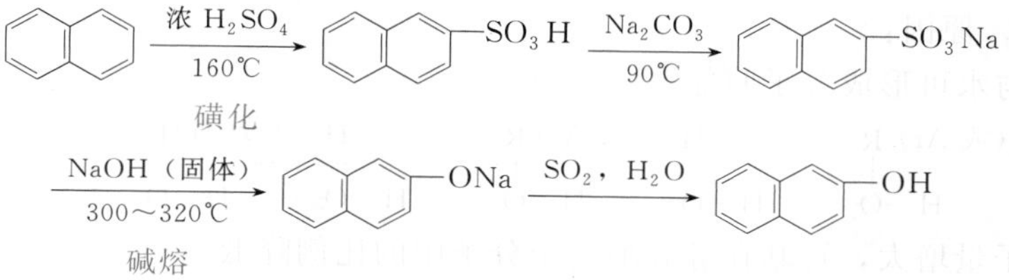

磺化碱熔法是酚的经典制法，适用于间歇式生产，产品易分离提纯。目前工业上仍有少量精细化工厂采用此法制备某些酚及其衍生物。

9.3.2.3　芳卤衍生物水解

工业上主要用此法生产邻、对硝基苯酚和氯代酚等：

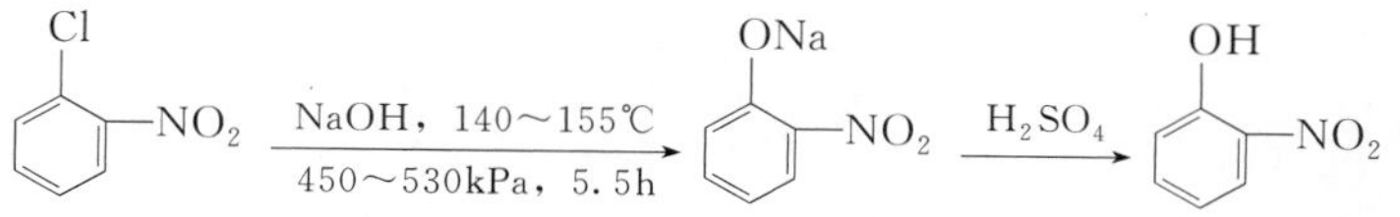

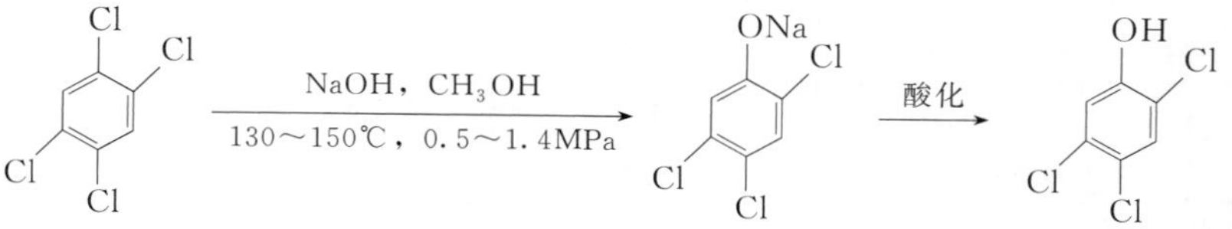

9.3.2.4　重氮盐水解

重氮盐（芳胺经重氮化反应得）在酸性条件下水解，使重氮基被羟基取代，得到酚。参见第 15 章 15.3.2.1（2）。

9.4　醇和酚的物理性质与波谱特征

9.4.1　醇和酚的物理性质

（1）物态　C_4 以下的醇为有酒味的流动性液体；$C_5 \sim C_{11}$ 为油状液体，有不愉快气味；C_{12} 以上的醇为无色、无味的蜡状固体。

大多数酚为无色固体。但受空气氧化成有色杂质，所以，商品苯酚常带有颜色。

（2）沸点　与分子量相近的其他有机物相比，醇或酚的沸点较高，如：

化合物	分子量	沸点/℃	沸差/℃	化合物	分子量	沸点/℃	沸差/℃
CH_3OH	32	65	153.6	C_6H_5OH	94	181.8	71.2
CH_3CH_3	30	−88.6		$C_6H_5CH_3$	92	110.6	

这是因为 ROH 或 ArOH 分子间可形成氢键，正如水的沸点反常高一样。

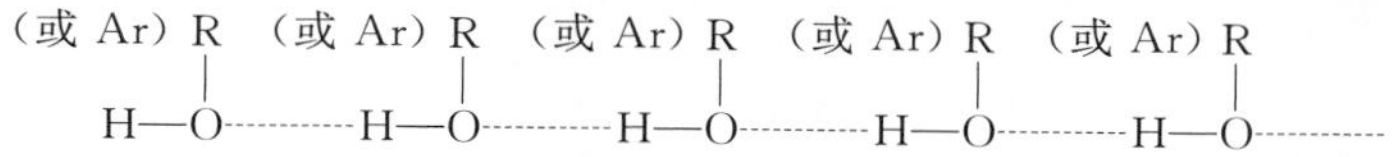

（3）溶解度　醇和酚均能与水形成分子间氢键，在水中有一定的溶解度。随着分子量增大，醇和酚在水中溶解度降低。C_3 以下的醇与水混溶，正丁醇（水）和苯酚（热水）的溶

解度均约为 8%。原因：

① 醇和酚与水可形成分子间氢键。

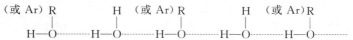

② 随着分子量增大，羟基在醇和酚整个分子中的比例降低。

常见的醇和酚的物理常数分别如表 9-1 和表 9-2 所示。

表 9-1 常见醇的物理常数

名称	熔点/℃	沸点/℃	相对密度(d_4^{20})	溶解度/(g/100g 水)
甲醇	−97.8	64.7	0.791	∞
乙醇	−114.7	78.5	0.789	∞
正丙醇	−126.5	97.4	0.896	∞
异丙醇	−89.5	82.4	0.786	∞
正丁醇	−89.5	117.3	0.810	8.0
仲丁醇	−114.7	99.5	0.806	12.5
异丁醇	−108.0	107.9	0.802	9.5
叔丁醇	25.5	82.2	0.789	∞
正戊醇	−117	132	0.814	2.2
新戊醇	53	114	0.812	3.5
正己醇	−52	158	0.814	0.7
环己醇	23	161.5	0.962	3.6
苯甲醇	−15.3	205.7	1.046	4.0
乙二醇	−13.2	197.3	1.113	∞
丙三醇	18	290	1.261	∞

表 9-2 常见酚的物理常数

名称	熔点/℃	沸点/℃	溶解度/(g/100g 水)	pK_a
苯酚	41	182	8	9.98
邻甲苯酚	31	191	2.5	10.28
间甲苯酚	10	203	2.6	10.8
对甲苯酚	34	202	2.3	10.14
邻硝基苯酚	44	215	0.2	7.22
间硝基苯酚	96	194(9333Pa)	1.4	8.39
对硝基苯酚	112	279	1.6	7.15
邻苯二酚	105	245	45	9.48
间苯二酚	110	281	140	9.44
对苯二酚	170	287	8	9.96
苯-1,2,3-三酚	133	309	44	7.0
α-萘酚	94	279	难	9.31
β-萘酚	123	286	0.1	9.55

9.4.2　醇和酚的波谱特征

9.4.2.1　醇和酚的 IR 谱图特征

醇和酚的红外光谱相似，O—H 伸缩振动（ν_{O-H}）及 C—O 伸缩振动（ν_{C-O}）的特征性较强。

$$\left.\begin{array}{ll}\nu_{-OH}（游离）& 3650 \sim 3590\,cm^{-1}\\ \nu_{-OH}（缔合）& 3520 \sim 3100\,cm^{-1}\end{array}\right\}\text{特征性强}$$

	1°ROH	2°ROH	3°ROH	ArOH
ν_{C-O}	约 1050cm^{-1}	约 1100cm^{-1}	约 1150cm^{-1}	约 1230cm^{-1}

图 9-4 和图 9-5 分别是 3,3-二甲基丁-2-醇和苯酚的红外光谱。

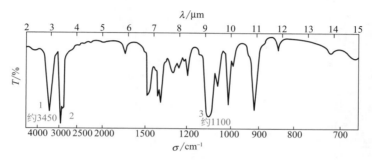

图 9-4　3,3-二甲基丁-2-醇的红外光谱

1. O—H 伸缩振动（缔合）；2. C—H 伸缩振动；3. C—O 伸缩振动

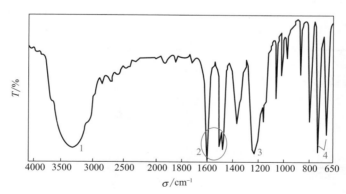

图 9-5　苯酚的红外光谱

1. O—H 伸缩振动（缔合）；2. 苯环 C═C 伸缩振动；3. C—O 伸缩振动；4. 单取代苯

思考题　如何利用 IR 谱图区别对甲苯酚和苯甲醇？

9.4.2.2　醇和酚的 ^{1}H NMR 谱

醇羟基和酚羟基质子的吸收峰移动范围都较大，且影响因素多，特征性差。

$$\delta_{ROH} \approx 3.0 \sim 6.0, \qquad \delta_{ArOH} \approx 4.0 \sim 9.0$$

图 9-6 和图 9-7 分别是 3,3-二甲基丁-2-醇和对乙基苯酚的核磁共振谱。

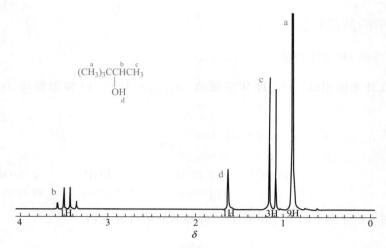

图 9-6 3,3-二甲基丁-2-醇的 ^{1}H NMR 谱图（90MHz）

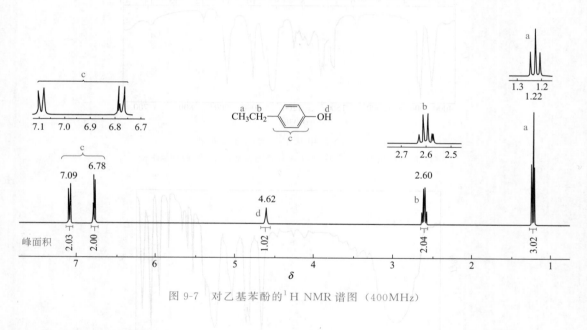

图 9-7 对乙基苯酚的 ^{1}H NMR 谱图（400MHz）

9.5 醇的化学性质

醇的化学性质主要由羟基官能团所决定。由醇的结构知道，由于氧的电负性较大，所以醇中 C—O 键和 O—H 键都有较大的极性，容易受到试剂的进攻而发生离子型反应。因此醇的反应基本上包括两类：一类是 RO┼H 键的断裂；另一类是 R┼OH 键的断裂。在具体反应中究竟是哪一个键断裂则取决于烃基的结构和反应条件。

9.5.1 醇的酸碱性

9.5.1.1 醇的酸性

ROH 可看成是 HOH 的衍生物。与水相似，醇有弱酸性，能与强碱反

醇的酸性
和碱性

应。例如：

$$CH_3CH_2CH_2OH + NaNH_2 \longrightarrow CH_3CH_2CH_2O^- Na^+ + NH_3$$

氨基钠　　　　　　丙醇钠
（强碱）

醇的弱酸性也表现在它能与活泼金属反应，并放出氢气。例如：

$$2C_2H_5OH + 2Na \longrightarrow 2C_2H_5ONa + H_2 \uparrow$$

乙醇钠
（常用的碱性催化剂、亲核试剂）

$$2C_2H_5OH + Mg \xrightarrow{\triangle} (C_2H_5O)_2Mg + H_2 \uparrow$$

二乙醇镁
（用于实验室制备无水乙醇）

$$6(CH_3)_2CHOH + 2Al \xrightarrow{\triangle} 2[(CH_3)_2CHO]_3Al + 3H_2 \uparrow$$

三异丙醇铝
（选择性还原剂，只还原羰基而不影响碳碳重键）

随着醇分子中烃基的增大，上述反应速率明显减慢，不同醇的反应活性是：

$$CH_3OH > 一级醇 > 二级醇 > 三级醇$$

乙醇与金属钠的反应比水要缓和得多，利用此性质，可在实验室安全销毁金属钠。

醇钠的碱性比氢氧化钠的强，常用作有机合成的碱性催化剂以及在有机分子中引入烷氧基（RO—）的试剂。工业上生产乙醇钠时，不使用昂贵的金属钠，而是利用下列平衡反应并加入苯，以形成苯-乙醇-水三元恒沸共混物［沸点64.9℃，低于乙醇（78.4℃）或乙醇与水的二元共沸物的沸点（78℃）］将生成的水带走，使平衡朝着生成醇钠的方向移动：

$$C_2H_5OH + NaOH \xrightleftharpoons{\qquad} C_2H_5ONa + HOH$$

　　　　　　　　　　　　　　└┄→ 加苯带走水！

该平衡反应偏向醇和氢氧化钠一侧，说明乙醇（$pK_a = 15.9$）的酸性比水（$pK_a = 15.7$）的弱。这是乙醇中 C_2H_5— 的给电子诱导效应使 O—H 键的极性变弱所致：

有+I效应 → 酸性减小／极性减弱／电负性减小（$C_2H_5 \rightarrow O-H$，δ^- δ^+）　　无+I效应 → 极性未减弱（$H \rightarrow O-H$，δ^+）

表 9-3 列出了水和一些常见醇的 pK_a 值。

表 9-3　水和一些常见醇的 pK_a 值

化合物	pK_a	化合物	pK_a	化合物	pK_a
H_2O	15.7	$(CH_3)_2CHOH$	17.1	CF_3CH_2OH	12.4
CH_3OH	15.5	$(CH_3)_3COH$	18.0	$CF_3CH_2CH_2OH$	14.6
CH_3CH_2OH	15.9	$ClCH_2CH_2OH$	14.3	$CF_3CH_2CH_2CH_2OH$	15.4

9.5.1.2　醇的碱性

与水相似，醇分子中的氧原子上也有孤对电子，故醇可与浓的强酸成盐，表现出弱碱性。例如：

$$R-\ddot{O}H + H_2SO_4 \rightleftharpoons R-\overset{+}{O}H_2 \cdot HSO_4^-$$

综上所述，醇的性质与水相似，醇也是两性化合物。遇到强碱（NaH、NaNH$_2$）呈现弱酸性，遇到强酸（如 H$_2$SO$_4$）呈现弱碱性，通常情况下显中性。

$$R-\overset{+}{O}H_2 \xleftarrow{\text{强酸}} R-OH \xrightarrow{\text{强碱}} R-\overset{-}{O}$$
$$\text{锌盐} \qquad \text{醇} \qquad \text{烷氧基负离子}$$

醇的弱碱性和弱酸性都很重要，都在有机化学中有重要的应用。

思考题

1. 解释下列实验现象：

$$CH_3CH_2CH_2CH_2OH \begin{cases} \xrightarrow[\triangle]{NaBr} \text{不反应} \\ \xrightarrow[\triangle]{NaBr+H_2SO_4} CH_3CH_2CH_2CH_2Br \end{cases}$$

2. 用化学方法区别下列化合物：

A. 环己烷　　　　B. 环己烯　　　　C. 环己醇　　　　D. 苯酚

3. 如何用简单的化学方法除去 1-溴丁烷中少量的丁-1-烯、正丁醇、正丁醚？

9.5.2　醚的生成

醇失去质子后形成的烷氧基负离子具有很强的碱性和亲核性，可与活泼卤代烃、硫酸二甲酯作用，生成相应的醚。例如：

$$(CH_3)_3CO^-Na^+ + CH_3 \frown I \xrightarrow{S_N2} (CH_3)_3COCH_3 + NaI$$
叔丁醇钠　　　　　　　　　　　　　　　叔丁基甲基醚

碳碘键键长大，
键能小，易断裂

$$(CH_3)_2CHO^-Na^+ + \text{〇}-CH_2Cl \xrightarrow{84\%} \text{〇}-CH_2-O-CH(CH_3)_2$$
异丙醇钠　　　　　　　　　　　　　　　　　苄基异丙基醚
benzyl isopropyl ether

苄基型氯原子
具有特殊活泼性

$$RO^- + CH_3 \frown OSO_2OCH_3 \xrightarrow{S_N2} ROCH_3 + {}^-OSO_2OCH_3$$
烷氧基负离子　　硫酸二甲酯　　　甲基醚

醇的化性之
醚、酯的生成

醇生成醚的另一种方法是两分子伯醇或仲醇分子间失水，可得到单纯醚，见本章 9.5.5.1。

9.5.3　酯的生成

醇与有机酸或无机酸作用，失去一分子水得到的化合物叫作酯。醇不仅能与有机酸成酯，也能与无机酸成酯。羧酸酯将在第 12 章和第 13 章中讨论，本章主要讨论无机酸酯和芳基磺酸酯。

9.5.3.1　硝酸酯的生成

多元醇如丙三醇、季戊四醇的硝酸酯比较有实际应用价值。例如：

$$\begin{array}{c} CH_2O-H \\ | \\ CHO-H \\ | \\ CH_2O-H \end{array} + 3HO-N \begin{array}{c} O \\ \\ O \end{array} \xrightarrow[100℃]{H_2SO_4} \begin{array}{c} CH_2O-NO_2 \\ | \\ CHO-NO_2 \\ | \\ CH_2O-NO_2 \end{array} + 3H_2O$$

甘油三硝酸酯(硝化甘油)
(民用炸药、心血管扩张药)

硝化甘油为浅黄色液体，是一种烈性炸药，稍稍碰撞就会引起爆炸。历史上，硝化甘油的商品化生产曾引起许多死亡事故，直到 1886 年瑞典化学家 A. Nobel（诺贝尔）发明安全炸药——硝化甘油和细粉状硅藻土或锯屑的混合物，才使问题得到解决。

硝化甘油也可用作缓解心绞痛的药物，其生理作用是使微血管扩张和放松平滑肌。

与硝化甘油类似，季戊四醇四硝酸酯也是一种高能炸药，也可用于心脏病的治疗。

$$C(CH_2OH)_4 + 4HNO_3 \longrightarrow C(CH_2ONO_2)_4 + 4H_2O$$

季戊四醇　　　　　　　　　季戊四醇四硝酸酯
　　　　　　　　　　　　　（硝化季戊四醇）

9.5.3.2　硫酸酯的生成

甲醇或乙醇与硫酸反应得到酸式硫酸酯，后者经减压蒸馏生成中性硫酸酯。例如：

$$CH_3OH + HOSO_2OH \rightleftharpoons CH_3OSO_2OH + H_2O$$

甲醇　　　硫酸　　　　　　硫酸氢甲酯(酸性酯)

$$CH_3OSO_2OH + HOSO_2OCH_3 \xrightarrow{减压蒸馏} CH_3OSO_2OCH_3 + H_2SO_4$$

硫酸氢甲酯　　硫酸氢甲酯　　　　　　硫酸二甲酯(中性酯)
　　　　　　　　　　　　　　　　　（甲基化试剂，剧毒）

硫酸二甲酯（dimethyl sulfate，DMS）和硫酸二乙酯是常用的烷基化试剂。例如：

$$CH_3-\!\!\!\!\bigcirc\!\!\!\!-OH \xrightarrow{CH_3OSO_2OCH_3} CH_3-\!\!\!\!\bigcirc\!\!\!\!-OCH_3$$

对甲苯酚　　　　　　　　　　　　　　1-甲氧基-4-甲基苯

由于硫酸二甲酯和硫酸二乙酯都是剧毒物质，碳酸二甲酯（dimethyl cabonate，DMC）作为一种低毒无污染的甲基化试剂日益受到关注（详见第 13 章 13.4.3）。

高碳醇的酸式硫酸酯及其盐可用于表面活性剂工业：

$$C_{12}H_{25}OH + HOSO_2OH \longrightarrow C_{12}H_{25}OSO_2OH \xrightarrow{NaOH} C_{12}H_{25}OSO_3^-Na^+$$

月桂醇　　　　硫酸　　　　　硫酸氢月桂酯　　　　十二烷基硫酸钠
　　　　　　　　　　　　　（酸性硫酸月桂酯）　　　（洗涤剂、乳化剂）

9.5.3.3　磷酸酯的生成

在吡啶存在下，醇与三氯氧磷反应，可生成磷酸三酯。例如：

$$3CH_3CH_2CH_2CH_2OH + POCl_3 \xrightarrow{吡啶} (CH_3CH_2CH_2CH_2O)_3P=\!\!\!\!O + 3HCl$$

磷酸三丁酯
(消泡剂、增塑剂、萃取剂)

某些磷酸酯在生命活动中也具有重要作用。例如：甘油磷酸酯与钙离子的反应可用来控制体内钙离子的浓度，如果这个反应失调，会导致佝偻病。

$$\begin{array}{c}\text{CH}_2\text{OH}\\|\\\text{CHOH}\\|\\\text{CH}_2\text{OH}\end{array} + \begin{array}{c}\text{O}\\\|\\\text{HO}-\text{P}-\text{OH}\\|\\\text{OH}\end{array} \longrightarrow \begin{array}{c}\text{O}\\\|\\\text{CH}_2-\text{O}-\text{P}-\text{OH}\\|\qquad\text{OH}\\\text{CHOH}\\|\\\text{CH}_2\text{OH}\end{array} \xrightarrow{\text{Ca}^{2+}} \begin{array}{c}\text{O}\\\|\\\text{CH}_2-\text{O}-\text{P}\\|\qquad \diagdown\text{O}\\\text{CHOH}\qquad\diagup\text{O}-\text{Ca}\\|\\\text{CH}_2\text{OH}\end{array}$$

甘油磷酸酯   甘油磷酸钙

9.5.3.4 磺酸酯的生成及应用

在吡啶存在下，醇与对甲苯磺酰氯（TsCl）反应可得到对甲苯磺酸酯。吡啶是一种有机碱，能与反应中生成的 HCl 结合，更有利于对甲苯磺酸酯的生成。像吡啶这样能与反应过程中生成的酸结合的物质被称为缚酸剂（acid-binding agent）。

差的离去基团   OTs，好的离去基团

$$\text{CH}_3\text{CH}_2-\underset{}{\text{OH}} + \text{Cl}-\overset{\text{O}}{\underset{\text{O}}{\overset{\|}{\underset{\|}{\text{S}}}}}-\underset{}{\bigcirc}-\text{CH}_3 \xrightarrow[72\%]{\text{吡啶}} \text{CH}_3\text{CH}_2-\text{O}-\overset{\text{O}}{\underset{\text{O}}{\overset{\|}{\underset{\|}{\text{S}}}}}-\underset{}{\bigcirc}-\text{CH}_3$$

对甲苯磺酰氯(TsCl)   对甲苯磺酸酯

利用—OTs 的离去能力，可使某些取代或消除反应更加顺利地进行：

差的离去基团   好的离去基团

$$\text{CH}_3\text{CH}_2\text{CH}_2\overset{\text{H}}{\underset{\text{CH}_3}{\text{C}}}\text{OH} \xrightarrow[\text{吡啶}]{\text{TsCl}} \text{CH}_3\text{CH}_2\text{CH}_2\overset{\text{H}}{\underset{\text{CH}_3}{\text{C}}}\text{OTs} \xrightarrow[\text{丙酮}]{\text{NaI}} \text{I}\overset{\text{H}}{\underset{\text{CH}_3}{\text{C}}}\text{CH}_2\text{CH}_2\text{CH}_3 + \text{TsONa}$$

(R)-戊-2-醇   (R)-苯磺酸戊-2-醇酯   (S)-2-碘戊烷
       (构型保持)   (构型翻转)

9.5.4 卤代烃的生成

9.5.4.1 与氢卤酸的反应

醇在酸性条件下与氢卤酸发生亲核取代反应，醇羟基被卤素原子取代，生成卤代烷。

醇的化性之
卤代烃的生成

$$\text{R}-\text{OH} + \text{HX} \rightleftharpoons \text{RX} + \text{H}_2\text{O} \qquad \text{可逆反应！}$$

HX 的反应活性顺序为：HI＞HBr＞HCl，这是因为酸性：HI＞HBr＞HCl。HX 的酸性越强，越容易使醇羟基被质子化，有利于反应的进行。例如：

$$\text{CH}_3(\text{CH}_2)_3\text{OH} + \begin{cases} \text{HI} \xrightarrow{\triangle} \text{CH}_3(\text{CH}_2)_3\text{I} + \text{H}_2\text{O} \\[4pt] \text{HBr} \xrightarrow[\triangle]{\text{浓 H}_2\text{SO}_4} \text{CH}_3(\text{CH}_2)_3\text{Br} + \text{H}_2\text{O} \\[4pt] \text{HCl} \xrightarrow[\triangle]{\text{无水 ZnCl}_2} \text{CH}_3(\text{CH}_2)_3\text{Cl} + \text{H}_2\text{O} \end{cases}$$

醇的反应活性为：烯丙醇＞三级醇＞二级醇＞一级醇，这与碳正离子的稳定性顺序一致。例如：

$$\text{CH}_3-\overset{\text{CH}_3}{\underset{\text{CH}_3}{\overset{|}{\underset{|}{\text{C}}}}}-\text{OH} + \text{HCl} \xrightarrow[20℃，1\text{min}]{\text{无水 ZnCl}_2} \text{CH}_3-\overset{\text{CH}_3}{\underset{\text{CH}_3}{\overset{|}{\underset{|}{\text{C}}}}}-\text{Cl} + \text{H}_2\text{O}$$

$$CH_3CH_2\overset{\overset{\displaystyle OH}{|}}{C}HCH_3 + HCl \xrightarrow[20℃，10min]{\text{无水 } ZnCl_2} CH_3CH_2\overset{\overset{\displaystyle Cl}{|}}{C}HCH_3 + H_2O$$

$$CH_3(CH_2)_3OH + HCl \xrightarrow[\substack{20℃，1h不反应 \\ 加热才反应！}]{\text{无水 } ZnCl_2} CH_3(CH_2)_3Cl + H_2O$$

浓 HCl 与无水 $ZnCl_2$ 的混合物称为卢卡斯试剂（Lucas reagent），可用于区别伯、仲、叔醇：

$$\left.\begin{array}{l} 1°ROH \\ 2°ROH \\ 3°ROH \end{array}\right\} \xrightarrow[ZnCl_2]{\text{浓 } HCl} RCl（混浊）\begin{array}{l} （不反应，加热才混浊） \\ （慢，放置片刻混浊） \\ （快，立刻混浊） \end{array}$$

一级醇与 HX 的反应按 S_N2 机理进行：

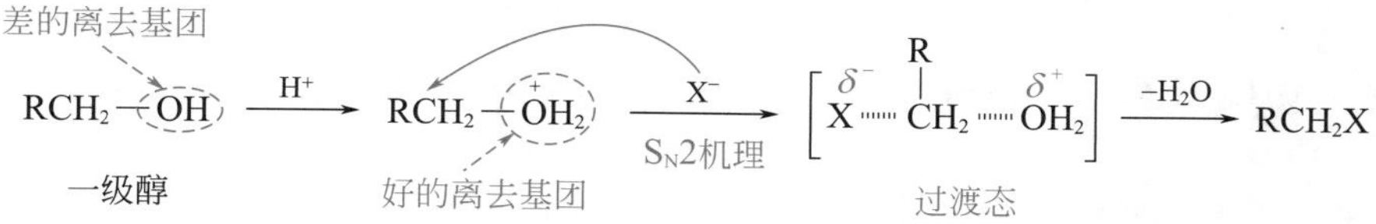

烯丙醇或三级醇与 HX 的反应按 S_N1 机理进行：

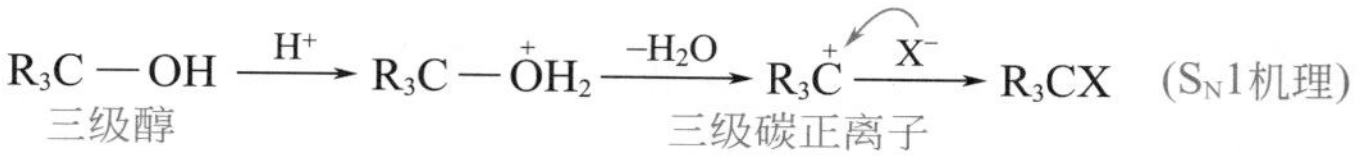

$$R_3C-OH \xrightarrow{H^+} R_3C-\overset{+}{O}H_2 \xrightarrow{-H_2O} R_3\overset{+}{C} \xrightarrow{X^-} R_3CX \quad (S_N1机理)$$
$$\underset{\text{三级醇}}{} \qquad\qquad\qquad \underset{\text{三级碳正离子}}{}$$

当醇与 HX 按 S_N1 机理进行反应时，常伴有重排现象。例如：

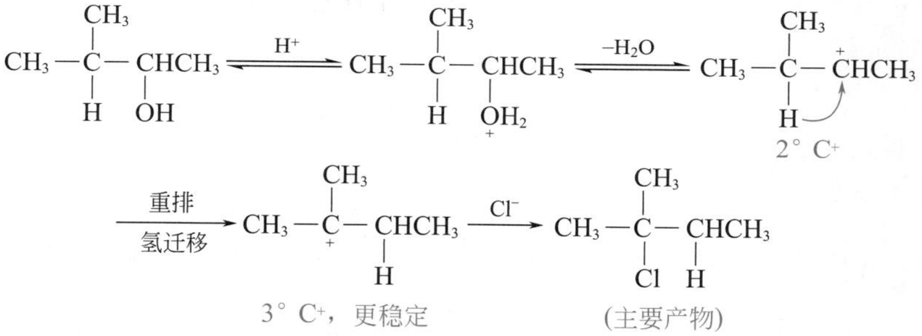

思考题 醇和卤代烷都存在吸电子基团，因而都能发生亲核取代反应。但是，为什么醇的亲核取代反应活性比卤代烷小？为什么醇发生亲核取代反应时常需要酸作催化剂？

9.5.4.2 与卤化磷的反应

醇与卤化磷反应也能生成卤代烷。

$$3ROH + PX_3 \longrightarrow 3RX + P(OH)_3$$
$$\qquad\qquad\qquad 卤代烷 \quad 亚磷酸[沸点180℃(分解)]$$

$$ROH + PX_5 \longrightarrow RX + HX + POX_3$$
$$\qquad\qquad 卤代烷 \qquad 三卤氧磷（POCl_3 的沸点为 105.5℃）$$

常用的卤代试剂有：PCl_3、PCl_5、PBr_3、$P+I_2$ 等。例如：

$$CH_3CH_2CH_2CH_2-OH \xrightarrow[90\%\sim93\%]{PBr_3，165℃} CH_3CH_2CH_2CH_2-Br$$

$$CH_3(CH_2)_{14}CH_2-OH \xrightarrow[145\sim156℃，5h，78\%]{P+I_2} CH_3(CH_2)_{14}CH_2-I$$

9.5.4.3 与亚硫酰氯的反应

$$ROH + SOCl_2 \longrightarrow RCl + HCl \uparrow + SO_2 \uparrow$$

气体，易脱离反应体系

这是实验室制备氯代烷的重要方法，操作简单，产率高，产物易分离。但要注意逸出气体的吸收，避免污染环境。例如：

（2-甲基苯-1-基）甲醇 　　　　　1-氯甲基-2-甲基苯

$$CH_3CH(CH_2)_5CH_3 + SOCl_2 \xrightarrow[81\%]{Na_2CO_3} CH_3CH(CH_2)_5CH_3 + SO_2 + HCl$$
$$\underset{OH}{} \qquad\qquad\qquad\qquad\qquad \underset{Cl}{}$$

辛-2-醇 　　　　　　　　　　　　2-氯辛烷

醇与 $SOCl_2$ 反应时，经历"紧密离子对"机理不重排，手性碳的构型不变。

醇的脱水反应

9.5.5 脱水反应

醇在质子酸（如 H_2SO_4，H_3PO_4）或 Lewis 酸（如 Al_2O_3）的催化作用下，加热可发生分子内或分子间的脱水反应，分别生成烯烃或醚。

9.5.5.1 分子间脱水

醇分子间脱水得到醚。常用的脱水剂有硫酸、对甲苯磺酸、Lewis 酸、硅胶、多聚磷酸和硫酸氢钾等。例如：

$$CH_3CH_2OH + HOCH_2CH_3 \xrightarrow[\text{或 } Al_2O_3，240℃]{H_2SO_4，140℃} CH_3CH_2-O-CH_2CH_3 + H_2O$$

$$2CH_3CH_2CH_2CH_2OH \xrightarrow{H_2SO_4，135℃} (CH_3CH_2CH_2CH_2)_2O + H_2O$$

1-丁氧基丁烷
正丁醚

$$2(CH_3)_2CHCH_2CH_2OH \xrightarrow[70\%\sim75\%]{\text{对甲苯磺酸，回流}} [(CH_3)_2CHCH_2CH_2]_2O + H_2O$$

3-甲基丁-1-醇 　　　　　　　　　二(3-甲基丁基)醚

醇分子间脱水主要用于由伯醇制备单纯醚（R—O—R，两个烃基相同）。仲醇和叔醇进行反应时倾向于发生分子内脱水生成烯烃，尤其是叔醇。

在酸催化下，伯醇分子间脱水生成醚的反应是按 S_N2 机理进行的。例如：

$$CH_3CH_2OH \xrightarrow{H^+} CH_3CH_2\overset{+}{O}H_2 \underset{CH_3CH_2\ddot{O}H}{\rightleftharpoons} \left[CH_3CH_2\underset{H}{\overset{CH_3}{O}}\overset{\delta^+}{\cdots} CH_2 \overset{\delta^+}{\cdots} OH_2 \right] \xrightarrow{-H_2O}$$

过渡态

$$CH_3CH_2-\underset{H}{\overset{+}{O}}-CH_2CH_3 \xrightarrow{-H^+} CH_3CH_2-O-CH_2CH_3$$

不同的醇分子间脱水，往往会得到三种醚的混合物，很少具有制备价值：

$$ROH + R'OH \xrightarrow[\triangle]{H^+} R-O-R + \underbrace{R'-O-R' + R-O-R'}$$

混合物，分离困难！

9.5.5.2 分子内脱水

一般情况下，较低温度有利于醇发生分子间脱水生成醚，较高温度有利于醇发生分子内脱水生成烯烃；伯醇主要发生分子间脱水，叔醇主要发生分子内脱水。例如：

$$CH_3-CH_2-OH \xrightarrow[\text{或 } Al_2O_3, 350℃]{\text{浓 } H_2SO_4, 170℃} CH_2=CH_2 + H_2O$$

$$CH_3CH_2\underset{\underset{OH}{|}}{C}HCH_3 \xrightarrow[100℃]{66\% H_2SO_4} CH_3CH=CHCH_3 \qquad (\text{遵循 Saytzeff 规则})$$

丁-2-烯（主要产物）

$$CH_3-\underset{\underset{OH}{|}}{\overset{\overset{CH_3}{|}}{C}}-CH_3 \xrightarrow[85\sim90℃]{20\% H_2SO_4} CH_3-\overset{\overset{CH_3}{|}}{C}=CH_2 + H_2O$$

$$\text{(苯基)}-CH_2-\underset{\underset{OH}{|}}{C}H-CH_3 \xrightarrow[\triangle]{\text{酸}} \text{(苯基)}-CH=CH-CH_3 \qquad (\text{遵循 Saytzeff 规则})$$

1-苯基丙-1-烯
（主要产物）

醇的分子内脱水反应通常在酸性条件下进行，遵循 Saytzeff 规则，并伴有重排；不同醇的脱水反应活性顺序是：叔醇＞仲醇＞伯醇。这是因为醇的分子内脱水反应通常是以 E1 机理进行的。

【例 9-1】

$$CH_3CH_2CH_2CH_2OH \xrightarrow{H^+} CH_3CH_2CH_2CH_2\overset{+}{O}H_2 \xrightleftharpoons{-H_2O \text{（慢）}} CH_3CH_2\underset{(1° C^+)}{\overset{\overset{H}{|}}{C}HCH_2^+}$$

$$CH_3CH_2\underset{(1° C^+)}{\overset{\overset{H}{|}}{C}HCH_2^+} \xrightarrow[\text{1,2-氢迁移}]{\text{重排}} CH_3CH_2\overset{+}{C}HCH_3 \xrightarrow{-H^+} CH_3CH=CHCH_3$$
$$(2° C^+) \qquad \text{（主要产物）}$$

$$\xrightarrow{-H^+} CH_3CH_2CH=CH_2$$
$$\text{（次要产物）}$$

【例 9-2】

$$CH_3\underset{\underset{CH_3}{|}}{C}HCH_2OH \xrightarrow{\text{酸}} CH_3CH_2\underset{\underset{CH_3}{|}}{C}-\overset{+}{C}H_2 \xrightarrow[\text{1,2-氢迁移}]{\text{重排}} CH_3CH_2\underset{\underset{CH_3}{|}}{\overset{\overset{CH_3}{|}}{C}}-CH_3$$
$$(1° C^+) \qquad\qquad (3° C^+)$$

$$\xrightarrow{-H^+} CH_3CH_2\underset{\underset{CH_3}{|}}{C}=CH_2 \qquad\qquad \xrightarrow{-H^+} CH_3CH=\underset{\underset{CH_3}{|}}{C}-CH_3$$
$$\text{（次要产物）} \qquad\qquad\qquad \text{（主要产物）}$$

【例 9-3】

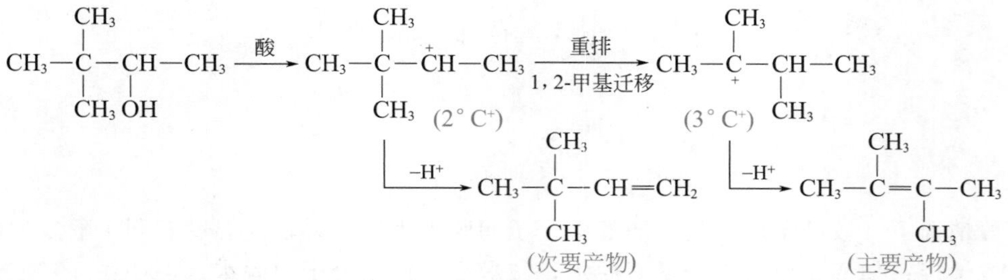

若采用氧化铝为催化剂，醇在高温气相条件下脱水，往往不发生重排。例如：

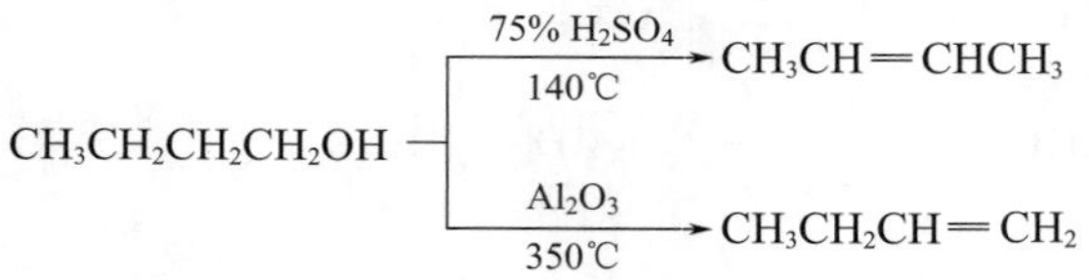

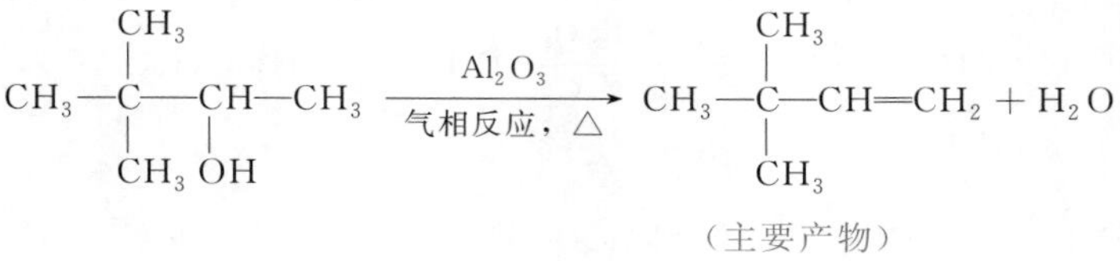

（主要产物）

9.5.5.3 片呐醇重排

2,3-二甲基丁-2,3-二醇俗称片呐醇（pinacol），在酸作用下发生分子内的失水、重排，生成片呐酮。

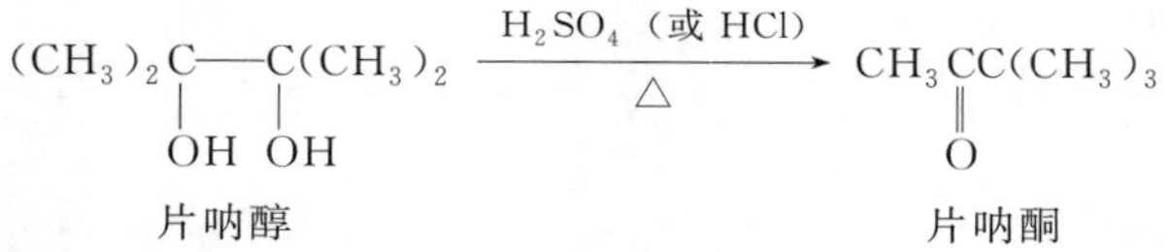

片呐醇   片呐酮

上述反应称为片呐醇重排。发生重排的原因是 Ⅱ 比 Ⅰ 更加稳定：

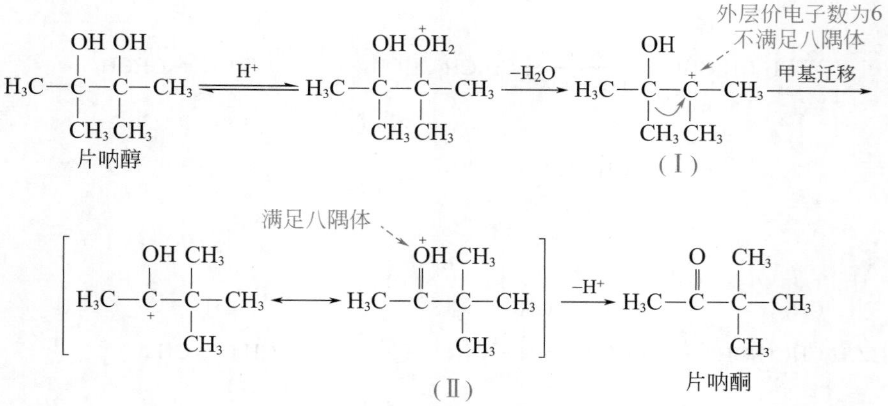

α-双二级醇、α-双三级醇、α-二级醇三级醇均能发生此反应，属于广义的片呐醇。不对称片呐醇重排时，产物的结构受碳正离子稳定性的影响：

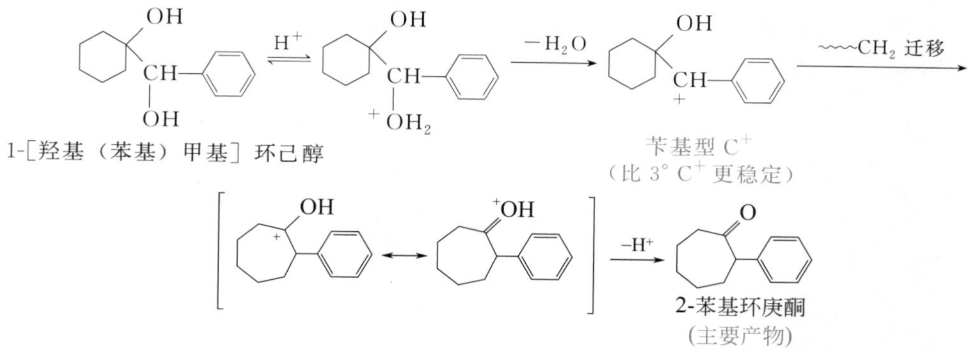

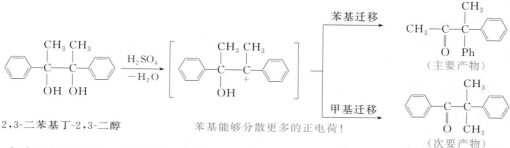

1-[羟基（苯基）甲基]环己醇 → 苄基型 C⁺（比 3° C⁺ 更稳定）

2-苯基环庚酮（主要产物）

当形成的碳正离子中心碳原子上连有两个不同的基团时，能提供电子、稳定正电荷较多的基团优先迁移：

$$苯基迁移 \quad 甲基迁移$$

2,3-二苯基丁-2,3-二醇 →（H₂SO₄，−H₂O）

苯基能够分散更多的正电荷！

（主要产物）（次要产物）

当碳正离子的中心碳原子上连有两个不同的芳基时，在重排时迁移的相对速率如下：

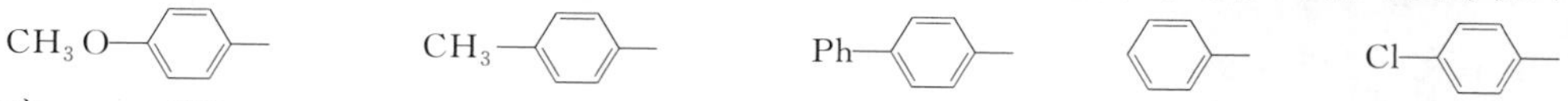

CH₃O—	CH₃—	Ph—	—	Cl—
相对速率：500	16	12	1	0.7

分子对称的邻二醇可由羰基化合物经双分子还原得到：

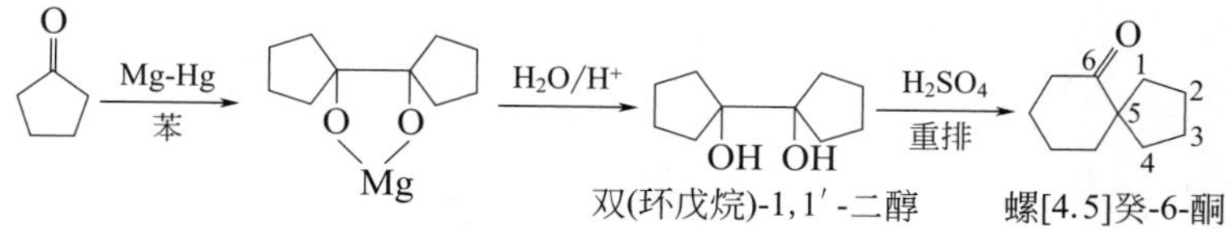

→（Mg-Hg，苯）→（H₂O/H⁺）→ 双(环戊烷)-1,1′-二醇 →（H₂SO₄，重排）→ 螺[4.5]癸-6-酮

9.5.6 氧化反应

9.5.6.1 一元醇的氧化

伯醇氧化首先生成醛，后者很容易被进一步氧化生成酸：

乙醇 bp 78.5℃　　乙醛 bp 21℃　　乙酸 bp 118℃

$$RCH_2OH \xrightarrow{[O]} RCHO \xrightarrow{[O]} RCOOH（最终产物）$$
一级醇

$$\xrightarrow{及时蒸出} RCHO [制低沸点（<100℃）醛]$$

$[O] = KMnO_4、K_2Cr_2O_7 + H_2SO_4、Sarett 试剂、PCC、PDC、新生 MnO_2 ……$

通用，氧化性强　　　伯醇氧化为醛　　烯丙醇氧化成醛

醇的氧化反应

例如：

$$CH_3CH_2CH_2OH \xrightarrow[\triangle, 65\%]{K_2Cr_2O_7，稀 H_2SO_4} CH_3CH_2COOH$$
丙酸

为使伯醇氧化成醛，可采用一些特殊的氧化剂，如 Sarett 试剂（三氧化铬-双吡啶配合

物，萨瑞特试剂）、氯铬酸吡啶盐（pyridinium chlorochromate，PCC）、重铬酸吡啶盐（pyridinium dichromate，PDC）等。

$$2\,\text{吡啶} + CrO_3 \longrightarrow (C_5H_5N)_2 \cdot CrO_3$$
吡啶　　　　　　　　　　Sarett试剂

$$\text{吡啶} + CrO_3 + HCl \longrightarrow C_5H_5\overset{+}{N}HCrO_3Cl^-$$
PCC

$$2\,\text{吡啶} + H_2Cr_2O_7 \longrightarrow (C_5H_5NH)_2^{2+}Cr_2O_7^{2-}$$
PDC

这些试剂在二氯甲烷溶液中能将伯醇氧化成醛，且产率较高，同时不破坏双键。例如：

$$CH_3(CH_2)_6CH_2OH \xrightarrow[CH_2Cl_2,\ 25℃,\ 90\%]{\text{Sarett 试剂}} CH_3(CH_2)_6CHO$$
辛醛

$$CH_3(CH_2)_8CH_2OH \xrightarrow[CH_2Cl_2,\ 92\%]{PCC} CH_3(CH_2)_8CHO$$
癸醛

$$(CH_3)_3C\text{—}\underset{}{\text{苯环}}\text{—}CH_2OH \xrightarrow[CH_2Cl_2,\ 94\%]{PDC} (CH_3)_3C\text{—}\underset{}{\text{苯环}}\text{—}CHO$$
对叔丁基苯甲醛

$$CH_3CH\text{=}CHCH\text{=}CHC\overset{CH_3}{=}CHCH_2OH \xrightarrow[4h,\ 20℃]{MnO_2,\ \text{石油醚}} CH_3CH\text{=}CHCH\text{=}CHC\overset{CH_3}{=}CHCHO$$
3-甲基辛-2,4,6-三烯-1-醇　　　　　　　　　　3-甲基辛-2,4,6-三烯醛

仲醇氧化得到酮，酮不易进一步被氧化：

$$R\text{—}\overset{OH}{\underset{}{CH}}\text{—}R' \xrightarrow{[O]} R\text{—}\overset{O}{\underset{}{C}}\text{—}R'$$
二级醇

[O]＝$KMnO_4$、$K_2Cr_2O_7 + H_2SO_4$、Sarett 试剂、PCC、PDC、$(CH_3)_2C\text{=}O+$异丙醇铝等

例如：

$$CH_3(CH_2)_5\overset{OH}{\underset{}{CH}}CH_3 \xrightarrow[\text{回流，2h，92\%～96\%}]{K_2Cr_2O_7,\ \text{稀}H_2SO_4} \quad \xrightarrow[CH_2Cl_2,\ 97\%]{\text{Sarett 试剂}} CH_3(CH_2)_5\overset{O}{\underset{}{C}}CH_3$$
辛-2-酮

$$CH_3CHCH\text{=}CHCH\text{=}CCH\text{=}CH_2 \xrightarrow[\text{苯，回流，80\%}]{[(CH_3)_2CHO]_3Al,\ (CH_3)_2C\text{=}O} CH_3CCH\text{=}CHCH\text{=}CCH\text{=}CH_2$$
$\underset{OH}{\quad}$　　　$\underset{CH_3}{\quad}$　　Oppenauer 氧化　　　　$\underset{O}{\quad}$　　　$\underset{CH_3}{\quad}$

叔醇因无 α-H，通常不能被氧化。强烈条件下，则发生碳-碳键断裂，生成小分子产物（称为氧化碎片），通常无实用价值。

$$R_3COH \xrightarrow[\text{或 } K_2Cr_2O_7/H^+]{KMnO_4/H^+} \text{不被氧化或生成氧化碎片}$$
三级醇

脂环醇氧化先生成环酮，后者进一步氧化，则碳-碳键断裂，生成同碳数的二元羧酸。例如：

$$\underset{\text{环己醇}}{\overset{OH}{\bigcirc}} \xrightarrow[55～60℃]{50\%HNO_3,\ V_2O_5} \underset{\text{环己酮}}{\overset{O}{\bigcirc}} \xrightarrow[55～60℃]{50\%HNO_3,\ V_2O_5} \underset{\text{己二酸}}{\overset{CH_2CH_2COOH}{\underset{CH_2CH_2COOH}{|}}}$$

9.5.6.2 一元醇的脱氢

伯醇或仲醇的蒸气在高温下通过活性铜或铜铬氧化物催化剂的表面时，可发生脱氢反应，得到醛或酮。

$$CH_3CH_2OH \underset{}{\overset{Cu,\ 250\sim350℃}{\rightleftharpoons}} CH_3CHO + H_2$$

$$CH_3-\overset{OH}{\underset{}{CH}}-CH_3 \underset{}{\overset{Cu,\ 500℃,\ 0.3MPa}{\rightleftharpoons}} CH_3-\overset{O}{\underset{}{C}}-CH_3 + H_2$$

这个反应是催化加氢的逆反应，是吸热反应。将醇与适量的空气或氧气通过催化剂表面进行氧化脱氢，使脱下的氢与氧结合生成水并放出大量的热，可使整个反应变为放热过程，这样可以节省能源。例如：

$$CH_3CH_2OH + \frac{1}{2}O_2 \xrightarrow[550℃]{Cu\ 或\ Ag} CH_3CHO + H_2O$$

9.5.6.3 邻二醇的氧化

（1）高碘酸氧化 高碘酸可在水溶液中将邻二醇氧化为醛或酮：

$$R-\overset{OH}{\underset{}{CH}}-\overset{OH}{\underset{}{CH_2}} \xrightarrow{HIO_4} R-\overset{O}{\underset{醛}{C}}-H + CH_2O + HIO_3 + H_2O$$

$$\downarrow AgNO_3$$
$$AgIO_3（白 \downarrow）$$

$$R-\overset{OH}{\underset{}{CH}}-\overset{OH}{\underset{R'}{C}}-R'' \xrightarrow{HIO_4} R-\overset{O}{\underset{醛}{C}}-H + R'-\overset{O}{\underset{酮}{C}}-R'' + HIO_3$$

$$\downarrow AgNO_3$$
$$AgIO_3（白 \downarrow）$$

此反应可用于邻二醇的定性或定量测定。例如：

$$CH_3CH\!-\!CH\!-\!CHOH \xrightarrow{2HIO_4} CH_3CHO + HC\!-\!OH + C_2H_5CHO$$
$$\underset{OH}{|}\ \underset{OH}{|}\ \underset{C_2H_5}{|} \qquad\qquad\qquad \underset{O}{\|}$$

（2）四乙酸铅氧化 四乙酸铅在冰醋酸溶液中可氧化邻二醇，生成羰基化合物，该反应有一定的合成意义。

$$R-\overset{OH}{\underset{}{CH}}-\overset{OH}{\underset{R'}{C}}-R'' \xrightarrow[HOAc]{Pb(OAc)_4} R-\overset{O}{\underset{醛}{C}}-H + R'-\overset{O}{\underset{酮}{C}}-R'' + Pb(OAc)_2 + 2HOAc$$

9.6 酚的化学性质

9.6.1 酚的酸性

酚的酸性比醇的强得多。例如：

酚的酸性及酚
醚、酚酯的生成

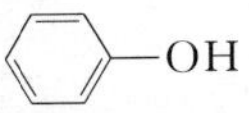

也就是说，苯酚的酸性比类似其结构的环己醇的酸性强 10^6 倍。这是因为酚解离生成的芳氧基负离子负电荷分散程度大，真实结构稳定：

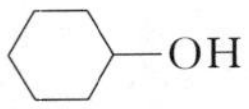

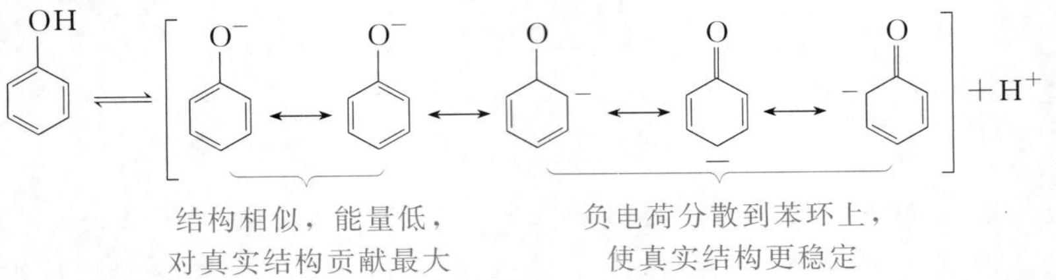

结构相似，能量低，
对真实结构贡献最大

负电荷分散到苯环上，
使真实结构更稳定

芳氧基负离子越稳定，越有利于下列平衡向右移动，使酚解离，表现出酸性：

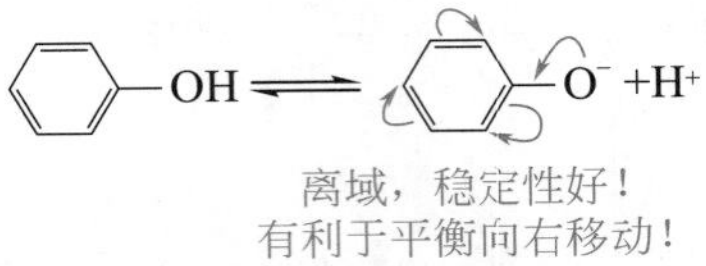

离域，稳定性好！
有利于平衡向右移动！

而醇解离生成烷氧基负离子，负电荷是定域的，不能很好地分散，稳定性不如苯氧基负离子，不利于下列平衡向右移动：

定域，稳定性差！
不利于平衡向右移动！

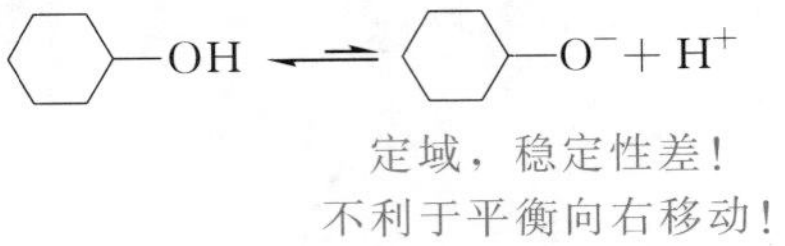

所以，环己醇的酸性比苯酚弱得多。

大多数酚的 pK_a 值为 10 左右，因此酚的酸性比碳酸（$pK_a=6.4$）弱。所以，酚只能溶于氢氧化钠溶液，而不能溶于碳酸钠或碳酸氢钠溶液中。如果将 CO_2 通入酚盐的水溶液中，苯酚即游离析出：

$$Ar-O^-Na^+ + CO_2 + H_2O \rightleftharpoons Ar-OH + NaHCO_3$$

综上所述，酸性：H_2CO_3（$pK_a=6.4$）＞酚（$pK_a \approx 10$）＞水（$pK_a=15.7$）＞醇（$pK_a=16\sim18$）。

利用酚能溶于氢氧化钠溶液，又能够被酸游离析出的性质，可以分离、提纯或鉴别酚。例如，煤焦油中含有大量的苯酚，利用这一性质可以从煤焦油中把苯酚分离出来。

当芳环上连有吸电子基时，芳环上电子云密度减小，ArO^- 的负电荷可有效分散而稳定，酚的酸性增强；当芳环上连有给电子基时，芳环上电子云密度增大，ArO^- 的负电荷不能有效分散而不稳定，酚的酸性减弱。表 9-4 是一些常见酚的 pK_a 值。

表 9-4　一些常见酚的 pK_a 值

化合物	pK_a 值	化合物	pK_a 值
苯酚	9.94	对氯苯酚	9.38
邻硝基苯酚	7.22	对溴苯酚	9.26
间硝基苯酚	8.39	邻甲基苯酚	10.29
对硝基苯酚	7.15	间甲基苯酚	10.09
2,4-二硝基苯酚	4.09	对甲基苯酚	10.26
2,4,6-三硝基苯酚	0.25	对甲氧基苯酚	10.21

9.6.2 酚醚的生成

与醇相似，酚的金属盐也能与活泼的卤代烃、硫酸二甲（乙）酯反应，生成相应的酚醚，但酚不能分子间脱水生成酚醚。

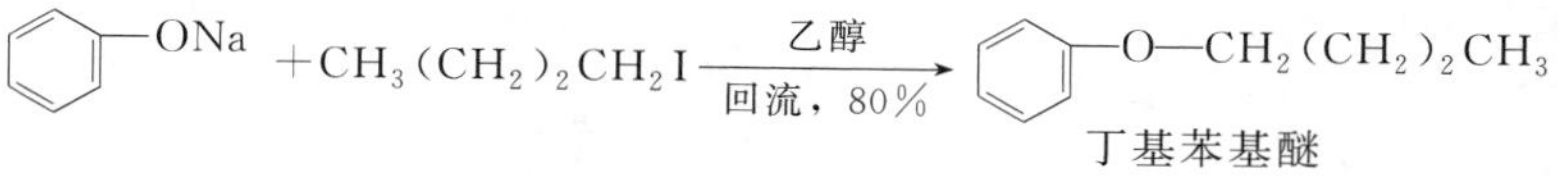

由于酚的酸性较强，在碱性溶液中可直接用酚反应：

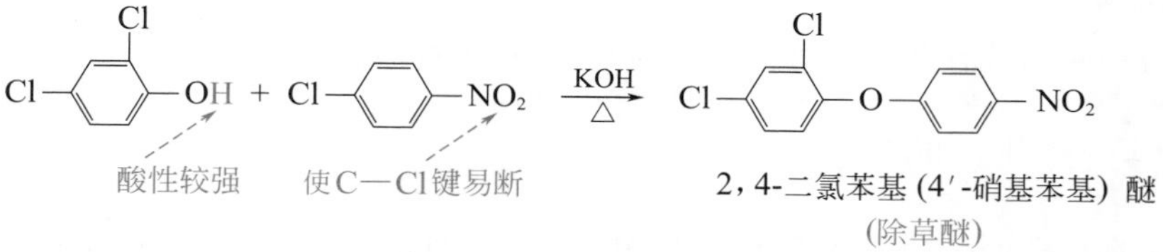

将酚及其衍生物与氢氧化钠和硫酸二甲酯在极性非质子性溶剂中，如丙酮、N,N-二甲基甲酰胺（DMF）、二甲基亚砜（DMSO）、乙腈等，室温或微热下搅拌，反应可快速进行生成酚醚，并具有很高的产率（高占先等，中国发明专利 ZL200710158795.9）。例如：

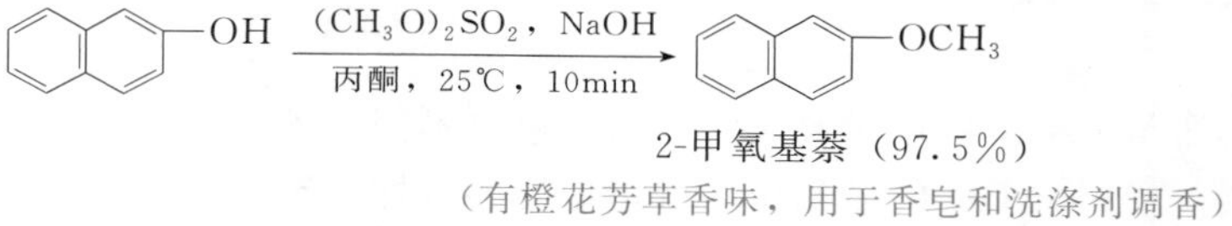

9.6.3 酚酯的生成

酚与醇不同，它不能直接与羧酸作用生成酯，一般需用更活泼的酰氯或酸酐作用才能形成酚酯。例如：

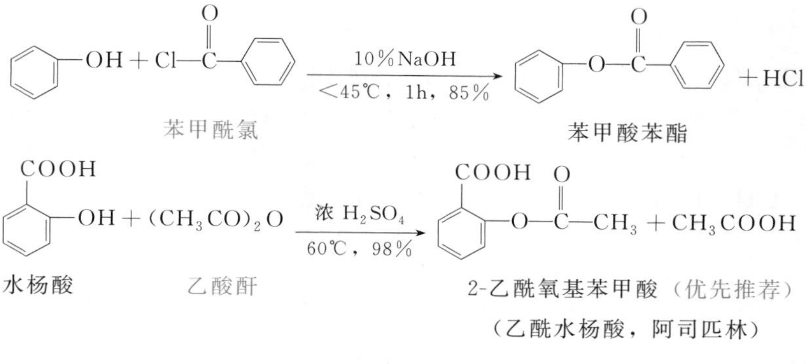

这是因为酚羟基中氧原子上的孤对电子与苯环发生 p-π 共轭，亲核性减弱。导致酚与羧酸进行酯化反应的平衡常数较小，成酯反应困难。

酚酯在三氯化铝或二氯化锌等 Lewis 酸存在下，生成邻或对酚酮，这个反应称为 Fries（福莱斯）重排，是制备酚酮的一个好方法。一般来讲，Fries 重排在低温下主要得到对位异构体，而在高温下主要得到邻位异构体。例如：

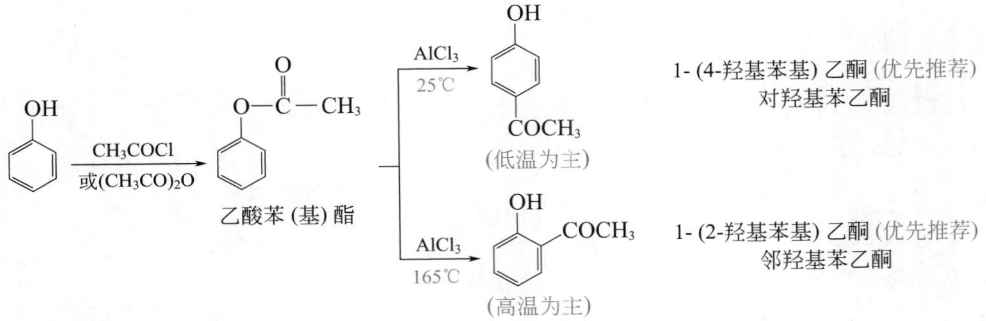

当连接酚羟基的芳香环上有吸电子基时，Fries 重排一般不能发生。

9.6.4 酚与三氯化铁的显色反应

酚可看成是稳定的烯醇式化合物（—OH 与 sp^2 杂化碳相连）。含有烯醇式结构片段的化合物大多能与 $FeCl_3$ 发生颜色反应。

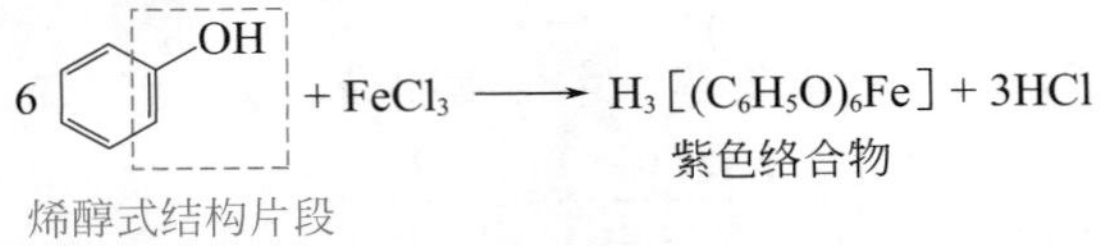

不同的酚与 $FeCl_3$ 作用时形成的产物颜色也不同，苯酚显紫色，邻苯二酚显绿色，对甲苯酚显蓝色。酚与 $FeCl_3$ 的显色反应可用于酚的定性及定量分析。

9.6.5 酚芳环上的亲电取代反应

酚羟基使芳环活化，因此酚比苯容易发生亲电取代，新引入取代基主要进入酚羟基的邻、对位。

9.6.5.1 卤化

苯酚的溴化反应比苯快约 10^{11} 倍。苯酚与溴水作用时，反应极为灵敏，而且定量完成，立刻生成 2,4,6-三溴苯酚的白色沉淀，不会停留在一元取代阶段。这是因为苯酚在水中解离为酚氧负离子（$C_6H_5O^-$），而—O^-是一个很强的致活基和邻位、对位定位基。该反应可检出微量 C_6H_5OH，也可用于定量分析 C_6H_5OH（重量法）。

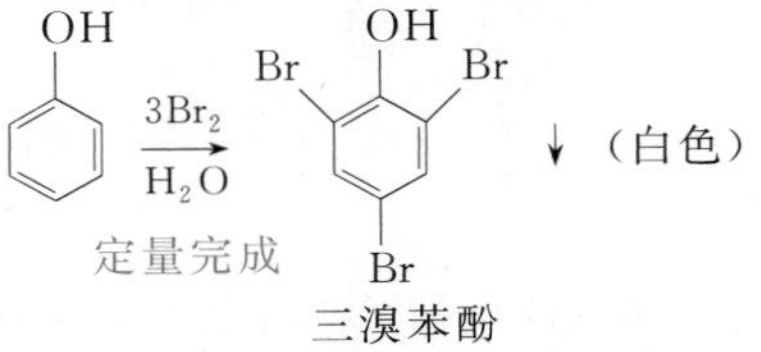

如果在低温下、非极性溶剂中进行苯酚的溴化反应，则可得到一元溴代产物，且以对位产物为主。

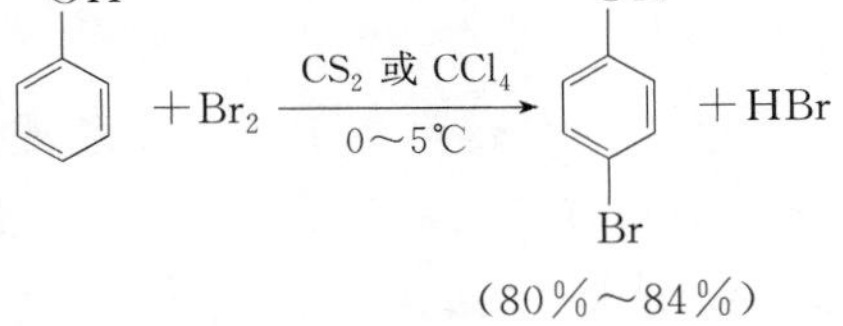

9.6.5.2 磺化

酚的磺化反应也是可逆的，随着磺化温度的升高，稳定的对位异构体增多。进一步磺化可得到二磺化产物。例如：

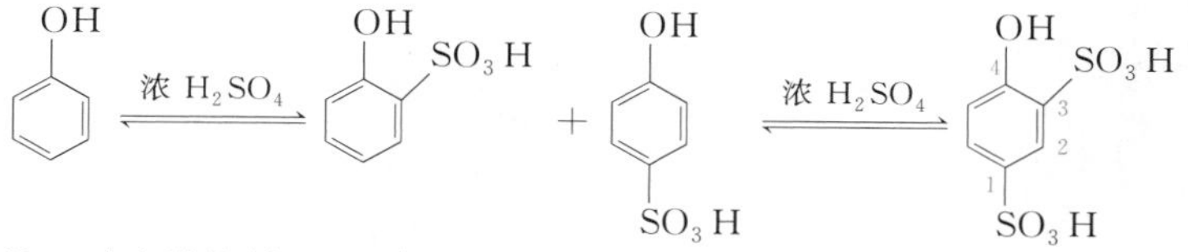

	25℃（动力学控制）49%	51%
	100℃（热力学控制）10%	90%

4-羟基苯-1,3-二磺酸

9.6.5.3 硝化和亚硝化

苯酚很活泼，用稀硝酸即可硝化。如果用浓硝酸硝化，则生成 2,4-二硝基苯酚和 2,4,6-三硝基苯酚。但由于酚易被硝酸氧化，反应产率不高。

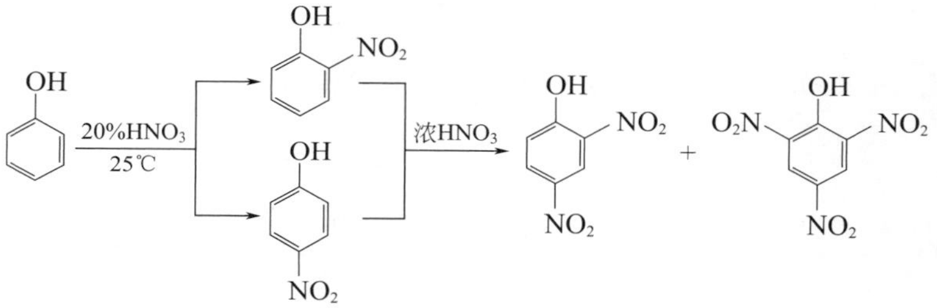

反应生成的邻硝基苯酚和对硝基苯酚可通过水蒸气蒸馏分离。

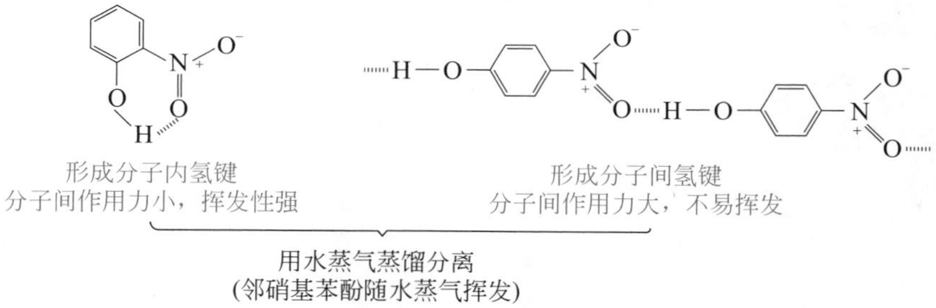

形成分子内氢键　　　　　　　　　形成分子间氢键
分子间作用力小，挥发性强　　　　分子间作用力大，不易挥发

用水蒸气蒸馏分离
（邻硝基苯酚随水蒸气挥发）

采用先磺化再硝化的办法制备多硝基酚，可防止苯酚被浓硝酸氧化：

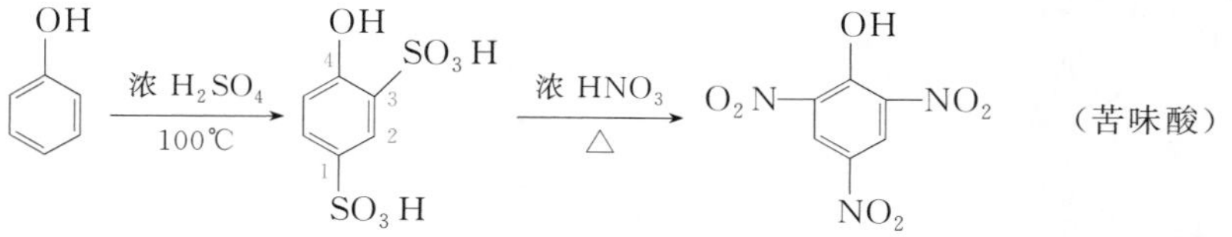

4-羟基苯-1,3-二磺酸　　　　　　（90%）　（苦味酸）

由于羟基是强的致活基，苯酚分子中苯环上电子云密度较大，使苯酚能通过下列方法得到对硝基苯酚：

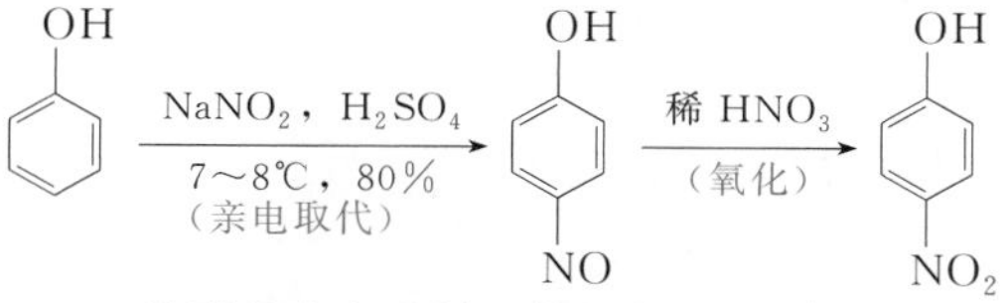

（HNO₂ 是弱的亲电试剂，能解离出 NO⁺）

9.6.5.4 Friedel-Crafts 反应

酚的烷基化反应一般用质子酸或酸性阳离子树脂催化：

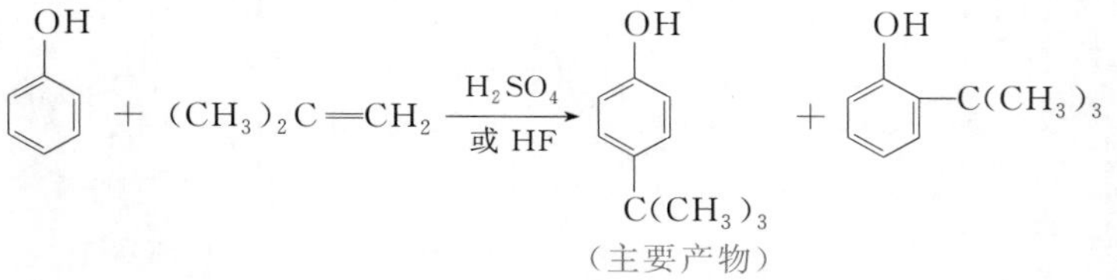

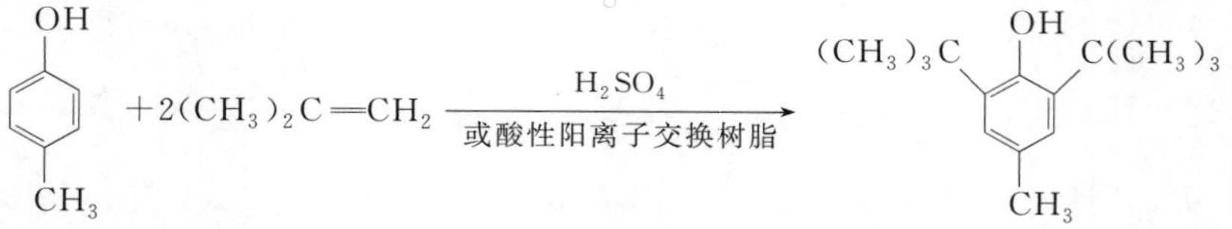

（主要产物）

4-甲基-2,6-二叔丁基苯酚

（抗氧剂264）

$AlCl_3$ 催化时，酚的酰基化反应速率很慢，但升高温度，反应便可顺利进行。例如：

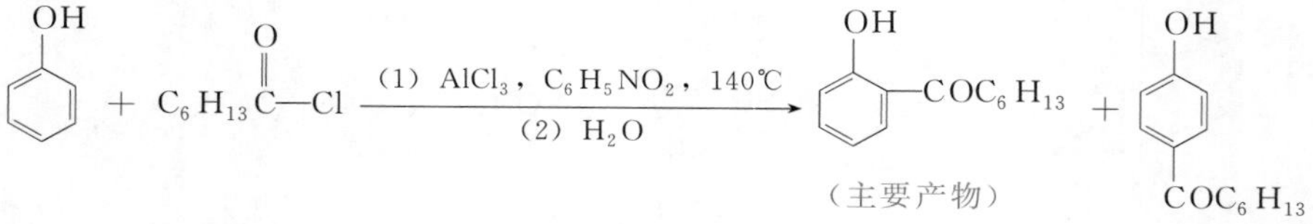

（主要产物）

9.6.5.5 Kolbe-Schmitt 反应

工业上，加热加压下，苯酚的钠盐或钾盐与二氧化碳作用生成酚酸的反应称为 Kolbe-Schmitt 反应。例如，苯酚钠与二氧化碳作用生成邻羟基苯甲酸：

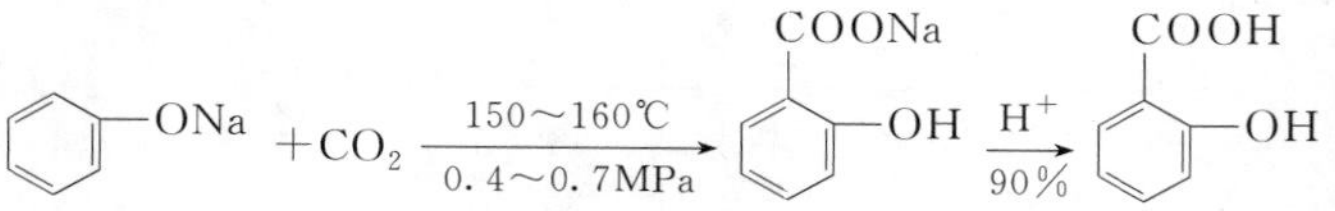

苯酚钾与二氧化碳作用，几乎定量得到对羟基苯甲酸：

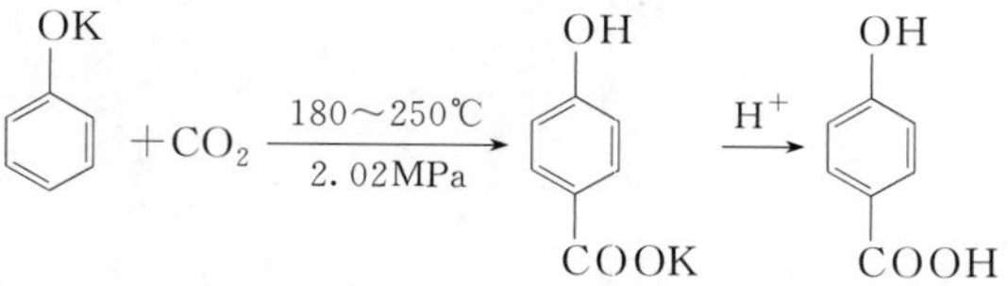

苯环上连有供电子基时，反应较容易进行，产率也较高；苯环上连有吸电子基时，反应不容易进行，产率也较低。例如：

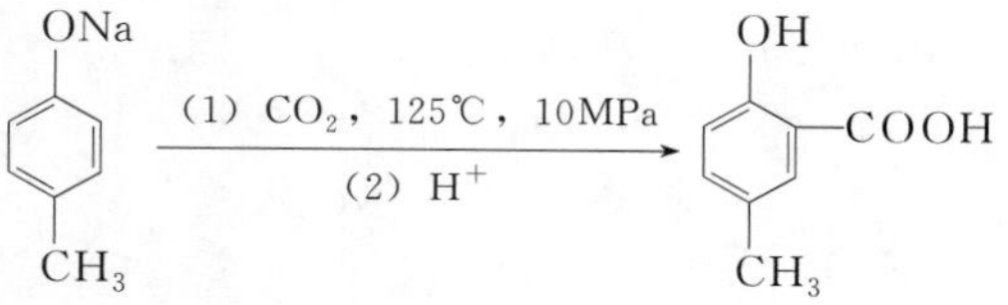

（2-羟基-5-甲基苯甲酸）

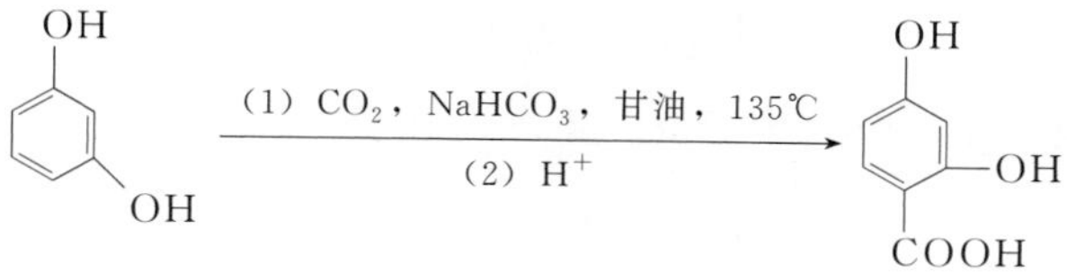

（2,4-二羟基苯甲酸）

反应条件：(1) CO_2，$NaHCO_3$，甘油，135℃　(2) H^+

9.6.5.6　与甲醛缩合——酚醛树脂及杯芳烃

（1）**酚醛树脂**　苯酚与甲醛在酸性或碱性条件下反应，得到羟甲基化产物：

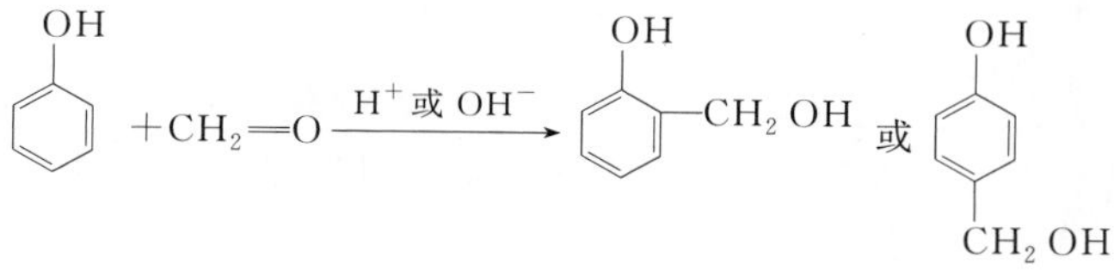

$$\text{苯酚} + CH_2{=}O \xrightarrow{H^+ \text{或} OH^-} \text{邻羟甲基苯酚 或 对羟甲基苯酚}$$

醛过量时：

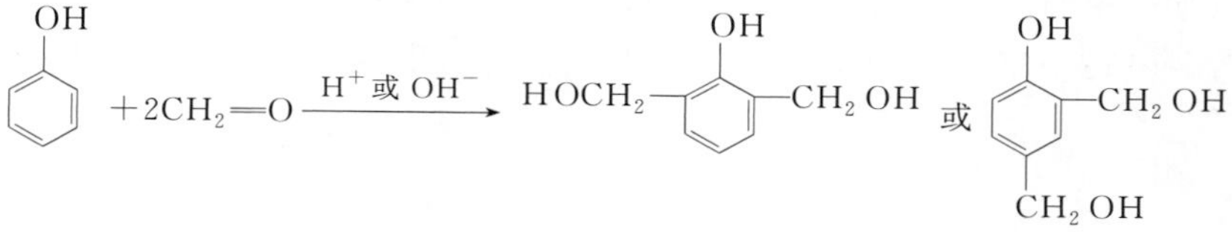

$$\text{苯酚} + 2CH_2{=}O \xrightarrow{H^+ \text{或} OH^-} \text{二羟甲基苯酚}$$

酚过量时：

$$2\,\text{苯酚} + CH_2{=}O \xrightarrow{H^+ \text{或} OH^-} \text{二羟苯基甲烷（邻，对异构体）}$$

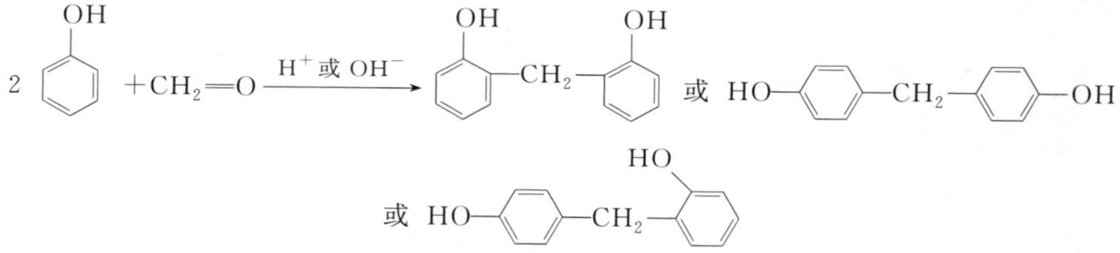

上述反应还可继续进行，首先得到线型酚醛树脂：

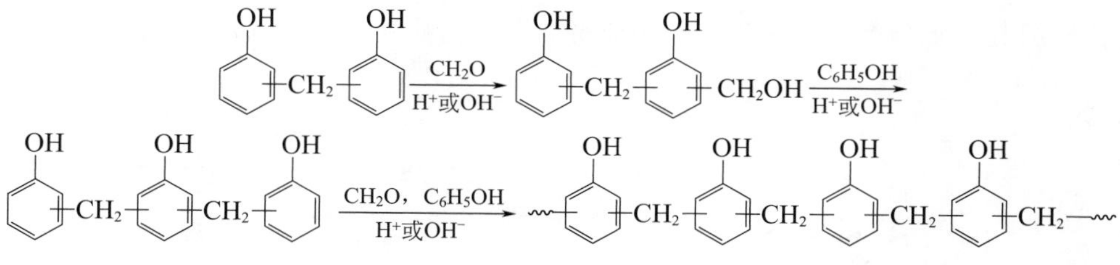

$$\xrightarrow[\text{H}^+\text{或OH}^-]{CH_2O} \quad \xrightarrow[\text{H}^+\text{或OH}^-]{C_6H_5OH}$$

$$\xrightarrow[\text{H}^+\text{或OH}^-]{CH_2O,\ C_6H_5OH}$$

线型酚醛树脂

线型酚醛树脂继续反应可生成网状体型酚醛树脂：

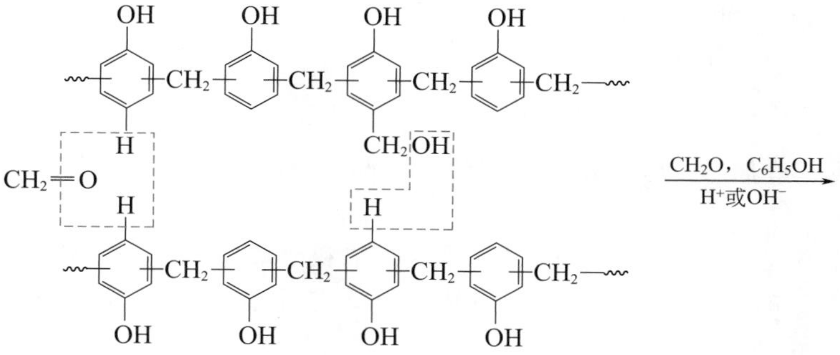

$$\xrightarrow[\text{H}^+\text{或OH}^-]{CH_2O,\ C_6H_5OH}$$

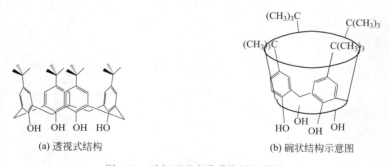

网状体型酚醛树脂

酚醛树脂具有良好的绝缘性、耐温性、耐老化性、耐化学腐蚀性，用途广泛，可用作涂料、黏合剂、酚醛塑料等。由酚醛树脂制成的增强塑料还是空间技术中使用的重要高分子材料。

线型酚醛树脂受热熔化，称为热塑性酚醛树脂，主要用作模塑粉。使用时加入能产生甲醛的固化剂（如三聚甲醛、六亚甲基四胺等），在模具中加热时产生甲醛，使树脂固化。

（2）杯芳烃 在一定条件下，烃基苯酚类化合物与甲醛缩合，生成的环状低聚物叫作杯芳烃。

对叔丁基杯[4]芳烃

杯芳烃因其分子具有杯状或碗状结构而得名，其结构大致如图9-8所示。

(a) 透视式结构　　(b) 碗状结构示意图

图 9-8　对叔丁基杯[4]芳烃的结构

改变反应物、溶剂、温度以及催化剂的种类和浓度，可得到成环酚单元数目不同的杯芳烃。

杯芳烃的上部是疏水的空腔，能与氯甲烷、苯和甲苯等中性分子形成包和物；底部是羟基，能螯合锂、钠、钾、钙、汞、银等阳离子，是主客体化学（超分子化学）的研究热点。

杯芳烃可用作离子交换剂、相转移催化剂以及涂料和黏合剂的组分，具有很大的应用潜力。

9.6.5.7 与丙酮缩合——双酚 A 及环氧树脂

苯酚与丙酮在酸催化下缩合，生成 2,2-二（4-羟基苯基）丙烷，俗称双酚 A：

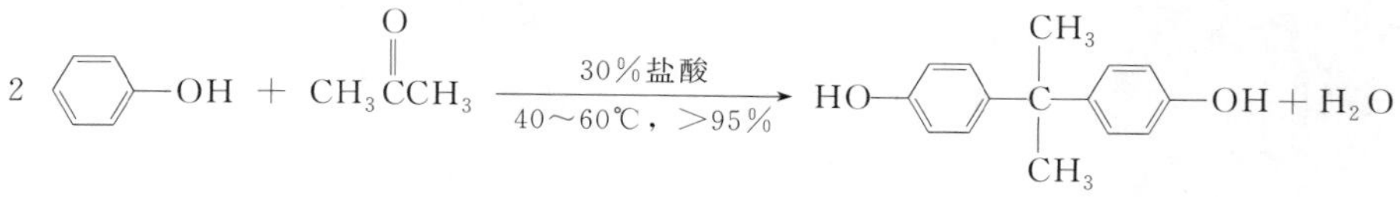

双酚 A
（制备环氧树脂、聚碳酸酯、聚砜的原料）

双酚 A 的主要用途之一是与环氧氯丙烷反应，制备环氧树脂：

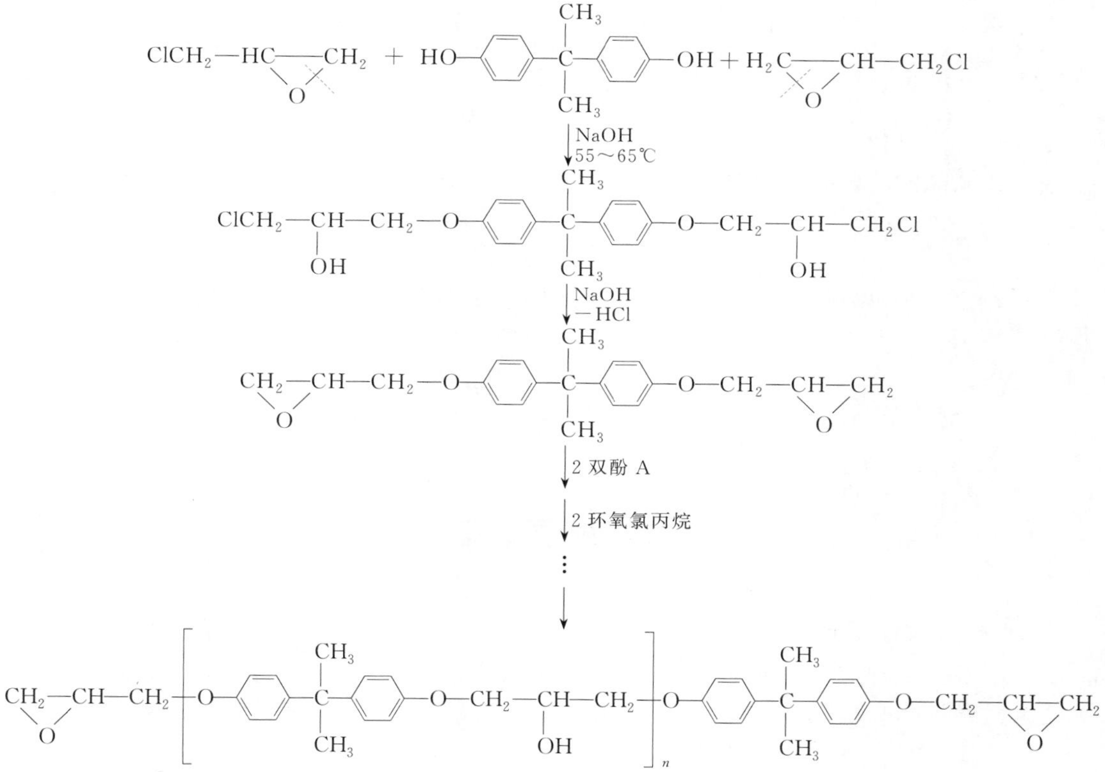

环氧树脂

环氧树脂与多元胺或多元酸酐等固化剂作用后，可形成网状体型、交联结构的高分子，具有很强的黏结性能，可以牢固地黏合多种材料，俗称"万能胶"。将环氧树脂和玻璃纤维复合，可得到"玻璃钢"，这种材料强度大、韧性好，可用作结构材料。

9.6.6 酚的氧化和还原

9.6.6.1 酚的氧化

由于酚的芳环上电子云密度较高，酚很容易被氧化，因此很多酚的衍生物可作为抗氧化剂。例如：

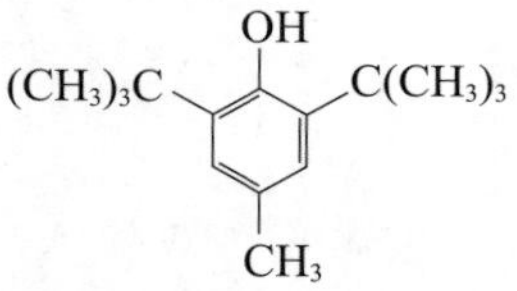

抗氧剂264 (橡胶抗老化剂) 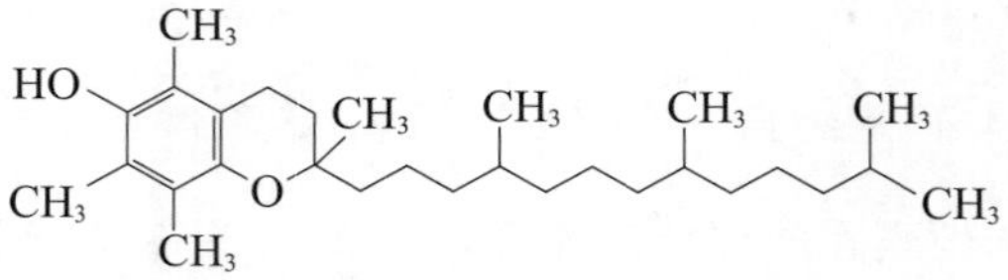　　　维生素E (生物体内抗氧化剂)

在氧化剂作用下，酚被氧化成醌。例如：

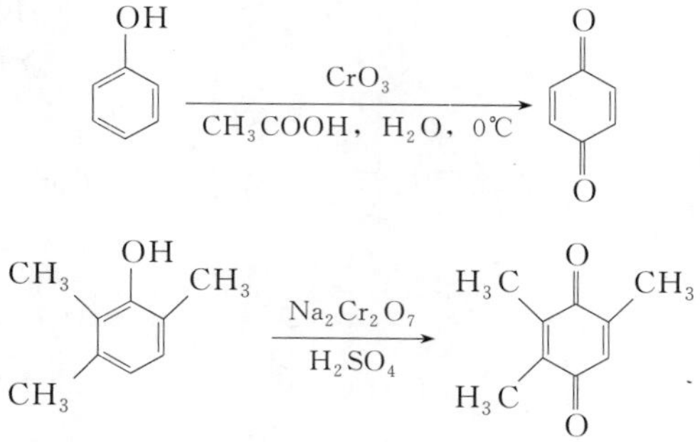

含有醌式结构片段的化合物一般都有颜色，所以苯酚在空气中久置后颜色逐渐变深。

9.6.6.2　酚的还原

苯酚经催化加氢后得到环己醇，这是工业上大量生产环己醇的主要方法。

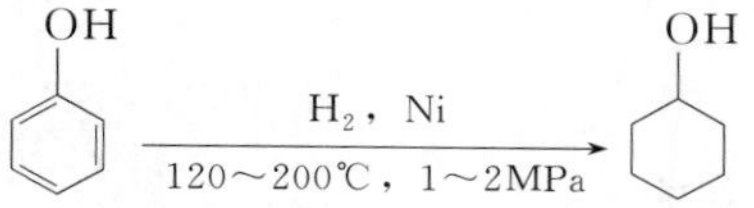

环己醇
(制备尼龙-6、尼龙-66 的原料)

本章精要速览

（1）醇（ROH）和酚（ArOH）都可看成是 HOH 的衍生物。醇羟基与饱和碳原子相连，酚羟基则直接连在苯环或芳环上。醇分子中氧原子采取 sp^3 杂化，具有四面体构型，无 p-π 共轭；酚分子中的氧原子采取 sp^2 杂化，具有平面三角构型，有多电子 p-π 共轭，酸性大于水，且酚的 C—O 键长比醇的更短、更加不易断开。

（2）醇和酚的制法及性质见"醇的制备及化学性质小结"及"酚的制备及化学性质小结"。

（3）醇的制法很多，烯烃水合，硼氢化，卤烃水解，从格氏试剂制备，醛、酮、酯还原等都能得到醇。其中格氏反应和羰基化合物还原制醇在实验室最常用。

酚的制法有异丙苯氧化法、磺化碱熔法、芳卤衍生物水解、由重氮盐制备等。

（4）醇和酚既有相近的化学性质，又有各自独特的化学性质。例如，醇和酚都有弱酸性（酚的酸性大于醇），均可成醚、成酯（酚成酯用酰氯、酸酐）、氧化等。

醇有弱碱性，醇能与 HX、PX_3、$SOCl_2$ 反应生成 RX，醇能分子内或分子间脱水等，邻二醇还有片呐醇重排、高碘酸氧化、四乙酸铅氧化等特殊反应，而酚没有这些性质。

酚的特性反应有：能与 $FeCl_3$ 显色，芳环上有亲电取代反应，能被还原成环醇，能缩合生成酚醛树脂、环氧树脂等。

（5）醇和酚的红外光谱特征吸收：

	1°ROH	2°ROH	3°ROH	ArOH
$\nu_{O-H(游离)}/cm^{-1}$		3650～3590		
$\nu_{O-H(缔合)}/cm^{-1}$		3520～3100		
ν_{C-O}/cm^{-1}	约1050	约1100	约1150	约1230

醇的制备及化学性质小结

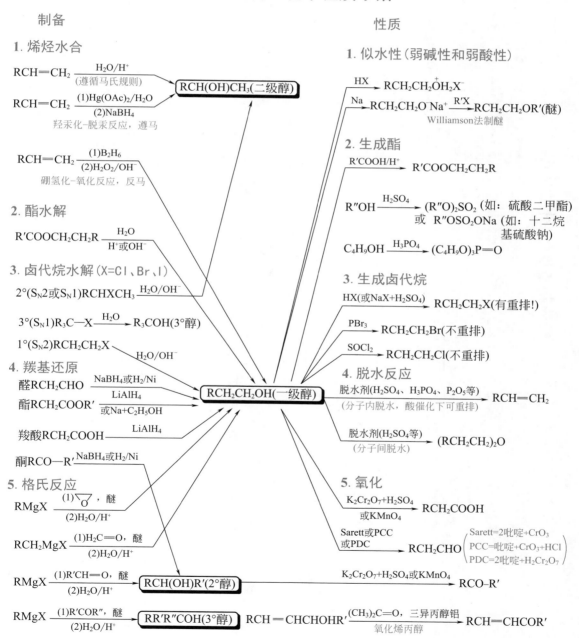

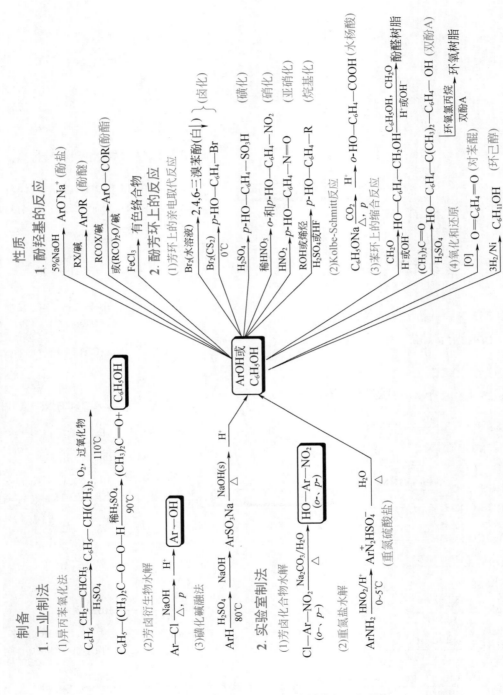

酚的制备及化学性质小结

制备

1. 工业制法

(1)异丙苯氧化法

$C_6H_6 \xrightarrow[H_2SO_4]{CH_2=CHCH_3} C_6H_5-CH(CH_3)_2 \xrightarrow[110℃]{O_2, 过氧(化物)}$

$C_6H_5-(CH_3)_2C-O-O-H \xrightarrow[90℃]{稀H_2SO_4} (CH_3)_2C=O+ \boxed{C_6H_5OH}$

(2)芳卤衍生物水解

$Ar-Cl \xrightarrow[\triangle, p]{NaOH} \boxed{Ar-OH}$

(3)磺化碱融法

$ArH \xrightarrow{H_2SO_4} ArSO_3Na \xrightarrow[\triangle]{NaOH(s)} \xrightarrow{H^+}$

2. 实验室制法

(1)芳卤化合物水解

$Cl-Ar-NO_2 \xrightarrow[\triangle]{Na_2CO_3/H_2O} \boxed{HO-Ar-NO_2 \atop (o-、p-)} \xrightarrow[\triangle]{H_2O}$

(2)重氮盐水解

$ArNH_2 \xrightarrow[0\sim5℃]{HNO_2/H^+} Ar\overset{+}{N}_2HSO_4^- (重氮硫酸盐)$

性质

1. 酚羟基的反应

$\xrightarrow{50\%NaOH} ArO^-Na^+ (酚盐)$

$\xrightarrow{RX/碱} ArOR (酚醚)$

$\xrightarrow[或(RCO)_2O/碱]{RCOX/碱} ArO-COR (酚酯)$

$\xrightarrow{FeCl_3} 有色络合物$

2. 酚芳环上的反应

(1)芳环上的亲电取代反应

$\xrightarrow[]{Br_2(水溶液)} 2,4,6-三溴苯酚(白↓)$ } (卤化)

$\xrightarrow[0℃]{Br_2(CS_2)} p-HO-C_6H_4-Br$

$\xrightarrow{H_2SO_4} p-HO-C_6H_4-SO_3H$ (磺化)

$\xrightarrow{稀HNO_3} o-和p-HO-C_6H_4-NO_2$ (硝化)

$\xrightarrow{HNO_2} p-HO-C_6H_4-N=O$ (亚硝化)

$\xrightarrow[H_2SO_4或HF]{ROH或烯烃} p-HO-C_6H_4-R$ (烷基化)

(2)Kolbe-Schmitt反应

$C_6H_5ONa \xrightarrow[\triangle, p]{CO_2} \xrightarrow{H^+} o-HO-C_6H_4-COOH (水杨酸)$

(3)苯环上的缩合反应

$\xrightarrow[H^+或OH^-]{CH_2O} HO-C_6H_4-CH_2OH \xrightarrow[H^+或OH^-]{C_6H_5OH, CH_2O} 酚醛树脂$

$\xrightarrow[H_2SO_4]{(CH_3)_2C=O} HO-C_6H_4-C(CH_3)_2-C_6H_4-OH (双酚A)$

$\xrightarrow[双酚A]{环氧氯丙烷} 环氧树脂$

(4)氧化和还原

$\xrightarrow{[O]} O=C_6H_4=O (对苯醌)$

$\xrightarrow{3H_2/Ni} C_6H_{11}OH (环己醇)$

$\boxed{ArOH或 \atop C_6H_5OH}$

习 题

1. 用系统命名法命名下列化合物或写出其构造式。

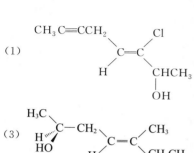

(1)

(2)

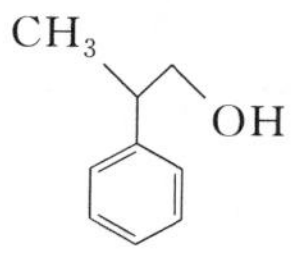

(3)

(4)

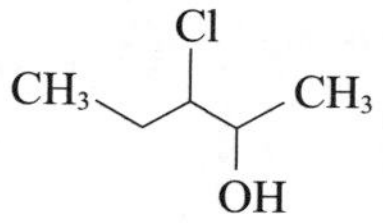

(5)

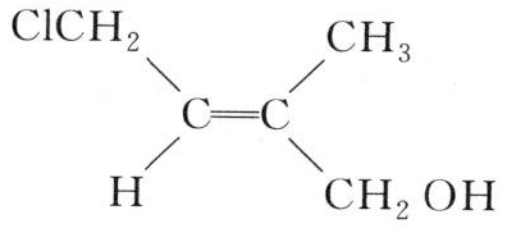

(6)

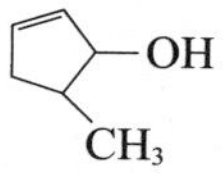

(7) 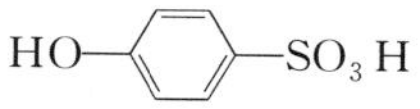 $HO\!-\!\!\bigcirc\!\!-\!SO_3H$

(8)

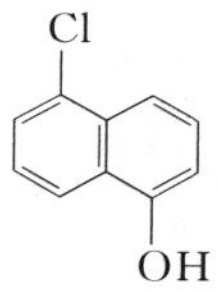

(9)

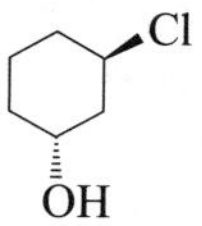

(10)

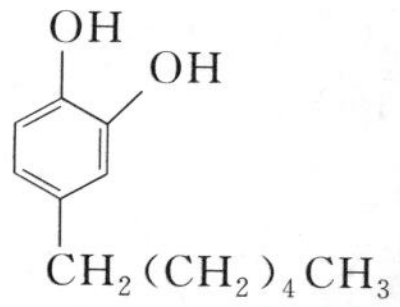

(11) 2-异丙基-5-甲基苯酚（百里酚）　　　(12) 2,2-二（4-羟基苯基）丙烷

(13) 环戊烯-1-基甲醇　　　(14) (E)-己-3-烯-2-醇

2. 将下列化合物按指定性质的活泼程度从大到小排列。

(1) 比较下列化合物在水中的溶解度。

A. $CH_3CH_2CH_2OH$ 　　　B. $HOCH_2CH_2CH_2OH$ 　　　C. $CH_3OCH_2CH_3$

D. $CH_3CH_2CH_3$ 　　　E. $CH_2(OH)CH(OH)CH_2(OH)$

(2) 比较下列化合物的沸点高低。

A. $CH_3OCH_2CH_2OH$ 　　　B. $HOCH_2CH_2OH$ 　　　C. CH_3CH_2OH

D. $CH_3CH_2OCH_3$ 　　　E. $CH_3OCH_2CH_2OCH_3$

(3) 比较下列各组化合物与 HBr 反应的相对速率。

A. 苯甲醇、(4-甲氧基苯基) 甲醇、(4-硝基苯基) 甲醇

B. 苯甲醇、1-苯基乙醇、2-苯基乙醇

(4) 比较下列化合物的酸性强弱并简要解释。

A. 环己醇　　　B. 苯酚　　　C. 对氨基苯酚　　　D. 对氯苯酚

E. 对硝基苯酚　　　F. 2,4-二硝基苯酚　　　G. 间硝基苯酚

3. 写出丁-2-醇与下列试剂作用的产物。

(1) H_2SO_4，加热　　　(2) HBr　　　(3) K

(4) Cu，加热　　　(5) $K_2Cr_2O_7+H_2SO_4$

4. 写出邻甲苯酚与下列各种试剂作用的产物。

(1) Br_2 水溶液 　　(2) NaOH 　　(3) CH_3COBr 　　(4) $(CH_3CO)_2O$

(5) 稀 HNO_3 　　(6) Cl_2 （过量） 　　(7) 浓 H_2SO_4 　　(8) $NaOH/(CH_3)_2SO_4$

5. 完成下列反应式。

(1) C$_6$H$_5$—$CH_2CH_2CH_2OH$ $\xrightarrow{SOCl_2}$?

(2) （邻氯苯酚）$-OH$ $\xrightarrow[NaOH]{(CH_3)_2SO_4}$?

(3) $(CH_3)_3CBr + CH_3CH_2CH_2ONa \longrightarrow$?

(4) $(CH_3)_3CONa + CH_3CH_2CH_2Br \longrightarrow$?

(5) C$_6$H$_5$—$CH_2CH_2\overset{\overset{\displaystyle OH}{|}}{C}HCH(CH_3)_2$ $\xrightarrow[(-H_2O)]{H^+,\ \triangle}$?

(6) （联苯基）$-OH$ $\xrightarrow{HNO_3}$?

(7) （环己基）$-CH_2OH$ $\xrightarrow[\triangle]{H_2SO_4}$? $\xrightarrow{稀、冷\ KMnO_4}$? $\xrightarrow{HIO_4}$?

(8) $(CH_3)_2\overset{\overset{\displaystyle}{|}}{C}CH_2CH_2OH$ （带OH）$\xrightarrow[脱一分子水]{H_2SO_4,\ \triangle}$?

(9) $CH_3CH_2\overset{\overset{\displaystyle CH_3}{|}}{\underset{\underset{\displaystyle OH}{|}}{C}}\!-\!\overset{\overset{\displaystyle CH_3}{|}}{\underset{\underset{\displaystyle OH}{|}}{C}}CH_2CH_3$ $\xrightarrow[\triangle]{Al_2O_3}$?

6. 用简单的化学方法区别下列化合物。

(1) A. $CH_2{=}CHCH_2OH$ 　　B. $CH_3CH_2CH_2OH$ 　　C. CH_3CH_2Br

(2) A. $CH_3CH_2CH(OH)CH_3$ 　　B. $CH_3CH_2CH_2CH_2OH$ 　　C. $(CH_3)_3COH$

(3) A. $C_6H_5{-}CH(OH)CH_3$ 　　B. $C_6H_5{-}CH_2CH_2OH$

(4) A. 丁-2,4-二醇 　　B. 丁-2,3-二醇

(5) A. 对甲氧基苯酚 　　B. 苯甲醇 　　C. 甲基苯基醚

7. 如何能够证明在邻羟基苯甲醇（水杨醇）中含有一个酚羟基和一个醇羟基？

8. 用指定原料合成下列化合物（其他试剂任用）。

(1) $(CH_3)_2CHCH_2OH$、$(CH_3)_2CHOH \longrightarrow (CH_3)_2C{=}CHCH(CH_3)_2$

(2) $(CH_3)_3COH \longrightarrow (CH_3)_3CCH_2CH_2OH$

(3) （丁二烯）$\longrightarrow$ （环己基）$\overset{\overset{\displaystyle C(CH_3)_2}{|}}{\underset{\underset{\displaystyle OH}{|}}{}}$

(4) （环己酮）$\longrightarrow$ （环己基，带$CH_2CH_2CH_3$ 和 $-OH$）

(5) （苯乙酮 C$_6$H$_5$COCH$_3$）$\longrightarrow$ C$_6$H$_5$—$\overset{\overset{\displaystyle CH_3}{|}}{\underset{\underset{\displaystyle OCH_2CH_3}{|}}{C}}\!-\!CH_2CH_3$

(6) （苯酚 OH）$\longrightarrow$ （苯环，带OCH_3、$CHCH_2CH_3$ 和 OH、C_2H_5）

9. 用苯或甲苯为原料合成下列化合物，无机或有机试剂任选。

（1）1,3-二甲氧基苯　　　　　　　　（2）1-(2-羟基-5-甲基苯基)乙酮

（3）4-乙基苯-1,3-二酚　　　　　　　（4）2-(2,4-二氯苯氧基)乙酸（即 2,4-D，除草醚）

（5）1-甲氧基-2,4-二硝基苯　　　　　（6）2,6-二溴苯酚

（7）2-溴-4-乙基苯酚

10. 写出下列反应的机理。

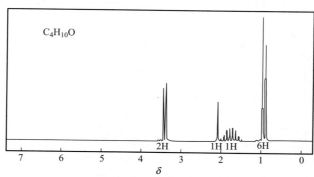

11. 化合物的分子式为 $C_4H_{10}O$，是一个醇，其 ^1H NMR 谱图（90MHz，$CDCl_3$）如下，试写出该化合物的构造式。

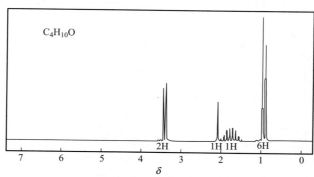

12. 化合物 $C_{10}H_{14}O$ 溶解于稀氢氧化钠溶液，但不溶解于稀的碳酸氢钠溶液。它与溴水作用生成二溴衍生物 $C_{10}H_{12}Br_2O$。它的红外光谱在 $3250cm^{-1}$ 和 $834cm^{-1}$ 处有吸收峰，它的质子核磁共振谱是：$\delta=$7.3（双峰，2H），6.8（双峰，2H），6.4（单峰，1H），1.3（单峰，9H）。试写出化合物 $C_{10}H_{14}O$ 的构造式。

13. 某化合物分子式为 $C_8H_{10}O$，IR 谱在 $3350cm^{-1}$ 有宽峰。^1H NMR：$\delta=7.2$（多重峰，5H），3.7（三重峰，2H），3.15（单峰，1H），2.7（三重峰，2H）。如用 D_2O 处理，$\delta=3.15$ 处氢信号消失。试推测该化合物的结构。

14. 由化合物 $C_6H_{13}Br$（A）所制得的 Grignard 试剂与丁酮作用可生成 4-乙基-3,5-二甲基己-3-醇。A 可发生消除反应生成两种互为异构体的产物 B 和 C。将 B 臭氧化水解后，再在还原剂存在下水解，则得到相同碳原子数的醛 D 和酮 E。试写出 A～E 的构造式及各步反应式。

第 10 章 | 醚和环氧化合物

分子中含有醚键（C—O—C）的化合物叫作醚（ethers）。三元环醚称为环氧化合物（epoxides）。例如：

$$CH_3—O—CH_3 \qquad CH_3—O—CH_2CH_3 \qquad \begin{array}{c} O \end{array} \qquad CH_3—CH—CH—CH_3$$

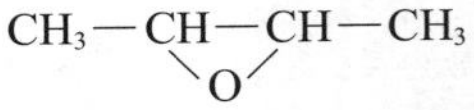

单(纯)醚 simple ether	混(合)醚 complex ether	环醚 cyclic ether	环氧化合物 epoxide
R=R′	R≠R′	氧原子与二价 烃基两端相连	三元环的环醚

10.1 醚和环氧化合物的命名

（1）官能团类别名　按照醚键两端所连接的烃基来命名，将类名"醚"放在最后。此法适用于简单醚。

单纯醚：　$CH_3CH_2OCH_2CH_3$　　$CH_2=CH—O—CH=CH_2$

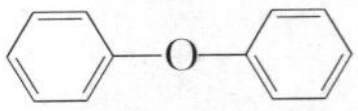

（二）乙醚　　　　　二乙烯基醚　　　　　二苯（基）醚
ethyl ether　　　　vinyl ether　　　　phenyl ether

按照习惯，中文名称可将"二"和"基"省略，不饱和醚通常保留"二"字

混合醚：　$(CH_3)_3COCH_3$　　$CH_2=CH—O—CH_2CH_3$

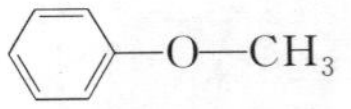

叔丁基甲基醚　　　　乙基乙烯基醚　　　　甲基苯基醚
tert-butyl methyl ether　　ethyl vinyl ether　　methyl phenyl ether
茴香醚（anisole）

（2）取代名　以烃为母体氢化物，将 RO—或 ArO—当作取代基。此法适用于复杂醚。

$CH_3OCH_2CH_2OCH_3$　　$\overset{}{CH_3CH_2}O\overset{2}{C}H_2\overset{1}{C}H_2Cl$　　$CH_3O—\overset{1'}{CH}=\overset{2'}{CH}—\overset{3'}{CH_3}$

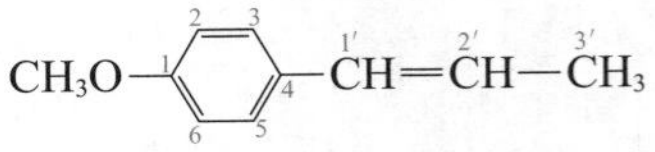

1,2-二甲氧基乙烷　　　1-氯-2-乙氧基乙烷　　1-甲氧基-4-（丙-1-烯-1-基）苯
1,2-dimethoxyethane　　1-chloro-2-ethoxyethane　　1-methoxy-4-（prop-1-en-1-yl）benzene

（即乙二醇二甲醚）
glycol dimethyl ether

（3）环醚的命名　环醚的命名有两种方法。方法 a：按照杂环来命名，编号时把氧原子编为 1 号；方法 b：取代名，把"—O—"看作取代基，用前缀"氧桥"来形容其结构特征，编号时遵循最低位次组原则，并与其他取代基前缀按字母顺序排列。作为取代基前缀时习惯上也曾使用"环氧"，可予保留，但建议优先使用"氧桥"。例如：

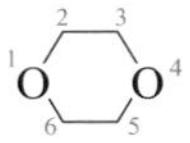

（a）1,4-二氧杂环己烷
（中文俗称 1,4-二氧六环）
1,4-dioxane

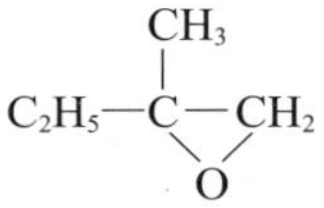

（a）2-乙基-2-甲基氧杂环丙烷
2-ethyl-2-methyloxirane
（b）1,2-氧桥-2-甲基丁烷
1,2-epoxy-2-methylbutane

（a）四氢呋喃；氧杂环戊烷
tetrahydrofuran（THF）；oxacyclopentane
（b）1,4-氧桥丁烷
1,4-epoxybutane

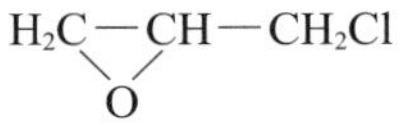

$H_2C{-}CH{-}CH_2Cl$

（a）2-氯甲基氧杂环丙烷 ［2-(chloromethyl)oxirane］
（b）1-氯-2,3-氧桥丙烷（1-chloro-2,3-epoxypropane）
（中文俗称环氧氯丙烷）

类别名称"氧化物"也可用来以加合法命名环醚，例如乙烯氧化物（ethylene oxide，中文俗称环氧乙烷）和苯乙烯氧化物（styrene oxide，中文俗称氧化苯乙烯）。

10.2 醚和环氧化合物的结构

10.2.1 醚的结构

醚分子中，氧原子采取 sp^3 杂化，醚键的键角为 112°（接近于 109.5°）：

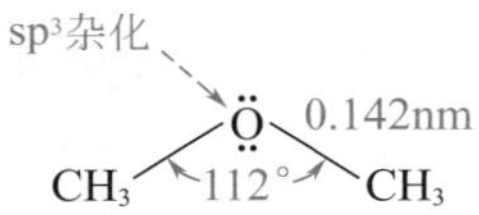

sp³杂化
$\ddot{O}$ 0.142nm
CH_3 ←112°→ CH_3

10.2.2 环氧化合物的结构

环氧乙烷（oxirane）是典型的环氧化合物。与环丙烷相似，其三元环存在着"弯曲键"（参见图 2-3），有很大的角张力，不稳定，性质活泼，易开环加成。

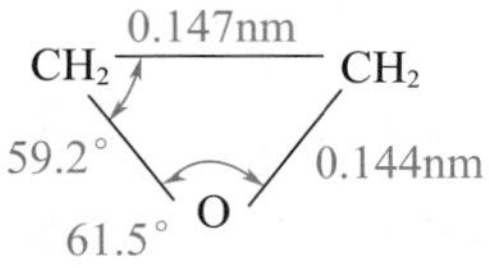

CH_2 0.147nm CH_2
59.2°   0.144nm
61.5°   O

10.3 醚和环氧化合物的制法

10.3.1 醚和环氧化合物的工业合成

乙醚是重要的有机溶剂。在工业上，可用醇脱水的方法制取：

$$2CH_3CH_2OH \xrightarrow[140℃]{浓 H_2SO_4} CH_3CH_2{-}O{-}CH_2CH_3$$
乙醚

环氧乙烷（亦称氧杂环丙烷，oxacyclopropane）是重要的有机化工原料，也是制备非离子表面活性剂的重要原料。工业上，在银或氧化银催化剂的存在下，乙烯可被空气催化氧化得到环氧乙烷：

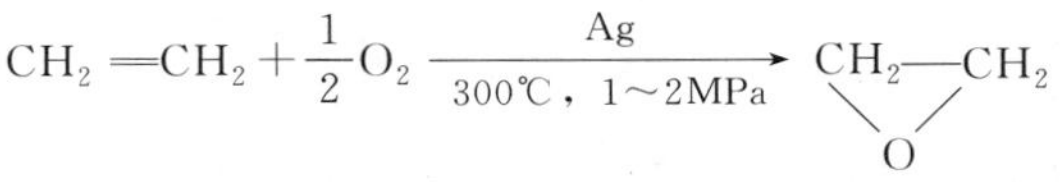

$$CH_2{=}CH_2 + \frac{1}{2}O_2 \xrightarrow[300℃，1\sim2MPa]{Ag} CH_2{-}CH_2$$
O
环氧乙烷
（氧杂环丙烷）

此法只适用于从乙烯制取环氧乙烷。

10.3.2 Williamson 合成法

Williamson（威廉姆逊）合成法特别适用于合成混合醚，也可用于制备单纯醚。

10.3.2.1 醇钠与卤烷的 S_N2 反应

$$RO\boxed{Na + R'}X \longrightarrow R-O-R' + NaX$$

一级卤烷！

例如：

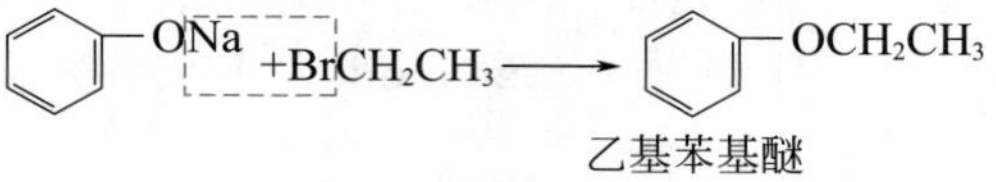

乙基苯基醚

$$CH_3CH_2Br + (CH_3)_3COH \xrightarrow[CH_3(CH_2)_{15}N^+(CH_3)_3Br^-]{NaOH} CH_3CH_2-O-C(CH_3)_3$$

叔丁基乙基醚(83%)

相转移催化剂，可使反应在水溶液中进行

注意：不能用叔卤烷作原料，因叔卤烷在碱性条件下易消除，只能得到烯烃。

也可使用磺酸酯、硫酸酯、碳酸酯等代替卤代烷进行 Williamson 合成反应，得到相应的醚：

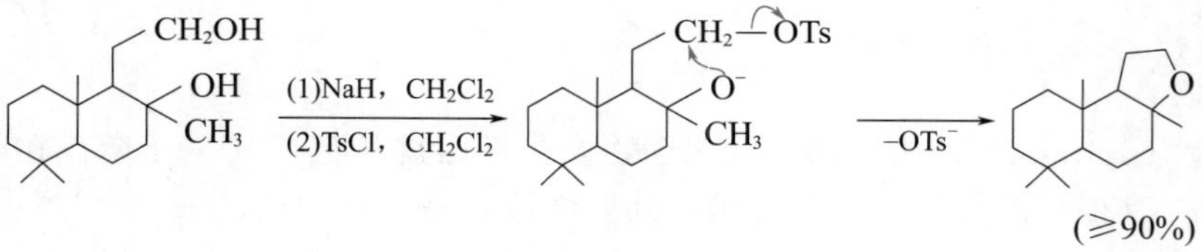

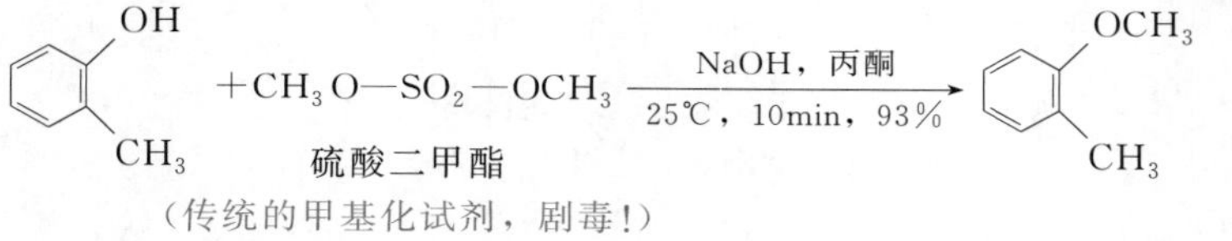

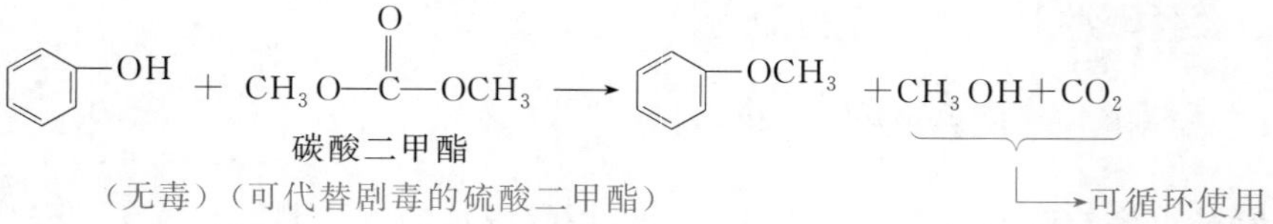

（≥90%）

硫酸二甲酯

$\xrightarrow[25℃，10min，93\%]{NaOH，丙酮}$

（传统的甲基化试剂，剧毒！）

碳酸二甲酯

（无毒）（可代替剧毒的硫酸二甲酯）

可循环使用

10.3.2.2 合成环醚——分子内的 Williamson 合成反应

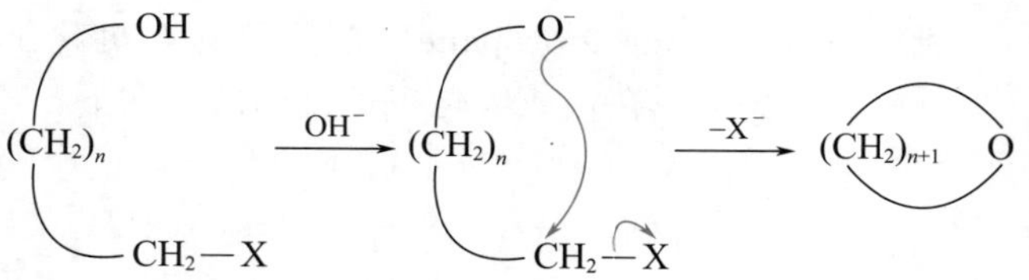

为避免分子间的 Williamson 反应，可使用溶剂，使反应在稀溶液中进行。

熵变和环张力共同作用的结果，使得 n 不能太大也不能太小。n 太大，不利于氧负离子进攻分子内卤原子的 α-C，不利于环醚的生成；n 太小，产物环张力大，不稳定，也不利于环醚的生成。环的大小与反应速率的关系是：

$$k_3 \geqslant k_5 \geqslant k_6 \geqslant k_4 \geqslant k_7 \geqslant k_8 \qquad (k_n \text{ 为速率常数；} n \text{ 为生成环醚环的节点数})$$

10.3.2.3 立体专一性反应——邻基参与作用

下列反应由于存在邻基参与作用，不仅反应速率快，而且产物具有立体专一性：

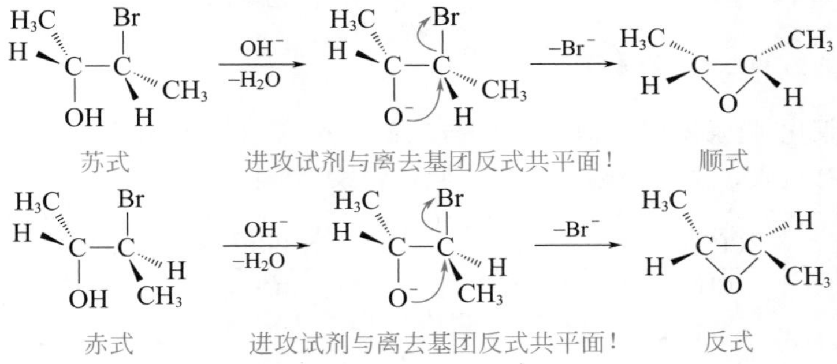

苏式　　　进攻试剂与离去基团反式共平面！　　顺式

赤式　　　进攻试剂与离去基团反式共平面！　　反式

10.3.3 不饱和烃与醇的反应

10.3.3.1 叔丁醚的合成及醇羟基的保护

酸催化下，异丁烯与醇可发生亲电加成反应，生成叔丁醚：

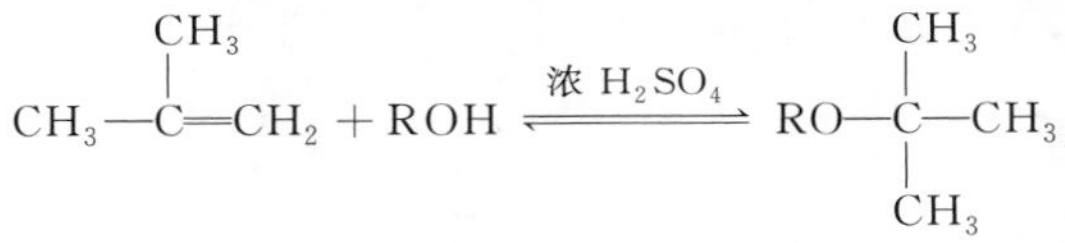

如果没有酸催化，该反应不能进行。因为该反应按下列机理进行，第一步必须是 H^+ 加到双键上形成碳正离子，才能使反应顺利进行：

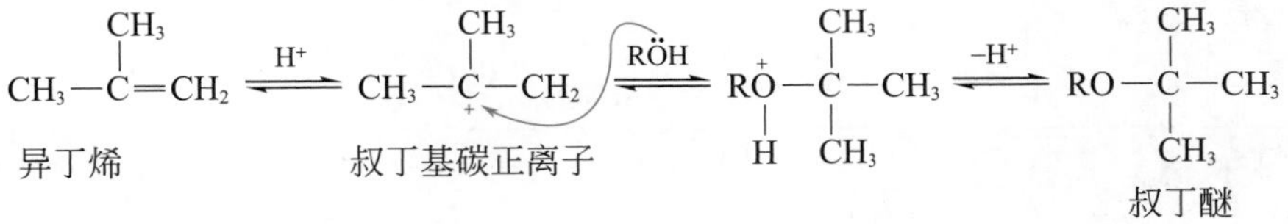

异丁烯　　　　叔丁基碳正离子　　　　　　　　　　　　　　叔丁醚

该反应可逆，可用来保护醇羟基。例如：

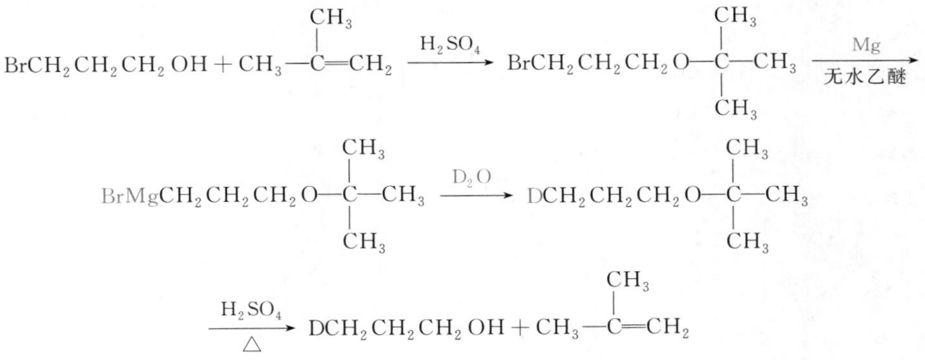

10.3.3.2 乙烯基醚的合成

乙烯醇不能稳定存在，故不能采用 Williamson 合成法制备乙烯基醚。可利用乙炔的亲核加成来制备乙烯基醚：

$$CH \equiv CH + CH_3OH \xrightarrow[\triangle, \, p]{20\%KOH \text{水溶液}} CH_2 = CH - OCH_3$$

甲氧基乙烯
或甲基乙烯基醚

$$CH \equiv CH + C_2H_5OH \xrightarrow[160\sim180℃]{NaOH} CH_2 = CH - OC_2H_5$$

乙基乙烯基醚

10.3.3.3 烯烃的烷氧汞化-脱汞法

与烯烃的羟汞化-脱汞反应相似，烯烃与三氟乙酸汞（或乙酸汞）在醇的存在下反应，首先生成烷氧基有机汞，然后用硼氢化钠还原，脱汞生成醚。

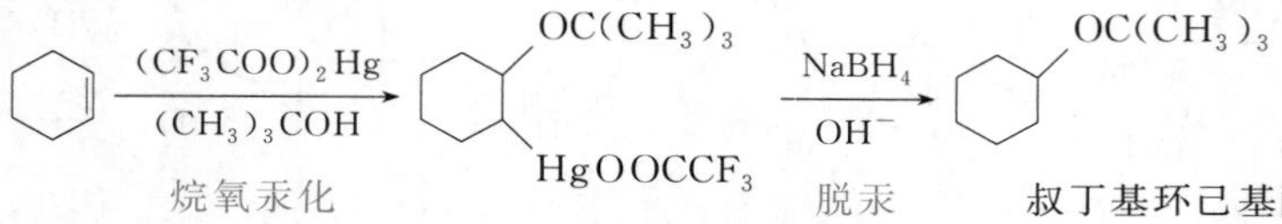

烷氧汞化   脱汞   叔丁基环己基醚

$$(CH_3)_3C-CH=CH_2 \xrightarrow[(2) \ NaBH_4, \ OH^-]{(1) \ Hg(OAc)_2, \ CH_3OH} (CH_3)_3C-\underset{\underset{OCH_3}{|}}{CH}-CH_3$$

3-甲氧基-2,2-二甲基丁烷

10.4 醚的物理性质和波谱特征

10.4.1 醚的物理性质

醚有特殊气味，含有 2～3 个碳原子的醚在室温下为气体，其余常见的醚在室温下为无色液体。乙醚、四氢呋喃、1,4-二氧六环、乙二醇二甲醚等都是常用的有机溶剂。一些醚的物理常数见表 10-1。

表 10-1 一些醚的物理常数

化合物	构造式	熔点/℃	沸点/℃
甲醚	CH_3OCH_3	−138.5	−23
乙基甲基醚	$CH_3OCH_2CH_3$	—	10.8
乙醚	$CH_3CH_2OCH_2CH_3$	−116.6	34.5
乙丙醚	$CH_3CH_2OCH_2CH_2CH_3$	−79	63.6
正丙醚	$CH_3CH_2CH_2OCH_2CH_2CH_3$	−122	91
异丙醚	$(CH_3)_2CHOCH(CH_3)_2$	−86	68
正丁醚	$(CH_3CH_2CH_2CH_2)_2O$	−65	142
氧杂环丙烷		−111	13.5
四氢呋喃		−65	67
1,4-二氧杂环己烷	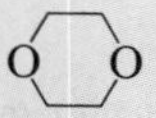	12	101

因醚分子间不能形成氢键，醚的相对密度、沸点较低。醚在水中的溶解度与同碳数的醇相当，乙醚、正丁醇和四氢呋喃的沸点及其在水中的溶解度如表 10-2 所示。

表 10-2　乙醚、正丁醇和四氢呋喃的沸点及其在水中的溶解度

化合物	bp/℃	水中溶解度	解释或说明
乙醚	34.5	约 8g/100g	乙醚分子间不能形成氢键，沸点低。但乙醚和正丁醇均可与水形成分子间氢键，水中溶解度与正丁醇相当
正丁醇	117.3	约 8g/100g	正丁醇分子间可形成氢键，沸点高。正丁醇和乙醚均可与水形成分子间氢键，水中溶解度与乙醚相当
四氢呋喃	67	∞	环状分子中氧原子更加突出在外，极性更强。也更容易与水形成氢键

10.4.2　醚的波谱特征

在红外光谱中，醚 C—O 键的伸缩振动吸收峰具有诊断价值。烷基醚 ν_{C-O}：1060～1150cm^{-1}；芳基或烯基醚 ν_{C-O}：1200～1275cm^{-1}。在 ^{1}H NMR 谱图中，醚分子中与氧相连的甲叉基质子的 δ_H＝3.4～4.0。图 10-1 和图 10-2 分别是正丙醚的 IR 和 ^{1}H NMR 谱图。

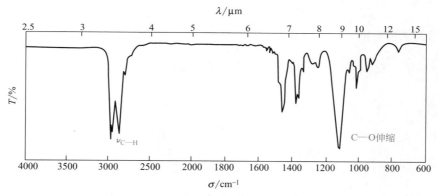

图 10-1　正丙醚的 IR 谱图（液膜）

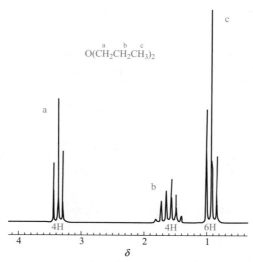

图 10-2　正丙醚的 ^{1}H NMR 谱图（90MHz，CDCl$_3$）

练习题 根据 ^{1}H NMR 数据，给出分子式为 $C_5H_{12}O$ 的下列醚的结构式：

(1) ^{1}H NMR 谱中，所有的峰均为单峰；

(2) ^{1}H NMR 谱中，除含有其他质子峰外，只有一个双峰；

(3) ^{1}H NMR 谱中，除含有其他质子峰外，在较低场中具有一个单峰，还有一个双峰；

(4) ^{1}H NMR 谱中，除含有其他质子峰外，在较低场中具有一个四重峰，还有一个三重峰。

10.5 醚和环氧化合物的化学性质

醚的化学性质相对不活泼。一般情况下，醚与碱、氧化剂、还原剂均
不发生反应。醚分子中不含活泼氢，故不与金属钠反应，因此可用金属钠
来干燥醚。

醚的化学性质

醚具有弱碱性，可与浓的强酸形成锌盐，甚至可发生醚键的断裂。五元以上的环醚性
质与醚相似，但小分子环醚如环氧化合物由于存在较大的分子内张力，易发生开环加成
反应。

10.5.1 锌盐的生成

醚的氧原子上有孤对电子，可接受质子，具有弱碱性，其 $pK_b \approx 17.5$，遇无机强酸可
形成锌盐：

$$R-\overset{..}{\underset{..}{O}}-R' + 浓\ HCl\ (或浓\ H_2SO_4) \longrightarrow R-\overset{+}{\underset{H}{O}}-R' + Cl^-\ (或\ HSO_4^-)$$

$$\text{弱碱} \qquad\qquad \text{强酸} \qquad\qquad\qquad\qquad \text{锌盐}$$

$$\xrightarrow{H_2O} R-\overset{..}{\underset{..}{O}}-R' + H^+$$

锌盐必须在浓盐酸、浓硫酸作用下才能生成，因为锌盐在浓的无机强酸中才能稳定存
在。锌盐遇水时迅速水解，生成原来的醚。利用此性质可分离提纯醚。

醚的氧原子上有孤对电子，是 Lewis 碱，因而可以和 Lewis 酸形成络合物：

$$R-\overset{..}{\underset{..}{O}}-R' + \begin{array}{l} BF_3 \\[20pt] AlCl_3 \\[20pt] R''MgX \end{array} \longrightarrow \begin{array}{l} \overset{R}{\underset{R'}{O}} \rightarrow BF_3 \\[14pt] \overset{R}{\underset{R'}{O}} \rightarrow AlCl_3 \\[14pt] \overset{R}{\underset{R'}{O}} \rightarrow \overset{R''}{\underset{X}{Mg}} \leftarrow \overset{R}{\underset{R'}{O}} \end{array}$$

$$\text{Lewis 碱} \qquad \text{Lewis 酸} \qquad \text{Lewis 酸碱络合物}$$

10.5.2 酸催化碳氧键断裂

加热条件下，醚与 HI、HBr 作用时，可使醚键断裂，生成碘代烷或溴代烷。这个反应

曾经在有机分析中用来测定样品中甲氧基的含量，被称为 Zeisel 法（蔡塞尔法）。

$$R—\ddot{\underset{\cdot\cdot}{O}}—CH_3 + HI \xrightarrow[\text{定量反应}]{\triangle} CH_3I + ROH$$
$$\downarrow AgNO_3$$
$$\longrightarrow AgI(\text{黄色沉淀})$$
可准确称量

伯烷基醚只能与 HI 或 HBr 作用，按 S_N2 机理进行：

$$CH_3CH_2CH_2—\ddot{\underset{\cdot\cdot}{O}}—CH_3 \xrightarrow{H^+} CH_3CH_2CH_2—\overset{+}{\underset{\underset{H}{|}}{O}}—CH_3 \xrightarrow{S_N2} CH_3CH_2CH_2OH + CH_3I$$

易变形，亲核性强

甲基丙基醚　　　　　　　　质子化的醚，α-C更正　空间位阻小

$$\xrightarrow[S_N2]{\text{过量HI}} CH_3CH_2CH_2I$$

叔烷基醚在酸（H_2SO_4、HCl 等）催化下发生碳氧键断裂时，按 S_N1 机理进行。例如：

$$CH_3-\overset{\overset{\displaystyle CH_3}{|}}{\underset{\underset{\displaystyle CH_3}{|}}{C}}-O-CH_3 \xrightarrow{H^+} CH_3-\overset{\overset{\displaystyle CH_3}{|}}{\underset{\underset{\displaystyle CH_3}{|}}{C}}-\overset{+}{\underset{\underset{H}{|}}{O}}-CH_3 \xrightarrow{-HOCH_3} CH_3-\overset{\overset{\displaystyle CH_3}{|}}{\underset{\underset{\displaystyle CH_3}{|}}{\overset{+}{C}}} \xrightarrow{Cl^-} CH_3-\overset{\overset{\displaystyle CH_3}{|}}{\underset{\underset{\displaystyle CH_3}{|}}{C}}-Cl$$

叔丁基甲基醚　　　　　　　　　　　　　　$3°$ C^+

$$\xrightarrow{-H^+} CH_2=C(CH_3)_2$$

在有机合成中，可利用叔丁醚易在酸催化下发生醚键断裂的性质，保护醇羟基（参见本章 10.3.3.1）。

芳基醚发生碳氧键的断裂时，醚键总是在脂肪烃基一侧断裂。这是因为芳醚的氧原子上的孤对电子可与芳环发生多电子 p-π 共轭，使连接芳环的碳氧键带有部分双键的性质。例如：

$$\text{（苯基）}—\ddot{\underset{\cdot\cdot}{O}}—CH_3 \xrightarrow[70\sim80℃，100\%]{NaI，AlCl_3} \text{（苯基）}—OH + CH_3I$$

甲基苯基醚　　具有部分的双键性质

$$\text{（萘基）}—\ddot{\underset{\cdot\cdot}{O}}—C_2H_5 \xrightarrow[95\%]{KI，H_3PO_4} \text{（萘基）}—OH + C_2H_5I$$

2-乙氧基萘（优先推荐）　　　　　　萘-2-酚
（乙基）(萘-2-基) 醚

10.5.3 环氧化合物的开环反应

环氧化合物与一般的醚不同，其分子内存在较大的环张力，易与 H_2O、ROH、NH_3、RNH_2、HX 等反应生成开环产物。反应既可在酸催化下进行，也可在碱催化下进行。

环氧化合物

（1）酸催化下开环加成　环氧化合物在酸催化下进行开环反应，生成 2-取代乙醇。例如：

$$H_2\overset{\delta^+}{C}—\overset{\delta^+}{CH_2} + \begin{Bmatrix} \overset{\delta^+}{H}|\overset{\delta^-}{OH} \\ H|OC_2H_5 \\ H|Br \end{Bmatrix} \xrightarrow{H^+}$$

$$\underset{\underset{\displaystyle O}{\overset{\displaystyle |}{\underset{\delta^-}{}}}}{}$$

$$\overset{\overset{\displaystyle CH_2—CH_2}{}}{\underset{\underset{\displaystyle OH}{|}\ \underset{\displaystyle \overset{+}{O}H_2}{}}{}} \xrightarrow{-H^+} HO—CH_2—CH_2—OH$$
乙二醇

$$\overset{\overset{\displaystyle CH_2—CH_2}{}}{\underset{\underset{\displaystyle OH}{|}\ \underset{\displaystyle H\overset{+}{O}C_2H_5}{}}{}} \xrightarrow{-H^+} HO—CH_2—CH_2—OC_2H_5$$
2-乙氧基乙醇
（乙二醇单乙醚）

$$HO—CH_2—CH_2—Br$$
2-溴乙醇

不对称的环氧化合物在酸催化条件下，在取代基较多的碳原子上引入新的基团。例如：

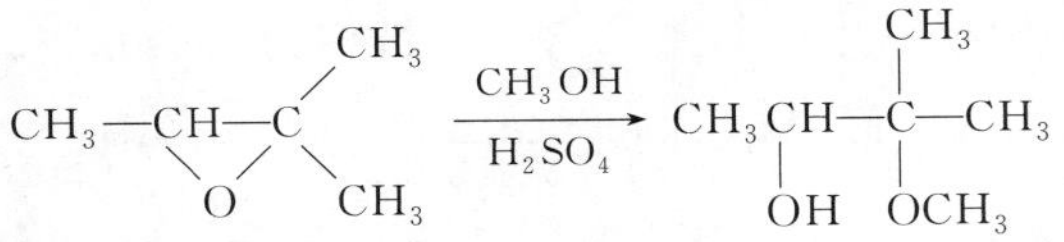

2,2,3-三甲基氧杂环丙烷　　　　3-甲氧基-3-甲基丁-2-醇
或者：2-甲基-2,3-氧桥丁烷　　　3-methoxy-3-methylbutan-2-ol

　　造成这种反应取向的原因是氧原子的质子化使碳氧键削弱，环碳原子带有一定的正电荷。而正电荷在取代基较多的碳上分散程度更大、更加稳定，导致亲核试剂（Nu⁻）从氧原子的背面进攻取代基较多的环碳原子。这个结果与 S_N1 有类似之处，即考虑 C^+ 的稳定性：

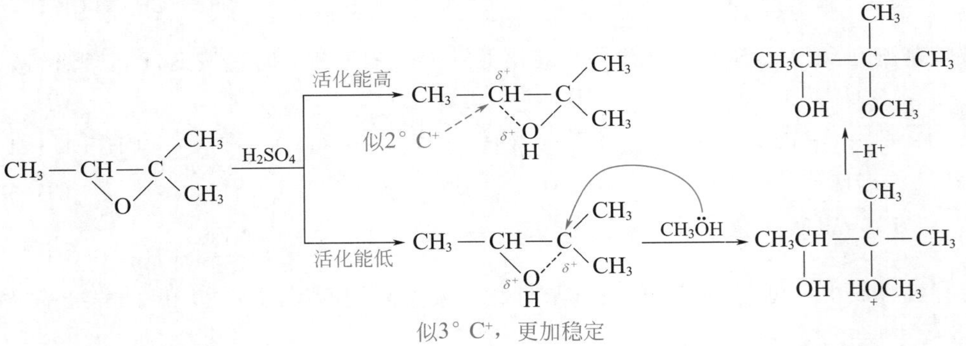

　　（2）碱催化下开环加成　　一般情况下，醚对碱稳定，但环氧化合物却在碱性条件下发生开环反应。如：

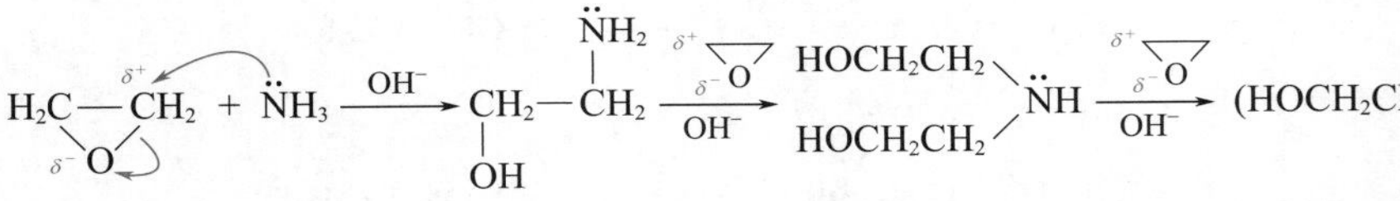

2-氨基乙醇　　　　　　2,2′-氨叉基二乙醇　　　2,2′,2″-氨爪基三乙醇
(中文俗名为：一乙醇胺)　　　（二乙醇胺）　　　　　（三乙醇胺）
　　　　　　　　　　　　　　　　　　　　　　　（精细化学品中常用有机碱）

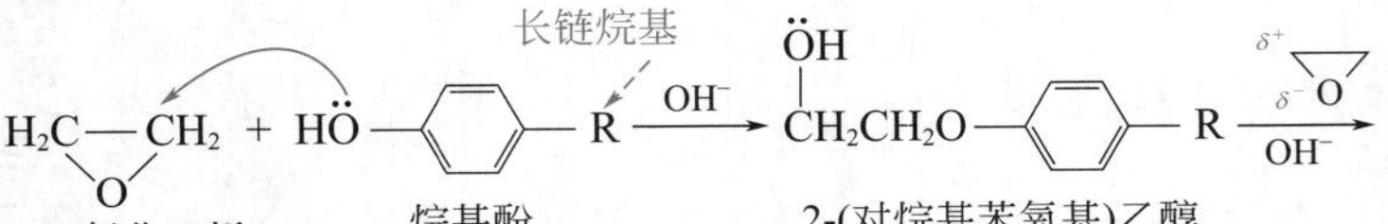

氧化乙烯　　烷基酚　　　　　　　2-(对烷基苯氧基)乙醇

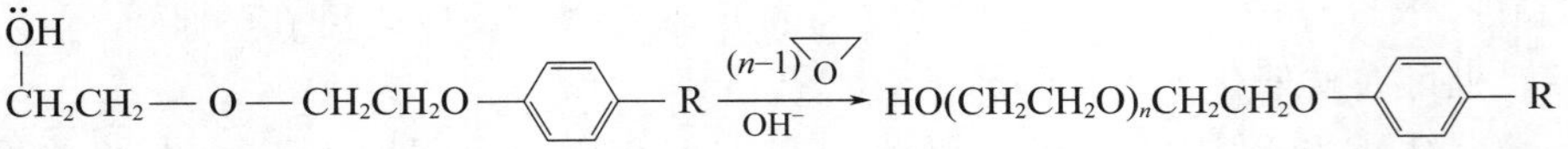

烷基酚聚氧乙烯醚 (行业习惯命名)
(一种非离子表面活性剂)

　　不对称环氧化合物在碱催化条件下的开环加成反应是按照 S_N2 机理进行的，在取代基较少、空间位阻较小的碳原子上引入新的取代基。例如：

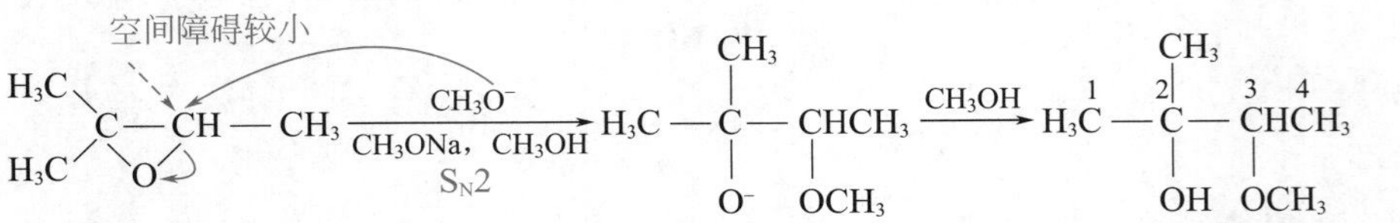

3-甲氧基-2-甲基丁-2-醇

10.5.4 环氧化合物与 Grignard 试剂的反应

环氧乙烷与 Grignard 试剂发生 S_N2 反应，得到多两个碳的伯醇。例如：

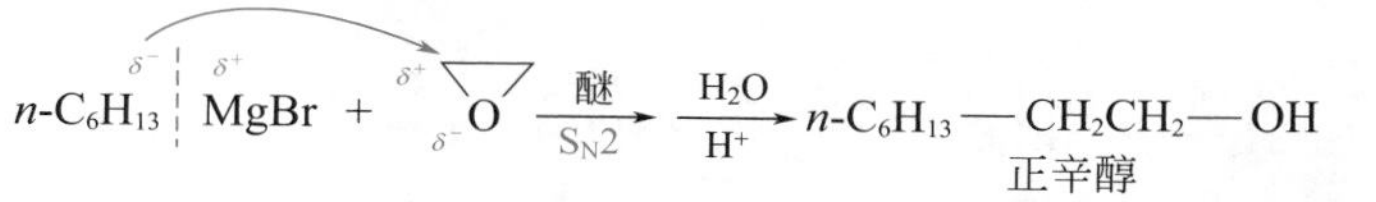

$$n\text{-}C_6H_{13}-\!\!-MgBr + \underset{\delta^-}{\overset{\delta^+}{O}} \xrightarrow[S_N2]{\text{醚}} \xrightarrow[H^+]{H_2O} n\text{-}C_6H_{13}-CH_2CH_2-OH$$

正辛醇
(比 $n\text{-}C_6H_{13}Br$ 多两个碳原子的伯醇)

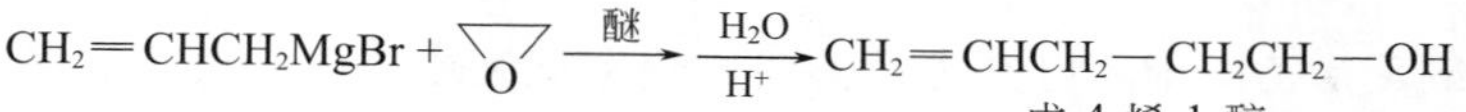

$$CH_2\!=\!CHCH_2MgBr + \overset{O}{\triangle} \xrightarrow{\text{醚}} \xrightarrow[H^+]{H_2O} CH_2\!=\!CHCH_2-CH_2CH_2-OH$$

戊-4-烯-1-醇

不对称环氧化合物与 Grignard 试剂反应时，Grignard 试剂中的 R^- 进入空间位阻较小的环碳原子上。例如：

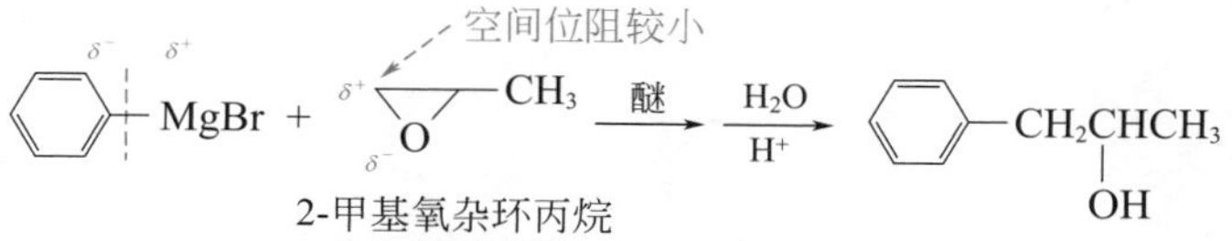

空间位阻较小

$$\underset{\delta^-}{\overset{\delta^+}{\bigcirc}}-MgBr + \underset{\delta^+}{O}\!\!-CH_3 \xrightarrow{\text{醚}} \xrightarrow[H^+]{H_2O} \bigcirc-CH_2CHCH_3$$
$$\qquad\qquad\qquad\qquad\qquad\qquad\qquad\qquad OH$$

2-甲基氧杂环丙烷
1,2-氧桥丙烷

10.5.5 Claisen 重排

烯丙基苯基醚及其类似物在加热时，经六元环状过渡态，生成邻烯丙基酚或邻烯丙基酮的重排反应，称为 Claisen（克莱森）重排。例如：

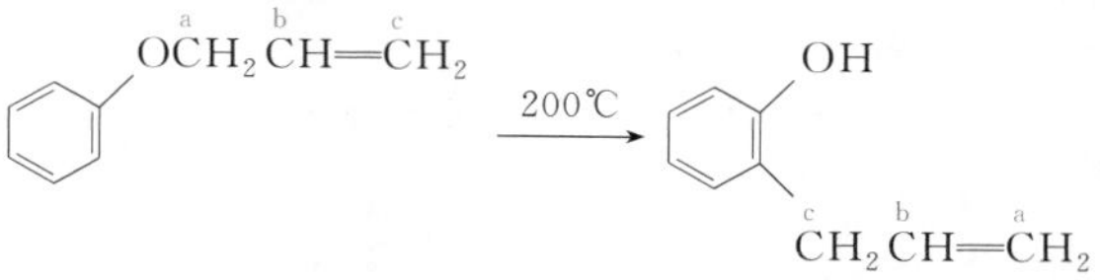

烯丙基苯基醚
allyl phenyl ether

邻烯丙基苯酚

Claisen 重排属于周环反应，反应过程中不形成任何活性中间体，而是通过电子迁移形成六元环状过渡态，一步完成：

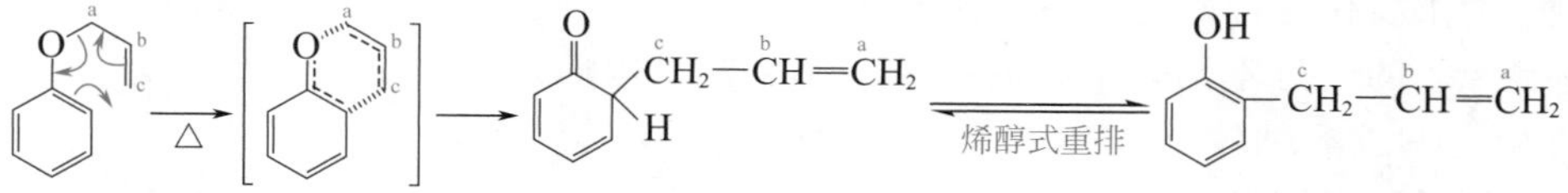

烯丙基苯基醚　六元环状过渡态

邻烯丙基苯酚

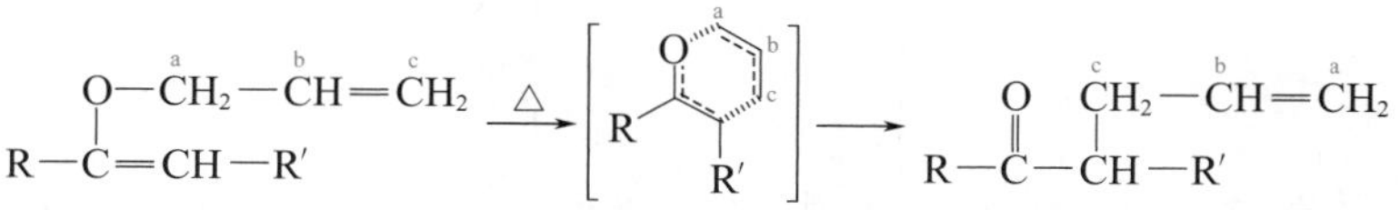

烯丙基醚　　六元环状过渡态　　α-烯丙基酮

若苯基烯丙基醚的两个邻位已有取代基，则重排发生在对位：

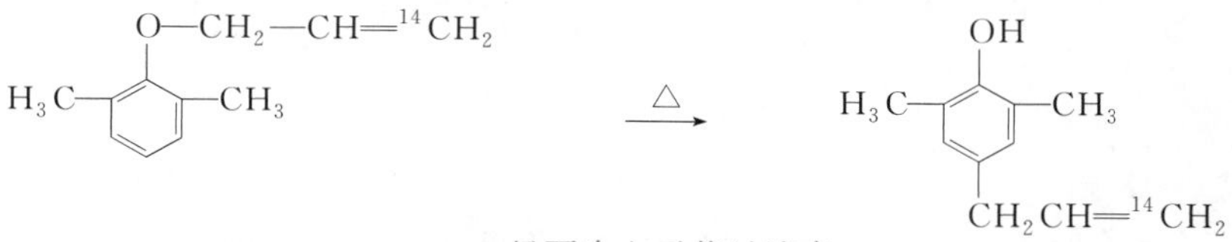

经两次六元状过渡态

10.5.6 过氧化物的生成

醚的 α-H 很容易被氧化而产生过氧化物：

来自空气

$$CH_3CH_2-O-CH_2CH_3 + O_2 \longrightarrow CH_3CH_2-O-\overset{\overset{\displaystyle O-O-H}{|}}{CHCH_3}$$

α-H，易发生自由基氧化

1-乙氧基-1-过羟基乙烷(原称：过氧化乙醚)

(受热易爆炸！)

所以，使用或蒸馏乙醚前，必须先用淀粉碘化钾试纸或硫氰亚铁稀溶液检查是否含有过氧化物。如果乙醚中含有过氧化物，可用 5％ $FeSO_4$、5％ $NaHSO_3$、5％ NaI 等还原剂洗涤除去。贮存乙醚时，应使用棕色玻璃瓶，同时在乙醚中加入少量抗氧剂（如铁丝、对苯二酚等），防止乙醚氧化生成过氧化乙醚。

10.6 冠醚

冠醚（crown ether）是大环多元醚类化合物，由于最初合成的冠醚形似皇冠而得名，它们的结构特征是环状分子中含有多个—OCH_2CH_2—单元。冠醚的命名以 "m-冠-n" 表示，m 为环中所有的原子个数，n 为环中氧原子个数。例如：

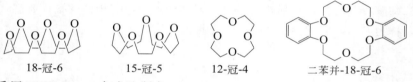

18-冠-6　　　　15-冠-5　　　　12-冠-4　　　　二苯并-18-冠-6

冠醚可采用 Williamson 合成法制备：

$$\xrightarrow{\text{KOH, THF}}_{\triangle, 18h}$$

18-冠-6

冠醚的重要化学特性之一是它具有空腔结构，可与某些金属离子形成配合物。不同冠醚分子中氧原子的数目不同，中间的空隙大小不同，因而可以容纳大小不同的金属离子。例如，12-冠-4 只能容纳较小的 Li^+，而 18-冠-6 则可以容纳较大的 K^+，因此冠醚可以被用来分离金属离子，特别是分离稀土金属离子。

冠醚的另一个用途是作为相转移催化剂，使非均相反应能够顺利进行，而且有很高的产率。例如：

$$\text{环己烯} + KMnO_4 \xrightarrow[\text{苯/水，约100\%}]{\text{二环己烷并-18-冠-6}} HOOC(CH_2)_4COOH$$

环己烯　　　　　　　　　　　　　　　　　　　　　己二酸

不溶于水　　　溶解于水中，不溶于苯

二环己烷并-18-冠-6 可以将 K^+ 包合在分子中间，形成一个外层被非极性基团包围着的正离子，这个正离子便可以带着负离子 MnO_4^- 一起进入不溶于水的有机相，使得 MnO_4^- 与环己烯顺利地进行反应。

冠醚与金属离子这种关系叫作主-客体的关系，冠醚为主体，金属离子为客体。这种一个主体只能与某一特定客体相互作用的专一性称为分子识别（molecular recognition）。酶以及许多生物分子作用的专一性是由分子识别所致。主客体化学在催化、分子或离子的分离、环境科学以及生命科学等方面的应用研究具有极其深远的意义。

冠醚有一定毒性，价格较贵，使用后回收较难，其应用受到一定限制。

本章精要速览

（1）分子中含有醚键（C—O—C）的化合物叫作醚。醚分子中两个烃基相同的称为单纯醚，两个烃基不同的称为混合醚，氧原子与二价烃基相连的称为环醚。三元环醚称为环氧化合物。

（2）醚的命名：简单醚常用官能团类别名；复杂醚用取代名，即将 RO—或 ArO—当作取代基，以烃为母体氢化物。环醚可按杂环化合物命名，也可用前缀"氧桥"来形容其结构特征。

（3）Williamson 合成法（RONa＋R'X $\longrightarrow$ ROR'＋NaX）特别适用于制备混合醚，也可用来制备单纯醚。Williamson 法不能用叔卤烷作原料制醚，因叔卤烷在碱性条件下易消除，只能得到烯烃。

（4）醚对碱、还原剂、氧化剂稳定，与浓的无机强酸生成镁盐，与 HI 或 HBr 反应，使醚键断裂。

（5）环氧化合物分子中存在"弯曲键"，环张力大，易开环反应。酸性条件下，开环反应取向考虑碳正离子稳定性；碱性条件下或与 Grignard 试剂反应时，开环反应取向考虑空间障碍的大小。

（6）醚和环氧化合物的制法及性质见"醚的制备及化学性质小结"和"环氧化合物的制备及化学性质小结"。

醚的制备及化学性质小结

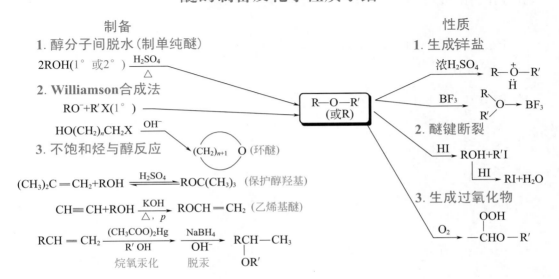

环氧化合物的制备及化学性质小结

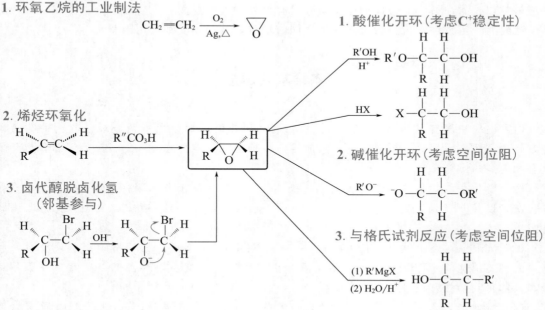

制备

1. 环氧乙烷的工业制法

$$CH_2=CH_2 \xrightarrow[Ag,\triangle]{O_2} \triangle O$$

2. 烯烃环氧化

3. 卤代醇脱卤化氢
   （邻基参与）

性质

1. 酸催化开环（考虑 C$^+$ 稳定性）

2. 碱催化开环（考虑空间位阻）

3. 与格氏试剂反应（考虑空间位阻）

习　题

1. 完成下列反应式。

(1) $CH_3I + NaOCH_2CH_2CH_3 \longrightarrow ?$

(2) $CH_3CH_2CH_2Cl + CH_3\overset{\underset{\displaystyle ONa}{|}}{CH}-CH_2CH_3 \longrightarrow ?$

(3) $CH_3\overset{\underset{\displaystyle CH_3}{\overset{\displaystyle CH_3}{|}}}{\underset{|}{C}}-Cl + NaOCH_2CH_2CH_3 \longrightarrow ?$

(4) $CH_3CH_2\overset{\underset{\displaystyle OH}{|}}{CH}CH_2Br \xrightarrow{NaOH} ?$

(5) 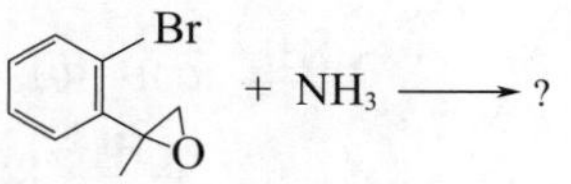
$$\text{（邻溴苯基环氧丙烷）} + NH_3 \longrightarrow ?$$

(6) 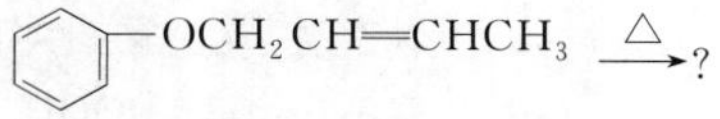 $C_6H_5-OCH_2CH=CHCH_3 \xrightarrow{\triangle} ?$

(7) $CH_3-\overset{\underset{\displaystyle }{\overset{\displaystyle OC_2H_5}{|}}}{C}=CH-CH_3 + H_2O \xrightarrow[\triangle]{HBr} ?$

2. 下列各醚与氢碘酸反应，生成什么产物？

(1) $CH_3OCH_2CH_2CH_2CH_3 \xrightarrow{\text{HI (1mol)}}$?

(2) $\underset{\overset{|}{OCH_3}}{CH_3CHCH_2CH_2CH_3} \xrightarrow{\text{HI（过量）}}$?

(3) $CH_3O-CH_2-\underset{\overset{|}{CH_3}}{CH}-CH_2CH_3 \xrightarrow{\text{HI（过量）}}$?

3. 1,2-氧桥丙烷分别与下列试剂反应，各生成什么产物？

(1) CH_3OH，H^+　　　　　　(2) CH_3OH，CH_3ONa　　　　　　(3) HCl

(4) ①C_2H_5MgBr；②H^+，H_2O　　(5) ① $HC\equiv CNa$；②H^+，H_2O

4. 下列化合物的沸点随分子量的增加而降低，请解释。

化合物	(1) $HOCH_2CH_2OH$	(2) $HOCH_2CH_2OCH_3$	(3) $CH_3OCH_2CH_2OCH_3$
沸点/℃	197	125	84

5. 在 3,5-二氧杂环己醇（结构图）的稳定椅式构象中，羟基处在 a 键的位置。请解释。

6. 由指定原料合成下列化合物。

(1) 乙烯，甲醇 $\longrightarrow CH_3OCH_2CH_2OCH_3$，$CH_3O(CH_2CH_2O)_3CH_3$

(2) 乙烯 $\longrightarrow (HOCH_2CH_2)_3N$

(3) 丙烯 $\longrightarrow$ 异丙醚

(4) 溴苯，乙醇 $\longrightarrow$（乙基）(2,4-二硝基苯基)醚

(5) 乙烯 $\longrightarrow$ 正丁醚

(6) 苯甲醇，乙醇 $\longrightarrow C_6H_5CH_2CH_2CH_2OC_2H_5$

7. 用简单的化学方法分离下列各组化合物。

(1) 乙醚中混有少量乙醇

(2) 异戊烷、戊-1-炔、1-甲氧基戊-3-醇

8. 某化合物分子式为 $C_6H_{14}O$，常温下不与金属钠作用，和过量的浓氢碘酸共热时生成碘代烷，此碘代烷与氢氧化银作用则生成丙-乙-醇。试推测此化合物的结构，并写出反应式。

9. 化合物 A 的分子式为 C_7H_8O，不与金属钠反应，但能与浓氢碘酸作用生成 B 和 C 两个化合物。B 能溶于 NaOH，并与 $FeCl_3$ 作用呈现紫色。C 能与 $AgNO_3$ 溶液作用，生成黄色碘化银。试推测 A、B、C 的结构。

10. 一个未知物的分子式为 C_2H_4O，它的红外光谱图中 $3600\sim3200cm^{-1}$ 和 $1800\sim1600cm^{-1}$ 处都没有峰，试问化合物的结构如何？

11. 化合物 A 的分子式为 $C_6H_{14}O$，其 ^1H NMR（$CDCl_3$，300MHz）数据如下：$\delta=3.64$（多重峰，2H），$\delta=1.13$（双重峰，12H），试写出其构造式。

12. 某化合物分子式为 C_3H_6O，无明显的 UV 吸收，IR 光谱在 $1080cm^{-1}$ 处有吸收；^1H NMR：$\delta=4.75$（三重峰，4H）、$\delta=2.75$（五重峰，2H），$J=7.1Hz$。

第 11 章 ｜ 醛、酮和醌

醛（aldehyde）和酮（ketone）的官能团都是羰基（$\diagup C{=}O$），统称为羰基化合物。

（或H）R—C—H
醛

醛基

R—C—R′
酮

两个R可以相同，
也可不同

醌（quinone）是具有共轭体系的环己二烯二酮类化合物。虽然可以芳环命名，但醌已不具有芳环的构造，因而不具有芳香性。

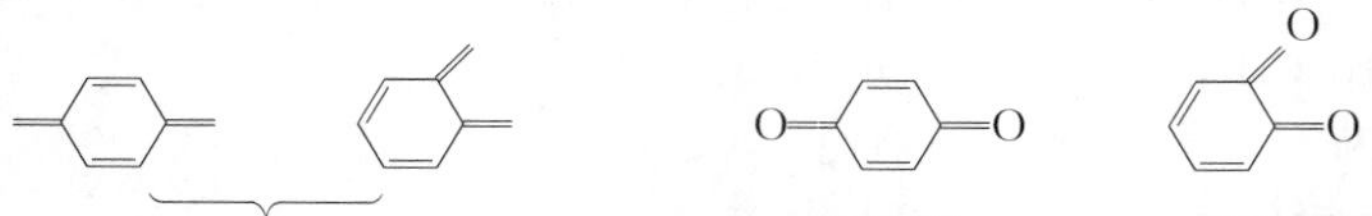

醌型构造　　　　　　对苯醌　　　　邻苯醌

11.1 醛和酮的分类和命名

醛和酮的分类、
命名和结构

11.1.1 醛和酮的分类

根据烃基的不同，将醛、酮分为：脂肪族醛、酮，芳香族醛、酮；饱和醛、酮，不饱和醛、酮。

根据醛、酮分子中羰基的个数，可分为：一元醛、酮，二元醛、酮等。

根据酮羰基所连的两个烃基是否相同，分为：单（纯）酮和混（合）酮。

11.1.2 醛和酮的命名

11.1.2.1 官能团类别名

醛的官能团类别名与醇相似。酮的官能团类别名与醚相似，即按照羰基所连接的两个烃基命名。例如：

CH₃CH₂CH₂CHO
正丁醛
n-butylaldehyde

$\overset{CH_3}{\underset{}{CH_3CHCHO}}$
异丁醛
isobutylaldehyde

$\overset{O}{\underset{}{CH_3CCH_2CH_3}}$
乙基甲基酮
ethyl methyl ketone

$\overset{O}{\underset{}{CH_3-C-CH=CH_2}}$
甲基乙烯基酮
methyl vinyl ketone

11.1.2.2 取代名

选择含有羰基的最长碳链作为主链，以"醛"或者"酮"作为后缀。从靠近羰基的一端开始编号，用阿拉伯数字标明取代基和羰基的位次并遵循最低位次组原则，简单的一元醛一般不需要标明羰基的位次。例如：

CH₃CHCH₂CHO
  |
  CH₃

3-甲基丁醛
3-methylbutanal

CH₃CH=CHCHO

丁-2-烯醛（巴豆醛）
but-2-enal

2-甲基戊-3-酮
2-methylpentan-3-one

4-甲基戊-2-酮
4-methylpentan-2-one

也可用希腊字母表示取代基的位置。例如：

3-苯基丙烯醛；β-苯基丙烯醛
3-phenylacrylaldehyde
肉桂醛（cinnamaldehyde）

2-苯基丙醛；α-苯基丙醛
2-phenylpropanal

分子中同时含有醛羰基和酮羰基时，以醛作为主体化合物（后缀）：

4-氧亚基戊醛
4-oxopentanal

4-乙酰基苯甲醛
4-acetylbenzaldehyde

11.2 醛和酮的结构

羰基中的碳原子和氧原子均为 sp² 杂化，故羰基为平面构型，键角接近 120°。图 11-1 是甲醛的分子结构，其他醛酮中的羰基具有类似的结构。

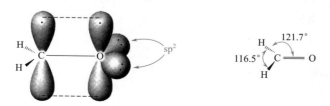

图 11-1 甲醛的分子结构

由于氧的电负性较大，羰基中氧原子上的电子云密度较大：

极性分子，有偶极矩　　7.57×10⁻³⁰C·m　　9.50×10⁻³⁰C·m

11.3 醛和酮的制法

11.3.1 醛和酮的工业合成

11.3.1.1 低级伯醇和仲醇的氧化和脱氢

伯醇和仲醇的蒸气在高温下通过活性铜催化剂的表面时，可发生脱氢反应，得到醛和酮。该过程为催化氢化反应的逆过程，产品纯度高。

由于反应是吸热的，生产中常通入一定量的空气，其中的氧与反应生成的氢气结合成水，利用水的生成热供给脱氢反应。故此法又叫作氧化脱氢法（详见第九章 9.5.6.2）。

11.3.1.2 羰基合成

该法可由 α-烯烃合成多一个碳的醛，反应在加热、加压的条件下进行，是工业上合成低级醛和低级伯醇的方法之一（参见第 9 章 9.3.1.1）。

11.3.1.3 芳烃的氧化

甲基直接与芳环相连时，可被氧化成醛基。例如，甲苯用铬酰氯、铬酐等氧化或催化氧化则生成苯甲醛：

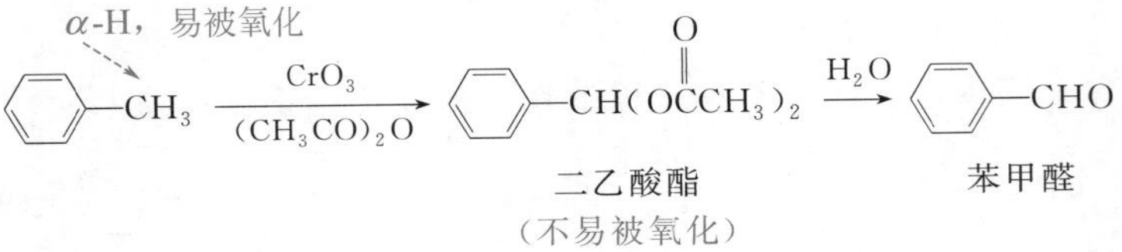

$$\alpha\text{-H，易被氧化}$$

二乙酸酯（不易被氧化） 苯甲醛

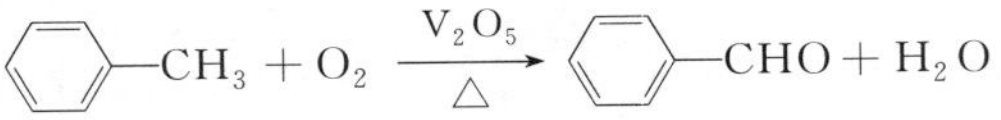

乙苯用空气氧化可得苯乙酮：

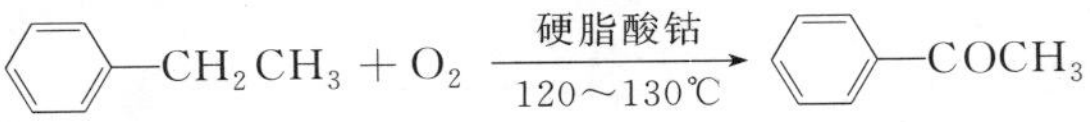

11.3.2 伯醇和仲醇的氧化

伯醇很容易被 $KMnO_4$ 等强氧化剂氧化成羧酸，使用选择性氧化剂，如 Sarret（萨瑞特）试剂等，可使反应停留在醛的阶段，并且双键不受影响。仲醇氧化得到酮，酮不易进一步被氧化。详见第 9 章 9.5.6。

11.3.3 羧酸衍生物的还原

Rosenmund（罗森门德）还原，用 H_2/Pd-BaSO₄ 把酰氯还原到醛

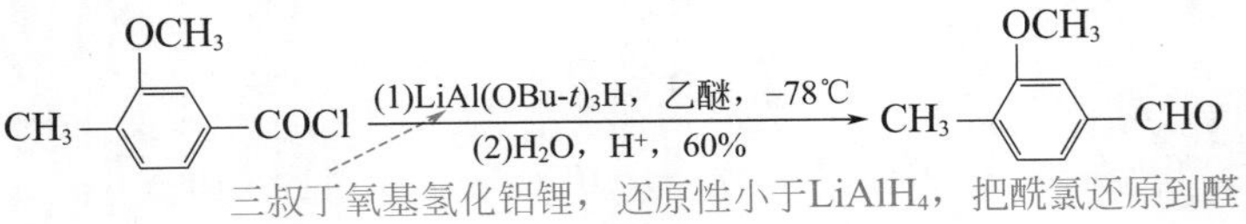

三叔丁氧基氢化铝锂，还原性小于 $LiAlH_4$，把酰氯还原到醛

11.3.4 芳环上的酰基化

（1）Friedel-Crafts 酰基化反应　在 Lewis 酸（如无水 $AlCl_3$、无水 $ZnCl_2$）催化下，芳烃与酸酐或酰氯等酰基化试剂反应，生成芳香酮 [详见第 6 章 6.4.1.1（4）]。

（2）Gattermann-Koch 反应　芳烃与等量的一氧化碳和 HCl 的混合气体在 Lewis 酸（常用无水 $AlCl_3$ 与 Cu_2Cl_2 的混合物）存在下，发生甲酰化反应生成相应的芳香醛，由苯或

烷基苯制芳香醛［详见第 6 章 6.4.1.1（5）］。

11.3.5 同碳二卤化物水解

在光和热的作用下，用卤素或 NBS 与甲苯及其衍生物反应生成同碳二卤化物，水解后生成醛或酮。该法一般主要用于制备芳香族醛、酮。例如：

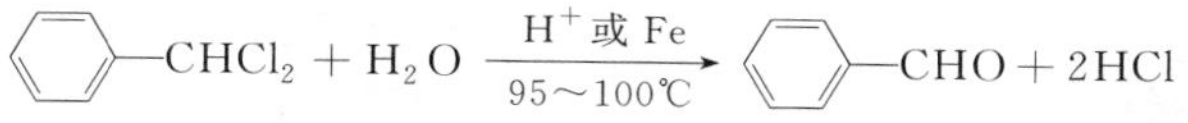
CHCl2 + H2O
H+或 Fe
95～100℃
CHO + 2HCl

二氯甲基苯　　苯甲醛（约 85%）

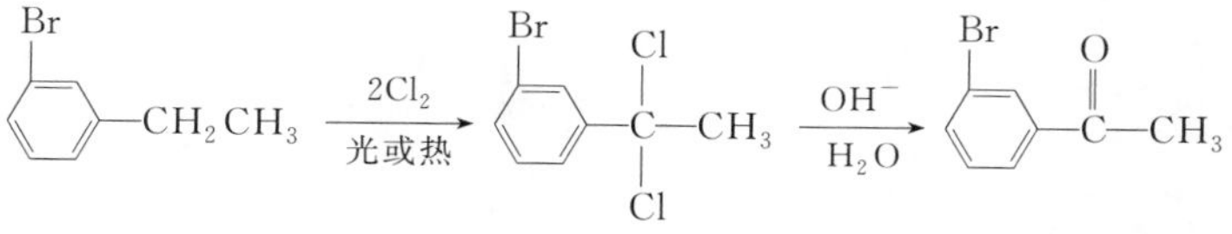
Br
CH2CH3
2Cl2
光或热
Cl
C
CH3
OH−
H2O
O
C—CH3

间溴乙苯　　1-溴-3-(1,1-二氯乙基)苯　　1-(3-溴苯基)乙酮(优先推荐)
间溴苯乙酮

11.3.6 炔烃水合

在 $HgSO_4$-H_2SO_4 催化下，炔烃与水发生加成反应，生成羰基化合物。乙炔水合得到乙醛，其他炔烃水合都生成酮［详见第 3 章 3.5.2.3（2）］。

$$\underset{(或\ H)}{R}C\equiv CH \xrightarrow[稀\ H_2SO_4,\ HgSO_4]{H_2O} \underset{(或\ H)}{R}\overset{O}{\overset{\|}{C}}-CH_3$$

11.3.7 其他方法

戊二醛（glutaraldehyde）是一种优良的皮革和毛皮鞣剂，也是很强的消毒杀菌剂。其制法如下：

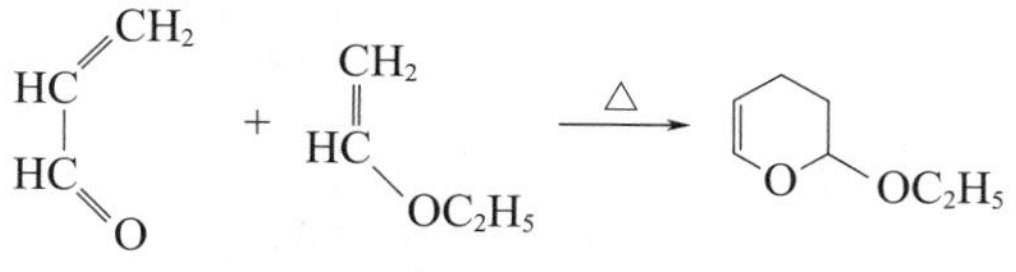
CH2
HC
HC
O
+
CH2
HC
OC2H5
△
O
OC2H5

丙烯醛　　乙基乙烯基醚　　2-乙氧基-3,4-二氢-2H-吡喃
（双烯体）　　（亲双烯体）　　（环状缩醛）

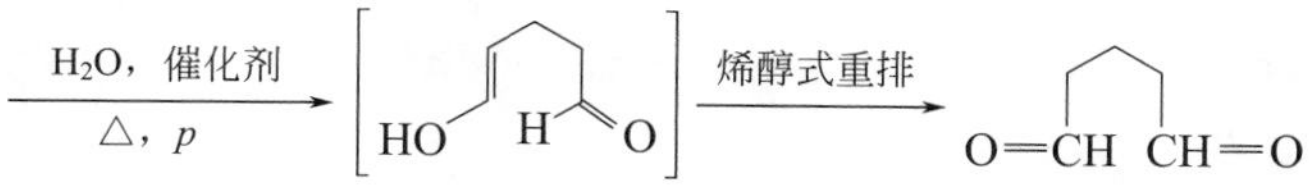
H2O，催化剂
△，p
HO
H
O
烯醇式重排
O=CH CH=O

戊二醛

采用特殊催化剂，可使水解反应在常压下进行。

11.4 醛和酮的物理性质及波谱特征

11.4.1 醛和酮的物理性质

（1）物态　室温下除甲醛是气体外，12 个碳原子以下的醛、酮都是液体；高级醛、酮为固体。低级脂肪醛有强烈刺激气味，但 $C_8 \sim C_{12}$ 的醛、酮则有花果香味，常用于香料工业。

（2）沸点 由于羰基有极性，醛、酮的沸点高于分子量相近的醚和烃；但醛、酮分子间不能形成氢键，因此醛、酮的沸点低于相应的醇。例如：

化合物	分子量	沸点/℃	化合物	分子量	沸点/℃
$n\text{-}C_4H_{10}$	58	-0.5	$C_6H_5\text{—}C_2H_5$	106	136
$CH_3OC_2H_5$	60	8	$C_6H_5\text{—}CHO$	106	179
C_2H_5CHO	58	52	$C_6H_5\text{—}CH_2OH$	108	205
CH_3COCH_3	58	56	$p\text{-}CH_3C_6H_4OH$	108	202
$C_2H_5CH_2OH$	60	97			

（3）溶解度 因为醛、酮可与水形成氢键，脂肪族低级醛、酮在水中有相当大的溶解度。甲醛、丙酮能与水混溶，高级醛、酮和芳香族醛、酮微溶或不溶于水。醛、酮都能溶解于有机溶剂中，丙酮本身就是一个很好的有机溶剂，能够溶解许多有机化合物。

一些常见醛、酮的物理常数见表 11-1。

表 11-1 一些常见醛、酮的物理常数

名称	熔点/℃	沸点/℃	相对密度(d_4^{20})	溶解度/(g/100g 水)	折射率(n_D^{20})
甲醛	-92	-21	$0.815(-20℃)$	易溶	—
乙醛	-121	21	$0.795(-10℃)$	16	1.3316
丙醛	-81	52	0.807	7	1.3646
丁醛	-99	76	0.817	4	1.3843
丙烯醛	-87	53	0.841	易溶	1.4017
苯甲醛	-26	170	1.046	0.33	1.5456
丙酮	-95	56	0.792	∞	1.3588
丁酮	-86	80	0.805	36	1.3788
戊-2-酮	-78	102	0.812	6.3	—
戊-3-酮	-40	101	0.814	4.7	—
环己酮	-45	155	0.947	2.4	1.4507
苯乙酮	21	202	1.026	不溶	1.5339
二苯甲酮	48	306	1.083	不溶	$1.5975(55℃)$

11.4.2 醛和酮的波谱特征

11.4.2.1 醛和酮的 IR 光谱

醛、酮的 C=O 伸缩振动吸收在 $1740 \sim 1680 cm^{-1}$ 之间，强度大，易辨认。酮的 $\nu_{C=O}$ 位于 $1715 cm^{-1}$ 附近；醛的特征吸收除了位于 $1730 cm^{-1}$ 附近的 $\nu_{C=O}$ 外，还有约 $2720 cm^{-1}$

处中等强度尖峰，此峰归属于醛基中 C—H 的伸缩振动吸收（ν_{C-H}）。

醛、酮分子中的 C=O 与苯环或双键共轭时，其 $\nu_{C=O}$ 移向低波数。例如：

化合物	乙醛	苯甲醛	丙酮	环己酮	乙基乙烯基酮	苯乙酮
$\nu_{C=O}/cm^{-1}$	1730	1703	1715	1715	1706	1692

图 11-2 和图 11-3 分别为正辛醛和苯乙酮的红外光谱图。

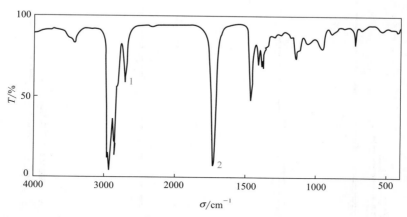

图 11-2　正辛醛的红外光谱图

1—2717cm^{-1}，—CHO 中 C—H 的伸缩振动；2—1729cm^{-1}，—CHO 中 C=O 的伸缩振动

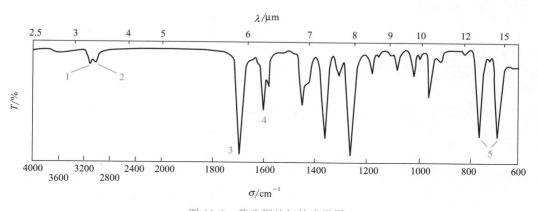

图 11-3　苯乙酮的红外光谱图

1—Ar—H 伸缩振动；2—CH$_3$ 伸缩振动；3—1696cm^{-1}，C=O 伸缩振动；4—1599cm^{-1}、

1583cm^{-1}、1450cm^{-1}，苯环 C=C 伸缩振动；5—761cm^{-1}、691cm^{-1}，单取代苯环 Ar—H 面外弯曲振动

11.4.2.2　醛和酮的 ^{1}H NMR 谱

羰基吸电子诱导效应和各向异性效应综合作用的结果，使得—CHO 中质子 $\delta_H = 9 \sim 10$，醛、酮 α-H 的化学位移通常在 $2 \sim 3$。

$$
\begin{array}{ccc}
\overset{\displaystyle O}{\underset{\displaystyle \|}{R-C-H}} & \overset{\displaystyle O}{\underset{\displaystyle \|}{R-CH_2-C-}} & \overset{\displaystyle O}{\underset{\displaystyle \|}{CH_3-C-}} \\[2mm]
\delta = 9 \sim 10 & \delta \approx 2.3 & \delta \approx 2.1
\end{array}
$$

图 11-4 和图 11-5 分别为丁酮和苯甲醛的 ^{1}H NMR 谱图。

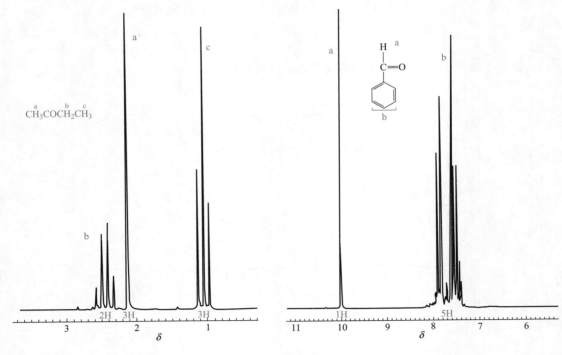

图 11-4 丁酮的 ^{1}H NMR 谱图（90MHz）　　　　图 11-5 苯甲醛的 ^{1}H NMR 谱图（90MHz）

11.5 醛和酮的化学性质

醛、酮的主要反应类型和位点如图 11-6 所示。

图 11-6 醛、酮的主要反应类型和位点

11.5.1 羰基的亲核加成反应概论

醛、酮中的羰基是一个极性不饱和基团，有 π 键，可以发生离子型加成反应。由于氧的电负性较大，羰基碳是高度缺电子的，所以羰基很容易和一系列亲核试剂发生加成反应。例如：

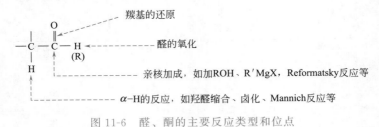

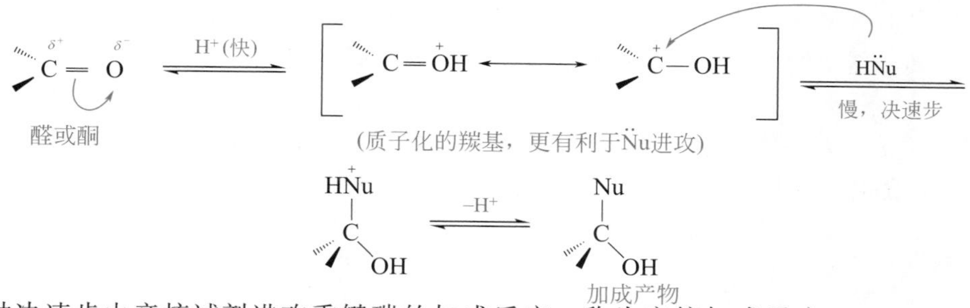

$$\overset{\delta^+}{\underset{\text{醛或酮}}{C}} = \overset{\delta^-}{O} \xrightarrow{\ H^+(\text{快})\ } \left[\overset{+}{C} = \overset{\cdot\cdot}{O}H \longleftrightarrow \overset{+}{C} - \overset{\cdot\cdot}{O}H \right] \underset{\text{慢，决速步}}{\overset{\ H\overset{\cdot\cdot}{N}u\ }{\rightleftharpoons}}$$

（质子化的羰基，更有利于 $\overset{\cdot\cdot}{N}u$ 进攻）

$$\underset{OH}{\overset{H\overset{+}{N}u}{C}} \ \underset{-H^+}{\rightleftharpoons} \ \underset{\underset{\text{加成产物}}{OH}}{\overset{Nu}{C}}$$

这种决速步由亲核试剂进攻重键碳的加成反应，称为亲核加成反应（nucleophilic addition reaction）。

一般情况下，醛、酮不易发生亲电加成反应。这是因为碳失去电子的能力远远没有氧得到电子的能力强，氧负离子比碳正离子更加稳定，醛、酮发生亲核加成反应的活化能比亲电加成更低。

11.5.1.1 亲核加成反应活性

不同的羰基化合物进行亲核加成时反应活性不同。这种差异可从电子效应和空间效应两个方面进行解释。

电子效应：羰基碳原子上电子云密度越小、带的正电荷越多，越有利于亲核加成反应。当羰基碳原子上连有给电子基（如烷基）时，羰基碳原子上电子云密度增加，不利于亲核加成反应。

空间效应：从羰基化合物的亲核加成反应机理可以看出，反应物（醛或酮）分子中的羰基碳原子为 sp^2 杂化，羰基具有平面构型；而氧负离子或加成产物的中心碳原子为 sp^3 杂化，具有四面体构型。在上述转变过程中，增加了空间的拥挤程度，因而羰基碳原子上如果连有较多或较大的基团时，不利于亲核加成反应的进行。

综合电子效应和空间效应两方面的因素，不同的羰基化合物的亲核加成反应活性有下列规律：

① 不同醛、酮的亲核加成反应活性：醛＞酮；脂肪族醛、酮＞芳香族醛、酮。不同结构的醛、酮进行亲核加成反应时，其活性顺序大致为：

$$HCHO > CH_3CHO > ArCHO > CH_3COCH_3 > CH_3COR > RCOR > ArCOAr$$

②羰基碳越正，反应活性越强。例如：

$$p\text{-}NO_2-C_6H_4-CHO > ArCHO > p\text{-}CH_3-C_6H_4-CHO$$

③ 个别例外：$C_6H_5COCH_3 > (CH_3)_3C-CO-C(CH_3)_3$，这是因为叔丁基的空间位阻特别大。

* 11.5.1.2 亲核加成反应的立体化学

由于羰基为平面构型，通常情况下，亲核试剂 Nu^- 从羰基平面的上方及下方进攻羰基的概率相同，所形成的过渡态为对映体，势能相同，反应的活化能和反应速率也相同。因此反应产物立体异构体的量也相同，得到外消旋体：

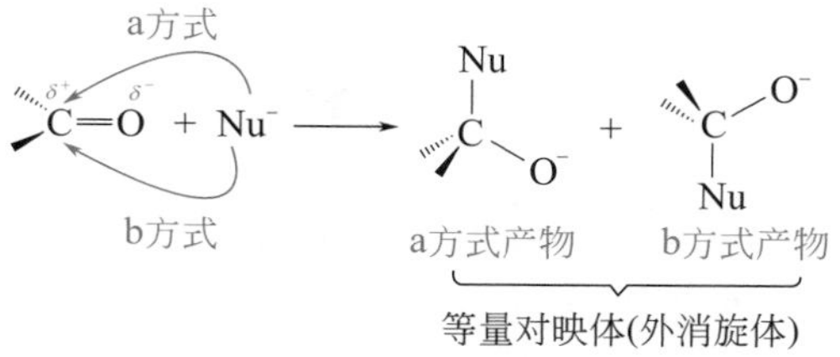

$$\overset{\delta^+}{\underset{b\text{方式}}{\overset{a\text{方式}}{C}}} = \overset{\delta^-}{O} + Nu^- \longrightarrow \underset{\underset{a\text{方式产物}}{O^-}}{\overset{Nu}{C}} + \underset{\underset{b\text{方式产物}}{Nu}}{\overset{O^-}{C}}$$

等量对映体(外消旋体)

但是，当亲核试剂 Nu¯ 具有手性时，从羰基平面的上方和下方进攻所形成的过渡态为非对映体，其势能不同，反应的活化能和反应速率也不同，因此反应产物立体异构体的量也不同。

当羰基的 α-C 为手性碳原子时，羰基平面的上方和下方的空间位阻不同，得到的反应产物立体异构体的量也不同。

思考题 对化合物 来说，亲核试剂是从羰基平面的上方进攻有利，还是从羰基平面的下方进攻有利？

Cram（克拉姆）规则是判断含有不对称 α-碳原子羰基化合物的加成产物的经验规则，由美国化学家 Cram 于 1952 年提出。他认为对羰基碳原子发生加成反应时，主要产物的构型由反应物的优势构象决定，如图 11-7 所示。Cram 规则是不对称合成的基础理论之一。

Cram 规则主要有两条规则：

① 用 L、M、S 分别代表具有手性的 α-C 上连有的大、中、小基团。当反应物无分子内氢键时，羰基一般应该远离 L 而处于 M 和 S 两个基团中间，亲核试剂则主要从空间位阻较小的一侧（S 侧）进攻羰基碳原子。

② 当不对称 α-C 上连有一个可以与羰基氧原子形成分子内氢键的基团（如羟基或氨基）时，则进攻试剂将从含氢键环的空间位阻较小的一侧对羰基进行加成。

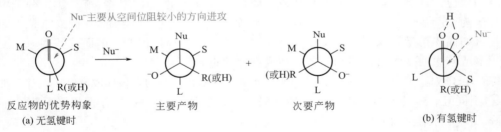

图 11-7　判断醛、酮亲核加成反应产物的 Cram 规则

11.5.2　羰基的亲核加成

11.5.2.1　与水加成

醛、酮的化学性质概述，与醇的加成

水是弱的亲核试剂，其氧原子上的孤对电子可以进攻带正电荷多的或空间位阻小的醛、酮，生成水合物——同碳二元醇。

$$\overset{\delta^-}{\underset{\delta^+}{C}}=O + H_2\ddot{O} \xrightarrow{慢} \underset{O^-}{\overset{\overset{+}{O}H_2}{C}} \xrightleftharpoons{快} \underset{\underset{同碳二元醇}{OH}}{\overset{OH}{C}}$$

甲醛在水中完全以水合物的形式存在，乙醛有 50% 左右的水合物，丙酮在水中则很少以水合物形式存在。

通常，同碳二元醇不稳定，不能从溶液中分离出来。但是醛、酮的烷基上有吸电子基时，羰基碳更正，更加容易发生亲核加成，其水合物稳定性增大，有的可以从水溶液中分离出来。例如：

$$Cl_3C\text{—}CHO + H_2O \longrightarrow Cl_3C\text{—}\overset{OH}{\underset{}{CH}}\text{—}OH$$

三氯乙醛　　　　　　水合三氯乙醛（一种催眠药物）

　　醛、酮与水的亲核加成反应是可逆反应，表 11-2 给出的部分醛、酮水合反应平衡常数的数据表明，羰基上连接的基团体积越小，羰基碳上电子云密度越低，其水合反应平衡常数越大。

表 11-2　部分醛、酮的水合反应平衡常数

醛或酮	$K_{水合}$	醛或酮	$K_{水合}$
HCHO	2×10^3	ClCH$_2$CHO	37
CH$_3$CHO	1.3	Cl$_3$CCHO	2.8×10^4
CH$_3$CH$_2$CHO	0.7	CH$_3$COCH$_3$	2×10^{-3}
(CH$_3$)$_2$CHCHO	0.5	ClCH$_2$COCH$_3$	2.9
(CH$_3$)$_3$CCHO	0.2	ClCH$_2$COCH$_2$Cl	10
C$_6$H$_5$CHO	8.3×10^{-3}	CF$_3$COCF$_3$	很大

11.5.2.2　与醇加成

　　醛加醇容易，酮困难。反应在无水氯化氢或浓硫酸催化下进行。

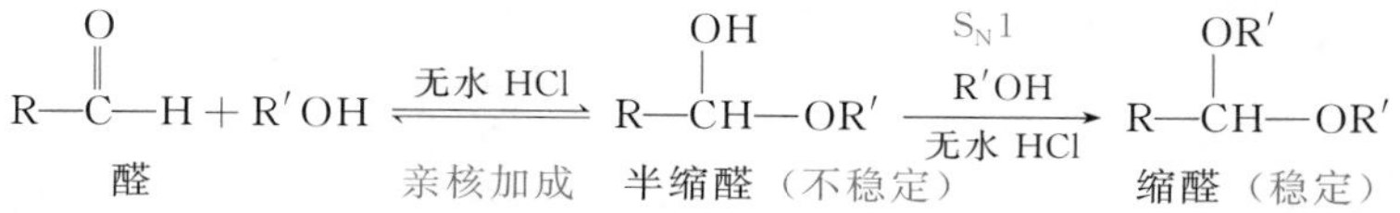

$$R\text{—}\overset{O}{\overset{\|}{C}}\text{—}H + R'OH \underset{无水\ HCl}{\overset{}{\rightleftharpoons}} R\text{—}\overset{OH}{\underset{}{CH}}\text{—}OR' \overset{S_N1}{\underset{无水\ HCl}{\overset{R'OH}{\longrightarrow}}} R\text{—}\overset{OR'}{\underset{}{CH}}\text{—}OR'$$

醛　　　　　亲核加成　半缩醛（不稳定）　　　缩醛（稳定）

反应机理：

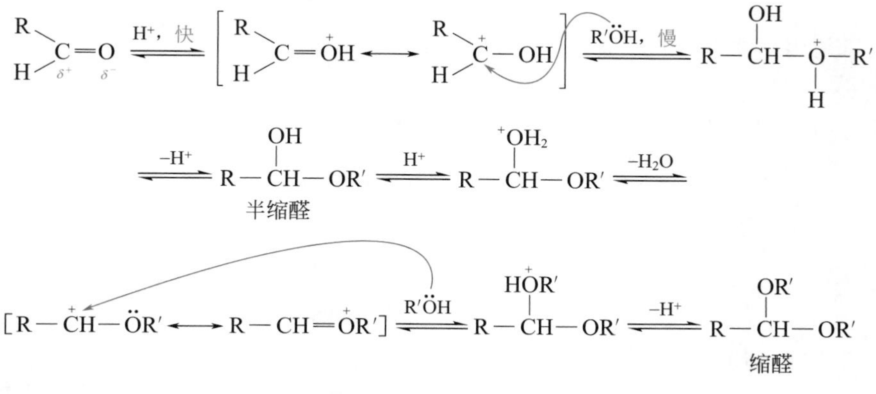

　　醛与醇反应生成缩醛比较容易。例如：

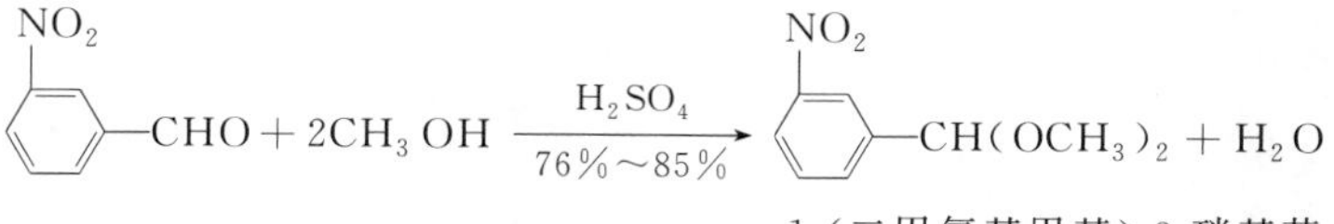

1-（二甲氧基甲基)-3-硝基苯
或：3-硝基苯甲醛二甲基缩醛

　　在反应过程中使用过量的醇作溶剂或者把生成的水蒸出，可促进反应平稳地向着生成缩醛的方向移动，得到较高的产率。

　　酮只能与二元醇在酸催化下生成环状缩酮（因为五元、六元环有特殊稳定性），在反应过程中要设法移去反应生成的水。例如：

$$\text{环己酮} + \begin{array}{c} HO-CH_2 \\ | \\ HO-CH_2 \end{array} \xrightarrow[80\%\sim85\%]{\text{对甲苯磺酸，}\triangle} \text{螺环产物}$$

1,4-二氧杂螺［4.5］癸烷
或：环己酮乙叉基缩酮

缩醛和缩酮具有双醚结构，性质与醚有相似之处，对碱、氧化剂和还原剂稳定，但遇酸迅速水解为原来的醛和醇：

$$R-\overset{\displaystyle OR'}{\underset{\displaystyle H(R'')}{\overset{|}{\underset{|}{C}}}}-OR' + H_2O \xrightarrow{H^+} R-\overset{\displaystyle O}{\overset{\|}{C}}-H(R'') + 2R'OH$$

缩醛或缩酮　　　　　　　　　醛或酮

所以，制备缩醛时必须使用干燥的 HCl 气体，或在有吸水性的浓硫酸催化下进行，反应体系中不能含有水。

在有机合成中，常常利用缩醛或缩酮遇酸易水解的性质来保护羰基。例如：

$$CH_3CH=CHCHO \xrightarrow[\text{无水 HCl}]{HOCH_2CH_2OH} CH_3CH=CHCH\overset{O-CH_2}{\underset{O-CH_2}{\big<}} \xrightarrow{H_2,\ Ni}$$

巴豆醛　　　　　　　　　　　　　　巴豆醛乙-1,2-叉基缩醛
丁-2-烯醛　　　　　　　　　　　2-(丙-1-烯基)-1,3-二氧杂环戊烷

$$CH_3CH_2CH_2CH\overset{O-CH_2}{\underset{O-CH_2}{\big<}} \xrightarrow{H_2O/H^+} CH_3CH_2CH_2CHO$$

丁醛乙-1,2-叉基缩醛

如果不保护醛基，直接催化加氢还原巴豆醛，则会在还原 C=C 的同时还原 C=O，得到正丁醇。

工业上，利用缩醛的形成可制造"维尼纶"：

$$\begin{array}{c} \text{┌}CH_2CH-CH_2-CH\text{┐}_n \\ | \qquad\qquad | \\ OH \qquad\quad OH \end{array} + nCH_2O \xrightarrow[60\sim70℃]{H_2SO_4} \begin{array}{c} CH_2 \\ \text{┌}CH_2-CH \qquad CH\text{┐}_n \\ O \qquad\quad O \\ CH_2 \end{array} + nH_2O$$

聚乙烯醇　　　　　　　　　　　　　聚乙烯醇缩甲醛；维尼纶
（可溶于水）　　　　　　　　　　（一种合成纤维，不溶于水）

11.5.2.3　与氢氰酸加成

醛、脂肪族甲基酮、低级环酮（如环己酮、环戊酮等）可与 HCN 加成，生成 α-羟基腈。

醛、酮与 HCN 及 NaHSO_3 的加成

$$\underset{(CH_3)H}{R}\overset{\delta^+}{\underset{\delta^+}{C}}=\overset{\delta^-}{O} + \overset{\delta^+}{H}|\overset{\delta^-}{CN} \rightleftharpoons \underset{(CH_3)H}{R}\overset{CN}{\underset{OH}{\overset{|}{C}}}$$

α-羟基腈

实验结果是 OH^- 加速反应，H^+ 减缓反应。这说明 HCN 与醛、酮的加成反应中，起决定作用的是 ^-CN。碱的作用是促进 HCN 解离，增加进攻试剂 ^-CN 的浓度：

$$HCN \underset{H^+}{\overset{OH^-}{\rightleftharpoons}} H^+ + {}^-CN$$

反应机理：

$$R \cdots \overset{\delta^-}{\underset{\delta^+}{C}} = O + {}^-CN \overset{\text{慢}}{\rightleftharpoons} R \overset{CN}{\underset{(CH_3)H}{\overset{|}{\underset{|}{C}}}} O^- \overset{HCN, \text{快}}{\rightleftharpoons} R \overset{CN}{\underset{(CH_3)H}{\overset{|}{\underset{|}{C}}}} OH$$

氢氰酸有剧毒，易挥发（bp 26.5℃），故与醛、酮加成时，一般将无机酸加入醛（或酮）与氰化钠水溶液的混合物中，使得氢氰酸一旦生成立即与醛（或酮）反应。但在加酸时应注意控制溶液的 pH 为 8 左右，以利于反应顺利进行。如果溶液的 pH 过高、碱性太强，则反应也不能顺利进行，因为反应的最后一步需要 H^+ 才能完成。

一种改进方法是将氰化钠或氰化钾水溶液加到羰基化合物的亚硫酸氢钠加成产物中。体系中的 HSO_3^- 起到酸的作用（见本章 11.5.2.4 与亚硫酸氢钠加成）。

$$R-\overset{OH}{\underset{}{\overset{|}{CH}}}-SO_3Na + NaCN \rightleftharpoons R-\overset{OH}{\underset{}{\overset{|}{CH}}}-CN + Na_2SO_3$$

羰基化合物与氰氢酸的加成反应是增长碳链的方法之一，其产物 α-羟基腈可进一步转化为其他化合物，是非常有用的有机合成中间体。例如：

$$CH_3-\overset{O}{\overset{||}{C}}-H + HCN \rightleftharpoons CH_3-\overset{OH}{\underset{}{\overset{|}{CH}}}-CN \overset{H_2O, H^+}{\longrightarrow} CH_3-\overset{OH}{\underset{}{\overset{|}{CH}}}-COOH$$

乙醛　　　　　　　　　　　α-羟基丙腈　　　　　　　　α-羟基丙酸（乳酸）

$$CH_3-\overset{O}{\overset{||}{C}}-CH_3 + HCN \overset{\text{亲核加成}}{\underset{OH^-}{\rightleftharpoons}} CH_3-\overset{OH}{\underset{CH_3}{\overset{|}{\underset{|}{C}}}}-CN \overset{\text{水解、酯化、脱水}}{\underset{\triangle, 90\%}{\overset{\text{同时进行}}{\underset{CH_3OH, H_2SO_4}{\longrightarrow}}}} CH_2=\overset{CH_3}{\underset{}{\overset{|}{C}}}-COOCH_3$$

丙酮　　　　　　　　　　2-羟基-2-甲基丙腈　　　　　　　α-甲基丙烯酸甲酯
　　　　　　　　　　　　　　　　　　　　　　　　　　　　（有机玻璃单体）

下列乙酰乙酸乙酯衍生物具有甲基酮的结构片段，与 HCN 亲核加成生成 α-羟基腈，经催化加氢等合成步骤后，可得到一种降血糖药格列美脲的中间体。

$$(CH_3)-\overset{O}{\overset{||}{C}}-\overset{}{\underset{C_2H_5}{\overset{|}{CH}}}-COC_2H_5 \overset{NaCN, H^+}{\longrightarrow} CH_3-\overset{HO}{\underset{CN}{\overset{|}{\underset{|}{C}}}}-\overset{}{\underset{C_2H_5}{\overset{|}{CH}}}-COC_2H_5 \overset{2H_2, Ni}{\underset{CH_3COOH}{\longrightarrow}}$$

甲基酮结构片段　　　　　　　　　　　α-羟基腈结构片段

$$CH_3-\overset{OH}{\underset{H_2N-CH_2C_2H_5}{\overset{|}{\underset{|}{C}}}}-\overset{}{\underset{}{\overset{|}{CH}}}-COC_2H_5 \longrightarrow$$

氰基被还原为氨基　　　　　　　　　　（脱水，关环）

（降血糖药格列美脲的中间体）

11.5.2.4　与亚硫酸氢钠加成

醛、脂肪族甲基酮、八碳以下的环酮，可与饱和亚硫酸氢钠（约 40%）溶液发生加成反应，生成 α-羟基磺酸钠。

$$R \cdots \overset{\delta^-}{\underset{\delta^+}{C}} = O + NaH\overset{|}{SO_3}(\text{饱和}) \rightleftharpoons R \overset{SO_3H}{\underset{(CH_3)H}{\overset{|}{\underset{|}{C}}}} ONa \overset{\text{分子内中和}}{\longrightarrow} R \overset{SO_3Na}{\underset{(CH_3)H}{\overset{|}{\underset{|}{C}}}} OH$$

α-羟基磺酸钠
（易溶于水，在饱和 $NaHSO_3$ 中为白色沉淀）

NaHSO$_3$ 分子中，硫原子上的孤对电子易变形，具有很强的亲核性。在上述反应中，进攻羰基碳的正是这对孤对电子，而不是带负电荷的氧原子。

醛、酮与亚硫酸氢钠加成反应的应用很广：

① 鉴别醛、酮：醛、脂肪族甲基酮、八碳以下的环酮在饱和 NaHSO$_3$ 溶液中反应，产物以结晶析出，实验现象明显。

② 分离提纯醛、酮：在酸或碱的浓度较大时，平衡反应朝着加成产物分解为原来的醛、酮的方向进行：

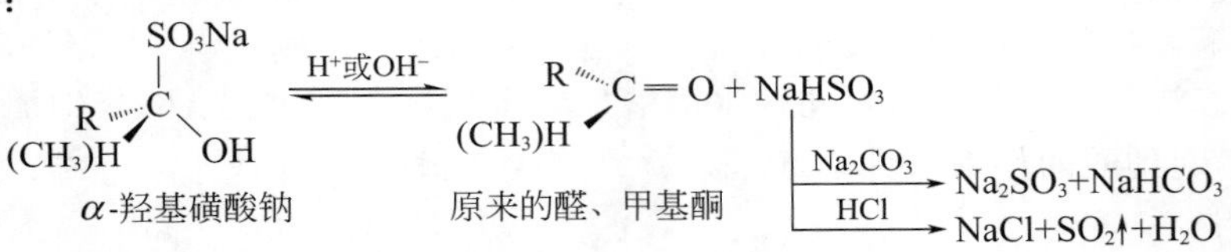

α-羟基磺酸钠   原来的醛、甲基酮

例如，从反应混合物中分离、提纯胡椒醛（piperonal）。

胡椒醛   （α-羟基磺酸钠，可溶于水）   （含量高于95%）
（含量低于10%）

③ 制备 α-羟基腈：

苦杏仁酸（67%）

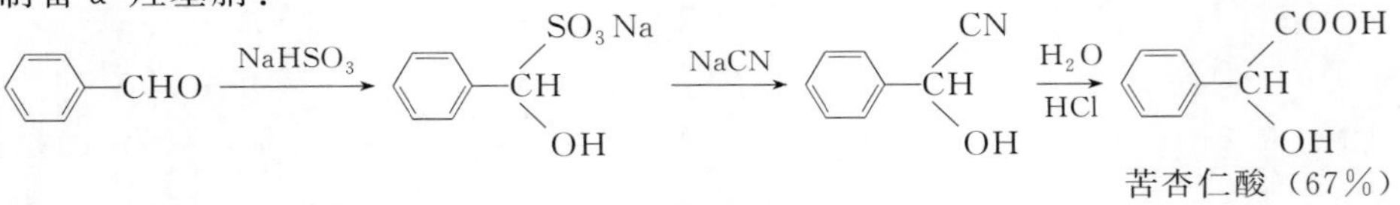

此法的优点是可以避免使用有毒的氰化氢，而且产率也较高。

11.5.2.5 与 Grignard 试剂加成

RMgX 中碳-镁之间的结合接近于离子键，很容易形成碳负离子，继而对醛和酮进行亲核加成。反应首先生成卤代烷氧基镁中间体，该中间体不需分离，直接在酸性条件下水解可得到醇。

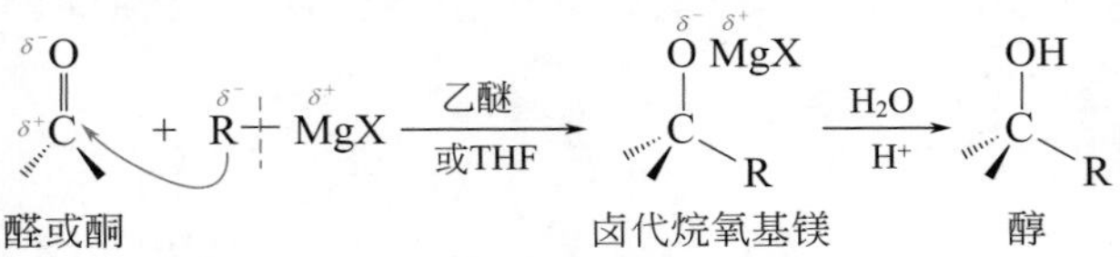

醛或酮   卤代烷氧基镁   醇

甲醛与 RMgX 反应，水解后得到 1°醇。例如：

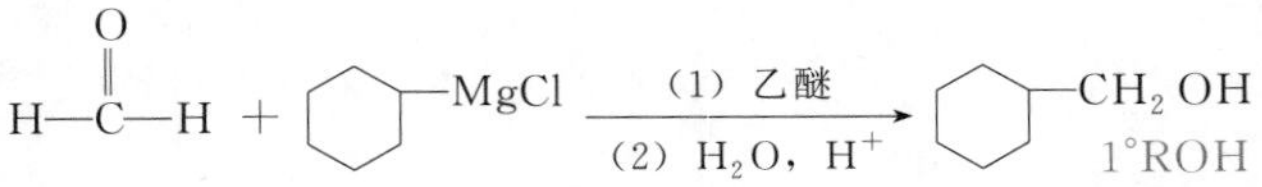

其他醛与 RMgX 反应，水解后得到 2°醇。例如：

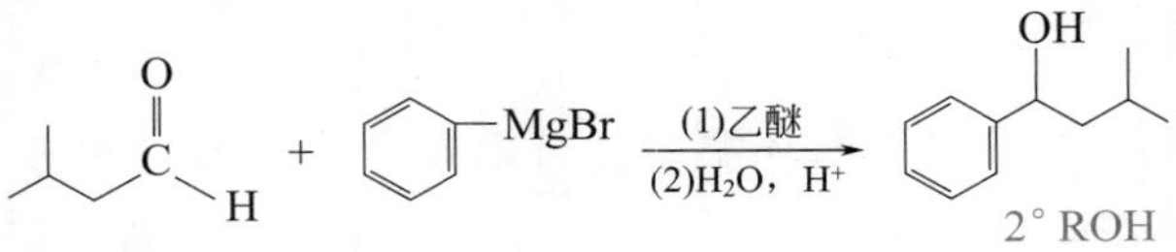

2° ROH

酮与 RMgX 反应，水解后得到 3°醇。例如：

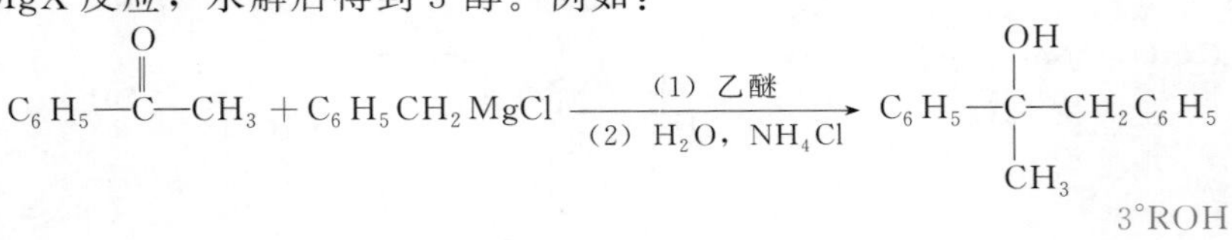

3°ROH

在有机合成中，常利用醛、酮与 Grignard 试剂的亲核加成反应来制备伯醇、仲醇、叔醇。制备叔醇时，用氯化铵水溶液代替稀酸进行水解，因为叔醇在强酸性条件下易脱水形成烯烃。

同一种醇可用不同的 Grignard 试剂与不同的羰基化合物作用生成，可根据目标化合物的结构合理选择原料。例如，用 Grignard 反应制备 3-甲基丁-2-醇有两种方案：

$$CH_3-CH-\!\!\overset{CH_3}{\underset{a}{|}}\!\!\overset{b}{|}\!\!CH-CH_3$$
$$\underset{OH}{|}$$

方法 a 以乙醛和 2-氯丙烷（或 2-溴丙烷）为原料，方法 b 以异丁醛和碘甲烷为原料。由于乙醛及 2-氯丙烷更加易得、价廉，故方法 a 较为合理。

11.5.2.6 与其他金属有机试剂的加成

（1）Reformasky 反应　在惰性溶剂中，锌粉存在下，醛、酮与 α-卤（溴或氯）代酸酯进行亲核加成反应，得到 β-羟基酸酯的反应称为 Reformasky（瑞福马斯基）反应。其中锌粉的作用是与 α-卤代酸酯反应形成有机锌试剂：

$$BrCH_2COOC_2H_5 + Zn \xrightarrow{\text{无水醚或苯}} BrZn\overset{\delta^+|\delta^-}{|}CH_2COOC_2H_5$$

α-溴代酸酯　　　　　　　　　　　有机锌试剂

不需分离，直接使用。活性低于Grignard试剂

有机锌试剂与 Grignard 试剂性质类似，可与羰基进行亲核加成。但有机锌试剂活性低于 Grignard 试剂，只能与醛、酮反应，不能与酯中的羰基反应。

$$\overset{\delta^-O}{\underset{\delta^+}{\overset{||}{C}}} + BrZn\overset{\delta^+}{|}\overset{\delta^-}{C}H_2COOC_2H_5 \xrightarrow{\text{醚}\atop\text{或苯}} \overset{O ZnBr}{\underset{CH_2COOC_2H_5}{|}C|} \xrightarrow{H_2O\atop H^+} \overset{OH}{\underset{CH_2COOC_2H_5}{|}C|}$$

醛或酮　　　　　　　　　　　　　　　　　　　　　　　　　　　　β-羟基酸酯

Reformasky 反应是制备 β-羟基酸酯的重要方法。例如：

$$\bigcirc\!\!=\!\!O + BrCH_2COOC_2H_5 \xrightarrow[\text{(2) }H_2O,\ H^+,\ 70\%]{\text{(1) Zn，甲苯}} \overset{OH}{\underset{CH_2COOC_2H_5}{\bigcirc|}}$$

β-羟基酸酯

β-羟基酸酯水解可得到 β-羟基酸，后者加热失水则得到 α,β-不饱和酸。因此，Reformasky 反应在有机合成中有重要应用。

（2）加有机锂　有机锂的性质也与 Grignard 试剂类似，但亲核性和碱性均比 Grignard 试剂强。如下列反应 Grignard 试剂不能发生：

$$(CH_3)_3CLi + (CH_3)_3C-\overset{||}{\underset{O}{C}}-C(CH_3)_3 \xrightarrow[-60℃]{\text{乙醚}}\xrightarrow{H_2O} [(CH_3)_3C]_3C-OH$$

空间位阻大　　　　　　　　　　　　　　　　　　　　三叔丁基甲醇

（3）加炔钠　炔钠可解离出炔基负离子，后者具有亲核性，可与醛、酮发生亲核加成反应生成炔醇。例如：

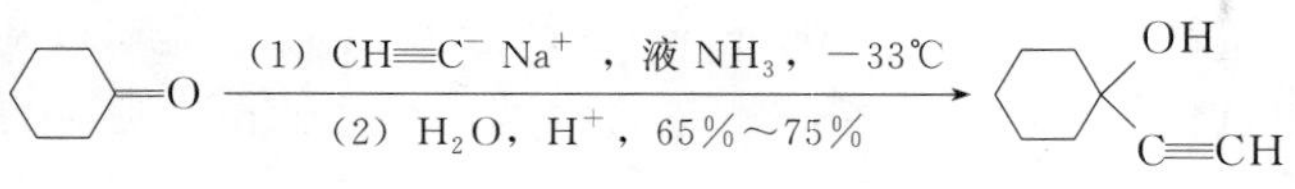

$$\text{环己酮} \xrightarrow[\text{(2) } H_2O,\ H^+,\ 65\%\sim75\%]{\text{(1) } CH\!\equiv\!C^-\ Na^+,\ \text{液 } NH_3,\ -33\,℃} \text{1-乙炔基环己醇}$$

炔醇

11.5.2.7 与氨或氨衍生物加成缩合

(1) 与氨的加成　醛、酮与氨的反应一般很难得到稳定的产物。只有甲醛与氨反应首先生成不稳定的 $[H_2C\!=\!NH]$，然后很快聚合生成六甲叉（基）四胺：

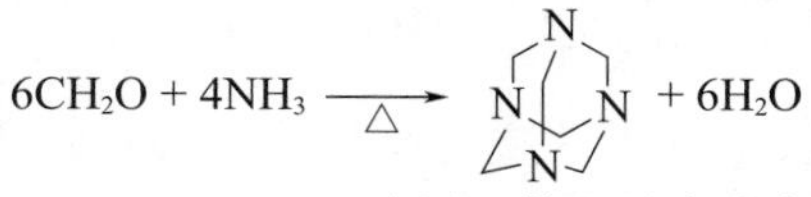

$$6CH_2O + 4NH_3 \xrightarrow{\triangle} \text{（六甲叉四胺结构）} + 6H_2O$$

六甲叉(基)四胺(俗称乌洛托品)

(交联剂，利尿剂)

如果用伯胺代替 NH_3 与醛酮反应，生成取代亚胺（$\diagup C\!=\!N\!-\!R$），称为 Schiff（席夫）碱。脂肪族 Schiff 碱不稳定，但芳香族 Schiff 碱较为稳定，可以分离出来。

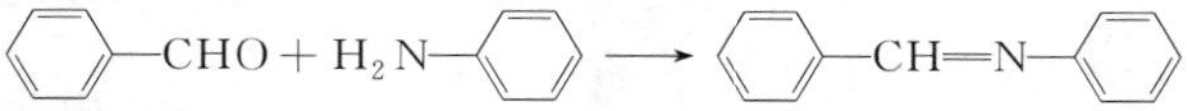

$$\text{C}_6\text{H}_5\text{—CHO} + H_2N\text{—C}_6\text{H}_5 \longrightarrow \text{C}_6\text{H}_5\text{—CH}\!=\!\text{N—C}_6\text{H}_5$$

仲胺与醛、酮中的羰基反应，产物也不稳定。但有 $\alpha\text{-H}$ 的醛、酮与仲胺先发生亲核加成反应，然后脱去一分子水生成稳定的烯胺。

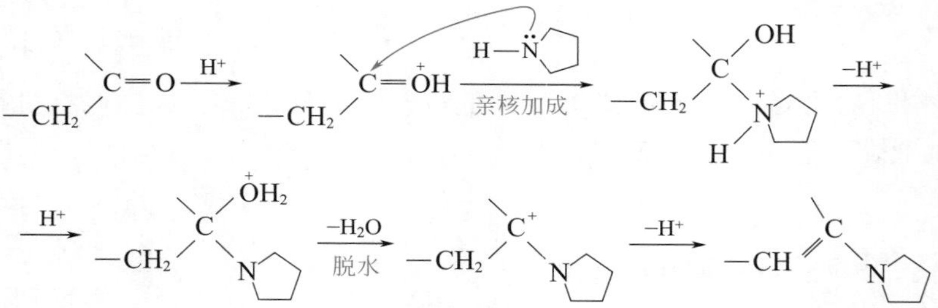

烯胺分子中氮原子和烯碳原子均有亲核性：

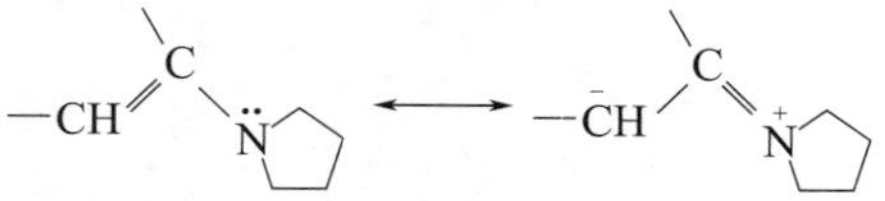

在有机合成中，常利用烯胺碳原子的亲核性，进行酰基化、烷基化反应等，以达到在羰基的 α-位引入取代基的目的。例如：

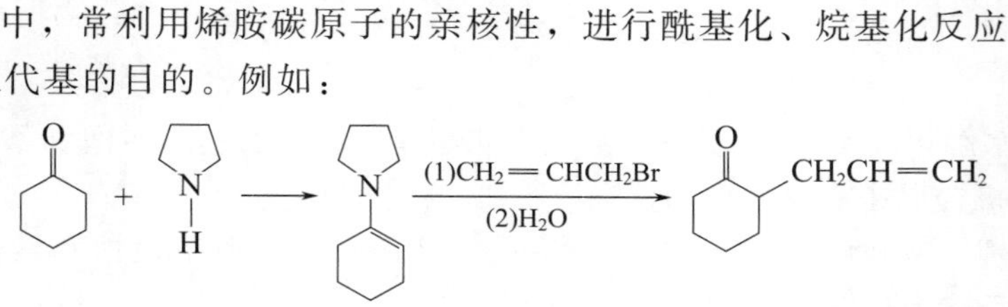

烯胺　　　　　　　　　(60%)

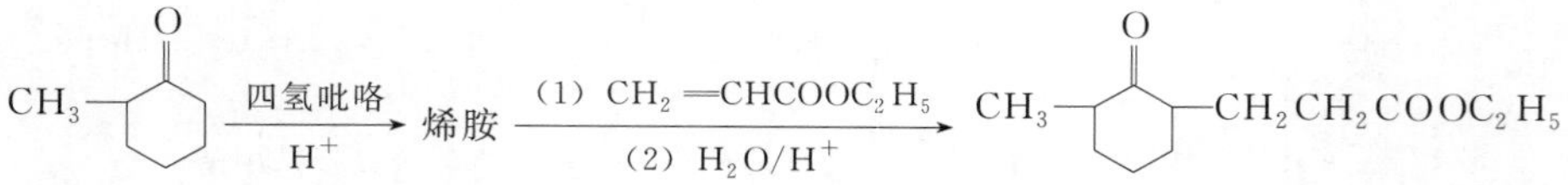

(2) 与氨衍生物的加成缩合　所有的醛、酮都能与氨衍生物（$H_2N\!-\!Y$）进行亲核加成，然后失水，形成含碳氮双键的化合物。反应可用下面的一般式表示：

$$\overset{\delta^+}{\underset{\delta^-}{C=O}} + H_2\ddot{N}-Y \rightleftharpoons \left[\overset{+}{\underset{O^-}{C-NH_2-Y}} \right] \rightleftharpoons \underset{\boxed{OH\ H}}{C-N-Y} \xrightarrow{-H_2O} C=N-Y$$

醛或酮　　　氨衍生物　　　　　　　　　　　　　　　　　　　加成缩合产物

总的结果是：

$$C=\boxed{O + H_2\ddot{N}}-Y \xrightarrow{-H_2O} C=N-Y$$

常见的氨衍生物及其与羰基的加成缩合产物如表 11-3 所示。

表 11-3　常见的氨衍生物及其与羰基的加成缩合产物

—Y	—OH	—NH$_2$	—NHC$_6$H$_5$	—NH—⟨NO$_2$⟩NO$_2$	—NHCNH$_2$ (O)
H$_2$N—Y	羟胺	肼	苯肼	2,4-二硝基苯肼	氨基脲
C=N—Y	肟	腙	苯腙	2,4-二硝基苯腙	缩氨脲

上述氨衍生物（H$_2$N—Y）被称为羰基试剂，亲核性不是很强。反应一般需要在弱酸性（pH＝4～5）条件下进行，使羰基化合物和氨衍生物都具有较高活性。

醛、酮与氨衍生物的加成缩合反应有下列应用价值：

① 鉴定醛、酮的结构：加成产物大部分是结晶固体，具有固定的熔点，可测其熔点并与文献值比较，从而获知原来的醛、酮的结构。但这一部分工作目前已经由波谱分析替代。

② 分离、提纯醛、酮：加成产物经酸性水解可成为原来的醛、酮，可利用这一性质分离、提纯醛、酮。

③ 检验醛、酮：所有的醛、酮与 2,4-二硝基苯肼形成的腙，包括甲醛-2,4-二硝基苯腙均为黄色固体，因此 2,4-二硝基苯肼可作为羰基化合物的显色剂，用于薄层色谱或羰基化合物的检验。

反应实例：

$$CH_3CHO + NH_2-NH-⟨\underset{NO_2}{\overset{O_2N}{⟩}} \longrightarrow CH_3CH=N-NH-⟨\underset{NO_2}{\overset{O_2N}{⟩}} + H_2O$$

　　　　　　2,4-二硝基苯肼　　　　　　　　乙醛-（2,4-二硝基苯基）腙
　　　　　　　　　　　　　　　　　　　　　　　　（黄色结晶）

$$⟨⟩-CHO + H_2NOH \xrightarrow[C_2H_5OH]{H^+} \underset{C_6H_5}{\overset{H}{C=N}}\overset{OH}{\underset{\cdot\cdot}{}}$$

　　　　　　　　　　　　　　　（E）-苯甲醛肟（结晶固体）
　　　　　　　　　　　　　有双键上的构型异构，（E）-式更稳定

（3）Beckmann 重排　肟在质子酸或 Lewis 酸催化下，重排生成酰胺的反应称为 Beckmann（贝克曼）重排。例如：

$$\underset{C_6H_5}{\overset{p\text{-}CH_3OC_6H_4}{C=N}}\overset{OH}{} \xrightarrow[\triangle]{\text{稀 } H_2SO_4} p\text{-}CH_3OC_6H_4-\overset{O}{\overset{\|}{C}}-NHC_6H_5$$

反应机理：

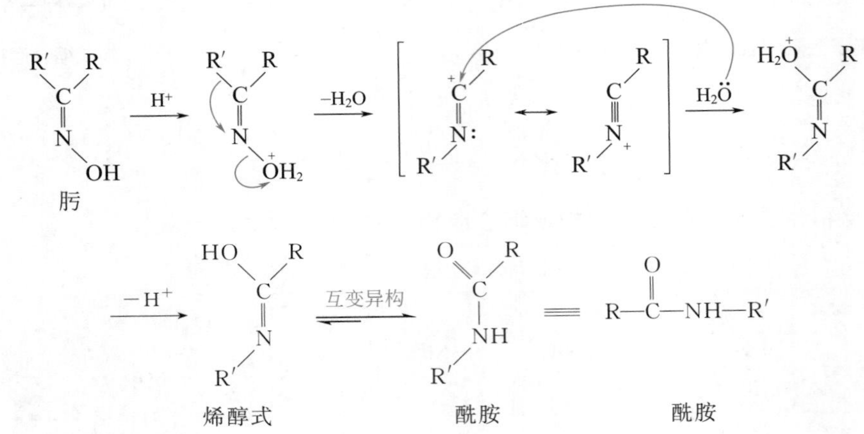

总的结果是：

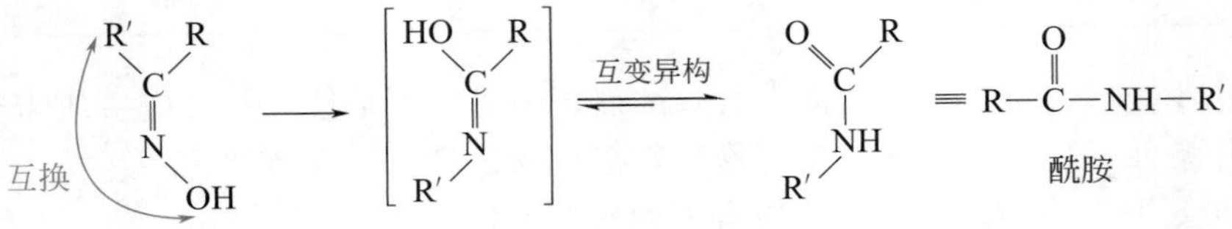

Beckmann 重排在工业上的一个重要应用是从环己酮肟重排为己内酰胺，后者是制造尼龙-6 的单体。其过程如下：

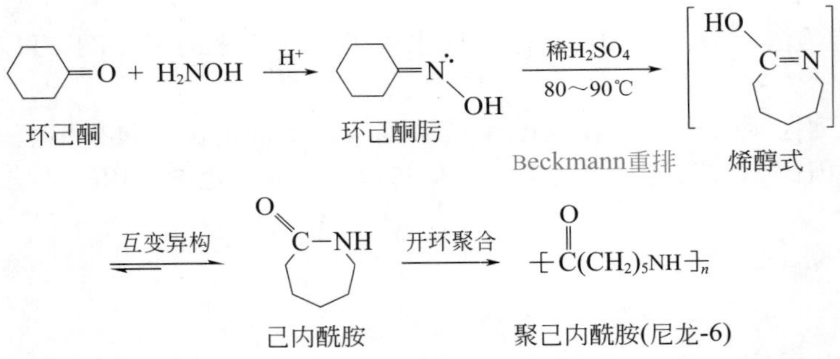

11.5.2.8 与 Wittig 试剂加成

Wittig（维蒂希）试剂又称为磷叶立德（Ylide），其制备过程如下：

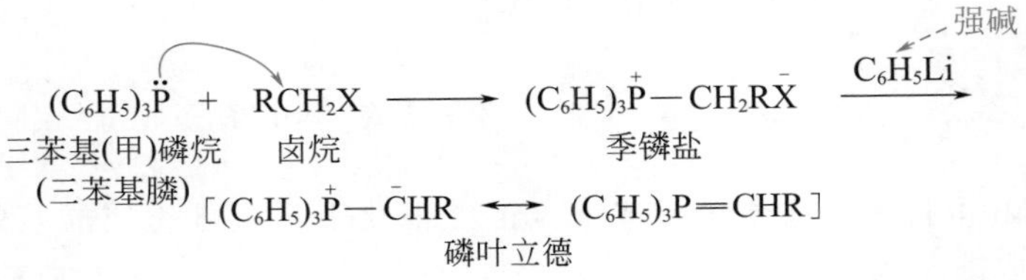

醛、酮与磷叶立德反应制备烯烃称为 Wittig 反应：

$$\diagdown C{=}O + RHC{=}P(C_6H_5)_3 \longrightarrow \diagup C{=}CHR + O{=}P(C_6H_5)_3$$

Wittig 反应是制备烯烃的重要方法，得到的产物双键位置固定，不重排，产物构型以反式为主。例如：

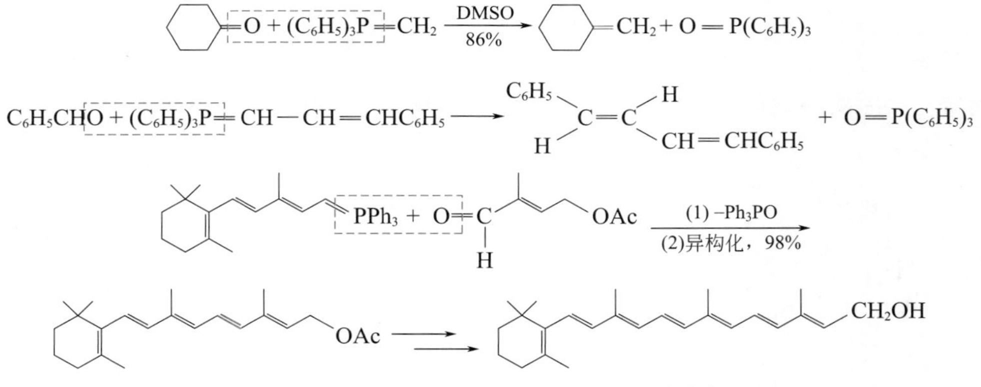

维生素A

练习题

1. 比较下列化合物进行亲核加成反应活性的大小。

A. 甲醛　　B. 乙醛　　C. 丙酮　　D. 苯甲醛　　E. 苯乙醛　　F. 苯乙酮

2. 写出正丁醛与下列试剂反应的产物。

(1) 乙二醇，无水 HCl

(2) HCN

(3) $NaHSO_3$，然后加 NaCN

(4) ①C_6H_5MgBr/乙醚；②H_3O^+

(5) ①$BrCH_2COOC_2H_5$，Zn，苯；②H_3O^+

(6) ①C_6H_5Li，苯；②H_3O^+

(7) ①$HC\equiv CNa$；②H_3O^+

(8) 2,4-二硝基苯肼

(9) H_2N-OH

(10) $CH_2=P(C_6H_5)_2$

3. 用简单的化学方法分离下列化合物。

(1) 苯乙酮和苯乙醛

(2) 苯甲醛和苯酚

11.5.3 α-氢原子的反应

11.5.3.1 α-氢原子的酸性

醛、酮分子中与羰基相连的碳原子称为 α-C，连在 α-C 上的氢原子称为 α-H。由于受到羰基吸电子诱导效应的影响，羰基化合物的 α-H 有解离成质子的倾向，显弱酸性。例如：乙醛的 pK_a 约为 17，丙酮的 pK_a 约为 20，而甲烷和乙烷的 pK_a 分别约为 49 和 50。

在碱催化下，B^- 可直接夺取 α-H，形成烯醇式负离子：

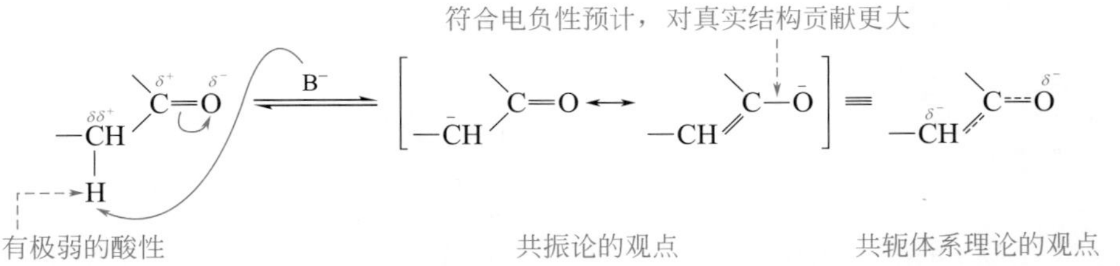

有极弱的酸性　　　　　　　共振论的观点　　　　　共轭体系理论的观点

在酸催化下羰基氧原子被质子化，增强了羰基的吸电子诱导效应，使 α-H 更加容易以 H^+ 的形式离开，形成烯醇式结构：

$$-\overset{|}{\underset{H}{C}H}-\overset{\delta^+}{C}\!=\!\overset{\delta^-}{O} \underset{}{\overset{H^+}{\rightleftharpoons}} -\overset{|}{\underset{\underset{更容易以H^+形式离开}{H}}{C}H}-\overset{|}{C}\!=\!\overset{+}{O}H \underset{}{\overset{-H^+}{\rightleftharpoons}} -CH\!=\!\underset{烯醇式结构}{C-OH}$$

注意：α-H 的酸性是极其微弱的，无论是酸催化还是碱催化，醛、酮都主要以羰基化合物形式存在。

11.5.3.2 卤化反应

醛、酮的卤化反应

在弱酸性或中性介质中，醛、酮的 α-卤化反应（halogenation reaction）可以停留在一元取代阶段：

$$\text{C}_6\text{H}_5\!-\!\overset{O}{\overset{\|}{C}}\!-\!\text{CH}_3 + \text{Br}_2 \xrightarrow[\text{乙醚, 0℃, 88\%～96\%}]{\text{少量AlCl}_3} \text{C}_6\text{H}_5\!-\!\overset{O}{\overset{\|}{C}}\!-\!\text{CH}_2\text{Br} + \text{HBr}$$

α-H，受羰基影响，有弱酸性

$$\text{环己酮} + \text{Cl}_2 \xrightarrow[61\%～66\%]{\text{H}_2\text{O}} \text{2-氯环己酮} + \text{HCl}$$

醛的活性更高：

$$\text{CH}_3\text{CHO} + \text{Cl}_2 \xrightarrow{\text{H}_2\text{O}} \underset{一氯乙醛}{\text{ClCH}_2\text{CHO}} + \underset{二氯乙醛}{\text{Cl}_2\text{CHCHO}} + \underset{三氯乙醛}{\text{Cl}_3\text{CCHO}}$$

以丙酮为例，酸的催化作用是加速形成烯醇式结构，后者与溴（亲电试剂）反应生成 α-卤代酮：

$$\text{CH}_3\!-\!\overset{O}{\overset{\|}{C}}\!-\!\text{CH}_3 \underset{快}{\overset{H^+}{\rightleftharpoons}} \text{CH}_3\!-\!\overset{+OH}{\overset{\|}{C}}\!-\!\overset{|}{\underset{H}{C}H_2} \underset{慢}{\overset{-H^+}{\rightleftharpoons}} \underset{烯醇式}{\text{CH}_3\!-\!\overset{O-H}{\overset{|}{C}}\!=\!\text{CH}_2} \overset{\text{Br—Br}}{\longrightarrow} \text{CH}_3\!-\!\overset{O}{\overset{\|}{C}}\!-\!\text{CH}_2\text{Br}$$

碱催化下进行的卤化反应速率更快，不会停留在一元取代阶段：

$$\overset{\delta^-}{\underset{\delta^+}{\text{H}_3\text{C}}}\!-\!\overset{O}{\overset{\|}{\underset{\delta\delta^+}{C}}}\!-\!\overset{|}{\underset{H}{C}H_2}\!-\!\text{H} \underset{慢}{\overset{\text{OH}^-,\ -\text{H}_2\text{O}}{\rightleftharpoons}} \text{H}_3\text{C}\!-\!\overset{O}{\overset{\|}{C}}\!-\!\overset{-}{C}\text{H}_2 \overset{\text{X—X}}{\longrightarrow} \text{H}_3\text{C}\!-\!\overset{O}{\overset{\|}{C}}\!-\!\underset{活性更高(羰基与卤素均吸电子)}{\text{CH}_2\!-\!\text{X}} + \text{X}^-$$

$$\text{H}_3\text{C}\!-\!\overset{O}{\overset{\|}{C}}\!-\!\text{CH}_2\!-\!\text{X} \xrightarrow{2\text{X}_2,\ \text{OH}^-} \underset{不是最后产物}{\text{H}_3\text{C}\!-\!\overset{O}{\overset{\|}{C}}\!-\!\overset{强吸电子基}{\text{CX}_3}} \overset{\text{OH}^-}{\longrightarrow} \text{H}_3\text{C}\!-\!\overset{OH}{\overset{|}{\underset{|}{C}}}\!-\!\text{CX}_3 \rightleftharpoons$$

$$\text{H}_3\text{C}\!-\!\overset{O}{\overset{\|}{C}}\!-\!\text{OH} + \text{CX}_3^- \rightleftharpoons \underset{少一个碳的羧酸盐}{\text{H}_3\text{C}\!-\!\overset{O}{\overset{\|}{C}}\!-\!\text{O}^-} + \underset{卤仿}{\text{CHX}_3}$$

含有 $\text{CH}_3\text{CO}—$的醛、酮在碱性介质中与卤素作用，最后生成卤仿的反应称为卤仿反应（haloform reaction）。α-C 上只有两个 H 的醛、酮不起卤仿反应，只有乙醛和甲基酮才能起卤仿反应；乙醇及可被氧化成甲基酮的醇也能起卤仿反应：

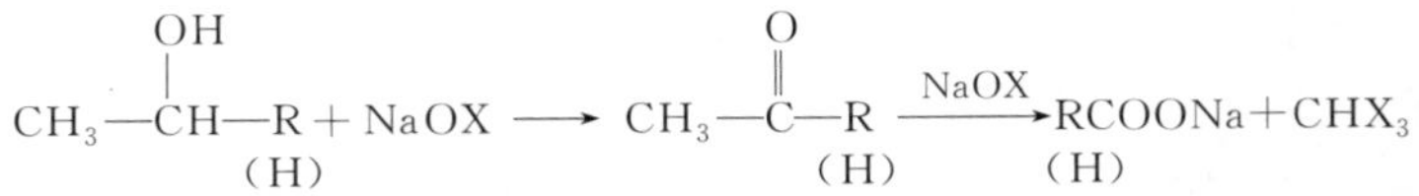

$$CH_3-\overset{OH}{\underset{(H)}{\overset{|}{CH}}}-R + NaOX \longrightarrow CH_3-\overset{O}{\underset{(H)}{\overset{||}{C}}}-R \xrightarrow{NaOX} RCOONa + CHX_3$$

卤仿反应中生成的氯仿和溴仿在常温下都是液体，而碘仿则是亮黄色固体，并且具有特殊气味，容易识别，故可用碘仿反应鉴别甲基酮、乙醛以及具有乙醇衍生物结构的醇（$RCHOHCH_3$）。

卤仿反应还可用于制备其他方法不易得到的羧酸类化合物。例如：

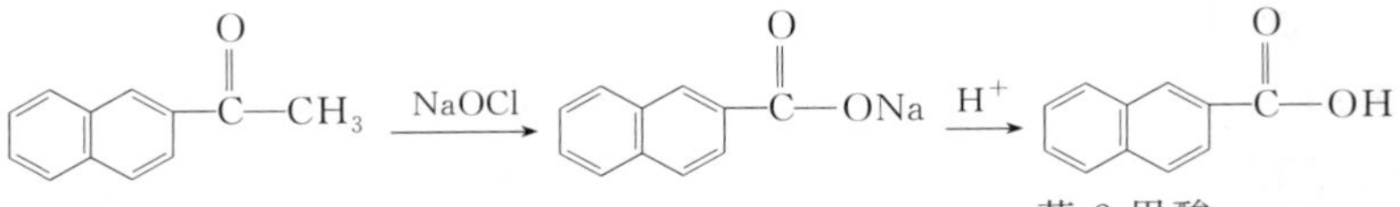

萘-2-甲酸

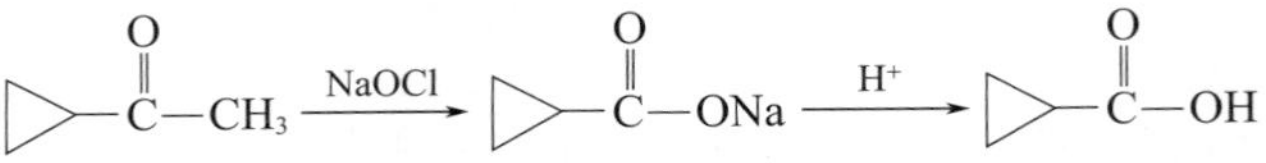

环丙烷甲酸

注意：鉴别用 $NaOI$，生成的 CHI_3 为有特殊气味的亮黄色沉淀，现象明显；合成用 $NaOCl$，氧化性强，且价格低廉。

练习题 用简单的化学方法区别下列化合物：A. 戊-2-酮和戊-3-酮，B. 乙醇和正丁醇。

11.5.3.3 缩合反应

凡是通过新的 C—C 键的生成，使两个或多个分子结合为较大分子的反应都可以叫作缩合反应，缩合反应的过程中可以失去一些小分子（如 H_2O、NH_3 等），也可不失去小分子。

（1）羟醛缩合反应　含有 α-H 的醛或酮在催化剂作用下，生成 β-羟基醛或 β-羟基酮的反应，称为羟醛缩合（aldol condensation）反应。该缩合反应通常在稀碱中进行，有时也可在酸性条件下进行。例如，乙醛在稀碱催化下的羟醛缩合反应机理如下。

① 首先，碱夺取乙醛的 α-H 形成负离子：

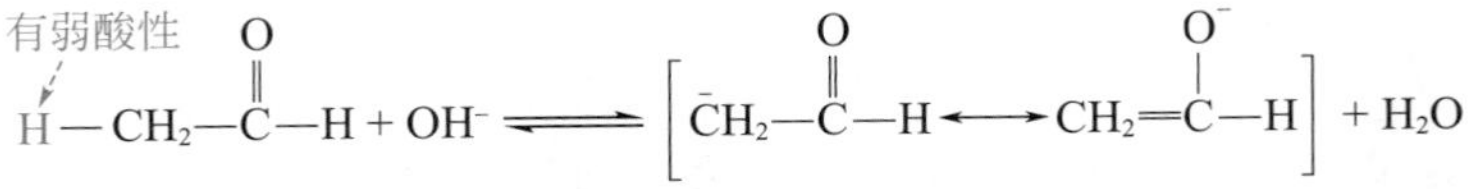

② 形成的负离子作为亲核试剂进攻另一分子乙醛中的羰基碳，形成氧上带负电荷的加合物。这一步为决速步骤：

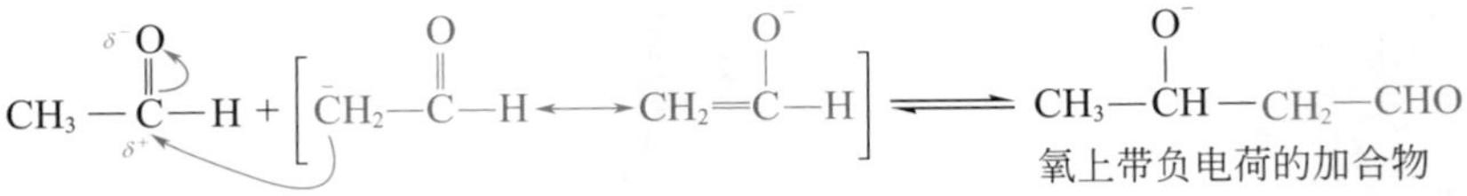

氧上带负电荷的加合物

③ 氧上带负电荷的加合物从水中得到一个质子，生成最终产物——β-羟基醛：

氧上带负电荷的加合物　　　　　3-羟基丁醛（β-羟基醛）

总的反应式为：

$$CH_3-\overset{O}{\overset{\|}{C}}-H + \overset{H}{\underset{}{CH_2}}-CHO \xrightarrow[5℃]{10\% \ NaOH} CH_3-\overset{OH}{\overset{|}{CH}}-CH_2-CHO$$

3-羟基丁醛（β-羟基醛）

从上述反应机理可以看出，稀碱催化下的羟醛缩合反应本质上也是亲核加成反应。

羟醛缩合反应是有机合成中增长碳链的重要方法之一，通过羟醛缩合反应可以得到碳原子个数成倍增长的醛或醇。除乙醛外，其他含有 α-H 的醛进行自身羟醛缩合，均得到 α-C 上带有支链的 β-羟基醛。例如：

$$CH_3CH_2CH_2\overset{}{C}=O + H-\underset{CH_2CH_3}{\overset{}{CH}}CHCHO \xrightarrow{稀碱} CH_3CH_2CH_2\overset{OH}{\overset{|}{CH}}-\underset{CH_2CH_3}{\overset{}{CH}}CHCHO \xrightarrow[Ni]{H_2} CH_3CH_2CH_2\overset{OH}{\overset{|}{CH}}-\underset{CH_2CH_3}{\overset{}{CH}}CHCH_2OH$$

2-乙基-3-羟基己醛　　　　　　　　　　2-乙基己-1,3-二醇(驱蚊剂)

羟醛缩合生成的 β-羟基醛，在碱性条件下稍微受热或在酸的作用下，很容易发生分子内脱水而生成 α,β-不饱和醛，后者催化加氢则得到饱和醇。例如：

$$CH_3CH_2CH_2\overset{OH}{\overset{|}{CH}}-\underset{CH_2CH_3}{\overset{}{CH}}CHCHO \xrightarrow[OH^-，微热]{-H_2O} CH_3CH_2CH_2CH=\underset{CH_2CH_3}{\overset{}{C}}CHO \xrightarrow[Ni]{H_2} CH_3CH_2CH_2CH_2-\underset{CH_2CH_3}{\overset{}{CH}}CH_2OH$$

2-乙基-3-羟基己醛　　　　　　　2-乙基己-2-烯醛　　　　　　　2-乙基己-1-醇

两种不同的含有 α-H 的醛可发生交错羟醛缩合（交叉羟醛缩合），得到四种产物：

$$CH_3CHO + CH_3CH_2CHO \xrightarrow{稀碱} 四种产物，不易分离，无意义$$

如果反应物之一为无 α-H 的醛（如甲醛、芳甲醛），将无 α-H 的醛先与稀碱混合，再将有 α-H 的醛滴入，则会得到非常有用的产物。例如：

$$3 \ \overset{H}{\underset{H}{\overset{\delta^+}{C}}}\overset{\delta^-}{=}O + H-\overset{H}{\underset{}{C}}-CHO \xrightarrow[55\sim56℃]{Ca(OH)_2} HOCH_2-\underset{CH_2OH}{\overset{CH_2-OH}{\overset{|}{C}}}-CHO$$

甲醛　　　　　　乙醛　　　　　　　三羟甲基乙醛

（制季戊四醇的中间体）

酮的羟醛缩合反应比醛困难，反应平衡大大偏向于反应物一方。需要采取特殊的措施，才能得到缩合产物。例如：

不溶性碱

$$CH_3-\overset{O}{\overset{\|}{C}}-CH_3 + \underset{}{\overset{H}{CH_2}}-\overset{O}{\overset{\|}{C}}-CH_3 \xrightarrow[索氏提取器，70\%]{Ba(OH)_2，\triangle} CH_3-\overset{CH_3}{\overset{|}{C}}=CH-\overset{O}{\overset{\|}{C}}-CH_3$$

丙酮　　　　　　丙酮　　　　　　　　　　　4-甲基戊-3-烯-2-酮

酮与碱作用所生成的负离子具有较强的亲核性，因而容易与醛发生交叉羟醛缩合反应。例如：

$$\text{柠檬醛} \quad CHO + CH_3\overset{O}{\overset{\|}{C}}CH_3 \xrightarrow[H_2O]{Ba(OH)_2} \text{假紫罗兰酮(一种香料)}$$

柠檬醛　　　　　　　　　　　　　　　　　假紫罗兰酮(一种香料)

分子内的羟醛缩合可用来制备 α,β-不饱和环酮（五元～七元环）：

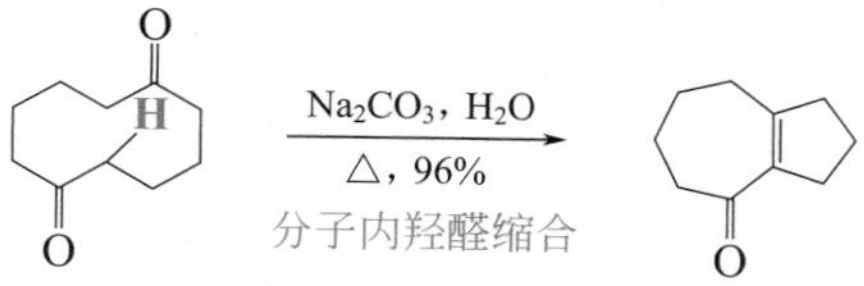

环癸-1,6-二酮 （分子内羟醛缩合，Na₂CO₃, H₂O, △, 96%） （α,β-不饱和环酮）

拓展 在有机化学中许多缩合反应都与羟醛缩合有密切关系，都涉及一个碳负离子对羰基的进攻，而碳负离子都是由碱夺取 α-H 而产生的。

（2）Claisen-Schmidt 缩合反应 芳醛与另一分子有 α-H 的醛、酮发生交错羟醛缩合，生成 α,β-不饱和醛、酮的反应，称为 Claisen-Schmidt（克莱森-斯密特）缩合反应。例如：

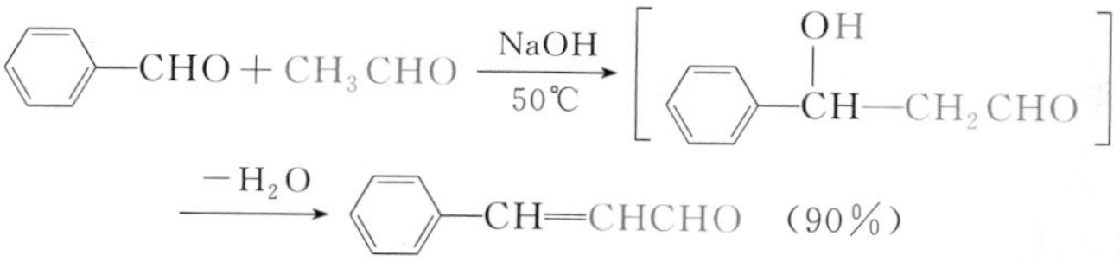

3-苯基丙烯醛（肉桂醛）

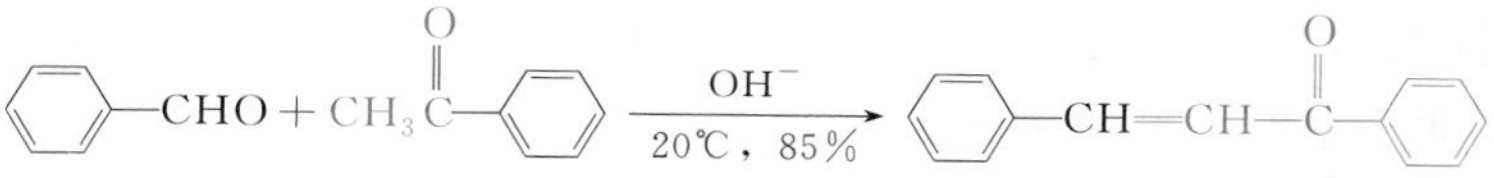

（3）Perkin 反应 芳醛与脂肪族酸酐，在相应羧酸的碱金属盐存在下共热、缩合，称为 Perkin（珀金）反应。当酸酐含有两个或两个以上 α-H 时，可制备 α,β-不饱和酸。例如：

乙酸酐 肉桂酸

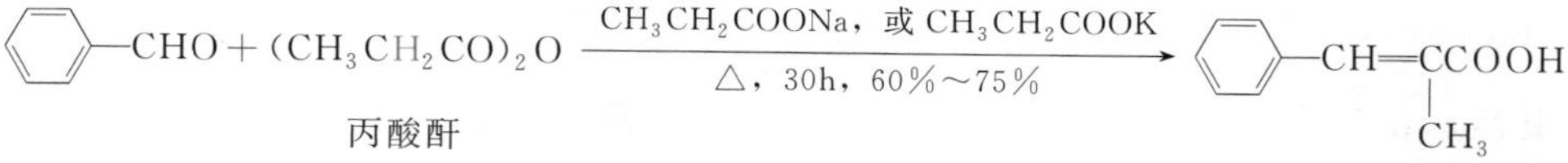

丙酸酐 2-甲基-3-苯基丙烯酸

脂肪醛在碱性条件下易自身缩合，不易发生 Perkin 反应。

（4）Mannich 反应 含有 α-H 的醛、酮，与醛和氨（伯胺、仲胺）之间发生的缩合反应，称为 Mannich（曼尼希）反应。该反应可看成是氨甲基化反应：

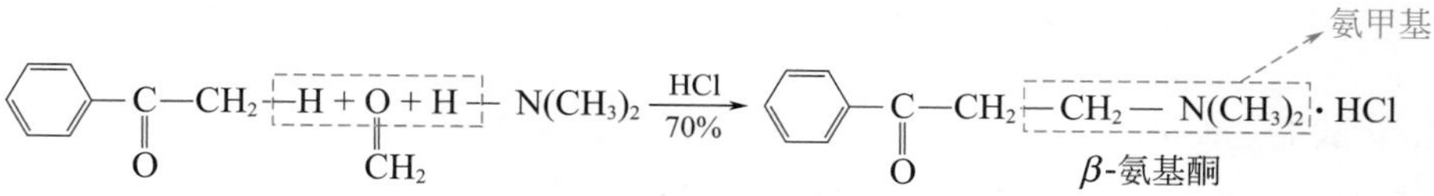

β-氨基酮

β-氨基酮又称为 Mannich 碱，容易分解为氨（或胺）和 α,β-不饱和酮，所以 Mannich 反应提供了一个间接合成 α,β-不饱和酮的方法。例如：

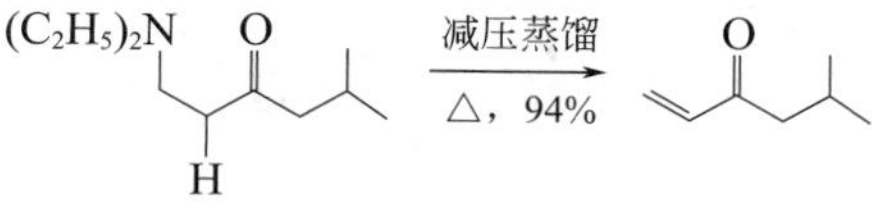

β-氨基酮 α,β-不饱和酮

利用 Mannich 反应合成颠茄醇在有机化学史上具有重要意义。之前，以环庚酮为原料，

需要经过 14 步反应才能合成颠茄醇，而采用 Mannich 反应只需两步反应就可得到目标化合物。

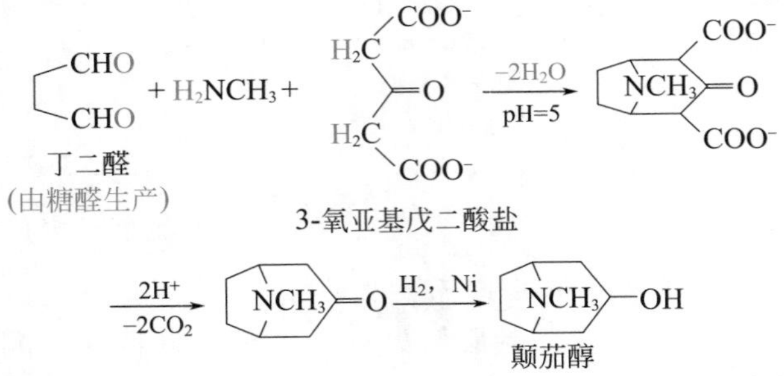

练习题

1. 写出正丁醛与下列试剂反应的产物。

(1) 10% NaOH，温热

(2) Br_2，在 CH_3COOH 中

(3) Br_2，在 NaOH 中

(4) CH_2O，$NH(CH_3)_2$，pH＝5

2. 写出苯甲醛与下列试剂反应的产物。

(1) CH_3CHO，10% NaOH

(2) $(CH_3CH_2CO)_2O$，CH_3CH_2COOK，加热

3. 指出下列化合物哪些能发生碘仿反应。

(1) CH_3CH_2CHO

(2) $(CH_3)_3CCOCH_3$

(3) $C_6H_5COCH_3$

(4) $C_6H_5CH_2CH(OH)CH_3$

11.5.4 氧化和还原

11.5.4.1 氧化反应

醛很容易被 $KMnO_4$、$K_2Cr_2O_7$、H_2O_2、RCO_3H 等常见氧化剂氧化成酸，醛也能被一些弱氧化剂氧化成酸。常用的弱氧化剂是 Tollens（托伦斯）试剂和 Fehling（费林）试剂。

Tollens 试剂是硝酸银的氨溶液［$Ag(NH_3)_2NO_3$］，与醛发生氧化反应后，银离子被还原为金属银析出，可附着在洁净的试管内壁，形成银镜。因此，用 Tollens 试剂氧化醛的反应又称为银镜反应。

$$RCHO + 2Ag(NH_3)_2OH \xrightarrow{\triangle} RCOONH_4 + 2Ag\downarrow + H_2O + 3NH_3$$
（银镜）

Fehling 试剂是 $CuSO_4$（Fehling Ⅰ）与酒石酸钾钠的碱溶液（Fehling Ⅱ）的混合液，使用时现场混合，为深蓝色溶液，其有效氧化剂是碱性条件下形成配合物的 Cu^{2+}。Fehling 试剂将醛氧化到酸的同时，二价铜离子被还原为砖红色的氧化亚铜。

$$RCHO + 2Cu^{2+} + 5OH^- \xrightarrow{\triangle} RCOO^- + Cu_2O\downarrow + 3H_2O$$
（深蓝色） （砖红色）

Tollens 可氧化所有的醛（包括芳甲醛）；Fehling 只氧化脂肪醛。因此，可用 Tollens 试剂和 Fehling 试剂鉴别醛、酮。

Tollens 试剂和 Fehling 试剂对醛分子中的羟基、碳碳双键和三键没有影响，可用来合成分子中含有—OH、C＝C、 C≡C 的羧酸。例如：

$$\text{CH}_3\text{CH}=\text{CHCHO} \begin{array}{c} \xrightarrow[\text{或Fehling试剂}]{\text{Tollens试剂}} \xrightarrow{\text{H}^+} \text{CH}_3\text{CH}=\text{CHCOOH} \quad \text{巴豆酸} \\ \\ \xrightarrow{\text{KMnO}_4} \text{CH}_3\text{COOH} + 2\text{CO}_2 \end{array}$$

巴豆醛

大多数情况下，酮类不易被氧化。在强氧化条件下，酮被氧化成更小的分子，无实际意义。例如：

$$\text{CH}_3-\overset{\text{O}}{\underset{\|}{\text{C}}}-\text{CH}_2\text{CH}_3 \xrightarrow{\text{HNO}_3} \text{CH}_3\text{CH}_2\text{COOH} + \text{CH}_3\text{COOH} + \text{HCOOH}$$

$$\text{CO}_2 + \text{H}_2\text{O} \overset{[\text{O}]}{\rule{0pt}{0pt}}$$

但是，工业上可用浓硝酸氧化环己酮，大量制造己二酸：

$$\text{环己酮} \xrightarrow[\text{铜钒催化剂}]{\text{浓 HNO}_3} \begin{array}{c} \text{CH}_2\text{CH}_2\text{COOH} \\ | \\ \text{CH}_2\text{CH}_2\text{COOH} \end{array}$$

环己酮　　　　　　己二酸（制造尼龙-66 的原料）

11.5.4.2 还原反应

（1）羰基还原为羟基　把羰基还原为羟基的主要方法：催化加氢，使用 NaBH$_4$、LiAlH$_4$ 还原，Meerwein-Ponndorf（米尔温-庞多夫）反应等。除催化加氢会还原双键外，其余三种方法通常不还原双键。

① 催化加氢：醛、酮催化加氢分别生成伯醇和仲醇。碳碳不饱和键在相同条件下通常也被还原。例如：

$$\text{C}_6\text{H}_5-\text{CH}=\text{CH}-\text{CHO} \xrightarrow{\frac{\text{H}_2}{\text{Ni}}} \text{C}_6\text{H}_5-\text{CH}_2\text{CH}_2\text{CH}_2\text{OH}$$

$$\text{环己基}-\overset{\text{O}}{\underset{\|}{\text{C}}}\text{CH}_3 \xrightarrow{\frac{\text{H}_2}{\text{Ni}}} \text{环己基}-\overset{\text{OH}}{\underset{|}{\text{C}}}\text{HCH}_3$$

② 用硼氢化钠还原：NaBH$_4$ 是一个选择性很好的中等强度的还原剂，只还原醛、酮分子中的羰基，不还原碳碳双键、硝基、酯基、氰基等不饱和基团，可在醇溶液或碱性水溶液中使用。例如：

$$\text{O}_2\text{N}-\text{C}_6\text{H}_4-\text{CHO} \xrightarrow[\text{C}_2\text{H}_5\text{OH, }82\%]{\text{NaBH}_4} \text{O}_2\text{N}-\text{C}_6\text{H}_4-\text{CH}_2\text{OH}$$

$$\text{环戊酮-COOC}_2\text{H}_5 \xrightarrow[\text{(2)H}_3\text{O}^+]{\text{(1)NaBH}_4,\ \text{C}_2\text{H}_5\text{OH}} \overset{\text{OH}}{\text{环戊基}}-\text{COOC}_2\text{H}_5$$

③ 氢化铝锂的还原性比硼氢化钠强，不仅能还原醛、酮生成相应的醇，而且能够还原羧酸、酯、酰胺、腈等，但对碳碳双键一般没有影响。氢化铝锂遇水立即反应，放出氢气，因此必须在乙醚、四氢呋喃（THF）等非质子性溶剂中使用。例如：

$$\text{C}_6\text{H}_5-\text{CH}=\text{CH}-\text{CHO} \xrightarrow[\text{(2) H}_2\text{O, H}^+]{\text{(1) LiAlH}_4,\ \text{乙醚}} \text{C}_6\text{H}_5-\text{CH}=\text{CH}-\text{CH}_2\text{OH}$$

④ 异丙醇铝-异丙醇也是一个选择性很好的还原剂，它只还原羰基而不影响碳碳重键。例如：

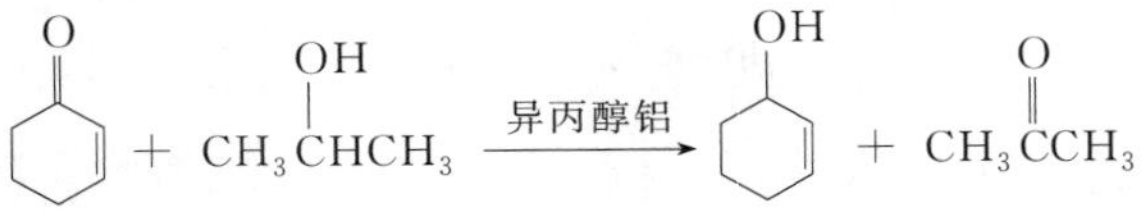

Meerwein-Ponndorf 还原

这个反应相当于前面讨论过的 Oppenauer 氧化（见第 9 章 9.5.6.1）的逆反应，称为 Meerwein-Ponndorf（米尔温-庞多夫）反应。

（2）羰基还原为甲叉基　把醛、酮中的羰基还原为甲叉基的主要方法有 Clemmensen 还原法和 Wolff-Kishner-黄鸣龙（沃尔夫-基斯内尔-黄鸣龙）还原法。

① Clemmensen 还原法是使用锌汞齐和浓盐酸，在酸性条件下把羰基还原为甲叉基的重要人名反应。此法适用广泛，特别适用于傅-克酰基化产物（芳香酮）的还原。例如：

$$C_6H_5-\overset{O}{\overset{\|}{C}}CH_2CH_2CH_3 \xrightarrow[\text{浓 HCl}]{\text{Zn-Hg}} C_6H_5-CH_2CH_2CH_2CH_3$$

但此法不适用于还原对酸敏感的化合物。例如，与羰基共轭的双键会被同时还原，而未共轭双键可能被酸破坏。

② 将醛、酮中的羰基还原成甲叉基的另一种方法，是先将醛或酮与无水肼反应生成腙，然后在高压釜中将腙、乙醇钠、无水乙醇加热到 180℃ 左右而成。此法称为 Wolff-Kishner（沃尔夫-基斯内尔）还原法。

$$\underset{\text{醛或酮}}{\overset{|}{\underset{|}{C}}=O} \xrightarrow[-H_2O]{\text{无水 NH}_2\text{NH}_2} \underset{\text{腙}}{\overset{|}{\underset{|}{C}}=NNH_2} \xrightarrow[\triangle]{\text{NaOC}_2\text{H}_5 \text{ 或 KOH}} \underset{\text{烃}}{\overset{|}{\underset{|}{C}}H_2} + N_2\uparrow$$

1946 年，我国科学家黄鸣龙对上述方法进行了改进。即先将醛或酮、氢氧化钠、水合肼和一个高沸点的水溶性溶剂（如二甘醇 bp 245℃、三甘醇 bp 287℃ 等）一同加热生成腙，蒸出过量的水合肼后，继续加热到腙的分解温度（约 200℃）进行脱氮，结果醛或酮中的羰基被还原为甲叉基。改进后的反应在常压下进行，用水合肼代替了无水肼，不需要无水条件，得到的产物双键不受影响，且产率很高。这种改进后的还原方法称为 Wolff-Kishner-黄鸣龙反应。例如：

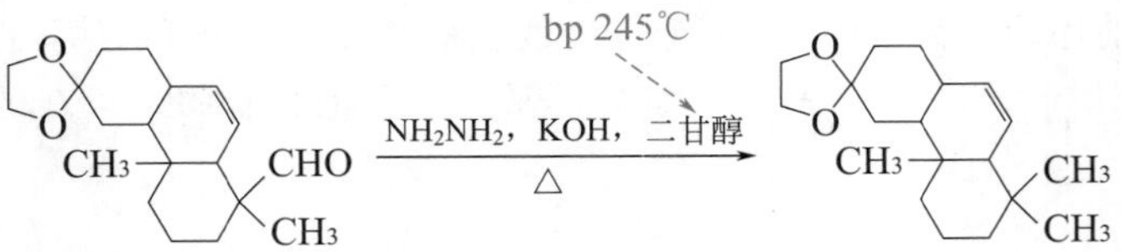

（分子量大，不耐高压，
双键、缩酮基对酸敏感）

（3）双分子还原　在苯或甲苯等非质子性溶剂中，酮与钠、镁、铝等活泼金属发生还原偶联反应，生成邻二醇。例如：

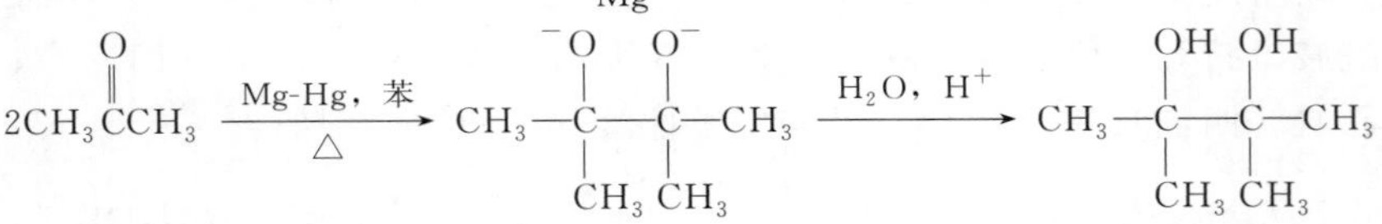

2,3-二甲基丁-2,3-二醇
（片呐醇）

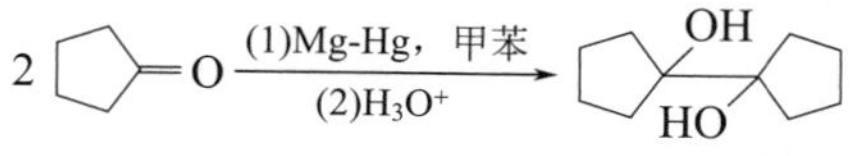

$$2 \overset{\bigcirc}{}O \xrightarrow[\text{(2)}H_3O^+]{\text{(1)Mg-Hg, 甲苯}} \text{(环戊烷基)}$$

二(环戊烷基)-1,1′-二醇

11.5.4.3 Cannizzaro 反应

浓碱（通常为 40% 以上的 NaOH）中，无 α-H 的醛发生自身氧化-还原反应，这种反应称为 Cannizzaro（坎尼扎罗）反应。例如：

$$2HCHO \xrightarrow[\triangle]{\text{浓 NaOH}} HCOONa + CH_3OH$$
甲醛　　　　　　　甲酸钠　　　甲醇

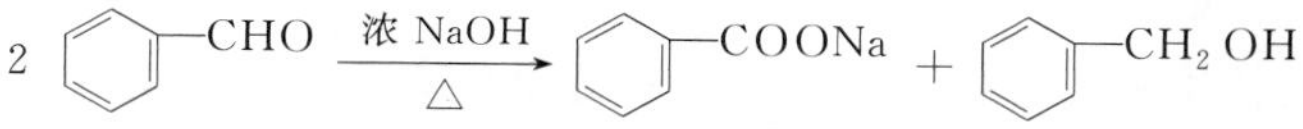

$$2 \overset{\bigcirc}{}-CHO \xrightarrow[\triangle]{\text{浓 NaOH}} \overset{\bigcirc}{}-COONa + \overset{\bigcirc}{}-CH_2OH$$
苯甲醛　　　　　　苯甲酸钠　　　　　苯甲醇

Cannizzaro 反应的实质是连续两次亲核加成，其反应机理如下：

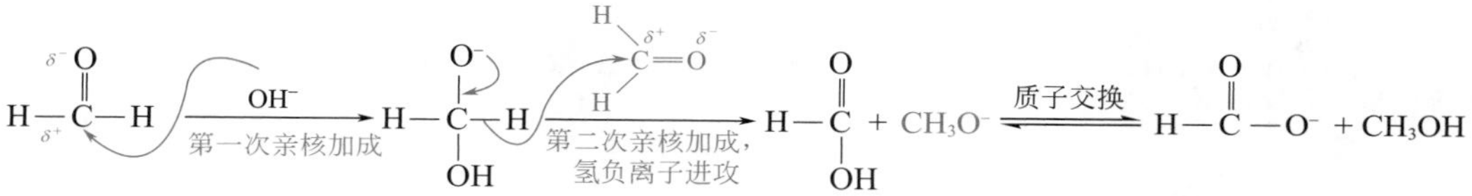

若反应物之一是甲醛，则一定是甲醛被氧化，而另一分子无 α-H 的醛被还原。因为甲醛在醛类中还原性能最强。例如：

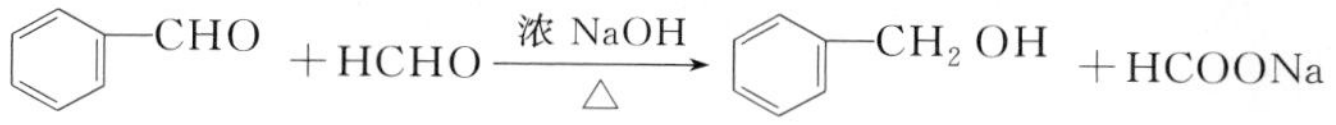

$$\overset{\bigcirc}{}-CHO + HCHO \xrightarrow[\triangle]{\text{浓 NaOH}} \overset{\bigcirc}{}-CH_2OH + HCOONa$$

一些难以通过其他方法制备的醇可以用交错 Cannizzaro 反应来制备。例如：

$$(HOCH_2)_3C-CHO + CH_2O \xrightarrow[55\sim65℃]{Ca(OH)_2} (HOCH_2)_3C-CH_2OH + \frac{1}{2}(HCOO)_2Ca$$
3-羟基-2,2-二羟甲基丙醛　　　　　2,2-二羟甲基丙-1,3-二醇
（三羟甲基乙醛）　　　　　　　　季戊四醇
　　　　　　　　　　　　　　（高分子交联剂）

练习题

1. 指出下列化合物哪些能发生银镜反应。

(1) $CH_3COCH_2CH_3$　　　　　　(2) C_6H_5CHO

(3) $(CH_3)_2CHCHO$　　　　　　(4)

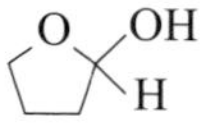

2. 用简单的化学方法区别下列化合物。

(A) 丙酮　　　(B) 乙醛　　　(C) 苯甲醛

3. 写出己-4-烯醛与下列试剂反应的产物。

(1) $NaBH_4$　　　　　　　　　(2) H_2，Pd

(3) $Ag(NH_3)_2NO_3$　　　　　(4) ①浓 $KMnO_4$，△；②H^+

4. 完成下列反应式。

(1) $C_6H_5COCH_2CH_2COOH \xrightarrow[\text{回流}]{\text{Zn-Hg, 浓 HCl}}$

(2) 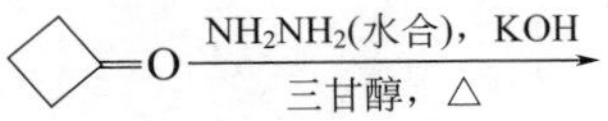 ⬡=O $\xrightarrow[\text{三甘醇, }\triangle]{\text{NH}_2\text{NH}_2(\text{水合})，\text{KOH}}$

11.6 α,β-不饱和醛、酮的特性

由于在 α,β-不饱和醛、酮分子中双键和羰基之间形成共轭体系，因此这类化合物具有一些两种官能团相互影响的独特性质。

11.6.1 与亲电试剂加成

在 α,β-不饱和醛、酮中，C=C 与 C=O 相互共轭，电子云分布出现极性交替现象，氧原子上总是带有部分负电荷，而 C=C 上电子云密度降低。因此，当亲电试剂（如 H$^+$）与 α,β-不饱和醛、酮发生反应时，总是首先加到氧原子上。以丙烯醛与氯化氢的加成为例：

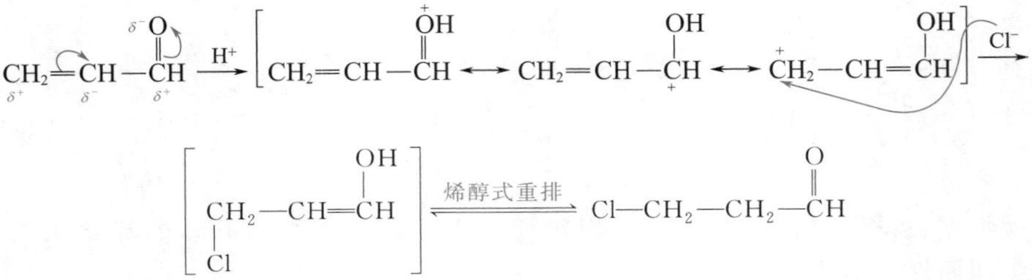

总的结果是 1,4-加成的机理，碳-碳双键上 1,2-加成的产物。H$^+$ 最终加到羰基的 α-碳上，Cl$^-$ 加到碳基的 β-碳上。

其他的亲电试剂与 α,β-不饱和醛、酮反应时，也有同样的规律。例如：

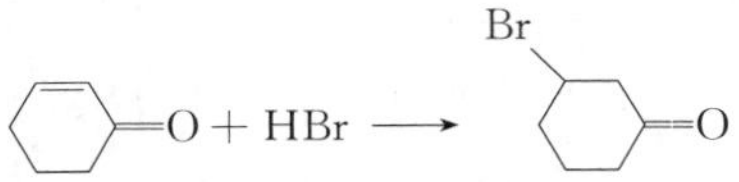

⬡=O + HBr ⟶ （3-溴环己酮）

11.6.2 与亲核试剂加成

通常情况下，碳碳双键是不会与亲核试剂加成的。但由于在 α,β-不饱和醛、酮中 C=C 与 C=O 共轭，羰基碳和 β-碳上都带有部分正电荷，亲核试剂不仅能加到羰基上，还能加到碳碳双键上。以丁-3-烯-2-酮与氰化氢的加成为例：

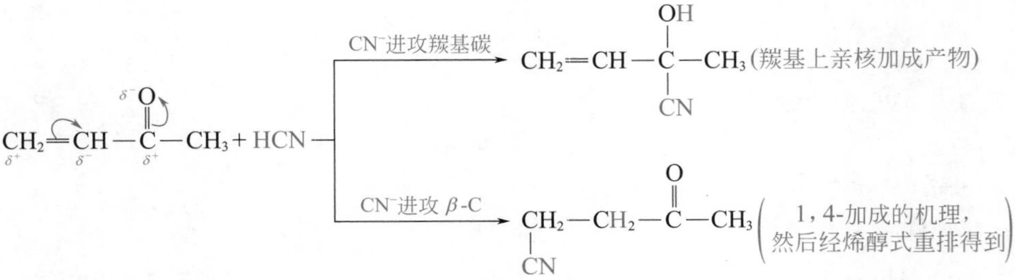

亲核试剂主要进攻空间位阻较小的位置，因此，醛基比酮基更容易被进攻。例如：

$$(CH_3CH_2)_2C = CH - \overset{\overset{\displaystyle O}{\|}}{C}H \qquad CH_2 = \overset{\overset{\displaystyle O}{\|}}{C} - \overset{\underset{\displaystyle CH_3}{|}}{C}HCH_3$$

Ṅu主要进攻 Ṅu主要进攻

亲核试剂的性质对加成取向也有影响。碱性强的试剂（如 RMgX、LiAlH$_4$）在羰基上加成（1,2-加成）：

$$CH_2 = CH - \overset{\overset{\displaystyle O}{\|}}{C} - CH_3 + AlH_4^- \xrightarrow[H_2O]{H^+} CH_2 = CH - \overset{\underset{\displaystyle H}{|}}{\underset{\displaystyle\ }{C}} - CH_3$$
（碱性强） OH

$$CH_2 = CH - \overset{\overset{\displaystyle O}{\|}}{C} - CH_3 + CH_3MgI \xrightarrow[H_2O]{H^+} CH_2 = CH - \overset{\underset{\displaystyle CH_3}{|}}{\underset{\displaystyle\ }{C}} - CH_3$$
（碱性强） OH

碱性弱的试剂（如 CN$^-$ 或 RNH$_2$）在碳碳双键上加成（1,4-加成）：

$$CH_2 = CH - \overset{\overset{\displaystyle O}{\|}}{C} - CH_3 + CH_3\overset{\displaystyle ..}{N}H_2 \longrightarrow CH_2 - CH_2 - \overset{\overset{\displaystyle O}{\|}}{C} - CH_3$$
（碱性较弱） NHCH$_3$

$$CH_2 = CH - \overset{\overset{\displaystyle O}{\|}}{C} - CH_3 + CN^- \xrightarrow{HCN} CH_2 - CH_2 - \overset{\overset{\displaystyle O}{\|}}{C} - CH_3$$
（碱性较弱） CN

11.6.3 还原反应

NaBH$_4$、LiAlH$_4$ 选择性好，只还原羰基，不还原双键。α,β-不饱和羰基化合物用 NaBH$_4$、LiAlH$_4$ 还原，可以得到烯醇。例如：

$$CH_3CH = CHCHO \xrightarrow[(2)\ H_2O^+,\ 90\%]{(1)\ LiAlH_4,\ 乙醚} CH_3CH = CHCH_2OH$$
丁-2-烯-1-醇（巴豆醇）

环己-2-烯-1-酮 + NaBH$_4$ $\xrightarrow[59\%]{C_2H_5OH}$ 环己-2-烯-1-醇

用催化加氢的方法还原 α,β-不饱和醛、酮时，C=C 比 C=O 更容易还原。钯-碳催化剂选择性较好，可控制加氢，得到醛、酮；Raney Ni 选择性较差，C=C 和 C=O 同时还原。例如：

选择性较好

2-甲基-3-苯基丙烯醛 $+ H_2(1mol) \xrightarrow[Na_2CO_3,\ 95\%]{Pd-C}$ 2-甲基-3-苯基丙醛

$$CH_3CH = CHCHO + H_2 \xrightarrow{Raney\ Ni} CH_3CH_2CH_2CH_2OH$$
选择性较差

11.7 乙烯酮

乙烯酮（$H_2C = C = O$）是最简单的不饱和酮，也可看作是乙酸分子内脱水所形成的

酐。乙烯酮可由乙酸或丙酮加热裂解制得。

$$CH_3-\overset{\overset{\displaystyle O}{\|}}{C}-OH \xrightarrow[700\sim720℃]{催化剂} CH_2=C=O+H_2O$$

$$CH_3-\overset{\overset{\displaystyle O}{\|}}{C}-CH_3 \xrightarrow[700\sim750℃]{催化剂} CH_2=C=O+CH_4$$

乙烯酮常温下为气体（bp $-56℃$），有剧毒，性质极不稳定，易加成，易形成二聚体，只能在低温下保存，与空气接触时，能生成爆炸性的过氧化物。

（1）加成　乙烯酮能与具有活泼氢的化合物进行加成反应：

$$CH_2=\underset{\delta^+}{C}\overset{\curvearrowright}{=}\underset{\delta^-}{O} + \underset{\delta^+\ \delta^-}{H\ A} \longrightarrow \left[\underset{\overset{\displaystyle |}{A}}{CH_2=C-OH}\right] \underset{烯醇式重排}{\rightleftharpoons} CH_3-\overset{\overset{\displaystyle O}{\|}}{C}-A$$

以上反应相当于在 HA 中引入了乙酰基（$CH_3CO—$），所以乙烯酮是一个很强的乙酰化剂。例如：

$$
CH_2=C=O+
\begin{cases}
H & OH \\
H & OC_2H_5 \\
H & O-\overset{\overset{\displaystyle O}{\|}}{C}-CH_3 \\
H & Cl \\
H & NH_2
\end{cases}
\longrightarrow
\begin{cases}
CH_3\overset{\overset{\displaystyle O}{\|}}{C}-OH & \text{乙酸} \\
CH_3\overset{\overset{\displaystyle O}{\|}}{C}-OC_2H_5 & \text{乙酸乙酯} \\
CH_3\overset{\overset{\displaystyle O}{\|}}{C}-O-\overset{\overset{\displaystyle O}{\|}}{C}CH_3 & \text{乙酸酐} \\
CH_3\overset{\overset{\displaystyle O}{\|}}{C}-Cl & \text{乙酰氯} \\
CH_3\overset{\overset{\displaystyle O}{\|}}{C}-NH_2 & \text{乙酰胺}
\end{cases}
$$

乙烯酮与 Grignard 试剂加成反应的结果，也是相当于在原来的 RX 中引入乙酰基：

$$CH_2=C=O + RMgX \xrightarrow{无水乙醚} CH_2=\overset{\overset{\displaystyle R}{|}}{C}-OMgX \xrightarrow{H_2O/H^+} \left[CH_2=\overset{\overset{\displaystyle R}{|}}{C}-OH\right]$$

$$\xrightarrow{烯醇式重排} CH_3-\overset{\overset{\displaystyle R}{|}}{C}=O \quad \text{（甲基酮）}$$

（2）形成二聚体

$$
\begin{matrix}
CH_2=C=O \\
+ \\
CH_2=C=O
\end{matrix}
\xrightarrow[2+2协同反应]{0℃}
\begin{matrix}
CH_2=C-O \\
| \qquad\ | \\
CH_2-C=O
\end{matrix}
\xrightarrow[解聚]{500\sim600℃} 2CH_2=C=O
$$

乙烯酮二聚体　　　　　乙烯酮
（工业上用于生产乙酸乙酯）

乙烯酮二聚体是液体，沸点127℃。它具有不饱和内酯的结构，易开环加成，工业上用它合成乙酰乙酸乙酯。

长链烷基乙烯酮二聚体（alkyl ketene dimer，AKD），是造纸工业中常用的反应型中性施胶剂，它能够赋予纸张适当的疏水性能，同时保证纸张具有较好的柔软性（参见李小瑞等中国发明专利 ZL200910023760.3、费贵强等中国发明专利 ZL200810161972.3)。

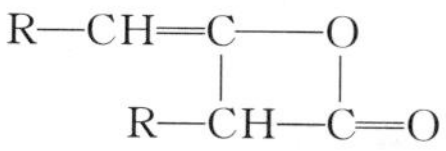

$$R-CH-C=O$$
$$R-CH-C=O$$

AKD，反应型中性施胶剂

11.8 醌

11.8.1 醌的结构和命名

由于醌并不具有芳环的构造，而是具有 α,β-不饱和酮的结构特点，因此醌不具有芳香性，常常显示不饱和酮的性质。苯醌只有两个异构体：对苯醌和邻苯醌。一些常见简单醌的结构如下：

环己-2,5-二烯-1,4-二酮　　　环己-3,5-二烯-1,2-二酮　　　萘-1,4-二酮　　　蒽-9,10-二酮
对苯醌（黄色）　　　　　　邻苯醌（红色）　　　　　萘-1,4-醌（黄色）　　蒽-9,10-醌（淡黄色）
（制浆添加剂，提高得浆率）

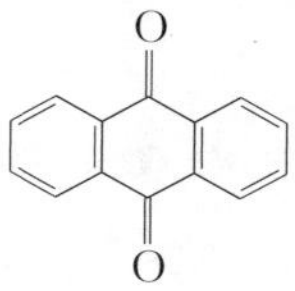

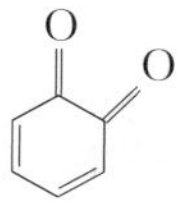

醌类化合物在自然界分布很广。例如，维生素 K、辅酶 Q_{10} 以及中药中的有效成分大黄素和大黄酸等，均含有醌型结构。

维生素K
（促进血液凝固，
预防骨质增生）

辅酶 Q_{10}
（天然脂溶性抗氧化剂，
辅助治疗心血管疾病）

大黄素
（泻火，通肠）

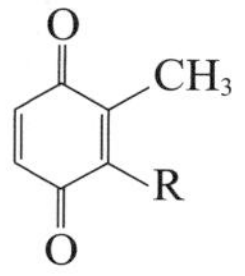

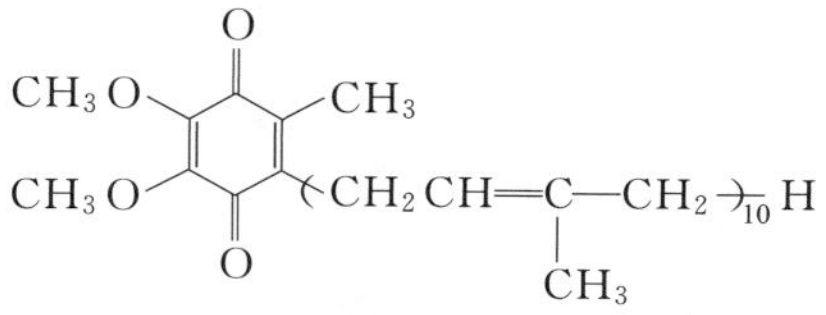

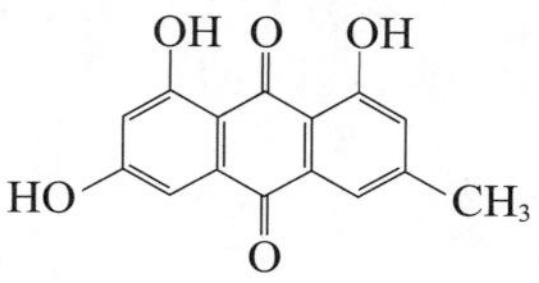

醌类化合物一般都有颜色，许多植物色素、醌类染料及指示剂因其结构中含有醌型构造而具有颜色。例如，对苯醌为黄色结晶、邻苯醌为红色结晶、蒽醌为黄色固体、萘-1,4-醌为挥发性黄色固体，从茜草根中分离出来的茜素为红色染料。蒽醌类合成染料是染料家族的一大分支，据统计已达 400 多种。蒽醌类活性染料颜色鲜艳，亲和力较低，扩散性能好，耐日晒牢度较好，是一类重要的染料。

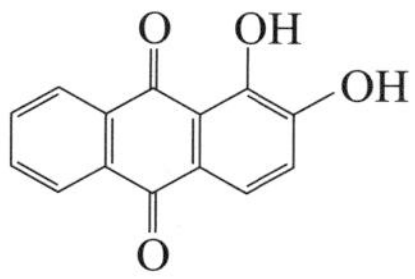

茜素

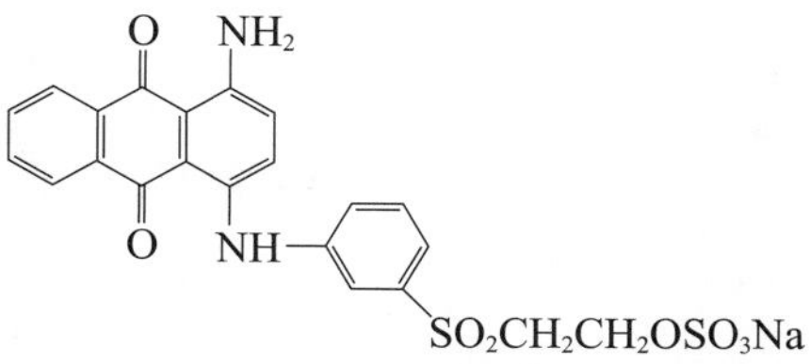

活性艳蓝KN-R

醌可以命名为环状不饱和共轭二酮，也可以根据芳环命名为醌。例如：

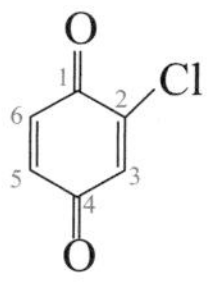

2-氯环己-2,5-二烯-1,4-二酮

2-chlorocyclohexa-2,5-diene-1,4-dione

2-氯苯-1,4-醌

2-chlorobenzo-1,4-quinone

11.8.2 醌的化学性质

醌分子中含有碳碳双键和碳氧双键，因此具有烯烃和羰基化合物的典型性质，此外还有涉及两个官能团的反应。

（1）羰基的反应 醌分子中的羰基能与氨衍生物发生加成合反应，表现出羰基的性质。例如：

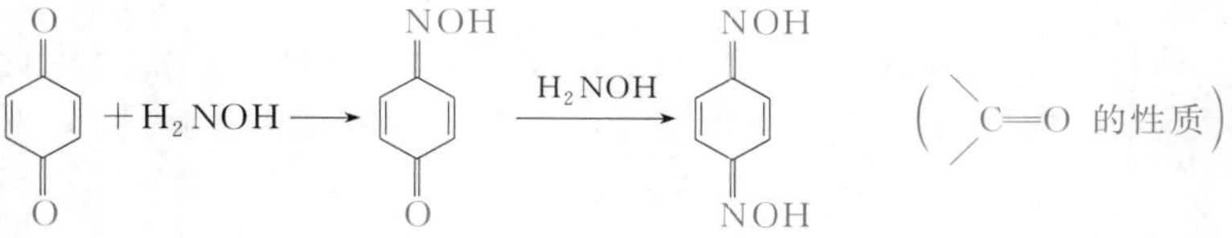

对苯醌单肟 对苯醌双肟

（2）碳碳双键的加成 在乙酸溶液中，溴与醌分子中的碳碳双键加成，生成二溴或四溴化物。

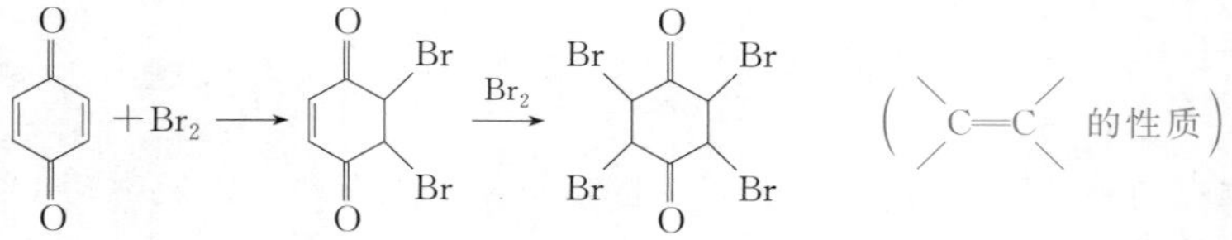

对苯醌分子中的双键受相邻两个羰基的影响，是一个典型的亲双烯试剂，可以与共轭双烯发生 Diels-Alder 反应。

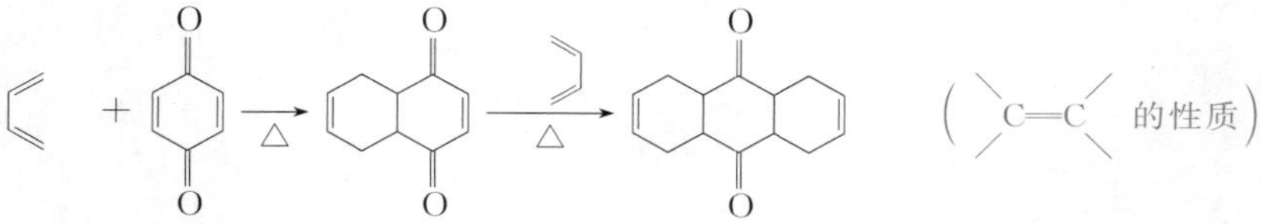

（3）1,4-加成反应 醌具有 α,β-不饱和酮的构造，因此可以发生 1,4-加成。例如：

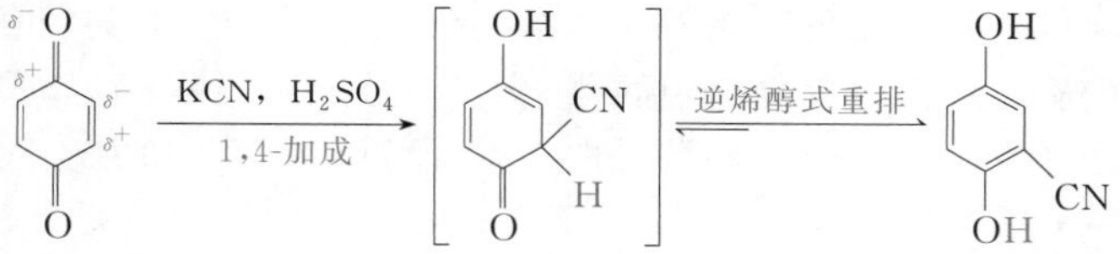

本章精要速览

（1）羰基是一个极性不饱和基团，容易发生亲核加成反应。

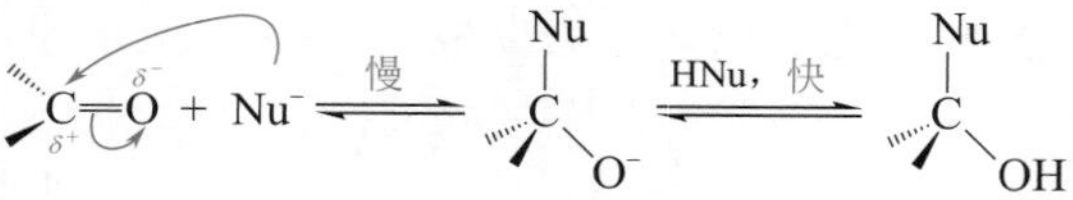

其反应活性有下列规律：

① 不同醛、酮的亲核加成反应活性：醛＞酮；脂肪族醛、酮＞芳香族醛、酮。

② 羰基碳越正，反应活性越强。例如，亲核加成反应活性：

$$p\text{-}NO_2\text{—}C_6H_4\text{—}CHO > ArCHO > p\text{-}CH_3\text{—}C_6H_4\text{—}CHO$$

③ 有个别例外。例如，活性：$C_6H_5COCH_3 > (CH_3)_3C\text{—}CO\text{—}C(CH_3)_3$，这是因为叔丁基的空间位阻特别大。

（2）除亲核加成外，醛、酮还可发生与 α-氢有关的缩合反应和取代反应、与醛基有关的氧化反应、与羰基有关的还原反应等。详见"醛、酮的制备及化学性质小结"。

（3）在 α,β-不饱和醛、酮分子中，双键和羰基之间形成共轭体系，因此这类化合物具有一些独特的性质。亲电试剂与之反应时，经 1,4-加成的机理，生成 C＝C 上的 1,2-加成产物：

$$\underset{\delta^+}{RCH}=\underset{\delta^-}{CH}-\underset{\delta^+}{CH}=\underset{\delta^-}{O} \xrightarrow{HX} RCH-CH-CH=O$$

（X 在第一个碳，H 在第二个碳）

而亲核试剂与之反应时，不仅能加到羰基上，还能加到碳碳双键上：

$$CH_2=CH-C(=O)-CH_3 \xrightarrow{HCN} CH_2=CH-\underset{CN}{\underset{|}{C}}(OH)-CH_3 + CH_2-CH_2-C(=O)-CH_3$$

(C＝O上亲核加成产物)　　(经1,4-加成机理，C＝C上的加成产物)

醛基比酮基更容易被进攻，发生羰基的亲核加成；碱性强的试剂（如 RMgX、$LiAlH_4$）主要在羰基上加成（1,2-加成），碱性弱的试剂（如 CN^- 或 RNH_2）主要在 C＝C 上加成（1,4-加成）。

（4）醌（quinone）虽然可以芳环命名，但醌不具有芳环的构造，没有芳香性。醌可以被还原为氢醌；醌具有 α,β-不饱和酮的构造，具有 C＝C 和 C＝O 的性质，还可发生 1,4-加成反应。

（5）醛、酮的波谱特征：

IR	酮的 $\nu_{C=O}$ 位于 $1715cm^{-1}$ 附近；醛的特征吸收除了位于 $1730cm^{-1}$ 附近的 $\nu_{C=O}$ 外，还有约 $2720cm^{-1}$ 处中等强度尖峰。醛、酮分子中的 C＝O 与苯环或双键共轭时，其 $\nu_{C=O}$ 移向低波数。例如： 化合物　　乙醛　　苯甲醛　　丙酮　　乙基乙烯基酮　　苯乙酮 $\nu_{C=O}/cm^{-1}$　　1730　　1703　　1715　　1706　　1692
^1H NMR	$R\text{—}\overset{O}{\overset{\|}{C}}\text{—}H$ ($\delta=9\sim10$)　　$R\text{—}CH_2\text{—}\overset{O}{\overset{\|}{C}}\text{—}$ ($\delta\approx2.3$)　　$CH_3\text{—}\overset{O}{\overset{\|}{C}}\text{—}$ ($\delta\approx2.1$)

醛、酮的制备及化学性质小结

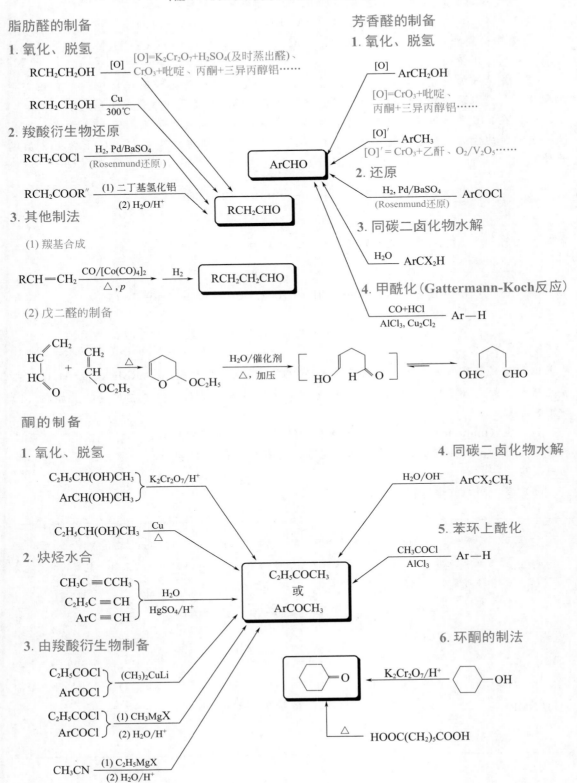

脂肪醛的化学性质

1. 羰基上亲核加成

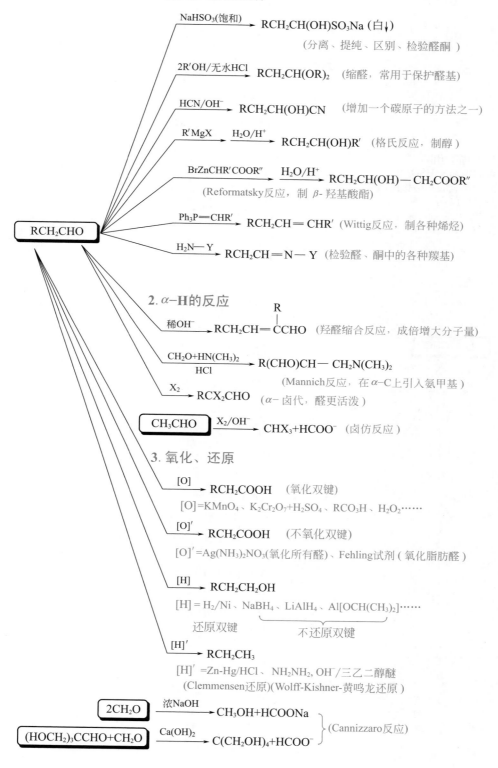

RCH₂CHO:

- NaHSO₃(饱和) → RCH₂CH(OH)SO₃Na (白↓) （分离、提纯、区别、检验醛酮）
- 2R'OH/无水HCl → RCH₂CH(OR)₂ （缩醛，常用于保护醛基）
- HCN/OH⁻ → RCH₂CH(OH)CN （增加一个碳原子的方法之一）
- R'MgX， H₂O/H⁺ → RCH₂CH(OH)R' （格氏反应，制醇）
- BrZnCHR'COOR''， H₂O/H⁺ → RCH₂CH(OH)—CH₂COOR'' (Reformatsky反应，制 β-羟基酸酯)
- Ph₃P=CHR' → RCH₂CH=CHR' (Wittig反应，制各种烯烃)
- H₂N—Y → RCH₂CH=N—Y （检验醛、酮中的各种羰基）

2. α-H的反应

- 稀OH⁻ → RCH₂CH=CCHO (带R) （羟醛缩合反应，成倍增大分子量）
- CH₂O+HN(CH₃)₂ / HCl → R(CHO)CH—CH₂N(CH₃)₂ (Mannich反应，在 α-C上引入氨甲基)
- X₂ → RCX₂CHO （α-卤代，醛更活泼）

CH₃CHO:
- X₂/OH⁻ → CHX₃+HCOO⁻ （卤仿反应）

3. 氧化、还原

- [O] → RCH₂COOH （氧化双键）
  [O]=KMnO₄、K₂Cr₂O₇+H₂SO₄、RCO₃H、H₂O₂……
- [O]' → RCH₂COOH （不氧化双键）
  [O]'=Ag(NH₃)₂NO₃(氧化所有醛)、Fehling试剂（氧化脂肪醛）
- [H] → RCH₂CH₂OH
  [H] = H₂/Ni、NaBH₄、LiAlH₄、Al[OCH(CH₃)₂]……
  还原双键   不还原双键
- [H]' → RCH₂CH₃
  [H]'=Zn-Hg/HCl、NH₂NH₂, OH⁻/三乙二醇醚
  (Clemmensen还原)(Wolff-Kishner-黄鸣龙还原)

2CH₂O:
- 浓NaOH → CH₃OH+HCOONa

(HOCH₂)₃CCHO+CH₂O:
- Ca(OH)₂ → C(CH₂OH)₄+HCOO⁻

} (Cannizzaro反应)

芳香醛的化学性质

1. 羰基上亲核加成

参见"脂肪醛的化学性质"

2. 缩合反应

3. 氧化、还原

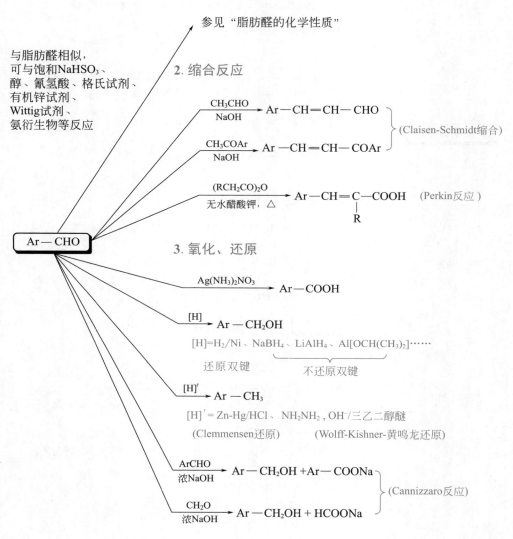

与脂肪醛相似，
可与饱和$NaHSO_3$、
醇、氰氢酸、格氏试剂、
有机锌试剂、
Wittig试剂、
氨衍生物等反应

$Ar—CHO$

$$\dfrac{CH_3CHO}{NaOH} \longrightarrow Ar—CH=CH—CHO$$

$$\dfrac{CH_3COAr}{NaOH} \quad Ar—CH=CH—COAr$$

（Claisen-Schmidt缩合）

$$\dfrac{(RCH_2CO)_2O}{无水醋酸钾，\triangle} \longrightarrow Ar—CH=\underset{R}{C}—COOH$$ （Perkin反应）

$$\xrightarrow{Ag(NH_3)_2NO_3} Ar—COOH$$

$$\xrightarrow{[H]} Ar—CH_2OH$$

$[H]=H_2/Ni$、$NaBH_4$、$LiAlH_4$、$Al[OCH(CH_3)_2]$……

还原双键　　　　不还原双键

$$\xrightarrow{[H]'} Ar—CH_3$$

$[H]'= Zn-Hg/HCl$、 NH_2NH_2，OH^-/三乙二醇醚

（Clemmensen还原）　　（Wolff-Kishner-黄鸣龙还原）

$$\dfrac{ArCHO}{浓NaOH} \quad Ar—CH_2OH +Ar—COONa$$

$$\dfrac{CH_2O}{浓NaOH} \quad Ar—CH_2OH + HCOONa$$

（Cannizzaro反应）

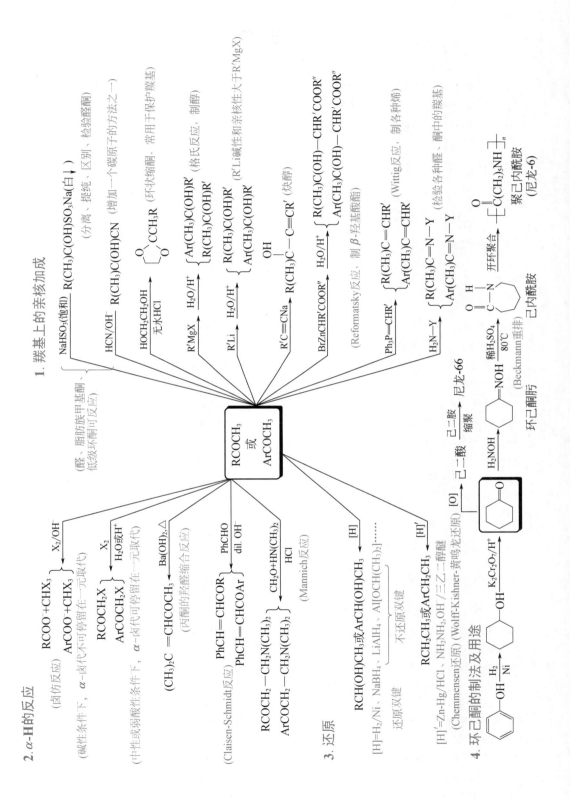

酮的化学性质

2. α-H的反应

习 题

1. 用系统命名法命名下列化合物。

(1) $CH_3CCH_2CH_2CHCH_2CH_2CHO$
　　　　$\underset{O}{\|}$　　　　$\underset{CH_3}{|}$

(2) $CH_3CH_2CH(CH_2)_3CHO$
　　　　　　　$\underset{CH=CH_2}{|}$

(3) $CH_3-\underset{\underset{O}{\|}}{C}-CH=CHCH_3$

(4) 邻位苯环上 CHO 和 $CH(CH_3)CH_2CH_3$

(5) CH_3CCH_2—△
　　　$\underset{O}{\|}$

(6) 间氯苯环—CH_2CH_2CHO

(7) 萘环—CHO，另一端 CH_3

(8) 环己烯酮，CH_3，CH_3，Cl

2. 写出下列化合物的构造式。

(1) 丁酮缩氨脲

(2) 丁-2-烯醛苯腙

(3) 巴豆醛

(4) 水杨醛

(5) 环己酮肟

(6) 丁酮-(2,4-二硝基苯基)腙

(7) 3-氯-1-苯基丁-1-酮

(8) 1-环丁基丁-2-酮

3. 用简单的化学方法区别下列化合物。

(1) A. 甲醛　　　　B. 丙醛　　　　C. 丙酮　　　　D. 1-苯基乙-1-酮　　　　E. 苯甲醛

(2) A. $C_6H_5CH_2CH_2CHO$　　　B. $C_6H_5CH_2COCH_3$　　　C. p-C_2H_5—C_6H_4—CHO

(3) A. 己醛　　　B. 己-2-酮　　　C. 环戊酮　　　D. 1-苯基乙-1-酮　　　E. 苯甲醛

(4) A. 己-2-醇　　　B. 己-3-醇　　　C. 己-2-酮　　　D. 己-3-酮

4. 按要求比较下列各组化合物的理化性质。

(1) 比较下列化合物 α-H 的活性：

A. $CH_3CH_2COCH_2CH_3$　　　B. $OHCCH_2CHO$　　　C. CH_3CHO　　　D. 1,3-二氧戊环—CH_2CHO

(2) 比较下列化合物亲核加成反应活性：

A. CH_3CHO　　　　　　B. CH_3COCHO　　　C. $CH_3COC_6H_5$　　　D. $(CH_3)_3CCOC(CH_3)_3$

(3) 比较下列化合物亲核加成反应活性：

A. $CH_3COCH=CH_2$　　　B. $CH_3COCH_2CH_3$　　　C. C_6H_5CHO　　　D. $C_6H_5CH_2CHO$

(4) 比较下列化合物在水中的溶解度大小：

A. CH_3COCH_3　　　　　　B. $CH_3COCH_2CH_3$　　　C. $CH_3CH_2COCH_2CH_3$

5. 下列化合物哪些能发生碘仿反应？哪些能与饱和 $NaHSO_3$ 溶液加成？哪些能发生银镜反应？哪些能与 Fehling 试剂发生反应？

(1) $CH_3COCH_2CH_3$　　　　　(2) $CH_3CH_2CH_2CHO$　　　　　(3) CF_3CH_2OH

(4) C_6H_5CHO　　　　　　　　(5) $CH_3CH_2COCH_2CH_3$　　　　(6) $CH_3COC_6H_5$

(7) $(CH_3)_2CHCHO$　　　　　　(8) $CH_3CH(OH)CH_2CH_3$　　　　(9) ICH_2CHO

（10） 　　　　（11） 　　　　（12）

6. 完成反应式。

（1）$CH_3CH =\!\!= CHCH_2CH_2CHO + CH_3OH \xrightarrow{\text{无水 HCl}}$?

（2）$Br-\!\!\!\!\bigcirc\!\!\!\!-CHO$ ＋ $\xrightarrow{\text{稀 NaOH}}$?

（3）$C_6H_5COCHO \xrightarrow{\text{HCN}}$?

（4） $\xrightarrow[\triangle]{\text{稀NaOH}}$?

（5）$C_6H_5CHO + C_6H_5MgBr \xrightarrow{\text{THF}}$? $\xrightarrow[\text{H}^+]{\text{H}_2\text{O}}$?

（6）$CH_3-\!\!\!\!\bigcirc\!\!\!\!-CHO \xrightarrow{\text{浓 NaOH}}$?

（7）$(CH_3)_2CH-\!\!\!\!\bigcirc\!\!\!\!-CH\!=\!\overset{\overset{\textstyle CH_3}{|}}{C}-CHO \xrightarrow{\text{H}_2}{\text{Pd-C}}$?

（8） $+CH_3CH =\!\!= P(C_6H_5)_3 \longrightarrow$?

（9）$HOCH_2CH_2CH_2CH_2CHO \xrightarrow{\text{无水 HCl}}$?

（10） $+ CH_3COCH_3 \xrightarrow{\text{无水HCl}}$?

（11） $+ Br_2 \xrightarrow{\text{CH}_3\text{COOH}}$?

（12）$CH_3CH_2CH_2CHO \xrightarrow[\text{温热}]{\text{稀 OH}^-}$? $\xrightarrow[(2)\ \text{H}_3\text{O}^+]{(1)\ \text{LiAlH}_4}$?

（13） $-OH \xrightarrow{\text{H}_2}{\text{Ni}}$? $\xrightarrow[\text{H}_2\text{SO}_4]{\text{Na}_2\text{Cr}_2\text{O}_7}$? $\xrightarrow{\text{稀 OH}^-}$?

（14）$(CH_3)_2CHCHO \xrightarrow[\text{乙酸}]{\text{Br}_2}$? $\xrightarrow[\text{干 HCl}]{2CH_3OH}$? $\xrightarrow[\text{乙醚}]{\text{Mg}}$? $\xrightarrow[(2)\ \text{H}_3\text{O}^+]{(1)\ (CH_3)_2CHCHO}$?

（15） $\xrightarrow[\text{干醚}]{\text{CH}_3\text{MgBr}}$? $\xrightarrow{\text{H}_3\text{O}^+}$? $\xrightarrow[(2)?]{(1)?}$

7. 试以乙醛为原料制备下列化合物（无机试剂及必要的有机试剂任选）。

（1） 　　　　　　（2）

8. 完成下列转变（必要的无机试剂及有机试剂任用）。

（1）$C_6H_5-C\!\equiv\!CH \longrightarrow C_6H_5-\overset{\overset{\textstyle CH_3}{|}}{\underset{\underset{\textstyle OH}{|}}{C}}-COOH$

（2）

(3)

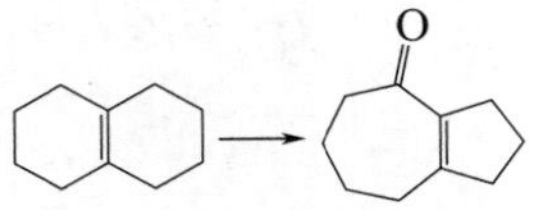

(4)

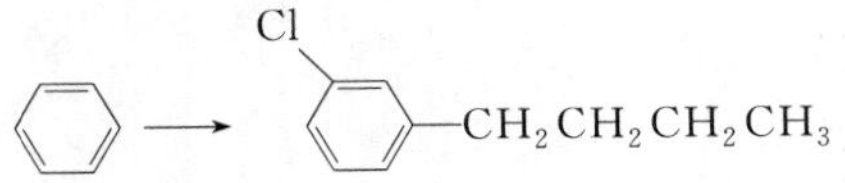

(5) $C_6H_5-\overset{\overset{O}{\|}}{C}-CH_3 \longrightarrow C_6H_5-\overset{\overset{CH_3}{|}}{C}=CHCH_3$

(6) $CH\equiv CH \longrightarrow CH_3CH_2CH_2\overset{\overset{O}{\|}}{C}CH_2CH_2CH_2CH_3$

(7)

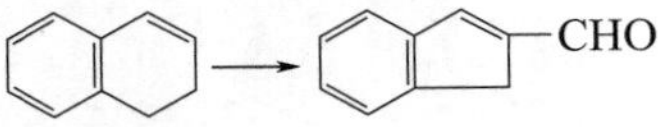

(8)

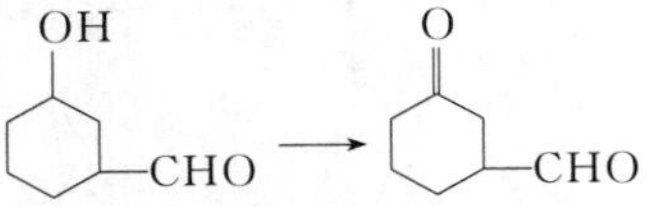

(9)

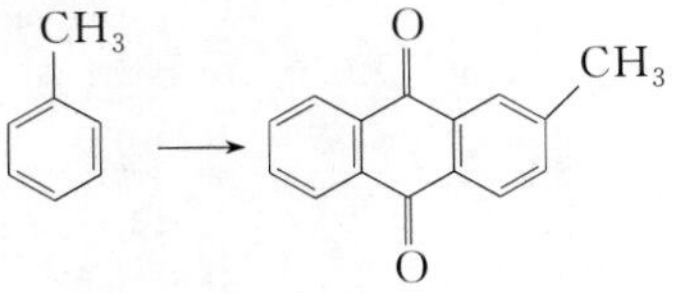

(10)

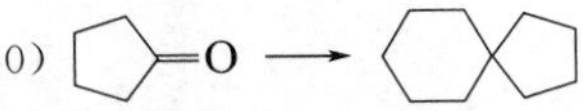

(11) $CH_3\overset{\overset{}{|}}{\underset{\overset{|}{OH}}{C}}HCH_2CH_3 \longrightarrow CH_3CH_2\overset{\overset{}{|}}{\underset{\overset{|}{CH_3}}{C}}HCH_2OH$ （使用 Wittig 试剂）

(12)

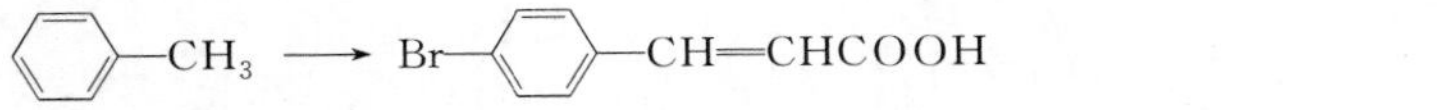

(13) $ClCH_2CH_2CHO \longrightarrow CH_3\overset{\overset{}{|}}{\underset{\overset{|}{OH}}{C}}HCH_2CH_2CHO$

(14) $CH_3CH=CH_2 \longrightarrow CH_3CH_2CH_2CHO$

(15)

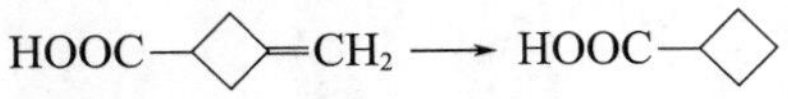

(16) 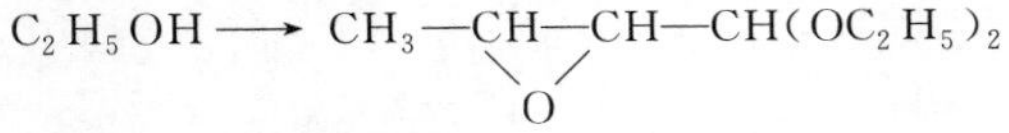 $C_2H_5OH \longrightarrow CH_3-\overset{\overset{}{|}}{CH}-\overset{\overset{}{|}}{CH}-CH(OC_2H_5)_2$ （with epoxide O between the two CH groups）

9. 写出下列反应可能的机理。

(1) 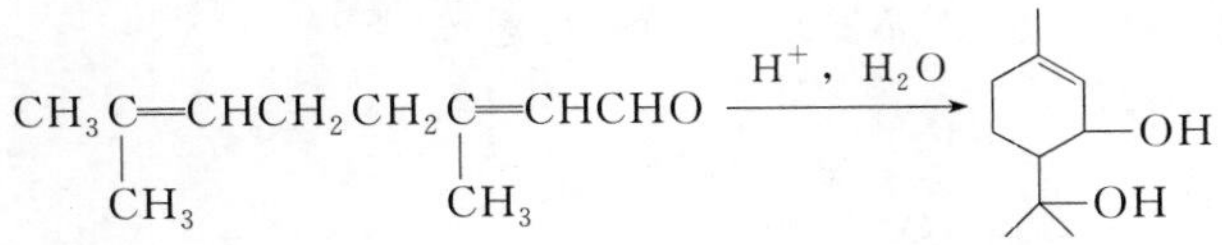 $CH_3\overset{\overset{}{\underset{\overset{|}{CH_3}}{}}}{C}=CHCH_2CH_2\overset{\overset{}{\underset{\overset{|}{CH_3}}{}}}{C}=CHCHO \xrightarrow{H^+,\ H_2O}$

(2)

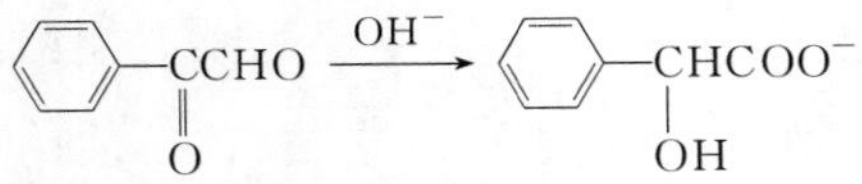

(3) 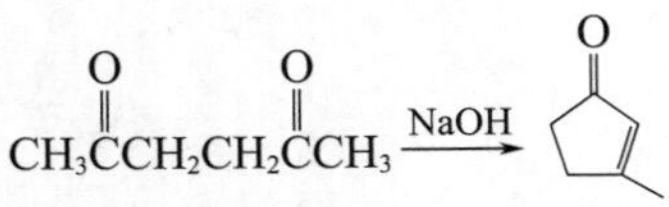 $CH_3\overset{\overset{O}{\|}}{C}CH_2CH_2CH_2\overset{\overset{O}{\|}}{C}CH_3 \xrightarrow{NaOH}$

10. 某化合物分子式为 $C_6H_{12}O$，能与羟氨作用生成肟，但不起银镜反应，在铂的催化下进行加氢，则得到一种醇，此醇经过脱水、臭氧化、水解等反应后，得到两种液体，其中之一能起银镜反应，但不起碘仿反应，另一种能起碘仿反应，而不能使 Fehling 试剂还原，试写出该化合物的构造式。

11. 有一个化合物 A，分子式是 $C_8H_{14}O$，A 可以很快地使溴水褪色，可以与苯肼反应，A 氧化生成一分子丙酮及另一化合物 B。B 具有酸性，同 NaOCl 反应则生成氯仿及一分子丁二酸。试写出 A 与 B 可能的构造式。

12. 化合物 $C_9H_{10}O_2$（A）能溶于 NaOH 溶液，能与溴水、羟胺反应，但不与 Tollens 试剂作用。A 经 $LiAlH_4$ 还原得 $C_9H_{12}O_2$（B），A 经 Clemmensen 还原生成 $C_9H_{12}O$（C），A 和 B 都能进行碘仿反应。将 C 在碱性条件下与碘甲烷作用得到分子式为 $C_{10}H_{14}O$ 的化合物 D，D 经 $KMnO_4$ 氧化得对甲氧基苯甲酸。试写出 A～D 可能的构造式。

13. 化合物 A 的分子为 $C_6H_{12}O_3$，在 $1710cm^{-1}$ 处有强吸收峰。A 和碘的氢氧化钠溶液作用得黄色沉淀，与 Tollens 试剂作用无银镜产生。但 A 用稀 H_2SO_4 处理后，所生成的化合物与 Tollens 试剂作用有银镜产生。A 的 NMR 数据如下：

$\delta=2.1$（3H，单峰）；$\delta=2.6$（2H，双峰）；$\delta=3.2$（6H，单峰）；$\delta=4.7$（1H，三重峰）。
写出 A 的构造式及反应式。

14. 利用什么波谱方法可以区别下列各组化合物？简述原因。

(1) 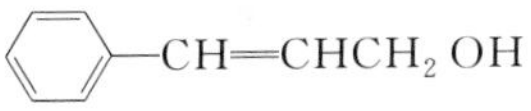 [苯基]—CH=CHCH_2OH 和 [苯基]—CH=CHCHO

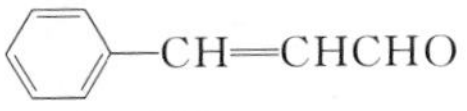

(2) 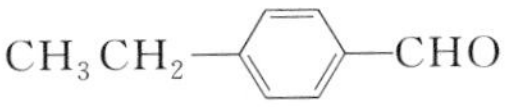 CH_3CH_2—[苯基]—CHO 和 CH_3—[苯基]—CH_2CHO

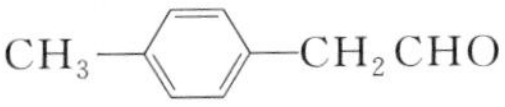

15. 化合物 A 和 B 分子式均为 $C_9H_{10}O$，A 不能起碘仿反应，B 可以发生碘仿反应。A 和 B 的 IR 光谱分别在 $1690cm^{-1}$ 和 $1705cm^{-1}$ 处有强吸收。A 和 B 的 NMR 数据如下：

化合物 A δ 1.2（3H，三重峰） δ 3.0（2H，四重峰） δ 7.7（5H，多重峰）

化合物 B δ 2.0（3H，单峰） δ 3.5（2H，单峰） δ 7.1（5H，多重峰）

试推测 A 和 B 的结构。

16. 根据化合物 A、B 和 C 的 IR 谱图和 ^1H NMR 谱图，写出它们的构造式。

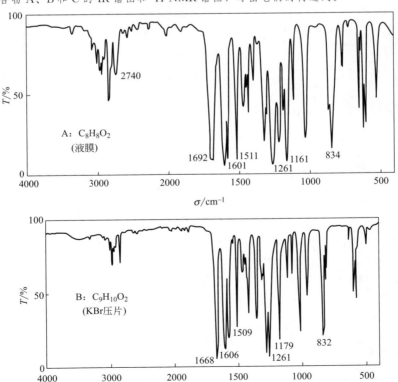

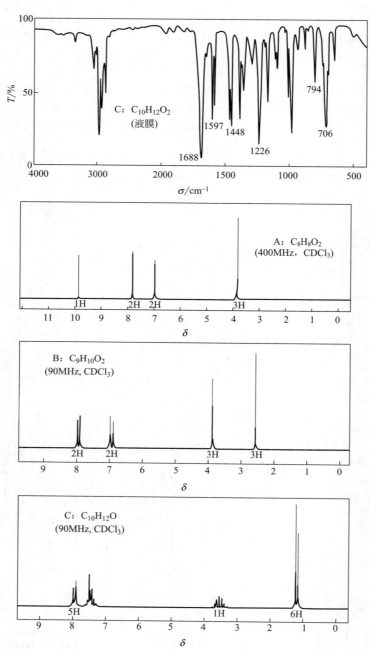

17. 某化合物分子式为 C_4H_6O，UV 光谱显示有 K 带吸收（即分子中存在共轭体系），IR 光谱在 1720cm^{-1}、2720cm^{-1} 处有强吸收峰，^1H NMR 数据：δ 2.03（3H，双重峰）、δ 6.13（1H，多重峰）、δ 6.87（1H，多重峰）、δ 9.48（1H，双重峰）。请根据以上波谱数据，推断该化合物的构造式。

第12章 | 羧 酸

分子中含有羧基（—COOH）的有机化合物称为羧酸（carboxylic acid）。

12.1 羧酸的分类和命名

12.1.1 羧酸的分类

① 按烃基不同分类

    R—COOH 脂肪酸（fatty acid）   Ar—COOH 芳香酸（aromatic acid）

    RCH$_2$CH$_2$COOH 饱和酸（saturated acid）   RCH＝CHCOOH 不饱和酸（unsaturated acid）

② 按—COOH 数目分类：可分为一元酸、二元酸……多元酸。

12.1.2 羧酸的命名

    开链羧酸可以看成是开链烃末端甲基被羧基取代的化合物，命名时将相应的链状烃名称中的"烷"换成"酸"或"二酸"即可。不饱和酸命名时，应该优先选择含有羧基的最长的碳链作为母体结构，其次考虑选择含有重键的最长碳链作为母体结构。从靠近羧基的一端开始编号，用阿拉伯数字 1，2，3……表示取代基或重键的位次，也可用希腊字母 α、β、γ……表示取代基或重键的位置。例如：

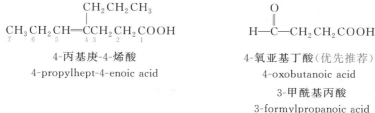

HCOOH   CH$_3$COOH   CH$_3$CH$_2$CHCOOH   CH$_3$C＝CHCOOH

甲酸   乙酸   2-甲基丁酸   3-甲基丁-2-烯酸

formic acid   acetic acid   2-methylbutanoic acid   3-methylbut-2-enoic acid

CH$_2$＝CCH＝CHCOOH

4-甲亚基庚-2-烯酸

4-methylidenehept-2-enoic acid

BrCH$_2$CH$_2$CH$_2$COOH

4-溴丁酸（ω-溴丁酸）

4-bromobutanoic acid

HOCH$_2$CH$_2$CH$_2$CH$_2$COOH

5-羟基戊酸（ω-羟基戊酸）

5-hydroxypentanoic acid

"ω"代表距离羧基最远的末端碳原子编号

CH$_3$CH$_2$CH＝CCH$_2$CH$_2$COOH

4-丙基庚-4-烯酸

4-propylhept-4-enoic acid

H—C—CH$_2$CH$_2$COOH

4-氧亚基丁酸（优先推荐）

4-oxobutanoic acid

3-甲酰基丙酸

3-formylpropanoic acid

当羧基与苯环或脂环直接相连时，其名称为：环烃名称＋"甲酸"。例如：

环己烷甲酸
cyclohexanecarboxylic
acid

4-甲酰基环己烷甲酸
4-formylcyclohexane
carboxylic acid

2-甲酰基苯甲酸
2-formylbenzoic acid

环戊-2,4-二烯-1-甲酸
cyclopenta-2,4-diene
-1-carboxylic acid

如果羧基连在环的侧链上，以脂肪酸作为主体化合物，脂环或芳环作为取代基。例如：

$CH_2CH(CH_3)COOH$

3-环己基-2-甲基丙酸
3-cyclohexyl
-2-methylpropanoic acid

CH_2CH_2COOH
CH_2COOH

3-[3-(羧甲基)萘-2-基]丙酸
3-[3-(carboxymethyl)naphthalen
-2-yl]propanoic acid

许多羧酸最初是从自然界中发现的，因此常根据羧酸的天然来源而命名，即所谓俗名。例如：

CH_3COOH

乙酸
acetic acid
醋酸
acetic acid

$CH_3CH = CHCOOH$

丁-2-烯酸
but-2-enoic acid
巴豆酸
crotonic acid

COOH
OH

邻羟基苯甲酸
o-hydroxybenzoic acid
水杨酸
salicylic acid

$CH = CHCOOH$

3-苯基丙烯酸
3-phenylacrylic acid
肉桂酸
cinnamic acid

COOH
COOH

乙二酸
草酸
oxalic acid

CH_2COOH
CH_2COOH

丁二酸
琥珀酸
succinic acid

H—CCOOH
H—CCOOH

cis-丁烯二酸
马来酸
maleic acid

H—C—COOH
HOOC—C—H

trans-丁烯二酸
富马酸
fumaric acid

12.2 羧酸的结构

甲酸是最简单的羧酸，其结构如图 12-1 所示。其他羧酸分子中的羧基与甲酸分子中的羧基结构相似。

C=O 键长0.123nm
（正常值0.122nm）
C—O 键长0.136nm
（正常值0.143nm）

构造：

sp^2杂化
平面三角构型，轨道夹角接近120°

多电子p-π共轭：

图 12-1 甲酸的结构

p-π 共轭的结果：

① 降低了羰基碳的正电性，不利于亲核试剂进攻，因此羧酸的亲核加成反应活性低于醛、酮。

② 增加了 O—H 键的极性和—COO¯ 的稳定性，使 H^+ 更加易于解离，使羧酸具有较强的酸性。

③ 缩短了 C—OH 键，使亲核取代反应的活性低于醇，变成亲核加成-消除反应。

12.3 羧酸的制法

12.3.1 羧酸的工业合成

12.3.1.1 烃氧化

制乙酸：

$$CH_3CH_2CH_2CH_3 \xrightarrow[90\sim100℃, 1.01\sim5.47MPa]{O_2, 醋酸钴}$$

$$CH_3COOH + HCOOH + CH_3CH_2COOH + \underbrace{CO + CO_2} + 酯和酮$$

$$(57\%) \quad (1\%\sim2\%) \quad (2\%\sim3\%) \quad (17\%) \quad (22\%)$$

工业制乙酸还可用轻油（$C_5\sim C_7$ 的烷烃）为原料。

制苯甲酸：

$$\text{（苯环）—CH}_3 + \frac{3}{2}O_2 \xrightarrow[165℃, 0.88MPa, 92\%]{钴盐或锰盐} \text{（苯环）—COOH} + H_2O$$

其他由烃氧化来制备羧酸的方法参见第 2 章 2.6.2、第 3 章 3.5.4.3、第 6 章 6.4.2.2。

12.3.1.2 由一氧化碳、甲醇制备

制甲酸：

$$CO + NaOH \xrightarrow[0.6\sim1MPa]{约210℃} HCOONa \xrightarrow{H_2SO_4} HCOOH$$

制乙酸：

$$CH_3OH + CO \xrightarrow[0.5\sim1.0MPa, 90\%\sim99\%]{Rh-I_2, 150\sim200℃} CH_3COOH \quad （甲醇法）$$

12.3.1.3 由油脂水解

油脂是高级脂肪酸的甘油酯，油脂水解可得高级脂肪酸和甘油（详见第 18 章 18.1.2.1）。

12.3.2 伯醇、醛的氧化

利用伯醇、醛的氧化可制备同碳数羧酸（详见第 9 章 9.5.6.1 和第 11 章 11.5.4.1）。

$$\begin{array}{ccc}
R—CH_2OH & \xrightarrow{[O]} & R—CHO & \xrightarrow{[O]} & R—COOH \\
（或 Ar） & & （或 Ar） & & （或 Ar）
\end{array}$$

$$\xrightarrow{[O]}$$

$$[O] = KMnO_4 、 K_2Cr_2O_7 + H_2SO_4 、 CrO_3 + HOAc 、 HNO_3 \cdots\cdots$$

例如：

$$R-CH=CH-CHO \xrightarrow{Ag(NH_3)_2NO_3} R-CH=CH-COOH$$
（或 Ar） （或 Ar）

$$(CH_3)_3C-CH-C(CH_3)_3 \xrightarrow[82\%]{K_2Cr_2O_7-H_2SO_4} (CH_3)_3C-CH-C(CH_3)_3$$
   | |
   CH₂OH   COOH

12.3.3 腈水解

由腈水解是合成羧酸的重要方法之一，通常需加酸或碱催化以加快水解反应的进行，产率一般较高。

$$RCN \xrightarrow[H^+ 或 OH^-]{H_2O} RCOOH + NH_3$$
  腈   羧酸

例如：

$$CH_3CH_2CH_2CH_2CN \xrightarrow[H_2O, 乙二醇]{KOH} \xrightarrow{H^+} CH_3CH_2CH_2CH_2COOH$$
  戊腈   戊酸（90%）

$$\text{⬡}-CH_2CN + 2H_2O \xrightarrow[\triangle]{浓\ H_2SO_4} \text{⬡}-CH_2COOH + NH_3$$
苯乙腈   苯乙酸（78%）

腈可由卤烷与氰化钠（钾）反应而得。但此法不适用于叔卤烷，因为三级卤代烃易消除，与 NaCN、KCN 反应只能得到烯烃。

12.3.4 Grignard 试剂与 CO_2 作用

将 Grignard 试剂倒在干冰（即固体 CO_2）上，或将 CO_2 在低温下通入 Grignard 试剂的醚溶液中，待 CO_2 不再被吸收后，把所得的混合物水解，便得到羧酸。

$$O=\overset{\delta^+}{C}=\overset{\delta^-}{O} + \overset{\delta^-}{R}\overset{\delta^+}{MgX} \xrightarrow[低温]{醚} R-\overset{O}{\overset{\|}{C}}-OMgX \xrightarrow[H^+]{H_2O} R-\overset{O}{\overset{\|}{C}}-OH$$
                         多一个碳的羧酸

例如：

$$CH_2CH_2CHCH_3 + CO_2 \xrightarrow[低温]{乙醚} CH_2CH_2CHCH_3 \xrightarrow{H_2O/H^+} CH_2CH_2CHCH_3$$

$$（80\%）$$

$$\text{⬡⬡}-MgBr + CO_2 \xrightarrow[低温]{乙醚} \text{⬡⬡}-\overset{O}{\overset{\|}{C}}-OMgBr \xrightarrow{H_2O/H^+} \text{⬡⬡}-COOH$$
                     2-萘甲酸（70%）

12.3.5 酚酸的合成

Kolbe-Schmitt 反应可用来制备酚酸（详见第 9 章 9.6.5.5）。例如：

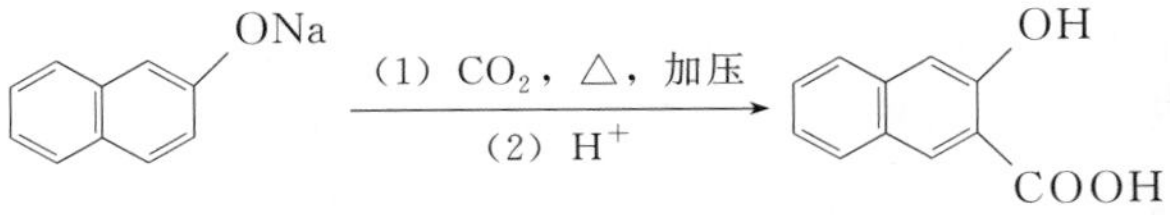

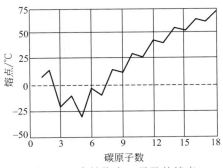

$$\text{2-萘酚钠} \xrightarrow[\text{(2) H}^+]{\text{(1) CO}_2,\ \triangle,\ \text{加压}} \text{3-羟基-2-萘甲酸}$$

3-羟基-2-萘甲酸

（俗称 2,3-酸，重要的染料中间体）

练习题 下列羧酸，哪些可用腈水解法制备？哪些可用格氏反应制备？

（1）2,2-二甲基戊酸 　　（2）丁-3-烯酸 　　（3）正己酸 　　（4）5-羟基戊酸

12.4 羧酸的物理性质和波谱特征

12.4.1 羧酸的物理性质

（1）物态　$C_1 \sim C_3$ 的羧酸是有刺激性臭味的液体，$C_4 \sim C_9$ 是有腐败气味的油状液体，C_{10} 以上羧酸为固体；脂肪族二元羧酸和芳香族羧酸是结晶状固体。甲酸和乙酸的相对密度大于 1，其他直链饱和酸的相对密度小于 1，二元羧酸和芳酸的相对密度均大于 1。

（2）水溶解度　如图 12-2 所示，羧酸更容易与水形成氢键，其在水中的溶解度大于分子量相近的醇、醛、酮（例如 C_4H_9OH：8%；C_2H_5COOH：∞），C_4 以下羧酸能与水无限混溶。随着分子量增大，羧酸在水中溶解度降低，C_{10} 以上羧酸不溶于水。低级的饱和二元酸也可溶于水，并随碳链的增长而溶解度降低。芳酸的水溶性极微。

（3）沸点　如图 12-3 所示，两个羧酸分子间能形成两个氢键。即使在气态时，甲酸也是双分子缔合，形成二聚体。因此，羧酸的沸点高于分子量相近的醇。例如，甲酸的沸点为 100.7℃，乙醇的沸点为 78.2℃。

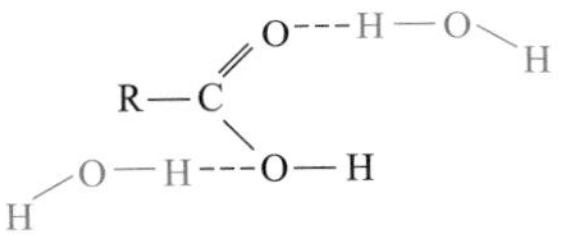

图 12-2　羧酸与水形成氢键

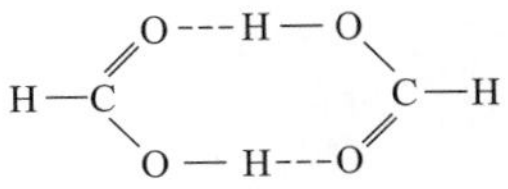

图 12-3　甲酸二聚体

（4）熔点　如图 12-4 所示，羧酸的熔点随着碳原子数的增加呈锯齿状上升，偶数碳羧酸的熔点高于相邻两奇数碳羧酸的熔点。这可能是偶数碳羧酸分子中的端甲基与羧基分处在碳链的两边，对称性更高、晶体排列更紧密所致。同理，偶数碳二元饱和酸的熔点高于其相

图 12-4　直链饱和一元酸的熔点

邻两奇数碳同系物，(E)-式不饱和酸的熔点高于其 (Z)-式异构体。

一些常见羧酸的物理性质见表 12-1。

表 12-1 常见羧酸的物理性质

名称	熔点/℃	沸点/℃	溶解度/(g/100g 水)	相对密度(d_4^{20})
甲酸(蚁酸,formic acid)	8.4	100.7	∞	1.220
乙酸(醋酸,acetic acid)	16.6	118	∞	1.049
丙酸(初油酸,propionic acid)	−21	141	∞	0.993
丁酸(酪酸,butyric acid)	−5	163	∞	0.958
戊酸(缬草酸,valeric acid)	−34	186	4.97	0.939
己酸(羊油酸,caproic acid)	−3	205	0.97	0.924
丙烯酸(败脂酸,acrylic acid)	13	142	∞	1.05
乙二酸(草酸,oxalic acid)	189.5	157(升华)	9	1.650
丙二酸(胡萝卜酸,malonic acid)	135.6	140(分解)	74	1.619(16℃)
丁二酸(琥珀酸,succinic acid)	188	235(脱水)	5.8	1.572(25℃)
己二酸(肥酸,daipic acid)	153	302~304	1.5	1.360(25℃)
cis-丁烯二酸(马来酸,maleic acid)	130.5	160(脱水)	78.8	1.590
trans-丁烯二酸(富马酸,fumaric acid)	287	—	0.7,溶于热水	1.635
苯甲酸(安息香酸,benzoic acid)	122.4	249	0.34	1.266(15℃)
邻苯二甲酸(酞酸,phthalic acid)	206(分解)	—	0.7	1.593
对苯二甲酸(对酞酸,terephthalic acid)	300(升华)	—	0.002	1.510
3-苯基丙烯酸(肉桂酸,cinnamic acid)	133	300	溶于热水	1.248
邻羟基苯甲酸(水杨酸,salicylic acid)	159	210(2666pa)	0.217,溶于热水	1.443

12.4.2 羧酸的波谱特征

(1) IR 谱图特征

羧酸　　$R-\overset{\overset{O}{\|}}{C}-OH$

$\nu_{C=O}$　　　　　　$1725\sim1700cm^{-1}$(强峰)

$\nu_{O-H(缔合)}$　　　$3000\sim2500cm^{-1}$(胖峰或漫坡峰)

$\gamma_{O-H(-COOH)}$　约$930cm^{-1}$(弱~中强峰)

图 12-5 是正癸酸的红外光谱图。

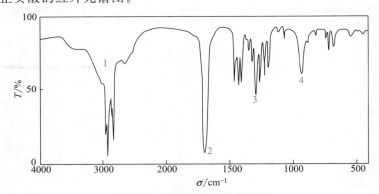

图 12-5　正癸酸的红外光谱图

1—$3200\sim2500cm^{-1}$，羧酸二聚体的 O—H 伸缩振动；2—$1712cm^{-1}$，C=O 伸缩振动；
3—$1286cm^{-1}$，C—O 伸缩振动；4—$933cm^{-1}$，O—H 面外弯曲振动

（2）^{1}H NMR 谱图特征

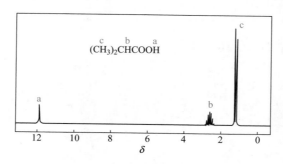

$\delta \approx 2.3$ ← ---┘　　　　└→ $\delta=10\sim13$，可与重水交换

图 12-6 是异丁酸的^{1}H NMR 谱图。

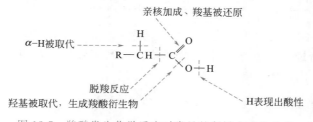

图 12-6　异丁酸的^{1}H NMR 谱图

12.5　羧酸的化学性质

羧基由—OH 和 ＞C＝O 直接相连而成，二者相互影响，存在多电子 p-π 共轭（见图 12-1），使羧酸的性质并不是羟基和羰基两者性质的简单加和，而是具有独特的化学性质。羧基中虽然含有羰基的结构片段，但它并不具备醛、酮的一般性质，羧基中的羟基也和醇羟基的性质不完全相同。

羧酸的化学反应，根据键的断裂方式及位点不同而发生不同的反应，如图 12-7 所示。

图 12-7　羧酸发生化学反应时常见的断键方式及位点

12.5.1　羧酸的酸性及影响因素

12.5.1.1　羧酸的酸性

羧酸具有明显的酸性，且 RCOOH 的酸性大于 H_2CO_3，能与 NaOH、$NaHCO_3$ 等成盐：

$$RCOOH+NaOH \longrightarrow RCOONa+H_2O$$

$$RCOOH+NaHCO_3 \longrightarrow RCOONa+CO_2\uparrow+H_2O$$

与无机酸相比，RCOOH 仍为弱酸：

$$RCOONa + HCl \longrightarrow RCOOH + NaCl$$

表 12-2 中的 pK_a 数据亦说明，酸性：$RCOOH > H_2CO_3 > ArOH > H_2O > ROH > HC\equiv CH > NH_3$。

表 12-2　各类含氢物质的酸性比较

化合物	RCOOH	H$_2$CO$_3$	ArOH	HOH	ROH	HC≡CH	NH$_2$H	RH
pK_a	3～5	6.37	≈10	≈15.7	16～19	≈25	≈34	≈50

表 12-3 列出了一些羧酸的 pK_a 值。

表 12-3　一些羧酸的 pK_a 值

化合物	pK_a(25℃)		化合物	pK_a(25℃)	
	pK_{a_1}	pK_{a_2}		pK_{a_1}	pK_{a_2}
甲酸	3.75		乙二酸	1.2	4.2
乙酸	4.75		丙二酸	2.9	5.7
丙酸	4.87		丁二酸	4.2	5.6
丁酸	4.82		己二酸	4.4	5.6
2,2-二甲基丙酸	5.03		顺丁烯二酸	1.9	6.1
氟乙酸	2.66		反丁烯二酸	3.0	4.4
氯乙酸	2.81		苯甲酸	4.20	
溴乙酸	2.87		对甲基苯甲酸	4.38	
碘乙酸	3.13		对硝基苯甲酸	3.42	
羟基乙酸	3.87		邻苯二甲酸	2.9	5.4
苯乙酸	4.31		间苯二甲酸	3.5	4.6
丁-2-烯酸	4.35		对苯二甲酸	3.5	4.8

羧酸盐具有盐类的一般性质，是离子型化合物，C_{10} 以下的羧酸钠盐或钾盐可溶于水，C_{11}～C_{18} 的羧酸钠盐或钾盐在水中形成胶体溶液。利用羧酸的酸性，可分离提纯有机物，将羧酸与中性或碱性化合物分离。

12.5.1.2　影响羧酸酸性的因素

根据化学平衡移动原理，任何使羧酸根负离子稳定的因素都将增加其相应羧酸的酸性。羧酸根负离子越稳定，越容易生成，相应羧酸的酸性就越强。

羧酸之所以酸性大大强于醇，是因为醇解离生成的负离子（RCH_2O^-）中，负电荷定域在一个氧原子上，分散程度小，稳定性差。而羧酸解离生成的负离子（$RCOO^-$）中，负电荷可通过多电子 p-π 共轭离域，均匀地分布在两个氧原子上，负电荷分散程度大，稳定性好。

共振论的表达方式　　共轭理论的表达方式

X射线衍射及电子衍射实验证明，在甲酸分子中，两个碳氧键键长分别为0.123nm和0.136nm，介于0.120nm和0.143nm之间，说明羧酸分子中存在着键长平均化的倾向，但两个碳氧键是不同的。而在甲酸钠分子中，两个碳氧键键长均为0.127nm，完全相同，并无单双键之分。

（1）脂肪酸

① 羧基（—COOH）受到的给电子诱导效应（$+I$）越强，羧酸的酸性越弱。例如：

化合物	HCOOH	CH_3COOH	CH_3CH_2COOH	$(CH_3)_2CCOOH$
pK_a	3.75	4.75	4.87	5.03

RCOO$^-$	H—COO$^-$	$CH_3\rightarrow COO^-$	$CH_3\rightarrow CH_2\rightarrow COO^-$	$CH_3\rightarrow \overset{\overset{\displaystyle CH_3}{\uparrow}}{\underset{\underset{\displaystyle CH_3}{\uparrow}}{C}}\rightarrow COO^-$
		无$+I$效应		

解释或原因　　　　　$+I$效应增强，不利于RCOO$^-$中负电荷的分散，RCOOH酸性减弱 ⟶

② 若α-H被吸电子基（如—Cl）取代，吸电子诱导效应（$-I$）使羧酸的酸性增强。例如：

化合物	CH_3COOH	$ClCH_2COOH$	$Cl_2CHCOOH$	Cl_3CCOOH
pK_a	4.75	2.81	1.29	0.70

RCOO$^-$	$CH_3\rightarrow COO^-$	$Cl\leftarrow CH_2—COO^-$	$Cl\leftarrow \overset{\overset{\displaystyle Cl}{\uparrow}}{CH}—COO^-$	$Cl\leftarrow \overset{\overset{\displaystyle Cl}{\uparrow}}{\underset{\underset{\displaystyle Cl}{\uparrow}}{C}}\leftarrow COO^-$
	无$-I$效应			

解释或原因　　　　　$-I$效应增强，有利于RCOO$^-$中负电荷的分散，RCOOH酸性增强 ⟶

③ 吸电子基距—COOH越远，对RCOOH的酸性影响越小。例如：

化合物	$CH_3CH_2\overset{\overset{\displaystyle Cl}{\mid}}{CH}COOH$	$CH_3\overset{\overset{\displaystyle Cl}{\mid}}{CH}CH_2COOH$	$\overset{\overset{\displaystyle Cl}{\mid}}{CH_2}CH_2CH_2COOH$	$CH_3CH_2CH_2COOH$
pK_a	2.86	4.06	4.52	4.82

解释或原因　　　　　氯与羧基相距变远，诱导效应迅速减弱 ⟶

综上所述，$+I$效应使RCOOH酸性减弱，$-I$效应使RCOOH酸性增强。

由于取代基的吸电子能力或给电子能力能够影响羧酸的酸性，所以可通过测定各种取代羧酸的解离常数来推断各种取代基的吸电子能力或给电子能力。如果以乙酸为母体化合物，测定取代乙酸的解离常数，可得知各取代基诱导效应强弱的次序：

吸电子诱导效应（$-I$）：$NH_3^+>NO_2>CN>COOH>F>Cl>Br>COOR>OR>OH>C_6H_5>H$；

给电子诱导效应（$+I$）：$O^->COO^->(CH_3)_3C>CH_3CH_2>CH_3>H$。

（2）芳香酸

① 芳香酸的酸性略大于脂肪酸。例如，C_6H_5COOH的pK_a为4.17，CH_3COOH的pK_a为4.76。这可能是芳环上的碳原子采取sp^2杂化，电负性大于sp^3杂化碳所致。

② 芳环上电子云密度越大，ArCOOH酸性越弱；芳环上电子云密度越小，ArCOOH酸性越强。例如：

化合物	COOH / NO₂ (对硝基苯甲酸)	COOH / Cl (对氯苯甲酸)	COOH (苯甲酸)	COOH / CH₃ (对甲基苯甲酸)	COOH / OCH₃ (对甲氧基苯甲酸)
pK_a	3.42	3.97	4.20	4.38	4.47
取代基的电子效应	强的$-I$、强的$-C$	$-I > +C$	无	弱的$+I$、弱的$+C$	$+C > -I$

解释或原因 → 苯环上电子云密度增大，不利于 $ArCOO^-$ 中负电荷的分散，$ArCOOH$ 酸性减弱

③ 芳环上取代基与羧基的相对位置不同时，对芳酸酸性的影响亦不同。邻位取代芳酸的酸性通常都大于苯甲酸（邻位效应，原因不明）；对位取代芳酸的酸性同时受共轭效应和诱导效应的影响，间位取代芳酸的酸性主要受诱导效应的影响。例如：

化合物	COOH / NO₂ (邻硝基苯甲酸)	COOH / NO₂ (间硝基苯甲酸)	COOH / NO₂ (对硝基苯甲酸)	COOH / CH₃ (邻甲基苯甲酸)	COOH / CH₃ (对甲基苯甲酸)
pK_a	2.21	3.49	3.42	3.91	4.38
解释或原因	邻位效应、硝基的$-I$、$-C$	硝基的$-I$	硝基的$-C$、$-I$	邻位效应	甲基的$+C$、$+I$

（3）二元酸　二元酸分子中有两个羧基，其解离常数 pK_{a_1} < pK_{a_2}。两个羧基相距越近，二元酸的 pK_{a_1} 值越小（见表 12-3）。这是因为—COOH 是吸电子基，有强的$-I$ 效应，使另一个羧基中的质子容易解离。当第一个羧基解离形成—COO⁻后，则由吸电子基转变为斥电子基，具有$+I$ 效应，使第二个羧基不易解离。例如：

$$HOOC \leftarrow CH_2 \rightarrow COOH \xrightleftharpoons{pK_{a_1}=2.9} HOOC—CH_2—COO^- + H^+$$

$$HOOC—CH_2 \leftarrow COO^- \xrightleftharpoons{pK_{a_2}=5.7} {}^-OOC—CH_2—COO^- + H^+$$

练习题

1. 用简单的化学方法区别对羟基苯甲酸和对甲基苯酚。

2. 下列各组化合物中，何者酸性较强？为什么？

（1）氟乙酸和氯乙酸　　　　　　　　　（2）3-羟基丙酸和2-羟基丙酸

（3）3-氰基苯甲酸和4-氰基苯甲酸　　　（4）间硝基苯甲酸和间氨基苯甲酸

3. 将下列化合物按酸性强弱次序排列。

A. 乙酸　　　　B. 乙醇　　　　C. 苯酚　　　　D. 乙炔

12.5.2　羧酸衍生物的生成

羧酸分子中羧基上的羟基可在一定条件下被—X（卤素原子）、—OCOR（酰氧基）、—OR（烷氧基）、—NH₂（氨基）、—NHR（取代氨基）、—NR₂（二取代氨基）取代，分别生成酰卤（acyl halide）、酸酐（anhydride）、酯（ester）和酰胺（amide）等羧酸衍生物。

12.5.2.1 酰氯的生成

氯化亚砜、三氯化磷、五氯化磷等均能作为氯化试剂与羧酸反应，生成酰氯。例如：

$$3CH_3COOH + PCl_3 \xrightarrow[70\%]{\triangle} 3CH_3COCl + H_3PO_3$$

乙酰氯

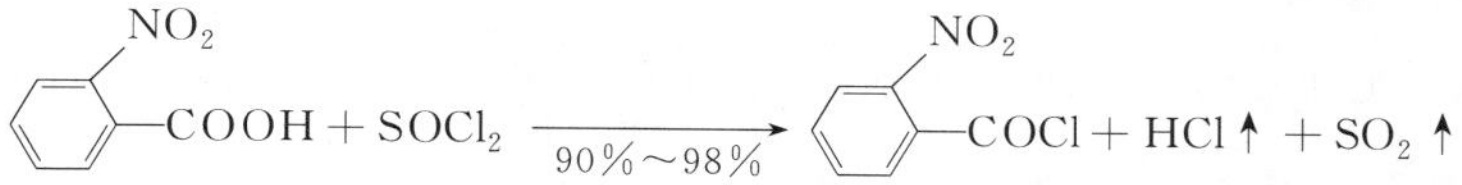

邻硝基苯甲酰氯

氯化亚砜是最为常用的氯化试剂。使用氯化亚砜制备酰氯时产率较高，反应的副产物 SO_2 和 HCl 都是气体，过量的氯化亚砜（沸点 75℃）也很容易蒸出，生成的酰氯很容易提纯。但是，从绿色化学的角度来讲，气体的逸出会污染环境，应注意吸收。

12.5.2.2 酸酐的生成

除甲酸在脱水时生成一氧化碳外，其他羧酸在脱水剂如五氧化二磷等作用下加热脱水，生成酸酐。

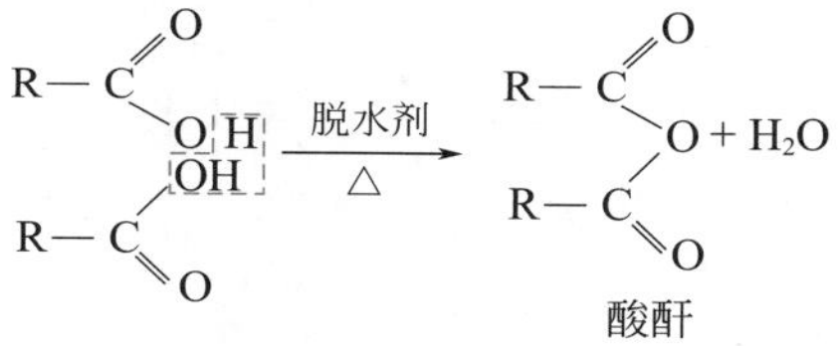

常用脱水剂：P_2O_5、Al_2O_3、浓 H_2SO_4……

某些二元酸只需加热便可生成五元环或六元环酸酐：

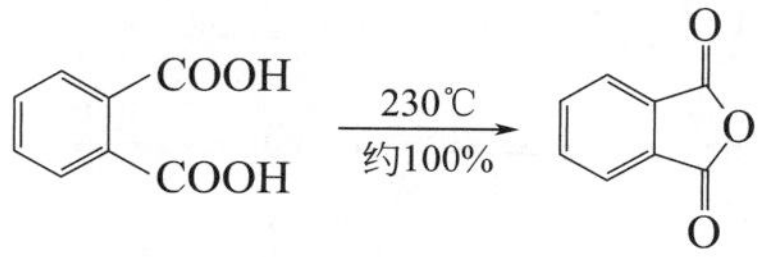

邻苯二甲酸　　　　　邻苯二甲酸酐

乙酸酐具有很强的脱水能力，可用作脱水剂制备高级酸酐：

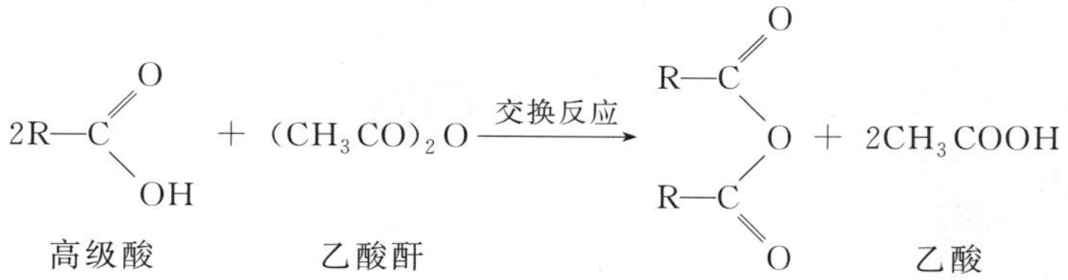

高级酸　　乙酸酐　　　　　　　高级酸酐

混合酸酐的制备可采用酰卤和无水羧酸盐共热的方法：

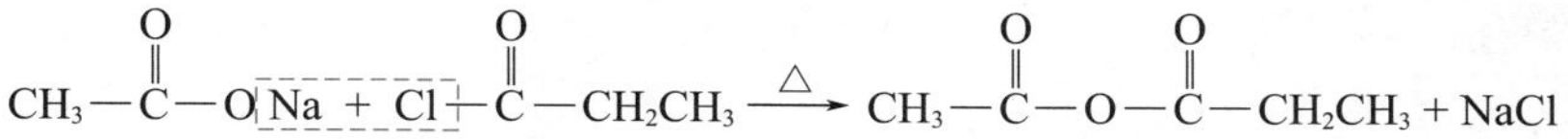

无水醋酸钠　　　丙酰氯　　　　　　乙丙酸酐

12.5.2.3 酯的生成和酯化反应机理

羧酸与醇在强酸性催化剂作用下生成酯的反应称为酯化反应（esterification reaction）。

$$R-\overset{\overset{\displaystyle O}{\|}}{C}-OH + HOR' \underset{}{\overset{H^+}{\rightleftharpoons}} R-\overset{\overset{\displaystyle O}{\|}}{C}-OR' + HOH$$

可逆反应，$K \approx 4$

增加酸或醇的用量，或设法移去生成的水，可使平衡朝着生成酯的方向移动

强酸性阳离子交换树脂也可作为催化剂，具有反应温和、操作简便、产率较高的优点。例如：

$$CH_3COOH + CH_3(CH_2)_3OH \xrightarrow[\text{室温，}100\%]{\text{树脂-}SO_3H, CaSO_4（干燥剂）} CH_3COO(CH_2)_3CH_3 + H_2O$$

也可用羧酸盐与卤代烃反应制备酯。例如：

$$CH_3-\overset{\overset{\displaystyle O}{\|}}{C}-O^- + \text{（苯环）}-CH_2Cl \xrightarrow{95\%} \text{（苯环）}-CH_2OCCH_3 + Cl^-$$

亲核取代

随着羧酸和醇的结构以及反应条件的不同，酯化反应的机理不同。伯醇和仲醇按下列机理进行：

$$R-\overset{\overset{\displaystyle O}{\|}}{C}-OH \underset{}{\overset{H^+}{\rightleftharpoons}} \left[R-\overset{\overset{\displaystyle +OH}{\|}}{C}-OH \leftrightarrow R-\overset{\overset{\displaystyle OH}{\|}}{\underset{}{C}}-OH \right] \xrightarrow{R'\ddot{O}H} R-\overset{\overset{\displaystyle OH}{|}}{\underset{\underset{\displaystyle R'OH}{|}}{C}}-OH \rightleftharpoons$$

$$R-\overset{\overset{\displaystyle OH}{|}}{\underset{\underset{\displaystyle R'O}{|}}{C}}-\overset{+}{O}H_2 \xrightarrow{-H_2O} \left[R-\overset{\overset{\displaystyle OH}{|}}{\underset{\underset{\displaystyle R'O}{|}}{C}}{}^+ \leftrightarrow R-\overset{\overset{\displaystyle +OH}{\|}}{\underset{\underset{\displaystyle R'O}{|}}{C}} \right] \xrightarrow{-H^+} R-\overset{\overset{\displaystyle O}{\|}}{C}-OR'$$

这个机理可以概括为酰氧键断裂，即：$R-\overset{\overset{\displaystyle O}{\|}}{C} \boxed{-O-H \quad H} -O-R'$。

叔醇的酯化反应是按照烷氧键断裂的方式进行的：

$$R_3'C-OH \underset{}{\overset{H^+}{\rightleftharpoons}} R_3'C \overset{+}{\underset{}{|}} OH_2 \xrightarrow{-H_2O} R_3'C^+$$

$$R-\overset{\overset{\displaystyle O}{\|}}{C}-\ddot{O}-H + R_3'\overset{+}{C} \rightleftharpoons R-\overset{\overset{\displaystyle O}{\|}}{C}-\overset{\overset{+}{\underset{\underset{\displaystyle CR_3'}{|}}{O}}}{-}H \xrightarrow{-H^+} R-\overset{\overset{\displaystyle O}{\|}}{C}-O-CR_3'$$

即：$R-\overset{\overset{\displaystyle O}{\|}}{C}-O \boxed{-H \quad H-O} -CR_3'$ （烷氧键断裂）

12.5.2.4 酰胺的生成

羧酸与氨或胺反应生成羧酸铵盐，将铵盐加热脱水可得到酰胺。例如：

$$\underset{\text{苯甲酸}}{C_6H_5COOH} + \underset{\text{苯胺}}{H_2NC_6H_5} \longrightarrow \underset{\text{苯甲酸苯铵盐}}{C_6H_5\overset{-}{COO}\overset{+}{NH_3}C_6H_5} \xrightarrow{190℃} \underset{\substack{N\text{-苯基苯酰胺} \\ (80\% \sim 84\%)}}{C_6H_5CONHC_6H_5} + H_2O$$

$$CH_3COOH + H_2N-\text{（苯环）}-OH \xrightarrow{130 \sim 135℃} CH_3\overset{\overset{\displaystyle O}{\|}}{C}-NH-\text{（苯环）}-OH + H_2O$$

N-(4-羟基苯基)乙酰胺

扑热息痛（paracetamol，一种解热镇痛药）

$$n\,\mathrm{HOOC(CH_2)_4COOH} + n\,\mathrm{H_2N(CH_2)_6NH_2} \xrightarrow{\text{高温熔融}}$$

己二酸　　　　　　　　　己二胺

$$\mathrm{HO}\!\!-\!\!\overset{\overset{\displaystyle O}{\parallel}}{C}\!(CH_2)_4\overset{\overset{\displaystyle O}{\parallel}}{C}\!\!-\!\!NH(CH_2)_6NH\!\!\underset{n}{]}H + (n-1)H_2O$$

尼龙-66（一种合成纤维）

12.5.3　羧基被还原

通常情况下—COOH 很难被还原。LiAlH$_4$ 可顺利地将羧酸还原为伯醇，并且不还原碳碳双键。例如：

$$(CH_3)_3C\!\!-\!\!COOH \xrightarrow[\text{(2) }H_2O,\ H^+]{\text{(1) LiAlH}_4,\ \text{乙醚}} (CH_3)_3C\!\!-\!\!CH_2OH$$

2,2-二甲基丙酸　　　　　　　　　　2,2-二甲基丙-1-醇（92%）

$$\text{（结构式）} \xrightarrow[\text{(2) }H_2O,\ H_2SO_4]{\text{(1) LiAlH}_4,\ \text{乙醚}} \text{（结构式）}$$

3,5-二甲氧基苯甲酸　　　　　　　　　3,5-二甲氧基苯甲醇（93%）

也可采用间接还原法还原羧基。即先将羧酸转化为酯，再用 Na＋C$_2$H$_5$OH 将酯还原到伯醇：

$$\mathrm{R}\!\!-\!\!\overset{\overset{\displaystyle O}{\parallel}}{C}\!\!-\!\!OH \xrightarrow{R'OH/H^+} \mathrm{R}\!\!-\!\!\overset{\overset{\displaystyle O}{\parallel}}{C}\!\!-\!\!OR' \xrightarrow{Na+C_2H_5OH} RCH_2OH$$

酯　　　　　　　　　　　伯醇

12.5.4　脱羧反应

羧酸或羧酸盐在一定条件下脱去二氧化碳的反应称为脱羧反应（decarboxylic reaction）。一元羧酸在加热条件下难以脱羧。将羧酸的碱金属盐与碱石灰共热，可脱羧生成烃，但副反应多，缺乏合成价值。例：

$$CH_3COONa + NaOH(CaO) \xrightarrow{\triangle} CH_4 + Na_2CO_3$$

此反应可在实验室制备少量纯净的甲烷。

但—COOH 的 α-C 或 β-C 上有吸电子基时，脱羧反应容易发生，有合成意义。例如：

$$Cl_3C\!\!-\!\!\overline{COOH} \xrightarrow{\triangle} CHCl_3 + CO_2\uparrow$$

$$\text{（结构式）} \xrightarrow{\triangle} \text{（结构式）} + CO_2\uparrow$$

$$\text{（结构式）} \xrightarrow{\triangle} \text{（结构式）}$$

1-乙基-2-氧亚基环己烷甲酸　　　2-乙基环己酮

12.5.5 二元羧酸的受热反应

二元羧酸受热可发生脱羧或脱水反应。受热反应的产物遵循 Blanc（布兰克）规律，即在有机反应中有成环可能时，一般形成五元环或六元环。

乙二酸、丙二酸受热分解时脱羧：

$$HOOC-COOH \xrightarrow{\triangle} HCOOH + CO_2\uparrow \quad (脱羧)$$
乙二酸

$$HOOC-CH_2-COOH \xrightarrow{\triangle} CH_3COOH + CO_2\uparrow \quad (脱羧)$$
丙二酸

丁二酸、戊二酸受热时脱水，生成五元、六元环状酸酐：

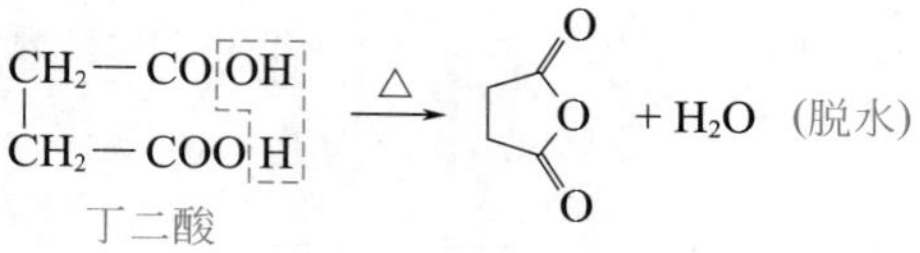

丁二酸

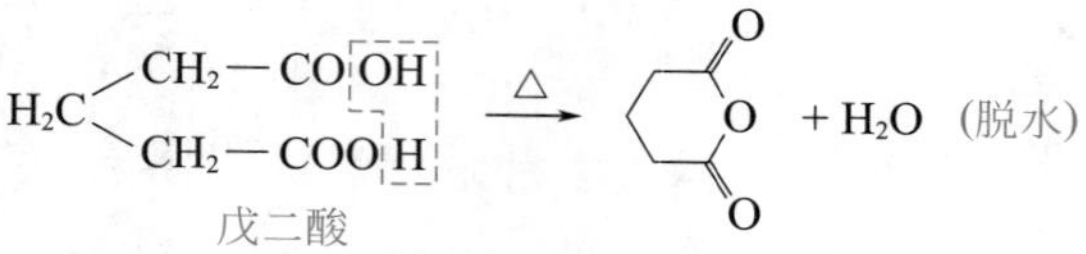

戊二酸

己二酸、庚二酸在氢氧化钡存在下受热，既脱羧又脱水，生成少一个碳原子的环酮：

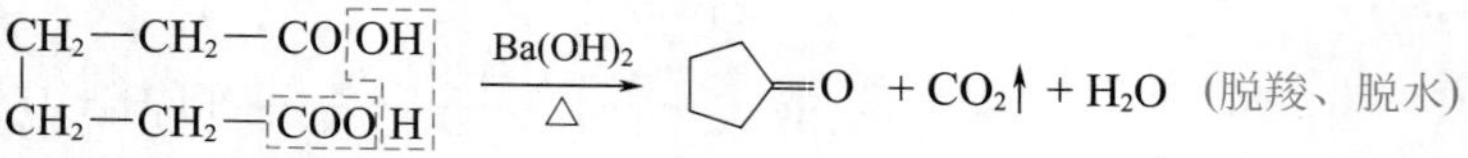

己二酸

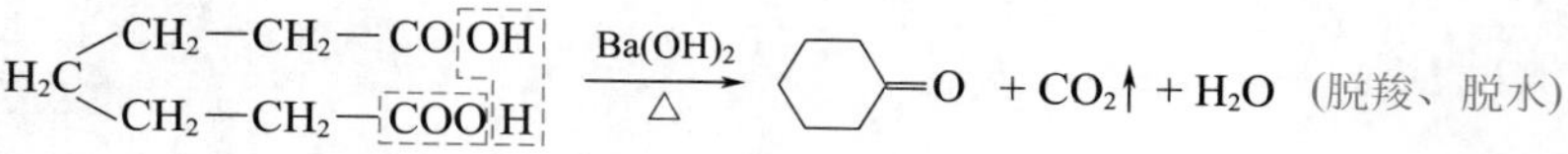

庚二酸

烃基取代的二元羧酸在受热反应时，烃基不受影响。例如：

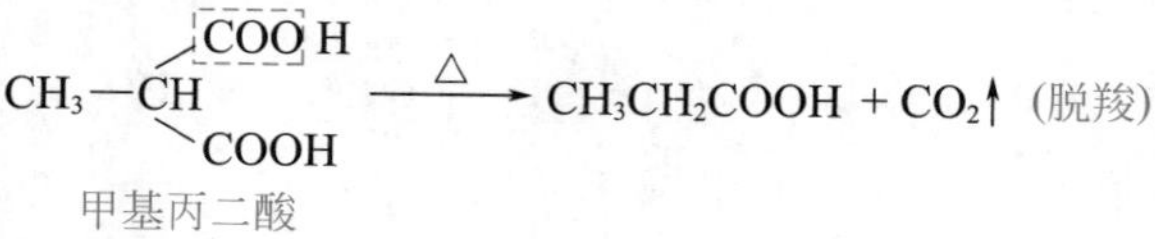

甲基丙二酸

12.5.6 α-氢原子的反应

羧酸 α-H 的弱酸性来源于羧基中羰基的吸电子性。但由于羧基中存在着多电子 p-π 共轭，羰基碳的正电性降低，羧酸 α-H 的活性不及醛、酮。

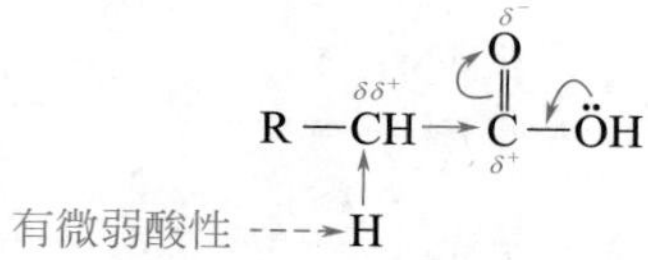

有微弱酸性 ----H

所以，羧酸 α-H 的卤代反应需要少量红磷或三卤化磷催化：

$$CH_3COOH+Cl_2 \xrightarrow{\text{红磷}} \underset{\underset{Cl}{|}}{CH_2}COOH \xrightarrow[\text{红磷}]{Cl_2} Cl-CHCOOH \xrightarrow[\text{红磷}]{Cl_2} \underset{\underset{Cl}{|}}{\overset{\overset{Cl}{|}}{Cl-C}}-COOH$$

$$CH_3CH_2CH_2CH_2COOH \xrightarrow[70℃]{Br_2, PBr_3} CH_3CH_2CH_2\overset{\overset{Br}{|}}{CH}COOH + HBr$$

红磷的作用是使羧酸与卤素反应先转变为酰卤：

$$2P+3X_2 \longrightarrow 2PX_3$$

$$3RCH_2COOH+PX_3 \longrightarrow 3RCH_2COX+P(OH)_3$$

$$\text{酰卤}$$
$$\text{（其 }\alpha\text{-H 的活性大于羧酸）}$$

$$RCH_2COX+X_2 \longrightarrow RCHXCOX+HX$$

$$RCHXCOX+RCH_2COOH \longrightarrow RCHXCOOH+RCH_2COX$$
$$\quad\text{α-卤代酰卤} \qquad\qquad\qquad \text{α-卤代酸}$$

如果使用过量的红磷将会得到酰卤产物。

反应产物 α-卤代酸中的卤原子可发生亲核取代、消除反应，生成 α-氨基酸、α-羟基酸、α-氰基酸、α,β-不饱和酸等。例如：

$$CH_3-\overset{\overset{Cl}{|}}{CH}-COOH \xrightarrow{H_2O,\ OH^-} CH_3-\overset{\overset{OH}{|}}{CH}-COOH$$

$$\text{α-羟基丙酸}$$
$$\text{（乳酸）}$$

$$\overset{CH_2-CHBrCOOH}{\underset{CH_2-CHBrCOOH}{|}} \xrightarrow[\substack{37\%\sim43\% \\ \text{消除反应}}]{KOH,\ CH_3OH} \overset{CH=CHCOOH}{\underset{CH=CHCOOH}{|}}$$

练习题

1. 完成下列反应式。

(1) $CH_3CH_2CN \xrightarrow{(A)?} CH_3CH_2COOH \xrightarrow{(B)?} CH_3CH_2CONH_2$
$\xrightarrow{(C)?} CH_3CH_2COCl \xrightarrow{(D)?} CH_3CH_2CHO$

(2) $CH_3CH_2COOH+Cl_2 \xrightarrow{\text{红磷}} ? \xrightarrow[(2)\ H^+]{(1)\ NaOH,\ H_2O} ?$

(3) $\xrightarrow[(2)\ H_2O,\ H^+]{(1)\ LiAlH_4,\ 乙醚} ?$

2. 写出乙酸与 $CH_3{}^{18}OH$ 酯化反应的机理。

12.6 羟基酸

羟基酸是分子中同时具有羟基和羧基的化合物。根据羟基与羧基的相对位置不同，可将羟基酸分为：α-,β-,γ-,δ-······羟基酸。羟基连在碳链末端的羟基酸称为ω-羟基酸。

对羟基酸进行命名时，把羟基作为取代基，或者按其来源使用俗名。例如：

$$\overset{6}{\underset{\varepsilon}{H}}OCH_2 \overset{5}{\underset{\delta}{C}}H_2 \overset{4}{\underset{\gamma}{C}}H_2 \overset{3}{\underset{\beta}{C}}H_2 \overset{2}{\underset{\alpha}{C}}H_2 \overset{1}{C}OOH$$

6-羟基己酸
ε-羟基己酸
ω-羟基己酸

CH₃CHCOOH
|
OH

2-羟基丙酸
α-羟基丙酸
乳酸

（邻羟基苯甲酸结构）

2-羟基苯甲酸
邻羟基苯甲酸
水杨酸

（柠檬酸结构）

2-羟基丙烷-1,2,3-三甲酸
柠檬酸

12.6.1 羟基酸的制法

12.6.1.1 卤代酸水解

$$CH_2-COOH \xrightarrow[\text{红磷}]{Cl_2} CH_2-COOH \xrightarrow{H_2O/OH^-} CH_2-COOH$$
（下方分别为 H、Cl、OH）

12.6.1.2 羟基腈水解

$$\begin{array}{c} R \\ C=O \\ R'(H) \end{array} \xrightarrow{HCN/\text{弱}OH^-} \begin{array}{c} R\ OH \\ C \\ R'(H)\ CN \end{array} \xrightarrow{H_2O/H^+} \begin{array}{c} R\ OH \\ C \\ R'(H)\ COOH \end{array}$$

α-羟基腈　　　　α-羟基酸

$$RCH=CH_2 \xrightarrow{HOCl} \begin{array}{c} OH\ Cl \\ RCH-CH_2 \end{array} \xrightarrow{KCN} \begin{array}{c} OH \\ RCH-CH_2CN \end{array} \xrightarrow{H_2O/H^+} \begin{array}{c} OH \\ RCH-CH_2COOH \end{array}$$

β-羟基腈　　　　　β-羟基酸

12.6.1.3 Reformasky 反应

在锌粉存在下，惰性溶剂中，醛、酮与α-溴代酸酯反应，然后在酸性条件下水解，可得到β-羟基酸酯，后者水解则得到β-羟基酸（详见第11章11.5.2.6）。例如：

$$\bigcirc\!\!=O + \begin{array}{c} CH_2COOC_2H_5 \\ Br \end{array} \xrightarrow[\text{苯}]{Zn粉} \begin{array}{c} CH_2COOC_2H_5 \\ OZnBr \end{array} \xrightarrow[H^+]{H_2O} \begin{array}{c} CH_2COOC_2H_5 \\ OH \end{array}$$

2-(1-羟基环戊基)乙酸乙酯

12.6.2 羟基酸的性质

羟基酸一般是晶体或黏稠液体。由于羟基酸中的羟基和羧基均能与水形成氢键，羟基酸在水中的溶解度较相应的醇或酸都大，而在乙醚中的溶解度则较小。

12.6.2.1 酸性

羟基是吸电子基，羟基酸的酸性大于羧酸，但羟基酸的酸性小于卤代酸。即酸性：卤代酸＞羟基酸＞羧酸。例如：

化合物	CH_3CH_2COOH	$\underset{OH}{CH_2CH_2COOH}$	$\underset{Cl}{CH_3CHCH_2COOH}$	$\underset{OH}{CH_3CHCOOH}$	$\underset{Cl}{CH_3CH_2CHCOOH}$
pK_a	4.87	4.51	4.06	3.86	2.84

12.6.2.2 脱水反应

不同的羟基酸，脱水反应的产物不同。

α-羟基酸

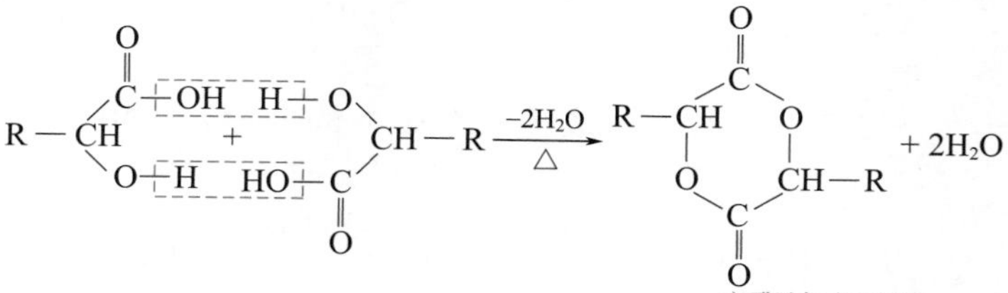

交酯(有六元环)

β-羟基酸

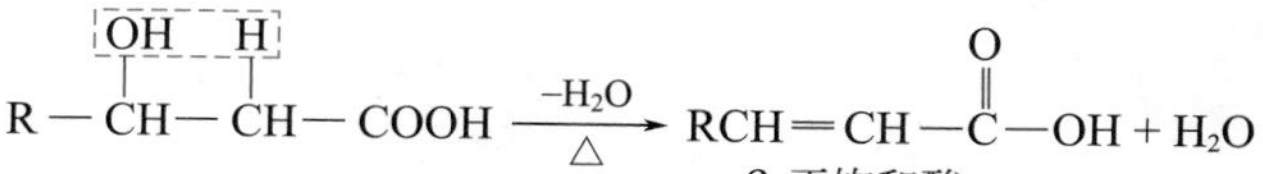

α,β-不饱和酸
(有 π-π 共轭)

γ-羟基酸

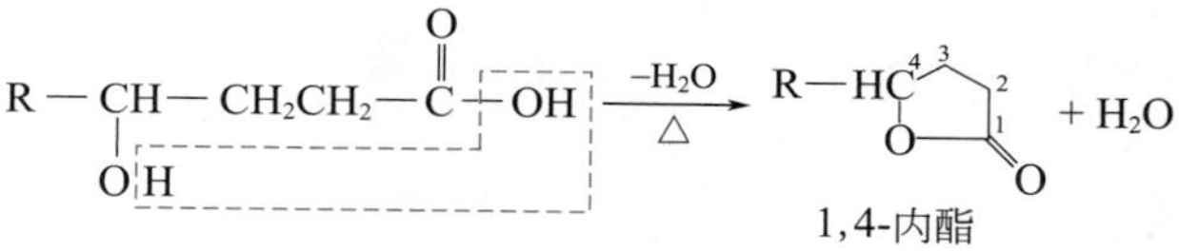

1,4-内酯
(有五元环)

δ-羟基酸

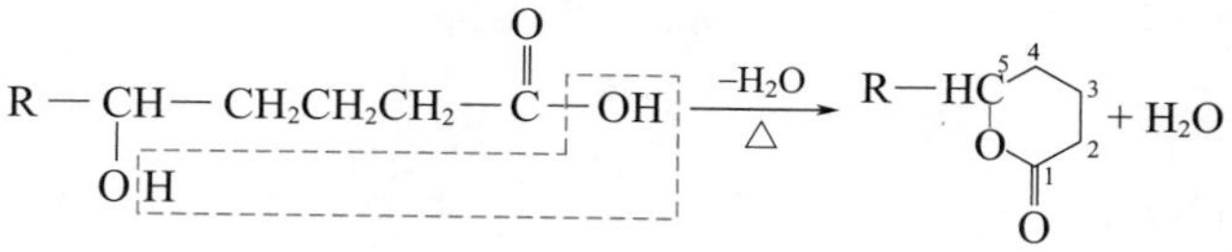

1,5-内酯 (有六元环)

以上的反应亦说明共轭体系、五元环或六元环具有特殊的稳定性。

许多内酯存在于自然界，有些是天然香精的主要成分。例如：

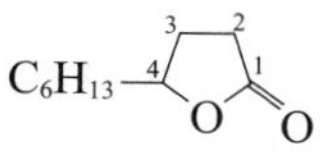

癸-1,4-内酯 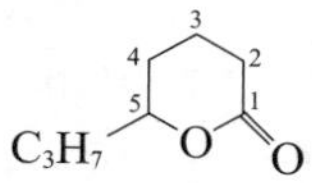　　　　辛-1,5-内酯 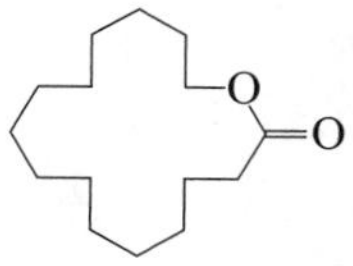　　　　十五-1,15-内酯 (黄蜀葵素)

羟基与羧基相距更远时，发生分子间失水，生成高分子聚酯：

$$m\,HO(CH_2)_n COOH \xrightarrow{\triangle} H{\Big[}O(CH_2)_n \overset{O}{\overset{\|}{C}}{\Big]}_m OH + (m-1)H_2O \qquad (n \geqslant 5)$$

开链聚酯

12.6.2.3 α-羟基酸的分解

α-羟基酸与稀硫酸共热，分解为醛或酮。

$$\underset{OH}{R-CH-COOH} \xrightarrow[\triangle]{稀\ H_2SO_4} RCHO + HCOOH$$

$$\underset{\underset{OH}{|}}{\overset{\overset{R'}{|}}{R-C}}-COOH \xrightarrow[\triangle]{稀\ H_2SO_4} \underset{\underset{O}{||}}{R-C}-R' + HCOOH$$

这个反应可用来制备少一个碳的醛或酮。

$$RCH_2COOH \xrightarrow[红磷]{Br_2} \underset{\underset{Br}{|}}{RCHCOOH} \xrightarrow[H^+ 或 OH^-]{H_2O} \underset{\underset{OH}{|}}{RCHCOOH} \xrightarrow{稀\ H_2SO_4} RCHO$$

高级脂肪酸   α-溴代酸   α-羟基酸   少一个碳的高级脂肪醛

高锰酸钾也可将 α-羟基酸氧化，生成少一个碳的醛或酮，其中醛将进一步被氧化成羧酸。

$$\underset{\underset{OH}{|}}{R-CH}-COOH \xrightarrow{KMnO_4} RCHO \xrightarrow{KMnO_4} RCOOH$$

练习题

1. 下列羟基酸分别用酸处理，将得到什么主要产物？

(1) 2-羟基丁酸   (2) 3-羟基丁酸   (3) 4-羟基丁酸

2. 用反应式表示，怎样从所给原料制备 2-羟基戊酸。

(1) 正戊酸   (2) 正丁醛

本章精要速览

(1) 羧基（—COOH）中碳原子采取 sp^2 杂化，为平面构型，键角接近 120°。

羧基中的多电子 p-π 共轭使羧基中羰基的亲核加成反应活性远低于醛、酮，同时增加了 O—H 键的极性和 —COO⁻ 的稳定性，使 H⁺ 更加易于解离。

(2) RCOOH 的酸性大于 H_2CO_3，能与 NaOH、$NaHCO_3$ 等成盐。

$+I$ 效应不利于 RCOO⁻ 中负电荷的分散，使 RCOOH 酸性减弱。例如，酸性：

$$HCOOH > CH_3COOH > CH_3CH_2COOH > (CH_3)_3CCOOH$$

$-I$ 效应有利于 RCOO⁻ 中负电荷的分散，使 RCOOH 酸性增强。例如，酸性：

$$CH_3COOH < ClCH_2COOH < Cl_2CHCOOH < Cl_3CCOOH$$

芳环上电子云密度越大，ArCOOH 酸性越弱；芳环上电子云密度越小，ArCOOH 酸性越强。例如，酸性：

$$p\text{-}CH_3C_6H_4COOH < C_6H_5COOH < p\text{-}O_2NC_6H_4COOH$$

二元羧酸分子中的两个羧基相距越近，pK_{a_1} 值越小，酸性越强。

(3) 羧基中 —OH 与 $\diagdown$C=O 直接相连，相互影响。羧酸的性质并非羟基和羰基二者性质的简单加和，而是具有独特的化学性质，详见"羧酸的制备及化学性质小结"。

(4) 腈水解制备羧酸的方法不适宜羧基与三级碳相连的羧酸。因为腈是由卤烷与氰化钠反应而得，而三级卤代烃易消除，与氰化钠反应时主要产物是烯烃。

利用格氏反应制备羧酸时，原料分子中不能有活泼氢或者应采取措施进行基团保护（如保护羟基）。

（5）羧酸的波谱特征：

IR	$\nu_{O-H(缔合)}$	ν_{C-O}	$\gamma_{O-H(羧酸)}$
	$3000\sim2500\text{cm}^{-1}$	$1725\sim1700\text{cm}^{-1}$	约 930cm^{-1}
$^1\text{H NMR}$	RCH_2COOH $\delta\approx2.3 \longleftarrow \quad \longrightarrow \delta=10\sim13$，可与重水交换		

羧酸的制备及化学性质小结

制备　　　　　　　　　　　　　　　化学性质

1.酸性

$$\text{RCH}_2\text{COOH} \xrightarrow{\text{H}_2\text{O}} \text{RCH}_2\text{COO}^- + \text{H}_3\text{O}^+$$

酸性：羧酸＞碳酸＞酚＞水＞醇＞炔氢

酸性：卤代酸＞羟基酸＞羧酸

—COOH上电子云密度越小，RCOOH酸性越强

1. 氧化

$$\text{RCH}_2\text{CH}_2\text{OH} \xrightarrow[\text{或KMnO}_4]{\text{K}_2\text{Cr}_2\text{O}_7/\text{H}^+}$$

$$\text{RCH}_2\text{CHO} \xrightarrow{\text{Ag(NH}_3)_2^+}$$

$$\text{RCH}_2\text{COCH}_3 \xrightarrow{\text{X}_2+\text{NaOH}}$$

$$\text{RCH}_2\text{CH}=\text{CH}_2 \xrightarrow{\text{KMnO}_4/\text{H}^+}$$

2. 格氏反应

$$\text{RCH}_2\text{MgX} \xrightarrow[\text{醚}]{\text{CO}_2} \xrightarrow{\text{H}_3\text{O}^+} \boxed{\text{RCH}_2\text{COOH}}$$

3. 水解

$$\text{RCH}_2\text{CN} \xrightarrow[\text{H}^+或\text{OH}^-]{2\text{H}_2\text{O}}$$

$$\text{RCH}_2\text{COCl} \xrightarrow{\text{H}_2\text{O}}$$

$$(\text{RCH}_2\text{CO})_2\text{O} \xrightarrow{\text{H}_2\text{O}, \triangle}$$

$$\text{RCH}_2\text{COOR}' \xrightarrow[\text{H}^+或\text{OH}^-]{\text{H}_2\text{O}, \triangle}$$

$$\text{RCH}_2\text{CONH}_2 \xrightarrow[\text{长时间加热}]{\text{H}_2\text{O}/\text{H}^+或\text{OH}^-}$$

2. 生成羧酸衍生物

$$\xrightarrow[\text{或PCl}_3、\text{PCl}_5]{\text{SOCl}_2} \text{RCH}_2\text{COCl}$$

$$\xrightarrow[\triangle，脱水剂]{\text{RCH}_2\text{COOH}} (\text{RCH}_2\text{CO})_2\text{O}$$

$$\xrightarrow{\text{R}'\text{OH}/\text{H}^+} \text{RCH}_2\text{COOR}'$$

$$\xrightarrow{\text{NH}_3} \text{RCH}_2\text{COO}^-\text{NH}_4^+ \xrightarrow{\triangle} \text{RCH}_2\text{CONH}_2$$

3. 还原

$$\xrightarrow{\text{LiAlH}_4} \xrightarrow{\text{H}_2\text{O}} \text{RCH}_2\text{CH}_2\text{OH}（直接还原）$$

$$\xrightarrow[\text{H}^+]{\text{R}'\text{OH}} \text{RCH}_2\text{COOR}' \xrightarrow[\text{C}_2\text{H}_5\text{OH}]{\text{Na}} \text{RCH}_2\text{CH}_2\text{OH}$$
（间接还原）

4. 脱羧

$$\xrightarrow[\triangle]{\text{碱石灰}} \text{RCH}_3$$
（α-C上有吸电子基时，羧酸更容易脱羧）

5. α-H的反应

$$\xrightarrow[\text{红磷}]{\text{X}_2} \text{RCHXCOOH} \xrightarrow[\text{红磷}]{\text{X}_2} \text{RCX}_2\text{COOH}$$

羟基酸制法及性质：

$$\text{RCHXCOOH} \xrightarrow[\text{OH}^-]{\text{H}_2\text{O}} \boxed{\text{RCH(OH)COOH}} \xrightarrow[\triangle]{\text{稀H}_2\text{SO}_4} \text{RCHO}+\text{HCOOH}$$

$$\text{RCHO} \xrightarrow[\text{OH}^-]{\text{HCN}} \xrightarrow[\text{H}^+或\text{OH}^-]{\text{H}_2\text{O}} \uparrow$$

$$\xrightarrow{\text{Tollen试剂}} \text{RCOO}^-+\text{Ag}\downarrow$$

$$\text{RCHO} \xrightarrow[\text{(2) H}_2\text{O}/\text{H}^+]{\text{(1) BrZnCH}_2\text{COOC}_2\text{H}_5} \text{RCH(OH)CH}_2\text{COOC}_2\text{H}_5 \xrightarrow[\text{H}^+或\text{OH}^-]{\text{H}_2\text{O}} \boxed{\text{RCH(OH)CH}_2\text{COOH}}$$

$$\text{RCH}=\text{CH}_2 \xrightarrow{\text{HOCl}} \xrightarrow{\text{NaCN}} \text{RCH(OH)CH}_2\text{CN} \xrightarrow[\text{H}^+或\text{OH}^-]{\text{H}_2\text{O}} \uparrow$$

二元酸受热反应规律（Blanc 规律）：

乙二酸、丙二酸脱羧
丁二酸、戊二酸脱水 } 原则上形成较稳定的五元、六元环
己二酸、庚二酸脱羧又脱水

羟基酸受热反应规律：

α-羟基酸形成交酯
β-羟基酸形成 α,β-不饱和酸 } 原则上形成较稳定的五元、六元环或共轭体系
γ-羟基酸形成五元环状内酯
δ-羟基酸形成六元环状内酯

羟基与羧基相距更远时（相隔5个碳以上），分子间脱水形成聚酯

习 题

1. 用系统命名法命名下列化合物。

(1) $CH_3CHClC(CH_3)_2COOH$

(2) $CH_3CH(COOH)_2$

(3) 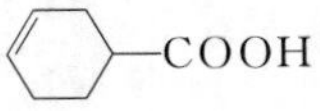 环己烯基—COOH

(4) 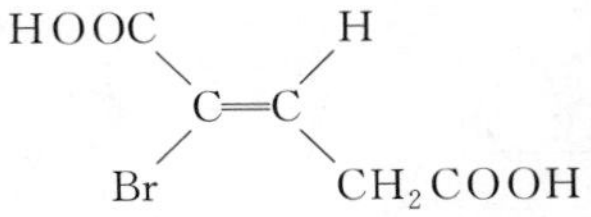
$$
\begin{array}{c}
HOOC \\
\quad\quad C=C \\
Br \quad\quad CH_2COOH
\end{array}
\quad \text{(cis)} \; H
$$

(5) Cl—苯基(OCH$_2$COOH)(Cl)

(6) 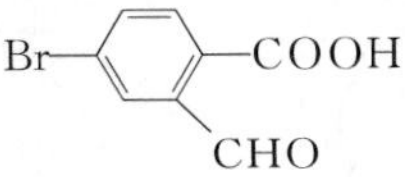 Br—苯基(—COOH)(—CHO)

(7) 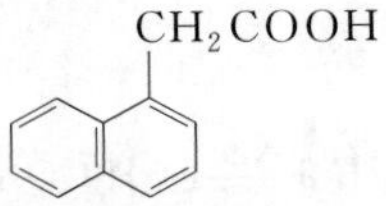 萘基—CH$_2$COOH

(8) HOOC—苯基—COOH

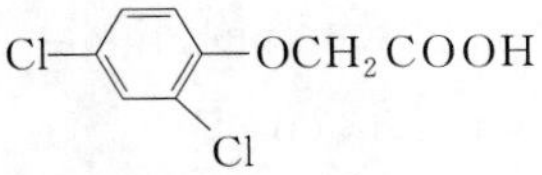

2. 写出下列化合物的构造式。

(1) 1-己基环己烷甲酸

(2) 2-甲基-3-苯基丙酸

(3) cis-4-叔丁基环己烷甲酸

(4) 丁-3-烯酸

3. 用简单的化学方法区别下列化合物。

(1) A. 丙醇　　B. 丙醛　　C. 丙酸

(2) A. 草酸　　B. 马来酸　　C. 丁二酸

(3) A. 甲酸　　B. 丙酸　　C. 丙二酸

(4) A. 水杨酸　　B. 苯甲酸　　C. 苯甲醇

4. 比较下列化合物的酸性强弱。

(1) A. 乙醇　　B. 丙酸　　C. 丙二酸　　D. 乙二酸　　E. 甲酸

(2) A. C_6H_5OH　　B. CH_3COOH　　C. C_2H_5OH　　D. F_3CCOOH

E. $Cl_2CHCOOH$　　F. $ClCH_2COOH$

(3) A. 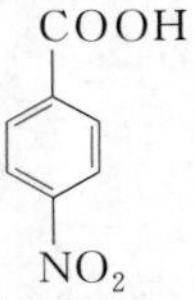 COOH—苯基—NO$_2$（对位）　　B. 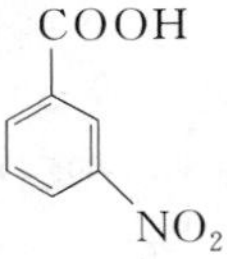 COOH—苯基—NO$_2$（间位）　　C.  COOH—苯基　　D. 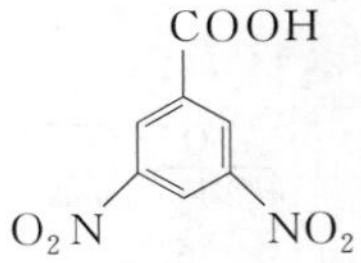 COOH—苯基（O$_2$N, NO$_2$）（3,5位）

(4) A. 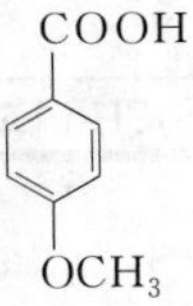 COOH—苯基—OCH$_3$（对位）　　B. 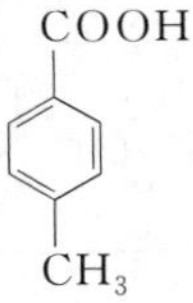 COOH—苯基—CH$_3$（对位）　　C.  COOH—苯基　　D. 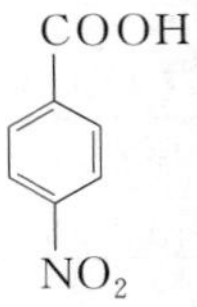 COOH—苯基—NO$_2$（对位）

5. 用简单的化学方法分离下列各组化合物。

(1) A. 己酸　　　　B. 己醛　　　　C. 1-溴丁烷

(2) A. 苯酚　　　　B. 甲氧基苯　　C. 苯甲醛　　　　D. 苯甲酸

6. 写出苯甲酸与下列试剂反应的主要产物。

(1) CaO，加热

(2) K_2CO_3

(3) NH_3，H_2O

(4) $SOCl_2$

(5) $LiAlH_4$

(6) Br_2，Fe

(7) HNO_3，H_2SO_4

(8) $n\text{-}C_3H_7OH$，H^+

7. 完成下列反应式。

(1) $HOOC-\!\!\!\!\bigcirc\!\!\!\!-COOH \xrightarrow[H^+,\ \triangle]{2CH_3OH} ?$

(2) $\xrightarrow{\triangle} ?$

(3) $CH_3CCH_3 \xrightarrow{?} ? \xrightarrow[H^+]{H_2O} CH_3\underset{CH_3}{\overset{OH}{C}}-CH_2COOC_2H_5$ (with O above first CH_3CCH_3)

(4) $\underset{CH_2COOH}{\overset{CH_2CHO}{|}} \xrightarrow[H_2O]{KMnO_4} ? \xrightarrow{300℃} ?$

(5) (cyclohexane with COOH, COOH, COOH) $\xrightarrow[\triangle]{-CO_2} \xrightarrow[\triangle]{-H_2O} ?$

(6) $(CH_3)_2CHCHCOOH$ (with OH above) $\xrightarrow{稀\ H_2SO_4} ? + ?$

(7) $CH_3(CH_2)_4CH_2OH \xrightarrow[\triangle]{H_2SO_4} ? \xrightarrow{HCl} ? \xrightarrow[无水乙醚]{Mg} ? \xrightarrow[(2)\ H_3O^+]{(1)\ CO_2} ?$

(8) $\bigcirc\!\!=\!\!O \xrightarrow[H_2SO_4]{NaCN} ? \xrightarrow[H^+]{H_2O} ? \xrightarrow{\triangle} ?$

8. 由指定原料合成下列化合物。

(1) $CH_3CH_2CH_2COOH \longrightarrow HOOCCHCOOH$ (with CH_2CH_3 below)

(2) (tetrahydrofuran) $\longrightarrow HOOC(CH_2)_4COOH$

(3) $CH_3CH_2CH_2CH_2OH \longrightarrow CH_3CH_2CH=CHCOOH$

(4) (cyclohexanone) $\longrightarrow$ (cyclohexane with COOH and C_2H_5)

(5) (cyclohexane=CH_2) $\longrightarrow$ (cyclohexane-CH_2COOH)

(6) $CH_3-\!\!\!\!\bigcirc\!\!\!\!-CHO \longrightarrow HOOC-\!\!\!\!\bigcirc\!\!\!\!-CHO$

(7) $CH_3CH_2CH_2CHCOOH$ (with CH_3 below) $\longrightarrow CH_3CH_2CH_2CCH_3$ (with O below)

(8) 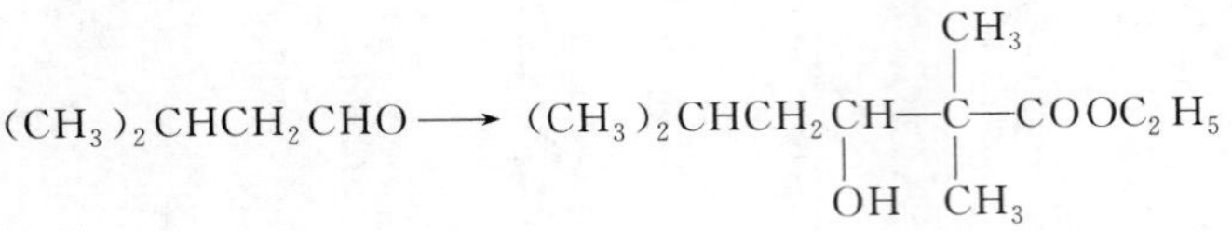 $(CH_3)_2CHCH_2CHO \longrightarrow (CH_3)_2CHCH_2\underset{\underset{OH}{|}}{CH}-\underset{\underset{CH_3}{|}}{\overset{\overset{CH_3}{|}}{C}}-COOC_2H_5$

(9) 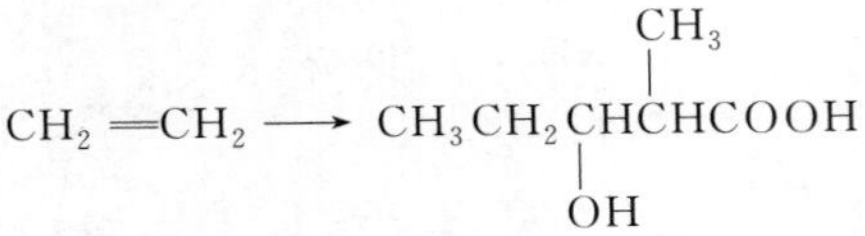 $CH_2=CH_2 \longrightarrow CH_3CH_2\underset{\underset{OH}{|}}{CH}\overset{\overset{CH_3}{|}}{CH}COOH$

9. 写出下列反应的机理。

(1) 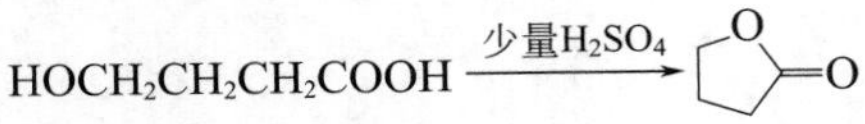 $HOCH_2CH_2CH_2COOH \xrightarrow{\text{少量}H_2SO_4}$ (内酯)

(2) 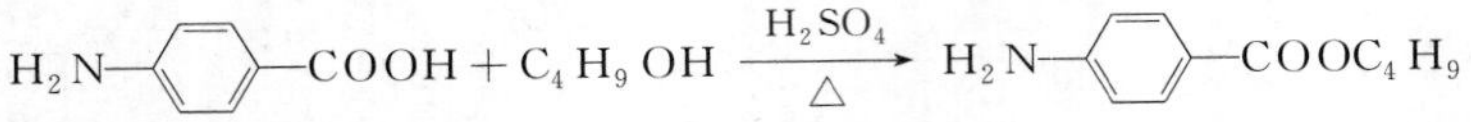 $H_2N-\bigcirc-COOH + C_4H_9OH \xrightarrow[\triangle]{H_2SO_4} H_2N-\bigcirc-COOC_4H_9$

10. 某化合物分子式为 $C_9H_{10}O_2$，其 ^1H NMR 数据如下：$\delta=10.9$（单峰，1H）、7.38（单峰，5H）、3.2（三重峰，2H）、2.7（三重峰，2H）。请写出该化合物的构造式。

11. 某化合物 A，分子式为 $C_3H_5O_2Cl$，其 ^1H NMR 数据为：$\delta=11.2$（单峰，1H）、4.47（四重峰，1H）、1.73（双重峰，3H）。试推测其结构。

12. 化合物 A、B 的分子式均为 $C_4H_6O_4$，它们均可溶于氢氧化钠溶液，与碳酸钠作用放出 CO_2，A 加热失水成酸酐 $C_4H_4O_3$；B 加热放出 CO_2 生成三个碳的酸。试写出 A 和 B 的构造式。

13. 某二元酸 $C_8H_{14}O_4$（A），受热时转化成中性化合物 $C_7H_{12}O$（B），B 用浓 HNO_3 氧化生成二元酸 $C_7H_{12}O_4$（C）。C 受热脱水成酸酐 $C_7H_{10}O_3$（D）；A 用 $LiAlH_4$ 还原得 $C_8H_{18}O_2$（E）。E 能脱水生成 3,4-二甲基己-1,5-二烯。试推导 A～E 的构造式。

第 13 章 | 羧酸衍生物

羧酸衍生物是—COOH 中的—OH 被其他原子或基团取代的化合物，即酰卤、酸酐、酯、酰胺。羧酸衍生物经简单水解后都得到羧酸。

羧酸(carboxylic acid)　　酰卤(acyl halide)　　酸酐(anhydride)　　酯(ester)

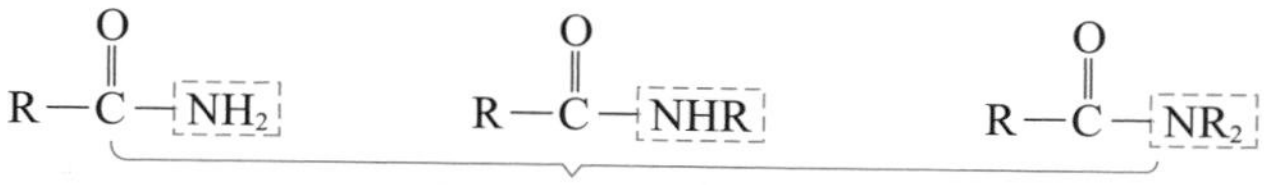

酰胺(amide)

羧酸分子中烃基上的氢原子被取代后的化合物，一般称为取代酸（如氨基酸、羟基酸、卤代酸等），通常不属于羧酸衍生物。

本章还将讨论碳酸衍生物。

13.1 羧酸衍生物的命名

羧酸衍生物按水解后所生成的羧酸来命名。

酰卤和酰胺的命名是将羧酸中的"酸"换成"酰卤"和"酰胺"，酰胺中氮上氢原子被其他取代基取代后，通常在取代基名称前加"N-"作为前缀进行描述。例如：

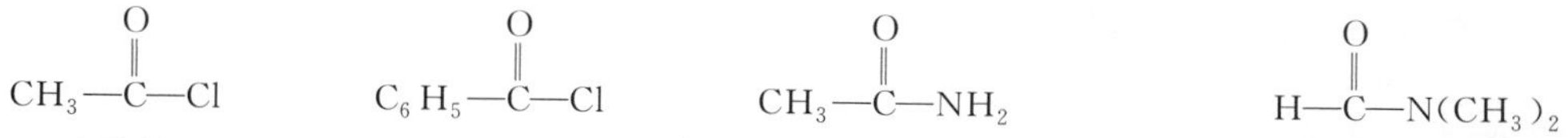

乙酰氯　　　　　　苯甲酰氯　　　　　　乙酰胺　　　　　　N,N-二甲基甲酰胺

acetyl chloride　　benzoyl chloride　　acetyl amine　　N,N-dimethylformamide(DMF)

酯和酸酐的命名也要根据羧酸水解后生成的产物来命名。酯的命名是：酸名＋烃（基）＋"酯"。例如：

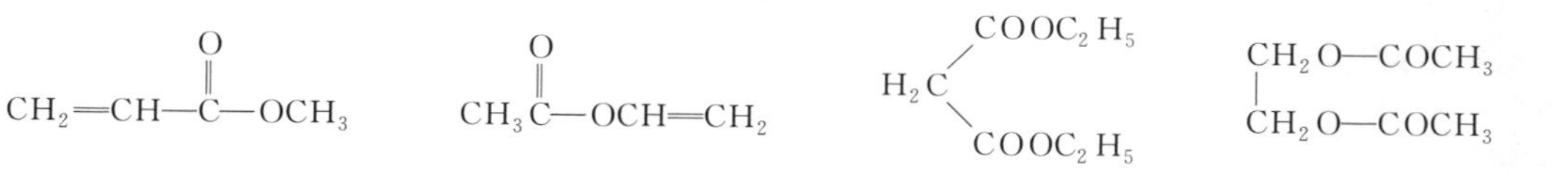

丙烯酸甲（基）酯　　乙酸乙烯（基）酯　　丙二酸二乙酯　　乙-1,2-叉基二乙酸酯
methyl acrylate　　　vinyl acetate　　　diethyl malonate　　ethane-1,2-diyl diacetate
　　　　　　　　　　　　　　　　　　　　　　　　　　　　　（乙二醇二乙酸酯）

酸酐的命名分为两种情况，对称酸酐的命名一般是将对应酸的名称中"酸"换成"酸

酐", 不对称 (混合) 酸酐将两个酸的名称按字母顺序排列, 再以"酸酐"结尾。例如:

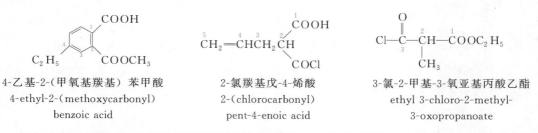

乙酸酐	邻苯二甲酸酐	乙 (酸) 丙酸酐
acetic anhydride	phthalic anhydride	acetic propionic anhydride

下列多特性基团化合物的命名要按照特性基团优先次序规则, 选择主特性基团作为后缀。例如:

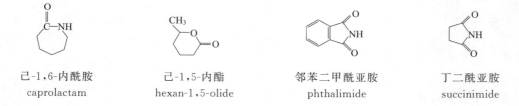

4-乙基-2-(甲氧基羰基) 苯甲酸	2-氯羰基戊-4-烯酸	3-氯-2-甲基-3-氧亚基丙酸乙酯
4-ethyl-2-(methoxycarbonyl) benzoic acid	2-(chlorocarbonyl) pent-4-enoic acid	ethyl 3-chloro-2-methyl-3-oxopropanoate

由分子内的氨基和酰基形成的酰胺称为内酰胺; 分子内的羟基和酰基形成的酯称为内酯; 二元酸的两个酰基连在同一个氮原子上形成的化合物 (具有—CO—NH—CO—结构片段) 称为二酰亚胺; 例如:

己-1,6-内酰胺	己-1,5-内酯	邻苯二甲酰亚胺	丁二酰亚胺
caprolactam	hexan-1,5-olide	phthalimide	succinimide

13.2　羧酸衍生物的物理性质和波谱特征

13.2.1　羧酸衍生物的物理性质

13.2.1.1　物态及水溶解性

酰氯和酸酐均无分子间氢键作用, 挥发性强, 是有刺鼻气味的液体, 遇水迅速水解。

酯不溶于水。低级酯是具有果香味的液体, 常用作果香型食用香料。高级脂肪酸的高级脂肪醇酯为固体, 俗称"蜡"。

酰胺分子间氢键作用强, 一般为固体。但 DMF (N,N-二甲基甲酰胺) 或 DEF (N,N-二乙基甲酰胺) 为液体, 是常用的非质子性溶剂。低级酰胺可溶于水, 随着分子量增大, 水溶解度降低。

13.2.1.2　沸点

酰卤、酸酐、酯分子间不能形成氢键, 沸点均低于羧酸, 且随着分子量增大而升高; 伯酰胺比羧酸更易于形成分子间氢键, 沸点高于羧酸。

一些常见羧酸衍生物的物理常数见表 13-1。

表 13-1　一些常见羧酸衍生物的物理常数

化合物	熔点/℃	沸点/℃	化合物	熔点/℃	沸点/℃
乙酰氯	−112	51	乙酸乙酯	−83	77
丙酰氯	−94	80	乙酸丁酯	−77	126
正丁酰氯	−89	102	乙酸异戊酯	−78	142
苯甲酰氯	−1	197	苯甲酸乙酯	−32.7	213
乙酸酐	−73	140	丙二酸二乙酯	−50	199
丙酸酐	−45	169	3-氧亚基丁酸乙酯（乙酰乙酸乙酯）	−45	180.4
丁二酸酐	119.6	261	甲酰胺	3	200（分解）
cis-丁烯二酸酐	60	202	乙酰胺	82	221
苯甲酸酐	42	360	丙酰胺	79	213
邻苯二甲酸酐	131	284	正丁酰胺	116	216
甲酸甲酯	−100	30	苯甲酰胺	130	290
甲酸乙酯	−80	54	N,N-二甲基甲酰胺	−61	153
乙酸甲酯	−98	57.5	邻苯二甲酰亚胺	238	升华

13.2.2　羧酸衍生物的波谱特征

13.2.2.1　IR 光谱

羧酸衍生物分子结构中都含有羰基，其红外光谱都有羰基的伸缩振动吸收峰。$C\!=\!O$ 上连接的基团不同，羰基伸缩振动（$\nu_{C=O}$）的出峰位置不同，如表 13-2 所示。$\nu_{C=O}$ 吸收谱带强度大，干扰少，易识别，对鉴定羧酸衍生物具有重要意义。

表 13-2　不同羰基的大致吸收位置

化合物	酸酐	酰氯	酯	醛	酮	羧酸	酰胺
$\nu_{C=O}$/cm^{-1}	约 1830、约 1770	1815~1790	1750~1730	1740~1720	1725~1705	1725~1700	1700~1640

【例 13-1】　乙酸乙酯的羰基伸缩振动在 1743cm^{-1} 出强峰（详见图 5-4），丁酸乙酯的羰基伸缩振动在 1741cm^{-1} 出强峰（详见图 5-5）。

【例 13-2】　丁酸酐中两个羰基在 1819cm^{-1} 和 1750cm^{-1} 处产生双峰（见图 13-1）。

【例 13-3】　硬脂酰氯的 $\nu_{C=O}$ 在 1802cm^{-1} 处出现强峰（见图 13-2）。

13.2.2.2　$^1H\,NMR$ 谱

羧酸衍生物的核磁共振氢谱特征（表 13-3），主要体现在酰基和取代基上电负性强的元素（如 O、N、Cl 等）对邻近碳上质子的影响。

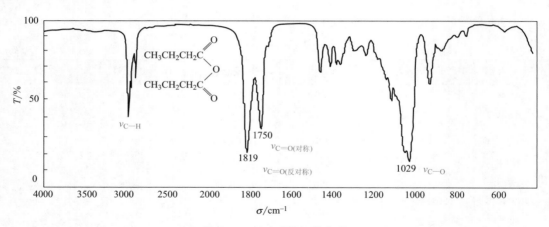

图 13-1 丁酸酐的红外光谱

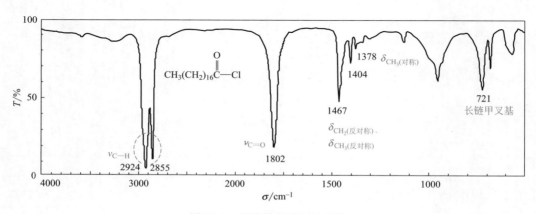

图 13-2 硬脂酰氯的红外光谱

表 13-3 羧酸衍生物的核磁共振氢谱特征

结构片段	$-CH_2-\overset{O}{\overset{\|}{C}}-$	$CH_3-\overset{O}{\overset{\|}{C}}-$	$-\overset{O}{\overset{\|}{C}}-OCH_2-$	$-\overset{O}{\overset{\|}{C}}-OCH_3$	$-\overset{O}{\overset{\|}{C}}-NH-$
δ_H	约 2.3	约 2.0	约 4.2	约 3.8	5.5～8.5

图 13-3 为乙酸乙酯的 ^{1}H NMR 谱。

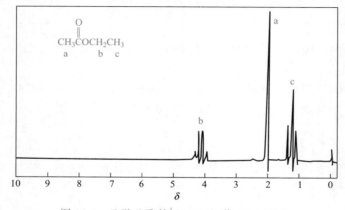

图 13-3 乙酸乙酯的 ^{1}H NMR 谱（60MHz）

13.3 羧酸衍生物的化学性质

13.3.1 酰基上的亲核取代

羧酸衍生物的亲核取代反应可用通式表示如下：

$$R\!-\!\overset{\displaystyle O}{\overset{\|}{C}}\!-\!L + Nu^- \longrightarrow R\!-\!\overset{\displaystyle O}{\overset{\|}{C}}\!-\!Nu + L^-$$

L（离去基团）＝Cl、Br、I（酰卤）；OCOR′（酸酐）；OR（酯）；NH_2、NHR′、NR'_2（酰胺）

Nu（亲核试剂）＝H_2O 或 OH^-（水解）；R′OH（醇解）；NH_3（氨解）

反应活性：酰卤＞酸酐＞酯＞酰胺。

13.3.1.1 水解

羧酸衍生物在酸或碱催化下水解（hydrolysis），均生成羧酸。例如：

$$(C_6H_5)_2CHCH_2\overset{\displaystyle O}{\overset{\|}{C}}Cl \xrightarrow[0\text{℃}，95\%]{H_2O，Na_2CO_3} (C_6H_5)_2CHCH_2\overset{\displaystyle O}{\overset{\|}{C}}OH$$

3,3-二苯基丙酰氯　　　　　　　　　　3,3-二苯基丙酸

2-甲基马来酸酐 $\xrightarrow[94\%]{H_2O，\triangle}$ 2-甲基马来酸

苯并二氢吡喃-2-酮（内酯） $\xrightarrow[\triangle，90\%]{H_2O，NaOH}$ 3-(2-羟基苯基)丙酸

$$CH_3\overset{\displaystyle O}{\overset{\|}{C}}NH\text{—}\!\!\!\bigcirc\!\!\!\text{—Br} \xrightarrow[\triangle，95\%]{C_2H_5OH\text{-}H_2O，KOH} CH_3\overset{\displaystyle O}{\overset{\|}{C}}O^-K^+ + H_2N\text{—}\!\!\!\bigcirc\!\!\!\text{—Br}$$

N-(4-溴苯基)乙酰胺　　　　　　　乙酸钾　　　　4-溴苯胺

水解反应速率：

$$R\!-\!\overset{O}{\overset{\|}{C}}\!-\!X > R\!-\!\overset{O}{\overset{\|}{C}}\!-\!O\!-\!\overset{O}{\overset{\|}{C}}\!-\!R > R\!-\!\overset{O}{\overset{\|}{C}}\!-\!OR' > R\!-\!\overset{O}{\overset{\|}{C}}\!-\!NH_2$$

水解速率减慢 →

剧烈放热　　　热水中进行　　　加热　　　　催化剂，
　　　　　　　　　　　　　酸或碱催化　高温下长时间回流

13.3.1.2 醇解

酰卤、酸酐、酯都能与醇或酚发生醇解（alcoholysis reaction）反应，生成酯。其中酯的醇解反应亦称为酯交换反应（transesterification reaction）。例如：

$$2(CH_3CO)_2O + HO-\underset{}{\bigcirc}-OH \xrightarrow[93\%]{H_2SO_4} CH_3CO-\underset{}{\bigcirc}-OCCH_3 + 2CH_3COOH$$

乙酸酐 　　　　　　　　　　　1,4-苯叉基二乙酸酯

（酚酯，不能由羧酸制备）

$$CH_3OC-\underset{}{\bigcirc}-COCH_3 + 2CH_2-CH_2 \xrightarrow[\text{酯交换反应}]{Zn(OAc)_2}$$

对苯二甲酸二甲酯 　　　　　OH OH

$$HOCH_2CH_2OC-\underset{}{\bigcirc}-COCH_2CH_2OH + 2CH_3OH \dashrightarrow \text{及时蒸出}$$

对苯二甲酸二(2-羟基乙基)酯

$$n\ HOCH_2CH_2OC-\underset{}{\bigcirc}-COCH_2CH_2OH \xrightarrow[\text{高温缩聚}]{Sb_2O_3}$$

对苯二甲酸二(2-羟基乙基)酯

$$H\left[OCH_2CH_2OC-\underset{}{\bigcirc}-C\right]_n OH + (n-1)HOCH_2CH_2OH \dashrightarrow \text{真空下蒸出}$$

聚对苯二甲酸乙二醇酯

（涤纶，产量最大的合成纤维）

醇解反应速率：

$$\underset{X}{R-C} > \underset{O-C-R}{R-C} > \underset{OR'}{R-C} > \underset{NH_2}{R-C} \longrightarrow \text{醇解速率减慢}$$

直接醇解	酸或碱催化	难！
常用的酰基化试剂	可逆，酯交换	需要催化剂
可制备酚酯	从低级酯制备高级酯	醇须过量
	（如涤纶的生产）	

13.3.1.3 氨解

酰卤、酸酐、酯都能与氨（或胺）发生氨解（aminolysis）反应，生成酰胺。由于 $\ddot{N}H_3$ 的亲核性比 $H_2\ddot{O}$ 强，氨解比水解反应容易进行。例如：

$$CH_3\underset{CH_3}{CH}-C-Cl + NH_3 \xrightarrow[78\%\sim83\%]{\text{低于室温}} CH_3\underset{CH_3}{CH}-C-NH_2 + HCl$$

　　　　　　　　　　　　　　　　2-甲基丙酰胺

$$\underset{H-C}{\overset{H-C}{\big\|}}\underset{}{\big\rangle}O + C_6H_5NH_2 \xrightarrow{97\%\sim98\%} \underset{H-C-COOH}{\overset{H-C-CONHC_6H_5}{\big\|}}$$

顺丁烯二酸酐 　　　　　（Z）-4-氧亚基-4-(苯基氨基)丁-2-烯酸

$$ClCH_2COC_2H_5 + NH_3 \xrightarrow[78\%\sim84\%]{H_2O,\ 0\sim5℃} ClCH_2C-NH_2 + C_2H_5OH$$

2-氯乙酸乙酯 　　　　　　　　2-氯乙酰胺

伯酰胺与胺反应生成 N-取代酰胺。例如：

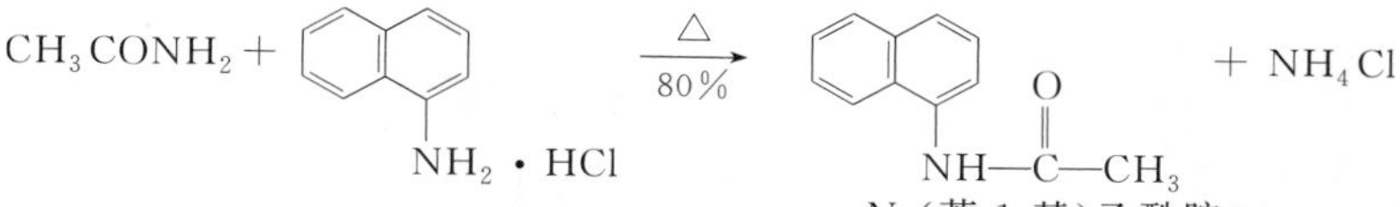

$$CH_3CONH_2 + \underset{NH_2 \cdot HCl}{\text{[naphthalene]}} \xrightarrow[80\%]{\triangle} \underset{NH-C-CH_3}{\underset{\parallel}{\text{[naphthalene]}}} + NH_4Cl$$

N-(萘-1-基)乙酰胺

羧酸衍生物水解、醇解、氨解的结果是在 HOH、HOR、HNH$_2$ 等分子中引入酰基，故羧酸及其衍生物可被看作是酰化试剂，其酰化反应活性顺序为：酰氯＞酸酐＞羧酸＞酯＞酰胺。酰氯、酸酐是常用的酰基化试剂，酯和酰胺一般不用作酰基化试剂，因为酯和酰胺的酰化反应活性太低。

13.3.2 酰基上的亲核取代反应机理及相对活性

13.3.2.1 碱性介质中的亲核取代反应机理

在碱性介质中，亲核试剂（HNu）解离成负离子 Nu$^-$。Nu$^-$ 可直接进攻带部分正电荷的羰基碳，形成不稳定的氧负离子中间体，后者迅速进行分子内消除，失去 L$^-$，最终形成取代产物。

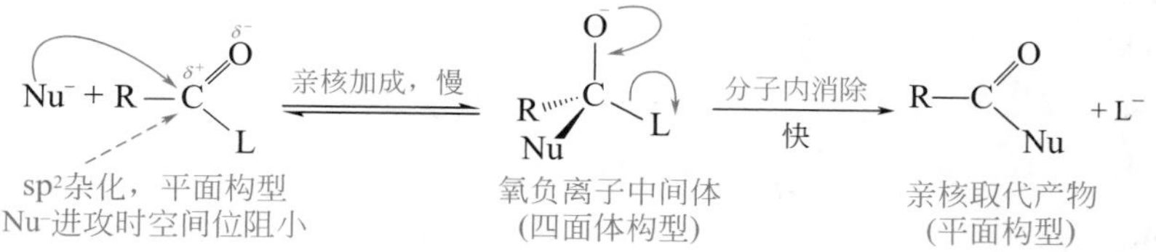

反应是分两步完成的：先亲核加成，后分子内消除，最终生成亲核取代产物。

13.3.2.2 酸性介质中的亲核取代反应机理

在酸性介质中，亲核试剂以 $H\ddot{N}u$ 形式存在，其亲核性较弱。但在酸性介质中，羰基氧可质子化，使羰基碳上带有更多的正电荷，有利于 $H\ddot{N}u$（亲核试剂）进攻，形成一个带正电荷的四面体中间体。

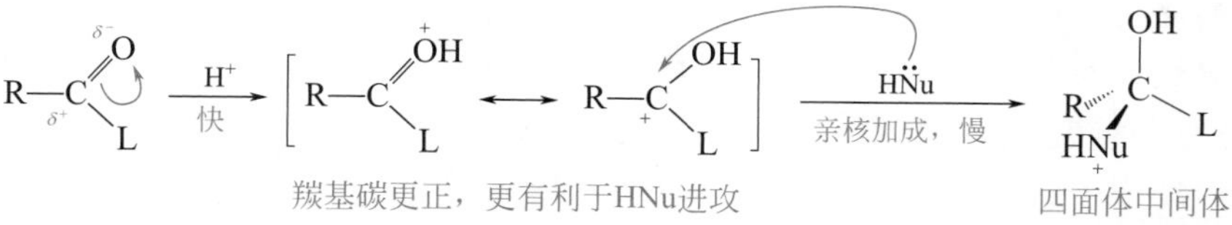

这个中间体不稳定，经质子转移、消除 HL、脱去质子等步骤，最终形成亲核取代产物：

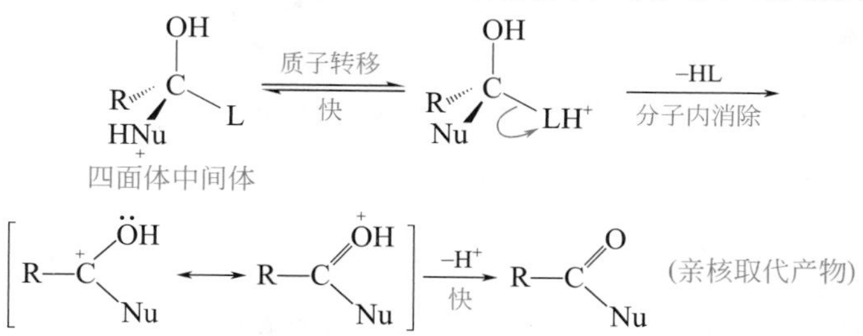

概括起来，这个反应机理也分为两个阶段：先是亲核加成，再进行分子内消除。

13.3.2.3 亲核取代反应相对活性及其理论解释

羧酸衍生物的水解、醇解、氨解等实验事实证明，其酰化反应活性大小的顺序为：酰氯＞酸酐＞酯＞酰胺。这是因为酰化反应活性取决于酰基上亲核取代反应的速率。

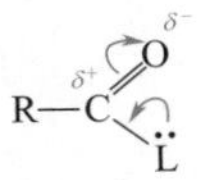

图 13-4 羧酸衍生物分子中的多电子 p-π 共轭

如前所述，羧酸衍生物酰基上亲核取代反应经亲核加成和分子内消除两步完成。第一步反应是否容易进行，主要取决于羰基碳原子电子效应和空间效应。羰基碳上的电子云密度越低，或者羰基碳上所连接的取代基体积越小，对第一步反应（亲核加成）越有利。

如图 13-4 所示，羧酸衍生物分子中的多电子 p-π 共轭使羰基碳上电子云密度增大（即正电性降低），不利于亲核试剂进攻。

多电子 p-π 共轭的强弱顺序为：

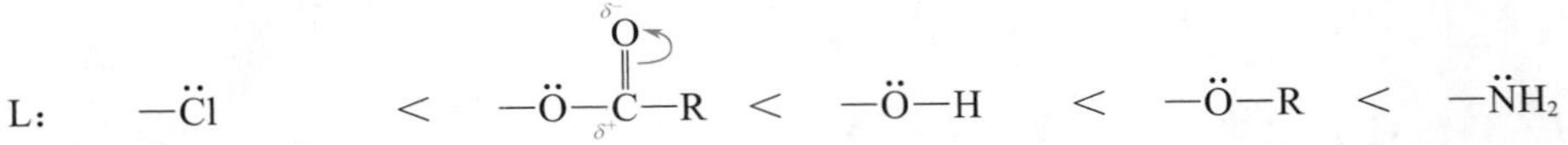

L:	$-\ddot{C}l$	<	$-\ddot{O}-\overset{O}{\overset{\|}{C}}-R$	<	$-\ddot{O}-H$	<	$-\ddot{O}-R$	<	$-\ddot{N}H_2$
解释	2p轨道与3p轨道交盖不好，氯原子的$-I>+C$		酰基是吸电子基		氢原子无诱导效应和共轭效应		烃基是给电子基		电负性O>N

由此可以看出，酰氯的羰基碳上电子云密度最低，最有利于亲核试剂进攻，酰化反应速率最快。而酰胺的羰基碳上电子云密度最大，最不利于亲核试剂进攻，酰化反应速率最慢。

第二步反应是否容易进行，主要取决于 L⁻ 的离去能力，L⁻ 越容易离去，越有利于第二步反应（消除反应）。下列化合物的酸性强弱顺序为：

化合物	HCl	>	RCOOH	>	H_2O	>	ROH	>	NH_3
pK_a	约2.2		4~5		15.7		16~19		34

根据共轭酸碱理论，其共轭碱的碱性强弱顺序为：

$$Cl^- <^- OCOR <^- OH <^- OR <^- NH_2$$

实验证明，易离去基团通常是强酸的共轭碱，即弱碱，碱性越弱越容易离去。所以，离去能力的大小顺序为：

$$Cl^- >^- OCOR >^- OH >^- OR >^- NH_2$$

总之，酰氯分子中的羰基碳上电子云密度最低，离去基团（Cl⁻）的离去能力最强，酰化反应活性最大，酸酐次之；而酰胺分子中羰基碳上电子云密度是四种羧酸衍生物中最大的，而且⁻NH₂ 的离去能力最差，因而酰化反应活性也最差，不能用作酰化试剂。

13.3.3 还原反应

13.3.3.1 用氢化铝锂还原

四氢铝锂的还原性很强，可以还原羧酸及羧酸衍生物。除酰胺和腈被还原成相应的胺外，酰卤、酸酐和酯均被还原成相应的伯醇。例如：

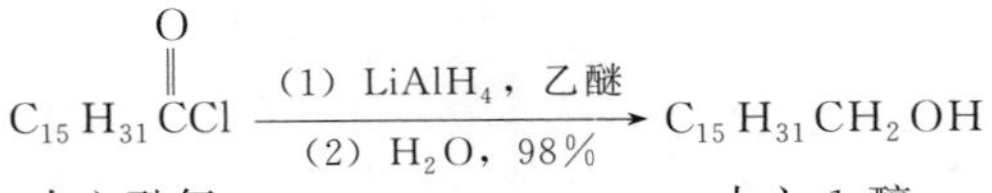

十六酰氯   十六-1-醇

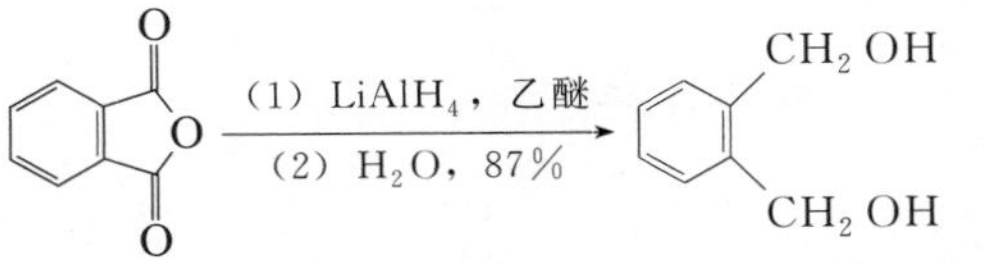

1,2-苯叉基二甲醇

$$CH_3CH=CHCH_2COOCH_3 \xrightarrow[\text{(2) }H_2O,\ 75\%]{\text{(1) }LiAlH_4,\ \text{乙醚}} CH_3CH=CHCH_2CH_2OH$$

戊-3-烯酸甲酯   戊-3-烯-1-醇

N,N-二甲基环己烷甲酰胺 $\xrightarrow[\text{回流，}88\%]{LiAlH_4,\ \text{乙醚}}$ 1-环己基-N,N-二甲基甲烷胺

氢化铝锂中的氢被烷氧基取代后，还原性能减弱。若烷基位阻加大，则还原性能更弱。例如：

三乙氧基氢化铝锂,还原性小于LiAlH₄

N,N-二甲基环己烷甲酰胺 $\xrightarrow[\text{(2)}H_2O,\ 78\%]{\text{(1)}LiAl(OC_2H_5)_3H,\ \text{乙醚,}\ 0℃}$ 环己烷甲醛

对硝基苯甲酰氯 $\xrightarrow[\text{(2)}H_2O,\ 80\%]{\text{(1)}LiAl(OBu\text{-}t)_3H,\ \text{乙醚}}$ $O_2N-\!\!\!\!\bigcirc\!\!\!\!-CHO$ 对硝基苯甲醛

三叔丁氧基氢化铝锂,还原性小于LiAlH₄,把酰氯还原到醛

13.3.3.2 用金属钠-醇还原

酯与金属钠在醇溶液中加热回流，可被还原为相应的伯醇，此反应称为 Bouveault-Blanc（鲍维特-布朗克）反应。

$$R-\overset{O}{\underset{}{C}}-OR' \xrightarrow{Na,\ C_2H_5OH} RCH_2OH+R'OH$$

在发现氢化铝锂还原剂之前，Bouveault-Blanc 还原法是还原酯的最常用的方法，还被用于羧酸的间接还原。目前此反应主要用于高级脂肪酸的间接还原。例如：

$$n\text{-}C_{11}H_{25}COOC_2H_5 \xrightarrow{Na,C_2H_5OH} n\text{-}C_{11}H_{25}CH_2OH+C_2H_5OH$$

月桂酸乙酯   月桂醇

$$CH_3(CH_2)_7CH=CH(CH_2)_7COOC_2H_5 \xrightarrow[49\%\sim51\%]{Na,C_2H_5OH} CH_3(CH_2)_7CH=CH(CH_2)_7CH_2OH$$

油酸乙酯   油醇

13.3.3.3 Rosenmund 还原

在以硫酸钡为载体的钯催化剂的作用下，酰氯被常压氢解，选择性还原为醛。这个反应称为 Rosenmund（罗森门德）还原。

$$Ar-\overset{O}{\underset{}{C}}-Cl+H_2 \xrightarrow[\text{喹啉-硫}]{Pd\text{-}BaSO_4} Ar-\overset{O}{\underset{}{C}}-H$$
（或 R）   （或 R）

Rosenmund 还原法,用 $H_2/Pd\text{-}BaSO_4$ 把酰氯还原为醛

催化剂中的 $BaSO_4$、喹啉-硫都对 Pd 的催化活性具有抑制作用，使反应停留在生成醛的阶段。反应常在甲苯或二甲苯中进行。

Rosenmund 还原是制备醛的一种重要方法。如果反应条件控制得当，反应物分子中的 $C=C$、$-NO_2$、$C=O$、$C-Cl$ 等可不受影响。有空间位阻的酰氯在还原时也能获得良好

的产率。例如：

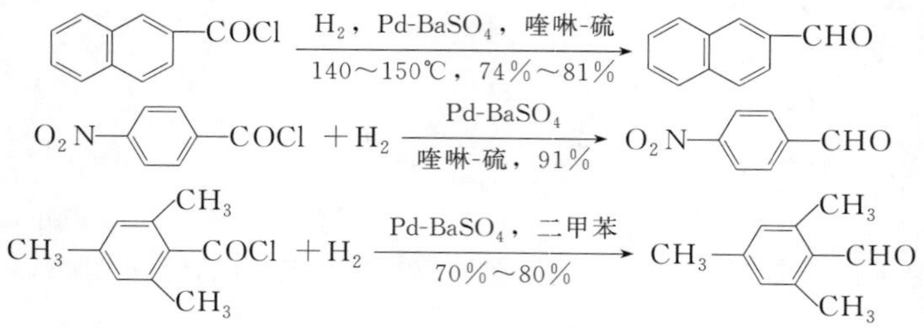

13.3.3.4 催化氢化

酯能够在高温高压下顺利地被催化氢化，得到伯醇。例如，在高温高压下，采用铜或亚铬酸铜为催化剂，酯经催化加氢可还原为伯醇：

$$(CH_3)_3C-\overset{\overset{\displaystyle O}{\|}}{C}-OC_2H_5 \xrightarrow[250℃，约\ 22MPa，88\%]{H_2，CuCr_2O_4} (CH_3)_3C-CH_2OH + C_2H_5OH$$

2,2-二甲基丙酸乙酯　　　　　　　　2,2-二甲基丙-1-醇

酰胺不易被催化氢化还原。

13.3.4 与 Grignard 试剂的反应

羧酸衍生物分子中含有羰基结构，能与 Grignard 试剂发生亲核加成反应。反应首先生成酮，后者继续与 Grignard 试剂反应得到叔醇。反应能否停留在酮的阶段，取决于反应物的活性、Grignard 试剂的用量和反应条件等因素。

13.3.4.1 Grignard 试剂与酯的反应

酯的活性较低，与 Grignard 试剂发生反应的速率慢于酮，生成的酮不能存在于反应体系中，反应很难停留在酮的阶段。

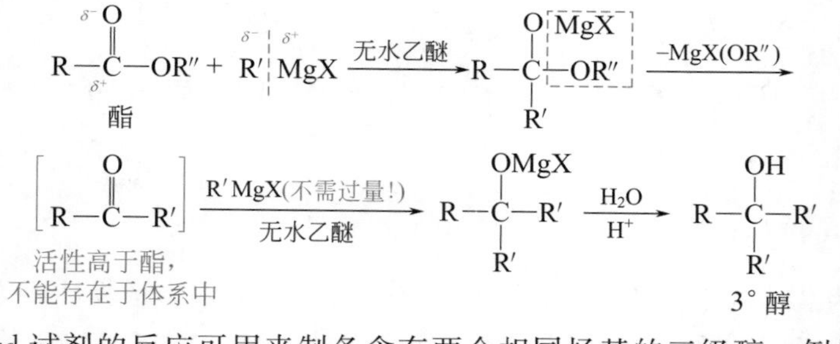

酯与 Grignard 试剂的反应可用来制备含有两个相同烃基的三级醇。例如：

$$C_6H_5\overset{\overset{\displaystyle O}{\|}}{C}OC_2H_5 + 2C_6H_5MgBr \xrightarrow{无水乙醚} \xrightarrow[NH_4Cl]{H_2O} C_6H_5-\underset{\underset{\displaystyle C_6H_5}{|}}{\overset{\overset{\displaystyle OH}{|}}{C}}-C_6H_5$$

苯甲酸乙酯　　　　　　　　　　　　　　三苯甲醇

$$CH_3CH_2\overset{\overset{\displaystyle O}{\|}}{C}OCH_3 \xrightarrow[无水乙醚]{CH_3MgI} \xrightarrow[H^+]{H_2O} CH_3CH_2\overset{\overset{\displaystyle OH}{|}}{C}(CH_3)_2$$

下列反应可停留在酮：

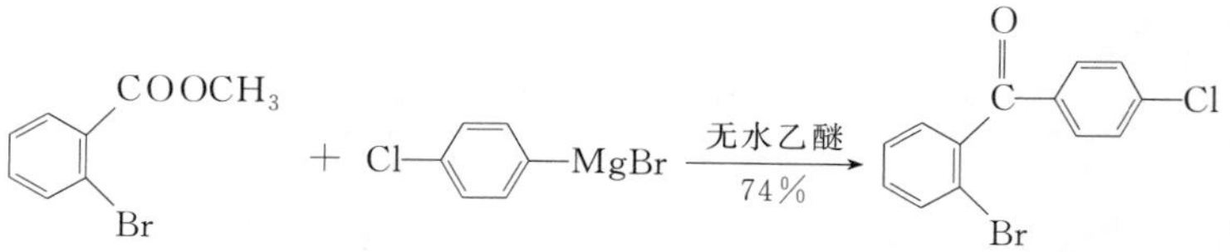

这是因为：①邻位溴的引入使空间位阻较大，亲核加成反应难以进行；②二芳基酮的亲核加成反应活性很低。

13.3.4.2 Grignard 试剂与酰氯的反应

酰氯与适量 Grignard 试剂反应可以得到中间产物酮。这是因为酰氯的活性高，与 Grignard 试剂的反应速率快于酮，生成的酮在一定条件下可存在于反应体系中。

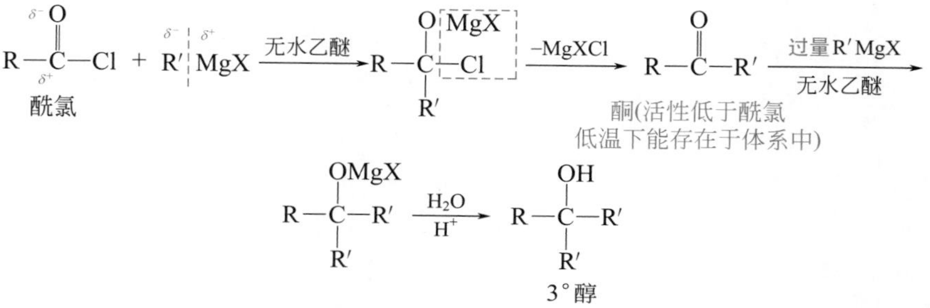

所以，低温下，酰氯与 1mol Grignard 试剂反应可以制备酮：

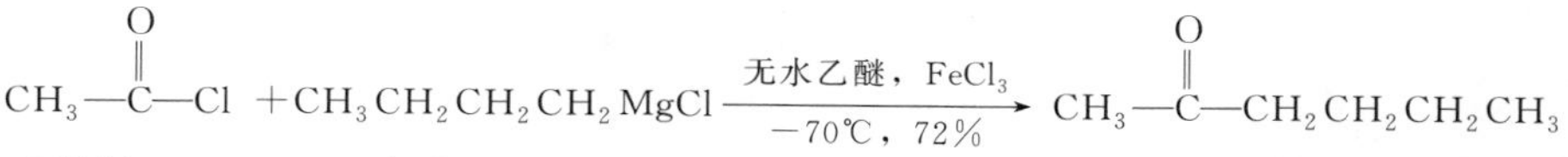

乙酰氯　　氯化丁基镁　　己-2-酮

13.3.4.3 二烷基铜锂与酰氯的反应

酰氯与二烷基铜锂反应也可用来制备酮。例如：

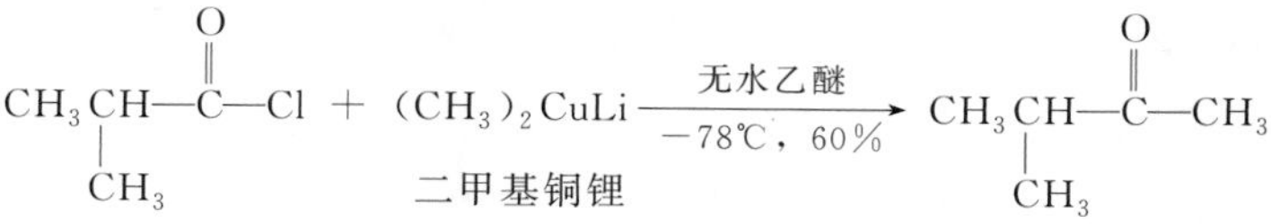

2-甲基丙酰氯　　二甲基铜锂　　3-甲基丁-2-酮

13.3.5 酰胺氮原子上的反应

13.3.5.1 酰胺的酸碱性

受多电子 p-π 共轭效应和酰基吸电子诱导效应的影响，酰胺中氮原子上电子云密度降低，氨基的碱性减弱，酰胺的水溶液呈中性。

酰亚胺分子中氮原子上连有两个酰基，使氮原子上电子云密度大大降低，亚氨基不但不显碱性，氮原子上的氢还具有微弱的酸性，能与 NaOH 或 KOH 成盐。例如：

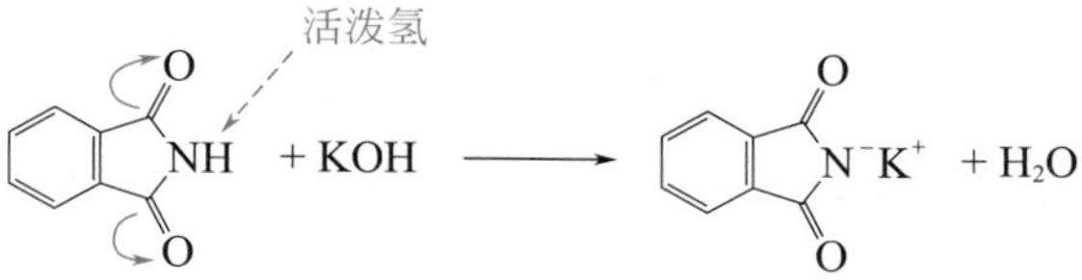

邻苯二甲酰亚胺　　邻苯二甲酰亚胺钾盐

表 13-4 列出了氨、某些酰胺、酰亚胺氮上质子的 pK_a 值。

表 13-4 氨及某些酰胺、酰亚胺氮上质子的 pK_a 值

化合物	NH_3	$CH_3\overset{O}{\overset{\|}{C}}-NH_2$	$C_6H_5\overset{O}{\underset{O}{\overset{\|}{\underset{\|}{S}}}}-NH_2$	(丁二酰亚胺 NH)	(邻苯二甲酰亚胺 NH)
pK_a	34	15.1	10	9.62	8.3

邻苯二甲酰亚胺的钾盐与卤代烃作用，可在氮原子上引入一个烃基，然后水解可以得到与卤代烃同碳数的伯胺。这个反应称为 Gabriel（盖布瑞尔）反应，可用于实验室制备脂肪族伯胺。

(Gabriel合成法，制伯胺的特殊方法)

由于氮原子上质子的活性，丁二酰亚胺可以与溴反应，生成的 N-溴代丁二酰亚胺（N-bromosuccinimide，简称 NBS）是一种重要的溴代试剂。在自由基反应条件下，NBS 可溴代 α-H，条件温和，产率高。

丁二酰亚胺   NBS，可溴代 α-H

13.3.5.2 酰胺的失水反应

酰胺对热比较稳定，但与强的脱水剂如 P_2O_5、$SOCl_2$ 等共热，则分子内失水得到腈。

$$\overset{(Ar)}{R}-\overset{O}{\overset{\|}{C}}-NH_2 + P_2O_5 \xrightarrow[\triangle]{-H_2O} \overset{(Ar)}{R}-C\equiv N$$
腈

反应可能是通过酰胺的互变异构体——烯醇式的脱水而进行的：

$$R-\overset{O}{\overset{\|}{C}}-NH_2 \rightleftharpoons \left[R-\overset{OH}{\overset{\|}{C}}=NH \right] \xrightarrow{-H_2O} R-C\equiv N$$

酰胺失水是实验室制备腈常用的方法。例如：

$$(CH_3)_2CH-\overset{O}{\overset{\|}{C}}-NH_2 \xrightarrow[200\sim220℃，86\%]{P_2O_5} (CH_3)_2CH-CN+H_2O$$

$$CH_3CH_2CH_2CH_2\overset{CH_2CH_3}{\underset{|}{CH}}CONH_2 \xrightarrow[86\%\sim94\%]{SOCl_2，苯，75\sim80℃} CH_3CH_2CH_2CH_2\overset{CH_2CH_3}{\underset{|}{CH}}CN$$

13.3.5.3 Hofmann 降解反应

在 NaOH 或 KOH 溶液中，伯酰胺与次溴酸钠或次氯酸钠反应，生成少一个碳原子的

伯胺。这个反应称为 Hofmann（霍夫曼）降解反应，亦称 Hofmann 重排反应。

$$R-\overset{\overset{O}{\|}}{C}-NH_2 + NaOBr + NaOH \longrightarrow RNH_2 + Na_2CO_3 + NaBr + H_2O$$

Hofmann 降解

制备少一个碳的伯胺，产率高，产品纯

实际操作时，常常使用卤素与碱的混合液。例如：

$$(CH_3)_3CCH_2\overset{\overset{O}{\|}}{C}NH_2 + Br_2 + 4NaOH \xrightarrow{94\%} (CH_3)_3CCH_2NH_2 + 2NaBr + Na_2CO_3 + 2H_2O$$

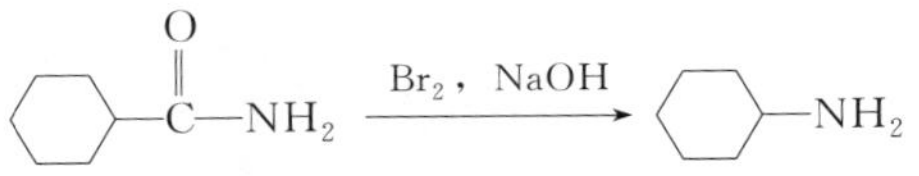

机理：

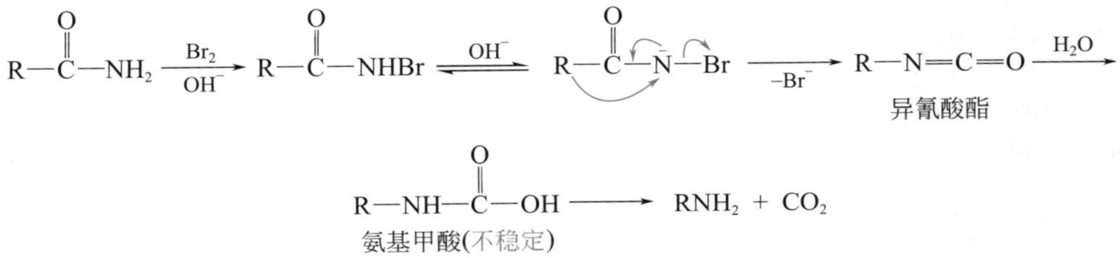

当手性碳原子与酰氨基相连时，Hofmann 降解后，手性碳的构型不变。

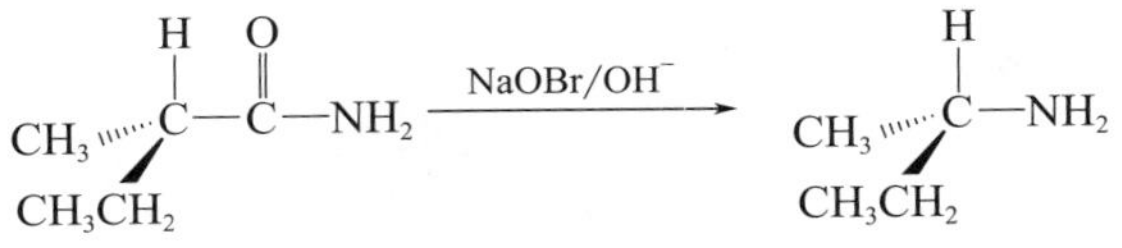

（S）-2-甲基丁酰胺   （S）-丁烷-2-胺

13.4 碳酸衍生物

碳酸具有同碳二醇结构，不稳定。但碳酸衍生物，尤其是中性碳酸衍生物稳定。

$$HO-\overset{\overset{O}{\|}}{C}-OH \qquad Y-\overset{\overset{O}{\|}}{C}-OH \qquad Y-\overset{\overset{O}{\|}}{C}-Y \qquad (Y=X、OR、NH_2\cdots\cdots)$$

碳酸   酸性碳酸衍生物   中性碳酸衍生物

（不稳定）   （稳定）

13.4.1 碳酰氯

碳酰氯俗称光气，是有机合成的重要原料。光气在室温时为有甜味的气体，沸点 8℃，有剧毒。工业上在 200℃时，以活性炭为催化剂，用氯气与一氧化碳作用来制备光气。

$$CO+Cl_2 \xrightarrow[\triangle]{活性炭} Cl-\overset{\overset{O}{\|}}{C}-Cl$$

碳酰氯（光气）

光气具有酰氯的典型性质。例如：

$$\text{Cl-C(=O)-Cl} \xrightarrow{\begin{array}{c}H_2O\end{array}} \text{Cl-C(=O)-OH} \longrightarrow CO_2 + HCl$$

$$\xrightarrow{NH_3} H_2N-C(=O)-NH_2 \quad \text{碳酰胺（脲，尿素）}$$

$$\xrightarrow{C_2H_5OH} \underset{\text{氯甲酸乙酯}}{\text{Cl-C(=O)-OC}_2H_5} \xrightarrow{C_2H_5OH} \underset{\text{碳酸二乙酯}}{C_2H_5O-C(=O)-OC_2H_5}$$

$$\xrightarrow{NH_3} \underset{\text{氨基甲酸乙酯}}{H_2N-C(=O)-OC_2H_5}$$

$$2C_6H_6 + \text{Cl-C(=O)-Cl} \xrightarrow{AlCl_3} C_6H_5-C(=O)-C_6H_5 + 2HCl$$

13.4.2 碳酰胺

碳酰胺俗称尿素或脲，存在于人和其他哺乳动物的尿液中。工业上以二氧化碳和过量氨在加热加压下直接作用大规模生产尿素。反应分两步进行：第一步是氨与二氧化碳生成氨基甲酸铵；第二步是氨基甲酸铵脱水生成脲。

$$2NH_3 + CO_2 \underset{}{\overset{12\sim22MPa,\ 180\sim200℃}{\rightleftharpoons}}$$

$$\underset{\text{氨基甲酸铵}}{H_2N-C(=O)-ONH_4} \underset{}{\overset{12\sim22MPa,\ 189\sim200℃}{\rightleftharpoons}} \underset{\text{尿素}}{H_2N-C(=O)-NH_2} + H_2O$$

脲为菱形或针状晶体，熔点 132.4℃，易溶于水及乙醇，不溶于醚。脲具有酰胺的结构，故它具有酰胺的一般化学性质，但由于两个氨基同时连接在同一个羰基上，因此它还具有一些特性。

13.4.2.1 成盐

脲呈极弱碱性，不能使石蕊试纸变色，只能与强酸成盐。例如：

$$CO(NH_2)_2 + HNO_3 \longrightarrow CO(NH_2)_2 \cdot HNO_3 \downarrow$$
$$\text{硝酸脲（结晶，不易溶于水）}$$

$$CO(NH_2)_2 + HOOC-COOH \longrightarrow [CO(NH_2)_2]_2 \cdot (COOH)_2 \downarrow$$
$$\text{草酸脲（结晶，不易溶于水）}$$

利用此性质可从尿液中分离出脲。

13.4.2.2 水解

脲在尿素酶存在下可水解生成氨，因此尿素可用作氮肥。在酸或碱催化下，脲也能顺利水解生成氨或铵盐。

$$H_2N-CO-NH_2 \begin{cases} \xrightarrow[\text{尿素酶}]{2H_2O} [CO(OH)_2] + 2NH_3 \longrightarrow CO_2 + H_2O + 2NH_3 \\ \xrightarrow[\triangle]{2NaOH} 2NH_3 + Na_2CO_3 \\ \xrightarrow[\triangle]{H_2O,\ 2HCl} CO_2 + 2NH_4Cl \end{cases}$$

13.4.2.3 加热反应

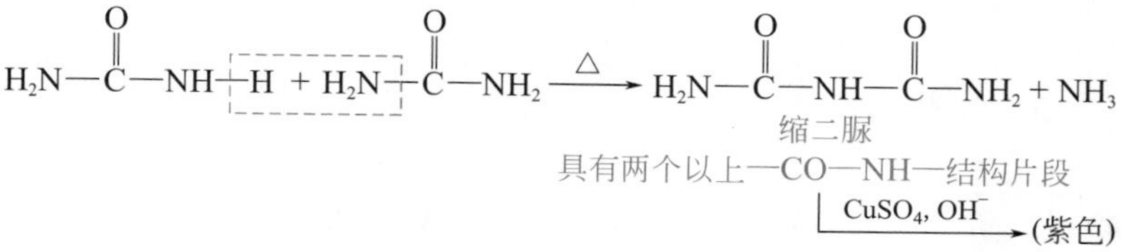

$$H_2N-\overset{O}{\underset{}{C}}-NH\boxed{-H + H_2N}-\overset{O}{\underset{}{C}}-NH_2 \xrightarrow{\triangle} H_2N-\overset{O}{\underset{}{C}}-NH-\overset{O}{\underset{}{C}}-NH_2 + NH_3$$

缩二脲
具有两个以上—CO—NH—结构片段

$$\xrightarrow{CuSO_4,\ OH^-} (紫色)$$

缩二脲遇 $CuSO_4$ 的碱溶液显紫色的反应称为缩二脲反应。蛋白质分子中含有多个—CO—NH—结构片段，亦有缩二脲反应。

13.4.2.4 缩合反应

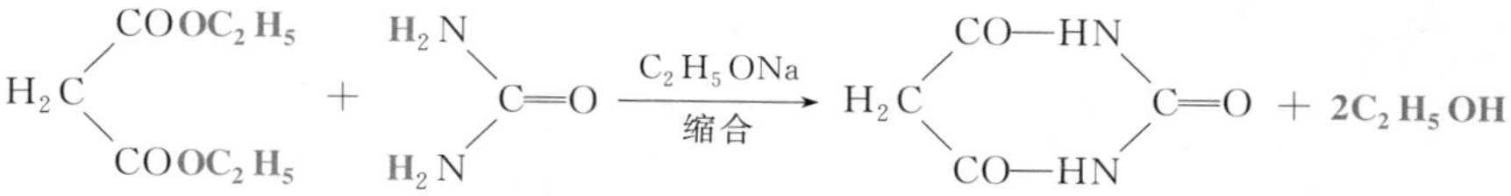

丙二酸二乙酯　　　脲　　　　　　　　　　丙二酰脲
（亦称：巴比妥酸，其衍生物曾用作安眠药）

13.4.2.5 与亚硝酸反应

$$H_2N-\overset{O}{\underset{}{C}}-NH_2 + 2HNO_2 \longrightarrow CO_2 + 2N_2\uparrow + 3H_2O$$

这个反应可被用来除去重氮化反应后过剩的亚硝酸（详见第 15 章 15.3.1）。

脲的用途很广，它不仅是高效的固体氮肥（含氮量达 46.6%），而且在化学工业中也是一个重要的合成原料，例如，脲和甲醛作用可合成脲醛树脂，由于价格优势，脲醛树脂目前仍然是产量最大的木材用胶黏剂。在一定条件下，脲可形成六角形桶状晶格，其孔道直径 0.53nm，可与多种具有一定链长的直链化合物（如 C_6 以上的直链烷烃、醇、酸、酯等）形成包合物结晶，从而使直链化合物与其带有支链的异构体分离。利用这一性质，可从汽油中分离除去直链烷烃以提高汽油的抗爆性。

13.4.3 碳酸二甲酯

碳酸二甲酯（dimethyl carbonate，DMC）是近年来颇受重视的新型有机合成原料，由于它低毒而被称为绿色化学品。碳酸二甲酯在常温下为无色透明液体，略带甜味，熔点 4℃，沸点 90.3℃。不溶于水，可混溶于多数有机溶剂。

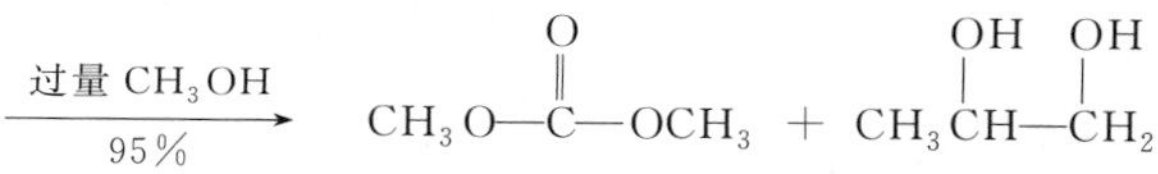

13.4.3.1 制法

（1）酯交换法

此法收率高，低毒、安全、环保，但工艺复杂，设备投资大，原料成本较高。

（2）甲醇氧化羰基化

$$2CH_3OH + CO + \frac{1}{2}O_2 \xrightarrow[\triangle, 加压]{催化剂} CH_3O-\overset{\overset{\displaystyle O}{\|}}{C}-OCH_3 + H_2O$$

碳酸二甲酯

此法原料易得、价廉、毒性小，工艺简单、投资成本低，是目前最具发展前途的 DMC 制备方法。

13.4.3.2 性质和用途

碳酸二甲酯（DMC）既可以作为甲基化试剂，也可作为甲氧羰基化试剂使用，可代替剧毒的硫酸二甲酯和光气，以实现绿色化工过程。例如：

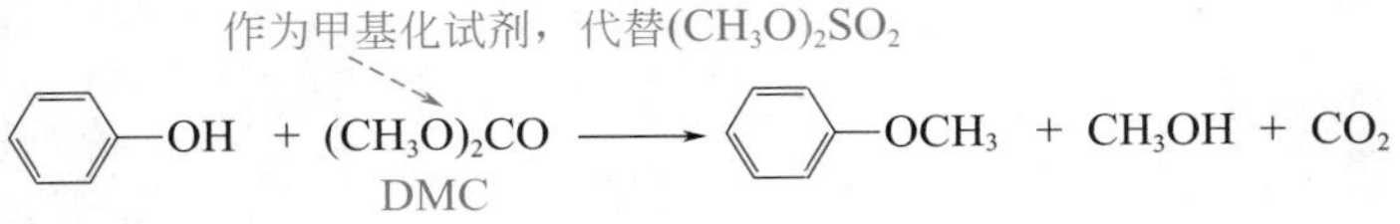

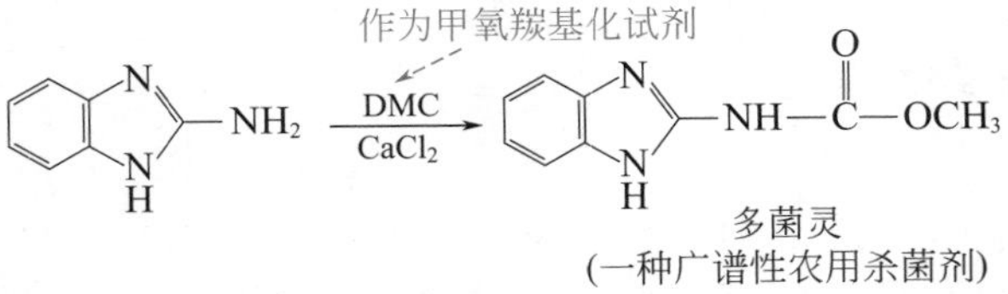

作为甲基化试剂，代替$(CH_3O)_2SO_2$

$$\text{Ph-OH} + (CH_3O)_2CO \longrightarrow \text{Ph-OCH}_3 + CH_3OH + CO_2$$
DMC

作为甲氧羰基化试剂

多菌灵
（一种广谱性农用杀菌剂）

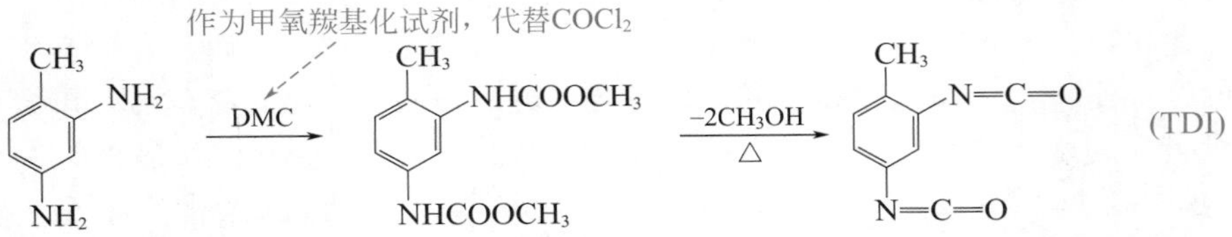

作为甲氧羰基化试剂，代替$COCl_2$

（TDI）

上述最后一个反应的产物 TDI 是制备聚氨酯的重要原料。其取代名是 2,4-二异氰氧基-1-甲基苯（2,4-diisocyanato-1-methylbenzene），官能团类别名是甲苯-2,4-二异氰酸酯（toluene diisocyanate，TDI）。

DMC 低毒且易于生物降解，含氧量高（53.7%），抗爆指数高，溶解性能好，在燃烧过程中不冒黑烟，可有效降低汽车尾气中有害物质的排放总量，是替代 TBME（叔丁基甲基醚，目前广泛应用的汽油添加剂，可提高汽油辛烷值）的最有潜力的汽油添加剂之一。

DMC 具有优良的溶解性能，其熔、沸点范围窄，表面张力大，黏度低，介电常数小，同时具有较高的蒸发温度和较快的蒸发速度，因此可以作为低毒溶剂用于涂料工业和医药行业。DMC 不仅毒性小，还具有闪点高、蒸气压低和空气中爆炸下限高等特点，因此 DMC 是集清洁性和安全性于一身的绿色溶剂。

2020 年 10 月，浙江石油化工有限公司以环氧乙烷、二氧化碳和甲醇为原料，年产 20 万吨 DMC 并联产 13 万吨乙二醇项目开车成功，单套装置产能为世界最大。

本章精要速览

（1）羧酸衍生物经简单水解后都得到羧酸，是—COOH 中的—OH 被其他原子或原子团取代的化合物，即酰卤、酸酐、酯、酰胺。

羧酸分子中烃基上的氢原子被取代后的化合物，一般称为取代酸（如氨基酸、羟基酸、卤代酸等），通常不属于羧酸衍生物。

（2）羧酸衍生物的化学性质相似，其最重要的特性是酰基上的亲核取代（加成-消除）反应，即羧酸衍生物的水解、醇解和氨解。反应活性顺序：酰卤＞酸酐＞（酸）＞酯＞酰胺。

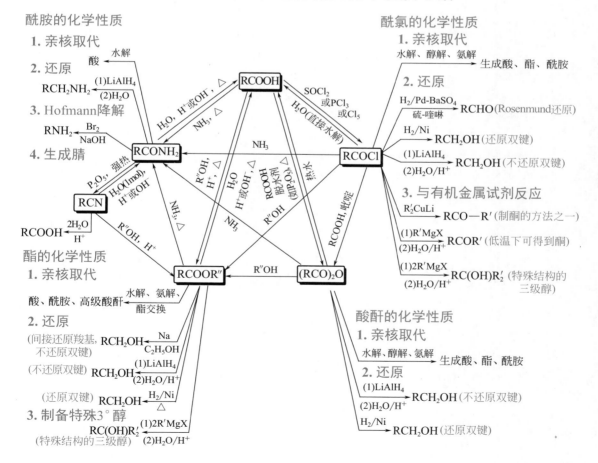

$L=Cl、Br、I$(酰卤)；OR(酯)；$OCOR'$(酸酐)；NH_2、NHR'、NR_2'(酰胺)

（3）重要的人名反应：Rosenmund 还原法（用 $H_2/Pd\text{-}BaSO_4$ 把酰氯还原为醛）、Bouveault-Blanc 反应（用 $Na+C_2H_5OH$ 还原酯到伯醇）、Gabriel 合成法（邻苯二甲酰亚胺钾盐与卤烷反应，然后水解制伯胺）、Hofmann 降解（伯酰胺与次溴酸盐反应，制少一个碳的伯胺）等。

（4）$LiAlH_4$ 可还原羧酸、酰卤、酸酐、酯得到伯醇，还原酰胺或腈得到相应的胺。$Na+C_2H_5OH$ 可还原酯到伯醇。室温下，催化加氢只能还原酰氯；高温下，催化氢化可还原酯，同时，$C=C$ 亦被还原。

羧酸衍生物的相互转化及化学性质小结

习 题

1. 命名下列化合物。

(1)

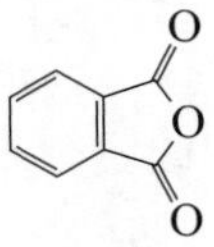

(2)

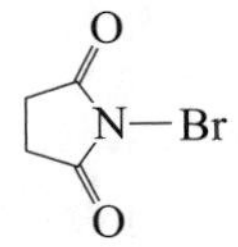

(3)

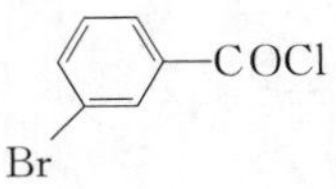

(4)

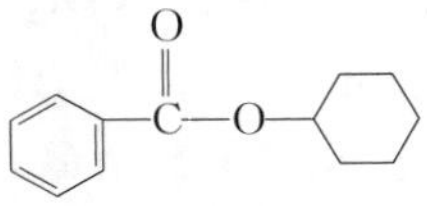

(5)

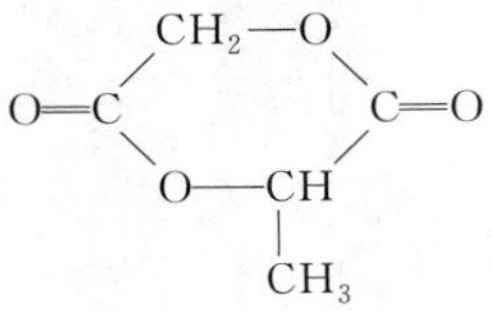

(6) 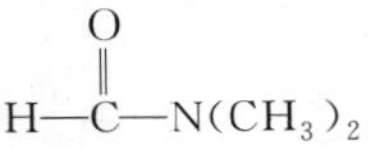 $H-\overset{\overset{\displaystyle O}{\|}}{C}-N(CH_3)_2$

(7) 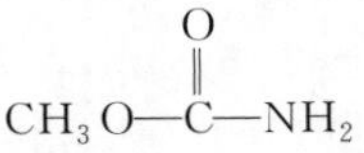 $CH_3O-\overset{\overset{\displaystyle O}{\|}}{C}-NH_2$

(8) 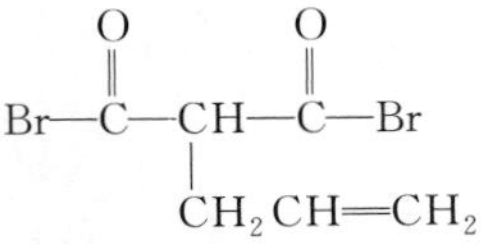 $Br-\overset{\overset{\displaystyle O}{\|}}{C}-\underset{\underset{\displaystyle CH_2CH=CH_2}{|}}{CH}-\overset{\overset{\displaystyle O}{\|}}{C}-Br$

2. 写出下列化合物的结构。

(1) 乙酰苯胺　　　　　　(2) 己-1,6-内酰胺　　　　(3) 乙酸乙烯酯

(4) 甲酸丙酸酐　　　　　(5) 甲基丙二酸单酰氯　　(6) 氯甲酸苄酯

(7) N,3-二乙基戊酰胺　　(8) 马来酸酐　　　　　　(9) α-甲基丙烯酸甲酯

3. 用化学方法区别下列化合物。

(1) A. 乙醇　　　　　　B. 丙醛　　　　　C. 乙酸　　　　　D. 甲酸

(2) A. 乙酰氯　　　　　B. 乙酸酐　　　　C. 溴乙烷

4. 完成下列反应式。

(1) 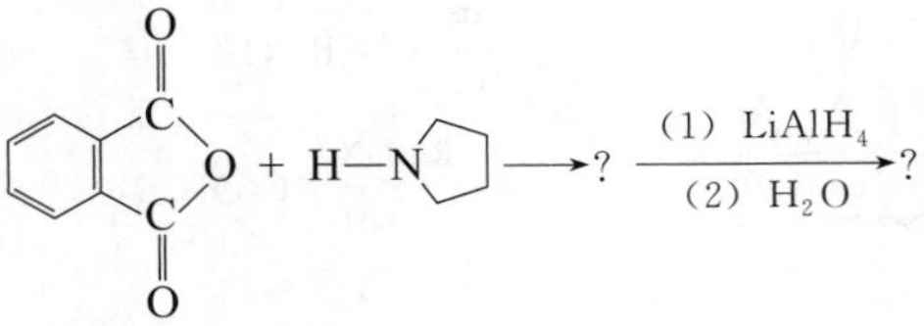 $+ H-N\overset{}{\diagdown}$ ⟶ ? $\xrightarrow[\text{(2) } H_2O]{\text{(1) } LiAlH_4}$?

(2) $HOCH_2CH_2CH_2COOH \xrightarrow{\triangle} ? \xrightarrow{Na,\ C_2H_5OH} ?$

(3) 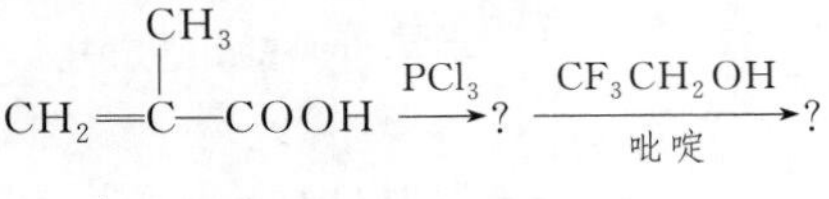 $CH_2=\overset{\overset{\displaystyle CH_3}{|}}{C}-COOH \xrightarrow{PCl_3} ? \xrightarrow[\text{吡啶}]{CF_3CH_2OH} ?$

(4) $\xrightarrow[\text{乙醚}]{LiAlH_4} ?$

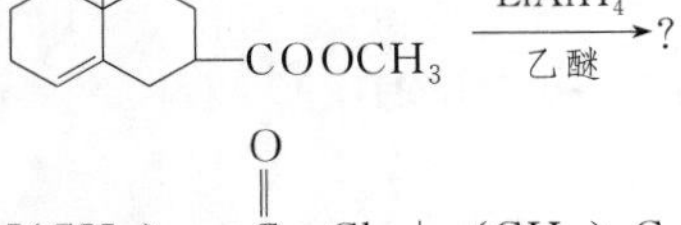

(5) $I(CH_2)_{10}-\overset{\overset{\displaystyle O}{\|}}{C}-Cl + (CH_3)_2CuLi \xrightarrow[-78℃]{\text{纯醚}} ?$

(6) $\xrightarrow[\text{H}_2\text{O},\ \triangle]{\text{Br}_2,\ \text{NaOH}}$?

(7) —COOH $\xrightarrow{\text{PCl}_3}$? $\xrightarrow[\text{喹啉-硫}]{\text{H}_2,\ \text{Pd-BaSO}_4}$?

5. 完成下列转变。

(1) $CH_3CH_2CH_2COOH$ ——

(a) $\longrightarrow CH_3CH_2CH_2COOCH_2CH_2CH_2CH_3$

(b) $\longrightarrow CH_3CH_2CH_2CON(CH_3)_2$

(c) $\longrightarrow CH_3CH_2CH_2C\equiv N$

(d) $\longrightarrow CH_3CH_2CH_2NH_2$

(e) $\longrightarrow CH_3CH_2CH_2CH_2NH_2$

(2) $CH_3CHO \longrightarrow CH_3CH=CHCONH_2$

(3) H_3C— $\longrightarrow$

(4) $CH_3COOH \longrightarrow ClCH_2COCl$

(5) $\longrightarrow$

(6) $CH_3CH_2CH=CH_2 \longrightarrow CH_3CH_2\underset{\underset{CH_3}{|}}{CH}CONH_2$

6. 简要回答下列问题。

(1) 为什么乙酰氯的亲核取代反应很快，而苯甲酰氯的亲核取代反应相对较慢？

(2) 为什么在甲醇溶液中用甲醇钠催化，乙酸叔丁酯转变成乙酸甲酯的速度只有乙酸乙酯在同样条件下转变成乙酸甲酯的 1/10？

7. 写出下列反应的机理。

(1) $BrCH_2CH_2CH_2COOH \xrightarrow{\text{NaOH}}$

(2) $C_6H_5\overset{\overset{O}{\|}}{C}-OC(C_6H_5)_3 + C_2H_5OH \longrightarrow C_6H_5COOH + C_2H_5OC(CH_3)_3$

8. 某化合物 A 的分子式为 $C_5H_6O_3$，它能与乙醇作用得到两互为异构体的化合物 B 和 C。B 和 C 分别与 $SOCl_2$ 作用后，再加入乙醇都得到同一化合物 D。试确定 A～D 的结构。

9. 有三个化合物 A、B、C 分子式均为 $C_4H_6O_4$。A 和 B 都能溶于 NaOH 水溶液，与 Na_2CO_3 作用时放出 CO_2。A 加热时失水成酐，B 加热时脱羧生成丙酸。C 则不溶于冷的 NaOH 溶液，也不与 Na_2CO_3 作用，但和 NaOH 水溶液共热时，则生成两个化合物 D 和 E，D 具有酸性，E 为中性。在 D 和 E 中加酸再与 $KMnO_4$ 共热时，则能被氧化放出 CO_2。试推测 A～E 的构造。

10. 某化合物的分子式为 $C_4H_8O_2$，其 IR 和 ^1H NMR 谱数据如下。IR 谱：在 $3000\sim2850cm^{-1}$，$2725cm^{-1}$，$1725cm^{-1}$（强），$1220\sim1160cm^{-1}$（强），$1100cm^{-1}$ 处有吸收峰。^1H NMR 谱：$\delta=8.02$（单

峰，1H）、$\delta=5.13$（七重峰，1H）、$\delta=1.29$（双峰，6H）。试推测其构造。

11. 写出与下列波谱数据相符的化合物的结构：

（1）化合物 A 的分子式为 $C_9H_{10}O_2$，其 IR 在 1740cm^{-1} 出现特征吸收峰，其 ^{1}H NMR 数据如下：$\delta=$ 10.9（单峰，1H）、7.38（单峰，5H）、3.2（三重峰，2H）、2.7（三重峰，2H）。请写出该化合物的构造式。

（2）化合物 B 的分子式为 $C_2H_2Cl_2O_2$，其 IR 在 2700～2500cm^{-1}（宽带）、1705cm^{-1} 处出现特征吸收峰，其 ^{1}H NMR 数据如下：$\delta=11.7$（单峰，1H）、6.0（单峰，1H）。请写出该化合物的构造式。

（3）化合物 C 的分子式为 $C_4H_7ClO_2$，其 IR 在 1745cm^{-1} 处出现特征吸收峰，其 ^{1}H NMR 数据如下：$\delta=4.2$（四重峰，2H）、4.0（单峰，2H）、1.3（三重峰，3H）。请写出该化合物的构造式。

第 14 章 | β-二羰基化合物

两个羰基被一个饱和碳原子隔开的二羰基化合物叫作 β-二羰基化合物。这里所说的羰基既包括醛、酮的羰基，又包括酯的羰基。例如：

$$CH_3-\overset{O}{\overset{\|}{C}}-CH_2-\overset{O}{\overset{\|}{C}}-CH_3 \qquad CH_3-\overset{O}{\overset{\|}{C}}-CH_2-\overset{O}{\overset{\|}{C}}-OC_2H_5 \qquad C_2H_5O-\overset{O}{\overset{\|}{C}}-CH_2-\overset{O}{\overset{\|}{C}}-OC_2H_5$$

↑----活泼氢 ↑----活泼氢 ↑----活泼氢

戊-2,4-二酮 　　3-氧亚基丁酸乙酯 　　丙二酸二乙酯
（乙酰丙酮） 　　（乙酰乙酸乙酯）

β-二羰基化合物的 α-H 受两个羰基吸电子效应的共同影响，具有特殊的活泼性。β-二羰基化合物因此具有独特的反应和性质，在有机合成上有着多方面的应用。

本章还将讨论其他含有活泼甲叉基的化合物，如 $N\equiv C-CH_2-\overset{O}{\overset{\|}{C}}OC_2H_5$（2-氰基乙酸乙酯）等。

根据中国化学会 2017 年 12 月发布的有机化合物命名原则，$CH_3-\overset{O}{\overset{\|}{C}}-CH_2-\overset{O}{\overset{\|}{C}}-OC_2H_5$ 优先推荐的系统名称是 3-氧亚基丁酸乙酯，但新的命名原则也允许保留 "乙酰乙酸" 作为传统上使用的名称，国外教材中 "THE ACETOACETIC ESTER SYNTHSIS"（乙酰乙酸酯合成法）也都被广泛采用。所以在本章的叙述和讨论中，仍然采用其传统名称，将其称为乙酰乙酸乙酯。

根据新的命名规则，β-酮酸、β-酮酯应该称为 β-氧亚基酸、β-氧亚基酯，本教材以 β-氧亚基酸（β-酮酸）、β-氧亚基酯（β-酮酯）的形式给出其名称。

14.1 酮-烯醇互变异构

实验事实证明，乙酰乙酸乙酯既有羰基的性质，又有羟基和双键的性质。这是因为乙酰乙酸乙酯的酮式和烯醇式两种互变异构体在室温下迅速相互转变，很快达到动态平衡。此时，酮式占 92.5%，烯醇式占 7.5%。

$$CH_3-\overset{O}{\overset{\|}{C}}-CH_2-\overset{O}{\overset{\|}{C}}-OC_2H_5 \rightleftharpoons CH_3-\overset{OH}{\overset{|}{C}}=CH-\overset{O}{\overset{\|}{C}}-OC_2H_5$$

酮式（92.5%） 　　　　　　 烯醇式（7.5%）

能与羟胺、苯肼反应，生成肟、苯腙等； 　能与 Na 作用放出氢气；

能与 $NaHSO_3$、HCN 等发生加成反应； 　能使 Br_2/CCl_4 褪色；

能被还原为 β-羟基酸酯。 　　　　　　　能与 $FeCl_3$ 作用呈现紫红色。

说明乙酰乙酸乙酯中存在羰基结构 　　说明乙酰乙酸乙酯中存在着烯醇式结构

当平衡被破坏时，其中一种异构体迅速转变为另一种，所以在反应时表现为一个单纯化合物。乙酰乙酸乙酯可以全部以酮式进行反应，也可全部以烯醇式进行反应。

一般情况下，烯醇是不稳定的，但乙酰乙酸乙酯的烯醇式能够比较稳定地存在。这是因为：①α-H 具有特殊的活泼性；②烯醇式结构形成了共轭体系和分子内氢键，使烯醇式能量降低。

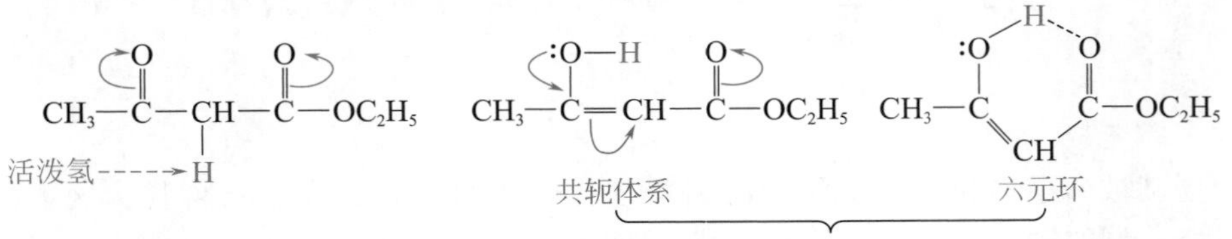

酮式结构中的碳氧双键（C=O）比烯醇式结构中的碳碳双键（C=C）键能更大（二者相差 45～60kJ/mol）、更稳定，因此酮式结构仍占优，含量达到 92.5%。

表 14-1 列出了一些化合物的 pK_a 值及其烯醇式含量，大体上反映了结构对酮-烯醇式互变异构平衡的影响。即：①羰基化合物或 β-二羰基化合物的 α-H 酸性越强，其烯醇式含量所占的比例越高。酮的 α-H 酸性比酯的 α-H 酸性强，与酮相关的烯醇式含量高于与酯相关的烯醇式含量。②烯醇式结构的共轭程度越高，能量越低，烯醇式含量越高。

表 14-1　一些化合物的 pK_a 值及其烯醇式含量

酮式	烯醇式	pK_a	烯醇式含量/%
		25	约 0
		20	0.00015
		13	0.1
		11	7.5
		9	76
			90

在书写酮-烯醇式互变异构体时，要特别注意互变异构和共振杂化是不同的概念。例如：

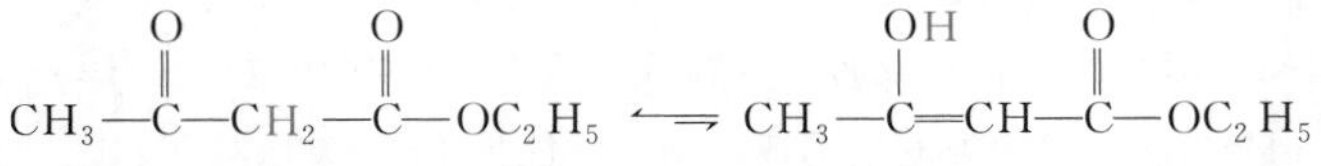

乙酰乙酸乙酯的酮式结构　　　　乙酰乙酸乙酯的烯醇式结构

氢原子核有位移，互变异构体。可在低温（-78℃）下被分离

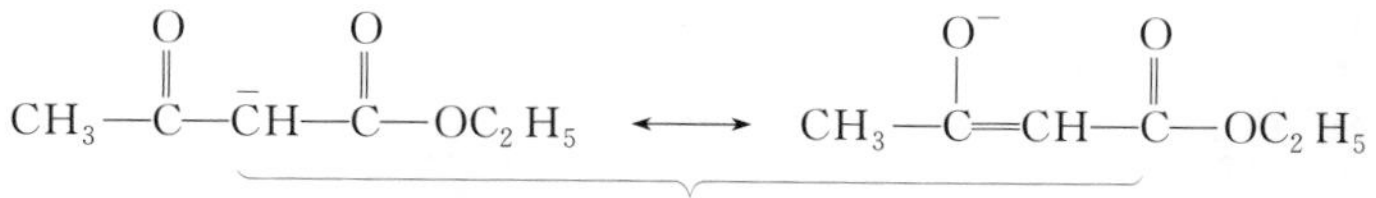

$$CH_3-\overset{\overset{\displaystyle O}{\|}}{C}-\overset{-}{C}H-\overset{\overset{\displaystyle O}{\|}}{C}-OC_2H_5 \longleftrightarrow CH_3-\overset{\overset{\displaystyle O^-}{|}}{C}=CH-\overset{\overset{\displaystyle O}{\|}}{C}-OC_2H_5$$

没有任何原子核发生位移，只是电荷分布不同，是不同的极限结构式

对乙酰乙酸乙酯负离子的真实结构都有贡献

14.2 乙酰乙酸乙酯的合成——Claisen 酯缩合反应

乙酰乙酸乙酯可通过 Claisen（克莱森）酯缩合反应来合成。两分子乙酸乙酯在乙醇钠作用下，发生缩合反应，脱去一分子乙醇，然后酸化，生成乙酰乙酸乙酯（3-氧亚基丁酸乙酯）。总反应式为：

$$2CH_3COOC_2H_5 \xrightarrow[\text{(2) }CH_3COOH]{\text{(1) }NaOC_2H_5} CH_3\overset{\overset{\displaystyle O}{\|}}{C}CH_2COOC_2H_5 + C_2H_5OH$$

（75％）

反应机理为：

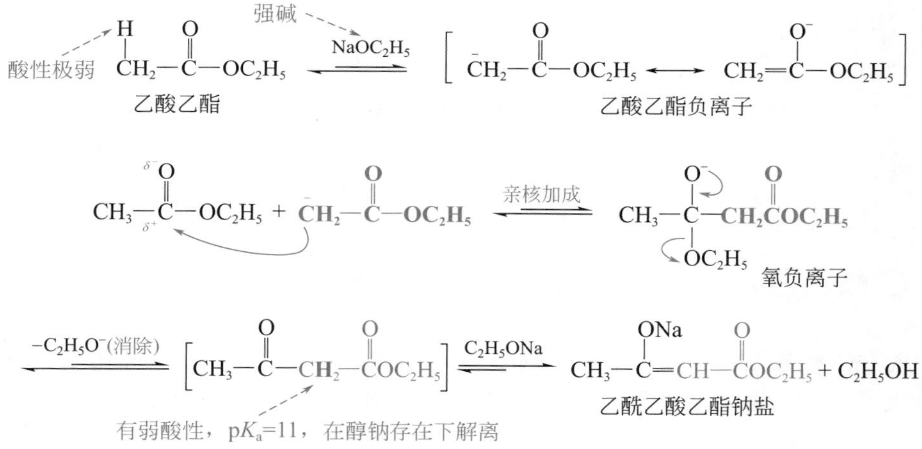

在上述一系列平衡反应中，只有最后一步对于整个反应是有利的。酸化缩合产物，即得 β-氧亚基酯（β-酮酯）：

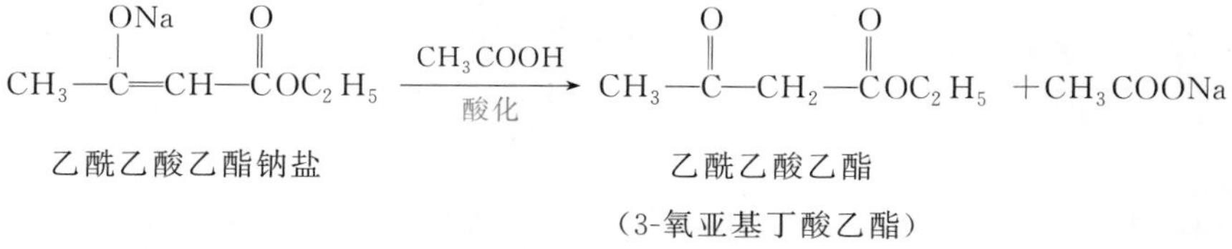

乙酰乙酸乙酯钠盐   乙酰乙酸乙酯

（3-氧亚基丁酸乙酯）

用两种不同且均含有 α-H 的酯进行 Claisen 酯缩合反应，将会得到四种不同的 β-氧亚基酯（β-酮酯）的混合物，其合成意义不大。但是如果两种酯中有一个是不含 α-H 的酯且羰基活性较高，并且向反应体系中滴加有 α-H 的酯，则可以得到交叉缩合产物。例如：

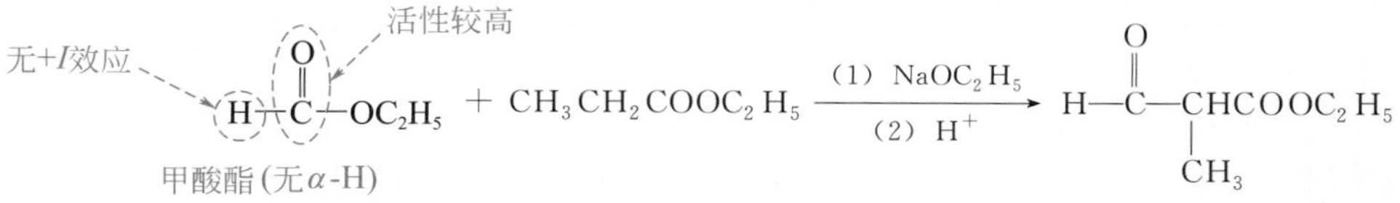

$$EtO-\overset{O}{\underset{}{C}}-\overset{O}{\underset{}{C}}-OEt \ +CH_3CH_2COOC_2H_5 \xrightarrow[\text{(2) } H^+]{\text{(1) } NaOC_2H_5} \ \underset{O=\overset{}{C}-COOEt}{\overset{CH_3CHCOOC_2H_5}{|}}$$

草酸二乙酯（无 α-H，

且两个酯羰基均活性较高）

酮的酸性一般大于酯，所以在乙醇钠的作用下，酮更易生成碳负离子，发生类似于 Claisen 酯缩合的反应。实验操作时，应将酮慢慢滴加到反应体系中，以防止酮发生自身缩合反应。例如：

$$\underset{\text{不活泼}}{CH_3-\overset{O}{\underset{}{C}}-OC_2H_5} \ + \ \underset{\text{相对活泼}}{\overset{H}{\underset{\text{滴加}}{CH_2}}\overset{O}{-\overset{}{C}}-CH_3} \xrightarrow[\text{(2) } H^+]{\text{(1) } NaOC_2H_5} CH_3-\overset{O}{\underset{}{C}}-CH_2-\overset{O}{\underset{}{C}}-CH_3$$

$$（滴加） \ + \ H-\overset{O}{\underset{}{C}}-OC_2H_5 \xrightarrow[\text{(2) } H^+]{\text{(1) } NaOC_2H_5} + C_2H_5OH$$

分子内的酯缩合反应被称为 Dieckmann（狄克曼）反应，可用来制备五元和六元环状 β-氧亚基酯（β-酮酯）。例如：

$$\underset{\overset{}{\underset{O}{CH_2CH_2-\overset{}{C}-OC_2H_5}}}{\overset{H}{\overset{|}{CH_2CHCOOC_2H_5}}} \xrightarrow[\text{苯，80℃}]{C_2H_5ONa} \quad \xrightarrow[80\%]{H^+}$$

14.3 乙酰乙酸乙酯的性质及其在合成上的应用

乙酰乙酸乙酯为无色具有水果香味的液体，沸点 181℃（稍有分解），微溶于水，可溶于多种有机溶剂。乙酰乙酸乙酯对石蕊呈中性，但能溶于稀的 NaOH 溶液，不发生碘仿反应。

14.3.1 甲叉基上的烃基化和酰基化

乙酰乙酸乙酯分子中甲叉基上的质子比较活泼，可在醇钠存在下解离，生成乙酰乙酸乙酯钠盐，后者可与伯卤代烷发生 S_N2 反应，生成相应的烃基化产物。

$$\underset{\text{活泼氢}}{CH_3COCH_2COOC_2H_5} \xrightarrow{NaOC_2H_5} \underset{\text{乙酰乙酸乙酯钠盐}}{[CH_3COCHCOOC_2H_5]^- Na^+} \xrightarrow[S_N2]{RX} \underset{\underset{\text{一烃基乙酰乙酸乙酯}}{\overset{|}{R}}}{CH_3COCHCOOC_2H_5} \ \text{活泼氢}$$

$$\xrightarrow{NaOC_2H_5} \left[\ \underset{\overset{|}{R}}{CH_3COCCOOC_2H_5} \ \right]^- Na^+ \xrightarrow[S_N2]{R'X} \underset{\underset{\text{二烃基乙酰乙酸乙酯}}{\overset{|}{R}}}{\overset{R'}{\overset{|}{CH_3COCCOOC_2H_5}}}$$

如果要在 α-碳上引入两个不同的烃基，通常是先引入体积较大的基团。例如：

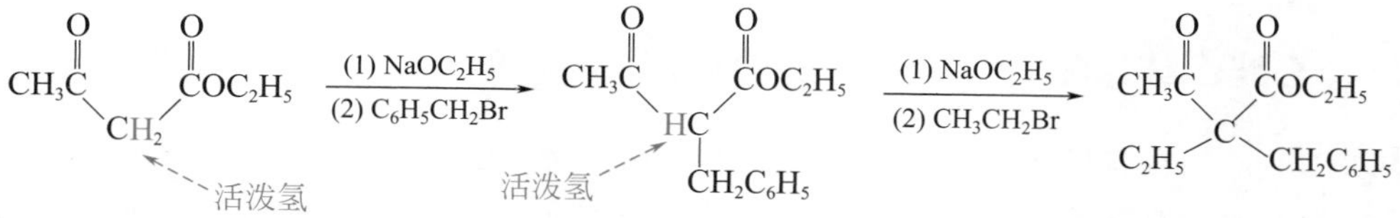

乙酰乙酸乙酯烷基化时只宜采用伯卤代烷。叔卤代烷在碱性条件下易发生消除反应，仲卤代烷因伴随消除反应而产率较低，芳卤烃难以反应。

乙酰乙酸乙酯钠盐与酰卤或酸酐作用，则发生碳负离子与酰卤或酸酐羰基碳上的亲核加成-消除反应，在 α-碳上引入酰基：

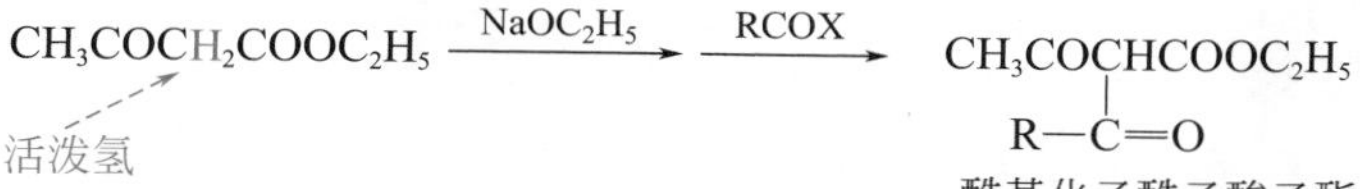

酰基化乙酰乙酸乙酯

14.3.2 酮式分解和酸式分解

(1) 酮式分解 乙酰乙酸乙酯在稀碱（5%NaOH）中加热，首先水解生成乙酰乙酸，后者在加热条件下分解脱羧而生成丙酮。这种分解方法叫做酮式分解。

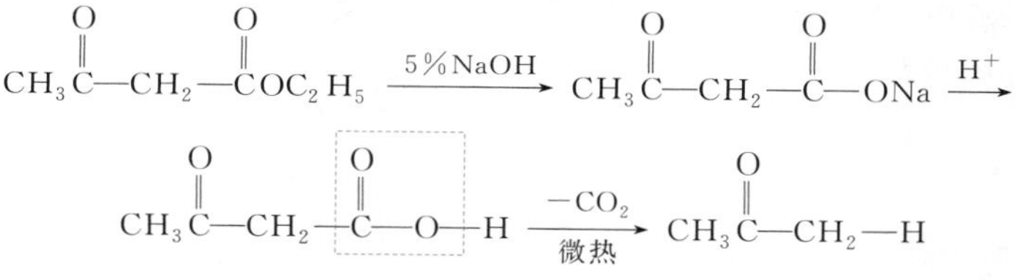

乙酰乙酸

其中，乙酰乙酸脱羧机理为：

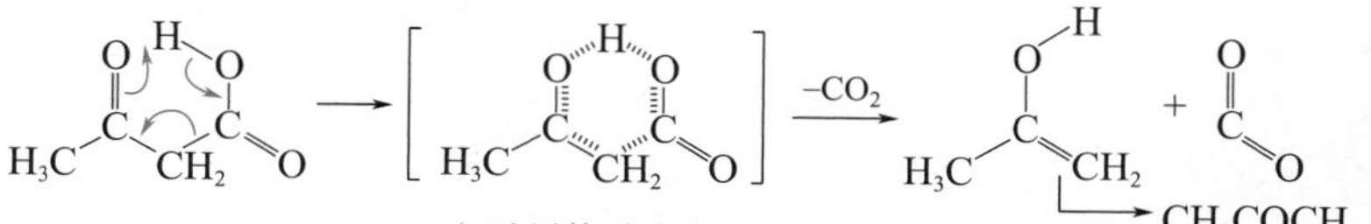

六元环状过渡态

(2) 酸式分解 乙酰乙酸乙酯与浓碱（40% NaOH）共热，则发生碳碳键的断裂，生成两分子乙酸盐，这种分解称为酸式分解。

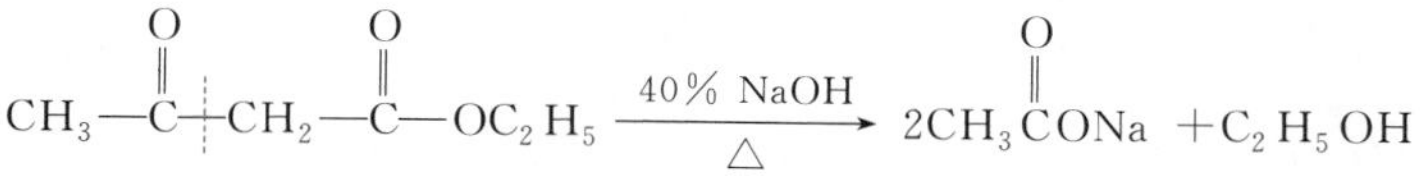

乙酰乙酸乙酯的酸式分解反应可看作是 Claisen 酯缩合反应的逆反应，其机理如下：

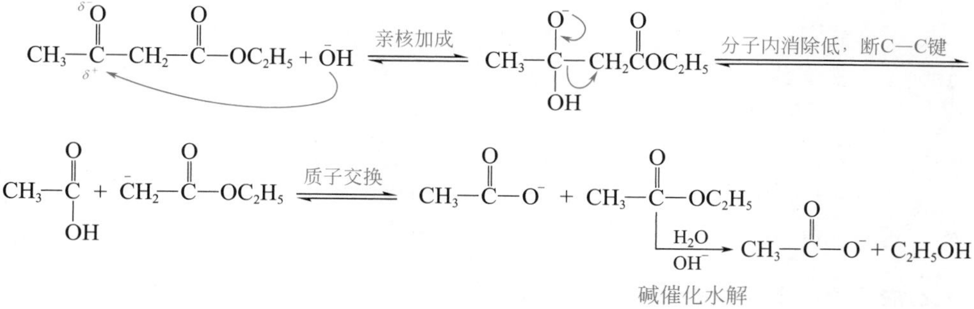

14.3.3　乙酰乙酸乙酯在有机合成上的应用

乙酰乙酸乙酯在有机合成上应用广泛，用乙酰乙酸乙酯作为原料可以合成甲基酮、取代乙酸、二元酮、氧亚基酸、二酸等多种化合物。这种使用乙酰乙酸乙酯的合成路线被称为"乙酰乙酸乙酯合成法"，简称为"三乙合成法"。

（1）制备甲基酮或取代乙酸　烃基取代的乙酰乙酸乙酯经酮式分解可得到甲基酮，经酸式分解可得到取代乙酸。但乙酰乙酸乙酯的酸式分解常常伴有酮式分解等副反应，使产率降低，故在有机合成上乙酰乙酸乙酯更多地用来合成甲基酮。

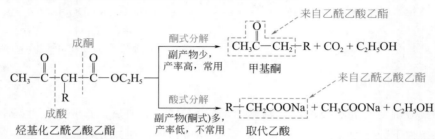

（2）制备 β-二酮或 β-氧亚基酸（β-酮酸）　酰基取代的乙酰乙酸乙酯经酮式分解可得到 β-二酮，经酸式分解可得到 β-氧亚基羧酸（β-酮酸）：

（3）制备环酮、其他二酮或酮酸　乙酰乙酸乙酯钠盐与二卤代烷反应，然后进行酮式分解，可制备环状的甲基酮或者某些二酮。例如：

乙酰乙酸乙酯的钠盐与碘反应，然后进行酮式分解，可制备 γ-己二酮。

$$2[CH_3COCHCOOC_2H_5]^- Na^+ \xrightarrow[-2NaI]{I_2} \begin{array}{c} CH_3COCHCOOC_2H_5 \\ | \\ CH_3COCHCOOC_2H_5 \end{array}$$

$$\xrightarrow[(2)\ H^+,\ \triangle]{(1)\ NaOH,\ H_2O} CH_3\overset{O}{\overset{\|}{C}}CH_2-CH_2\overset{O}{\overset{\|}{C}}CH_3$$

乙酰乙酸乙酯钠盐与卤代酸酯作用，然后进行酮式分解，可得高级氧亚基酸（高级酮酸）：

$$[CH_3COCHCOOC_2H_5]^- Na^+ \xrightarrow{Br(CH_2)_nCOOC_2H_5} \begin{array}{c} CH_3COCHCOOC_2H_5 \\ | \\ (CH_2)_n COOC_2H_5 \end{array}$$

$$\xrightarrow[(2)H^+,\triangle]{(1)NaOH,H_2O} CH_3COCH_2\!-\!(CH_2)_nCOOH$$

来自乙酰乙酸乙酯

从以上的内容和实例可以看出，乙酰乙酸乙酯合成法主要借助于 β-氧亚基酯（β-酮酸酯）分子中 α-氢的活泼性以及 β-氧亚基酸（β-酮酸）很容易脱羧的性质。这个方法是制备酮的最有价值的方法之一，可根据目标化合物的结构，合理选择卤代烷或其他原料化合物与乙酰乙酸乙酯钠盐反应，得到一取代丙酮或二取代丙酮。

14.4 丙二酸二乙酯的合成及应用

14.4.1 丙二酸二乙酯的合成

丙二酸二乙酯是无色有香味的液体，沸点 199℃，微溶于水。丙二酸很容易受热脱羧，因此，丙二酸二乙酯不能用丙二酸直接酯化得到，而是由氯乙酸钠先转化为氰基乙酸钠，再在酸性条件下用乙醇酯化制得。

$$\begin{array}{c} CH_2-COONa \\ | \\ Cl \end{array} \xrightarrow{NaCN} \begin{array}{c} CH_2-COONa \\ | \\ CN \end{array} \xrightarrow[水解、酯化同时进行]{C_2H_5OH,\ H_2SO_4} \begin{array}{c} COOC_2H_5 \\ | \\ CH_2 \\ | \\ COOC_2H_5 \end{array}$$

氰基乙酸钠　　　　　　丙二酸二乙酯

14.4.2 丙二酸二乙酯在有机合成上的应用

（1）制备取代乙酸　与乙酰乙酸乙酯类似，丙二酸二乙酯甲叉基上的两个氢原子受到两个酯羰基的影响，具有特殊的活泼性，也可以成盐和烃基化。不同的是丙二酸酯若与 2mol 的乙醇钠和 2mol 的卤代烃反应，可以一次性导入两个烃基，水解后加热脱羧，生成二烃基取代乙酸。

$$\xrightarrow[水解]{H_2O,\ H^+} R-CH(COOH)_2 \xrightarrow[脱羧]{-CO_2,\ \triangle} R\!-\!CH_2COOH$$

一烃基取代乙酸

$$CH_2(COOC_2H_5)_2 \xrightarrow[(2)\ 2RX]{(1)\ 2NaOC_2H_5} R_2C(COOC_2H_5)_2 \xrightarrow[(2)\ \triangle,\ -CO_2]{(1)\ H_2O,\ H^+} R_2CHCOOH$$

二烃基取代乙酸

（2）制备二元羧酸或环烷酸 丙二酸二乙酯的钠盐与二卤代烷、卤代酸酯或碘作用，可以合成二元羧酸或环烷酸。例如：

$$2[CH(COOC_2H_5)_2]^-Na^+ + BrCH_2CH_2Br \longrightarrow \begin{array}{c} CH_2-CH(COOC_2H_5)_2 \\ | \\ CH_2-CH(COOC_2H_5)_2 \end{array}$$

$$\xrightarrow[(2)\triangle,-CO_2]{(1)H_2O,H^+} \begin{array}{c} CH_2-CH_2COOH \\ | \\ CH_2-CH_2COOH \end{array} \text{（己二酸）}$$

$$CH_2(COOC_2H_5)_2 \xrightarrow[(2)Br(CH_2)_3Br]{(1)2NaOC_2H_5} \underset{COOC_2H_5}{\overset{COOC_2H_5}{\diamondsuit}} \xrightarrow[(2)\triangle,-CO_2]{(1)H_2O,H^+} \diamondsuit\!-COOH$$

环丁烷甲酸

$$R\bar{C}(COOC_2H_5)_2Na^+ \xrightarrow{ClCH_2COOC_2H_5} \begin{array}{c} RC(COOC_2H_5)_2 \\ | \\ CH_2COOC_2H_5 \end{array} \xrightarrow[(2)\triangle,-CO_2]{(1)H_2O,H^+} \begin{array}{c} RCHCOOH \\ | \\ CH_2COOH \end{array}$$

合成羧酸时，一般采用丙二酸二乙酯合成法。如果用乙酰乙酸乙酯合成羧酸，当酸式分解时，常有酮式分解的副反应同时发生，使产率降低。

练习题

1. 用乙酰乙酸乙酯合成法制备下列化合物。

（1）辛-2,7-二酮 （2）8-氧亚基壬酸 （3）5-甲基己-2-酮 （4）3-甲基戊-2-酮

2. 用丙二酸二乙酯制备 ▷—COOH。（提示：用1,2-二溴乙烷与1mol丙二酸二乙酯负离子反应）

14.5 Knoevenagel 反应

醛、酮在弱碱（胺、吡啶等）催化下，与具有活泼 α-氢的化合物进行的缩合反应称为 Knoevenagel（脑文格）反应。例如：

$$\bigcirc\!=\!O + NCCH_2COOC_2H_5 \xrightarrow{CH_3COONa} \bigcirc\!=\!\underset{CN}{\overset{COOC_2H_5}{C}}$$

$$ArCHO + CH_2(COOC_2H_5)_2 \xrightarrow[\triangle]{(C_2H_5)_3N} ArCH\!=\!C(COOC_2H_5)_2 \xrightarrow[(2)\triangle]{(1)\ H_2O,\ H^+} ArCH\!=\!CHCOOH$$

α,β-不饱和酸

$$(CH_3)_2N\!-\!\!\bigcirc\!\!-CHO + CH_3NO_2 \xrightarrow[83\%]{C_5H_{11}NH_2} (CH_3)_2N\!-\!\!\bigcirc\!\!-CH\!=\!CHNO_2$$

活泼甲叉基的酸性一般远大于醛、酮 α-H 的酸性，优先与弱碱反应生成碳负离子，降低了醛分子间发生羟醛缩合的可能性，因而该反应产率较高。

14.6 Michael 加成

乙酰乙酸乙酯、丙二酸二乙酯或其他含有活泼甲叉基化合物负离子与 α,β-不饱和羰基化合物进行的共轭加成反应叫做 Michael（麦克尔）加成反应，其特点是"共轭体系1,4-加成的机理，碳碳双键1,2-加成的产物"。

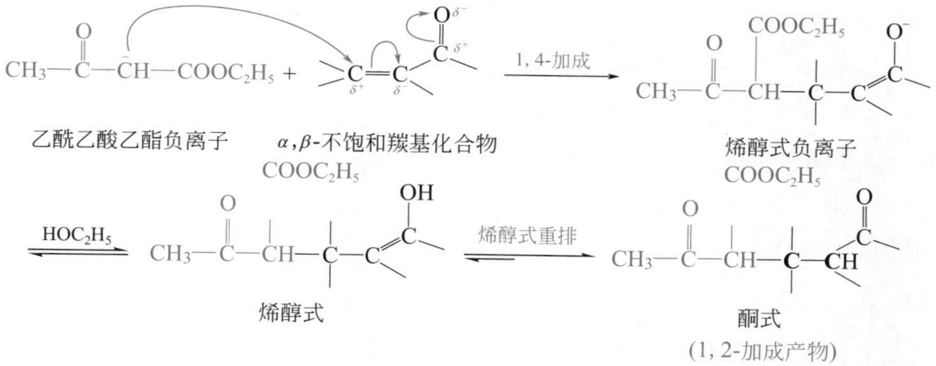

乙酰乙酸乙酯负离子　α,β-不饱和羰基化合物　　　　　烯醇式负离子

烯醇式　　　　　　　　　　　　　　　酮式
（1,2-加成产物）

Michael 加成是一个很普遍而又很有用的合成 1,5-二羰基化合物的方法。例如：

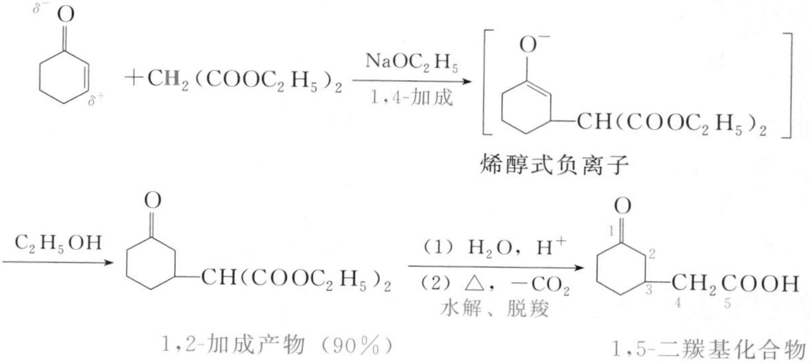

烯醇式负离子

1,2-加成产物（90%）　　　　　　　　　1,5-二羰基化合物

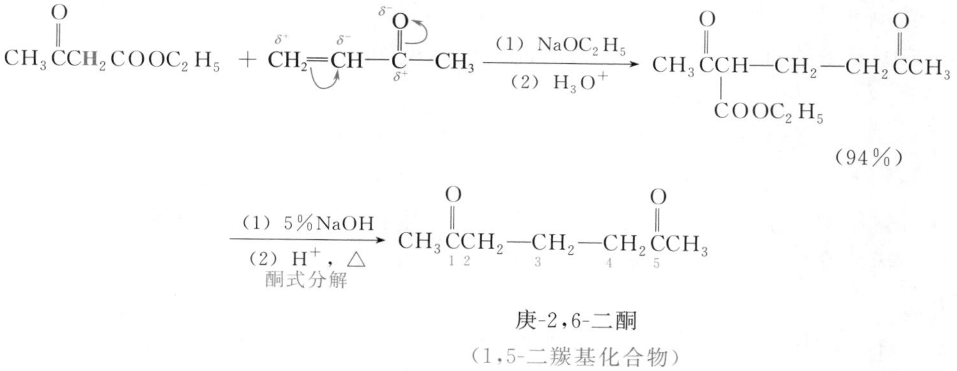

（94%）

庚-2,6-二酮
（1,5-二羰基化合物）

其他碱、其他 α,β-不饱和化合物也可与碳负离子进行 Michael 加成。例如：

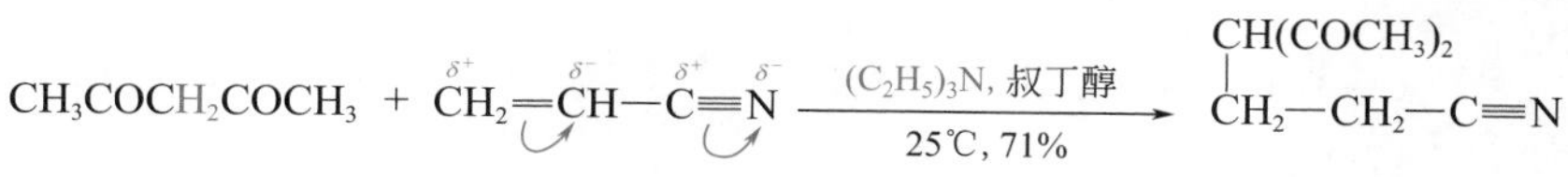

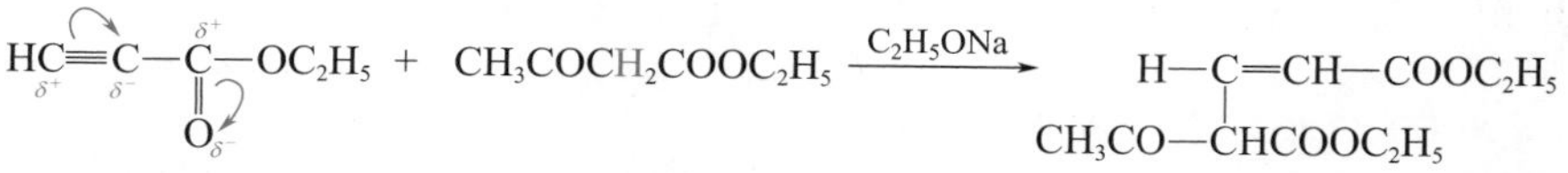

Michael 加成反应的另一个重要用途，是与 Claisen 酯缩合反应或羟醛缩合反应联用，用来合成环状化合物，这个方法称为 Robinson（鲁滨逊）关环。例如：

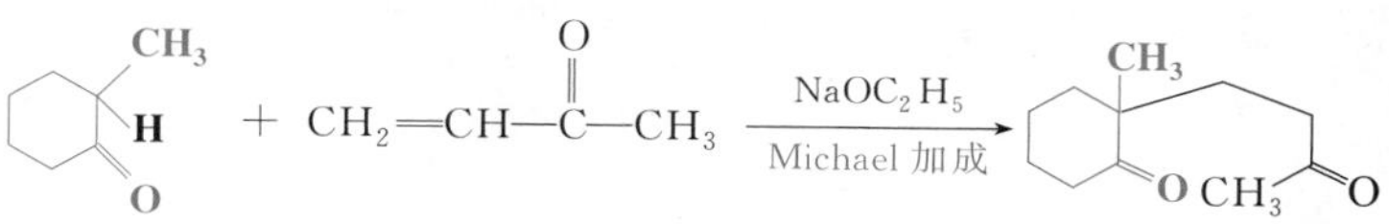

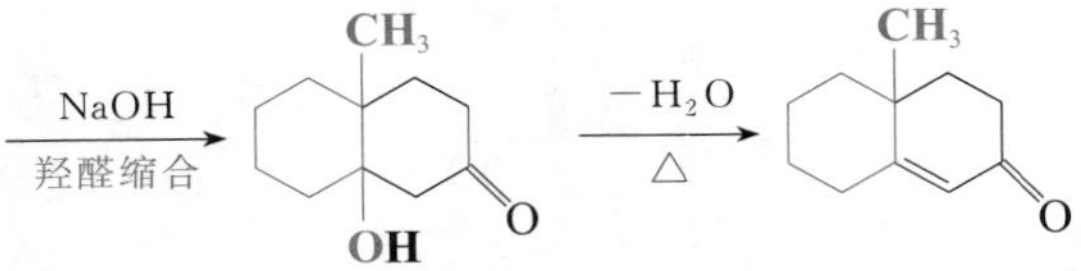
CH₃
NaOH
羟醛缩合
OH
O
−H₂O
△
CH₃
O

上面的简单例子表明，Michael 加成反应总是在取代基较多的碳原子上进行。利用这个特性，Michael 加成曾多次用于甾族化合物的全合成，从而顺利、有效地引入了甾族体系所特有的角甲基（见第 18 章 18.6）。

练习题

1. 用反应式表示如何合成下列化合物。

（1）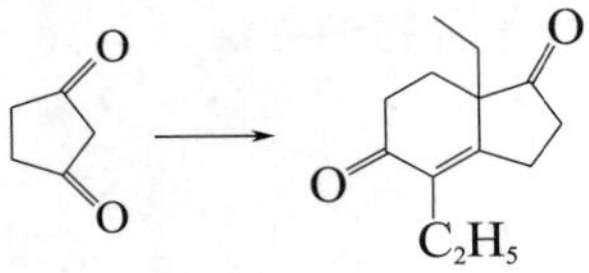
O
O
O
O
C₂H₅

（2）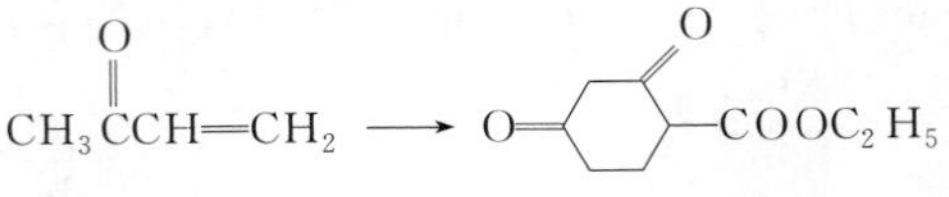
O
CH₃CCH═CH₂
O
O
COOC₂H₅

2. 至少采用三种方法，由 C_3 或 C_3 以下的有机化合物制备 5-氧亚基己酸。

3. 用 C_4 或 C_4 以下有机物为原料制备 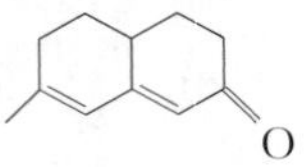
O
。

14.7 其他含活泼甲叉基的化合物

两个吸电子基（如—CHO、—COR、—COOH、—COOR、—CN、$—NO_2$、—X 等）连在同一个碳原子上时，其甲叉基也具有活泼性。例如，下列化合物都含有活泼氢：

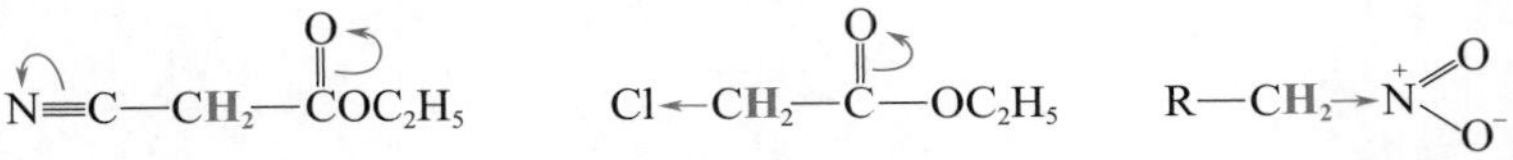
N≡C—CH₂—COC₂H₅
Cl←CH₂—C—OC₂H₅
R—CH₂→N
O
O
O
O⁻

氰基乙酸乙酯　　2-氯乙酸乙酯　　1-硝基烷烃

它们都可与碱作用，生成具有亲核性的碳负离子，然后与伯卤代烷、羰基化合物、α,β-不饱和羰基化合物等发生亲核反应，形成新的碳-碳键，这在有机合成中非常重要，是增长碳链的重要方法。

例如，在碱的作用下，活泼甲叉基碳原子可形成碳负离子，后者与伯卤烷反应得到烃基化产物：

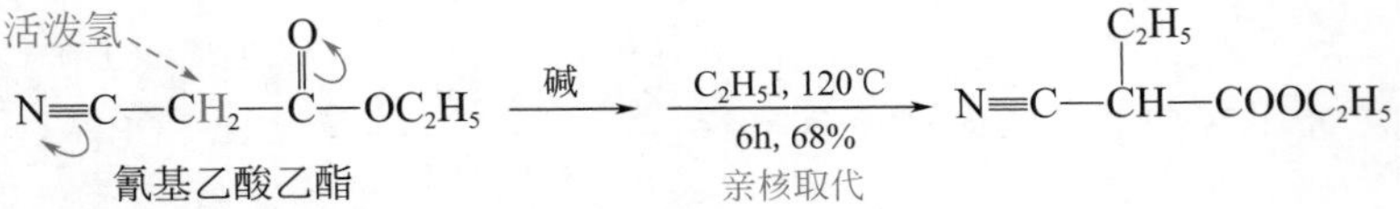
活泼氢
O
N≡C—CH₂—C—OC₂H₅
氰基乙酸乙酯
碱
C₂H₅I, 120℃
6h, 68%
亲核取代
C₂H₅
N≡C—CH—COOC₂H₅

若采用相转移催化法，反应可在强碱的水溶液中进行：

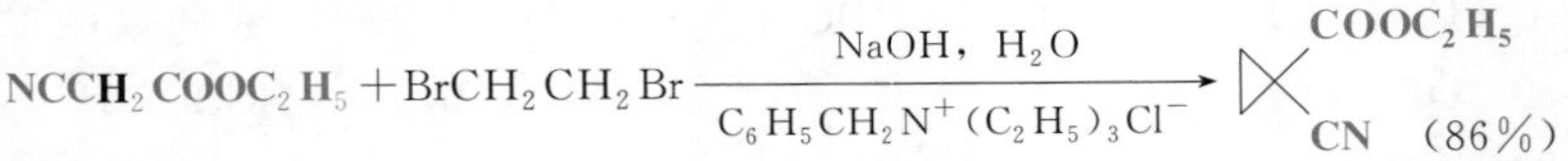
NCCH₂COOC₂H₅ + BrCH₂CH₂Br
NaOH，H₂O
C₆H₅CH₂N⁺(C₂H₅)₃Cl⁻
COOC₂H₅
CN
(86%)

活泼甲叉基化合物还可进行 Knoevenagel 反应、Michael 加成反应、Darzen 反应等一系列反应：

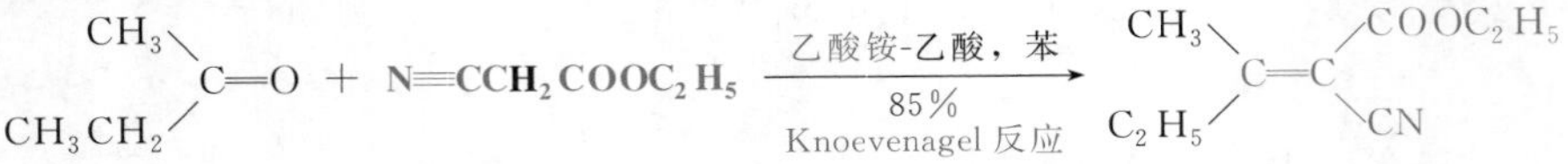
CH₃
CH₃CH₂
C═O + N≡CCH₂COOC₂H₅
乙酸铵-乙酸，苯
85%
Knoevenagel 反应
CH₃
C₂H₅
C═C
COOC₂H₅
CN

$$CH_2=\overset{\overset{\displaystyle CH_3}{|}}{C}-COOC_2H_5 + \overset{\overset{\displaystyle}{}}{\underset{\underset{\displaystyle CN}{|}}{CH_2COOC_2H_5}} \xrightarrow[\text{Michael 加成}]{C_2H_5ONa} CH_2-\overset{\overset{\displaystyle CH_3}{|}}{\underset{\underset{\underset{\displaystyle CN}{|}}{\underset{\displaystyle CHCOOC_2H_5}{|}}}{CH}}-COOC_2H_5$$

苯甲酰甲基反应式与 Darzen 反应示意

$$\underset{\text{}}{\text{苯基}}\overset{O}{\underset{\|}{C}}-CH_3 + ClCH_2COOC_2H_5 \xrightarrow{NaOC_2H_5}$$

$$\xrightarrow[\text{邻基参与}]{-Cl^-} \quad (\text{Darzen 反应})$$

本章精要速览

（1）$CH_3COCH_2COOC_2H_5$、$C_2H_5OOCCH_2COOC_2H_5$ 等两个羰基被一个饱和碳原子隔开的化合物叫作 β-二羰基化合物。受两个羰基的吸电子效应影响，β-二羰基化合物中的活泼甲叉基质子（α-H）具有特殊的活泼性。

（2）室温下，β-二羰基化合物存在酮-烯醇式互变异构。β-二羰基化合物的 α-H 酸性越强，其烯醇式含量所占的比例越高；烯醇式结构的共轭程度越高，能量越低，烯醇式含量越高。

（3）乙酰乙酸乙酯可通过 Claisen 酯缩合反应制备。

$$2CH_3COOC_2H_5 \xrightarrow[\text{(2) } CH_3COOH]{\text{(1) } NaOC_2H_5} CH_3\overset{O}{\underset{\|}{C}}CH_2COOC_2H_5 + C_2H_5OH$$
$$(75\%)$$

（4）乙酰乙酸乙酯合成法（简称三乙合成法）在有机合成中主要用来制备甲基酮类化合物。

（5）丙二酸二乙酯的制法：

$$\underset{\underset{\displaystyle Cl}{|}}{CH_2}{-}COONa \xrightarrow{NaCN} \underset{\underset{\displaystyle CN}{|}}{CH_2}{-}COONa \xrightarrow[H_2SO_4]{C_2H_5OH} CH_2(COOC_2H_5)_2$$

（6）丙二酸酯合成法在有机合成中主要用来制备取代乙酸等化合物。

（7）醛、酮在弱碱（胺、吡啶等）催化下，与具有活泼 α-氢的化合物进行的缩合反应称为 Knoevenagel 反应。例如：

$$\text{环己酮} + NCCH_2COOC_2H_5 \xrightarrow{CH_3COONa} \text{环己叉基} = \overset{}{\underset{\underset{\displaystyle CN}{|}}{C}}COOC_2H_5$$

（8）Michael 加成是一个很普遍而又很有用的合成 1,5-二羰基化合物的方法。例如：

$$\text{环己烯酮} + CH_2(COOC_2H_5)_2 \xrightarrow[C_2H_5OH]{NaOC_2H_5}$$

$$\text{（结构式） } \xrightarrow[\text{(2) } \triangle, \ -CO_2]{\text{(1) } H_2O, \ H^+} \text{（结构式）}$$

（9）Michael 加成反应与 Claisen 酯缩合反应或羟醛缩合反应联用，可用来合成环状化合物，称为 Robinson 关环。例如：

$$\text{（结构式）} + \text{（结构式）} \xrightarrow[C_2H_5OH]{NaOC_2H_5} \text{（结构式）} \xrightarrow{NaOH} \text{（结构式）}$$

习　题

1. 用系统命名法命名下列化合物。

(1) $\underset{CH_3}{\overset{C_2H_5}{C}}\underset{COOH}{\overset{COOH}{|}}$

(2) $(CH_3)_2CHCCH_2COOCH_3$ （羰基 O）

(3) $CH_3CH_2COCH_2CHO$

(4) $BrCOCH_2COOH$

(5) $CH_3COCHCOOC_2H_5$ ， $\underset{C_2H_5}{|}$

(6) （环己酮-COOC$_2$H$_5$ 结构式）

2. 下列羧酸酯中，哪些能进行自身酯缩合反应？写出其反应式。

(1) 甲酸甲酯　　　　　　　　(2) 乙酸丁酯　　　　　(3) 丙酸丙酯

(4) 2,2-二甲基丙酸乙酯　　　(5) 草酸二乙酯　　　　(6) 苯乙酸乙酯

3. 写出下列化合物加热后生成的主要产物。

(1) （环戊酮-C-OH 结构式）

(2) $\underset{CH_2CH_2CH_2COOH}{\overset{O=C-CH_2COOH}{|}}$

(3) $C_6H_5CH(COOH)_2$

4. 下列各对化合物（或离子），哪些是互变异构体？哪些是共振结构式？

(1) （环己酮-C-OC$_2$H$_5$ 结构式） 和 （环己烯-OH-C-OC$_2$H$_5$ 结构式）

(2) $CH_3\overset{OH}{\overset{|}{C}}=CH-\overset{O}{\overset{||}{C}}-CH_3$ 和 $H_3C-\overset{O}{\overset{||}{C}}-CH=\overset{OH}{\overset{|}{C}}-CH_3$

(3) $CH_3-\overset{O^-}{\overset{|}{C}}\overset{}{\underset{O}{\diagdown}}$ 和 $H_3C-\overset{O}{\overset{||}{C}}\overset{}{\underset{O^-}{\diagdown}}$

(4) $CH_2=CH-\overset{-}{C}H-CH=CH_2$ 和 $\overset{-}{C}H_2-CH=CH-\overset{+}{C}H_2$

5. 完成下列缩合反应。

(1) $2CH_3CH_2COOC_2H_5 \xrightarrow[\text{(2) } H^+]{\text{(1) } NaOC_2H_5} ? + ?$

(2) $CH_3CH_2COOC_2H_5 +$ ⬡$-COOC_2H_5$ $\xrightarrow[(2)\ H^+]{(1)\ NaOC_2H_5}$? + ?

(3) $CH_3CH_2COOC_2H_5 +$ $\underset{COOC_2H_5}{\overset{COOC_2H_5}{|}}$ $\xrightarrow[(2)\ H^+]{(1)\ NaOC_2H_5}$? + ?

(4) $CH_2\underset{CH_2CH_2COOC_2H_5}{\overset{CH_2CH_2COOC_2H_5}{<}}$ $\xrightarrow[(2)\ H^+]{(1)\ NaOC_2H_5}$? + ?

(5) ⬡$=O$ $+$ $H-\overset{O}{\overset{\|}{C}}-OC_2H_5$ $\xrightarrow[(2)\ H^+]{(1)\ NaOC_2H_5}$? + ?

6. 完成下列反应式。

(1) $CH_3COCH_2COOC_2H_5 \xrightarrow{?} [CH_3COCHCOOC_2H_5]^-Na^+ \xrightarrow{?}$ $\underset{CH_3-CHCOOC_2H_5}{\overset{CH_3COCHCOOC_2H_5}{|}}$ $\xrightarrow[(2)\ H^+,\ \triangle]{(1)\ 5\%NaOH}$?

(2) $CH_3COCH_2COOC_2H_5 \xrightarrow{?} CH_3-\overset{O-O}{\underset{|\ \ \ |}{C}}-CH_2COOC_2H_5 \xrightarrow[(2)\ H_3O^+]{(1)\ 2C_6H_5MgBr}$?

(3) $C_6H_5CH_2Cl \xrightarrow{?} C_6H_5CH_2-CH(COOC_2H_5)_2 \xrightarrow[(CH_3)_3COK]{CH_2=CH-\overset{O}{\overset{\|}{C}}-CH_3}$? $\xrightarrow[(2)\ H^+,\ \triangle]{(1)\ NaOH,\ H_2O}$?

$\xrightarrow{NaBH_4}$? $\xrightarrow[\triangle]{H^+}$?

7. 以甲醇、乙醇及无机试剂为原料，经乙酰乙酸乙酯合成下列化合物。

(1) 3-甲基戊-2-酮　　　　　(2) 3-苄基己-2-酮　　　　　(3) 4-氧亚基戊酸

(4) 环丙基甲基甲酮　　　　　(5) 3-甲基-4-氧亚基戊酸　　(6) $CH_3COCH_2COC_6H_5$

8. 以甲醇、乙醇为主要原料，用丙二酸酯合成法合成下列化合物。

(1) 2-乙基丁酸　　　　　　　(2) 正丁酸　　　　　　　　　(3) 3-甲基己二酸

(4) 4-羟基戊酸　　　　　　　(5) 环丙烷甲酸　　　　　　　(6) 环己烷-1,4-二甲酸

9. 写出下列反应机理。

(1) (环戊酮环，带 CH_3 和 $COOCH_3$) $\xrightarrow[CH_3OH]{NaOCH_3}$ $\xrightarrow{H_3O^+}$ (环戊酮环，带 CH_3 和 $COOCH_3$)

(2) $C_6H_5CH_2\overset{O}{\overset{\|}{C}}CH_2C_6H_5 + CH_2=CHCCH_3$(带 O) $\xrightarrow[CH_3OH]{NaOCH_3}$ (环己烯酮，带 C_6H_5、CH_3、C_6H_5)

10. 某酯类化合物 $A(C_5H_{10}O_2)$ 用乙醇钠的乙醇溶液处理，得到另一个酯 $B(C_8H_{14}O_3)$。B 能使溴水褪色，将 B 用乙醇钠的乙醇溶液处理后再与碘乙烷反应，又得到另一个酯 $C(C_{10}H_{18}O_3)$。C 和溴水在室温下不发生反应，把 C 用稀碱水解后再酸化、加热，即得到一个酮 $D(C_7H_{14}O)$。D 不发生碘仿反应，用锌汞齐还原则生成 3-甲基己烷。试推测 A、B、C、D 的结构并写出反应式。

11. 完成下列转变。

(1) (环戊酮环，带 $COOC_2H_5$) $\longrightarrow$ (双环结构，带 $COOC_2H_5$、CH_2、CH_3)

（2）

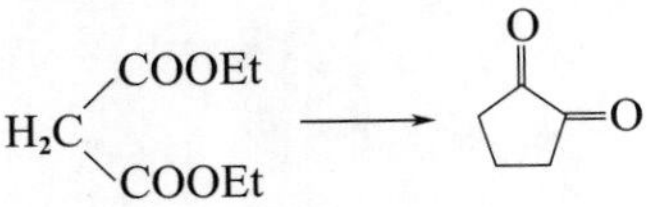

（3）

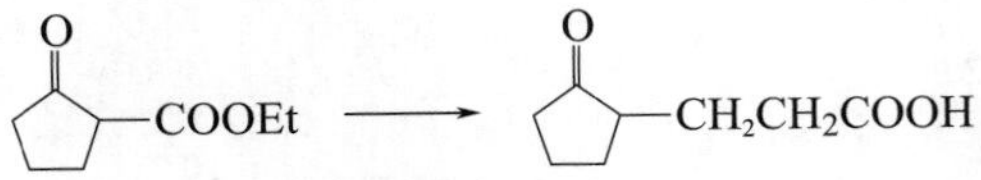

（4）$C_6H_5CHO \longrightarrow$

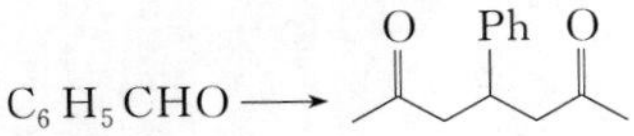

第 15 章 | 有机含氮化合物

在有机化合物中，除碳、氢、氧三种元素之外，氮是第四种常见元素。含氮的有机化合物种类颇多，胺是其中最重要的一类，除此之外，硝基化合物、重氮化合物和偶氮化合物、腈等也是比较重要的。

15.1 硝基化合物

15.1.1 硝基化合物的分类和命名

按照分子中所含的烃基的不同，硝基化合物可分为脂肪族硝基化合物和芳香族硝基化合物。命名时，"硝基"只能作为前缀。例如：

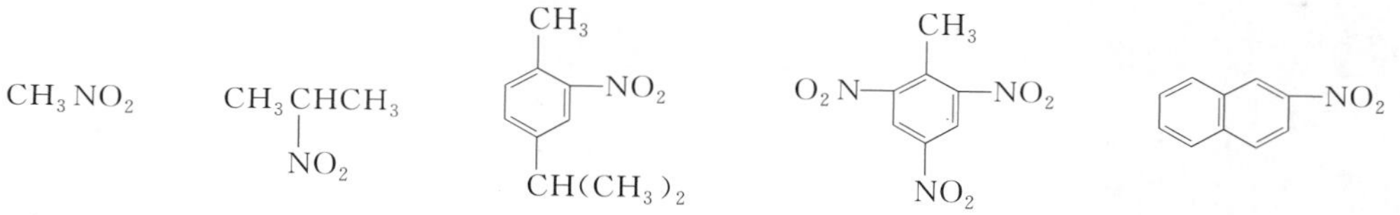

$$CH_3NO_2 \qquad CH_3CHCH_3$$
$$\qquad\qquad |$$
$$\qquad\qquad NO_2$$

硝基甲烷	2-硝基丙烷	4-异丙基-2-硝基甲苯	2,4,6-三硝基甲苯	2-硝基萘
nitromethane	2-nitropropane	4-isopropyl-2-nitrotoluene	2,4,6-trinitrotoluene （TNT）	2-nitronaphthalene

脂肪族硝基化合物   芳香族硝基化合物

15.1.2 硝基的结构

键长测定表明，硝基中两个 N—O 键键长相同，都是 0.121nm。这反映出硝基中的氮原子采取 sp^2 杂化，其未参与杂化的 p 轨道与两个氧原子上的 p 轨道互相重叠，形成包括三个原子在内的共轭体系（π_3^4）：

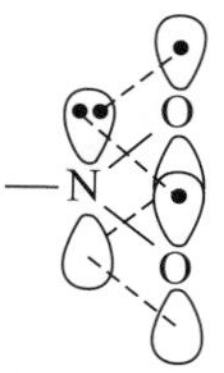

用共振论的方法，硝基的构造可表示如下：

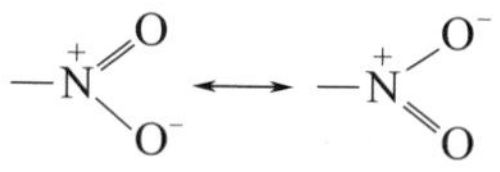

15.1.3 硝基化合物的制备

芳香族硝基化合物一般采用直接硝化法制备〔详见第 6 章 6.4.1.1(2)〕。例如：

$$\text{（反应式）} \xrightarrow[100\sim110℃]{HNO_3，H_2SO_4} \text{（邻硝基氯苯）} + \text{（对硝基氯苯）} \xrightarrow[130℃]{HNO_3，H_2SO_4} \text{（二硝基氯苯）}$$

15.1.4 硝基化合物的物理性质

脂肪族硝基化合物一般为无色有香味的液体，难溶于水，易溶于有机溶剂。芳香族硝基化合物为淡黄色液体或固体，具有苦杏仁味。多数硝基化合物受热易分解而发生爆炸。例如，硝基甲烷是良好的有机溶剂，但蒸馏时不能蒸干，以防止爆炸；2,4,6-三硝基甲苯（TNT）和 2,4,6-三硝基苯酚（苦味酸）可用作炸药。

硝基为强极性基团，因此硝基化合物极性大，沸点高。硝基化合物的相对密度都大于 1。一些硝基化合物的物理常数见表 15-1。大多数硝基化合物有毒，能通过皮肤吸收，对肝、肾、中枢神经系统和血液系统有伤害，使用时应注意安全。

表 15-1 一些硝基化合物的物理常数

化合物	熔点/℃	沸点/℃	化合物	熔点/℃	沸点/℃
硝基甲烷	−29	101	间二硝基苯	90	291
硝基乙烷	−90	115	邻硝基甲苯	−4	222
1-硝基丙烷	−108	130	对硝基甲苯	55	238
2-硝基丙烷	−93	120	2,4-二硝基甲苯	71	300(分解)
硝基苯	5.7	211	2,4,6-三硝基甲苯	82	240(爆炸)

15.1.5 硝基化合物的化学性质

15.1.5.1 具有 α-H 的脂肪族硝基化合物与碱的反应

由于硝基是强的吸电子基，脂肪族硝基化合物的 α-H 具有一定的酸性，能逐渐溶解于氢氧化钠溶液而形成钠盐。硝基化合物存在着硝基式和酸式的互变异构，室温下主要以硝基式存在。当遇到碱溶液时，酸式结构与碱作用而生成盐，破坏了酸式和硝基式之间的平衡，硝基式不断转化为酸式，直到全部与碱作用而生成酸式盐：

$$CH_3-\overset{+}{N}\overset{O}{\underset{O^-}{\diagdown}} \Longleftrightarrow CH_2=\overset{+}{N}\overset{OH}{\underset{O^-}{\diagdown}} \xrightarrow[H^+]{NaOH} \left[CH_2=\overset{+}{N}\overset{O^-}{\underset{O^-}{\diagdown}} \right] Na^+$$

硝基式   酸式   钠盐，可溶于水

在氢氧化钠等碱的作用下，有 α-H 的脂肪族硝基化合物可与羰基等基团发生亲核加成反应，然后脱水，生成硝基烯。硝基烯经催化氢化还原可得到饱和胺：

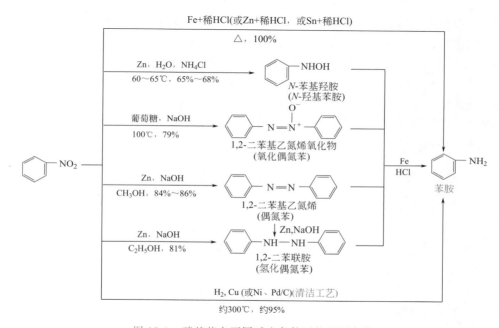

15.1.5.2 芳香族硝基化合物的还原

芳环上的硝基很容易被还原，可通过多种方法将硝基还原为相应的氨基。硝基化合物被还原的最终产物是胺，还原剂、介质不同时，还原产物不同。图 15-1 是硝基苯在不同反应条件下的还原产物。

图 15-1 硝基苯在不同反应条件下的还原产物

（1）还原剂　采用铁粉作还原剂时，反应在酸性条件下进行，一般对卤原子、烯基、氰基、酯基等基团无影响。该反应操作简单，实验室较为常用。例如：

$$O_2N-\underset{}{\bigcirc}-CH(CH_3)CN \xrightarrow[95℃，1.5h]{Fe/NH_4Cl} H_2N-\underset{}{\bigcirc}-CH(CH_3)CN$$

工业上用铁粉进行还原时，反应后产生大量的"铁泥"，严重污染环境。因此，必须对铁泥进行处理，加以利用，例如，利用铁泥制备铁系颜料、铁盐及纳米四氧化三铁等。否则，铁粉还原法在工业生产上受到很大限制。

$$\underset{}{\bigcirc}-NO_2 \xrightarrow{Fe+HCl} \underset{}{\bigcirc}-NH_2+Fe_3O_4+Fe_2O_3+FeO$$

俗称"铁泥"

在 Cu、Ni 或 Pd/C 催化下，用氢气进行还原加氢的方法可将芳环上的硝基还原为氨基。反应在中性条件下进行，不破坏对酸或碱敏感的基团。反应中使用的氢气对环境无污染，催化剂可多次使用，若能再生还可继续使用。此法是一种清洁生产工艺，具有工艺简单、物质消耗低、可连续化生产、产率和产品纯度均高的优点，因此工业生产已愈来愈多地采用催化加氢来制备芳胺。例如：

$$O_2N-\!\!\!\!\bigcirc\!\!\!\!-COOC_2H_5 \xrightarrow[\text{常压}]{H_2,\ Pd/C} H_2N-\!\!\!\!\bigcirc\!\!\!\!-COOC_2H_5$$

苯佐卡因（benzocaine，一种局部麻醉药物）

$$\bigcirc\!\!\!\bigcirc\!\!-NO_2 \xrightarrow[60\sim90℃,\ 1\sim3MPa,\ 99\%]{H_2,\ Ni,\ C_2H_5OH} \bigcirc\!\!\!\bigcirc\!\!-NH_2$$

当苯环连有可被还原的羰基时，采用 $SnCl_2$＋HCl 作还原剂是特别适用的。因为它只还原硝基，不还原羰基。例如：

$$\begin{array}{c} NO_2 \\ \bigcirc\!\!\!\! \\ CHO \end{array} \xrightarrow[100℃,\ 90\%]{SnCl_2,\ 浓\ HCl} \begin{array}{c} NH_2 \\ \bigcirc\!\!\!\! \\ CHO \end{array}$$

（2）反应介质 用 Zn 粉作为还原剂时，反应介质对还原反应影响较大。酸性介质中，硝基苯彻底还原，生成苯胺；中性介质中，发生单分子还原，得 N-苯基羟胺（即 N-羟基苯胺）；碱性介质中，发生双分子还原，得到 1,2-二苯基乙氮烯氧化物（氧化偶氮苯）、1,2-二苯基乙氮烯（偶氮苯）、1,2-二苯联胺（氢化偶氮苯）等一系列还原产物。

（3）选择性还原 当芳环上连有多个硝基时，采用计算量的 Na_2S、NaHS、NH_4HS 等作为还原剂，可以选择性地将其中的一个硝基还原为氨基，得到硝基苯胺。该方法具有一定的实用意义。例如：

$$\begin{array}{c} NH_2 \\ \bigcirc\!\!\!\! \\ NH_2 \end{array} \xleftarrow[HCl]{Fe} \begin{array}{c} NO_2 \\ \bigcirc\!\!\!\! \\ NO_2 \end{array} \xrightarrow[\triangle,\ 79\%\sim85\%]{NaHS,\ CH_3OH} \begin{array}{c} NH_2 \\ \bigcirc\!\!\!\! \\ NO_2 \end{array}$$

$$\begin{array}{c} OH \\ \bigcirc\!\!\!\!-NO_2 \\ NO_2 \end{array} \xrightarrow[80\sim85℃,\ 64\%\sim67\%]{Na_2S,\ NH_4Cl} \begin{array}{c} OH \\ \bigcirc\!\!\!\!-NH_2 \\ NO_2 \end{array}$$

15.1.5.3 硝基对芳环的影响

（1）硝基是强吸电子基，使苯环上电子云密度大大降低，亲电取代反应变得困难。因此，硝基苯可以用作 Friedel-Crafts 反应的溶剂。

（2）硝基的强吸电子性可使其邻、对位基团的亲核取代反应活性增加。例如，氯苯很难被水解，但氯原子的邻、对位有硝基取代时，可顺利水解。2,4,6-三硝基氯苯甚至可在稀 $NaHCO_3$ 溶液中，接近室温的条件下顺利水解，生成 2,4,6-三硝基苯酚（参见第 8 章 8.9.2.1）。

（3）增加苯环上甲基氢原子的活泼性。当甲基的邻、对位上连有硝基时，硝基的吸电子诱导效应与吸电子共轭效应使苯环上甲基氢原子变得活泼，在碱的存在下能与苯甲醛发生亲核加成反应，然后脱去一分子水，生成烯烃衍生物。例如：

$$\begin{array}{c} NO_2 \\ O_2N-\!\!\!\!\bigcirc\!\!\!\!-CH_3 \\ NO_2 \end{array} + \bigcirc\!\!\!\!-CHO \xrightarrow{NaOH} \begin{array}{c} NO_2 \\ O_2N-\!\!\!\!\bigcirc\!\!\!\!-CH=CH-\!\!\!\!\bigcirc \\ NO_2 \end{array}$$

（4）硝基的存在，使苯环上的羧基容易脱羧。例如：

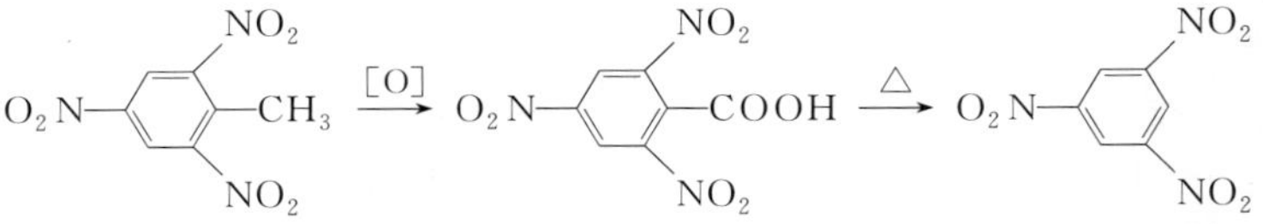

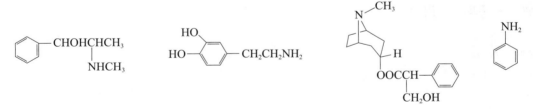

TNT，常用炸药 　　　　　　　　　　　　　　TNB，爆炸性比 TNT 更强烈

（5）当芳环上有硝基存在时，使酚和芳香酸的酸性增强，使芳香胺的碱性减弱〔参见第9章 9.6.1，表 9-4；第 12 章 12.5.1.2（2）；本章 15.2.5.1 表 15-4〕。

练习题

1. 完成下列反应式。

（1） 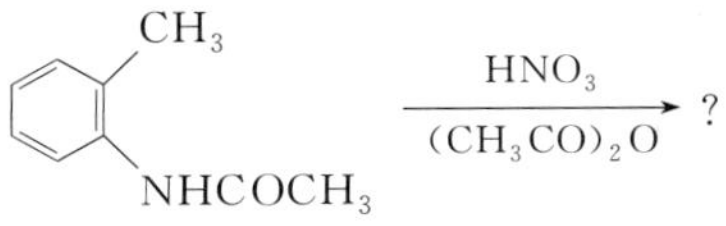
$$\xrightarrow[\text{(CH}_3\text{CO)}_2\text{O}]{\text{HNO}_3} ?$$

（2）
$$\xrightarrow[\text{CH}_3\text{COOH}]{\text{HNO}_3} ?$$

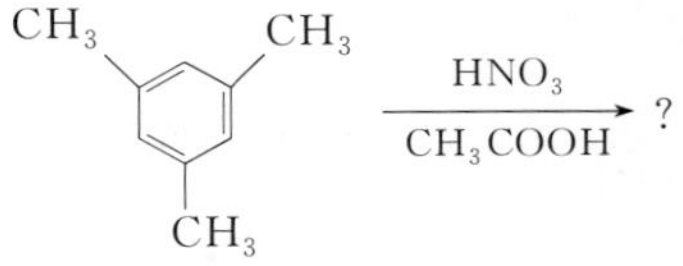

2. 以苯为起始原料制备下列化合物。

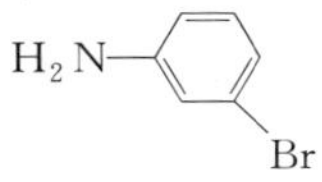

（1）$H_2N\!-\!\!\bigcirc\!\!-\!CH_2CH_3$ 　　（2）$H_2N\!-\!\!\bigcirc\!\!-\!Br$ 　　（3）$H_2N\!-\!\!\bigcirc\!\!-\!NH_2$

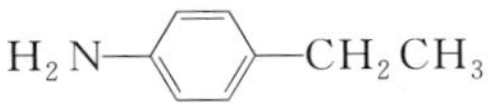

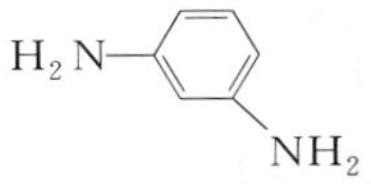

15.2 胺

NH_3（氨）分子中的氢原子被 R— 或 Ar— 取代后的衍生物叫作胺（amine）。胺广泛存在于自然界，许多来源于动、植物的胺又称生物碱，具有较强的生理或药理作用。此外，许多胺是重要的有机合成中间体。例如：

胺的分类、命名和结构

麻黄碱
（可治疗感冒、支气管哮喘等，也是制作冰毒的主要原料）

多巴胺
（脑垂体分泌的神经传导物质，使人感到兴奋、开心）

阿托品
（解痉镇痛药，解有机磷中毒）

苯胺
（重要的染料、药物中间体）

15.2.1 胺的分类和命名

15.2.1.1 胺的分类

（1）**根据胺分子中的烃基不同**　根据胺分子中与氮原子相连的烃基不同，可将胺分为脂肪胺（aliphatic amine）和芳香胺（aromatic amine）。例如：

$CH_3\!-\!NH_2$ 　　$CH_3CH_2\!-\!NH\!-\!CH_3$ 　　$\bigcirc\!\!-\!N(CH_3)_2$ 　　$\bigcirc\!\!-\!NHCH_3$ 　　萘$\!-\!NH_2$

甲烷胺 　　　 N-甲基乙烷胺 　　 N,N-二甲基苯胺  　　 N-甲基苯胺 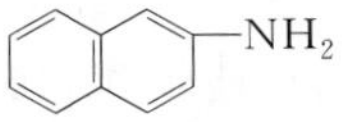 　　　 萘-2-胺

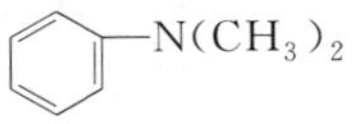

methanamine   N-methylethanamine   N,N-dimethylaniline   N-methylaniline   naphthalen-2-amine

脂肪胺
aliphatic amine

芳香胺
aromatic amine

（2）根据胺分子中与氮原子相连的烃基的数目 根据胺分子中与氮原子相连的烃基的数目，可将胺分为伯胺（一级胺，1°胺，primary amine）、仲胺（二级胺，2°胺，secondary amine）和叔胺（三级胺，3°胺，tertiary amine）。例如：

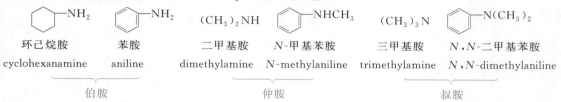

环己烷胺
cyclohexanamine

苯胺
aniline

二甲基胺
dimethylamine

N-甲基苯胺
N-methylaniline

三甲基胺
trimethylamine

N,N-二甲基苯胺
N,N-dimethylaniline

伯胺

仲胺

叔胺

注意：伯、仲、叔胺与伯、仲、叔醇的涵义不同。例如：

$(CH_3)_3C—NH_2$ （伯胺） $(CH_3)_3C—OH$ （叔醇）

除伯、仲、叔胺外，还有相当于氢氧化铵和铵盐的化合物，分别称为季铵碱（quaternary ammonium base）、季铵盐（quaternary ammonium salt）和铵盐（ammonium salt）。例如：

$R_4N^+OH^-$ $R_4N^+X^-$ $\overset{+}{R}NH_3X^-$ $R_2\overset{+}{N}H_2X^-$ $R_3\overset{+}{N}HX^-$

季铵碱
quaternary ammonium base

季铵盐
quaternary ammonium salt

铵盐
ammonium salt

氨、胺和铵具有不同的涵义和用法。在表示取代基时，用"氨"表示，如氨基（—NH_2）、取代氨基（—NHR）、亚氨基（=NH）等；NH_3（氨）中氢原子被烃基取代的衍生物，用"胺"表示，如甲胺、苯胺、N-甲基苯胺等；而铵盐、季铵盐和季铵碱则用"铵"表示。

（3）根据分子中所含氨基的数目 根据分子中所含氨基的数目，可将胺分为一元胺、二元胺、多元胺等。例如：

$C_6H_5NH_2$

苯胺（aniline）

$H_2NCH_2CH_2NH_2$

乙烷-1,2-二胺（ethane-1,2-diamine）
乙叉二胺（ethylenediamine）

$H_2NCH_2CH_2NHCH_2CH_2NH_2$

N^1-(2-氨基乙基) 乙烷-1,2-二胺
N^1-(2-aminoethyl) ethane-1,2-diamine
二乙叉三胺（diethylen etriamine）

一元胺（monoamine）   二元胺（diamine）   多元胺（polyamine）

15.2.1.2 胺的命名

（1）伯胺的命名 将后缀"胺"字加到母体氢化物 RH 的名称的后面，烷烃的"烷"字在不致混淆时可省略。例如：

$CH_3CH_2NH_2$ $CH_3CH_2\overset{NH_2}{\underset{|}{CH}}CH_3$

乙（烷）胺
ethanamine

丁烷-2-胺
butan-2-amine

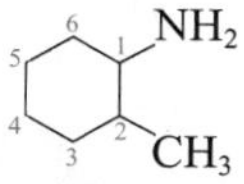

2-甲基环己（烷）胺
2-methylcyclohexan-1-amine

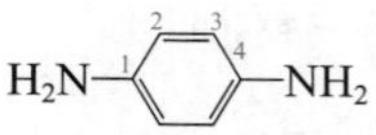

苯-1,4-二胺
benzene-1,4-diamine

（2）仲胺和叔胺的命名 对称的仲胺（R_2NH）和叔胺（R_3N）在取代基 R 的名称前加"二"或"三"构成前缀，后面加上胺为后缀。例如：

$$(C_6H_5)_2NH \qquad (CH_3CH_2)_3N \qquad (ClCH_2CH_2)_2NH$$

二苯基胺　　　　　　　三乙基胺　　　　　　二(2-氯乙基)胺

diphenylamine　　　　triethylamine　　　bis(2-chloroethyl)amine

不对称的仲胺（NHRR′）和叔胺（RR′R″N、$R_2R'N$）可作为伯胺 RNH_2 或仲胺 R_2NH 的 N-取代衍生物来命名。例如：

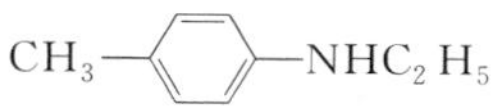

$$CH_3-\!\!\bigcirc\!\!-NHC_2H_5 \qquad CH_3CH_2-\underset{\underset{CH_3}{|}}{N}-CH_2CH(CH_3)_2 \qquad \underset{\underset{CH_3}{|}}{CH_3}CHCH_2\underset{\underset{CH_3}{|}}{C}HN(CH_2CH_3)_2$$

N-乙基-4-甲基苯胺　　　N-乙基-N,2-二甲基丙烷-1-胺　　　　N,N-二乙基-4-甲基戊烷-2-胺

N-ethyl-4-methylaniline　N-ethyl-N,2-dimethylpropan-1-amine　N,N-diethyl-4-methylpentan-2-amine

也可将所有取代基团的名称按照英文字母顺序排列，并用括号分开，紧接着加上类名"胺"。例如：

$$\underset{\underset{CH_3}{|}}{CH_3}CHCH_2\underset{\underset{CH_3}{|}}{C}HN(CH_2CH_3)_2$$

（二乙基）（4-甲基戊-2-基）胺

bis（ethyl）（4-methylpent-2-yl）amine

命名铵盐或季铵盐以及季铵碱时，用"铵"字代替"胺"字，并在前面加上"氯化""硫酸""氢氧化"等来形容负离子的结构。例如：

$$(C_2H_5\overset{+}{N}H_3)_2SO_4^{2-} \qquad (CH_3)_3\overset{+}{N}CH_2CH_3\,\overset{-}{O}H$$

硫酸化二(乙基铵)　　　　　氢氧化-N,N,N-三甲基乙烷铵

di(ethylammonium)sulfate　　N,N,N-trimethylethanaminium hydroxide

$$C_{16}H_{31}\overset{+}{N}(CH_3)_3Cl^- \qquad C_{12}H_{25}\overset{+}{N}(CH_3)_2CH_2C_6H_5\,Br^-$$

氯化-N,N,N-三甲基十六烷-1-铵　　　溴化-N-苄基-N,N-二甲基十二烷-1-铵

（IUPAC 优先推荐）　　　　　　　（IUPAC 优先推荐）

N,N,N-trimethylpentadecan-1-aminium chloride　　N-benzyl-N,N-dimethyldodecan-1-aminium bromide

或者：

氯化(十六烷-1-基)(三甲基)铵　　　溴化(十二烷-1-基)(二甲基)(苄基)铵

（更符合行业习惯）　　　　　　　　（更符合行业习惯）

(hexadecan-1-yl)(trimethyl)　　　　(dodec-1-yl)(dimethyl)

ammonium chloride　　　　　　　(phenylmethyl) ammonium bromide

一种阳离子表面活性剂，简称1631　　一种阳离子表面活性剂，简称1227

15.2.2 胺的结构

图 15-2 是甲胺和三甲胺的结构示意。胺与氨的结构相似，氮原子也是采取 sp^3 杂化。三个 sp^3 杂化轨道与其他原子轨道形成三个 σ 键，氮原子上的一对孤对电子占据另一个 sp^3 杂化轨道，处于棱锥体的顶端。这样，胺的空间排布基本上近似于碳的四面体结构，氮在四面体的中心。因此，胺具有亲核性，可作为亲核试剂。

键长：C—N　0.147nm

N—H　0.101nm

键角：C—N—H　112.9°

H—N—H　105.9°

甲胺

键长：C—N　0.147nm

键角：C—N—C　108°

三甲胺

图 15-2　甲胺和三甲胺的结构

由于下列转化所需的活化能较低（约 25kJ/mol），简单的手性胺不能分离得到其中某一个对映体：

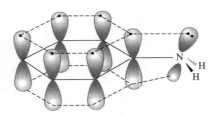

活化能较低，约为25kJ/mol

下列手性胺不能发生翻转，其对映体可被拆分：

手性的季铵盐或季铵碱也可被拆分：

在芳胺中，氮原子上的杂化状态介于 sp^3 与 sp^2 之间，孤对电子所占据的轨道比在氨或脂肪胺中有更多的 p 轨道特性。氮原子上的孤对电子可与苯环的大 π 键交盖，但苯胺中的氨基仍然是三棱锥体的，其 H—N—H 键角为 113.9°，H—N—H 平面与苯环平面之间的夹角为 139.4°，如图 15-3 所示。

图 15-3　苯胺的结构

15.2.3　胺的制法

15.2.3.1　氨或胺的烃基化

在第 8 章介绍卤代烷的性质时曾经谈到卤代烷的氨解反应。氨或胺作为亲核试剂，可与卤代烷发生亲核取代反应，在氨或胺的氮原子上引入烃基。这个反应也称为氨或胺的烃基化反应。

仍有亲核性

$$\ddot{N}H_3 + R{-}X \longrightarrow RNH_3^+ X^- \xrightarrow{NH_3} R\ddot{N}H_2 + NH_4X$$

亲核试剂

$$R\ddot{N}H_2 \xrightarrow[NH_3]{RX} R_2\ddot{N}H \xrightarrow[NH_3]{RX} R_3\ddot{N} \xrightarrow{RX} R_4\overset{+}{N}\,X^-$$

伯胺　　　　仲胺　　　　叔胺　　　　季铵盐

（有亲核性）（有亲核性）（有亲核性）（无亲核性）

由于氨、伯胺、仲胺、叔胺的氮原子上均有孤对电子，均有亲核性，均能与卤代烷发生亲核取代反应。因此，该反应的产物是 RNH_2、R_2NH、R_3N、$R_4N^+X^-$ 等的混合物，需分离精制。使用过量的氨并控制反应条件，可以使产物以伯胺为主，但仍有其他胺生成。

醇也可用作烷基化剂：

$$CH_3OH + H\ddot{N}H_2 \xrightarrow[\substack{380\sim450℃ \\ 5MPa}]{Al_2O_3} CH_3\ddot{N}H_2 + H_2O$$

$$\xrightarrow[\substack{380\sim450℃ \\ 5MPa}]{CH_3OH,Al_2O_3} (CH_3)_2\ddot{N}H + H_2O$$

$$\xrightarrow[\substack{380\sim450℃ \\ 5MPa}]{CH_3OH,Al_2O_3} (CH_3)_3\ddot{N} + H_2O$$

这是工业上制备甲胺、二甲胺、三甲胺的方法。反应的产物仍然是混合物，以二甲胺和三甲胺为主，需分离精制。当甲醇大幅度过量时，则产物以三甲胺为主。

15.2.3.2 腈和酰胺的还原

腈经催化加氢得到伯胺：

$$\text{苯乙腈} \quad \bigcirc\!\!\!-CH_2CN \xrightarrow[\triangle]{H_2,\ Ni} \bigcirc\!\!\!-\overset{2}{C}H_2\overset{1}{C}H_2NH_2 \quad \text{2-苯基乙烷胺}$$

$$Cl(CH_2)_4Cl \xrightarrow{NaCN} \underset{\substack{\text{己二腈} \\ (adiponitrile)}}{NC(CH_2)_4CN} \xrightarrow[\triangle]{H_2,\ Ni} \underset{\substack{\text{己烷-1,6-二胺} \\ (\text{制尼龙-66 的原料})}}{NH_2CH_2(CH_2)_4CH_2NH_2}$$

酰胺用氢化铝锂还原得到相应的胺：

$$\underset{N\text{-甲基-}N\text{-苯基乙酰胺}}{\bigcirc\!\!\!-\overset{\overset{CH_3}{|}}{N}-\underset{\underset{O}{\|}}{C}-CH_3} \xrightarrow[\text{(2) } H_2O,\ H^+]{\text{(1) } LiAlH_4,\ 乙醚} \underset{N\text{-乙基-}N\text{-甲基苯胺}}{\bigcirc\!\!\!-\overset{\overset{CH_3}{|}}{N}-CH_2-CH_3}$$

工业上可由高级脂肪酸经酰胺制备有重要用途的高级脂肪伯胺：

$$C_{15}H_{31}COOH \xrightarrow[-H_2O]{NH_3,\ \triangle} C_{15}H_{31}\overset{\overset{O}{\|}}{C}-NH_2 \xrightarrow[-H_2O]{\triangle} C_{15}H_{31}-C\equiv N \xrightarrow{H_2,\ Ni} C_{15}H_{31}CH_2NH_2$$

15.2.3.3 醛和酮的还原胺化

在还原剂（如催化加氢）存在下，醛、酮与氨缩合生成亚胺，亚胺不稳定，立刻被还原成相应的胺，这个过程称为还原胺化（reductive amination）。

$$\underset{\text{醛或酮}}{\overset{\diagup}{\underset{\diagdown}{C}}=O + H_2NH} \longrightarrow \left[\underset{\text{亚胺}}{\overset{\diagup}{\underset{\diagdown}{C}}=NH}\right] \xrightarrow{H_2,\ Ni} \underset{\text{胺}}{\overset{\diagup}{\underset{\diagdown}{C}}-NH_2}$$

还原胺化已被工业上和实验室中采用，成功应用于多种脂肪胺或芳香胺的制备。例如：

$$CH_3\overset{\overset{}{\underset{\underset{O}{\|}}{C}}}{C}CH_2CH_3 + NH_3 \xrightarrow[160℃,\ 3.9\sim5.9MPa]{H_2,\ Ni} \underset{\substack{| \\ NH_2 \\ \text{丁烷-2-胺}}}{CH_3CHCH_2CH_3}$$

$$\bigcirc\!\!\!-CHO + NH_3 \longrightarrow \left[\bigcirc\!\!\!-CH=NH\right] \xrightarrow[\triangle,\ 压力]{H_2,\ Ni} \underset{\text{苯基甲烷胺（89%）}}{\bigcirc\!\!\!-CH_2NH_2}$$

反应中若有过量的原料羰基化合物存在，则可与已生成的伯胺作用，生成二级胺。这也是一个二级胺的合成方法。例如：

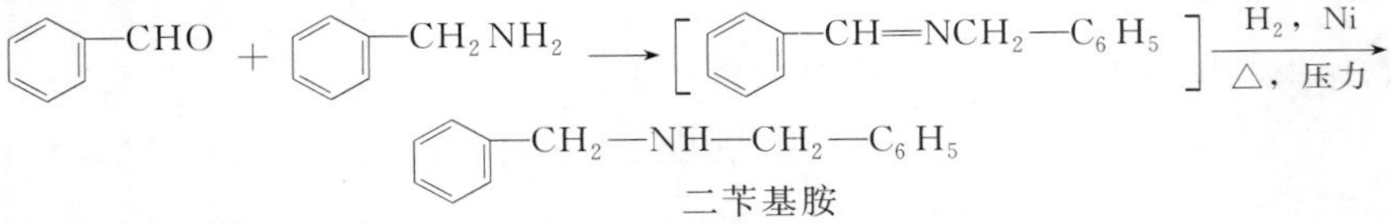

二苄基胺

用伯胺、仲胺代替氨可用于制备二级、三级胺。例如：

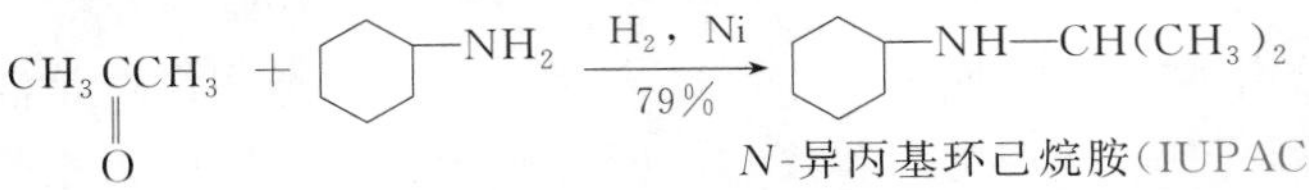

N-异丙基环己烷胺(IUPAC 优先推荐)

(环己基)(异丙基)胺

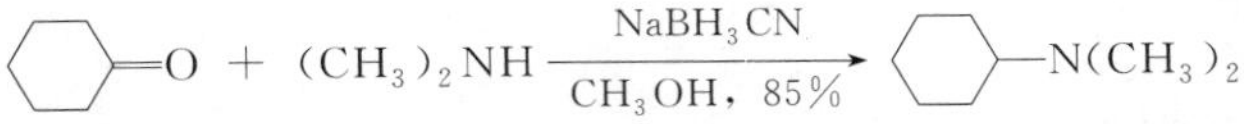

N,*N*-二甲基环己烷胺(IUPAC 优先推荐)

(环己基)(二甲基)胺

$NaBH_3CN$（氰基硼氢化钠）类似于 $NaBH_4$，具有还原性，但在还原胺化反应中更为有效。

15.2.3.4 从酰胺的降解制备

酰胺经 Hofmann 降解反应，可得到比原来的酰胺少一个碳的伯胺（详见第 13 章 13.3.5.3）。例如：

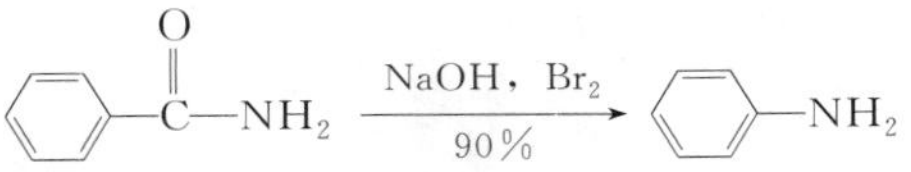

苯胺

$$(CH_3)_3C-\overset{\overset{O}{\|}}{C}-NH_2 \xrightarrow[H_2O,\ 64\%]{Br_2,\ OH^-} (CH_3)_3C-NH_2$$

2-甲基丙烷-2-胺

15.2.3.5 Gabriel 合成法

利用氨的烷基化反应制备脂肪族伯胺时，往往伴随着仲胺和叔胺的生成。Gabriel 合成法提供了一个由卤代烃制备高纯度脂肪族伯胺的好方法。该方法采用邻苯二甲酰亚胺的钾盐和卤代烃反应，生成的 *N*-取代邻苯二甲酰亚胺水解可获得高收率的脂肪族伯胺。例如：

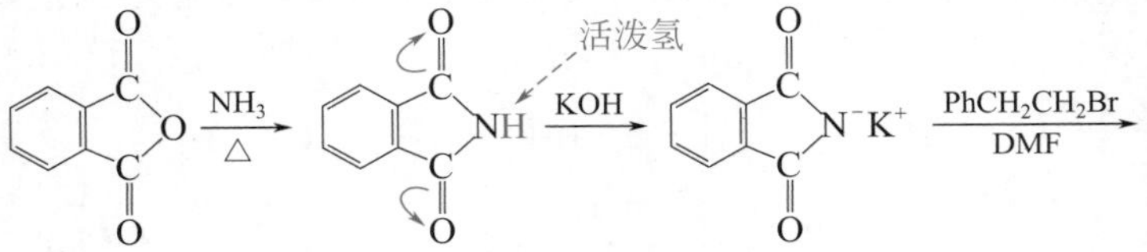

邻苯二甲酰亚胺　　邻苯二甲酰亚胺钾盐

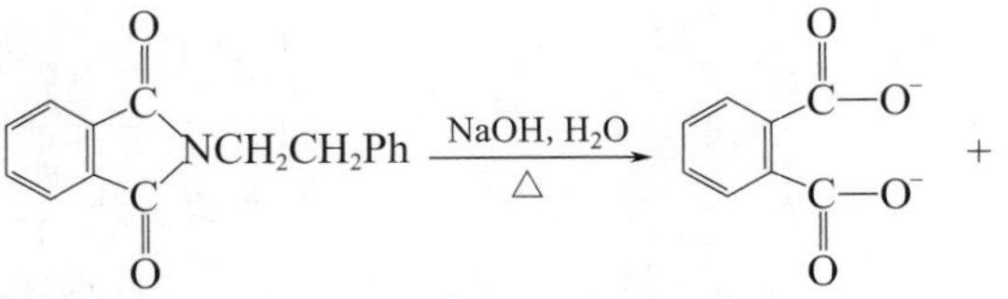

$+\ PhCH_2CH_2NH_2$

2-苯基乙烷胺(95%)

(伯胺)

N-(2-苯基乙基)邻苯二甲酰亚胺

Gabriel 合成法多数情况下适用于实验室制备伯胺（详见第 13 章 13.3.5.1）。

15.2.3.6 硝基化合物的还原

硝基化合物的还原主要用于制备芳香胺，最终还原产物为芳香族伯胺（详见本章 15.1.5.2）。

*15.2.3.7 Buchwald-Hartwig 偶联反应

1995 年，Buchwald（布赫瓦尔德）小组和 Hartwig（哈特维希）小组几乎同时发现：钯催化剂和强碱存在下，胺与芳卤发生交叉偶联反应，产生 C—N 键，生成胺的 N-芳基化产物。此反应是合成芳胺的重要方法。例如：

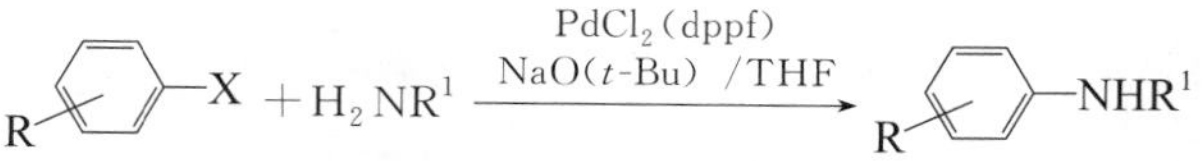

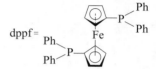

X＝Br、I、OSO$_2$CF$_3$（三氟甲基磺酸酯基）

R＝o-CH$_3$、CN、C(O)Ph、C(O)NEt$_2$

R^1＝烷基或芳基

练习题

1. 完成下列转化。

(1) 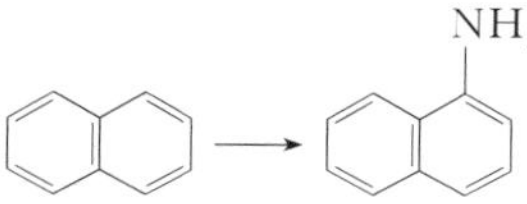
(2) 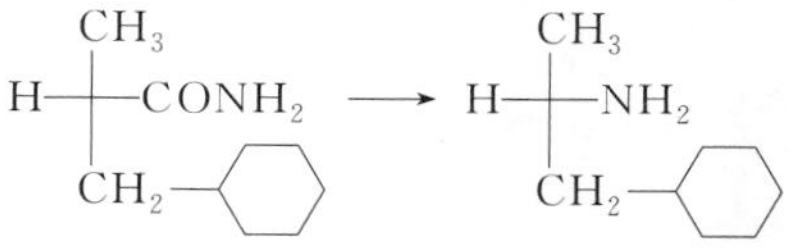
(3) 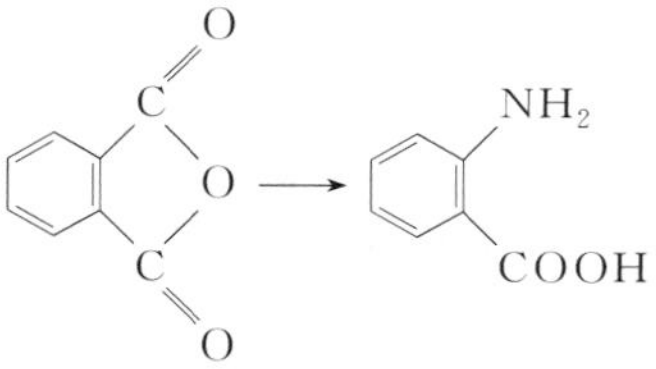
(4)

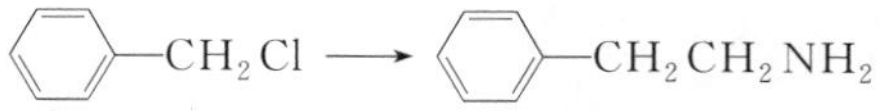

2. 以 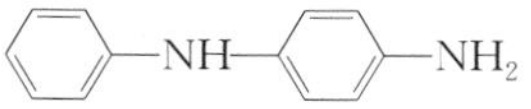 为原料合成 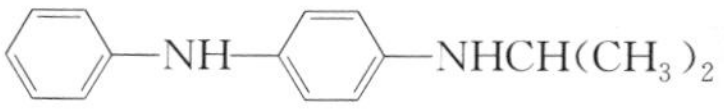 （橡胶抗老化剂）。

15.2.4 胺的物理性质和波谱特征

15.2.4.1 胺的物理性质

甲胺、二甲胺、三甲胺、乙胺是气体，丙胺以上是液体，高级胺是固体。芳香族胺为无色液体或固体。

低级胺的气味与氨相似，有的胺（如三甲胺）有鱼腥味。肉腐烂时的臭气主要是丁二胺或戊二胺的气味，因此，它们又分别叫作腐肉胺和尸胺，是在肉腐烂过程中氨基酸失羧而产生的。

芳胺的毒性很大。如苯胺可以通过吸入或透过皮肤吸收而致中毒，β-萘胺和联苯胺都是致癌物质。

伯胺和仲胺能形成分子间氢键，沸点比分子量相近的烷烃的沸点高，但 N—H····N 氢键比 O—H····O 氢键弱，因此胺的沸点比醇低。叔胺中的氮原子上没有氢，不能形成分子间氢键，其沸点与分子量相近的烷烃沸点相近。例如：

化合物	$C_2H_5CH_2OH$	$C_2H_5CH_2NH_2$	$C_2H_5NHCH_3$	$C_2H_5OCH_3$	$(CH_3)_3N$	$CH_3(CH_2)_2CH_3$
分子量	60	59	59	60	59	58
沸点/℃	97	48	37	11	3	-1

伯胺、仲胺和叔胺都能与水形成分子间氢键，所以低级胺都能溶于水，六个碳原子的胺开始难溶于水。胺一般都能溶于醇、醚、苯等有机溶剂。芳香胺为高沸点的液体或低熔点的固体，难溶于水，易溶于有机溶剂。表15-2是一些常见胺的物理常数。

表 15-2 一些常见胺的物理常数

化合物		熔点/℃	沸点/℃	溶解度/(g/100g 水)
甲胺	CH_3NH_2	-92	-7.5	溶
乙胺	$CH_3CH_2NH_2$	-80	17	溶
丙烷-1-胺	$CH_3CH_2CH_2NH_2$	-83	49	溶
丙烷-2-胺	$(CH_3)_2CHNH_2$	-101	34	溶
丁烷-1-胺	$CH_3CH_2CH_2CH_2NH_2$	-50	78	溶
2-甲基丙烷-1-胺	$(CH_3)_2CHCH_2NH_2$	-85	68	溶
丁烷-2-胺	$CH_3CH_2CH(CH_3)NH_2$	-104	63	溶
2-甲基丙烷-2-胺	$(CH_3)_3CNH_2$	-67	46	溶
二甲胺	$(CH_3)_2NH$	-96	7.5	溶
二乙胺	$(CH_3CH_2)_2NH$	-39	55	溶
乙烷-1,2-二胺	$H_2N(CH_2)_2NH_2$	8.5	117	溶
己烷-1,6-二胺	$H_2N(CH_2)_6NH_2$	42	205	微溶
苯胺	$C_6H_5NH_2$	-6	184	3.7
N-甲基苯胺	$C_6H_5NHCH_3$	-57	196	0.3
N,N-二甲基苯胺	$C_6H_5N(CH_3)_2$	3	194	0.1

15.2.4.2 胺的波谱特征

胺的红外光谱特征吸收如下：

ν_{N-H}：3500～3400cm^{-1}，伯胺为双峰，仲胺为单峰，叔胺不出峰。

δ_{N-H}（面内）：1680～1560cm^{-1}，脂肪伯胺约1615cm^{-1}（中～强），脂肪仲胺约1600cm^{-1}（极弱）。

δ_{N-H}（面外）：910～650cm^{-1}。

ν_{C-N}：1250～1020cm^{-1}（脂肪胺，弱），1360～1250cm^{-1}（芳香胺）。

图15-4和图15-5分别是2-甲基丙烷-1-胺和N-甲基苯胺的红外光谱。

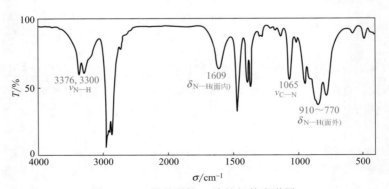

图 15-4 2-甲基丙烷-1-胺的红外光谱图

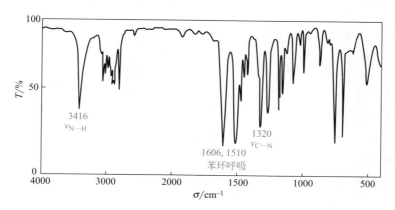

图 15-5　N-甲基苯胺的红外光谱图

　　胺的核磁共振谱类似于醇，N—H 上 ^{1}H 化学位移变化大（0.6～3.0），可被重水交换；氮原子对相邻碳上质子的化学位移的影响如下：

化合物	CH_3CH_3	CH_3NR_2	$R'CH_2NR_2$	R'_2CHNR_2
δ	0.9	约 2.2	约 2.4	约 2.8

图 15-6 和图 15-7 分别是二乙胺和对甲苯胺的 ^{1}H NMR 谱。

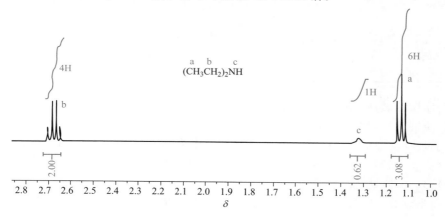

图 15-6　二乙胺的 ^{1}H NMR 谱图（300MHz）

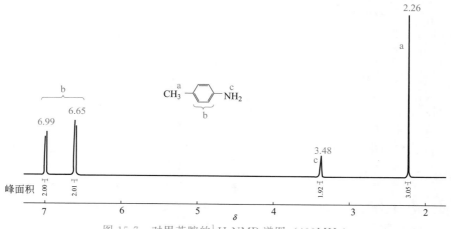

图 15-7　对甲苯胺的 ^{1}H NMR 谱图（400MHz）

15.2.5 胺的化学性质

与氨相似，伯胺、仲胺、叔胺分子中的氮原子均采取 sp^3 杂化，氮原子上都有孤对电子，因此，有机胺最突出、最重要的化学性质是其碱性和亲核性。当氨基直接与芳环相连时，由于—NH_2 是强的第一类定位基（致活基），结果使芳胺更容易进行芳环上的亲电取代反应。

15.2.5.1 碱性和成盐

胺分子的中心氮原子上有一对孤对电子，可以与质子结合而呈现碱性。氨和一些常见的有机胺的 pK_b 值如表 15-3 所示。

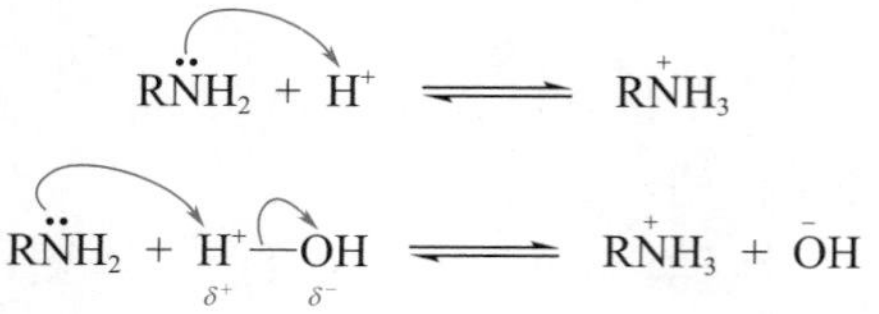

$$R\ddot{N}H_2 + H^+ \rightleftharpoons R\overset{+}{N}H_3$$

$$R\ddot{N}H_2 + \underset{\delta^+}{H^+}—\underset{\delta^-}{OH} \rightleftharpoons R\overset{+}{N}H_3 + \overset{-}{OH}$$

胺的碱性

表 15-3 一些常见的有机胺的 pK_b 值

化合物	pK_b	化合物	pK_b	化合物	pK_b
甲胺	3.36	乙胺	3.36	苯胺	9.38
二甲胺	3.28	正丙胺	3.32	N-甲基苯胺	9.15
三甲胺	4.30	环己烷胺	3.36	N,N-二甲基苯胺	8.93
氨	4.76	六氢吡啶	2.87	二苯胺	13.21

（1）脂肪胺的碱性　脂肪胺的碱性大于氨。在水溶液中，胺的碱性强弱是电子效应、溶剂化效应、空间效应等综合作用的结果。

① 电子效应：烷基的给电子效应使氮原子云密度增大，有利于与 H^+ 的结合，生成的铵离子也因为正电荷得到分散而稳定。因此，从电子效应的角度考虑，脂肪胺中氮原子上连接的烷基越多，碱性越强。

② 溶剂化效应：胺接受质子后形成的氨基正离子在水中要发生溶剂化作用，与水形成氢键，从而使氨基正离子更加稳定。从溶剂化的角度考虑，氮原子上氢原子越多，形成的氢键越多，氨基正离子越稳定，相应胺的碱性越大。

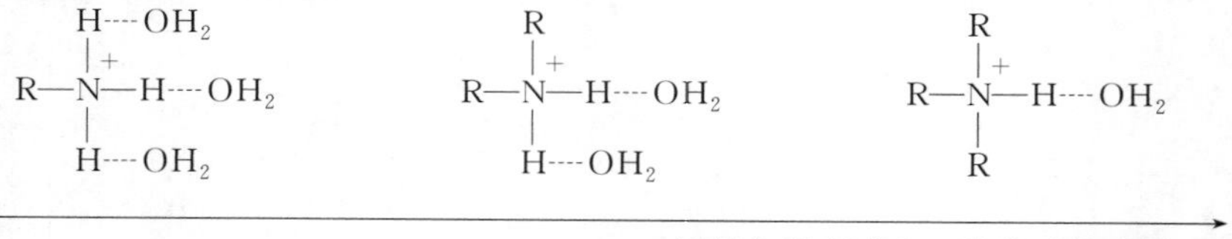

溶剂化程度减小，胺的碱性减弱

③ 空间效应：氮原子上烃基取代越多，质子接近氮原子时的空间障碍越大，孤对电子越不易给出去，胺的碱性越小。

电子效应、溶剂化效应和空间效应等综合作用的结果，导致水溶液中胺的碱性由强到弱的顺序为：

二甲胺＞甲胺＞三甲胺＞氨

在非极性或弱极性介质（如环己烷）中，氨基正离子没有溶剂化效应，碱性强弱顺序为：

三甲胺＞二甲胺＞甲胺；N,N-二甲基苯胺＞N-甲基苯胺＞苯胺

（2）**芳香胺的碱性**　芳香胺的碱性小于氨。这是因为芳胺中氮原子上的孤对电子能够与芳环中的大 π 键共轭（详见图 15-3），电子云从氮原子流向苯环，结果使氮原子上电子云密度降低，给出电子的能力减弱，芳胺的碱性减弱。

利用共振论也可以对芳胺的弱碱性做出解释。例如，苯胺的真实结构是下列极限结构式的共振杂化体：

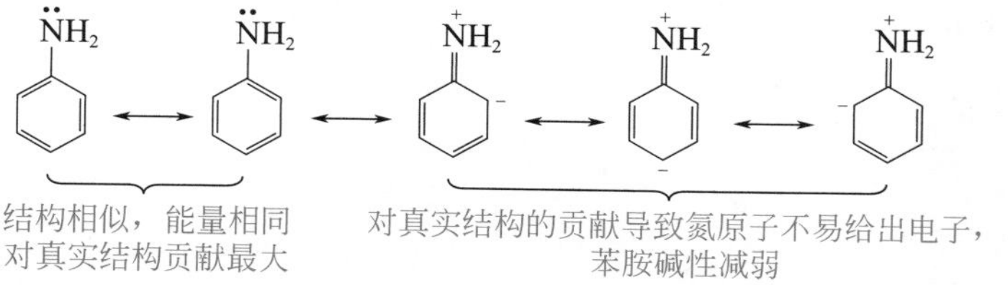

结构相似，能量相同
对真实结构贡献最大

对真实结构的贡献导致氮原子不易给出电子，
苯胺碱性减弱

同理，二苯胺分子中有两个苯环分享氮原子上的孤对电子，氮原子上电子云密度更低，碱性更弱，与强酸生成的盐遇水完全水解。而三苯胺则由于碱性太弱不能与酸成盐。

芳胺分子中芳环上的其他取代基也会对其碱性产生影响。如果芳环上连有致活基，则芳环和氨基上电子云密度增大，芳胺的碱性增强，而致钝基则使芳胺的碱性减弱；当取代基处于氨基的邻、对位时，芳胺的碱性受共轭效应和诱导效应共同影响，而当取代基处于氨基的间位时，芳胺的碱性主要受诱导效应的影响。当取代基处于氨基的邻位上时，受空间效应、分子内氢键等因素的影响，常常会给出非预期的结果（例如，邻甲基苯胺的碱性小于苯胺）。一些取代苯胺的碱性见表 15-4。

表 15-4　一些取代苯胺的碱性

取代基	pK_b			取代基	pK_b		
	邻	间	对		邻	间	对
—H	9.40	9.40	9.40	—OH	9.28	9.83	8.50
—NO$_2$	14.26	11.53	13.00	—OCH$_3$	9.48	9.77	8.66
—Cl	11.35	10.48	10.02	—CH$_3$	9.56	9.28	8.92

（3）**成盐**　脂肪胺易与无机酸（如盐酸、硫酸等）甚至醋酸作用生成铵盐；芳胺的碱性虽然较弱，但一般也能与强酸作用成盐，二芳胺碱性极弱，与强酸作用生成的盐遇水立刻水解，三芳胺不能成盐。

$$CH_3(CH_2)_3NH_2 + CH_3COOH \longrightarrow CH_3(CH_2)_3\overset{+}{N}H_3CH_3COO^-$$

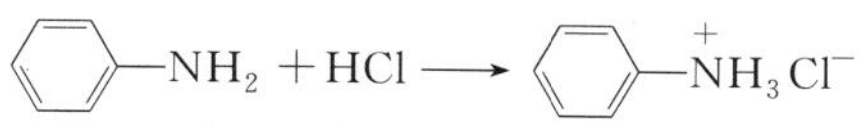

铵盐通常为无色固体，易溶于水，不溶于非极性有机溶剂。当其与强碱（如 NaOH 或 KOH）作用时，则胺可重新游离出来，利用这一性质，可以鉴别和分离不溶于水的胺及其他不溶于水的有机化合物。

练习题　用简单的化学方法分离下列化合物：A. 对甲基苯胺 B. N-对甲苯基乙酰胺（对甲基乙酰苯胺）　C. 对甲基苯酚。

15.2.5.2　烃基化

在有机胺的氮原子上引入烃基的反应称为烃基化反应（alkylation）。

胺的烃基化、酰基
化、磺酰化等反应

为了使反应顺利进行，防止生成消除产物，烃基化试剂一般采用伯卤代烷或者具有活泼卤原子的芳卤化合物；胺的烃基化反应产物是各种烃基化程度不同的胺或季铵盐的混合物（参见本章 15.2.3.1），使用过量的胺可以使产物以一元取代产物为主。

伯卤烷，不易消除

反应过程中产生的卤化氢可加入碱（如三乙胺、碳酸钾、碳酸氢钠、氢氧化钠等）中和吸收：

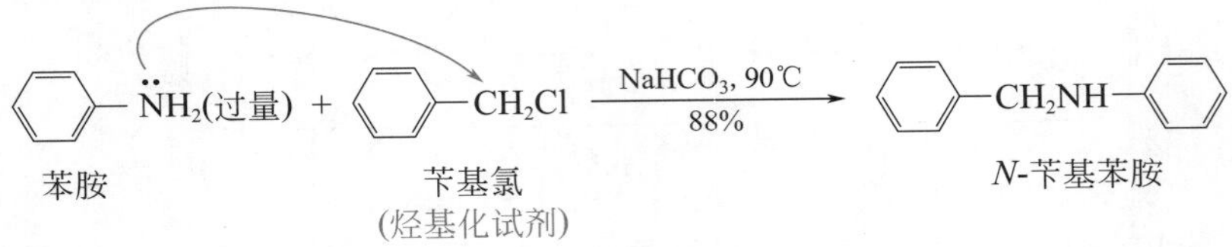

苯胺　　　　　　　　　苄基氯　　　　　　　　　　　　　　N-苄基苯胺
（过量）　　　　　　（烃基化试剂）

有时可用醇或酚代替卤烷作为烃基化试剂。例如：

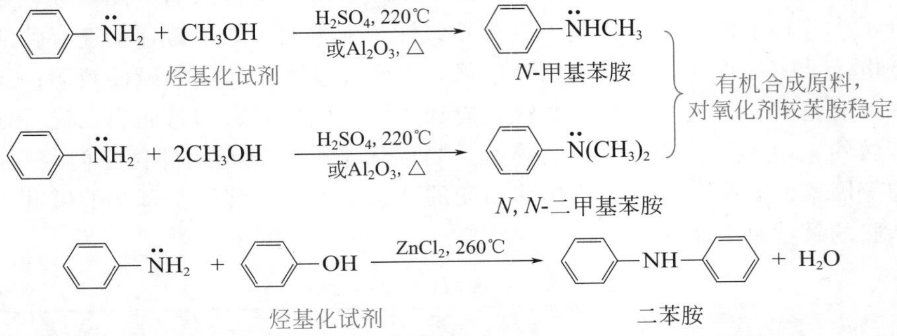

烃基化试剂　　　　　　　　　　　　　N-甲基苯胺　　　　　　　有机合成原料，
　　　　　　　　　　　　　　　　　　　　　　　　　　　　　对氧化剂较苯胺稳定

N,N-二甲基苯胺

烃基化试剂　　　　　　　　　　　　　　二苯胺

练习题　试以对苯二胺和合适的酚为原料合成下列天然橡胶防老剂。

（1） 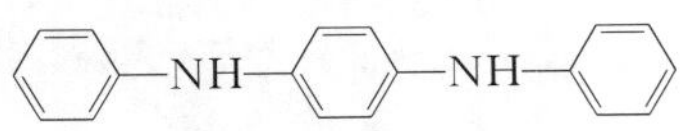　　　（2）

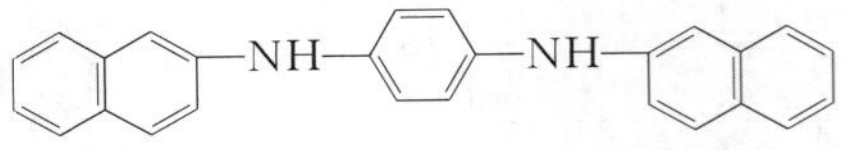

15.2.5.3　酰基化

在第13章我们已经介绍了羧酸衍生物的氨解反应，产物是酰胺。如果用一级胺或二级胺与酰基化试剂（酰氯、酸酐、羧酸等）发生亲核取代反应，则生成 N-取代酰胺或 N,N-二取代酰胺。反应的结果是氨基上的氢原子被酰基取代，因此这个反应又称为胺的酰基化反应。三级胺氮原子上没有氢，不能发生酰基化反应。

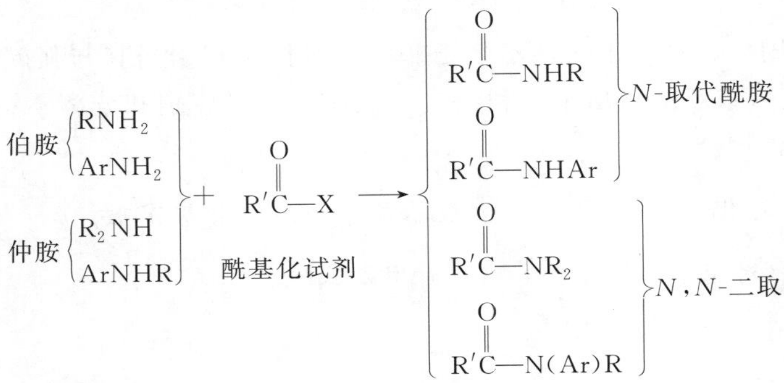

（—X＝—Cl、—OCOR'、—OH）

例如：

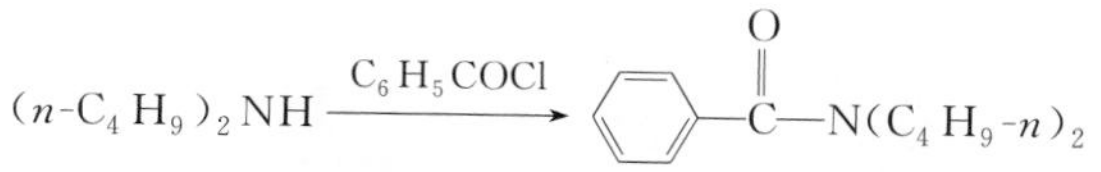

$$(n\text{-}C_4H_9)_2NH \xrightarrow{C_6H_5COCl} C_6H_5-\overset{O}{\underset{\parallel}{C}}-N(C_4H_9\text{-}n)_2$$

在芳胺的氮原子上引入酰基，具有重要的合成意义。

① 保护氨基或降低氨基的致活性。例如：

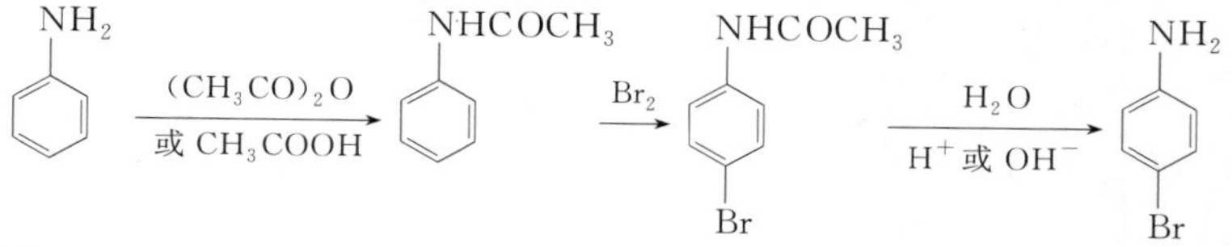

苯胺   乙酰苯胺   对溴苯胺

（易三元溴代，   （可一元溴代，

易氧化）   不易氧化）

② 引入永久性酰基。例如：

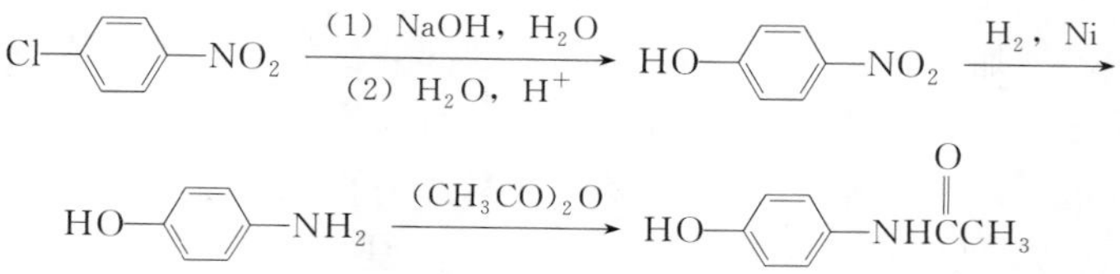

N-(4-羟基苯基) 乙酰胺

N-(4-羟基苯基) 乙酰胺又称为对乙酰氨基酚，音译名"扑热息痛"（paracetamol），是一种常用退烧药。

③ 制备异氰酸酯。例如：

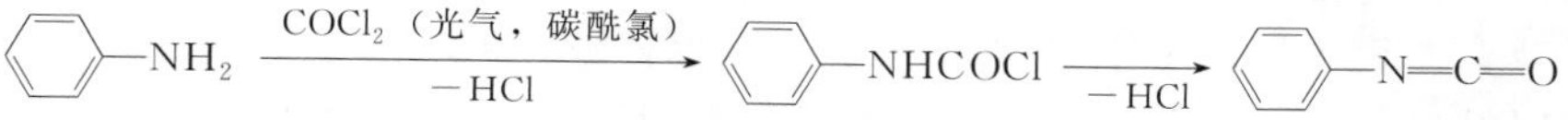

N-苯基氨基甲酰氯   异氰酸苯酯

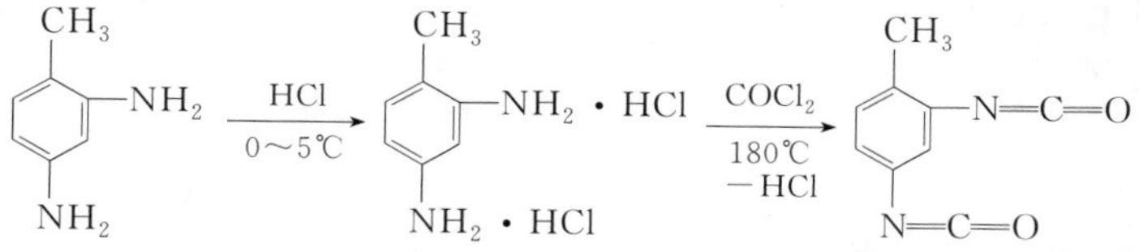

甲苯-2,4-二异氰酸酯（TDI）（官能团类别名）

2,4-二异氰氧基-1-甲基苯（取代名）

异氰酸酯分子中含有累积双键，性质活泼，易与水、醇、胺等加成：

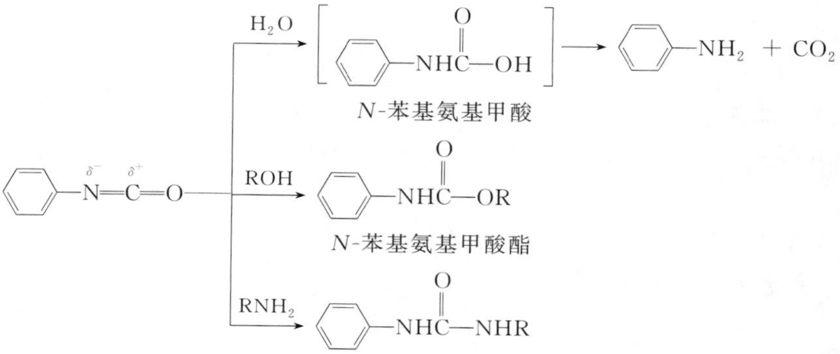

N-苯基氨基甲酸

N-苯基氨基甲酸酯

N,N'-二取代脲

二异氰酸酯与聚酯二元醇或聚醚二元醇反应，可以得到聚氨基甲酸酯树脂（简称聚氨酯）。例如：

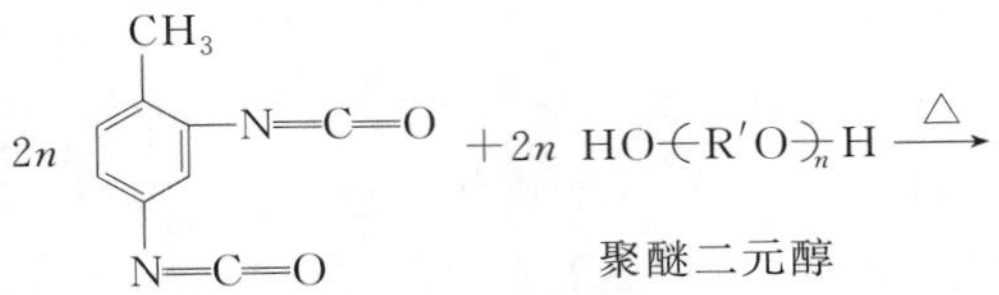

甲苯二异氰酸酯（TDI） 聚醚二元醇 或聚酯二元醇

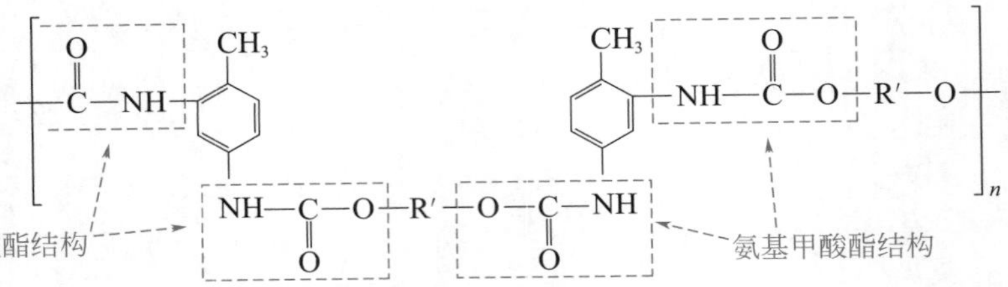

氨基甲酸酯结构 ←------ 氨基甲酸酯结构

聚氨基甲酸酯(聚氨酯)

在聚合过程中，添加少量水与二元醇混合，则部分二异氰酸酯与水反应生成二胺和二氧化碳，在聚合物固化时，二氧化碳形成的小气泡保留在聚合体内，使产品呈海绵状，这就是常见的聚氨酯泡沫塑料，可用作建筑隔热保温材料及各种填充材料。

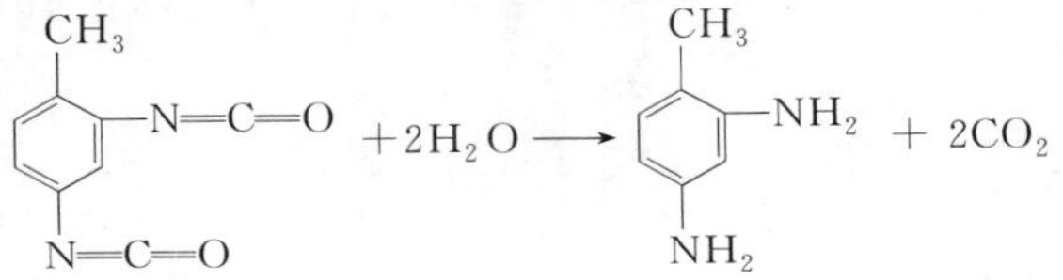

聚氨酯是一类重要的高分子化合物。调节其合成工艺，可得到种类繁多、性能优异、用途广泛的各种聚氨酯产品，用作塑料、橡胶、弹性纤维（如氨纶）、涂料（如水性漆）、胶黏剂、生物医用材料、绝缘材料、塑胶运动场地、合成革、家居装饰材料、造纸及皮革化学品等，应用领域涉及轻工、化工、电子、医疗、纺织、建筑、建材、交通运输、车辆制造、国防、航天、航空等诸多行业。

练习题

1. 以氯苯为原料合成下列化合物。

（1）C_2H_5O——⟨⟩——NH—$\overset{\overset{O}{\|}}{C}CH_3$（phenacetin，非那西汀，抗感冒药 APC 的主要成分之一）

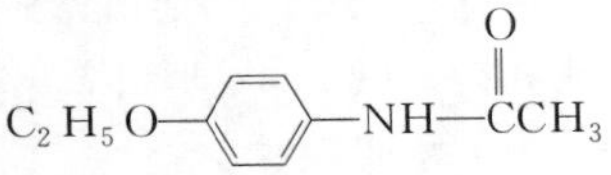

（2）Cl——⟨⟩——$NH\overset{\overset{O}{\|}}{C}CH_2CH_3$（敌稗，一种除草剂）

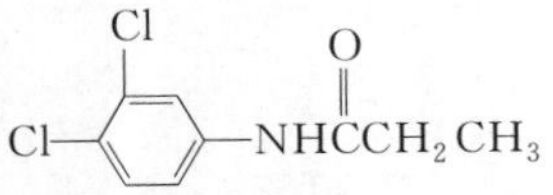

2. 二苯甲烷二异氰酸酯（methylenedipheyl diisocyanate，MDI）和六甲叉基二异氰酸酯（hexamethylene diisocyanate，HDI）是除 TDI 外较常用的合成聚氨酯的原料，试由指定原料合成。

（1）由二苯甲烷为原料合成 $O=C=N$——⟨⟩——CH_2——⟨⟩——$N=C=O$（MDI）。

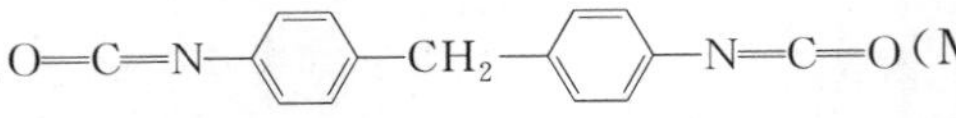

（2）由丁二烯为原料合成 $O=C=N$—$(CH_2)_6$—$N=C=O$（HDI）。

15.2.5.4 磺酰化

苯磺酰氯或对甲苯磺酰氯与伯胺或仲胺反应，可在胺的氮原子上引入磺酰基，生成苯磺酰胺。伯胺生成的苯磺酰胺氮上还有一个氢原子，因受到磺酰基吸电子效应的影响，具有一定的酸性，可溶于氢氧化钠成盐。仲胺生成的苯磺酰胺，其氮上没有酸性氢，不溶于碱。叔胺氮上无氢原子，故不与苯磺酰氯反应。

$$RNH_2$$
$$R_2NH \xrightarrow[\text{NaOH}]{p\text{-}CH_3C_6H_4SO_2Cl}$$
$$R_3N$$

有酸性 ---- RNH—SO₂—◯—CH₃ $\xrightarrow{NaOH}$ Na⁺RN—SO₂—◯—CH₃ （水溶性盐，清亮溶液）

R₂N—SO₂—◯—CH₃ （不溶于NaOH，固体）

不反应(油状液体，可溶于酸)

胺的磺酰化反应称为 Hinsberg（兴士堡）反应，可用来分离、鉴别伯胺、仲胺、叔胺。

15.2.5.5 与亚硝酸的反应

亚硝酸不稳定，一般在反应过程中由亚硝酸钠与盐酸或硫酸作用制得。不同的胺与亚硝酸反应的产物及实验现象不同。

（1）伯胺与亚硝酸的反应 脂肪族伯胺与亚硝酸反应，首先生成极不稳定的脂肪族重氮盐。即使在低温下，脂肪族重氮盐也会迅速分解，定量放出氮气。通过测定氮气的体积，可定量测定伯胺分子中—NH₂的含量。

$$RNH_2 + NaNO_2 + HCl \xrightarrow{0\,℃} [R—\overset{+}{N}≡NCl^-] \xrightarrow{0\,℃} N_2\uparrow + \text{醇、烯、卤烃等的混合物}$$

脂肪族重氮盐
（不稳定）
------定量放出
可用于测定—NH₂的含量

芳香族伯胺与亚硝酸在低温下反应生成芳香族重氮盐。例如：

◯—NH₂ + NaNO₂ + 2HCl $\xrightarrow{0\sim5\,℃}$ ◯—$\overset{+}{N}$≡NCl⁻ + 2H₂O

氯化苯重氮盐
（可制备一系列芳香族化合物）

芳香族重氮盐比脂肪族重氮盐稳定，低温下可稳定存在，在有机合成上有重要用途，可合成一系列芳香族化合物（详见本章 15.3.2）。

（2）仲胺与亚硝酸的反应 无论是脂肪族的还是芳香族的仲胺与亚硝酸作用，均生成难溶于水的黄色油状液体或固体 N-亚硝基胺。例如：

$$(CH_3)_2NH + NaNO_2 + HCl \xrightarrow{88\%\sim90\%} (CH_3)_2N—NO$$

N-亚硝基二甲胺(黄色油状液体,剧毒!)

◯—NHCH₃ + NaNO₂ + 2HCl $\xrightarrow{0\sim10\,℃}$ ◯—N—NO
                                                      |
                                                     CH₃

N-甲基-N-亚硝基苯胺(黄色油状液体,剧毒!)

已有实验证实，N-亚硝基胺有剧毒和强致癌性，可引发多种器官的衰竭以及肿瘤。

脂肪族 N-亚硝基胺与稀酸共热，又可分解为仲胺，因此利用这个性质可精制脂肪族仲胺。

$$R_2N—NO + HCl \xrightarrow{\triangle} R_2NH \cdot HCl \xrightarrow{OH^-} R_2NH$$

（3）叔胺与亚硝酸的反应 脂肪族叔胺氮上没有氢原子，不能与亚硝酸反应；芳香族叔胺与亚硝酸反应，则发生芳环上的亲电取代反应——亚硝化反应。

$$\underset{苯胺}{\text{苯}}\overset{\cdot\cdot}{\text{N}}(CH_3)_2 \xrightarrow[\text{(2) Na}_2\text{CO}_3,\text{ C}_2\text{H}_5\text{OH, }\triangle]{\text{(1) NaNO}_2,\text{ HCl, }5\sim8\,^{\circ}\!\text{C}} \text{ON}-\!\!\!\!-\!\!\!\!-\text{N}(CH_3)_2$$

强致活基

N, *N*-二甲基-4-亚硝基苯胺(95%)

（黄绿色，有毒）

含亚硝基的化合物具有致癌性，在有机合成中较少应用。

由于亚硝酸与各类胺的反应现象明显不同，因此胺与 HNO_2 的反应也可用来区别伯、仲、叔胺。

15.2.5.6 胺的氧化

脂肪胺及芳香胺均容易被氧化。其中最有意义的是用 H_2O_2 或 RCO_3H 与叔胺反应，可得到叔胺氧化物，具有一个长链烷基的氧化叔胺是性能优异的表面活性剂。

$$\text{C}_6\text{H}_{11}-\text{CH}_2\text{N}(CH_3)_2 + H_2O_2 \xrightarrow{90\%} \text{C}_6\text{H}_{11}-\text{CH}_2\overset{O^-}{\underset{+}{\text{N}}}(CH_3)_2$$

叔胺氧化物

若用过氧化氢氧化芳叔胺，则生成氧化芳叔胺：

$$\text{苯}-\text{N}(CH_3)_2 \xrightarrow[\text{或 RCO}_3\text{H}]{\text{H}_2\text{O}_2} \text{苯}-\overset{O^-}{\underset{+}{\text{N}}}(CH_3)_2$$

仲胺用 H_2O_2 氧化可生成羟胺，但通常产率很低：

$$R_2NH + H_2O_2 \longrightarrow \underset{羟胺}{R_2NOH} + H_2O$$

脂肪族伯胺的氧化产物很复杂，无实际意义。芳香族伯胺的氧化产物也很复杂，在合成上用处不大。反应经过下列阶段：

$$\underset{芳胺}{ArNH_2} \xrightarrow{[O]} \underset{N\text{-羟基芳胺}}{ArNHOH} \xrightarrow{[O]} \underset{亚硝基化合物}{ArNO} \xrightarrow{[O]} \underset{硝基化合物}{ArNO_2}$$

因此，苯胺在空气中久置后，会被氧化而颜色逐渐加深，由无色透明→黄→浅棕→红棕。苯胺的这个性质和现象与苯酚类似。

实验室和工业上用二氧化锰加硫酸或重铬酸钾加硫酸氧化苯胺，可制备生产对苯醌：

$$\text{苯}-\text{NH}_2 \xrightarrow[\text{稀 H}_2\text{SO}_4]{\text{MnO}_2} \text{对苯醌}$$

苯胺遇漂白粉显紫色，这是苯胺的特殊反应，可用来检验苯胺：

$$\text{苯}-\text{NH}_2 \xrightarrow{Ca(OCl)_2} O\!=\!\!\!\!\bigcirc\!\!\!\!=\!N\!-\!\!\!\!-\!\!\!\!-\text{NH}_2 \quad (紫色)$$

15.2.5.7 芳环上的亲电取代反应

（1）卤化 $-NH_2$ 是强的致活基，导致芳胺很容易发生多元卤化反应。例如，在苯胺的水溶液中滴加溴水，则立即生成 2,4,6-三溴苯胺。此反应定量完成，可用于苯胺的定性和定量分析。

芳胺芳环上的反应

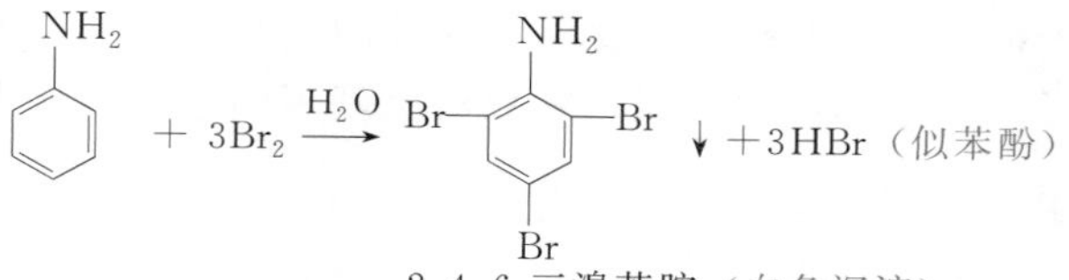

2,4,6-三溴苯胺（白色沉淀）

当苯环上连有其他基团时，亦可发生类似的反应：

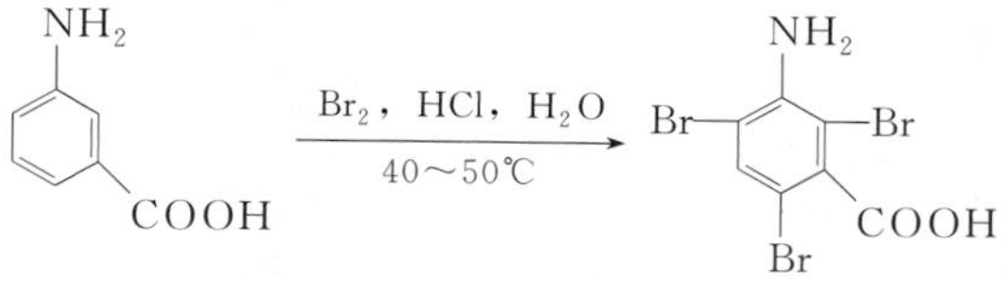

为了得到一元溴代产物，应降低氨基的给电子能力。方法是在氨基上引入酰基，待溴代反应完成后，水解恢复氨基（详见本章 15.2.5.3）。

（2）硝化　由于苯胺很容易被氧化，用硝酸硝化苯胺时，常伴随着氧化反应发生，生成大量焦油状副产物。因此，必须先将苯胺溶于浓硫酸，然后加入硝酸进行硝化，但硝化产物主要是间硝基苯胺且产率较低。

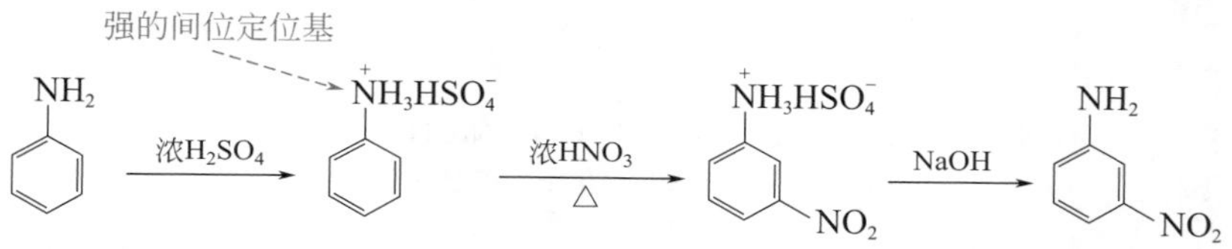

如果需要在氨基的邻、对位引入硝基，则必须先将氨基乙酰化，然后再进行硝化。待硝化反应完成后，水解恢复氨基。例如：

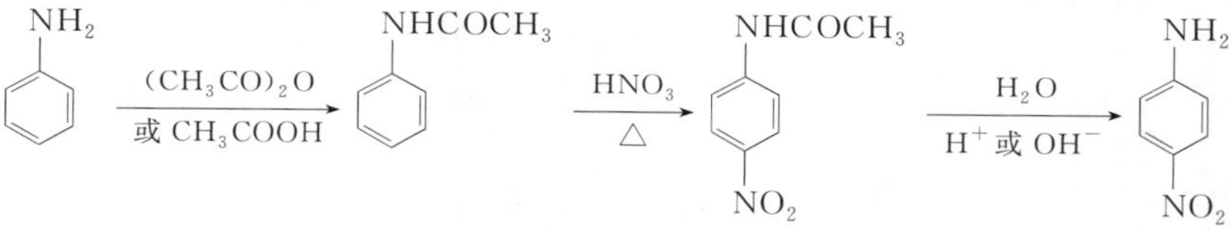

对硝基苯胺

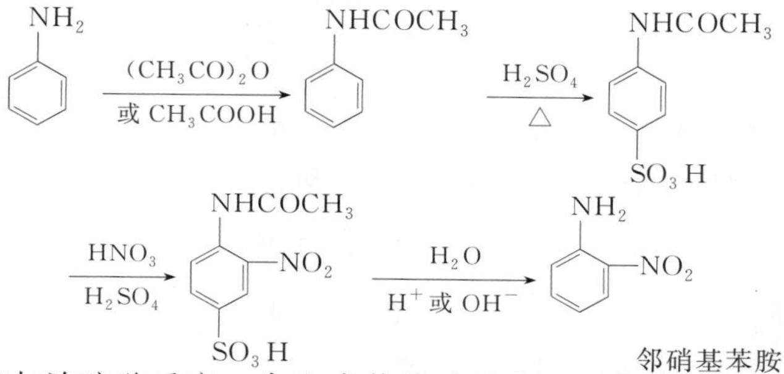

邻硝基苯胺

（3）磺化　苯胺与浓硫酸反应，先生成苯胺硫酸盐，后者在 $180\sim190\,^\circ\mathrm{C}$ 烘焙，得到对氨基苯磺酸。

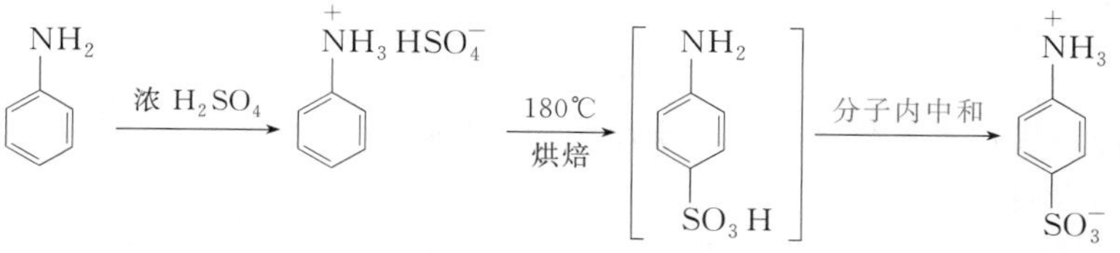

苯胺硫酸盐　　　　对氨基苯磺酸　　　对氨基苯磺酸内盐

（不溶于水）

对氨基苯磺酸分子内同时含有碱性的氨基和酸性的磺酸基，可分子内成盐，以内盐形式存在。这种内盐的分子间静电作用力很强，导致对氨基苯磺酸不溶于水。

练习题 以苯或甲苯为起始原料合成下列化合物。

(1) 邻苯二胺　　(2) 间苯二胺　　(3) 对苯二胺　　(4) 4-氨基-3-溴苯甲酸

15.2.6　季铵盐和季铵碱

叔胺与卤代烃反应生成季铵盐：

$$R_3\ddot{N} + R{-}X \xrightarrow{\triangle} R_4\overset{+}{N}X^-$$
季铵盐

例如：

$$(n\text{-}C_4H_9)_3N + n\text{-}C_4H_9Cl \xrightarrow{\triangle} (n\text{-}C_4H_9)_4N^+Cl^-$$
氯化四丁基铵
(一种相转移催化剂，无毒、价廉)

$$(CH_3)_3\ddot{N} + n\text{-}C_{16}H_{31}Br \xrightarrow{\triangle} n\text{-}C_{16}H_{31}\overset{+}{N}(CH_3)_3Br^-$$
溴化十六烷基三甲基铵
(一种阳离子表面活性剂，抗静电、杀菌)

$$Cl{-}CH_2{-}\underset{\underset{O}{\big|}}{CH}{-}CH_2 + \ddot{N}(CH_3)_3 \xrightarrow[\text{邻基参与}]{\triangle} \underset{\underset{O}{\diagup\!\diagdown}}{CH_2{-}CH}{-}CH_2\overset{+}{N}(CH_3)_3Cl^-$$
氯化三甲基-2,3-氧桥丙烷铵

$$\xrightarrow[\text{开环加成}]{\text{淀粉}{-}OH} \text{淀粉}{-}O{-}CH_2{-}\underset{\underset{OH}{\big|}}{CH}{-}CH_2\overset{+}{N}(CH_3)_3Cl^-$$
阳离子淀粉
(造纸湿强剂，可使纸机高速运转)

季铵盐为结晶固体，具有无机盐的性质，能溶于水，在水中完全电离，不溶于非极性有机溶剂。季铵盐的熔点高，常常在加热到熔点时分解，生成叔胺和卤代烃。

$$R_4\overset{+}{N}X^- \xrightarrow{\triangle} R_3N + RX$$

与 $R\overset{+}{N}H_3X^-$、$R_2\overset{+}{N}H_2X^-$、$R_3\overset{+}{N}HX^-$ 等铵盐不同，季铵盐与强碱作用时，不能得到游离胺，而是得到含有季铵碱的**混合物**：

$$R_4\overset{+}{N}X^- + KOH \rightleftharpoons R_4\overset{+}{N}OH^- + KX$$
季铵盐　　　　　　　季铵碱
(碱性与无机强碱相当)

用湿的氧化银代替氢氧化钾，则由于反应中生成的卤化银不断沉淀析出，从而使平衡向着生成季铵碱的方向移动：

$$R_4\overset{+}{N}X^- + AgOH \longrightarrow R_4\overset{+}{N}OH^- + AgX\downarrow$$
季铵盐　(湿 Ag_2O)　季铵碱

滤去卤化银沉淀，再减压蒸发滤液，即可得到结晶的季铵碱。

季铵碱是强碱，其碱性强度与氢氧化钠或氢氧化钾相当。它具有无机碱的一般性质，易溶于水，在水中完全电离。季铵碱受热可发生分解反应，无 β-H 的季铵碱热分解时，生成叔胺和醇：

$$(CH_3)_4N^+OH^- \xrightarrow{\triangle} (CH_3)_3N + CH_3OH$$

含有 β-H 的季铵碱热分解时，发生 E2 热消除反应，生成烯烃、叔胺和水：

$$CH_3CH_2CH_2CH_2N^+(CH_3)_3OH^- \xrightarrow{\triangle} CH_3CH_2CH=CH_2 + (CH_3)_3N + H_2O$$
氢氧化丁基三甲基铵 　　　　　　　　　　丁-1-烯 　　　三甲胺（叔胺）

当季铵碱分子中存在两种或两种以上可被消除的 β-H 时，通常是从含氢较多的 β-C 上消除氢原子，主要产物为双键上取代基最少的烯烃。这个规律称为 Hofmann 规则，消除取向与卤代烃消除时所遵循的 Saytzeff 规则刚好相反。例如：

$$CH_3CH_2CH_2N^+(CH_2CH_3)_3OH^- \xrightarrow{\triangle} CH_2=CH_2 + CH_3CH_2CH_2N(CH_2CH_3)_2 + H_2O$$
氢氧化三乙基丙基铵 　　　　　　　　　乙烯 　　　　　二乙基丙基胺（叔胺）

$$CH_3CH_2-\underset{\overset{|}{\underset{N(CH_3)_3}{+}}}{CH}-CH_3 \; OH^- \xrightarrow{\triangle} CH_3CH_2CH=CH_2 + CH_3CH=CHCH_3 + N(CH_3)_3 + H_2O$$
　　　　　　　　　　　　　　　　　　　（95%）　　　　　（5%）

这是因为含氢较多的 β-碳原子上氢原子的酸性相对较强：

但是，当季铵盐的 β-C 上连有芳环时，往往得到反 Hofmann 规则的产物。例如：

$$\xrightarrow{\triangle} CH=CH_2 + CH_2=CH_2 + C_2H_5N(CH_3)_2 + H_2O$$
　　　　　　　　　　　　　（93%）　　　（0.4%）　　N,N-二甲基乙烷胺
　　　　　　　　　　　　　　　　　　　　　　　　　　　　（叔胺）

季铵碱的热消除反应可用来推测胺的结构。方法是先用足够量的碘甲烷与胺作用，使胺彻底甲基化转变为季铵盐，再将季铵盐转化为季铵碱，然后进行热分解。根据反应过程中消耗的碘甲烷的物质的量（mol）和生成的烯烃的结构，就可推测原来的胺是几级胺和碳的骨架。这种用过量的碘甲烷处理，最后把生成的季铵碱分解为烯的反应，叫作 Hofmann 彻底甲基化反应。例如，下面两个异构的环状胺经两次 Hofmann 彻底甲基化反应后，得到的二烯结构不同，从而可推测原来的两个环胺异构体的结构。

练习题 完成下列反应，写出主要产物。

(1) $CH_3CH_2CH_2CH_2NHCH_2CH_3 \xrightarrow[\text{(2) } Ag_2O; \text{ (3) } \triangle]{\text{(1) } CH_3I（过量）}$?

(2) $CH_2\!=\!CHCH_2CH_2NHCH_2CH_3 \xrightarrow[\text{(2) } Ag_2O; \text{ (3) } \triangle]{\text{(1) } CH_3I（过量）}$?

(3) $\bigcirc\!\!-\!N\!-\!H \xrightarrow[\text{(2)} Ag_2O; \text{ (3) } \triangle]{\text{(1) } CH_3I（过量）}$?

15.2.7 二元胺

二元胺可以看成是烃分子中的两个氢原子被两个氨基取代后的化合物，其制法和化学性质基本上与一元胺相同。但它们是双官能团分子，可通过加成聚合或缩合聚合反应来制备高分子化合物。

(1) 制法

$$ClCH_2CH_2Cl + 4NH_3 \xrightarrow{110℃} H_2NCH_2CH_2NH_2 + 2\overset{+}{N}H_4Cl^- \quad（亲核取代）$$

$$H_2N\overset{O}{\overset{\|}{C}}\!-\!\bigcirc\!-\!\overset{O}{\overset{\|}{C}}NH_2 \xrightarrow{Br_2, OH^-} H_2N\!-\!\bigcirc\!-\!NH_2 \quad（Hofmann 降解）$$

工业上通常由己二酸来制备 1,6-己二胺：

$$HOOC(CH_2)_4COOH \xrightarrow{NH_3} H_4NOOC(CH_2)_4COONH_4 \xrightarrow[\triangle]{-H_2O}$$

$$H_2NOC(CH_2)_4CONH_2 \xrightarrow[\triangle]{-H_2O} NC(CH_2)_4CN \xrightarrow[90℃, 2MPa]{H_2, Ni} H_2N(CH_2)_6NH_2$$
$$（催化加氢）$$

(2) 性质

$$n\,H_2N(CH_2)_6NH_2 + n\,HOOC(CH_2)_4COOH \xrightarrow[-H_2O]{减压, \triangle} \left[HN(CH_2)_6NHOC(CH_2)_4CO\right]_n$$

　　　己二胺　　　　　　　　己二酸　　　　　　　　　　　　　　尼龙-66

$$H_2NCH_2CH_2\overset{\delta-}{N}\overset{\delta+}{H}\!-\!H + \overset{\delta+}{H_2C}\!\!-\!\!\overset{\delta+}{CH_2} \longrightarrow H_2N\!-\!\!\begin{matrix}CH_2CH_2\\ \\HOCH_2CH_2\end{matrix}\!\!NH \xrightarrow[350℃]{Al_2O_3} HN\bigcirc NH$$
$$\qquad\qquad\qquad\qquad\qquad\qquad\qquad\qquad\qquad\qquad\qquad\qquad\qquad\qquad\qquad\text{哌嗪}$$
$$\qquad\qquad\qquad\qquad\qquad\qquad\qquad\qquad\qquad\qquad\qquad\qquad\qquad\text{（药物合成原料）}$$

$$H_2NCH_2CH_2NH_2 + 4ClCH_2COONa + 2Na_2CO_3 \longrightarrow$$

$$\begin{matrix}NaOOCCH_2 & & CH_2COONa\\ & NCH_2CH_2N & \\ NaOOCCH_2 & & CH_2COONa\end{matrix} \quad + 4NaCl + 2CO_2 + 2H_2O$$

　　　　　　　乙二胺四乙酸钠

$$\left.\quad\right|H^+ \quad 乙二胺四乙酸$$

（EDTA，重要配位剂。用于配位滴定，锅炉用水软化等）

15.3 重氮与偶氮化合物

重氮化合物和偶氮化合物都含有—N₂—结构片段。—N₂—两端都与碳原子相连者称为偶氮化合物（azo compound），—N₂—只有一端与碳原子相连者称为重氮化合物（diazo compound），其中有通用结构 R（或 Ar）—N_2^+ X^- 的化合物称为重氮盐。

具有通用结构 R—N＝N—R′或 Ar—N＝N—Ar′的化合物习惯上称为偶氮化合物（azo compound）。然而，如果把这类化合物视为"乙氮烯（diazene，HN＝NH）"的衍生物，就可以更方便地对它们进行系统命名。例如：

二苯基乙氮烯   4-(苯基乙氮烯基)苯酚   2,2′-(乙氮烯-1,2-叉基)二(2-甲基丙腈)

diphenyldiazene   4-(phenyldiazenyl) phenol   2,2′-(diazene-1,2-diyl)bis(2-methylpropanenitrile)

（偶氮苯）   （对羟基偶氮苯）   （偶氮二异丁腈）

（自由基引发剂）

重氮化合物的命名："重氮"＋母体氢化合物名称。重氮盐的命名：母体氢化物＋"重氮盐"，并在前面加上"氯化""硫酸氢"等来形容负离子的结构。例如：

重氮甲烷   氯化苯重氮盐   四氟硼酸-7-羟基萘-2-重氮盐

diazomethane   benzenediazonium chloride   7-hydroxynaphthalene-2-diazonium tetrafluoroborate

（甲基化剂）（用于制备一系列芳香族化合物）

15.3.1 重氮盐的制备——重氮化反应

芳香族伯胺在低温下、强酸性介质中与亚硝酸反应，生成重氮盐的反应称为重氮化反应（diazo reaction）。例如：

$$\text{——NH}_2 + \text{NaNO}_2 + \text{HCl} \xrightarrow[0\sim5℃]{\text{过量 HCl}} \text{——N≡NCl}^- + \text{NaCl} + \text{H}_2\text{O}$$

氯化苯重氮盐（重氮苯盐酸盐）

$$\text{——NH}_2 + \text{NaNO}_2 + \text{H}_2\text{SO}_4 \xrightarrow[0\sim5℃]{\text{过量 H}_2\text{SO}_4} \text{——N≡NHSO}_4^- + \text{NaCl} + \text{H}_2\text{O}$$

硫酸氢苯重氮盐（重氮苯硫酸盐）

制备重氮盐时，通常需要注意以下几方面：

① 在水溶液、强酸性介质中进行，HCl 或 H_2SO_4 必须过量。否则，酸量不足，生成的重氮盐可与未反应的苯胺作用，生成偶联副产物。

② 低温（0～5℃）下进行。温度稍高时，重氮盐会分解。绝大多数重氮盐对热不稳定，室温下即可分解，只有个别重氮盐能在室温下稳定存在（如：$p\text{-}O_2N\text{—}C_6H_4\text{—}N_2^+\ HSO_4^-$ 34℃以下不分解）。干燥时，重氮盐遇热爆炸。

③ HNO_2 不能过量，因为过量的亚硝酸会促使重氮盐分解。用淀粉-KI 试纸检测反应

终点，若试纸变蓝，说明 HNO_2 已过量。过量的亚硝酸可加入尿素除去。

重氮盐具有无机盐的典型性质，绝大多数重氮盐易溶于水而不溶于有机溶剂，其水溶液有导电性。芳香族重氮盐相对较稳定，这是因为芳香族重氮盐正离子中的 $C—\overset{+}{N}≡N$ 键呈直线结构，氮-氮键之间的 π 电子与芳环的大 π 键形成共轭体系（如图 15-8 所示），使重氮盐在低温、强酸性介质中能稳定存在。

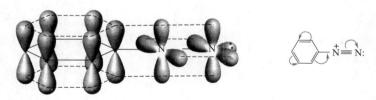

图 15-8　芳香族重氮盐正离子的轨道结构

15.3.2　重氮盐的反应及其在合成中的应用

重氮盐的化学性质很活泼，主要发生两大类反应：一是重氮基（$—N_2^+$）被其他原子或基团所取代并放出氮气的反应；二是反应产物的分子中仍然保留着两个氮原子的反应。

15.3.2.1　失去氮的反应

重氮基在不同的条件下可被氢原子、羟基、卤素原子、氰基等取代，生成一般芳环上亲电取代反应所不能生成的芳香族化合物。这是有机合成中极为重要的一类反应，反应的通式为：

$$Ar—\overset{+}{N_2}Cl^- \text{（或 } Ar\overset{+}{N_2}HSO_4^- \text{）} + Z \longrightarrow Ar—Z + N_2\uparrow$$

重氮盐　　　　　　　　　　亲核试剂

（Z＝—H、—OH、—F、—Cl、—Br、—I、—CN 等）

（1）重氮基被氢原子取代　重氮盐在次磷酸、乙醇等弱还原剂的作用下，重氮基可被氢原子取代，生成芳烃。在该反应中，用乙醇作还原剂时，会生成副产物醚，如果用甲醇代替乙醇，则主要生成醚。因此通常使用次磷酸作还原剂，反应的产率比使用乙醇时高，产品也较为纯净。例如：

由于重氮基来自氨基，所以该反应也可称为去氨基反应。通过在芳环上引入氨基和去氨基的方法，可以合成其他方法不易或不能得到的某些化合物。例如，1,3,5-三溴苯不能通过苯或溴苯直接溴代的方法合成，却很容易通过下列方法制备：

1,3,5-三溴苯

又例如，间溴甲苯不能直接从甲苯溴化制取，也不能从溴苯烷基化制取，因为甲基和溴原子都是邻位、对位定位基。若以甲苯为原料，通过下列方法，可制取间溴甲苯。

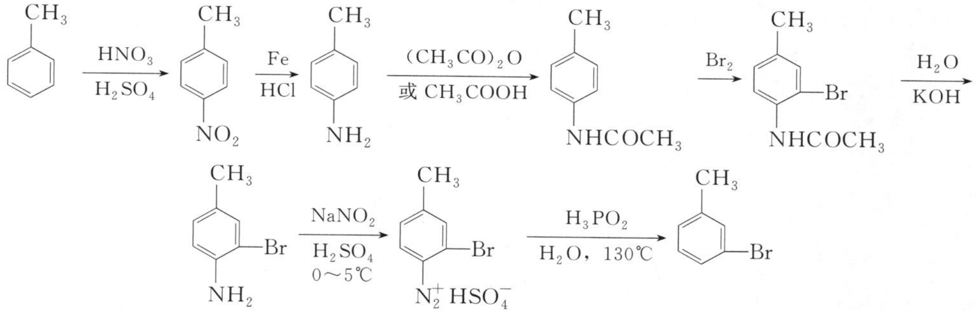

这个合成方法的关键是引入一个比甲基更强的邻位、对位定位基——乙酰氨基

（—NHCCH₃）作为导向基，使溴原子进入所要求的位置，然后，再水解、去氨基。

（2）重氮基被羟基取代　将重氮硫酸盐的酸性水溶液加热即发生水解反应，放出氮气，生成酚。例如：

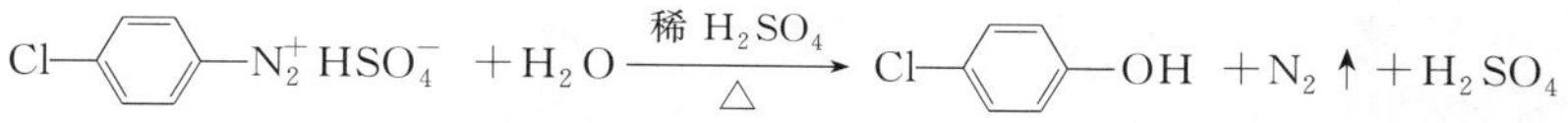

在用重氮盐制备酚时，要用芳香族重氮硫酸盐而不用盐酸盐，以免生成 ArCl 副产物。因为 Cl⁻ 的亲核性比 HSO₄⁻ 强，Cl⁻ 作为亲核试剂更容易与重氮苯基正离子反应，生成 ArCl。此外，反应要在强酸性介质中进行，以免水解反应生成的酚与未反应的重氮盐发生偶联。

利用重氮盐的水解反应可制备无异构体的酚或者用其他方法难以得到的酚。例如，间硝基苯酚可采取从苯制成间二硝基苯，再经部分还原、重氮化、水解的合成路线：

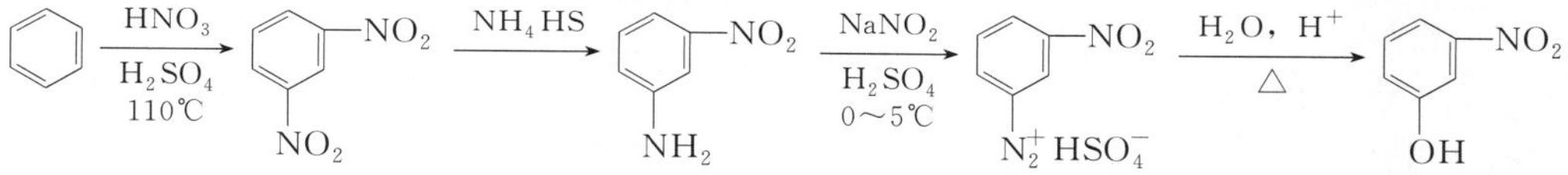

又例如，由对二氯苯制备 2,5-二氯苯酚：

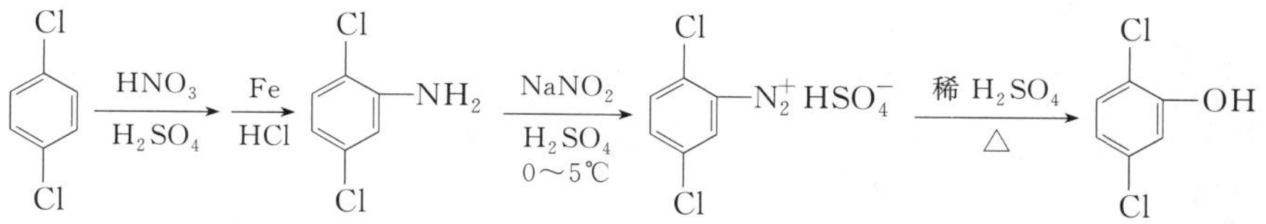

通过重氮盐制取酚的方法，不但路线长，而且产率也不高，因此通常不作为制取酚的首选。只有当用其他方法如异丙苯氧化法、磺化碱熔法制取酚受到限制时才采用此法。

（3）重氮基被卤素取代　芳环上的卤化反应通常只能在芳环上引入氯原子和溴原子，而重氮盐的放氮反应（亲核取代反应）则可在芳环上引入—F、—Cl、—Br、—I。

—F 取代　$Ar-N_2^+Cl^- \xrightarrow{HBF_4} Ar-N_2^+BF_4^- \downarrow \xrightarrow{\triangle} Ar-F+N_2\uparrow$　*Schiemann 反应*

—Cl 取代　$Ar-N_2^+Cl^- +CuCl \xrightarrow[\triangle]{HCl} Ar-Cl+N_2\uparrow$

—Br 取代　$Ar-N_2^+Br^- +CuBr \xrightarrow[\triangle]{HBr} Ar-Br+N_2\uparrow$

Sandmeyer 反应

—I 取代　$Ar-N_2^+Cl^- +KI \xrightarrow{\triangle} Ar-I+N_2\uparrow$

利用重氮基被卤原子取代的反应，可制备某些不易或不能用直接卤化法得到的卤代芳烃及其衍生物。芳香族重氮盐在氯化亚铜、溴化亚铜和氰化亚铜存在下分解，分别生成芳基氯、芳基溴和芳基氰的反应，称为 Sandmeyer（桑德迈尔）反应。采用 Sandmeyer 反应时，要注意平衡离子的选择，防止副反应发生。例如：

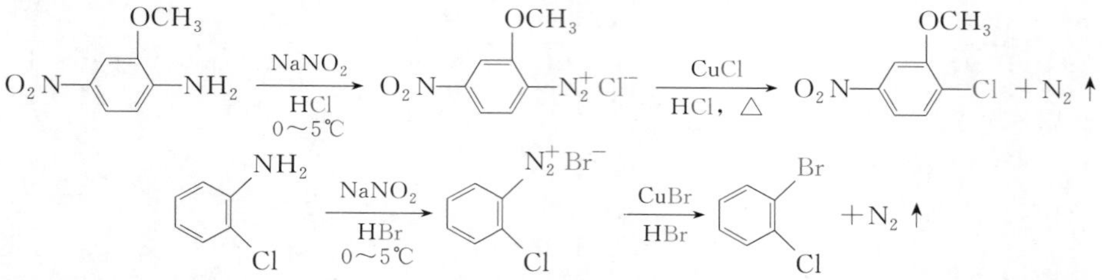

在制备溴化物时，可用价格较低的硫酸代替氢溴酸进行重氮化，但不能用盐酸代替氢溴酸，否则将得到氯化物和溴化物的混合物。这是因为亲核性：$Cl^- > Br^- > HSO_4^-$。

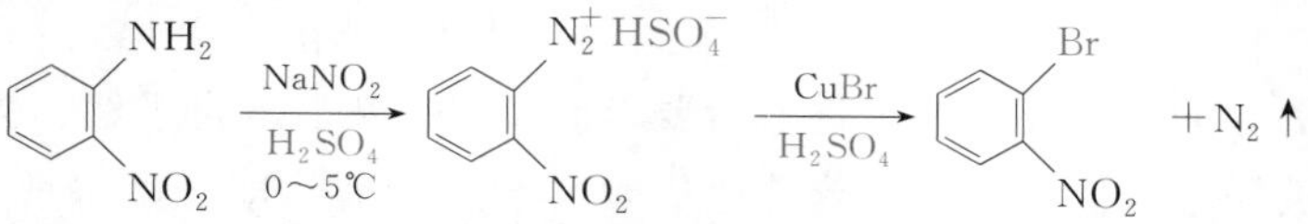

如果用铜粉代替氯化亚铜、溴化亚铜和氰化亚铜，加热分解重氮盐，也可得到相应的卤化物和氰化物，此反应称为 Gattermann（盖特曼）反应。虽然此反应比 Sandmeyer 反应操作简单，但除个别情况外，产率一般比 Sandmeyer 反应略低。

碘负离子是很强的亲核试剂，反应能力较强，不必使用碘化亚铜催化，直接加热重氮盐的碘化钾溶液，即可生成相应的碘化物。

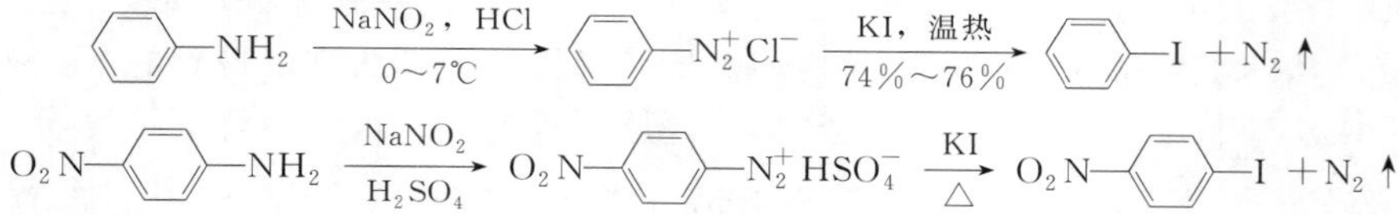

而氟离子的反应能力很差，不能直接取代重氮基，必须先将可溶于水的重氮盐转化为不溶于水的氟硼酸重氮盐，过滤、干燥后，加热分解为芳香族氟化物。此反应称为 Schiemann（希曼）反应。例如：

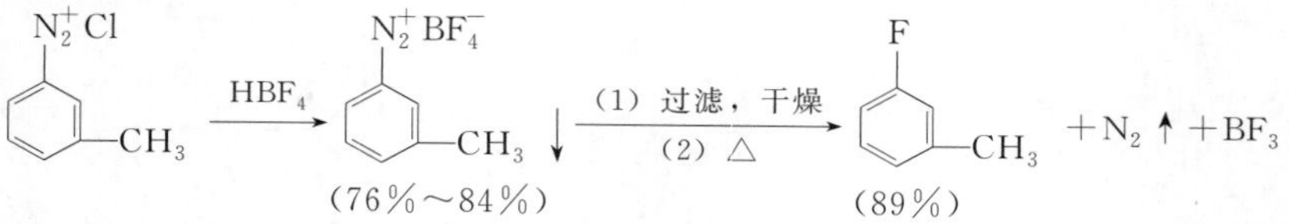

（4）重氮基被氰基取代　重氮盐与氰化亚铜的氰化钾水溶液作用（Sandmeyer 反应）或在铜粉存在下和氰化钾水溶液作用（Gattermann 反应），可使重氮基被氰基取代。

$$Ar-N_2^+Cl^- + KCN \xrightarrow[\triangle]{CuCN} Ar-CN + N_2\uparrow \quad \text{Sandmeyer 反应}$$

$$Ar-N_2^+Cl^- + KCN \xrightarrow[\triangle]{Cu} Ar-CN + N_2\uparrow \quad \text{Gattermann 反应}$$

通过重氮盐在苯环上引入氰基是非常有用的。由于苯的直接氰化是不可能的，因此通过重氮盐在芳环上引入氰基是制备芳香酸的一个较好的方法。例如：

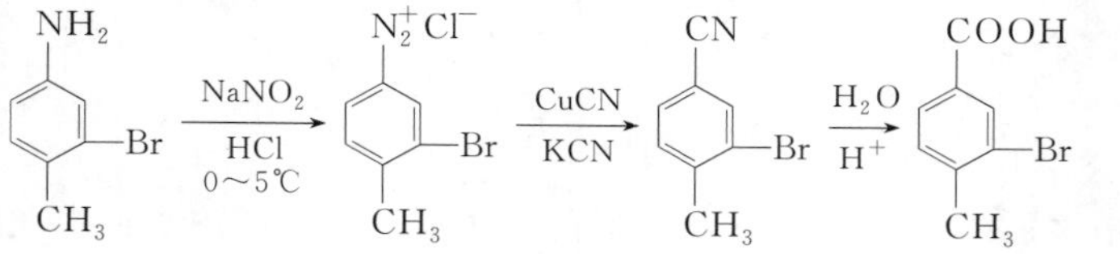

练习题 完成下列转化。

（1）由苯合成间甲基苯胺

（2）由苯合成间溴苯酚

（3）由甲苯合成对甲基苯甲酸

（4）由甲苯合成间氟甲苯

15.3.2.2 保留氮的反应

（1）还原反应 重氮盐用氯化亚锡加盐酸或亚硫酸氢钠等弱还原剂还原得到苯肼盐酸盐，后者加碱即得苯肼：

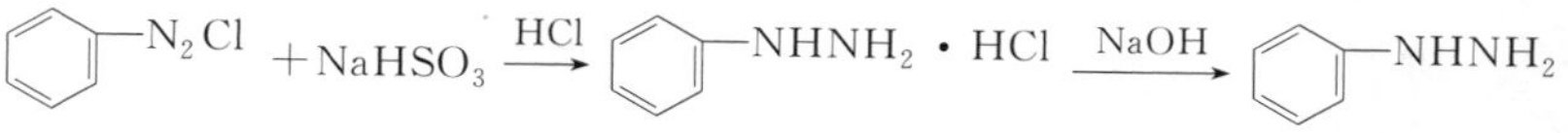

（或 SnCl$_2$）　　　　苯肼盐酸盐　　　　　　苯肼

苯肼是无色液体，沸点 241℃，熔点 19.8℃，不溶于水，有毒，在空气中很容易被氧化而呈深黑色。它是常用的羰基试剂，也是合成药物和染料的原料。

用锌加盐酸等强还原剂还原重氮盐得到苯胺：

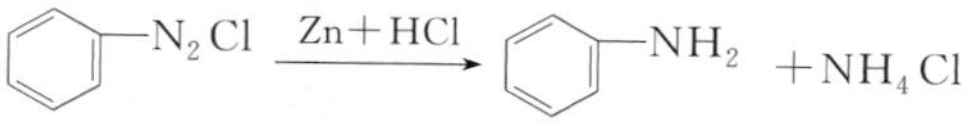

苯肼和苯胺都有重要用途，但毒性都较大，使用时须注意安全。

（2）偶合反应 低温下，重氮盐与酚或芳胺作用，生成分子中含有乙氮烯基（—N＝N—）的化合物。这个反应称为偶合反应或偶联反应（coupling reaction）。参加偶合反应的重氮盐称为重氮组分，与其偶合的酚或芳胺叫作偶联组分。偶合反应是制备偶氮染料的基本反应。

偶合反应属于芳环上的亲电取代反应。由图 15-8 所示，重氮正离子中氮原子上的正电荷可以离域到芳环上，因此它是一个很弱的亲电试剂，只能与芳环上连有羟基、氨基等强致活基的酚类或芳胺进行偶合。

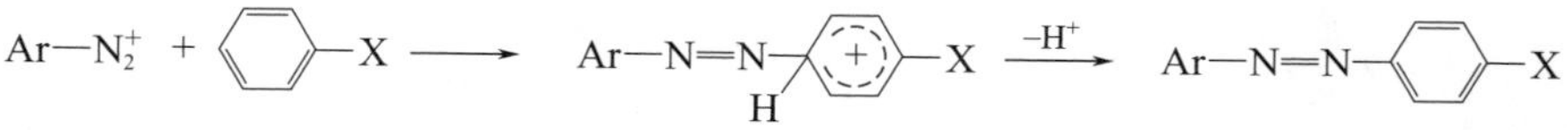

弱亲电试剂　　酚或芳胺　　　　　σ-配合物　　　　　　　乙氮烯衍生物
　　　　　　X=OH, NH$_2$, NHR, NR$_2$　　　　　　　　　　　　　（偶氮化合物）

① 重氮盐与酚的偶合：重氮盐与酚的偶合在弱碱性溶液中进行，通常用氢氧化钠调节 pH 值为 8～10 比较适宜。

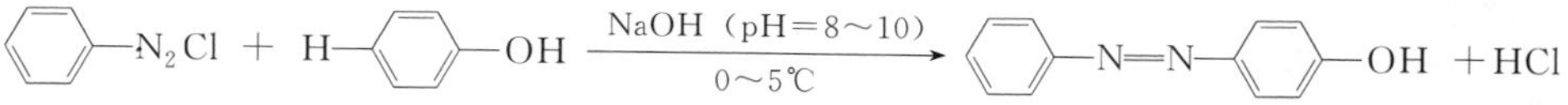

4-(苯基乙氮烯基)苯酚

（对羟基偶氮苯）（红色）

反应通常发生在酚羟基的对位，如果对位上已有取代基，则偶合反应在酚羟基的邻位发生：

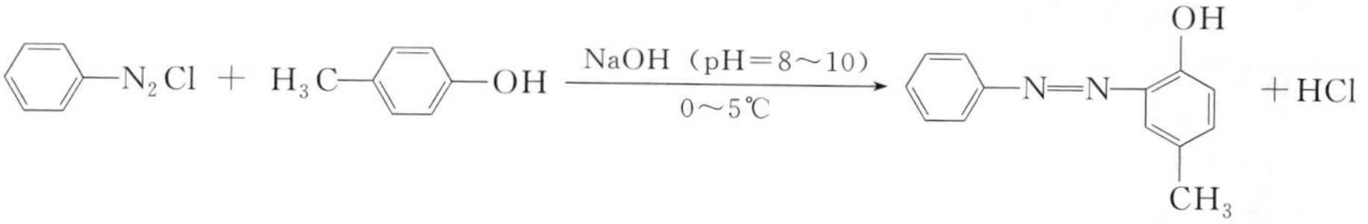

4-甲基-2-(苯基乙氮烯基)苯酚

为什么重氮盐与酚的偶合要在**弱碱性**条件下进行？因为酚是弱酸性物质，与碱作用生成盐，酚盐负离子（ArO^-）中的给电子共轭效应使原羟基的邻、对位电子云密度更大，所以碱性条件有利于酚与亲电试剂重氮盐正离子发生偶合反应。但若 pH>10，则重氮盐（$Ar—N_2^+$）转变为不能发生偶合反应的芳基乙氮烯醇（$Ar—N=N—OH$）或芳基乙氮烯醇钠（$Ar—N=N—O^-Na^+$），从而使偶合反应速率降低或中止。

② 与芳胺的偶合：重氮盐与芳叔胺在弱酸性（pH=5～7）条件下发生偶合，生成对氨基偶氮化合物。若氨基的对位已有取代基，则偶合在邻位发生。例如：

$$\text{（苯环）}—N_2Cl + H—\text{（苯环）}—N(CH_3)_2 \xrightarrow[0\sim5℃]{CH_3COONa（pH=5\sim7）} \text{（苯环）}—N=N—\text{（苯环）}—N(CH_3)_2$$

N,N-二甲基-4-(苯基乙氮烯基)苯胺
（黄色）

在上述反应中，芳叔胺有良好的反应性能，但芳叔胺在水中的溶解度不大，所以加入醋酸钠调节反应体系的 pH 为 5～7，此时芳叔胺因形成铵盐而增大了溶解度。

$$ArN(CH_3)_2 + CH_3COOH \rightleftharpoons Ar\overset{+}{N}H(CH_3)_2 + CH_3COO^-$$

成盐反应是可逆的，随着偶合反应中芳胺的消耗，芳胺的盐会重新转化成芳胺而满足反应的需要。但反应体系的酸性不能太强，否则芳胺大部分以铵盐形式存在而降低了芳胺的浓度，对偶合反应不利。总之，在 pH=5～7 时，$ArN(CH_3)_2$ 的浓度和溶解度最大，最有利于重氮盐与芳胺的偶合反应进行。

芳伯胺和芳仲胺的氮原子上有氢，在冷的弱酸性溶液中，与重氮盐的偶合反应发生在氮原子上，生成三氮烯衍生物。后者在酸性条件下加热重排，可得到乙氮烯衍生物。例如：

$$\text{（苯环）}—\overset{+}{N_2}Cl^- + H_2N—\text{（苯环）} \xrightarrow[0\sim5℃]{CH_3COONa（pH=5\sim7）} \text{（苯环）}—N=N—NH—\text{（苯环）}$$

1,3-二苯基三氮-1-烯

$$\xrightarrow[40℃，重排]{C_6H_5\overset{+}{N}H_3Cl^-} \text{（苯环）}—N=N—\text{（苯环）}—NH_2$$

4-(苯基乙氮烯基)苯胺
（黄色，熔点 127℃）

$$\text{（苯环）}—\overset{+}{N_2}Cl^- + H—\overset{CH_3}{N}—\text{（苯环）} \xrightarrow[0\sim5℃]{CH_3COONa（pH=5\sim7）} \text{（苯环）}—N=N—\overset{CH_3}{N}—\text{（苯环）}$$

3-甲基-1,3-二苯基三氮-1-烯
或者 N-甲基-N-(苯基乙氮烯基)苯胺

$$\xrightarrow[\triangle，重排]{H^+} \text{（苯环）}—N=N—\text{（苯环）}—NHCH_3$$

N-甲基-4-(苯基乙氮烯基)苯胺

③ 与萘环的偶合：重氮盐与萘环的偶合总是发生在连有致活基的环上，因为连有致活基的环电子云密度更大，更有利于亲电取代反应进行。例如：

$$\text{（苯环）}—N_2Cl + \text{（萘环）}—OH \xrightarrow[0\sim5℃]{NaOH（pH=8\sim10）} \text{（苯环）}—N=N—\text{（萘环）}—OH$$

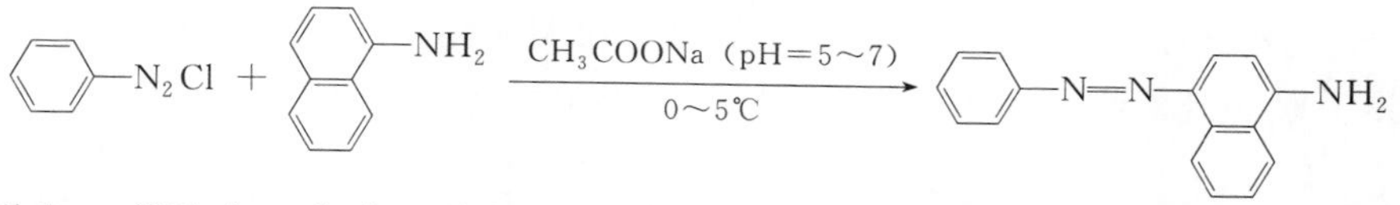

α-萘酚和 α-萘胺在 4-位或 2-位偶合；β-萘酚和 β-萘胺在 1-位偶合，若 1-位被占，则不发生偶合。例如，蓝色箭头所指的位置就是下列化合物发生偶合反应的位置。

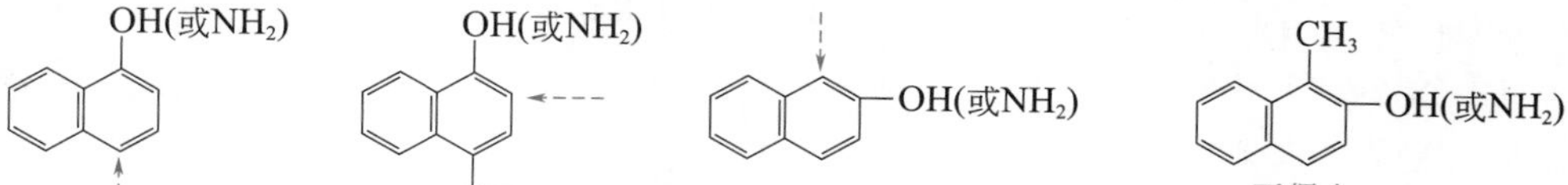

对分子中同时含有氨基和酚羟基的化合物来说，反应介质的 pH 值对偶合位置有十分明显的影响。在 pH 为 5～7 时，偶合优先发生在连有氨基的环上；在 pH 为 8～10 时，偶合优先发生在连有酚羟基的环上。

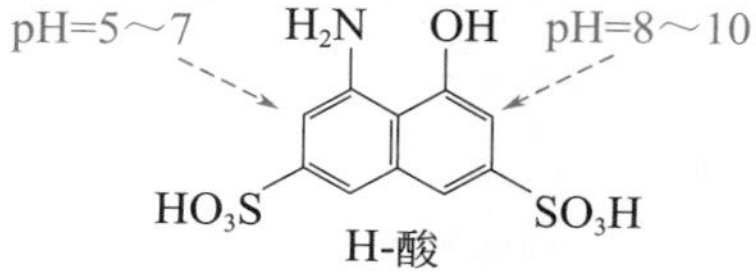

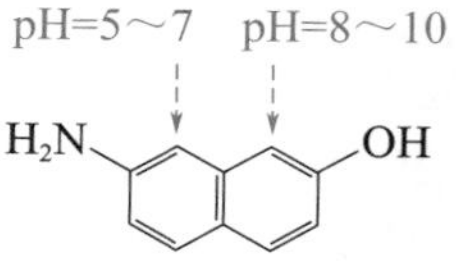

15.3.2.3 偶氮化合物与偶氮染料

芳香族偶氮化合物的通式为 Ar—N =N—Ar′，它们分子中都有偶氮基—N =N—，因而具有颜色。能产生颜色的有机物一般都含有生色团和助色团。生色团一般含有共轭体系或不饱和基，可使有机物发生价电子跃迁而产生颜色，如：Ph—、—N =N—、 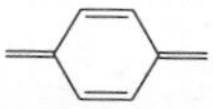 、C =C—C =C、—NO$_2$、—N =O 等；助色团一般含有孤对电子，可使有机物的颜色加深，如：—ÖH、—ṄH$_2$、—ṄR$_2$、—C̈l 等。

芳香族偶氮化合物都有颜色，可用作染料，称为偶氮染料（azo dyes）。有些偶氮化合物可用作分析化学中的指示剂。例如：

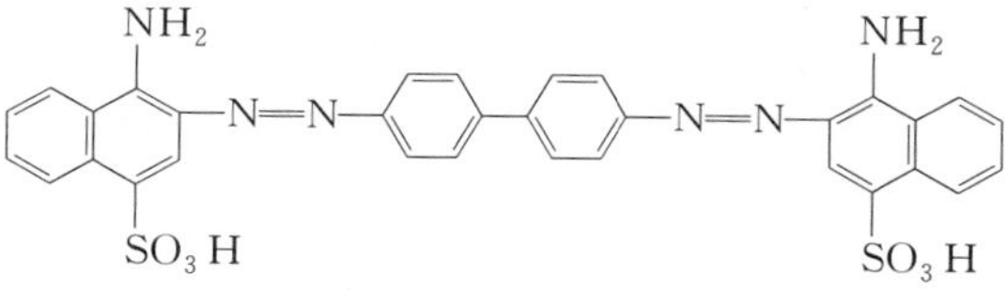

刚果红（染料、指示剂）

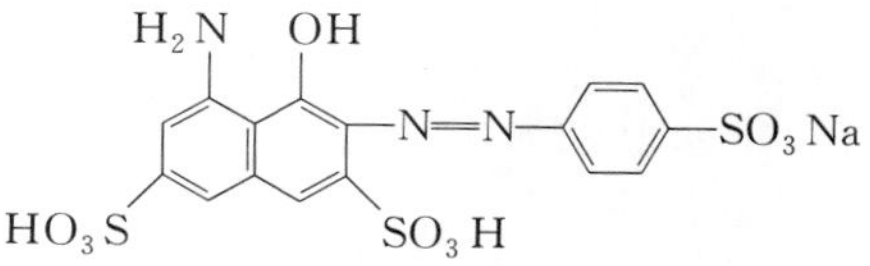

酸性大红 G（染料）

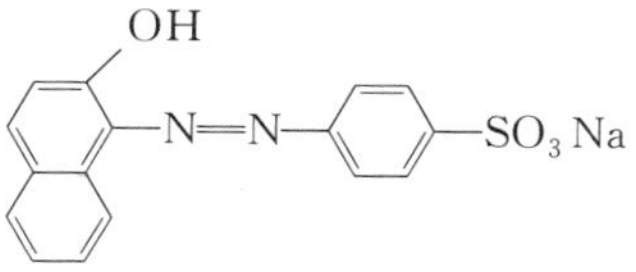

酸性橙 Ⅱ（染料）

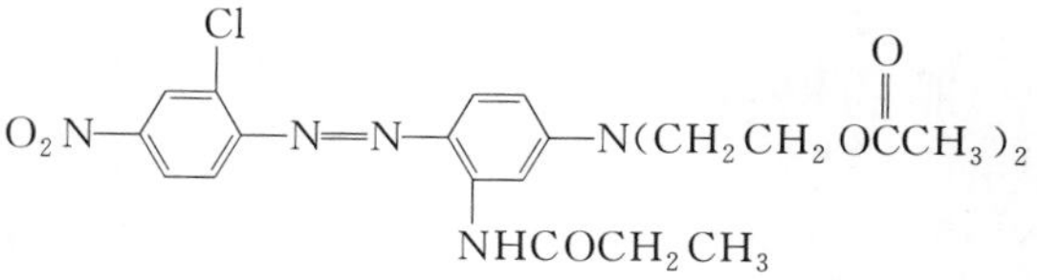

分散红玉 2GFL（染料）

甲基橙是一种常用的酸碱指示剂，它的合成方法及结构如下所示：

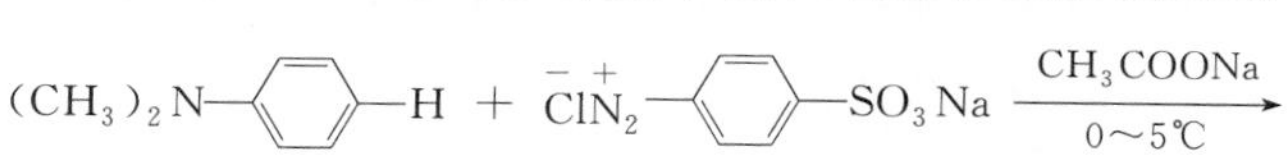

偶合组分　　　　　　重氮组分

$$(CH_3)_2N-\underset{}{\overset{}{\bigcirc}}-N=N-\underset{}{\overset{}{\bigcirc}}-SO_3Na$$

甲基橙

（酸碱指示剂，酸红碱黄，变色范围 pH 3.1～4.4）

偶氮染料是合成染料中品种最多的一类，约占全部合成染料的 60%。根据其使用方法和分子结构，偶氮染料分为酸性、碱性、中性、媒染、分散、冰染、阳离子染料和活性染料等，其颜色各色品种俱全，色调鲜艳亮丽，广泛应用于棉、毛、丝、麻织品以及塑料、印刷、皮革、橡胶产品等的染色或着色。

有少数偶氮染料品种在分解过程中可能产生致癌的芳香胺物质，被欧盟禁用。这些禁用的偶氮染料品种占全部偶氮染料的 5% 左右，并非所有的偶氮结构的染料都被禁用。

练习题 分别指出合成刚果红、酸性大红 G、酸性橙 II、分散红玉 2GFL 时所采用的重氮组分及偶联组分。

15.4 腈

腈（nitrile）可看作是氢氰酸（HCN）分子中的氢原子被烃基取代后的化合物，也可看作是羧酸分子中的羧基（—COOH）被氰基（—CN）取代后的化合物，其通式为 RCN 或 ArCN。腈分子有较大的极性，沸点较高。低级腈为无色液体，可溶于水，如乙腈可与水混溶。高级腈为固体，一般不溶于水。

15.4.1 腈的命名

腈的命名通常是将氰基中的碳原子包括在内，按照腈分子中所含碳原子个数称为"某腈"。例如：

$$CH_3—C\equiv N \qquad CH_2=CH—CN \qquad NC—CH_2CH_2—CN$$

乙腈   丙烯腈   丁二腈   环己烷甲腈
acetonitrile   acrylonitrile   succinonitrile   cyclohexanecarbonitrile

$$CH_3—\underset{\underset{CH_3}{|}}{CH}—CN$$

2-甲基丙腈（2-methylpropionitrile）   苯甲腈   2-(4-硝基苯基)乙腈
异丁腈（isobutyronitrile）   benzonitrile   2-(4-nitrophenyl)acetonitrile

15.4.2 腈的化学性质

在腈分子中，由于 C≡N 三键的存在，腈的化学反应主要发生在氰基上。

15.4.2.1 水解

在酸或碱催化下，腈发生水解反应，最后生成羧酸或羧酸盐。腈很容易通过卤代烃与氰化钠或氰化钾等反应制备，所以，氰基水解是制备羧酸的常用方法之一。例如：

$$NC—CH_2CH_2CH_2—CN \xrightarrow[\triangle,\ 83\%\sim85\%]{H_2O,\ HCl} HOOC—CH_2CH_2CH_2—COOH$$

$$(CH_3)_2CHCH_2CH_2CN \xrightarrow[\triangle]{H_2O,\ NaOH} (CH_3)_2CHCH_2CH_2COONa$$

腈水解为羧酸的过程中，酰胺是中间体。控制反应温度及水的用量，可使氰的水解反应停留在酰胺阶段。例如：

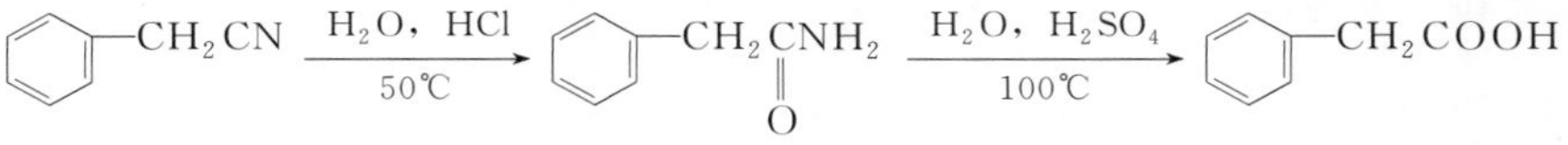

$$(82\%\sim86\%) \qquad (78\%)$$

酸催化下腈的水解机理如下：

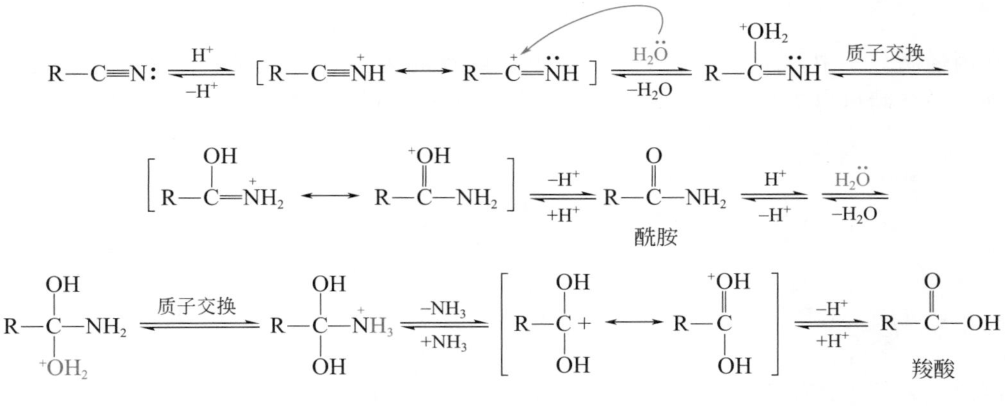

酰胺

羧酸

15.4.2.2 还原

一般情况下，使用氢化铝锂、催化加氢或金属钠等还原剂，均可将腈还原，生成伯胺。例如：

$$CH_3CH_2CH_2CN \xrightarrow[(2)\ H_2O,\ H^+]{(1)\ LiAlH_4} CH_3CH_2CH_2CH_2NH_2$$

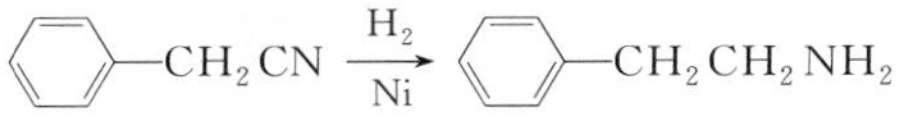

$$NC(CH_2)_4CN + 4H_2 \xrightarrow[2\sim3MPa,\ 97\%]{Ni,\ C_2H_5OH,\ 70\sim90^\circ C} H_2NCH_2(CH_2)_4CH_2NH_2$$

最后一个反应是工业上制备己二胺的方法。

15.4.2.3 与有机金属试剂反应

腈与 Grignard 试剂加成后水解生成酮，这是制备酮的简便方法之一。例如：

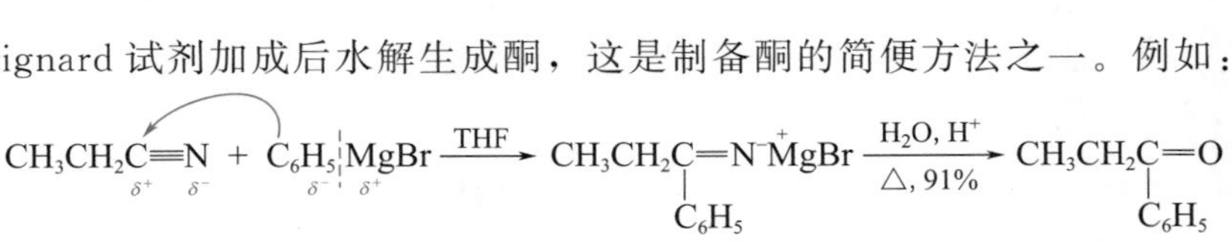

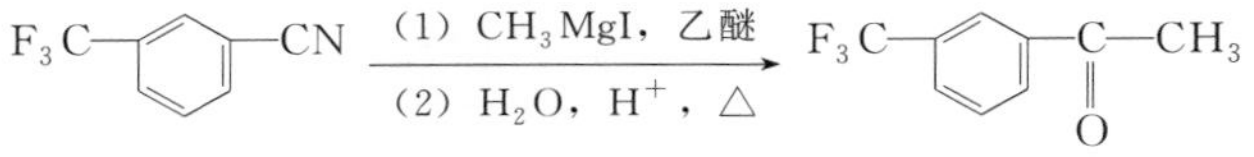

$$CH_3CH_2\underset{\delta^+}{C}\!\equiv\!\underset{\delta^-}{N} + \underset{\delta^-}{C_6H_5}\underset{\delta^+}{MgBr} \xrightarrow{THF} CH_3CH_2\underset{C_6H_5}{\overset{|}{C}}\!=\!N^-MgBr \xrightarrow[\triangle,\ 91\%]{H_2O,\ H^+} CH_3CH_2\underset{C_6H_5}{\overset{\|}{C}}\!=\!O$$

亚胺盐(不再继续加成)

$$(79\%)$$

有机锂试剂常用来代替 Grignard 试剂与腈反应，同样可以得到酮。例如：

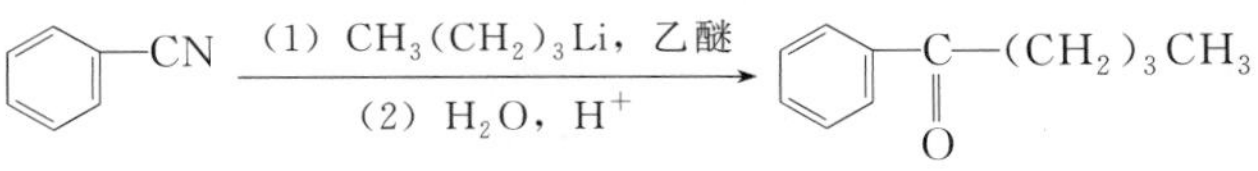

15.4.3 丙烯腈

丙烯腈是无色油状液体，沸点 77.3℃，其蒸气有毒，略溶于水，溶于一般有机溶剂。它是合成纤维和合成橡胶的单体，也是重要的有机合成原料。

15.4.3.1 制法

现代工业上生产丙烯腈的方法主要是丙烯氨氧化法（详见第 3 章 3.5.7.2）。

15.4.3.2 性质及应用

在丙烯腈分子中，含有氰基（C≡N）和碳碳双键（C═C）两种官能团，并且是共轭体系，因此丙烯腈可以进行多种反应，其中一些已在工业上获得应用。

（1）水解　工业上利用丙烯腈分子中氰基的部分水解，大规模生产丙烯酰胺：

$$CH_2=CH-CN+H_2O \xrightarrow[80\sim120℃]{铜催化剂} CH_2=CH-\overset{\displaystyle O}{\overset{\displaystyle \|}{C}}-NH_2$$

丙烯酰胺

$$CH_2=CH-CN+H_2O \xrightarrow[20℃，常压，约100\%]{酶（生物催化）} CH_2=CH-\underset{\underset{\displaystyle O}{\displaystyle \|}}{C}-NH_2$$

丙烯酰胺是生产聚丙烯酰胺（polyacrylamide，PAM）的单体。聚丙烯酰胺为水溶性高分子，根据使用要求，采用不同的聚合工艺，可制成不同分子量、不同离子性（如阳离子、阴离子、非离子、两性离子）、不同剂型（如干粉型、水溶液型、水乳液型、水凝胶型等）的各种 PAM 产品，广泛应用于石油开采、污水处理、选矿、轻工、纺织等领域。

（2）聚合　丙烯腈的主要用途是通过碳碳双键的聚合反应，生产合成纤维、合成橡胶和塑料。例如，丙烯腈在引发剂如苯甲酸过氧酸酐（BPO，原称：过氧化苯甲酰）存在下，可进行自由基聚合反应，生成聚丙烯腈。聚丙烯腈纤维称为腈纶，又称人造羊毛，具有强度高、保暖性好、耐光、耐酸、耐溶剂等优点。

$$n\ CH_2=\underset{\underset{\displaystyle CN}{\displaystyle |}}{CH} \xrightarrow[均聚]{BPO} \begin{bmatrix} CH_2-\underset{\underset{\displaystyle CN}{\displaystyle |}}{CH} \end{bmatrix}_n$$

聚丙烯腈

丙烯腈还能与其他化合物共聚。例如，丙烯腈和丁二烯经低温乳液聚合，得到丁腈胶乳，后者进一步加工处理即得到丁腈橡胶。丁腈橡胶具有良好的耐油性和耐磨性，但耐低温性和绝缘性较差。

$$n\ CH_2=\underset{\underset{\displaystyle CN}{\displaystyle |}}{CH} +n\ CH_2=CH-CH=CH_2 \xrightarrow[共聚]{BPO} \begin{bmatrix} CH_2-\underset{\underset{\displaystyle CN}{\displaystyle |}}{CH}-CH_2-CH=CH-CH_2 \end{bmatrix}_n$$

丁腈橡胶

由丙烯腈、丁二烯、苯乙烯三元共聚，可制成一种热塑性树脂，称为 ABS 树脂。由于三种组分的优势互补，ABS 具有机械强度高、耐冲击、耐热、耐寒、耐化学药品、易于加工、表面光泽好等特点，具有优良的综合性能。

$$m\ CH_2=CHCN +n\ CH_2=CHCH=CH_2 +w\ C_6H_5CH=CH_2 \xrightarrow{共聚}$$

acrylonitrile　　　　butadiene　　　　　　styrene

$$\begin{array}{c}
\left.\!\!\!\!-\!\!\!\!\left(\!CH_2\!-\!\underset{\underset{CN}{|}}{CH}\!\right)_{\!\!m}\!\!\!\left(\!CH_2\!-\!CH\!=\!CH\!-\!CH_2\!\right)_{\!\!n}\!\!\!\left(\!CH_2\!-\!\underset{\underset{C_6H_5}{|}}{CH}\!\right)_{\!\!w}\!\!\!-
\end{array}$$

ABS（一种优良的热塑性树脂）

（3）氰乙基化反应　丙烯腈与含有活泼氢的化合物作用，生成氰乙基衍生物的反应，称为氰乙基化反应（cyanoethylation）。腈乙基化反应属于亲核加成，是 Michael 加成反应的一个特例。例如：

$$C_6H_5-OH+CH_2=CHCN \xrightarrow{OH^-} C_6H_5O-CH_2-CH_2CN$$

$$CH_3-\underset{\underset{O}{\|}}{C}-CH_2CH_3 + CH_2=CHCN（过量）\xrightarrow[\text{叔丁醇}]{KOH} CH_3-\underset{\underset{O}{\|}}{C}-\overset{\overset{CH_3}{|}}{C}(CH_2CH_2CN)_2$$

$$CH_3COCH_2COOC_2H_5+CH_2=CHCN \xrightarrow[60\%]{C_2H_5ONa} CH_3CO\underset{\underset{CH_2-CH_2CN}{|}}{CH}COOC_2H_5$$

氰乙基化反应对医药和染料工业具有重要价值。

本章精要速览

（1）无论是脂肪族硝基化合物还是芳香族硝基化合物，命名时"硝基"只能作为前缀。

（2）脂肪族硝基化合物的 α-H 具有一定酸性，能逐渐溶解于氢氧化钠溶液而形成钠盐，能发生活泼甲叉基的有关反应。

（3）芳香族硝基化合物被还原的最终产物是芳伯胺。$Fe+HCl$、H_2/Ni、$SnCl_2+HCl$、$(NH_4)_2S$ 等均可将硝基还原为氨基。还原剂、介质不同时，还原产物不同。酸性介质中，生成 $ArNH_2$；中性介质中，得 $ArNHOH$；碱性介质中，发生双分子还原，得到 $Ar-\overset{\overset{O^-}{|}}{N}=\overset{+}{N}-Ar$、$Ar-N=N-Ar$、$Ar-NH-NH-Ar$ 等。

（4）硝基与苯环相连时，由于其强的 $-I$ 和 $-C$ 效应，苯环上电子云密度大大降低，亲电取代反应变得困难。但硝基可使邻、对位基团的亲核取代反应活性增加，也使硝基酚和硝基芳香酸的酸性增强。

（5）有机胺可看作是 NH_3 分子中氢原子被烃基取代后的化合物，氮原子采取 sp^3 杂化，有一对孤对电子，从而使有机胺表现出碱性和亲核性。

（6）胺的碱性强弱是电子效应、溶剂化效应、空间效应等综合作用的结果。脂肪胺的碱性大于无机氨，芳香胺的碱性小于无机氨；在水溶液中，脂肪胺的碱性强弱顺序为：仲胺＞伯胺＞叔胺＞氨；芳胺的碱性强弱顺序大致如下：$NH_3 > p\text{-}CH_3O-C_6H_4NH_2 > p\text{-}CH_3-C_6H_4NH_2 > C_6H_5NH_2 > p\text{-}Cl-C_6H_4NH_2 > p\text{-}O_2N-C_6H_4NH_2 > (C_6H_5)_2NH > (C_6H_5)_3N$。氮原子上电子云密度越大，芳胺的碱性越强。

（7）胺的制备及性质小结请参见"脂肪族伯胺的制备及化学性质小结"和"芳香族伯胺的制备及化学性质小结"。

（8）芳香族伯胺（$ArNH_2$）在低温下、强酸性介质中与亚硝酸反应，生成芳香族重氮盐（ArN_2^+），后者在有机合成上有重要意义。

芳香族重氮盐经亲核取代反应（放 N_2 反应），重氮基可被—H、—OH、—F、—Cl、

—Br、—I、—CN 等取代，生成一般芳环上亲电取代反应所不能生成的芳香族化合物。

低温下，重氮盐（ArN_2^+）与酚（$Ar'OH$）或芳胺（$Ar'NH_2$）作用，生成一系列有颜色的芳基乙氮烯类化合物（$Ar—N=N—Ar'$）。后者可用作染料或指示剂。

（9）在 RCN 分子中，由于 $C≡N$ 三键的存在，腈的化学反应主要发生在氰基上。如水解得到酰胺或羧酸、还原得到伯胺、与 Grignard 试剂反应得到酮等。

工业上生产丙烯腈（$CH_2=CHCN$）的方法主要是丙烯氨氧化法。丙烯腈的主要用途是通过 $C=C$ 的聚合反应，生产合成纤维、合成橡胶和塑料。此外，将丙烯腈部分水解可在工业上大规模生产丙烯酰胺。

（10）胺的红外光谱特征：

$\nu_{N—H}$：$3500～3400cm^{-1}$，伯胺为双峰，仲胺为单峰，叔胺不出峰。

$\nu_{C—N}$：$1250～1020cm^{-1}$（脂肪胺，弱），$1360～1250cm^{-1}$（芳香胺）。

脂肪族伯胺的制备及化学性质小结

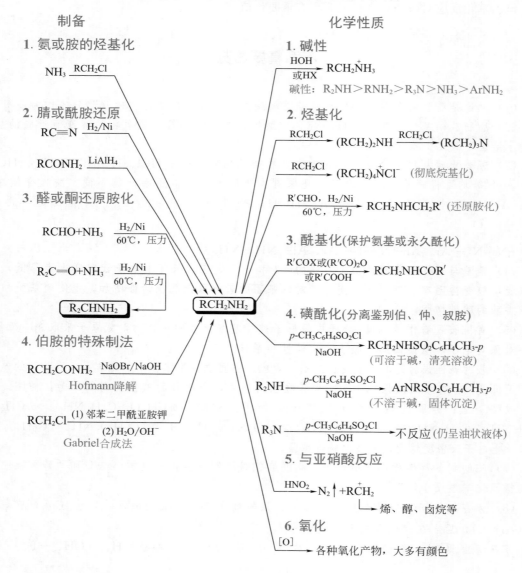

芳香族伯胺的制备及化学性质小结

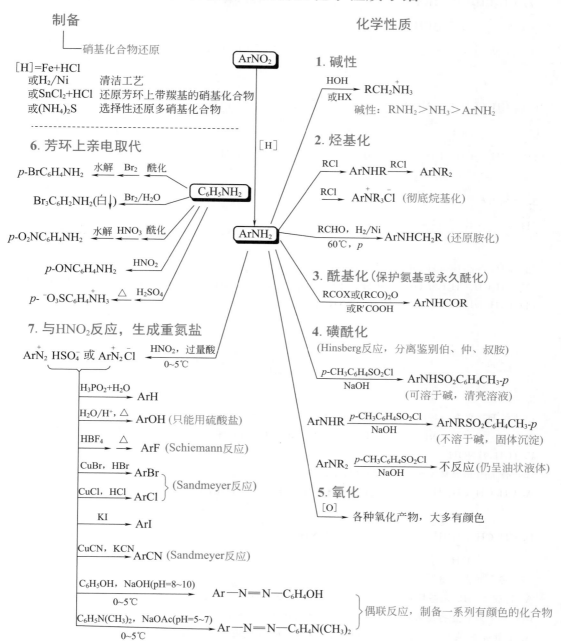

制备

└─ 硝基化合物还原

[H]=Fe+HCl
或H₂/Ni　　清洁工艺
或SnCl₂+HCl　还原芳环上带羰基的硝基化合物
或(NH₄)₂S　　选择性还原多硝基化合物

- -

6. 芳环上亲电取代

p-BrC₆H₄NH₂ ←水解← ←Br₂← ←酰化←

Br₃C₆H₂NH₂(白↓) ←Br₂/H₂O←　　　　C₆H₅NH₂

p-O₂NC₆H₄NH₂ ←水解← ←HNO₃← ←酰化←

p-ONC₆H₄NH₂ ←HNO₂←

p-⁻O₃SC₆H₄NH₃⁺ ←△← ←H₂SO₄←

7. 与HNO₂反应，生成重氮盐

ArN₂⁺ HSO₄⁻ 或 ArN₂⁺Cl⁻ ←HNO₂，过量酸 / 0~5℃←

├─ H₃PO₂+H₂O → ArH
├─ H₂O/H⁺，△ → ArOH (只能用硫酸盐)
├─ HBF₄ △ → ArF (Schiemann反应)
├─ CuBr，HBr → ArBr
├─ CuCl，HCl → ArCl } (Sandmeyer反应)
├─ KI → ArI
├─ CuCN，KCN → ArCN (Sandmeyer反应)
├─ C₆H₅OH，NaOH(pH=8~10) / 0~5℃ → Ar—N=N—C₆H₄OH
└─ C₆H₅N(CH₃)₂，NaOAc(pH=5~7) / 0~5℃ → Ar—N=N—C₆H₄N(CH₃)₂

} 偶联反应，制备一系列有颜色的化合物

化学性质

ArNO₂ →[H]→ ArNH₂

1. 碱性

RCH₂NH₃⁺ ←HOH / 或HX←
碱性：RNH₂＞NH₃＞ArNH₂

2. 烃基化

ArNHR ←RCl← →RCl→ ArNR₂
ArNR₃⁺Cl⁻ ←RCl← (彻底烷基化)
ArNHCH₂R ←RCHO，H₂/Ni / 60℃，p← (还原胺化)

3. 酰基化 (保护氨基或永久酰化)

ArNHCOR ←RCOX或(RCO)₂O / 或R'COOH←

4. 磺酰化
(Hinsberg反应，分离鉴别伯、仲、叔胺)

ArNHSO₂C₆H₄CH₃-p ←p-CH₃C₆H₄SO₂Cl / NaOH←
(可溶于碱，清亮溶液)

ArNHR →p-CH₃C₆H₄SO₂Cl / NaOH→ ArNRSO₂C₆H₄CH₃-p
(不溶于碱，固体沉淀)

ArNR₂ →p-CH₃C₆H₄SO₂Cl / NaOH→ 不反应(仍呈油状液体)

5. 氧化
[O]
→ 各种氧化产物，大多有颜色

$\boxed{习\ 题}$

1. 写出下列化合物的构造式或命名下列化合物。

（1）丁烷-2-胺

（2）N-乙基-2-苯基乙烷胺

（3）二丁基胺

（4）N,N-二甲基环-3-己烯-1-胺

(5) 2-(萘-1-基)乙烷胺

(6) 溴化十二烷基二甲基苄基铵

(7) $CH_3CH_2CH_2\overset{+}{\underset{N(CH_3)_3 OH^-}{C}}HCH_3$

(8) $H_2N-CH_2-\overset{}{\underset{CH_3}{C}}H-CH_2-NH_2$

(9) $O_2N-\!\!\!\bigcirc\!\!\!-N(CH_3)_2$

(10) $H_2N-\!\!\!\bigcirc\!\!\!-NHCH_2-\!\!\!\bigcirc$

(11) $CH_3\overset{O}{\overset{\|}{C}}CH_2CH_2N(CH_3)_2$

(12) 间甲苯基结构，含 $NHCH_2CH_3$ 及 CH_3

(13) $CH_3\overset{OCH_3}{\underset{}{C}}H-CH_2\overset{}{\underset{NH_2}{C}}HCH_2OH$

(14) $H_2N-\!\!\!\bigcirc\!\!\!-NH-\overset{O}{\overset{\|}{C}}CH_3$

2. 完成下列转化。

(1) $\bigcirc\!\!-NO_2 \longrightarrow$ 间氯苯基 $-NH-$ 环己基（Cl 取代）

(2) $CH_2=CH-CH=CH_2 \longrightarrow H_2N(CH_2)_6NH_2$

(3) $CH_3CH_2CH_2CH_2OH \longrightarrow CH_3CH_2CH_2CH_2NH_2$、$CH_3CH_2CH_2NH_2$、$CH_3CH_2CH_2CH_2CH_2NH_2$

(4) C_2H_5OH、$C_6H_6 \longrightarrow C_6H_5-\overset{}{\underset{NHC_2H_5}{C}}HCH_3$

(5) $\bigcirc\!\!-NO_2 \longrightarrow$ （3-溴苯基）$-N=N-$（4-氨基苯基），即 Br 取代的偶氮化合物与 NH_2

3. 排序。

(1) 将下列化合物按碱性由强到弱顺序排列：

A. NH_3　　B. CH_3NH_2　　C. $C_6H_5NH_2$　　D. CH_3CONH_2　　E. NH_2CONH_2

F. $(CH_3)_4NOH$

(2) 将下列化合物按碱性由强到弱顺序排列：

A. $CH_3CH_2\overset{}{\underset{CH_3}{C}}HNH_2$　　B. $CH_3CH_2CH_2CH_2NH_2$　　C. $CH_3\overset{}{\underset{OH}{C}}HCH_2NH_2$

D. $CH_3CH_2\overset{}{\underset{OH}{C}}HNH_2$　　E. $CH_3CH_2CH_2NHCH_3$

(3) 将下列化合物按沸点由高到低顺序排列：

A. 丙胺　　B. 乙基甲基胺　　C. 三甲胺　　D. 丙醇　　E. 正丁烷

(4) 将下列化合物按亲核取代反应活性由高到低顺序排列：

A. 1-氯-4-硝基苯　　B. 1-氯-2,4-二硝基苯　　C. 1-氯-4-甲氧基苯　　D. 氯苯

(5) 将下列化合物按碱性由强到弱顺序排列：

A. $\bigcirc\!\!-NHCOCH_3$　　B. $\bigcirc\!\!-NHSO_2CH_3$　　C. $\bigcirc\!\!-NHCH_3$

D. $\overset{}{N}-CH_3$（哌啶）　　E. 环己基$-NHCH_3$　　F. $\bigcirc\!\!-NH_2$

(6) 将下列化合物按碱性由强到弱顺序排列：

A. 对甲苯胺　　B. 苯基甲烷胺　　C. 2,4-二硝基苯胺　　D. 对硝基苯胺　　E. 对氯苯胺

(7) 将下列化合物按酸性强弱排序：

A. （邻硝基苯酚 OH NO₂）　B. （对硝基苯酚 OH NO₂）　C. （苯酚 OH）　D. （间硝基苯酚 OH NO₂）

4. 用简单的化学方法区别下列化合物。

（1）A. 硝基苯　　B. 硝基环己烷　　C. 间甲苯胺　　D. N-甲基苯胺

E. N,N-二甲基苯胺

（2）A. 苯酚—OH　　B. 苯胺—NH₂　　C. 哌啶 N—H　　D. 哌啶 N—CH₃

5. 用简单的化学方法分离、提纯下列各组混合物。

（1）A. 苯基甲烷胺　　B. N-甲基环己烷胺　　C. 苯甲醇　　D. 对甲苯酚

（2）N,N-二甲基苯胺中混有少量 N-甲基苯胺，请设计实验方案提纯 N,N-二甲基苯胺。

（3）二乙胺中含有少量丙胺。

6. 完成下列反应式。

（1）（邻苯二甲酰亚胺钾盐 N⁻K⁺）$\xrightarrow{BrCH(COOC_2H_5)_2}$? $\xrightarrow[(2)\ C_6H_5CH_2Cl]{(1)\ C_2H_5ONa}$? $\xrightarrow[(2)\ H^+;\ (3)\ \triangle]{(1)\ H_2O,\ OH^-}$?

（2）（硝基苯 NO₂）$\xrightarrow{Fe,\ HCl}$? $\xrightarrow[2H_2,\ Ni]{2HCHO}$? $\xrightarrow[0\sim5℃]{NaNO_2,\ HCl}$?

（3）（萘基 CH₂Cl）$\xrightarrow{NaCN}$? $\xrightarrow{LiAlH_4}$? $\xrightarrow{(CH_3CO)_2O}$?

（4）CH_3CH_2CN $\xrightarrow{H_2O,\ H^+}$? $\xrightarrow{SOCl_2}$? $\xrightarrow{(C_2H_5CH_2)_2NH}$? $\xrightarrow[(2)\ H_2O]{(1)\ LiAlH_4}$?

（5）（对硝基甲苯 CH₃...NO₂）$\xrightarrow{?}$（对甲苯胺 CH₃...NH₂）$\xrightarrow{?}$（重氮盐 CH₃...⁺N₂ HSO₄⁻）

$\xrightarrow{H_3PO_2,\ H_2O}$?

$\xrightarrow[\triangle]{H_2O,\ H^+}$?

$\xrightarrow[CuBr,\ \triangle]{HBr}$?

$\xrightarrow[CuCN,\ \triangle]{KCN}$?

$\xrightarrow[(2)\ \triangle]{(1)\ NaBF_4}$?

$\xrightarrow[CH_3COONa]{p\text{-}CH_3C_6H_4NH_2}$?

（6）$(CH_3)_2CHCH\overset{+}{N}(CH_3)_3\ \overset{-}{O}H \xrightarrow{\triangle}$?
　　　　　 | CH₃

（7）$(CH_3CH_2)_3\overset{+}{N}CH_2CH_2\overset{O}{\overset{\|}{C}}CH_3\ \overset{-}{O}H \xrightarrow{\triangle}$?

（8）CH_3—（苯环）—$CHO + CH_3CH_2NO_2 \xrightarrow{NaOH}$?

7. 由苯、甲苯或萘为原料合成下列化合物（其他试剂任选）。

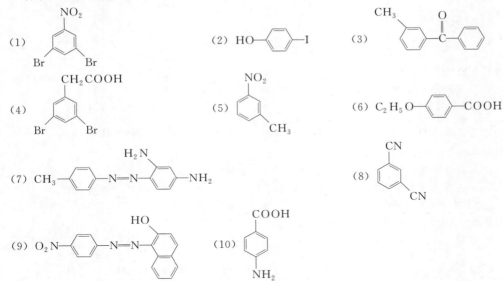

8. 用指定原料合成下列化合物（其他试剂任选）。

（1）由氯苯合成 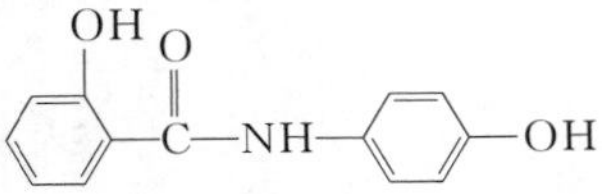 （osalmid，一种利胆药物）

（2）由乙胺和 1,5-二溴戊烷合成

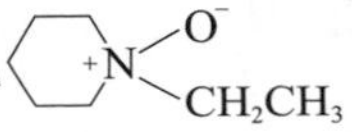

9. 解释下列实验现象。

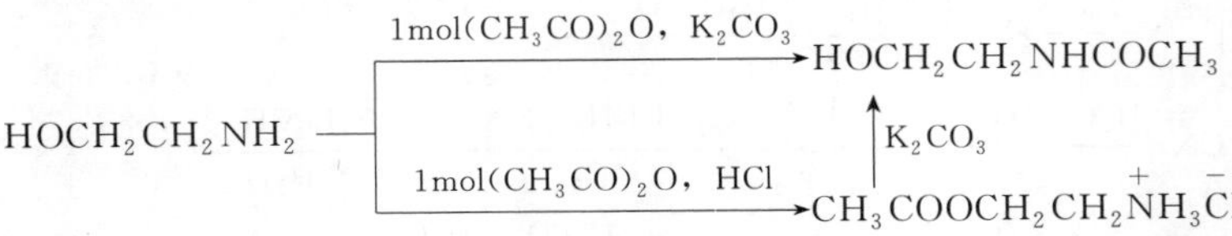

$$HOCH_2CH_2NH_2 \left\{ \begin{array}{l} \xrightarrow{1mol(CH_3CO)_2O,\ K_2CO_3} HOCH_2CH_2NHCOCH_3 \\ \\ \xrightarrow{1mol(CH_3CO)_2O,\ HCl} CH_3COOCH_2CH_2\overset{+}{N}H_3\overset{-}{C}l \xrightarrow{K_2CO_3} \end{array} \right.$$

10. 有些含氮的官能团比普通脂肪胺的碱性强得多，DBN 和 DBU 中的脒基就是其中之一，这两个化合物作为有机碱广泛用于各类有机反应中。

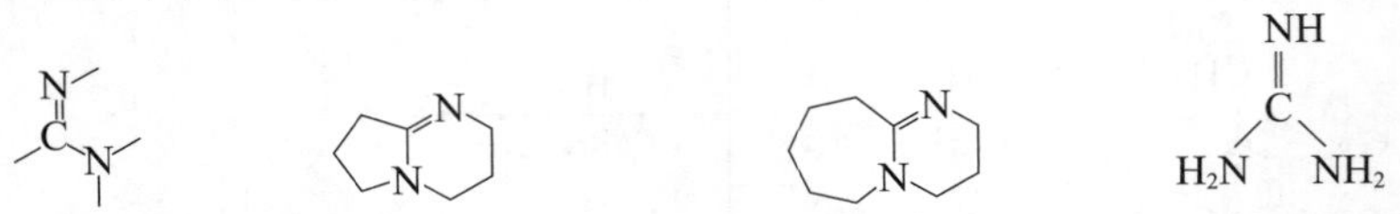

脒基　　　1,5-二氮杂双环[4.3.0]-　　　1,8-二氮杂双环[5.4.0]-　　　胍
　　　　　　壬-5-烯(DBN)　　　　　　十一-5-烯(DBU)

另一个很强的有机碱是胍。指出这些化合物中哪一个氮最容易被质子化，并解释它们比简单胺碱性强的原因。

11. 写出下列反应的机理。

（1）

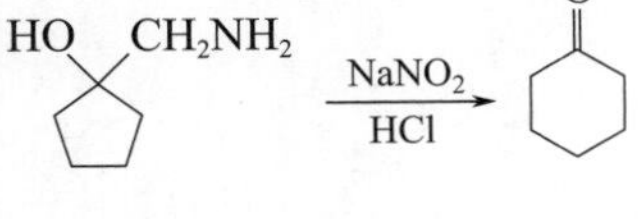

$$\xrightarrow[\text{HCl}]{\text{NaNO}_2}$$

（2）

$$\xrightarrow[\triangle]{\text{CH}_3\text{NH}_2}$$ + CH$_3$OH

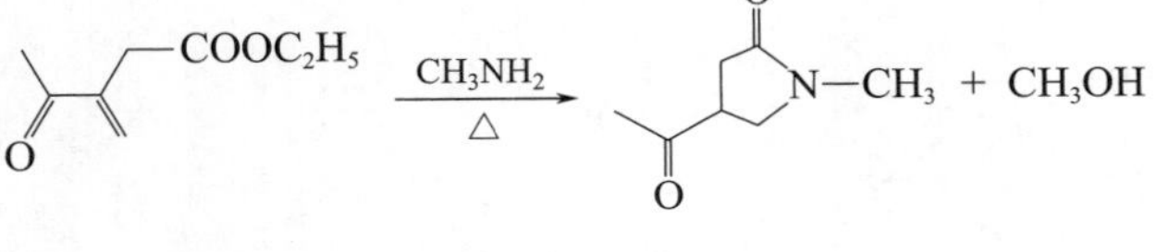

12. 食欲抑制剂 Apetinil 的结构如下，它是伯、仲或叔胺？分别以下列原料合成 Apetinil。

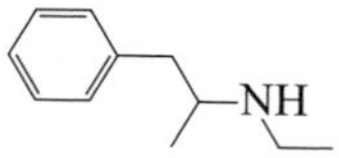

Apetinil

(a) $C_6H_5CH_2COCH_3$ (b) $C_6H_5CH_2\overset{Br}{\underset{}{C}}HCH_3$ (c) $C_6H_5CH_2\overset{CH_3}{\underset{}{C}}HCOOH$

13. 化合物 A 是一种胺，分子式为 C_7H_9N。A 与对甲苯磺酰氯在 KOH 溶液中作用，生成清亮的液体，酸化后得白色沉淀。当 A 用 $NaNO_2$ 和 HCl 在 $0\sim5℃$ 处理后再与 α-萘酚作用，生成一种深颜色的化合物 B。A 的 IR 谱表明在 $815cm^{-1}$ 处有一强的单峰。试推测 A、B 的构造式并写出各步反应式。

14. 化合物 A 的分子式为 $C_7H_{15}N$，与 $2mol$ CH_3I 作用形成季铵盐，用 AgOH 处理得季铵碱后加热得到分子式为 $C_9H_{19}N$ 的化合物 B。B 分别与 $1mol$ CH_3I 和 AgOH 反应，然后加热得到分子式为 C_7H_{12} 的化合物 C 和 $(CH_3)_3N$。C 用 $KMnO_4$ 氧化可得到化合物 D，D 的结构式为 $(CH_3)_2C(COOH)_2$。试推断 A 的结构。

15. 某碱性化合物 A 分子式为 $C_5H_{11}N$，臭氧化可生成一分子甲醛，催化氢化得到化合物 B $(C_5H_{13}N)$，B 也能由酰胺与溴在 NaOH 溶液中处理而获得。A 与过量的 CH_3I 反应，转化为 C $(C_8H_{18}NI)$，C 用 AgOH 处理然后进行热解，得到一个二烯 D (C_5H_8)，D 与丁炔二酸二甲酯反应生成 E $(C_{11}H_{14}O_4)$，通过 Pd 催化脱氢得到 3-甲基邻苯二甲酸二甲酯。请确定 A～E 的结构，并写出 C～D 的转变过程。

16. 化合物 A (C_4H_7N) 的红外光谱在 $2273cm^{-1}$ 处有吸收峰，核磁共振氢谱数据为 $\delta 1.33$（6H，双重峰）、$\delta 2.82$（1H，七重峰）。请写出 A 的构造式。

17. 化合物 A $(C_{15}H_{17}N)$ 用对甲苯磺酰氯和氢氧化钾水溶液处理时，不发生变化，酸化这一混合物得到清澈的溶液。A 的 ^1H NMR 谱数据如下：$\delta 7.2$（5H，多重峰）、$\delta 6.7$（5H，多重峰）、$\delta 4.4$（2H，单峰）、$\delta 3.3$（2H，四重峰）、$\delta 1.2$（3H，三重峰）。请写出 A 的结构式。

第16章 | 含硫、含磷和含硅有机化合物

硫、磷和硅分别与氧、氮和碳同族，只是它们位于元素周期表的第三周期。硫和氧之间、磷和氮之间、硅和碳之间既有相似之处，又有明显的不同。例如，硫、磷、硅原子可以形成与氧、氮、碳相类似的共价键化合物：

ROH	ArOH	ROR′	ROOR	$\overset{O}{\underset{}{R-C-H(R')}}$	$\overset{O}{\underset{}{R-C-OH}}$	
醇	酚	醚	过氧化物	醛（酮）	羧酸	
RSH	ArSH	RSR′	RSSR	$\overset{S}{\underset{}{R-C-H(R')}}$	$\overset{O}{\underset{}{R-C-SH}}$	$\overset{S}{\underset{}{R-C-OH}}$
硫醇	硫酚	硫醚	二硫化物	硫醛（酮）	硫羟酸	硫羰酸
(thiol)	(thiophenol)	(sulfides)	(disulfide)	[thioaldehyde(thione)]	(thiolic acid)	(thionic acid)

$R-NH_2$	R_2NH	R_3N	$R_4\overset{+}{N}\overset{-}{Cl}$
一级胺	二级胺	三级胺	季铵盐
$R-PH_2$	R_2PH	R_3P	$R_4\overset{+}{P}\overset{-}{Cl}$
一级膦	二级膦	三级膦	季䏲盐
(phosphine)			(phosphonium salt)

CH_3CH_3	$(CH_3)_3C-Cl$	$(CH_3)_3C-OH$	$(CH_3)_2C(OCH_3)_2$	$(CH_3)_3C-O-C(CH_3)_3$
乙烷	叔丁基氯	叔丁醇	2,2-二甲氧基丙烷	二叔丁基醚
SiH_3SiH_3	$(CH_3)_3Si-Cl$	$(CH_3)_3Si-OH$	$(CH_3)_2Si(OCH_3)_2$	$(CH_3)_3Si-O-Si(CH_3)_3$
乙硅烷	三甲基氯硅烷	三甲基硅醇	二甲氧基二甲基硅烷	六甲基二硅氧烷
(ethylsilane)	(trimethylchlorosilane)	(trimethylsilanol)	(dimethoxydimethylsilane)	(hexamethyldisiloxane)

但是，与氧、氮、碳相比，硫、磷、硅原子半径较大，电负性较小，价电子层离核较远，受到原子核的束缚力较小。因此，含硫、磷、硅有机物的性质与相应的含氧、氮、碳有机物的性质明显不同。例如，与醛、酮相对应的硫醛、硫酮一般是不稳定的，易于聚合：

$$3\ CH_3-\overset{S}{\underset{}{C}}-CH_3 \xrightarrow{\text{三聚}} $$

丙硫酮

这是因为硫是第三周期元素，它的 3p 轨道与碳原子的 2p 轨道重叠不如 2p 轨道间重叠那样有效。同理，C≡Si 键也是不稳定的：

$$2\ R_2Si=CH_2 \xrightarrow{\text{二聚}} \underset{SiR_2}{R_2Si} $$

另外，硫、磷、硅还具有 3d 空轨道，3s 或 3p 电子可进入 3d 轨道，参与成键。因此，硫、磷和硅原子可以形成最高氧化态为 6 或 5 的化合物，可以看作是硫酸、磷酸的衍生物。

例如，硫的高价化合物有：

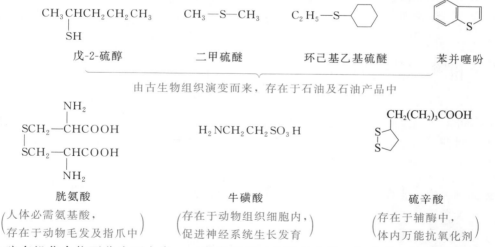

砜（sulfones）　　　　磺酸（sulfonic acid）　　　　硫酸（sulfuric acid）

磷的高价化合物有：

$$R—P(OH)_2 \quad\quad R—P(OR)_2 \quad\quad (RO)_3P{=}O \quad\quad (HO)_3P{=}O$$

膦酸（phosphonic acid）　膦酸酯（phosphonate ester）　磷酸酯（phosphate ester）　磷酸（phosphoric acid）

　　含硫、磷的有机化合物除了在有机合成、工业上和日常生活中有许多应用外，还有一些含硫、磷的有机化合物在生物体内的合成和代谢等方面具有重要的作用，是维持生命不可缺少的物质。自然界中，至今还没有发现有机硅化合物的存在。含硅的有机化合物均为人工合成而得，除了在有机合成上的某些应用外，高分子有机硅在工业上和高新材料技术领域有着更加重要而广泛的应用。

16.1　含硫有机化合物

　　有机硫化合物中都含有 C—S 键。自然界存在许多含硫的有机化合物，如石油及石油产品中的二甲硫醚、戊-2-硫醇、苯并噻吩等，动植物体内的胱氨酸、牛磺酸、辅酶中的硫辛酸等。还有一些天然或者人工合成的含硫有机化合物是重要的药物，如青霉素类药物、磺胺类药物等。

$$CH_3CHCH_2CH_2CH_3 \quad\quad CH_3—S—CH_3 \quad\quad C_2H_5—S—\text{（环己基）}$$
$$\quad\quad | \quad\quad\quad SH$$

戊-2-硫醇　　　　　　二甲硫醚　　　　　　环己基乙基硫醚　　　　苯并噻吩

由古生物组织演变而来，存在于石油及石油产品中

$$SCH_2—\underset{NH_2}{\overset{NH_2}{CHCOOH}}$$
$$SCH_2—\underset{NH_2}{CHCOOH}$$

$$H_2NCH_2CH_2SO_3H \quad\quad \text{硫辛酸} \; CH_2(CH_2)_3COOH$$

胱氨酸　　　　　　　　　　牛磺酸　　　　　　　　　　硫辛酸

（人体必需氨基酸，存在于动物毛发及指爪中）　（存在于动物组织细胞内，促进神经系统生长发育）　（存在于辅酶中，体内万能抗氧化剂）

　　含硫有机化合物可分为两大类。一类为有机二价硫化合物，如硫醇、硫醚、硫酚、硫代羧酸、二硫化物等，它们可看作是醇、酚、醚、羧酸等的含硫类似物；另一类为有机四价和六价硫化合物，它们可以看作是亚硫酸或硫酸的衍生物，如亚砜、亚磺酸、砜、磺酸等。

16.1.1　硫醇、硫酚、硫醚

　　ROH、ArOH、ROR′分子中的氧原子分别被硫原子替代，形成的 RSH、ArSH、RSR′分别叫作硫醇（mercaptan）、硫酚（thiophenol）、硫醚（thioether）。硫醇和硫酚的官能团是巯基（—SH），硫醚的官能团是硫醚键（—S—）。

16.1.1.1 命名

硫醇、硫酚和硫醚的命名分别与醇、酚、醚的命名相似，只需要在相应的"醇""酚"或"醚"前面加"硫"即可。例：

$(CH_3)_2CHCH_2CH_2SH$　　　$HSCH_2CH_2CH_2SH$

3-甲基丁-1-硫醇　　　　　　丙-1,3-二硫醇　　　　　　苯硫酚　　　　　　苄基乙烯基硫醚

3-methylbut-1-thiol　　　　prop-1,3-dithiol　　　　benzenethiol　　　benzyl vinyl sulfane

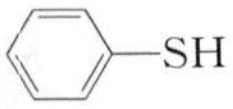

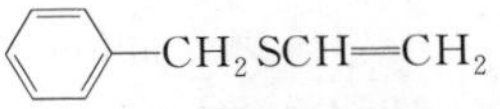

　　　　　　　　（取代名）　　　　　　　　　　　　　　　　　　　　　　　　　（官能团类别名）

16.1.1.2 制备

实验室中常用卤代烷与硫脲反应制取硫醇：

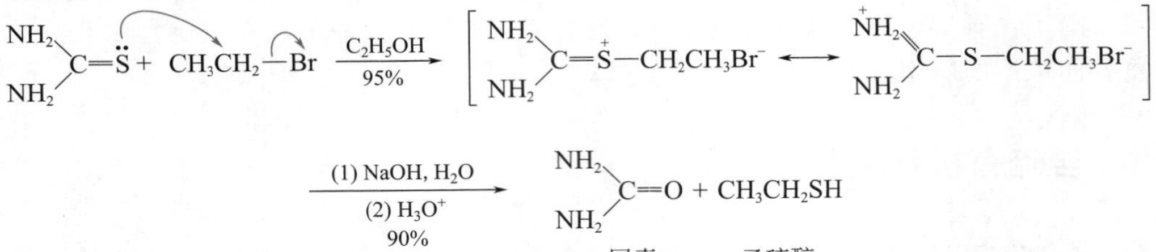

也可通过溴代烷或碘代烷与硫氢化钾制备硫醇。通常是将 H_2S 气体通入 KOH 的醇溶液中，由此产生的硫氢化钾再与卤代烷作用。通入过量的 H_2S 气体可以减少硫醚的生成。

酸性条件下，用锌还原磺酰氯可制取硫酚：

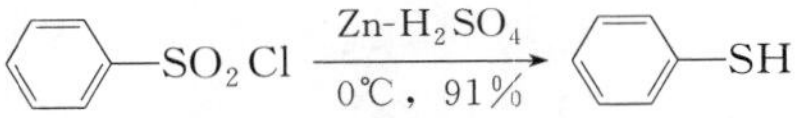

硫醚可由卤代烃的亲核取代反应制备。简单硫醚可由硫化钠或硫化钾与卤代烃制取；混合硫醚的制备与 Williamson 合成法类似，可由硫醇盐或硫酚盐与卤代烷反应制取。

$$2CH_3I + K_2S \longrightarrow CH_3{-}S{-}CH_3 + 2KI$$

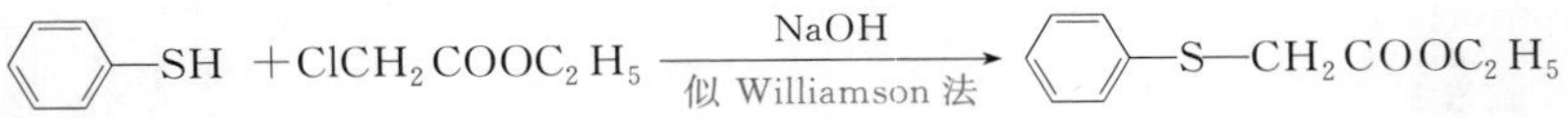

16.1.1.3 物理性质

由于硫的电负性小于氧，硫醇、硫酚难以形成分子间氢键，因此它们的沸点低于相应的醇和酚，在水中的溶解度也小。例如：

化合物	CH_3CH_2OH	CH_3CH_2SH	C_6H_5OH	C_6H_5SH
沸点/℃	78	37	181	168
溶解度/(g/100mL 水)	∞	1.5	8（溶于热水）	难溶

较低分子量的硫醇和硫醚具有极强的难闻气味。例如，乙硫醇在空气中的浓度仅达到五百亿分之一（0.00019mg/L）时，人即可闻到。因此，常将痕量的硫醇加到煤气或天然气中作为警示剂，以便及时发现漏气。黄鼠狼释放的臭气中含有 3-甲基丁-1-硫醇和丁-2-烯-1-硫

醇。某些硫醇在浓度极低但纯度极高时，可用作葱蒜味食品调香剂。例如，丙-1-硫醇具有碎洋葱的气味，烯丙硫醇具有大蒜的气味。

低级硫醚是无色液体，有臭味，不溶于水，沸点比相应的醚高。例如，乙醚的沸点为 $36℃$，而乙硫醚的沸点为 $92℃$。

16.1.1.4 化学性质

(1) 硫醇和硫酚的酸性　由于硫原子半径比氧大，易于极化，氢离子易于解离出来，从而使硫醇、硫酚的酸性比相应的醇、酚强得多，正如 H_2S 的酸性比 H_2O 强得多一样。例如：

化合物	H_2S	H_2O	RSH	ROH	C_6H_5SH	C_6H_5OH
pK_a	6.89 (pK_{a_1})	15.7	约 11	16~18	7.8	10

硫醇和硫酚可与氢氧化钠形成比较稳定的盐。因此，在石油炼制过程中常用 NaOH 洗涤除去硫醇或硫酚。

$$RSH + NaOH \Longrightarrow RS^-Na^+ + H_2O$$

硫醇、硫醚不仅能与碱金属成盐，还能与汞、铅、铜、砷等重金属化合物成盐：

$$2RSH + (CH_3COO)_2Hg \longrightarrow (RS)_2Hg\downarrow (灰白) + 2CH_3COOH$$
(或铅、砷等化合物)

在许多蛋白质和酶中都发现有巯基（—SH）存在，例如辅酶 A 的部分结构是 RCO—NHCH$_2$CH$_2$SH，由于巯基的酸性，许多蛋白质和酶能与汞、铅、铜、砷等重金属离子形成不溶于水的重金属盐，从而使蛋白质和酶失去活性，产生中毒现象。

利用硫醇可与重金属离子成盐的性质，临床上可将某些硫醇作为重金属中毒的解毒剂。例如 $CH_2(SH)CH(SH)CH_2OH$（2,3-二巯基丙-1-醇），医学上称其为巴尔（BAL），它可以夺取已经与有机体内蛋白质或酶结合的重金属离子，与之形成稳定的螯合物从尿液中排出。

$$\begin{array}{c} CH_2-CH-CH_2 \\ | \quad\quad | \quad\quad | \\ SH \quad SH \quad OH \end{array} + (R'S)_2Hg \longrightarrow \begin{array}{c} CH_2-CH-CH_2 \\ \quad| \quad\quad | \quad\quad | \\ \quad S \quad\quad S \quad OH \\ \quad\quad \searrow Hg \swarrow \end{array} + 2R'SH$$

2,3-二巯基丙-1-醇　被结合重金属离子 　　　　　------→ 随尿液排出

(2) 氧化　硫醇、硫醚比相应的醇、醚更容易被氧化。在温和的氧化剂（如 H_2O_2、I_2、O_2、NaOI 等）作用下，硫醇可被氧化为二硫化合物：

$$2RSH + H_2O_2 \longrightarrow R-S-S-R + 2H_2O$$
二硫化合物

$$2RSH + 2NaOH + I_2 \longrightarrow R-S-S-R + 2NaI + 2H_2O$$

而二硫化物在温和的还原剂（如 $NaHSO_3$、Zn 与酸等）作用下，也容易被还原为硫醇。

$$2RSH \underset{[H]}{\overset{[O]}{\rightleftharpoons}} R-S-S-R$$

硫醇　　　　二硫化物

$[O] = H_2O_2$、I_2、O_2、酶等；$[H] = NaHSO_3$、Zn、酸、酶等

在生物体中，二硫键与巯基之间的氧化-还原是一个极为重要的生理过程。例如，胱氨酸和半胱氨酸之间的相互转化、硫辛酸的二硫键在细胞代谢过程中作为氧化剂参与丙酮酸的失羧等，都与二硫键与巯基之间的氧化-还原有关。

在强氧化剂（如 HNO_3、$KMnO_4$ 等）作用下，硫醇、硫酚和二硫化物均可以被氧化为

磺酸。例如：

$$CH_3CH_2SH \xrightarrow{KMnO_4, H^+} CH_3CH_2SO_3H$$

乙硫醇 乙磺酸

　　硫醚也易于被氧化。室温下，H_2O_2、$NaIO_4$ 能够将硫醚氧化为亚砜，亚砜可以继续被氧化生成砜。

$$CH_3-S-CH_3 \xrightarrow{H_2O_2} CH_3-\overset{O}{\underset{}{S}}-CH_3 \xrightarrow{HNO_3} CH_3-\overset{O}{\underset{O}{S}}-CH_3$$

二甲基硫醚 二甲亚砜 二甲砜

（优良的非质子极性溶剂）

四氢噻吩 环丁砜

优良溶剂、空气净化剂(吸收CO_2、H_2S等)

　　（3）亲核反应　硫原子比氧原子可极化能力强。因此，硫醇、硫酚和硫醚的亲核性比相应的醇、酚和醚强，硫负离子也比相应的氧负离子的亲核性强。

　　① 亲核取代反应：硫醇、硫酚在碱性溶液中与卤代烃等发生 S_N2 反应生成硫醚。例如：

$$CH_3CH_2S^-Na^+ + (CH_3)_2CHCH_2-Br \xrightarrow[95\%]{H_2O} (CH_3)_2CHCH_2-SCH_2CH_3 + NaBr$$

$$\text{C}_6\text{H}_5-S^-Na^+ + CH_3-I \xrightarrow{96\%} \text{C}_6\text{H}_5-SCH_3 + NaI$$

硫醚可继续与卤代烃反应生成锍盐：

$$CH_3SCH_3 + CH_3I \xrightarrow{THF} (CH_3)_3S^+I^-$$

碘化三甲基锍

锍盐自身可以作为烷基化试剂，与其他亲核试剂反应：

好的离去基团

$$CH_3CH_2CH_2\overset{\cdot\cdot}{N}H_2 + \underset{\delta^+}{CH_3}\overset{+}{\underset{}{S}}(CH_3)_2I^- \longrightarrow CH_3CH_2CH_2NHCH_3 + CH_3SCH_3 + HI$$

亲核试剂 锍盐

　　② 与 C＝O 的亲核加成反应：硫醇比醇更容易与醛、酮进行亲核加成反应，生成相应的硫缩醛或硫缩酮。后者可通过催化氢化脱硫，用来将羰基还原为甲叉基而不是保护羰基：

$$R-\overset{}{\underset{O}{C}}-R' + \overset{CH_2-CH_2}{\underset{SH \quad SH}{}} \xrightarrow{H^+} \overset{R}{\underset{R'}{C}}\overset{S-CH_2}{\underset{S-CH_2}{}} \xrightarrow[Ranney\ Ni]{H_2} R-CH_2-R' + NiS + CH_3CH_3$$

乙二硫醇 硫缩酮

　　③ C＝C 的亲核加成反应：在碱性条件下，硫醇也可以与连有吸电子基的 C＝C 发生亲核加成反应。例如：

$$(CH_3)_3C\overset{\cdot\cdot}{S}H + CH_2=CH-C\equiv N \xrightarrow{CH_3ONa} (CH_3)_3CS-CH_2-\overset{-}{CH}-C\equiv N \xrightarrow[95\%]{CH_3OH}$$

$$(CH_3)_3CS-CH_2-CH_2-C\equiv N$$

16.1.2　磺酸

磺酸可以被看成是硫酸分子中的羟基被烃基取代后的化合物：

$$HO—SO_2—OH \qquad R—SO_2—OH \qquad Ar—SO_2—OH$$

硫酸　　　　　　磺酸　　　　　　芳磺酸

磺酸可分为脂肪族磺酸和芳香族磺酸，后者在有机合成和工业生产上比较重要。

16.1.2.1　命名

磺酸的命名：相应母体氢化物名称＋"磺酸"。例如：

4-甲基苯磺酸	苯基甲烷磺酸	5-甲基苯-1,3-二磺酸	2-甲基丁烷-1-磺酸
4-methylbenzene-	phenylmethanesulfonic acid	5-methylbenzene	2-methylbutane
sulfonic acid	（苄基磺酸）	-1,3-disulfonic acid	-1-sulfonic acid

16.1.2.2　制备

磺酸的制备有直接磺化法和间接磺化法两种方法。

直接磺化法是由芳烃的磺化反应制备芳磺酸，详见第 6 章 6.4.1.1（3）。例如，十二烷基苯磺酸钠是洗衣粉、洗洁精等市售合成洗涤剂的主要成分，它可由下列方法制得：

$$\text{〇} + C_{12}H_{25}Cl \xrightarrow[50\text{℃}]{AlCl_3} C_{12}H_{25}\text{—〇} \xrightarrow[\triangle]{SO_3} C_{12}H_{25}\text{—〇—}SO_3H$$

$$\xrightarrow{NaOH} C_{12}H_{25}\text{—〇—}SO_3Na \qquad \text{直接磺化法}$$

间接磺化法由卤代烃先与亚硫酸盐（如 Na_2SO_3、K_2SO_3、$NaHSO_3$ 等）发生亲核取代反应生成磺酸盐，然后再酸化得到磺酸。使用间接磺化法，既可以制备脂肪族磺酸，也可以得到某些芳磺酸。例如：

$$\text{〇—}CH_2Cl + Na_2\ddot{S}O_3 \xrightarrow[-NaCl]{190\sim220\text{℃} \atop \text{亲核取代}} \text{〇—}CH_2SO_3Na \xrightarrow{H^+} \text{〇—}CH_2SO_3H$$

$$\xrightarrow[\text{亲核取代}]{NaH\ddot{S}O_3} \xrightarrow{H_3O^+}$$

16.1.2.3　物理性质

常见的脂肪族磺酸为黏稠液体，芳磺酸则都是固体。磺酸与硫酸一样是强酸，具有极强的吸湿性，易溶于水，不溶或微溶于非极性有机溶剂。

芳磺酸及其钾、钠、钙、钡、铅盐均溶于水，因此在有机物中引入磺酸基可以显著提高其水溶性。这在染料工业、制药工业以及表面活性剂工业中十分重要。

16.1.2.4 化学性质

芳磺酸的化学反应发生在磺基上和芳环上。磺基上的反应有：磺酸表现出强酸性、磺基中的羟基或磺酸基被取代等。芳环上的反应与芳烃相似，为亲电取代反应，但磺酸基为强的致钝基，导致芳磺酸的亲电取代反应活性大大低于苯的亲电取代反应活性。

（1）酸性　磺酸属于有机强酸，其酸性与硫酸相当，可与碱中和成盐，也可与 NaCl 建立平衡而成盐：

$$\text{C}_6\text{H}_5\text{—SO}_3\text{H} + \text{NaOH} \longrightarrow \text{C}_6\text{H}_5\text{—SO}_3\text{Na} + \text{H}_2\text{O}$$

$$\text{C}_6\text{H}_5\text{—SO}_3\text{H} + \text{NaCl} \rightleftharpoons \text{C}_6\text{H}_5\text{—SO}_3\text{Na} + \text{HCl}$$

酸　　　　碱　　　　　碱　　　　酸

利用芳磺酸的酸性，可用其代替硫酸作催化剂。例如，将油脂（高级脂肪酸的甘油酯）与甲醇在酸催化下进行酯交换反应，生成的高级脂肪酸甲酯是生物柴油的主要成分，用对甲苯磺酸代替硫酸作催化剂时，有较高的产率，且副反应和副产物较少。

（2）磺基中羟基被取代　与羧酸类似，磺酸基中的羟基也能被卤素、氨基、烷氧基等取代，生成一系列磺酸衍生物。例如：

$$\text{C}_6\text{H}_5\text{—SO}_2\text{—OH} + \text{PCl}_5 \xrightarrow{\triangle} \text{C}_6\text{H}_5\text{—SO}_2\text{—Cl} + \text{POCl}_3 + \text{HCl}$$

苯磺酰氯

$$\text{C}_6\text{H}_5\text{—SO}_2\text{—OH} + \text{ClSO}_3\text{H} \xrightarrow[\text{CCl}_4]{20\sim25℃} \text{C}_6\text{H}_5\text{—SO}_2\text{—Cl} + \text{H}_2\text{SO}_4$$

氯磺酸

$$\text{C}_6\text{H}_5\text{—SO}_2\text{—Cl} + 2\text{NH}_3 \longrightarrow \text{C}_6\text{H}_5\text{—SO}_2\text{—NH}_2 + \text{NH}_4\text{Cl}$$

苯磺酰胺

$$\text{C}_6\text{H}_5\text{—SO}_2\text{—Cl} + \text{C}_2\text{H}_5\text{OH} \longrightarrow \text{C}_6\text{H}_5\text{—SO}_2\text{—OC}_2\text{H}_5 + \text{HCl}$$

苯磺酸乙酯

（3）磺基的反应

① 水解：在酸性条件下，磺基或其钠盐与水共热，可脱去磺基。反应的实质是 H^+ 作为亲电试剂进攻芳环的亲电取代反应，是磺化反应的逆反应［参见第 6 章 6.4.1.1（3）］。

$$\text{C}_6\text{H}_5\text{—SO}_3\text{H} \xrightarrow[180℃]{\text{H}_2\text{O, H}^+} \text{C}_6\text{H}_6 + \text{H}_2\text{SO}_4$$

在有机合成中，可以利用磺基暂时占据芳环上的某一位置，待其他反应完成后，再水解除去磺酸基。例如，通过下列步骤可以制备较纯净的邻氯甲苯：

② 碱熔及其他亲核取代反应：芳磺酸的钠盐与固体氢氧化钠（或氢氧化钾）熔融，生成酚盐，后者经酸化后成酚。例如：

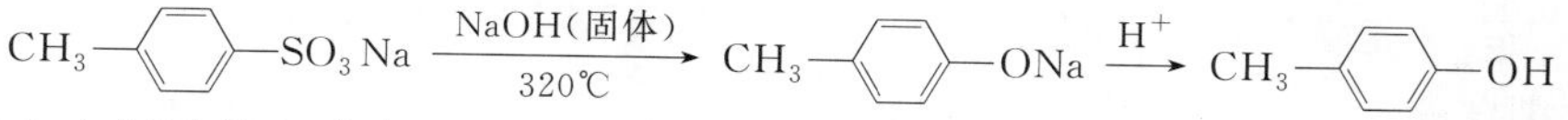

$$CH_3 \text{—} \langle \text{苯环} \rangle \text{—} SO_3Na \xrightarrow[320℃]{NaOH（固体）} CH_3 \text{—} \langle \text{苯环} \rangle \text{—} ONa \xrightarrow{H^+} CH_3 \text{—} \langle \text{苯环} \rangle \text{—} OH$$

这是工业上制酚的经典方法，至今仍用来制备某些特殊结构的酚。但反应物芳环上不宜含有硝基和卤原子，因为硝基和卤原子不能经受强碱和高温这样苛刻的反应条件，卤原子会被羟基取代。

除了羟基能够取代磺酸基外，其他亲核试剂（如—CN、—NH₃、—RNH₂等）也可与芳磺酸盐发生亲核取代反应：

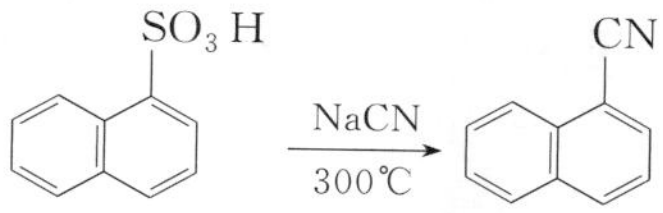

萘-1-磺酸　　　　　　　　1-萘甲腈　　（芳环上引入—CN 的重要方法）

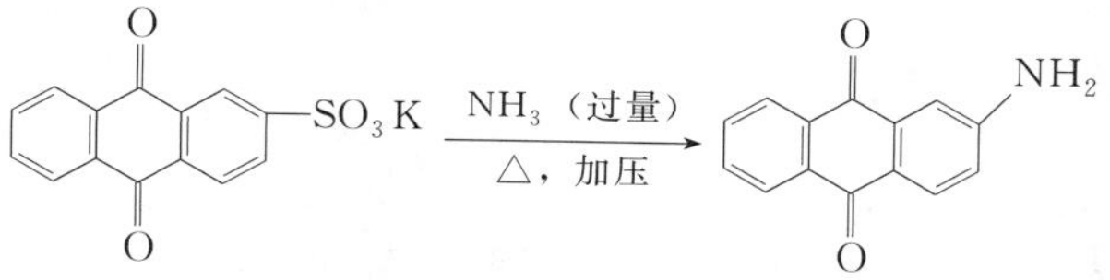

蒽醌-2-磺酸钾　　　　　　　　　　2-氨基蒽醌

（4）芳环上的亲电取代反应　　磺基是吸电子基，它使苯环致钝，亲电取代反应活性显著降低，新引入基上间位。例如：

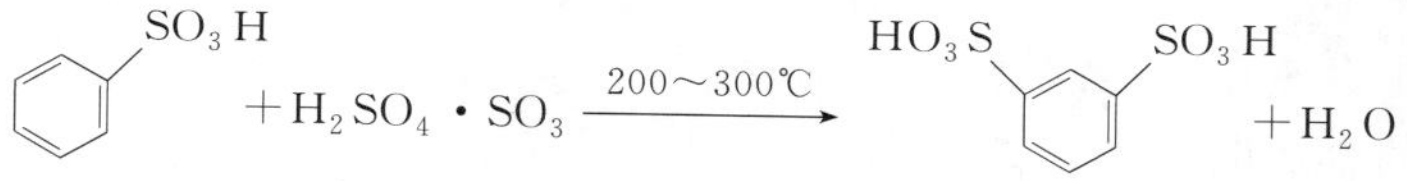

发烟硫酸　　　　　　　　　　　间苯二磺酸

芳磺酸一般不进行芳环上的酰基化反应、烷基化反应及氯甲基化反应。因为磺酸基的引入使芳环上电子云密度显著降低，而且 R^+、RCO^+、$HOCH_2^+$ 的亲电性又太弱。

* 16.1.3　芳磺酰胺和磺胺类药物

芳磺酰胺可看成是芳磺酸分子中的羟基被氨基取代后的化合物。它通常由芳磺酰氯与氨、伯胺和仲胺作用而得，叔胺没有可被取代的氢原子，故不能形成芳磺酰胺。

糖精和磺胺类药物都是芳磺酰胺的重要衍生物：

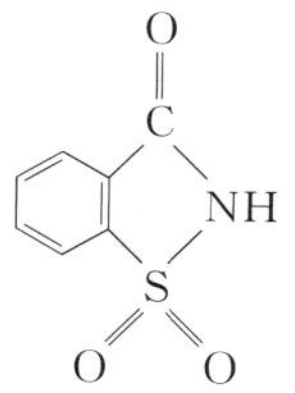

糖精 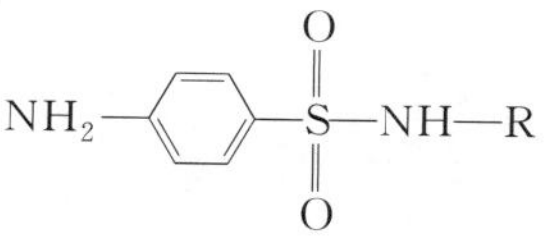　　　　　　　　磺胺类药物的通式

糖精是普遍使用的人工合成甜味剂，化学名称为邻苯甲酰磺酰亚胺，其甜度是蔗糖的 500 倍，后味略苦。因其水溶性欠佳，市售商品糖精实际上是邻苯甲酰磺酰亚胺钠盐。糖精并不是"糖之精华"，而是以甲苯为原料，经磺酰氯化、氨解、氧化、脱水、结晶等步骤制成的食品添加剂，对人体并无任何营养价值，过量摄入会危害健康。因此，必须按照国家标准规定的使用范围和剂量添加应用糖精，对违法、违规滥用食品添加剂的犯罪行为必须严厉打击。

磺胺类药物是一类对氨基苯磺酰胺（p-$NH_2C_6H_4SO_2NHR$）的衍生物，在青霉素问世之前，磺胺类药物是使用最广泛的抗生素。其抑菌作用原理是阻断细菌生长过程中所需叶酸的合成，使细菌死亡。

叶酸是某些细菌生长必需的维生素，其结构如下：

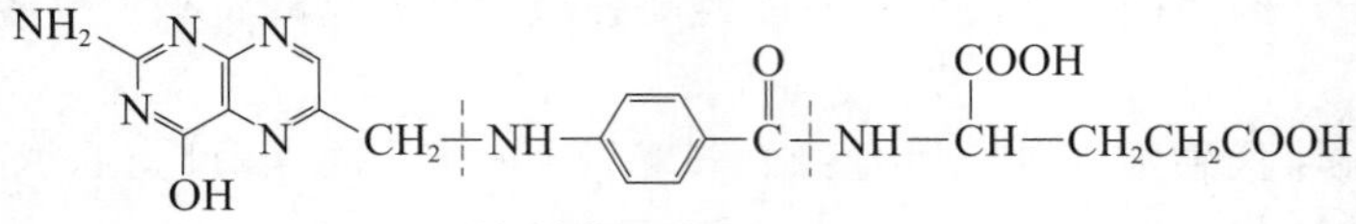

对氨基苯甲酸单元　　　　谷氨酸单元

对氨基苯磺酰胺的分子大小和形状、电荷分布甚至化学性质都与对氨基苯甲酸很相似，二者均有酸性：

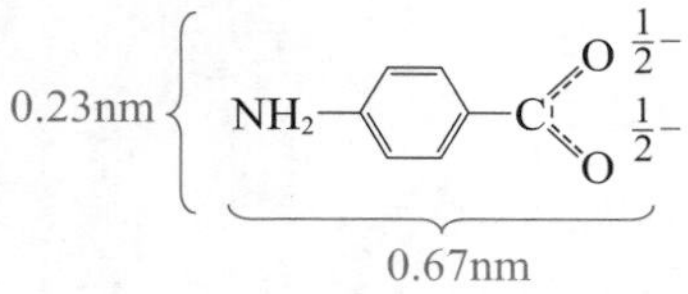

对氨基苯甲酸负离子 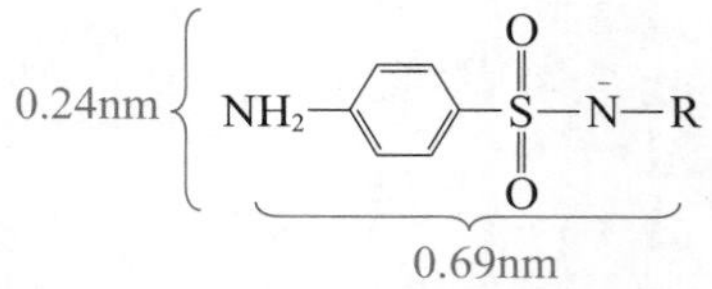　　　　　　　对氨基苯磺酰胺负离子

细菌对二者缺乏选择性，大量的对氨基苯磺酰胺替代对氨基苯甲酸而被细菌吸收，合成貌似叶酸但不是叶酸的物质，细菌便会因缺乏叶酸而死亡。

叶酸广泛存在于自然界中，因在绿叶中含量丰富而得名。叶酸对人体也是一种必要的维生素，又名维生素 B_{11}，但人类不是在体内合成叶酸，而是经由食物摄取叶酸。所以服用磺胺类药物对人类不会造成叶酸缺乏症。

磺胺类药物的合成路线大致如下：

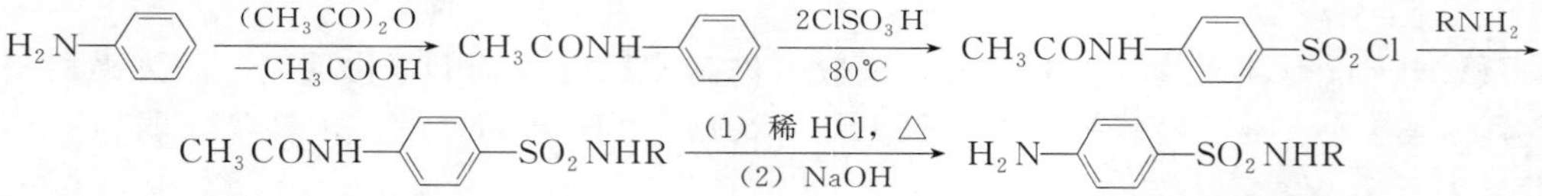

自从 1932 年第一个磺胺类药物问世以来，人们合成了上千种对氨基苯磺酰胺的衍生物，但只有少数品种具有较好的疗效且副作用较小。目前常用的磺胺药物有：

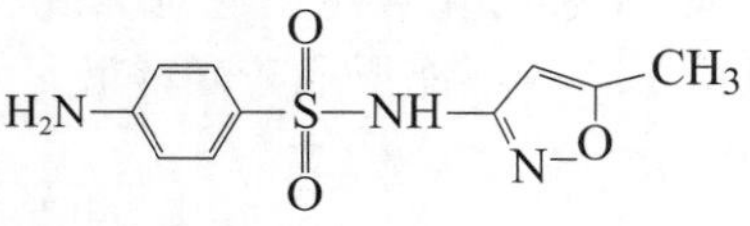

磺胺甲噁唑(SMZ, 新诺明) 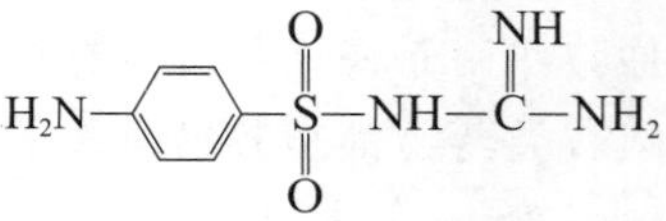　　　　　　　磺胺胍(或磺胺脒, SG)

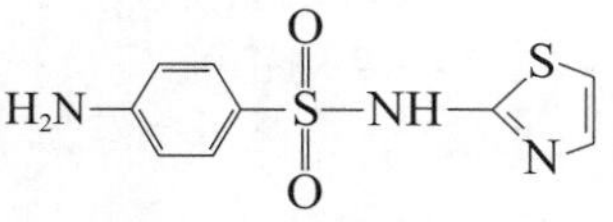

磺胺噻唑(ST) 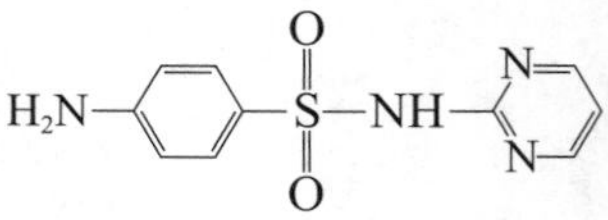　　　　　　　　　磺胺嘧啶(SD)

由于青霉素等抗生素的应用，目前磺胺类药物的使用减少了，但它仍是不可缺少的治疗药物。例如，SD 对治疗脑膜炎就特别有效。与青霉素一样，不同体质的人服用磺胺药物可能会出现过敏现象。

*16.1.4　离子交换树脂

离子交换树脂用途广泛。可用于去离子水的制备，硬水的软化，有色金属和稀有金属的回收、提纯和浓缩，抗生素和氨基酸提取和精制，含酚废水的处理等，也可用作有机反应的催化剂。

(1) 阳离子交换树脂　苯乙烯与少量二乙烯基苯共聚，可得到交联聚苯乙烯：

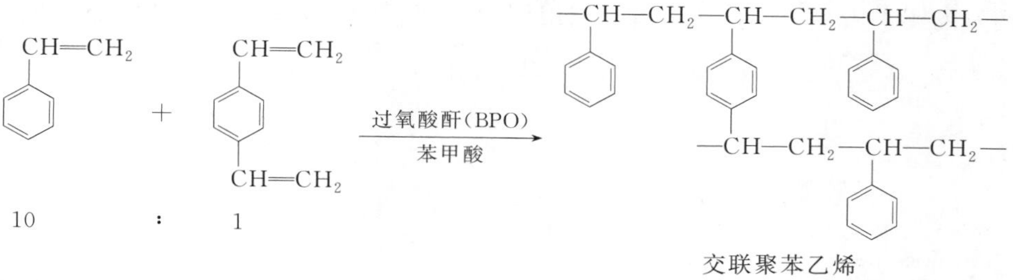

交联聚苯乙烯

将交联聚苯乙烯制成微孔状小球，再在交联聚苯乙烯树脂的苯环上引入磺酸基、羧基等，可得到各种阳离子交换树脂。例如：

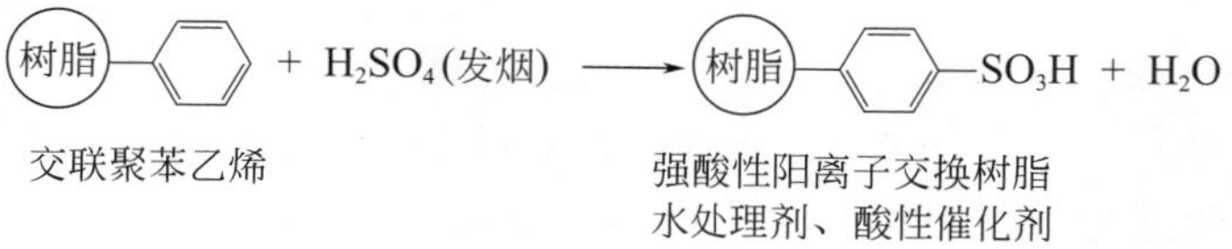

阳离子交换树脂能够交换阳离子。例如：

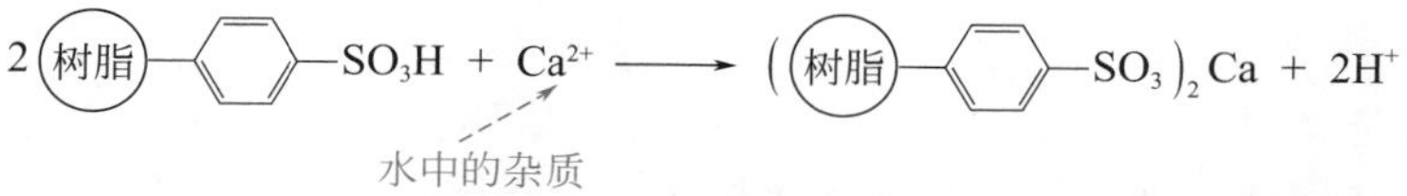

这种强酸性阳离子交换树脂可代替硫酸或芳磺酸作催化剂，既能避免后二者所产生的废酸对环境的污染，又便于催化剂与产物的分离，产率通常高于用硫酸或芳磺酸催化，已在工业上得到应用。其缺点是反应温度不能太高。

(2) 阴离子交换树脂　在交联聚苯乙烯分子中的苯环上引入氨基、取代氨基、季铵碱基等，则得到阴离子交换树脂。例如：

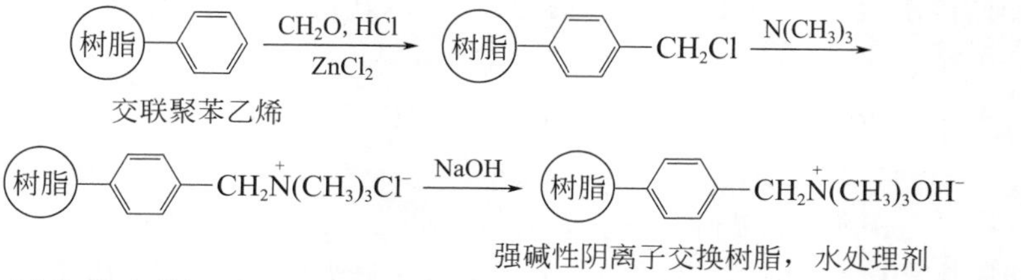

阴离子交换树脂能交换阴离子。例如：

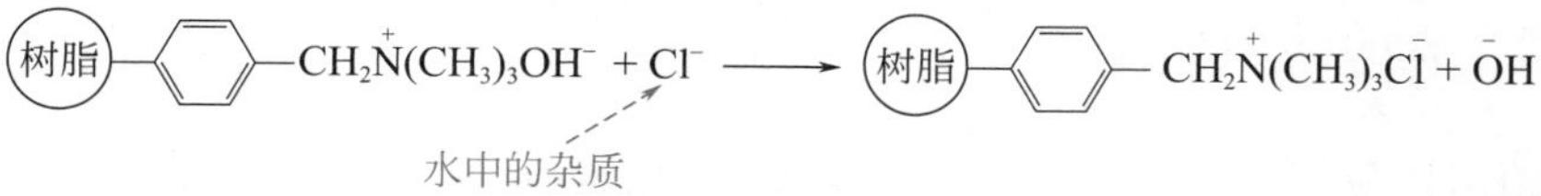

(3) 去离子水的制备　将普通水通过串联的装填有阴、阳离子交换树脂的柱子，水中的 Cl^-、SO_4^{2-}、Ca^{2+}、Mg^{2+}、Na^+ 等离子会分别与阴、阳离子交换树脂中的 OH^-、H^+ 交换，使普通水变为去离子水。例如，水中 Na^+ 和 Cl^- 的除去：

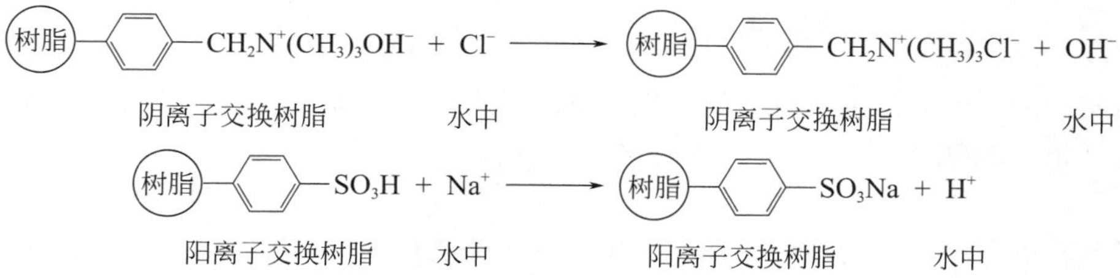

$$H^+ \quad + \quad OH^- \longrightarrow H_2O$$

水中　　　　水中

使用过的阴、阳离子交换树脂可分别用稀 NaOH、HCl 溶液再生，以便继续使用。

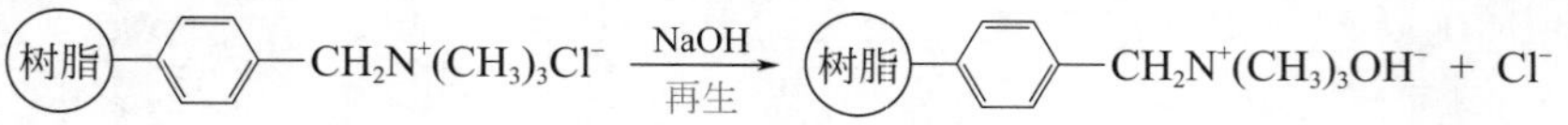

树脂—⟨苯环⟩—CH₂N⁺(CH₃)₃Cl⁻ $\xrightarrow[\text{再生}]{\text{NaOH}}$ 树脂—⟨苯环⟩—CH₂N⁺(CH₃)₃OH⁻ + Cl⁻

阴离子交换树脂

树脂—⟨苯环⟩—SO₃Na $\xrightarrow[\text{再生}]{\text{HCl}}$ 树脂—⟨苯环⟩—SO₃H + Na⁺

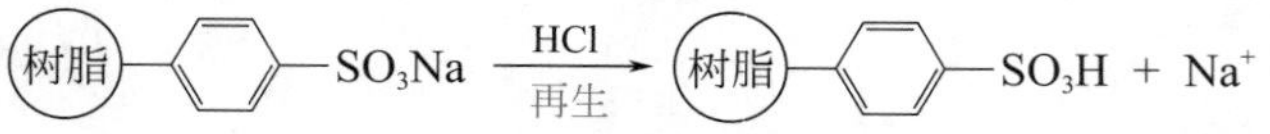

阳离子交换树脂

16.2　有机含磷化合物

常见的有机含磷化合物有膦（音 lìn）、膦酸、磷酸酯。

膦：膦是磷化氢（PH_3）分子中的氢原子部分或全部被烃基取代后所形成的衍生物。当 PH_3 中的氢原子分别被烃基取代时，则形成不同取代程度的烃基膦和季镦盐。

$$RPH_2 \qquad R_2PH \qquad R_3P \qquad R_4P^+ \, X^-$$

伯膦　　　仲膦　　　叔膦　　　季镦盐

膦酸：膦酸是磷酸 $[O{=}P(OH)_3]$ 分子中的羟基部分或全部被烃基取代的衍生物。当磷酸中的三个羟基均被烃基取代时，则形成氧化三烃基膦。

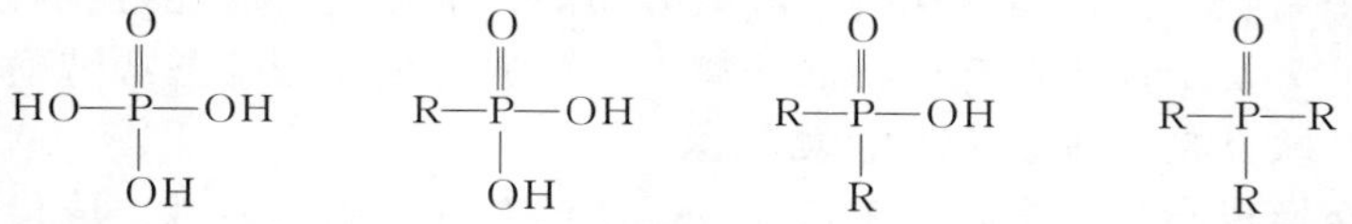

HO—P(=O)—OH　　　R—P(=O)—OH　　　R—P(=O)—OH　　　R—P(=O)—R
　　　|OH　　　　　　　　|OH　　　　　　　　|R　　　　　　　　　|R

磷酸　　　　一烃基膦酸　　　二烃基膦酸　　　氧化三烃基膦

磷酸酯：磷酸酯是磷酸分子中的羟基被烃氧基取代后的化合物。例如：

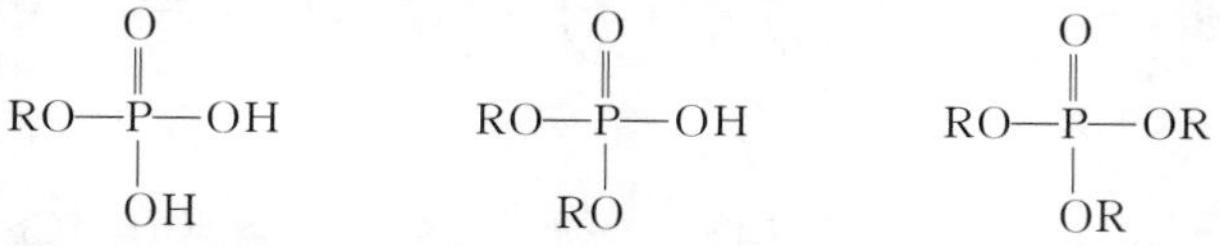

RO—P(=O)—OH　　　RO—P(=O)—OH　　　RO—P(=O)—OR
　　　|OH　　　　　　　|OR　　　　　　　|OR

磷酸单烃基酯　　　磷酸二烃基酯　　　磷酸三烃基酯

烃基膦和烃基膦酸分子中均含有 C—P 键，而磷酸酯分子中不含 C—P 键，只含有 O—P 键。

16.2.1　烃基膦的结构

烃基膦的结构与胺相似。烃基膦中的磷原子也是采取 sp^3 杂化，使烃基膦分子呈现角锥形结构，但是烃基膦分子中的 C—P—C 键角小于胺分子中的 C—N—C 键角。

CH₃ — P — CH₃
99° CH₃

CH₃ — N — CH₃
108° CH₃

键角减小的原因可能是磷原子的体积比氮原子大，取代基之间的非键张力得到缓解。键角减小的结果导致磷原子上的孤对电子裸露程度增大，所以烃基膦的亲核性大于胺的亲核性。

三烃基膦的两种不同构型可以相互转化，其转化能垒约为 150kJ/mol，比叔胺的高得多

（叔胺约为 25kJ/mol），通常需要加热才能实现转化。所以，当磷原子上连有三个不同的烃基时，三烃基膦分子具有手性。例如，下列具有手性的叔膦分子在甲苯中沸煮 3h，仅稍微引起消旋化。

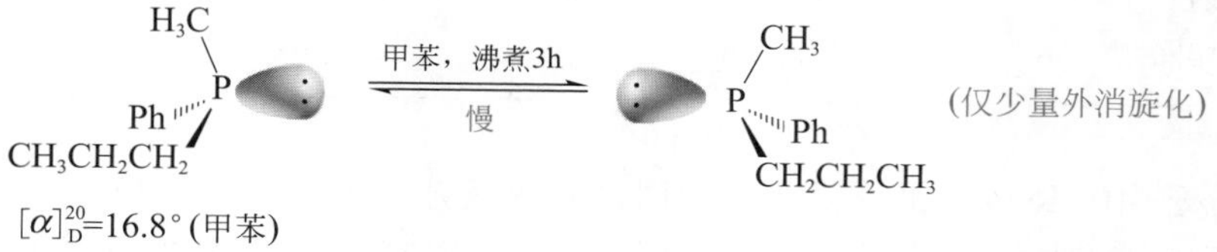

$[\alpha]_D^{20}=16.8°$(甲苯)

16.2.2 有机磷化合物作为亲核试剂的反应

三烃基膦易与卤代烃发生 S_N2 反应，生成季𬭯盐。例如，三苯基膦与卤代烃发生亲核取代反应生成的季𬭯盐用强碱处理可得到 Wittig 试剂：

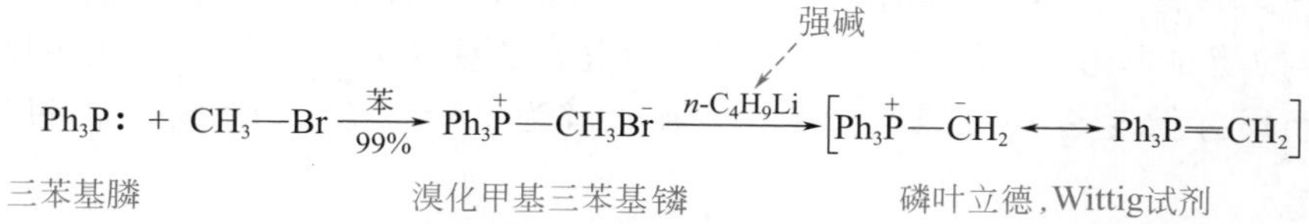

三苯基膦　　　　　　　　溴化甲基三苯基𬭯　　　　　　磷叶立德，Wittig试剂

Wittig 试剂与醛、酮反应可用来制备烯烃及含有双键的化合物（详见第 11 章 11.5.2.8）。例如：

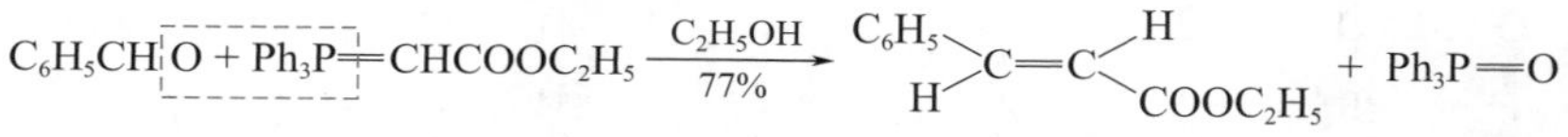

膦酸酯类化合物在强碱作用下脱去质子转变为膦酸酯的负离子，后者可与醛、酮发生改良的 Wittig 反应。例如：

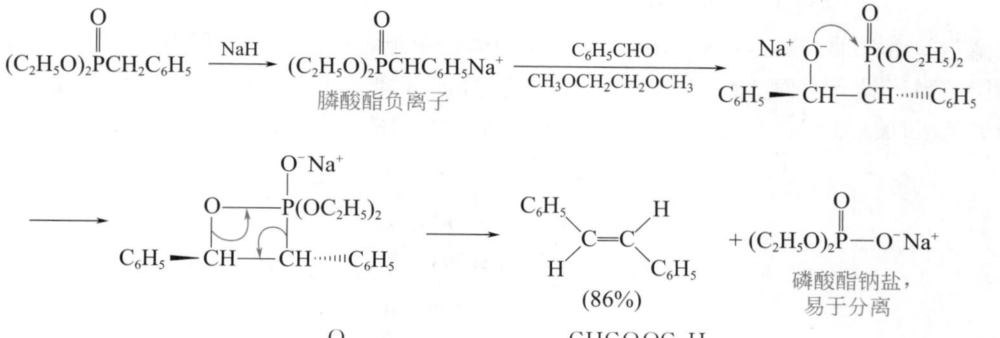

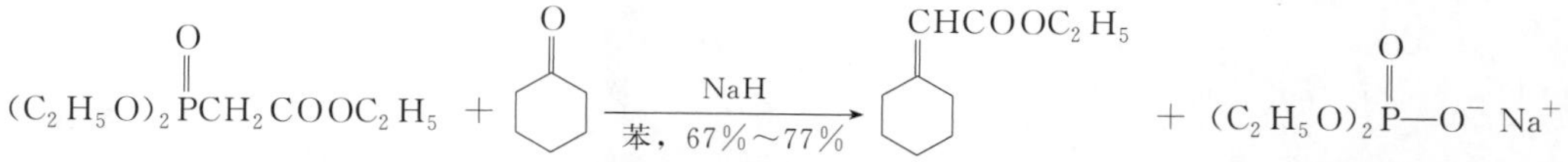

三苯基膦作为强亲核试剂，还能与环氧化合物发生反应，生成氧化三苯基膦和烯烃。例如：

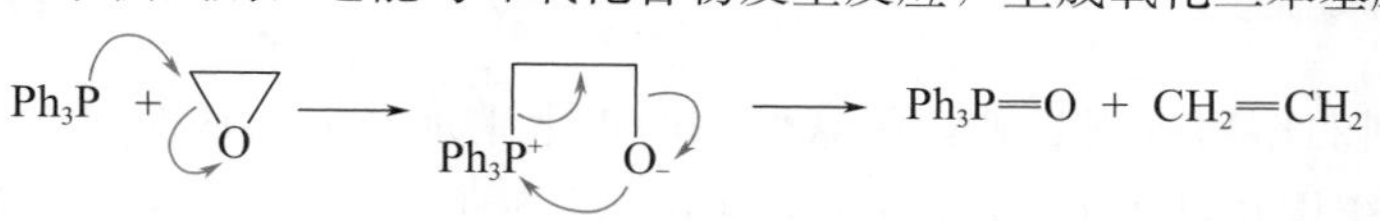

16.2.3 磷酸酯

所有的生物体内都含有磷，而生物体中的磷是以磷酸酯的形式存在的：

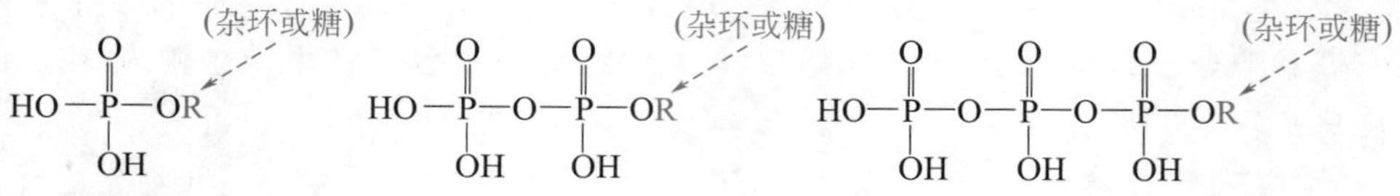

磷酸单酯　　　　　　　二磷酸单酯　　　　　　　　　三磷酸单酯

存在于生物体中

磷酸酯分子中的 R 多为比较复杂的基团，有的是杂环基，有的是糖基。三种磷酸酯分子中都含有可以解离的氢，所以它们都是酸性的，有相应的三种磷酸酯负离子。这些磷酸酯分子中有多个羟基或带负电荷的氧原子，使得磷酸酯能与水互溶并存在于细胞液中，而硫酸酯和磺酸酯都是在水中不溶解的。

生物体内的许多生化过程如光合作用、肌肉收缩、蛋白质的合成等都需要大量的能量来完成。在二磷酸单酯和三磷酸单酯中都含有—PO—O—PO—键，类似于羧酸酐中的—CO—O—CO—键。它们水解时，会发生 P—O 的断裂并放出较高的能量（33～54kJ/mol），这样的键在生化中被称为"高能键"。因此，这些磷酸酯可作为"能源库"，为物质代谢提供能量。例如：三磷酸腺苷（ATP）在水解为二磷酸腺苷（ADP）的过程中可以放出能量：

$$ATP + H_2O \rightleftharpoons ADP + H_3PO_4 + 能量$$

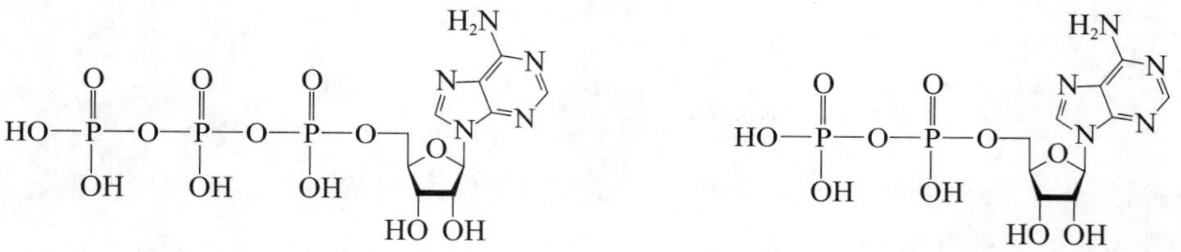

三磷酸腺苷(ATP)　　　　　　　　　　　二磷酸腺苷(ADP)

磷脂是由甘油、长链脂肪酸和磷酸组成的磷酸单酯，磷酸一端与胆碱结合的产物，称为卵磷脂。磷脂具有表面活性剂的"两亲结构"特征（详见第 18 章 18.2），是存在于生物体内的天然表面活性剂，是细胞膜的重要组分（详见第 18 章 18.4）。

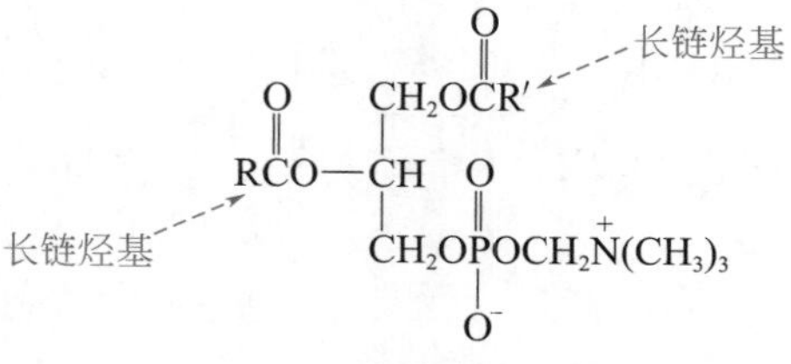

卵磷脂

*16.2.4　有机磷农药

有机磷杀虫剂的作用机制是破坏胆碱酯酶的正常生理功能，从而引起中毒以致死亡。

自从 1944 年德国化学家 G. Schrader（施拉德尔）首次发现对硫磷具有强烈的杀虫性能后，数以万计的有机磷化合物被合成出来，约有数十种有较好的杀虫效果。还有一些有机磷化合物可作为杀菌剂、除草剂。从结构上来看，绝大多数有机磷农药属于磷酸酯和硫代磷酸酯，少数属于膦酸酯和磷酰胺酯。例如：

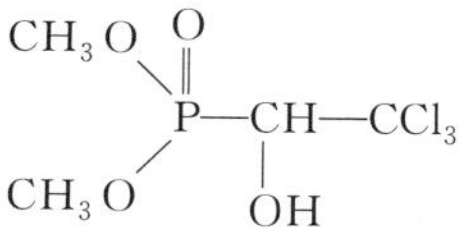

敌百虫
（膦酸酯）

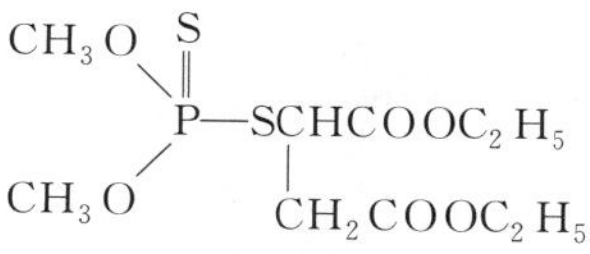

马拉硫磷（马拉松）
（二硫代磷酸酯）

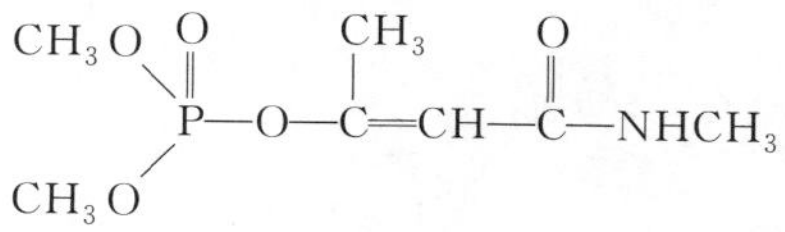

久效磷
（磷酸酰胺）

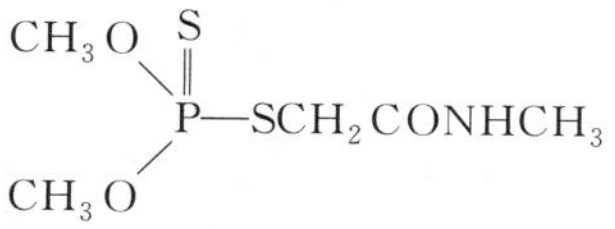

乐果
（二硫代磷酸酯内吸性农药）

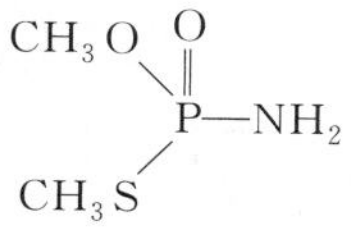

甲胺磷
（磷酰胺酯）

草甘膦
（有机磷酸）

有机磷农药的特点是：杀虫力强、残留时间短，易被生物体代谢为无害的成分磷酸盐等。而且许多有机磷杀虫剂有内吸性，即可被植物吸收。这样只要害虫吃进含有杀虫剂的植物即可被杀死，而不一定要害虫直接与杀虫剂接触。它的缺点是对哺乳动物的毒性大，易造成人畜急性中毒。近年来，高毒性的有机磷农药正逐步被毒性更低的农药代替。低毒、无毒有机磷农药的合成是有机化学研究的重要领域。

*16.2.5 不对称催化中的膦配体

烃基膦与胺相比，具有更好的配位能力，与过渡金属形成配合物可用作催化剂。例如，Wilkinson 催化剂 [(Ph$_3$P)$_3$RhCl] 就使用了三苯基膦作为配体。

20 世纪 60 年代末期，Monsanto 公司的 W. S. Knowles（诺尔斯，2001 年 Nobel 化学奖得主之一）首次在烯烃的催化加氢中使用手性膦配体，虽然反应的不对称选择性很小，*ee* 值只有 15%，并不具有制备应用的价值，但结果表明，在催化加氢反应中，手性的过渡金属催化剂可将潜手性化合物转变成手性化合物。

随后，Knowles 等人结合抗帕金森综合征药物 L-多巴的生产需求，深入研究手性烷基膦化合物应用的可能性，相继开发出 CAMP 和 DiPAMP 等手性膦配体，并于 1974 年成功应用于左旋多巴的工业化生产。

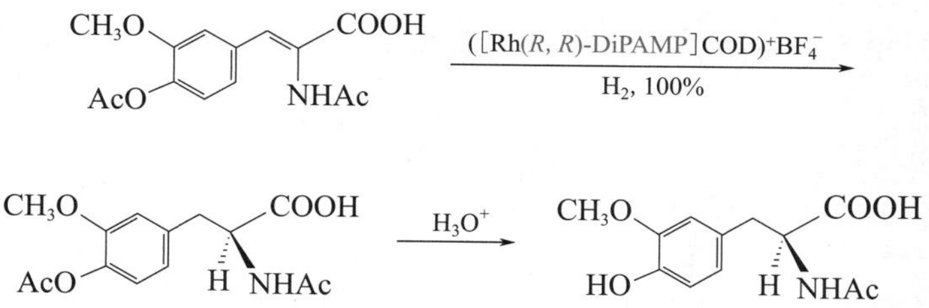

(*ee*=95%)

L-多巴
(*S*)-DOPA

与此同时，日本的野依良治（2001 年 Nobel 化学奖得主之一）也在从事不对称催化合成，并成功开发出 BINAP。该化合物广泛用于不对称催化剂的配体，是膦配体中的优秀代表。例如，BINAP-Rh 的配合物可催化烯丙基胺的不对称异构化，该反应也被高砂公司用于薄荷醇中间体的制备：

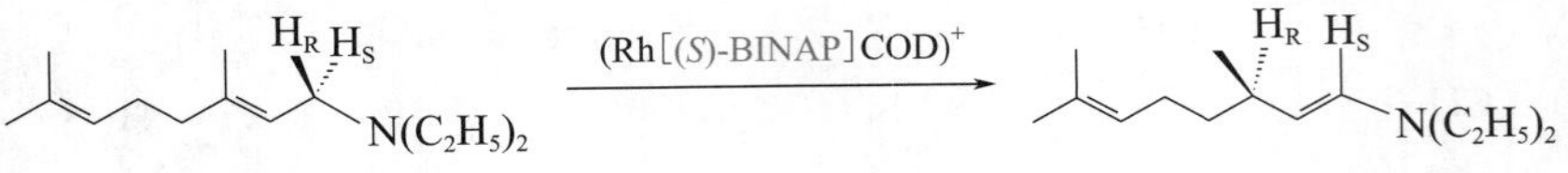

二乙基香叶基胺 → (Rh[(S)-BINAP]COD)+ → 异构化产物 (ee=95%～99%)

CAMP、DIPAMP、BINAP 的结构分别如下：

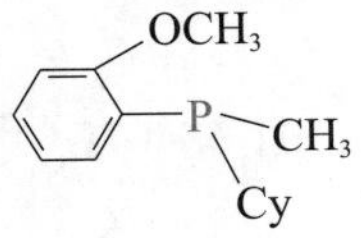

CAMP 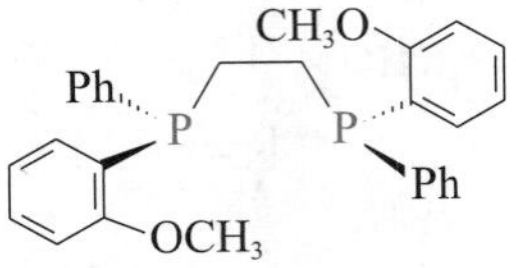　　　　　(R, R)-DIPAMP 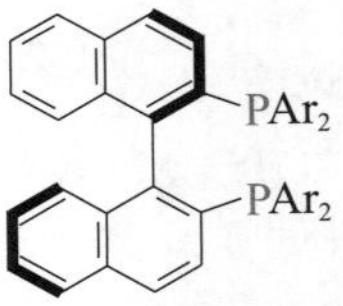　　　　　(S)-BINAP

还有一些双膦配体如 DuPhos、BICP 等与过渡金属形成的配合物也是 C＝C、C＝O、C＝N 键的不对称氢化的优良催化剂。单膦配体如 MOP 及其类似物在 Pd 催化的不对称硅氢化以及碳酸烯丙酯的不对称还原中也有很好的表现。氮膦配体修饰的金属配合物催化剂在不对称烯丙基取代、胺化、Michael 加成、硼氢化反应等的研究中得到广泛使用，Pfaltz 配体（PHOX）就是这类配体的典型代表。

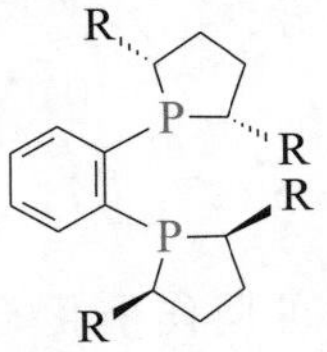

DuPhos 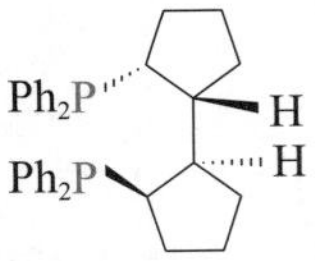　　　　　BICP 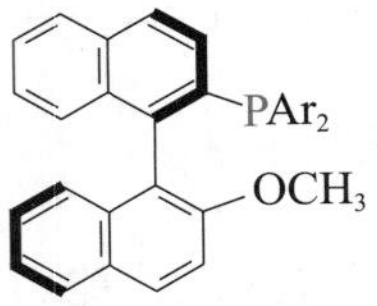　　　　　MOP 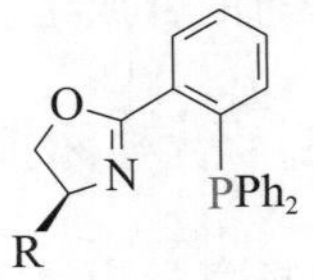　　　　　PHOX

尽管成百上千的优秀手性配体被合成出来，但没有任何一种配体或催化剂是通用的，所以合成化学家还在不断设计和合成性能更优异的配体和催化剂。手性催化剂的合成研究与应用已变成高新技术行业。

* 16.3　有机硅化合物

硅和碳都是元素周期表中ⅣA主族元素，碳是第二周期元素，而硅是第三周期元素。硅是自然界分布最广的元素之一，其丰度仅次于氧（约占 49.5%）而占第二位，地壳中含硅约 25.8%，自然界中的硅主要以二氧化硅和硅酸盐的形式存在。而碳则是构成动、植物有机体最主要的元素。

有机硅化合物通常指含有 Si—C 键的化合物。常见的小分子有机硅化合物有：烃基硅烷、卤硅烷、硅醇、烃基硅氧烷和硅醚。例如：

$PhSiH_3$　　　　$(CH_3)_4Si$　　　　$(CH_3)_2SiCl_2$　　　　$(CH_3)_3SiCl$
苯基硅烷　　　　四甲基硅烷　　　　二氯二甲基硅烷　　　　三甲基氯硅烷

烃基硅烷（或有机硅烷）　　　　　　　　卤硅烷

$(CH_3)_3SiOH$　　　$(CH_3)_2Si(OH)_2$　　　$C_2H_5Si(OC_2H_5)_3$　　　$(CH_3)_3SiOSi(CH_3)_3$
三甲基硅醇　　　　二甲基硅二醇　　　　三乙氧基乙基硅烷　　　　六甲基二硅氧烷

硅醇　　　　　　　　（烃基硅氧烷）　　　　　　（硅醚）

以 Si—O 键为骨架的聚硅氧烷，是品种最多、产量最大、研究最深入、用途最广泛的有机硅化合物，占所有有机硅化合物用量的 90％以上。它们不仅广泛用于现代工业、新材料技术和国防军工中，而且还深入到我们的日常生活中，是化工新材料中的佼佼者。

16.3.1 有机硅化合物的结构

与碳相似，有机硅分子中的硅原子在大多数情况下都采取 sp^3 杂化，呈四面体构型。当硅原子上连有四个不同的原子或原子团时，会产生手性：

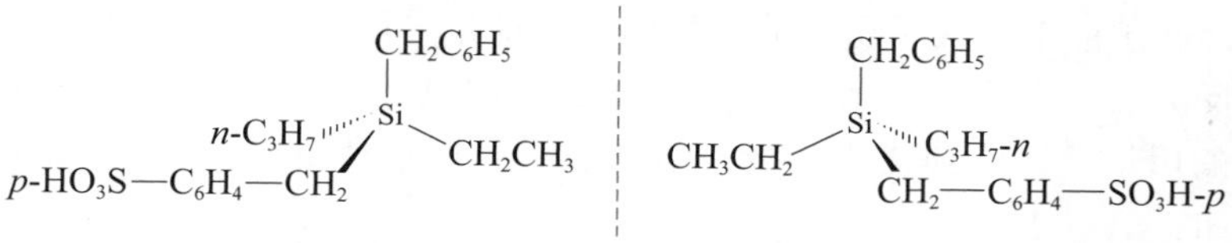

与碳原子不同，硅的原子半径（0.17nm）大于碳（0.077nm），电负性（1.8）小于碳（2.5），而且具有 3d 空轨道。所以，含硅的有机化合物与相应的碳化合物的性质有较大的差异。主要表现在以下几个方面：

① Si—Si 键键能小于 C—C 键，更容易断裂，己硅烷 $[H_3Si(SiH_2)_4SiH_3]$ 是已知的最高级有机硅烷；Si＝Si 键、Si＝C 键均不能稳定存在。

② 如表 16-1 所示，Si—O 键键能大于 C—O，因而广泛存在于有机硅分子中，并使有机硅具有很好的热稳定性。虽然 Si—O 键和 Si—Cl 键键能大于 C—O 键和 C—Cl 键键能，但由于硅的电负性小于碳的电负性，Si—O 键和 Si—Cl 键极性更强，更容易发生离子型的反应。

表 16-1 一些硅键和碳键的键能

键型	键能/(kJ/mol)	键型	键能/(kJ/mol)
Si—Si	222	C—C	347
Si—O	452	C—O	360
Si—Cl	473	C—Cl	330

氢的电负性（2.1）大于硅，导致 Si—H 键与 C—H 键极性相反，性质截然不同。例如，C—H 键一般不易发生化学反应，而 Si—H 键比较活泼，可与 C＝C 加成、遇碱易水解并放出氢气。

③ 硅可以利用 3d 空轨道，生成五价甚至六价的配合物或者与相邻原子或基团的 pπ 轨道（由 p 轨道形成的 π 键）重叠形成 dπ-pπ 配键。

16.3.2 有机卤硅烷

有机卤硅烷是制备高分子有机硅及其他有机硅化合物的重要原料，其中二氯二甲基硅烷最为重要，使用、需求量最大，其次是苯基氯硅烷。

16.3.2.1 制备

（1）直接法 将卤代烷与硅粉在铜的存在下加热直接反应来合成氯硅烷，产物是各种卤硅烷的混合物，可通过分馏将其分离。例如：

生产硅橡胶和硅油的原料
工业需求量最大

$$CH_3Cl + Si \xrightarrow[300℃]{Cu(10\%)} (CH_3)_3SiCl + (CH_3)_2SiCl_2 + CH_3SiCl_3 + CH_3SiHCl_2 + SiCl_4$$

硅粉
bp/℃: 57.3　　70.2　　66.1　　40.4　　57.6
含量: 5%～8%　70%～80%　10%～18%　3%～5%　1%～3%

分馏分离

　　直接法是合成有机卤硅烷最主要的方法，它具有工序简单、不使用溶剂、操作安全、成本低廉等优点。在工业上，几乎所有的有机卤硅烷都是采用直接法生产得到的。

　　（2）格氏反应法　　实验室中用 Grignard 试剂与四氯化硅或氯硅烷来制备卤硅烷。调整 Grignard 试剂的用量，可达到优先生成一、二、三、四取代硅烷的目的，但反应产物仍然是混合物。例如：

$$CH_3MgCl + SiCl_4 \xrightarrow{THF} CH_3SiCl_3 + MgCl_2$$

$$\xrightarrow[THF]{CH_3MgCl} (CH_3)_2SiCl_2 + MgCl_2$$

四氯化硅

$$4CH_3MgCl （过量） + SiCl_4 \xrightarrow{THF} (CH_3)_4Si + 4MgCl_2$$

　　此法的意义在于它具有广泛的应用性，几乎各种有机基团都能通过 Grignard 试剂连接到硅原子上，而且产物相对比较单纯，易于分离。但 Grignard 试剂法必须使用大量溶剂，且必须经多步反应完成。

　　（3）有机硅烷的卤化

$$PhSiH_3 + 3Br_2 \longrightarrow PhSiBr_3 + 3HBr$$

$$(CH_3)_2SiPh_2 + 2Br_2 \longrightarrow (CH_3)_2SiBr_2 + 2PhBr$$

16.3.2.2　化学性质

　　（1）水解　　卤硅烷中的 Si—X 键具有较强的极性，很活泼，易水解生成硅醇。例如：

$$(CH_3)_3SiCl + H_2O \xrightarrow{CaCO_3} (CH_3)_3SiOH + HCl$$

硅醇在酸或碱的作用下，会发生分子间的脱水反应，生成硅醚。例如：

$$2(CH_3)_3SiOH \xrightarrow{H^+ 或 OH^-} (CH_3)_3Si—O—Si(CH_3)_3$$

所以，制备硅醇要在中性介质中进行反应：

$$Ph_2SiCl_2 + 2NaHCO_3 \longrightarrow Ph_2Si(OH)_2 + 2NaCl + 2CO_2$$

二卤二烃基硅烷水解得到硅二醇，后者经缩聚反应生成线型及环状聚硅氧烷。例如：

$$n(CH_3)_2SiCl_2 + 2nH_2O \xrightarrow{-2nHCl} n\ HO-\underset{\underset{CH_3}{|}}{\overset{\overset{CH_3}{|}}{Si}}-OH \xrightarrow{缩聚} H \left[O-\underset{\underset{CH_3}{|}}{\overset{\overset{CH_3}{|}}{Si}}\right]_m OH + (n-1)H_2O$$

聚硅氧烷
（50%～80%）

↓缩聚

$$[(CH_3)_2SiO]_3 + [(CH_3)_2SiO]_4 （90\%以上） + \cdots\cdots$$

六甲基环三硅氧烷　八甲基环四硅氧烷
（简称D₃）　　　　（简称D₄）

（20%～50%）

　　由二氯二甲基硅烷与过量水进行简单水解生成的环状有机硅化合物（如 D₄），可以用来生产最终的高分子有机硅产品。

三卤烃基硅烷水解得到硅三醇，后者经缩聚反应可得到体型交联结构的高分子：

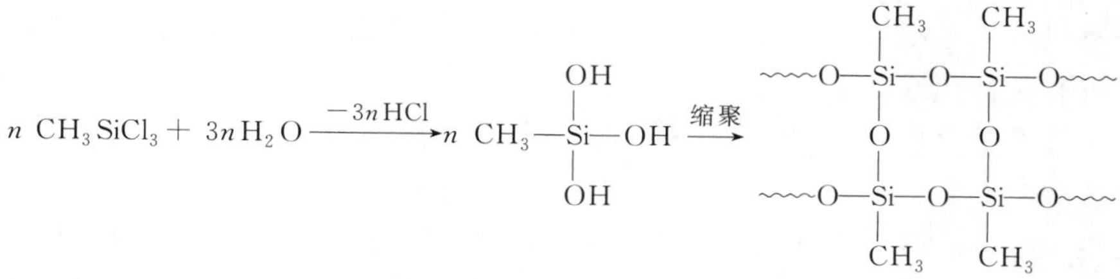

$$n \; CH_3SiCl_3 + 3n \, H_2O \xrightarrow{-3n\,HCl} n \; CH_3-\!\!\underset{\underset{OH}{|}}{\overset{\overset{OH}{|}}{Si}}\!\!-OH \xrightarrow{\text{缩聚}}$$

二烃基二卤硅烷和烃基三卤硅烷的水解反应是制备各种高分子有机硅产品的基本反应之一。

（2）醇解　卤硅烷与醇作用生成硅氧烷。例如：

$$(CH_3CH_2)_2SiCl_2 + 2CH_3CH_2OH \xrightarrow[92\%]{PhN(CH_3)_2} (CH_3CH_2)_2Si(OCH_2CH_3)_2$$

（3）与金属有机化合物的反应　在 Grignard 试剂或有机锂试剂的作用下，卤硅烷中的 Si—X 键断裂，生成新的 Si—C 键。例如：

$$(CH_3)_3SiCl + CH_3CH_2CH_2MgBr \longrightarrow (CH_3)_3SiCH_2CH_2CH_3$$

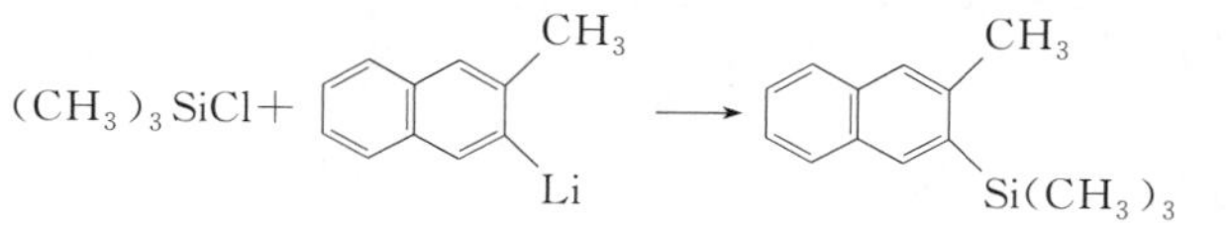

以上的方法常用来制备硅烷。

（4）还原　在氢化铝锂、氢化钠等金属氢化物作用下，卤硅烷中的 Si—X 键被还原为 Si—H 键，生成硅氢烷。例如：

$$CH_3CH_2SiCl_3 + LiAlH_4 \longrightarrow CH_3CH_2SiH_3$$

16.3.2.3　在有机合成中的应用

（1）$(CH_3)_3Si$—基作为保护基团　在有机合成中，$(CH_3)_3Si$—Cl 中的 $(CH_3)_3Si$—基体积大，不含活泼氢，既容易接上去，也容易在一定条件下除去，可用来保护羟基、氨基、炔基、羰基等。例如：

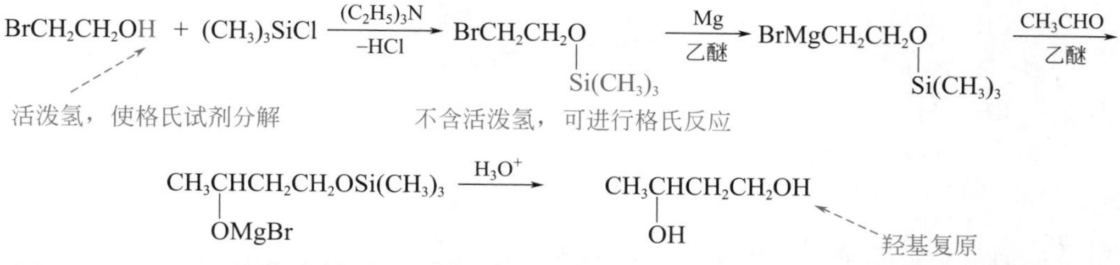

（2）$(CH_3)_3Si$—基作为辅助基团　当羰基化合物在碱作用下形成烯醇式负离子，进行烷基化反应时，$(CH_3)_3Si$—基介入后，其体积较大，因而具有高度的区域选择性。例如：

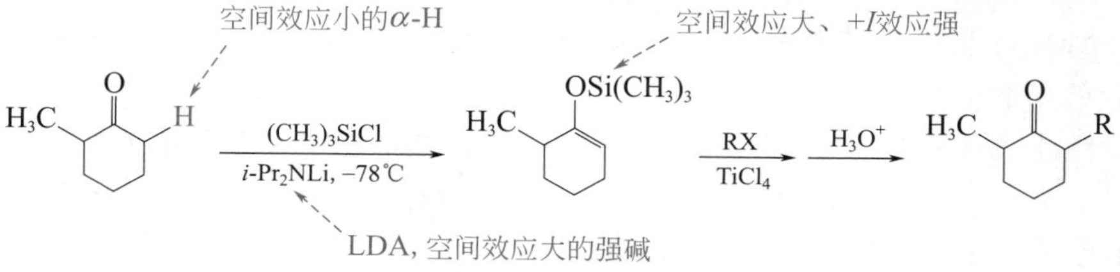

16.3.3 高分子有机硅简介

高分子有机硅一般指聚硅氧烷，是主链以 Si—O 为重复单元的高分子化合物。高分子有机硅占所有有机硅化合物用量的 90% 以上。

Si—O 键键能很高。纯粹由 Si—O 键组成的无机化合物，如石英，其热稳定性非常高，熔点高达 1800℃。当分子中引入有机烃基作为侧基时，其热稳定性下降，分解温度降为 300~600℃，但仍优于普通的有机化合物。所以，高分子有机硅具有优良的耐热性。

Si—O 键键长较长，Si—O—Si 键角很大，使 Si—O 之间容易旋转，链非常柔顺，加上硅原子上两个烃基的屏蔽作用，结果使得硅氧链之间的相互作用很小，表面张力很低，因而具有柔软、滑爽的手感和极好的抗水性。

16.3.3.1 硅油

硅油（silicone fluids）是一种具有不同聚合度的链状结构的聚有机硅氧烷液体油状物。随着分子量的升高，硅油的黏度逐渐增大。硅油的分子结构可以是线型的，也可以是带有支链的：

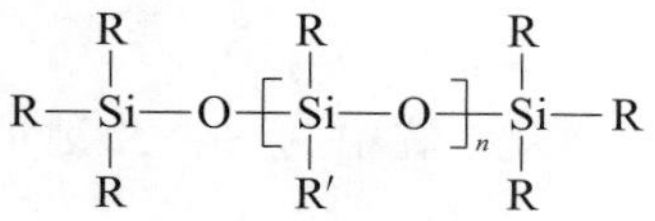

线型分子结构 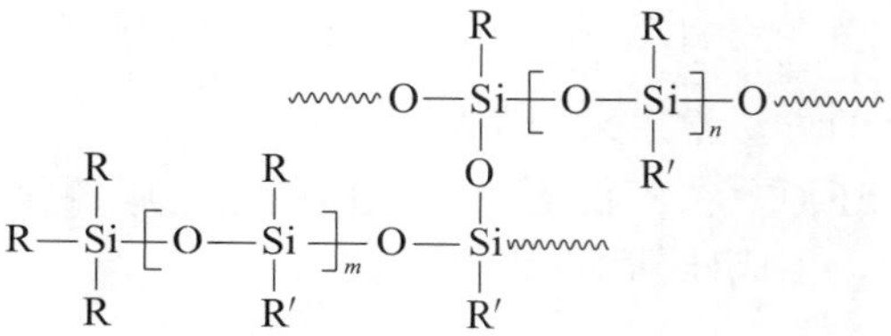　　　　带有支链的分子结构

式中，R 为有机基团；R′ 为有机基团或氢原子；n、m 代表聚合度。

如果 R＝R′ 全部为甲基时，称其为甲基硅油。黏度较高的甲基硅油一般采用碱催化法生产得到：

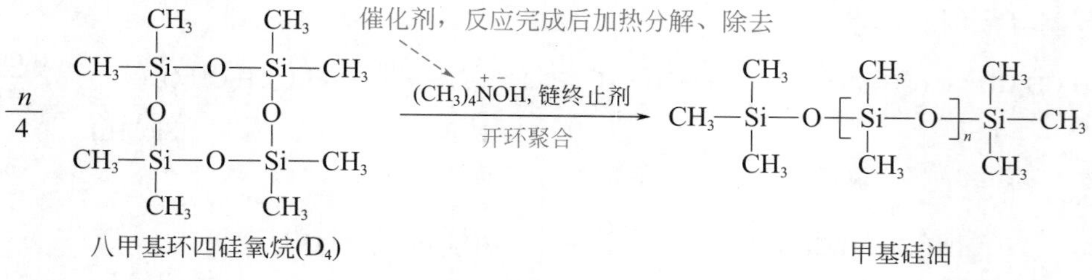

催化剂，反应完成后加热分解、除去

$(CH_3)_4NOH$, 链终止剂
开环聚合

八甲基环四硅氧烷(D_4)　　　　甲基硅油

甲基硅油是一种最常用、用途最广泛的硅油，在机械、汽车、仪表、电器等行业用作高档润滑油、刹车油、变压器油、仪表减震油、造型脱模剂，具有优异的耐磨性和热稳定性；在轻工、纺织、皮革行业用作性能优异的手感改进剂、憎水剂、柔软剂、光亮剂、消泡剂；在日化行业用于护肤品、洗发水、沐浴液等多种化妆品和洗护用品配方，具有优异的柔软效果和丝滑手感。

聚醚改性硅油分子中既含有亲水基，又含有亲油基，是一种含硅的非离子表面活性剂（详见第 18 章 18.2.2），PO、EO 的比例可根据需要调节。除用作聚氨酯泡沫的匀泡剂外，还可用作消泡剂、涂料添加剂、化妆品配方组分等。

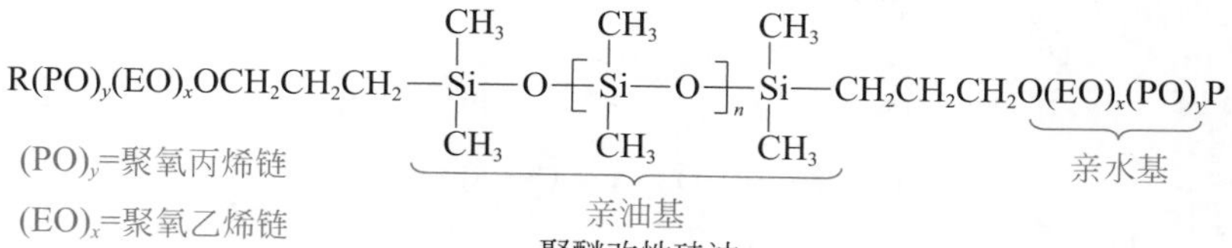

$$R(PO)_y(EO)_xOCH_2CH_2CH_2-Si-O[Si-O]_n-Si-CH_2CH_2CH_2O(EO)_x(PO)_yP$$

(PO)$_y$=聚氧丙烯链

(EO)$_x$=聚氧乙烯链

亲油基   亲水基

聚醚改性硅油

功能性硅油是分子链中或末端具有反应性基团的硅油，常见的功能性硅油有含氢硅油、端羟基硅油、氨基改性硅油、氰基改性硅油、环氧基改性硅油等。

甲基含氢硅油因其分子中存在 Si—H 键，可在催化剂存在下与多种官能团反应，交联成膜，可用作防水处理剂。聚合度 n 和 m 是可以调整的，当 $n=0$ 时，甲基含氢硅油为全氢型。

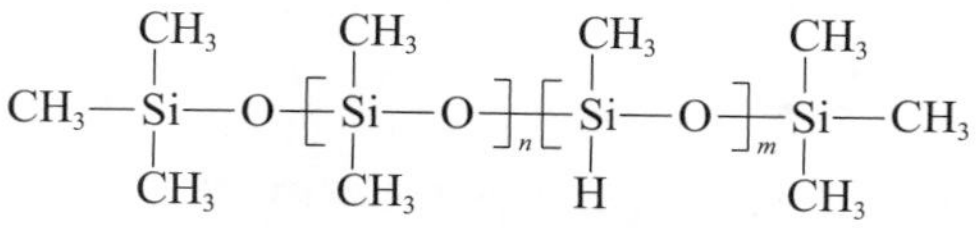

甲基含氢硅油

氨基改性硅油因其含有氨基可被乳化制成乳液而方便其使用。它最重要的用途是用作纤维处理剂，用其处理的化纤织物，可显著地提高柔软性、防皱性、弹性和抗撕裂强度，还可赋予化纤织物近乎羊毛或丝绸等动物纤维样的手感（参见安秋凤等中国发明专利 ZL201210154771.7，ZL201210215713.0）。

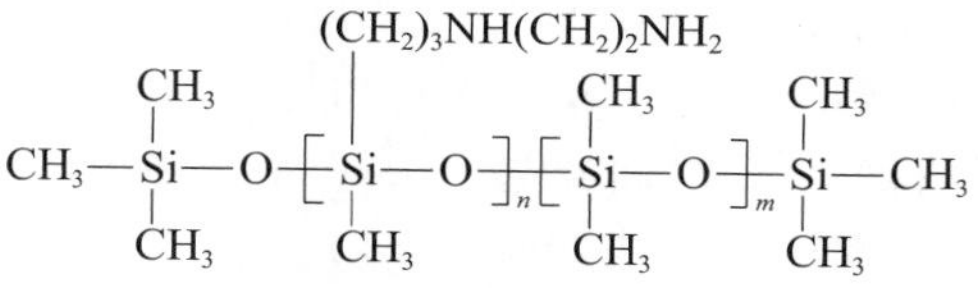

双胺型氨基改性硅油

16.3.3.2 硅橡胶

硅橡胶是一种线型结构的高分子量的聚有机硅氧烷，通常它的结构与甲基硅油的类似，但也可以引入乙烯基、烯基、苯基、三氟丙基等其他基团。

硅橡胶在使用前也需要进行硫化。按照硫化温度，硅橡胶可分为高温硫化硅橡胶（HTV）和室温硫化硅橡胶（RTV）。按照聚合度，硅橡胶可分为混炼型硅橡胶和液体硅橡胶。从包装形式上则可以分为单组分、双组分室温硫化硅橡胶。

在所有橡胶种类中，硅橡胶是耐热性、耐寒性最好的一类，其产量虽不及通用橡胶，但它的品种之多、性能之独特、用途之广泛却胜于任何其他的橡胶，在橡胶工业中占有重要而特殊的地位。

16.3.3.3 硅树脂

硅树脂是一种具有高度交联结构的热固性聚有机硅氧烷，兼具有机树脂及无机材料的双重特性。根据硅原子上所连有机基团不同，硅树脂可分为甲基硅树脂、苯基硅树脂、甲基苯基硅树脂以及含有乙烯基的聚合型硅树脂等。

与硅油和硅橡胶相比，硅树脂具有更高的交联度。例如，苯基硅树脂是由苯基三氯硅烷经水解、缩聚而制成，其结构如下：

苯基硅树脂(苯梯聚合物)

硅树脂最突出的性能是其优异的热氧化稳定性和优异的电绝缘性能。例如，苯基硅树脂在空气中加热到 525℃ 才开始分解，可用作耐高温涂料。

16.3.4　硅烷偶联剂

硅烷偶联剂（silane coupling agents）是一类具有特殊结构的小分子有机硅化合物，因其能够将两种性质差异较大的材料"偶联"在一起，故称为硅烷偶联剂。硅烷偶联剂的结构可用以下通式表示：

$$Y—R—SiX_3$$

式中，Y 是可以和有机化合物起反应的基团，如乙烯基、氨基、环氧基、巯基等；R 是短的甲叉基链，通过它把 Y 与硅原子连接起来；X 是可进行水解反应并生成 Si—OH 的基团，如烷氧基、乙酰氧基、卤素等。X 和 Y 是两类反应特性不同的活性基团。其中，X 易与无机物如玻璃、二氧化硅、陶土、金属及其氧化物等产生牢固的结合。因此通过硅烷偶联剂，可在无机材料和有机材料的界面之间架起"分子桥"，把两种性质悬殊的材料连接在一起，起到提高复合材料的性能和增加黏结强度的作用。

常见的硅烷偶联剂有：

$$H_2\overset{1}{N}CH_2\overset{2}{C}H_2\overset{3}{C}H_2Si(OC_2H_5)_3$$

3-（三乙氧基甲硅基）丙烷-1-胺
3-(triethoxysilyl)propan-1-amine
（行业习惯名：γ-氨丙基三乙氧基硅烷）
（国内商品牌号 KH550）

$$\overset{3'}{C}H_2—\overset{2'}{C}H\overset{1'}{C}H_2O\overset{3}{C}H_2\overset{2}{C}H_2\overset{1}{C}H_2Si(OCH_3)_3$$
$$O$$

［3-（2,3-氧桥丙氧基）丙基］三甲氧基硅烷
［3-(2,3-epoxypropoxy)propyl]trimethoxysilane
（行业习惯名：γ-环氧丙氧丙基三甲氧基硅烷）
（国内商品牌号 KH560）

$$CH_3$$
$$\overset{3}{C}H_2=\overset{2}{C}\overset{1}{C}OOCH_2\overset{1'}{C}H_2\overset{2'}{C}H_2\overset{3'}{C}H_2Si(OCH_3)_3$$

甲基丙烯酸-3-（三甲氧基甲硅基）丙酯
3-(trimethoxysilyl)propyl methacrylate
（行业习惯名：γ-甲基丙烯氧基丙基三甲氧基硅烷）
（国内商品牌号 KH570）

$$HS\overset{1}{C}H_2\overset{2}{C}H_2\overset{3}{C}H_2Si(OCH_3)_3$$

3-（三甲氧基甲硅基）丙-1-硫醇
3-(trimethoxysilyl)propane-1-thiol
（行业习惯名：γ-巯丙基三甲氧基硅烷）
（国内商品牌号 KH580）

本章精要速览

（1）硫原子能够形成 2、4、6 等不同价态的化合物。常见的有机二价硫化合物有硫醇、硫酚和硫醚，它们分别是醇、酚和醚的硫类似物。由于硫原子半径比氧大，易于极化，氢离子易于解离出来，从而使硫醇、硫酚的酸性比相应的醇、酚强得多，而且还能与汞、铅、铜、砷等重金属化合物成盐。

同样的原因使硫醇、硫醚比相应的醇、醚更容易被氧化。硫醇可被 H_2O_2、I_2、O_2 或 NaOI 氧化为二硫化合物。在生物体中，二硫键与巯基之间的氧化-还原是一个极为重要的生理过程。在强氧化剂（如 HNO_3、$KMnO_4$ 等）作用下，硫醇、硫酚和二硫化物均可以被氧化为磺酸。而硫醚可在室温下被 H_2O_2、$NaIO_4$ 等氧化为亚砜，亚砜可以继续被硝酸等氧化生成砜。

（2）由于硫原子比氧原子更易于极化，硫醇、硫酚和硫醚的亲核性比相应的醇、酚和醚强，更容易与卤代烃发生亲核取代反应。硫醇不但易与醛、酮发生亲核加成，生成相应的硫缩醛或硫缩酮（后者可通过催化氢化脱硫，用来将羰基还原为甲叉基而不是保护羰基），而且还可在碱性条件下，与连有吸电子基的碳碳双键（如 CH_2＝CHCN）发生亲核加成反应。

（3）磺酸可分为脂肪族磺酸和芳香族磺酸，后者在有机合成和工业生产上比较重要。磺酸是有机强酸，具有极强的吸湿性，易溶于水，不溶或微溶于非极性有机溶剂，在有机物中引入磺酸基可以显著提高其水溶性。

十二烷基苯磺酸钠是洗衣粉、洗洁精等市售合成洗涤剂的主要成分，它在冷水和硬水中均有很好的去污能力。

芳磺酸的化学反应发生在磺基上和芳环上。①磺酸的酸性大于羧酸；磺基中的羟基可被氯原子、氨基等烷氧基等取代，分别生成芳磺酰氯、芳磺酰胺和芳磺酸酯；在酸性条件下，芳磺酸水解脱去磺酸基，在有机合成上可用来"占位"；芳磺酸钠与碱共熔，可制备酚。②芳环上的反应与芳烃相似，为亲电取代反应，但磺酸基为强的致钝基，导致芳磺酸的亲电取代反应活性大大低于苯。

（4）芳磺酰胺通常是由芳磺酰氯与氨、伯胺和仲胺作用而得。糖精和磺胺药物是芳磺酰胺的重要衍生物。

（5）常见的有机含磷化合物有：膦、膦酸、磷酸酯。

烃基膦：烷基膦是磷化氢（PH_3）分子中的氢原子被烃基取代后，形成的不同取代程度的衍生物：

$$RPH_2 \quad R_2PH \quad R_3P \quad R_4P^+X^-$$
伯膦　　仲膦　　叔膦　　季𬭚盐

烃基膦的结构与胺相似。但三烃基膦两种不同角锥构型的转化能垒（约为 $150kJ/mol^{-1}$）比叔胺（约为 $25kJ/mol^{-1}$）高得多，通常需要加热才能实现转化。

三烃基膦易与卤代烃发生 S_N2 反应，生成季膦盐。例如，三苯基膦与卤代烃发生亲核取代生成的季膦盐用强碱处理可得到 Wittig 试剂；三烃基膦作为强亲核试剂，还能与环氧化合物发生反应，生成三烃基氧化膦和烯烃。

膦酸：膦酸是磷酸 $[O{=}P(OH)_3]$ 分子中羟基部分或全部被烃基取代的衍生物。

$$O{=}P(OH)_3 \qquad O{=}P(OH)_2R \qquad O{=}P(OH)(R)_2 \qquad O{=}P(R)_3$$

磷酸　　　　　　烃基膦酸　　　　　二烃基膦酸　　　　氧化三烃基膦

磷酸酯：磷酸酯是磷酸分子中的氢原子被烃基取代后的化合物。所有的生物体内都含有磷，而生物体中的磷是以磷酸酯的形式存在的。例如：

三磷酸腺苷(ATP)　　　　　　　　　　　　卵磷脂

有机磷农药也是重要的有机磷化合物。但它们对哺乳动物的毒性大，易造成人畜急性中毒。近年来，高毒性的有机磷农药正逐步被毒性更低的农药代替。

不对称催化中的膦配体是目前有机磷化学的研究热点之一。有些优秀的膦配体具有很高的立体选择性并得到工业化应用，但没有任何一种配体或催化剂是通用的，所以合成化学家还在不断设计和合成性能更优异的配体和催化剂。

（6）与碳相似，有机硅分子中的硅原子在大多数情况下都采取 sp^3 杂化。与碳原子不同，硅的原子半径大于碳，电负性硅（1.8）小于碳（2.5），而且具有 3d 空轨道，导致含硅的有机化合物与相应的碳化合物的性质有较大的差异。

常见的小分子有机硅化合物有：烃基硅烷（如 $PhSiH_3$）、卤硅烷 $[$如 $Si(CH_3)_2Cl_2]$、硅醇 $[$如 $Si(CH_3)_2(OH)_2]$、烃基硅氧烷 $[$如 $C_2H_5Si(OC_2H_5)_3]$ 和硅醚 $[$如 $(CH_3)_3SiOSi(CH_3)_3]$。

（7）二氯二甲基硅烷可采用直接合成法生产：

$$CH_3Cl + Si \xrightarrow[300℃]{Cu(10\%)} (CH_3)_3SiCl + (CH_3)_2SiCl_2 + CH_3SiCl_3 + CH_3SiHCl_2 + SiCl_4$$

硅粉　　bp/℃: 57.3　　70.2　　66.1　　40.4　　57.6

含量: 5%～8%　70%～80%　10%～18%　3%～5%　1%～3%

分馏分离

二卤二烃基硅烷水解得到硅二醇。在酸或碱存在下，硅二醇易发生缩聚反应生成线型及环状聚硅氧烷。例如：

$$n(CH_3)_2SiCl_2 + 2nH_2O \xrightarrow{-2nHCl} nHOSi(CH_3)_2OH \xrightarrow{缩聚}$$

$$H{\left[OSi(CH_3)_2\right]}_m OH + \left[(CH_3)_2SiO\right]_4 + \left[(CH_3)_2SiO\right]_3 + (n{-}1)H_2O$$

（90%以上）

聚硅氧烷　　　八甲基环四硅氧烷　六甲基环三硅氧烷

50%～80%　　　（简称D_4）　　　（简称D_3）

（20%～50%）

D_4 经开环聚合可得到高分子有机硅化合物。例如：

$$\frac{n}{4}D_4 \xrightarrow[开环聚合]{(CH_3)_4\overset{+}{N}OH, 链终止剂} (CH_3)_3Si{-}O{\left[Si(CH_3)_2{-}O\right]}_n Si(CH_3)_3$$

甲基硅油

高分子有机硅具有优良的耐热性，柔软、滑爽的手感和极好的抗水性，占所有有机硅化合物用量的 90% 以上。

（8）在有机合成中，$(CH_3)_3Si$—Cl 中的 $(CH_3)_3Si$—基体积大，不含活泼氢，既容易接上去，也容易在一定条件下除去，可用来保护羟基、氨基、炔基、羧基等；$(CH_3)_3Si$—也可作为辅助基团，因其体积较大，因而具有高度的区域选择性。

习 题

1. 命名下列化合物。

(1)
$$\underset{\underset{CH_3}{|}}{CH_3}\overset{\overset{CH_3}{|}}{C}CH_2\overset{\overset{SH}{|}}{C}HCH_2\overset{\overset{CH_3}{|}}{C}HCH_3$$

(2) Cl—〔苯环〕—SH

(3) 〔环己基〕—S—〔异丙基〕

(4) 〔邻位苯环〕SCH_3 / SCH_3

(5) $n\text{-}C_{12}H_{25}$—〔苯环〕—SO_3Na

(6) O_2N—〔苯环，邻Cl〕—SO_2Cl

(7) H_2N—〔苯环〕—SO_2—NH_2

(8) CH_3—$\overset{\overset{O}{\|}}{S}$—$CH_3$

(9) 〔苯环〕—SO_2—〔苯环〕

(10) C_6H_5—$\overset{\overset{O}{\|}}{P}(OC_2H_5)_2$

(11) $(C_6H_5O)_3P$

(12) $(n\text{-}C_4H_9O)_3P{=}O$

(13) $[(CH_3)_2SiO]_4$

(14) CH_3HSiCl_2

2. 将下列化合物按酸性由强到弱顺序排列。

(1) A. C_2H_5OH　　B. C_6H_5SH　　C. $C_6H_5SO_3H$　　D. C_6H_5COOH　　E. C_6H_5OH

(2) A. 环己硫醇　　B. 苯硫酚　　C. 环己醇　　D. 苯磺酸

3. 简要回答问题。

(1) 为什么乙硫醇的沸点低于乙醇，但乙硫醚的沸点高于乙醚？

(2) Si—O 键键能大于 C—O 键。但为什么 $(CH_3)_3SiOH$ 不如 $(CH_3)_3COH$ 稳定？

(3) 为什么含氢硅油中的 Si—H 键比较活泼？

4. 完成下列反应式。

(1) $HSCH_2\overset{\overset{}{}}{\underset{\underset{NH_2}{|}}{C}}HCOOH \xrightarrow{H_2O_2} ?$

(2) $CH_3CH_2SCH_2CH_3 \xrightarrow{H_2O_2} ? \xrightarrow{HNO_3} ?$

(3) $\underset{\underset{SH}{|}}{CH_2}{-}\underset{\underset{SH}{|}}{CH}{-}\underset{\underset{SH}{|}}{CH_2} + HgO \longrightarrow ?$

(4) CH_3—〔苯环〕—$SCH_2CH_3 \xrightarrow{C_2H_5Br} ?$

(5) CH_3—〔苯环〕—$SO_3H \xrightarrow{PCl_3} ?$

(6) $HSCH_2CH_2SH + C_6H_5COCH_3 \longrightarrow ? \xrightarrow{H_2, Ni} ?$

(7) $2 \ \triangle O + H_2S \longrightarrow ? \xrightarrow[ZnCl_2]{HCl} ?$ （$C_4H_8SCl_2$，芥子气）

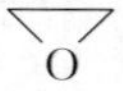

(8) 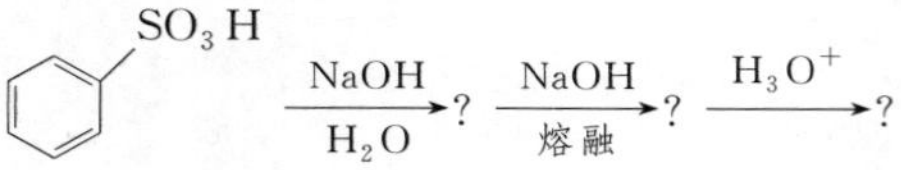
$$\text{（苯环-SO}_3\text{H）} \xrightarrow[H_2O]{NaOH} ? \xrightarrow[熔融]{NaOH} ? \xrightarrow{H_3O^+} ?$$

(9) $Ph_3P + (CH_3)_2CHBr \longrightarrow ? \xrightarrow{n\text{-BuLi}} ? \xrightarrow{CH_3CH_2CCH_3 (O)} ?$

5. 用简单的化学方法区别下列化合物。

(1) 对甲苯硫酚和苯甲硫醚；

(2) 对甲苯磺酸和苯磺酸甲酯。

6. 给出下列化合物 A、B、C 的构造式。

(1) 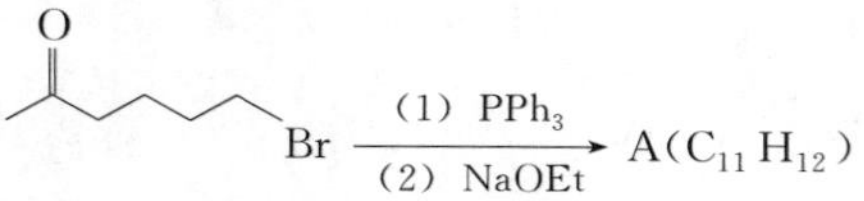
$$\text{（结构式 Br）} \xrightarrow[(2)\ NaOEt]{(1)\ PPh_3} A(C_{11}H_{12})$$

(2)
$$Br \text{（丁基）} Br \xrightarrow[(2)\ BuLi]{(1)\ PPh_3} B(C_{39}H_{34}P_2) \xrightarrow{\text{（邻苯二甲醛 CHO/CHO）}} C(C_{11}H_{10})$$

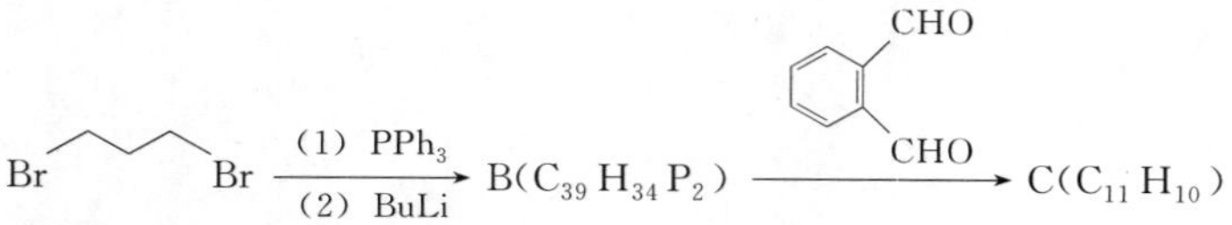

7. 以合适的氯硅烷为原料制备二甲基苯基氯硅烷。

8. 以 2-甲基环己酮为原料，选择适当的硅试剂和其它试剂制备下列化合物。

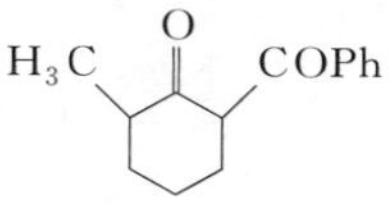

$$\text{（结构式 } H_3C \text{ —环己酮— } COPh）$$

第 17 章 | 杂环化合物

除碳原子以外的其他原子叫作杂原子，常见的杂原子有氧、硫、氮。下面几种化合物是最简单的杂环化合物：

呋喃	噻吩	吡咯	吡啶
(furan)	(thiophene)	(pyrrole)	(pyridine)

杂环化合物种类很多，广泛存在于自然界中，与动植物的生理作用及药物、染料等关系密切。例如，在动、植物体内起着重要生理作用的血红素、叶绿素、核酸的碱基、许多草药的有效成分——生物碱等都是含氮的杂环化合物。酶和辅酶中催化生化反应的活性部位通常具有杂环的结构。一部分维生素、抗生素、植物色素、不少重要的合成药物及合成染料也都含有杂环。近几十年来，杂环化合物在理论和应用方面的研究都有很大的进展，杂环化合物已经成为数量最多的一类有机化合物，据报道，有机化合物中大约有 1/2 是杂环化合物。

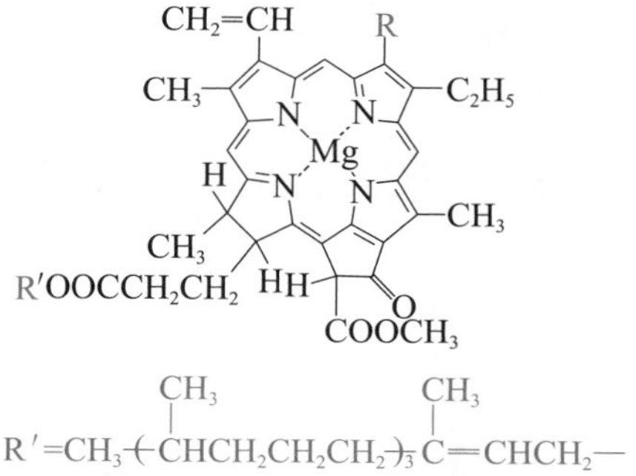

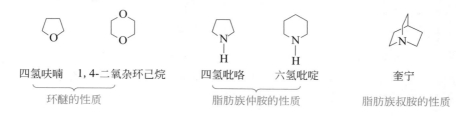

$R' = CH_3 + CHCH_2CH_2CH_2 + _3 C = CHCH_2-$

叶绿素a: $R=CH_3$；叶绿素b: $R=CHO$

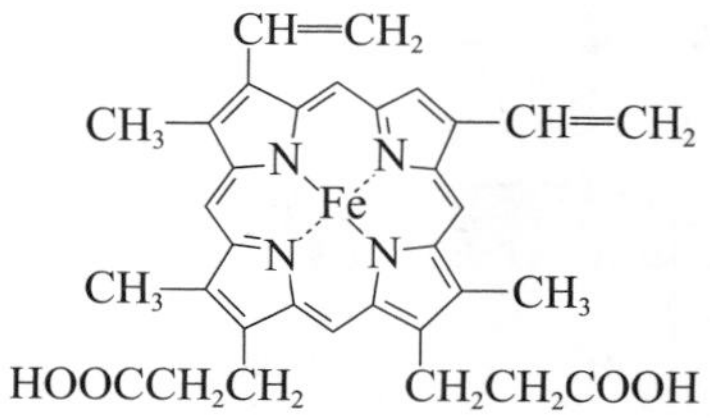

血红素

那些有杂原子参与构成环，但没有芳香性的环状化合物，通常不被包括在杂环化合物的范畴中。这些环状化合物可分为两类，一类是如酸酐、内酯、内酰胺等，虽然有杂原子参与构成环，但它们很容易开环形成开链化合物，同时具有开链化合物的性质；另一类非芳香性环状化合物如环醚、环状的胺等，它们的环虽然还比较稳定，但是它们具有与相应脂肪族化合物相类似的性质。例如：

四氢呋喃	1,4-二氧杂环己烷	四氢吡咯	六氢吡啶	奎宁
环醚的性质		脂肪族仲胺的性质		脂肪族叔胺的性质

本章主要从结构与性能的关系的角度讨论具有芳香性的杂环化合物。

17.1 杂环化合物的分类、命名和结构

17.1.1 分类和命名

杂环化合物可分为五元杂环和六元杂环，然后根据杂原子的数目和种类、单环或稠环等再进行分类。常见的五元杂环和六元杂环如表 17-1 和表 17-2 所示。

表 17-1 五元杂环化合物分类及名称

类　别	含一个杂原子			含两个杂原子			
单　环	 呋喃 furan 	噻吩 thiophene 	吡咯 pyrrole	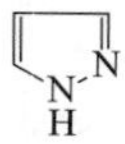 吡唑 pyrazole 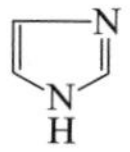	咪唑 imidazole 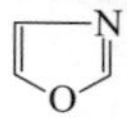	噁唑 oxazole 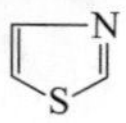	噻唑 thiazole
稠　环	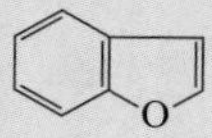 苯并呋喃 benzofuran 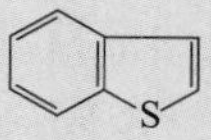　苯并噻吩 benzothiophene 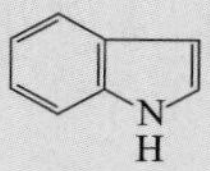　吲哚(苯并吡咯) indole			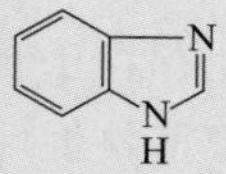 苯并咪唑 benzoimidazole 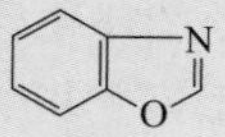　苯并噁唑 benzoxazole 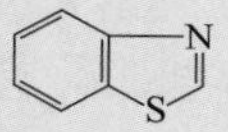　苯并噻唑 benzothiazole			

表 17-2 六元杂环化合物分类及名称

类　别	含一个杂原子	含两个杂原子		
单　环	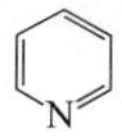 吡啶 pyridine	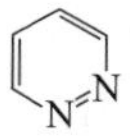 哒嗪 pyridazine 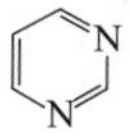	嘧啶 pyrimidine 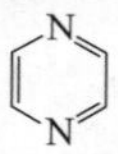	吡嗪 pyrazine
稠　环	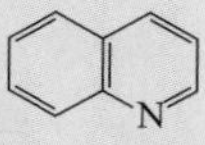 喹啉 quinoline 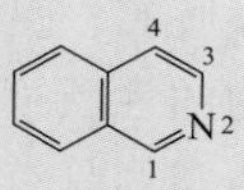　异喹啉 isoquinoline 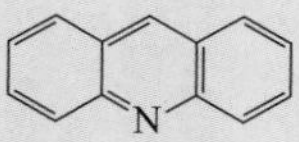　吖啶 acridine	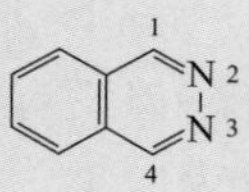 酞嗪 phthalazine 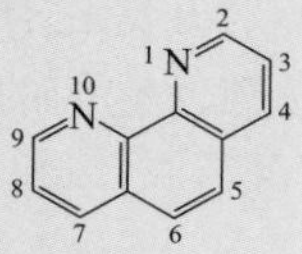　1,10-菲咯啉 1,10-phenanthroline		

杂环化合物的命名通常采用音译法。即根据英文名称的发音，选用同音汉字，并在左边加上"口"字旁。如果杂环上有取代基，编号从杂原子开始，依次用阿拉伯数字 1,2,3,4,…，或者用希腊字母 $\alpha,\beta,\gamma,\delta,\cdots$ 表示取代基的位次。例如：

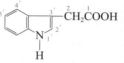

呋喃-2-甲醛(优先推荐)
furan-2-carbaldehyde
α-呋喃甲醛(α-furaldehyde)
糠醛(furfural)

3-甲基吡啶
3-methylpridine
β-甲基吡啶

2-(吲哚-3-基)乙酸(优先推荐)
2-(indol-3-yl)acetic acid
β-吲哚乙酸

对于有固定编号的环骨架，给杂原子尽可能小的编号。例如：

喹啉-8-酚(优先推荐)
quinolin-8-ol
8-羟基喹啉
8-hydroxyquinoline

6-甲基异喹啉
6-methylisoquinoline

1-氯酞嗪
1-chlorophthalazine

如果杂环上有不止一个杂原子，则按照 O、S、N 的顺序编号。例如：

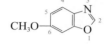

5-甲基咪唑
5-methylimidazole

5-甲基噻唑
5-methylthiazole

6-甲氧基苯并噁唑
6-methoxybenzoxazole

17.1.2 结构和芳香性

17.1.2.1 呋喃、噻吩、吡咯的结构

近代物理分析方法的结果表明，呋喃、噻吩、吡咯都是平面的五元环结构。即成环的四个碳原子和一个杂原子均采取 sp² 杂化，环上每个碳原子的 p 轨道有 1 个电子，杂原子的 p 轨道有 1 对电子。这些 p 轨道垂直于五元环所处的平面，相互间以"肩并肩"的方式进行重叠，结果形成了一个与苯环相似的、环状的大 π 键，如图 17-1 所示。

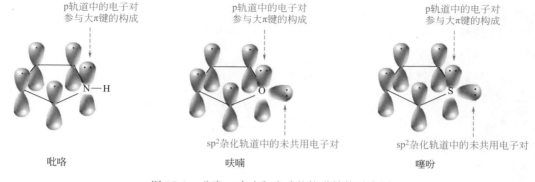

图 17-1　吡咯、呋喃和噻吩的轨道结构示意图

这种由 5 个原子共享 6 个电子的大 π 键可记为 π_5^6，其 π 电子数符合 Hückel 规则（$4n+2=6$，$n=1$），所以呋喃、噻吩和吡咯具有一定的芳香性，易发生环上的亲电取代反应；对

五元杂环上的碳原子而言，"分摊"到每个碳原子上的电子云密度大于 1，因此五元杂环上电子云密度比苯环大，发生亲电取代反应的速率也比苯快得多。

下列实验数据均说明呋喃、噻吩、吡咯具有芳香性。

（1）键长数据　如表 17-3 所示，键长都有一定程度的平均化。

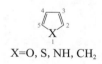

X=O, S, NH, CH₂

表 17-3　呋喃、噻吩、吡咯及环戊二烯的键长

化合物	X—C 键长（正常值）/nm	C2—C3 键长/nm	C3—C4 键长/nm
呋喃	0.136(0.143)	0.136	0.143
噻吩	0.171(0.182)	0.137	0.142
吡咯	0.137(0.147)	0.138	0.142
环戊二烯	0.150(0.154)	0.134	0.146

注：普通 C═C 键长 0.133nm；普通 C—C 键长 0.154nm。

（2）环流效应　呋喃、噻吩和吡咯的核磁共振氢谱吸收峰均出现在低场，这也是它们具有芳香性的重要标志。由于电子云密度大于苯环，五元杂环上质子的化学位移 δ 值小于 7.36。

$$\delta\,6.24 \quad \delta\,6.99 \quad \delta\,6.22 \quad H$$
$$\delta\,7.29 \quad \delta\,7.18 \quad \delta\,6.68 \quad \delta\,7.36$$

（3）离域能数据　由于 O、S、N 的电负性均大于碳，因此杂环上的 π 电子云密度不像苯环那样均匀，导致呋喃、噻吩和吡咯的离域能均小于苯，但比大多数共轭二烯的离域能要大得多。

化合物	苯	噻吩	吡咯	呋喃	共轭二烯
离域能/(kJ/mol)	152	117	88	67	12~28

综上所述，呋喃、噻吩和吡咯均有芳香性，其大小顺序为：

苯＞噻吩（性质与苯接近）＞吡咯＞呋喃（具有部分的共轭二烯的性质）

17.1.2.2　吡啶的结构

吡啶中氮原子也是采取 sp^2 杂化。但与吡咯分子中的氮原子［图 17-2(a)］不同，吡啶氮原子［图 17-2(b)］的 p 轨道中只有 1 个电子，而 sp^2 杂化轨道中有一对电子。

吡啶分子中的五个碳原子和一个氮原子均采取 sp^2 杂化，每个 p 轨道有 1 个电子，这些 p 轨道垂直于六元环所处的平面，相互间以"肩并肩"的方式进行重叠，结果形成了一个与苯环相似的、环状的大 π 键，如图 17-2(c) 所示。吡啶环中有 π_6^6 的大 π 键，其 π 电子数符合 Hückel 规则（$4n+2=6$，$n=1$），所以吡啶环亦有芳香性。

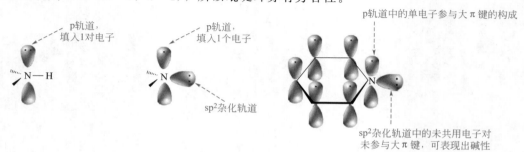

(a) 吡咯中氮原子的sp²杂化　　(b) 吡啶中氮原子的sp²杂化　　(c) 吡啶的轨道结构

图 17-2　吡啶的轨道结构示意图

吡啶环中氮原子上的一对孤对电子填入与苯环共平面的 sp^2 轨道中，不参与环状共轭体系，所以这一对孤对电子很容易给出去从而使吡啶表现出碱性。

吡啶的结构可用共振论表示如下：

结构相似，能量最低　　　　　　电荷分离，氮原子带负电荷
对真实结构贡献最大　　　　对真实结构的贡献就是氮原子上电子云密度较大

下列实验数据均说明吡啶具有芳香性。

① 键长数据：吡啶环中存在着较大程度的键长平均化。但由于氮的电负性大于碳，吡啶环的键长并未完全平均化。因此，吡啶的芳香性不及苯。

正常值（单位：nm）

C—N	C=N	C=C	C—C
0.147	0.128	0.133	0.154

② 偶极矩：如图 17-3 所示，吡啶是一个极性分子，其偶极矩 $\mu = 7.4 \times 10^{-30}$ C·m，甚至大于六氢吡啶的偶极矩（$\mu = 3.9 \times 10^{-30}$ C·m），负端指向氮原子，表明吡啶分子中电子云不是完全平均分布的。造成这种现象的原因是吡啶分子中的氮原子既有吸电子的诱导效应，又有吸电子的共轭效应。

③ 环流效应：如图 17-4 所示，吡啶的核磁共振氢谱数据表明，吡啶环上的质子均在低场出峰，有环流效应，说明吡啶有芳香性。由于氮原子的吸电子诱导效应，α-H 的 δ 值最大。

$\mu = 7.4 \times 10^{-30}$ C·m　　　　$\mu = 3.9 \times 10^{-30}$ C·m

图 17-3　吡啶和六氢吡啶的偶极矩

$\delta\ 7.55$
$\delta\ 7.36$
$\delta\ 7.16$
$\delta\ 8.52$

图 17-4　吡啶的环流效应

17.1.2.3　咪唑和噻唑的结构

如图 17-5 所示，在咪唑分子中，3 个碳原子和 2 个氮原子都是 sp^2 杂化，其中一个氮原子与吡咯中的氮原子相似，p 轨道中有一对电子，参与形成大 π 键，称为吡咯型氮原子；而另一个氮原子则与吡啶分子中的氮原子相似，其 p 轨道中只有一个电子参与形成大 π 键，同时其 sp^2 杂化轨道中有一对孤对电子，不参与形成大 π 键，可表现出碱性和亲核性，称为吡啶型氮原子。噻唑具有类似的结构，其中的硫原子与噻吩中的硫原子相似。

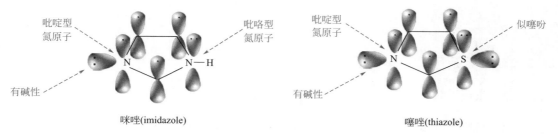

吡啶型氮原子　　　　　　　　　　吡咯型氮原子　　　　吡啶型氮原子　　　　　　　似噻吩

有碱性　　　　　　　　　　　　　　　　　　　　　　　有碱性

咪唑(imidazole)　　　　　　　　　　　　噻唑(thiazole)

图 17-5　咪唑和噻唑的轨道结构示意图

由图 17-5 可知，咪唑和噻唑分子中存在 π_5^6 的环状共轭体系，其 π 电子数符合 Hückel 规则（$4n+2=6$，$n=1$），所以咪唑环和噻唑环均有芳香性。

表 17-1 和表 17-2 中所列的其他杂环化合物均符合 $4n+2$ 规则，具有一定程度的芳香性。

17.2 五元杂环化合物

17.2.1 五元杂环的来源和制法

呋喃存在于木焦油中。工业上很容易由农副产品经下列一系列反应而制得：

$$
\begin{array}{c}
\text{玉米芯} \\
\text{花生壳} \\
\text{稻壳} \\
\cdots\cdots \\
(C_5H_{10}O_5)_n
\end{array}
\left.\right\}
\xrightarrow[\text{水解}]{HCl}
\begin{array}{c}
\text{CHO} \\
(\text{CHOH})_3 \\
\text{CH}_2\text{OH}
\end{array}
\xrightarrow[\triangle]{-3H_2O}
\text{[呋喃}-\text{CHO]}
\xrightarrow[400℃, -CO]{ZnO\text{-}Cr_2O_3\text{-}MnO_2}
\text{[呋喃]}
$$

聚戊糖　　　　戊糖　　　　糠醛(α-呋喃甲醛)　　　呋喃
　　　　　　　　　　　　　　　 furfural　　　　　　(furan)

噻吩存在于煤焦油中，石油中也含有少量噻吩及其衍生物。工业上制备噻吩是用丁烷、丁烯和丁二烯与硫黄一起在高温下反应制得：

$$CH_3CH_2CH_2CH_3 + S \xrightarrow{600℃} \text{[噻吩]} + H_2S$$

噻吩

吡咯存在于骨焦油中。它也可用下列方法合成：

$$HC\equiv CH + 2CH_2O \xrightarrow{CuC\equiv CCu} HOCH_2C\equiv CCH_2OH \xrightarrow[\text{压力}]{NH_3} \text{[吡咯]}$$

吡咯 (pyrrole)

γ-二羰基化合物在酸催化下脱水可以直接得到呋喃或其衍生物，与氨或硫化物作用，则分别得到吡咯、噻吩及其衍生物。这个方法称为 Paal-Knoor（帕尔-克诺尔）合成法。例如：

$$
CH_3\text{-[}\overset{O}{\text{C}}\text{]-}CH_3
\begin{cases}
\xrightarrow[\text{甲苯, }\triangle]{TsOH} & CH_3\text{-[O]-}CH_3 \\
\xrightarrow[\text{甲苯, }\triangle]{NH_3} & CH_3\text{-[NH]-}CH_3 \\
\xrightarrow[170℃]{P_2S_5} & CH_3\text{-[S]-}CH_3
\end{cases}
$$

17.2.2 五元杂环的化学性质

17.2.2.1 亲电取代

呋喃、噻吩和吡咯环上的电子云密度大于苯，比苯容易发生亲电取代反应，新引入基进入杂原子的 α-位。而五元杂环的稳定性比苯差，因此反应条件与苯不同，需要在较温和的条件下进行反应，以避免氧化、开环或聚合等副反应发生。

（1）卤化

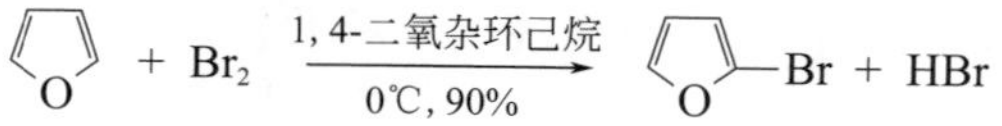
+ Br$_2$
1, 4-二氧杂环己烷
0℃, 90%
Br + HBr

（2）硝化

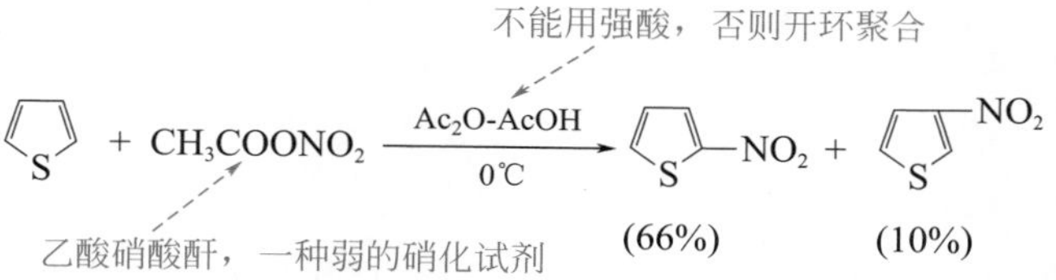
不能用强酸，否则开环聚合
+ CH$_3$COONO$_2$
Ac$_2$O-AcOH
0℃
NO$_2$
(66%)
(10%)
乙酸硝酸酐，一种弱的硝化试剂

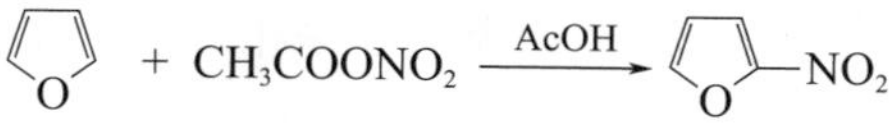
+ CH$_3$COONO$_2$
AcOH
NO$_2$

（3）磺化

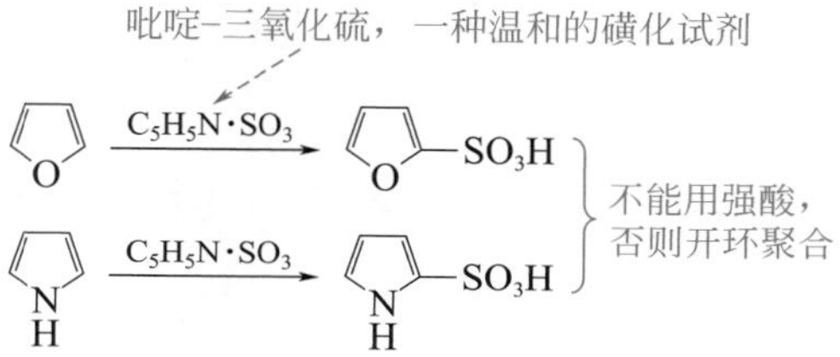
吡啶-三氧化硫，一种温和的磺化试剂
C$_5$H$_5$N·SO$_3$
SO$_3$H
不能用强酸，
否则开环聚合

噻吩环离域能大于呋喃环和吡咯环，稳定性稍强，可在室温下用硫酸磺化，生成 α-噻吩磺酸，后者能溶于浓硫酸。利用这个性质可把粗苯中的少量噻吩除去，这是制取无噻吩苯的一种方法。

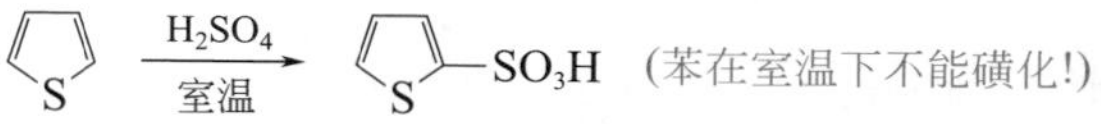
H$_2$SO$_4$
室温
SO$_3$H
(苯在室温下不能磺化!)

噻吩-2-磺酸

（4）Friedel-Crafts 酰基化

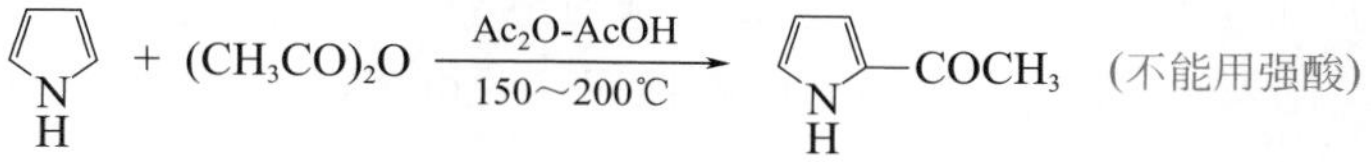
+ (CH$_3$CO)$_2$O
Ac$_2$O-AcOH
150～200℃
COCH$_3$
(不能用强酸)

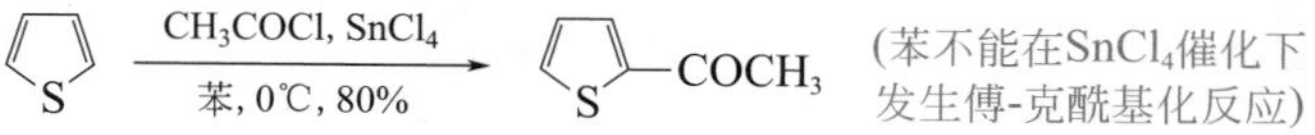
CH$_3$COCl, SnCl$_4$
苯, 0℃, 80%
COCH$_3$
(苯不能在SnCl$_4$催化下
发生傅-克酰基化反应)

（5）氯甲基化反应

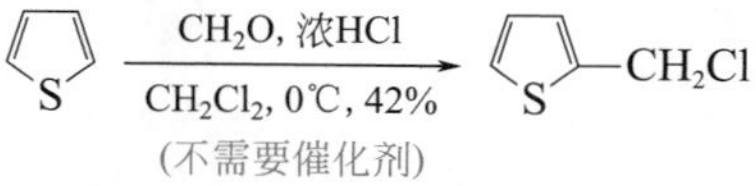
CH$_2$O, 浓HCl
CH$_2$Cl$_2$, 0℃, 42%
(不需要催化剂)
CH$_2$Cl

新引入基主要进入 α-位的原因是亲电试剂进攻 α-位所形成的共振杂化体比进攻 β-位的稳定：

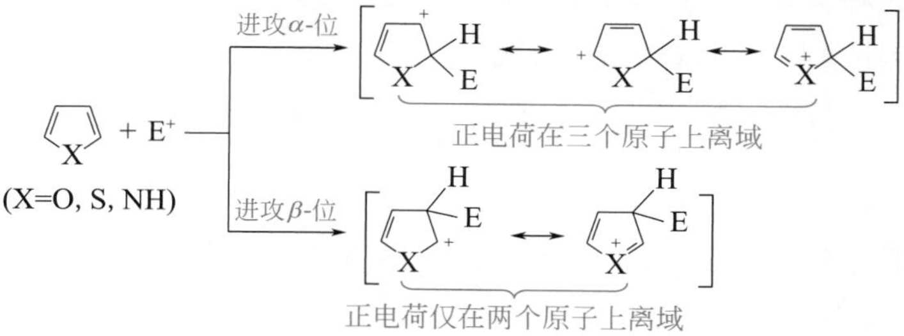
+ E$^+$
(X=O, S, NH)
进攻α-位
正电荷在三个原子上离域
进攻β-位
正电荷仅在两个原子上离域

17.2.2.2 加成

呋喃环的芳香性最小，最不稳定，可表现出环状共轭二烯的性质，与活泼的亲双烯体进行 Diels-Alder 反应。

△
说明呋喃环具有
共轭双烯的性质

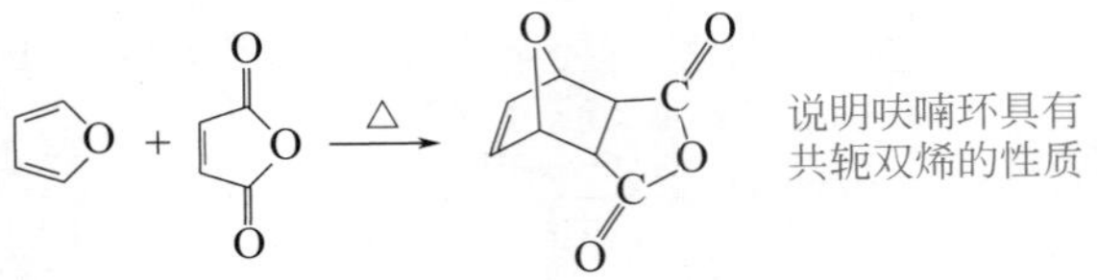

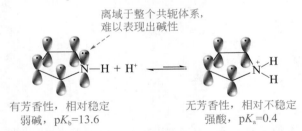

呋喃、噻吩和吡咯均可进行催化加氢反应，被还原成饱和的环状化合物。其中噻吩的催化加氢比较困难，硫原子容易使 Pd 催化剂中毒。采用 MoS_2 作催化剂，在高温高压下反应，可以得到四氢噻吩。

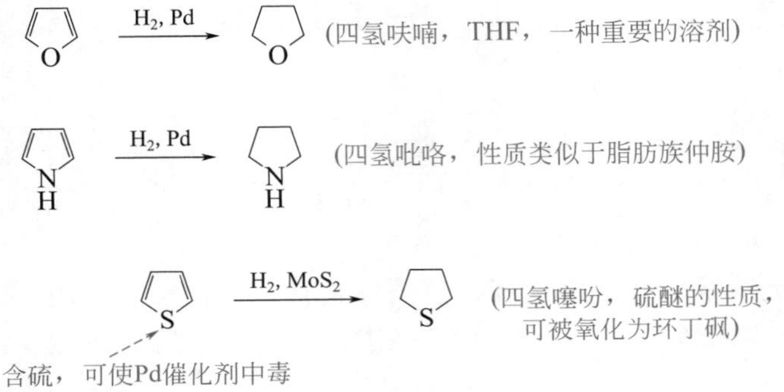

H₂, Pd
(四氢呋喃，THF，一种重要的溶剂)
H₂, Pd
(四氢吡咯，性质类似于脂肪族仲胺)
H₂, MoS₂
(四氢噻吩，硫醚的性质，
可被氧化为环丁砜)
含硫，可使Pd催化剂中毒

17.2.2.3 吡咯的弱碱性和弱酸性

吡咯分子中氮原子上虽然带有孤对电子，但是由于其参与了环状 π_5^6 的共轭，被整个环状共轭体系所共享，从而使氮上电子云密度降低，孤对电子难以给出去。所以，吡咯的碱性很弱（$pK_b=13.6$），甚至比苯胺（$pK_b=9.41$）的碱性还要弱得多，不能与强酸形成稳定的盐。

离域于整个共轭体系，
难以表现出碱性
有芳香性，相对稳定
弱碱，pKb=13.6
无芳香性，相对不稳定
强酸，pKa=0.4

另外，由于这种共轭作用，吡咯氮原子上的氢原子可解离成 H^+ 而显微弱的酸性（$pK_a=17$），故吡咯可与固体氢氧化钾成盐：

+ KOH(s)
△
H₂O
K⁺
+ H₂O

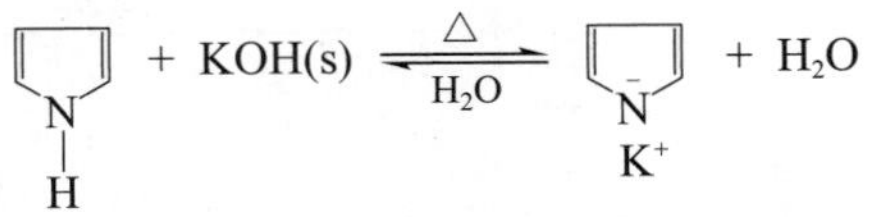

吡咯的钾盐不稳定，容易水解，但在一定条件下可以作为亲核试剂与许多化合物反应，生成一系列 *N*-取代产物。

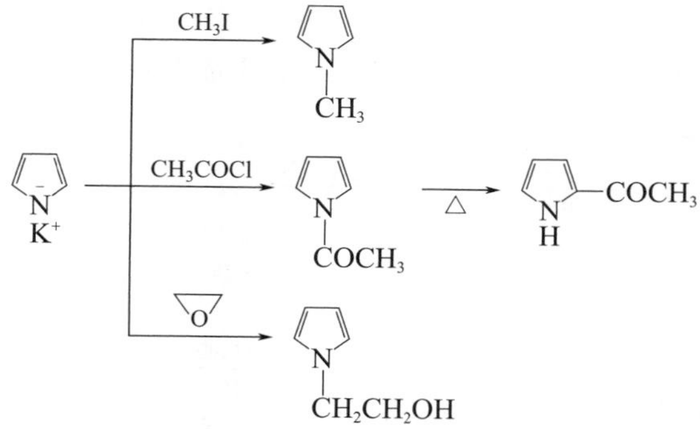

17.2.2.4　糠醛

糠醛是 α-呋喃甲醛的俗名，早年由米糠和稀酸共热而制得，故名"糠醛"。如前述及，用稀盐酸或稀硫酸处理米糠、麦秆、玉米芯、花生壳、高粱秆等农副产品，都可使其中所含的多聚戊糖水解为戊糖。后者在酸的作用下失水而生成糠醛。这个方法说明，杂环化合物可由成本低廉的开链化合物来合成。

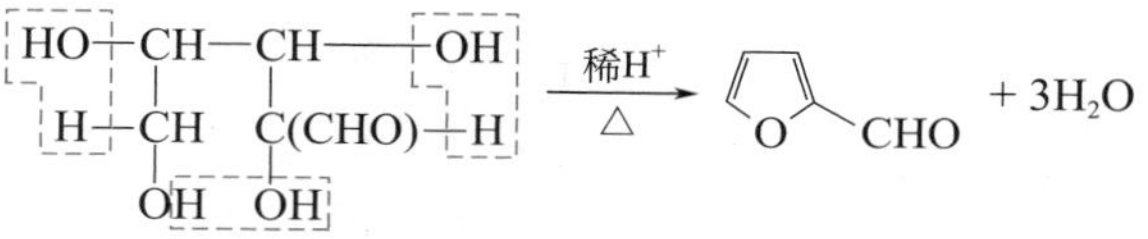

戊糖　　　　　　　　　　　　　　　糠醛(furfural)

糠醛是无色液体，沸点为 162℃，在空气中久置则因氧化作用而呈黑褐色。糠醛在水中有一定溶解度（20℃，8.3g/100mL 水），可溶于乙醇。

糠醛是有机合成的重要原料。其分子中的醛基无 α-H，化学性质与苯甲醛相似。例如：

歧化：

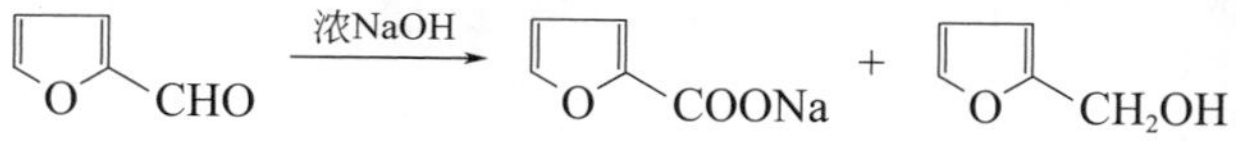

糠酸钠　　　　　　　糠醇
呋喃-2-甲酸钠　　　呋喃-2-甲醇

缩合：

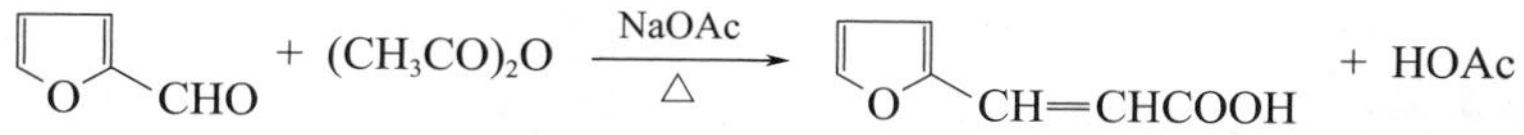

3-(呋喃-2-基)丙烯酸

氧化：

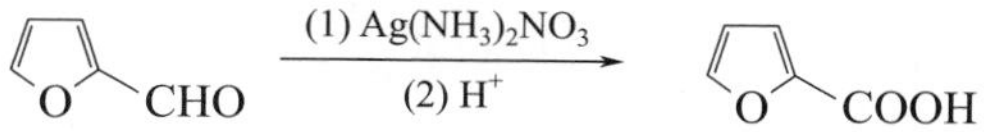

(糠酸，可用作防腐剂和增塑剂)

还原：

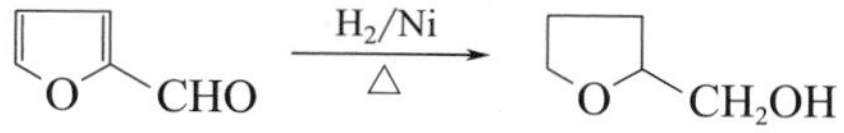

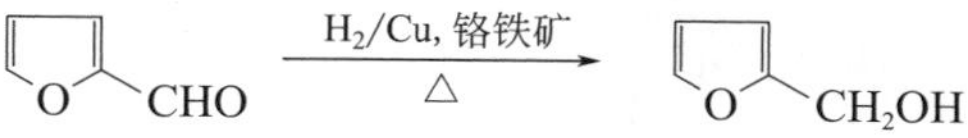

(糠醇，酸催化下聚合生成糠醇树脂)

糠醛可用来合成药物、农药等。例如，痢特灵（呋喃唑酮）用来治疗肠炎，呋喃坦啶用来治疗膀胱炎、肾盂肾炎，呋喃丙胺可用来治疗血吸虫病。

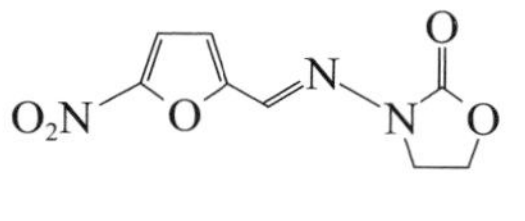

痢特灵 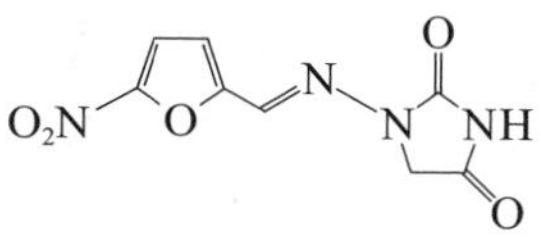　　　　　　　　呋喃坦啶 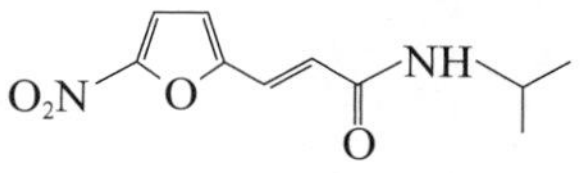　　　　　　　　呋喃丙胺

糠醛在催化剂存在下，高温加热，脱羰可转变为呋喃，后者催化加氢得四氢呋喃。四氢呋喃的沸点为 65.5℃，是良好的溶剂，也是有机合成的原料。从四氢呋喃可以得到己二酸和己二胺，它们是制造尼龙-66 的原料。

$$\underset{\substack{\text{糠醛}(\alpha\text{-呋喃甲醛})\\ \text{furfural}}}{\boxed{\text{O}}\text{CHO}} \xrightarrow[\text{400℃, }-\text{CO}]{\text{ZnO-Cr}_2\text{O}_3\text{-MnO}_2} \underset{\text{呋喃}}{\boxed{\text{O}}} \xrightarrow{\text{H}_2,\text{ Ni}} \underset{\text{四氢呋喃}}{\boxed{\text{O}}} \xrightarrow[\text{140℃, 0.4MPa}]{\text{HCl}} \underset{\text{1, 4-二氯丁烷}}{\text{Cl(CH}_2)_4\text{Cl}}$$

$$\text{Cl(CH}_2)_4\text{Cl} \xrightarrow{2\text{NaCN}} \text{NC(CH}_2)_4\text{CN} \begin{array}{c} \xrightarrow[\text{H}_2\text{O}]{\text{H}_2\text{SO}_4} \text{HOOC(CH}_2)_4\text{COOH} \\ \xrightarrow{\text{H}_2,\text{ Ni}} \text{H}_2\text{N(CH}_2)_6\text{NH}_2 \end{array}$$

糠醛还可以代替甲醛与苯酚缩合成酚醛树脂，性能比苯酚-甲醛树脂好，成本低。

* **17.2.2.5　吡唑、咪唑和噻唑**

五元杂环中含有两个杂原子，其中一个是氮原子的体系叫作唑（azole）。例如：

吡唑 (pyrazole)　　咪唑 (imidazole)　　噻唑 (thiazole)

吡唑、咪唑和噻唑的分子中都有一个符合 $4n+2$ 规则的环状共轭体系和一个吡啶型氮原子，因而具有芳香性和碱性。

吡唑、咪唑和噻唑的 pK_b 分别为 11.5、6.8 和 11.5，其碱性都比吡咯（$pK_b=13.6$）强。这是吡啶型氮原子上的孤对电子未参与环状共轭体系而较易与 H^+ 结合之故。吡唑分子间氢键缔合程度比咪唑大，降低了氮原子与 H^+ 结合的能力，其碱性比咪唑弱得多。

吡唑的氢键缔合　　　　咪唑的氢键缔合

吡唑、咪唑和噻唑都比相应的一元杂环稳定，它们对氧化剂、酸不敏感，不易开环聚合；进行亲电取代反应的活性都低于相应的一元杂环，反应条件较剧烈。例如：

4-硝基吡唑

噻唑-5-磺酸

吡唑和咪唑均能发生互变异构现象。例如咪唑的互变异构：

4-甲基咪唑　　　　　5-甲基咪唑

组氨酸和维生素 B_1 分别是咪唑和噻唑的重要衍生物：

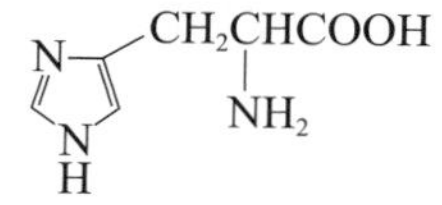

组氨酸

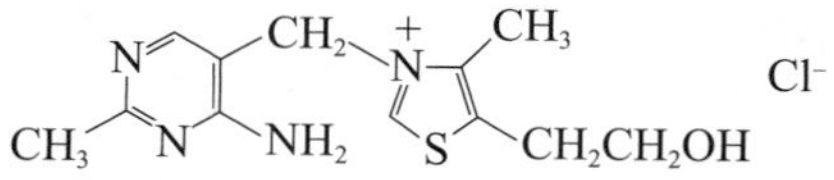

维生素B_1

17.3 六元杂环化合物

17.3.1 吡啶

吡啶是具有特殊臭味的无色液体，存在于煤焦油中，可从煤焦油中提取。吡啶的沸点为115℃，它能溶解许多有机化合物和部分无机盐，可与水、乙醇、乙醚等混溶。在有机化学中，吡啶既是有机合成的原料，用来制备药物、染料，也是一种常用的溶剂。

吡啶衍生物在自然界分布较广，在药物中也常见吡啶衍生物：

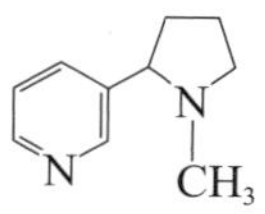

烟碱
(尼古丁)

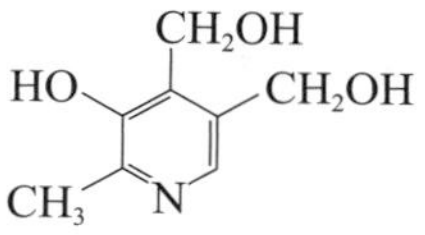

维生素B_6

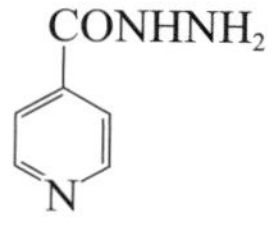

异烟肼
(雷米封，抗结核药)

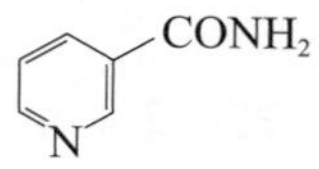

烟酰胺
(维生素PP)

17.3.1.1 碱性与亲核性

吡啶分子中氮上孤对电子与苯环共平面，不参与环体系的共轭，所以吡啶有碱性和亲核性，且碱性大于苯胺。

化合物	R_3N	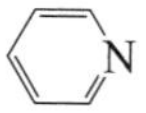	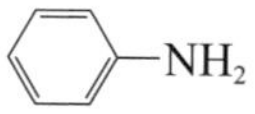
pK_b	约 4.2	8.8	9.4

由于氮原子上孤对电子的亲核性，吡啶可以作为亲核试剂与许多化合物反应，生成一系列 *N*-取代产物：

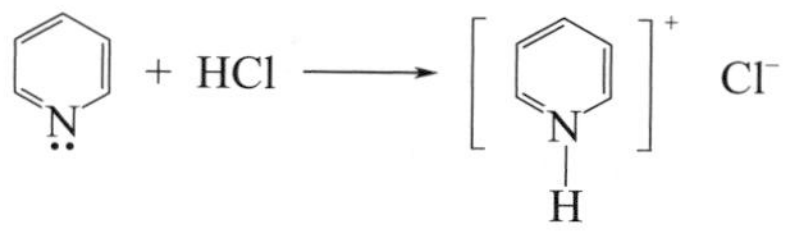

吡啶盐酸盐

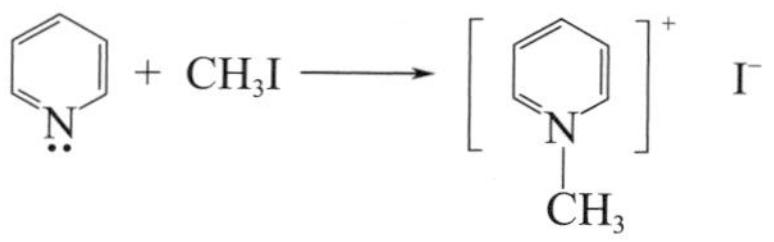

吡啶季铵盐

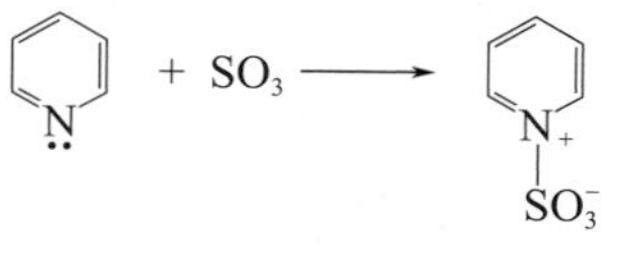

吡啶-三氧化硫
温和磺化剂

17.3.1.2 亲电取代

吡啶环中氮原子上的未共用电子对没有参与环系的共轭，对环系不呈现给电子效应，且由于氮的电负性大于碳，所以环上的电子云密度因向氮原子转移而降低。量子力学的计算结果表明，吡啶环中碳原子上电子云密度均小于苯环上碳原子，氮原子的间位的电子云密度相对大于邻、对位。

电负性：N>C

因此，吡啶比苯难于发生亲电取代反应，新引入基进入氮原子的 β-位。例如：

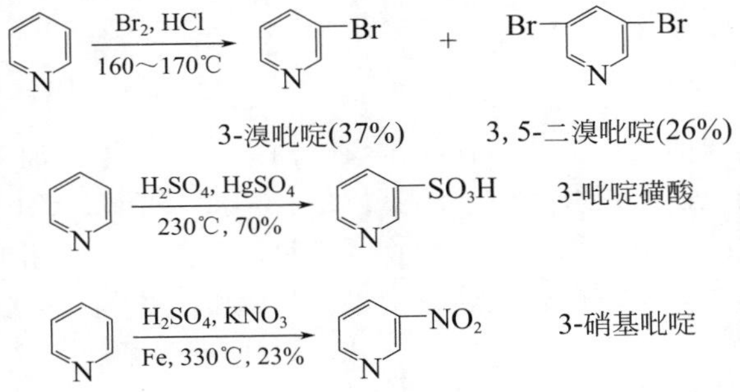

3-溴吡啶(37%)   3,5-二溴吡啶(26%)

3-吡啶磺酸

3-硝基吡啶

17.3.1.3 亲核取代

正是因为吡啶环上电子云密度较低，吡啶可以发生环上亲核取代反应，新引入基进入氮原子的 α-位。例如：

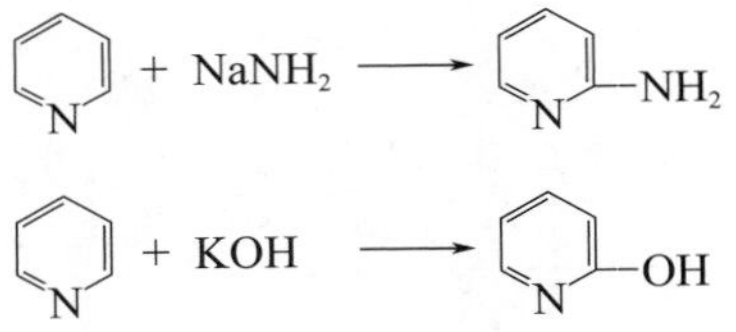

吡啶-2-胺

吡啶-2-酚

17.3.1.4 氧化和还原

吡啶环上电子云密度较低，对氧化剂一般比苯稳定，而对还原剂则比苯环活泼。这可从下列反应得到说明：

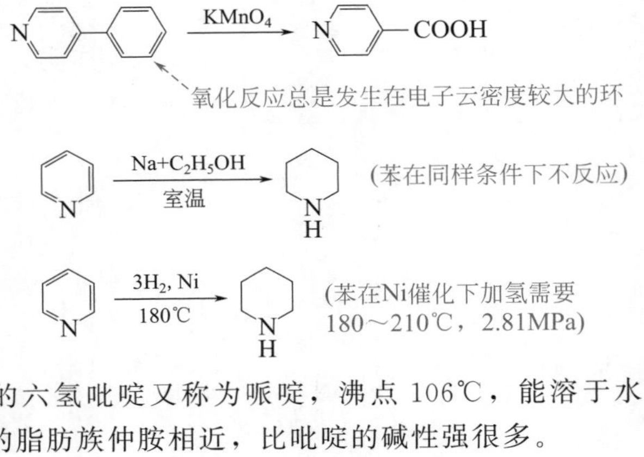

氧化反应总是发生在电子云密度较大的环

(苯在同样条件下不反应)

(苯在Ni催化下加氢需要 180～210℃，2.81MPa)

吡啶被还原得到的六氢吡啶又称为哌啶，沸点106℃，能溶于水和有机溶剂。其碱性（$pK_b = 2.7$）与一般的脂肪族仲胺相近，比吡啶的碱性强很多。

17.3.1.5 缩合反应

由于氮的电负性较大，2-甲基吡啶或4-甲基吡啶分子中的甲基上的氢原子具有一定酸性，可以和羰基化合物发生缩合反应，继而脱水生成烯的衍生物。氮原子邻、对位有甲基取代的嘧啶、喹啉和异喹啉也有类似的性质。

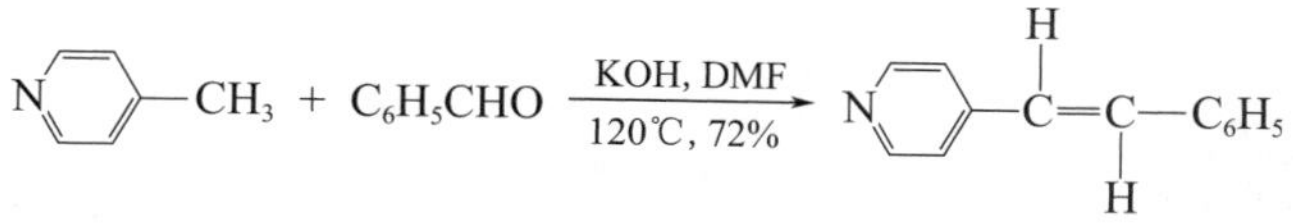

17.3.2 嘧啶

与吡啶类似，嘧啶也具有芳香性。它是含有两个氮原子的六元杂环化合物中最重要的一个，其衍生物广泛存在于自然界中。例如，前面提到的维生素 B_1（详见本章 17.2.2.5）分子中就含有嘧啶环；核酸碱基中的尿嘧啶、胞嘧啶、胸腺嘧啶都含有嘧啶环；磺胺嘧啶（SD）（详见第 16 章 16.1.3）也是嘧啶衍生物。

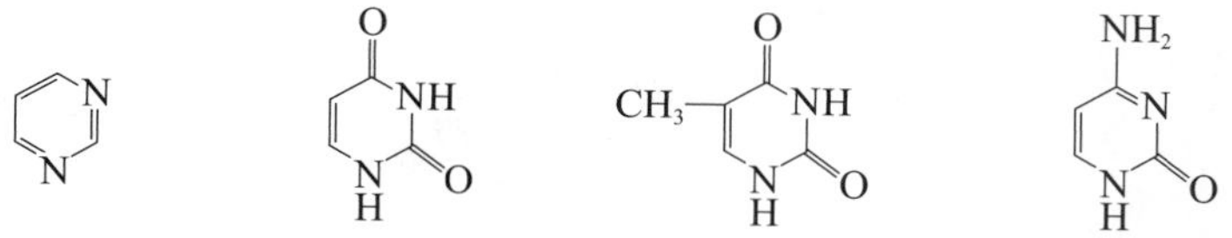

嘧啶(pyrimidine)　　尿嘧啶(uracil)　　胸腺嘧啶(thymine)　　胞嘧啶(cytosine)

17.3.2.1　碱性

嘧啶的碱性（$pK_b = 12.9$）比吡啶弱，这是由于氮的电负性较大，向吡啶环引入一个氮原子，能使另一氮原子上的电子云密度降低，其碱性也随着降低。

17.3.2.2　亲电取代和亲核取代

嘧啶比吡啶更难发生亲电取代反应，一般不发生硝化和磺化反应，只能进行卤代反应。例如：

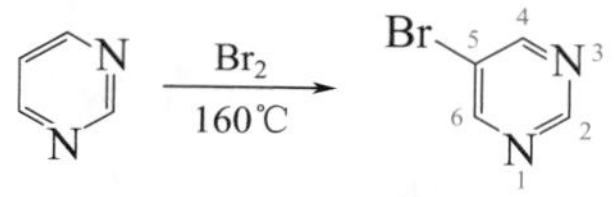

但嘧啶进行亲核取代则比吡啶容易，反应主要发生在氮的邻、对位。例如：

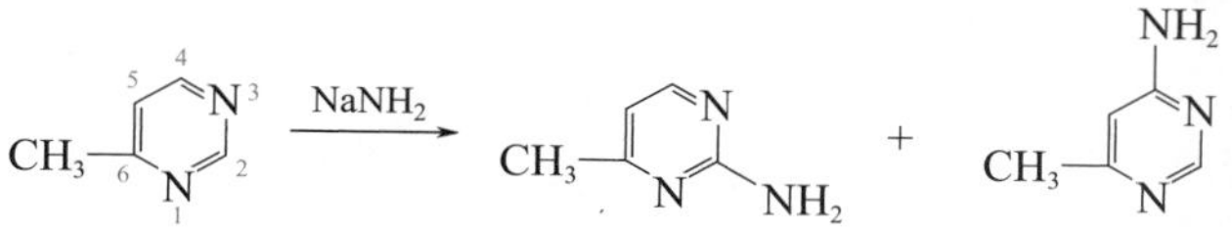

17.4　稠杂环化合物

苯环与杂环或者杂环与杂环都可以共用两个相邻的碳原子，稠合成稠杂环化合物。重要的稠杂环化合物有吲哚、喹啉、嘌呤等。

17.4.1　吲哚

吲哚存在于煤焦油中。蛋白质分解时，其中的色氨酸组分转变成吲哚和 3-甲基吲哚残留于粪便中，是粪便的臭气成分。但纯粹的吲哚在浓度极稀时有素馨花的香气，故在香料工业中用来制造茉莉花型香精。

吲哚分子中含有吡咯环，故其性质与吡咯相似。但吲哚中吡咯环上的电子云可离域到苯环上，使其电子云密度降低，因此吲哚的化学稳定性比吡咯强。吲哚遇光和空气作用时，仍易被氧化：

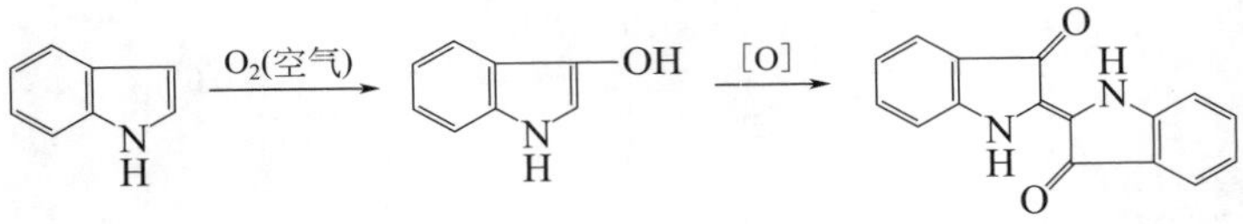

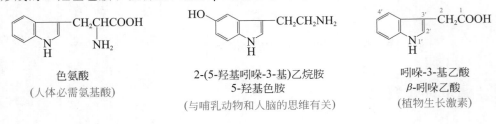

吲哚(indole)　　吲哚-3-酚(indol-3-ol)　　靛蓝（植物染料）

与吡咯类似，吲哚也容易进行亲电取代反应。与吡咯不同的是新引入基进入 3-位（即 β-位）。例如：

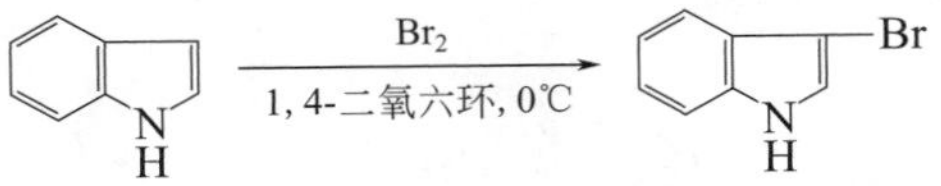

3-溴吲哚(70%)

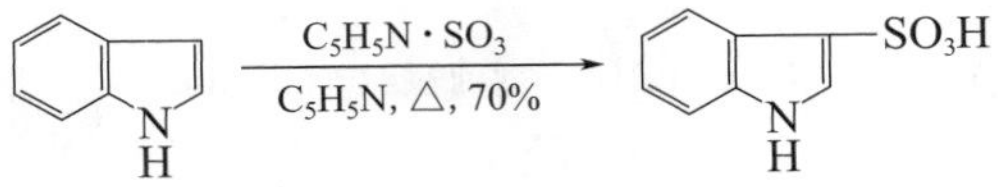

吲哚-3-磺酸

显然，这是受苯环影响的结果。取代基进入 β-位所形成的正离子中间体比进入 α-位更加稳定：

苯环结构保持，较稳定　　　　　苯环结构被破坏，较不稳定

吲哚衍生物在自然界中分布很广。例如，蛋白质的分解产物色氨酸以及由色氨酸在体内转化形成的 5-羟基色胺、植物生长激素 β-吲哚乙酸等都是吲哚衍生物。

色氨酸
（人体必需氨基酸）

2-(5-羟基吲哚-3-基)乙烷胺
5-羟基色胺
（与哺乳动物和人脑的思维有关）

吲哚-3-基乙酸
β-吲哚乙酸
（植物生长激素）

17.4.2　喹啉

喹啉存在于煤焦油中，是无色油状液体，沸点 238℃，难溶于水，易溶于有机溶剂。

（1）碱性　喹啉由吡啶环和苯环稠合而成，故其性质与吡啶相似，也具有弱碱性（$pK_b = 9.1$），其碱性比吡啶（$pK_b = 8.8$）稍弱。

（2）亲电取代和亲核取代　由于苯环上电子云密度大于吡啶环，喹啉的亲电取代在苯环，亲核取代在吡啶环：

电子云密度较大，有利于亲电取代

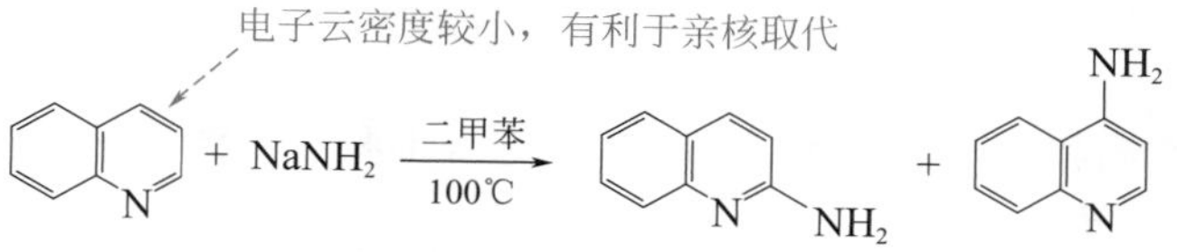

电子云密度较小，有利于亲核取代

（3）氧化和还原 喹啉的氧化反应总是在电子云密度较大的苯环上发生，还原反应总是在稳定性稍弱的吡啶环上发生。例如：

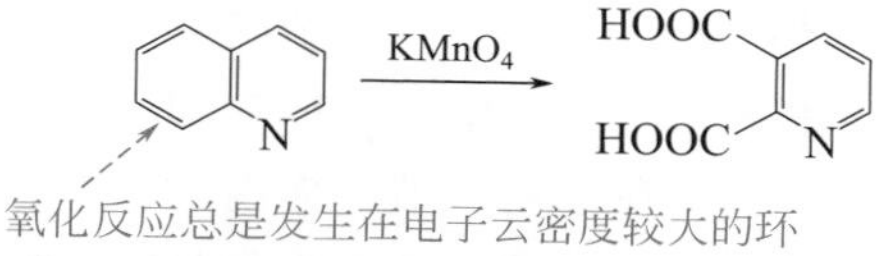

氧化反应总是发生在电子云密度较大的环

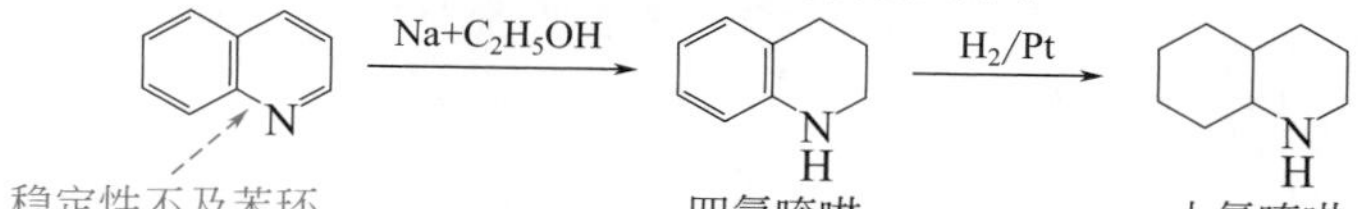

稳定性不及苯环　　　　　　　四氢喹啉　　　　　十氢喹啉

（4）喹啉及其衍生物的制备——Skraup 合成法 喹啉的衍生物在医药上很重要，多种抗疟疾药物如奎宁、氯喹啉等分子中都含有喹啉环的结构。因此，喹啉环的合成很重要。常用的方法叫作 Skraup（斯克洛浦）合成法，即由苯胺或苯胺衍生物、甘油、浓硫酸和一个弱氧化剂共热来制备喹啉及其衍生物。该法一步完成，操作简单，反应通式为：

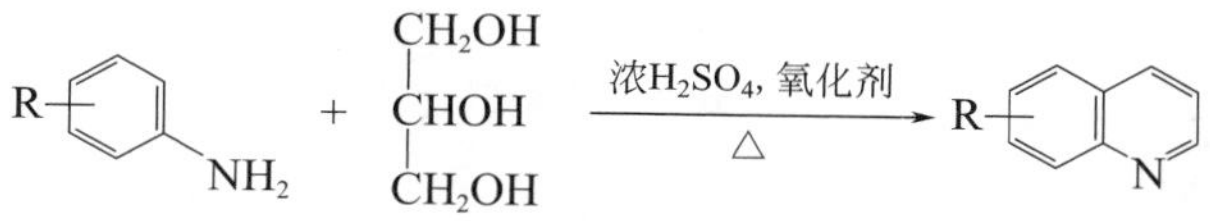

以喹啉的制备为例，反应机理为：

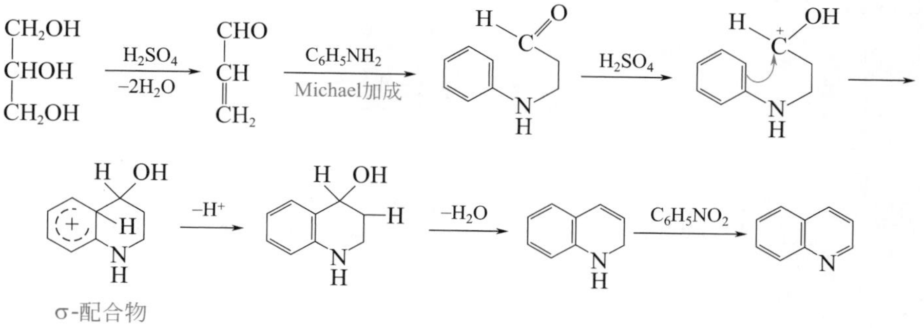

σ-配合物

反应实例：

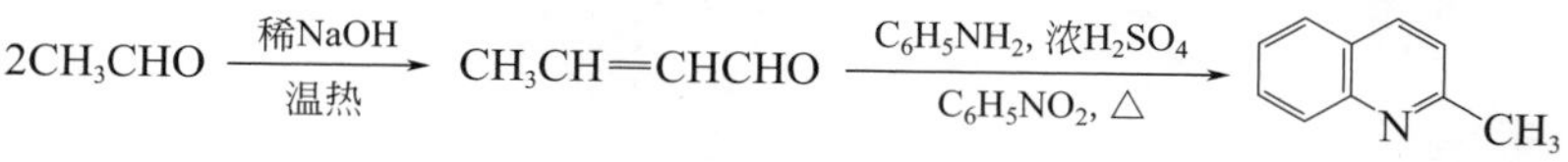

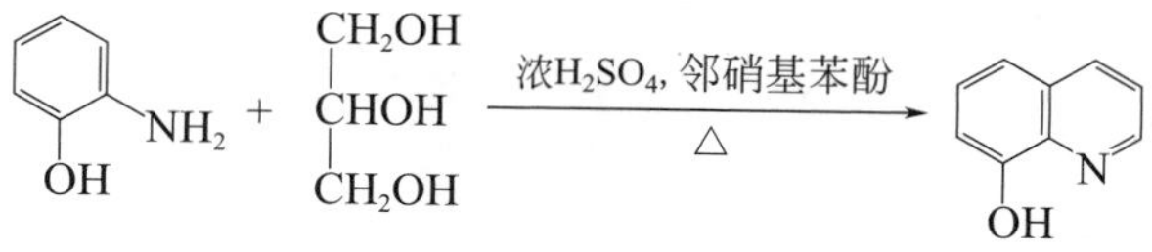

喹啉-8-酚 (8-羟基喹啉)
(常用作金属离子螯合剂)

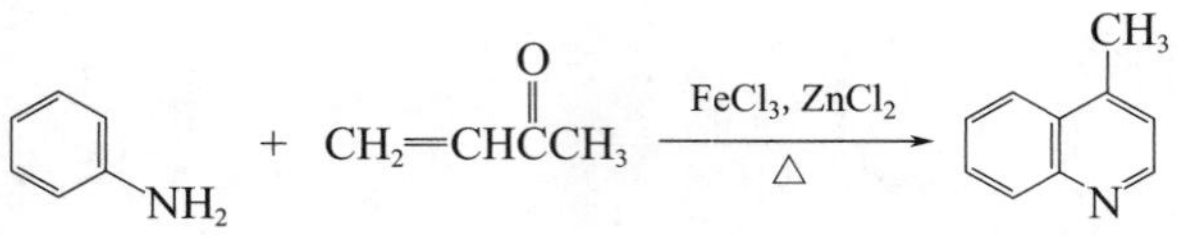

*17.4.3 嘌呤

嘌呤由一个咪唑环和一个嘧啶环稠合而成，它有Ⅰ和Ⅱ两种互变异构体：

9H-嘌呤(Ⅰ)   7H-嘌呤(Ⅱ)

嘌呤为无色晶体，易溶于水，水溶液呈中性，但它却能与酸或碱生成盐。嘌呤本身不存在于自然界，但它的衍生物却广泛存在于动、植物体内。例如，咖啡碱、茶碱、可可碱等都是带有甲基的嘌呤衍生物，核酸中的腺嘌呤和鸟嘌呤都是带有氨基的嘌呤衍生物，存在于鸟类及爬行动物尿液中的尿酸也是嘌呤衍生物。

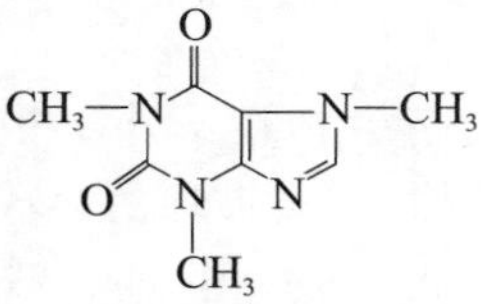

咖啡碱 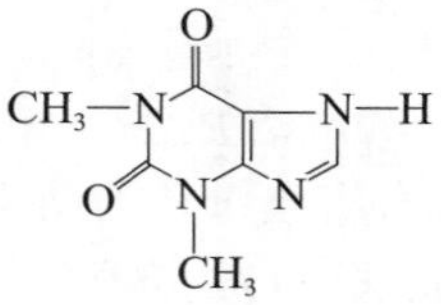   茶碱 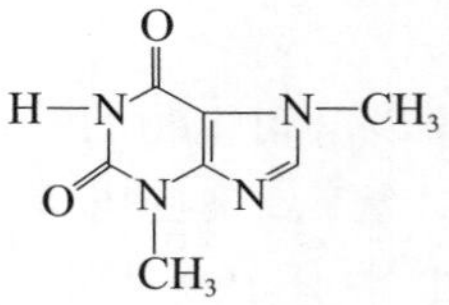   可可碱

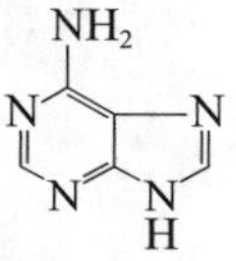

腺嘌呤 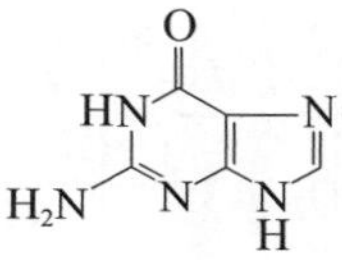   鸟嘌呤 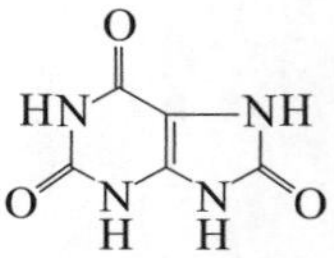   尿酸

本章精要速览

(1)  、、分子中有π_5^6，环上电子云密度大于，亲电取代反应活性大于苯，新引入基进入 α-位。

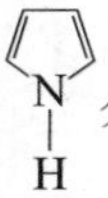

(2) 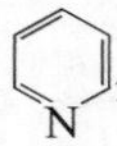 分子中有π_6^6，且电负性 N>C，环上电子云密度小于，亲电取代反应活性小于苯，新引入基进入 β-位。

(3)  化学性质似，碱性小于；

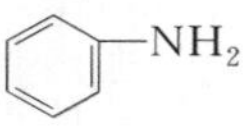

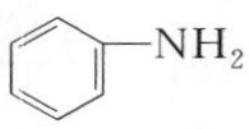

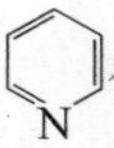

化学性质似，碱性大于。

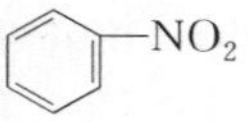

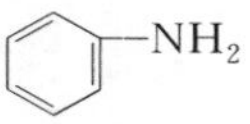

（4）芳香性：苯 ＞ 吡啶 ＞ 噻吩 ＞ 吡咯 ＞ 呋喃。

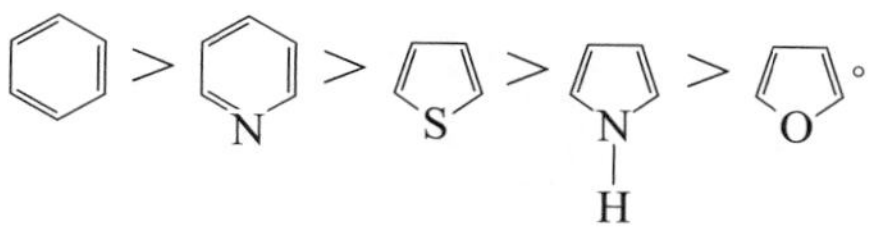

（5）碱性：六氢吡啶 ＞ 环己胺 ＞ 吡啶 ＞ 苯胺 ＞ 吡咯。

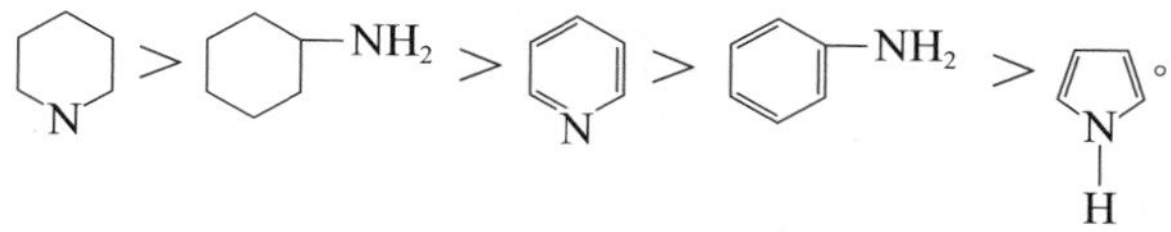

习　题

1. 写出下列化合物的构造式或命名下列化合物。

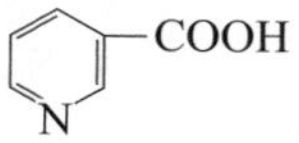

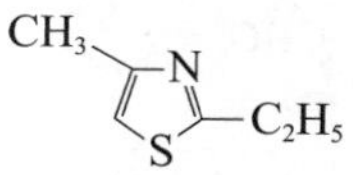

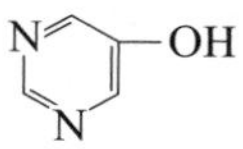

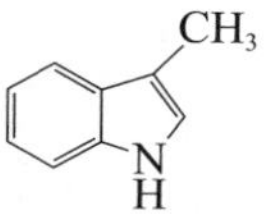

（1）N-甲基吡咯　　（2）吡啶-3-甲酸（COOH）　　（3）2-乙基-4-甲基噻唑

（4）5-羟基嘧啶（OH）　　（5）3-甲基吲哚　　（6）噻吩-2-磺酸（SO₃H）

（7）α-呋喃甲醇　　　　　（8）2,4-二甲基噻吩　　　（9）四氢呋喃

（10）2-甲基-5-乙烯基吡啶　（11）吲哚-3-基乙酸　　　（12）溴化-N,N'-二甲基四氢吡咯

2. 用简单的化学方法区别下列化合物。

（1）萘、喹啉和喹啉-8-酚　　（2）喹啉和吡啶　　　　（3）苯、噻吩和苯酚

3. 用简单的化学方法，将下列混合物中的少量杂质除去。

（1）苯中混有少量噻吩　　　（2）甲苯中混有少量吡啶　　（3）吡啶中混有少量六氢吡啶

4. 排序。

（1）将下列化合物按其碱性由强到弱顺序排列：

苯胺、苯甲烷胺、吡咯、吡啶、氨、六氢吡啶

（2）将下列化合物按其碱性由强到弱顺序排列：

喹啉、吡啶、六氢吡啶、苯胺、三乙胺

（3）将下列化合物按其亲电取代反应活性由强到弱顺序排列：

苯、呋喃、吡啶、吡咯、噻吩

5. 指出下列化合物哪些具有芳香性。

（1）CH₃—N（N—CH₃）的咪唑嗡盐　（2）吡喃　（3）2,5-二甲基-1,3,4-噁二唑（CH₃、CH₃）　（4）噁唑

（5）苯并吡喃鎓-3-基醚（OR）　（6）三唑啉　（7）三唑　（8）尿嘧啶

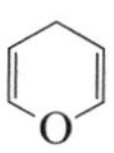

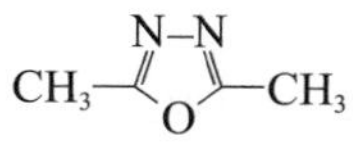

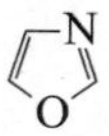

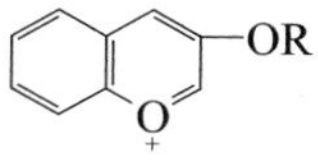

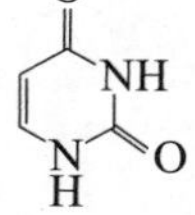

6. 下列化合物哪个可溶于酸？哪个可溶于碱？哪个既能溶于酸又能溶于碱？

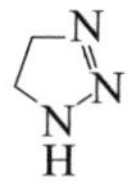

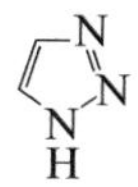

（1）喹啉　　（2）吲哚-3-基乙酸（CH₂COOH）　　（3）尿酸

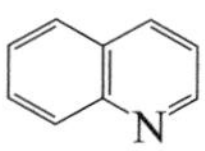

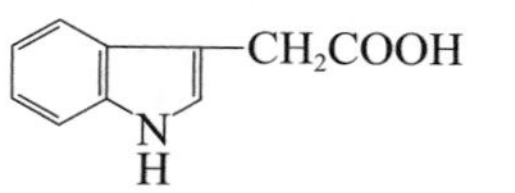

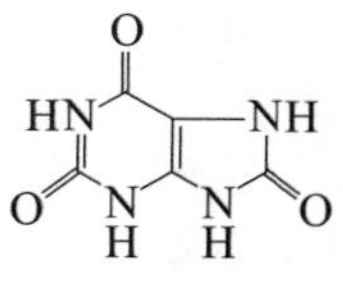

(4) 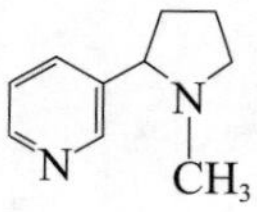 　(5) 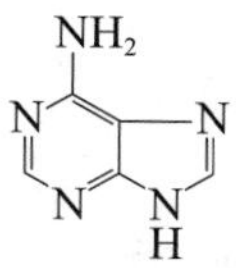 　(6)

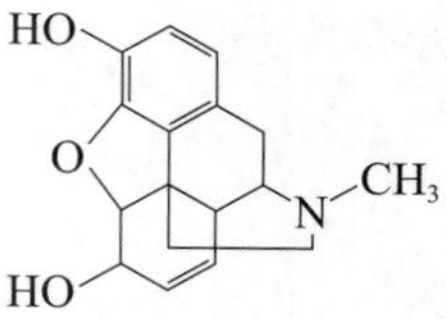

7. 用箭头表示下列化合物发生溴化反应时的位置。

(1) 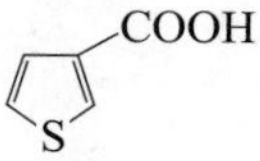 　(2) 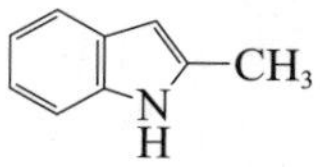 　(3) 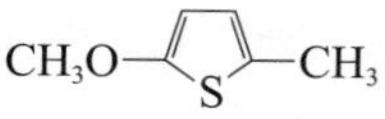 CH_3O————CH_3

(4) 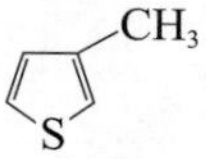 　(5) 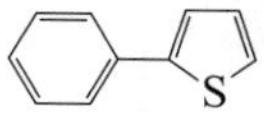 　(6) 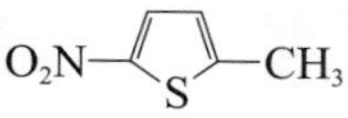 O_2N————CH_3

8. 写出下列反应的主要产物。

(1) 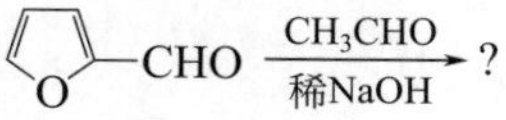 —CHO $\xrightarrow[\text{稀NaOH}]{CH_3CHO}$?

(2) 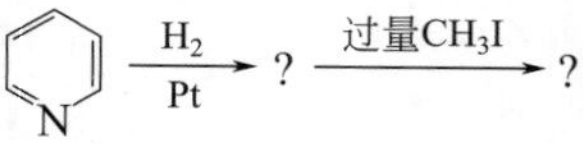 $\xrightarrow{H_2}{Pt}$? $\xrightarrow{\text{过量}CH_3I}$?

(3) 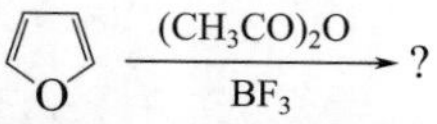 $\xrightarrow[BF_3]{(CH_3CO)_2O}$?
（BF_3 是一种温和的 Lewis 酸）

(4) 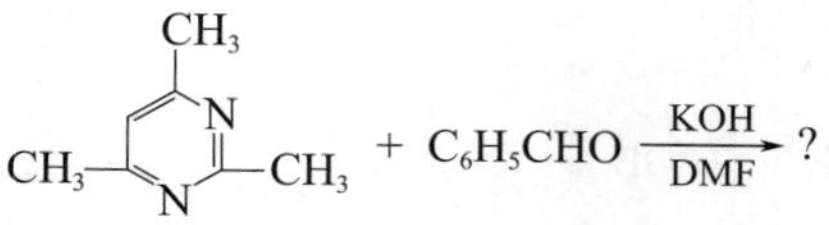 $+ C_6H_5CHO \xrightarrow[DMF]{KOH}$?

(5) 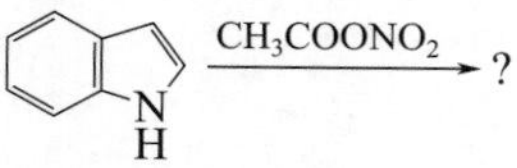 $\xrightarrow{CH_3COONO_2}$?

(6) 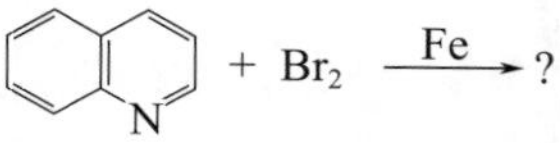 $+ Br_2 \xrightarrow{Fe}$?

(7) 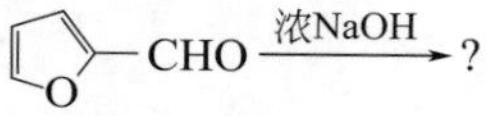 —CHO $\xrightarrow{\text{浓NaOH}}$?

(8) 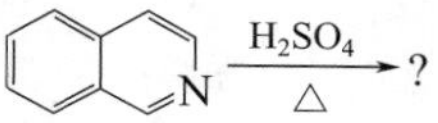 $\xrightarrow[\triangle]{H_2SO_4}$?

(9) 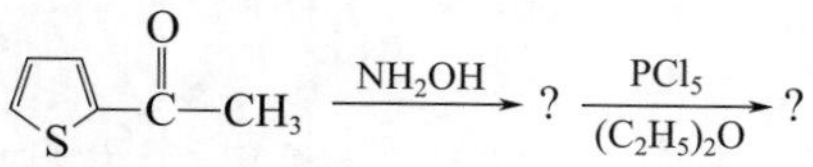 $\xrightarrow{NH_2OH}$? $\xrightarrow[(C_2H_5)_2O]{PCl_5}$?

(10) 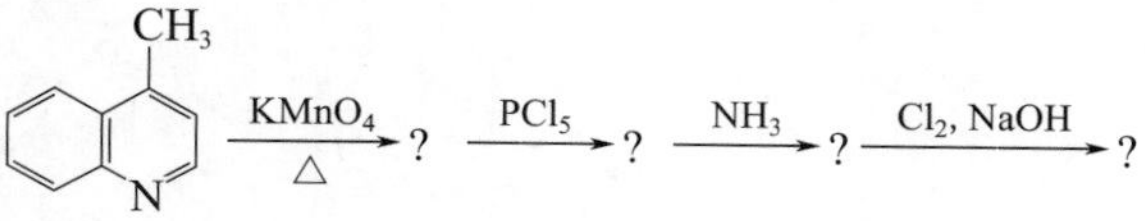 $\xrightarrow[\triangle]{KMnO_4}$? $\xrightarrow{PCl_5}$? $\xrightarrow{NH_3}$? $\xrightarrow{Cl_2, NaOH}$?

(11) 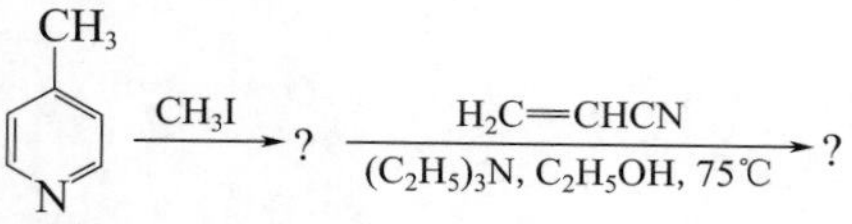 $\xrightarrow{CH_3I}$? $\xrightarrow[(C_2H_5)_3N, C_2H_5OH, 75℃]{H_2C=CHCN}$?

9. 从指定的原料制备下列化合物。

(1) 从糠醛制备 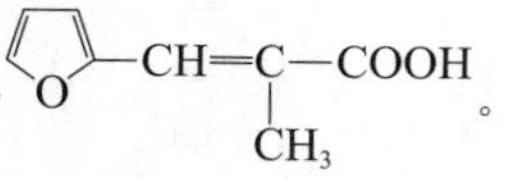 。

(2) 从糠醛制备 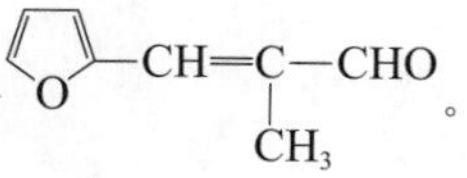 。

(3) 从 4-甲基吡啶制备抗结核药物雷米封（异烟肼，）。

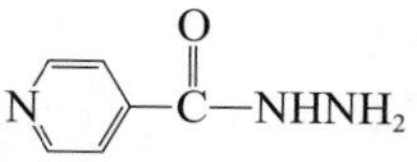

(4) 由甲苯、甘油合成 6-甲基喹啉和 5-甲基喹啉。

(5) 由糠醛制备丁-1,4-二醇。

10. 简要回答下列问题。

(1) 为什么吡咯不显碱性而噻唑显碱性？

（2）为什么呋喃、噻吩和吡咯均比苯容易进行亲电取代，而吡啶却比苯难发生亲电取代？

（3）为什么吡啶的亲电取代反应发生在 3 位，而亲核取代反应发生在 2 和 4 位？

（4）吡啶-2-胺能够在比吡啶温和的条件下进行硝化和磺化反应，新引入取代基主要进入 5-位，说明其原因。

（5）溴代丁二酸乙酯与吡啶作用生成不饱和的 *trans*-丁烯二酸乙酯。吡啶的作用是什么？它比通常使用的 KOH/C_2H_5OH 溶液有什么优点？

（6）为什么喹啉和异喹啉的亲核取代反应主要发生在 C2 和 C1 上，而不是以 C4 和 C3 为主？

11. 古液碱 $C_8H_{15}NO(A)$ 是一种生物碱，存在于古柯植物种。它不溶于 NaOH 水溶液，但溶于盐酸。它不与苯磺酰氯作用，但与苯肼作用生成相应的苯腙。A 与 NaOI 作用生成黄色沉淀和一个羧酸 $C_7H_{13}NO_2(B)$。B 与 CrO_3 强烈氧化，转变成古液酸 $C_6H_{11}NO_2$，即 *N*-甲基-2-吡咯烷甲酸。写出 A 和 B 的结构式。

12. 奎宁是一种生物碱，存在于南美洲的金鸡纳树皮中，因此也叫金鸡纳碱。奎宁是一种抗疟药，虽然多种新的抗疟药已人工合成，但奎宁仍被使用。奎宁分子中有两个氮原子，哪一个碱性更大些？

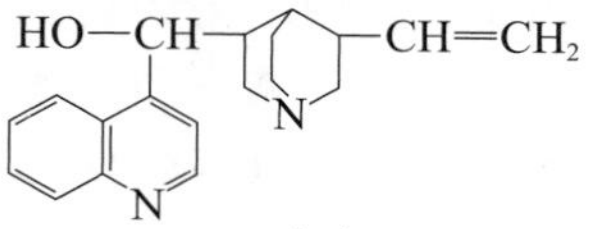

奎宁

13. 杂环化合物 $C_5H_4O_2$ 经氧化后生成羧酸 $C_5H_4O_3$。把此羧酸的钠盐与碱石灰作用，转变为 C_4H_4O，后者与金属钠不起作用，也不具有醛和酮的性质。原来的 $C_5H_4O_2$ 是什么？

14. 用浓硫酸在 220～230℃时使喹啉磺化，得到喹啉磺酸 A。把 A 与碱共熔，得到喹啉的羟基衍生物 B。B 与应用 Skraup 法从邻氨基苯酚制得的喹啉衍生物完全相同。A 和 B 是什么？喹啉在进行亲电取代反应时，苯环活泼还是吡啶环活泼？

第18章 │ 类脂类

"类脂类"（lipids）亦称"类脂化合物"是生物化学家习惯采用的名称，它包括油脂、蜡、磷脂、萜类、甾（音 zāi）族化合物等结构不同的物质。这种归类方法不是基于化学结构上的共同点，而只是因为类脂化合物的物态及物理性质与油脂类似，它们都是不溶于水而溶于非极性或弱极性有机溶剂的、由生物体中取得的物质。油脂、蜡、磷脂属于酯类，因此它们都能被水解，水解产物中都含有脂肪酸。萜类和甾族化合物在结构上看来完全不同，但它们在生物体内却是同样的原始物质生成的，这两类化合物的立体化学、化学性质、合成方法都比较复杂，而且用途也很广，所以它们已发展成两个专门的研究领域。

除碳水化合物和蛋白质外，类脂化合物也是维持正常生命活动不可缺少的物质。

18.1 油脂

油脂普遍存在于动物脂肪组织和植物的种子中。常见的油脂有猪油、牛油、花生油、大豆油、菜籽油、棉籽油、蓖麻油、桐油等。习惯上把室温下呈固态的叫脂肪（fats），呈液态的叫油（oils）。油和脂肪合称为油脂。

18.1.1 油脂的结构和组成

天然油脂因来源不同其组成不尽相同。油脂的主要成分是高级脂肪酸与甘油所形成的酯，甘油是三元醇，它可以与三个相同的脂肪酸生成单纯甘油酯，也可以与不同的脂肪酸生成混合甘油酯。自然界中油脂一般以混合甘油酯存在：

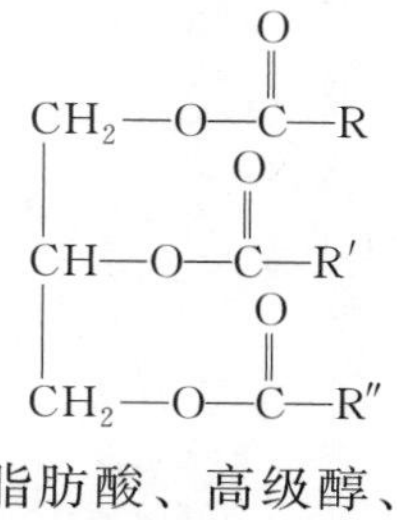

$$
\begin{array}{l}
CH_2-O-\overset{\displaystyle O}{\overset{\displaystyle \|}{C}}-R \\
| \\
CH-O-\overset{\displaystyle O}{\overset{\displaystyle \|}{C}}-R' \\
| \\
CH_2-O-\overset{\displaystyle O}{\overset{\displaystyle \|}{C}}-R''
\end{array}
$$

此外，油脂中还含有少量的游离脂肪酸、高级醇、高级烃、维生素和色素等。

组成油脂的脂肪酸的种类很多，可以是饱和的，也可以是不饱和的。但它们有一个共同的特点，即绝大多数都是含有偶数碳原子的直链羧酸。油脂中常见的脂肪酸见表 18-1。

动物脂肪中的高级脂肪酸主要为饱和酸，如硬脂酸、软脂酸、月桂酸等；植物油中的高级脂肪酸主要为不饱和酸，如油酸、亚油酸、棕榈油酸等，这些不饱和脂肪酸，由羧基开始，第一个双键的位置大都在 C9 和 C10 之间，而且几乎所有双键都是顺式构型。桐油酸比较特别，三个双键都是反式构型而且是相互共轭的。

表 18-1　油脂中常见的脂肪酸

脂肪酸	中文名称	英文名称	结　构	熔点/℃
饱和脂肪酸	月桂酸	lauric acid	$CH_3(CH_2)_{10}COOH$	44～46
	肉豆蔻酸	myristic acid	$CH_3(CH_2)_{12}COOH$	54
	棕榈酸（软脂酸）	palmitic acid	$CH_3(CH_2)_{14}COOH$	63
	硬脂酸	stearic acid	$CH_3(CH_2)_{16}COOH$	70
不饱和脂肪酸	棕榈油酸	palmitoleic acid	（结构图，16…9双键…1 COOH）	32
	油酸	oleic acid	（结构图，18…9双键…1 COOH）	4
	亚油酸	linoleic acid	（结构图，18…12、9双键…1 COOH）	−58
	亚麻酸	linolenic acid	（结构图，18…15、12、9双键…1 COOH）	−11
	花生四烯酸	arachidonic acid	（结构图，20、11、14、8、5双键…1 COOH）	−44
	二十二碳六烯酸	DHA	（结构图，22、13、16、19、10、7、4双键…1 COOH）	−50
	蓖麻酸	ricinoleic acid	（结构图，18…12位OH，9双键…1 COOH）	5.5
	桐油酸	eleostearic acid	（结构图，18…13、11、9双键…1 COOH）	49

注：亚油酸和亚麻酸是不能在人体合成的，必须通过饮食摄取，称为必需脂肪酸。

脂肪族羧酸长链倒数第三个碳原子如果是双键碳，则称其为 ω-3 脂肪酸。长链的 ω-3 脂肪酸被认为可降低心脏病发作的风险并缓解一些自身免疫性疾病，如类风湿性关节炎和银屑病等。亚麻酸和二十二碳六烯酸（DHA）都是 ω-3 脂肪酸。

18.1.2　油脂的性质

油脂不溶于水，易溶于乙醚、氯仿、丙酮、苯及热乙醇中，其相对密度小于 1（0.9～0.95 之间）。由于天然油脂都是混合物，故无恒定的沸点和熔点。

油脂在室温下的形态与构成它的高级脂肪酸的构型有关。植物油中含量较高的不饱和脂肪酸多为顺式构型，其碳链不能像饱和脂肪酸那样呈现规则的锯齿状，而是弯成一定角度，不易排列整齐，链与链之间不能紧密接触，降低了分子间的作用力，从而使"油"的熔点较低，室温下为液体；反之，动物脂肪中含量较高的饱和脂肪酸的碳链对称性好，容易排列整齐，紧密接触，故熔点较高，在室温下为固体。

18.1.2.1　水解、皂化

将油脂用氢氧化钠（或氢氧化钾）水解，可得到高级脂肪酸的钠盐（或钾盐），而高级脂肪酸钠是肥皂的主要成分。因此，油脂的碱性水解称为"皂化"，后来推广到把酯的碱催化水解均称为"皂化"。

$$RCOOCH_2 \quad \quad RCOO^- Na^+ \quad HOCH_2$$
$$R'COOCH \xrightarrow[\triangle]{NaOH, H_2O} R'COO^- Na^+ + HOCH$$
$$R''COOCH_2 \quad \quad R''COO^- Na^+ \quad HOCH_2$$

油脂　　　　　高级脂肪酸钠　　　甘油
（肥皂）

使 1g 油脂完全皂化时所需氢氧化钾的质量（mg）称为皂化值（saponification number）。皂化值可反映油脂的平均分子质量，皂化值越大，油脂的平均分子质量越小。

18.1.2.2　加成反应

（1）加氢　含不饱和脂肪酸的油脂，在催化加氢后，可以转化为饱和程度较高的固态或半固态油脂。所以，油脂的催化加氢反应又称为油脂的"硬化"。

液态油脂　　　　　　　　　　　　固态或半固态油脂

油脂氢化的产物，或者催化加氢的程度取决于反应进行的条件。

工业上将液态的植物油如棉籽油、菜籽油等通过油的硬化转变为人造脂肪，用于制造人造黄油、肥皂及高级饱和脂肪酸。

人造黄油不易酸败，但是在油的氢化反应过程中，一部分氢化油在相同的条件下会发生氢化反应的逆反应即脱氢反应，且脱氢产物中有相当含量的反式不饱和脂肪酸。因此，人造黄油是反式脂肪酸的主要饮食来源。研究表明，摄入反式脂肪酸可能会增加血液中低密度脂蛋白胆固醇的含量，从而加大罹患心脏病的风险。

（2）加碘　含有不饱和脂肪酸的油脂也可与卤素加成。油脂的不饱和程度可用碘值（iodine number）来表示。碘值是 100g 油脂所能吸收的 I_2 的质量（g）。碘值越大，油脂分子的不饱和程度越高。由于碘直接与 C＝C 加成比较困难，所以测定时用氯化碘（ICl）或溴化碘（IBr）代替碘，其中的氯原子或溴原子可使碘活化。

碘值＞150g/100g 的油脂为干性油。如桐油的碘值为 160～170g/100g，是典型的干性油。

18.1.2.3　氧化和聚合

油脂在空气中放置时间过久，便会产生难闻的气味，这种现象叫作油脂的酸败。酸败是由于空气中的 O_2、水分或细菌与高级脂肪酸作用，使高级脂肪酸的碳链断开，生成分子量较小的醛、酮、酸等，从而产生不愉快的气味。

酸值（acid number）是中和 1g 油脂所需的 KOH 的质量（mg）。油脂的酸值越高，表明其中的游离脂肪酸含量越高。

某些油在空气中放置，能形成一层干燥而有韧性的薄膜，这种现象叫作干化。油脂的干化是一个很复杂的化学转变过程，一般认为是由氧引起聚合所致。氧化聚合产物的结构尚不完全清楚，但实践证明，含有共轭双键的不饱和脂肪酸的油，例如桐油的干性最好，不仅成膜速度快，而且成膜坚韧、耐光、耐潮、耐腐蚀、耐冷热变化。

油脂的干化在油漆工业中具有重要意义，最早的油漆就是在桐油等干性油中加入颜料制成的。随着高分子科学及工业的发展，自 20 世纪中期以来，出现了许多性能较好的合成树脂，可代替桐油等油脂作为油漆中的成膜剂组分。

18.1.3　油脂的用途

油脂与蛋白质、糖类构成人类的三大营养物质，其中油脂的热量最高。每克油脂完全氧化（生成二氧化碳和水）时，放出的热量为 39kJ，大约是糖或蛋白质的 2 倍。除了为人体提供热量之外，油脂还提供人体无法在体内合成而必须通过食物摄取的必需脂肪酸（如亚油酸、亚麻酸等）以及油溶性维生素。在食品工业中，食品的加工及烹调也经常使用油脂。

油脂是油漆工业和表面活性剂工业的重要原料，用来制造硬脂酸、软脂酸、月桂酸、油酸、肥皂、甘油及各种表面活性剂（surfactant）。在皮革工业中，油脂可用来制造皮革加脂剂。

18.2　肥皂和表面活性剂

18.2.1　肥皂的两亲结构

肥皂（soaps）的有效成分是油脂经皂化反应而生成的高级脂肪酸钠。我们日常生活中使用的肥皂，是在皂化反应生成的高级脂肪酸钠中加入香精、染料及其他整理剂加工成型的。高级脂肪酸钾不能凝结成块，称为软皂，可用于洗发水及医用消毒乳中。

肥皂具有两亲结构（amphiphilic structure），即分子中同时含有亲水基和亲油基：

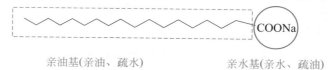

亲油基(亲油、疏水)　　　　　　亲水基(亲水、疏油)

当用肥皂洗涤油污时［图 18-1（a）］，由于其特殊的两亲结构，亲油基团吸附于油污表面，亲水基团则指向水相并溶解于水相［图 18-1（b）］，这样就**改变了油-水界面的性质，使水的表面张力显著降低，增加了油和水的相容性**，加上揉搓的机械作用等，使亲油基团和油污随同亲水基团一起形成微小的乳液颗粒，分散于水中［图 18-1（c）］，从而达到去污的目的。这种把大油珠分散为微小颗粒的过程称为乳化。

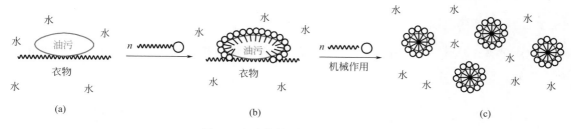

图 18-1　洗涤剂去污原理示意图

18.2.2　表面活性剂

清晨的露珠、下落的水滴等都是接近球体的形状，说明液体表面总是有自动收缩的倾向，这是水的表面张力作用的结果。在液体内部，每个分子所受其周围分子的作用力是对称的，而处于表面上的分子所受的作用力是不对称的，而这种不对称的合力就是表面张力（surface tension）。

在很低的浓度下即可显著降低液体（通常为水）的表面张力，改变体系界面状态或性质的物质，统称为表面活性剂（surfactant）。表面活性剂的结构特点是分子中同时含有亲水基和亲油基。

表面活性剂按其用途可分为乳化剂、润湿剂、起泡剂、洗涤剂、分散剂等。

按照在水中是否解离以及解离后起表面活性作用的离子性，表面活性剂可分为阴离子表面活性剂、阳离子表面活性剂、两性离子表面活性剂和非离子表面活性剂。

18.2.2.1　阴离子表面活性剂

阴离子表面活性剂（anionic surfactant）起表面活性作用的部分为阴离子，带有负电荷。常见的阴离子表面活性剂分为羧酸盐、磺酸盐、硫酸酯盐、磷酸盐四大类。例如：

硬脂酸钠(肥皂)　　亲油　　亲水　　COO^-Na^+

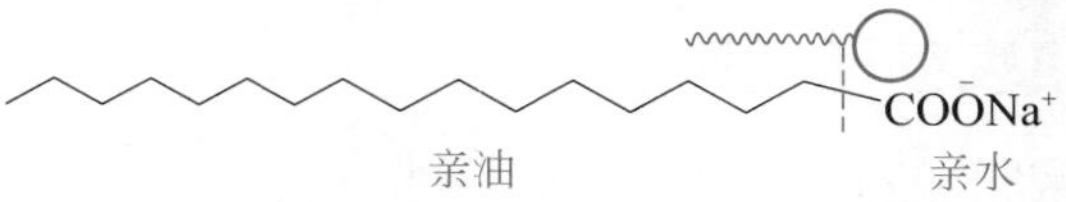

十二烷基苯磺酸钠　　亲油　　亲水　　$SO_3^-Na^+$

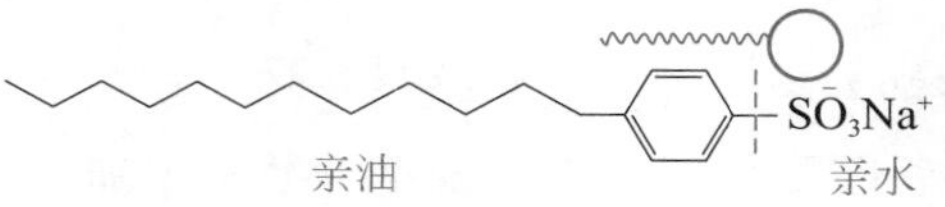

十二烷基硫酸钠　　亲油　　亲水　　$OSO_3^-Na^+$

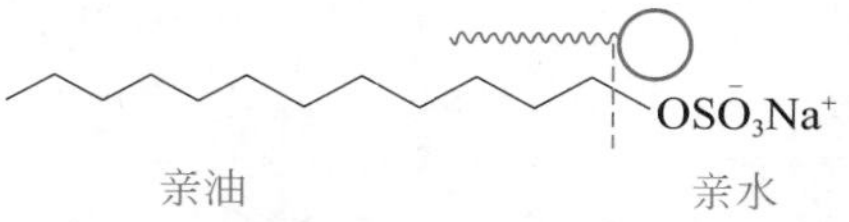

肥皂的有效成分是弱酸盐，遇强酸后便游离出高级脂肪酸而失去洗涤、发泡效能，因此肥皂不能在酸性溶液中使用。肥皂也不能在硬水中使用，因为肥皂在硬水中与 Ca^{2+}、Mg^{2+} 等形成不溶于水的高级脂肪酸盐，失去表面活性作用和发泡能力，影响去污效果。

十二烷基苯磺酸钠是洗衣粉、洗衣液、洗洁精等市售合成洗涤剂的主要成分，由于磺酸的钙盐和镁盐均溶于水，因而在软水、硬水或冷水中，洗衣粉或洗洁精都有良好的去污能力。

十二烷基硫酸钠具有很好的发泡性，常用于牙膏等需要泡沫丰富的洗漱产品中。

阴离子表面活性剂一般具有优良的去污能力和良好的起泡性，广泛用作洗涤剂、起泡剂、润湿剂、乳化剂、渗透剂、分散剂，产量占表面活性剂的首位。

18.2.2.2　阳离子表面活性剂

阳离子表面活性剂（cationic surfactant）起表面活性作用的部分为阳离子，带有正电荷。例如：

氯化十六烷基三甲基铵
(商业名称1631)　　亲油　　亲水　　$N^+(CH_3)_3Cl^-$

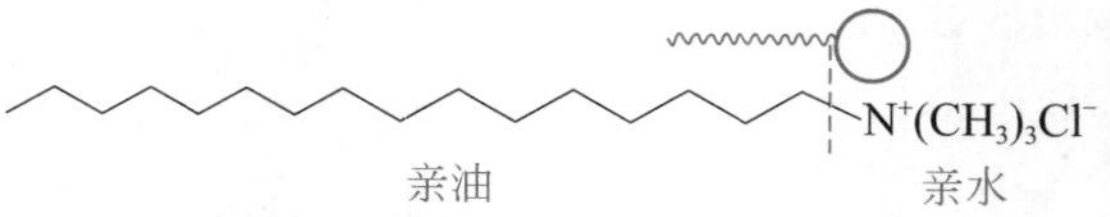

溴化十二烷基二甲基苄基铵
(商业名称1227、新洁尔灭)　　亲油　　亲水　　$N^+(CH_3)_2Br^-$
CH_2

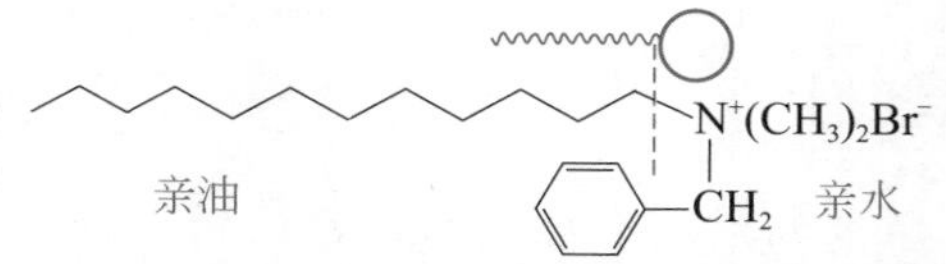

阳离子表面活性剂的洗涤性能一般不是很好，但其杀菌、防霉性能显著，主要用作乳化

剂、润湿剂、抗静电剂等。阳离子表面活性剂不能与阴离子表面活性剂同时使用，否则会发生电中和作用，使表面活性剂失效。

18.2.2.3 两性离子表面活性剂

分子中同时含有阴、阳离子的表面活性剂称为两性离子表面活性剂。例如：

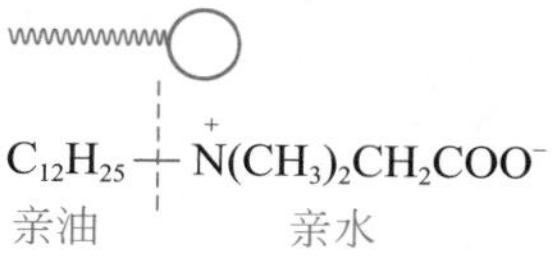

亲油 $C_{12}H_{25}$ — $\overset{+}{N}(CH_3)_2CH_2COO^-$ 亲水

甜菜碱型

亲油 $C_{11}H_{23}$ — C 亲水

$HOCH_2CH_2$ CH_2COO^-

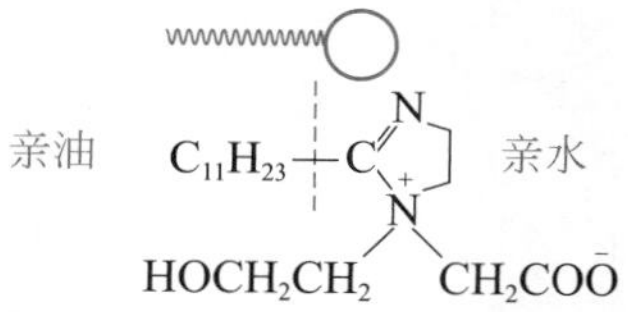

咪唑啉型

两性离子表面活性剂（zwitterionic surfactant）与其他离子型的表面活性剂有良好的相容性和配伍性，还具有良好的柔软和抗静电作用。但其品种较少，价格较高。

18.2.2.4 非离子表面活性剂

非离子表面活性剂（nonionic surfactant）溶于水时不发生解离，其亲水基团主要是具有一定数量的含氧官能团（如聚氧乙烯链、多元醇、酰氨基等），能与水形成氢键。使用最多、应用最广泛的非离子表面活性剂是聚氧乙烯型化合物，聚氧乙烯链越长，其亲水性越强。例如：

脂肪醇聚氧乙烯醚 (AEO-9)

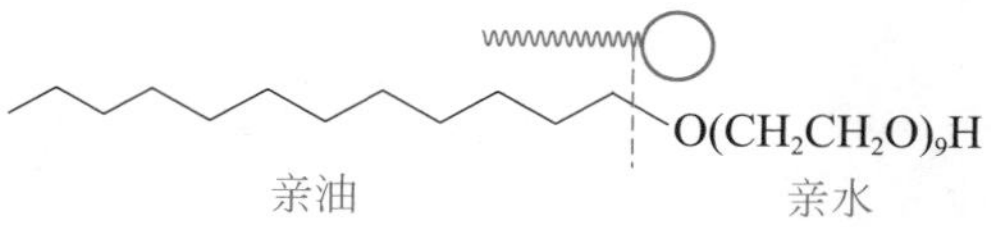

亲油 $O(CH_2CH_2O)_9H$ 亲水

壬基酚聚氧乙烯醚 (NP-10)

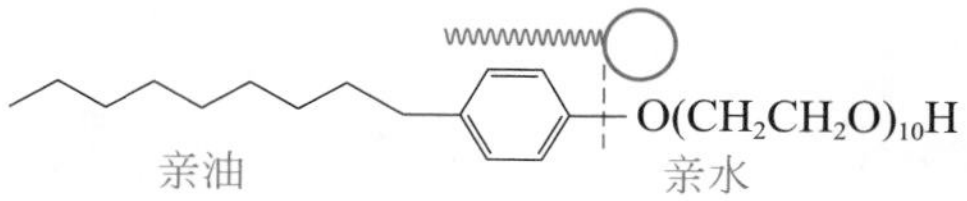

亲油 $O(CH_2CH_2O)_{10}H$ 亲水

非离子表面活性剂化学性质稳定，乳化性能强，不起泡，耐酸、碱，耐电解质能力强，与其他表面活性剂的配伍性好，常与其他离子性的表面活性剂配合使用，用作乳化剂、洗涤剂、润湿剂等，是一类发展迅速、用途广泛的表面活性剂，其产量仅次于阴离子表面活性剂。

18.3 蜡

蜡（wax）是具有低熔点的固体，不溶于水，可溶于有机溶剂，难于皂化。植物的叶、果实及幼枝表面常包覆着一层蜡，以减少水分的蒸发，也可起保护作用，避免外伤和传染病。某些动物羽毛、毛皮的表面也有一层蜡，对防水起着重要作用。

蜡的主要成分是高级脂肪酸与高级脂肪醇（一元醇）所形成的酯，其中的脂肪酸和醇大都在十六碳以上，并且含有偶数碳原子。几种常见的蜡如表 18-2 所示。

蜡可用来作防水剂、金属或木器擦光剂、鞋油、蜡纸、蜡烛、化妆品、软膏的基质等。

蜡和石蜡外观及物理性质相似，但它们的化学组成截然不同。石蜡是含有 26～30 个碳原子的高级烷烃，而蜡则是高级脂肪酸的高级脂肪醇酯。

表18-2 几种常见的蜡

名称	熔点/℃	主要成分	来源、性状或用途
虫蜡 (白蜡)	81.3～84	$C_{25}H_{51}COOC_{26}H_{53}$ 蜡酸蜡酯	四川特产,系白蜡虫的分泌物。熔点高,硬度大,稳定性好,难乳化。用途广泛,如医药、轻工、皮革、精密仪表制造、汽车美容、家具抛光等
蜂蜡 (黄蜡)	62～65	$C_{15}H_{31}COOC_{30}H_{61}$ 软脂酸蜂花酯 (软脂酸三十烷醇酯)	由工蜂蜡腺分泌,是建造蜂窝的主要物质。用于食品工业、化妆品、皮革用乳化蜡等
鲸蜡	42～45	$C_{15}H_{31}COOC_{16}H_{33}$ 软脂酸鲸蜡酯	由巨头鲸脑部的油冷却分离得到。用作化妆品增稠剂及用于蜡烛生产
巴西棕榈蜡	83～86	$C_{25}H_{51}COOC_{30}H_{61}$ 二十六酸三十烷醇酯	存在于巴西棕榈叶中。质地坚硬,光泽度好,适于作汽车蜡等抛光剂
羊毛脂	36～42	羊毛甾醇、脂肪醇、三萜烯醇等的高级脂肪酸酯	附着于羊毛表面。易乳化,有吸湿性,具有优异的亲肤性和美肤效果,用于膏、霜、乳、唇膏等多种化妆品中

18.4 磷脂

磷脂（phosphatide）是指含磷的类脂化合物。磷脂广泛存在于动植物体内,如蛋黄,动物的脑、肝,大豆等植物的种子中,在细胞吸收外界物质和分泌代谢产物的过程中起着重要作用。

磷脂的化学成分是二羧酸甘油磷酸酯,由于甘油的C1、C2和C3羟基被不同的酸酯化,因此,磷脂是手性分子。例如：

卵磷脂   α-脑磷脂

磷脂分子可分为两个部分。一部分是具有长链脂肪酸（常见的有软脂酸、硬脂酸、油酸、亚油酸等,在同一磷脂中往往含有一个饱和酸,而另一个为不饱和酸）的非极性端,是憎水部分；另一部分是以偶极离子形式存在的极性端（如α-脑磷脂中的

$-OP-OCH_2CH_2NH_3^+$），具有亲水性。因此,磷脂具有类似于表面活性剂的两亲结构,是存在于生物体内的天然表面活性剂。

如果将磷脂分子放入水中,它们可以排成两排,其亲水基指向水相,而憎水的长链烃基部分则因对水的排斥而聚集在一起,尾-尾相连,与水隔开,形成双分子层的中心疏水区（如图18-2所示）。

非极性分子能溶解于这个主要由长链烃基构成的壁,

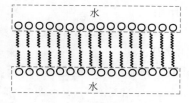

图18-2 磷脂双分子层横切面

并且能够通过它。对于极性分子或带电离子，它是一个有效的壁垒。

人们认为磷脂在细胞膜中是以双分子层的形式存在的。它们构成的壁不仅包住了细胞，而且非常有选择地控制着各种物质——营养物、激素、废物等的进出。那么为什么碳水化合物、氨基酸、Na^+、K^+ 等高度极性的分子或离子又能通过细胞膜呢？而且为什么渗透会有如此高度的选择性呢？这是因为细胞膜中还有蛋白质存在！蛋白质中非极性的部分镶嵌于双分子层中，而亲水的极性部分则伸展出双分子层之外。这样，极性分子或离子就可以通过蛋白质极性部分的作用进入细胞。所以细胞膜在细胞吸收外界物质和分泌代谢产物的过程中起着非常重要的作用。

18.5 萜类化合物

萜类化合物（terpenoids）广泛存在于自然界，是植物香精油的主要成分，广泛用于医药、香料工业。

萜类化合物的结构特点是遵循"异戊二烯规律"。即分子中碳原子的个数都是 5 的整数倍，具有"异戊二烯头尾相连"的碳架。

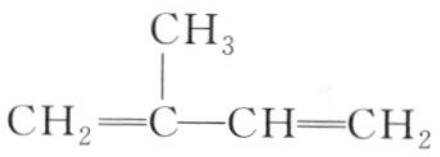

CH_2=C-CH=CH_2 的结构（CH₃ 在 C 上）

异戊二烯
(isoprene)

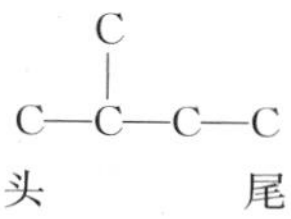

异戊二烯单位

若干个异戊二烯单位可以相连成链，也可以连接成环。例如：

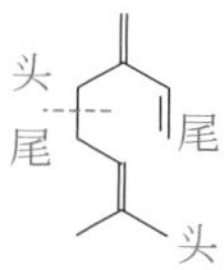

月桂烯(C_{10})
(存在于月桂树的果实中)

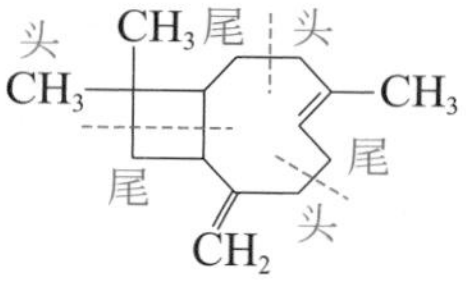

石竹烯(C_{15})
(存在于丁香油中)

萜类化合物分子中常含有 C=C、—OH、$\diagdown$C=O、—COOH 等官能团。某些萜类化合物如双环萜等，在酸的作用下容易发生碳架的重排。

18.5.1 单萜

单萜（monoterpene）是由两个异戊二烯单位组成的化合物，是植物香精油的主要组分。松节油（pine cone oil）是自然界存在最多的一种香精油，将松树干割开会有黏稠的松脂流出，松脂是松香和松节油的混合物，通过水蒸气蒸馏可把松节油蒸出，残留物即是松香。松节油是多种单萜的混合物，是常用的溶剂。因其具有局部止痛作用，松节油在医药上用作搽剂。

18.5.1.1 开链单萜

许多珍贵的香料是开链单萜，如橙花醇、香叶醇和柠檬醛等。它们存在于玫瑰油、橙花油和柠檬草油中，是无色、有玫瑰香气或柠檬香气的液体，用于配制香精。香叶醇还是蜜蜂之间交换发现食物信息的一种信息素。

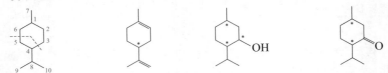

橙花醇　　　　　　　香叶醇　　　　　　(E)-柠檬醛　　　　　(Z)-柠檬醛

18.5.1.2 单环单萜

单环单萜的基本碳架是由两个异戊二烯单位聚合而成的六元环状化合物。多数可以看成是蓝烷（1-甲基-4-异丙基环己烷）的衍生物；较重要的有苧烯及薄荷醇。

蓝烷(menthane)　　苧烯(limonene)　　薄荷醇(menthol)　　薄荷酮(menthone)

苧烯含有一个手性碳原子，有一对对映体，主要存在于香茅油、柠檬油和橙皮油中，有柠檬香味。

薄荷醇具有清凉愉快的芳香气味，有杀菌和防腐作用，是医药、食品、香料工业的重要原料，用于制造清凉油、人丹、牙膏、糖果等。薄荷醇分子中含有三个手性碳原子，有四对对映体。天然存在的薄荷醇为左旋薄荷醇，是薄荷油的主要成分，为结晶固体，熔点42.5℃，其构型及优势构象为三个取代基均处于 e 键。

$$CH_3 \overset{}{\underset{OH}{\bigcirc}} CH(CH_3)_2$$

天然薄荷醇的优势构象

18.5.1.3 双环单萜

双环单萜的骨架通常是由一个六元环分别与三元、四元或五元环共用两个或两个以上碳原子构成的。它们属于桥环化合物。自然界存在较多也比较重要的是蒎（音 pài）烷和莰（音 kān）烷的衍生物。

蒎烷　　　　2,6,6-三甲基双环　　　α-蒎烯(α-pinene)　　β-蒎烯(β-pinene)
(pinane)　　　[3.1.1]庚烷　　　　（沸点156℃）　　　　（沸点164℃）

α-蒎烯和 β-蒎烯共存于松节油中，均为不溶于水的油状液体，可用作溶剂。α-蒎烯在松节油中的含量可达80%，是自然界存在最多的一种萜类。

莰烷　　　　1,7,7-三甲基双环　　　冰片　　　　　　樟脑
(bornane)　　　[2.2.1]庚烷　　　(borneol)　　　(camphor)

冰片又名龙脑，为无色片状晶体，有类似薄荷的气味，具有发汗、镇痉、止痛作用，在医药上用来制人丹、冰硼散等。冰片氧化即为樟脑，樟脑有防蛀作用，主要存在于樟树的枝

叶中，可用水蒸气蒸馏法提取。樟脑是医药、化妆品工业的重要原料，但在自然界分布并不十分广泛，现在工业上以 α-蒎烯为原料合成樟脑。

樟脑分子中有两个手性碳原子，但只有一对对映体，这是因为碳桥只能在环的一侧，碳桥的存在限制了两个桥头碳的构型。天然樟脑为右旋体。

18.5.2　倍半萜

倍半萜（sesquiterpene）是由三个异戊二烯单位组成的化合物。例如，金合欢醇又名法尼醇，是无色油状液体，有铃兰香气，存在于金合欢油、玫瑰油、茉莉油以及橙花油中，但含量都很低，是一种珍贵的香料，用于配制高档香精。20 世纪 60 年代，人们曾对法尼醇很感兴趣，原因是它具有保幼活性。昆虫（例如蚊子）体内保幼激素过量，就会抑制昆虫的变态和性成熟，使幼虫不能成蛹，蛹不能变为成虫产卵。

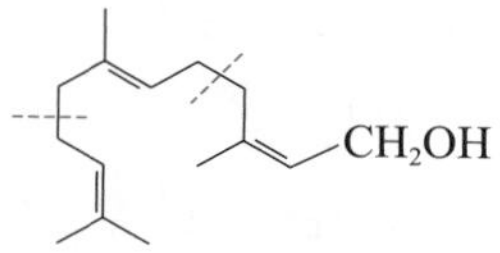

金合欢醇(farnesol)

青蒿素是我国化学家和药学家从黄花蒿中分离得到并自主研发的一种高效低毒、抗耐药性的抗疟疾药，它对疟原虫红细胞具有杀灭作用，已在国内外广泛使用，挽救了数百万人的生命。我国科学家屠呦呦因发现青蒿素与爱尔兰学者 William C. Campbell、日本学者大村智分享 2015 年 Nobel 生理学或医学奖。

青蒿素的结构为具有过氧桥的倍半萜内酯，它可以看成是具有杜松烷骨架的倍半萜衍生物。青蒿素及其衍生物（如双氢青蒿素）化学结构中的过氧桥是抗疟作用中最重要的结构，改变过氧桥，则青蒿素的抗疟作用消失。

青蒿素(arteannuin)

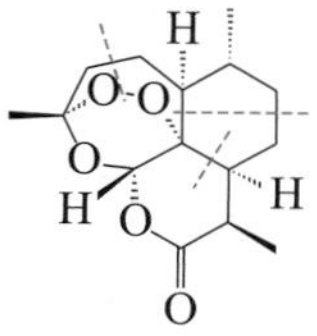

双氢青蒿素(dihydroarteannuin)

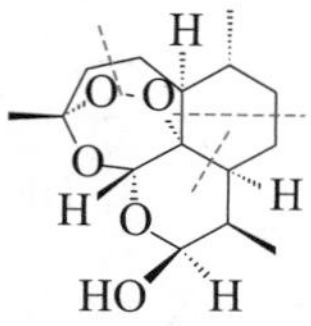

杜松烷(cadinane)

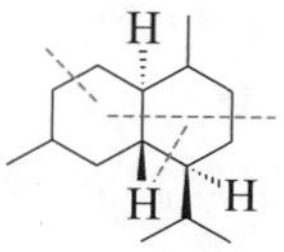

18.5.3　双萜

双萜（diterpene）是由四个异戊二烯单位组成的化合物，广泛分布于自然界。重要的代表物有维生素 A、叶绿醇、松香酸、穿心莲素等。

维生素 A 存在于奶油、蛋黄和鱼肝油中，是不溶于水的淡黄色晶体，在空气中易被氧化而失效。哺乳动物体内缺乏维生素 A 会导致眼角膜疾病，包括夜盲症。体内视觉信号的传导与维生素 A 中 C11 处双键的顺反异构变化有关。

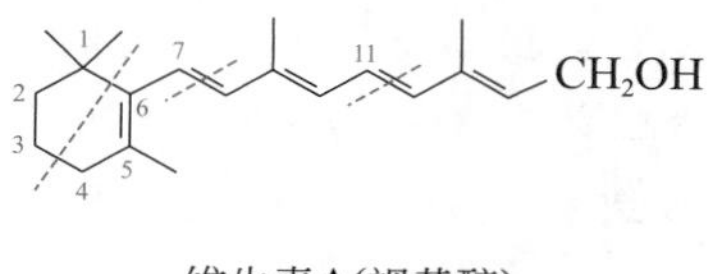

维生素A(视黄醇)

松香酸

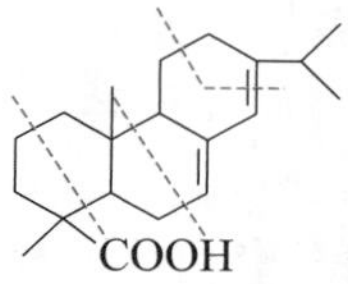

松香酸是松香的主要成分，为黄色结晶，不溶于水而易溶于乙醇、乙醚、丙酮等有机溶剂。其钠盐或钾盐有乳化剂的作用，可作为整理剂用于制皂工业，以提高肥皂的发泡能力并改善肥皂的成型性。用适当乳化剂和乳化工艺将松香乳化，可得到乳化松香（不是松香皂）类造纸中性施胶剂。

紫杉醇是从红豆杉树皮中分离得到的一种化合物，具有极高的抗癌活性，美国 FDA 于 1993 年批准其为抗卵巢癌及乳腺癌新药。紫杉醇是天然的二萜类衍生物，它具有紫杉烷-4,11-二烯的骨架：

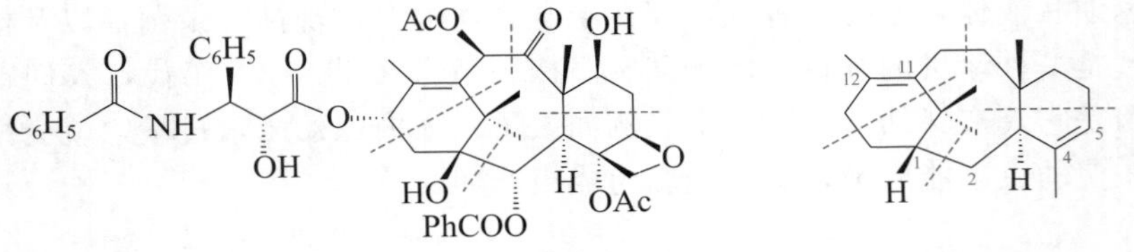

紫杉醇(taxol)　　　　　　紫杉烷-4,11-二烯

由于红豆杉生长缓慢，且红豆杉树皮中紫杉醇含量极低（0.007%～0.03%），紫杉醇的来源受到极大限制。1994 年，有两个美国实验室先后完成了紫杉醇的全合成，但紫杉醇的人工合成仍然需要深入研究。

18.5.4 三萜

三萜（triterpene）是由六个异戊二烯单位组成的化合物，在自然界分布很广。例如，角鲨烯大量存在于鲨鱼的肝脏和人体的皮脂中，也存在于酵母、麦芽和橄榄油中，是不溶于水的油状液体。角鲨烯是羊毛甾醇生物合成的前身，而羊毛甾醇是其他甾族化合物（如胆甾醇）生物合成的前身。因此，角鲨烯是一种重要的三萜类化合物。

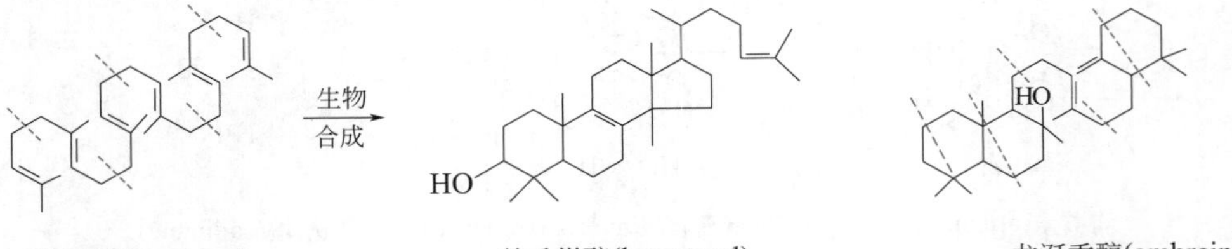

角鲨烯(squalene)　　　　羊毛甾醇(lanosterol)　　　　龙涎香醇(ambrein)

龙涎香醇来自抹香鲸肠胃病状分泌物，是一种黄灰色或黑色蜡状物，具有类似麝香的独特香气，是一种珍贵的动物性香料。

18.5.5 四萜

四萜（tetraterpene）是由八个异戊二烯单位组成的化合物，含有 40 个碳原子。这类化合物在自然界分布很广，其分子结构中都含有较长的碳碳双键共轭体系，多带有由黄至红的颜色，称为多烯色素。最早发现的多烯色素是从胡萝卜中提取得到的，称为胡萝卜素。胡萝卜素有三种异构体，其中 β-胡萝卜素最重要，以后又陆续发现了许多与胡萝卜素类似的化合物，统称为类胡萝卜素。类胡萝卜素的结构特点是：在分子中间部位的两个异戊二烯是以尾-尾相连的，而且绝大多数双键是反式构型。它们大多难溶于水，易溶于有机溶剂。例如：

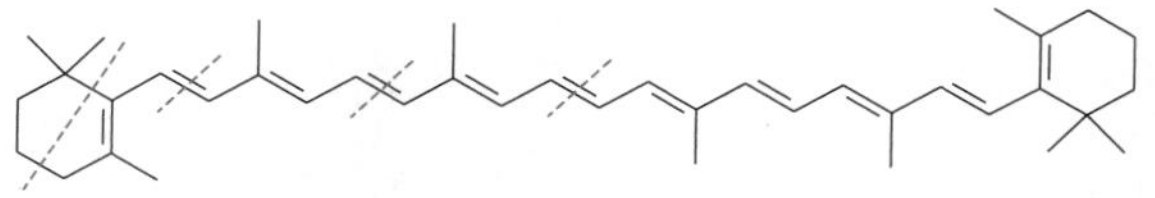

β-胡萝卜素(β-carotene)

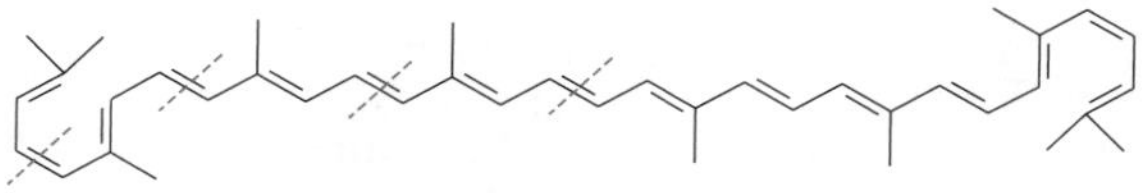

番茄红素(lycopene)

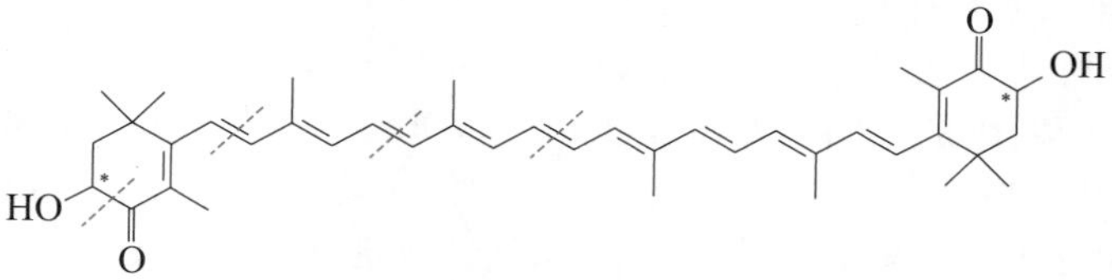

虾青素(astaxanthin)

β-胡萝卜素在动物体内酶的作用下可转化为两分子维生素 A，因此它也被称为维生素 A 源，其生理作用也与维生素 A 相同。

类胡萝卜素具有多种生理功效，如抗氧化性、增加免疫力、改善视力等。例如，由藻类提取得到的虾青素的抗氧化能力是维生素 C 的 6000 倍。

18.6 甾族化合物

甾族化合物（steroids）也广泛存在于自然界的动、植物体内，与动、植物的生理作用密切相关。其结构特点是含有一个四环稠合而成的甾环，甾环上的碳原子有固定编号：

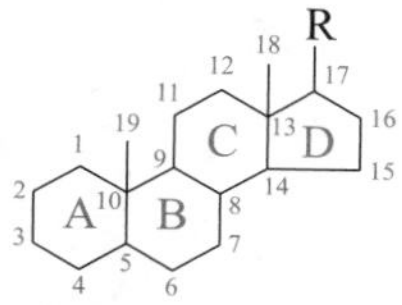

"甾"字中的"田"表示四个环，"巛"表示 C10、C13、C17 上的三个取代基。几乎所有的甾族化合物在 C10 及 C13 处的侧链都是甲基，又叫角甲基。

甾族化合物中各成员之间的区别在于环其他位置上所连的基团不同。根据化学结构和生理功能，可将其分为甾醇类、胆酸类、甾体激素类和强心苷类等。

甾族化合物多以其来源或生理作用来命名。

18.6.1 甾醇类

大多数甾醇类的 C3 上有羟基，C5 处有双键。根据来源，甾醇可分为动物甾醇和植物甾醇，动物甾醇 C17 上连有 8 个碳原子的侧链，而植物甾醇 C17 上的侧链则为 9～10 个碳原子。

例如，胆固醇（cholesterol）是最早被发现的一个甾族化合物，为无色或略带黄色的结晶，熔点为 148.5℃。胆囊结石病的结石成分中有 90% 为胆固醇，故而得名。胆固醇有 8 个手性碳，理论上有 256 个旋光异构体，但自然界中只发现了一种，其 A 环和 B 环是以反式稠合的。

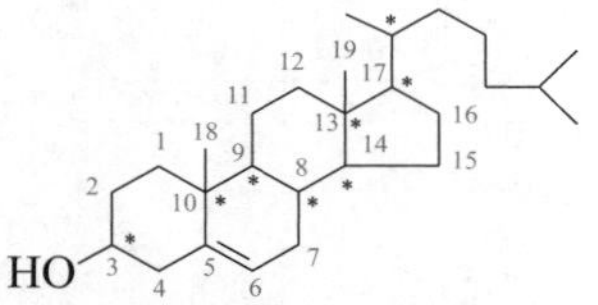

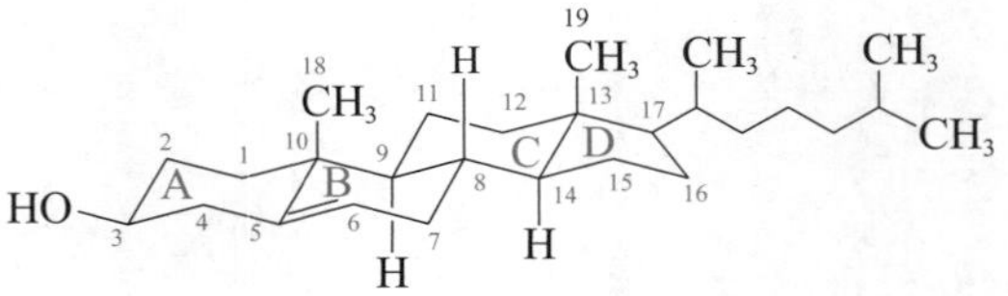

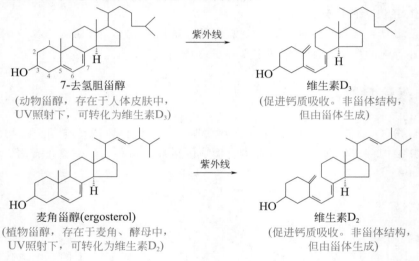

胆甾醇(胆固醇, cholesterol)

(8个手性碳)

胆固醇的构象式

(A环与B环反式稠合；只有一种构象)

胆固醇在肝脏中被合成后，被输送至身体各个部位，然后再被送回肝脏中去合成其他甾族化合物（如胆酸、甾族激素等）。胆固醇在体内的运行是由脂蛋白（磷脂＋蛋白质）携带进行的。将胆固醇由肝脏中带至其他组织细胞的，叫低密度脂蛋白（low-density lipoprotein, LDL）；将胆固醇带回肝脏的，叫高密度脂蛋白（HDL）。如果 LDL 多，则带出的胆固醇多，而 HDL 少则带回的胆固醇少，这样，多余的胆固醇便在动脉壁上积存，导致动脉硬化、变窄，影响心脏的血液供应。所以，体内 HDL 含量高则罹患心脏病的可能性较低。

当受到太阳紫外线照射时，7-去氢胆甾醇和麦角甾醇分别转变为维生素 D_3 和维生素 D_2。因此多晒太阳可促进钙质吸收，防止罹患佝偻病。

紫外线 →

7-去氢胆甾醇

(动物甾醇，存在于人体皮肤中，
UV照射下，可转化为维生素D_3)

维生素D_3

(促进钙质吸收。非甾体结构，
但由甾体生成)

紫外线 →

麦角甾醇(ergosterol)

(植物甾醇，存在于麦角、酵母中，
UV照射下，可转化为维生素D_2)

维生素D_2

(促进钙质吸收。非甾体结构，
但由甾体生成)

18.6.2 胆酸类

在大部分脊椎动物的胆汁中含有几种构造与胆固醇类似的酸，称为胆汁酸，其中最重要的是胆酸。胆酸在胆汁中大多与甘氨酸（H_2NCH_2COOH）或牛磺酸（$H_2NCH_2CH_2SO_3H$）的钠盐结合成酰胺存在，甘氨胆酸或牛磺胆酸经水解后可得到游离胆酸。胆酸的 A 环和 B 环是顺式稠合的，以利于形成疏水侧和亲水侧，在消化过程中乳化脂肪，促进脂肪的吸收。

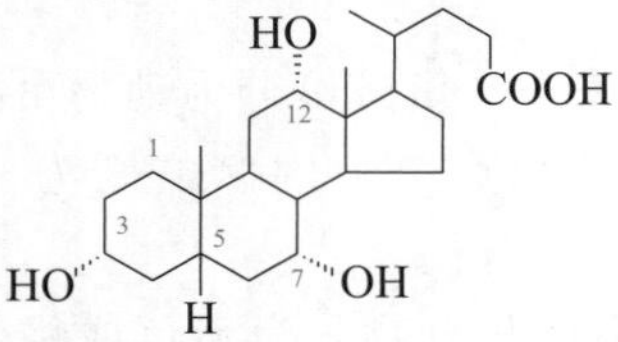

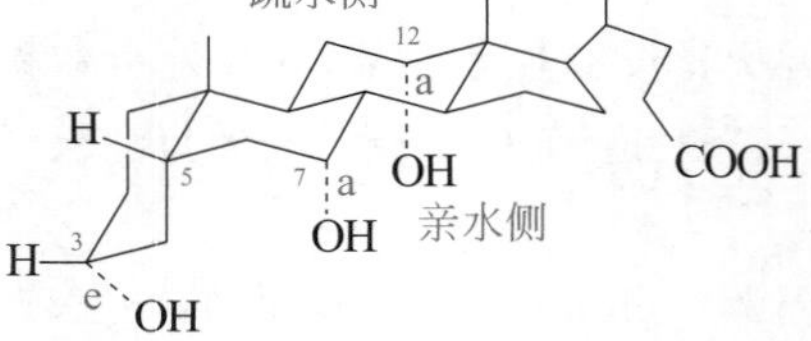

胆酸(cholic acid)

(存在于人和动物的胆汁中，
在肌体中由胆固醇合成)

胆酸的构象式

(有疏水侧和亲水侧，
在消化过程中起乳化剂作用，促进脂肪的吸收)

18.6.3 甾体激素

激素（hormone）一词来源于希腊语，有刺激、兴奋的含义。激素是由动物体内的各种内分泌腺所分泌的一类微量但具有重要生理活性的化合物，能控制重要生理过程。激素可分为两大类：一类是含氮激素，如肾上腺素、甲状腺素、催产素和胰岛素等；另一类是甾体激素，根据来源及生理功能，又分为性激素和肾上腺皮质激素。例如：

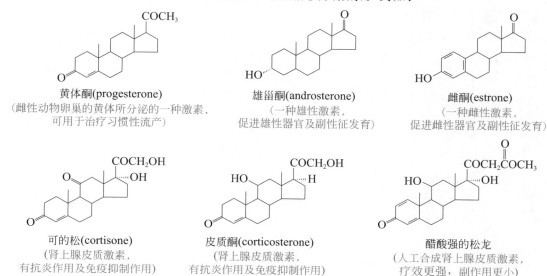

黄体酮(progesterone)
（雌性动物卵巢的黄体所分泌的一种激素，
可用于治疗习惯性流产）

雄甾酮(androsterone)
（一种雄性激素，
促进雄性器官及副性征发育）

雌酮(estrone)
（一种雌性激素，
促进雌性器官及副性征发育）

可的松(cortisone)
（肾上腺皮质激素，
有抗炎作用及免疫抑制作用）

皮质酮(corticosterone)
（肾上腺皮质激素，
有抗炎作用及免疫抑制作用）

醋酸强的松龙
（人工合成肾上腺皮质激素，
疗效更强，副作用更小）

本章精要速览

（1）类脂化合物包括油脂、蜡、磷脂、萜类、甾族化合物等结构不同的物质。它们都是不溶于水而溶于非极性或弱极性有机溶剂中的、由生物体中取得的物质，其物态及物理性质与油脂类似。

（2）油脂是分布最广泛的类脂化合物，其主要成分是甘油与高级脂肪酸形成的三元醇酯，自然界中油脂一般以混合甘油酯存在。

$$RCOO—CH_2$$
$$R'COO—CH$$
$$R''COO—CH_2$$

使1g油脂完全皂化时所需氢氧化钾的质量（mg）称为皂化值。皂化值可反映油脂的平均分子质量，皂化值越大，油脂的平均分子质量越小。碘值是100g油脂所能吸收的I_2的质量（g）。碘值越大，油脂分子的不饱和程度越高。酸值是中和1g油脂所需的KOH的质量（mg）。油脂的酸值越高，表明其中的游离脂肪酸含量越高。

（3）除了食用外，油脂还是油漆工业和表面活性剂工业的重要原料。表面活性剂的结构特点是分子中同时含有亲水基和亲油基。按照在水中是否解离以及解离后起表面活性作用的离子性，表面活性剂可分为阴离子型、阳离子型、两性离子型和非离子型表面活性剂。

（4）蜡和石蜡外观及物理性质相似，但它们的化学组成截然不同。石蜡是含有26～30

个碳原子的高级烷烃，而蜡的主要成分是高级脂肪酸与高级脂肪醇（一元醇）所形成的酯。

（5）磷脂的化学成分是 1,2-二羧酸甘油-3-磷酸酯。其分子可分为两个部分：一部分是具有长链脂肪酸的非极性端，是憎水部分；另一部分是以偶极离子形式存在的极性端（如

α-脑磷脂中的 —$\overset{\overset{O}{\|}}{\underset{\underset{O^-}{}}{O}}$P—OCH$_2CH_2$$\overset{+}{N}H_3$），具有亲水性。因此，磷脂具有类似于表面活性剂的两

亲结构，是存在于生物体内的天然表面活性剂。

（6）萜类化合物广泛存在于自然界，是植物香精油的主要成分，其结构特点是遵循"异戊二烯规律"。即分子中碳原子的个数都是 5 的整数倍，具有"异戊二烯头尾相连"的碳架。

（7）甾族化合物也广泛存在于自然界的动、植物体内，与动、植物的生理作用密切相关。其结构特点是含有一个四环稠合而成的甾环，甾环上的碳原子有固定编号：

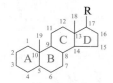

甾族化合物中各成员之间的区别在于环其他位置上所连的基团不同。根据化学结构和生理功能，可将其分为甾醇类、胆酸类、甾体激素类和强心苷类等。

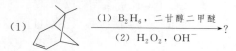

1. 写出下列化合物的结构式。

(1) 月桂酸　　　(2) 硬脂酸　　　(3) 软脂酸　　　(4) 油酸

(5) 亚油酸　　　(6) 亚麻酸　　　(7) 桐油酸　　　(8) 樟脑

(9) 薄荷醇　　　(10) 胆固醇　　　(11) 维生素 D$_2$　　　(12) 维生素 A

2. 回答问题。

(1) 比较油脂、蜡和磷脂的结构特点，写出它们的一般结构式、它们属于哪一类有机化合物？

(2) 日常的食用油（如大豆油、花生油、橄榄油等）均为液体，而猪油、牛油为膏状固体，请简述原因。

(3) 写出由甘油三棕榈酸酯制备表面活性剂十六烷基硫酸钠的反应式。

3. 用化学方法鉴别下列化合物。

(1) 硬脂酸和蜡　　　　　　　　　(2) 三油酸甘油酯和三硬脂酸甘油酯

(3) 亚油酸和亚麻子油　　　　　　(4) 花生油和柴油

4. 完成下列反应式。

(1)

$$\xrightarrow[\text{(2) } H_2O_2,\ OH^-]{\text{(1) } B_2H_6,\ \text{二甘醇二甲醚}} ?$$

(2)

$$+Br_2 \longrightarrow ?$$

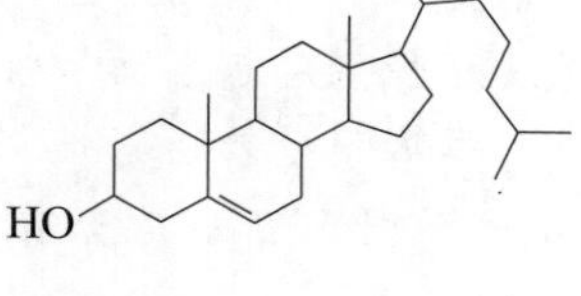

(3) 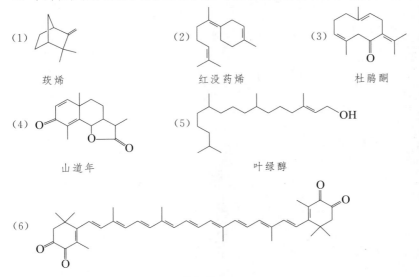 + 2HCl ⟶ ?

(4) （柠檬醛） + CH_3COCH_3 $\xrightarrow{\text{稀 OH}^-}$?   （假紫罗兰酮）

(5) $\xrightarrow{\text{H}_2,\ \text{Pt}}$? $\xrightarrow{(CH_3CO)_2O}$?

5. 在巧克力、冰激凌等许多高脂肪含量的食品中，以及医药或化妆品中，常用卵磷脂来防止发生油和水的分层现象，这是根据卵磷脂的什么特性？

6. 下列化合物哪个有表面活性剂的作用？

(1) $CH_3(CH_2)_{16}CH_2OH$

(2) $CH_3(CH_2)_{16}COOH$

(3) $CH_3(CH_2)_5\underset{\underset{CH_3}{|}}{CH}(CH_2)_3OSO_3K$

(4) $CH_3(CH_2)_8CH_2$—⟨⟩—SO_3NH_4

7. 某单萜化合物 A 的分子式为 $C_{10}H_{18}$，催化氢化后得到分子式为 $C_{10}H_{22}$ 的化合物。用酸性高锰酸钾氧化 A，得到 $CH_3COCH_2CH_2COOH$、CH_3COOH 及 CH_3COCH_3，试推断 A 的结构。

8. 鲸蜡中的一个主要成分是十六酸十六醇酯，它可被用作肥皂及化妆品中的润滑剂。怎样以三软脂酸甘油酯为唯一的有机原料合成它？

9. 由某树叶中取得的蜡的分子式为 $C_{40}H_{80}O_2$，它的结构应该是下列哪一个？

(A) $CH_3CH_2CH_2COO(CH_2)_{35}CH_3$
(B) $CH_3(CH_2)_{16}COO(CH_2)_{21}CH_3$
(C) $CH_3(CH_2)_{15}COO(CH_2)_{22}CH_3$

10. 下列化合物分别属于几萜类化合物？试用虚线分开其结构中的异戊二烯单位。

(1) 莰烯   (2) 红没药烯   (3) 杜鹃酮

(4) 山道年   (5) 叶绿醇

(6) 虾红素

11. 写出薄荷醇的另三个立体异构体的椅式构型（只写占优势的构象，不必写出对映体）。

12. 维生素 A 与胡萝卜素有什么关系，它们各属于哪一类萜？

13. 写出甾族化合物的基本骨架，并标出碳原子的编号顺序。

14. 香茅醛是一种香料，分子式为 $C_{10}H_{18}O$，它与 Tollens 试剂作用得到香茅酸 $C_{10}H_{18}O_2$。用 $KMnO_4$ 氧化香茅醛得到丙酮与 $HO_2CCH_2CH(CH_3)CH_2CH_2COOH$。请写出香茅醛的结构式。

15. 假紫罗兰酮在酸催化下可以关环形成紫罗兰酮的 α-及 β-两种异构体，它们都可用于调制香精，β-紫罗兰酮还可用作制备维生素 A 的原料。试写出由假紫罗兰酮关环的机理。

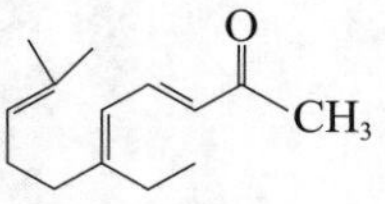

假紫罗兰酮　　　　　　　α-紫罗兰酮　　　　　　　β-紫罗兰酮

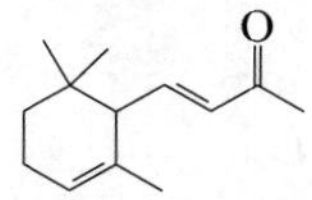

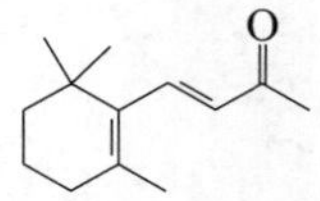

*第 19 章 | 碳水化合物

碳水化合物（carbohydrate）又称为糖（saccharides），如葡萄糖、果糖、蔗糖、淀粉、纤维素等，是自然界分布最广、对维持生命活动最重要的有机化合物，也是重要的轻纺原料。

早期，人们发现大多数糖类的分子式符合 $C_m(H_2O)_n$，便称其为"碳水化合物"。后来发现，糖类化合物并不是由碳和水结合而成，而且有些糖（如鼠李糖，分子式 $C_6H_{12}O_5$）的分子式也并不符合 $C_m(H_2O)_n$，而醋酸、乳酸等化合物的分子式虽然符合上面的通式，但其结构和性质则与碳水化合物完全不同。因此，"碳水化合物"一词并不恰当，只是由于沿用已久，形成习惯，至今仍然使用。

从结构上来说，碳水化合物是多羟基醛或多羟基酮，以及能够水解生成多羟基醛或多羟基酮的化合物。

19.1 碳水化合物的分类

碳水化合物可根据分子的大小分为三类：单糖、低聚糖和多糖。

（1）**单糖** 单糖（monosaccharide）本身为多羟基醛酮，不能水解为更简单的糖。如葡萄糖、果糖等都是常见的单糖。单糖一般是结晶固体，能溶于水，绝大多数单糖有甜味。

（2）**低聚糖** 能水解为 2～10 个单糖的碳水化合物称为低聚糖（oligosaccharide）。如麦芽糖、蔗糖等都是二糖。低聚糖仍有甜味，能形成晶体，可溶于水。

（3）**多糖** 多糖（polysaccharide）是能水解生成多个单糖的碳水化合物，一般天然多糖能水解生成 100～300 个单糖。如淀粉、纤维素等都是多糖。多糖没有甜味，不能形成晶体，为无定形固体，一般难溶于水。

19.2 单糖

根据分子中所含碳原子的个数，单糖可分为丙糖、丁糖、戊糖和己糖等。分子中含醛基的糖称为醛糖（aldose），分子中含有酮基的糖称为酮糖（ketose）。最简单的醛糖是丙醛糖（即甘油醛），最简单的酮糖是丙酮糖（即 1,3-二羟基丙酮）。自然界所发现的糖，主要是戊糖和己糖，最重要的戊糖是核糖（ribose），最重要的己糖是葡萄糖（glucose）和果糖（fructose）。

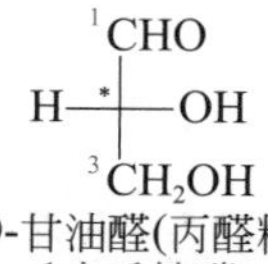

D-甘油醛(丙醛糖)　　1,3-二羟基丙酮(丙酮糖)　　核糖(属于戊醛糖)　　葡萄糖(属于己醛糖)　　果糖(属于己酮糖)

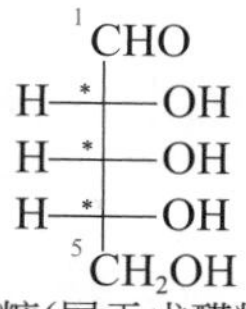

1个手性碳　　无手性碳　　3个手性碳　　4个手性碳　　3个手性碳

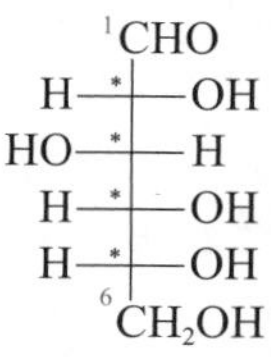

2个对映异构体　　　　8个对映异构体　　16个对映异构体　　8个对映异构体

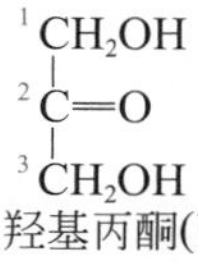

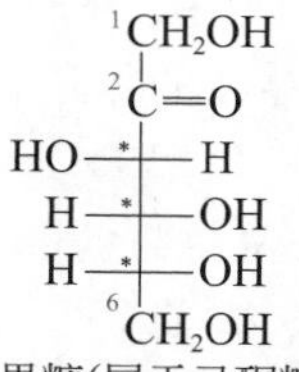

书写糖的 Fischer 构型式时，要求碳链竖置，羰基朝上，编号从靠近羰基一端开始。为了简便起见，糖的 Fischer 构型式也可简写，用横线"—"表示手性碳上的羟基，而手性碳上的氢原子可略去不写。

19.2.1　单糖的构型和标记

单糖构型的确定是以甘油醛为标准的。单糖分子中距离羰基最远的手性碳原子与 D-(＋)-甘油醛的手性碳原子构型相同时，称为 D-型糖；反之，称为 L-型糖。

$$
\begin{array}{ccc}
\text{CHO} & \text{CHO} & \text{CH}_2\text{OH} \\
 & & \text{C=O} \\
\text{H—OH} & (\text{CHOH})_n & (\text{CHOH})_n \\
\text{CH}_2\text{OH} & \text{H—OH} & \text{H—OH} \\
 & \text{CH}_2\text{OH} & \text{CH}_2\text{OH} \\
\text{D-甘油醛} & \text{D-某醛糖} & \text{D-某酮糖}
\end{array}
$$

D/L 构型标记法只能标记一个手性碳的构型，为什么要以距离羰基最远的手性碳原子与 D-(＋)-甘油醛中手性碳原子的构型相比较呢？因为所有的 D-醛糖都可以由 D-甘油醛以逐步增加碳原子的方法导出，新导出的糖总是距羰基最远处的手性碳仍保持 D-构型。例如，D-甘油醛与 HCN 加成后即可增加一个碳原子，得到羟基腈，将氰基水解为羧基，经转化为内酯后再还原成醛基即得两种不同的 D-丁醛糖。

$$
\begin{array}{l}
\text{D-甘油醛} + \text{HCN} \longrightarrow \\
\qquad (A) \xrightarrow[\substack{(2)\ 生成内酯 \\ (3)\ 还原}]{(1)\ 水解} \text{D-赤藓糖} \\
\qquad (B) \xrightarrow{\text{同上步骤}} \text{D-苏阿糖}
\end{array}
$$

当 CN^- 进攻 D-甘油醛中的羰基碳时，有两种方式（从羰基的前面或者后面进攻），导致新生成的手性碳原子有两种构型，而原来 D-甘油醛分子中的手性碳构型保持不变，仍然是 D-型。即生成的 D-赤藓糖和 D-苏阿糖都是距羰基最远的手性碳原子仍保持 D-构型。

由 D-赤藓糖和 D-苏阿糖用如上的增长碳链的方法，各可以导出两个 D-戊醛糖（共四个非对映体），然后由四个 D-戊醛糖又可以导出八个 D-己醛糖。图 19-1 是由 D-甘油醛导出的所有丁醛糖、戊醛糖和己醛糖。

由 L-甘油醛按同样的方法可以导出图 19-1 中所有醛糖的对映体即 L-型醛糖，但自然界中存在的糖通常都是 D-型的。

构型 D/L 与旋光方向（＋）/（－）没有固定的关系。如 D-(＋)-甘油醛、D-(－)-核糖、D-(＋)-葡萄糖、D-(－)-果糖均为 D-型糖，但它们的旋光方向却并不一致（＋、－分别代表右旋、左旋）。

如果采用 R/S 构型标记法，D-(＋)-葡萄糖可标记为 (2R,3S,4R,5R)-2,3,4,5,6-五羟基己醛。显然，标记糖的构型时，R/S 构型标记法不如 D/L 构型标记法方便。

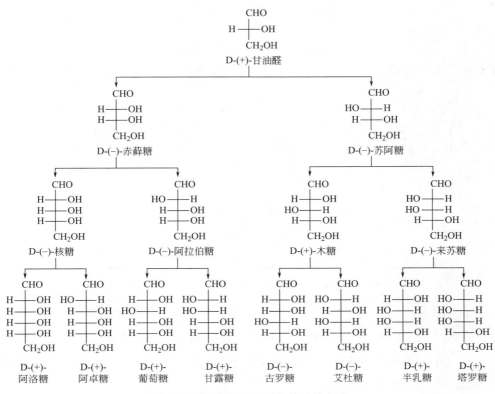

图 19-1　醛糖的 D-型异构体及其名称

19.2.2　单糖的氧环式结构

葡萄糖的开链结构式能够说明葡萄糖的许多化学性质。但是，葡萄糖还有一些性质却与开链结构式不相符。例如：

① 葡萄糖水溶液有"变旋现象"。葡萄糖有两种晶体，它们的物理性质不同：

来源		mp/℃	溶解度/(g/100mL 水)	$[\alpha]_D^{20}$
第一种	低于 50℃ 水溶液中析出	146	82	+112°
第二种	高于 98℃ 水溶液中析出	150	154	+18.7°

两种葡萄糖晶体中的任何一种溶于水后，比旋光度（$[\alpha]_D^{20}$）都将随着时间的改变而改变，最后逐渐变成 $[\alpha]_D^{20}=+52.5°$，恒定不变，即发生"变旋现象"。变旋现象是随着时间的变化，物质的比旋光度逐渐地增大或减小，最后达到恒定值的现象。

② 葡萄糖的红外光谱中没有羰基的特征吸收峰。

③ 普通的醛能与两分子醇形成缩醛，而葡萄糖只需一分子醇便能形成缩醛。

以上的实验现象无法用开链式得到解释。但人们从下述 γ-羟基醛及 δ-羟基醛的性质得到启发：

$$CH_3CHCH_2CH_2CHO \rightleftharpoons CH_3 \quad \overset{O}{\bigcirc} \quad OH$$

$$\underset{OH}{}$$

　　　　　γ-羟基醛　　　　　　　　　环状半缩醛

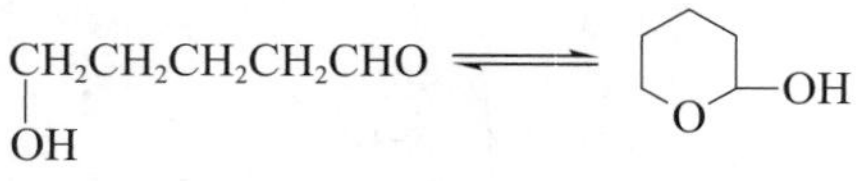

$$CH_2CH_2CH_2CH_2CHO \rightleftharpoons$$

δ-羟基醛   环状半缩醛

葡萄糖中醛基碳的 γ- 或 δ- 位上也有羟基，也可以五元或六元环状半缩醛形式存在：

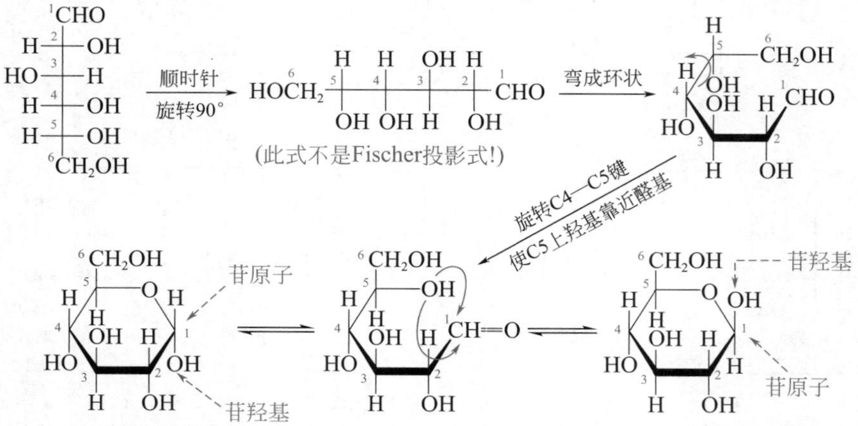

α-D-(+)-葡萄糖
氧环式结构、Haworth式   β-D-(+)-葡萄糖
氧环式结构、Haworth式

上述糖的环状半缩醛结构式又称为氧环式结构或 Haworth 结构式。六元环状结构的糖和吡喃（ 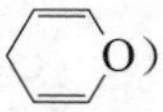 ）分子中都含有一个由五个碳原子和一个氧原子形成的六元环，所以在糖化学中把六元环结构的糖叫作吡喃糖。

环的形成使原来的醛基碳变成了手性碳原子，这个新生成的手性碳称为苷原子，苷原子上的羟基称为苷羟基。由于苷原子有两种不同的构型，导致葡萄糖有两种不同的环状半缩醛结构：

α-D-(+)-吡喃葡萄糖——苷羟基与 C5 上的—CH_2OH 位于异侧（熔点 146℃，$[\alpha]_D^{20} = +112°$）；

β-D-(+)-吡喃葡萄糖——苷羟基与 C5 上的—CH_2OH 位于同侧（熔点 150℃，$[\alpha]_D^{20} = +18.7°$）。

α-D-(+)-吡喃葡萄糖与 β-D-(+)-吡喃葡萄糖只有苷原子（C1）的构型不同，因此它们互为差向异构体，也互为异头物（见第 7 章 7.4.3）。

葡萄糖的环状半缩醛结构（又称为氧环式结构）可以解释变旋现象。在葡萄糖水溶液中，存在着下列动态平衡：

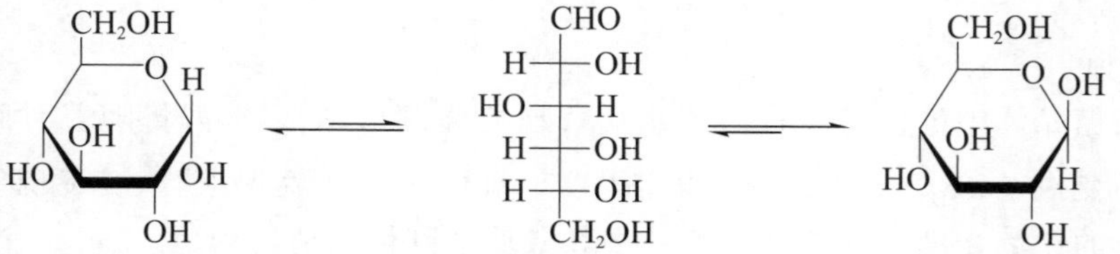

α-D-(+)-葡萄糖
$[\alpha]_D^{20}=112°$
室温下约占37%   D-葡萄糖开链式
室温下约占0.1%   β-D-(+)-葡萄糖
$[\alpha]_D^{20}=18.7°$
室温下约占63%

无论开始时是 α-D-(+)-葡萄糖还是 β-D-(+)-葡萄糖，当它们溶于水，放置一段时间达到平衡时，α-型、开链式、β-型三者的比例保持恒定，葡萄糖水溶液的比旋光度恒定在 +52.5°。

通常情况下，葡萄糖主要以环状半缩醛结构存在，因此葡萄糖的红外光谱中自然没有羰基的特征吸收峰。同理，葡萄糖只需一分子醇便能形成缩醛。

尽管在水溶液中开链式的含量很低，但葡萄糖仍然可与 Tollens 试剂、Fehling 试剂、苯肼、Br_2 等顺利反应。这是因为开链式中的醛基与上述试剂反应后，氧环式结构的葡萄糖能够通过动态平衡转变成开链式葡萄糖。

D-（－）-果糖也具有开链式和氧环式结构。游离的 D-（－）-果糖具有 δ-氧环式结构，称为 D-（－）-吡喃果糖；而构成蔗糖的果糖则是 γ-氧环式，称为 D-（－）-呋喃果糖。在水溶液中，同样存在着开链式和氧环式之间动态平衡，而且平衡混合物中除了含有两种吡喃型果糖外，还有两种呋喃型果糖。

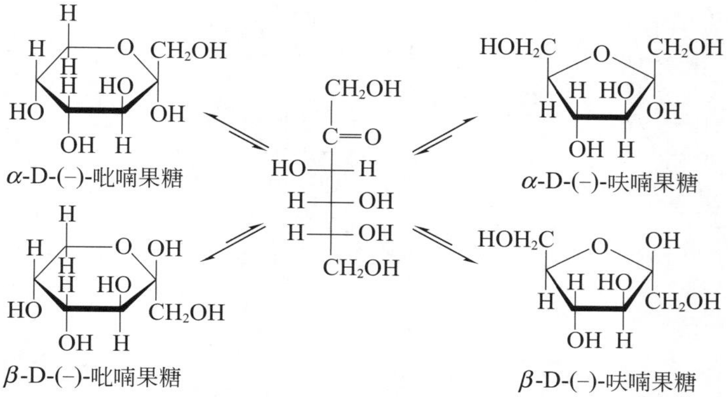

α-D-（－）-吡喃果糖　　　　　　　　　　α-D-（－）-呋喃果糖

β-D-（－）-吡喃果糖　　　　　　　　　　β-D-（－）-呋喃果糖

19.2.3　单糖的构象

构象式能够更加真实形象地反映出糖的结构。研究证明，吡喃糖的六元环并不是平面构型，而是与环己烷相似，采取椅型构象。例如，葡萄糖水溶液中开链式与两种氧环式的动态平衡可用构象式表示如下：

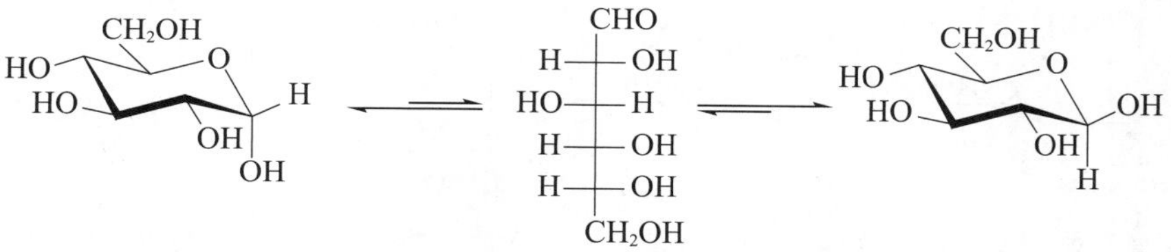

α-D-（+）-葡萄糖
$[\alpha]_D^{20}=112°$
(苷羟基位于a键，不及β-型稳定，
室温下约占37%)

D-葡萄糖开链式
(室温下约占0.1%)

β-D-（+）-葡萄糖
$[\alpha]_D^{20}=18.7°$
(苷羟基位于e键，稳定性大于α-型，
室温下约占63%)

由构象式可以看出，β-D-（＋）-葡萄糖中所有的取代基都处于 e 键，α-D-（＋）-葡萄糖中除苷羟基外，其余取代基也都处于 e 键，这也许就是葡萄糖比其他单糖在自然界存在更加广泛的原因。

19.2.4　单糖的化学性质

单糖的化学性质与醇和醛有许多相似之处。能够与羟基或羰基发生反应的试剂，大多也能与单糖反应。但由于在糖分子中羟基与羰基共存，彼此相互影响，糖又表现出与醇、醛或酮不同的化学性质。

19.2.4.1　异构化与差向异构

葡萄糖水溶液在 $Ca(OH)_2$ 存在下，放置数天后，可分离得到 D-葡萄糖、D-甘露糖、D-果糖。D-葡萄糖和 D-甘露糖分子中 C3、C4、C5 三个手性碳的构型完全相同，只有 C2 上的构型不同，它们互为 C2 差向异构体（详见第 7 章 7.4.3）；D-果糖则是 D-葡萄糖的互变异构体。

　　产生这种实验现象的原因是由于在 ⁻OH 催化下，葡萄糖发生了两次烯醇式重排，导致差向异构体和互变异构体的产生：

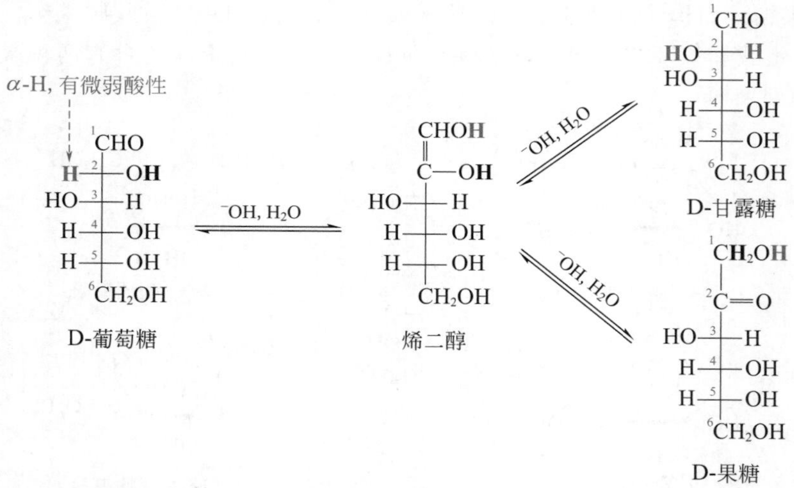

用稀碱处理 D-甘露糖或 D-果糖，同样也得到平衡混合物。

19.2.4.2　氧化

　　单糖具有还原性，多种氧化剂如溴水、硝酸、Fehling 试剂或 Tollens 试剂等，都能将单糖氧化。

　　（1）溴水氧化和硝酸氧化　醛糖能被溴水氧化成糖酸，被硝酸氧化成糖二酸：

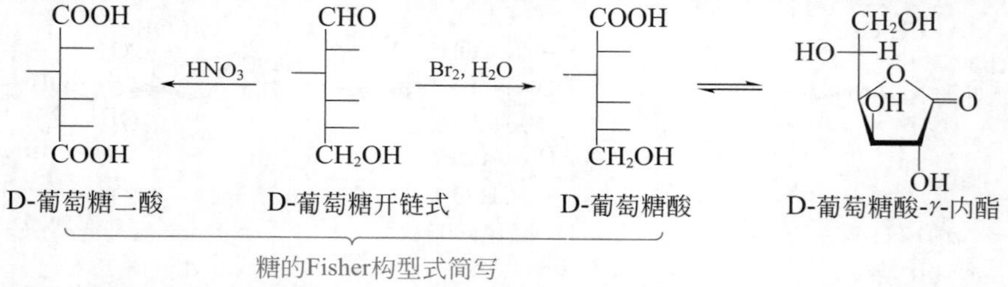

糖的Fisher构型式简写

葡萄糖酸的某些盐类具有重要用途。例如，葡萄糖酸钠可用于制药工业；葡萄糖酸钙和鱼肝油合用，可以补充钙质；葡萄糖酸内酯可用作食品添加剂。

　　从结构上讲，维生素 C 可看作是不饱和糖酸的内酯：

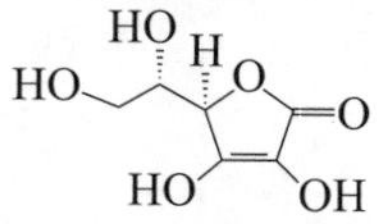

维生素C

酮糖比醛糖较难氧化。例如，果糖不被溴水氧化。这是由于溴水不是碱性的，不会引起羰基的差向异构化。因此，利用单糖与溴水的反应可区别葡萄糖与果糖：

　　（2）Fehling 试剂或 Tollens 试剂氧化　由于酮糖在碱性条件下能发生醛糖和酮糖的烯醇式-酮式互变重排（详见本节 19.2.4.1），醛糖和酮糖都可被 Tollens 试剂和 Fehling 试剂氧化：

$$\text{糖(醛糖或酮糖)} + Cu^{2+} \xrightarrow{OH^-} \underset{\text{(红色沉淀)}}{Cu_2O\downarrow} + \text{氧化产物(糖酸、重排产物及降解产物)}$$

$$\text{糖(醛糖或酮糖)} + Ag(NH_3)_2^+ \xrightarrow{OH^-} \underset{\text{(银镜)}}{Ag\downarrow} + \text{氧化产物(糖酸、重排产物及降解产物)}$$

单糖与 Tollens 试剂和 Fehling 试剂的氧化反应产物比较复杂，没有制备价值，但可用来区别还原糖和非还原糖。

在糖化学中，将能够还原 Tollens 试剂和 Fehling 试剂的糖称为还原糖（reducing saccharide），反之则称为非还原糖（non-reducing saccharide）。单糖的半缩醛氧环式结构都含有苷羟基，能在水溶液中与开链式形成动态平衡，所以，单糖都是还原糖。

（3）高碘酸氧化　糖分子中含有邻二醇结构片段，因而能与高碘酸反应，发生碳-碳键断裂。例如：

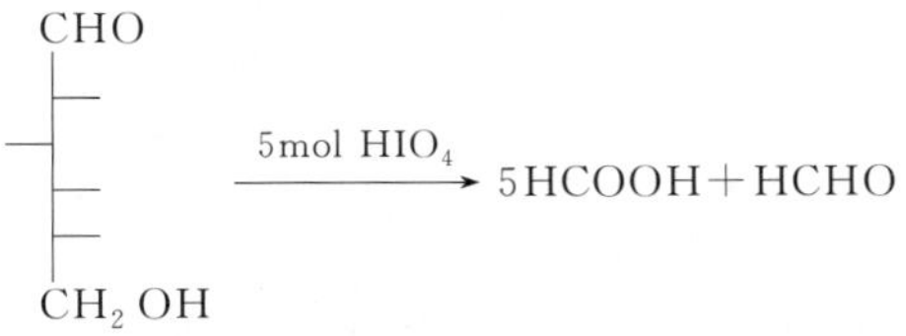

葡萄糖

这种反应是定量进行的，每断一个碳-碳键消耗 1mol 高碘酸，在研究糖的结构方面极为有用。

19.2.4.3　还原

与醛、酮分子中的羰基相似，单糖分子中的羰基可通过催化加氢或用 $NaBH_4$ 还原成羟基。例如，工业上用 D-葡萄糖的催化氢化生产山梨糖醇：

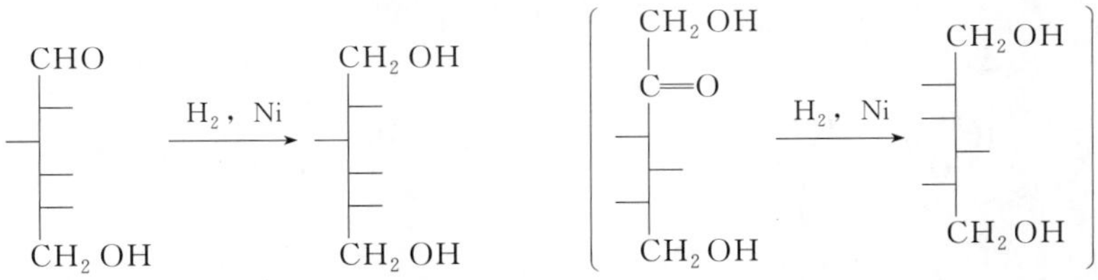

D-葡萄糖　D-葡萄糖醇　L-山梨糖醇　L-山梨糖　L-山梨糖醇

D-葡萄糖醇和 L-山梨糖醇是同一化合物，因为 L-山梨糖催化加氢还原得到的产物与 D-葡萄糖的还原产物相同。山梨糖醇无毒，为无色无臭晶体，是工业合成维生素 C 的主要原料，也可用作食品添加剂，提高食品的保湿性。

19.2.4.4　脎的生成

单糖具有醛基或酮羰基，可与苯肼反应生成苯腙。在过量苯肼存在下，则继续反应生成不溶于水的黄色结晶，称为脎（osazone）。例如：

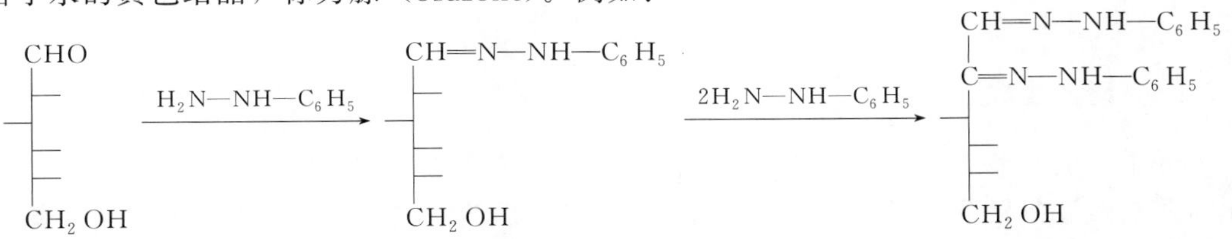

D-葡萄糖　D-葡萄糖苯腙　D-葡萄糖脎

胫是不溶于水的亮黄色晶体，有一定的熔点。不同的糖胫，其晶形、熔点不相同，在反应中生成的速率也不相同。因此可以根据糖胫的晶形及生成所需的时间来鉴别糖。

生成糖胫的反应发生在 C1 和 C2 上，不涉及其他碳原子，因此，只是 C1 和 C2 构型或羰基不同的糖将生成相同的糖胫。例如，葡萄糖、果糖、甘露糖所生成的糖胫完全相同：

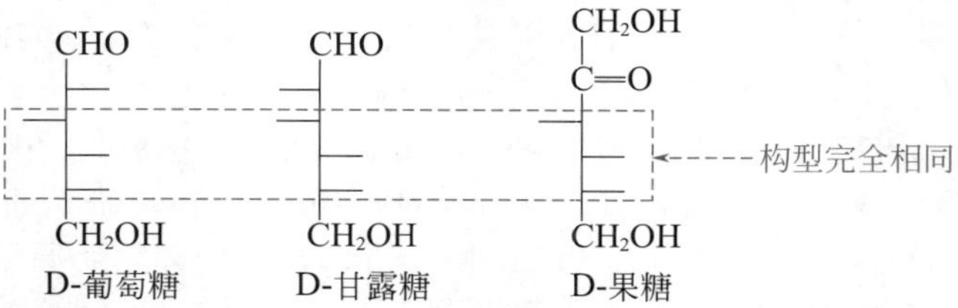

这三种糖所形成的糖胫完全相同，但成胫速率不同，仍可将它们区分。例如：果糖成胫快于葡萄糖。

19.2.4.5 苷的生成

醛与醇作用生成的半缩醛，很容易再与一分子醇作用，生成缩醛。葡萄糖的环状半缩醛也有这种性质。单糖的半缩醛羟基（亦称为苷羟基）被其他基团取代后所形成的衍生物，叫作苷（glycoside）。例如，甲基葡萄糖苷的生成：

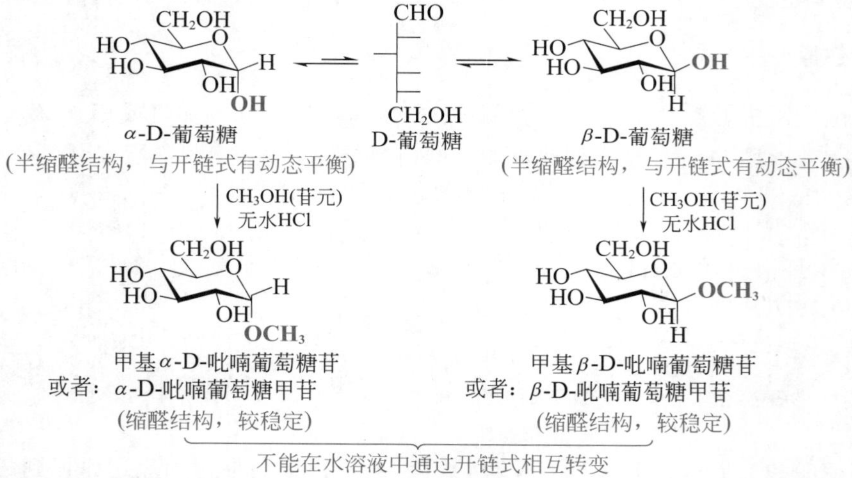

糖苷具有一系列典型的缩醛性质：不易被氧化，不易被还原，不与苯肼作用（无羰基），不与 Fehling 试剂或 Tollens 试剂作用（无还原性），对碱稳定，但对稀酸不稳定。

糖苷在稀酸的作用下生成原来的糖和苷元（甲醇），在某些酶的作用下，糖苷也可发生水解反应。

苷广泛存在于自然界中的植物和动物中。例如，蔗糖、麦芽糖、纤维二糖等低聚糖和淀粉、纤维素等多糖均含有苷结构，核酸分子、生物体内能量的主要来源物质三磷酸腺苷（ATP，详见第 16 章 16.2.3）中也都具有苷结构。

19.2.4.6 醚的生成

糖分子中除半缩醛羟基外，还有许多醇羟基，它们可以进行甲基化而成醚。醇羟基的甲基化需要在碱性条件下进行（如用 Williamson 法），而糖对碱是很敏感的，所以要使糖分子中的醇羟基进行醚化，首先必须将糖转化为苷，即首先使糖转化为缩醛，然后再以硫酸二甲酯进行甲基化。例如：

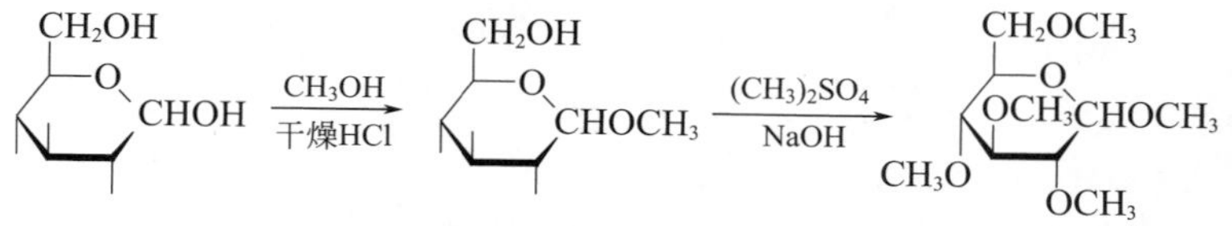

D-葡萄糖	D-甲基葡萄糖苷	五甲基葡萄糖
(半缩醛结构)	(缩醛结构)	(缩醛结构)

反应产物除 C5 外，每个碳原子上都有一个甲氧基，但这些甲氧基的性质是不同的。以稀酸水解，只能除去 C1 上的甲氧基：

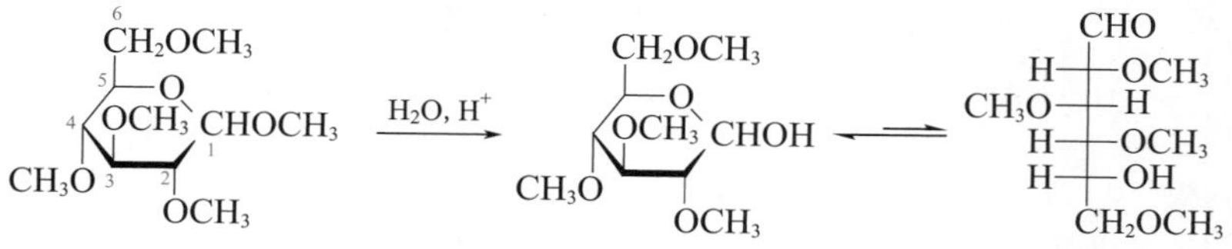

五甲基葡萄糖	四甲基葡萄糖	四甲基葡萄糖
(缩醛结构)	(半缩醛结构)	(开链式)

四甲基葡萄糖的开链式结构中，只有 C5 上的羟基是不带甲基的，是参与构成环状半缩醛的羟基，从而证明葡萄糖的环状半缩醛结构是六元环。

19.2.4.7 酯的生成

糖分子中的羟基也能发生酰基化反应生成酯。例如：

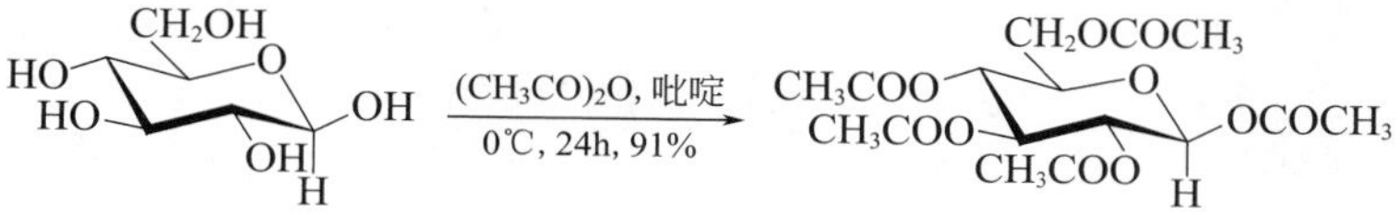

β-D-(+)-葡萄糖	β-D-葡萄糖五乙酸酯

19.2.5 脱氧糖

单糖分子中的醇羟基脱去氧原子后形成的多羟基醛或多羟基酮，称为脱氧糖（deoxysugar）。例如：

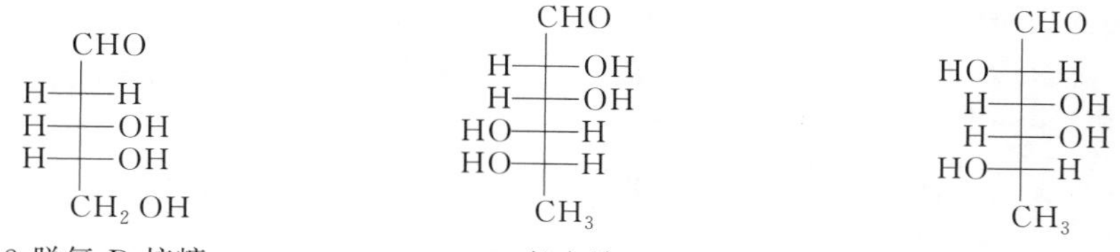

2-脱氧-D-核糖	L-鼠李糖	L-岩藻糖
(由核糖脱氧而成，存在于 DNA 中)	(L-甘露糖脱氧而成，植物细胞壁成分)	(L-半乳糖脱氧而成，藻类糖蛋白成分)

脱氧糖的分子式不符合 $C_m(H_2O)_n$，但具有糖的一般性质。

19.2.6 氨基糖

糖分子中除苷羟基以外的羟基被氨基取代后的化合物，称为氨基糖（aminosugar）。大多数天然的氨基糖是己糖分子中 C2 上的羟基被氨基取代的化合物。最常见的氨基糖有：

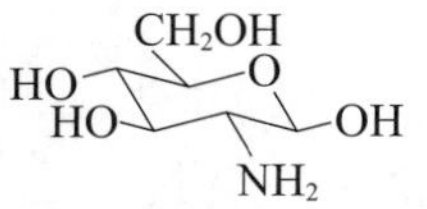

2-脱氧-2-氨基-β-D-吡喃葡萄糖　　　　2-脱氧-2-乙酰氨基-β-D-吡喃葡萄糖
壳聚糖的重复结构单元　　　　　　　　甲壳素的重复结构单元

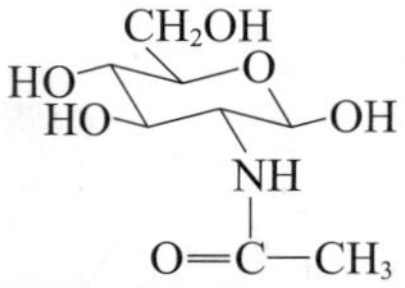

甲壳素（chitin）存在于虾、蟹和某些昆虫的甲壳中，其天然产量仅次于纤维素，其结构类似于纤维素，是天然的高分子化合物，分子量为 $100 \times 10^4 \sim 200 \times 10^4$。甲壳素经脱乙酰化处理可得到壳聚糖（chitosan）：

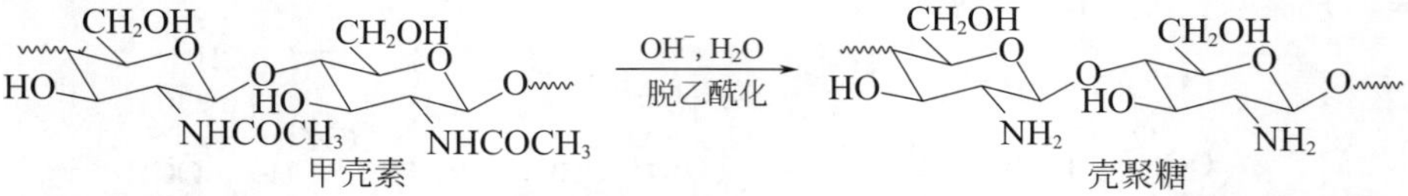

壳聚糖可溶于 1% 的稀酸，其脱乙酰化程度越高，在水中的溶解性能越好。壳聚糖具有控制胆固醇、抑制细菌活性等生理活性。在纺织工业中壳聚糖可用作纺织品的防缩、防皱、防雨处理剂，造纸工业将其用作一种弱阳离子的助留剂。甲壳素和壳聚糖具有广阔的应用前景，其用途仍在开发中。

19.3　二糖

19.3.1　蔗糖

蔗糖（sucrose）即白糖。甘蔗中含蔗糖 16%～20%，甜菜中含蔗糖 12%～15%。蔗糖是无色结晶，熔点为 180℃，易溶于水，比葡萄糖甜，但不如果糖甜。

世界上每年从甘蔗或甜菜中榨取 5000 万吨以上的蔗糖，蔗糖是工业生产数量最大的天然有机化合物。

19.3.1.1　蔗糖的结构

蔗糖不能与 Fehling 试剂或 Tollens 试剂反应，是非还原糖。蔗糖水解后得到一分子 D-葡萄糖和一分子 D-果糖，所以，它是由一分子葡萄糖和一分子果糖通过苷羟基的失水而形成的：

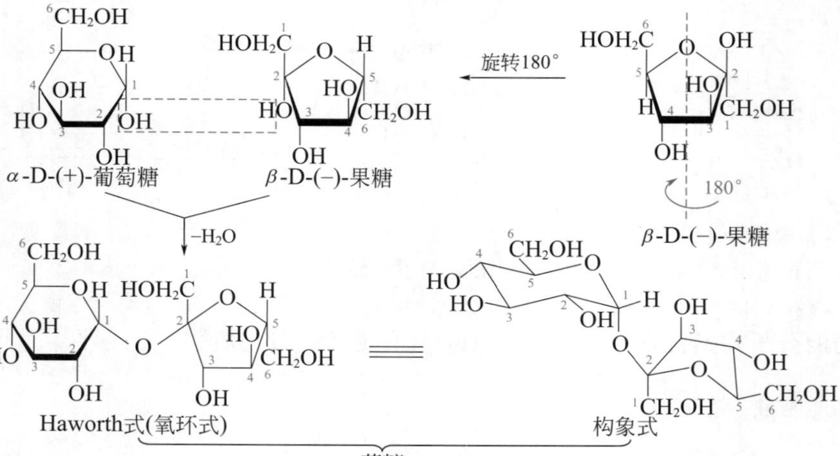

Haworth式(氧环式)　　　　　　　构象式

蔗糖
β-D-呋喃果糖基-α-D-吡喃葡萄糖苷
α-D-吡喃葡萄糖基-β-D-呋喃果糖苷

蔗糖的结构表明，蔗糖分子中无游离的醛基、苷羟基，既是 α-葡萄糖苷，又是 β-果糖苷。

19.3.1.2 蔗糖的性质

（1）蔗糖是非还原糖　蔗糖分子中无游离醛基、羰基、苷羟基，没有变旋现象，因而不能与 Fehling 试剂或 Tollen 试剂反应，是非还原糖。

（2）水解　蔗糖水解反应前后旋光方向发生了转变，因此，常把蔗糖的水解反应称为转化反应，把蔗糖水解生成的葡萄糖和果糖的混合物称为转化糖。

$$\text{蔗糖} \xrightarrow[\text{转化反应}]{\text{水解}} \text{D-}(+)\text{-葡萄糖} + \text{D-}(-)\text{-果糖}$$

$$[\alpha] = +66° \qquad\qquad [\alpha] = +52.5° \qquad [\alpha] = -92.4°$$

使偏振光右旋 　　　　　　转化糖，$[\alpha] = -20°$

使偏振光左旋

酶对糖类的水解是有选择性的。例如：麦芽糖酶只能使 α-葡萄糖苷水解，不能使 β-葡萄糖苷水解；苦杏仁酶只能使 β-葡萄糖苷水解，不能使 α-葡萄糖苷水解；转化糖酶能使 β-果糖糖苷水解。

蔗糖既能用麦芽糖酶水解，又能用转化糖酶水解，说明它既是一个 α-葡萄糖苷，又是 β-果糖苷。

（3）酯化

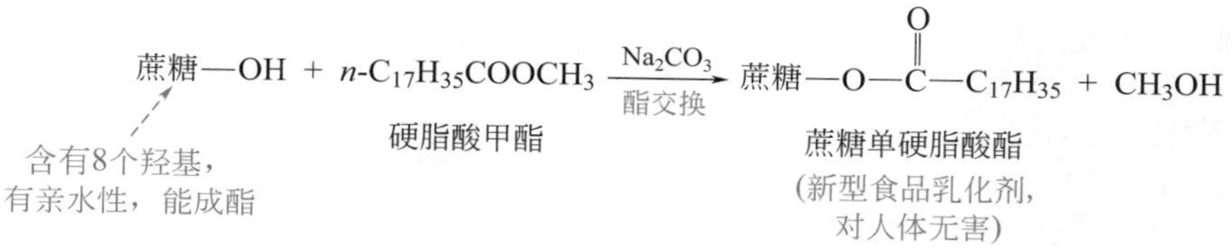

$$\text{蔗糖—OH} + n\text{-}C_{17}H_{35}COOCH_3 \xrightarrow[\text{酯交换}]{Na_2CO_3} \text{蔗糖—O—C(=O)—}C_{17}H_{35} + CH_3OH$$

含有8个羟基，　　　　硬脂酸甲酯　　　　　　　蔗糖单硬脂酸酯
有亲水性，能成酯　　　　　　　　　　　　　　（新型食品乳化剂，
　　　　　　　　　　　　　　　　　　　　　　对人体无害）

19.3.2 麦芽糖

麦芽糖（maltose）由淀粉在麦芽糖酶作用下部分水解而得到的。麦芽糖也是无色晶体，熔点 160～165℃，有甜味，但不如葡萄糖甜。

麦芽糖分子式为 $C_{12}H_{22}O_{11}$，用无机酸或麦芽糖酶（只能水解 α-糖苷）水解，只能得到葡萄糖，说明麦芽糖是由两分子葡萄糖通过 α-糖苷键相连而成的。实际上，麦芽糖中连接两个葡萄糖的是 α-1,4-糖苷键：

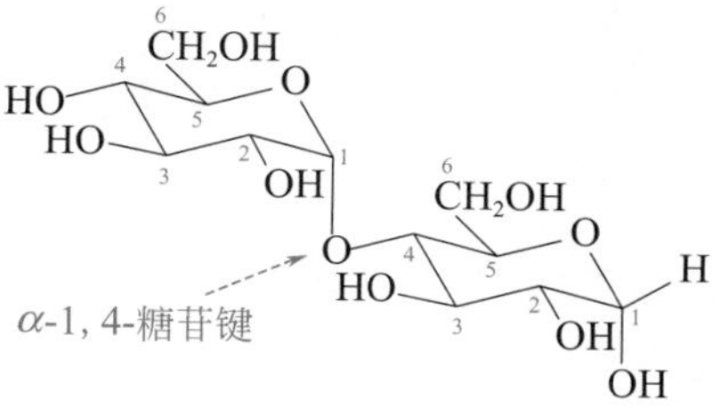

D-麦芽糖(α-异头物)　　　　　　　　D-麦芽糖(β-异头物)
比旋光度为+168°　　　　　　　　　　比旋光度为+112°

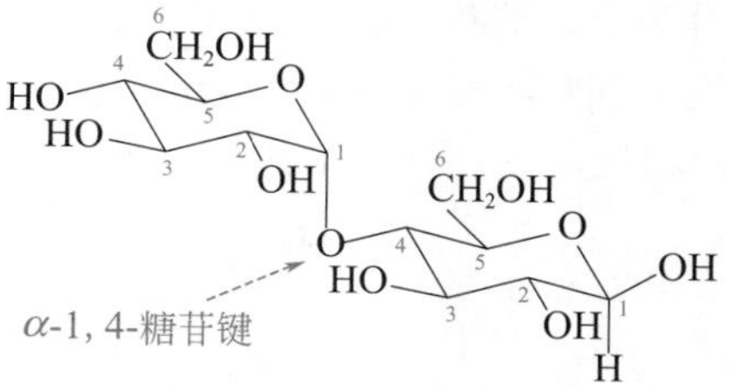

麦芽糖的结构表明，麦芽糖分子中有苷羟基，有开链式与氧环式间的相互转换，因此有变旋现象。达到动态平衡后，其比旋光度为+136°。

麦芽糖是还原糖，能与 Fehling 试剂和 Tollen 试剂反应，能成脎，并能使溴水褪色。

19.3.3   纤维二糖

纤维二糖（cellobiose）由纤维素（如棉花）部分水解得到，它是一种白色晶体，熔点225℃，可溶于水，有旋光性。

像麦芽糖一样，纤维二糖完全水解后，只能得到两分子葡萄糖。但纤维二糖不能被麦芽糖酶水解，只能被无机酸或专门水解 β-糖苷键的苦杏仁酶水解，所以纤维二糖是由 β-1,4-糖苷键将两分子葡萄糖相连而成的：

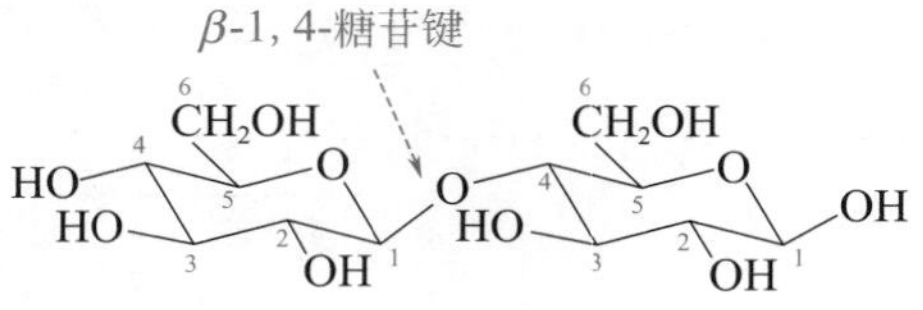

β-纤维二糖

由于纤维二糖分子内有苷羟基，所以它是还原糖，与麦芽糖性质相似，具有一般单糖的性质。

19.4   多糖

多糖是存在于自然界中的高聚物，由几百到几千个单糖通过糖苷键相连而成。最重要的多糖是淀粉和纤维素。

19.4.1   淀粉

淀粉（starch）存在于植物的根茎及种子中，大米中含淀粉 $62\%\sim82\%$、小麦 $57\%\sim72\%$、土豆 $12\%\sim14\%$、玉米 $65\%\sim72\%$。

19.4.1.1   淀粉的组成及结构

淀粉的水解过程可经过下列几步：

$$淀粉 \xrightarrow{水解} 糊精 \xrightarrow{水解} 麦芽糖 \xrightarrow{水解} 葡萄糖$$

淀粉水解的最终产物是葡萄糖，说明淀粉是葡萄糖的聚合物；淀粉水解过程中可得到麦芽糖，说明淀粉中的糖苷键为 α-型，因此，淀粉亦可看作是麦芽糖的聚合物。

淀粉分为直链淀粉（含量 $10\%\sim20\%$）和支链淀粉（含量 $80\%\sim90\%$）。

（1）直链淀粉　直链淀粉（amylose）由 $1000\sim4000$ 个 D-吡喃葡萄糖结构单位通过 α-1,4-糖苷键相连而成，分子量为 $15\times10^4\sim60\times10^4$。

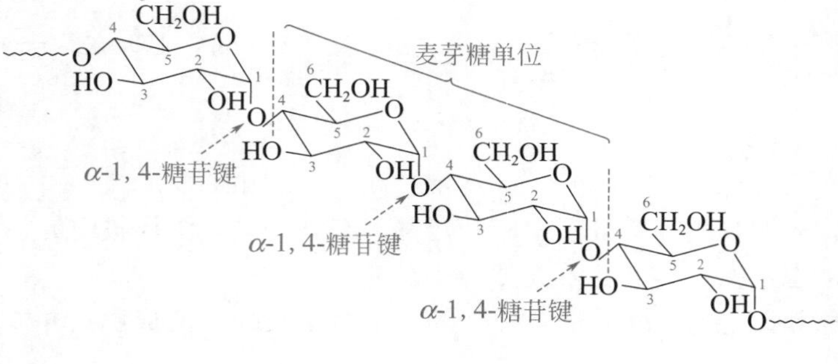

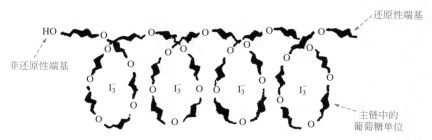

即 $n=1000\sim4000$

直链淀粉的分子通常是卷曲成螺旋形，这种紧密规则的线圈式结构不利于水分子的接近，因此不溶于冷水。直链淀粉的螺旋通道适合插入碘分子（实际上，碘是以 I_3^- 形式存在），并通过 van der Waals 力吸引在一起，形成深蓝色淀粉-碘络合物（如图 19-2 所示），所以直链淀粉遇碘显蓝色。

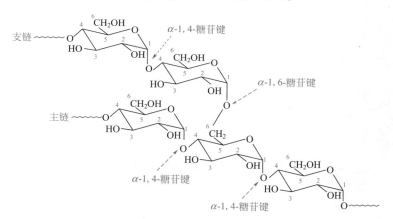

图 19-2　直链淀粉的螺旋形状

（2）支链淀粉　支链淀粉（amylopectin）的分子量为 $100\times10^4\sim600\times10^4$，含 $6200\sim37000$ 个葡萄糖单位，它与直链淀粉的不同之处在于有许多支链，其中的葡萄糖单位除了以 α-1,4-糖苷键相连外，还有的以 α-1,6-糖苷键相连。每隔 $20\sim25$ 个葡萄糖单位就会出现一个 α-1,6-糖苷键相连的分支，可形象表示如图 19-3 和图 19-4。

图 19-3　支链淀粉中的 α-1,4-糖苷键和 α-1,6-糖苷键

19.4.1.2　淀粉的改性

经水解、糊精化或化学试剂处理，改变淀粉分子中某些 D-吡喃葡萄糖基单元的化学结构，称为淀粉的改性。例如：

$$淀粉{-}OH + m\,CH_2{=}CH \xrightarrow{\text{接枝共聚}} 淀粉{-}O{\left(CH_2{-}CH\right)}_x{\left(CH_2{-}CH\right)}_y{-}H \xrightarrow[\text{水解}]{H_2O,\ NaOH}$$

（CN；CN）

$$淀粉{-}O{\left(CH_2{-}CH\right)}_x{\left(CH_2{-}CH\right)}_y H$$

（CONH$_2$；COONa）

超高吸水高分子

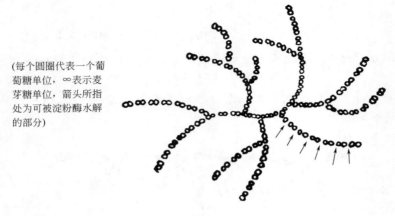

（每个圆圈代表一个葡萄糖单位，∞表示麦芽糖单位，箭头所指处为可被淀粉酶水解的部分）

图 19-4　支链淀粉结构示意图

19.4.1.3　环糊精

淀粉经某种特殊酶水解得到的环状低聚糖称为环糊精（cyclodextrin，CD）。

环糊精一般由 6～8 个葡萄糖基通过 α-1,4-糖苷键结合而成，根据所含葡萄糖单位的个数（6,7 或 8……），分别称为 α-、β-或 γ-环糊精（α-、β-或 γ-CD）。

环糊精的结构形似无底的圆筒，略呈"V"字形。α-环糊精结构如图 19-5 所示。

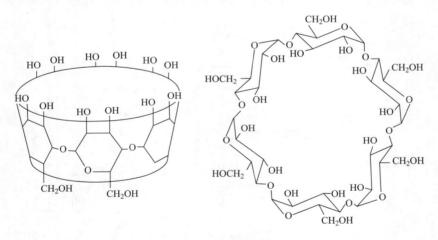

图 19-5　α-环糊精的结构

环糊精为晶体，具有旋光性。分子中不含半缩醛羟基，因此无还原性。环糊精对碱稳定，在酸中可慢慢水解，对淀粉酶有很大的阻抗性。

与冠醚相似，环糊精中间有一空穴，可选择性地和一些大小适当的有机化合物形成包合物，它与被包合物的关系亦被称为主-客体关系，环糊精为主体，被包合的有机分子为客体。环糊精的空腔外壁有疏油（亲水）性，而空腔内壁有疏水（亲油）性，可包合非极性分子，而形成的包合物却能溶于有机溶剂，因此它可以用作相转移催化剂。

组成环糊精的葡萄糖单位不同，其空腔大小各异，不同的环糊精可以包合不同大小的分子，这在有机合成上有重要的应用价值。例如，甲基苯基醚可与 α-CD 形成包合物，且甲氧基和其对位暴露在环糊精空腔之外，有利于新引入基团上对位：

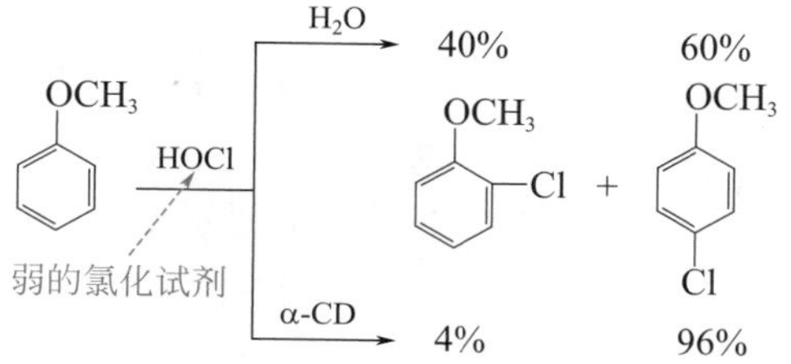

环糊精因具有手性，对包合物能起一定手性影响，这样使客体分子进行反应时具备立体选择性，可用于不对称合成中。

19.4.2 纤维素

纤维素（cellulose）是自然界中分布最广的有机物，它在植物中所起的作用就像骨骼在人体中所起的作用一样，作为支撑物质。

19.4.2.1 纤维素的结构

纤维素的分子式为 $(C_6H_{10}O_5)_n$，其分子量远大于淀粉，为 $160 \times 10^4 \sim 240 \times 10^4$，含 $1 \times 10^4 \sim 1.5 \times 10^4$ 个葡萄糖基。因此，水解纤维素的条件要苛刻一些，一般要在浓酸或稀酸加压下进行：

$$(C_6H_{10}O_5)_n \xrightarrow[H^+]{H_2O} (C_6H_{10}O_5)_4 \xrightarrow[H^+]{H_2O} (C_6H_{10}O_5)_3 \xrightarrow[H^+]{H_2O} (C_6H_{10}O_5)_2 \xrightarrow[H^+]{H_2O} C_6H_{12}O_6$$

纤维素 　　　纤维四糖 　　　纤维三糖 　　　纤维二糖 　　　葡萄糖

纤维素水解过程中能得到纤维二糖，说明纤维素是由许多葡萄糖通过 β-1,4-糖苷键相连而成：

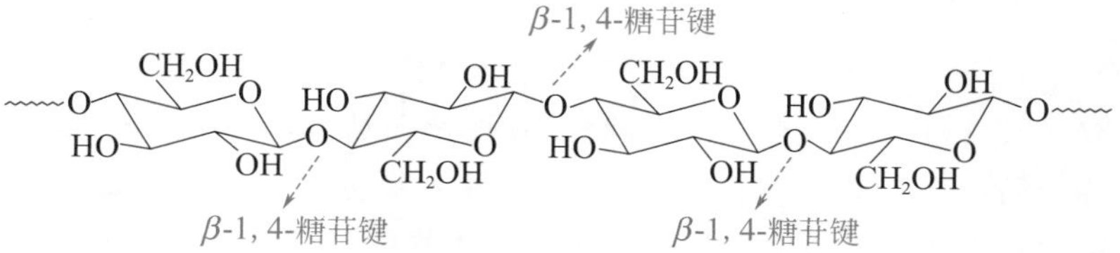

即 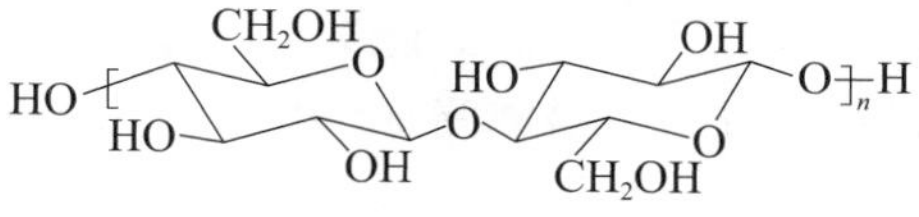 $n=10000 \sim 15000$

纤维素是没有支链的大分子，但由于连接葡萄糖单元的是 β-1,4-糖苷键，它不是卷成螺旋状，而是通过分子间氢键像麻绳一样拧在一起（如图 19-6 所示），形成坚硬的、不溶于水的纤维，构成植物的细胞壁。

淀粉酶或人体内的酶（如唾液酶）只能水解 α-1,4-糖苷键而不能水解 β-1,4-糖苷键，因此，纤维素虽然和淀粉一样由葡萄糖组成，但不能作为人的营养物

图 19-6　拧在一起的纤维素链

质。而食草动物（如牛、羊等）的消化道中存在一些可以水解 β-1,4-糖苷键的纤维素酶或微生物，所以它们可以水解消化纤维素而取得营养。

19.4.2.2 纤维素的性质及应用

纤维素不溶于水，没有还原性，不能与 Fehling 试剂和 Tollen 试剂反应，不能成脎，不能使溴水褪色。

（1）制浆造纸 造纸工业是一个与国民经济发展和社会文明建设息息相关的重要产业，被国际上公认为“永不衰竭的工业”。它涉及农业、林业、机械制造、电气自动化、化工、环保等产业，对上、下游产业有一定的拉动作用。在产品总量中，80%以上作为生产资料用于新闻、出版、印刷、商品包装和其他工业领域，不足20%用于人们直接消费。

“造纸”分为制浆和抄造两个主要工段：

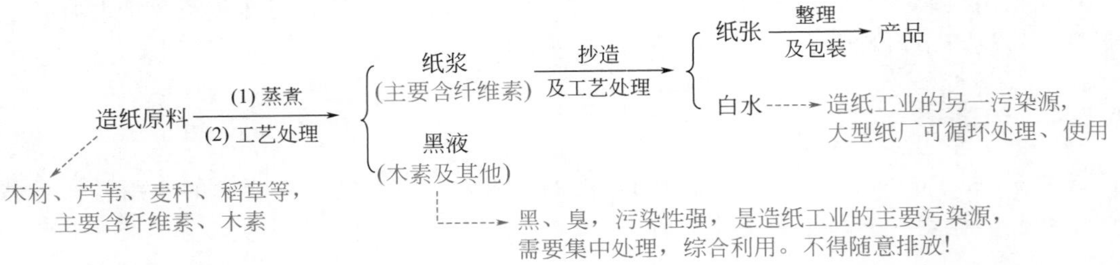

不可否认，造纸又是一个资源消耗量大、产生污染物多的行业，造纸废水处理难度大、成本高。集中处理废水和规模化生产是国际上通行的做法，我国一些现代化大型造纸厂已经能够实现零污染排放。

（2）黏胶纤维 将木浆、棉籽绒等用氢氧化钠处理，纤维素中的部分羟基形成钠盐，后者再与二硫化碳反应，则生成纤维素黄原酸酯的钠盐，将此钠盐溶于稀碱中，得到的黏稠溶液称为“黏胶”。将“黏胶”通过细孔挤压到稀硫酸中进行水解，可得到黏胶纤维，若将它通过狭缝压入稀酸中，则得到玻璃纸。

$$\underset{\text{纤维素}}{\text{纤维素—OH}} \xrightarrow{NaOH} \underset{\text{纤维素钠盐}}{\text{纤维素—ONa}} \xrightarrow{S=C=S} \underset{\text{纤维素黄原酸钠}}{\text{纤维素—O—}\overset{\overset{S}{\|}}{C}\text{—SNa}} \xrightarrow[-CS_2,\ -NaHSO_4]{\text{稀 } H_2SO_4} \underset{\text{再生纤维素}}{\text{纤维素—OH}}$$

黏胶纤维又叫人造纤维（人造棉），分为黏胶长丝和黏胶短纤。2000年后，黏胶纤维又出现了一种名为“竹纤维”的高档新品种。在12种主要纺织纤维中，黏胶纤维的含湿率最符合人体皮肤的生理要求，具有光滑凉爽、透气、抗静电、染色绚丽等特性。

（3）纤维素酯 纤维素分子中含有醇羟基，因而能与酸成酯。在少量硫酸存在下，用乙酐和乙酸的混合物处理纤维素，可得到纤维素醋酸酯（cellulose acetate）：

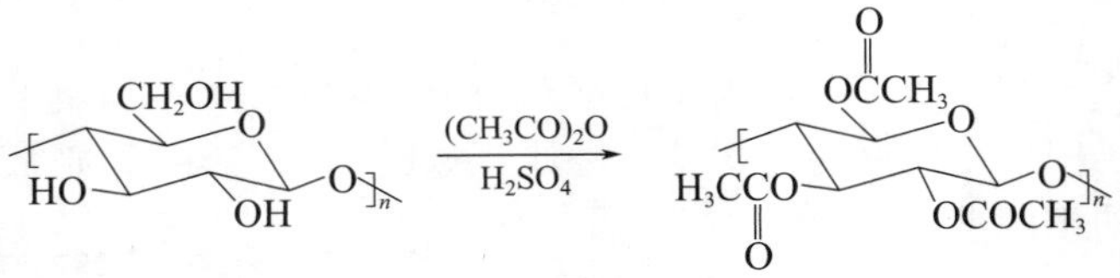

纤维素　　　　三醋酸纤维素

工业上一般使用二醋酸纤维素，用来制造人造丝、塑料、胶片等。

纤维素硝酸酯（cellulose nitrate ester）又称为硝化纤维（nitration fiber）或硝化棉，它是纤维素中的醇羟基与 HNO_3 成酯而得：

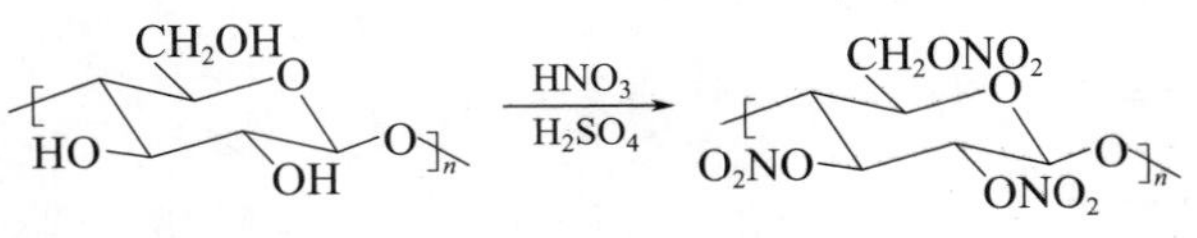

若每个葡萄糖基上的三个羟基全部被硝化，含氮量为 14.4%，但实际上达不到。含氮量为 12.5%～13.6%者，叫作高氮硝化棉或火棉，用来制火药等；含氮量为 10%～12.5%者，叫作低氮硝化棉或胶棉，可用来制造塑料、喷漆、电影胶片等。

（4）纤维素醚　纤维素在碱性条件下与卤代烷反应可得到纤维素醚（cellulose ether），如甲基纤维素、乙基纤维素等。若用氯乙酸钠代替氯代烷，则可得到羧甲基纤维素钠（carboxymethyl cellulose sodium，CMC）：

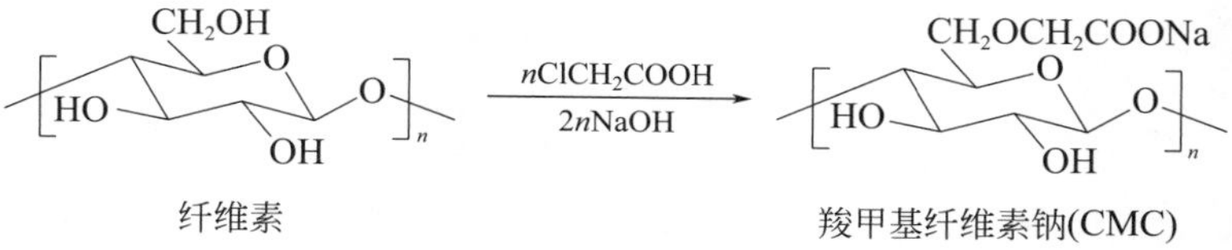

$$\text{纤维素} \xrightarrow[\text{2nNaOH}]{\text{nClCH}_2\text{COOH}} \text{羧甲基纤维素钠(CMC)}$$

CMC 是一种水溶性高分子化合物，是当今世界上使用范围最广、用量最大的纤维素醚。它大量用作油田钻井泥浆处理剂；在纺织上代替淀粉用作浆料，且不会发酵变质；在洗衣粉等洗涤剂中用作携垢剂；在食品工业中用作增稠剂、乳化稳定剂；造纸工业中将 CMC 用作纸张表面施胶剂。

本章精要速览

（1）碳水化合物又称为糖，是多羟基醛或多羟基酮以及能够水解生成多羟基醛或多羟基酮的有机化合物，可分为单糖、低聚糖和多糖。根据分子中所含碳原子的个数及羰基的种类，单糖可进一步分类，例如，自然界中存在最多的葡萄糖是己醛糖。

（2）单糖分子中距离羰基最远的手性碳原子与 D-(+)-甘油醛的手性碳原子构型相同时，称为 D-型糖；反之，称为 L-型糖。自然界中存在的糖通常都是 D-型的。

（3）通常情况下，单糖主要以环状半缩醛结构存在，并与极少量的开链式形成动态平衡。环的形成使原来开链式中的羰基碳变成了手性碳原子，这个新生成的手性碳称为苷原子，苷原子上的羟基称为苷羟基。苷羟基与 C5 上的—CH_2OH 处于异侧者称为 α-异头物，处于同侧者称为 β-异头物。

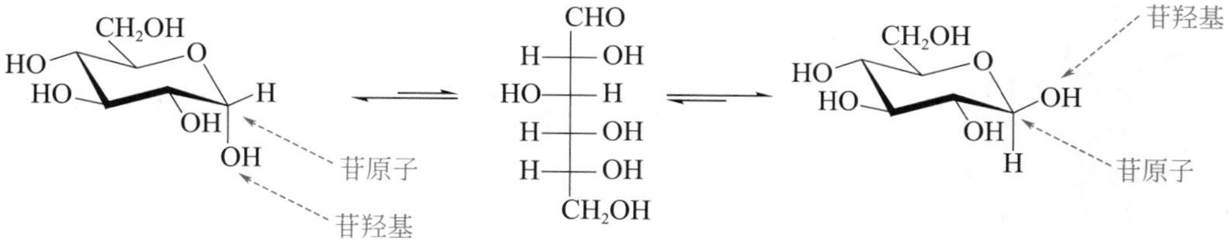

α-D-(+)-葡萄糖　　　　　　D-葡萄糖开链式　　　　　　β-D-(+)-葡萄糖
$[\alpha]_D^{20}=112°$　　　　　　　　　　　　　　　　　　　$[\alpha]_D^{20}=18.7°$
（苷羟基位于a键，不及β-型稳定，　（室温下约占0.1%）　（苷羟基位于e键，稳定性大于α-型，
室温下约占37%）　　　　　　　　　　　　　　　　　室温下约占63%）

六元环状半缩醛结构的糖称为吡喃糖，五元环状半缩醛结构的糖称为呋喃糖。葡萄糖主要以吡喃糖的形式存在；果糖在水溶液中主要以吡喃糖的形式存在，蔗糖中的果糖则是以呋喃糖的形式存在。

（4）单糖的化学性质与醇和醛有许多相似之处。单糖分子中羟基可以用通常的方法酯化或醚化，醛糖可被 $NaBH_4$ 还原为糖醇，被溴水氧化为糖酸，被 HNO_3 氧化为糖二酸等。但由于在糖分子中羟基与醛共存，彼此相互影响，糖又表现出与醇、醛或酮不同的化学性质。例如，醛糖和酮糖在碱性条件下均可发生差向异构化，均可被 Tollens 试剂和 Fehling 试剂氧化；在酸催化下，单糖只需与 1mol 醇反应，便可生成具有缩醛结构的糖苷；在苯肼作用下，单糖可成脎等。

（5）在糖化学中，将能够还原 Tollens 试剂和 Fehling 试剂的糖称为还原糖，反之则称为非还原糖。单糖的半缩醛氧环式结构都含有苷羟基，能在水溶液中与开链式形成动态平衡，所以，单糖都是还原糖。

（6）二糖由一分子单糖中的苷羟基与另一个单糖分子的醇羟基形成的糖苷键相连而成。形成二糖的两分子单糖可以相同，如麦芽糖、纤维二糖；也可不同，如蔗糖。麦芽糖分子中的糖苷键为 α-糖苷键，纤维二糖分子中的糖苷键为 β-糖苷键。麦芽糖和纤维二糖是还原糖，蔗糖是非还原糖。

（7）淀粉是由成千上万个葡萄糖分子通过 α-糖苷键相连而成的生物大分子。直链淀粉通常卷曲成螺旋形，其中的糖苷键全部为 α-1,4-糖苷键；支链淀粉中除 α-1,4-糖苷键外，在分支处还有 α-1,6-糖苷键。

（8）纤维素具有更高的分子量，其中的糖苷键全部为 β-1,4-糖苷键。纤维素没有支链，它不是卷成螺旋状，而是通过分子间氢键像麻绳一样拧在一起，形成坚硬的、不溶于水的纤维，构成植物的细胞壁。

习　题

1. 写出 D-核糖与下列试剂反应的主要产物。

(1) CH_3OH，干燥 HCl　　　(2) 溴水　　　　　　　(3) 稀 HNO_3

(4) HIO_4　　　　　　　　　(5) $NaBH_4$　　　　　　(6) 催化加氢

(7) 苯肼　　　　　　　　　　(8) HCN，再酸性水解　(9) $(CH_3CO)_2O$

(10)（1）的产物与 $(CH_3)_2SO_4$，NaOH 反应

2. 写出下列各化合物立体异构体开链式的 Fischer 投影式。

(1) 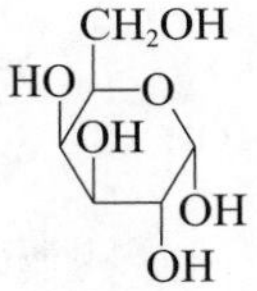 　　(2) 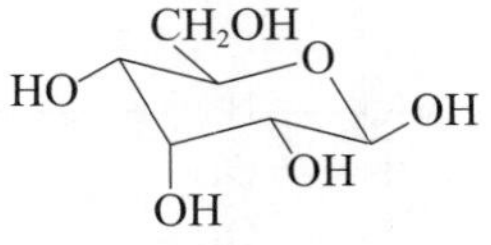 　　(3)

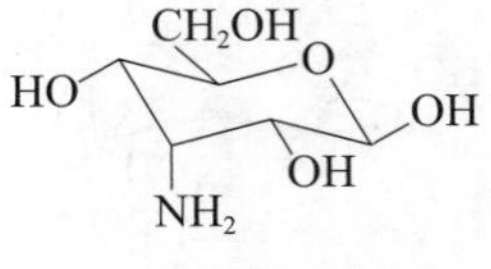

3. 指出下列结构式所代表的是哪一类化合物（例如：双糖、吡喃戊醛糖……）。指出它们的构型（D 或 L）及糖苷键的类型。

(1) 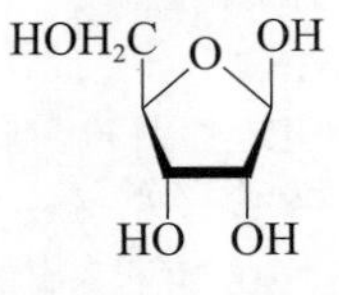 　　(2) 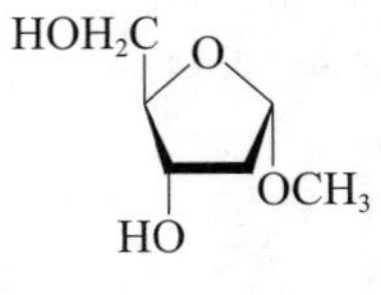 　　(3)

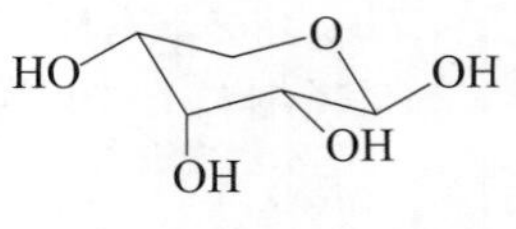

(4) 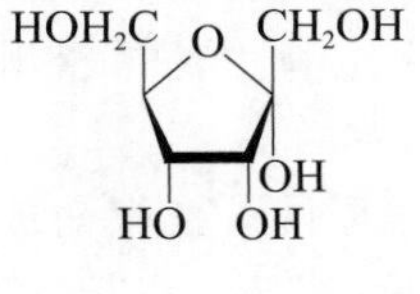 　　(5)

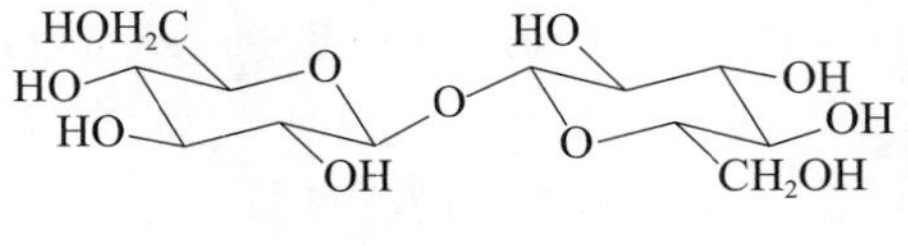

4. 写出下列各六碳糖的吡喃环式及链式异构体的互变平衡体系及各五碳糖的呋喃环式及链式异构体的互变平衡体系。

(1) 甘露糖　　　　　(2) 半乳糖　　　　　　(3) 核糖　　　　　　(4) 脱氧核糖

5. 下列哪些糖是还原糖？哪些是非还原糖？

(1) L-果糖　　　　　(2) D-葡萄糖　　　　　(3) 麦芽糖　　　　　(4) 纤维二糖

(5) D-甘露糖　　　　(6) D-阿拉伯糖　　　　(7) L-山梨糖　　　　(8) L-来苏糖

(9) 淀粉　　　　　　(10) 纤维素　　　　　　(11) 蔗糖　　　　　　(12) 甲基-β-D-葡萄糖苷

(13) 　　　　　　　　　　(14)

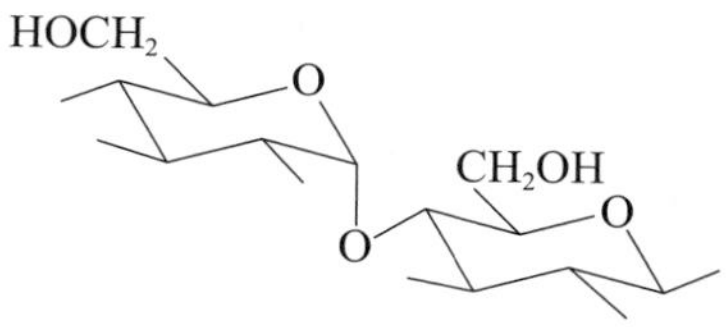

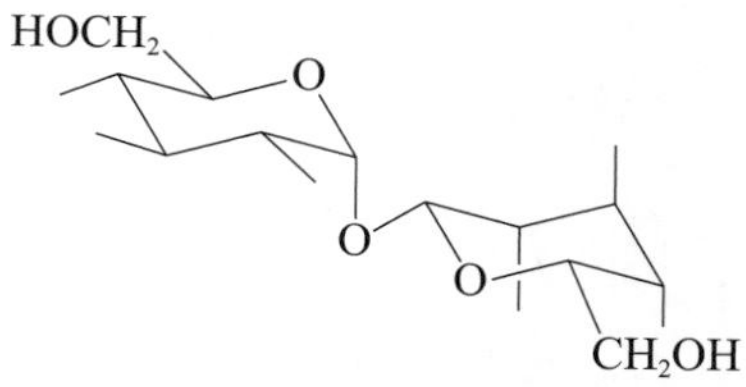

6. 用简单的化学方法区别下列化合物？

(1) 葡萄糖和蔗糖　　　　　　　(2) 葡萄糖和果糖　　　　　　(3) 麦芽糖、淀粉和纤维素

(4) D-葡萄糖和 D-葡萄糖苷　　　(5) D-核糖和 2-脱氧-D-核糖

7. 完成下列反应式。

(1)

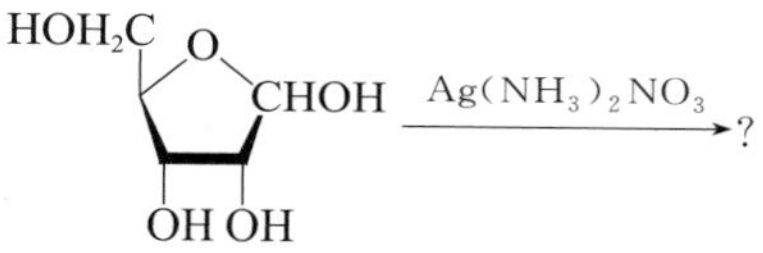

(2)

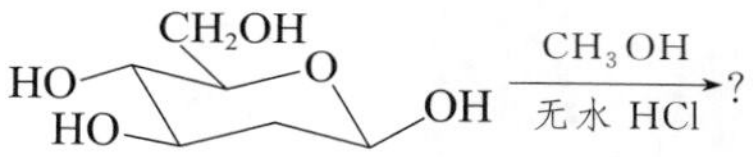

(3) $A \xrightarrow{HNO_3}$ 内消旋酒石酸

(4) $B \xrightarrow{NaBH_4}$ 旋光性丁四醇

(5)

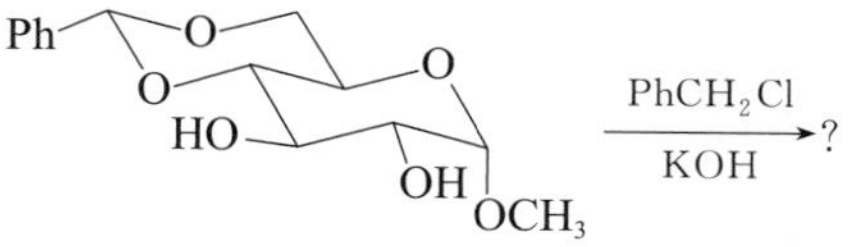

(6)

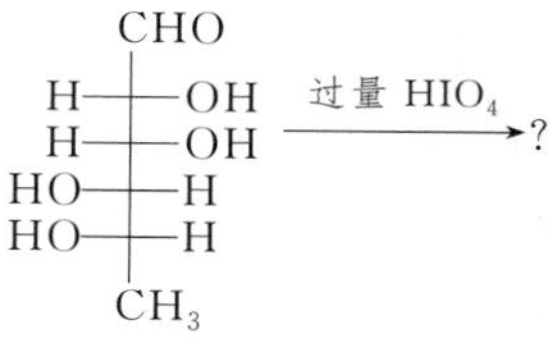

(7)

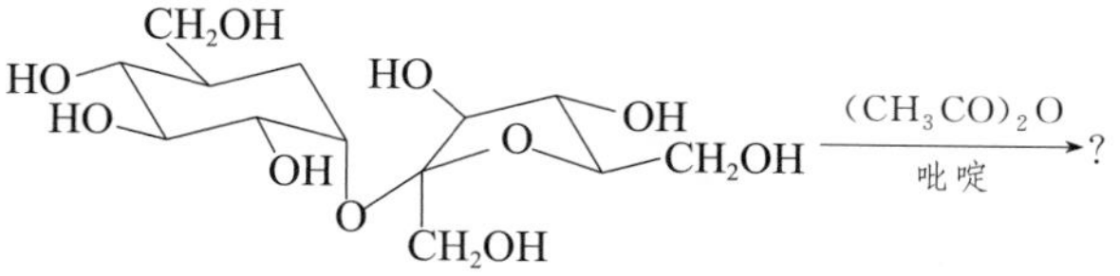

8. 写出下列化合物与过量高碘酸反应的产物。

(1) 葡萄糖　　　　　(2) 果糖　　　　　(3) 甘露糖　　　　(4) 核糖

(5) β-甲基葡萄糖苷　　(6) 2-脱氧-D-核糖

9. 某双糖能发生银镜反应，可被 β-糖苷酶（只水解 β-糖苷键）水解。将此双糖的羟基全部甲基化后，再用稀酸水解，得到 2,3,4-三-O-甲基-D-甘露糖和 2,3,4,6-四-O-甲基-D-半乳糖。写出此双糖的结构式。

10. D-苏阿糖和 D-赤藓糖是否能用溴水氧化或者 HNO_3 氧化的方法来区别？说明原因。

11. 将葡萄糖还原只得到葡萄糖醇 A，而将果糖还原，除了得到 A 外，还得到另一糖醇 B，为什么？A 与 B 是什么关系？

12. 葡萄糖经乙酰化后产生两种异构的五乙酰衍生物，后者不和苯肼、Tollens 试剂反应。如何解释这一实验现象？

13. 有一个糖类化合物溶液，用 Fehling 试剂检验没有还原性。如果加入麦芽糖酶放置片刻再检验则有还原性。经分析，用麦芽糖酶处理后的溶液中含有 D-葡萄糖和异丙醇。写出原化合物的结构式。

14. 有两种化合物 A 和 B，分子式均为 $C_5H_{10}O_4$，与 Br_2 作用得到分子式相同的酸 $C_5H_{10}O_5$，与乙酐反应均生成三乙酸酯，用 HI 还原 A 和 B 都得到戊烷，用 HIO_4 作用都得到一分子 HCHO 和一分子 HCO_2H，与苯肼作用，A 能生成脎，而 B 则不能。推导 A 和 B 的结构，写出上述反应过程。找出 A 和 B 的手性碳原子，写出对映异构体。

20.1 氨基酸

20.1.1 氨基酸的结构、分类和命名

氨基酸（amino acid）是分子中同时含有氨基和羧基的有机化合物。

与羟基酸类似，根据—NH_2 和—COOH 的相对位置，氨基酸可分为：α-、β-、γ-、δ-、ε-、ω-氨基酸等，"ω" 代表氨基位于距离羧基最远的碳原子上。其中 α-氨基酸在自然界中存在最多、分布最广，最为重要，它们是构成蛋白质分子的基础。本节主要讨论 α-氨基酸。

氨基酸可以按照系统命名法，以羧基为母体，氨基为取代基来命名。但由蛋白质水解得到的各种 α-氨基酸通常按其来源或性质所得的俗名来称呼（详见表 20-1）。例如：

$$H_2NCH_2COOH \qquad NH_2CH_2CH_2CH_2CH_2\underset{\underset{NH_2}{|}}{C}HCOOH \qquad HOOCCH_2CH_2\underset{\underset{NH_2}{|}}{C}HCOOH$$

α-氨基乙酸 　　　　α,ω-二氨基己酸 　　　　α-氨基戊二酸

（甘氨酸） 　　　　　（赖氨酸） 　　　　　（谷氨酸）

氨基酸分子中可以含有多个氨基或多个羧基。氨基和羧基数目相等的氨基酸叫作中性氨基酸，氨基数目多于羧基的为碱性氨基酸，而羧基数目多于氨基的是酸性氨基酸。

由蛋白质获得的氨基酸，除甘氨酸（氨基乙酸）外，分子中的 α-碳原子都是手性碳原子，都具有旋光性，其构型均为 L-型，它们与 L-甘油醛之间的关系如下：

$$\underset{\text{L-甘油醛}}{H_2N-\!\!\!-\!\!\!-H \atop \begin{array}{c}CHO\\CH_2OH\end{array}} \qquad \underset{\substack{\text{L-}\alpha\text{-氨基酸}\\(\text{通式})}}{H_2N-\!\!\!-\!\!\!-R \atop \begin{array}{c}COOH\\R\end{array}} \qquad \underset{\text{L-丝氨酸}}{H_2N-\!\!\!-\!\!\!-H \atop \begin{array}{c}COOH\\CH_2OH\end{array}} \qquad \underset{\text{L-苏氨酸}}{H_2N-\!\!\!-\!\!\!-H \atop \begin{array}{c}COOH\\CH(OH)CH_3\end{array}}$$

侧基、侧链 ----→ R

表 20-1 列出的是由蛋白质水解所得到的 α-氨基酸，其中带 * 号的八种氨基酸是人体不能合成，必须通过食物摄取的氨基酸，通常称为必需氨基酸。

表 20-1　蛋白质中存在的 α-氨基酸

名称	缩写	结构式	等电点	功能与附注
甘氨酸（glycine）	甘 Gly	CH_2COOH 〸 NH_2	5.97	有甜味；可用于治疗肌肉萎缩；胶原蛋白中含量约为 28%
丙氨酸（alanine）	丙 Ala	$CH_3CHCOOH$ 〸 NH_2	6.02	胶原蛋白中含量约为 9%

续表

名称	缩写	结构式	等电点	功能与附注
*缬氨酸(valine)	缬 Val	$(CH_3)_2CHCHCOOH$ $\vert$ NH_2	5.97	人体必需氨基酸
*亮氨酸(leucine)	亮 Leu	$(CH_3)_2CHCH_2CHCOOH$ $\vert$ NH_2	5.98	人体必需氨基酸
*异亮氨酸(isoleucine)	异亮 Ile	$CH_3CH_2CH-CHCOOH$ $\vert$ $\quad$ $\vert$ CH_3 $\;$ NH_2	6.02	人体必需氨基酸
丝氨酸(serine)	丝 Ser	$HOCH_2CHCOOH$ $\vert$ NH_2	5.68	含有羟基
*苏氨酸(threonine)	苏 Thr	$CH_3CH-CHCOOH$ $\vert$ $\quad$ $\vert$ OH $\;$ NH_2	5.60	人体必需氨基酸；含有羟基
半胱氨酸(cysteine)	半胱 Cys	$HSCH_2CHCOOH$ $\vert$ NH_2	5.02	存在于毛发、指甲等角蛋白中；可治疗肝炎、锑剂中毒或放射性药物中毒；也可用于脱发、脂溢性皮炎、指甲变脆等症的治疗
胱氨酸(cystine)	胱 Cys-Cys	$S-CH_2CH(NH_2)COOH$ $\vert$ $S-CH_2CH(NH_2)COOH$	5.06	
*蛋氨酸(methionine)	蛋 Met	$CH_3SCH_2CH_2CHCOOH$ $\vert$ NH_2	5.06	人体必需氨基酸；可治疗肝炎、肝硬化；禽类饲料第一氨基酸
天冬氨酸(aspartic acid)	天冬 Asp	$HOOCCH_2CHCOOH$ $\vert$ NH_2	2.98	胶原蛋白中含量约为6%
谷氨酸(glutamic acid)	谷 Glu	$HOOCCH_2CH_2CHCOOH$ $\vert$ NH_2	3.22	味精的主要成分，可由糖类发酵制取；可治疗肝昏迷；胶原蛋白中含量约为10%
天冬酰胺(asparagine)	天冬-NH₂ Asn	$H_2NCOCH_2CHCOOH$ $\vert$ NH_2	5.41	
谷酰胺(glutamine)	谷-NH₂ Gln	$H_2NCOCH_2CH_2CHCOOH$ $\vert$ NH_2	5.70	
*赖氨酸(lysine)	赖 Lys	$H_2NCH_2CH_2CH_2CH_2CHCOOH$ $\vert$ NH_2	9.74	人体必需氨基酸；食品强化剂
羟基赖氨酸(hydroxyl-ysine)	羟赖 Hyl	$H_2NCH_2CHCH_2CH_2CHCOOH$ $\vert$ $\qquad\quad$ $\vert$ OH $\qquad\;$ NH_2	9.15	
精氨酸(arginine)	精 Arg	$H_2NCNHCH_2CH_2CH_2CHCOOH$ $\vert\vert$ $\qquad\qquad\quad$ $\vert$ NH $\qquad\qquad\;$ NH_2	10.76	胶原蛋白中含量约为8%
组氨酸(histidine)	组 His	$CH_2CHCOOH$ $\vert$ NH_2（含咪唑杂环）	7.59	含杂环
*苯丙氨酸(phenylalanine)	苯丙 Phe	$CH_2CHCOOH$ $\vert$ NH_2（含苯环）	5.48	含苯环

名称	缩写	结构式	等电点	功能与附注
酪氨酸（tyrosine）	酪 Tyr	HO—〈苯环〉—CH₂CHCOOH 　　　　　　　　｜ 　　　　　　　　NH₂	5.67	含苯环、含羟基
*色氨酸（tryptophan）	色 Trp	〈吲哚环〉—CH₂CHCOOH 　　　N　　　｜ 　　　H　　NH₂	5.88	含杂环；防治癞皮病；可转化为粪臭素及植物生长素
脯氨酸（proline）	脯 Pro	〈环〉—COOH 　N 　H	6.30	环状结构；α-C 上只有一个氢原子；胶原蛋白中含量约为25%，其中脯氨酸含量大于羟脯氨酸
羟脯氨酸（hydroxyproline）	羟脯 Hyp	HO—〈环〉—COOH 　　　N 　　　H	6.33	

20.1.2　氨基酸的制法

有些氨基酸可以由蛋白质水解或糖发酵法等途径获得。例如，水解毛发可以制取胱氨酸，用糖发酵能制取谷氨酸等，但这些方法的产物往往是混合物，需经分离提纯。有机合成法的产物相对比较单一，但大多数都是外消旋体，需要转化为非对映体或利用酶进行拆分，才能得到其中的某一种对映体。

20.1.2.1　蛋白质水解

$$\text{蛋白质 (proteins)} \xrightarrow[\text{H}^+\text{或OH}^-\text{或酶}]{\text{H}_2\text{O}} \text{各种 }\alpha\text{-氨基酸混合物}$$

各种 α-氨基酸混合物 ——（电泳、色谱、离子交换等）→ 分离 → 各种 α-氨基酸(均为L-型)

20.1.2.2　α-卤代酸的氨解

α-卤代酸与过量的氨作用，可以生成 α-氨基酸。例如：

$$\underset{\overset{|}{\text{Br}}}{\text{CH}_3\text{CHCOOH}} + 2\text{NH}_3 \xrightarrow[\text{室温}]{\text{H}_2\text{O}} \underset{\overset{|}{\text{NH}_2}}{\text{CH}_3\text{CHCOOH}} + \text{NH}_4\text{Cl}$$
丙氨酸

氨基酸中的氨基不像一般伯胺的氨基那样容易进一步烃基化。这是羧基的影响使其氮原子上的电子云密度降低，碱性和亲核性减弱所致。

20.1.2.3　Gabrial 法

Gabrial 法是合成 α-氨基酸最重要的方法，应用方法有多种多样。

【例 20-1】

$$\xrightarrow[(2)\ \text{HCl},85\%]{(1)\ \text{KOH},\ \text{H}_2\text{O}} \quad \text{邻苯二甲酸} + \text{H}_2\text{N—CH}_2\text{COOH} + \text{C}_2\text{H}_5\text{OH}$$
甘氨酸

【例 20-2】 $CH_2(COOC_2H_5)_2 \xrightarrow[\triangle]{Br_2} Br-CH(COOC_2H_5)_2 \xrightarrow{\text{邻苯二甲酰亚胺钾盐}}$

$$\text{邻苯二甲酰亚胺-N-CH(COOC}_2\text{H}_5)_2 \xrightarrow[\text{C}_2\text{H}_5\text{ONa}]{\text{CH}_3\text{SCH}_2\text{CH}_2\text{Cl}} \text{邻苯二甲酰亚胺-N-C(COOC}_2\text{H}_5)_2 \xrightarrow[\text{(2) HCl}]{\text{(1) H}_2\text{O, KOH}}$$

$$CH_3SCH_2CH_2\underset{\underset{NH_2}{|}}{C}(COOH)_2 \xrightarrow[\triangle]{-CO_2} CH_3SCH_2CH_2\underset{\underset{NH_2}{|}}{C}HCOOH$$

蛋氨酸

20.1.2.4 Strecker 合成

利用醛与氨和氢氰酸反应，首先生成 α-氨基腈，后者水解则氰基转变成羧基，生成 α-氨基酸。这类反应称为 Strecker（斯特雷克）合成法，它是制备 α-氨基酸的一个很有用的方法。例如：

$$C_6H_5CH_2CHO \xrightarrow[HCN]{NH_3} C_6H_5CH_2\underset{\underset{NH_2}{|}}{C}HCN \xrightarrow[(2) H^+]{(1) NaOH, H_2O} C_6H_5CH_2\underset{\underset{NH_2}{|}}{C}HCOOH$$

α-氨基腈   苯丙氨酸（74%）

20.1.3 氨基酸的性质

α-氨基酸均为无色晶体，可溶于水，难溶于乙醚、丙酮、氯仿等有机溶剂。它们具有较高的熔点，且大多在熔化时发生分解，生成胺和二氧化碳。因此一般记录的是它们的分解温度，大多在 $200\sim300℃$ 之间。

氨基酸具有氨基和羧基的典型性质，也具有氨基和羧基相互影响而产生的一些特殊性质。

20.1.3.1 羧基的反应

$$RCHCOOH \begin{cases} \xrightarrow[-POCl_3, -HCl]{PCl_5} R\underset{\underset{NH_2}{|}}{C}HCOCl & \text{成酰氯，活化羧基} \\ \xrightarrow[-H_2O]{PhCH_2OH} R\underset{\underset{NH_2}{|}}{C}HCOOCH_2Ph & \text{酯化，保护羧基} \end{cases}$$

20.1.3.2 氨基的反应

$$RCHCOOH \begin{cases} \xrightarrow[-N_2, -H_2O]{HNO_2} R\underset{\underset{OH}{|}}{C}HCOOH & \text{定量放N}_2\text{，测定伯氨基} \\ \xrightarrow[-HF]{} R\underset{\underset{NH-}{|}}{C}HCOOH & \text{封闭氨基} \\ \xrightarrow[-HCl]{PhCH_2OC-Cl} R\underset{\underset{NHCOOCH_2Ph}{|}}{C}HCOOH & \text{保护氨基} \end{cases}$$

20.1.3.3 两性和等电点

氨基酸既含有氨基又含有羧基，它可以和酸成盐，也可以和碱成盐，所以氨基酸是两性物质。实际上，氨基酸的晶体是以内盐（又称为偶极离子、两性离子）形式存在的：

$$R-\underset{\overset{|}{\underset{NH_3^+}{}}}{CH}-COO^-$$

当氨基酸溶于水时，—COOH 与—NH$_2$ 都可电离：

$$R-\underset{\overset{|}{\underset{NH_3^+}{}}}{CH}-COO^- + H_2O \underset{}{\overset{-COOH\,电离}{\rightleftharpoons}} R-\underset{\overset{|}{\underset{NH_2}{}}}{CH}-COO^- + H_3O^+$$

酸　　　　　碱　　　　　　　碱　　　　　酸

$$R-\underset{\overset{|}{\underset{NH_3^+}{}}}{CH}-COO^- + H_2O \underset{}{\overset{-NH_2\,电离}{\rightleftharpoons}} R-\underset{\overset{|}{\underset{NH_3^+}{}}}{CH}-COOH + OH^-$$

碱　　　　　酸　　　　　　　酸　　　　　碱

但—COOH 和—NH$_2$ 的电离程度不同（通常—COOH 电离程度大于—NH$_2$）。加酸或加碱于氨基酸水溶液中，可调节—COOH 和—NH$_2$ 的电离程度，使—COOH 和—NH$_2$ 的电离程度相同，此时溶液的 pH 值称为氨基酸的等电点，用 pI 表示。

$$R-\underset{\overset{|}{\underset{NH_2}{}}}{CH}-COO^- \underset{OH^-}{\overset{H^+}{\rightleftharpoons}} R-\underset{\overset{|}{\underset{NH_3^+}{}}}{CH}-COO^- \underset{OH^-}{\overset{H^+}{\rightleftharpoons}} R-\underset{\overset{|}{\underset{NH_3^+}{}}}{CH}-COOH$$

碱性介质　　负离子　　　　　偶极离子　　　　　正离子　　　　酸性介质
朝正极移动　　　　在电场中不动　　　　朝负极移动
pH＞等电点（pI）　　pH＝等电点（pI）　　pH＜等电点（pI）

在碱性介质中，氨基酸主要以负离子形式存在，此时在电场中，氨基酸向正极移动；在酸性介质中，氨基酸主要以正离子形式存在，此时在电场中，氨基酸向负极移动；在 pH 值等于等电点的溶液中，氨基酸正离子和负离子数量相等，且浓度都很低，而偶极离子的浓度最高，此时在电场中，以偶极离子形式存在的氨基酸不移动。

等电点不是中性点。不同的氨基酸由于其结构不同，等电点不同。中性氨基酸分子中羧基与氨基的数目相同，但羧基的电离能力通常大于氨基，氨基酸负离子的浓度略大于正离子，需要加少量酸抑制羧基的电离，降低溶液的 pH 值，才能使羧基与氨基的电离程度相同。因此，中性氨基酸的 pI 为 5.0～6.5。酸性氨基酸分子中羧基的数目大于氨基，必须加更多的酸来抑制羧基的电离，因此，酸性氨基酸的 pI 为 2.7～3.2；而碱性氨基酸分子中氨基数目大于羧基，需要加碱来抑制氨基的电离，因此，碱性氨基酸的 pI 为 7.5～11。

等电点时，氨基酸溶解度最小，最容易从溶液中析出。利用等电点，可分离各种氨基酸的混合物。

20.1.3.4 与水合茚三酮的反应

α-氨基酸水溶液与水合茚三酮反应，生成蓝紫色化合物：

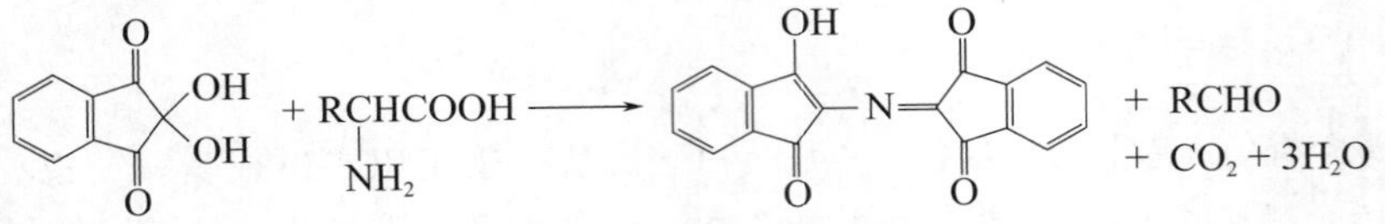

水合茚三酮   蓝紫色产物

其他氨基酸，包括 N-取代-α-氨基酸，均无此反应。因此，茚三酮反应可用于鉴别 α-氨基酸，也可用于 α-氨基酸的比色分析及色谱分析。

20.1.3.5 受热反应

在加热情况下，氨基酸与羟基酸的受热反应相似，根据氨基和羧基的相对位置不同，生成不同的产物。α-氨基酸受热后，发生两分子之间的脱水反应，生成环状的交酰胺：

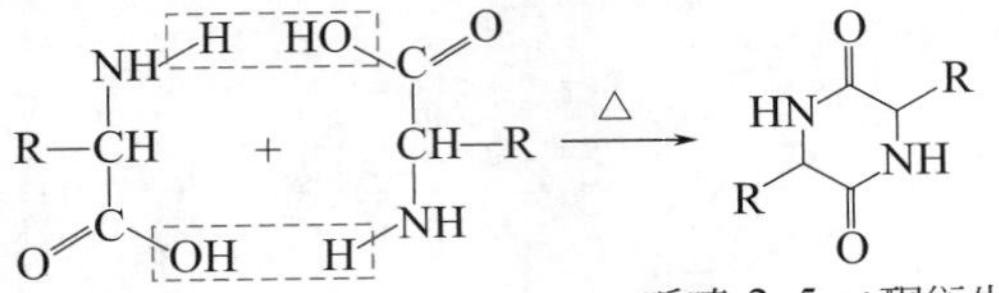

哌嗪-2,5-二酮衍生物
（交酰胺）

β-氨基酸受热后，脱去一分子氨，生成 α,β-不饱和酸。例如：

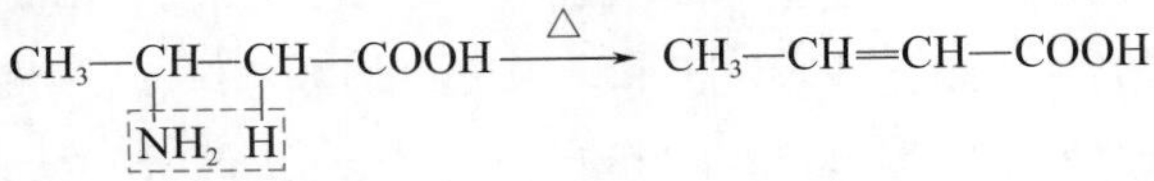

$$CH_3-CH-CH-COOH \xrightarrow{\triangle} CH_3-CH=CH-COOH$$
$$\quad\quad \underset{NH_2\ H}{|\quad\ |}$$

γ-或 δ-氨基酸受热后，分子内脱去一分子水，生成环状内酰胺。例如：

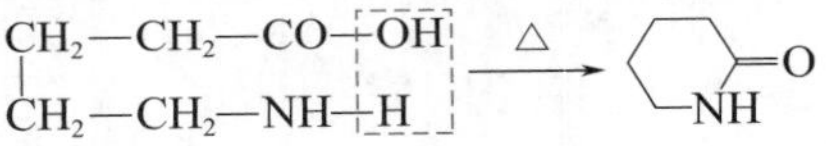

戊-1,5-内酰胺

氨基与羧基相距更远时，受热后可以多分子间脱水，生成聚酰胺。例如：

$$m\,NH_2(CH_2)_n COOH \xrightarrow{\triangle} H\!\!\left[NH(CH_2)_n CO\right]_m\!\!OH + (m-1)H_2O$$
$$n > 4 \qquad\qquad\qquad\qquad \text{聚酰胺}$$

20.2 多肽

20.2.1 多肽的分类和命名

氨基酸分子间的氨基与羧基失水，以酰胺键（—CONH—，又称肽键）相连而成的化合物称为肽（peptide）。由两个氨基酸分子间失水而成的肽称为二肽；由三个氨基酸分子间失水而成的肽称为三肽；由多个氨基酸分子间失水而成的肽称为多肽。组成多肽的氨基酸可以相同，也可不同。多肽和氨基酸一样也是两性离子，也有等电点，且在等电点时溶解度最小。

书写多肽的结构时，一般是将含有游离氨基的一端（N-端）写在左边，将含有游离羧基的一端（C-端）写在右边。例如：

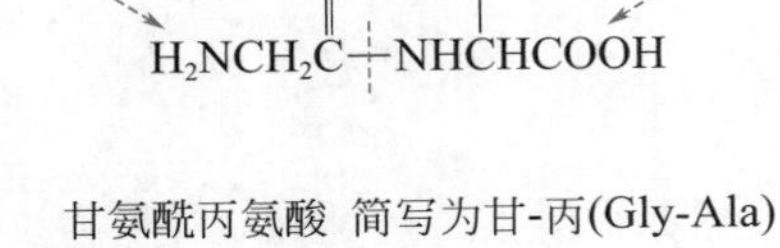

甘氨酰丙氨酸 简写为甘-丙(Gly-Ala) 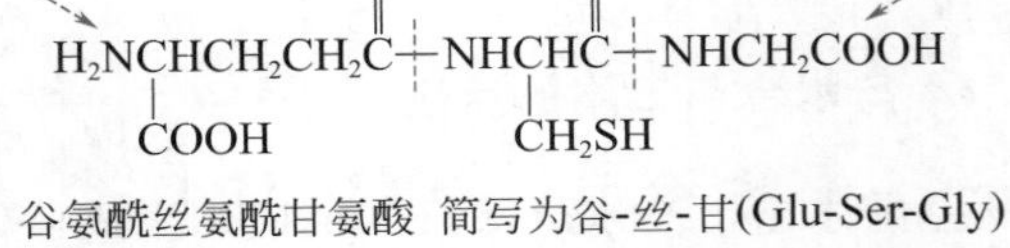   谷氨酰丝氨酰甘氨酸 简写为谷-丝-甘(Glu-Ser-Gly)

多肽的命名是以 C-端的氨基酸为母体，把肽链中其他氨基酸中的"酸"字改为"酰"字，按它们在链中的顺序依次写在母体名称之前，也可用较简单的缩写来表示。肽链中氨基酸单位可依次编号，从 N-端开始作为 1，C-端氨基酸为最后的编号。

20.2.2 多肽结构的测定

多肽的结构与其生理作用密切相关，结构上的差异，有时甚至是微小的差别，都会导致它们的生理功能显著不同。例如，催产素和加血压素都是脑垂体分泌的激素，它们所含的氨基酸的顺序是类似的，只有第 3 和第 8 氨基酸单位不同，其余氨基酸及其排列顺序都相同。但它们的生理功能显著不同，催产素可引起子宫收缩，而加血压素有抗利尿作用，并引起血管收缩、升高血压。

$$
\begin{array}{cc}
\underset{\text{催产素(oxytocin)}}{\begin{array}{l}\text{H}_2\text{N—Cy—Tyr}\\ \text{S} \qquad \text{Ile}\\ \text{S} \qquad \text{Gln}\\ \text{Cy-Asn}\\ \text{Pro—Leu—Gly—COOH}\end{array}}
&
\underset{\text{加血压素(vasopressin)}}{\begin{array}{l}\text{H}_2\text{N—Cy—Tyr}\\ \text{S} \qquad \text{Phe}\\ \text{S} \qquad \text{Gln}\\ \text{Cy-Asn}\\ \text{Pro—Arg—Gly—COOH}\end{array}}
\end{array}
$$

确定一个天然多肽的结构是相当复杂的工作。首先必须知道它是由哪些氨基酸组成的，这可以将多肽在稀盐酸中回流，彻底水解为游离的氨基酸，然后通过层析或氨基酸分析仪，来确定组成多肽的氨基酸的种类和数量。

$$\text{多肽}\xrightarrow[\text{彻底水解}]{\text{稀 HCl}}\text{混合氨基酸}\xrightarrow[\text{氨基酸分析仪等}]{\text{电泳、离子交换}}\text{氨基酸的种类和数量}$$

在确定了组成多肽的氨基酸的种类和数量后，要确定这些氨基酸在多肽分子中的排列顺序却是相当复杂的工作。从理论上说，由两种不同的氨基酸可形成两种不同的二肽，由 3 种不同的氨基酸可形成 6 种不同的三肽，由 4 种不同的氨基酸可形成 24 种不同的四肽，由 n 种不同氨基酸可形成 $n!$ 种不同的多肽。1952 年，英国化学家 F. Sanger（桑格）领导的研究小组确定了胰岛素（一种 51 肽）的结构，并于 1958 年获得 Nobel 奖。

测定多肽中氨基酸顺序常用的方法有：酶催化部分水解法、端基分析法和质谱分析法。

20.2.2.1 酶催化部分水解法

许多蛋白水解酶有高度的选择性，它们往往只水解一种特殊的肽键。例如，糜蛋白酶选择性水解含芳环的苯丙氨酸、酪氨酸及色氨酸羧基上的肽键，胃蛋白酶优先水解苯丙氨酸、酪氨酸和色氨酸氨基上的肽键，而胰蛋白酶优先水解碱性氨基酸如精氨酸或者赖氨酸羧基上的肽键。利用这些蛋白酶的特殊性质，可以帮助我们测定多肽中氨基酸的排列顺序，大大缩小可能的排列组合数。例如：

$$\text{甘-精-亮-丙氨四肽}\xrightarrow[\text{部分水解}]{\text{胰蛋白酶}}\text{甘-精二肽＋亮-丙氨二肽}$$

利用胰蛋白酶水解上述四肽，可将 24 种可能的排列组合缩小为两种。

20.2.2.2 端基分析法

用特殊试验鉴定肽链的 C-端或 N-端。端基分析有酶解法和化学法。

（1）酶解法 用羧肽酶处理多肽，水解只发生在 C-端；用氨肽酶处理多肽，水解只发生在 N-端。例如，某三肽结构的测定：

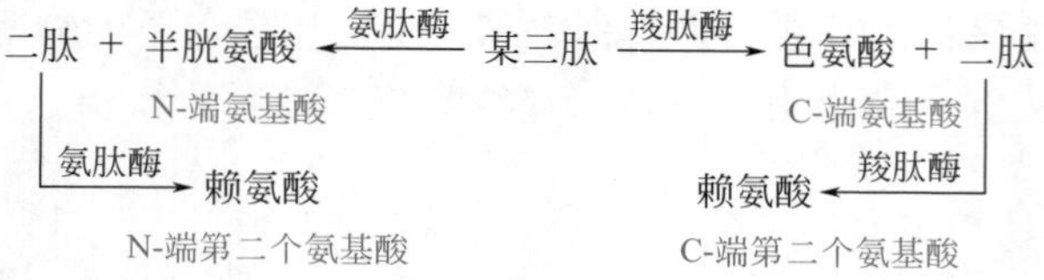

$$二肽 + 半胱氨酸 \xleftarrow{\text{氨肽酶}} 某三肽 \xrightarrow{\text{羧肽酶}} 色氨酸 + 二肽$$

N-端氨基酸 　　　　　　　　　　　　　　　C-端氨基酸

$$\xrightarrow{\text{氨肽酶}} 赖氨酸 \qquad\qquad 赖氨酸 \xleftarrow{\text{羧肽酶}}$$

N-端第二个氨基酸 　　　　　　　　　　C-端第二个氨基酸

显然，该三肽的结构是半胱-赖-色肽。

(2) 化学法　利用某些有效的化学试剂，与多肽中的游离氨基或游离羧基发生反应，然后将反应产物水解，其中与试剂结合的氨基酸容易与其他部分分离和鉴定。例如，异硫氰酸苯酯（PTC）与多肽 N-端的游离氨基反应，生成苯基硫脲衍生物（亦称 PTC 衍生物），后者在无水条件下用酸处理，则 N-端氨基酸以苯乙内酰硫脲衍生物（PTH 衍生物）形式从肽链中分离出来：

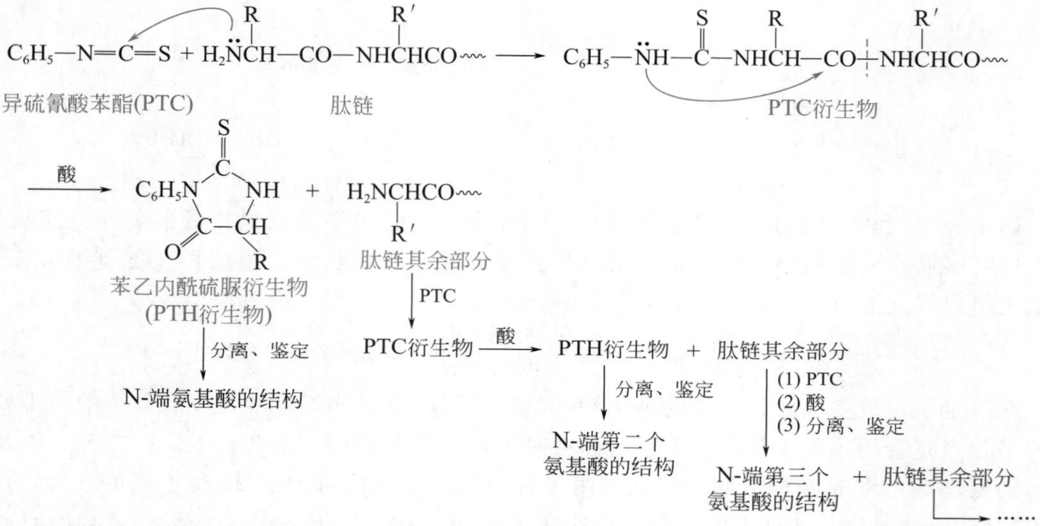

此法称为 Edman（安德曼）降解法，其原理已被现代氨基酸自动分析仪所采用。

*20.2.2.3 质谱分析法

随着电喷雾电离（ESI）、基质辅助激光解吸电离（MALDI）等用于生物大分子质谱分析的软电离技术逐渐走向成熟，现代质谱凭借其高灵敏度、高准确性，在多肽的氨基酸序列测定中发挥了重要作用。其中一种方法称为梯状测序法（ladder sequenceing），此法与 Edman 法类似，利用化学探针或酶解使多肽从 N-端逐一解下氨基酸残基，形成相互差一个氨基酸残基的系列肽，经质谱检测，由相邻峰的相对质量差可确定相应氨基酸残基。另一种方法则是根据待测分子在电离及飞行过程中产生的亚稳离子，识别相应的氨基酸残基。

20.2.3 多肽的合成

有些肽由于有特殊的生理活性，在临床上极为重要。因此作为有机合成的一项重要内容，多肽合成近几十年来取得了很大进展。

20.2.3.1 传统合成

两种不同的氨基酸分子间脱水可以生成 4 种二肽。例如：

$$甘氨酸+丙氨酸 \xrightarrow{-H_2O} 甘-甘+丙-丙+甘-丙+丙-甘$$

合成多肽时，要使每个氨基酸分子按照一定的顺序连接起来，并达到相当高的分子量，必须要解决的首要问题是氨基的保护和羧基的活化。

保护氨基的目的是用保护剂把氨基酸中的氨基保护起来，只让留下的羧基与另一个氨基酸分子缩合。对保护基团的要求是不仅容易反应，而且还要在肽键形成后容易脱去。常用的氨基保护试剂有氯甲酸苄酯、氯甲酸叔丁酯等。活化羧基的目的是使反应在温和的条件下进行，避免外消旋化。通常使羧基转变成酰氯或酸酐等衍生物来活化羧基，常用的羧基活化试剂有 $SOCl_2$、氯甲酸乙酯、DCC 等。"DCC"是二环己基碳化二亚胺（dicyclohexylcarbodiimide）的简称，其结构式为 。

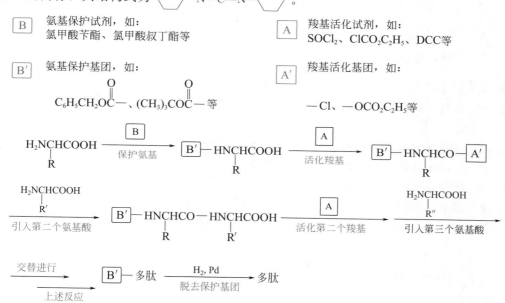

实际上，在按上述方法构成肽键、保护和脱去保护的过程中，常常会发生外消旋化、侧基上某些官能团的副反应等。而每一步的产率不可能 100%，所以反应后的分离、提纯会随着肽链的增长，越来越困难，最终所需多肽的收率极低。

1965 年，中国科学家首先合成出生理活性与天然产品基本相同的结晶牛胰岛素（其结构详见 20.3 节图 20-1）。这一创举开辟了人工合成蛋白质的新时代。

20.2.3.2 固相合成

20 世纪 60 年代初，R. B. Merrifield（梅里菲尔德）首先提出了固相合成法，并仅用 6 周就成功合成了含有 124 个氨基酸残基的核糖核酸酶，大大缩短了合成所需时间，显著提高了收率。简单来说，固相合成是在不溶解于水和有机溶剂的聚苯乙烯固体树脂载体上进行的合成。由于生成的肽结合于树脂表面，是不溶解的，只需在每次反应后洗去杂质和剩余的氨基酸，这样可省去分离提纯步骤。

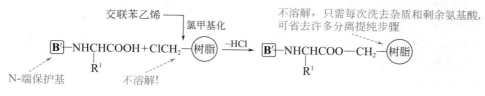

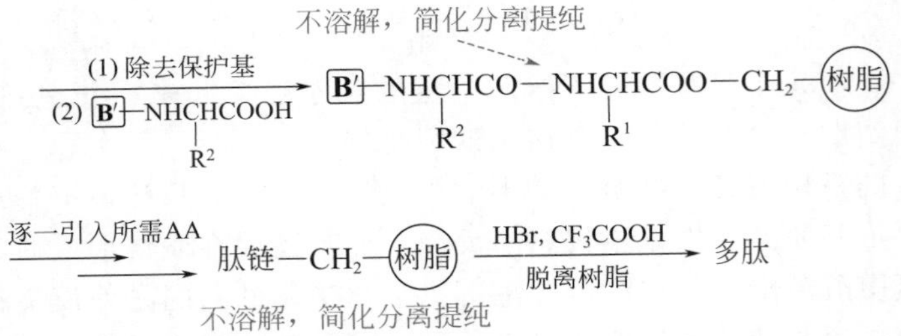

固相合成法可以使用过量的试剂，使反应更加快速而有效地进行。每一步反应多余的试剂、副产物和溶剂很容易与连接在树脂上的产物分离，简化了分离提纯步骤，易于自动化。

应用固相合成原理，由计算机自动控制的多肽合成仪已有商品出售，并已合成了上千种多肽，其每步反应的产率都在99%以上。

20.2.3.3　多肽片段缩合

采用固相合成法可以获得含数十个氨基酸残基的多肽，但大多数具有生理活性的蛋白质或多肽分子含有的氨基酸残基常常多达几百，超过了固相合成法的上限，无法一次性地获得目标大分子。

多肽片段缩合是将一个大的蛋白质分子分割成几个小的多肽片段，分别合成出这些小的片段，而后用一种高效、便捷的方法将这些片段按一定顺序连接起来，即可合成较大的多肽或蛋白质。这种合成法的核心是如何将合成的多肽片段高效地拼接。

多肽片段缩合的一个具体实例是 Kent（肯特）研究团队于 1994 年提出的半胱氨酸多肽片段缩合法（native chemical ligation），成功地应用于较长肽链的多肽合成。其原理如下：

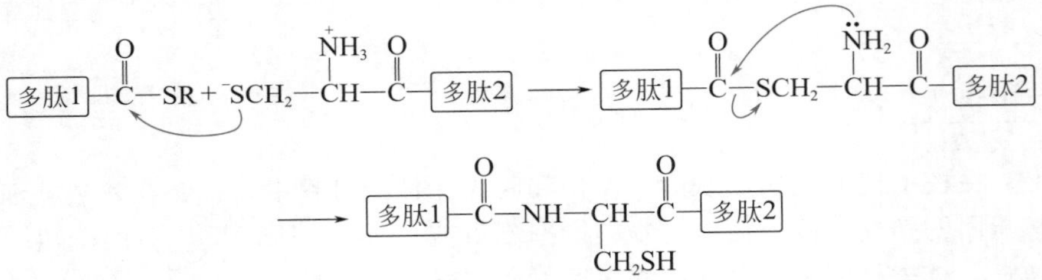

20.3　蛋白质

20.3.1　蛋白质的组成和分类

蛋白质是由氨基酸分子间的氨基与羧基失水，以肽键相连而成的生物大分子。蛋白质（protein）存在于几乎所有的细胞中。

蛋白质与多肽之间没有明显的界线，一种区分方法是将能透过一种天然渗析膜定为多肽的上限，相当于分子量约为10000，含有大约100个氨基酸，有时也把50个以上氨基酸的多肽称为蛋白质。区分蛋白质与多肽的更常用的标准是其结构，蛋白质的分子量更大，部分水解时生成多肽。

根据形状、溶解度，可将蛋白质分为纤维蛋白和球蛋白。纤维蛋白的分子为细长形，不溶于水，如蚕丝、指甲、毛发、动物的角和蹄等；球蛋白呈球形或椭球形，一般能溶于水，如酶、蛋白激素等。

按照化学成分，蛋白质可分为简单蛋白和结合蛋白。简单蛋白完全水解只生成 α-氨基酸；结合蛋白由简单蛋白和非氨基酸物质结合而成，非蛋白质部分称为辅基（prosthetic group）。辅基可以是碳水化合物、脂类、核酸或磷酸苷等。例如，核蛋白的辅基为核酸，而血红蛋白的辅基为血红素分子。

20.3.2 蛋白质的结构

蛋白质是最复杂的天然高分子，其结构要用四级结构来描述。

20.3.2.1 一级结构

一级结构是指蛋白质的分子中 α-氨基酸的排列顺序。每一种蛋白质分子都有其特有的氨基酸组成和排列顺序。例如，胰岛素由 51 个氨基酸残基组成，分为 A、B 两条多肽链。A 链有 21 个氨基酸残基，B 链有 30 个氨基酸残基。A、B 两条肽链通过两个二硫键（—S—S—）联结在一起，同时 A 链另有一个链内二硫键。不同动物胰岛素 A 链的一级结构不同（图 20-1）。

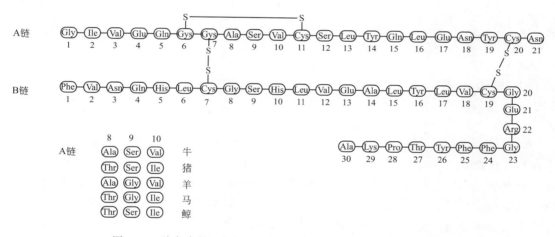

图 20-1 胰岛素的一级结构及不同动物胰岛素在 A 链中的差异

X 射线衍射测定结果表明，与酰胺有关的六个原子（C—CO—NH—C）处在同一平面上，构成肽平面（见图 20-2）。

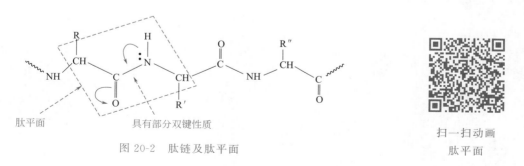

图 20-2 肽链及肽平面

扫一扫动画
肽平面

一般认为蛋白质的一级结构决定蛋白质的二级、三级等高级结构，这就是荣获 Nobel 奖的著名的 Anfinsen（安芬森）原理，但目前也发现一些实验事实并非如此。

20.3.2.2 二级结构

二级结构是指蛋白质分子的空间构象。形成蛋白质二级结构的原因是肽键之间存在着氢键作用。

（1）α-螺旋 α-螺旋（α-helix）是在同一条肽链上的肽键之间形成氢键的结果，肽链呈右手螺旋状。每轮螺旋包含约 3.6 个氨基酸单位，螺距 0.54nm，如图 20-3 所示。

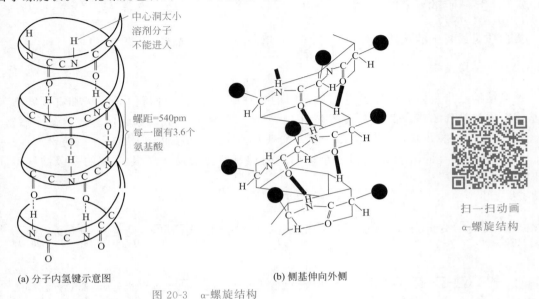

扫一扫动画
α-螺旋结构

(a) 分子内氢键示意图　　　　(b) 侧基伸向外侧

图 20-3　α-螺旋结构

一般 10 个以上氨基酸的多肽（超过 3 轮螺旋）才能形成 α-螺旋构象。同一肽链上的每个氨基酸残基的酰胺氢和位于它之后的第 4 个残基上羰基氧之间形成大致与螺旋轴平行的氢键［如图 20-3(a) 所示］，这就是形成 α-螺旋构象的推动力。α-螺旋允许所有的肽键参与链内氢键的形成，因而是稳定的构象，也是蛋白质中最常见的、含量最多的二级结构。

采取 α-螺旋的肽链，其氨基酸残基的侧链伸向外侧［如图 20-3(b) 所示］，而极性基团一般不会暴露在外，在疏水环境下会更加稳定。所以 α-螺旋是跨膜蛋白质中较为常见的构象。

（2）β-折叠 β-折叠也是一种重复的稳定结构，肽链伸展在褶纸形的平面上，相邻的肽链又通过氢键缔合。如图 20-4 所示。

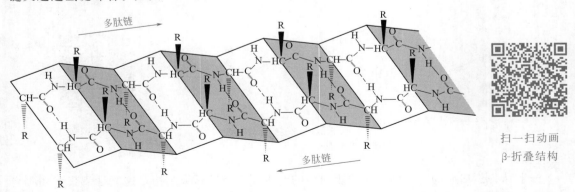

扫一扫动画
β-折叠结构

图 20-4　β-折叠结构

很多蛋白质常常是在分子链中既有 α-螺旋，又有 β-折叠，并且多次重复这两种空间结构。

（3）γ-螺旋 γ-螺旋又称胶原螺旋，存在于胶原蛋白中。胶原蛋白是制革原料——生皮的主要成分（含量约 85%），亦存在于动物的骨骼、韧带、肌腱和其他组织中。其一级结构周期性地反复出现甘-x-y 序列，其中有 1/3 是甘-脯-羟脯序列。由于脯氨酸和羟脯氨酸的环状结构，与其他氨基酸缩合成肽链后，不再存在 N—H，不利于形成 α-螺旋，因此，肽链呈细而长的 γ-左手螺旋状（每圈 3 个 AA 单位，螺距 2.86nm），三条左手螺旋链又借助相邻肽链间的氢键及其他作用，相互缠绕成右手复合螺旋结构，这种三股螺旋体称为原胶原（见图 20-5）。原胶原再以一定形式聚集，就可形成胶原蛋白。

（4）其他结构 无规则卷曲（random coil）又称卷曲（coil），泛指不能被归入明确的二级结构的多肽区段。实际上这些区段大多数既不是卷曲，也不是完全无规则的。它们也像其他二级结构那样是明确而稳定的结构，否则就不可能形成三维空间上的周期性结构的晶体。

图 20-5 原胶原

20.3.2.3 三级结构

蛋白质的三级结构是在二级结构的基础上再进一步卷曲、折叠、盘绕。

大多数溶解的蛋白质并不是以伸展或任意盘卷的分子存在，而是以紧密、结实的结构存在，并且具有一定形状，如图 20-6 所示的肌红蛋白。这是因为肽链除了含有构成氢键的酰胺键外，各氨基酸残基中还可能含有羟基、巯基、游离的氨基和羧基、苯环和烃基等，这些基团可以借助氢键、二硫键、静电引力、疏水键等次级键将肽链中的某些部分联系在一起，从而使得各种蛋白质保持其特定的稳定构象，即三级结构（图 20-7、图 20-8）。正是这种特定的构象赋予蛋白质以某种特殊的生理活性，一旦这种构象遭到破坏（此时蛋白质的一级、二级结构并未遭到破坏），蛋白质就会失去生理活性而变性。

图 20-6 肌红蛋白的三级结构

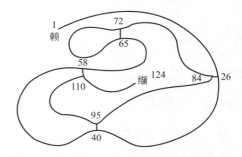

图 20-7 核糖核酸水解酶的三级结构示意图

多肽链经卷曲、折叠形成的三级结构，使分子表面形成了某些具有生物功能的特定区域，如酶的活性中心等。如果蛋白质分子仅由一条肽链组成，三级结构就是它的最高层次的结构。

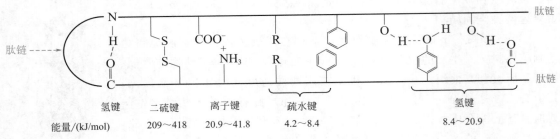

图 20-8 维持蛋白质空间构象的各种次级键作用示意图

20.3.2.4 四级结构

许多蛋白质分子含有不止一条多肽链，而是由若干条多肽链或若干个简单的蛋白质分子组成，这些具有三级结构的多肽或简单蛋白质称为亚基（subunit）。蛋白质的四级结构（quaternary structure）是指亚基和亚基之间通过相互作用结合成为有序排成的特定空间结构。

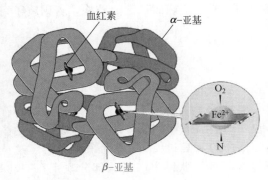

图 20-9 马血红蛋白的四级结构

如图 20-9 所示，马血红蛋白由四个亚基组成。其中有两对多肽链，两条由 141 个氨基酸残基组成的 α-链、两条由 146 个氨基酸残基组成的 β-链，共有 574 个氨基酸，每条肽链与一个血红素分子结合。整个分子中的四条肽链紧密连接在一起，形成一个紧密的结构。

使蛋白质亚基聚集的主要因素是疏水基团之间的弱作用力。当把各个亚基分开时，其三维形状使极性侧链露在外围适应水溶液环境，而把非极性侧链保护在内部避免接触水，但是在分子表面仍有一小片疏水区与水接触。当两个或更多个亚基聚集在一起时，这些疏水区互相接触而避免与水接触，从而维持各亚基之间的聚合。

20.3.3 蛋白质的性质

蛋白质是由氨基酸组成的大分子化合物，其理化性质一部分与氨基酸相似，如两性电离、等电点、颜色反应、成盐反应等，也有一部分又不同于氨基酸，如高分子量、胶体性、变性等。

20.3.3.1 溶液性质

蛋白质分子不能透过半透膜。这是因为蛋白质分子量很高（介于 10000 到百万之间），并含有大量极性基团（如—NH_2、—SH、—COOH 等），导致其溶液是一种稳定的亲水胶体。

利用其不能透过半透膜的性质，可分离、提纯蛋白质。具体方法是将混有小分子杂质的蛋白质溶液置于半透膜制成的囊内，放入流动水或适宜的缓冲液中，小分子杂质可透过半透膜，而蛋白质分子不能透过半透膜而留在囊内，这种方法称为透析（dialysis）。

20.3.3.2 盐析

向蛋白质溶液中加入无机盐 [如（NH_4)$_2SO_4$、$MgSO_4$、$NaCl$ 等]，蛋白质便从溶液中析出，这种作用称为盐析（salting out）。这是因为盐的加入破坏了蛋白质表面的水化膜，不利于蛋白质在水中溶解或分散。

盐析是一个可逆过程，盐析出来的蛋白质还可再溶于水，并不影响其性质，但若蛋白质在浓的无机盐溶液中久置则会发生不可逆的变性作用。

不同蛋白质盐析时所需盐的最低浓度不同。利用这个性质，可分离不同的蛋白质。

20.3.3.3 两性和等电点

蛋白质分子中除两端的游离氨基和羧基外，侧链中尚有一些游离的酸性或碱性基团，如谷氨酸、天冬氨酸残基中的 γ- 和 β-羧基，赖氨酸残基中的 ε-氨基，精氨酸残基的胍基和组氨酸的咪唑基等。蛋白质凭借这些游离的酸性和碱性基团而具有两性特征。在等电点，蛋白质的溶解度最小，最容易从溶液中沉淀出来。不同蛋白质具有不同的等电点，据此可分离蛋白质。表 20-2 列出了一些蛋白质的等电点。

表 20-2　一些蛋白质的等电点

蛋白质	pI	蛋白质	pI
胃蛋白酶	1.1	胰岛素	5.3
酪蛋白	3.7	血红蛋白	6.8
卵白蛋白	4.7	核糖核酸酶	9.5
血清蛋白	4.8	溶菌酶	11.0

20.3.3.4 变性作用

蛋白质受热、紫外线及某些化学试剂（如 HNO_3，Cl_3CCOOH，苦味酸，单宁酸，重金属盐 Cr^{3+}、Hg^{2+}、As^{3+} 等）作用时，蛋白质的结构、性质发生变化，失去生理活性，这种现象称为蛋白质的变性作用（denaturation）。

变性分为可逆变性和不可逆变性。当变性程度较轻时，如去除变性因素，有的蛋白质仍能恢复或部分恢复其原来的构象及功能。如经盐析沉淀出来的蛋白质仍然可溶于水并具有生理活性。可逆变性一般限制在三级、四级结构发生变化。

当变性程度较大时，蛋白质的二级结构甚至化学键发生变化，蛋白质原有功能不能恢复，称为不可逆性变性。例如，煮鸡蛋是蛋白质受热而发生的变性，生皮鞣制是胶原蛋白受 Cr^{3+} 作用而发生交联的变性，二者均是不可逆变性。

20.3.3.5 水解反应

蛋白质中的肽键和普通肽键一样，可在酸性或碱性条件下水解断裂，产生 α-氨基酸。但是酸碱条件会破坏许多氨基酸，例如，酸性条件会破坏色氨酸，碱性条件会破坏苏氨酸、半胱氨酸、丝氨酸和精氨酸。在生物体内，一般利用酶在温和的条件下水解蛋白质。

20.3.3.6 颜色反应

有些试剂能与蛋白质分子中的酰胺键或不同的残基反应，产生特有的颜色。利用这个性质，可对蛋白质进行定性鉴定和定量鉴定，如表 20-3 所示。

表 20-3 蛋白质的颜色反应

反应名称	试剂	颜色	反应有关基团	有此反应的蛋白质或氨基酸
缩二脲反应	NaOH 及少量 $CuSO_4$	紫色或粉红色	两个以上的肽键	所有蛋白质
Millon 反应	Millon 试剂[$HgNO_3$、$Hg(NO_3)_2$ 和 HNO_3 混合物]共热	红色	酚基	酪氨酸
黄色反应	浓硝酸和氨	黄色、橘色	苯基	酪氨酸、苯丙氨酸
茚三酮反应	水合茚三酮	蓝紫色	氨基和羧基	脯氨酸、羟脯氨酸生成黄色物质，α-氨基酸及蛋白质生成蓝紫色物质

20.3.4 酶

酶（enzyme）是由生物体内细胞产生的、具有生物催化功能的高分子物质，所有的生物体内都存在酶。酶大多是蛋白质，但现在也发现了一些非蛋白质酶，如一些被称为核酸酶的 RNA 分子也具有生物催化功能。

蛋白质生物酶具有蛋白质的四级结构，受到加热处理会失去催化活性。能使其他蛋白质变性或沉淀的物理或化学因素均能使酶变性或沉淀而失活。

酶的催化效力远远高于化学催化剂（高 $10^8 \sim 10^9$ 倍），能在温和的反应条件下，如常温、常压、近乎中性（弱酸、弱碱）等条件下使生物化学反应进行得更加迅速。酶还具有立体选择专一性和区域选择专一性，例如，蛋白酶只催化水解蛋白质，淀粉酶只催化水解淀粉。

酶不是活的有机体，只是生物分子，不存在生存或死亡问题，除非受环境条件的影响而变性、失活或被其他的酶降解。

目前，工业中应用最多的为水解酶类，主要有淀粉酶、蛋白酶、脂肪酶、果胶酶、核糖核酸酶及纤维素酶。

20.4 核酸

核酸（nucleic acid）最早是由瑞士生理学家 F. Miescher（米舍尔）于 1869 年从细胞核中分离出来的酸性物质，故名核酸。核酸存在于一切生命体中，像蛋白质一样，核酸也是生命的最基本物质。

20.4.1 核酸的组成

核酸是由核苷酸聚合而成的生物大分子，其分子量可达几百万甚至数亿。在强酸和高温条件下，核酸完全水解为戊糖、杂环碱和磷酸。在弱酸、弱碱或酶的作用下，核酸可以部分水解，先生成核苷酸，继续水解则成为核苷和磷酸，核苷进一步水解则生成戊糖和杂环碱。

$$核酸 \xrightarrow{水解} 核苷酸 \xrightarrow{水解} \begin{cases} 磷酸 \\ 核苷 \xrightarrow{水解} \begin{cases} 戊糖 \\ 杂环碱 \end{cases} \end{cases}$$

脱氧核糖核酸的组成如图 20-10 所示。

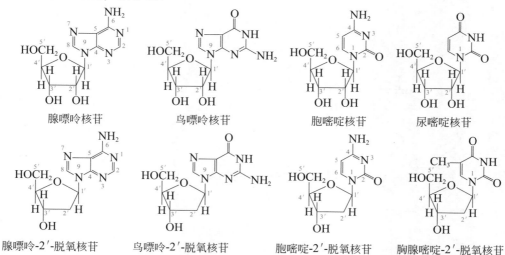

图 20-10　核酸的组成（以脱氧核糖核酸为例）

核酸分为核糖核酸（ribonucleic acid，RNA）和脱氧核糖核酸（deoxy-ribonucleic acid，DNA）。RNA 主要存在于细胞质中，水解生成的戊糖是 β-D-核糖；DNA 存在于细胞核中，水解生成的戊糖是 β-D-2-脱氧核糖。

核苷酸水解得到的杂环碱分为嘌呤衍生物和嘧啶衍生物。嘧啶衍生物有胞嘧啶、尿嘧啶和胸腺嘧啶，嘌呤衍生物有鸟嘌呤和腺嘌呤。它们的结构如下：

尿嘧啶　　　胸腺嘧啶　　　胞嘧啶　　　腺嘌呤　　　鸟嘌呤
(uracil, U)　(thymine, T)　(cytosine, C)　(adenine, A)　(guanine, G)

核糖核酸（RNA）和脱氧核糖核酸（DNA）在杂环碱的组成上不同。核糖核酸的杂环碱是鸟嘌呤、腺嘌呤、胞嘧啶和尿嘧啶；脱氧核糖核酸的杂环碱是鸟嘌呤、腺嘌呤、胞嘧啶和胸腺嘧啶。

核苷的结构特点是核糖或脱氧核糖分子 1′-位的羟基与嘧啶环 1-位或嘌呤环 9-位氮原子上氢结合脱水，生成 β-糖苷键：

腺嘌呤核苷　　　鸟嘌呤核苷　　　胞嘧啶核苷　　　尿嘧啶核苷

腺嘌呤-2′-脱氧核苷　　　鸟嘌呤-2′-脱氧核苷　　　胞嘧啶-2′-脱氧核苷　　　胸腺嘧啶-2′-脱氧核苷

核苷 3′-位或 5′-位的羟基与磷酸酯化生成核苷酸，可命名为 3-某苷酸、5-某苷酸或某苷-3-磷酸、某苷-5-磷酸。如下所示：

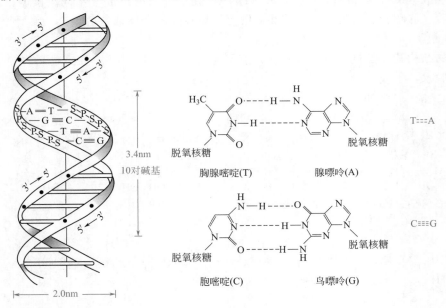

腺苷-3′-磷酸(或3′-腺苷酸)　　　　　　腺苷-5′-磷酸(或5′-腺苷酸)

在了解了核苷酸的结构之后，再来考察这些核苷酸是如何结合成核酸的。如图 20-10 所示，在核酸中，一个核苷酸戊糖 5′-位上的磷酸基可与另一个核苷酸戊糖 3′-位上的羟基通过磷酸二酯键结合，形成生物大分子。

20.4.2 核酸的结构

含有不同碱杂环的核苷酸按不同顺序排列即形成核酸的一级结构，一级结构决定核酸的基本性质。

核酸的空间结构（即二级结构）也对其性质有很大的影响。1953 年，由 J. D. Watson（华生）和 F. H. C. Crick（克里克）根据 X 射线衍射研究和分子模型研究结果，提出了脱氧核糖核酸的双螺旋结构（double helix structure）。双螺旋结构理论认为，DNA 是由两条反向平行的脱氧核糖核酸链，通过右手螺旋方式相互缠绕形成，它们之间通过嘌呤和嘧啶之间的氢键结合固定，如图 20-11 所示。链上碱基裹在双螺旋的内部，每两个碱基以氢键相连形成一层"阶梯"。根据碱基结构特征，只能是腺嘌呤（A）和胸腺嘧啶（T）之间形成两个氢

图 20-11　DNA 的双螺旋结构模型

（"S"代表脱氧核糖单位，"P"代表磷酸二酯键）

键，鸟嘌呤（G）和胞嘧啶（C）之间形成三个氢键，这种碱基对被称为互补碱基。DNA 双螺旋的表面存在一个大沟（major groove）和一个小沟（minor groove），蛋白质分子通过这两个沟与碱基相识别。

由于核糖比脱氧核糖多一个羟基，核糖 2-位上羟基伸入到分子内原子或原子团密集的部分，使得 RNA 结构不像 DNA 那样，一层一层碱基形成的氢键是相互平行的，而是在一条分子链的一段或几段中两股互补地排列，而整个分子的双股部分被绝大部分没有互补的单股隔开，形成局部双螺旋。因此 RNA 的二级结构一般不如 DNA 分子那样有规律。

20.4.3 核酸的生物功能

20.4.3.1 遗传功能

DNA 分子具有按照自己的结构精确复制成另一个 DNA 分子的功能。在细胞的分裂复制过程中，DNA 的双螺旋结构从一端解开，分别到两个子细胞里，每条链根据碱基配对规律各自与已经制造好了的适合的核苷酸元件相连接而复制出一条与自己互补的新链，并结合在一起，最后形成两条新的 DNA 双螺旋。每一个新的 DNA 双螺旋都包含一条新链和旧链，如图 20-12 所示。因此，在两个子细胞里所形成的 DNA 分子，必然是和母细胞的 DNA 分子一样的，遗传信息也就由母代传到子代了。DNA 的遗传功能已在人类的生活和工作中得到利用，例如，亲子鉴定和刑事案件的侦破等。

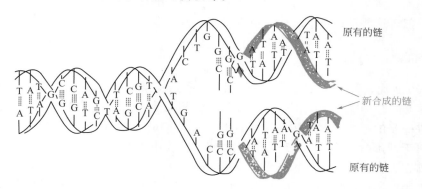

图 20-12　DNA 复制示意图

20.4.3.2 控制蛋白质合成

目前认为生物体蛋白质的合成是经过下述途径进行的：

$$DNA\ 遗传信息 \xrightarrow{转录} mRNA\ 合成模板 \xrightarrow{翻译}\xrightarrow{合成} 新蛋白质$$

将 DNA 所含信息翻译为蛋白质的过程需要三种 RNA：信使 RNA（mRNA）、核糖体 RNA（rRNA）和转运 RNA（tRNA）。

在蛋白质合成过程中，DNA 可以部分解除双螺旋，并将一段核苷酸的顺序和结构（遗传信息）转录为互补的 RNA，这段 RNA 称为 pre-mRNA，经过修饰后形成单股的信使核糖核酸（mRNA）作为合成蛋白质的模板。mRNA 一旦合成便离开细胞核，透过核膜迁移至细胞质中，与核糖体（rRNA）结合，rRNA 是细胞合成蛋白质的主要场所。在核糖体上，依据 mRNA 转录的信息，转运核糖核酸（简称 tRNA）携带相应的氨基酸，通过一定的方式排列连接，形成肽链。肽链再经过适当的修饰和折叠，形成生物体必需的各种蛋白质。

20.4.3.3　其他功能

某些核苷酸自身也对生物体的机能有重要作用。例如，腺苷三磷酸（adenosine triphosphate，ATP）对生物体储存运转和释放能量有重要作用（详见第 16 章 16.2.3）；某些核苷酸是生物体的重要激素。

*20.5　生物技术和生物技术药物

20.5.1　基因工程

基因工程是指利用 DNA 重组技术在体外重组 DNA，并将其引入受体细胞，从而达到修复受损基因，表达新基因的目的。研究表明，许多外源环境影响（如核辐射、紫外线照射以及一些化学物质）和人体自身的代谢活动（如 ATP 代谢的副产物自由基）都会导致基因的损伤。这些基因损伤是导致细胞癌变的重要因素。因此，修复基因损伤将成为人类攻克癌症的重要手段之一。

利用位点特异性诱变技术，可使基因中的特定位置发生变化。基因工程可将一个物种的基因转移到另外一个物种中。例如，玉米的基因被改造，可分泌独特的杀虫剂；大豆的基因被改造，对除草剂草甘膦产生抗性（草甘膦会把普通大豆植株与杂草一起杀死）；小鼠的基因被改造或去除，使其成为具有特殊病症研究的模型；酵母的基因被改造，可用于人类胰岛素的生产。当然，这些基因改造的同时也带来了一些社会、伦理及哲学方面的思考与争论。

20.5.2　干扰素

20 世纪 50 年代，科学家发现细胞在受到某些病毒感染后会分泌具有抗病毒功能的特异性蛋白质，这类蛋白质能够与周围未感染细胞上的相关受体作用，促使这些细胞合成抗病毒蛋白，防止进一步的感染。这种物质被命名为干扰素（interferon）。

干扰素属于糖蛋白，具有宿主特异性。因此，要应用于人体，必须使用人体细胞产生的干扰素。目前在人类身上共发现了三种类型的干扰素：α 型干扰素由白细胞产生；β 型干扰素由成纤维细胞产生；γ 型干扰素由淋巴细胞产生。这三种类型的干扰素都是有效的病毒抑制剂。20 世纪 80 年代后，人类利用工程手段批量生产干扰素，并在乙肝等病症的临床治疗方面取得了一定的成果。

20.5.3　多肽类药物

许多多肽类药物是具有生物活性的内源肽，它们的生理活性很强，在生命活动中起着重要的调控作用，但在血液中浓度很低。例如，在人的大脑中就有 40 种多肽类激素，但它们在血液中的浓度往往低于 10^{-10} mol/L。常见的用于人类病症治疗的多肽类激素药物包括：治疗糖尿病的胰岛素，治疗骨质疏松的降钙素，保性腺激素的绒促性素，刺激生长的生长激素，刺激肾上腺皮质合成和分泌的促肾上腺皮质激素，具有抗利尿和升高血压作用的加压素，用于增强和调整机体免疫功能、参与机体细胞免疫反应、促进淋巴细胞分化成熟的胸腺激素等。

目前，人们已开发出许多非内源性的具有治疗作用的多肽，多肽类药物正在被广泛研究。例如，抗肿瘤多肽、抗病毒多肽、多肽疫苗、多肽导向药物、模拟肽、抗菌活性肽、诊断用多肽等都是国内外研究的热点。如何增强多肽稳定性、发挥多肽药物在人体内的功能也成为科学家和药物开发者关注并需要解决的问题。

20.5.4 抗体药

抗体是指有机体在外源性物质（抗原，如细菌、病毒、毒素等）刺激下所产生的一种免疫球蛋白。抗体通过识别并结合特定的目标抗原，起到抑制抗原入侵细胞、消灭抗原或引导其他免疫细胞清除抗原的作用。抗体是免疫系统发挥预防、治疗病症的重要物质，因此利用人工制备抗体对抗病症也就成为医学领域的热门课题之一。

抗体类药物具有高特异性、有效性和安全性的特点。其发展已经历了三代。第一代抗体药物源于动物多价抗血清，主要用于细菌感染病症的早期被动免疫治疗。第二代抗体药物是利用杂交瘤技术制备的单克隆抗体及其衍生物。第三代抗体药物已经进入了基因工程抗体时代。随着技术的进步，抗体药物正逐渐发展成为国际药品市场上一大类新型药物。

本章精要速览

（1）α-氨基酸是构成多肽和蛋白质的基本单位。由蛋白质水解得到的 α-氨基酸均为 L-构型。

（2）α-氨基酸既有羧基的性质（可成酰氯、成酯），又有氨基的性质（可被重氮化、酰化，可与 2,4-二硝基氟苯反应），还有两性和等电点。等电点是氨基酸分子中羧基的电离程度等于氨基的电离程度时，或者氨基酸以偶极离子形式存在时溶液的 pH 值。等电点时氨基酸的溶解度最小，可从溶液中析出。利用等电点可分离氨基酸。

（3）多肽是 α-氨基酸分子间的氨基与羧基失水，以酰胺键相连而成的化合物。N-端氨基酸含有游离氨基，C-端氨基酸含有游离羧基。

（4）测定多肽中氨基酸排列顺序的常用方法有：酶催化部分水解法、端基分析法（如 Edman 降解法）和质谱分析法。

（5）合成多肽时，必须保护氨基并活化羧基。常用氨基保护试剂有氯甲酸苄酯、氯甲酸叔丁酯等；常用羧基活化试剂有 $SOCl_2$、氯甲酸乙酯、二环己基碳化二亚胺（DCC）等。

（6）合成多肽的方法有传统合成法、固相合成法等。传统合成法是在溶液体系中分步缩合并纯化，直至得到目标产物；固相合成法是在不溶解于水和有机溶剂的聚苯乙烯固体树脂载体上进行的合成，只需在每次反应后洗去杂质和剩余的氨基酸，可省去分离提纯步骤。

（7）蛋白质是由氨基酸分子间的氨基与羧基失水，以肽键相连而成的生物大分子。蛋白质的分子量更大，部分水解时生成多肽。

（8）蛋白质是最复杂的天然高分子，其结构要用四级结构来描述。一级结构是指蛋白质分子中 α-氨基酸的排列顺序；二级结构是指蛋白质分子的空间构象，如 α-螺旋、β-折叠等；三级结构是在二级结构的基础上，借助氢键、二硫键、静电引力、疏水键等次级键，再进一步卷曲、折叠、盘绕；四级结构是指由若干条多肽链组成的蛋白质，其亚基和亚基之间通过相互作用结合成为有序排列的特定空间结构。

（9）蛋白质的理化性质一部分与氨基酸相似，如两性电离、等电点、颜色反应、成盐反应等；也有一部分又不同于氨基酸，如高分子量、胶体性、变性等。

(10) 核酸是由核苷酸分子间失水，通过 3,5-磷酸二酯键相连而成的生物大分子。

$$核酸 \xrightarrow{水解} 核苷酸 \xrightarrow{水解} \begin{cases} 磷酸 \\ 核苷 \xrightarrow{水解} \begin{cases} 戊糖 \\ 杂环碱 \end{cases} \end{cases}$$

(11) 核酸分为核糖核酸（RNA）和脱氧核糖核酸（DNA）。DNA 通过碱基配对（T⫶A，C⫷G）形成右手双螺旋结构。RNA 的二级结构一般不如 DNA 分子那样有规律。

(12) DNA 分子具有按照自己的结构精确复制成另一个 DNA 分子的功能，与生物体的遗传功能有关。RNA 与生物体中蛋白质的合成有关。

习 题

1. 下列氨基酸溶于水后，其溶液是酸性的？碱性的？还是近乎中性的？
(1) 天冬氨酸　(2) 精氨酸　(3) 谷氨酸　(4) 亮氨酸　(5) 赖氨酸　(6) 蛋氨酸　(7) 羟脯氨酸

2. 写出下列氨基酸分别与过量盐酸或过量氢氧化钠水溶液作用的产物。
(1) 天冬氨酸　(2) 酪氨酸　(3) 色氨酸　(4) 脯氨酸　(5) 苏氨酸　(6) 丝氨酸

3. 用简单的化学方法鉴别下列各组化合物。

(1) A. $CH_3CHCOOH$　　B. $H_2NCH_2CH_2COOH$　　C. $C_6H_5NH_2$
　　　$\overset{|}{NH_2}$

(2) A. 苏氨酸　　B. 丝氨酸

(3) A. 乳酸　　B. 丙氨酸

4. 写出下列氨基酸在指定 pH 溶液中的主要存在形式。
(1) 缬氨酸在 pH 为 6 时　　(2) 赖氨酸在 pH 为 10 时
(3) 亮氨酸在 pH 为 1 时　　(4) 天冬氨酸在 pH 为 3 时

5. 写出下列条件下谷氨酸的主要存在形式，并解释为何谷氨酰胺的等电点比谷氨酸大。
(1) 在强酸溶液中　　(2) 在强碱溶液中　　(3) 等电点 pI＝3.2

6. 如何分离赖氨酸和甘氨酸？

7. 写出下列化合物的结构式。
(1) 甘氨酰亮氨酸　　(2) 脯氨酰苏氨酸　　(3) 赖氨酰精氨酸乙酯
(4) 天冬-天冬-色　　(5) 脯-亮-丙-NH_2　　(6) 谷氨-组氨-亮氨-脯氨-酪

8. 下列化合物是二肽、三肽还是四肽？指出其中的肽键、N-端及 C-端氨基酸，此肽可被认为是酸性的、碱性的还是中性的？

$$\underset{\underset{NH_2}{|}}{\underset{(CH_2)_4}{|}}{H_2N-CH-\overset{\overset{O}{\|}}{C}-NH-\underset{\underset{}{|}}{\underset{CH_2OH}{|}}{CH}-\overset{\overset{O}{\|}}{C}-NH-\underset{\underset{CH_3}{|}}{\underset{CH-OH}{|}}{CH}-\overset{\overset{O}{\|}}{C}-OH}$$

9. 命名下列短肽，并写出英文简称。

(1)

(2) 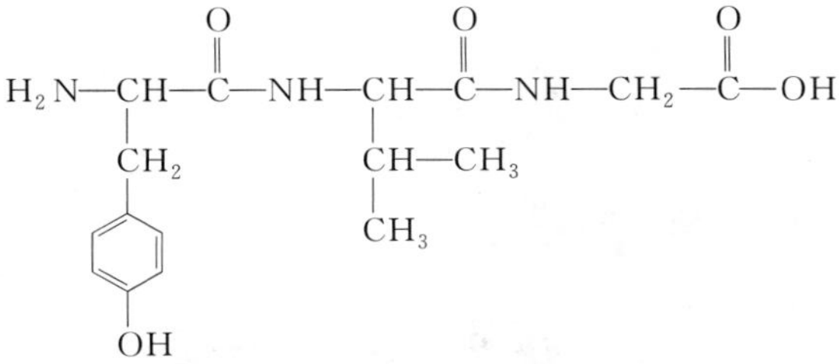

10. 写出下列反应的产物。

(1) 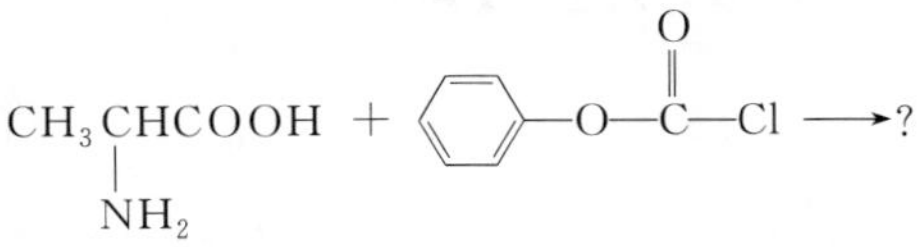

(2) 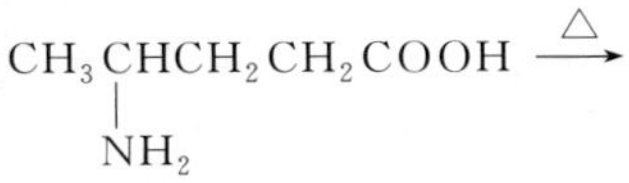

(3) 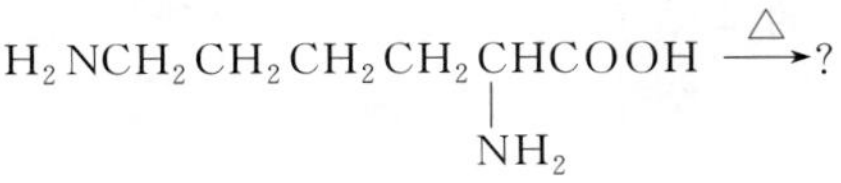

(4) 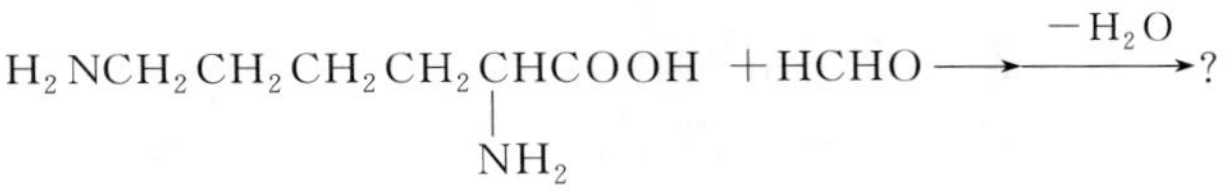

(5) 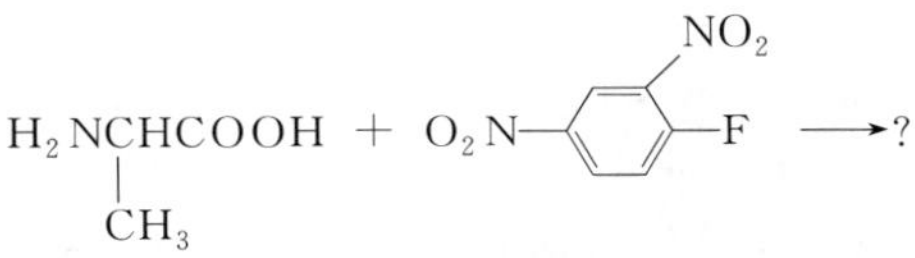

11. 按照要求分别合成下列化合物（原料自选）。

(1) 用 Gabriel 法合成（±）-苯丙氨酸；

(2) 用 Strecker 法合成（±）-蛋氨酸。

12. 某多肽以酸水解后，再以碱中和水解液时，有氨气放出。由此可以得出有关此多肽结构的什么信息？

13. 一个氨基酸的衍生物 $C_5H_{10}N_2O_3$(A) 与 NaOH 水溶液共热放出氨，并生成 $C_3H_5(NH_2)(COOH)_2$ 的钠盐，若把 A 进行 Hofmann 降解反应，则生成 α,γ-二氨基丁酸。试推测（A）的构造式，并写出反应式。

14. 某九肽经部分水解，得到下列一些三肽：丝-脯-苯丙，甘-苯丙-丝，脯-苯丙-精，精-脯-脯，脯-甘-苯丙，脯-脯-甘及苯丙-丝-脯。以简写方式排出此九肽中氨基酸的顺序。

15. 某九肽化合物用胰朊酶裂解产生 Val-Val-pro-Tyr-Leu-Arg，Ser-Ile-Arg；用胰凝乳朊酶裂解产生 Leu-Arg，Ser-Ile-Arg-Val-Val-Pro-Tyr。写出该九肽的结构式。

16. 某三肽完全水解后，得到甘氨酸及丙氨酸。若将此三肽与亚硝酸作用后再水解，则得乳酸、丙氨酸及甘氨酸。写出此三肽的可能结构式。

17. 请写出蛋白质各级结构的含义，以及维持蛋白质各级结构的常见作用力。

18. DNA 和 RNA 在结构上有什么主要区别？

附录一

有机化学
ORGANIC CHEMISTRY

有机化学网络课堂与信息资源

当今世界已正式跨入信息时代，作为世界上最大的信息资源库，互联网已成为人们生活、工作和学习不可或缺的工具。在这个浩如烟海的信息海洋中，人们能够以空前的速度在互联网上获取自己需要的知识和信息。互联网上的化学资源具有分布广、数量大、交互性强、更新迅速等特点，已经成为有机化学教学重要的辅助工具。为了帮助读者更好地利用互联网媒体，下面按照有机化学网络课堂和化学信息资源两个层次介绍一些网站。

1. 网络课堂

互联网上的化学教育资源可以由学习者不受时空限制地自由访问，不仅丰富了教学手段，也可博采众长，选择性地学习适合自己的内容。以下是一些比较好的网络学习资源。例如：

1）陕西科技大学有机化学 MOOC（上）https：//www.icourse163.org/course/SUST-1206454818

2）陕西科技大学有机化学 MOOC（下）https：//www.icourse163.org/course/0703-SUST012B-1207231804

3）好大学在线 http：//www.cnmooc.org/home/index.mooc

4）可汗学院公开课 http：//open.163.com/special/Khan/organicchemistry.html

5）加利福尼亚大学欧文分校：有机化学 http：//open.163.com/special/opencourse/youjihuaxue51a.html

2. 化学信息资源

1）常用化学网站导航 http：//www.x-mol.com/allSite

2）美国国家标准与技术研究院 NIST 的物性数据库 http：//webbook.nist.gov/chemistry/#opennewwindow

可选择分子式、名称、CAS 号、结构式、分子量等多种检索入口，可得出 IR、MS 等重要的数据。

3）中国知网 http：//www.cnki.net/

由清华大学、清华同方发起，集期刊、博士论文、硕士论文、会议论文、报纸、工具书、年鉴、专利、标准、国学、海外文献资源为一体的网络出版平台。

4）中国化学会 http：//www.chemsoc.org.cn/

5）美国化学会 https：//www.acs.org/content/acs/en.html

化合物类别		特性基团	作前缀时名称		作后缀时名称	
中文名称	英文名称		中文名称	英文名称	中文名称	英文名称
羧酸	carboxylic acids	—(C)OOH[3] —COOH	羧基	carboxy-	酸； 甲酸[1]	-oic acid； -carboxylic acid
磺酸	sulfonic acids	—SO₃H	磺酸基	sulfo-	磺酸	-sulfonic acid
酸酐	anhydrides	$\overset{O}{\overset{\|}{—C}}—O—\overset{O}{\overset{\|}{C}}$	—	—	酸酐	anhydride
酯	esters	—(C)OOR[2][3] —COOR[2]	(烃)氧羰基-	(R)-oxycarbonyl-	酸(烃)基酯； 甲酸(烃)基酯[1]	(R)…carboylate
		—O—COCH₃	乙酰氧基	acetoxy-	乙酸酯	acetate
酰卤	acyl halides	—CO—X	卤羰基	halocarbonyl-	酰卤； 甲酰卤[1]	-carbonylhalide； -oyl halide
酰胺	amides	—CO—NH₂	氨基羰基	carbamoyl-	酰胺； 甲酰胺[1]	-amide； -carboxamide
		—NH—COCH₃	乙酰氨基	acetamido-	乙酰胺	-acetamide
腈	nitriles	—C≡N	氰基	cyano-	腈	-nitrile； -carbonitrile
醛	aldehydes	—CHO (C)HO[3]	甲酰基； 氧亚基	formyl-； oxo-	醛	-al； -carbaldehyde
酮	ketones	$\diagdown(C)=O$ [3]	氧亚基	oxo-	酮	-one
醇	alcohols	—OH	羟基	hydroxy-	醇	ol
酚	phenols	—OH	羟基	hydroxy-	酚	ol
硫醇、硫酚	thiols	—SH	巯基	sulfanyl-	硫醇、硫酚	-thiol
胺	amines	—NH₂	氨基	amino-	胺	-amine
醚	ethers	—OR[2]	烃氧基	(R)-oxy-	—	—
硫醚	sulfides	—SR[2]	烃硫基	(R)-sulfanyl-	—	—

续表

化合物类别		特性基团	作前缀时名称		作后缀时名称	
中文名称	英文名称		中文名称	英文名称	中文名称	英文名称
卤化物	halides	—F	氟-	fluoro-	—	—
		—Cl	氯-	chloro-	—	—
		—Br	溴-	bromo-	—	—
		—I	碘-	iodo-	—	—
硝基化合物	nitrocompounds	—NO₂	硝基-	nitro-	—	—
环醚	cyclic ethers	—O—	氧桥	epoxy-	—	—
过氧化物	peroxides	—O—O—	过氧基	peroxy	—	—
氢过氧化物	hydroperoxides	—O—OH	过羟基	hydroperoxy-	—	—

①当—COOH、—COOR、—COX、—CONH₂ 等特性基团连在环状母体氢化物或杂原子上时，作后缀时的名称为：甲酸、甲酸（烃）基酯、甲酰卤、甲酰胺。

②指母体氢化物失去 1 个 H 后所形成的取代基。

③（C）指该碳原子包含在母体氢化物的名称中，而不属于前缀或后缀所表达的基团。

中文名称	英文名称	中文名称	英文名称	中文名称	英文名称	中文名称	英文名称
甲烷	methane	甲基	methyl	甲叉基	methanediyl	甲亚基	methylidene; methylene
乙烷	ethane	乙基	ethyl	乙-1,1-叉基	ethane-1,1-diyl	乙亚基	ethylidene
丙烷	propane	丙基	propyl	乙-1,2-叉基	ethane-1,2-diyl; ethylene	丙亚基 (丙-1-亚基)	propylidene; propan-1-idene
丁烷	butane	异丙基	isopropyl	丙-1,1-叉基	propane-1,1-diyl	异丙亚基 (丙-2-亚基)	isopropylidene; propan-2-idene; 1-methyethylidene
戊烷	pentane	丁基	butyl	丙-1,2-叉基	propane-1,2-diyl		
己烷	hexane	丁-2-基 (仲丁基)	but-2-yl	丙-2,2-叉基 (异丙叉基)	propane-2,2-diyl; 1-methylethane-1,1-diyl	1,4-苯叉基	1,4-phenylene
庚烷	heptane	2-甲基丙基 (异丁基)	2-methyl-ppropyl			1,2-苯叉基	1,2-phenylene
辛烷	octane	叔丁基; 2-甲基丙-2-基	*tert*-butyl; 2-methylprop-2-yl	乙烯	ethene	乙烯基	vinyl
壬烷	nonane	三十烷	tricontane	丙烯	propene	丙烯基	prop-1-en-1-yl; propenyl
癸烷	decane	环己基	cyclohexyl	丁-1-烯	but-1-ene	烯丙基	allyl; prop-2-en-1-yl
十二烷	dodecane	环丙基	cyclopropyl	丁-2-烯	but-2-ene	异丙烯基	prop-1-en-2-yl; isopropenyl
环己烷	cyclohexane	苯基	phenyl	环己烯	cyclohexene	环己烯基	cyclohexenyl
环丙烷	cyclopropane	对甲苯基	*p*-tolyl	环戊二烯	cyclopenta-1,3-diene	环戊-2-烯-1-基	cyclopent-2-en-1-yl
苯	benzene	间甲苯基	*m*-tolyl	丁-1,3-二烯	but-1,3-diene		
甲苯	toluene	邻甲苯基	*o*-tolyl	乙炔	ethyne	乙炔基	ethynyl
对二甲苯	*p*-xylene	苄基; 苯甲基	benzyl; phenylmethyl	丙炔	propyne	丙炔基	prop-1-yn-1-yl; propinyl
苯乙烯	styrene	萘-1-基	naphthalen-1-yl; 1-naphthyl	丁-1-炔	but-1-yne	炔丙基	prop-2-yn-1-yl; propargyl
萘	naphthalene	萘-2-基	naphthalen-2-yl; 2-naphthyl	丁-2-炔	but-2-yne		

有机化学
ORGANIC CHEMISTRY

→ 参考文献

[1] 李小瑞. 有机化学. 2 版. 北京：化学工业出版社，2018.

[2] 中国化学会. 有机化合物命名原则 2017. 北京：科学出版社，2018.

[3] 张文勤，郑艳，马宁，等. 有机化学. 5 版. 北京：高等教育出版社，2014.

[4] 高鸿宾. 有机化学. 4 版. 北京：高等教育出版社，2005.

[5] 李艳梅，赵圣印，王兰英，等. 有机化学. 2 版. 北京：科学出版社，2014.

[6] 高占先. 有机化学. 3 版. 北京：高等教育出版社，2018.

[7] 高占先. 有机化学. 2 版. 北京：高等教育出版社，2007.

[8] 伍越寰，李伟昶，沈晓明. 有机化学. 修订版. 合肥：中国科学技术大学出版社，2003.

[9] McMurry J. Fundamentals of Organic Chemistry. 5th Edition（影印版，原书英文版第 5 版）. 北京：机械工业出版社，2005.

[10] Patrick G L. Instant Notes in Organic Chemistry. 影印版. 北京：科学出版社，2000.

[11] 高鸿宾，任贵忠，王绳武，等. 实用有机化学辞典. 北京：高等教育出版社，1997.

[12] 汪小兰. 有机化学. 5 版. 北京：高等教育出版社，2017.

[13] 徐寿昌. 有机化学. 2 版. 北京：高等教育出版社，1993.

[14] 陆阳，刘俊义，等. 有机化学. 8 版. 北京：人民卫生出版社，2013.

[15] 王全瑞. 有机化学. 2 版. 北京：化学工业出版社，2019.

[16] 刘庄，丁辰元. 普通有机化学. 北京：高等教育出版社，1998.

[17] 钱旭红. 有机化学. 3 版. 北京：化学工业出版社，2022.

[18] 邢其毅，裴伟伟，徐瑞秋，等. 基础有机化学（上、下册）. 4 版. 北京：北京大学出版社，2016.

[19] 胡宏纹. 有机化学（上、下册）. 4 版. 北京：高等教育出版社，2013.

[20] Williams D H，Fleming I. Spectroscopic Methods in Organic Chemistry. 5th. 王剑波，施卫峰，译. 有机化学中的光谱方法. 北京：北京大学出版社，2001.

[21] 孟令芝，龚淑玲，何永炳. 有机波谱分析. 3 版. 武汉：武汉大学出版社，2010.

[22] 常建华，董绮功. 波谱原理及解析. 3 版. 北京：科学出版社，2012.

[23] 赵瑶兴，孙祥玉. 有机分子结构光谱鉴定. 北京：科学出版社，2003.

[24] 陈德恒. 有机结构分析. 北京：科学出版社，1985.

[25] 周宁琳. 有机硅聚合物导论. 北京：科学出版社，2000.

[26] 杜作栋，陈剑华，贝小来，等. 有机硅化学. 北京：高等教育出版社，1990.

[27] 史启祯. 无机化学与化学分析. 2 版. 北京：高等教育出版社，2005.

[28] 陈耀祖. 有机分析. 北京：高等教育出版社，1983.

[29] 谢晶曦，常俊标，王绪明. 红外光谱在有机化学和药物化学中的应用. 北京：科学出版社，2001.

[30] 姚虎卿. 化工辞典. 5 版. 北京：化学工业出版社，2019.